Wichtige Naturkonstanten

Symbol	Name, Bezeichnung	Wert	Einheit
c_0	Lichtgeschwindigkeit im Vakuum	$2{,}99792458(1) \cdot 10^8$	$m \cdot s^{-1}$
e	Elementarladung	$1{,}6021892(46) \cdot 10^{-19}$	C
F	FARADAY-Konstante	$9{,}648456(27) \cdot 10^4$	$C \cdot mol^{-1}$
g	Fallbeschleunigung	$9{,}80665$	$m \cdot s^{-2}$
h	PLANCKsches Wirkungsquantum	$6{,}626176(36) \cdot 10^{-34}$	$J \cdot s$
k	BOLTZMANN-Konstante	$1{,}380662(44) \cdot 10^{-23}$	$J \cdot K^{-1}$
m_e	Ruhemasse des Elektrons	$9{,}109534(47) \cdot 10^{-31}$	kg
m_n	Ruhemasse des Neutrons	$1{,}6749543(86) \cdot 10^{-27}$	kg
m_p	Ruhemasse des Protons	$1{,}6726485(86) \cdot 10^{-27}$	kg
N_A	AVOGADRO-Konstante	$6{,}022045(31) \cdot 10^{23}$	mol^{-1}
p_0	Normdruck	$1{,}01325 \cdot 10^5$	Pa
R	Gaskonstante	$8{,}31441(26)$	$J \cdot K^{-1} \cdot mol^{-1}$
T_0	Nullpunkt der Celsius-Skala	$2{,}731500(1) \cdot 10^2$	K
u	atomare Masseneinheit	$1{,}6605655(86) \cdot 10^{-27}$	kg
$V_{m,0}$	molares Normvolumen eines idealen Gases	$2{,}241383(70) \cdot 10^{-2}$	$m^3 \cdot mol^{-1}$
ϵ_0	Influenzkonstante (elektrische Feldkonstante)	$8{,}85418782(5) \cdot 10^{-12}$	$F \cdot m^{-1}$

(Die in Klammern gesetzten Ziffern geben die Standardabweichung der letzten Dezimalstelle an.)

Taschenlexikon Chemie

Autoren:

Dr. sc. nat. ULRICH FICKEL	Allgemeine Chemie
Dr. rer. nat. KLAUS HEUTZENRÖDER	Nomenklatur, Komplexchemie, Pharmaka, Kosmetika, Lebensmittel, Explosivstoffe, Legierungen, Photographie u. a.
Prof. Dr. sc. nat. MANFRED JUST	Organische Chemie
Prof. Dr. phil. GUSTAV KERTSCHER	Geschichte der Chemie
Prof. Dr. paed. habil. et Dr. rer. nat. habil. HANS KEUNE	Anorganische Chemie
Dr. rer. nat. GERHARD KÖNIG	Physikalische Chemie
Prof. Dr. sc. nat. HANS-HEINZ SEYFARTH	Technische Chemie, Mineralogie, Umweltschutz
Prof. Dr. sc. nat. HANS-JÜRGEN TILLICH	Biochemie

Taschenlexikon Chemie

Herausgegeben von

Prof. Dr. paed. habil. et Dr. rer. nat. habil. HANS KEUNE

Mit 306 Bildern und 133 Tabellen

Verlag Harri Deutsch

H. Keune · Taschenlexikon Chemie

3-8171-1324-2

Taschenlexikon Chemie / Hrsg. von Hans Keune. –
2., durchges. Aufl. – Leipzig : Dt. Verl. für Grundstoffind.,
1990. – 512 S. : 306 Bild., 133 Tab.
NE: Keune, Hans [Hrsg.]

ISBN 3-342-00225-5

2., durchgesehene Auflage
© VEB Deutscher Verlag für Grundstoffindustrie, Leipzig 1989
Durchgesehene Auflage: © VEB Deutscher Verlag für Grundstoffindustrie 1990
VLN 152-915/85/90
Printed in the German Democratic Republic
Gesamtherstellung: INTERDRUCK Graphischer Großbetrieb Leipzig III/18/97
Lektor: Anneliese Pfaff
Gesamtgestaltung: Barbara Neidhardt
Illustrationen: Heidi Nitsche, Heinz Kutschke
Formelzeichnungen: Lothar Trödler
Herstellung und Bildbearbeitung: Ingrid Meißner, Birgitta Weiser
Redaktionsschluß: 13. 7. 1989
LSV 1207
Bestell-Nr.: 541 986 8

Vorwort

Das Taschenlexikon Chemie ist inhaltlich so angelegt, daß es einen repräsentativen Querschnitt durch das Gesamtgebiet der Chemie vermittelt. Das Buch wendet sich an alle, die an wissenschaftlichen, technischen, ökonomischen, umweltbezogenen und historischen Gesetzmäßigkeiten, Theorien, Fragen oder Problemen der Chemie interessiert sind. Herausgeber und Autoren haben eine Gestaltung gewählt, die es dem Leser ermöglicht, die gewünschten Informationen möglichst schnell, umfassend, fachlich exakt und verständlich zu erhalten. Für ein Verständnis der gebotenen Informationen wird vom Leser lediglich eine neun- bis zehnjährige Schulbildung erwartet.

Die einzelnen Autoren haben jeweils bestimmte Teilgebiete der Chemie bearbeitet und die entsprechenden Stichworte verfaßt, darüber hinaus aber an der Gestaltung des gesamten Manuskriptes mitgewirkt.

Das Taschenlexikon Chemie wird sicher nicht alle Wünsche des Lesers erfüllen; denn die differenzierten Ansprüche eines sehr großen Nutzerkreises sind in Verbindung mit dem riesigen Ausmaß der Teilgebiete der Chemie auf den begrenzten Umfang eines Taschenbuches zu reduzieren gewesen. Die Autoren haben sich aber immer bemüht, eine optimale Lösung zu finden; ob ihnen das gelungen ist, wird der Leser beurteilen. Verlag und Autoren sind daher für alle kritischen Hinweise dankbar und werden diese nach Möglichkeit in den folgenden Auflagen berücksichtigen.

Herausgeber und Autoren danken allen, die zur Fertigstellung des Taschenlexikons Chemie beigetragen haben. Unser Dank gilt besonders den Gutachtern, den Herren Professor Dr. sc. nat. L. BEYER, Professor Dr. rer. nat. habil. H. BÖHLAND, Professor Dr. sc. nat. H. DEHNE, Professor Dr. paed. habil. H. HERBIG, Professor Dr. sc. paed. R. KUHNERT, Professor em. Dr. rer. nat. habil. H. W. PRINZLER und Professor Dr. sc. nat. W. SCHADE, für viele wertvolle Ratschläge und Hinweise. Ebenso sei Frau A. HILDENHAGEN und Fräulein A. GENTZEL für ihre umfangreichen Arbeiten bei der Anfertigung des Manuskriptes gedankt. Den Mitarbeitern des VEB Deutscher Verlag für Grundstoffindustrie danken wir für ihren selbstlosen Einsatz und die ausgezeichnete Zusammenarbeit, durch die es möglich geworden ist, das Taschenlexikon Chemie in der vorliegenden Form erscheinen zu lassen.

HANS KEUNE

Zur Benutzung des Lexikons

Verwendete Abkürzungen und Indizes

Abkürzungen

a	Jahre	Sbl.	Sublimation, Sublimationspunkt, Sublimationstemperatur
Abk.	Abkürzung		
anorg.	anorganisch, e	sbl.	sublimiert, bei Sublimation
Bez.	Bezeichnung	Sdp.	Siedepunkt, Siedetemperatur
chem.	chemisch, e	Schmp.	Schmelzpunkt, Schmelztemperatur
Ek	Elektronenkonfiguration		
konst.	konstant, e	techn.	technisch, e
konz.	konzentriert, e	Up.	Umwandlungspunkt, Umwandlungstemperatur
Masse-%	Masseprozent, e		
org.	organisch, e	Verb.	Verbindung, en
OxZ	Oxydationszahl, en	verd.	verdünnt, e
physikal.	physikalisch, e	Vol.-%	Volumenprozent, e
PSE	Periodensystem der chemischen Elemente	Zp.	Zersetzungspunkt, Zersetzungstemperatur
S.	Seite (z. B. bei Seitenverweisen)	↗	siehe (Verweis auf ein Stichwort)

Tiefgestellte Indizes

B	Bildung	R	Reaktion
f	fest	S	Schmelzen
fl	flüssig	s	fest (solidus)
g	gasförmig	V	Verdampfen
l	flüssig (liquidus)	o	Ausgangszustand
m	molar	1, 2, ...	Stoffkomponente

Hochgestellte Indizes

∞	unendliche Verdünnung	′	oberes Energieniveau
$\ominus$	Standardzustand (25 °C, 1,0133 · 10⁵ Pa)	″	unteres Energieniveau
$\neq$	aktivierter Komplex, Übergangszustand		

Bezeichnung der Änderung (Δ) von Werten der Größen Y (U, H, S) für Vorgänge X (B, S, R, V)	$\Delta_X Y_m$	molare Größen, z. B. $\Delta_B H_m$ molare Bildungsenthalpie
	$\Delta_X Y_m^{\ominus}$	molare Standardgrößen, z. B. $\Delta_R H_m^{\ominus}$ molare Standardreaktionsenthalpie

Wichtige Größen

Symbole und Bezeichnungen der Größen, Zeichen und Namen der Einheiten, Beziehungen zu den SI-Basiseinheiten bzw. zu den abgeleiteten SI-Einheiten mit selbständigem Namen

Größe		Einheit		Beziehung zu den SI-Basiseinheiten bzw. zu den abgeleiteten SI-Einheiten mit selbständigem Namen
Symbol	Bezeichnung	Zeichen	Namen	
A_r	relative Atommasse			
$A_{r(1981)}$	relative Atommasse, im Jahre 1981 festgelegt			
C	elektrische Kapazität	F	Farad	$1\,F = 1\,C \cdot V^{-1}$
C	Wärmekapazität	$J \cdot K^{-1}$		
c	Molarität (Stoffmengenkonzentration)	$mol \cdot m^{-3}$ $mol \cdot l^{-1}$		
E	Energie	J	Joule	$1\,J = 1\,N \cdot m$
		eV	Elektronenvolt	$1\,eV = 0{,}160\,219 \cdot 10^{-18}\,J$
		cal	Kalorie	$1\,cal = 4{,}186\,8\,J$
F	Kraft	N	Newton	$1\,N = 1\,kg \cdot m \cdot s^{-2}$
		dyn	Dyn	$1\,dyn = 10^{-5}\,N$
		kp	Kilopond	$1\,kp = 9{,}806\,65\,N$
G	elektrischer Leitwert	S	Siemens	$1\,S = 1\,\Omega^{-1}$
H	Enthalpie	J		
I	Stromstärke	A	Ampere	
I	Lichtstärke	cd	Candela	
K	Gleichgewichtskonstante			1)
k	Reaktionsgeschwindigkeitskonstante			1)
l	Länge	m	Meter	
		ly	Lichtjahr	$1\,ly = 9{,}460\,5 \cdot 10^{15}\,m$
		Å	Ångström	$1\,Å = 10^{-10}\,m$
M	molare Masse (Molmasse)	$kg \cdot mol^{-1}$		
M_r	relative Molekülmasse			
m	Masse	kg	Kilogramm	
		g	Gramm	$1\,g = 10^{-3}\,kg$
		t	Tonne	$1\,t = 10^3\,kg$
		k	Karat	$1\,k = 0{,}2 \cdot 10^{-3}\,kg$
N	Zahl der Teilchen			
n	Stoffmenge	mol	Mol	
n	Brechungsindex			
O	Oberfläche	m^2		
P	Leistung	W	Watt	$1\,W = 1\,J \cdot s^{-1}$
		PS	Pferdestärke	$1\,PS = 735{,}498\,75\,W$
p	Druck	Pa	Pascal	$1\,Pa = 1\,N \cdot m^{-2}$
		atm	Atmosphäre	$1\,atm = 101{,}325 \cdot 10^3\,Pa$
		Torr	Torr	$1\,Torr = 133{,}322\,4\,Pa$
		bar	Bar	$1\,bar = 10^5\,Pa$
p	Impuls	$kg \cdot m \cdot s^{-1}$		

Zur Benutzung des Lexikons

Symbol	Größe	Einheit	Einheitsname	Umrechnung
Q	Elektrizitätsmenge	C	Coulomb	$1\,C = 1\,A \cdot s$
Q	Wärmemenge	J		
R	elektrischer Widerstand	Ω	Ohm	$1\,\Omega = 1\,V \cdot A^{-1}$
r	Radius	m		
S	Entropie	$J \cdot K^{-1}$		
T	**Temperatur**	**K**	**Kelvin**	
t	Temperatur	°C	Grad Celsius	$t = T - 273{,}15\,K$
t_S	Schmelztemperatur	°C		
t_v	Siedetemperatur	°C		
t	**Zeit**	**s**	**Sekunde**	
		min	Minute	$1\,min = 60\,s$
		h	Stunde	$1\,h = 3{,}6 \cdot 10^3\,s$
		d	Tag	$1\,d = 86{,}4 \cdot 10^3\,s$
		a	Jahr	[1]
U	elektrische Spannung	V	Volt	$1\,V = 1\,W \cdot A^{-1}$
U	innere Energie	J		
V	Volumen	m^3		
		l	Liter	$1\,l = 10^{-3}\,m^3$
v	Geschwindigkeit	$m \cdot s^{-1}$		
v	Reaktionsgeschwindigkeit	$mol \cdot l^{-1} \cdot s^{-1}$		
W	Arbeit	J	Joule	$1\,J = 1\,N \cdot m$
		erg	Erg	$1\,erg = 10^{-7}\,J$
x, y	Molenbruch			
X_E	Elektronegativität (nach PAULING)			
Z	Kernladungszahl (= Ordnungszahl)			
z	stöchiometrische bzw. elektrochemische Wertigkeit			
α	Dissoziationsgrad			
η	dynamische Viskosität	$Pa \cdot s$		
ε	Dielektrizitätskonstante			
$\varkappa$	spezifische elektrische Leitfähigkeit	$\Omega^{-1} \cdot m^{-1}$		
Λ	molare Leitfähigkeit	$m^2 \cdot \Omega^{-1} \cdot mol^{-1}$		
λ	Wellenlänge	m		
ν	Frequenz	Hz	Hertz	$1\,Hz = 1 \cdot s^{-1}$
ν	stöchiometrische Zahl			
$\tilde{\nu}$	Wellenzahl	m^{-1}		
ϱ	Dichte	$kg \cdot m^{-3}$ $kg \cdot l^{-1}$		
ϱ	spezifischer elektrischer Widerstand	$\Omega \cdot m$		

SI-Basiseinheiten – Grundgrößen

[1] = es bestehen unterschiedliche Festlegungen

Griechisches Alphabet

Name	Buchstaben		lateinische Umschrift	
Alpha	A	α	A	a
Beta	B	β	B	b
Gamma	Γ	γ	G	g
Delta	Δ	δ	D	d
Epsilon	E	ε	E	e
Zeta	Z	ζ	Z	z
Eta	H	η	E	e
Theta	Θ	ϑ	Th	th
Jota	I	ι	I	i
Kappa	K	$\varkappa$	K	k
Lambda	Λ	λ	L	l
My	M	μ	M	m
Ny	N	ν	N	n
Xi	Ξ	ξ	X	x
Omikron	O	o	O	o
Pi	Π	π	P	p
Rho	P	ϱ	R(h)	r(h)
Sigma	Σ	σ	S	s
Tau	T	τ	T	t
Ypsilon	Y	υ	Y	y
Phi	Φ	φ	Ph	ph
Chi	X	χ	Ch	ch
Psi	Ψ	ψ	Ps	ps
Omega	Ω	ω	O	o

Griechische Bezeichnung von Zahlen

Benennung	Zahl
mono	1
di	2
tri	3
tetra	4
penta	5
hexa	6
hepta	7
okta	8
nona/ennea	9
deka	10
hendeka	11
dodeka	12

Vorsätze
zur Kennzeichnung von dezimalen Vielfachen oder Teilen von Einheiten

Benennung	Zeichen	Faktor Vielfaches bzw. Teil
Exa	E	10^{18}
Peta	P	10^{15}
Tera	T	10^{12}
Giga	G	10^{9}
Mega	M	10^{6}
Kilo	k	10^{3}
Hekto	h	10^{2}
Deka	da	10
Dezi	d	10^{-1}
Zenti	c	10^{-2}
Milli	m	10^{-3}
Mikro	µ	10^{-6}
Nano	n	10^{-9}
Piko	p	10^{-12}
Femto	f	10^{-15}
Atto	a	10^{-18}

A

Abbau, bergbaulicher, ⬈ Technologie der Gewinnung von ⬈ mineralischen Rohstoffen der Erdkruste aus ⬈ Lagerstätten (⬈ Tiefbau, ⬈ BB, ⬈ Bohrungen).

Abbeizmittel, Mittel zur Beseitigung alter Farbanstriche. Für Ölfarben werden Alkalien wie Natronlauge oder Ammoniaklösung oder Gemische dieser Stoffe mit Wasserglaslösung verwendet. Bei der Anwendung werden die Öle des Lackfilmes verseift (⬈ Verseifung); dieser wird dadurch weich und kann abgekratzt werden. Die Laugenreste müssen gut abgewaschen, letzte Reste können mit Essigwasser neutralisiert werden. Alkalische A. wirken auf die Haut stark ätzend (Vorsicht!). Zum Abbeizen von modernen Kunstharzlackanstrichen werden org. Lösungsmittel verwendet.

Abbinden, Erhärten von Klebstoffen, Kitten und Bindemitteln durch kolloidchemische Vorgänge beim Übergang vom Sol- zum Gelzustand.

Abbrand, 1. Bildung von Oxidschichten auf Metalloberflächen bei Wärmebehandlung; 2. feinkörniger oxidischer Rückstand beim Rösten von sulfidischen Erzen; 3. andere Bez. für radioaktive Abprodukte.

Abdampfen, ⬈ Eindampfen.

Abdampfschale, flache Schale aus Porzellan oder Glas.

Abfackeln, Verbrennen unerwünschter Gase bzw. Dämpfe aus industriellen Anlagen (Havarieprodukte, unverwertbare Restgase u. a.) in offenen Verbrennungsanlagen.

Abfahren, Betriebsbez. für das Beenden eines laufenden chem. Prozesses in einer techn. Anlage und alle erforderlichen Maßnahmen, die damit in Zusammenhang stehen.

Abfall, ⬈ Abprodukte.

Abfallkalke, kalkhaltige Neben- oder Abprodukte von chem.-techn. Verfahren, z. B. Leunakalk ⬈ (Leuna-Verfahren), Bunakalk (Gaskalk, Ethinkalk, ⬈ Ethin), Hüttenkalk, Scheideschlamm u. ä. Abfallkalke lassen sich z. B. als Düngemittel oder als Glasrohstoff verwenden.

Abführmittel, *Laxantia,* Arzneimittel, die die Darmentleerung auslösen bzw. fördern. Natürliche A. sind aus Aloe, Rhabarberwurzel und Faulbaumrinde gewonnene Drogen, die Anthrachinonglycoside (⬈ Anthrachinon, ⬈ Glycoside) enthalten. Als pflanzliches Öl wird Ricinusöl angewendet. Synthetische A. sind ⬈ Phenolphthalein und dem Phenolphthalein ähnliche Verb., salinische A. sind anorg. Salze, wie ⬈ Bittersalz $MgSO_4 \cdot 7H_2O$ und ⬈ Glaubersalz $Na_2SO_4 \cdot 10H_2O$. Dickflüssiges Paraffinöl wird wegen seiner Gleitfähigkeit verwendet.

Abgas, Gas, das eine industrielle Anlage oder ein Aggregat verläßt und nicht weiter genutzt wird. Wenn mit dem Abgas luftverunreinigende Stoffe in die Atmosphäre gelangen, ist es entsprechend den Forderungen gesetzlicher Bestimmungen zu reinigen. ⬈ Gasreinigung, ⬈ Abprodukte.

Abgasreinigung, ⬈ Gasreinigung.

abproduktarme Technologie, ⬈ Recycling.

Abprodukte, feste, flüssige oder gasförmige Stoffe, die im industriellen Produktionsprozeß sowie in der individuellen und gesellschaftlichen Konsumtion anfallen und nicht genutzt werden; die »Exkremente der Produktion« (MARX), deren Verwertung sowohl eine Belastung der Umwelt vermeidet, aber auch einen zusätzlichen ökonomischen Effekt bringt, da in ihnen bereits gesellschaftliche Arbeit enthalten ist (⬈ Sekundärrohstoffe). In diesem Sinne sind alle A. potentielle Sekundärrohstoffe. In einigen Ländern gilt das ⬈ »Verursacherprinzip«, nur nachweislich noch nicht gesamtgesellschaftlich sinnvoll nutzbare A. dürfen befristet deponiert werden. Toxische A. sind vor ihrer Deponierung zu entgiften.

Abprodukte, radioaktive, Stoffe, die radioaktive Substanzen enthalten und bei der Nutzung der Kernenergie anfallen. Bei radioaktiven A. mit Inhaltsstoffen hoher Halbwertszeit bereitet die schadlose Beseitigung Schwierigkeiten. Sie kann durch kostenaufwendige Aufarbeitung und Rückgewinnung der radioaktiven Substanz oder durch besondere Deponiemaßnahmen erfolgen (Überführen in den festen Zustand durch Vermischen mit Beton, Abfüllen in Betonblöcken u. a.; Deponie in stillgelegten Bergwerken).

Abrauchen, chem. Arbeitstechnik, bei der durch Erhitzen einer Substanz flüchtige Bestandteile vertrieben (abgeraucht) werden.

Abraum, Boden- und Lockergesteinsmassen, die bei der tagebaumäßigen Gewinnung von Bodenschätzen zur Freilegung der Lagerstätte abzutragen sind. Bei der Braunkohlenförderung in der DDR rechnet man 1990 mit einem durchschnittlichen Verhältnis Abraummächtigkeit zu Flözdicke von 7:1.

Abraumsalze, historische Sammelbezeichnung für Kalisalze, die bei der bergmännischen Gewinnung von Steinsalz (als darüber lagernde Schichten) »abgeräumt« werden mußten (Staßfurt). Erst als ihre Bedeutung als potentielle Kalidünger er-

kannt war, wurde aus den bisherigen Abprodukten das Zielprodukt des heutigen Kalibergbaus.
Abscheiden, 1. Entfernen von festen oder flüssigen Teilchen aus Gasen und Dämpfen; 2. Entfernen von festen Teilchen aus Flüssigkeiten. ↗ Staubabscheidung, Entstaubung, ↗ Teerabscheider, ↗ Ölabscheider.
Abschrecken, schnelles Abkühlen von metallischen Werkstücken, um spezielle Eigenschaftsveränderungen zu erzielen (z. B. ↗ Härten von Stahl).
Abscisinsäure, *S(+)-5-(1'-Hydroxy-4'-oxo-2', 6', 6'-trimethyl-1'-cyclohexenyl)-3-methyl-cis, transpenta-2,4-diensäure,* ein im Pflanzenreich weit verbreitetes ↗ Phytohormon, welches als Antagonist der ↗ Auxine, ↗ Gibberelline und ↗ Cytokinine vor allem hemmende Wirkung hat. A. gehört chemisch zu den Sesquiterpenen (↗ Terpene). M 264,3 Sdp.: 160 bis 162 °C. A. wurde erstmals 1963 von Addicot und Lyon aus Baumwollkapseln (9 mg aus 75 kg Trockensubstanz) isoliert und 1965 strukturell aufgeklärt.

Absetzbecken, Einrichtung zum Abscheiden fester Sink- und Schwimmstoffe aus Suspensionen.
In Abhängigkeit von der Fließgeschwindigkeit der Flüssigkeit und dem Absetzverhalten der abzuscheidenden Stoffe erhält man Schwimm- bzw. Sinkfraktionen.
Absetzen, ↗ Sedimentation.
Absetzkammer (Staubkammer), Raum, in dem sich grobe Staubteilchen (> 200 µm) durch Verringerung der Strömungsgeschwindigkeit unter dem Einfluß der Schwerkraft absetzen. Die Einrichtung ist eine billige, aber wenig effektive Variante zur Grobstaubabscheidung aus Gasströmen.
absolutes Lösungsmittel, Flüssigkeit, aus der alle Begleitsubstanzen, insbesondere alles Wasser, entfernt wurden.
absoluter Nullpunkt, tiefste mögliche Temperatur (0 K; −273,15 °C), die nach dem 3. ↗ Hauptsatz der Thermodynamik nicht erreicht werden kann.
absolute Temperatur, Temperaturangabe, deren Nullpunkt am ↗ absoluten Nullpunkt (−273,15 °C) liegt. Die Angabe erfolgt in Kelvin (K). Der Temperatursprung von einem K entspricht dem von einem °C, 0 °C ≙ 273,15 K.
Absorption, 1. *von Stoffen,* bezeichnet die Aufnahme und Verteilung eines Stoffes *(Absorptiv)* in einem anderen *(Absorbens)* unter Bildung eines *Absorbates* infolge ↗ zwischenmolekularer Wechselwirkungen, aber auch ↗ chem. Reaktionen. A. tritt insbesondere bei Gasen in Flüssigkeiten und Feststoffen auf. Sie kommt durch die ↗ Diffusion der Gasmoleküle an die Oberfläche des Absorbens (↗ Adsorption), den Übergang in das Absorbens und die Diffusion in dessen Inneres zustande. Dabei stellt sich ein Gleichgewicht zwischen A. und *Exsorption* ein, das temperatur- und druckabhängig ist. Wenn bei der A. keine Kondensation des Gases in den Poren des Absorbens (Kapillarkondensation) und keine chem. Reaktionen bzw. Änderungen des Assoziationszustandes auftreten, gilt das ↗ Henrysche Gesetz bzw. bei Gasmischungen das ↗ Henry-Daltonsche Gesetz.
2. *von* ↗ *Strahlung,* ist die Schwächung der Strahlungsintensität in bestimmten Wellenlängenbereichen (↗ Spektroskopie), wenn beim Durchgang durch einen Stoff Strahlungsenergie in andere Energieformen umgewandelt wird. Daneben können Streuung und Reflexion der Strahlung auftreten. Sind diese vernachlässigbar und bezeichnet man die Intensität der einfallenden Strahlung als I_0 und die der durchgelassenen als I, gibt das Verhältnis von $(I_0 - I) : I_0$ die Größe der *Absorption* und das von $I : I_0$ die Größe der *Durchlässigkeit* an. Für deren Abhängigkeit von der Schichtdicke und Konzentration des absorbierenden Stoffes gilt das ↗ Lambert-Beersche Gesetz.
Absorptionsgefäße, Laboratoriumsgeräte verschiedener Bauart, die zur Aufnahme von Gasen (insbesondere Wasserdampf) in einem Absorptionsmittel (insbesondere ↗ Trockenmittel) dienen. Saure Gase (CO_2, SO_2, H_2S u. a.) werden durch basische Absorptionsmittel (NaOH, KOH) aufgenommen. Basische Gase (NH_3) sind mit sauren Absorptionsmitteln (H_2SO_4) zu behandeln. Die gebräuchlichsten Geräte sind das $CaCl_2$-Rohr, das

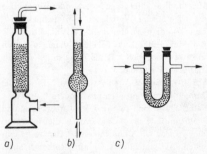

Absorptionsgefäße
a) Trockenturm   b) $CaCl_2$-Rohr   c) U-Rohr

U-Rohr, ↗ Absorptionsvorlagen, der Trockenturm und die ↗ Waschflasche. Bild, S. 12.
Absorptionsvorlage, spezielles ↗ Absorptionsgefäß. Bei chemischen Reaktionen auftretende unerwünschte, z. B. giftige, gesundheitsschädliche oder stark riechende Gase werden in einer Absorptionsflüssigkeit vollständig aufgenommen. Bild.

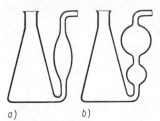

Absorptionsvorlage
a) nach VOLHARD   b) nach FRESENIUS

ABS-Polymerisate, Pfropfpolymerisationsprodukte aus Acrylnitril, Butadien und Styren. Acrylnitril ist für die chem. Beständigkeit verantwortlich, Butadien verleiht Resistenz gegenüber Schlagbeanspruchung, Styren bedingt Härte und gute thermoplastische Verarbeitbarkeit. ABS-Werkstoffe werden zur Metallsubstitution eingesetzt.
Abstich, Ablassen der Schmelze aus Industrieöfen, vor allem in der Metallurgie.
Abstoßlösungen, flüssige Abprodukte bei chem.-techn. Verfahren.
Abtreiben, ↗ Abrauchen, ↗ Treibarbeit.
Abwärme, aus Kraft- und Heizungsanlagen oder beheizten Räumen abströmende Wärme, die an die Umgebung verlorengeht oder als Sekundärwärme genutzt wird, z. T. nach Einsatz von Wärmetauschern (eventuell in Verbindung mit Wärmepumpen) zum Trocknen, Heizen, Kochen, Eindampfen u. ä. (↗ Brüden).
Abwasser, genutztes Wasser, dessen Beschaffenheit sich bei der Nutzung verändert hat. Es kann je nach Nutzungsart (häuslich, kommunal, industriell) verschiedenartige Stoffe gelöst oder kolloid bzw. als feine Schwebstoffteilchen dispergiert enthalten. Die Rückgewinnung der Inhaltsstoffe als Sekundärrohstoffe ist ein Gebot der Materialökonomie, eine Forderung des Umweltschutzes und die Voraussetzung für die Kreislaufführung (↗ Recycling) des Betriebswassers. 2 Tabellen.
Abwasseranfall, Menge des (pro Zeiteinheit) an einer Nutzungsstelle anfallenden Abwassers.
Abwasseraufbereitung, Gruppe spezifischer Aufbereitungsverfahren, um aus verschmutztem Wasser die enthaltenen Inhaltsstoffe abzutrennen bzw. zu gewinnen. In diesem Sinne ist die A. eine

Tabelle 1. Abwasseranfall bei der Herstellung ausgewählter Industrieprodukte

Zur Herstellung von	fällt an in m³
1 t Brikett	1
1 t Roheisen	22
1 t SO₃	50
1 t Benzen	100
1 000 kWh	200
1 t Feinpapier	400
1 t Zellstoff	1 000

Tabelle 2. Zusammensetzung eines durchschnittlichen häuslichen Abwassers

Inhaltsstoffe	Anorg. Anteile in $mg \cdot l^{-1}$	Org. Anteile in $mg \cdot l^{-1}$	BSB in $g \cdot m^{-3}$
absetzbare Stoffe	130	270	130
Schwebstoffe	70	130	80
gelöste Stoffe	330	330	150
insgesamt	530	730	360

Variante der ↗ Abwasserreinigung, bei der nur die Rückgewinnung des Wassers interessiert.
Abwasserbehandlung, Gesamtheit aller Maßnahmen, denen Abwasser unterworfen wird. Dazu gehören die schadlose Ableitung von den Anfallstellen, die Nutzung (z. B. Verregnung in der Landwirtschaft), Maßnahmen zur Senkung des Abwasseranfalls sowie die ↗ Abwasseraufbereitung (einschließlich der ↗ Abwasserreinigung).
Abwassereinleitungsbedingungen, gesetzliche Grundforderungen für die Einleitung von Brauchwasser in die öffentlichen Abwasseranlagen. Tabelle.

Richtwerte für den Höchstgehalt an Abwasserinhaltsstoffen bei Einleitung in öffentliche Abwasseranlagen

Bestandteil	Menge in $mg \cdot l^{-1}$
CN⁻	0,1
Cr³⁺	1
Cr⁶⁺	0,2
Cu²⁺	1
Cd²⁺	0,5
NH₄⁺	100
Phenole	50
pH-Wert	5,5…9,0
Temperatur	bis 35 °C

Abwasserreinigung

Abwasserreinigung, Wasserreinigung, Gewinnung von sauberem Wasser durch Abtrennung von Wasserinhaltsstoffen. Die technologischen Hauptstufen sind:
- Vorreinigung durch Sandfänge, Schwerkraftölabscheider, belüftete Absetz- und Pufferbecken (physikalische Abtrennung suspendierter Grobstoffe);
- Ausflockung (Abtrennung kolloider Suspensionsanteile) und eventuell Neutralisation, Redoxprozesse, Fällung (Abtrennen eines Teils der gelösten Inhaltsstoffe);
- biologische Reinigungsstufe (↗ Belebtschlammverfahren, ↗ Tropfkörperverfahren);
- Nachklärung (Absetzbecken, Filtration) und Schlammbehandlung. Tabelle.

Möglichkeiten der Gewinnung von Wasserinhaltsstoffen bzw. der Reinigung von Abwasser

Abtrennen der	durch
gelösten Bestandteile	Fällung/Kristallisation
	Ionenaustauscher
	Flockung
	Sorption
	Extraktion
	Destillation, Verdampfung
	Elektrolyse
	mikrobiologische Prozesse
suspendierten Bestandteile	Sedimentation
	Filtration
	Zentrifugieren
	Flockung
	Flotation
	Elektrophorese
	mikrobiologische Prozesse

Abzug, Einrichtung zum Absaugen von im chemischen Laboratorium entstehenden giftigen und gesundheitsschädigenden Gasen und Dämpfen, die durch ein Gebläse ins Freie befördert werden. Dabei sind die gesetzlichen Bestimmungen des Umweltschutzes einzuhalten.

Acetaldehyd (Ethanal), CH_3CHO, Großprodukt der chem. Industrie. A. wird vor allem durch direkte Oxydation von Ethen oder aus Ethin hergestellt:
$2 CH_2=CH_2 + O_2 \rightarrow 2 CH_3-CHO$,
$CH\equiv CH + H_2O \rightarrow CH_3-CHO$.
A. ist ein wichtiges Zwischenprodukt der org.-techn. Chemie.

Acetale, Verb., die an einem Kohlenstoffatom 2 Alkoxygruppen (R—O—) als Substituenten tragen.

$$\text{C}\begin{matrix}\text{O-R}\\\text{O-R}\end{matrix}$$

A. bilden sich über die ↗ Halbacetale aus ↗ Aldehyden und ↗ Alkoholen in einer A_NS_N-Reaktion. A. sind stabiler als die entsprechenden Aldehyde; sie werden als Lösungsmittel, Weichmacher und Riechstoffe eingesetzt.

Acetate, Salze der ↗ Ethansäure (Essigsäure) mit dem Anion CH_3COO^-.

Acetatseide, Kunstseide (Chemieseide) aus Celluloseacetat, einem acetonlöslichen Celluloseester. Er enthält an Stelle der H-Atome der OH-Gruppen der Cellulose jetzt CH_3COO-Gruppen. Dazu wird ↗ Zellstoff mit Essigsäureanhydrid zu Cellulose-Diacetat verestert, in Aceton gelöst und nach dem Trockenspinnverfahren verarbeitet. Acetatfaserstoffe ähneln in den Trageeigenschaften der Naturseide, sind thermoplastisch und weisen nur geringe Knitterneigung auf.

Acetessigester, eine farblose, angenehm riechende Flüssigkeit, die aus einem Gemisch der sich im Gleichgewicht befindenden Keto- und Enol-Form (↗ Keto-Enol-Tautomerie) besteht:

$$CH_3-\underset{O}{\underset{\|}{C}}-CH_2-\underset{O}{\underset{\|}{C}}-O-CH_2-CH_3$$

Ketoform (93%)
3-Oxo-butansäure-ethylester

$$\rightleftharpoons CH_3-\underset{OH}{\underset{|}{C}}=CH-\underset{O}{\underset{\|}{C}}-O-CH_2-CH_3$$

Enolform (7%)
3-Hydroxy-but-2-ensäure-ethylester

Der A. wird als wertvoller Ausgangsstoff zur Herstellung von Arzneimitteln, Farbstoffen und Farbbildern für die Farbphotographie verwendet.

Aceton, Trivialname für ↗ Propanon.

Acetylenchemie, Bez. für alle vom Ethin (Acetylen) ausgehenden org.-techn. Synthesen. Nach dem deutschen Chemiker WALTER REPPE auch als REPPE-Chemie benannt. Technisch von Bedeutung sind die im Bild dargestellten Anlage-

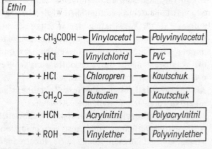

Technische Verwendung von Ethin

rungs- und Polymerisationsreaktionen. Die A. entwickelte sich in der Vorbereitungszeit des 2. Weltkrieges unter Autarkiebestrebungen auf der Basis von heimischen Rohstoffen Kalk und Kohle (Calciumcarbidprozeß). Fast alle Produkte der Acetylenchemie lassen sich auch z. Z. noch kostengünstiger auf der Basis niederer Alkene (↗ Olefinchemie) herstellen, wenn genügend Erdölprodukte für die ↗ Mitteltemperaturpyrolyse zur Verfügung stehen. Nur einigen wenigen org.-techn. Erzeugnissen, die aus Acetylen hergestellt werden, ist bisher aus der Olefinchemie keine Konkurrenz erwachsen (z. B. Vinylether). Vorteilhaft für techn. Synthesen auf Ethinbasis sind die zahlreichen, einfachen Additionsreaktionen, die einen einfachen Syntheseverlauf mit hohen Ausbeuten bei relativ geringem Investitionsaufwand bewirken. Daneben steht als positiver Faktor die Verwendbarkeit heimischer Rohstoffe.

Nachteilig wirkt sich der hohe spezifische Energie- (und damit Kosten-) Aufwand des vorgeschalteten Carbidprozesses (bzw. der HT-Pyrolyse von Methan) aus.

Acetylenruß, ↗ Ruß, der industriell, z. B. durch sauerstoffarme Verbrennung von Ethin, hergestellt wird.

Acetylgruppe, CH_3-CO-, eine einwertige Gruppe, die sich von der ↗ Ethansäure ableitet.

Acetylide, salzartige ↗ Carbide, die sich vom ↗ Ethin ableiten. Das wichtigste A. ist das ↗ Calciumcarbid, aus dem sich mit Wasser Ethin und Calciumhydroxid bilden. Schwermetallacetylide sind hydrolysebeständig und in trockenem Zustand sehr explosiv. Kupferacetylid ist rotbraun gefärbt und ermöglicht so einen empfindlichen Ethinnachweis.

Acetylierung, eine chem. Reaktion, bei der in Verb. mit substituierbaren Wasserstoffatomen, z. B. Aminen, Alkoholen oder Phenolen, diese durch die ↗ Acetylgruppe ersetzt werden.

Acetylsalicylsäure, $C_9H_8O_4$, eine farblose in Wasser wenig lösliche Substanz, Schmp. 136 °C, mit schwach saurem Geschmack. A. wird aus ↗ Salicylsäure durch Acetylierung mit Ethansäureanhydrid hergestellt. A. wirkt fiebersenkend und schmerzstillend und wird allein oder in Kombination mit anderen Wirkstoffen als Arzneimittel verwendet.

Acetylsalicylsäure

ACHARD, FRANZ CARL (28.4.1753 bis 20.4.1821). A. arbeitete ein Verfahren zur Gewinnung von Zucker aus Runkelrüben aus und gründete 1801 in Kunern die erste Fabrik.

Achat, SiO_2, besteht aus feinstkristallinem, fasrigem ↗ Quarz, der in vielen verschieden starken und unterschiedlich gefärbten Lagen angeordnet ist. A. wird geschliffen als Schmuckstein genutzt. Je nach Anordnung und Farbe der einzelnen Lagen sind vielfältige Spezialbezeichnungen in Gebrauch.

Acidimetrie, spezieller Fall der ↗ Neutralisationstitration. Zu einer genau bekannten Säuremenge unbekannter Konzentration wird bis zum ↗ Äquivalenzpunkt Lauge einer bekannten Konzentration gegeben. Der Äquivalenzpunkt wird am Farbumschlag eines zugegebenen ↗ Indikators erkannt. Aus dem Volumen der verbrauchten Lauge kann der Gehalt der Säure bestimmt werden, ↗ Volumetrie.

Acidität, allgemein, Maß für die Säurestärke eines chem. Stoffes.

Acridin, $C_{13}H_9N$, basisch reagierender Heteroaromat, Schmp. 109 °C, der im Steinkohlenteer vorkommt. Derivate des A. werden als Farbstoffe und Arzneimittel verwendet.

Acridin

Acrolein, Trivialname für ↗ Propenal.
Acrylnitril, Trivialname für das ↗ Propennitril.
Acrylsäure, Trivialname für die ↗ Propensäure.
Actinidengruppe, frühere Bez. für die ↗ Actinoidengruppe.
Actinium,

Ac	$Z = 89$
$A_{r(1981)} = 227,027\,8$	
Ek: [Rn] $6d^17s^2$	
OxZ: +3	
$X_E = 1,1$	
Elementsubstanz:	
Schmp.	1050 °C
Sdp.	3200 °C

chem. Element (↗ Elemente, chem.).
Actinium, Symbol: Ac, 4. Element der 3. Nebengruppe des PSE (↗ Nebengruppenelemente, 3. Nebengruppe des PSE). A. ist die Bez. für alle Atome, die 89 positive Ladungen im Kern (also 89 Protonen) besitzen: Kernladungszahl $Z = 89$. A. ist ein radioaktives Element mit Isotopen zwischen ^{221}Ac bis ^{230}Ac. Das stabilste Isotop, ^{227}Ac, besitzt eine Halbwertzeit von $t_{1/2} = 21{,}6$ a. A. wurde 1899 von

Actinoidengruppe

Elemente der Actinoidengruppe

Z	Name	Symbol	$A_{r(1981)}$	Ek	n f	n d	n s	OxZ	E_I in eV	X_E	Schmp. in °C	Sdp. in °C	ϱ_r in kg·l^{-1}
90	Thorium	Th	232,0381	[Rn]	5	6	7	+3, +4	6,95	1,3	1700	4200	11,7
91	Protactinium	Pa	231,0359	[Rn]	5	6	7	+3, +4, +5		1,5	1560		15,4
92	Uranium	U	238,029	[Rn]	5	6	7	+3, +4, +5, +6	6,08	1,38	1130	3820	18,90
93	Neptunium	Np	237,0482	[Rn]	5	6	7	+3, +4, +5, +6, +7		1,36	639	3900	20,4
94	Plutonium	Pu	[244]	[Rn]	5		7	+3, +4, +5, +6, +7	5,1	1,28	640	3230	19,8
95	Americium	Am	[243]	[Rn]	5	6	7	+3, +4, +5, +6	6,0	1,3	1173	2600	13,7
96	Curium	Cm	[247]	[Rn]	5	6	7	+3, +4		1,3	1350		13,5
97	Berkelium	Bk	[247]	[Rn]	5	6	7	+3, +4		1,3	986		
98	Californium	Cf	[251]	[Rn]	5	6	7	+3		1,3	900		
99	Einsteinium	Es	[254]	[Rn]	5	6	7	+3		1,3			
100	Fermium	Fm	[257]	[Rn]	5	6	7						
101	Mendelevium	Md	[258]	[Rn]	5	6	7	+2, +3		1,3			
102	Nobelium	No	[259]	[Rn]	5	6	7	+2, +3		1,3			
103	Lawrencium	Lr	[260]	[Rn]	5	6	7	+3					
∑				[Rn]	5f$^{0-14}$	6d$^{0-2}$	7s^2	+2, +3, +4, +5, +6, +7	gering	gering	mittel-hoch bis mittelniedrig	hoch bis groß	groß

DEBIERNE in Rückständen der Pechblende (Uranerz) entdeckt. In der Natur kommt A. in geringem Maße in Uranerzen vor, etwa mit 0,5 mg ($= 5 \cdot 10^{-7}$ kg) pro Tonne ($= 10^3$ kg) Uranerz. Die Abtrennung des A. aus diesen Erzen ist naturgemäß sehr aufwendig. Künstlich kann A. durch Neutronenbeschuß des Radiums hergestellt werden. Von den Verb. des A. sollen genannt sein: Actiniumhydroxid, $Ac(OH)_3$, ist eine starke Base; Actiniumcarbonat, $Ac_2(CO_3)_3$, und Actiniumphosphat, $AcPO_4$, sind in Wasser schwer löslich, während Actiniumnitrat, $Ac(NO_3)_3$, Actiniumchlorid, $AcCl_3$, und Actiniumsulfat, $Ac_2(SO_4)_3$, in Wasser leicht lösliche Verb. darstellen.

Actinoidengruppe, Bez. für die 14 chem. Elemente (Tabelle, S. 16), die in der 7. Periode des PSE dem Element Actinium ($Z = 89$) folgen und die Kernladungszahlen $Z = 90$ bis 103 (einschließlich) besitzen. Die dem Uranium ($Z = 92$) folgenden elf Elemente dieser Gruppe, die alle künstlich hergestellt sind bzw. als Nebenprodukte in Kernkraftwerken anfallen, werden unter der Bez. Transurane zusammengefaßt. Die Elektronenkonfiguration der neutralen Atome ist bei den Actinoiden (nicht immer sicher aufgeklärt) durch eine Besetzung in dem 7s-Orbital mit 2, den 6d-Orbitalen mit 0 bis 2 und den 5f-Orbitalen mit 0 bis 14 Elektronen charakterisiert. Alle Eigenschaften (Parameter und Verhaltensweisen) der Elemente (und Elementsubstanzen) sind durch die abgeschirmten (und daher nur schwach wirkenden) Veränderungen in der Elektronenhülle (im 5f-Bereich) sehr ähnlich. Die Oxydationszahlen beständiger Verbindungen liegen bei diesen Elementen bei OxZ: $+6$ (U), $+5$ (Pa, Np), $+4$ (Th, Pu) und $+3$ (Am, Cm, Bk, Cf, Es, Fm, Md, No und Lr). Alle Elemente – besonders aber die Transurane – sind radioaktiv und besitzen viele Isotope mit z. T. sehr unterschiedlichen Halbwertzeiten ihres Zerfalls.

Acylgruppe, Teil einer org. Verb., der sich von einer Carbonsäure ableitet, deren Hydroxylgruppe durch andere Reste ersetzt ist (R—CO—). Der Name leitet sich vom Stammnamen des zugrunde liegenden Kohlenwasserstoffs mit der Endung -oyl ab. Häufig werden noch die Trivialnamen verwendet, z. B.

H—CO—	Methanoyl-	Formyl-
CH_3—CO—	Ethanoyl-	Acetyl-
CH_3—CH_2—CO—	Propanoyl-	Propionyl-
C_6H_5—CO—		Benzoyl-

Acylgruppen werden in Verb., die substituierbare Wasserstoffatome besitzen, mit Acylierungsmitteln eingebaut.

ADAMKIEWICZ-HOPKINS-Reaktion, ein Nachweis für Eiweiß, der auf die ↗ Tryptophan-Komponente anspricht. Zur Durchführung der A. wird die Probenlösung mit dem doppelten Volumen konzentrierter Ethansäure vermischt und mit konzentrierter Schwefelsäure unterschichtet. Bei Anwesenheit von Eiweiß bildet sich ein rotvioletter Ring. Farbbildend ist die Glyoxylsäure, OHC—COOH, die in Spuren in der Ethansäure enthalten ist.

Adamsit, *Phenarsazinchlorid,* Bez. für einen ↗ chem. Kampfstoff (Nasen-Rachen-Reizstoff).

Additionsreaktionen, chem. Reaktionen, bei denen sich zwei Stoffe A und B zu einer neuen Verbindung C addieren: A + B = C. Ist C ein Makromolekül, wird die Reaktion Polyaddition genannt. Vereinigen sich gleiche Moleküle (A = B), ist es eine Dimerisation bzw. bei der Bildung von Makromolekülen eine Polymerisation.
Voraussetzung für A. ist ein ungesättigter Bindungszustand wenigstens eines Reaktionspartners. Nach der Art der angreifenden Reaktionspartner wird unterschieden zwischen elektrophilen A. (A_E), nucleophilen A. (A_N) und radikalischen A. (A_R).
Wichtige ungesättigte Gruppen für A. sind:
C=C vorwiegend A_E mit Halogenen, Halogenwasserstoff, Mineralsäuren, Wasser und elektrophilen org. Verbindungen; techn. wichtig sind Polymerisationen von Vinylverb. und konjugierten Dienen (Buta-1,3-dien);
C=O vorwiegend A_N mit Alkoholen zu Halbacetalen, mit Cyanwasserstoff zu Cyanhydrinen, mit Ethin zu Hydroxyalkinen, mit nucleophilen org. Verb. als Aldol-A., mit Aminen zu Zwischenprodukten, die sich meist durch Wassereliminierung stabilisieren.

Additives, Stoffe, die in geringen Mengen Mineralölprodukten zugesetzt werden, um deren Eigenschaften zu verbessern, z. B. die Erstarrungstemperatur von Schmier- und Dieselölen herabzusetzen (Wintereinsatz) oder das Zündverhalten von Vergaserkraftstoffen zu verbessern.

Adenin, ↗ Purinbasen.
Adenosin, ↗ Nucleoside.
Adenosindiphosphat, ↗ Nucleotide.
Adenosintriphosphat, ↗ Nucleotide.
Adhäsion, Bez. für die Haftwirkung von Molekülen an Grenzflächen durch intermolekulare Wechselwirkungen. Adhäsionskräfte bewirken z. B. die Haftung von Farben auf dem Streichuntergrund.

adiabatisch, Änderung des thermodynamischen Zustandes, bei der kein Wärmeaustausch mit der Umgebung erfolgt. Daraus folgt nach dem 1. ↗ Hauptsatz der Thermodynamik mit $\Delta Q = 0$ eine vollständige Überführbarkeit der ↗ inneren Energie ΔU in ↗ Volumenarbeit ΔW:

$\Delta U = \Delta W = -p \cdot \Delta V$ und umgekehrt. Praktisch ist der Wärmeaustausch mit der Umgebung in ↗ DEWAR-Gefäßen und bei sehr schnell ablaufenden Prozessen reduziert, was z. B. bei der ↗ Komprimierung von Gasen zu deren Temperaturerhöhung führt und zur Zündung von Kraftstoff-Luft-Gemischen im Dieselmotor genutzt wird.

Adipinsäure, Trivialname für die ↗ Hexandisäure.

ADP, Abk. für Adenosindiphosphat (↗ Nucleotide).

L-Adrenalin, *Dihydroxyphenylethanolmethylamin,* ein ↗ Hormon mit starker Wirkung auf das Herz-Kreislauf-System. *M*: 183,2. A. wird im Nebennierenmark gebildet. Ausgangssubstanz für die Biosynthese ist die Aminosäure ↗ L-Tyrosin.

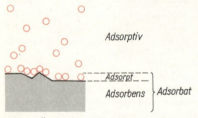

L-Adrenalin

Adsorption, Anreicherung von Stoffen an den ↗ Grenzflächen eines festen oder flüssigen Körpers durch dessen dort gegenüber dem Inneren nicht beanspruchte Wechselwirkungskräfte der Teilchen. Die bei der A. benutzte Terminologie zeigt Bild 1.

Bild 1. Übersicht zur Terminologie der Adsorption

Nach dem Betrag der meist freiwerdenden Adsorptionswärme (molare Standardadsorptionsenthalpie $\Delta_A H_m^\ominus$, ↗ Enthalpie) unterscheidet man die *physikalische A.* ($\Delta_A H_m^\ominus$ bis -50 kJ · mol^{-1}, zwischenmolekulare, insbesondere ↗ VAN-DER-WAALSsche Wechselwirkungskräfte) und die chemische A. bzw. *Chemisorption* ($\Delta_A H_m^\ominus$ bis -500 kJ · mol^{-1}, starke Wechselwirkungskräfte, insbesondere durch die ↗ Atombindung). Letztere besitzt grundlegende Bedeutung für die heterogene ↗ Katalyse. Das Gleichgewicht der A. mit dem umgekehrten Vorgang, der *Desorption* (Abtrennung adsorbierter Teilchen von der Oberfläche), ist abhängig vom Men-

genverhältnis Adsorptiv zu Adsorbens, vom Druck bzw. der Konzentration des Adsorptivs und von der Temperatur. Zur Untersuchung der A. hält man jeweils eine Veränderliche konstant, wobei sich entsprechend obiger Reihenfolge die Adsorptionsisostere, -isobare und -isotherme ergeben. Von den besonders bedeutsamen Adsorptionsisothermen zeigt Bild 2 den Verlauf für die Bildung einer monomolekularen Bedeckung (Sättigungskonzentration), der zuerst von LANGMUIR theoretisch gedeutet wurde.

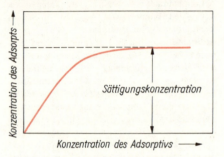

Bild 2. LANGMUIRsche Adsorptionsisotherme

ÄDTA, ↗ EDTA.

aerob, im engeren Sinne für biologische Prozesse, die unter Sauerstoffzutritt verlaufen, im weiteren Sinne für alle – auch chem. – Vorgänge in Gegenwart von Luft (Sauerstoff).

Aerosol, Gemisch eines gasförmigen Dispersionsmittels und fester oder flüssiger Bestandteile. A. mit festen Teilchen sind Stäube oder Rauche, solche mit flüssigen Bestandteilen heißen Nebel. Im A. liegen diese Bestandteile in kolloidaler Größe vor.

Affination, Trennung von Gold und Silber, wobei Silber in Schwefelsäure als Sulfat zunächst in Lösung überführt wird.

Affinität, gibt die Triebkraft an, mit der zwei Stoffe miteinander reagieren. Sie ist im Gleichgewichtszustand gleich Null. Durch die Gesetzmäßigkeiten der Thermodynamik ist die A. quantitativ zu ermitteln (↗ Hauptsätze der Thermodynamik).

Agar-Agar, ein ↗ Polysaccharid-Gemisch, das aus Meeresrotalgen gewonnen wird. Etwa 70 % des A. sind ein Mischpolymerisat aus *Agarose* und *Agaropectin. Agarose* besteht aus *D-Galactose* und *3,6-Anhydro-L-Galactose,* welche abwechselnd β-1,4- und α-1,3-glycosidisch verknüpft sind. *Agaropectin* besitzt (z. T. mit Schwefelsäure veresterte) *D-Galactose*-Bausteine in β-1,3-glycosidischer Bindung (Bild). A. ist bei vorsichtigem Erwärmen in Wasser löslich und erstarrt beim Erkalten zu gelatineähnlicher Konsistenz. In dieser Form dient A. als universelles Trägermedium für Nährböden zur Anzucht von Mikroorganismen und Gewebekulturen.

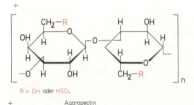

Bausteine des Hauptpolysaccharids im Agar-Agar

Agent Orange, Herbizide (2,4,5-Trichlor-phenoxyessigsäure, 2,4-Dichlor-phenoxyessigsäure), die von der US-Armee zur Entlaubung von Kampfgebieten in Vietnam eingesetzt wurden. Durch starke Überdosierung und Beimengungen anderer, toxischer Nebenprodukte (↗ Dioxin) kam es zu starken Schädigungen von Menschen und Umwelt.

Agglomerieren, Zusammenlagerung einzelner kleiner Feststoffteilchen oder Flüssigkeitströpfchen zu größeren Gebilden (Agglomeraten). Als verfahrenstechnische Grundoperation dient es dem Stückigmachen feinkörniger Stoffe durch verschiedene Bindemechanismen:
- Pelletieren (= Aufbauagglomeration),
- Brikettieren, Tablettieren (= Preßagglomeration),
- Sintern (= Schmelzagglomeration).

Aggregat, Funktionseinheit in der Industrie, die aus mehreren, zusammengeschalteten Maschinen besteht.

Aggregatzustände, Erscheinungsformen der Stoffe nach der inneren Ordnung der Moleküle, Atome oder Ionen in drei Haupttypen: der formbeständige feste A., der volumenbeständige flüssige A. und der form- und volumenunbeständige gasförmige A. Der Übergang von einem A. in einen anderen ist mit einer Energieaufnahme bzw. -abgabe verbunden (Bild). Der Plasmazustand (z.B. ein völlig ionisiertes Gas) wird als vierter A. bezeichnet.

Aglycon, ↗ Glycoside.

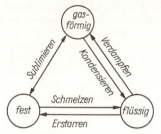

Übergänge zwischen den Aggregatzuständen

AGRICOLA, GEORGIUS (deutsch GEORG BAUER) (24.3.1494 bis 21.11.1555). Der deutsche Arzt und Naturforscher entfaltete eine recht vielseitige Tätigkeit, u.a. verfaßte er eine lateinische Grammatik. Besonders bedeutungsvoll waren seine Schriften über den Bergbau und das Hüttenwesen. Hier beschreibt er die Kenntnisse seiner Zeit, verbunden mit eigenen Beobachtungen und Erfahrungen. Sein Bestreben, die Minerale eindeutig zu charakterisieren, ließ ihn zum Begründer der wissenschaftlichen Mineralogie werden. Bild.

G. AGRICOLA

Agrochemikalien, in der Landwirtschaft verwendete chem. Erzeugnisse (Dünger, Schädlings- und Unkrautbekämpfungsmittel, Wachstumsregulatoren, Bodenverbesserungsmittel, Silierhilfsmittel, veterinärmedizinische Präparate u.a.).

AH-Salz, techn. Kurzbez. für das Hexamethylendiammoniumsalz der Adipinsäure, einem industriellen Ausgangsstoff der ↗ Polyamidherstellung.

Akarizide, Wirkstoffe, die Milben und ihre Entwicklungsstadien vernichten.

Akkumulator, Akku, ↗ galvanische Zelle, die durch annähernd reversible elektrochemische Prozesse eine abwechselnde Abgabe *(Entladung)* und Speicherung *(Aufladung)* elektrischer Energie gestattet (sogenanntes *Sekundärelement*). Beim Aufladen wird durch Anlegen einer Gleichspannung an die elektrischen Pole im Inneren des A. eine ↗

Elektrolyse erzwungen. Die dabei gebildeten Stoffe wandeln sich beim Entladen freiwillig wieder in die Ausgangsstoffe um, wobei eine Gleichspannung entnommen werden kann. Von praktischer Bedeutung sind A. mit großer Speicherkapazität bei kleiner Masse und geringen Energieverlusten. Die breiteste Anwendung fand bisher der Bleiakkumulator (Bild), bei dem folgende Gesamtreaktion abläuft:

$$PbO_2 + Pb \xrightleftharpoons[\text{Entladung}]{\text{Aufladung}} 2\,PbSO_4 + 2\,H_2O$$

Die Entladespannung beträgt 2 bis 1,7 Volt, zum Aufladen benötigt man etwa 2,3 bis 2,7 Volt. Etwa 80 % der aufgenommenen Energie werden wieder abgegeben. Bild.

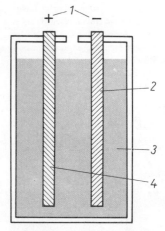

Aufbau eines Bleiakkumulators
1 Pole
2 Blei
3 verdünnte Schwefelsäure
4 Blei(IV)-oxid auf Blei

Aktinolith, Strahlstein (Mg, Fe)$_5$(OH)$_2$Ca$_2$[Si$_4$O$_{11}$]$_2$, häufiges gesteinsbildendes Mineral aus der Gruppe der ↗ Amphibole; bildet grüne, langstenglige Kristalle, die in feinstfasriger Ausbildung als ↗ Asbest bezeichnet werden. A. ist das eisenreiche Endglied einer Mischkristallreihe mit ↗ Tremolit. Er kommt als typischer Bestandteil kristalliner Schiefer vor.
aktivieren, anregen, besonders eine chem. Reaktion anregen (↗ Reaktionskinetik).
aktivierter Komplex, energiereicher Übergangszustand chem. Reaktionen (↗ Reaktionskinetik).
Aktivierungsenergie, ↗ Reaktionskinetik.
Aktivität, in der physikalischen Chemie als wirksame Konzentration (↗ DEBYE-HÜCKEL-Theorie) verwendet. Die Konzentrationen werden mit einem Aktivitätsfaktor *(Aktivitätskoeffizient)* multipliziert; auf die ermittelten A. sind die Gesetze für ideale Lösungen anzuwenden.
Aktivkohle, porenreiche Kohle mit sehr großer Oberfläche und hohem Adsorptionsvermögen. Sie wird durch Erhitzen kohlenstoffhaltiger (org.) Stoffe unter Luftabschluß und bei Gegenwart wasserentziehender Verb. hergestellt. Diese verhindern das nachträgliche Zusammensintern des Kohlenstoffgerüsts. A. wird in breitem Umfang für sehr verschiedenartige Reinigungsprozesse eingesetzt.
Akzeptor, Stoff, der Atome, Moleküle, Elektronen oder Ionen anlagern kann. Basen der ↗ Säure-Base-Theorie nach BRÖNSTED nehmen z. B. Protonen auf, es sind Protonenakzeptoren.
Alabaster, feinkörniges, weißes Gipsgestein, das zu Bildhauerarbeiten benutzt wird. Es ist mit dem Fingernagel ritzbar (↗ Gips).
Alan, Bez. für ↗ Aluminiumhydrid.
Alanat, e Trivialname für ↗ Komplexverbindungen des ↗ Aluminiums, die sich als spezielle ↗ Aluminate vom ↗ Aluminiumwasserstoff ableiten und das Tetrahydridoaluminat-Ion, [AlH$_4$]$^-$, besitzen. Beispiel: Lithiumalanat, Li[AlH$_4$], das wissenschaftlich korrekt Lithiumtetrahydridoaluminat heißen müßte.
L-α-Alanin, Abk. Ala, *L-α-Amino-propionsäure,* CH$_3$—CH(NH$_2$)—COOH, eine proteinogene ↗ Aminosäure. *M*: 89,1. Schmp.: 297 °C.
Alaune sind einheitlich strukturierte Verb. des allgemeinen Typs M^{I}M^{III}(SO$_4$)$_2$ · 12 H$_2$O, die typische Doppelsalze darstellen, isomorph sind, als Oktaeder bzw. Würfel gut kristallisieren und in wäßriger Lösung vollständig dissoziiert vorliegen. M^I gilt hier als einwertig positiv geladenes Metallion von Na$^+$, K$^+$, Rb$^+$, Cs$^+$ und Tl$^+$; M^{III} gilt als dreiwertig positiv geladenes Metallion von Al^{3+} (hauptsächlich), Cr^{3+}, Fe^{3+}, V^{3+}, Ga^{3+} und Mn$^+$. Die wäßrige Lösung reagiert (durch Hydrolyse) sauer und bringt Eiweißstoffe zur Gerinnung (Rasierstein).
Alaunschiefer, Ruß- oder Schwarzschiefer, braunschwarzer bis schwarzer, feinkörniger Tonschiefer, der feinverteilt kohliges Material und Metallsulfide (vor allem Pyrit) enthält. Als Rohstoff ist er bedeutsam wegen seines Gehaltes an Uranium (z. B. Lagerstätte Ronneburg).
Albit, Natronfeldspat, Na(AlSi$_3$O$_8$), Endglied der Mischkristallreihe der ↗ Plagioklase. A. bildet weiße, gut spaltbare Kristalle, vor allem in metamorphen Gesteinen.
Albumine, einfache ↗ Proteine, die besonders in Getreidekörnern und im Blutserum vorkommen, aber auch einen hohen Anteil des Milch- und des Ei-Proteins ausmachen. A. sind gut wasserlöslich,

Aldehyde

leicht kristallisierbar und enthalten reichlich *Glutamin-* und *Asparaginsäure* (bis 25 %). Menschliches Serum-A. (M 67 500) besteht aus 579 Aminosäuren.

Alchemie (Alchimie); eine aus dem Arabischen stammende Bez., bedeutet eigentlich »die Chemie«, meist nur für die vom 4. bis 18. Jahrhundert unternommenen Bemühungen der Verwandlung unedler Metalle in Silber und Gold benutzt. Für die Transmutation suchten die Alchemisten, auch Adepten genannt, nach einem besonderen Stoff, dem ↗ Stein der Weisen, dem außergewöhnliche Eigenschaften zugeschrieben wurden. Bild.

☉	☽	☿	♀	♂	♄	♃
Gold	Silber	Queck-silber	Kupfer	Eisen	Blei	Zinn

Alchemistische Symbole

Aldehyde, R—C⟨H/=O Untergruppe der Carbonylverb. Strukturkennzeichnend ist die Aldehydgruppe, —CHO. Die Namen der gesättigten aliphatischen A. werden aus der Bez. des Stammkohlenwasserstoffes und der Endung -al gebildet. Die Gruppenbez. aliphatischer A. ist Alkanale. Besonders bei aromatischen A. sind Trivialnamen gebräuchlich. Tabelle.
A. kommen in ätherischen Ölen vor und sind Oxydationsprodukte von primären Alkoholen.
A. sind sehr reaktionsfähig. An der C=O-Bindung erfolgen nukleophile Additionen (A_N), denen Substitutions- oder Eliminierungsreaktionen ($A_N S_N$, $A_N E$) folgen können. A. reagieren mit den im folgenden genannten Reagenzien zu den entsprechenden Produkten:

A_N	
Cyanwasserstoff	Cyanhydrin
Halogenwasserstoff	geminales Halogenhydrin
Natriumhydrogensulfit	Natrium-(1-hydroxy-alkansulfonat)
Ethin	Hydroxyalkine
Wasser	geminales Diol
Alkohol	Halbacetal
aktive Methylengruppen	β-Hydroxy-aldehyde (Aldoladdition)
	β-Hydroxy-carbonsäureester (CLAISEN-Reaktion)
Alkylmagnesiumhalogenide	primäre Alkohole mit Methanal, sonst sekundäre Alkohole
$A_N S_N$	
Alkohol	Acetale
$A_N E$	
Ammoniak	Aldehydammoniak → Aldimin
primäres Amin	Azomethin (Schiffsche Base)
Hydroxylamin	Oxim
Semicarbazid	Semicarbazon
Arylhydrazin	Arylhydrazon
Thiosemicarbazid	Thiosemicarbazon

A., die am Nachbarkohlenstoffatom zur Aldehydgruppe keinen Wasserstoff tragen, können keine Aldoladditionen eingehen. Dafür geben sie leicht Disproportionierungsreaktionen (↗ CANNIZZARO- und ↗ TIŠČENKO-Reaktion).
Wichtige A. sind Methanal, Ethanal, Benzaldehyd, Zimtaldehyd u. a. Sie werden meist nach speziellen Verfahren hergestellt.

Aldehyde

Formel	Name	Trivialname	Sdp. in °C
H—CHO	Methanal	Formaldehyd	−21
CH_3—CHO	Ethanal	Acetaldehyd	21
CH_3—CH_2—CHO	Propanal	Propionaldehyd	49
CH_3—$(CH_2)_2$—CHO	Butanal	Butyraldehyd	76
CH_2=CH—CHO	Propenal	Acrolein	52
OHC—CHO	Ethandial	Glyoxal	50
C_6H_5—CHO	Benzaldehyd	Benzaldehyd	179
CH_3O—C_6H_4—CHO	4-Methoxy-benzaldehyd	Anisaldehyd	248
HO—C_6H_4—CHO	2-Hydroxy-benzaldehyd	Salicylaldehyd	196
C_6H_5—CH=CH—CHO	3-Phenyl-propenal	Zimtaldehyd	253
$C_8H_8O_3$	4-Hydroxy-3-methoxy-benzaldehyd	Vanillin	Schmp. 81°C

Aldol, $CH_3-\underset{\underset{OH}{|}}{CH}-CH_2-CHO$, 3-Hydroxy-butanal, Dimerisierungsprodukt des Ethanals. A. wird durch eine basenkatalysierte ↗ Aldoladdition gebildet. A. ist ein Zwischenprodukt bei der Synthese von ↗ Kautschuk aus Ethin.

Aldoladdition, (fälschlich -kondensation), Additionsreaktion zwischen zwei gleichen oder unterschiedlichen Oxoverb. (Aldehyde oder Ketone), wobei einer dieser Reaktionspartner am C-Atom, das der Carbonylgruppe (C=O) benachbart ist, mindestens ein Wasserstoffatom tragen muß. Dessen Umlagerung zur Carbonylgruppe des Reaktionspartners wird durch Protonenakzeptoren (Basen) katalysiert:

$$R^1-\underset{\underset{O}{\|}}{C}-\underset{\underset{R}{|}}{C}-H + \underset{\underset{O}{\|}}{C}-R \xrightarrow{(OH^-)} R^1-\underset{\underset{O}{\|}}{C}-\underset{\underset{R}{|}}{C}-\underset{\underset{OH}{|}}{C}-R$$

Mit R^1 = H bilden sich bei der A. 3-Hydroxy-aldehyde. Analog entstehen mit R^1 = Alkyl 3-Hydroxy--ketone (Ketole, in diesem Fall wird die Reaktion auch Ketoladdition genannt).

Aldrin, Insektizid, das als Kontakt- und Fraßgift wirkt. Nach seiner Zusammensetzung gehört es zur Gruppe höhercyclischer polychlorierter Alkane.

aliphatisch, Bez. für eine org. Verb. oder den Substituenten einer org. Verb., die eine nichtcyclische Kohlenstoffkette besitzt.

Alit, Tricalciumsilicat, $3\,CaO\cdot SiO_2$, Hauptbestandteil des Portlandzement-Klinkers.

Alizarin, 1,2-Dihydroxy-anthrachinon, ein orangefarbiger Stoff, der sich in Alkalien mit violetter Farbe löst. A. kommt in der Krapp-Wurzel als Glycosid vor und wurde bereits im Altertum zum Färben von Baumwolle, Wolle und Seide benutzt. A. ist ein ↗ Beizenfarbstoff aus der Gruppe der Alizarinfarbstoffe, der auf Fasern, die mit Aluminiumsalzen gebeizt sind, einen sehr beständigen Farblack (Türkischrot) erzeugt. Mit Eisensalzen gibt A. einen violetten und mit Chromiumsalzen einen braunen Farblack.
Die Struktur von A. ist 1868 von GRAEBE und LIEBERMANN als Anthracenderivat aufgeklärt worden. A. war damit der erste synthetisch hergestellte Naturfarbstoff.

Alizarin

Alkahest, ein angenommenes Universallösungsmittel, nach dem man im Mittelalter eifrig suchte, dem auch besondere Eigenschaften zugeschrieben wurden.

Alkalichloridelektrolyse ↗ Chloralkalielektrolyse.

Alkalien, Hydroxide der Alkalimetalle, insbesondere des Natriums und des Kaliums. Farblose, leicht schmelzbare Massen, gut in Wasser löslich. Ihre Lösungen reagieren stark basisch (alkalische Reaktion) und wirken ätzend auf Haut und Schleimhäute. Beim Arbeiten mit A. ist eine Schutzbrille zu tragen.

Alkalimetalle, Bez. für alle Elemente der 1. Hauptgruppe des PSE (↗ Hauptgruppenelemente, 1. Hauptgruppe des PSE).

Alkalimetrie, spezieller Fall der ↗ Neutralisationstitration. Zu einer genau bekannten Menge Hydroxidlösung unbekannter Konzentration wird bis zum ↗ Äquivalenzpunkt Säure einer bekannten Konzentration gegeben. Der Äquivalenzpunkt wird am Farbumschlag eines zugegebenen ↗ Indikators erkannt. Aus dem Volumen der verbrauchten Säure kann der Gehalt der Hydroxidlösung bestimmt werden, ↗ Volumetrie.

Alkalischmelze, wichtiges techn. Verfahren zur Herstellung von Phenolen aus aromatischen ↗ Sulfonsäuren durch Schmelzen mit Natriumhydroxid. Kupferkatalysiert ist auch durch A. ein Halogenaustausch an Halogenaromaten möglich.

Alkaloide, Sammelbez. für eine große Gruppe chem. sehr verschiedenartiger pflanzlicher Gifte. Es handelt sich in der Regel um basisch reagierende heterocyclische Substanzen mit Stickstoff im Ringsystem. A. werden gewöhnlich nach ihrer Synthese nicht wieder in den pflanzlichen Stoffwechsel einbezogen, sondern als Stoffwechselendprodukt angereichert. Unabhängig von der generellen Giftigkeit wirken manche A. in geringen Dosen anregend oder können als hochwirksame Pharmaka eingesetzt werden. Bisher sind mehr als 1 200 natürliche A. gefunden worden. Besondere Bedeutung haben unter anderem ↗ Nicotin, ↗ Colchicin, ↗ Tropanalkaloide und ↗ Purinalkaloide.

Alkanale, $R-C\underset{\diagdown O}{\overset{\diagup H}{}}$ Alkanderivate mit der ↗ Aldehydgruppe, die sich durch Oxydation primärer Alkohole bilden und zu Carbonsäuren oxydiert werden können.

Alkane, *(Paraffine),* wichtigste Gruppe der gesättigten, kettenförmigen Kohlenwasserstoffe mit der allgemeinen Summenformel C_nH_{2n+2}. Die Namen der Stammverbindungen haben die Endung -an, der einwertige Rest die Endung -yl (Alkyl), der zweiwertige Rest -yliden bei geminalen Bindungen (Alkyliden), bei endständigen Bindungen -ylen (Alkylen), während der dreiwertige Rest mit geminalen Bindungen die Endung -ylidin im Namen aufweist, z. B.:

CH_3—CH_3 Ethan, CH_3—CH_2— Ethyl-, CH_3—CH= Ethyliden-, —CH_2—CH_2— Ethylen (Dimethylen), CH_3–C≦ Ethylidin.

Bei A. mit 4 und mehr Kohlenstoffatomen sind Kettenverzweigungen möglich (Tabelle 1), die zu Isomeren, den Isoalkanen, führen, z. B.: Summenformel C_4H_{10}

CH_3–CH_2–CH_2–CH_3 CH_3–CH–CH_3
                                         |
                                        CH_3
Butan   2-Methyl-propan
                                Isobutan

Tabelle 1
Isometrie der Alkane

Alkan	Ketten-isomere	Stereo-isomere	Isomeren-zahl
C_4H_{10}	2	–	2
C_5H_{12}	3	–	3
C_6H_{14}	5	–	5
C_7H_{16}	9	2	11
C_8H_{18}	18	6	24
C_9H_{20}	35	20	55
$C_{10}H_{22}$	75	61	136
$C_{11}H_{24}$	159	229	388
$C_{14}H_{30}$	1 858	5 384	7 242
$C_{20}H_{42}$	366 319	3 029 645	3 395 964

Die A. sind farblos, brennbar und mit Wasser nicht mischbar (Tabelle 2). Gasförmige A. oder deren Dämpfe bilden mit Luft explosive Gemische. Flüssige A. mit mittlerer Kettenlänge sind Inhaltsstoffe des Benzins und bedingen dessen Geruch. A. kommen im Erdgas, Erdöl, Erdwachs und in den Destillationsprodukten des Holzes, des Torfes und der Kohlen vor. Die Trennung der gasförmigen A. aus Erdgas oder Gasen der Erdölaufbereitung erfolgt durch fraktionierte Tieftemperaturdestillation. Die Fraktionen des Erdöls werden durch Destillation getrennt. Höhersiedende Anteile des Erdöls werden durch tiefere Spaltung in wertvollere kurzkettige A. umgewandelt. A. können aus Kohle durch Hydrierung und über Synthesegas nach dem ↗ FISCHER-TROPSCH-Verfahren gewonnen werden. Verzweigte A. haben höhere ↗ Octanzahlen und werden deshalb durch katalytische Isomerisierung geradkettiger A. oder Alkylierung von Alkenen hergestellt. Eine Trennung von verzweigten und geradkettigen A. ist durch Kristallisation mit Harnstoff möglich, dessen Kristalle nur die unverzweigten A. einschließen.

Die Darstellung der A. im Laboratorium erfolgt durch ↗ Decarboxylierung von Natriumsalzen der Carbonsäuren in Gegenwart von Natriumhydroxid oder Natronkalk, durch Hydrolyse von Alkylmagnesiumhalogeniden (↗ GRIGNARD-Verbindungen) oder durch Elektrolyse von Alkalisalzen der Carbonsäuren (↗ KOLBE-Alkan-Synthese).

A. sind wichtige Energieträger, gasförmige A. wer-

Tabelle 2
Eigenschaften der Alkane

	C-Zahl	Namen	Schmp. in °C	Sdp. in °C	Gefahr-klasse	Octan-zahl
gasförmig	1	Methan	−182,5	−161,5	–	–
	2	Ethan	−172,1	−88,6	–	–
	3	Propan	−187,1	−42,2	–	–
	4	Butan	−138,2	−0,5	–	90
	4	Methylpropan	−159,4	−11,7	–	97
flüssig	5	Pentan	−129,7	36,0	A 1	62
	6	Hexan	−95,2	68,7	A 1	26
	6	2,3-Dimethyl-butan	−128,4	58,0	A 1	94
	7	Heptan	−90,6	98,4	A 1	0
	7	2,2,2-Trimethyl-butan	−24,9	80,9	A 1	>100
	8	Octan	−56,8	125,6	A 1	<0
	8	2,2,4-Trimethyl-pentan (Isooctan)	−109,6	117,6	A 1	100
	10	Decan	−29,6	174,0	A 2	–
	16	Hexadecan	18,1	280	A 2	–
fest	17	Heptadecan	21,7	303	–	–
	18	Octadecan	28	308	–	–
	30	Triacontan	66			

Alkanole

den als Heizgase, mittelkettige mit C-Zahlen von etwa 6 bis 8 als Vergaserkraftstoffe, längerkettige als Dieselkraftstoff, Heiz- oder Schmieröl genutzt. Die niedrigsiedenden, flüssigen A. sind Lösungsmittel für Lacke und Fette und eignen sich zur Fettextraktion.

Aus A. werden eine Vielzahl technisch wichtiger Verbindungen hergestellt. Durch Oxydation werden Fettsäuren erhalten, die zur Seifenherstellung benötigt werden. Durch Sulfoxydation oder Sulfochlorierung werden Ausgangsstoffe für Waschmittel gewonnen. Katalytische Dehydrierung führt zu Olefinen, die selbst wieder zum Aufbau weiterer Verbindungen wichtig sind, wie Ethen für Polyethylen, Propen für Polypropylen, Butadien für Elaste oder zur Synthese von aliphatischen Alkoholen oder Carbonsäuren über die ↗ Oxosynthese oder von Isoalkanen.

Alkanole, R—OH, bedeutende Untergruppe aus dem Bereich der organischen Hydroxylverbindungen, zu denen ↗ Alkohole, ↗ Enole und ↗ Phenole gehören. Im engeren Sinn sind A. Alkohole mit rein aliphatischen Kohlenwasserstoffresten.

Alkanone, R—C(=O)—R, Untergruppe der ↗ Ketone.

Alkansulfonate, Me⁺(R—SO₃)⁻, Salze der stark sauren ↗ Alkansulfonsäuren, bei denen im Unterschied zu den Alkylsulfaten die Alkylgruppe nicht über Sauerstoff, sondern direkt an den Schwefel gebunden ist. A. mit längeren Alkylgruppen und Natrium als Kation neutrale ↗ Waschmittel. Da die A. der Erdalkalien wasserlöslich sind, bleiben A. unempfindlich gegen die Härtebildner des Wassers.

A. werden durch ↗ Sulfochlorierung von Alkanen in einer radikalischen Substitutionsreaktion und nachfolgender Umsetzung mit Natronlauge

$$R-\underset{H}{\underset{|}{C}H}-R^1 \xrightarrow[-HCl]{+SO_2,Cl_2} R-\underset{SO_2Cl}{\underset{|}{C}H}-R^1$$

Alkan   Alkansulfochlorid

$$\xrightarrow[NaCl, H_2O]{+2\,NaOH} Na^+ \left[R-\underset{SO_3^\ominus}{\underset{|}{C}H}-R^1 \right]^-$$

Natriumalkansulfonat

oder durch ↗ Sulfoxydation von Alkanen und Neutralisation des Reaktionsproduktes mit Natronlauge hergestellt:

$$R-\underset{H}{\underset{|}{C}H}-R^1 \xrightarrow{+SO_2, 1/2\,O_2} R-\underset{SO_3H}{\underset{|}{C}H}-R^1$$

Alkan   Alkansulfonsäure

$$\xrightarrow[-H_2O]{+NaOH} Na^+ \left[R-\underset{SO_3^\ominus}{\underset{|}{C}H}-R^1 \right]$$

Natriumalkansulfonat

Alkansulfonsäuren, R—SO₃H, Zwischenprodukte bei der Herstellung der als Waschmittel wichtigen ↗ Alkylsulfonate. A. sind stark saure, hygroskopische Verb. Sie werden aus Alkanen durch ↗ Sulfoxydation erhalten.

Alkene, *(Olefine)*, ungesättigte Kohlenwasserstoffe mit einer C=C-Doppelbindung und der allgemeinen Summenformel C_nH_{2n}. Der Name endet mit -en. Die Lage der Doppelbindung wird mit der Nummer des C-Atoms, von dem sie ausgeht, angegeben, z. B. CH₃—CH=CH—CH₃ But-2-en.

Name	Formel	Schmp. in °C	Sdp. in °C
Ethen (Ethylen)	H₂C=CH₂	−169,5	−103,7
Propen	CH₃—CH=CH₂	−185,2	−47,7
But-1-en	CH₃—CH₂—CH=CH₂	−130,0	−6,4
But-2-en, cis	CH₃\CH=CH/CH₃	−139,3	3,7
But-2-en, trans	CH₃\CH=CH/CH₃	−105,8	0,9
Pent-1-en	CH₃—CH₂—CH₂—CH=CH₂	−166,2	30,0
Hex-1-en	CH₃—(CH₂)₃—CH=CH₂	−139,0	63,5
Hept-1-en	CH₃—(CH₂)₄—CH=CH₂	−119,1	93,6
Oct-1-en	CH₃—(CH₂)₅—CH=CH₂	−104,0	123,0

Das A. mit $n = 1$ ist ·CH$_2$·, bzw. dessen spinkompensierte Form CH$_2$| ist aber sehr kurzlebig. Somit ist das erste stabile Glied der homologen Reihe der A. das Ethen. Durch die π-Bindung sind die C-Atome der Doppelbindung gegeneinander nicht frei drehbar. Bei unterschiedlichen Substituenten an jedem der beiden C-Atome tritt ↗ cis-trans-Isometrie auf.
Die A. sind farblose, brennbare Verb., die leichter als Wasser sind, sich nicht darin lösen und höhere Schmelzpunkte als die entsprechenden Alkane besitzen (Tabelle, S. 24).
A. werden durch Dehydrierung von Alkanen, durch Dehydratisierung von Alkoholen hergestellt oder aus den Crackgasen der Erdölverarbeitung isoliert. Im Labor gewinnt man vorwiegend die A. durch Dehydratisierung von Alkoholen mit konz. Schwefel- oder Phosphorsäure oder durch Dehalogenierung von vicinalen Dihalogenalkanen mit Zink.
Die C=C-Bindung ist sehr reaktionsfähig. Die meist elektrophil ablaufenden Additionsreaktionen sind mit Halogenen zu vicinalen Dihalogenalkanen, mit Wasser zu Alkoholen, mit Mineralsäuren zu Alkylestern, mit Halogenwasserstoff zu Halogenalkanen, mit unterchloriger Säure (H$_2$O/Cl$_2$) zu Chlorhydrinen, mit Kohlenmonoxid und Wasserstoff (Oxosynthese) zu Alkoholen und Aldehyden mit Oxydationsmitteln zu vicinalen Diolen u. a. möglich. Hydrierung und Polymerisation verlaufen meist radikalisch.
A. sind wichtige Ausgangsstoffe für chemische Synthesen. Aus Ethen werden z. B. erhalten: Ethanol, Ethylenoxid, Ethandiol, Acetonitril, Diethylsulfat, Dibromethan, 2-Chlor-ethanol, Ethylbenzen, aus denen selbst wieder eine Vielzahl von Folgeprodukten herstellbar sind. Von besonderer Bedeutung sind jedoch Ethen und Propen für die Produktion der wichtigen Thermoplaste Polyethylen und Polypropylen.
Alkine, Gruppe von ungesättigten, kettenförmigen Kohlenwasserstoffen mit einer C≡C-Dreifachbindung und der allgemeinen Summenformel C$_n$H$_{2n-2}$. Der Name der Verb. endet mit -in. Die Lage der Dreifachbindung wird mit der Zahl des C-Atoms angegeben, von dem sie ausgeht. Durch die sp-Hybridisierung besteht die Dreifachbindung aus einer σ-Bindung und zwei rechtwinklig zueinander stehenden π-Bindungen. Dieses Bindungssystem ist sehr energiereich und thermodynamisch instabil. Durch die besondere, rotationssymmetrische π-Elektronenanordnung werden elektrophile Additionsreaktionen gegenüber der C=C-Doppelbindung erschwert und die Elektronegativität der C-Atome der Dreifachbindung erhöht, demnach also die Ablösung des Wasserstoffs als Proton erleichtert. A. mit endständigen Dreifachbindungen sind schwache Säuren. Sie lösen sich merklich in Wasser und bilden mit Schwermetallen stabile, aber in trockenem Zustand explosive Salze (↗ Acetylide).
Während die Siedepunkte der A. mit der C-Zahl steigen, sind die Schmelzpunkte stark alternierend. Tabelle.

Alkine

C-Zahl	Name	Schmp. in °C	Sdp. in °C
2	Ethin (Acetylen)	−81,8	
3	Propin (Methylacetylen)	−101,5	−23,3
4	But-1-in (Ethylacetylen)	−122,5	8,6
4	But-2-in (Dimethylacetylen)	−32,2	27,2
5	Pent-1-in	−98,0	39,7
6	Hex-1-in	−124,0	71,4
7	Hept-1-in	−81,0	99,6
8	Oct-1-in	26,0	

A. werden durch Dehydrohalogenierung von geminalen Dihalogenverb., die aus Ketonen mit Phosphorpentachlorid zugänglich sind, mit Alkalien erhalten. Aus vicinalen Dihalogenverb. bilden sich Allen- und Alkinderivate nebeneinander. Die unbeständigeren Allene lagern sich jedoch bald in die entsprechenden A. um. Das wichtigste A. ist das ↗ Ethin, das aus Calciumcarbid gewonnen wird und damit ein Produkt der Kohlechemie ist. Andere Verfahren zur Ethinherstellung sind weniger von Bedeutung.
Die Reaktionen der A. sind am Beispiel des Ethins erläutert.
Alkoholate, salzähnliche Verb., bei deren Bildung das H-Atom der Hydroxylgruppe durch Metallionen ersetzt wird. Das nach Abspaltung des Protons gebildete Alkoholation ist das Anion. A. hydrolysieren in Wasser vollständig. A. werden in der Synthese häufig als Katalysatoren benutzt, z. B. bei der MEERWEIN-PONNDORF-Reaktion, bei der Aldehyde zu Alkoholen reduziert werden.
Alkohole, org. Verb., die eine oder mehrere Hydroxylgruppen im Molekül enthalten. Eine große Untergruppe sind die Alkanole. OH-Gruppen finden sich aber auch in vielen anderen Verb., wie in substituierten Carbonsäuren (Milchsäure) oder Zuckern.

Alkohole

Abhängig von der Ordnung des C-Atoms, an das die OH-Gruppe gebunden ist, wird unterschieden:

R—CH₂—OH
primäre Alkohole

R—CH—R¹
|
OH
sekundäre Alkohole

tertiäre Alkohole

Der Name eines A. wird durch Anfügen der Endung -ol an den Namen des Stammkohlenwasserstoffs gebildet. Wenn notwendig, wird die Stellung der OH-Gruppe angegeben, z. B.:

CH₃—CH₂—CH₂—OH   CH₃—CH(OH)—CH₃
Propan-1-ol   Propan-2-ol

Verb. mit einer OH-Gruppe sind einwertige A. Zweiwertige A. sind die ⌐ Diole. Wenn noch andere Hauptgruppen im Molekül vorhanden sind, wird vor den Stammnamen der Verb. die Stellungsangabe und das Wort »Hydroxy-« gesetzt, z. B.:
CH₃—CH(OH)—COOH   2-Hydroxy-propansäure.

A. mit weniger als 4 C-Atomen sind flüchtige, brennbare, mit Wasser mischbare Flüssigkeiten.

Mit zunehmender C-Zahl sind A. schlechter, mit zunehmender OH-Zahl besser in Wasser löslich. Der Geruch ist besonders bei A. mit C_4 bis C_8 charakteristisch stark. Längerkettige A. riechen angenehmer und werden deshalb in der Parfümerie verwendet. A. mit mehr als 12 C-Atomen sind fest und geruchlos.

A. kommen in der Natur häufig vor, besonders verestert in Fetten, Wachsen und ätherischen Ölen.
Hergestellt werden A. durch Verseifen von Estern, durch Vergären von Zuckern, aus Synthesegas, aus Olefinen durch Hydratisierung oder Oxosynthese oder durch Reduktion von Carbonsäuren.

A. sind sehr schwache Säuren, die mit Metallen Salze bilden können (Alkoholate), die aber in Wasser vollständig hydrolysieren. Primäre A. lassen sich über die Aldehyde zu Carbonsäuren, sekundäre A. zu den Ketonen oxydieren. Tertiäre A. sind beständiger gegen Oxydation. Mit Acylierungsmitteln bilden sich aus A. Ester, mit Alkylierungsmitteln Ether. Die OH-Gruppe kann nucleophil gegen Halogen ausgetauscht werden. Tertiäre A. reagieren leichter mit Halogenwasserstoffsäuren zu den entsprechenden Halogenalkanen als sekundäre oder

Alkohole

Name (Trivialname)	Sdp. in °C	Dichte in g·cm⁻³	Gefahrklasse	Bemerkung
Methanol (Methylalkohol)	65	0,792	B I	einwertig, primär
Ethanol (Ethylalkohol)	78	0,789	B I	einwertig, primär
Propan-1-ol (Propylalkohol)	98	0,804	B II	einwertig, primär
Propan-2-ol (iso-Propylalkohol)	82	0,785	B I	einwertig, sekundär
Butan-1-ol (n-Butylalkohol)	118	0,809	A II	einwertig, primär
Butan-2-ol (sek-Butylalkohol)	99	0,808	A II	einwertig, sekundär
2-Methyl-propan-1-ol (iso-Butylalkohol)	108	0,802	A II	einwertig, primär
2-Methyl-propan-2-ol (tert-Butylalkohol)	82	0,787	B I	einwertig, tertiär
Pentan-1-ol (n-Amylalkohol)	138	0,814	A II	einwertig, primär
Cyclohexanol (Cyclohexylalkohol)	161	0,960	A II	einwertig, cyclisch sekundär
Prop-2-en-1-ol (Allylalkohol)	97	0,854	B II	einwertig, ungesättigt primär
Ethan-1,1-diol (Ethylenglycol)	198	1,113	–	zweiwertig
Propan-1,2,3-triol (Glycerol)	296	1,260	–	dreiwertig

primäre. Durch Eliminierung von Wasser bilden sich A. Olefine.
A. werden als Lösungsmittel für Harze und Lacke verwendet. Ethanol wird in der Spirituosenherstellung eingesetzt und neben Propanol für Kosmetika gebraucht. A. sind Ausgangsstoffe für die Synthese von ↗ Estern, die als Lösungsmittel und Weichmacher verwendet werden. Mehrwertige A. sind in Frostschutzmitteln enthalten. Durch Nitrierung bilden sich aus mehrwertigen A. Sprengstoffe. Tabelle, S. 25.

Alkoholtest, Methode der Atemalkoholbestimmung mittels Gasprüfröhrchen. Diese Röhrchen enthalten mit ↗ Chromschwefelsäure (Lösung von $K_2Cr_2O_7$ in konz. H_2SO_4) getränktes Kieselgel. Beim Test wird durch das Röhrchen eine bestimmte Menge Atemluft in einen Meßbeutel geblasen. Dabei reduziert vorhandener Alkohol $K_2Cr_2O_7$ zu grünem Chromium(III)-sulfat. Aus der Länge der grünen Farbzone kann auf den Blutalkoholgehalt geschlossen werden, die Erfassungsgrenze liegt bei 0,3 ‰. Ein positiver A. erfordert eine ↗ Blutalkoholbestimmung.

$K_2Cr_2O_7 + 3\,CH_3CH_2OH + 4\,H_2SO_4$
orangegelb

$\rightarrow Cr_2(SO_4)_3 + 3\,CH_3CHO + K_2SO_4 + 7\,H_2O$
grün

Alkydharze, Produkte der ↗ Polykondensation von Dicarbonsäuren, meist ↗ Phthalsäure bzw. dessen Anhydrid und mehrwertigen, mindestens dreiwertigen Alkoholen, wie ↗ Propan-1,2,3-triol, Hexantriol (3-Hydroxymethyl-pentan-2,3-diol) oder ↗ Pentaerythritol. Die beiden Komponenten werden auf 150 bis 200 °C erhitzt, wobei unter Wasserabspaltung zunächst lösliche und schmelzbare Polyester entstehen, die noch freie Hydroxylgruppen enthalten, die weiter kondensieren können. Bei der Modifizierung der A. wird zum vorkondensierten Grundharz Fettsäure als Reaktionspartner gegeben (Fettsäuremodifizierte A.). Mit ungesättigten Fettsäuren bilden sich, besonders wenn ungesättigte Dicarbonsäuren (↗ Maleinsäure) im Grundharz vorhanden sind, polymerisationsfähige A. (Ölmodifizierte A.), die mit Sikkativen als Katalysatoren eingesetzt werden.

Alkyl-, einwertige kettenförmige Kohlenwasserstoffreste.

Alkylatbenzine, Hochleistungskraftstoffe mit hoher Octanzahl, die durch katalytische Alkylierung von Isoalkanen mit Olefinen hergestellt werden.

Alkylbenzene, (früher: Alkylbenzole), Verb., bei denen am Benzenring ein oder mehrere H-Atome durch ↗ Alkylgruppen substituiert sind. Das einfachste A. ist das Toluen. Technisch wichtig sind ferner die Xylene und das Ethylbenzen. Ausgangsstoffe für Waschmittel sind A. mit langkettigen Alkylgruppen.
A. werden aus Benzen und Halogenalkanen in einer elektrophilen Substitutionsreaktion (↗ FRIEDEL-CRAFTS-Reaktion) oder aber vorwiegend durch Reaktion des Benzens mit Olefinen in Gegenwart saurer Katalysatoren hergestellt.

Alkylbenzensulfonate, Me^+ $(R—C_6H_4—SO_3)^-$, Salze der Alkylbenzensulfonsäure mit vorwiegend Alkali- oder Triethanolammoniumkationen. A. sind grenzflächenaktive Bestandteile von Waschmitteln. A. mit unverzweigten Alkylgruppen werden in Abwässern leichter abgebaut und belasten damit die Umwelt weniger.
A. werden aus ↗ Alkylbenzenen mit konzentrierter oder rauchender Schwefelsäure durch Sulfonierung und nachträgliche Neutralisation des Reaktionsproduktes mit Alkalilaugen gewonnen.

Alkylchlorsilane, $R—SiCl_3$, $(R)_2SiCl_2$, $(R)_3SiCl$, siliciumorg., reaktionsfähige Verb., von denen besonders Vertreter mit Methyl- und Phenylgruppen zur Herstellung von ↗ Siliconen wichtig sind. Die Methylderivate werden nach dem MÜLLER-ROCHOW-Verfahren aus Methylchlorid und Silicium im Gemisch mit katalytisch wirkendem Kupferpulver bei etwa 300 °C hergestellt. Die unterschiedlich alkylierten Chlorsilane werden durch Destillation getrennt.

Alkylierung, chem. Reaktion, bei der Alkylgruppen in org. Verb. eingebaut werden. Die Übertragung der Alkylgruppen erfolgt mit Hilfe von ↗ Alkylierungsmitteln.

Alkylierungsmittel, reaktionsfähige Verb. mit Alkylgruppen, die fähig sind, diese in andere Verb. zu übertragen. Wichtige A. sind die ↗ Alkylhalogenide und die ↗ Dialkylsulfate.

Alkylnaphthalensulfonate, Verb., die den ↗ Alkylbenzensulfonaten entsprechen, denen sie in ihren Eigenschaften ähnlich sind. Sie werden ebenfalls als Waschmittel verwendet.

Alkylphenole, Derivate des Benzens mit einer Hydroxylgruppe und ein oder mehreren Alkylgruppen am Ring. Wichtig sind die Methylphenole (Kresole) und die Dimethylphenole (Xylenole). A. werden aus Phenolen durch Alkylierung nach FFRIEDEL-CRAFTS mit Halogenalkanen oder mit Alkenen hergestellt.

Alkylsulfate, $R—O—SO_3H$, Halbester der Schwefelsäure, in der eine OH-Gruppe durch die Alkoxygruppe (R—O—) ersetzt ist. A. bilden sich leicht aus Alkoholen und konzentrierter Schwefelsäure unter Wasserabspaltung.

Allantoin

Natriumsalze von A. mit langkettigen Alkylgruppen (etwa 10 bis 18) sind grenzflächenaktive Ausgangsstoffe für Waschmittel. Der für die Verb. häufig verwendete Name »Fettalkoholsulfate« ist auf die Herstellung der langkettigen Alkohole durch Reduktion von Fettsäuren zurückzuführen.

Allantoin, 5-Ureido-hydantoin, ein Imidazolidinderivat, das im Organismus durch Abbau der ↗ Harnsäure gebildet wird. A. wird aus Harnsäure durch Oxydation hergestellt. A. wird als entzündungshemmender Zusatz in Kosmetika und in der Pharmazie verwendet.

$$H-N-C=O$$
$$O=C\diagdown N\diagup CH-NH-CO-NH_2$$
$$H$$
Allantoin

Allen, Trivialname für das ↗ Propadien. Allene sind Verb. mit einer kumulierten ↗ Dienstruktur.

Allotropie, Bez. der Eigenschaft chem. Elemente, in verschiedenen ↗ Modifikationen auftreten zu können.

Alloxan, Derivat des hydrierten ↗ Pyrimidins. A. wird durch Oxydation von Harnsäure mit Salpetersäure erhalten. A. färbt die Haut rot und ist deshalb ein Ausgangsstoff für bestimmte Kosmetika.

Alloxan

Allyl-, Trivialname für den Rest $CH_2=CH-CH_2-$ (Prop-2-enyl-).

Allylalkohol, Trivialname für das ↗ Prop-2-en-1-ol.

Allylisothiocyanat, ↗ Prop-2-enyl-isothiocyanat.

Allylsenföl, nicht mehr zulässige Bez. für das Prop-2-enyl-isothiocyanat.

Almandin, ↗ Granat.

Alpaka, Bez. für ↗ Neusilber.

Alphastrahlen, α-Strahlen, ↗ Radioaktivität.

Altemulsionen, Öl-Wasser-Emulsionen, die bei der spanenden Bearbeitung in metallverarbeitenden Betrieben als Kühlschmiermittel verwendet werden und mit Metallspänen u. a. verunreinigt sind. Sie enthalten spezielle Emulgatoren zur Stabilisierung sowie Zusätze von Antioxidantien, Korrosionsinhibitoren und Antischaummitteln. Ihre durchschnittliche Zusammensetzung ist Wasser 95%, Öle (überwiegend Spindelölraffinate) 4%, Emulgatoren und Zusätze 1%. Ziel der Aufarbeitung von A. ist es, den Wasserschadstoff Öl von Vorflutern fernzuhalten, anzureichern und vor allem energetisch zu nutzen. Die Emulsion wird dazu gespalten, um die dispergierten Öltröpfchen zusammenlagern zu können, ↗ Emulsionsspaltung.

Altern der Plaste, über einen längeren Zeitraum vor sich gehende Veränderung dieser Werkstoffe durch Abbauvorgänge unter dem Einfluß der jeweiligen Umwelteinflüsse (besonders UV-Anteil des Sonnenlichts). Das A. ist mit einer Verschlechterung der Werkstoffeigenschaften verbunden.

Altformsand, Abprodukt in Gießereianlagen, das neben Quarz in enger Korngrößenverteilung Bentonit, Phenolharz und Kohlenstaub enthält. Er kann mechanisch-thermisch regeneriert und in einem betrieblichen Stoffkreislauf wiedergenutzt werden.

Altöl, in seinen Eigenschaften durch Alterung oder Verunreinigung verändertes industrielles Abprodukt sehr unterschiedlicher Zusammensetzung (Motoren-, Verdichter-, Industrie-, Transformatoren- und Turbinenöl). Es wird z.B. in Öl-Asche-Mischungen energetisch genutzt oder destillativ zu Schmieröl aufbereitet. 1984 wurden in der DDR bereits 26% des Schmierölbedarfs durch Zweitraffinate gedeckt.

Altpapier, wichtiger Sekundärrohstoff zur Senkung des Holzbedarfes als Primärrohstoff. Hauptproblem der Verarbeitung ist die Entfernung von Druckfarbepartikeln (durch ↗ Flotation) sowie von Spezialzusätzen. International werden z. Z. etwa 50% der Papierproduktion durch Verwendung von Altpapier erzielt.

Alttextilien, Abfälle aus Geweben, Gewirken und Gestricken sowie faser- und fadenförmige Produktionsabfälle. Infolge des hohen Anteils synthetischen Fasermaterials vor allem als Mischfasergewebe besteht nur eingeschränkte Möglichkeit für die Verwertung in der Textilindustrie. Verfahren zur Herstellung von Dämmplatten, zur Nutzung als Dränagehilfsmittel bzw. chem. Aufschlußverfahren sind bekannt. In der DDR steht der Reißfasereinsatz für die Garnherstellung, die Herstellung von Schichtträgern für Fußbodenbelag und die Verwertung als Dachpappengrundmaterial im Vordergrund.

Aluminate, Komplexverbindungen des ↗ Aluminiums, bei denen Al(III) als Zentralatom im Anion fungiert. Ein Beispiel hierfür ist das Trinatriumhexafluoroaluminat, $Na_3[AlF_6]$.

Aluminium,

Al $\quad Z = 13$
$A_{r\,(1981)} = 26{,}981\,54$
Ek: [Ne] $3s^2 3p^1$
OxZ: +1, (+2), +3
$X_E = 1{,}61$
Elementsubstanz:
Schmp. 650 °C
Sdp. 1110 °C
$\varrho = 1{,}741$ kg·l^{-1}

chem. Element ($\nearrow$ Elemente, chem.).

Aluminium, Symbol: Al, 2. Element der 3. Hauptgruppe des PSE ($\nearrow$ Hauptgruppenelemente, 3. Hauptgruppe des PSE). A. ist die Bez. für alle Atome, die 13 positive Ladungen im Kern (also 13 Protonen) besitzen: Kernladungszahl $Z = 13$. Die Hülle des neutralen Atoms besteht aus 13 Elektronen, von denen drei als Valenzelektronen die Konfiguration $3s^2 3p^1$ besitzen. In Verb. werden drei verschiedene Oxydationsstufen eingenommen, die durch die Oxydationszahlen OxZ +1, (+2) und +3 charakterisiert sind. Von den Verb. des A. sind die durch die Oxydationszahl OxZ +3 charakterisierten die stabilsten und häufigsten. A. ist 1825 von OERSTEDT durch Reduktion des Chlorids mit Kaliumamalgam erstmalig als Metall dargestellt worden. WÖHLER verbesserte diese Methode durch Verwendung von metallischem Kalium als Reduktionsmittel. HEROULT und HALL gelang 1886 die elektrolytische Darstellung. Aluminiumverbindungen sind in der Natur als Mineralien weit verbreitet: *Bauxit*, AlO(OH), auch Aluminiummetahydroxid genannt, ist das bedeutendste Aluminiummineral, das vorwiegend zur Gewinnung des Metalls verwendet wird. Ferner besitzen Bedeutung:

Feldspäte:
Kalifeldspat, Orthoklas, K[AlSi$_3$O$_8$];
Natronfeldspat, Albit, Na[AlSi$_3$O$_8$];
Kalkfeldspat, Anortit, Ca[Al$_2$Si$_2$O$_8$].

Glimmer:
Kaliglimmer, Muskovit, KAl$_2$[AlSi$_3$O$_{10}$](OH,F)$_2$;
Sprödglimmer, Margarit, CaAl$_2$[Al$_2$Si$_2$O$_{10}$](OH)$_2$;
Lithionglimmer, Lepidolith, KLi$_2$Al[Si$_4$O$_{10}$](OH,F)$_2$;

weitere Minerale:
Kryolith, Eisstein, Na$_3$[AlF$_6$];
Nephelin, Na[AlSiO$_4$];
Leuzit, K[AlSi$_2$O$_6$] und
Korund Al$_2$O$_3$.

Die Edelsteine *Rubin* (rot) und *Saphir* (blau) stellen durch geringe Mengen von Metalloxiden gefärbten Korund dar. Die Elementsubstanz, d. h. das metallische A., wird durch Reduktion von Aluminiumchlorid mit metallischem Kalium:

AlCl$_3$ + 3 K → Al + 3 KCl

oder durch Schmelzflußelektrolyse von Aluminiumoxid, Al$_2$O$_3$, dem Natriumhexafluoroaluminat, Na[AlF$_6$] und Calciumfluorid, CaF$_2$, zugesetzt ist, dargestellt. Die Elementsubstanz ist ein silberglänzendes Leichtmetall von ausgezeichnetem Lichtreflexionsvermögen, guter Formbarkeit, guter elektrischer Leitfähigkeit (65% der des Kupfers) und guter Wärmeleitfähigkeit (50% der des Kupfers).

Eine dünne Oxidschicht schützt das relativ unedle Metall vor chem. Einflüssen. Die chem. Reaktionsfähigkeit ist groß: Mit der Elementverbindung Sauerstoff erfolgt direkte Oxydation nach Entzündung:

4 Al + 3 O$_2$ → 2 Al$_2$O$_3$, $\Delta_B H = -1675$ kJ·mol^{-1}

unter Wärmeabgabe; mit Oxiden (edlerer Metalle) vollziehen sich heftige, stark exotherme Reaktionen, die als Aluminothermie (bzw. aluminothermische Reaktionen) bezeichnet werden und z. T. große technische Bedeutung erlangt haben, z.B.:

3 Fe$_3$O$_4$ + 8 Al → 4 Al$_2$O$_3$ + 9 Fe

mit nichtoxydierenden Säuren setzt sich Aluminium wie ein Alkali- oder Erdalkalimetall um:

2 Al + 6 HCl → 2 AlCl$_3$ + 3 H$_2$↑

mit Natronlauge (Natriumhydroxid) und Wasser reagiert metallisches A. zum Natriumaluminat (wobei ebenfalls Diwasserstoff entsteht):

2 Al + 2 NaOH + 6 H$_2$O → 2 Na[Al(OH)$_4$] + 3 H$_2$↑

schließlich zeigt sich die amphotere Verhaltensweise des A. an der Reaktionsweise des Aluminiumhydroxids:

a) Aluminiumhydroxid reagiert wie eine Base:

Al(OH)$_3$ + 3 HCl → AlCl$_3$ + 3 H$_2$O,

wenn es mit einer nichtoxydierenden Säure zu einem Salz und Wasser neutralisiert wird;
b) es reagiert wie eine Säure:

H$_3$AlO$_3$ + 3 NaOH → Na$_3$[Al(OH)$_6$],

wenn es mit einem Alkalihydroxid zu einem Salz der Aluminiumsäure neutralisiert wird. Metallisches A. stellt ein wertvolles Leichtmetall dar, das, in vielen Legierungen eingesetzt, im Flugzeug- und Schiffbau vielfältige Verwendung findet. Es wird zu Folien verarbeitet, stellt ein wertvolles Material in der Elektroindustrie dar und ist wesentlicher Bestandteil der Aluminothermie.

Aluminiumbronzen, sehr korrosionsbeständige Aluminium-Kupfer-Legierungen mit etwa 10% Aluminiumanteil.

Aluminium(III)-chlorid, AlCl$_3$, entsteht durch direkte Umsetzung von metallischem Aluminium

Aluminiumhydrid

mit molekularem Chlor:
$2\,Al + 3\,Cl_2 \rightarrow 2\,AlCl_3$, $\Delta_B H = -705{,}5\,kJ \cdot mol^{-1}$
sublimiert bei 180 °C, kristallisiert mit 6 Molekülen Wasser und bildet mit Schwefelwasserstoff, H_2S, Schwefeldioxid, SO_2, Ammoniak, NH_3 u. a. Anlagerungsverbindungen. A. raucht in feuchter Luft durch hydrolytische Spaltung, wobei Chlorwasserstoff entsteht, ist insgesamt sehr hygroskopisch. Wasserfreies A. ist ein guter Katalysator für verschiedene Reaktionen.

Aluminiumhydrid, AlH_3, auch *Alan* genannt, stellt ein polymeres ↗ Hydrid dar, das durch Umsetzung von Aluminiumchlorid mit Lithiumalanat in etherischer Lösung entsteht:
$3\,LiAlH_4 + AlCl_3 \rightarrow 4\,AlH_3 + 3\,LiCl$.
A. ist fest, weiß, nicht kristallin und auch nicht salzartig aufgebaut.

Aluminium(III)-hydroxid, liegt in einer wasserreichen Form: $Al(OH)_3$; Hydrargilit, Aluminiumorthohydroxid, Aluminiumtrihydroxid; und einer wasserarmen Form: $AlO(OH)$, rhombischer Diaspor, Aluminiummetahydroxid, Böhmit; vor. A. sind darüber hinaus, bedingt durch unterschiedliche Kristallstrukturen, in viele Modifikationen unterteilt. Alle A. sind in Wasser schwer löslich und zeigen amphotere Eigenschaften (↗ Aluminium).

Aluminium(III)-oxid,

Al_2O_3	
Schmp.	2 045 °C
Sdp.	3 530 °C

existiert in zwei Modifikationen: α-Al_2O_3, *Korund*, trigonal kristallin, sehr hart, Form des Rubins und Saphirs, wandelt sich oberhalb von 950 °C aus γ-Al_2O_3 in diese beständige Modifikation um. γ-Al_2O_3, *Tonerde*, kubisch kristallin, hygroskopisch. A. kann durch Entwässern von Aluminiumhydroxid dargestellt werden:
$2\,Al(OH)_3 \rightarrow Al_2O_3 + 3\,H_2O$,
wobei α-Al_2O_3 entsteht, wenn Temperaturen über 1 000 °C eingehalten werden, während sich bei einer Temperatur von etwa 420 °C γ-Al_2O_3 bildet. Korund findet als Schleifmittel Verwendung.

Aluminium(III)-sulfat, $Al(SO_4)_3$, ist in wasserfreier Form ein weißes Pulver, mit 18 Molekülen Kristallwasser, $Al_2(SO_4)_3 \cdot 18\,H_2O$, nadelartig kristallisiert. A. reagiert in wäßriger Lösung durch Hydrolyse sauer, bildet leicht ↗ Alaune.

Aluminiumtrialkyle, ↗ Trialkylaluminium.

Aluminothermie, aluminothermisches Verfahren (Oberbegriff Metallothermie), auch GOLDSCHMIDT-Verfahren genannt; Gewinnung hochschmelzender, schwer reduzierbarer Metalle aus ihren Oxiden durch Reduktion mit Aluminium.

Alumosilicate, Sonderform aller ↗ Silicate, bei denen ein Teil der Siliciumatome durch Aluminiumatome ersetzt sind.

Amalgamation, älteres Verfahren zur Gewinnung von Silber oder Gold aus Erzen durch Amalgambildung mit Quecksilber, das dann zur Herstellung der reinen Metalle abgedampft und zurückgewonnen wurde. Heute werden vorwiegend die ↗ Cyanidlaugung oder die Flotation angewandt.

Amalgame, Bez. für Legierungen des Quecksilbers mit anderen Metallen. Bei niedrigen Metallgehalten sind A. flüssig, bei höheren fest. Natriumamalgam bildet sich beim Amalgamverfahren bei der ↗ Chloralkalielektrolyse und wird im Labor als starkes Reduktionsmittel genutzt. A., die Zinn und Silber enthalten, werden für Zahnfüllungen verwendet.

Amalgamverfahren, ↗ Chloralkalielektrolyse.

Amblygonit, $LiAl[(F, OH)PO_4]$, wichtiger mineralischer Rohstoff zur Lithiumgewinnung. Das weiße bis grünlichweiße Mineral ist Bestandteil ↗ pegmatitisch-pneumatolytischer Lagerstätten.

Ameisensäure, Trivialname für die ↗ Methansäure.

Americium,

Am	$Z = 95$
$A_{r(1981)} = [243]$	
Ek: $[Rn]\,5f^7 7s^2$	
OxZ: $+3, +4, +5, +6$	
$X_E = 1{,}3$	
Elementsubstanz:	
Schmp.	1 173 °C
Sdp.	2 600 °C
$\varrho = 13{,}7\,kg \cdot l^{-1}$	

chem. Element (↗ Elemente, chem.).
Americium, Symbol: Am, 6. Element der ↗ Actinoidengruppe, 3. Element der ↗ Transurane. A. ist die Bez. für alle Atome, die 95 positive Ladungen im Kern (also 95 Protonen) besitzen: Kernladungszahl $Z = 95$. A. wurde 1944 durch SEABORG, JAMES, MORGAN und GHIORSO synthetisiert. Es ist ein radioaktives Element, das aus dem Plutoniumisotop ^{239}Pu gewonnen werden kann und als Isotop ^{242}Am, $t_{1/2} = 433\,a$, anfällt. Das Isotop ^{243}Am ist mit einer Halbwertszeit von $t_{1/2} = 7\,650\,a$ das langlebigste und stabilste.

Amethyst, Bez. für bläulich-violette ↗ Quarzkristalle. A. wird als Schmuckstein geschliffen. Er kommt häufig in ↗ Paragenese mit ↗ Achat vor.

Amidine, $R-C{\overset{NH}{\underset{NH_2}{}}}$, stickstoffhaltige Carbonsäurederivate, in denen der doppelt gebundene Sauerstoff durch die Iminogruppe und die Hydroxylgruppe durch die Aminogruppe ersetzt sind. A. zählen zu den stärksten organischen Basen, da durch die Anlagerung eines Protons ein stark mesomeriestabilisiertes Kation gebildet wird,

$$\left[R-C\begin{array}{c} NH_2 \\ \oplus \\ NH_2 \end{array} \right]^+$$

. Die Salze, meist Hydrochloride, sind beständiger als die freien Basen. Amidinhydrochloride werden aus den Imidoesterchloriden mit wasserfreiem Ammoniak hergestellt. A. sind Ausgangsstoffe für die Synthese verschiedener Heterocyclen (Pyrimidine).

Amine, org. Derivate des Ammoniaks, bei denen der Wasserstoff durch Kohlenwasserstoffgruppen substituiert ist. Nach der Art des Austausches wird unterschieden zwischen

$R-NH_2$ $\begin{array}{c} R \\ R^1 \end{array}NH$ $\begin{array}{c} R \\ R^1 \end{array}N-R^2$

primären Aminen   sekundären Aminen   tertiären Aminen

Vom Ammoniumion leiten sich die quartären Ammoniumsalze ab:

$$\left[\begin{array}{cc} R^1 & R^3 \\ \oplus N & \\ R^2 & R^4 \end{array} \right]^+ X^-$$

Da sich an das freie Elektronenpaar des Aminostickstoffs ein Proton anlagern kann (Protonenakzeptoren), sind Amine org. Basen. Die Basizität ist stark von den induktiven und mesomeren Wechselwirkungen der Substituenten und deren sterischen Effekten abhängig. Die Methylgruppe erhöht durch ihren +I-Effekt die Basizität deutlich. Im Trimethylamin ist jedoch durch die sterische Wirkung der drei Methylgruppen das N-Atom abgeschirmt und die Basizität gegenüber Ammoniak nur wenig größer (Tabelle).

Methyl- und Ethylamin sind gasförmig und riechen ammoniakähnlich. Alkylamine mit mittleren Kettenlängen sind flüssig mit typisch fischähnlichem Geruch. Sie verursachen auf der Haut Blasenbildung und Entzündungen. Aromatische A. sind Blut- und Nervengifte. Naphthylamine wirken cancerogen. Primäre, sekundäre und tertiäre A. bilden mit Säuren Salze. Ihre Pikrate eignen sich zur Identifizierung, weil sie gut kristallisieren und einen scharfen Schmelzpunkt besitzen. Primäre A. bilden mit salpetriger Säure ↗ Diazoniumsalze, die nur bei aromatischen Substituenten für die Weiterverarbeitung ausreichend stabil sind. Aliphatische A. geben mit salpetriger Säure Alkohole oder Olefine.

Sekundäre A. lassen sich mit salpetriger Säure zu ↗ Nitrosaminen nitrosieren, die meist gelb oder orange gefärbt und wasserunlöslich sind, während tertiäre A. nicht nitrosierbar sind.

Primäre, sekundäre und tertiäre A. können durch Umsetzung mit Benzensulfochlorid getrennt werden (↗ HINSBERG-Reaktion). Primäre und sekundäre A. sind mit Carbonsäureanhydriden oder

Amine

Name	Formel	Schmp. in °C	Sdp. in °C	Basizitätskonstante
Ammoniak	NH_3	−77,7	−33,4	$1,7 \cdot 10^{-5}$
Methylamin	CH_3-NH_2	−93,5	−6,8	$50,0 \cdot 10^{-5}$
Dimethylamin	$(CH_3)_2NH$	−92,2	6,9	$52,0 \cdot 10^{-5}$
Trimethylamin	$(CH_3)_3N$	−124,0	2,9	$5,5 \cdot 10^{-5}$
Ethylamin	$CH_3-CH_2-NH_2$	−80,5	16,6	$34,0 \cdot 10^{-5}$
Diethylamin	$(CH_3-CH_2)_2NH$	−50,0	55,2	$96,0 \cdot 10^{-5}$
Triethylamin	$(CH_3-CH_2)_3N$	−114,7	89,4	$56,5 \cdot 10^{-5}$
Piperidin	$(CH_2)_5NH$	−17,0	106,3	$160,0 \cdot 10^{-5}$
1,2-Diamino-ethan	$H_2N-CH_2-CH_2-NH_2$	8,5	117,2	$8,5 \cdot 10^{-5}$
1,3-Diamino-propan	$H_2N-(CH_2)_3-NH_2$	−23,5	135,5	$35,0 \cdot 10^{-5}$
Pyridin	$(CH)_5N$	−42,0	115,2	$17,1 \cdot 10^{-10}$
Aminobenzen (Anilin)	$C_6H_5-NH_2$	−6,2	184,4	$3,8 \cdot 10^{-10}$
p-Toluidin (4-Aminotoluen)	$CH_3-C_6H_4-NH_2$	44,5	200,3	$11,8 \cdot 10^{-10}$
N-Methyl-anilin	$C_6H_5-NH-CH_3$	−57,0	196,2	$5,0 \cdot 10^{-10}$
N,N-Dimethyl-anilin	$C_6H_5-N(CH_3)_2$	2,5	193,0	$11,5 \cdot 10^{-10}$
N-Ethyl-anilin	$C_6H_5-NH-CH_2-CH_3$	−63,5	204,7	$129,0 \cdot 10^{-10}$
N,N-Diethyl-anilin	$C_6H_5-N(CH_2-CH_3)_2$	−34,5	216,0	$365,0 \cdot 10^{-10}$
N,N-Diphenyl-amin	$(C_6H_5)_2NH$	52,9	302,0	$76,0 \cdot 10^{-15}$

-chloriden acylierbar zu den entsprechenden Acylaminen. Sie reagieren leicht mit Isocyanaten zu substituierten Harnstoffen und mit Isothiocyanaten zu den entsprechenden Thioharnstoffen.
Aliphatische A. können durch Umsetzung von Alkylhalogeniden mit Ammoniak und Trennung der Reaktionsprodukte, aromatische A. durch Reduktion der entsprechenden Nitroaromaten hergestellt werden.
A. sind vielseitige Ausgangsverbindungen für Synthesen, besonders von Plasten, Arzneimitteln, Pflanzenschutzmitteln, Farbstoffen. Aus A. werden die Isocyanate hergestellt, die für die Produktion von Polyurethanen von Bedeutung sind.
Aminobenzen, C_6H_5—NH_2, Trivialname Anilin, einfachstes aromatisches, primäres Amin. A. wurde erstmals 1826 bei der Zersetzung des Indigos erhalten und im Steinkohlenteer nachgewiesen.
A. ist eine ölige, wenig in Wasser lösliche Flüssigkeit, Sdp. 184,4 °C, die sich an der Luft rasch braun färbt. A. ist giftig (↗ Tabelle Amine).
A. wird durch Reduktion von ↗ Nitrobenzen mit Eisen und Salzsäure oder durch katalytische Hydrierung hergestellt.
Da das freie Elektronenpaar der Aminogruppe an der Mesomerie des Aromatenringes beteiligt ist, erklärt sich die gegenüber aliphatischen Aminen geringere Basizität. Die Aminogruppe erleichtert S_E-Reaktionen wie die Nitrierung, Halogenierung und Sulfonierung. Die Produkte dieser Reaktionen sind ebenso wie A. wichtige Ausgangsverbindungen zur Synthese von Farbstoffen, Textilhilfsmitteln, Arzneimitteln u. a.
p-Amino-benzensulfonsäureamide, H_2N—C_6H_4—SO_2—NH—R, sind die Amide der ↗ Sulfanilsäure. A. sind stark antibakteriell wirksam. Diese Gruppe der Arzneimittel wird als Sulfonamide bezeichnet. Durch Variation des Substituenten R werden A. mit spezifischen Wirkungen gegen Bakterien entwickelt. Vorwiegend sind heterocyclische Substituenten in den Wirkstoffen zu finden. Durch Entwicklung von Resistenzerscheinungen ist die Suche nach weiteren wirksamen A. erforderlich.
Aminobenzoesäuren, H_2N—C_6H_4—$COOH$, drei isomere aromatische Aminosäuren:

o-Amino-benzoesäure
Anthranilsäure
Schmp. 146 °C

m-Amino-benzoesäure
Schmp. 174 °C

p-Amino-benzoesäure
PAB
Schmp. 188 °C

ortho-A. kommt als Ester in der Natur vor (orangenblütenähnlicher Geruch), wird aus o-Nitro-toluen über die o-Nitro-benzoesäure oder über einen Säureamidabbau aus Phthalimid hergestellt und zur Synthese von Farb- und Riechstoffen verwendet.
meta-A. wird durch Reduktion von m-Nitro-benzoesäure gewonnen und zur Farbstoffsynthese verwendet.
para-A. kommt als Vitamin H in der Natur vor und ist ein Bestandteil der Folsäure (Vitamin B-Komplex). Sie wird durch Reduktion von p-Nitro-benzoesäure oder durch Oxydation von N-Acetyl-p-toluidin und nachfolgende Hydrolyse der 4-N-Acetyl--amino-benzoesäure erhalten. Diese A. hebt die Wirkung von Sulfonamiden und der p-Aminosalicylsäure auf. Derivate, besonders die Ester der p-A., sind Lokalanästhetika (Anästhesin, Procain). p-A. wird als Diazotierungskomponente zur Herstellung von Azofarbstoffen eingesetzt.
Aminolyse, chem. Reaktion, bei der in eine org. Verb. eine oder mehrere Aminogruppen eingeführt werden, was mit Ammoniak (↗ Ammonolyse) oder primären bzw. sekundären Aminen möglich ist. Aliphatisch gebundenes Halogen ist A. weitaus leichter zugängig als aromatisch gebundenes, für dessen Austausch höhere Temperaturen und Katalysatoren erforderlich sind. Carbonsäurederivate, wie Halogenide, Anhydride oder Ester, geben bei der A. die entsprechenden Carbonsäureamide.
Aminonaphthalene, (Naphthylamine), $C_{10}H_7$—NH_2, primäre, aromatische Amine, die sich vom Naphthalen ableiten und zwei Strukturisomere bilden:

1-Amino-naphthalen
α-Naphthylamin
Schmp. 51 °C
Sdp. 301 °C

2-Amino-naphthalen
β-Naphthylamin
Schmp. 112 °C
Sdp. 294 °C

1-A. wird durch Reduktion von 1-Nitro-naphthalen erhalten. Es ist eine wichtige Diazotierungskomponente für die Herstellung von Azofarbstoffen.
2-A. wird aus Naphth-2-ol (β-Naphthol) mit Ammoniak durch die ↗ BUCHERER-Reaktion gewonnen. Es ist Ausgangsverbindung für Farbstoffsynthesen.
A., besonders 2-A., wirken krebserregend.
Aminophenazon, (Pyramidon) ein gebräuchlicher Handelsname für das 2,3-Dimethyl-4-dimethylamino-1-phenyl-pyrazol-5-on. A. wird aus ↗ Phenazon hergestellt, das selbst bereits ein wirksames Antipyreticum ist, ↗ schmerzstillende Mittel.

Die Wirkung von A. tritt etwas langsamer ein, ist aber etwa dreimal stärker. Wegen seiner Nebenwirkungen wird A. zunehmend durch neuere Präparate verdrängt.

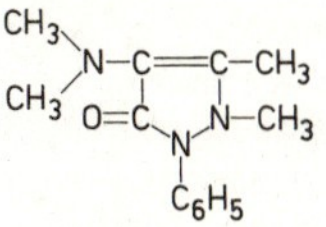

Aminophenazon

Aminophenole, HO—C_6H_4—NH_2, drei strukturisomere Derivate des Phenols:

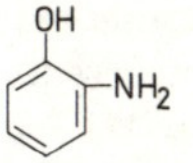

1-Amino-2-hydroxy-
-benzen
o-Amino-phenol
Schmp. 174 °C

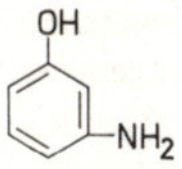

1-Amino-3-hydroxy-
-benzen
m-Amino-phenol
Schmp. 123 °C

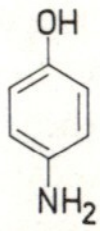

1-Amino-4-hydroxy-
-benzen
p-Amino-phenol
Schmp. 186 °C

ortho-A. wird durch Reduktion von o-Nitro-phenol gewonnen. Es wird für Farbstoffsynthesen und als Schwarz-Weiß-Entwickler verwendet.
meta-A. wird aus m-Dihydroxy-benzen durch ↗ BUCHERER-Reaktion oder aus m-Nitro-anilin bzw. Metanilsäure hergestellt. Es ist die Ausgangsverbindung für die als Arzneimittel wichtige ↗ p-Aminosalicylsäure.
para-A. wird bei der elektrolytischen Reduktion von Nitrobenzen in stark saurer Lösung unter Umlagerung des zunächst gebildeten N-Phenyl-hydroxylamins erhalten. Es ist ein wichtiger Schwarz-Weiß-Entwickler und ein Farbstoffzwischenprodukt.

Aminoplaste, Polykondensationsprodukte aus ↗ Methanal und Verb. mit reaktionsfähigen Aminogruppen, wie ↗ Melamin, ↗ Dicyandiamid, ↗ Harnstoff oder ↗ Thioharnstoff. Die wichtigsten A. sind die ↗ Melaminharze und die ↗ Harnstoffharze.
Aminoplaste sind lichtecht, geruchlos, geschmacksfrei und ohne Eigenfärbung. Sie sind beständig gegen verdünnte Säuren und Laugen und viele org. Lösungsmittel. Die vorkondensierten A. werden mit Füllstoffen versehen als Preßmassen eingesetzt. Plastifizierte A. bilden dekorative, harte Deckschichten auf Preßstoffen.
Lange bekannt sind A. als Klebstoffe. Dazu werden Vorkondensate unter Zusatz von Härtern (Ammoniumchlorid) aufgetragen, die dann zu wasserunlöslichen festen Leimen aushärten. Es ist auch die Herstellung von Schaumstoffen aus A. möglich.

p-Amino-salicylsäure, gebräuchliche Bez. für die 4-Amino-2-hydroxy-benzoesäure. A. wird nach der KOLBE-Synthese aus m-Amino-phenol und Kohlendioxid hergestellt.
A. ist ein Antagonist der ↗ p-Amino-benzoesäure, die das Bakterienwachstum fördert. A. wird als Arzneimittel zur Bekämpfung der Tuberkulose eingesetzt.

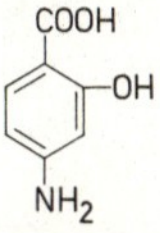

p-Amino-salicyl-
säure

Aminosäuren, *Aminocarbonsäuren,* org. Säuren, die eine oder mehrere Aminogruppen —NH_2 enthalten. Von besonderer Bedeutung sind die L-α-A. der allgemeinen Formel R—CH(NH_2)—COOH. Aus dieser Stoffgruppe sind etwa 20 Vertreter als Bausteine der natürlichen ↗ Proteine weit verbreitet. Sie werden als *proteinogene* A. bezeichnet.
A. mit je einer Amino- und Carboxylgruppe sind amphoter, ihre Lösungen sind ↗ Ampholyte. Das Dissoziationsverhalten richtet sich nach dem pH-Wert der Lösung. Im sauren Bereich liegen die A. als Kationen
R—CH($\overset{+}{N}H_3$)—COOH,
im alkalischen Bereich als Anionen
R—CH(NH_2)—COO⁻ vor.
Die Namen der A. werden oft als dreibuchstabige Abkürzungen geschrieben (Tabelle). A., die ein Or-

Proteinogene Aminosäuren

Aminosäure	Abkürzung
Alanin	Ala
Arginin	Arg
Asparagin	Asn
Asparaginsäure	Asp
Cystein	Cys
Glutamin	Gln
Glutaminsäure	Glu
Glycin	Gly
Histidin	His
Isoleucin	Ile
Leucin	Leu
Lysin	Lys
Methionin	Met
Phenylalanin	Phe
Prolin	Pro
Serin	Ser
Threonin	Thr
Tryptophan	Try
Tyrosin	Tyr
Valin	Val

Ammoniak

ganismus nicht selbst oder nicht in ausreichender Menge produzieren kann, werden als *essentielle A.* bezeichnet. Sie müssen mit der Nahrung aufgenommen werden. Für den Menschen sind z. B. Ile, Lys, Met, Thr, Trp und Val essentiell.

Ammoniak,

> Formel: NH_3
> Schmp. $-77{,}73\ °C$
> Sdp. $-33{,}41\ °C$
> ϱ_g $= 0{,}771\ 47\ kg \cdot m^{-3}$
> ϱ_{fl} $= 0{,}681\ kg \cdot l^{-1}$
> $\sphericalangle\ H\!-\!N\!-\!H = 106°\ 47'$

farbloses, stechend riechendes, in Wasser leicht lösliches Gas, das verflüssigt als wasserähnlicher Stoff ein gutes Lösungsvermögen für viele anorg. und org. Substanzen besitzt.
A. kann durch unterschiedliche Reaktionen dargestellt werden:
– durch Einwirkung von Wasser auf Magnesiumnitrid (Bildung von Magnesiumhydroxid):
$Mg_3N_2 + 6\,H_2O \rightarrow 2\,NH_3\!\uparrow + 3\,Mg(OH)_2$,
– durch Umsetzung von Natriumnitrat mit metallischem Zink und Natronlauge (Bildung von Natriumtetrahydroxozinkat):
$NaNO_3 + 4\,Zn + 7\,NaOH + 6\,H_2O$
$\rightarrow 4\,Na_2[Zn(OH)_4] + NH_3\!\uparrow$,
– durch Einwirkung von Calciumhydroxid auf Ammoniumchlorid Bildung von Calciumchlorid und Wasser):
$Ca(OH)_2 + 2\,NH_4Cl \rightarrow 2\,NH_3\!\uparrow + CaCl_2 + H_2O$
– durch Synthese der Elementsubstanzen:
$N_2 + 3\,N_2 \rightleftharpoons 2\,NH_3$, $\Delta_B H = -46{,}19\ kJ \cdot mol^{-1}$
(Synthese nach HABER-BOSCH). A. ist reaktionsfähig, setzt sich um mit molekularem Sauerstoff ohne Katalysator zu molekularem Stickstoff und Wasser:
$4\,NH_3 + 3\,O_2 \rightarrow 2\,N_2 + 6\,H_2O$,
mit Platin- oder Palladium-Katalysator zu Stickstoffmonoxid und Wasser:
$4\,NH_3 + 5\,O_2 \rightarrow 4\,NO + 6\,H_2O$,
mit molekularem Chlor zu molekularem Stickstoff und Ammoniumchlorid:
$8\,NH_3 + 3\,Cl_2 \rightarrow N_2 + 6\,NH_4Cl$,
mit Kupfer(II)-oxid zu metallischem Kupfer, molekularem Stickstoff und Wasser:
$3\,CuO + 2\,NH_3 \rightarrow 3\,Cu + N_2 + 3\,H_2O$,
mit Kupfer(II)-Ionen zu tiefblau gefärbten Tetraamminkupfer(II)-Ionen:
$Cu^{2+} + 4\,NH_3 \rightarrow [Cu(NH_3)_4]^{2+}$,
und mit Wasser im Gleichgewicht einer wäßrigen Lösung zu Ammonium- und Hydroxidionen:
$NH_3 + H_2O \rightleftharpoons NH^+_{\ 4} + OH^-$.
A. ist eine wichtige Grundchemikalie, die für die Produktion vieler mineralischer Düngemittel, der Salpetersäure und vieler Medikamente, in der Bleicherei, Färberei, Textilindustrie, Farbenproduktion, Phenolharzherstellung, Metallurgie (Nitrierhärtung) und innerhalb des Ammoniak-Soda-Verfahrens Anwendung findet. Flüssig wird A. als Kältemittel verwendet.

Ammoniaksynthese, HABER-BOSCH-Verfahren, großtechn. Herstellung von Ammoniak aus den Elementen. Von HABER und BOSCH zu Beginn unseres Jahrhunderts entwickelt und während des 1. Weltkrieges großtechn. eingesetzt, ist es auch heute noch der dominierende industrielle Zugang zu den verschiedenen Stickstoffverbindungen. Zur Herstellung des Synthesegases aus Wasserstoff und Stickstoff sind verschiedene Rohstoffe bzw. Verfahren möglich. Tabelle.

Varianten der Synthesegasherstellung zur Ammoniaksynthese

Rohstoff	Verfahren	Energieverbrauch je t NH_3 in GJ
Kohle	Vergasung bei Normaldruck	56
Kohle	Druckvergasung	46,4
Schweröl	partielle Oxydation	39,2
Benzin	Dampfreforming	35,2
Erdgas	Dampfreforming	33

Als gegenwärtig günstigste Variante wird das ↗ Dampfreforming-Verfahren mit dem Rohstoff Erdgas angesehen.
Einstranganlagen mit einer Tageskapazität von 1 500 t je Reaktor sind heute üblich. Die Bildung des Ammoniaks ist exotherm.
$N_2 + 3\,H_2 \rightleftharpoons 2\,NH_3$.
Die Synthese verläuft als heterogen katalysierte Gasreaktion im Temperaturbereich 400 bis 500 °C bei Drücken um 20 bis 35 MPa. Als Reaktor dient ein Druckrohr mit Hordenanordnung der Katalysatorschüttung und Wärmetauscher zum Vorwärmen des Reaktionsgases (Bild, S. 35). Nach 5 bis 10 Katalysatorschichten ist das Reaktionsgleichgewicht erreicht; 15 bis 20 % NH_3 werden gebildet. Durch Abkühlung des Reaktionsgases wird dieser Anteil abgetrennt und die nicht umgesetzten Bestandteile zurückgeführt (Kreislauffahrweise). Da zur Erzeugung von 1 t Ammoniak 2,5 t Dampf von 3 MPa nötig sind, läßt sich die Syntheseanlage als Kraftwerk mit angeschlossener Nebenproduktion von NH_3 ansehen.

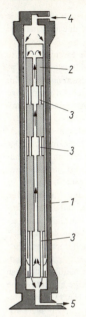

Schematischer Bau eines Reaktors für die Ammoniaksynthese
1 Hochdruckmantel
2 Vollraumeinsatz
3 Wärmeaustauscher
4 Eintritt des Synthesegases
5 Austritt des Rohproduktes

Die Hauptmenge des Ammoniaks wird zu Düngemitteln weiterverarbeitet. Daneben ist Ammoniak ein wichtiger Ausgangsstoff für viele Prozesse der chem. Industrie.

Ammoniakverbrennung, Herstellung von Salpetersäure aus Ammoniak durch katalytische Verbrennung bei Luftüberschuß (OSTWALD-Verfahren). Salpetersäure ist eine der wichtigsten techn. Säuren und wesentliche Zwischenstufe für viele stickstoffhaltige Folgeprodukte der chem. Industrie.
Ammoniak verbrennt unter gewöhnlichen Bedingungen zu Stickstoff und Wasser. Durch Platinkatalysatoren ist bei etwa 800 °C die Bildung von Stickoxid (NO) möglich, wenn zugleich durch kurze Verweilzeit (Netzkatalysator, hohe Strömungsgeschwindigkeit im Rohrreaktor) und schnelle Abkühlung der Zerfall des gebildeten Stickoxids verhindert wird.
Es wird zugleich unter Sauerstoffüberschuß zu Stickstoffdioxid oxydiert, das mit Wasser bei Sauerstoffüberschuß weiter zu Salpetersäure disproportioniert. Die in Absorptionskolonnen gebildete Salpetersäure (30 bis 50%ig) wird durch Destillation bis 62%ig, darüber hinaus durch Extraktivdestillation mit konzentrierter Schwefelsäure aufkonzentriert.
Salpetersäure wird in der Technik vor allem zur Herstellung von Düngemitteln, zum Phosphataufschluß und als Nitriersäure für org.-techn. Synthesen (z. B. Sprengstoff) eingesetzt.

Ammonium-, Bez. für NH_4^+-Ionen, die als beständige Gruppierung in vielen Verb. (z. B. den Ammoniumsalzen) vorhanden sind.

Ammoniumphosphat, Düngemittel, das aus sekundärem Ammoniumorthophosphat besteht und aus ↗ Orthophosphorsäure und ↗ Ammoniak hergestellt wird.

Ammonolyse, chem. Reaktion, bei der mit Ammoniak aus ↗ Carbonsäurederivaten, wie Carbonsäurehalogeniden, Carbonsäureanhydriden oder Carbonsäureestern, die Carbonsäureamide hergestellt werden. Die analoge Umsetzung mit primären oder sekundären Aminen wird Aminolyse genannt.

Ammonsalpetersprengstoffe, ↗ Explosivstoffe, die als Hauptbestandteil Ammoniumnitrat, NH_4NO_3, enthalten. Als weitere Bestandteile können sie Glyceroltrinitrat (↗ Propantrioltrinitrat), Trinitrotoluen (2,4,6-Trinitro-toluen) oder Dieselkraftstoff enthalten. A. sind sehr handhabungssicher und werden vor allem im Steinkohlenbergbau verwendet. Schlagwettersichere A. enthalten größere Mengen Natriumchlorid zur Herabsetzung der Explosionstemperatur.

AMONTONsches Gesetz, ↗ CHARLESsches Gesetz.

amorph, [griech. »gestaltlos«], Zustand der festen Körper, bei denen im Gegensatz zu den Kristallen die Bausteine völlig regellos angeordnet sind. A. Stoffe sind z. B. Gläser und Modifikationen der Elemente Selen und Arsen.

amorphe Metalle, neuartige Gruppe von Metallwerkstoffen, deren nichtkristalline Struktur durch extrem kurze Abkühlzeiten aus der Schmelze erzielt wird.

Amperometrie, sehr empfindliches elektrochemisches Indikationsverfahren zur Bestimmung des ↗ Äquivalenzpunktes von ↗ Titrationen, bei dem mit einer der ↗ Polarographie analogen Meßanordnung unter Konstanthaltung der Spannung im Bereich des Diffusionsgrenzstromes eines an der chem. Reaktion beteiligten Ions die Messung der Stromstärke in Abhängigkeit vom zugesetzten Lösungsvolumen erfolgt. Sie erreicht dabei nach starkem Anstieg oder Abfall am Äquivalenzpunkt einen Grenzwert. Eine einfachere und wirkungsvolle Variante der A. stellt die »Dead-stop«-Äquivalenzpunktbestimmung mit zwei polarisierbaren (meist Platin-) Elektroden dar.

Amphetamin, ↗ Weckamine.

Amphibole, Hornblenden, Bez. für eine Gruppe von gesteinsbildenden Silicaten der Zusammensetzung

$(OH, F)_2(Ca, Na)_{2-3}(Al, Fe, Mg)_5[(Si, Al)_4O_{12}]$,

Ampholyt

die sich durch eine gemeinsame Grundstruktur auszeichnen. Diese besteht aus parallelen Ketten von SiO_4-Tetraedern, die durch zwei Tetraeder gemeinsame Sauerstoffatome zu Bändern verbunden sind. Die Minerale der Amphibolgruppe unterscheiden sich durch verschiedenartige Kombinationen der am Gitteraufbau zusätzlich beteiligten Ionen Ca^{2+}, Mg^{2+}, Fe^{2+}, Na^+, $(OH)^-$, F^-, Al^{3+} und Li^+. Sie bilden untereinander vielfach Mischkristalle. Ihre prismatisch-säuligen Kristalle sind an ihrem sechsseitigen Umriß gut zu erkennen.

Ampholyt, Molekül oder Ion, das nach der BRÖNSTEDschen ↗ Säure-Base-Theorie sowohl als Base wie auch als Säure reagieren kann.

Amphoterie, Eigenschaft chem. Stoffe, mit stärkeren Basen als Säure zu reagieren und mit stärkeren Säuren als Base zu reagieren. Amphoter sind z. B. die Oxide und Hydroxide der Elemente Aluminium, Arsen, Chromium, Mangan, Blei, Antimon, Zinn und Zink:

$Al(OH)_3 + 3 HCl \rightarrow AlCl_3 + 3 H_2O$,
$Al(OH)_3 + NaOH \rightarrow Na[Al(OH)_4]$.
$Zn(OH)_2 + H_2SO_4 \rightarrow ZnSO_4 + 2 H_2O$
$Zn(OH)_2 + 2 NaOH \rightarrow Na_2[Zn(OH)_4]$

Ampulle, Einschmelzglas oder Amphiole, zugeschmolzenes Glasgefäß zur Aufbewahrung von luft- und feuchtigkeitsempfindlichen Chemikalien. In der Medizin werden u. a. Impfstoffe in A. aufbewahrt. Bild.

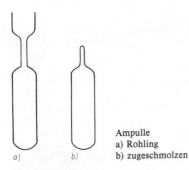

Ampulle
a) Rohling
b) zugeschmolzen

Amylopectin, ↗ Stärke.
α-Amylose, ↗ Stärke.
Anabolika, Arzneimittel, die den Aufbau von körpereigenem Eiweiß und damit die Vergrößerung der Muskeln fördern. Als A. werden ↗ Steroide verwendet, die dem männlichen Sexualhormon Testosteron ähneln. Es kommen solche Verb. zur Anwendung, bei denen die anabole Wirkung stark, die sexualspezifische Wirkung jedoch schwach ausgeprägt ist.

Analeptika, Arzneimittel, die eine anregende Wirkung auf das Zentralnervensystem ausüben, wie z. B. Coffein (↗ Purinalkaloide) und verschiedene ↗ Alkaloide.

Analgetika, ↗ schmerzstillende Mittel.
Analgin, ↗ schmerzstillende Mittel.
Analyse, Untersuchung zur Bestimmung der Zusammensetzung eines Stoffes nach Art (qualitative A.) und Menge (quantitative A.) seiner Bestandteile.

1. Qualitative A.: i. allg. wird bestimmt, welche chemischen Elemente bzw. Ionen in einem Stoff oder Stoffgemisch enthalten sind. Zu Beginn einer Analyse werden Vorproben durchgeführt, die erste Hinweise auf die enthaltenen Bestandteile geben. So weisen ↗ Flammenfärbungen auf Alkalimetalle, Erdalkalimetalle und Kupfer hin. Durch die ↗ Boraxperle können Schwermetalle wie Co, Ni u. a. erkannt werden. Viele Metalle können durch die ↗ Lötrohrprobe erfaßt werden. Durch trockenes Erhitzen im Glühröhrchen bzw. Umsetzung mit konzentrierter Schwefelsäure entstehen häufig gasförmige Produkte, deren Geruch und Farbe auf enthaltene Anionen hinweisen. Der exakte Nachweis von Metallen bzw. Kationen erfolgt im ↗ Trennungsgang. Dabei werden die Substanzen gelöst und durch Zugabe geeigneter Chemikalien in Gruppen ausgefällt. In diesen Gruppen werden durch wiederholtes Lösen und Fällen einzelne Kationen isoliert und durch typische Farb- oder Fällungsreaktionen nachgewiesen. Nichtmetalle bzw. Anionen werden durch charakteristische Farb- oder Fällungsreaktionen nebeneinander erkannt.

Neben diesen klassischen Analysenverfahren finden heute in zunehmendem Maße physikal.-chem. Analysenverfahren auch in der qualitativen Analyse Anwendung.

2. Quantitative A.: dabei wird die Menge eines Bestandteiles in einem Stoff bzw. Stoffgemisch exakt bestimmt. Bei den klassischen Verfahren wird eine genau definierte chem. Verb. ausgefällt und gewogen (Gewichtsanalyse, ↗ Gravimetrie), elektrolytisch abgeschieden und gewogen (Elektrolyse, Elektrogravimetrie) oder durch Titration auf die enthaltene Substanzmenge geschlossen (↗ Volumetrie). Für die Bestimmung der Elemente in org. Verb. ist der Begriff ↗ Elementaranalyse üblich. Im überwiegenden Maße werden heute physikal.-chem. Arbeitsverfahren wie elektrochem., optische, chromatographische und spektralanalytische Verfahren, in der quantitativen A. genutzt, z. B. die ↗ Polarographie, die ↗ Photometrie und die verschiedenen Methoden der ↗ Chromatographie.

Analysenwaage, ↗ Waagen.
Anatas, ↗ Rutil.

Anazide, Arzneimittel zum Binden überschüssiger Magensäure. Als A. wird u. a. Aluminiummagnesiumsilicat angewendet.

Andalusit, $Al_2O[SiO_4]$, undurchsichtig-rötliches gesteinsbildendes Mineral, dessen meist dicksäuligen Kristalle typisch für metamorphe Gesteine sind (↗ Fruchtschiefer). A. ist polymorph mit ↗ Disthen und ↗ Sillimanit.

Androgene, ↗ Keimdrüsenhormone.

Anethol, Bez. für das 4-Methoxy-propenyl-benzen, eine farblose ölige Flüssigkeit, Sdp. 235 °C. A. ist Hauptbestandteil und Hauptgeruchsträger des ↗ Anisöles und wird zur Herstellung von Aromen verwendet.

[Strukturformel Anethol]

Anfahren, Betriebsbezeichnung für den Beginn eines chem. Prozesses in einer techn. Anlage und alle erforderlichen Maßnahmen, die damit im Zusammenhang stehen.

Ångström-Einheit, früher häufig verwendete Längeneinheit, $1 Å \approx 10^{-10}$ m. In der Größenordnung von wenigen Å liegen die Abstände der Atomkerne und die Wellenlänge der Röntgenstrahlen.

Anhydride, Verb., die durch Wasserabspaltung aus Säuren (Säureanhydride) bzw. aus Basen (Basenanhydride) entstehen. Viele Nichtmetalloxide (CO_2, SO_2, SO_3, P_4O_{10}) und Metalloxide mit dem Metall in höheren Wertigkeitsstufen (CrO_3, MoO_3) sind Säureanhydride. Die Metalloxide der Alkali- und Erdalkalimetalle (z. B. CaO) und die Metalloxide der Nebengruppenelemente in niederen Wertigkeitsstufen sind Basenanhydride.

Anhydrit, $CaSO_4$, typisches gesteinsbildendes Mineral mariner Sedimente, vor allem ozeanischer Lagerstätten. A. bildet farblose, gut spaltende Kristalle. Durch Wasseraufnahme bildet sich ↗ Gips. Massenvorkommen von A. in der DDR finden sich im Liegenden unserer Kalilagerstätten sowie über Tage im Kyffhäuser und Südharzgebiet. Sie werden dort im Steinbruchbetrieb als Rohstoff für das ↗ MÜLLER-KÜHNE-Verfahren und das ↗ Leuna-Verfahren abgebaut.

Anhydritbinder, nichthydraulisches Bindemittel, bestehend aus Anhydrit (wasserfrei) und einigen Prozent Anreger (Gips, Kalkhydrat, Zement u. a.). Dieser beschleunigt die Umwandlung des Anhydrits in Gips (↗ hydraulische Bindemittel, ↗ Anhydrit, ↗ Gips).

Anilin, Trivialname für das ↗ Aminobenzen.

Anion, ein- oder mehrfach geladenes negatives Ion. Anionen sind Säurerestionen (NO_3^-, PO_4^{3-}, SO_4^{2-}, Cl^- u. a.), Hydroxidionen (OH^-) und bestimmte Komplexionen ($[CoCl_4]^{2-}$, $[Fe(CN)_6]^{3-}$, $[AlF_6]^{3-}$ u. a.). Beim Anlegen einer elektrischen Gleichspannung wandern die Anionen zur Anode.

Anisaldehyd, $CH_3-O-C_6H_4-CHO$, Trivialname für den p-Methoxy-benzaldehyd, eine farblose, ölige, an der Luft beständige Flüssigkeit, Sdp. 248 °C, mit einem Geruch nach Weißdornblüten. A. kommt im Anis-, Sternanis- und Fenchelöl vor und wird durch Oxydation von ↗ Anethol hergestellt.

Anisol, Trivialname für den Methylphenylether (Methoxybenzen). A. ist ein gemischter ↗ Ether, der in Wasser unlöslich, aber in org. Lösungsmitteln gut löslich ist und einen angenehmen Geruch besitzt. A. wird als Lösungsmittel für org. Synthesen und in der Mikroskopie verwendet.

Anisöl, ätherisches Öl, das aus den Früchten der Anispflanze [Pimpinella anisum] durch Wasserdampfdestillation in einer Ausbeute von 2 bis 6 % erhalten wird. A. besteht zu etwa 85 % aus ↗ Anethol.

Anisotropie, Richtungsabhängigkeit bestimmter physikalischer Eigenschaften (Elastizität, elektrische Leitfähigkeit, Lichtgeschwindigkeit), die bei nichtkubischen kristallinen Stoffen besteht.

Anissäure, ↗ p-Methoxy-benzoesäure.

Ankerite, $Ca(Mg, Fe, Mn) (CO_3)_2$, Bez. für Mineralien, die sich als Mischkristalle vom ↗ Dolomit ableiten. Dessen Mg^{2+}-Anteil kann hier durch wechselnde Mengen von Fe^{2+}- und Mn^{2+}-Ionen ersetzt werden. A. findet man verbreitet auf Erzgängen und in Drusen in Kalkstein- und Dolomitgestein.

Anlage, Chemieanlage, selbständige Produktionseinheit, bestehend aus einem Komplex fest miteinander gekoppelter Einzelausrüstungen (Apparaturen, Aggregate) zur Realisierung eines chem. Verfahrens.

Anlassen, Verfahren der Wärmebehandlung metallischer Werkstoffe. Es schließt sich dem ↗ Härten an und bewirkt den Abbau von Spannungen im Werkstoff, der damit zäher wird.

Anode, ↗ Elektrode, bei der in der Elektrolytphase die Anionen zur Metallphase wandern und an der Stoffe oxydiert werden.

Anodenschlamm, techn. Bez. für den Rückstand, der bei der elektrolytischen Raffination von Metallen an der Anode entsteht. Im A. der Buntmetallraffination sind die edleren Metalle (z. B. Silber, Gold und Platin) angereichert und können dar-

anodische Oxydation

aus gewonnen werden.
anodische Oxydation, die bei der Elektrolyse zur Anode wandernden Anionen werden durch diese oxydiert, z. B.

$2\,Cl^- \xrightarrow{Anode} Cl_2 + 2e^-$.

Anorthit, Kalkfeldspat, $CaAl_2Si_2O_8$, Calcium-Endglied der Mischkristallreihe der ↗ Plagioklase. A. bildet weiße, gut spaltende Kristalle. Er ist von allen Feldspäten in der Natur am leichtesten verwitterbar.

Anregung, bezeichnet den Übergang eines Atoms, Ions oder Moleküls aus dem energetischen Grundzustand E'' in einen energiereicheren (angeregten) Zustand E' durch Aufnahme des Energiebetrages (Anregungsenergie), der der Differenz beider Energieniveaus (↗ Atombau, ↗ Atombindung) entspricht. Dieser kann als elektromagnetische Strahlung (↗ Absorption), durch elektrische Energie (Funken, Lichtbogen), Wärmeenergie (Flammen) und mechanische Energie (↗ Tribochemie) zugeführt werden. Der angeregte Zustand besitzt meist nur kurze Lebensdauer (10^{-8} s), nach der die aufgenommene Energie strahlungslos (Relaxation) oder als elektromagnetische ↗ Strahlung (↗ Emission, ↗ Lumineszenz) entsprechend der Beziehung $E' - E'' = h \cdot \nu$ abgegeben wird.

Anstehendes, Bez. für Gesteine der Erdkruste im ursprünglichen Verband, die nicht durch Boden, Lockergesteine oder Verwitterungsschutt verdeckt sind oder selbst durch Verwitterung umgewandelt wurden.

Anstrichmittel, Suspensionen, Emulsionen oder Lösungen zur Herstellung eines haltbaren Anstriches. Die Wahl des A. richtet sich nach der Art und Beschaffenheit des Untergrundes. Für Hausfassaden, Wände, Decken, Stallungen u. ä. eignen sich *Kalkanstriche.* Dazu wird gelöschter Kalk, $Ca(OH)_2$, mit Wasser zu einer Kalkmilch angerührt. Für Farbanstriche werden ↗ Pigmente, wie Ocker, Ultramarin oder Chromoxidgrün (Kalkfarben), zugemischt. Der Kalkanstrich erhärtet unter Bildung von Calciumcarbonat aus dem Löschkalk und dem Kohlendioxid der Luft:

$Ca(OH)_2 + CO_2 \rightarrow CaCO_3 + H_2O$.

Als A. für Zement- und Kalkputz sowie für Stein, Glas u. a. eignen sich Mischungen auf der Basis von *Wasserglas.* Für Innenanstriche auf Wänden und Decken werden *Leimfarben* verwendet. Sie enthalten Tier- oder Pflanzenleim als Bindemittel, meist Zelleim (↗ Klebstoffe, ↗ Leim). Als weißes Pigment für Leimfarben dient Schlämmkreide, der für Farbanstriche noch farbige Pigmente zugesetzt werden. Leimfarben halten am besten auf rauhen Flächen, die mit Kalkmilch bestrichen wurden. Sie werden als fertige Mischungen gehandelt, die nur noch in Wasser angerührt werden müssen. *Latexfarben* sind Emulsionen makromolekularer org. Stoffe (z. B. Polyvinylacetat) in Wasser. Sie eignen sich für Anstriche auf Wänden, Tapeten und Holz; auf Metall und Holz haben *Lackanstriche* die größte Bedeutung. Lacke bilden einen wasserbeständigen Film aus einem makromolekularen org. Stoff (↗ Lacke).

Für alle Anstricharbeiten gilt die Regel, daß es besser ist, die Farbe mehrmals dünn aufzutragen, als einmal dick zu streichen, da der Anstrichfilm vor allem an der Oberfläche trocknet bzw. erhärtet.

Anthelmintika, ↗ Wurmmittel.

Anthocyane, ↗ Flavonoide.

Anthracen, $C_{14}H_{10}$, kondensierter tricyclischer, aromatischer Kohlenwasserstoff. A. gibt drei unterschiedliche Monosubstitutionsprodukte (alpha, beta und meso) und bei gleichen Substituenten 15 Disubstitutionsprodukte. Der mittlere Ring ist besonders reaktionsfähig gegenüber Additionsreaktionen. Es wird leicht Chlor, Brom oder Wasserstoff angelagert.

Anthracen

A. bildet farblose Blättchen, Schmp. 217 °C, die im UV-Licht blauviolett fluoreszieren. A. wird aus dem Steinkohlenteer gewonnen. Ein wichtiges Derivat ist das ↗ Anthrachinon.

Anthrachinon, $C_{14}H_8O_2$, ein Oxydationsprodukt des ↗ Anthracens. Technisch werden A. und seine Derivate aus Phthalsäureanhydrid und Benzen bzw. deren Abkömmlingen durch Kondensation in Gegenwart von Aluminiumchlorid hergestellt. Aus A. werden Alizarin- und Indanthrenfarben gewonnen. A. bildet gelbe Nadeln, Schmp. 286 °C. Es ist leicht zu dem in Alkalilaugen löslichen Anthrahydrochinon reduzierbar. Diese Reaktion ist die Grundlage für die Küpenfärberei.

Anthrachinon

Anthrachinonfarbstoffe, Derivate des ↗ Anthrachinons, die nach verschiedenen Verfahren zum Färben geeignet sind. Das ↗ Alizarin ist der wichtigste Beizenfarbstoff, wird aber zunehmend durch preiswertere Azofarbstoffe verdrängt. A. mit

Sulfogruppen werden als saure Wollfarbstoffe verwendet. Anthrachinonderivate sind ebenfalls die ↗ Indanthrenfarbstoffe.

Anthrazit, Bez. für eine ↗ Steinkohlenart, die zu 94 bis 98% aus Kohlenstoff besteht. Anthrazit steht, vor ↗ Graphit, ganz am Ende der Inkohlungsreihe.

Antibiotika, Verb., die von bestimmten Mikroorganismen, z. B. Schimmelpilzen und Bakterien, gebildet werden und die Eigenschaft besitzen, andere Mikroorganismen abzutöten oder in ihrer Entwicklung zu hemmen. Anfang der 40er Jahre unseres Jahrhunderts wurden in England und den USA die ersten Penicillinpräparate entwickelt. Seitdem sind zahlreiche A. aus verschiedenen Stoffklassen isoliert und in die Medizin eingeführt worden. Therapeutisch verwendete A. sind für den Organismus relativ unschädlich und können in solch großen Dosen eingenommen werden, daß durch einen genügend hohen Blutspiegel eine bakterientötende (bakterizide) Wirkung erreicht werden kann. A. werden vor allem zur Behandlung von bakteriellen Infektionen (z. B. Lungenentzündung, Typhus, Cholera, Tuberkulose, Niereninfektionen u. a.) eingesetzt. Bei manchen Bakterienstämmen hat sich jedoch im Verlaufe der Zeit eine Unempfindlichkeit (Resistenz) gegenüber A. herausgebildet. Deshalb sollte die Anwendung dieser Mittel auf ein Mindestmaß eingeschränkt werden. In der Tierhaltung bewirken Futterzusätze von A. bessere Mastergebnisse, durch Tauchen von Frischfleisch in Antibiotikalösungen kann man dessen Haltbarkeit verlängern. Die meisten angewendeten A. sind Penicilline, Streptomycin, Chloramphenicol und Tetracycline. Bild.

Penicilline werden von Schlauchpilzen der Gattung Penicillium gebildet. Sie besitzen als Grundgerüst einen heterocyclischen Thiazolidinring mit einem angegliederten Lactamring. Penicilline sind relativ empfindlich, sie zersetzen sich unter dem Einfluß der Magensäure und müssen deshalb injiziert werden. Bei aus Pilzkulturen gewonnenen Penicillinen besteht die Gefahr der Verunreinigung mit Eiweißstoffen, die Allergien auslösen können.

Die ähnlich wie die Penicilline aufgebauten <u>Cephalosporine</u> sind wesentlich säurestabiler und können bei Penicillinallergien verabreicht werden.

<u>Streptomycin, Chloramphenicol und Tetracycline</u> werden von Strahlenpilzen gebildet. *Streptomycin* ist ein Oligosaccharid. *Chloramphenicol* ist die erste in der Natur gefundene Verb. mit einer Nitrogruppe. Seine längerzeitige Anwendung kann zu Knochenmarksschädigungen führen. *Tetracycline* sind A. mit einem breiten Wirkungsspektrum.

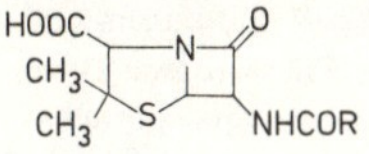

Wichtige Antibiotika

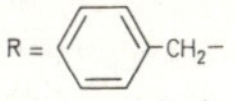

Benzylpenicillin

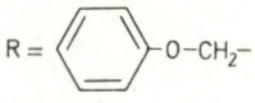

Phenoxymethylpenicillin

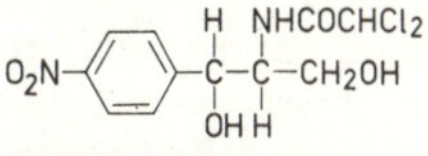

Chloramphenicol

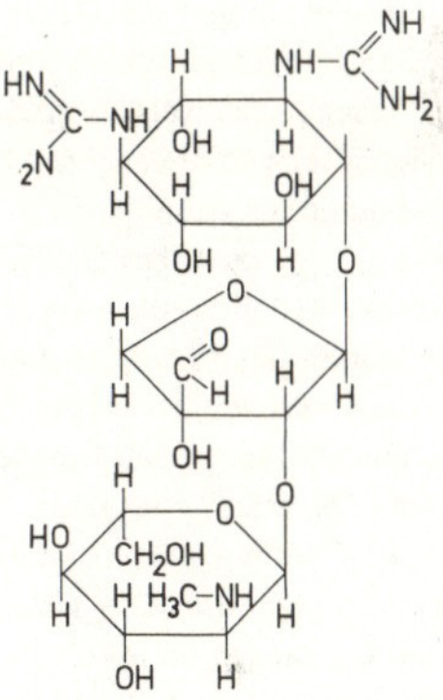

Streptomycin

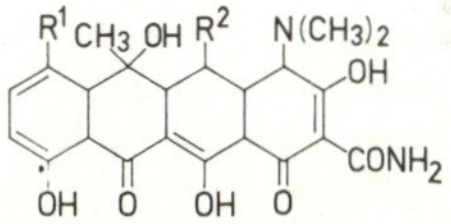

$R^1, R^2 = H$ Tetracyclin
$R^1 = H, R^2 = OH$ Oxytetracyclin (OTC)
$R^1 = Cl, R^2 = H$ Chlortetracyclin

Die Herstellung der A. erfolgt durch Biosynthese in angeimpften Nährlösungen (Fermentation). Aus dem Kulturfiltrat oder dem Filtrationsrückstand werden die A. durch Extraktion oder Adsorption isoliert. Einige A. sind halbsynthetische Abwandlungsprodukte von natürlich vorkommenden Verb., Chloramphenicol wird durch Totalsynthese gewonnen.

Die Dosierung der A. wird in mg Reinantibiotikum oder in Internationalen Einheiten (I.E.) angegeben. Zum Beispiel entspricht eine I.E. Benzylpenicillin 0,6 µg dieser Substanz, die Normaldosierung beträgt 1 bis 3 Millionen I.E. pro Tag.

Antichlor, Stoffe, die molekulares Chlor absorbieren (z. B. zur Beseitigung aus der Luft).

Antidot, svw. Gegenmittel bei Vergiftungen. Gifte können zum einen aus dem Körper durch Brechmittel, ↗ Abführmittel oder Adsorptionsmittel (Aktivkohle) entfernt werden. Giftige Schwermetalle werden durch eiweißhaltige Mittel (z. B. Milch) ausgefällt. Milch darf jedoch nur bei Schwermetallvergiftungen getrunken werden, da durch sie die Aufnahme anderer, fettlöslicher Gifte beschleunigt werden kann. Barium- und Bleiverbindungen können mittels Natriumsulfats als Sulfate gefällt werden.

Die Wirkung bestimmter Gifte kann durch die Einnahme von anderen Giften, die entgegengesetzt oder konkurrierend wirken, aufgehoben oder abgeschwächt werden (Gegengifte, Antidote im engeren Sinne). Zum Beispiel wirkt das Alkaloid der Tollkirsche, Atropin (↗ Tropanalkaloide), als Gegenspieler zum Acetylcholin. Bei Vergiftungen mit Phosphorsäureestern (↗ chemische Kampfstoffe), die den Abbau des physiologisch gebildeten Acetylcholins hemmen, wirkt Atropin als Antidot.

Antiklopfmittel, Verb., die Vergaserkraftstoffen zugesetzt werden, um deren Klopffestigkeit zu erhöhen. Ein Maß für die Wirksamkeit ist die ↗ Octanzahl. Benzine mit stark verzweigten Alkanen sind klopffester als die mit n-Alkanen (↗ Tabelle Alkane, Spalte Octanzahl). Das wichtigste A. ist ↗ Bleitetraethyl, das mit 1,2-Dichlor- oder 1,2-Dibrom-ethan zusammen eingesetzt wird. Das Halogenalkan verhindert Bleiablagerungen im Motor. Da Bleiverbindungen giftig sind, ist die Anwendung des Bleitetraethyls nicht unbedenklich. Die Höchstmengen sind gesetzlich begrenzt (DDR: 0,04%). Die Herstellung hochoctaniger Vergaserkraftstoffe ohne Zusatz von A. ist möglich, erfordert aber spezielle Technologien.

Antikonzipienzien, ↗ Empfängnisverhütungsmittel.

Antimon,

Sb $Z = 51$
$A_{r(1981)} = 121{,}75$
Ek: [Kr] $4d^{10}5s^25p^3$
OxZ: $-3, +3, +4, +5$
$X_E = 2{,}05$
Elementsubstanz: Sb_{grau}
Schmp.   630,5 °C
Sdp.   1380 °C
$\varrho = 6{,}68 \text{ kg} \cdot l^{-1}$

chem. Element (↗ Elemente, chem.).
Stibium, Symbol: Sb, 4. Element der 5. Hauptgruppe des PSE (↗ Hauptgruppenelemente, 5. Hauptgruppe des PSE). A. ist die Bez. für alle Atome, die 51 positive Ladungen im Kern (also 51 Protonen) besitzen: Kernladungszahl $Z = 51$. Die Hülle des neutralen Atoms besteht aus 51 Elektronen, von denen fünf als Valenzelektronen die Konfiguration $5s^25p^3$ besitzen. In Verb. werden Oxydationsstufen eingenommen, die durch die Oxydationszahlen $OxZ -3, +3, +4$ und $+5$ charakterisiert sind. Die Elementsubstanz, d. h. das graue und metallische A., ist bereits im 15. Jahrhundert durch BASILIUS VALENTIUS (Benediktinermönch) beschrieben worden. In der Natur findet sich A. selten gediegen (d. h. als Elementsubstanz), sondern hauptsächlich in Form von Verbindungen: *Grauspießglanz, Antimonglanz,* Sb_2S_3, und *Weißspießglanz* (als Verwitterungsprodukt von Grauspießglanz), Sb_2O_3; daneben treten noch auf: *Breithauptit,* NiSb; *Schwarzerz, dunkeles Fahlerz,* $4CuS \cdot Sb_2S_3$; *Antimonsilberblende, dunkles Rotgültigerz,* $3Ag_2S \cdot Sb_2S_3$; *Ullmannit,* NiSbS, und *Diskrasit,* Ag_2Sb. Zur Darstellung des grauen A. wird Grauspießglanz mit metallischem Eisen umgesetzt, wobei der Schwefel an das Eisen gebunden wird:

$Sb_2S_3 + 3Fe \rightarrow 2Sb + 3FeS$

Grauspießglanz kann auch zum Antimon(III,V)-oxid oxydiert (geröstet) und dann mit Kohlenstoff reduziert werden:

$Sb_2S_3 + 5O_2 \rightarrow Sb_2O_4 + 3SO_2$,
$Sb_2O_4 + 4C \rightarrow 2Sb + 4CO\uparrow$.

Von der Elementsubstanz sind zwei Modifikationen bekannt: *Graues (oder metallisches) A.* ist ein silberweißes bis graues Metall, das, brüchig und mäßig hart, leicht zu pulverisieren ist, in Rhomboedern kristallisiert und den elektrischen Strom mäßig leitet. *Schwarzes (und amorphes) A.* leitet den elektrischen Strom nicht, ist durch Aufdampfen von A. auf gekühlte Flächen zu erhalten. Graues A. ist an der Luft beständig, verbrennt mit bläulicher Flamme zu Antimon(III)-oxid:

$4Sb + 3O_2 \rightarrow 2Sb_2O_3$, $\Delta_B H = -1400 \text{ kJ} \cdot \text{mol}^{-1}$

verbindet sich mit molekularem Chlor unter Feuererscheinung zu Antimon(V)-chlorid:

$2Sb + 5Cl_2 \rightarrow 2SbCl_5$, $\Delta_B H = -438{,}5 \text{ kJ} \cdot \text{mol}^{-1}$;

löst sich in Schwefelsäure unter Bildung von Antimon(III)-sulfat, Schwefeldioxid und Wasser:

$2Sb + 6H_2SO_4 \rightarrow Sb_2(SO_4)_3 + 3O_2\uparrow + 6H_2O$

und ist in nichtoxydierenden Säuren unlöslich. Graues A. wird als härtender Bestandteil vielen Legierungen zugesetzt (für Lagermetall, Letternmetall, Hartblei und Britanniametall) und findet zur Herstellung von Präparaten in der Human- und Veterinärmedizin wie auch als Dotierungsmaterial in der Halbleiterindustrie Verwendung.

Antimonglanz, Grauspießglanz, Antimonit, Sb_2S_3, häufigstes Antimonmineral. Die grauen säuligen Kristalle sind zu stenglig-büschelförmigen

Aggregaten von z. T. bedeutender Größe verwachsen. Sie zeigen auf frischen Spaltflächen lebhaften Metallglanz, z. T. bunte Anlauffarben. A. findet sich auf ↗ hydrothermalen Lagerstätten (z. B. Schleiz in Thüringen, Erzgebirge).

Antimonit, ↗ Antimonglanz.

Antimonoxide, binäre Verb. des Antimons mit Sauerstoff: *Antimon(III)-oxid*, Sb_2O_3 bzw. Sb_4O_6, auch Antimontrioxid, ist eine farblose bis weißliche Substanz (Schmp. 655 °C, Sdp. 1456 °C), die unterhalb 570 °C kubisch (als Senarmontit) und oberhalb rhombisch (als Weißspießglanz) kristallisiert. Im Dampfzustand liegen Sb_4O_6-Moleküle vor. Antimon(III)-oxid entsteht durch Verbrennung von grauem Antimon:
$4 Sb + 3 O_2 \rightarrow 2 Sb_2O_3$, $\Delta_B H = -1400$ kJ·mol^{-1}
oder durch Hydrolyse von Antimon(III)-chlorid:
$2 SbCl_3 + 3 H_2O \rightarrow Sb_2O_3 + 6 HCl\uparrow$.
Antimon(III,V)-oxid, Sb_2O_4 bzw. $Sb[SbO_4]$, auch Antimontetroxid, ist fest, kristallin, entsteht bei Erhitzen von Antimon(V)-oxid:
$2 Sb_2O_5 \rightarrow 2 Sb_2O_4 + O_2\uparrow$,
zerfällt aber oberhalb 930 °C weiter in Antimon(III)-oxid und molekularen Sauerstoff:
$2 Sb_2O_4 \rightarrow 2 Sb_2O_3 + O_2\uparrow$.
Antimon(V)-oxid, Sb_2O_5, auch Antimonpentoxid, ist fest, gelb, entsteht durch Einwirkung von Salpetersäure auf graues Antimon:
$6 Sb + 10 HNO_3 \rightarrow 3 Sb_2O_5 + 5 H_2O + 10 NO\uparrow$.

Antimonsilberblende, ↗ Rotgültigerz.

Antimonwasserstoff, SbH_3, ↗ Stiban.

Antioxydanzien, Stoffe, die den zerstörenden Einfluß des Luftsauerstoffs auf chem. Produkte verzögern oder verhindern. Mit A. werden unter anderem Öle, Treibstoffe, Elaste, Plaste, Seifen, Kosmetika und Lebensmittel versehen. Der Anwendung entsprechend, ist die Auswahl der A. sehr groß. Für Lebensmittel werden Tocopherole (Vitamin E), Ester der Gallussäure oder Butylhydroxyanisole u. a. eingesetzt.

Antiphlogistika, entzündungshemmende Arzneimittel (↗ Rheumamittel).

Antipyretika, fiebersenkende Arzneimittel, Verwendung finden Derivate der Salicylsäure, des Aminophenols und des Pyrazolons, die gleichzeitig eine schmerzstillende Wirkung besitzen (↗ schmerzstillende Mittel).

Antipyrin, ↗ Phenazon.

Antiseptika, ↗ Desinfektionsmittel.

Antiteilchen, ↗ Elementarteilchen, die im Vergleich zu vorher bekannten bei gleicher Masse und gleichem ↗ Spin eine elektrische Ladung bzw. ein elektrisches Moment (Elektron-Positron, Proton-Antiproton) oder ein magnetisches Moment (Neutron-Antineutron) entgegengesetzten Vorzeichens besitzen. A. konnten erst in den letzten Jahrzehnten mit Hilfe aufwendiger Geräte erzeugt und nachgewiesen werden, nachdem durch Symmetriebetrachtungen schon länger bekannt war, daß es mit Ausnahme des Photons zu jedem Teilchen ein A. gibt. Beide können nur gleichzeitig erzeugt werden (Paarbildung) und zerstrahlen (Umwandlung in Photonen) beim Zusammentreffen.

Apatit, $Ca_5(PO_4)_3(F, Cl, OH)$, gesteinsbildendes Mineral mit farblosen, weißen oder grünlichen Kristallen, vorwiegend als kurze hexagonale Säulen. Er ist in der Erdkruste in vielen Gesteinen verbreitet. Mit ↗ Nephelin zusammen bildet er die Phosphatlagerstätte der Kolahalbinsel (SU). A. ist als biogenes Produkt wichtiger Bestandteil, z. B. von Zähnen und Knochen. Feinkristalline Aggregate von erdiger, kreideähnlicher oder knolliger Beschaffenheit heißen Phosphorit. Phosphorit findet sich in großen Lagerstätten (z. B. nordafrikanische Länder) und ist ein wichtiger Rohstoff für Phosphorverbindungen.

Äpfelsäure, HOOC—CH(OH)—CH$_2$—COOH, Trivialname für die 2-Hydroxy-butandisäure, die in unreifen Früchten, wie Äpfeln und Vogelbeeren, vorkommt. Das C-Atom, das die Hydroxylgruppe trägt, ist asymmetrisch, deshalb existiert eine D.-Ä. und eine L-Ä. Salze der Ä. heißen Malate.

Aphrodisiaka, Mittel zur Anregung des Geschlechtstriebs, wie z. B. ↗ Yohimbin.

Apparat, Apparatur, techn. Ausrüstungseinheit, die im wesentlichen aus unbewegten Teilen besteht.
In ihr finden physikal. und/oder chem. Prozesse statt.

Appetitzügler, zur Gruppe der ↗ Weckamine gehörende Verb., die den Appetit hemmen, wie Propylhexedrin (2-Cyclohexyl-1-methyl-N-methylethylamin)
C_6H_{11}—CH$_2$—CH(CH$_3$)—NHCH$_3$.

Appretur, Bez. in der Textiltechnik für Arbeitsprozesse an Geweben vor allem zur Ausstattung mit bestimmten Eigenschaften (weich-, griffig-, fülligmachen, beschweren, versteifen, knitterfrei-, flaumfest-, wasserdicht-, schmutzabweisend machen, motten-, verrottungs- und fäulnisgeschützt).

Aqua destillata, Bez. für einfach destilliertes Wasser.

Aquarellfarben, bestehen aus feingemahlenen anorg. ↗ Pigmenten, die mit einem wasserlöslichen Farbenbindemittel wie ↗ Gummi arabicum, Leim oder ↗ Dextrin vermischt und zu Knöpfen gepreßt werden.

äquivalent, gleichwertig. Äquivalente Stoffmengen enthalten gleich viele Teilchen und reagieren bei chem. Reaktionen vollständig miteinander.

Äquivalentgewicht, heute als ↗ Äquivalentmasse bezeichnet.

Äquivalentmasse, die relative Ä. ist die relative Masse eines ↗ Äquivalents. Sie ist keine Konstante für ein Element oder eine Verb., da sie von der speziellen chem. Reaktion abhängig ist. Zur Berechnung wird die relative Formelmasse durch die stöchiometrische Wertigkeit geteilt, z. B. die Ä. von Schwefelsäure bei der Neutralisation beträgt 49 g, Formelmasse 98 g, stöchiometrische Wertigkeit 2.

Äquivalenzpunkt, Endpunkt einer chem. Reaktion, z. B. bei der ↗ Volumetrie, bei dem äquivalente Stoffmengen miteinander reagiert haben. Der Ä. wird dabei durch Farbumschläge der zugesetzten Indikatoren oder durch die drastische Änderung physikal.-chem. Parameter, z. B. Leitfähigkeit, ermittelt.

Aragonit, $CaCO_3$, rhombische Modifikation des Calciumcarbonats. A. tritt als Mineral vorwiegend in chem. Sedimentgesteinen auf. Seine farblosen, im Gegensatz zum ↗ Calcit nicht spaltenden Kristalle sind säulen- oder nadelförmig, sie bilden häufig radial- oder parallelfasrige Aggregate. Ein bekanntes Vorkommen sind die Karlsbader Sprudelsteine (Bildung analog ↗ Kalktuff).

Aräometer, *Spindel,* Gerät zur Bestimmung der Dichte von Flüssigkeiten. Ein hohler Glaskörper, der durch Füllung mit Bleischrot eine definierte Masse besitzt, wird in die Flüssigkeit getaucht. Die Dichte ist der Eintauchtiefe umgekehrt proportional und wird an einer geeichten Skala abgelesen. Bild.

Arbeitsplatzkonzentration, maximal zulässige, (MAK-Wert), gesetzlich festgelegte zulässige Höchstkonzentration für bestimmte Luftschadstoffe am Arbeitsplatz, bei deren Auftreten nach dem heutigen Stand der Erkenntnis keine schädigenden Auswirkungen für den Werktätigen zu erwarten sind. Man unterscheidet Kurzzeitwerte (Meßdauer 30 Minuten) und Langzeitwerte (Meßdauer 8 Stunden).

Argentit, ↗ Silberglanz.

Argentometrie, Form der Fällungsanalyse als Teil der ↗ Volumetrie. Benutzt die Schwerlöslichkeit insbesondere der Silberhalogenide und des Silberthiocyanates. Silber wird durch Zugabe von bekannten Natriumchlorid- oder Ammoniumthiocyanatlösungen bestimmt. Halogenid- und thiocyanathaltige Lösungen werden mit Silbernitratlösung bekannter Konzentration titriert. Der Endpunkt der Titration (↗ Äquivalenzpunkt) wird nach MOHR (Rotbraunfärbung bei Zugabe von Kaliumchromat als Indikatorsubstanz) und nach VOLHARD (Rotfärbung nach Zugabe von Eisen(III)-Salzen bei der Titration von Thiocyanatlösungen) bestimmt.

Argentum, wissenschaftliche Bez. für das chem. Element ↗ Silber.

L-Arginin, Abk. Arg, α-Amino-δ-guanidinovaleriansäure,

$$H_2N-\underset{NH}{C}-NH-CH_2-CH_2-CH_2-\underset{NH_2}{CH}-COOH$$

ist am stärksten basisch reagierende proteinogene ↗ Aminosäure. *M*: 174,2. Schmp. 238 °C. A. kommt in allen Organismen vor. In Pflanzen dient es als Transport- und Speichersubstanz für Stickstoff.

Argon,

Ar	$Z = 18$
$A_{r\,(1981)} = 39{,}948$	
Ek: [Ne] $3s^2 3p^6$	
Elementsubstanz: Ar	
Schmp. $-189\,°C$	
Sdp. $-186\,°C$	
$\varrho_g = 1{,}783\,7\;kg \cdot m^{-3}$	
$\varrho_{fl} = 1{,}40\;kg \cdot l^{-1}$	

chem. Element (↗ Elemente, chem.).

Argon, Symbol: Ar, *Edelgas,* 3. Element der 8. Hauptgruppe des PSE (↗ Hauptgruppenelemente, 8. Hauptgruppe des PSE). A. ist die Bez. für alle Atome, die 18 positive Ladungen im Kern (also 18 Protonen) besitzen: Kernladungszahl $Z = 18$. Die Hülle des Atoms besteht aus 18 Elektronen. Es sind bisher keine Verb. bekannt. Die Elementsub-

Aräometer
1 untere Grenze des Meßbereiches
2 obere Grenze des Meßbereiches
3 Belastung

stanz liegt einatomig vor. A. wurde 1894 von RAMSAY und RAYLEIGH als Bestandteil der Luft entdeckt, in der es mit 0,932 5 Vol.-% enthalten ist. A. findet als Inertgas und zur Füllung von Glühlampen und GEIGER-MÜLLER-Zählrohren Verwendung.
Arine, sehr reaktionsfähige cyclische Verb. mit einer C≡C-Dreifachbindung im Ring. Das einfachste A. ist das 1,2-Dehydro-benzen (Benz-in). Die Chemie der A. ist noch verhältnismäßig jung. 1953 ist von ROBERTS die Arinstruktur als Zwischenzustand bei der Reaktion des Chlorbenzens mit Kaliumamid in flüssigem Ammoniak bewiesen worden, die Umsetzung erfolgt also nach einem E_N-A_N-Mechanismus. 1958 ist von WITTIG aus Fluorbenzen und Lithium eine Lösung des 1,2-Dehydrobenzens erhalten worden. 1960 konnte er durch Zersetzung des flüchtigen Bis(2-iod-phenyl)quecksilbers dieses Arin auch in der Gasphase herstellen. Das Dehydrobenzen kann durch ein Dien abgefangen werden.

Arin

ARNDT-EISTERT-Synthese, chem. Verfahren zur Herstellung der nächsthöheren Homologen von Carbonsäuren. Sie verläuft über folgende Stufen:

R—COOH → R—COCl
Carbon-   Carbon-
säure   säurechlorid

$\xrightarrow[-HCl]{CH_2N_2}$ R—CO—CHN$_2$ $\xrightarrow[-N_2]{}$ R—CH=C=O
                        Diazo-
                        keton

$\xrightarrow{H_2O}$ R—CH$_2$—COOH

Carbonsäure

zur kettenverlängerten Carbonsäure, analog mit Alkohol zum entsprechenden Ester und mit Ammoniak zum Carbonsäureamid.
Aromaten, Gruppe carbocyclischer Kohlenwasserstoffe, bei denen alle Ringatome an der Ausbildung eines mesomeren Systems beteiligt sind. Die C-Atome sind sp²-hybridisiert, wodurch der Ring planar ist. Die Abstände der Ringatome liegen zwischen denen der C—C-Einfachbindung und der C=C-Doppelbindung. Die Doppelbindungen sind in den Grenzstrukturen vollkonjugiert. Die Delokalisierung der π-Elektronen bedingt die hohe diamagnetische Suszeptibilität der A. A. sind durch eine hohe Stabilisierungsenergie gekennzeichnet. Sie besitzen (4n + 2)π-Elektronen (↗ HÜCKEL-Regel).
Mit 6π-Elektronen (Elektronensextett) ist das ↗ Benzen der typische Vertreter der A. Da viele Derivate des Benzens einen angenehmen Geruch aufweisen, erhielt diese Stoffgruppe den Namen A. Verb., die sich vom Benzen ableiten, sind benzoide A. Bei Verknüpfung zweier Ringe über Einfachbindung zwischen zwei C-Atomen entsteht ↗ Biphenyl. Die Verknüpfung über zwei benachbarte C-Atome führt zu kondensierten benzoiden A. wie ↗ Naphthalen (2 Ringe), ↗ Anthracen (3 Ringe). Bei weiterer linearer Kondensation ergeben sich Tetracen, das bereits orangegefärbt ist, oder Pentacen (5 Ringe, blauviolett) und Hexacen (grün). Diese linear annelierten Systeme werden Acene genannt. Mit angularer (gewinkelter) Anordnung von 3 Benzenringen ergibt sich die anthracenisomere ↗ Phenanthrenstruktur (Phene). Aus vier angular kondensierten Ringen ist Chrysen und Pyren (perikondensierte Systeme) aufgebaut. Von letzterem leitet sich durch 3,4-Kondensation eines weiteren Ringes das ↗ 3,4-Benzpyren ab.
Verb. mit 5 oder 7 C-Atomen im Ring, die den obigen Kriterien entsprechen und ein π-Elektronensextett besitzen, sind nichtbenzoide A. Sie sind Ionen oder dipolare Moleküle. Sie leiten sich vom ↗ Cyclopentadien bzw. Cycloheptatrien, ↗ Tropiliden ab.
Mit einem 2π-Elektronensystem ist das Cyclopropenylium-Kation der kleinste A. Auch 10π-Elektronensysteme sind bekannt.
aromatisch, Bez. für eine org. Verb. oder Substituenten einer org. Verb., die sich von ↗ Aromaten ableiten.
Aromen, *Essenzen,* Lösungen oder Mischungen von natürlichen oder synthetischen Geruchs- oder Geschmacksstoffen. Die Aromastoffe können in Wasser, Ethanol, Speiseöl, Essigsäure und Pflanzensäften gelöst bzw. emulgiert mit Zucker bzw. Stärke vermischt sein. Natürliche Aromastoffe sind ↗ ätherische Öle, synthetisch werden Vanillin, ↗ Menthol, ↗ Benzaldehyd (Bittermandelaroma) und Fruchtester hergestellt.
ARRHENIUS, SVANTE (19. 2. 1859 bis 2. 10. 1927),

S. ARRHENIUS

schwedischer Chemiker, begründete 1884 die Theorie der elektrolytischen Dissoziation. Nach ihm benannt ist auch die ↗ ARRHENIUSsche Gleichung, die den Zusammenhang zwischen Aktivierungsenergie und Reaktionstemperatur beinhaltet. Unter anderem bearbeitete er Fragen der Physik des Weltalls und der physiologischen Chemie. 1903 wurde ihm der Nobelpreis für Chemie verliehen. Bild.

ARRHENIUSsche Gleichung, Beziehung für die Temperaturabhängigkeit der Reaktionsgeschwindigkeitskonstante k (↗ Reaktionskinetik).

ARRHENIUSsche Säure-Base-Theorie, ↗ Säure-Base-Theorie.

Arsan, AsH_3, auch Arsenwasserstoff, farbloses, unangenehm knoblauchartig riechendes, stark giftiges Gas (Schmp. $-116,9$ °C, Sdp. $-62,47$ °C). A. entsteht, wenn Arsenverbindungen mit naszierendem (= im Entstehen begriffenem) Wasserstoff in Berührung kommen, z. B.

$As_2O_3 + [6 Zn + 6 H_2SO_4]$
$\rightarrow 2 AsH_3\uparrow + 6 ZnSO_4 + 3 H_2O$

Beim Erhitzen zerfällt A. unter Energieabgabe in seine Elementsubstanzen und bildet dabei an den Gefäßwandungen einen Arsenspiegel. Hierauf baut ein bedeutendes analytisches Verfahren, die MARSHsche Probe, auf, durch die kleinste Mengen von Arsen nachzuweisen sind.

Arsen,

As $Z = 33$
$A_{r(1981)} = 74,9216$
Ek: [Ar] $3d^{10}4s^24p^3$
OxZ: -3, $+3$, $+5$
$X_E = 2,18$
Elementsubstanz: As_{grau}
Schmp. 817 °C (unter Druck)
Sdp. 613 °C
$\varrho = 5,72$ kg $\cdot$ l^{-1}
$As_{gelb}\varrho = 2,03$ kg $\cdot$ l^{-1}

chem. Element (↗ Elemente, chem.).

Arsenicum, Symbol: As, 3. Element der 5. Hauptgruppe des PSE (↗ Hauptgruppenelemente, 5. Hauptgruppe des PSE). A. ist die Bez. für alle Atome, die 33 positive Ladungen im Kern (also 33 Protonen) besitzen: Kernladungszahl $Z = 33$. Die Hülle des neutralen Atoms besteht aus 33 Elektronen, von denen fünf als Valenzelektronen die Konfiguration $4s^24p^3$ besitzen. In Verb. werden Oxydationsstufen eingenommen, die durch die Oxydationszahlen OxZ -3, $+3$ und $+5$ charakterisiert sind. Die Elementsubstanz, d. h. das graue (und metallische) A., ist bereits von ALBERTUS MAGNUS (um 1250) beschrieben worden. Graues A. findet sich in der Natur als *Scherbenkobalt* oder *Fliegenstein.* Weitere Arsenvorkommen sind **Arsenide:** *Arseneisen, Arsenikalkies, Löllingit,* $FeAs_2$, *Arsenkies, Giftkies,* FeAsS; *Glanzkobalt, Kobaltin,* CoAsS; *Speiskobalt, Smaltin,* $CaAs_2$; *Weißnickelkies, Chloanthit,* $NiAs_2$; *Rotnickelkies, Nickelin,* NiAs; **Sulfide:** *Realgar, Rauschrot,* As_4S_4; *Auripigment, Rauschgelb,* As_2S_3; und als **Verwitterungsprodukt** der Arsenerze: *Arsentrioxid, Arsenolith, Claudetit,* As_2O_3. Zur Darstellung des grauen A. wird Arsenkies unter Luftabschluß erhitzt, wobei die Elementsubstanz sublimiert und abgetrennt aufgefangen werden kann: FeAsS → FeS + As. Von der Elementsubstanz sind mehrere (monotrope) Modifikationen bekannt: *Graues (oder metallisches) A.* ist eine stahlgraue, metallisch glänzende, kristalline Substanz geringer elektrischer Leitfähigkeit, die bei 613 °C sublimiert. *Gelbes A.* ist durchsichtig, wachsweich, leicht löslich in Kohlenstoffdisulfid und leitet den elektrischen Strom nicht. Gelbes A. entsteht durch Abschreckung von Arsendampf, wandelt sich bei Raumtemperatur (und Lichteinwirkung) schnell in die stabile Modifikation des grauen A. um. Als dritte Modifikation existiert das *schwarze (amorphe) A.* Die Elementsubstanz ist reaktionsfähig, sie vereinigt sich mit molekularem Sauerstoff zu Arsen(III)-oxid:

$4 As + 3 O_2 \rightarrow 2 As_2O_3$, $\Delta_B H = -656,8$ kJ $\cdot$ mol^{-1}

und mit molekularem Chlor zu Arsen(III)-chlorid:

$2 As + 3 Cl_2 \rightarrow 2 AsCl_3$, $\Delta_B H = -335,6$ kJ $\cdot$ mol^{-1}

reagiert mit Schwefelsäure unter Bildung von arseniger Säure und Schwefeldioxid:

$2 As + 3 H_2SO_4 \rightarrow 2 H_3AsO_3 + 3 SO_2\uparrow$

und wird durch Salpetersäure zu Arsensäure oxydiert (bei Bildung von Stickstoff(II)-oxid):

$3 As + 5 HNO_3 + 2 H_2O \rightarrow 3 H_3AsO_4 + 5 NO\uparrow$.

Alle Arsenverbindungen (auch die Elementsubstanzen) sind starke Gifte, in besonderem Maße diejenigen, die lösliche Eigenschaften besitzen. Graues A. wird als Legierungsmetall (mit Schwermetallen) verwendet. Arsenverbindungen dienen zur Herstellung von Schädlingsbekämpfungsmitteln.

Arsen(III)-chlorid, $AsCl_3$, auch Arsentrichlorid, farblose, ölige, sehr giftige Flüssigkeit (Schmp. $-19,8$ °C, Sdp. 131,4 °C), die durch Synthese aus den Elementsubstanzen hergestellt werden kann:

$2 As + 3 Cl_2 \rightarrow 2 AsCl_3$, $\Delta_B H = -335,6$ kJ $\cdot$ mol^{-1}.

Mit Wasser reagiert A. zu Chlorwasserstoff und Arsen(III)-oxid bzw. arseniger Säure.

Arsenicum, wissenschaftliche Bez. für das chem. Element ↗ Arsen.

Arsenide, binäre Verb. des ↗ Arsens mit Metallen; besitzen z. T. ionischen (oder salzartigen) Cha-

rakter, wobei das Arsen den negativen Bindungspartner darstellt.
arsenige Säure, H_3AsO_3 und $HAsO_2$, bildet sich durch Umsetzung von Arsen(III)-oxid mit Wasser:
$As_2O_3 + H_2O \rightarrow 2 HAsO_2$ *(metaarsenige Säure)*
$As_2O_3 + 3 H_2O \rightarrow 2 H_3AsO_3$ *(orthoarsenige Säure).*
In freiem Zustand ist a. S. nicht sehr beständig, stellt aber in Lösung ein bei oxydimetrischen Titrationen gut zu verwendendes Reduktionsmittel dar.
Arsenik, Trivialname für das sehr giftige ↗ Arsen(III)-oxid, As_2O_3.
Arsenkies, Mißpickel, FeAsS, oft silber- und goldhaltig, weit verbreitetes Arsenmineral. Seine wie Dipyramiden aussehenden stahlgrauen Kristalle zeigen oft eine charakteristische Streifung auf einigen Flächen. A. ist Bestandteil ↗ pneumatolytischer bzw. hydrothermaler Lagerstätten.
Arsen(III)-oxid, As_2O_3, auch Arsentrioxid bzw. Arsenik (Trivialname), farblose, sehr giftige, kristalline Substanz (Schmp. 274 °C, Sdp. 460 °C), die unterhalb von 221 °C kubisch kristallin und oberhalb davon monoklin kristallin vorliegt. A. entsteht durch Oxydation von grauem Arsen, z. B. durch molekularen Sauerstoff:
$4 As + 3 O_2 \rightarrow 2 As_2O_3$, $\Delta_B H = -656{,}8 \text{ kJ} \cdot \text{mol}^{-1}$.
Mit Wasser bildet sich arsenige Säure:
$As_2O_3 + 3 H_2O \rightarrow 2 H_3AsO_3$.
Arsen(V)-oxid, As_2O_5 und As_4O_{10}, auch Arsenpentoxid, ist eine undurchsichtige, weiße Masse, die an der Luft zerfließt. A. entsteht durch Wasserabspaltung aus der Arsensäure:
$2 H_3AsO_4 \rightarrow As_2O_5 + 3 H_2O$.
Arsensäure, H_3AsO_4, kristalliert als $H_3AsO_4 \cdot \frac{1}{2} H_2O$, Schmp. 36,1 °C. A. ist hygroskopisch und kann durch Einwirkung von konz. Salpetersäure auf graues Arsen hergestellt werden:
$3 As + 5 HNO_3 + 2 H_2O \rightarrow 3 H_3AsO_4 + 5 NO\uparrow$.
Arsensilberblende, ↗ Rotgültigerz.
Arsenwasserstoff, ↗ Arsan.
Arsonium-, AsH_4^+-Ionen, die sich vom ↗ Arsan ableiten: $AsH_3 + H^+ \rightarrow AsH_4^+$.
Arsphenamin, ein 1910 unter dem Handelsnamen Salvarsan® eingeführtes Arzneimittel zur Be-

HO—⟨ ⟩—As=As—⟨ ⟩—OH
  H_2N NH_2
Arsphenamin

handlung von Syphilis. Seine Bedeutung ist mit der Entwicklung von Antibiotika zurückgegangen.
Aryl-, einwertiger aromatischer Kohlenwasserstoffrest.

Asbest [griechisch: »unverbrennlich«], Sammelbezeichnung für zwei fasrige Silicatminerale, den Hornblendeasbest (↗ Aktinolit) und den Chrysotilasbest (↗ Chrysotil). Vor allem der Chrysotilasbest wird als feuerfestes Fasermaterial verwendet. Der Hornblendeasbest bildet schlechtere Fasern, diese sind aber im Gegensatz zu Chrysotilasbest säurebeständig. Beim Umgang mit A. ist Vorsicht geboten (↗ Asbestose).
Asbestose, Staublungenerkrankung, die durch Einatmen von Asbestfeinstaub entsteht. Sie kann Ursache einer Krebserkrankung sein.
Asbestzement, Baustoff, der zur Herstellung von sehr festen Platten und Formstücken verwendbar ist. Dazu wird eine Mischung von Zement, Asbestfasern und Wasser unter Druck in Formen gepreßt. Wegen der möglichen gesundheitsschädigenden Wirkung (↗ Asbestose) wird er heute nur noch sehr eingeschränkt verwendet.
Asche, feste, pulverförmige Rückstände der Verbrennung vor allem von Kohlen. Bei der Verbrennung von Erdgas und Erdölfraktionen (Heizöl) entstehen vorzugsweise ↗ Ruße, die bei der Heizölverbrennung sehr vanadiumhaltig sind.
Kohlenaschen bestehen je nach Kohleart und Verbrennungsbedingungen aus unterschiedlichen Anteilen von teilverkokten Kohleteilchen, Schlackegläsern, Eisenoxiden, Calciumsulfat, Quarz, thermisch mehr oder weniger zersetzten Tonmineralien und verschiedenen Ca—Mg—Al—Fe-Silicaten, z. T. rechtfertigt ihr ↗ Magnetitgehalt die Aufarbeitung zu Eisenerzkonzentrat, zumal die traditionellen ↗ Möllerbestandteile ebenfalls teilweise in der Asche bereits enthalten sind. Der 20 bis 50 % betragende Schlackeglasanteil bedingt die Verwendungsmöglichkeit von Kohleaschen als hydraulische Bindemittel zur Zementsubstitution im Bauwesen.
Aschexylit, körniger leichter Aschebestandteil, der bei unvollständiger Verbrennung von Weichbraunkohlen aus deren holzartigen Bestandteilen hervorgeht und durch die thermische Beanspruchung ↗ aktivkohleähnliche Eigenschaften erhielt. A. wird als techn. Adsorptionsmittel z. B. zur Abwasserreinigung verwendet.
Ascorbinsäure, ↗ Vitamine.
L-Asparagin, Abk. Asn,
$H_2N—OC—CH_2—CH(NH_2)—COOH$, ein Halbamid der ↗ Asparaginsäure, gehört wie diese zu den proteinogenen ↗ Aminosäuren. M 132,1, Schmp. 236 °C. A. dient in Pflanzen als Stickstoffspeichersubstanz.
L-Asparaginsäure, Abk. Asp, *Aminobernsteinsäure,* $HOOC—CH_2—CH(NH_2)—COOH$, eine pro-

teinogene ↗ Aminosäure. M 133,1, Schmp. 269 °C bis 271 °C. A. spielt eine wichtige Rolle bei der Biosynthese der ↗ Purine und der ↗ Pyrimidinbasen.

Asphalt, in der Natur in größeren Mengen in Asphaltseen vorkommende, braun-schwarze bituminöse Masse. Es bildet sich durch Oxydations- und Polymerisationsprozesse aus ↗ Erdöl bei dessen Austritt an die Erdoberfläche. A. wird zur Herstellung von Dachpappe, Isolieranstrichen und für den Straßenbau verwendet. In der Umgangssprache wird der Begriff A. auch für Straßenbaumaterialien auf der Basis von Erdöldestillationsrückständen (↗ Bitumen) und Straßenteer (↗ Teer) verwendet.

Aspirin®, ↗ schmerzstillende Mittel.

Assimilation, Aufbau körpereigener Stoffe aus körperfremder Substanz. Die A. ist für alle Organismen notwendig. Bei der *autotrophen* A. der grünen Pflanzen, Blaualgen und einiger Bakterien wird org. Substanz aus anorg. synthetisiert. Eine zentrale Bedeutung hat dabei die Kohlenstoffassimilation (↗ Photosynthese). Bei der *heterotrophen* A. der übrigen Lebewesen wird lediglich die mit der Nahrung aufgenommene org. Substanz umgebaut.

Assoziation, lockere Zusammenlagerung von Molekülen zu größeren Baueinheiten.

Astat,

At	$Z = 85$
$A_{r(1981)} = [210]$	
Ek: [Xe] $4f^{14}5d^{10}6s^26p^5$	
OxZ: -1	
$X_E = 2,2$	
Elementsubstanz:	
Schmp. 302 °C	
Sdp. 335 °C	

chem. Element (↗ Elemente, chem.). *Astat*, Symbol: At, 5. Element der 7. Hauptgruppe des PSE (↗ Hauptgruppenelemente, 7. Hauptgruppe des PSE). A. ist die Bez. für alle Atome, die 85 positive Ladungen im Kern (also 85 Protonen) besitzen: Kernladungszahl $Z = 85$. Radioaktives Element mit vielen (nur radioaktiven) Isotopen zwischen ^{201}At und ^{219}At. ^{210}At ist mit einer Halbwertzeit von $t_{1/2} = 8{,}3$ h das langlebigste und stabilste Isotop. A. wurde 1940 von Corson, McKenzie und Segré durch Beschuß von Bismut mit α-Teilchen von 30 MeV gewonnen. 1944 bis 1946 konnten es Karlik und Bernert als Zwischenglied natürlicher radioaktiver Zerfallsreihen entdecken. Zur Darstellung wird A. in der Form des Astatids mit Silberionen als sehr schwer lösliches Silberastatid gefällt:

$At^- + Ag^+ \rightarrow AgAt\downarrow$

dann erfolgt eine Fällung mit Schwefelwasserstoff und Abscheidung auf metallischem Zink aus schwefelsaurer Lösung. Die Elementsubstanz ist in ihren Eigenschaften dem ↗ Iod ähnlich. Von den Verb. sind *Astatwasserstoff,* HAt; *Silberastatid,* AgAt und andere dargestellt worden. A. vermag auch Kationen, At$^+$, zu bilden, die sich katodisch abscheiden lassen oder durch Schwefelwasserstoff reduziert werden können.

Aston, Francis William (1.9.1877 bis 20.11.1945), englischer Chemiker und Physiker, leistete Pionierarbeit auf dem Gebiet der Isotopenforschung. Der von ihm entwickelte Massenspektrograph gestattete erstmals die genaue Massenbestimmung einzelner Isotope und ermöglichte die Feststellung ihrer Mengenverhältnisse. 1922 wurde er mit dem Nobelpreis für Chemie geehrt.

asymmetrisch (asymm-), Stellung der Substituenten im 1,2,4-trisubstituierten Benzen, ↗ symmetrisch, ↗ vicinal.

asymmetrisches Kohlenstoffatom, sp^3-hybridisiertes vierbindiges Kohlenstoffatom, das vier unterschiedliche Substituenten trägt. Der einfachste Kohlenwasserstoff mit einem a. K. ist das 3-Methylhexan. Das a. K. ist die Ursache für die optische Aktivität. Verbindungen mit a. K. treten in zwei isomeren Formen (↗ Enantiomere) auf, die die Ebene des polarisierten Lichtes um den gleichen Betrag, aber mit entgegengesetztem Winkel drehen. Die Auswertung dieses Zusammenhanges führte zur Schlußfolgerung, daß sp^3-hybridisierte C-Atome im Mittelpunkt eines Tetraeders stehen, dessen Ecken mit den vier Substituenten besetzt sind (van't Hoff, 1874). Am Tetraedermodell läßt sich die Struktur der ↗ Enantiomeren wie das Verhalten von Bild zu Spiegelbild erklären.

$$H-\overset{CH_3}{\underset{C_2H_5}{C}}-C_3H_7$$

asymmetrische Synthesen, chem. Reaktionen, die zu Produkten mit Asymmetriezentren, z. B. ↗ asymmetrischen Kohlenstoffatomen, führen, wobei einer der beiden Enantiomeren bevorzugt gebildet wird.

ätherische Öle, Sammelbezeichnung für Gemische chem. sehr heterogener flüssiger, flüchtiger, lipophiler Pflanzeninhaltsstoffe mit jeweils charakteristischem Geruch. Im Gegensatz zu fetten Ölen verdunsten sie vollständig, ohne auf dem Papier einen Fettfleck zu hinterlassen. Die meisten ä. Ö. enthalten Monoterpene (↗ Terpene) mit aliphatischer, mono- oder bicyclischer Struktur. Daneben treten auch Aromaten, Heterocyclen, Cycloaliphaten und andere Stoffklassen auf. In manchen Fällen liegen die ä. Ö. in der Pflanze als geruchlose ↗ Glycoside vor, welche erst beim Welken oder bei der Zerstörung des Gewebes zerfallen und dann den charakteristischen Geruch erzeugen (z. B. das für den typischen Waldmeisterduft verschiedener Pflanzen verantwortliche Cumarin). Ä. Ö. haben eine große Bedeutung als Duft-, Heil- und Würzstoffe und werden in vielfältiger Form in der Parfüm-, der Arzneimittel- und der Lebensmittelindustrie verarbeitet. Bild, Tabelle.

a) Eucalyptol
b) Limonen
c) Menthol

$CH_3-C=CH-CH_2-CH_2-C=CH-CH_2-OH$
    CH_3 CH_3
d) Geraniol

e) Cumarin
f) Vanillin

Häufige Bestandteile ätherischer Öle
a) bis d) Monoterpene
e) bis f) Beispiele aus anderen Stoffklassen

Vorkommen und Eigenschaften häufiger Bestandteile von ätherischen Ölen

Verbindung	Natürliches Vorkommen (Beispiele)	Schmp. in °C	Sdp. in °C
Eucalyptol	Eucalyptusöl	1,3	176…177
Limonen	Fichtennadelöl	−96,6	177…178
Menthol	Pfefferminzöl	43	215…216
Geraniol	Rosenöl	−15	229,7
Cumarin	Waldmeister-Sprosse	71	302
Vanillin	Vanilla-Früchte	82	140…145

Atmung, biologischer Prozeß, in dessen Verlauf org. Substrate restlos zu energiearmen anorg. Substanzen abgebaut werden. A. ist nur möglich im Beisein von Sauerstoff und liefert einen hohen Energiegewinn. Sie ist charakteristisch für die meisten Pflanzen und Tiere, während viele Mikroorganismen (Bakterien, Hefen) ihren Energiebedarf durch ↗ Gärung decken. Das wichtigste Atmungssubstrat sind ↗ Kohlenhydrate. Die A. gliedert sich in zwei vielstufige Teilprozesse:
– schrittweiser enzymatischer Substratabbau unter Abspaltung von Wasserstoff, der auf Coenzyme (↗ Enzyme) übertragen wird (Symbol: [H$_2$]),
– schrittweise Oxydation des [H$_2$] durch enzymatische Übertragung auf Sauerstoff.

Bruttogleichungen (für Kohlenhydratveratmung):

Substratabbau: $C_6H_{12}O_6 + 6 H_2O \rightarrow 6 CO_2 + 12 [H_2]$
Wasserstoffoxydation: $12 [H_2] + 6 O_2 \rightarrow 12 H_2O$

Summe:	$C_6H_{12}O_6 + 6 H_2O + 6 O_2$ $\rightarrow 6 CO_2 + 12 H_2O,$ $\Delta G = -2875 \text{ kJ} \cdot \text{mol}^{-1}$

Der Substratabbau beginnt mit der ↗ Glycolyse. Das im Ergebnis dieses Prozesses anfallende Pyruvat ($CH_3-CO-COO^-$) wird oxydativ decarboxyliert. Der abgespaltene Wasserstoff (Oxydation) wird durch das *Coenzym NAD*$^+$, der nach der Decarboxylierung verbleibende Acetylrest ($-CO-CH_3$) durch das *Coenzym A* (↗ Enzyme) übernommen. Das *Coenzym A* besitzt eine sehr reaktionsfähige Sulfhydrylgruppe ($-SH$), was auch in der Kurzschreibweise für dieses Coenzym ausgedrückt wird: CoA—SH. Die energiereiche Verbindung Acetyl-Coenzym A (CoA—S—CO—CH$_3$) nimmt eine zentrale Stellung im Zellstoffwechsel ein. Im Zuge der Atmung wird der Acetylrest auf *Oxalacetat* übertragen, es entsteht *Citrat*.
Dieses wird schrittweise über *Isocitrat, α-Oxoglutarat, Succinat, Fumarat* und *Malat* wieder bis zum *Oxalacetat* abgebaut, welches erneut mit einem Acetylrest beladen werden kann (Bild). Im Verlaufe

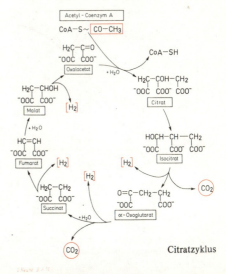

Citratzyklus

dieser zyklischen Reaktionsfolge (Citratzyklus, Citronensäurezyklus, Tricarbonsäurezyklus, Krebs-Zyklus) wird der Acetylrest vollständig abgebaut durch Oxydation (H-Entzug), Decarboxylierungen (CO_2-Entzug) und Hydratisierungen (H_2O-Anlagerungen). Der Prozeß ist in folgender Bruttogleichung darstellbar:
CoA—S—CO—CH_3 + 3 H_2O
→ CoA—SH + 2 CO_2 + 4 [H_2]
Der Wasserstoff wird über eine Reihe von Enzymen, die sogenannte *Atmungskette*, auf O_2 übertragen. Dabei wird chemische Energie in Form von ATP gewonnen (↗ Nucleotide).

Atombau, ↗ Atommodell.

Atombindung (Kovalenz, homöopolare Bindung), Grenzfall der ↗ chem. Bindung durch gemeinsame Elektronenpaare bzw. Elektronen der beteiligten Atome. Im Allgemeinfall der A. entstehen gemeinsame Elektronenpaare aus den ↗ Valenzelektronen beider beteiligten Atome. Man unterscheidet *Einfach-, Doppel- und Dreifachbindungen* nach der Zahl gemeinsamer Elektronenpaare. Sie werden nach LEWIS (s. u.) in den ↗ Elektronenformeln als Valenzstriche zwischen den Elementsymbolen dargestellt, z. B. H:H als H—H, :N:::N: als N≡N. Rein homöopolare Bindungen treten nur zwischen gleichen Atomen auf. Zwischen unterschiedlichen Atomen entsteht eine polare A. Dabei verschiebt sich das gemeinsame Elektronenpaar zu dem Atom höherer ↗ Elektronegativität. Dieses Atom gewinnt dadurch eine *negative partielle Ladung (Teilladung) δ*, während das andere partiell positiv geladen wird: z. B. $\overset{\delta+}{H}$ − $\overset{\delta-}{Cl}$, δ = 0,16 ↗ Elementarladungen.

Aus dieser Polarisierung der Elektronenhülle resultiert ein ↗ Dipolmoment der Bindung (Bindungsmoment). Der Anteil der ↗ Ionenbeziehung an der polaren A. ergibt sich nach PAULING aus der Differenz der ↗ Elektronegativitäten der beteiligten Atome. Bild 1.
Formal wird die ↗ koordinative Bindung von der polaren A. unterschieden.
Die räumliche Ausrichtung der A. ermöglicht eine Ausbildung dreidimensionaler Kristallgitter aus gleichen Atomen nur bei den ↗ chem. Elementen in der Mitte des ↗ PSE wie beim ↗ Diamant (Prototyp, Bild 2), ↗ Silicium, ↗ Germanium, grauen ↗ Zinn und damit isoelektronischen Verb. wie Bornitrid und Siliciumcarbid. Solche sog. ↗ Atomgitter (Gitterenergie 100 bis 400 kJ·mol^{-1}) besitzen eine große Härte, hohe Schmelz- und Siedetemperaturen sowie eine niedrige ↗ elektrische Leitfähigkeit (Isolatoren und Halbleiter). Zwischen den Atomen eines chem. Elementes tritt A. weiterhin bei ↗ Wasserstoff, ↗ Bor sowie den Elementen der 5. bis 7. Hauptgruppe bis zur 4. bzw. 5. Periode des ↗ PSE auf. Dabei entstehen zweiatomige Moleküle bei den chem. Elementen der 1. und 2. Periode (teilweise über ↗ Mehrfachbindungen) sowie bei ↗ Chlor und ↗ Brom. Elemente höherer Perioden bilden über Einfachbindungen größere Moleküleinheiten (z. B. P_4, S_8) oder polymere Strukturen (z. B. As_n, Se_n).

• C - Atome

Bild 2. Atomgitter des Diamants

Die erste Theorie der A. von LEWIS (1916) basierte auf dem Bohrschen ↗ Atommodell. Dabei wurde die A. auf die Erlangung der energetisch stabilen ↗ Edelgaskonfiguration (↗ Oktett-Regel in der 2. und 3. Periode des ↗ PSE) durch die gegenseitige Durchdringung der Elektronenhüllen in Gestalt von Schalen zurückgeführt (Bild 3, S. 49). Diese Theorie ist die Grundlage vieler heute noch üblicher chem. Begriffe sowie der ↗ Elektronenformeln und trug zur breiten Ordnung des chem. Wissens bei, konnte aber durch ihren formalen Charakter eine Reihe von Bindungsfragen (z. B. die besondere Stabilität der Edelgaskonfiguration, die Existenz von stabilen Molekülen ohne Erreichen der Edelgaskonfiguration wie NO) nicht erklären.

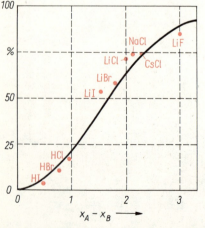

Bild 1. Abhängigkeit des Ionencharakters (in %) von der Elektronegativitätsdifferenz $x_A - x_B$

Atombindung

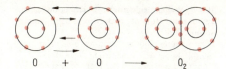

Bild 3. Entstehen der Atombindung nach LEWIS am Beispiel des Sauerstoffmoleküls O_2

Erst die wellenmechanische Theorie der A. (ab 1927) auf der Basis des wellenmechanischen ↗ Atommodells ermöglichte eine umfassende Erklärung der energetischen und strukturellen Veränderungen sowie der Natur der Bindungskräfte bei der Entstehung der A., deren Reaktivität und physikalische Eigenschaften. Die zur wellenmechanischen Behandlung der A. notwendige Lösung der SCHRÖDINGER-Gleichung ist für Mehrelektronensysteme wie Moleküle nur durch Näherungsmethoden möglich, da u. a. auf Grund der Existenz der Elektronen in den Atomen als räumliche Ladungswolken (Orbitale) ihre Abstoßungsenergie, nicht wie für die Lösung gefordert, genau angegeben werden kann. Die Näherungsmethoden befinden sich, unterstützt durch die Entwicklung der elektronischen Rechentechnik, in ständiger Weiterentwicklung (↗ Quantenchemie). Die Durchführung der Näherungsrechnungen erfolgt nach der Variationsmethode, wobei Wellenfunktionen für die Elektronen mit variablen Parametern solange variiert werden, bis sich für das System ein Minimum der Energie ergibt. Dabei unterscheidet man vor allem zwei Näherungsverfahren, die VB- und die MO-Methode bzw. -Theorie.

In der VB-(Valence-bond-, Valenzstruktur-)Methode von HEITLER und LONDON (ab 1927), weiterentwickelt vor allem durch ↗ PAULING, wird davon ausgegangen, daß bei der Bindung die Elektronensysteme der beteiligten Atome erhalten bleiben und die Valenzelektronen meist paarweise lokalisierte gemeinsame Orbitale besetzen. Diese resultieren aus der chem. Erfahrung, ausgedrückt durch die ↗ Elektronenformeln nach LEWIS. Da jedes Elektron einer Bindung jedem Atomkern zugeordnet werden kann, wird die Bindung auf die sogenannte Austauschwechselwirkung bzw. Austauschkräfte zurückgeführt, was sich mit den Elektronenformeln durch eine ↗ Resonanz von Grenzstrukturen (↗ Grenzformel, ↗ Mesomerie) darstellen läßt.

Bei der MO-(Molecular-orbital-, Molekülorbital-)Methode von HUND und MULLIKEN (ab 1928) werden unabhängig vom Herkunftsatom die Zustände aller Elektronen der an der Bindung beteiligten Atome im Kraftfeld der Atomkerne ermittelt und entsprechend ihrer energetischen Reihenfolge nach dem ↗ PAULI-Prinzip und den ↗ HUNDschen Regeln besetzt. Da in der Nähe der Atomkerne die Wellenfunktion der Elektronen im Molekül ψ denen in den Atomen ψ_A und ψ_B ähnelt, ermittelt man ψ aus der Linearkombination $\psi_A \pm \psi_B$ und bezeichnet die Methode danach als LCAO-MO-Methode (Linear Combination of Atomic Orbitals to Molecular Orbitals). Danach ergeben sich entsprechend Bild 4 (S. 50) aus zwei Atomorbitalen jeweils ein bindendes und ein antibindendes Molekülorbital mit vergrößerter bzw. verringerter Aufenthaltswahrscheinlichkeit der Elektronen zwischen den Atomkernen. Dem entspricht ein Energieminimum beim Bindungsabstand bzw. eine Energieerhöhung für die Summe aus der elektrostatischen Abstoßung der gleichartig geladenen Atomkerne und Elektronen und der Anziehung zwischen ihnen. Das Zustandekommen der A. wird vor allem auf eine Überlappung (Durchdringung) der Atomorbitale zurückgeführt. Diese Überlappung ergibt sich aus Gründen der ↗ Symmetrie nur für Wellenfunktionen (bzw. Atomorbitale) mit gleichem Vorzeichen und führt entsprechend Bild 5 (S. 51) zu verschiedenen bindenden Zuständen, der zur Bindungsachse rotationssymmetrischen σ-Bindung, der π-Bindung mit einer und der δ-Bindung mit zwei ↗ Knotenebenen, die die Bindungsachse enthalten. Ungleiche Vorzeichen führen zu den entsprechenden antibindenden, mit einem Stern gekennzeichneten Molekülorbitalen. Heben sich die Überlappungsbereiche verschiedener Vorzeichen auf, entstehen nichtbindende Molekülorbitale (z. B. s-p_z). Im sogenannten MO-Schema (Bild 4d, Bild 6) werden die Energien der Atomorbitale (AO) denen der aus ihnen gebildeten (gestrichelte Linien) Molekülorbitale (MO) gegenübergestellt und aus deren Besetzung mit Elektronen eines bestimmten ↗ Spins (Pfeilrichtung) die vorliegenden, obengenannten Bindungstypen, die ↗ Bindungsordnung und deren physikalische Eigenschaften wie ↗ Magnetismus und energetische Anregungsmöglichkeiten (↗ Spektroskopie) abgeleitet (Bild 6, S. 52). Dazu brauchen nur die nicht vollständig mit Elektronen gefüllten oberen Zustände (↗ Valenzelektronen) berücksichtigt zu werden. Bei unterschiedlichen Atomen haben die AO gleicher Quantenzahlen verschiedene Energien und deshalb auch verschiedene Anteile an der Bildung bindender MOs, so daß diese polar sind (Bild 6b). Für kompliziertere (ab dreiatomige) Moleküle wurde die MO-Theorie durch die Konzeption der lokalisierten MO.e weiterentwickelt. Sie beruht auf der chem.

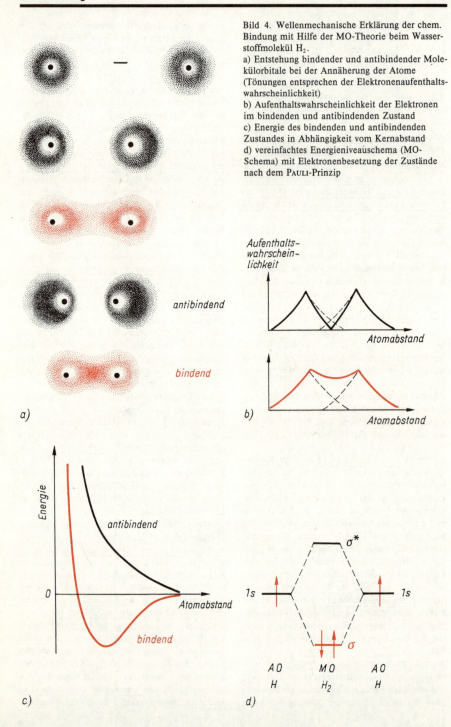

Bild 4. Wellenmechanische Erklärung der chem. Bindung mit Hilfe der MO-Theorie beim Wasserstoffmolekül H_2.
a) Entstehung bindender und antibindender Molekülorbitale bei der Annäherung der Atome (Tönungen entsprechen der Elektronenaufenthaltswahrscheinlichkeit)
b) Aufenthaltswahrscheinlichkeit der Elektronen im bindenden und antibindenden Zustand
c) Energie des bindenden und antibindenden Zustandes in Abhängigkeit vom Kernabstand
d) vereinfachtes Energieniveauschema (MO-Schema) mit Elektronenbesetzung der Zustände nach dem PAULI-Prinzip

Atombindung

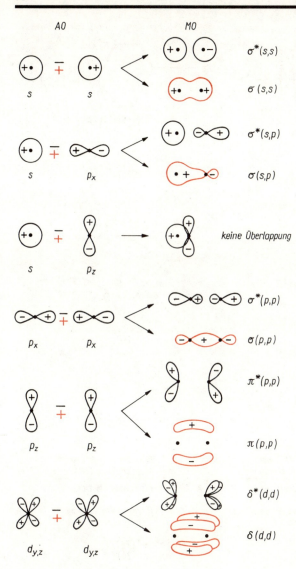

Bild 5. Entstehung und Form von Molekülorbitalen durch Überlappung von Atomorbitalen verschiedener Nebenquantenzahlen l

Erfahrung gerichteter und gleichwertiger Bindungen (z. B. vier gleichwertiger, tetraedrisch angeordneter Bindungen im ↗ Methan, die nicht der Elektronenkonfiguration des Kohlenstoffs $2s^2 2p^2$ entsprechen). Durch eine Transformation aller MO.e wird die Zahl der an der Linearkombination beteiligten AO.e nur auf die benachbarter Atome beschränkt. Das ist gleichbedeutend mit einer Kombination verschiedener Atomorbitale des an mehreren Bindungen beteiligten Atoms zu gleichwertigen Orbitalen und wird als Hybridisierung bzw. Bastardisierung bezeichnet (Bild 7, S. 53). Die mit diesen Hybridorbitalen gebildeten σ-Bindungen und die Zahl der nichtbindenden Elektronenpaare erklären die räumliche Anordnung der Atome in größeren Molekülen (Tabelle, S. 54) wie Kohlenwasserstoff- (Bild 8, S. 53) und ↗ Komplexverbindungen der Übergangsmetalle. Neben den ϱ-Zweizentrenorbitalen sind noch mögliche π-Zweizentrenorbitale durch Überlappung nicht an der Hybridisierung be-

Atombindung

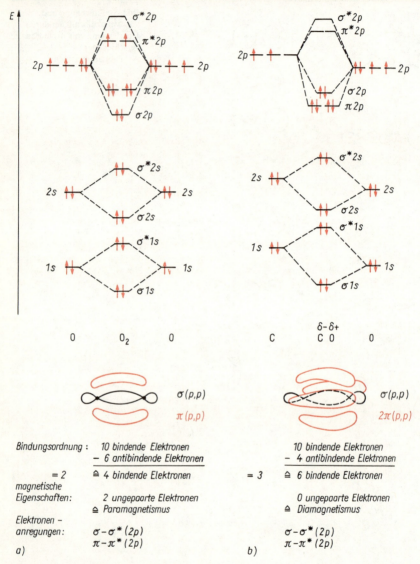

Bild 6. MO-Energieniveauschema und Form der bindenden Molekülorbitale zweiatomiger Moleküle
a) gleicher Atome am Beispiel Sauerstoff (O_2) und
b) ungleicher Atome am Beispiel Kohlenmonoxid (CO)

teiligter p- und d-Atomorbitale zu berücksichtigen, die zu Doppel- und Dreifachbindungen führen (Bild 8). Halbempirisch kann die räumliche Anordnung auch mit der ↗ VSEPR-Theorie abgeleitet werden. Bei zahlreichen Molekülen ist die Annahme von Mehrzentrenbindungen sinnvoll (Bild 9, S. 54). Die Mehrzentrenbindungen lassen sich nach der VB-Theorie durch hypothetische

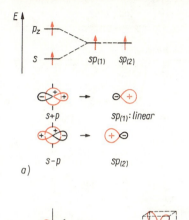

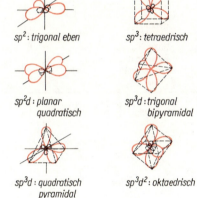

Bild 7.
a) Bildung von sp-Hybridorbitalen
b) Übersicht über wichtige Hybridorbitale

Überlagerung (Resonanz) von Zweizentrenbindungsgrenzstrukturen beschreiben und mit Hilfe der ↗ Mesomerie (Zeichen↔) darstellen, z. B. Benzen.

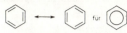

Atombombe, ↗ Kernreaktion.
Atome, [griech. atomos, das Unteilbare]; kleinste Teilchen der chem. Elemente. Sind mit chem. Methoden nicht weiter zerlegbar, ↗ Atombau.
Atomenergie, ungenaue Bez. für die ↗ Kernenergie.
Atomgewicht, ↗ Atommasse.
Atomgitter, Kristallgitter, deren Gitterbausteine aus Atomen bestehen, die durch vorwiegend kovalente Bindungskräfte zusammengehalten werden (↗ Atombindung).
Atomkern, Raum im Inneren der ↗ Atome, in dem die gesamte positive Ladung und fast die gesamte Masse des Atoms lokalisiert ist (Kerndurchmesser: etwa 10^{-14} m, Atomdurchmesser etwa 10^{-10} m). Die Existenz des A. wurde von RUTHERFORD 1919 nachgewiesen (↗ Atommodell, RUTHERFORDSCHES). Er entdeckte als Ladungsträger das ↗ Proton. Nachdem 1932 von CHADWICK das ↗ Neutron als weiterer Kernbaustein nachgewiesen wurde, entwickelten 1934 IWANENKO, GAPON und HEISENBERG die Vorstellung, daß der A. ausschließlich aus Protonen und Neutronen besteht, die als Nukleonen bezeichnet werden. Danach ergibt sich die Massenzahl des Atoms aus der Summe der Protonen- und der Neutronenzahl. Die für die Stabilität der A. verantwortlichen Kernkräfte besitzen eine sehr kurze Reichweite von etwa 10^{-15} m und sind durch das Neutronen-Protonen-Verhältnis bestimmt. Mit Hilfe der noch andauernden Entwick-

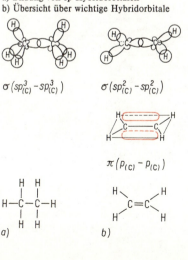

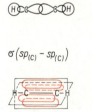

Bild 8. Zweizentren-Bindungsmodelle für
a) Ethan
b) Ethen
c) Ethin
(σ- und π-Bindungen sind zur besseren Anschaulichkeit getrennt dargestellt)

Atomkern

Hybridorbitale und Geometrie der Moleküle

Hybridorbital Typ	Geometrie	Molekül Typ	Geometrie	Beispiel
sp (s, p_z)	linear	AB_2	linear	$BeCl_2$
sp^2 (s, p_x, p_y)	trigonal eben	AB_3	trigonal eben	BF_3
		AB_2	V-förmig	SO_2
sp^3 (s, p_x, p_y, p_z)	tetraedrisch	AB_4	tetraedrisch	CH_4, $[NiCl_4]^{2-}$
		AB_3	trigonal pyramidal	NH_3
		AB_2	V-förmig	H_2O
dsp^2 (s, p_x, p_y, d_{xy})	quadratisch planar	AB_4	quadratisch planar	$[Ni(CN)_4]^{2-}$
sp^3d $(s, p_x, p_y, p_z, d_{z^2})$	trigonal pyramidal	AB_5	trigonal pyramidal	PF_5
		AB_3	T-förmig	ClF_3
		AB_2	linear	XeF_2
sp^3d $(s, p_x, p_y, p_z, d_{x^2-y^2})$	quadratisch pyramidal	AB_5	quadratisch pyramidal	BrF_5
sp^3d^2 bzw. d^2sp^3 $(s, p_x, p_y, p_z, d_{z^2}, d_{x^2-y^2})$	oktaedrisch	AB_6	oktaedrisch	SF_6, $[Fe(CN)_6]^{4-}$
		AB_5	quadratisch pyramidal	
		AB_4	quadratisch planar	XeF_4

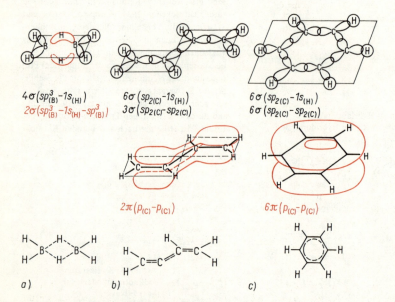

Bild 9. Mehrzentren-Bindungsmodelle für
a) Diboran
b) Buta-1,3-dien
c) Benzen

Atommodell

Zusammenhang ausgewählter chemischer Grundbegriffe

	Wasserstoff	Kohlenstoff	Kohlendioxid
Absolute Atommasse	$1{,}673 \cdot 10^{-24}$ g	$2{,}027 \cdot 10^{-23}$ g	–
Relative Atommasse	1,00797	12,01115	–
Relative Molekülmasse	2,01594	–	44,00995
Grammatom	1,00797 g	12,01115 g	–
Grammolekül	2,01594 g	–	44,00995 g
Molare Masse	$2{,}01594$ g $\cdot$ mol^{-1}	$12{,}01115$ g $\cdot$ mol^{-1}	$44{,}00995$ g $\cdot$ mol^{-1}
Molares Volumen	$22{,}4\,l \cdot$ mol^{-1}	–	$22{,}4\,l \cdot$ mol^{-1}

lung von Kernstrukturmodellen versucht man u. a. auch die Natur der Kernkräfte zu erklären. Gegenwärtig werden sie vor allem auf die Austauschwechselwirkung zwischen den Nukleonen, deren Abstoßung bei sehr kleinen Abständen sowie die Wechselwirkung ihrer ↗ Spins zurückgeführt. Atomkerne eines Elementes können auch als verschiedene ↗ Isotope auftreten. Bei ↗ Kernumwandlungen wird die ↗ Kernenergie umgesetzt.
Atommasse, – *absolute A.*, absoluter Wert der durchschnittlichen Masse der Atome eines Elementes in der Maßeinheit Gramm. Wird durch Division des ↗ Grammatoms eines Elementes durch die ↗ AVOGADROsche Zahl ermittelt (Tabelle).
– *relative A.* gibt an, wieviel mal größer die Masse eines Atomes als eine Standardmasse 1 ist. Als Standard mit der Masse 1 wird der zwölfte Teil der Atommasse des Kohlenstoffisotops ^{12}C (Atommasse 12) verwendet. Ältere Standards waren das Wasserstoffatom bzw. der sechzehnte Teil der Atommasse von Sauerstoff (Atommasse 16), Tabelle.
Atommodell, modellmäßige Zusammenfassung eines bestimmten Kenntnisstandes über den Aufbau der ↗ Atome, insbesondere der chem. bedeutsamen Atomhülle. In den einzelnen A. spiegelt sich der historische Entwicklungsstand der experimentellen Meß- und Untersuchungstechniken für Reaktionen und Wechselwirkungen der ↗ Elementarteilchen sowie der Auswertung und theoretischen Deutung der Untersuchungsergebnisse wider.
0. Als erster Vertreter für die Auffassung vom Aufbau der Stoffe aus kleinsten unteilbaren Einheiten, den Atomen, ist DEMOKRIT (um 460 v. u. Z. in Griechenland) bekannt. Auf Basis der Erkenntnis der ↗ *Gesetze der Erhaltung der Masse* sowie der *konstanten und multiplen Proportionen* leitete ↗ DALTON 1803 seine Atomhypothese ab. Danach bestehen die chem. ↗ Elemente aus Atomen, die weder geschaffen noch vernichtet werden können, die für dasselbe chem. Element identisch sind und die gleiche Masse besitzen, die für verschiedene chem. Elemente unterschiedliche Massen haben und sich im Verhältnis ganzer Zahlen verbinden können.
1. Das **Thomsonsche A.** (1897) beschreibt das Atom als einen Raum, in dem sich eine positive elektrische Sphäre gleichmäßig ausbreitet und auf dessen Oberfläche die vergleichsweise sehr kleinen negativ geladenen ↗ Elektronen verteilt sind (»Erdbeermodell«). Es wurde aus der Entdeckung der Elektronen als Bestandteile aller Atome abgeleitet.
2. Nach dem **Rutherfordschen A.** (1911) besteht jedes Atom aus einem Atomkern und der Elektronenhülle. Im Vergleich zum Gesamtatom (Durchmesser $\approx 10^{-10}$ m) ist der Atomkern sehr klein (Durchmesser $\approx 10^{-14}$ m), enthält aber nahezu die gesamte Atommasse und Z (↗ Kernladungszahl) positive Ladungen. Diese Erkenntnisse gewann RUTHERFORD aus Untersuchungen der Streuung von Alphastrahlung (↗ Radioaktivität) an sehr dünnen Metallfolien. Für die Elektronenhülle der Atome nahm RUTHERFORD an, daß sich ebenso viele Elektronen auf Kreis- oder Ellipsenbahnen um den Kern bewegen, wie dieser positive Ladungen enthält (»Planetenmodell«). Die Stabilität dieser Anordnung sollte sich aus dem Gleichgewicht der elektrischen Anziehungskräfte zwischen Atomkern und Elektronen mit den aus der Kreisbewegung der Elektronen resultierenden, nach außen gerichteten Zentrifugalkräften ergeben. Dieses Kräftegleichgewicht steht aber mit den Gesetzen der für Makroobjekte geltenden sogenannten *klassischen Physik* im Widerspruch, weil danach sich bewegende elektrische Ladungen, wie Elektronen, durch den Aufbau elektrischer Felder ständig Energie abgeben.
3. Im **Bohrschen A.** (1913) werden die Schwierigkeiten des RUTHERFORDschen A. durch die Einführung der BOHRschen Postulate behoben. Sie stellen Forderungen dar, die aus der *klassischen Physik* nicht erklärbar sind, sondern erst durch die Entdeckung des ↗ Welle-Teilchen-Dualismus (1924) ver-

Atommodell

ständlich wurden, und in denen die Erkenntnisse der ↗ Quantentheorie und die Ergebnisse der Untersuchung der ↗ Atomspektren ihren Niederschlag fanden. Nach dem 1. Postulat können sich die Elektronen nur auf solchen Bahnen um den Kern bewegen, deren Drehimpulse und damit auch Energien ein ganzzahliges Vielfaches n (↗ Quantenzahl) eines kleinsten, vom PLANCKschen Wirkungsquantum h abhängigen Betrages sind (»Quantenbahnenmodell«). Nach dem 2. Postulat geben die Elektronen keine Energie bei den Umläufen auf diesen Bahnen ab, sie stellen stationäre Zustände dar und werden als Energieniveaus bezeichnet. Das 3. Postulat führt die ↗ Absorption bzw. ↗ Emission elektromagnetischer ↗ Strahlung der Energie $\Delta E = h \cdot \nu$ auf Elektronenübergänge zwischen den Bahnen mit der Energiedifferenz $\Delta E = E' - E''$ zurück, die in ganz bestimmten Frequenzen ν im Spektrum zum Ausdruck kommen. Erstmals konnten für ein ↗ Atomspektrum am Beispiel des Wasserstoffs (Bild 1) die Lagen der Linien (Wellenzahlen $\tilde{\nu} = 1/\lambda$, λ: Wellenlänge) berechnet werden.

BOHR folgerte aus der Existenz von Energiestufen das Aufbauprinzip des ↗ Periodensystems der chem. Elemente (PSE).

Danach besetzt das von Element zu Element hinzukommende Elektron das jeweils niedrigste freie Energieniveau. Eine experimentelle Bestätigung der BOHRschen Vorstellungen ergab sich aus der

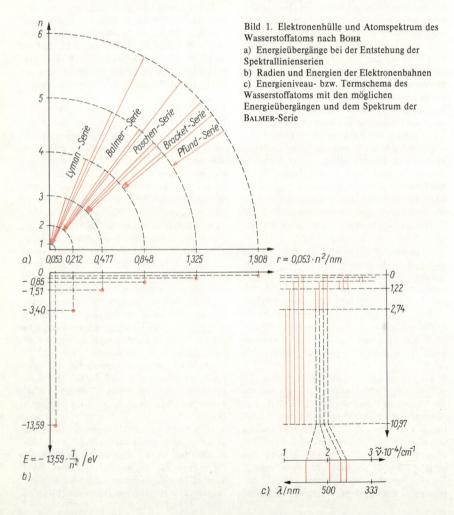

Bild 1. Elektronenhülle und Atomspektrum des Wasserstoffatoms nach BOHR
a) Energieübergänge bei der Entstehung der Spektrallinienserien
b) Radien und Energien der Elektronenbahnen
c) Energieniveau- bzw. Termschema des Wasserstoffatoms mit den möglichen Energieübergängen und dem Spektrum der BALMER-Serie

Atommodell

Erklärung der charakteristischen ↗ RÖNTGENstrahlung und des ↗ MOSELEYschen Gesetzes. Das BOHRsche Modell ließ ungeklärt, warum das Elektron bei seiner Bahnbewegung keine Energie abgibt und wie es bei Energieänderungen von einer Bahn zur anderen gelangt, wenn es doch nur auf diesen Bahnen existieren kann. Trotz Aufstellung des Aufbauprinzips konnten die periodischen Eigenschaften und Gruppeneigenschaften der chem. Elemente (PSE) ebenso wenig erklärt werden wie die ↗ chem. Bindung.

4. Das wurde mit dem **wellenmechanischen A.** (1926) möglich. Ausgehend vom ↗ Welle-Teilchen-Dualismus der ↗ Elektronen leitete SCHRÖDINGER die nach ihm benannte Gleichung für die Elektronenwellen in der Atomhülle ab. Er wählte dafür das Modell der *stehenden Welle* (Bild 2), da stehende Wellen unendlich lange ohne Energieabgabe existieren können. Zur mathematischen Beschreibung der Elektronenwellen dient die Wellenfunktion ψ (sprich: Psi), deren Quadrat ψ^2 (bzw. Produkt $\psi \cdot \psi^*$ bei komplexen ψ mit der konjugiert komplexen Größe ψ^*) nach BORN als Wahrscheinlichkeitsdichte dW/dV aufgefaßt werden kann. Darunter versteht man die Größe der Aufenthaltswahrscheinlichkeit dW bezogen auf ein bestimmtes Volumenelement dV. Die Wellenfunktionen ψ müssen deshalb die sogenannte Normierungsbedingung $\int \psi^2 dV = 1$ erfüllen. Darunter versteht man die Sicherheit, ein Teilchen in einem bestimmten Raum anzutreffen, d. h., die Wahrscheinlichkeit für sein Auftreten in diesem Raum muß gleich 1 sein.

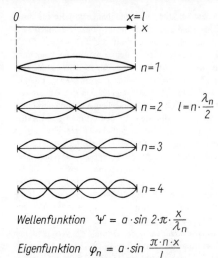

Wellenfunktion $\Psi = a \cdot \sin 2 \pi \cdot \dfrac{x}{\lambda_n}$

Eigenfunktion $\varphi_n = a \cdot \sin \dfrac{\pi \cdot n \cdot x}{l}$

Bild 2. Stehende Welle unter der Begrenzung (Randbedingung) einer bestimmten Länge l

Die Lösung der SCHRÖDINGER-Gleichung liefert die formelmäßigen Ausdrücke für die Wellenfunktion. Physikalisch sinnvolle Wellenfunktionen müssen endlich, stetig und eindeutig sein sowie die Normierungsbedingung erfüllen, woraus sich ihre Abhängigkeit von bestimmten Quantenzahlen ergibt. Diese Wellenfunktionen werden dann als Eigenfunktionen und die entsprechenden Energiewerte als Eigenwerte bezeichnet. Die erhaltenen Quan-

Quantenzahlen und deren Zusammenhänge für die Elektronen im Atom sowie die Bezeichnung der entsprechenden Elektronenzustände

Hauptquantenzahl n	Bezeichnung	Nebenquantenzahl $l = 0$ bis $n-1$	Magnetische Quantenzahl $m = -l$ bis $+l$ (insgesamt $2l+1$ Zustände)	Bezeichnung	Zahl der Zustände mit Berücksichtigung der ↗ Spinquantenzahl $s = \pm \tfrac{1}{2}$	
1	K	0	0	1s	2	
2	L	0	0	2s	2	} 8
		1	−1, 0, 1	2p	6	
3	M	0	0	3s	2	
		1	−1, 0, 1	3p	6	} 18
		2	−2, −1, 0, 1, 2	3d	10	
4	N	0	0	4s	2	
		1	−1, 0, 1	4p	6	} 32
		2	−2, −1, 0, 1, 2	4d	10	
		3	−3, −2, −1, 0, 1, 2, 3	4f	14	

maximale Besetzungszahl: $2n^2$

Atommodell

tenzahlen, ihre Zusammenhänge und die aus der ↗ Spektroskopie abgeleiteten Bezeichnungen der Elektronenzustände zeigt die Tabelle auf S. 57. Eine exakte Lösung der SCHRÖDINGER-Gleichung ist nur für Einelektronensysteme wie das Wasserstoffatom möglich, wobei die erhaltenen Energiewerte und ihre Abhängigkeit von der Hauptquantenzahl n mit dem BOHRschen A. übereinstimmen. Dagegen ergibt sich für den Aufbau der Elektronenhülle durch die räumliche Darstellung der aus den Eigenfunktionen erhaltenen Aufenthaltswahrscheinlichkeiten für die Elektronen die Vorstellung von Ladungswolken im Raum, den sogenannten Orbitalen (»Wellenmechanisches Orbitalmodell«). Ihre Form wird durch die Größe der verschiedenen Quantenzahlen bestimmt (Bilder 3 bis 5). Bei Mehrelektronatomen kann die Orbitalform durch Überlagerung der Orbitale der verschiedenen Elektronenzustände für das Wasserstoffatom erklärt werden (Bild 6, S. 59), wobei halb- und vollbesetzte Energieniveaus durch ihre annähernd kugelförmige Gestalt besonders stabil sind (z. B. ↗ Edelgaskonfiguration).

In Mehrelektronatomen führt die unterschiedliche Abschirmung der Kernladung durch innere Orbitale gegenüber äußeren mit verschiedener Form (verschiedene Nebenquantenzahlen l) zur zusätzlichen Abhängigkeit der Energie von der Nebenquantenzahl (Bild 7, S. 59).

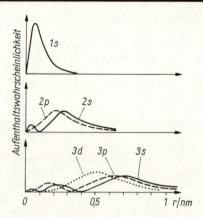

Bild 3. Aufenthaltswahrscheinlichkeitsverteilung der Elektronen in Abhängigkeit des Abstandes vom Kern r (Wasserstoff)

Bild 4. Gestalt und Bezeichnung der Atomorbitale in Abhängigkeit von den Quantenzahlen l und m
(rot: positives, grau: negatives Vorzeichen der Eigenfunktion)

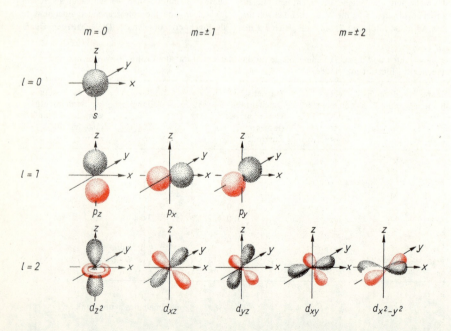

Atommodell

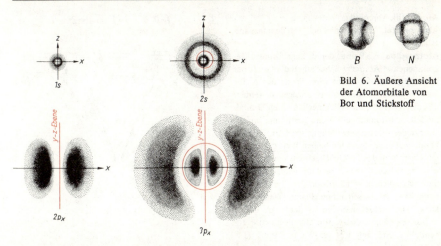

Bild 6. Äußere Ansicht der Atomorbitale von Bor und Stickstoff

Bild 5. Querschnitt durch das 1s-, 2s-, 2p- und 3p-Orbital
(Farbintensität entspricht der Größe der Aufenthaltswahrscheinlichkeit W, rot: Knotenflächen ≙ $W = 0$)

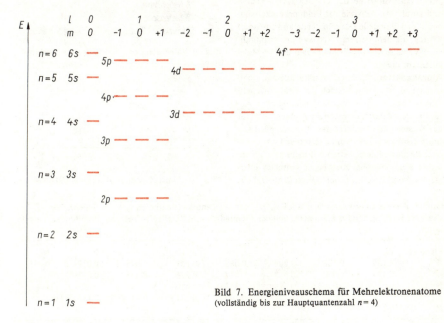

Bild 7. Energieniveauschema für Mehrelektronenatome
(vollständig bis zur Hauptquantenzahl $n = 4$)

Die Besetzung der jeweils niedrigsten Energieniveaus entsprechend den ↗ HUNDschen Regeln und dem ↗ PAULI-Prinzip erklärt den Aufbau des PSE (↗ Periodensystems der Elemente) nach Gruppen bzw. Perioden.
Die räumliche Struktur der Atomorbitale ermöglicht die Erklärung der räumlichen Verhältnisse bei der ↗ Atombindung. Weiterhin wird verständlich, daß sich bei einer Veränderung der Energie der Elektronen, z. B. durch die ↗ Absorption oder ↗ Emission von elektromagnetischer ↗ Strahlung, deren Ladungsverteilung im Raum verändert.

Atommüll, Abprodukte, radioaktive.
Atomorbital, ↗ Atommodell, wellenmechanisches.
Atomradius, r_A, Radius der als kugelförmig angenommenen ↗ Atome, welcher durch die Größe der Elektronenhülle bestimmt wird. Werte des A. für isolierte Atome können nicht angegeben werden, da entsprechend dem wellenmechanischen Orbitalmodell (↗ Atommodell) keine bestimmte äußere Grenze der Elektronenverteilung existiert. Deshalb bezeichnet man als A. den halben Wert des mittleren Kernabstandes im Gleichgewicht der Wechselwirkung zwischen zwei Atomen. Entsprechend den unterschiedlichen Verhältnissen der ↗ chem. Bindung bzw. ↗ zwischenmolekularen Wechselwirkung unterscheidet man den kovalenten A. (halbe ↗ Bindungslänge), den A. von Metallen, den ↗ Ionenradius und den van-der-Waals-Radius (Tabelle).
Der A. nimmt im ↗ PSE im allgemeinen mit steigender Ordnungszahl der chem. Elemente innerhalb einer Periode ab und innerhalb einer Hauptgruppe zu. Mit Hilfe der van-der-Waals-Radien und kovalenten A. sowie der Bindungswinkel können Molekülmodelle (Kalottenmodelle) konstruiert werden, die dem besseren Verständnis der räumlichen Verhältnisse von ↗ Molekülen und ↗ Molekülgittern dienen.

Atomspektren, Spektren im ultravioletten, sichtbaren und ultraroten Bereich der elektromagnetischen ↗ Strahlung (↗ Spektroskopie) durch ↗ Anregung der Valenzelektronen in Atomen. Wie für das Wasserstoffatom durch das ↗ Atommodell von Bohr erstmals geklärt wurde, resultieren die zu beobachtenden Linienspektren mit mehreren Linienserien aus Elektronenübergängen zwischen Energieniveaus unterschiedlicher Hauptquantenzahl n.

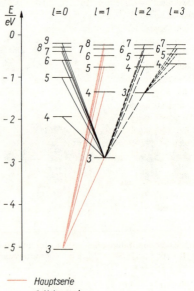

— Hauptserie
— 1. Nebenserie
— — 2. Nebenserie
---- Bergmann-Serie

Bild 1. Valenzelektronenübergänge im Natriumatom

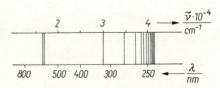

Bild 2. Atomspektrum des Natriums (Hauptserie)

Größen der van-der-Waalsschen Radien (W), der kovalenten Atomradien (A), der Ionenradien (I) bestimmter Wertigkeiten (in Klammern) und der Atomradien von Metallen (M) einiger chemischer Elemente in nm

Element	Li	Be	B	C	N	O	F	Ne
W	0,159	0,108	0,084	0,065	0,051	0,045	0,039	0,035
A	0,123	0,090	0,082	0,077	0,075	0,073	0,072	–
I	0,068 (+1)	0,030 (+2)	0,020 (+3)	0,015 (+4)	0,010 (+5)	–	–	–
	–	–	–	0,260 (−4)	0,171 (−3)	0,145 (−2)	0,133 (−1)	–
M	0,155	0,112	–	–	–	–	–	–

Element	Na	Mg	Al	Si	P	S	Cl	Ar
W	0,180	0,137	0,143	0,116	0,096	0,085	0,073	0,069
A	0,154	0,136	0,118	0,111	0,106	0,102	0,099	–
I	0,098 (+1)	0,065 (+2)	0,045 (+3)	0,038 (+4)	0,035 (+5)	0,030 (+6)	0,025 (+7)	–
	–	–	–	0,271 (−4)	0,212 (−3)	0,184 (−2)	0,181 (−1)	–
M	0,190	0,160	0,143	–	–	–	–	–

Bei Mehrelektronenatomen sind die Elektronenübergänge nach der ↗ Auswahlregel $\Delta l = \pm 1$ von der Nebenquantenzahl l abhängig (Bild 1, S. 60). Die Feinstruktur der Linien (Multiplizität), wie sie im Natriumspektrum als Dublett (589 und 589,6 nm) sichtbar ist (Bild 2, S. 60), kann durch den ↗ Spin der Elektronen erklärt werden. Mit Hilfe der A. wird heute in breitem Maße die qualitative und quantitative Elementzusammensetzung von Proben bestimmt. Enthalten diese ↗ Alkalimetall- bzw. ↗ Erdalkalimetallverb., führen bereits Flammen (↗ Bunsenbrenner) zur Emission von A., was sich in charakteristischen Flammenfärbungen äußert.

Atomvolumen, der Raum, der von einem Grammatom eingenommen wird, in cm³.

Atomwärme, ↗ Molwärme.

ATP, Abk. für Adenosintriphosphat, ↗ Nucleotide.

Atropin, ↗ Tropanalkaloide.

Ätzkali, Trivialname für festes ↗ Kaliumhydroxid.

Ätznatron, Trivialname für festes ↗ Natriumhydroxid.

AUER VON WELSBACH, KARL (1.9.1858 bis 4.8.1929), österreichischer Chemiker, untersuchte besonders die seltenen Erden. 1885 isolierte er aus dem bis dahin als Element angesehenen Didym die Elemente Neodym und Praseodym. Er fand zwei weitere Lanthanide, das Aldebaranium, das sich als identisch mit dem von MARIGNAC entdeckten Ytterbium erwies, und das Cassiopeium, welches einige Monate vorher URBAIN entdeckt hatte, der es Lutetium nannte. Bekannt wurde A. v. W. durch eine Reihe von Erfindungen, den Gasglühlichtstrumpf »Auerstrumpf«, eine Glühlampe mit Osmiumfaden und die »Feuersteine« für Feuerzeuge.

Aufbereitung, erste Verarbeitungsstufe von mineralischen (Primär-)Rohstoffen mit dem Ziel, daraus körnige/stückige Fertigprodukte (Konzentrate, Wertstoffe) zu gewinnen, die entweder direkt (Brennstoffe, Kalisalze) oder in nachfolgenden Verarbeitungsstufen der stoffwandelnden Industrie eingesetzt werden. Heute wird der Begriff im erweiterten Sinn oft auf die erste Verarbeitungsstufe von Rohstoffen übertragen.

Aufbereitungsberge, Rückstände der Aufbereitung mineralischer Rohstoffe (nach Abtrennung der Werkstoffe, = Konzentrate).

Aufenthaltswahrscheinlichkeit von Elektronen, deren Ortsangabemöglichkeit nach dem wellenmechanischen Orbitalmodell der Atomhülle (↗ Atommodell).

Aufheller, ↗ Weißmacher.

Aufkohlen, thermochem. Verfahren zur Härtung der Oberflächenbereiche von Stahl durch Erhöhung ihres Kohlenstoffgehaltes. Dazu werden die Werkstücke in gasförmigen, flüssigen oder festen Medien geglüht, die Kohlenstoff an die Stahloberfläche abgeben.

auflösen, ↗ lösen.

aufschließen, ↗ Aufschluß.

Aufschluß, chem. Vorgang, Verfahren, bei dem schwerlösliche Verb. durch Umsetzung mit Aufschlußmitteln in Verb. überführt werden, die in Lösung zu bringen sind.

Soda-Pottasche-Aufschluß: Eine Mischung von Natriumcarbonat und Kaliumcarbonat wird mit Erdalkalisulfaten oder schwerlöslichen Oxiden geschmolzen.

$BaSO_4 + Na_2CO_3 \rightarrow BaCO_3 + Na_2SO_4$
unlöslich   säurelöslich

$Al_2O_3 + Na_2CO_3 \rightarrow 2\,NaAlO_2 + CO_2$
unlöslich   wasserlöslich

Saurer Aufschluß: Schmelze von schwerlöslichen Oxiden mit Kaliumhydrogensulfat.

$Fe_2O_3 + 6\,KHSO_4 \rightarrow Fe_2(SO_4)_3 + 3\,K_2SO_4 + 3\,H_2O$

Aufschluß, Geländestelle, an der das anstehende Gestein unverhüllt durch Pflanzenwuchs, Boden oder Verwitterungsschutt zu beobachten ist.

Aufstromklassierer, Apparat zur Trennung eines Korngemisches in einen Flüssigkeits- oder Gasstrom nach der unterschiedlichen Sinkgeschwindigkeit, ↗ Dichtetrennung.

Augite, ↗ Pyroxene.

Aurat, e. Komplexverb. des ↗ Goldes: z. B. Kaliumdicyanoaurat(I), $K[Au(CN)_2]$ oder Natriumtrachloroaurat(III), $Na[AuCl_4]$.

Auripigment (»Königsfarbe«), As_2S_3, gelbes Arsenmineral, dessen feinkristalline Aggregate auf hydrothermalen Lagerstätten anzutreffen sind.

Aurum, wissenschaftliche Bez. für das chem. Element ↗ Gold.

Ausbeute, Kennzahl für chem. Reaktionen, die sich aus dem Verhältnis der gebildeten Menge Endprodukt zu der theoretisch möglichen Menge ergibt.

Ausfällen, chem. Arbeitstechnik, bei der gelöste Stoffe durch Zugabe geeigneter Chemikalien in unlösliche Verb. überführt werden und einen Niederschlag bilden.

Anwendung u. a. in der chem. Analyse, z. B.:

$BaCl_2 + H_2SO_4 \rightarrow BaSO_4\downarrow \quad +2\,HCl$
löslich löslich   unlöslicher löslich
                  Niederschlag

als Ionenreaktion formuliert:

$Ba^{2+} + SO_4^{2-} \rightarrow BaSO_4\downarrow$.

Ausflocken, durch Salzzusatz koagulieren kolloidale Teilchen (↗ Kolloid) zu Flocken und werden somit filtrierbar.

Ausgangsstoffe, zur Durchführung chem. Reaktionen verwendete eingesetzte Stoffe. Ausgangsstoffe können Rohstoffe oder Stufenfabrikate sein.

Auskristallisieren, ↗ Kristallisieren.

Auslaugung, Auflösung leichtlöslicher Gesteine oder Gesteinsbestandteile durch Oberflächenwasser oder Grundwasser. Vor allem Salzgesteine, Anhydritgesteine und Kalksteine sind davon betroffen, aber auch das Ausgehende von Erzlagerstätten (↗ Oxydationszone, ↗ Zementationszone).

Aussalzen, bezeichnet die Abscheidung eines Stoffes aus seiner Lösung oder die Zersetzung einer ↗ Emulsion durch die Zugabe eines gut löslichen Salzes, wie Natriumchlorid. Dabei wird die ↗ Solvathülle gelöster Stoffe abgebaut, bzw. es tritt eine Veränderung der ↗ Grenzflächenspannung in Emulsionen auf.

Ausschütteln, chem. Arbeitstechnik (Trennmethode, ↗ Extraktion), bei der ein gelöster Stoff durch Schütteln der Lösung mit einem anderen Lösungsmittel in einem ↗ Scheidetrichter in dieses überführt wird. Diese Lösungsmittel, insbesondere Diethylether, Chloroform, Benzen, dürfen sich mit der Lösung nicht mischen. Die auszuschüttelnden Stoffe müssen in dem gewählten Lösungsmittel besonders gut löslich sein.

Auswahlregel, gibt für ↗ Anregungen in Atomen und Molekülen die wahrscheinlichsten Quantenzahländerungen der beteiligten Energieniveaus an (z.B. ↗ Atomspektren). Die A. lassen sich aus den mit Hilfe des wellenmechanischen Orbitalmodells (↗ Atommodelle) berechenbaren Übergangswahrscheinlichkeiten ableiten.

Autokatalyse, ↗ Katalyse durch einen Stoff, der erst während der chemischen Reaktion entsteht.

Autoklav, luftdicht verschließbarer, dickwandiger Reaktionsapparat, in dem Stoffe unter Druck erhitzt werden können. Bei eingebautem Rührwerk spricht man von einem Rührautoklav. Der Autoklav ist ein diskontinuierlicher (Rühr-)Reaktor.

Autoprotolyse, chem. Verb. bilden mit sich selbst als Lösungsmittel ein Säure-Base-Gleichgewicht aus (↗ Säure-Base-Theorie nach BRÖNSTED).

$H_2O + H_2O \rightleftharpoons H_3O^+ + OH^-$;
$NH_3 + NH_3 \rightleftharpoons NH_4^+ + NH_2^-$.

autotherme Prozeßführung, Kopplung exothermer und endothermer Teilprozesse mit dem Ziel des weitgehenden Ausgleichs der Wärmebilanz.

Auxine, Wuchsstoffe, natürliche und synthetische ↗ Phytohormone, die vor allem das Streckungswachstum und die Zellteilung fördern. Alle natürlichen A. sind Derivate des ↗ Indols. Der wichtigste Vertreter ist die β-[Indol-3-yl]-essigsäure (Abk. β-IES)

Auxochrome, Atomgruppen, die in farbigen Verb. (↗ Spektren) eine Farbvertiefung bewirken und diese Stoffe befähigen, als Farbstoffe Fasern, Leder u. a. anzufärben. Wichtige A. sind: —NH_2, —NR_2, —OH, —O—R, —O—R, —O—CO—R, —SO_3H.

AVOGADRO, AMADEO (9.8.1776 bis 9.7.1856), italienischer Physiker, stellte 1811 die nach ihm benannte Hypothese auf.

AVOGADRO-Hypothese, 1811, bei konstantem Druck und konstanter Temperatur enthalten gleiche Volumina aller Gase gleich viele Teilchen.

AVOGADRO-Konstante, AVOGADRO-Zahl, früher LOSCHMIDTsche Zahl, $N_A = 6,022042 \cdot 10^{23}$ mol^{-1}, wichtige Naturkonstante. Gibt an, wieviel elementare Einheiten (Atome, Moleküle) a mol eines Stoffes enthält, bzw. N_A elementare Einheiten sind ein mol. Die A. Zahl verknüpft die atomare und die makroskopische Ebene in der Chemie durch die Beziehung $A_r \cdot N_A = M$.

azeotrop, ↗ Mischung.

Azeotropdestillation, spezielles Destillationsverfahren zur Trennung von Flüssigkeitsgemischen mit sehr nahe beieinanderliegenden Siedepunkten (bzw. von azeotropen Gemischen) durch Hinzufügen eines Schleppmittels. Damit wird ein Azeotrop zwischen Zusatzstoff und einer Komponente des Flüssigkeitsgemisches erzeugt, welches die destillative Trennung durch eine höhere Siedetemperaturdifferenz gestattet. Voraussetzung ist eine gute Trennbarkeit des Schleppmittels von der Komponente (H_2O/Ethanol→Trennung mit Benzen).

Azide, Salze der ↗ Stickstoffwasserstoffsäure, von denen einige, wie Silberazid, AgN_3, und Bleiazid, $Pb(N_3)_2$, bei Schlag- und Hitzeeinwirkung detonieren und dadurch in der Sprengtechnik als Initialzünder (und z. T. als Ersatz für ↗ Fulminate) verwendet werden können. Das Azidion ist ein Pseudohalogenidion.

Azofarbstoffe, breite Gruppe von ↗ Farbstoffen, die als wesentliches Strukturmerkmal die ↗ Azogruppe, —N=N—, besitzen. Sie werden in der chem. Industrie aus Diazoniumsalzen durch Kupplung mit Phenolen oder Aminen hergestellt. Durch die vielfältige Kombinierbarkeit von Diazoniumsalz und Kupplungskomponente sind Farbe und Ei-

genschaften von A. beeinflußbar. Abhängig von den ↗ Auxochromen im Molekül unterscheidet man saure (OH-Gruppen) und basische (NH₂-Gruppen) A.
Verschiedene A. ändern, abhängig vom pH-Wert, ihre Farbe. Sie werden deshalb als Indikatoren verwendet (α-Naphtholorange, Kongorot, ↗ Methylrot, ↗ Methylorange u. a.).
A. werden als ↗ Beizenfarbstoffe, ↗ substantive Farbstoffe, ↗ Naphthol-AS-Farbstoffe, ↗ Reaktivfarbstoffe, ferner als lichtempfindliche Komponenten in der ↗ Diazotypie und der Photolithographie verwendet. Wolle und Seide werden von A. direkt gefärbt.
Azogruppe, —N=N—, Anordnung von zwei Stickstoffatomen, die durch eine Doppelbindung verbunden und an C-Atome gebunden sind. Sind die Substituenten Aromaten, dann ergeben sich meist stark gefärbte Verb. Wenn diese farbigen Azo-Verb. zusätzliche ↗ auxochrome Gruppen tragen, sind sie als Farbstoffe einsetzbar (↗ Azofarbstoffe).
Azomethine, $\overset{R^1}{\underset{R}{>}}C=N-R^2$, Kondensationsprodukte von Aldehyden oder Ketonen mit primären Aminen. Die Bildung der A. wird in der Analytik zum Nachweis der Carbonylverb. oder der Amine benutzt. Mit aliphatischen Substituenten sind die A. unbeständig, wird jedoch die C=N-Bindung in ein konjugiertes Bindungssystem einbezogen, sind die A. beständige gefärbte Verb. (Grundstruktur der Azomethinfarbstoffe). Verschiedene A. bilden mit Metallionen Komplexe.
Azoxygruppe, $-\overset{\oplus}{N}=\overset{}{N}-$ Atomgruppierung, die sich
               $\underset{|O|^{\ominus}}{}$
durch Oxydation der ↗ Azogruppe ableitet. Die semipolare Bindung des Sauerstoffs an ein Stickstoffatom erklärt sich aus dem Auftreten zweier Stellungsisomeren bei asymmetrischer Substitution, z. B.

$C_6H_5-\overset{\oplus}{N}=\overset{}{N}-C_6H_4-Br \qquad C_6H_5-\overset{}{N}=\overset{\oplus}{N}-C_6H_4-Br$
$|O|^{\ominus} |O|^{\ominus}$

An der A. tritt cis-trans-Isomerie auf.
Azurit, Kupferlasur, $Cu_3(OH)_2(CO_3)_2$, farbenprächtiges Kupfermineral, dessen tiefblaue, flächenreiche prismatische Kristalle (in Paragenese mit ↗ Malachit) auf hydrothermalen Lagerstätten sowie im oberflächennahen Umbildungsbereich von Kupferlagerstätten vorkommen. A. war im Altertum eine billige himmelblaue Farbe, sie geht an der Luft leicht in grünen Malachit über (auf Gemälden von Pompeji ist heute der Himmel in grüner Farbe zu sehen).

B

Babotrichter, Laboratoriumsgerät aus Eisenblech, das als Luftbad zum Erwärmen von Kolben verwendet wird. Bild.

Babotrichter
1 Asbeststreifen

Bach, Aleksej Nikolaevič (17. 3. 1857 bis 15. 5. 1946), sowjetischer Biochemiker, befaßte sich u. a. mit dem Chemismus der Kohlenstoff-Assimilation durch die Pflanze und der Enzymologie. Seine Arbeiten klärten wichtige Mechanismen von Lebenserscheinungen auf und förderten die Entwicklung der technischen Biochemie. Das von ihm geleitete Biochemische Institut der Akademie der UdSSR trägt heute seinen Namen.
Backhefen, spezielle Mikroorganismen (Saccharomyces), die sich durch eine intensive Produktion von Kohlendioxidbläschen auszeichnen und als Treibmittel im Backprozeß dienen. Die Ausgangskultur wird im Fermenter vermehrt.
Backpulver, Backhilfsmittel, die in der Hitze Gase (CO_2) entwickeln und so den Teig auflockern. Als B. können ↗ *Hirschhornsalz* und *Natron* verwendet werden. Handelsübliches Backpulver enthält neben Natron (Natriumhydrogencarbonat $NaHCO_3$) sauer wirkende Salze (Hydrogenphosphate bzw. Hydrogentartrate) und Stärke. Die sauren Salze setzen CO_2 in Freiheit, ohne daß sich Soda bildet.
$Na_2H_2P_2O_7 + 2\,NaHCO_3$
$\xrightarrow{\text{Wasser, Hitze}} 2\,CO_2\uparrow + 2\,Na_2HPO_4 + H_2O$
Badesalze, anorg. Salze, wie Natriumchlorid, Natriumthiosulfat und Dinatriumhydrogenphosphat, die gefärbt und parfümiert werden und mit Wirkstoffzusätzen versehen sind. Als Farbstoffe werden z. B. ↗ Malachitgrün und Rhodamin verwendet.
Badetabletten, kosmetische Präparate, die als Grundsubstanz Carbonate oder Hydrogencarbonate und org. Säuren, wie z. B. Weinsäure, enthalten. Beim Auflösen entwickelt sich Kohlendioxid (Sprudeln). B. sind als Duft- und Wirkstoffe ätherische Öle zugesetzt. Als Bindemittel dient Stärkekleister, quellende Sprengmittel (↗ Gelatine, ↗ Pektine) sollen das Auflösen erleichtern. Als Farbstoff wird z. B. ↗ Fluorescein verwendet. Sauerstoffbadetabletten enthalten wasserstoffperoxidhaltige Stoffe, wie Natriumborat-Peroxidhydrat und Harnstoff-Peroxidhydrat.

BAEKELAND, LEO HENDRIK (14.11.1863 bis 23.2.1944). Aufbauend auf Versuche von ↗ A. v. BAEYER entwickelte der belgische Chemiker die Bakelite (Phenoplaste). Er lebte ab 1889 in den Vereinigten Staaten und gründete dort 1910 die General Bakelite Company.

BAEYER, ADOLF VON (31.10.1835 bis 20.8.1917). B. Arbeiten waren grundlegend für verschiedene Gebiete der organischen Chemie. Er untersuchte u. a. org. Arsenverbindungen, entdeckte die Phthaleine, arbeitete über ↗ Terpene und ↗ Campher. Sein Hauptwerk war die Aufdeckung der Struktur des ↗ Indigos und dessen Synthese. 1875 wurde er Nachfolger von J. v. LIEBIG an der Universität München. 1905 erhielt er den Nobelpreis für Chemie.

BAEYER-Reagens, mit Kaliumpermanganat angefärbte Natriumcarbonatlösung, die zum Nachweis olefinischer Doppelbindungen, ↗ BAEYERsche Probe, benutzt wird.

BAEYERsche Probe, Nachweisreaktion für olefinische Doppelbindungen. Bei Anwesenheit von Doppelbindungen wird die violette Farbe von ↗ BAEYER-Reagens in eine braune Trübung durch Bildung von Mangan-dihydroxid-oxid umgewandelt. Aus dem Olefin bildet sich durch Oxydation ein cis-vicinales Diol. Der Nachweis wird durch Anwesenheit von oxydationsempfindlichen funktionellen Gruppen gestört.

BAEYER-Spannung, Ringspannung in Cycloalkanen, die 1885 von v. BAEYER durch Abweichung vom Tetraederwinkel (109° 28') der sp³-hybridisierten Ringkohlenstoffatome erklärt wird. Demnach besitzt die C=C-Doppelbindung die größte B. Im Cyclopropan beträgt die Abweichung noch 24° 44'. Erst im Cyclopentan und im Cyclohexan sind die errechneten Abweichungen kleiner als 1°.

Bakelit, Bez. für die ersten synthetischen Kunststoffe. Es handelt sich um ↗ Phenoplaste, die 1909 von BAEKELAND hergestellt wurden (Produktionsbeginn 1912).

BAL, Synonym für Dimercaprol, ↗ 2,3-Dimercapto-propan-1-ol.

Ballaststoffe, nicht brennbare (anorg.) Bestandteile der Rohkohle, die bei der Verbrennung als Asche zurückbleiben.

Balata, geronnener Milchsaft des in Mittel- und Südamerika heimischen Balote-Baumes (Manilkara bidentata) aus der Familie der Sapotegewächse. B. ist chem. der Guttapercha (↗ Gutta) sehr ähnlich und wird vor allem zur Produktion von Treibriemen und Transportbändern genutzt.

BALMER-Serie, Linienserie im ↗ Atomspektrum des Wasserstoffs (↗ Atommodell, BOHRsches).

Balsame, flüssige ↗ Harze oder Lösungen von Harzen in ↗ ätherischen Ölen oder ↗ Terpenen.

Bandenspektren, ↗ Molekülspektren.

Bänder-Modell, aus der MO-Theorie der chem. Bindung (↗ Atombindung) abgeleitetes Modell zur Erklärung der elektrischen Leitfähigkeit in kristallinen Feststoffen. Die unterschiedliche elektronische Wechselwirkung eng benachbarter und weiter voneinander entfernter Atome führt entsprechend der MO-Theorie zu energetisch verschiedenen, aber dicht beieinander liegenden Energieniveaus im bindenden und antibindenden Zustand (Bild 1). Man bezeichnet diese dichten Folgen von Energieniveaus als Energiebänder. Die mit Elektronen besetzten bindenden Zustände bilden das Valenz-

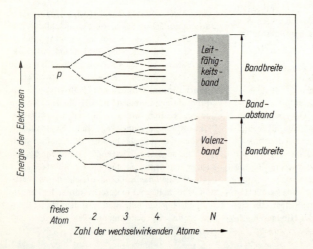

Bild 1. Entstehung von Energiebändern

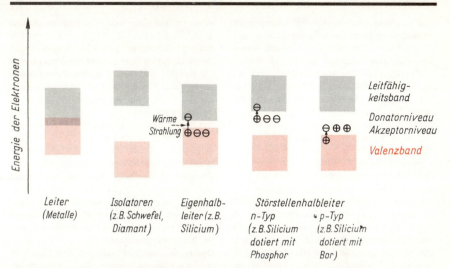

Bild 2. Energetische Lage von Leitfähigkeits- und Valenzband bei verschiedenen Stoffen

band, die nicht besetzten antibindenden Zustände das Leitfähigkeitsband. Eine elektrische Leitfähigkeit tritt nur auf, wenn sich Elektronen in den Bändern frei bewegen können, d. h. nicht von Elektronen besetzte Zustände vorhanden sind. Die Überlagerung der Energiebänder bzw. ihr unterschiedlicher Abstand sowie die ↗ Dotierung bedingen ihre unterschiedliche ↗ elektrische Leitfähigkeit (Bild 2).

Bandfilter, techn. Filter mit bandförmiger Filterfläche.
Bandsilicate, Strukturform der ↗ Silicate, die in zwei parallel verlaufenden Ketten kondensiert sind und die allgemeine Formel $[Si_4O_{11}]_n^{6-}$ besitzen.
Barbital, Natriumsalz der 5,5-Diethyl-barbitursäure (↗ Schlafmittel).
Barbitale, Bez. für 5,5-disubstituierte Derivate der ↗ Barbitursäure. Die früher übliche Bez. Barbiturate sollte für die Salze der Barbitursäure und ihre Derivate vorbehalten bleiben. B. wirken dämpfend auf das Zentralnervensystem und werden als ↗ Schlafmittel, als Injektionsnarkotika und als krampflösende Mittel (Antiepileptika) verwendet.
Barbiturate, Salze der ↗ Barbitursäure. Früher wurden auch ↗ Barbitale als B. bezeichnet.
Barbitursäure, Trivialname für das 2,4,6-Trihydroxypyrimidin. B. ist ein cyclisches Ureid und wird aus ↗ Malonsäurediethylester und ↗ Harnstoff in Gegenwart von Natriummethanolat hergestellt. Durch Substitution der Wasserstoffatome an der Methylengruppe der Malonsäure (↗ Barbitale) werden ↗ Schlafmittel gewonnen.

Barbitursäure

Barium,

Ba	$Z = 56$
$A_{r(1981)} = 137{,}33$	
Ek: [Xe] $6s^2$	
OxZ: +2	
$X_E = 0{,}89$	
Elementsubstanz:	
Schmp.	714 °C
Sdp.	1 640 °C
$\varrho = 3{,}5\ \text{kg} \cdot l^{-1}$	

chem. Element (↗ Elemente, chem.).
Barium, Symbol: Ba, 5. Element der 2. Hauptgruppe des PSE (↗ Hauptgruppenelemente, 2. Hauptgruppe des PSE). B. ist die Bez. für alle Atome, die 56 positive Ladungen im Kern (also 56 Protonen) besitzen: Kernladungszahl $Z = 56$. Die Hülle des neutralen Atoms besteht aus 56 Elektronen, von denen zwei – als Valenzelektronen – die Konfiguration $6s^2$ besitzen. In Verb. wird nur eine Oxydationsstufe eingenommen, die durch die Oxydationszahl OxZ: +2 charakterisiert ist. B. wurde

1808 von Davy durch Schmelzflußelektrolyse des angefeuchteten Hydroxids erstmalig als Metall dargestellt. Von den Bariummineralien sind *Schwerspat* (auch *Baryt* genannt), $BaSO_4$, und *Witherit*, $BaCO_3$, bedeutsam. Die Elementsubstanz, d. h. das metallische B., wird durch Reduktion des Bariumoxids mit metallischem Aluminium (also aluminothermisch) im Vakuumofen bei 1200 °C:

$3\,BaO + 2\,Al \rightarrow Al_2O_3 + 3\,Ba$

oder durch Reduktion des Bariumoxids mit der Elementsubstanz Silicium (also silicothermisch) im Vakuumofen bei 1200 °C:

$3\,BaO + Si \rightarrow BaSiO_3 + 2\,Ba$

hergestellt. Die ebenfalls mögliche Schmelzflußelektrolyse von Bariumhydroxid oder Bariumchlorid wird weniger angewandt. Die Elementsubstanz ist ein silberweißes Metall, dehnbar wie metallisches Blei, jedoch etwas härter. Metallisches B. überzieht sich an der Luft mit einer Oxidhaut, die zunächst grau, später aber schwarz wird. Es verbrennt an der Luft zu Bariumoxid, BaO, bei gleichzeitiger Bildung von Bariumnitrid, Ba_3N_2, setzt sich mit Wasser stürmisch unter Bildung von Bariumhydroxid und Wasserstoff um:

$Ba + 2\,H_2O \rightarrow Ba(OH)_2 + H_2\uparrow$,

löst sich in fast allen nichtoxydierenden und oxydierenden Säuren mit Ausnahme der Schwefelsäure, mit der es unlösliches Bariumsulfat bildet, das vor weiterem Angriff der Säure schützt. Verb. des B.: *Bariumhydrid*, BaH_2, starkes Reduktionsmittel; *Bariumoxid*, BaO, (Schmp. 1923 °C), reagiert mit Wasser zu Bariumhydroxid und befindet sich bei Erwärmung auf 500 °C bis 700 °C im Gleichgewicht mit Bariumperoxid:

$2\,BaO + O_2 \xrightleftharpoons[700\,°C]{500\,°C} 2\,BaO_2$.

Bariumperoxid, BaO_2, wird zur Sauerstoffgewinnung, als Zündkirschenbestandteil (bei aluminothermischen Verfahren) eingesetzt; *Bariumhydroxid*, $Ba(OH)_2$, wäßrige Lösung stellt die stärkste Base der Elemente dieser Hauptgruppe dar und wird als *Barytwasser* bezeichnet. Es seien noch genannt: *Bariumchlorid*, $BaCl_2$, *Bariumnitrat*, $Ba(NO_3)_2$, *Bariumcarbonat*, $BaCO_3$, *Bariumsulfat*, $BaSO_4$, mit einer relativ großen Dichte von $\varrho = 3{,}91\,kg \cdot l^{-1}$ (was dem Mineral Bariumsulfat den Namen Schwerspat eingetragen hat) und *Bariumchlorat*, $Ba(ClO_3)_2$. Metallisches B. findet als Getter zur Aufrechterhaltung des Vakuums in Elektronenröhren und als Legierungsmetall Verwendung. Einige Bariumverbindungen stellen wichtige Laborchemikalien dar (z. B. Bariumchlorid, $BaCl_2$).

Barrel, [engl.], Volumeneinheit (159 Liter) für Erdöl, Benzin und Petroleum im anglo-amerikanischen Wirtschaftsbereich. 7 Barrel entsprechen etwa 1 t Erdöl.

Baryt, ↗ Schwerspat.

Barytwasser, wäßrige Lösung von Bariumhydroxid, $Ba(OH)_2$, die bei 20 °C maximal 3,9 %ig ist und als Base u. a. zum Nachweis von Kohlendioxid:

$Ba(OH)_2 + CO_2 \rightarrow BaCO_3\downarrow + H_2O$

Verwendung findet.

Basalte, schwarze, magmatische Ergußgesteine. Sie bestehen vor allem aus ↗ Augiten und ↗ Plagioklasen. Die Basalte bilden in der Erdkruste Kuppen, Decken, Ströme und Gänge. Typisch für das Gestein ist seine säulige Absonderung (senkrecht zur Oberfläche der ehemaligen Lavaströme). Basalt wird als geschätzter Straßenschotter und Bauwerkstoff und zur Herstellung von ↗ Mineralwolle verwendet. Vorkommen in der DDR befinden sich in der Rhön und in der Lausitz.

Basen, Stoffe, die in wäßriger Lösung alkalisch (basisch) reagieren; durch Indikatoren nachzuweisen, pH-Wert > 7, Ursache der basischen Reaktion ist nach älterer Auffassung die Abspaltung von Hydroxidionen. Moderne Auffassungen ↗ Säure-Base-Theorien.

B. im engeren Sinne sind die Hydroxide der Alkali- und Erdalkalielemente und die wäßrige Lösung von Ammoniak. Einige Salze (Natriumcarbonat, Kaliumcyanid u. a.) reagieren infolge von ↗ Solvolyse in wäßriger Lösung basisch. Die Basenstärke ist vom Grad der Dissoziation abhängig und wird durch die ↗ Basenkonstante quantitativ zum Ausdruck gebracht. Die Zahl der abspaltbaren Hydroxidionen wird als Wertigkeit der Basen (↗ Neutralisationsanalyse) bezeichnet.

In der org. Chemie werden die Amine der allg. Formel RNH_2, die Stickstoff als Heteroatome, dazu zählen auch Alkaloide, enthalten, als B. bezeichnet. Organische B. sind mit Säuren zur Salzbildung befähigt.

Basenkonstante, Gleichgewichtskonstante im Ausdruck für das ↗ Massenwirkungsgesetz der Dissoziation von Basen. Die B. charakterisiert die Stärke einer Base, mit steigender B. nimmt die Basenstärke zu.

Basenstärke, ↗ Basizität.

Basizität, allgemein Maß für die Basenstärke eines chem. Stoffes.

Batchreaktor, techn. diskontinuierlicher Rührkesselreaktor.

Bathochromie, farbvertiefende Wirkung von ↗ Chromophoren und ↗ Auxochromen in org. Molekülen. Bei der B. wird das Absorptionsmaximum des Lichtes nach längeren Wellen hin verschoben.

Batterie, Zusammenschaltung mehrerer ↗ galvanischen Zellen zur Erhöhung der Spannung (Reihenschaltung) bzw. der Stromstärke (Parallelschaltung).

Batterieschaltung, Parallelschaltung, parallele Verknüpfung gleichartiger Apparate in der Stoffwirtschaft, um
- bei Ausfall eines Apparates die Gesamtproduktion nicht zu unterbrechen,
- bei stark exothermen Reaktionen die Volumina klein zu halten,
- Stillstandszeiten des Chargenbetriebes durch einen »quasi-kontinuierlichen Betrieb« (Umschalten auf einen jeweils produzierenden Apparat) zu umgehen.

Baugipse, nicht hydraulische Bindemittel, die durch völlige oder teilweise Dehydratation von Gips hergestellt werden.

Baumwolle [engl.: cotton], wichtigste pflanzliche Textilfaser. Chemisch besteht sie nahezu vollständig aus ↗ Cellulose.

Bauxit, lockeres, rötliches Sedimentgestein, entstanden bei der Verwitterung feldspatreicher Gesteine in tropischem Klima. Er besteht vor allem aus einem Gemenge von Aluminiumhydroxidmineralien (↗ Böhmit, ↗ Hydrargillit, ↗ Diaspor) neben Eisenoxiden, Quarz und Tonmineralien. Chemisch ist B. zu 50 bis 65 % aus Al_2O_3 aufgebaut und damit der wichtigste Rohstoff zur ↗ Aluminiumherstellung. Große Lagerstätten befinden sich in Ungarn, den Mittelmeerländern, dem Ural, den USA, Guayana, Haiti und Jamaika. Im B. sind Verb. des Titaniums, Vanadiums, Galliums, Berylliums und Chromiums angereichert.

Bayer-Verfahren, techn. Verfahren zur Herstellung von Aluminiumoxid auf der Basis von Bauxit (nasser Aufschluß) (Bild, S. 68). Das im Bauxit enthaltene Aluminiumoxidhydrat wird mit 40%iger Natronlauge in einem Autoklaven unter schwachem Überdruck bei 160 °C als Natriumaluminat gelöst, während die störenden Nebenbestandteile (vor allem Eisenoxide) als »Rotschlamm« zurückbleiben:

$$Al(OH)_3 + NaOH \xrightleftharpoons[\text{Ausfällung}]{\text{Aufschluß}} Na^+ + AlO_2^- + 2H_2O$$

Aus der Aluminatlauge wird durch Impfen mit kristallisiertem Aluminiumhydroxid Aluminiumoxidhydrat gefällt, abgetrennt und in Drehrohröfen bei 1 200 °C in wasserfreies Al_2O_3 überführt.

BB, Bergbau durch Bohrung, rationelle Gewinnungstechnologie für Stein- und Kalisalze durch Auslaugung unter Tage mit Hilfe von Bohrlöchern. Die geförderte Löselauge wird über Tage verarbeitet.

Becher, Johann Joachim (1635 bis 1682), deutscher Arzt und Chemiker, gehört zu den Wegbereitern der Chemie. Er erwarb sich große Verdienste um die Entwicklung der praktisch-gewerblichen Chemie. B. ist der eigentliche Begründer der Verwertung der Steinkohle. Unter anderem stellte er Steinkohlengas her, das er für Beleuchtungszwecke nutzte, sogenanntes »philosophisches Licht«. In Anlehnung an Paracelsus entwickelte er die Theorie der drei Erden. Mit der Annahme eines brennbaren Anteils bei allen brennbaren Körpern, der beim Erhitzen entweichen sollte, legte er den Grundstein für die Entwicklung der ↗ Phlogistontheorie. Nach Ansicht von B. sollten sich alle Säuren von einer Ursäure ableiten.

Becherglas, oben offenes, zylinderförmiges Laborgefäß aus temperaturbeständigem Glas.

Beckmann, Ernst (4.7.1853 bis 12.7.1923). B. war ein bedeutender Chemiker seiner Zeit, der durch seine Arbeiten verschiedene Gebiete der Chemie bereicherte. Erwähnt seien die Molekulargewichtsbestimmungen, das ↗ Beckmann-Thermometer und die nach einem von ihm entdeckten Reaktionstyp genannte ↗ Beckmann-Umlagerung.

Beckmann, Johann (4.6.1739 bis 3.2.1811), deutscher Naturforscher, der auch eine Zeit in Petersburg lehrte, verfaßte eine »Anleitung zur Technologie«. Er war der erste, der den Begriff »Chemische Technologie« gebrauchte. Weiterhin beschäftigte er sich mit Fragen der Landwirtschaft, Ökonomie und schrieb Beiträge zur Geschichte der Erfindung.

Beckmann-Thermometer, Gerät zur genauen Messung kleiner Temperaturdifferenzen (Angabe in 0,01 °C). Vor jeder Messung muß durch Änderung der Quecksilberfüllung der zu untersuchende Temperaturbereich eingestellt werden.

Beckmann-Umlagerung, eine chem. Reaktion, bei der sich unter Einfluß starker Mineralsäuren oder Säurechloride, wie PCl_5, Ketoxime in substituierte Carbonsäureamide umlagern:

$$R^1-\underset{\underset{H}{|}}{\overset{\overset{R^2}{|}}{C}}=N-O-H \xrightarrow{\text{(konz. } H_2SO_4\text{)}} R^1-C=O \\ H-N-R^2$$

Technisch wichtig ist die Umlagerung von Cyclohexanonoxim in das ε-Caprolactam, den Ausgangsstoff der Dederonherstellung.

Becquerel, Henri (1852 bis 1908), französischer Physiker, entdeckte an Uransalzen die ↗ Radioaktivität. Für seine Arbeiten erhielt er 1903 gemeinsam mit dem Ehepaar Pierre u. Marie ↗ Curie den Nobelpreis für Physik.

Begleitrohstoff, (mineralischer) Rohstoff, der in einer Lagerstätte neben dem Hauptrohstoff enthal-

Behälter

Verfahrensschema des BAYER-Verfahrens

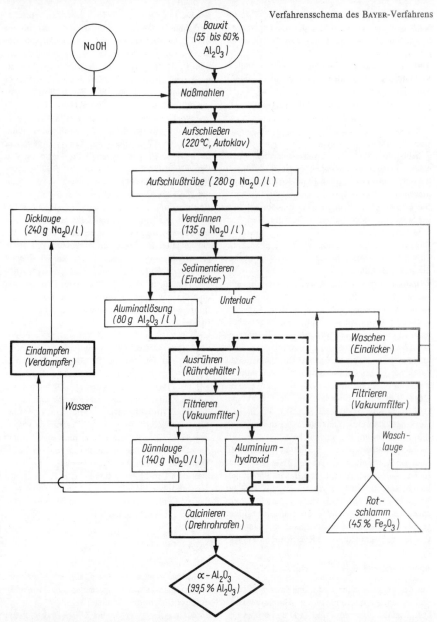

ten ist und beim Abbau der Lagerstätte mitgewonnen wird. Seine Nutzung ist ein wichtiges Anliegen der komplexen Rohstoffverwertung.

Behälter, Container, Bez. für ein Transporthilfsmittel (Ladeeinheit) von meist rechteckigem Umriß für Stück- oder Schüttgüter.

BEILSTEIN, FRIEDRICH KONRAD (5. 2. 1838 bis 5. 10. 1906), org. Chemiker, begründete das später nach ihm benannte »Handbuch der organischen Chemie«. Er war Nachfolger von MENDELEEV am Technologischen Institut in Petersburg.

BEILSTEIN-Probe, Verfahren zum Nachweis von Ha-

logenen in org. Substanzen. Ein glühender Kupferdraht wird auf oder in die Probe gebracht. Enthaltene Halogene bilden flüchtiges Kupfer(II)-halogenid, das die entleuchtete Brennerflamme grün färbt.
Beizen, Verfahren zur Oberflächenbehandlung verschiedener Materialien wie Holz, Metall, Gewebe u. a. Die dabei verwendeten Lösungen oder Präparate werden ebenfalls als B. bezeichnet.
1. Mit Metallbeizen werden Metallgegenstände vor dem Galvanisieren, Emaillieren oder Lackieren behandelt. Man verwendet anorg. Säuren (HCl, H_2SO_4, H_3PO_4) oder Laugen (NaOH), die oberflächliche Oxidschichten beseitigen und die Oberfläche aufrauhen. Auch die Bildung von oft gefärbten, widerstandsfähigen Oxidschichten auf Metallen durch Beizlösungen wird als B. bezeichnet. Eisen und Stahl erhalten durch Behandlung mit sogenannten Brünierbädern (heiße, wäßrige Lösungen von NaOH und $NaNO_3$) einen schwarzen, korrosionsschützenden Überzug.
2. Holzbeizen färben Holz, ohne die Maserung zu verdecken. Es sind Lösungen von org. Farbstoffen, die in das Holz eindringen. Holzbeizmittel wie Ammoniak, Kaliumdichromat und Kaliumpermanganat reagieren mit den Bestandteilen des Holzes. Zuweilen setzt man als Vorbeizen Gerbstofflösungen ein. Als Nachbeizen werden Ammoniak, Oxydationsmittel und Metallsalze ($CuCl_2$, $NiCl_2$, $FeCl_3$) verwendet, die mit der Vorbeize Farbstoffe bilden.
3. Gewebebeizen haben die Aufgabe, Farbstoffe auf der Gewebefaser zu fixieren. Metallsalze (z. B. Aluminium- und Chromiumsalze) bilden farbige ↗ Komplexverb. (Farblacke), in denen sowohl funktionelle Gruppen der Farbstoffe als auch funktionelle Gruppen der Makromoleküle der Faserstoffe an das Metallion koordinieren. Auf diese Art und Weise wird eine Haftung des Farbstoffes an die Faser über das Metallion erreicht. Als Gewebebeizen können auch ↗ Gerbstoffe verwendet werden.
4. Saatgutbeizen dienen dem Schutz des Saatgutes vor Fäulnisbakterien, Krankheitserregern und Schimmelpilzen. Es werden vor allem org. Quecksilberverb. (Gifte der Abteilung 1 des Giftgesetzes!), aber auch arsen- und kupferhaltige Mittel sowie ↗ Fungizide verwendet.
Beizenfarbstoffe, sind org. Farbstoffe, die vorwiegend zum Anfärben von Cellulosefasern benutzt werden. B. färben die Fasern nicht direkt an, sondern erfordern eine Vorbehandlung, Beize, der Fasern mit leicht hydrolysierbaren Salzen des Aluminiums, Chromiums, Eisens oder Zinns bzw. für basische B. mit Tannin. B. bilden mit der Beize Farblacke, die so auf der Faser fixiert werden.
Beizmittel, ↗ Beizen.
Belebtschlammverfahren, (Belebungsverfahren) aerobes Verfahren der biologischen Abwasserreinigung. Dabei werden die gelösten org. Abwasserinhaltsstoffe in absetzbare Biomasse (Belebtschlamm) überführt. Ein Teil der Stoffe wird für den Stoffwechsel der Mikroorganismen benötigt und zu Kohlendioxid und Wasser »veratmet«. Die übrigen Stoffe werden für eine massenhafte mikrobiologische Zellsubstanzsynthese benötigt. Dabei wird auf der Basis von Kohlehydraten und Kohlenwasserstoffen unter Nutzung von Nährsalzen, Stickstoff- und phosphorhaltigen Verb. sowie Sauerstoff Rohprotein in Form körpereigener Substanz aufgebaut. Der gewünschte möglichst schnelle Substratabbau (Schmutzanteil des Abwassers) erfordert optimale Lebensbedingungen für die Bakterien, die bei der Prozeßgestaltung zu berücksichtigen sind. In einem Nachklärbecken wird der produzierte Schlamm vom geklärten Wasser getrennt. Durch Rückführung in den Prozeß (in den Abwassereinlauf dieser Stoffe) wird eine Intensivierung des Verfahrens erzielt. Das Belebtschlammverfahren stellt hinsichtlich der wirkenden Mikroorganismenzahl eine Intensivierung des natürlichen aeroben Selbstreinigungsvorgangs in Gewässern dar. Bild.

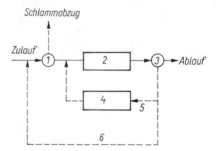

Belebtschlammverfahren mit Schlammregenerierung
1 Vorklärbecken
2 Belebtschlammbecken
3 Nachklärbecken
4 Regenerationsbecken
5 Rücklaufschlamm
6 Überschußschlamm

Belit, Dicalciumsilicat, $2 CaO \cdot SiO_2$, einer der Hauptbestandteile von Portlandzementklinkern.
Benetzungskolonnen, ↗ Kolonnen, die ganz oder teilweise mit ↗ Füllkörpern gefüllt sind. Sie dienen der Durchführung der Grundoperationen Rektifikation, Flüssig-Flüssig-Extraktion, Gaswaschen, Absorbieren u. a.

bengalische Feuer, pulverförmige Gemische leicht und mit farbiger Flamme brennender Stoffe. Sie setzen sich aus drei Stoffgruppen zusammen: den zu verbrennenden Stoffen (meist Kohlepulver oder Schwefel), den Oxydationsmitteln (meist Salpeter oder Chlorate) und den flammenfärbenden Substanzen (z.B. Strontium-, Barium-, Kupfer- und Kaliumsalze). Bengalische Feuer können an Streichhölzern, Papieren oder auch Feuerwerkskörpern angebracht sein. Bekannt sind Rot-, Blau-, Grün- und Gelbfeuer.

Bentonit, Ton, der vorwiegend aus ↗ Montmorillonit besteht.

Benzalchlorid, C_6H_5—$CHCl_2$, geminales Dihalogenderivat des Toluens. B. ist eine farblose, wasserunlösliche, stark zu Tränen reizende Flüssigkeit, Sdp. 205 °C.
B. wird durch Chlorierung des Toluens in einer durch Licht begünstigten radikalischen Substitionsreaktion in der Seitenkette gewonnen.
B. ist ein wichtiges Zwischenprodukt bei der Herstellung des ↗ Benzaldehyds aus Toluen.

Benzaldehyd, C_6H_5—CHO, wichtigster aromatischer Aldehyd, der als Glycosid, gebunden mit 2 Molekülen Glucose und 1 Molekül Blausäure (Cyanwasserstoff), im Amygdalin der bitteren Mandeln vorkommt.
Es ist eine farblose, nach Bittermandeln riechende Flüssigkeit, Sdp. 179 °C. B. gibt die Aldehydreaktionen, reduziert aber nicht Fehlingsche Lösung. B. wird leicht an der Luft autokatalytisch zur Benzoesäure oxydiert. B. wird aus Toluen durch Oxydation hergestellt, oder es wird Toluen zu Benzalchlorid chloriert, das dann mit Alkali in Gegenwart von Eisenpulver als Katalysator zu B. hydrolysiert wird.
B. wird durch Destillation und über die Hydrogensulfit-Verbindung gereinigt.
B. wird als Bittermandelaroma und als Ausgangsstoff für Farbstoff und Pharmazeutika verwendet.

Benzen,

C_6H_6
Schmp. 5,5 °C
Sdp. 80,1 °C
$\varrho_n = 0{,}878\,6\ kg \cdot l^{-1}$
n_D^{20} 1,551 1

ältere Bez. Benzol. B. ist ein typischer ↗ Aromat.
Die Kohlenstoffatome bilden ein planares Sechseck mit einheitlichen C—C-Bindungslängen (139 pm) und Bindungswinkeln (120°). Die C-Atome sind sp^2-hybridisiert. Die Elektronen der drei π-Bindungen sind ringförmig delokalisiert (π-Elektronensextett). ↗ KEKULÉ gab 1865 als erster eine Sechsringformel für das B. mit konjugierten Doppelbindungen und deren ständigem Platzwechsel (Oszillationstheorie) an.

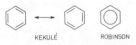

KEKULÉ   ROBINSON

B. ist eine farblose, stark lichtbrechende Flüssigkeit mit charakteristischem Geruch. Die Dämpfe sind 2,2mal schwerer als Luft, mit der sie explosive Gemische bilden. B. brennt mit stark rußender Flamme. Es löst sich kaum in Wasser und löst selbst nur sehr wenig davon. B. schädigt das Zentralnervensystem und die Blutbildung.
B. bildet sich bei der Entgasung der Steinkohle. Es wurde 1825 von ↗ FARADAY gefunden. B. wird vorwiegend durch dehydrierende Cyclisierung des ↗ Hexans (Erdölbasis) hergestellt. Die Reaktion von Natriumbenzoat mit Natronkalk ist ein günstiges Laborverfahren (↗ Decarboxylierung).
B. ist ein Ausgangsstoff für viele Synthesen der chemischen Industrie. Durch ↗ elektrophile *Substitution* der Wasserstoffatome des B. durch Chlor, Brom oder durch die Nitro- bzw. Sulfogruppe bilden sich die entsprechenden Benzenderivate. Chlor kann in einer radikalischen Additionsreaktion zu Hexachlorcyclohexan angelagert werden. Durch Oxdation wird ↗ Maleinsäure hergestellt.
Es gibt drei verschiedene Disubstitutionsprodukte (1,2-; 1,3-; 1,4-; auch als ortho-, meta-, para- bezeichnet) und drei Trisubstitutionsprodukte (1,2,3-; 1,2,4-; 1,3,5-; oder vicinal-, asymmetrisch-, symmetrisch-; abgekürzt vic-; asym-; sym-). Bild.

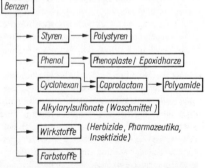

Wichtige industrielle Folgeprodukte von Benzen

Benzendiole, ↗ Dihydroxybenzene.
Benzensulfonsäuren, Derivate des Benzens, bei denen ein oder mehrere Wasserstoffatome durch Sulfogruppen, —SO_3H, ersetzt sind. B. sind durch elektrophile Substitution am Benzen leichter zugängig als Alkansulfonsäuren. Die Sulfogruppe ist

ein Substitutent 2. Ordnung und führt zu meta-Disulfonsäuren:

Benzen →[H₂SO₄, 25°C]→ Benzensulfonsäure —SO₃H

→[H₂SO₄, 200°C]→ HO₃S—⟨⟩—SO₃H
Benzen-1,3-disulfonsäure

→[H₂SO₄, 300°C]→ HO₃S—⟨⟩(SO₃H)—SO₃H
Benzen-1,3,5-trisulfonsäure

B. sind farblose, stark hygroskopische Verbindungen, die sich in Wasser sehr leicht lösen und etwa die Acidität der Schwefelsäure besitzen. Im Unterschied zu den Sulfaten sind die Sulfonate des Calciums, des Bariums und des Bleis wasserlöslich. Die Sulfogruppen sind nucleophil gegen Hydroxygruppen (Alkalischmelze) und mit Natriumcyanid gegen Nitrilgruppen austauschbar.
B. werden wegen der geringeren Oxydationswirkung als saure Katalysatoren anstelle von Schwefelsäure verwendet. Die Natriumsalze von alkylierten B. sind härtebeständige Waschmittel.
Benzidin, gebräuchlicher Name für das 4,4'-Diamino-biphenyl, H₂N—C₆H₄—C₆H₄—NH₂. B. wird durch Erhitzen des ↗ Hydrazobenzens in starken Mineralsäuren erhalten. Nach Tetrazotierung von B. und Kupplung mit Phenolen oder Naphtholen werden Bis-azofarbstoffe erhalten, die ohne Beizen Cellulosefasern färben, ↗ direktziehende *Azofarbstoffe*.
Benzin, Bez. für ein Gemisch flüssiger Kohlenwasserstoffe im Siedebereich von 35 bis 180 °C (220 °C).
B. enthält vorzugsweise Alkane (n-, iso- und Cycloalkane) vom Pentan bis Decan sowie Aromaten. ↗ straight run-Benzin, ↗ Erdöldestillation, ↗ Reforming, ↗ Pyrolysebenzin, ↗ Vergaserkraftstoff, ↗ Schwelbenzin (Leichtöl), ↗ Alkylatbenzin, ↗ Polymerbenzin.
»Benzin, verbleites«, Vergaserkraftstoff, dem in geringen Mengen Bleiverbindungen (z.B. Bleitetraethyl) zugegeben wurden, um eine höhere Klopffestigkeit zu erreichen (»Antiklopfmittel«).
Benzoesäure, C₆H₅—COOH, aromatische Monocarbonsäure, die u.a. im Benzoeharz und verschiedenen Früchten, z.B. Heidelbeeren, vorkommt. B. ist eine farblose, gut kristallisierende Substanz, die wenig in kaltem Wasser löslich ist. Schmp. 122 °C.

B. wird vorwiegend durch alkalische Hydrolyse von ↗ Benzotrichlorid oder durch Oxydation von Toluen hergestellt. Salze der B. heißen Benzoate.
B. wird zur Konservierung von Lebensmitteln, Kosmetika, Klebstoffen u. a. verwendet. B. dient zur Herstellung von Farbstoffen und Derivaten.
3,4-Benzopyren, aromatischer Kohlenwasserstoff, der aus 5 kondensierten Benzenringen besteht. Die Struktur leitet sich vom Pyren ab, an das in der 3,4-Stellung ein weiterer Benzenring angular kondensiert ist. B. bildet gelbe Kristalle, Schmp. 176 bis 177 °C, und kommt im Steinkohlenteer und im Zigarettenrauch vor. B. wirkt stark kanzerogen (krebserregend).

3,4-Benzopyren

Benzol, veraltete Bez. für ↗ Benzen.
Benzotrichlorid, C₆H₅—CCl₃, farblose, sehr reaktionsfähige Verb. Sdp. 221 °C. B. wird durch radikalische Chlorierung des Toluens gewonnen. Durch Hydrolyse von B. entsteht Benzoesäure.
Benzoyl-, Bez. für den Rest C₆H₅CO—.
Benzoylchlorid, C₆H₅—COCl, Derivat der Benzoesäure, farblose, stechend riechende, zu Tränen reizende, wasserlösliche Flüssigkeit, Sdp. 197 °C. Gegenüber aliphatischen Säurechloriden ist B. deutlich geringer reaktionsfähig. B. wird durch Chlorierung von Benzaldehyd, durch Umsetzung von ↗ Benzoesäure mit ↗ Benzotrichlorid am Silberkatalysator oder durch Umsetzung von Benzoesäure mit Thionylchlorid (Labormethode) hergestellt.
B. ist Ausgangssubstanz zur Herstellung von Dibenzoylperoxid (Bleichmittel und Auslöser von radikalischen Polymerisationen). B. wird zur ↗ Benzoylierung benutzt.
Benzoylierung, chem. Reaktion, bei der in eine org. Verb. eine Benzoylgruppe, C₆H₅—CO—, eingebaut wird. Als Benzoylierungsmittel wird das ↗ Benzoylchlorid benutzt, das mit Aminen Benzoylamide, mit Alkoholen Benzoesäureester ergibt. Eine B. von Aromaten bei Katalyse durch Aluminiumchlorid mit Benzoylchlorid führt zu den entsprechenden Phenylketonen.
Benzyl-, Name für die Atomgruppierung C₆H₅—CH₂—.
Benzylchlorid, C₆H₅—CH₂Cl, farblose, wasserunlösliche, zu Tränen reizende Flüssigkeit, Sdp.

179 °C. B. wird durch Chlorierung des Toluens in einer radikalischen Substitutionsreaktion in der Seitenkette gewonnen. Folgeprodukte sind Benzalchlorid und Benzotrichlorid. Das Halogen in der Seitenkette ist reaktionsfähiger als das ringgebundene. B. verhält sich wie ein Alkylhalogenid und bildet durch Hydrolyse Benzylalkohol, mit Ammoniak Benzylamin.

Bergbau, Aufschließen, Abbauen und Fördern mineralischer Rohstoffe aus ihren natürlichen Lagerstätten in der Erdkruste. Zunahme der Temperatur und Ansteigen der Abbaukosten begrenzen den Bergbau nach der Tiefe (Teufe). Sie liegt im Kalibergbau gegenwärtig bei 1 300 m, international (East Rand, Südafrika) bei 4 500 m. Eine aktuelle Tendenz ist das zunehmende Vordringen des Bergbaus in Meeresgebiete. Heute werden 80 % der mineralischen Rohstoffe im ↗ Tagebaubetrieb und 20 % im ↗ Tiefbau gewonnen.

Berge, bergmännische Bez. für die bei der Gewinnung und Aufbereitung mineralischer Rohstoffe anfallenden, zunächst unerwünschten Nebengesteinsmassen.

BERGIUS, FRIEDRICH (11. 10. 1884 bis 30. 3. 1949), deutscher Chemiker, entwickelte die Hochdruckhydrierung zur Kohleverflüssigung. 1926 entstand in Leuna die erste Anlage zur Produktion von Kraftstoffen nach dem BERGIUS-Verfahren. Gemeinsam mit ↗ C. BOSCH erhielt B. 1931 den Nobelpreis für Chemie. Weiterhin bearbeitete er erfolgreich den Aufschluß von Cellulose mit dem Ziel der Holzzuckergewinnung, als Futterstoff oder Gärungsrohstoff.

BERGIUS-Verfahren, Kohleverflüssigung, Verfahren der Kohlehydrierung zur Gewinnung flüssiger Kohlenwasserstoffe (Benzin). Auf der Basis heimischer Kohlen wurde 1926 in Leuna die erste Großanlage errichtet, nachdem der Prozeß von F. BERGIUS und die Katalysatoren von M. PIER entwickelt worden waren. In einer Hochdruckanlage wird Kohle bei 10 bis 20 MPa und 400 bis 500 °C katalytisch durch Anlagerung von Wasserstoff partiell in gasförmige und flüssige Kohlenwasserstoffe umgewandelt. Das war eine der technischen Voraussetzungen für die Kriegsführung des faschistischen Deutschlands. BERGIUS-Benzin ist mit petrolchemischen Kraftstoffen kostenmäßig nicht konkurrenzfähig. Die absehbare Erschöpfung der Welterdölvorräte veranlaßt jedoch viele Staaten, der Optimierung dieses Syntheseweges als künftig wieder absehbare Variante große Aufmerksamkeit zu schenken.

Bergkristall, Bez. für einen wasserklar durchsichtigen, farblosen regelmäßig gewachsenen ↗ Quarzkristall (↗ Silicium).

Berkelium,

Bk $\quad Z = 97$
$A_{r\,(1981)} = [247]$
Ek: [Rn] $5f^8 6d^1 7s^2$
OxZ: $+3, +4$
$X_E = 1,3$
Elementsubstanz:
Schmp. 986 °C

chem. Element (↗ Elemente, chem.). *Berkelium,* Symbol: Bk, 8. Element der ↗ Actinoidengruppe, 5. Element der ↗ Transurane. B. ist die Bez. für alle Atome, die 97 positive Ladungen im Kern (also 97 Protonen) besitzen: Kernladungszahl Z = 97. B. wurde 1949 durch GHIORSO, THOMPSON und SEABORG synthetisiert. Es ist ein radioaktives Element, das aus dem Americium-Isotop ^{241}Am gewonnen werden kann und als Isotop ^{243}Bk, $t_{1/2} = 4,5$ h, anfällt. Das Isotop ^{247}Bk ist mit einer Halbwertzeit von $t_{1/2} = 10^4$ a das langlebigste und stabilste, jedoch nur in Spuren in Beschleunigern zu erhalten.

Berl-Sattelkörper, Füllkörper für ↗ Benetzungskolonnen, die auf Grund ihrer gebogenen geometrischen Gestalt 20 bis 60 % mehr nutzbare Oberfläche ergeben als ↗ Raschigringe.

Bernstein, fossiles ↗ Harz von Nadelbäumen aus dem Tertiär. Seine gelb-braunen Stücke, durchsichtig bis trüb, finden sich im Spülsaum der Ostseeküste, an der Müritz und im mitteldeutschen Raum. Bernstein ist ein geschätzter Rohstoff der Schmuckindustrie (»Fischlandschmuck«; Darß).

BERTHELOT, PIERRE EUGÈNE MARCELIN (25. 10. 1827 bis 18. 3. 1907). B. beschäftigte sich erfolgreich mit Synthesen org. Verb., z. B. Benzenkohlenwasserstoffen. Er führte das Wort Synthese in die Chemie ein. Auf ihn geht die Entwicklung der kalorimetrischen Bombe zurück und prägte die Begriffe exotherm und endotherm. B. erarbeitete eine Theorie der Sprengstoffe, untersuchte die Nährstoffversorgung von Pflanzen und verfaßte chemiehistorische Arbeiten. Er war 1886/87 französischer Unterrichtsminister und 1895/96 Außenminister.

BERTHOLLET, CLAUDE LOUIS (9. 11. 1748 bis 6. 11. 1822), französischer Chemiker, erwarb sich große Verdienste um die industrielle Entwicklung in Frankreich zur Zeit der Großen Französischen Revolution; u. a. förderte er wesentlich die Stahlerzeugung und die Salpetergewinnung. Er war der erste Chemiker, der versuchte, die Chlorbleiche praktisch zu nutzen. B. begleitete NAPOLEON auf der Expedition nach Ägypten. Seine Gedanken zur chem. Verwandtschaft, zur chem. Masse wurden bei der Entwicklung des Massenwirkungsgesetzes

wieder aufgegriffen. B. sprach sich gegen die Gültigkeit des Gesetzes der konstanten Proportionen aus. ↗ PROUST ↗ berthollide Verbindungen.
berthollide Verbindungen, sind nichtdaltonide Verb. nichtstöchiometrischer Zusammensetzung, d. h., ihre Zusammensetzung kann je nach Herstellungsbedingungen in Grenzen schwanken. Zu den b. V. gehören besonders intermetallische Verb. und solche von Metallen mit Halbmetallen und Nichtmetallen, z. B. Kupfer(I)-oxid, Eisen(II)-sulfid.
Beruhigungsmittel, *Sedativa,* Stoffe, die die Erregbarkeit des Zentralnervensystems herabsetzen. Die früher als B. verwendeten Alkalibromide werden heute kaum noch angewendet, da Vergiftungsgefahr besteht. Heute werden vor allem bromierte Acylharnstoffe wie Bromisoval $(CH_3)_2CH-CHBr-CO-NH-CO-NH_2$ und Carbromal $(C_2H_5)_2CBr-CO-NH-CO-NH_2$ eingesetzt. In immer stärkerem Maße werden ↗ Psychopharmaka verordnet.
Beryll, $Be_3Al_2[Si_6O_{18}]$, hexagonal kristallisierendes, farblos-gelblich-grünes Mineral, dessen gut ausgebildete Kristalle als Schmucksteine verarbeitet werden; z. B. »Smaragd« – grüne Kristalle, »Aquamarin« – bläulich-grüne Kristalle. Beryll ist in ↗ pegmatitischen Lagerstätten sowie in Gneisen und Glimmerschiefern zu finden. Berühmte Vorkommen sind z. B. in Habachtal (Tirol), im Ural und in Kolumbien.
Berylliose, Name einer sehr schwer heilbaren Magenerkrankung des Menschen, die durch Aufnahme giftiger Berylliumverbindungen in den Organismus entsteht und massive Vergiftungserscheinungen bewirkt.
Beryllium,

Be	$Z = 4$
$A_{r(1981)} = 9{,}01218$	
Ek: [He] $2s^2$	
OxZ: $+2$	
$X_E = 1{,}57$	
Elementsubstanz:	
Schmp.	1280 °C
Sdp.	2480 °C
$\varrho = 1{,}86$ kg $\cdot$ l^{-1}	

chem. Element (↗ Elemente, chem.).
Beryllium, Symbol: Be, 1. Element der 2. Hauptgruppe des PSE (↗ Hauptgruppenelemente, 2. Hauptgruppe des PSE). B. ist die Bez. für alle Atome, die 4 positive Ladungen im Kern (also 4 Protonen) besitzen: Kernladungszahl $Z=4$. Die Elektronenhülle des neutralen Atoms besteht aus 4 Elektronen, von denen zwei als Valenzelektronen die Konfiguration $2s^2$ einnehmen. In Verb. wird nur eine Oxydationsstufe eingenommen, die durch die Oxydationszahl OxZ +2 charakterisiert ist. B. ist 1793 von VAUQUELIN in seinen Verb. entdeckt und 1828 von WÖHLER als Metall dargestellt worden. Berylliummineralien sind wenig verbreitet: *Beryll,* $Be_3Al_2[Si_6O_{18}]$ entsprechend $3BeO \cdot Al_2O_3 \cdot 6SiO_2$, ist relativ häufig; *Phenakit,* $Be_2[SiO_4]$; *Chrysoberyll,* Al_2BeO_4; *Euklas,* $BeAl[SiO_4](OH)$, ist sehr selten und *Gadolinit,* $Be_2Y_2Fe[Si_2O_{10}]$. B. ist Bestandteil wertvoller Edelsteine: Smaragd und Aquamarin sind (farbige) Abarten des Berylls, Alexandrit ist eine Abart des Chrysoberylls. Ebenso stellen Euklas und Phenakit Edelsteine dar. Die Elementsubstanz, d. h. das metallische B., kann durch Schmelzflußelektrolyse von Natriumtrifluoroberyllat, $Na[BeF_3]$, und durch Reduktion von Berylliumfluorid, BeF_2, mit metallischem Magnesium dargestellt werden. Metallisches B. ist ein stahlgraues, sehr hartes, bei Rotglut dehnbares Metall, das bei geringer Dichte eine hohe mechanische Festigkeit besitzt. Es ist an trockner Luft beständig, wird von Wasser (durch eine ausgebildete Oxidhaut) nicht angegriffen, löst sich lebhaft in nichtoxydierenden Säuren, jedoch nicht in kalten oxydierenden Säuren, reagiert amphoter, löst sich daher in wäßrigen Alkalien und ist insgesamt in seinen Eigenschaften dem ↗ Aluminium vergleichbar (↗ Schrägbeziehung, ähnliches Ladungs/Radius-Verhältnis). Die Verb. des Berylliums weisen Bindungen mit teilweise kovalentem Charakter auf. Metallisches B. ist ein wertvoller Legierungsbestandteil (bei Materialien für die Raumfahrt und die Röntgentechnik). Reinstberyllium wird in Atomreaktoren verwendet.
Berylliumcarbid, Be_2C, salzartiges, ionisches ↗ Carbid, das bei 2000 °C aus ↗ Berylliumoxid und Kohlenstoff in einer Wasserstoffatmosphäre gebildet wird:
$2BeO + 3C \rightarrow Be_2C + 2CO\uparrow$.
Die ziegelroten, sehr harten Kristalle sind thermisch stabil. Mit Wasser bilden sich Berylliumhydroxid und Methan:
$Be_2C + 4H_2O \rightarrow 2Be(OH)_2 + CH_4\uparrow$.
Berylliumchlorid, $(BeCl_2)_n$, wird durch Erhitzen von metallischem Beryllium im Chlor- bzw. Chlorwasserstoffstrom hergestellt:
$Be + Cl_2 \rightarrow BeCl_2$ bzw.
$Be + 2HCl \rightarrow BeCl_2 + H_2\uparrow$.
Berylliumchlorid ist über Chlorbrücken kettenförmig strukturiert und reagiert in wäßriger Lösung durch Hydrolyse stark sauer:
$BaCl_2 + 2H_2O \rightleftharpoons Be(OH)_2 + 2HCl$
Berylliumerde, eine im Bergbau früher gebräuchliche Bez. für mineralisches ↗ Berylliumoxid.

Berylliumhydroxid, Be(OH)$_2$, ist in Wasser relativ schwer löslich, zeigt amphotere Eigenschaften und wird oberhalb 300 °C in Berylliumoxid und Wasserdampf zersetzt: Be(OH)$_2$ → BeO + H$_2$O. Eine Schmelze von Berylliumhydroxid erstarrt glasartig, ähnlich ↗ Siliciumdioxid. Berylliumhydroxid wirkt stark toxisch.

Berylliumoxid, BeO, wird durch Verbrennung von metallischem Beryllium (Umsetzung mit Sauerstoff):
2 Be + O$_2$ → 2 BeO, $\Delta_B H = -598{,}7$ kJ · mol^{-1}
oder durch thermische Zersetzung von Berylliumhydroxid:
Be(OH)$_2$ → BeO + H$_2$O,
von Berylliumcarbonat:
BeCO$_3$ → BeO + CO$_2$↑
oder Berylliumsulfat:
BeSO$_4$ → BeO + SO$_3$↑
hergestellt. Berylliumoxid ist ein weißes Pulver, Schmp. 2 550 °C, hochgeglüht in Wasser und Säuren unlöslich und besitzt eine gute Wärmeleitfähigkeit. Es ist stark giftig. Wegen seiner keramischen Eigenschaften wird es als Werkstoff für Weltraumraketenköpfe und für den Bau von Atomreaktoren verwendet.

BERZELIUS, JÖNS, JACOB Freiherr VON (20. 8. 1779 bis 7. 8. 1848), schwedischer Chemiker, bearbeitete fast alle Gebiete der Chemie und beeinflußte maßgeblich ihre Entwicklung. Die Entdeckung von Cerium, Selen und Thorium ist mit seinem Namen verbunden. Er stellte zuerst Silicium, Zirconium, Titanium und Tantal aus den Oxiden dar. B. legte den Grundstein für die heute noch gebräuchliche chemische Zeichensprache. 2 Bilder.

Bild 1. J. J. BERZELIUS

Ċu   Ṗb   ĊaC̈   CuS̈ + 5 H
CuO   PbO   CaCO$_3$ CuSO$_4$ · 5 H$_2$O

Bild 2. Formelschreibweise nach BERZELIUS
(Punkte bedeuten Sauerstoff)

Beschichten, vielfältige Gruppe von Fertigungsverfahren, die das Auftragen einer fest haftenden Schicht auf einem Werkstück, Gewebe, Papier, Leder u. a. umfaßt.

Dazu zählen Aufdampfen, Einstreichen, Galvanisieren, Flammspritzen, Tauchen, Aufschmelzen, Aufgießen u. a.

BESSEMER-Birne, mit kieselsäurehaltigen, feuerfesten Steinen ausgekleideter ↗ Konverter zur ↗ Stahlherstellung nach dem Windfrisch-(Blas-)Verfahren.

BESSEMER-Verfahren, ein Blasverfahren zur Stahlherstellung durch ↗ Windfrischen. Es wurde im 19. Jahrhundert durch H. BESSEMER in England entwickelt.
Wegen der sauren Konverterauskleidung kann nur phosphorarmes Roheisen verarbeitet werden. Das Verfahren ist heute bedeutungslos.

Betaine, sind Zwitterionen, die als funktionelle Ionenteile eine quaternäre Ammonium- und eine Carboxylatgruppe tragen. Der Name dieser Klasse

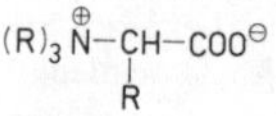

(R)$_3$ $\overset{\oplus}{N}$—CH—COO$^{\ominus}$
             |
             R

leitet sich von dem in der Zuckerrübe (Beta vulgaris) vorkommenden Trimethylglycin (Betain) ab.

(CH$_3$)$_3$$\overset{\oplus}{N}$—CH$_2$—COO$^{\ominus}$

Beta-Rezeptoren-Blocker, blutdrucksenkende Wirkstoffe in ↗ Herz-Kreislauf-Medikamenten.

Betastrahlen, β-Strahlen (↗ Radioaktivität).

Beton, Baustoff, der aus ↗ hydraulischen Bindemitteln (vorwiegend Zement), Zuschlagstoffen und Wasser hergestellt wird.
Zuschlagstoffe sind vor allem Sand, Kies, Splitt, Schotter, Schlacke sowie (für Leichtbeton) porösstückiges Material. Mit Stahleinlagen bewehrter Beton heißt Stahlbeton.

BHT-Koks, Abk. für Braunkohlenhochtemperaturkoks. Dieser wird durch Verkokung (Hochtemperaturentgasung) von Braunkohle nach einem Verfahren von BILKENROTH und RAMMLER hergestellt. ↗ Verkokung.

Bienengift, das von der Honigbiene *[Apis mellifera]* abgegebene Wehrsekret. Es enthält drei Gruppen von Verbindungen:
1. *biogene Amine*, z. B. das schmerzauslösende ↗ Histamin.
2. ↗ *Polypeptide*, z. B. das aus 27 Aminosäureresten bestehende *Melittin*, mit hämolytischer Giftwirkung.
3. verschiedene ↗ *Enzyme* (Lyasen).
B. wird therapeutisch vor allem zur Behandlung rheumatischer Erkrankungen genutzt.

Bienenhonig, ↗ Honig.

Bienenwachs, ein tierisches ↗ Wachs, das in den Wachsdrüsen der Honigbiene zum Wabenbau gebildet wird. Es besteht hauptsächlich aus dem Ester der ↗ Palmitinsäure mit Hentriacontanol

$C_{15}H_{31}$—$COOC_{31}H_{63}$. B. ist eine bei Körpertemperatur knetbare, aber nicht klebende Masse, die bei 63 bis 65 °C schmilzt. Es wird zur Herstellung von Kerzen und Oberflächenpflegemitteln verwendet.

Bierbrauerei, Verfahren zur Herstellung von Bier aus Braugerste und Hopfen. Durch Keimen der Gerste erhält man *Grünmalz.* Dieses wird getrocknet und auf der sogenannten Darre für helle Biere auf 60 bis 80 °C, für dunkle Biere auf 90 bis 100 °C erhitzt. Das entstandene *Darrmalz* wird geschrotet und mit Wasser zu einer Maische angerührt. Die in der keimenden Gerste enthaltenen Enzyme (Amylasen) bilden aus der Gerstenstärke vergärbare Zukker. Diese zuckerhaltige Flüssigkeit wird als *Würze* bezeichnet. Die Würze wird mit Hopfen erhitzt, dabei gehen bittere Geschmacksstoffe in das Bier über. Danach wird der Zucker durch Hefezusatz zu Alkohol (Ethanol) vergoren. Bier ist ein kohlendioxidhaltiges Getränk. Starkbier enthält je nach Stammwürzeeinsatz 3,5 bis 5 % Alkohol.

Bildungswärme, Wärmemenge, die bei der Bildung einer chem. Verb. aus den Elementen aufgenommen (positives Vorzeichen) oder abgegeben (negatives Vorzeichen) wird. Die B. kann als Bildungsenergie (↗ innere Energie) oder Bildungsenthalpie (↗ Enthalpie) angegeben werden, was meist unter ↗ Standardbedingungen, bezogen auf die Stoffmenge 1 Mol, erfolgt (Tabelle: ↗ Enthalpie). Die molaren Standardbildungsenthalpien der chem. Elemente (stabilste Modifikation unter diesen Bedingungen) sind definitionsgemäß Null gesetzt. Durch ↗ Kalorimetrie nicht direkt meßbare B. berechnet man häufig mit Hilfe des ↗ Hessschen Satzes. Die B. sind von großer Bedeutung für die Berechnung von ↗ Reaktionswärmen.

bimolekular, ↗ Reaktionskinetik.

Bimsstein, schaumig-glasiges Gestein von heller Farbe. Es ist aus erkalteter Lava entstanden, die durch Entgasung porig aufgeschäumt wurde und dabei erstarrte. Infolge der in den Poren eingeschlossenen Luft schwimmt Bimsstein. Fundorte sind z. B. in der Eifel, in Ungarn und Italien.

binär, zweigliedrig, aus zwei Bestandteilen bestehend.
1. Binäre Verb. bestehen aus zwei Elementen, z. B. Hydride, Oxide, Halogenide, Carbide, Nitride. Die Namen solcher Stoffe enden auf -id.
2. Binäre Systeme sind chem. Systeme, die aus zwei Stoffen bestehen, z. B. die Lösung eines Salzes in Wasser, ein Gemisch von zwei Lösungsmitteln u. a. Systeme aus drei Komponenten werden als ternär, solche aus vier Bestandteilen als quaternär bezeichnet.

Bindemittel, Stoffe, die unter bestimmten Voraussetzungen erhärten, erstarren bzw. abbinden. Man unterscheidet Luftbinder (nichthydraulische Bindemittel), ↗ hydraulische Bindemittel und organische Bindemittel (↗ Leime).

Bindigkeit, Wertigkeitsbegriff, der die Zahl der von einem Atom ausgehenden Atombindungen angibt. Die maximale Bindigkeit wird neben sterischen Ursachen besonders von der Zahl der zur Bindung befähigten Orbitale bestimmt. So sind die Elemente der 2. Periode (Lithium bis Fluor) maximal vierbindig (ein s- und drei p-Orbitale).

Bindung, ↗ chemische Bindung.

Bindungsabstand, ↗ Bindungslänge.

Bindungsenergie, freiwerdender Energiebetrag, bei Entstehung einer ↗ chem. Bindung. Die B. ist abhängig von der Art der beteiligten Atome, von der ↗ Bindungsordnung und steht in Beziehung mit der ↗ Bindungslänge (Tabelle). Bei zweiatomigen Molekülen bewirkt die Zuführung der B. die ↗ Dissoziation. Für Moleküle mit mehr als zwei Atomen unterscheiden sich die Energien der schrittweisen Dissoziation von dem Anteil für eine Bindung bei vollständiger Dissoziation, die man

Bindungsenergien und Bindungsabstände nichtkonjugierter Systeme

Bindungsenergie Molekül bzw. Bindung	Betrag in kJ·mol^{-1}	Bindungsabstand in nm
H—H	436	0,074
F—F	159	0,142
Cl—Cl	243	0,199
H—F	566	0,092
H—Cl	428	0,127
O=O	498	0,121
N≡N	946	0,110
C≡O	1071	0,113
$CH_4 \rightarrow CH_3 + H$	431	
$CH_3 \rightarrow CH_2 + H$	372,4	
$CH_2 \rightarrow CH + H$	518,8	
$CH \rightarrow C + H$	338,9	
$CH_4 \rightarrow C + 4 H$	1662,1	
mittl. Bindungsanteil	415	
Bindungsanteile		
C—C	347	0,154
C—H	415	0,112
C—Cl	326	0,177
C—O	335	0,143
O—H	464	0,097
C=C	607	0,133
C=O	695	0,120
C≡C	803	0,121
C≡N	866	0,116

Bindungslänge

deshalb als mittlere B. bezeichnet (Tabelle). In Anlehnung daran wurde für org. Moleküle empirisch ein System von Energieanteilen der einzelnen Bindungen (ebenfalls als B. bezeichnet) aufgestellt, deren Addition die experimentell bestimmte B. des Moleküls ergibt. Tabelle.

Bindungslänge, mittlerer Abstand zweier Atomkerne einer ↗ Atombindung in einem ↗ Molekül. Die B. kann mit Hilfe der Beugung von ↗ Röntgenstrahlen und ↗ Elektronen sowie der ↗ Molekül-(Rotations-)spektren experimentell ermittelt werden. Sie hängt von der Anzahl und Polarität der Atombindungen eines Atoms ab, was sich auch in der jeweiligen ↗ Bindungsenergie (Werte der B. ↗ Tabelle Bindungsenergie) äußert.

Bindungsordnung, gibt die Anzahl der ↗ Atombindungen zwischen zwei Atomen im Molekül an und entspricht der Hälfte der Zahl ihrer bindenden Elektronen.

Bindungswinkel, Winkel zwischen jeweils drei Atomen im ↗ Molekül. Die B. bestimmen gemeinsam mit der ↗ Bindungslänge die Molekülgeometrie und sind deshalb wichtige Größen zur Beschreibung der ↗ Struktur der Moleküle. Zur Bestimmung der B. dienen neben den ↗ Dipolmomenten die auch für die Bindungslängen genutzten Methoden der Beugung von ↗ Röntgenstrahlen und ↗ Elektronen sowie die ↗ Molekül-(Rotations-)spektren. Theoretisch können die B. mit Hilfe der Hybridisierung der Atomorbitale (↗ Atombindung) oder der ↗ VSEPR-Theorie erklärt werden.

biochemische Grundreaktionen, besser: techn. mikrobiologische Reaktionen, Grundreaktionen, die zu ihrer Durchführung direkt oder indirekt die Anwesenheit von Mikroorganismen erfordern:
– die Mikroorganismen haben nur die Aufgabe, ein Substrat definiert ab- bzw. umzubauen (anaerob oder aerob),
– die aufgebaute Zellmasse der Mikroorganismen ist das erwünschte Endprodukt (↗ Biomasse), – mikrobiologische Eiweiß-Synthese in Gegenwart von Sauerstoff.
Alle technisch wichtigen mikrobiologischen Reaktionen verlaufen in wäßrigen Medien, in denen das Substrat gelöst oder feindispers verteilt ist. Die Reaktionen sind exotherm und verlaufen optimal vor allem unter 50 °C, bei Anwesenheit von Nährsalzen (P-, S- und N-Verbindungen). Sie sind sehr selektiv und liefern hochwertige Produkte aus relativ billigen Substraten (Ausgangsstoffen).

Biogas, Faulgas, Produkt der anaeroben mikrobiologischen Ab- und Umbauprozesse (↗ Faulung) von org. Material.

Es besteht aus

Methan	55 bis 60 %
Kohlendioxid	30 bis 45 %
Stickstoff	bis 3 %
Wasserstoff	bis 1 %
Schwefelwasserstoff	bis 1 %

Ausgangsstoffe sind wasserreiche org. Abfälle, z. B. ↗ Klärschlamm oder ↗ Gülle. Sie werden ohne Vorbehandlung in einfachen Blasenreaktoren, die mit geeigneten Bakterien geimpft sind, im Laufe von 18 bis 20 Tagen bei etwa 30 °C umgesetzt. Je m³ Gärbehälter gewinnt man täglich etwa 0,8 m³ Biogas. Eine Verbesserung der Raum-Zeit-Ausbeute ist in mehrstufigen Rührreaktor-Anlagen bei Temperaturen um 60 °C möglich. In der Kaskade wirken unterschiedliche Mikroorganismen unter den jeweils für sie optimalen Bedingungen. Der als Rückstand verbleibende Faulschlamm dient als stickstoffreicher org. Dünger.

biologischer Abbau, durch Mikroorganismen (Bakterien, Pilze) vollzogener Abbau org. Substanzen zu anorg. Endprodukten. Der b. A. ist Voraussetzung für den Stoffkreislauf in der Natur, da die Endprodukte von den Pflanzen wieder aufgenommen und in ↗ Biomasse umgesetzt werden. In Gewässern ist der b. A. Grundlage für die Selbstreinigung. Im Beisein von Sauerstoff erfolgt ein vollständiger oxydativer Abbau (↗ Atmung) zu CO_2, H_2O sowie anorganischen Ionen (NO_3^-, PO_4^{3-}, SO_4^{2-}). Wird in hoch belasteten Gewässern der Sauerstoff aufgebraucht, führt der dann einsetzende unvollständige Abbau durch anaerobe Bakterien zur Bildung lebensfeindlicher bzw. giftiger Stoffe wie CH_4, NH_4^+, H_2S. Der unter diesen Bedingungen nicht abbaubare org. Rückstand bildet am Seeboden ein Sediment, welches unter Umständen um 1 m/a anwächst und zu einer raschen Verlandung führt. In Flüssen wird durch den Einbau von Wehren starke Turbulenz zur Einmischung von Luftsauerstoff in das Wasser erzeugt, um den biologischen Sauerstoffverbrauch immer wieder auszugleichen.

Biomasse, Gesamtmasse lebender Organismen (Pflanzen, Tiere, Mikroorganismen) auf einem abgegrenzten natürlichen Standort oder in einem künstlich geschaffenen System. Im Rahmen der biotechnischen Stoffproduktion gewinnt die Massenzucht rein mikrobieller B. (z. B. Bakterien, Hefen) auf geeigneten Substraten und in geeigneten Behältnissen (↗ Bioreaktor) zunehmende Bedeutung. Mit Hilfe mikrobieller B. kann in Zukunft ein Teil der Eiweißversorgung für Nutztiere und auch für den Menschen gesichert werden.

Bioreaktor, ↗ Fermentor.

Biotechnologie, industrielle Nutzung ↗ biochemischer Grundreaktionen.
Biotit, Magnesiaeisenglimmer, $(OH,F)_2K(Mg,Fe,Al,Mn,Ti)_3[(Si,Al)_4O_{10}]$, schwarzes, vorzüglich spaltbares blättchenförmiges Mineral. Biotit ist ein wichtiger Bestandteil der magmatischen und metamorphen Gesteine.
Biozide, (auch: Pestizide), Sammelbez. für verschiedenartige Chemikalien, die zur Bekämpfung von Schädlingen eingesetzt werden, vor allem ↗ Insektizide und ↗ Herbizide.
Biphenyl, C_6H_5—C_6H_5, ein aromatischer Kohlenwasserstoff, in dem zwei Benzenringe miteinander kondensiert sind. B. ist in Wasser unlöslich und bildet farblose Blättchen, Schmp. 70 °C, Sdp. 255 °C. B. ist thermisch sehr beständig und wird deswegen als Wärmeüberträger in Heizbädern meist im Gemisch mit Diphenylether genutzt. Derivate des B. werden als Farbstoffe, Schädlingsbekämpfungsmittel und Pharmazeutika verwendet.
Biphosphan, P_2H_4, ↗ Phosphane.
Bischofit, $MgCl_2 \cdot 6H_2O$, leicht zerfließendes Mineral der Kalisalzlagerstätten.
Bis-π-(cyclopentadienyl)eisen, *Ferrocen,* $[(C_5H_5)_2Fe]$, eine Sandwichverb. (↗ metallorg. Verb.).
Bismut,

Bi	$Z = 83$
$A_{r(1981)} = 208{,}9804$	
Ek: $[Xe]\ 4f^{14}5d^{10}6s^26p^3$	
OxZ: $-3, +2, +3, +5$	
$X_E = 2{,}02$	
Elementsubstanz:	
Schmp. 271 °C	
Sdp. 1560 °C	
$\varrho = 9{,}79\ kg \cdot l^{-1}$	

chem. Element (↗ Elemente, chem.).
Bismutum, Symbol: Bi, 5. Element der 5. Hauptgruppe des PSE (↗ Hauptgruppenelemente, 5. Hauptgruppe des PSE). B. ist die Bez. für alle Atome, die 83 positive Ladungen im Kern (also 83 Protonen) besitzen: Kernladungszahl $Z = 83$. Die Hülle des neutralen Atoms besteht aus 83 Elektronen, von denen fünf als Valenzelektronen die Konfiguration $6s^26p^3$ besitzen. In Verb. werden Oxydationsstufen eingenommen, die durch die Oxydationszahlen OxZ: $-3, +2, +3$ und $+5$ charakterisiert sind. Die Elementsubstanz, d. h. das metallische B., wurde bereits im 15. Jahrhundert von BASILIUS VALENTINUS (Benediktinermönch) als ein dem Zinn ähnliches Metall erwähnt. Bis 1975 hatte das Element den Namen *Wismut.* Bismutvorkommen sind selten: *Bismutsulfid, Bismutglanz, Bismutin,* Bi_2S_3; *Bismutoxid, Bismutocker, Bismit,* Bi_2O_3; *Galenobismutit,* $PbBi_2S_4$; *Silberbismutglanz, Schapbachit,* $AgBiS_2$; *Kupferbismutglanz, Emplektit,* $CuBiS_2$; *Tellurbismut, Tetradymit,* Bi_2Te_2S, und *Eulytin,* $Bi_4(SiO_4)_3$. Die Darstellung des metallischen B. kann entweder durch Reduktion von Bismutoxid mit Kohlenstoff (= Reduktionsarbeit):
$Bi_2O_3 + 3C \rightarrow 2Bi + 3CO\uparrow$
oder durch Umsetzung von Bismutsulfid mit metallischem Eisen (= Niederschlagsarbeit):
$Bi_2S_3 + 3Fe \rightarrow 2Bi + 3FeS$
erfolgen. Metallisches B. ist rötlichweiß, glänzend, rhomboedrisch kristallin und leitet den elektrischen Strom. Es ist an der Luft beständig, verbrennt mit bläulicher Flamme:
$4Bi + 3O_2 \rightarrow 2Bi_2O_3,\ \Delta_BH = -578{,}0\ kJ \cdot mol^{-1}$
ist in nichtoxydierenden Säuren unlöslich, setzt sich aber mit heißer konz. Schwefelsäure zu Bismut(III)-sulfat, Schwefeldioxid und Wasser um:
$2Bi + 6H_2SO_4 \rightarrow Bi_2(SO_4)_3 + 3SO_2\uparrow + 6H_2O$.
Metallisches B. wird hauptsächlich als Legierungsbestandteil für niedrig schmelzende Metalle verwendet (ROSEsches Metall, WOODsches Metall, LIPOWITZsches Metall, Schmelzsicherungsmetalle, Druckstockmetalle usw.).
Bismutan, BiH_3, auch Bismutwasserstoff, ein wenig beständiges Gas, das aus Magnesiumbismutid und Salzsäure hergestellt werden kann:
$Mg_3Bi_2 + 6HCl \rightarrow 2BiH_3\uparrow + 3MgCl_2$,
das aber bei Zimmertemperatur bereits in seine Elementsubstanzen zerfällt.
Bismut(III)-oxid, Bi_2O_3, gelbe, in der Hitze rotbraune Substanz (Schmp. 817 °C und Sdp. 1890 °C), die in drei bekannten Modifikationen vorkommt, sich in Säuren unter Bildung von Bismutsalzen löst, in Wasser und Alkalien aber keine Löslichkeit zeigt.
Bismut(III)-sulfid, Bi_2S_3, weiße bis graue Substanz, die durch Zusammenschmelzen der Elementsubstanzen:
$2Bi + 3S \rightarrow Bi_2S_3$
oder durch Fällung von Bi^{3+}-Ionen mit S^{2-}-Ionen:
$2Bi^{3+} + 3S^{2-} \rightarrow Bi_2S_3\downarrow$
entsteht und bei 685 °C unter Zersetzung schmilzt.
Bismutum, wissenschaftliche Bez. für das chem. Element ↗ Bismut.
Bismutwasserstoff, ↗ Bismutan.
Bittererde, Bez. für mineralisches ↗ Magnesiumoxid.
Bittersalz, Reichardtit, $MgSO_4 \cdot 7H_2O$, Mineral der ↗ Hutzone von Salzlagerstätten (im Auslau-

gungsbereich), das unangenehm bitter schmeckt und in der Medizin als Abführmittel verwendet wird (↗ Magnesiumsulfat).
Bitterspat, ↗ Magnesit.
Bitumen, Sammelbez. für natürlich vorkommende bzw. in der Technik hergestellte org. Stoffgemische unterschiedlicher Farbe und Konsistenz. Sie bestehen überwiegend aus Kohlenwasserstoffen und (oder) Sauerstoffverb. und können zusätzlich Schwefel- und Stickstoffverb. sowie anorg. Mineralstoffe enthalten. Zu den B. zählen u. a. ↗ Erdöle, ↗ Erdwachs, ↗ Asphalt und ↗ Bernstein. Im deutschen Sprachraum wird der Begriff B. im engeren Sinne als Bezeichnung für die Rückstände der Erdöldestillation verwendet, dagegen zählen ↗ Teer und ↗ Pech nicht zu den Bitumenstoffen.
Biuret, $H_2N-CO-NH-CO-NH_2$, Harnstoffderivat, das sich aus 2 Molekülen Harnstoff unter Ammoniakabspaltung beim Erhitzen auf etwa 150 °C bildet. B. ist farblos, leicht wasser- und alkohollöslich, Schmp. 192 °C, und zerfällt bei höheren Temperaturen in Cyansäure und Ammoniak. B. gibt in alkalischer Lösung mit Kupfer(II)-Ionen einen violettroten Kupferkomplex, ↗ Biuretreaktion.
Biuretreaktion, Nachweisreaktion für das ↗ Biuret und dessen Derivate, durch Bildung eines violettroten Kupferkomplexes. Eine analoge Komplexbildung erfolgt mit Aminosäuren, Polypeptiden und Proteinen. Damit eignet sich B. zum Nachweis wasserlöslicher Eiweiße. Die Probelösung wird mit Natronlauge und danach mit einigen Tropfen Kupfer(II)-sulfatlösung versetzt. Eine rote bis violette Färbung ist ein Hinweis auf die Anwesenheit von Eiweiß.
Blasenreaktor, Reaktionsapparat zur Durchführung von Gas-Flüssigkeits-Reaktionen bzw. von heterogen katalysierten Gasreaktionen. Eine flüssigkeitsgefüllte Kolonne (die den flüssigen Reaktionsteilnehmer oder einen aufgeschlämmten pulverförmigen Katalysator enthält), wird von einem Gasstrom passiert. ↗ Kolonnen.
Blattsilicate, auch als Schichtsilicate bezeichnet, stellen eine Strukturform der ↗ Silicate dar, die in vielen parallel verlaufenden Ketten zu einer Fläche kondensiert sind und deren Anionen die allgemeine Formel $[Si_2O_5^{2-}]_n$ besitzen.
Blausäure, Trivialname für Cyanwasserstoffsäure (↗ Cyanwasserstoff).
Blei,

Pb $Z = 82$
$A_{r(1981)} = 207{,}2$
Ek: [Xe] $4f^{14}5d^{10}6s^26p^2$

OxZ: $-4, +2, +4$
$X_E = 2{,}33$
Elementsubstanz:
Schmp. 327 °C
Sdp. 1740 °C
$\varrho = 11\,337\ \text{kg} \cdot l^{-1}$

chem. Element (↗ Elemente, chem.).
Plumbum, Symbol: Pb, 5. Element der 4. Hauptgruppe des PSE (↗ Hauptgruppenelemente, 4. Hauptgruppe des PSE). B. ist die Bez. für alle Atome, die 82 positive Ladungen im Kern (also 82 Protonen) besitzen: Kernladungszahl $Z = 82$. Die Hülle des neutralen Atoms besteht aus 82 Elektronen, von denen vier als Valenzelektronen die Konfiguration $6s^26p^2$ besitzen. In Verb. werden Oxydationsstufen eingenommen, die durch die Oxydationszahlen OxZ $-4, +2$ und $+4$ charakterisiert sind. B. gehört zu den ältesten bekannten Metallen. In der Natur tritt B. nur in Form seiner Verb., jedoch nicht metallisch, auf: *Bleiglanz, Galenit,* PbS; *Anglesit,* $PbSO_4$; *Weißbleierz, Wulfenit,* $PbMoO_4$, und *Scheelbleierz, Stolzit,* $PbWO_4$. Die Elementsubstanz, d. h. das metallische B., wird durch Abrösten des Sulfides zum Oxid:
$2\,PbS + 3\,O_2 \rightarrow 2\,PbO + 2\,SO_2\uparrow$
und dann durch Reduktion des Oxids mit Kohlenmonoxid:
$PbO + CO \rightarrow Pb + CO_2\uparrow$
dargestellt. Die Elementsubstanz ist ein bläulichgraues, an der frischen Schnittfläche glänzendes, weiches und dehnbares Schwermetall. Weichblei ist rein, Hartblei enthält Zusätze (z. B. von Antimon). Metallisches Blei ist reaktionsfähig: mit Sauerstoff (bzw. Luft) bei Erwärmung zu Bleioxid (Bleiglätte):
$2\,Pb + O_2 \rightarrow 2\,PbO$, $\Delta_B H = -219{,}2\ \text{kJ} \cdot \text{mol}^{-1}$
und durch weitere Sauerstoffeinwirkung zu Blei(II,IV)-oxid (= Blei(II)-orthoplumbat oder Mennige):
$6\,PbO + O_2 \rightarrow 2\,Pb_3O_4$.
Mit Schwefel (geschmolzen) erfolgt direkte Vereinigung:
$Pb + S \rightarrow PbS$, $\Delta_B H = -94{,}28\ \text{kJ} \cdot \text{mol}^{-1}$.
Ebenso reagiert metallisches B. mit den Halogenen, z. B.:
$Pb + Cl_2 \rightarrow PbCl_2$, $\Delta_B H = -359{,}1\ \text{kJ} \cdot \text{mol}^{-1}$,
wobei im Gegensatz zum ↗ Zinn das Dichlorid entsteht. Durch Schwefelsäure überzieht sich B. mit einem schützenden Überzug von Bleisulfat $PbSO_4$. Alle Verbindungen des B. sind giftig und führen beim Menschen zu schweren chronischen Erkrankungen. Metallisches B. wird als Material für Rohre und Bleche verwendet, dient als Legie-

rungsmetall (für Letternmetall, Lagermetall, Flintenschrot) und Plattenmaterial für Bleiakkumulatoren.
Blei(II)-acetat (Blei(II)-ethanat), $Pb(CH_3COO)_2$, in Wasser leicht lösliche, giftige, süßlich schmekkende (Bleizucker) Substanz, die als wäßrige Lösung zum Nachweis von Sulfidionen verwendet wird. Die Substanz kristallisiert mit drei Molekülen Wasser: $Pb(CH_3COO)_2 \cdot 3 H_2O$.
Bleiazid, *Blei(II)-azid,* $Pb(N_3)_2$, Beisalz der ↗ Stickstoffwasserstoffsäure. B. detoniert beim Erhitzen und besonders bei Schlageinwirkung. Es ist der wichtigste ↗ *Initialsprengstoff* für Schieß- und Sprengstoffe (↗ Explosivstoffe).
Bleichen, Verfahren zum Entfärben oder Aufhellen von gefärbten oder farbigen Materialien wie Fasern, Geweben, Papierrohstoffen, Fetten, fetten Ölen, Mineralölen, Wachsen, Zuckersaft und Haaren durch Bleichmittel. Als Bleichmittel werden verwendet:
1. Oxydationsmittel, die Farbstoffe oxydativ zerstören. Sauerstoffbleichmittel sind Peroxoverb., z. B. Wasserstoffperoxid, H_2O_2, Natriumperoxid, Na_2O_2, Natriummetaborat-3-hydrat-1-peroxidhydrat (Perborat), $NaBO_2 \cdot 3 H_2O \cdot H_2O_2$, Peroxodisulfate (Persulfate), $(NH_4)_2S_2O_8$ bzw. $K_2S_2O_8$ und Harnstoffperoxidhydrat (Percarbamid), $(NH_2)_2CO \cdot H_2O_2$. Chlorbleichmittel, wie z. B. Chlorwasser, ↗ Chlorkalk, Natrium- und Kaliumhypochlorit, als wirksame Substanzen. Chloramin T ist ein org. Chlorbleichmittel.
Die früher angewendete Rasenbleiche beruht auf der Bildung von Wasserstoffperoxid und Ozon unter dem Einfluß der UV-Strahlung des Sonnenlichtes.
2. Reduktionsmittel wie Schwefeldioxid, Natriumsulfit, Natriumhydrogensulfit und Natriumdithionit überführen Farbstoffe in eine farblose Leukoverb.
3. Adsorptionsmittel wie Aktivkohle, Bleicherde und Silicagel adsorbieren die Farbstoffe und werden danach vom gebleichten Material abfiltriert.
4. ↗ *Optische Aufheller* überdecken eine unerwünschte Färbung durch eine entsprechende Komplimentärfarbe.
Blei(II)-chlorid, $PbCl_2$, weiße, kristalline Substanz, die in Wasser wenig löslich ist (bei 20 °C zu 0,97 %, bei 100 °C aber zu 3,2 %). B. kann aus den Elementsubstanzen hergestellt werden:
$Pb + Cl_2 \rightarrow PbCl_2$, $\Delta_B H = -359{,}1 \text{ kJ} \cdot \text{mol}^{-1}$.
Blei(IV)-chlorid, $PbCl_4$, gelbe, klare, stark lichtbrechende, relativ schwere Flüssigkeit ($\varrho = 3{,}18 \text{ kg} \cdot l^{-1}$), die aus Blei(IV)-oxid und Chlorwasserstoffsäure dargestellt werden kann:

$PbO_2 + 4 HCl \rightarrow PbCl_4 + 2 H_2O$,
an feuchter Luft durch Hydrolyse raucht und oberhalb von 105 °C explosionsartig zerfällt.
Bleiglanz, Galenit, PbS, häufigstes Bleimineral. Es enthält noch Beimengungen von Silber, Kupfer und Zink. Seine metallgrauen, kubischen Kristalle zeigen gute Spaltbarkeit und Metallglanz auf den Spaltflächen. Schalenförmige Verwachsungen mit ↗ Zinkblende heißen Kokardenerz. B. ist ein häufiger Bestandteil hydrothermaler Lagerstätten. Als Fundort in der DDR war u. a. Freiberg berühmt. Heute ist dort der Abbau von Blei-Zinkerzen zum Erliegen gekommen.
Bleiglas, hochlichtbrechendes, schweres Kalium-Blei-Silicat-Glas.
Blei(II)-hydroxid, $Pb(OH)_2$, entsteht als weißer Niederschlag, wenn Blei(II)-Ionen durch Hydroxidionen gefällt werden:
$Pb^{2+} + 2 OH^- \rightarrow Pb(OH)_2 \downarrow$.
B. ist in Wasser sehr schwer löslich und zerfällt bei Erwärmung über 145 °C in Blei(II)-oxid und Wasser:
$Pb(OH)_2 \rightarrow PbO + H_2O$.
Bleikammerverfahren, veraltetes Verfahren zur Herstellung von Schwefelsäure durch homogene Katalyse mit Stickoxiden. Die Auskleidung mit Bleiblech diente dem Korrosionsschutz. Die Weiterentwicklung des Bleikammerverfahrens ist das ↗ Turmverfahren.
Blei(II)-nitrat, $Pb(NO_3)_2$, farblose, kristalline Substanz, die in Wasser gut löslich ist und aus Blei(II)-oxid und Salpetersäure hergestellt werden kann:
$PbO + 2 HNO_3 \rightarrow Pb(NO_3)_2 + H_2O$.
Oberhalb von 480 °C zerfällt B. in Blei(II)-oxid, Stickstoffdioxid und Sauerstoff:
$2 Pb(NO_3)_2 \rightarrow 2 PbO + 2 NO_2 \uparrow + O_2 \uparrow$.
Bleioxide, Sauerstoffverbindungen des Bleis, von denen *Blei(II)-oxid,* PbO, in zwei Modifikationen vorliegt: rot ($< 489 \text{ °C}$) und gelb (= Bleiglätte); *Blei(IV)-oxid,* Bleidioxid (fälschlich früher Bleisuperoxid), PbO_2, das braun ist und als Oxydationsmittel verwendet wird, und *Blei(II,IV)-oxid,* Blei(II)-orthoplumbat, *Mennige,* Pb_3O_4 bzw. $Pb_2[PbO_4]$, das als Rostschutzmittel Bedeutung erlangt hat, genannt sein sollen.
Bleipapier, besteht aus saugfähigem Papier (Fließpapier), das mit einer wäßrigen Lösung von ↗ Blei(II)-acetat getränkt und anschließend getrocknet worden ist. Es wird zum Nachweis von gasförmig vorliegendem Schwefelwasserstoff verwendet.
Bleistiftminen, bestehen aus einem gebrannten Gemisch von Graphit und Ton. *Farbstiftminen* ent-

halten an Stelle von Graphit anorg. Körperfarben, *Kopierstiftminen* wasserlösliche Teerfarbstoffe wie ↗ Kristallviolett oder Eosin (rot).

Blei(II)-sulfat, $PbSO_4$, weiße, kristalline Substanz, die in Wasser und Säuren sehr schwer löslich ist, wird als Ersatz für Bleiweiß verwendet.

Blei(II)-sulfid, PbS, entsteht durch Zusammenschmelzen der Elementsubstanzen:
$Pb + S \rightarrow PbS$, $\Delta_B H = -94{,}28$ kJ · mol^{-1}
oder durch Fällung von Blei(II)-Ionen mit Sulfidionen:
$Pb^{2+} + S^{2-} \rightarrow PbS\downarrow$.

B. ist als Niederschlag schwarz, stellt jedoch als feste Substanz rötlich bleigraue, stark metallglänzende Kristalle dar und wird als Mineral bzw. Erz als *Bleiglanz* bezeichnet. Es ist in starken Säuren unlöslich und besitzt Halbleitereigenschaften.

Bleitetraethyl, $Pb(CH_2—CH_3)_4$, eine org. Bleiverb., die aus einer Natriumbleilegierung mit Ethylchlorid unter Druck hergestellt wird. B. ist eine farblose Flüssigkeit, die stark giftig ist. B. ist das zur Zeit am meisten genutzte Antiklopfmittel für Vergaserkraftstoffe und wird zusammen mit Halogenalkanen eingesetzt. Beim Verbrennungsvorgang bildet sich Bleihalogenid. Maximale Grenzwerte für den Zusatz sind gesetzlich festgelegt. Es werden aber in zunehmendem Maße bleifreie Vergaserkraftstoffe verwendet.

Bleiwasserstoff, PbH_4, auch Plumban genannt, liegt bei Zimmertemperatur gasförmig vor (Sdp. −13 °C), entsteht durch Einwirkung von atomarem Wasserstoff auf fein verteiltes metallisches Blei:
$Pb + 4H \rightleftharpoons PbH_4$,
wird aber bei Erwärmung (z. B. beim Durchleiten durch ein erhitztes Rohr) in seine Bestandteile zerlegt, wobei sich ein Bleispiegel abscheidet.

Bleiweiß, Pigment für Malerfarben, das aus basischem Blei(II)-carbonat besteht:
$2\,PbCO_3 \cdot Pb(OH)_2$.
Als Ersatz wird verschiedentlich Blei(II)-sulfat $PbSO_4$ verwendet.

Bleizucker, ↗ Blei(II)-acetat.

Blende, zumeist eine Bez. für spezifische Formen (Modifikationen) sulfidischer Erze. Beispiel: Zinkblende ZnS.

Blindprobe, analytischer Test, bei dem eine analytische Reaktion ohne die zu untersuchende Substanz durchgeführt wird, um bei nicht eindeutigen Effekten Fehlschlüsse zu vermeiden.

Blockpolymerisation, Massenpolymerisation, Polymerisationsverfahren, bei dem flüssige Monomere direkt zu einem festen Polymerisat verknüpft werden. Das Verfahren ist wegen der Schwierigkeiten der Wärmeabfuhr techn. ohne Bedeutung.

Blondieren, Aufhellung des Kopfhaares durch eine 3–8 %ige Wasserstoffperoxidlösung oder durch Stoffe, die Wasserstoffperoxid freisetzen (z. B. Harnstoffperoxidhydrat, $(NH_2)_2CO \cdot H_2O_2$). Wasserstoffperoxid zerstört die dunklen Haarpigmente durch Oxydation (Bleichwirkung). Blondierungsmittel werden zusammen mit alkalisch wirkenden Tensiden (z. B. Seifen) angewendet. Diese entfetten das Haar und beschleunigen den Zerfall des Wasserstoffperoxids.

Blutalkoholbestimmung, Verfahren zur exakten quantitativen Bestimmung des Blutalkoholgehaltes. Nach WIDMARK verdampft man den Alkohol aus dem Blut und reduziert damit eine angesäuerte Dichromatlösung. Die nicht verbrauchte Dichromatmenge wird mittels ↗ Iodometrie bestimmt. Weitere Bestimmungsmethoden sind die enzymatische Analyse und Bestimmung mittels Gaschromatographie (↗ Chromatographie). Der Blutalkoholgehalt wird in Promille (‰) angegeben; 1‰ bedeutet 1 g Ethanol in 1 l Blut.

Blutersatzmittel, Lösungen, die bei Blutverlusten das verringerte Volumen des Blutplasmas ausgleichen sollen. Als B. werden physiologische Kochsalzlösung (0,9 % NaCl), RINGER-Lösung (0,8 % NaCl, 0,02 % $CaCl_2$, 0,1 % $NaHCO_3$, 0,02 % KCl) oder andere Salzlösungen verwendet, die den gleichen osmotischen Druck wie die Blutflüssigkeit besitzen. Die Ausscheidung der B. wird durch Zusätze von ↗ Dextranen (6 %), modifizierten ↗ Gelatinen oder synthetischen Polymerisationsprodukten verzögert.

Blutlaugensalze, Trivialnamen für Cyanokomplexe des Eisens. Man unterscheidet *gelbes Blutlaugensalz* (Kaliumhexacyanoferrat(II)), $K_4[Fe(CN)_6]$ und *rotes Blutlaugensalz* (Kaliumhexacyanoferrat(III)), $K_3[Fe(CN)_6]$. Gelbes B. wurde früher durch Auslaugen einer Schmelze aus Tierblut, Soda und Eisenspänen gewonnen, heute stellt man es aus Gasreinigungsmasse her. Durch Oxydation, z. B. mit Chlor, entsteht aus dem gelben das rote B., es ist im Gegensatz zum gelben B. giftig und wirkt als Oxydationsmittel, z. B. beim Bleichvorgang bei der ↗ Photographie.

BMSR-Technik, Abk. für Betriebs-, Meß-, Steuer- und Regelungstechnik. Die BMSR-Technik ist die entscheidende Voraussetzung für die Automatisierung industrieller Prozesse.

Boden, oberste Verwitterungsschicht der Erdkruste, die sich durch das Zusammenwirken von physikalisch-chemischer Gesteinsverwitterung und biogener Humusbildung herausbildet. Er läßt sich in drei Bodenhorizonte gliedern:
A-Horizont; Oberboden, Ackerkrume,

B-Horizont; Unterboden, Verwitterungsschicht, C-Horizont; Muttergestein.

Bodenkolonne, ↗ Kolonne, die durch waagerechte Einbauten (Böden) unterteilt ist.

Boetius, Bez. für ein ↗ Heiztischmikroskop zur Schmelzpunktbestimmung.

Bogensieb, Einrichtung zur Fest-Flüssig-Trennung. Die Suspension strömt auf ein bogenförmig gekrümmtes Sieb, dessen spezifische Gestaltung die Trennung in nach unten abfließendes Filtrat und nach vorn abgehende Feststoffe bewirkt.

Böhmit, γ-AlOOH (bzw. AlO(OH)$_2$ im ↗ Bauxit vorkommendes Aluminiummetahydroxidmineral.

Bohnermassen, *Bohnerwachse,* Fußbodenpflegemittel, die einen glänzenden Schutzfilm bilden. B. sind Gemische aus *Hartwachsen,* z. B. Erdwachs, synthetischen Wachsen, Montanwachs (↗ Wachse), *Hartparaffinen* und org. Lösungsmitteln oder Emulsionen dieser Bestandteile in Wasser. Je nach Größe des Lösungsmittels bzw. Wasseranteils sind die B. fest oder flüssig. Flüssige Emulsionen dienen als Selbstglanzwachse.

Bohr, NIELS HENRIK DAVID (7. 10. 1885 bis 18. 11. 1962). Der bedeutende dänische Physiker hat durch seine vielfältigen Arbeiten entscheidenden Anteil an der Entwicklung der Naturwissenschaft in unserem Jahrhundert. 1913 stellte er die Theorie der optischen Spektren auf, die einen wesentlichen Beitrag zur Erkenntnis des Atombaus lieferte. Das von seinem Lehrer ↗ RUTHERFORD begründete Atommodell wurde von ihm weiterentwickelt: RUTHERFORD-BOHRsches ↗ Atommodell. Mit seinen Arbeiten bereicherte er auch die Theorie über die Kernspaltung des Uraniums. Wesentlichen Anteil hatte er an der Aufdeckung des Welle-Teilchen-Dualismus. Große Verdienste erwarb sich B. durch sein entschiedenes Eintreten für die friedliche Nutzung der Kernenergie. 1922 wurde ihm der Nobelpreis für Chemie verliehen. 1961 berief ihn die Akademie der Wissenschaften der DDR zum korrespondierenden Mitglied. Bild.

N. BOHR

Bohrung, im Bergbau, Niederbringen von Bohrlöchern in die Erdkruste zur Erkundung sowie Förderung von Erdgas, Erdöl, Sole u. a. Bohrungen erreichen heute in Spezialfällen Tiefen von 10 km, Erdölförderbohrungen gehen bis zu Tiefen von 6 km. Die tiefste DDR-Bohrung in der Nähe von Greifswald erreichte 7 100 m. Je Bohrmeter ist mit Kosten zwischen 1 500 und 10 000 M zu rechnen (je nach Geländebedingungen). Als Faustregel in der Erdölgewinnung gilt, daß nur jede 15. Suchbohrung fündig ist; davon wird etwa jede 10. auch produktiv. ↗ Bohrinsel.

BOLTZMANN, LUDWIG (20. 2. 1844 bis 5. 9. 1906). Bedeutende Leistungen auf verschiedenen Gebieten der Physik sind mit dem Namen dieses Österreichers verbunden, das STEFAN-BOLTZMANNsche Gesetz, die MAXWELL-BOLTZMANNsche Geschwindigkeitsverteilung, das BOLTZMANNsche Prinzip u. a. Seine statistischen Ideen besitzen große Bedeutung für die moderne ↗ Thermodynamik irreversibler Prozesse.

BOLTZMANN-Konstante, Symbol k, universelle Naturkonstante mit dem Wert $1{,}380662 \cdot 10^{-23}$ J · K^{-1} im Zusammenhang mit der von einem Molekül bei Temperaturerhöhung aufgenommenen Energie. Die B. ist gleich dem Quotienten aus der allgemeinen ↗ Gaskonstante R und der ↗ AVOGADRO-Konstante N_A.

BOLTZMANNsche Energieverteilung, gibt die Energieverteilung in einem System auf die einzelnen Teilchen entsprechend der MAXWELLschen Geschwindigkeitsverteilung (↗ kinetische Gastheorie) an. Nach der B. E. ist der Anteil der Teilchen in einem Mol N_{E_1}/N_A, deren Energie einen bestimmten Wert E_1 überschreitet (Bild), gleich dem BOLTZMANN-Faktor $e^{-\frac{E_1}{RT}}$ ($e = 2{,}718$, R Gaskonstante). Dieser spielt unter anderem eine Rolle in der ↗ Reaktionskinetik.

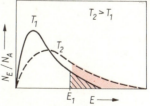

Energieverteilung in einem System nach BOLTZMANN

Bombenrohr, *Einschmelzrohr, Schießrohr.* Dickwandiges Glasrohr, das nach dem Füllen mit den Reaktionspartnern zugeschmolzen wird, anschließend wird im Bombenofen erhitzt. Die gewünschten Reaktionen können bei hohen Drücken und

Bombycol

Temperaturen ablaufen. Umsetzungen im Bombenrohr erfordern die Einhaltung besonderer Arbeitsschutzvorschriften.

Bombycol, ↗ Pheromone.

Bor,

B $\quad Z = 5$
$A_{r\,(1981)} = 10{,}81$
Ek: [He] $2s^2 2p^1$
OxZ: +3
$X_E = 2{,}04$
Elementsubstanz: B_{12}
Schmp. 2400 °C
Sdp. 2550 °C
$\varrho = 2{,}33$ kg · l^{-1} (krist.)
$\varrho = 1{,}75$ kg · l^{-1} (amorph)

chem. Element (↗ Elemente, chem.).

Boron, Symbol: B, 1. Element der 3. Hauptgruppe des PSE (↗ Hauptgruppenelemente, 3. Hauptgruppe des PSE). B. ist die Bez. für alle Atome, die 5 positive Ladungen im Kern (also 5 Protonen) besitzen: Kernladungszahl $Z = 5$. Die Hülle des neutralen Atoms besteht aus 5 Elektronen, von denen drei als Valenzelektronen die Konfiguration $2s^2 2p^1$ besitzen. In Verb. wird über eine $2sp^2$-Hybridisierung dieser drei Elektronen nur eine Oxydationsstufe eingenommen, die durch die Oxydationszahl OxZ +3 charakterisiert ist.

Die Elementsubstanz wurde zuerst von GAY-LUSSAC und THENARD im Jahre 1808 durch Reduktion des Oxids mit metallischem Kalium und kurz darauf durch DAVY elektrolytisch dargestellt. Erst 1909 gelang WEINTRAUB die Darstellung des reinen kristallisierten B. durch Umschmelzen der amorphen Substanz. B. findet sich in der Natur chem. gebunden in einer Reihe von Mineralien: Wichtigstes Bormineral ist *Kernit,* $Na_2B_4O_7 \cdot 4\,H_2O$; daneben sind *Borax,* $Na_2B_4O_7 \cdot 10\,H_2O$; *Borazit,* $2\,Mg_3B_8O_{15} \cdot MgCl_2$ (z. B. in den Kalisalzlagerstätten bei Staßfurt/DDR); *Colemanit,* $Ca_2B_6O_{11} \cdot 5\,H_2O$; *Borocalcit,* $CaB_4O_7 \cdot 4\,H_2O$; *Pandermit,* $Ca_2B_6O_{11} \cdot 3\,H_2O$; *Boronatrocalcit,* $NaCaB_5O_9 \cdot 6\,H_2O$, und *Ascharit,* $3\,Mg_2B_2O_5 \cdot 2\,H_2O$, von Bedeutung. Die als Edelsteine bekannten *Turmaline* sind isomorphe Gemische von Boraten und Silicaten. Die Elementsubstanz wird durch Reduktion von Bortribromid mit Diwasserstoff bei 800 °C:

$2\,BBr_3 + 3\,H_2 \rightarrow 2\,B + 6\,HBr\uparrow$;

durch Reduktion von Bortrioxid mit metallischem Magnesium oder Natrium:

$B_2O_3 + Mg \rightarrow 2\,B + 3\,MgO$

oder durch Schmelzflußelektrolyse eines Gemisches von Kaliumchlorid, KCl, Kaliumtetrafluoroborat, KBF_4, und Bortrioxid, B_2O_3, bei 650 bis 1000 °C dargestellt. Von der Elementverbindung B_{12} sind drei kristalline Modifikationen bekannt, die eine schwarzgraue Farbe besitzen und eine sehr große Härte aufweisen. Weitere drei Modifikationen sind noch nicht vollständig aufgeklärt. Die Elementverbindung ist ein typischer Halbleiter, in verdünnten Säuren unlöslich, reagiert mit konzentrierten oxydierenden Säuren (Salpetersäure, Schwefelsäure und Phosphorsäure) z. T. erst bei Erwärmung unter Bildung von Borsäure, H_3BO_3, ist bei hohen Temperaturen ein starkes Reduktionsmittel (das Wasser, Kohlendioxid, Siliciumdioxid u. a. reduziert), verbrennt an der Luft zu Bortrioxid (wobei eine Entzündungstemperatur von etwa 700 °C erforderlich ist), vereinigt sich mit den Elementverbindungen der Halogene:

$2\,B + 3\,Cl_2 \rightarrow 2\,BCl_3,\ \Delta_B H = -395{,}4\,kJ \cdot mol^{-1}$

und des Schwefels direkt:

$2\,B + 3\,S \rightarrow B_2S_3,\ \Delta_B H = -238\,kJ \cdot mol^{-1}$.

Mit Metallen bilden sich ↗ Boride. Die Verb. des B. zeichnen sich insgesamt durch das Vorliegen kovalenter Bindungen aus. Die Elementverbindung des B. findet in der Metallurgie als Desoxydationsmittel, als Legierungsbestandteil des Eisens (Ferrobor zur Vergütung des Stahls), als Schleifmittel (quadratisches B.) hoher Härte, als Isotop ^{10}B (Bestandteil der Steuer- und Havariestäbe in Kernreaktoren) Verwendung.

Boranat, e Trivialname für Komplexverb. des ↗ Bors, die sich als Metallborwasserstoffverbindungen vom Tetrahydridoborat-Ion, $[BH_4]^-$, ableiten. Ein Beispiel hierfür ist das Lithiumboranat, $Li[BH_4]$; ein fester weißer Stoff, der durch Umsetzung von Lithiumhydrid mit Bortrifluorid entsteht:

$4\,LiH + BF_3 \rightarrow Li[BH_4] + 3\,LiF$,

und wissenschaftlich richtig als Lithiumtetrahydridoborat bezeichnet werden müßte.

Borane, auch *Borhydride* genannt, sind binäre Verb. des ↗ Bors mit ↗ Wasserstoff, die zu den kovalenten ↗ Hydriden gerechnet werden können und eine Vielfalt von Verb. darstellen. Insgesamt handelt es sich um äußerst reaktive, leicht oxydierende und hydrolysierende und schließlich auch toxisch wirkende Verb. Der Umgang mit B. macht daher eine Arbeitstechnik unter Inertbedingungen erforderlich. Es sind zwei Typen von Verbindungsreihen bekannt, die unter den allgemeinen Formeln B_nH_{n+4} und B_nH_{n+6} zusammengefaßt werden können. So sind von der zuerst genannten Form *Diboran,* B_2H_6 (ein farbloses Gas, Schmp. $-164{,}8$ °C, Sdp. $-92{,}52$ °C); *Pentaboran,* B_5H_9 (eine farblose Flüssigkeit, Schmp. $-46{,}74$ °C, Sdp. 58 °C); *Hexaboran,* B_6H_{10} (eine farblose Flüssigkeit, Schmp.

−65,1 °C, Sdp. 94,0 °C) und *Decaboran*, $B_{10}H_{14}$ (farblose Kristalle, Schmp. 98,78 °C) zu nennen. Von dem zweiten Typ sollen *Tetrahydroboran*, B_4H_{10} (ein farbloses Gas, Schmp. −120 °C, Sdp. 16 °C); *Pentaboran*-11, B_5H_{11} (eine farblose Flüssigkeit, Schmp. −123,3 °C, Sdp. 63 °C); und *Hexhydroboran*, B_6H_{12}, (eine farblose Flüssigkeit) erwähnt werden. Die Darstellung der Borane erfolgt durch Umsetzung von Borhalogeniden mit Lithiumalanat, z. B.:
$4 BCl_3 + LiAlH_4 \rightarrow 2 B_2H_6\uparrow + LiAlCl_4$.
Die Zersetzung von Magnesiumborid mit Säuren ergibt B. unterschiedlicher Zusammensetzung, wobei das Tetrahydroboran, B_4H_{10}, überwiegt. Durch die bei vollständiger Verbrennung der B. freiwerdende (sehr große) Wärmemenge ist die Verwendung als Raketentreibstoff möglich.

Borax, Tinkal, $Na_2B_4O_7 \cdot 10 H_2O$, Mineral, das in Boraxseen von Tibet und Nevada vorkommt. Es tritt in grauweißen, prismatischen Kristallen auf, die eine gute Spaltbarkeit zeigen.

Boraxperle, Vorprobe zur qualitativen Analyse. An einem Magnesiastäbchen geschmolzenes Borax wird mit Spuren von Metallsalzen versetzt. Nach dem Durchschmelzen der Mischung und Abkühlen werden aus der Farbe der entstandenen B. Hinweise auf Schwermetallionen erhalten, z. B. blaue Farbe bei Cobalt(II)-Ionen (Tabelle):
$Na_2B_4O_7 + CoSO_4 \rightarrow 2 NaBO_2 + Co(BO_2)_2 + SO_3$

Farbe von Boraxperlen

Element	Oxydations-flamme		Reduktions-flamme	
	heiß	kalt	heiß	kalt
Eisen	gelb	gelbrot	grünlich	grünlich
Mangan	violett	violett	farblos	farblos
Cobalt	blau	blau	blau	blau
Nickel	gelb	braun	grau	grau
Chromium	gelbgrün	olivgrün	gelbgrün	olivgrün

Borazin, $B_3N_3H_6$, früher Borazol genannt, ist eine im Sechserring strukturierte, dem ↗ Benzen ähnlich gebaute Verb., die durch Umsetzung von Diboran mit Ammoniak (über Zwischenstufen) entsteht:

Borazin

$3 B_2H_6 + 6 NH_3 \rightarrow 2 B_3N_{13}H_6 + 12 H_2\uparrow$.
B. ist eine wasserklare Flüssigkeit, die bei 55 °C siedet, brennbar ist und fettlösende Eigenschaften besitzt.

Borazol, $B_3N_3H_6$, frühere Bez. für ↗ Borazin.

Borcarbid, B_4C, sehr harter Stoff mit hohen Schmelz- und Siedetemperaturen (Schmp. 2 350 °C, Sdp. 3 500 °C), der eine große chem. Widerstandsfähigkeit besitzt und von Säuren, Basen und auch Chloraten nicht angegriffen wird.

Bor(III)-chlorid, BCl_3, auch Bortrichlorid, leichtflüchtige (Sdp. 12,4 °C) Verb. des ↗ Bors, die durch Erhitzen der Elementsubstanz Bor im Chlor- bzw. Chlorwasserstoffstrom:
$2 B + 3 Cl_2 \rightarrow 2 BCl_3$, $\Delta_B H = -395,4 kJ \cdot mol^{-1}$
bzw. $2 B + 6 HCl \rightarrow 2 BCl_3 + 3 H_2\uparrow$
oder durch Umsetzung von Bortrioxid mit den Elementsubstanzen Chlor und Kohlenstoff:
$B_2O_3 + 3 Cl_2 + 3 C \rightarrow 2 BCl_3 + 3 CO\uparrow$ entsteht.
B. ist eine farblose, stark lichtbrechende und an der Luft (bedingt durch hydrolytische Spaltung) rauchende Flüssigkeit:
$BCl_3 + 3 H_2O \rightleftharpoons H_3BO_3 + 3 HCl\uparrow$.
Wie das ↗ Bor(III)-fluorid ist das B. eine typische Elektronenmangelverbindung.

Bor(III)-fluorid, BF_3, auch Bortrifluorid, leichtflüchtige (Sdp. 99,9 °C) Verb. des ↗ Bors, die durch Erhitzen von ↗ Bortrioxid und Calciumfluorid mit konzentrierter Schwefelsäure:
$3 CaF_2 + B_2O_3 + 3 H_2SO_4$
$\rightarrow 2 BF_3\uparrow + 3 CaSO_4 + 3 H_2O$;
hergestellt werden kann. B. ist ein stechend riechendes Gas, das sich mit Wasser unter Bildung von Borsäure und Tetrafluoroborsäure spaltet:
$4 BF_3 + 3 H_2O \rightleftharpoons H_3BO_3 + 3 H[BF_4]$.
B. ist eine typische Elektronenmangelverbindung und somit auch eine typische LEWIS-Säure; denn es besitzt durch die erfolgte sp^2-Hybridisierung des Bors noch ein tiefliegendes unbesetzes Orbital, das eine Elektronenakzeptorwirkung ausübt.

Borneol, ein bicyclischer Terpenalkohol der Bornangruppe. B. besitzt drei asymmetrische C-Atome. Ringspannungen machen aber trans-Anordnungen im Ringsystem unmöglich. B. bildet nur zwei Stereoisomere, (+)-Borneol und (−)-Borneol. B.

Borneol

kommt in ätherischen Ölen und in den Harzen der Campherbäume auf Borneo und Sumatra vor. B. ist in Wasser kaum, aber in organischen Lösungsmitteln gut löslich. B. wird zur Camphersynthese und in der Riechstoffindustrie verwendet.

Bornit, ↗ Buntkupferkies.

Bor(III)-nitrid, $(BN)_n$, eine polymere in vier Modifikationen vorliegende chem. sehr beständige Verb. *Hexagonal kristallines* B. ist weich wie Graphit, in guter Wärmeleiter, Schmiermittel, leitet aber den elektrischen Strom nicht. *Regulär (kubisch) kristallines* B. besitzt die Härte des Diamanten (übertrifft seine Schleifkraft).

Boron, wissenschaftliche Bez. für das chem. Element ↗ Bor.

Bor(III)-oxid, B_2O_3, auch Bortrioxid, weiße Substanz, kommt in zwei Modifikationen, einer glasartigen und einer kristallinen, vor, schmilzt bei 450 °C und siedet bei 2 247 °C. B. kann durch direkte Vereinigung der Elementsubstanzen:
$4 B + 3 O_2 \rightarrow 2 B_2O_3$, $\Delta_B H = -1 264$ kJ·mol^{-1}
oder durch Entwässerung der Borsäure (Orthoborsäure über die Metaborsäure):
$6 H_3BO_3 \rightarrow 2 (HBO_2)_3 + 6 H_2O$,
$2 (HBO_2)_3 \rightarrow 3 B_2O_3 + 3 H_2O$
erhalten werden. Bedingt durch seine Ähnlichkeit mit dem ↗ Siliciumdioxid wird B. für die Herstellung von bestimmten Glassorten (↗ Boratgläser, Boral) verwendet.

Borsäure, H_3BO_3 (Existenzform der Orthoborsäure), weiße, schwach perlmuttglänzende, sich fettig anfühlende und in schuppigen Blättchen vorliegende Substanz, die unter Druck (bei 405,3 kPa) bei 170 °C schmilzt. Die wäßrige Lösung der B. ist mit 4,89 % (bei 21 °C) konzentriert, wird als *Borwasser* bezeichnet und stellt eine schwache, aber gut desinfizierende Säure dar. Die Herstellung kann durch Umsetzung von Kernit oder Borax (↗ Bor) mit Salzsäure (oder auch Schwefelsäure) erfolgen:
$Na_2B_4O_7 + 2 HCl + 5 H_2O \rightarrow 4 H_3BO_3 + 2 NaCl$.
Beim Erwärmen der B. erfolgt eine Entwässerung, die über die trimere Form der *Metaborsäure* zum *Bortrioxid* führt:

$6 H_3BO_3 \xrightarrow[-6 H_2O]{100\,°C} 2 (HBO_2)_3$,

$2 (HBO_2)_3 \xrightarrow[-3 H_2O]{Rotglut} 3 B_2O_3$.

Mit Methanol bildet sich bei Anwesenheit von konzentrierter Schwefelsäure leicht flüchtiger und mit grüner Flamme brennender *Borsäuretrimethylester*:
$H_3BO_3 + 3 CH_3OH \rightarrow 3 H_2O + B(OCH_3)_3 \uparrow$.
B. wird als gelindes Desinfektionsmittel (z. B. in Augenwässern), zur Konservierung von Obst, als Bestandteil (Ausgangs- oder Zusatzstoff) der Glasherstellung und in der Waschmittelproduktion (z. B. als *Perborax*: $Na_2B_4O_7 \cdot H_2O_2 \cdot 9 H_2O$) verwendet.

Borsäuretrialkylester, $B(O-R)_3$, bilden sich leicht aus Borsäureanhydrid, B_2O_3, beim Erwärmen mit Alkoholen in Gegenwart einer katalytischen Menge konz. Schwefelsäure. B. aus kurzkettigen Alkoholen sind leicht flüchtig. Die Dämpfe brennen mit grüner Flamme. Damit kann qualitativ Borsäure nachgewiesen werden.

Bort, ↗ Diamant.

Borverbindungen, org., Derivate des Bors mit Kohlenwasserstoffgruppen als Substituenten. Von Bedeutung sind Bor-trialkyle und Bor-triaryle. Sie werden meist aus Bor-trifluorid hergestellt und als Ausgangsstoffe für Folgesynthesen eingesetzt. Das Natrium-tetraphenyl-boranat, $Na[B(C_6H_5)_4]$, ist ein wertvolles Reagens zur Kaliumbestimmung, da das Kalium-tetraphenyl-boranat sehr schwer in Wasser löslich ist und die Fällung kaum durch andere Ionen beeinflußt wird.

Borwasser, wäßrige Lösung der ↗ Borsäure.

Bosch, Carl (27.8.1874 bis 26.4.1940), erwarb sich große Verdienste um die techn. Entwicklung der Ammoniaksynthese. Für seine Arbeiten zur Kohlehydrierung erhielt er 1931 gemeinsam mit ↗ Bergius den Nobelpreis für Chemie. B. hatte maßgeblichen Anteil an der Ausbreitung des IG-Farbenkonzerns, dessen Aufsichtsratsvorsitzender er war.

Böttger, Johann Friedrich (4. 2. 1682 bis 13. 3. 1719), beschäftigte sich während seiner Apothekerlehre in Berlin nebenbei mit der Alchemie. Er geriet in den Verdacht, Gold herstellen zu können. Als sich Friedrich I. für den »Goldmacher« zu interessieren begann, floh er, von Freunden gewarnt, aus Angst vor einer Festnahme nach Sachsen. August der Starke, der von den Vorgängen in Preußen unterrichtet war, ließ B. festnehmen und verlangte von B., für ihn Gold zu machen. Dies war B. allerdings nicht möglich. Unterstützt vor allem durch den Gelehrten Ehrenfried Walter von Tschirnhaus, der selbst wesentliche Vorarbeiten geleistet hatte, und durch den Hüttenfachmann Gottfried Pabst von Ohain, gelangte B. im Januar 1708 zum roten Steinzeug und 1709 zum weißen Hartporzellan. 1710 wurde die Albrechtsburg bei Meißen Sitz der ersten Porzellanmanufaktur Europas.

Boudouard-Gleichgewicht, Bez. für eine im Gleichgewicht stehende Reaktion der Stoffe Kohlenstoff, Kohlendioxid und Kohlenmonoxid:

$C + CO_2 \rightleftharpoons 2 CO$, $\Delta_R H = +162{,}0$ kJ · mol^{-1}.

Wie aus der Reaktionsgleichung ersichtlich und durch die Abbildung veranschaulicht ist, wird die Lage des Gleichgewichtes durch den herrschenden Druck und die eingestellte Temperatur beeinflußt (Bild): eine Erhöhung des Druckes (bei konstanter Temperatur) bewirkt ein Ansteigen der Kohlenstoff- und Kohlendioxidanteile (= Verschiebung des Gleichgewichtes auf die linke Seite), eine Erhöhung der Temperatur (bei konstantem Druck) bewirkt ein Ansteigen des Kohlenmonoxidanteiles (= Verschiebung des Gleichgewichtes auf die rechte Seite). Unterhalb 400 °C vollzieht sich, bedingt durch die zu geringen Reaktionsgeschwindigkeiten, noch keine Einstellung des Gleichgewichts, so daß Kohlenmonoxid z. B. bei Zimmertemperatur beständig ist. Das B. bestimmt den Ablauf vieler technischer Prozesse, von denen hier die der Erzeugung von ↗ Generatorgas und ↗ Roheisen genannt sein sollen.

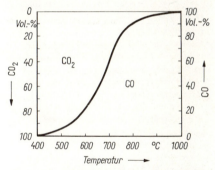

Das BOUDOUARD-Gleichgewicht in Vol.-% bei einem Druck von 101,325 kPa (≈ 1 atm)

BOYLE, ROBERT (1627 bis 1691). Mit seinem Buch »Der skeptische Chemiker« wendet er sich gegen die bis dahin herrschende Lehre von den vier Grundstoffen (Feuer, Wasser, Luft, Erde) und die damit verknüpften Anschauungen. Die Begriffe Element, Verbindung gehen auf ihn zurück. Er schuf u. a. die ersten Grundlagen der quantitativen Analyse. Das nach ihm und MARIOTTE benannte Gesetz findet er 1660. B. gehört zu den Begründern der Royal Society, deren Präsident er ab 1680 war.

BOYLE-MARIOTTESCHES Gesetz, im 17. Jahrhundert entdecktes Gesetz über die ↗ isotherme Druck-Volumen-Abhängigkeit eines idealen ↗ Gases. Danach gilt:

$p \cdot V$ = konst. (Bild)

Abweichungen treten bei realem Verhalten von Gasen auf.

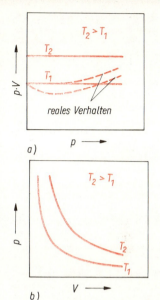

Darstellungsvarianten für die Isothermen eines idealen Gases
a) pV-p-Diagramm
b) p-V-Diagramm

BRAND, HEINRICH, Alchemist, erhielt beim Versuch, aus Harn ein Elexier zur Goldherstellung zu gewinnen, 1669 Phosphor.

Branntkalk, *Ätzkalk, gebrannter Kalk, Luftkalk, »Kalk«* im Sinne des Bauwesens, CaO, ist Calciumoxid, durch Erhitzen (Brennen) von Kalkstein hergestellt,

$CaCO_3 \rightarrow CaO + CO_2$.

Der Kalkstein wird techn. in Schachtöfen auf 900 bis 1 000 °C erhitzt; durch Abzug des gebildeten Kohlendioxids wird das thermische Gleichgewicht ständig gestört, und die Umsetzung erfolgt vollständig.

Brauneisenstein, Limonit, FeO(OH), Gemenge verschiedener Eisenhydroxide, den Hauptanteil stellt α-Goethit (Nadeleisenerz), daneben tritt γ-Goethit (Rubinglimmer) und Eisen(III)-hydroxid auf. Brauneisenstein ist weit verbreitet in feinkristalliner Form in derben Massen, als brombeerartige Überzüge (Glasköpfe), als Raseneisenerz oder in oolithischer Form (Bohnenerz, Minette). Es ist ein wichtiges Eisenerz.

Braunkohle, braunes, brennbares Inkohlungsprodukt (Heizwerte 7 500 bis 25 000 kJ) pflanzlicher Ausgangssubstanz mit einem Kohlenstoffgehalt von 60 bis 75%. Der Wassergehalt von Braunkohlen ist hoch; er schwankt zwischen 10 bis 60%. Man unterscheidet die erdige, wasserreichere Weichbraunkohle und die festere, wasserärmere Hartbraunkohle. Braunkohle mit einem Gehalt an Alkali- und Erdalkalichloriden und -sulfaten heißt Salzkohle. Als anorganische Ballaststoffe (= Aschebildner) treten auf: ↗ Kaolin, ↗ Pyrit, ↗ Quarz, ↗ Calcit, ↗ Siderit, ↗ Dolomit. Ihr Anteil liegt zwischen 10 bis 25%. Die Farbe der Braunkohle ist auf die Anwesenheit von Huminsäuren zurückzuführen. Die DDR steht an der Spitze der Förderländer mit einer gegenwärtigen Förderung von 320 Mill. t. Die Hauptlagerstätten liegen im Raum Halle–Leipzig und in der Lausitz. Die bekannten Vorräte reichen bei der gegenwärtigen Förderhöhe noch etwa 50 bis 60 Jahre. Braunkohle wird praktisch ausschließlich im Tagebau abgebaut. Die größten Tagebaue erreichen Teufen von 500 m (Tagebau Hambach bei Köln). ↗ Abraum, ↗ Kohle, ↗ Inkohlung.

Braunkohleveredlung, ↗ Kohleveredlung.

Braunscher Abbau, chem. Reaktion zur Abspaltung von Substituenten aus tertiären Aminen mit Bromcyan. Es bilden sich beim B. Bromverbindungen und Cyanamide. B. verläuft um so schwerer, je mehr aromatische Gruppen am Amin gebunden sind. Bei tertiären Alkylaminen mit unterschiedlichen Substituenten wird das kleinste als Bromalkan abgespalten.

$$\underset{R^2}{\overset{R^1}{>}}N-R^3 + Br-CN \longrightarrow \underset{R^2}{\overset{R^1}{>}}N-CN + R^3-Br$$

Braunspat, Gruppenbezeichnung für Mischkristalle der Zusammensetzung $(Mg, Fe, Mn)CO_3$. Dazu zählen ↗ Magnesit, ↗ Siderit und ↗ Manganspat als reine Endglieder.

Braunstein, ↗ Mangan(IV)-oxid.

Brausepulver, Mischungen von Zucker oder Süßstoffen, Fruchtaromen, org. Säuren (↗ Weinsäure, Citronensäure) und Natron (Natriumhydrogencarbonat, $NaHCO_3$). Beim Lösen in Wasser setzen die Säuren unter Aufschäumen aus dem Natron Kohlendioxid frei.

Bravais-Gitter, 14 Grundformen der räumlichen Anordnung der Bausteine (Atome, Ionen, Moleküle) in den Elementarzellen der ↗ Kristallgitter. Jede Elementarzelle ist immer an ihren Ecken mit Bausteinen besetzt. Sind keine weiteren Bausteine vorhanden, wird die Zelle als primitive Elementarzelle bezeichnet. Es können aber noch weitere Bausteine eingelagert sein: im räumlichen Mittelpunkt = innenzentrierte Elementarzelle, in den Mittelpunkten aller Flächen = flächenzentrierte Elementarzelle und in den Mittelpunkten (nur) der Basisflächen der Zelle = basisflächenzentrierte Elementarzelle. Es ergeben sich daher folgende Möglichkeiten: 7 primitive Elementarzellen (je eine für jedes Kristallsystem), 3 innenzentrierte Elementarzellen (beim kubischen, rhombischen und tetragonalen Kristallsystem), 2 flächenzentrierte Elementarzellen (beim kubischen und rhombischen Kristallsystem) und 2 basisflächenzentrierte Elementarzellen (beim monoklinen und rhombischen Kristallsystem). Bild, S. 87.

Brecher, Maschinen für die Grobzerkleinerung fester Stoffe, z. B. Backenbrecher.

Brechung, Refraktion, Veränderung der Ausbreitungsrichtung von Licht beim Übergang in ein anderes Medium, wenn die Lichtstrahlen nicht senkrecht auf die Grenzfläche auftreffen. Die B. ist auf unterschiedliche Lichtgeschwindigkeiten in den Medien durch verschiedene ↗ Polarisation (dielektrische) der Elektronen zurückzuführen. Für das Verhältnis der Lichtgeschwindigkeiten in zwei Medien I und II ergibt sich entsprechend dem Bild auf S. 87 das Snelliussche Brechungsgesetz

$$c_I/c_{II} = \overline{bd}/\overline{ac} = \sin\alpha/\sin\beta = n_{I/II},$$

wonach sich der relative Brechungsindex $n_{I/II}$ aus dem Einfallswinkel α und dem Brechungswinkel β berechnen läßt. Absolute Brechungsindizes n_I oder n_{II} erhält man beim Lichtübergang aus dem Vakuum (näherungsweise aus der Luft) in das betreffende Medium. Sie sind stets größer als Eins, dienen der physikal. Charakterisierung von Stoffen und werden mit ↗ Refraktometern gemessen.

brennbare Luft, so wurde von ↗ Priestley der Wasserstoff bezeichnet.

Brennen von Kalkstein, Bez. für eine techn. wichtige Herstellung von ↗ Calciumoxid, CaO, durch Erhitzen von ↗ Calciumcarbonat (Kalkstein) auf über 900 °C (= Brennen) (wobei durch den thermischen Zerfall Kohlendioxid entweicht):
$CaCO_3 \rightarrow CaO + CO_2\uparrow$
Das auf diese Weise hergestellte Calciumoxid wird als ↗ *Branntkalk* oder *gebrannter Kalk* bezeichnet.

Brenner, Misch- und Zuführeinrichtung für Brennstoff und Luft zur geregelten Verbrennung von staubförmigen, flüssigen oder gasförmigen Brennstoffen.

Brennerei, Betrieb, der aus kohlenhydratreichen pflanzlichen Stoffen (Kartoffeln, Getreide, Melasse u. a.) durch Gärung und Destillation alkoholische Produkte herstellt.

Brennerrohr, Rohrreaktor für homogene Gasreaktionen. Am Rohreingang werden die miteinander reagierenden Gase in einem System konzentrischer Düsen zusammengeführt.

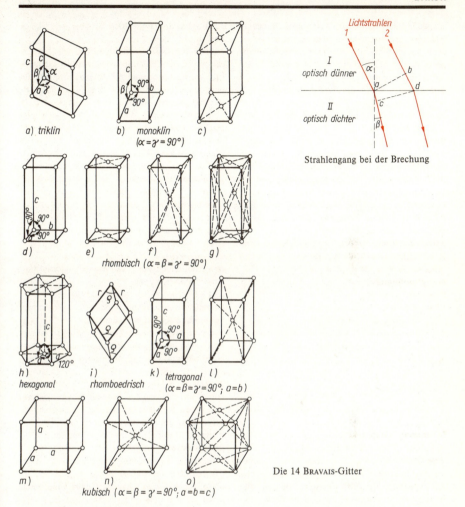

Die 14 BRAVAIS-Gitter

Strahlengang bei der Brechung

Brennspiritus, *Spiritus* (Ethanol) für Heizzwecke, der mit Pyridin, Methanol oder Aceton vergällt ist.
Brennstoffe, feste, flüssige oder gasförmige Stoffe, die bei Verbrennung mit Luft oder Sauerstoff Wärmeenergie liefern. Hauptbrennstoff ist in der DDR die ↗ Rohbraunkohle. Nachteilig ist die Emission von SO_2, NO_2, Asche- und Rußpartikeln in den Rauchgasen bei ihrer Verbrennung. Neue Technologien (z. B. Wirbelschicht-Verbrennung) und nachgeschaltete Gasreinigungsanlagen können diese Emissionen verringern.
Brennstoffzelle, Bez. für eine ↗ galvanische Zelle, in der ein gasförmiger oder flüssiger Brennstoff dauernd elektrochemisch oxydiert wird. Diese direkte Umwandlung von chem. in elektrische Energie ist wirtschaftlicher und umweltfreundlicher als der sonst übliche Umweg über die Wärmeenergie (Verbrennung). Praktisch nutzbar ist gegenwärtig nur die ↗ Wasserstoff- ↗ Sauerstoff-(↗ Knallgas-)Zelle mit ↗ Elektroden aus porösem ↗ Nickel oder fein verteiltem ↗ Platin.
Brenzkatechin, $C_6H_4(OH)_2$, gebräuchlicher Trivialname für das ↗ 1,2-Dihydroxy-benzen.
Brenztraubensäure, Trivialbezeichnung für die 2-Oxo-propansäure. Der Name leitet sich von der Herstellung ab, da B. durch eine Brenzreaktion (Erhitzen mit Kaliumhydrogensulfat) aus Traubensäure hergestellt wird.
Brikett, kleiner Körper mit vorgegebenen Abmes-

sungen, der mit oder ohne Zusatz eines Bindemittels unter meist sehr hohem Druck aus feinkörnigem Ausgangsmaterial in eine dauerhafte Form gebracht wird, die oft die techn. Nutzung des Materials erst ermöglicht.

Brikettieren, Form der Preßagglomeration, bei der körniges Gut durch hohen Druck (mit oder ohne Bindemittelzusatz) zu Formkörpern (Briketts) verpreßt wird.

Brillant, Bez. für eine Schliffform des Diamanten (↗ Kohlenstoff), wobei sein »Feuer«, das durch die hohe Dispersion bewirkte lebhafte Farbspiel bei Lichteinfall, besonders gut zur Geltung kommt. Der Brillantschliff bewirkt eine Totalreflexion der Lichtstrahlen im Inneren, so daß das von oben einfallende Licht nach Zerlegung in die Spektralfarben oben wieder austreten kann.

Britanniametall, Zinnlegierung mit Anteilen an Antimon und Kupfer, die zur Herstellung von Gebrauchsgegenständen verwendet wird.

DE-BROGLIE-Gleichung, ↗ Welle-Teilchen-Dualismus.

Brom

Br	$Z = 35$
$A_{r\,(1981)} = 79{,}904$	
Ek: [Ar] $3d^{10}4s^24p^5$	
OxZ: -1, $+1$, $+4$, $+5$, $+6$	
$X_E = 2{,}96$	
Elementsubstanz: Br_2	
Schmp. $-7\,°C$	
Sdp. $58{,}2\,°C$	
$\varrho = 3{,}12\,kg \cdot l^{-1}$	

chem. Element (↗ Elemente, chem.).

Bromium, Symbol: Br, 3. Element der 7. Hauptgruppe des PSE (↗ Hauptgruppenelemente, 7. Hauptgruppe des PSE). B. ist die Bez. für alle Atome, die 35 positive Ladungen im Kern (also 35 Protonen) besitzen: Kernladungszahl $Z = 35$. Die Hülle des neutralen Atoms besteht aus 35 Elektronen, von denen sieben, als Valenzelektronen, die Konfiguration $4s^24p^5$ besitzen. In Verb. werden Oxydationsstufen eingenommen, die durch die Oxydationszahlen OxZ: -1, $+1$, $+4$, $+5$ und $+6$ charakterisiert sind. B. wurde 1826 von BALARD in den Mutterlaugen des Meerwassers entdeckt. Als Minerale sind *Bromcarnallit,* $KBr \cdot MgBr_2 \cdot 6\,H_2O$, und *Bromsylvinit,* $Kl(Cl, Br)$, von Bedeutung. Im Meerwasser machen Bromide etwa 0,01 % aus. Die Elementsubstanz wird aus Bromiden durch Umsetzung (Oxydation) mit molekularem Chlor:

$2\,KBr + Cl_2 \rightarrow Br_2 + 2\,KCl$,

mit konz. Schwefelsäure:

$2\,KBr + H_2SO_4 \rightarrow 2\,HBr + K_2SO_4$,

$2\,HBr + H_2SO_4 \rightarrow Br_2 + SO_2 + 2\,H_2O$

oder mit Braunstein:

$4\,HBr + MnO_2 \rightarrow Br_2 + MnBr_2 + H_2O$

gewonnen. Bei Zimmertemperatur ist die Elementsubstanz flüssig, erzeugt auf der Haut schmerzhafte und schwer heilende Verätzungen, die sofort ärztlich zu behandeln sind. Die Dämpfe, in denen B. in Form zweiatomiger Moleküle, Br_2, vorliegt, sind beißend, von unangenehmem Geruch und führen zu gefährlichen Reizungen der Schleimhäute. Die Elementsubstanz (flüssig: dunkelbraun; gasförmig: rotbraun) ist sehr reaktionsfähig, allerdings etwas weniger intensiv als molekulares ↗ Chlor. Mit metallischem Natrium erfolgt Vereinigung zu Natriumbromid:

$2\,Na + Br_2 \rightarrow 2\,NaBr$, $\Delta_B H = -359{,}8\,kJ \cdot mol^{-1}$,

mit molekularem Wasserstoff zu Bromwasserstoff:

$H_2 + Br_2 \rightarrow 2\,HBr$, $\Delta_B H = -36{,}2\,kJ \cdot mol^{-1}$,

mit metallischem Arsen zu Arsen(III)-bromid (unter Feuererscheinung):

$2\,As + 3\,Br_2 \rightarrow 2\,AsBr_3$, $\Delta_B H = -159\,kJ \cdot mol^{-1}$.

Schwefelwasserstoff wird zu Schwefel oxydiert, wobei Bromwasserstoff entsteht:

$H_2S + Br_2 \rightarrow 2\,HBr + S$,

mit Wasser bilden sich (besonders bei Lichteinwirkung) Bromwasserstoff und molekularer Sauerstoff:

$2\,H_2O + Br_2 \rightarrow 4\,Br + O_2$.

Die Elementsubstanz ist wichtiges Ausgangsprodukt für die Herstellung vieler org. Bromverbindungen (Farbstoffe, Sedative usw.).

Bromat, e, Bez. der Salze der ↗ Bromsäure.

Bromatometrie, oxydimetrische Methode der ↗ Volumetrie, Reduktionsmittel werden mit einer oxydierenden Bromatlösung titriert. Am Äquivalenzpunkt tritt eine schwache Gelbfärbung durch Brom auf, z. B.

$BrO_3^- + 3\,Sb^{3+} + 6\,H^+ \rightarrow Br^- + 3\,Sb^{5+} + 3\,H_2O$
$BrO_3^- + 5\,Br^- + 6\,H^+ \rightarrow 3\,Br_2 + 3\,H_2O$

Bromcyan, Br—CN, ein Cyanhalogenid, das aus Brom und einem Alkalicyanid hergestellt und vorwiegend im Labor verwendet wird. B. bildet farblose Kristalle, Schmp. 52 °C. B. ist eine giftige Verb. Die Dämpfe reizen Augen und Atemorgane. In der Industrie wird meist das billigere, gasförmige Chlorcyan eingesetzt.

Bromid, e, Bez. für die Salze der Bromwasserstoffsäure (↗ Bromwasserstoff).

Bromium, wissenschaftliche Bez. für das chem. Element ↗ Brom.

Brom(I)-oxid, Br_2O, auch Dibrommonoxid, braunschwarzer, fester Stoff, der nur unterhalb von $-40\,°C$ beständig ist.

Brom(IV)-oxid, BrO$_2$, auch Bromdioxid, gelber, fester Stoff, der oberhalb $-3\,°C$ bei kontinuierlicher Abgabe von molekularem Sauerstoff zerfällt.

Brom(VI)-oxid, BrO$_3$, auch Bromtrioxid, nur unterhalb von $-70\,°C$ beständiger, fester, weißer, kristalliner Stoff.

Bromoxide, binäre Verb. des ↗ Broms mit Sauerstoff: ↗ Brom(I)-oxid, Br$_2$O, (auch Dibrommonoxid); ↗ Brom(IV)-oxid, BrO$_2$, (auch Bromdioxid) und ↗ Brom(VI)-oxid, BrO$_3$, (auch Bromtrioxid). Die B. sind wenig beständige Verb.

1-Brom-propan-2-on, CH$_3$—CO—CH$_2$Br, (Bromaceton), bei 136 °C siedende Flüssigkeit, die sich leicht durch Bromierung von Propanon bildet. Wegen seiner stark augenreizenden Wirkung wird B. als Kampfstoff beschrieben.

Bromsäure, HBrO$_3$, nur in wäßriger Verdünnung beständig, kann durch Einwirkung von verdünnter Schwefelsäure auf Bariumbromat hergestellt werden, wobei schwerlösliches Bariumsulfat ausfällt:
Ba(BrO$_3$)$_2$ + H$_2$SO$_4$ → 2 HBrO$_3$ + BaSO$_4$↓.
Die Salze der B., die *Bromate,* können durch Disproportionierung von Hypobromiten erhalten werden, z. B.:
3 KBrO → KBrO$_3$ + 2 KBr.
Bromate sind Oxydationsmittel, die u. a. in der chem. Analyse (↗ Bromatometrie) Bedeutung erlangt haben.

N-Brom-succinimid, cyclisches Dicarbonsäureimid-derivat, das aus Succinimid durch Bromierung in Natronlauge hergestellt wird. B. ist als Bromierungsmittel besonders für Verb. geeignet, die C=C-Doppelbindungen enthalten. B. wird auch als Dehydrierungsmittel eingesetzt.

$$\begin{array}{c} H_2C-C=O \\ \diagdown \\ N-Br \\ \diagup \\ H_2C-C=O \end{array}$$

N-Brom-succinimid

Bromwasserstoff, HBr, farbloses, stechend riechendes, an der Luft weiße Nebel bildendes Gas (Schmp. $-86,9\,°C$, Sdp. $-36,2\,°C$), das sich in Wasser leicht löst und mit 48 % HBr-Anteil eine azeotrope Lösung (Sdp. 126 °C) bildet. B. kann u. a. aus den Elementsubstanzen:
H$_2$ + Br$_2$ → 2 HBr, $\Delta_B H = -36,2$ kJ · mol^{-1}
und aus Bromiden durch Einwirkung von verdünnter Schwefelsäure:
KBr + H$_2$SO$_4$ → HBr↑ + KHSO$_4$
hergestellt werden. Die wäßrige Lösung reagiert sauer und wird als *Bromwasserstoffsäure* bezeichnet:
HBr + H$_2$O ⇌ H$_3$O$^+$ + Br$^-$.
Die Salze dieser Säure heißen *Bromide.*

Bromwasserstoffsäure, ↗ *Bromwasserstoff.*

BRÖNSTED, JOHANN NICOLAUS (22. 2. 1879 bis 17. 12. 1947), dänischer Physikochemiker, entwikkelte eine neue Säure-Base-Theorie.

BRÖNSTEDsche Säure-Base-Theorie, ↗ Säure-Base-Theorie.

Bronzen, 1. Bez. für *Kupferlegierungen* mit über 60 % Kupfer mit Ausnahme von Kupfer-Zink-Legierungen (↗ Messing). Im engeren Sinne werden Kupfer-Zinn-Legierungen als B. bezeichnet. Sie sind gießbar, dienen z. B. zum Glockenguß und wurden im Mittelalter als Geschützbronzen verwendet. Aluminiumbronzen werden für Lebensmittelmaschinen, Berylliumbronzen für Uhrenfedern (»antimagnetische Uhren«) und Siliciumbronzen für elektrische Schleifkontakte und Oberleitungsdrähte verwendet.
2. Bez. für *Farbpigmente* (↗ Pigmente) aus Metallpulvern. Als »Goldbronze« wird Kupfer- oder Messingpulver, als »Silberbronze« Zinn- oder Neusilberpulver verwendet.

Brookit, ↗ Rutil.

Brownmillerit, 4 CaO · Al$_2$O$_3$ · Fe$_2$O$_3$, häufiger Bestandteil der Portlandklinker.

BROWNsche Molekularbewegung, ständige unregelmäßige räumliche Bewegung mit unterschiedlicher Richtung und Geschwindigkeit, wie sie zuerst an Teilchen einer ↗ Suspension beobachtet wurde, aber auch bei Molekülen eines Gases oder einer Flüssigkeit stattfindet. Sie kommt durch die Impulsübertragungen bei den häufigen Zusammenstößen mit den anderen Teilchen im System zustande.

Brucit, Mg(OH)$_2$, Mineral metamorpher Kalke und Dolomite. Es findet sich dort als derbe, feinkristalline Aggregate von grau-weißer Farbe.

Brüden, Abdampf, bei einem industriellen Prozeß freiwerdender oder aus einer Kraftmaschine austretender Dampf, dessen Wärmeinhalt in den folgenden Prozeßstufen genutzt oder in die Atmosphäre abgegeben wird. Wasserdampf stellt keine ↗ Verunreinigung der Atmosphäre dar, wirkt aber durch lokale Nebelbildung störend und ist verschwendete Energie.

Brünieren, ↗ Beizen (Metallbeizen).

Bruttoformel, ↗ Summenformel.

BSB$_5$-Wert, ↗ Sauerstoffbedarf, biochemischer.

BTX-Aromaten, Betriebsabkürzung für die technisch wichtigen Aromaten ↗ Benzen, ↗ Toluen und ↗ Xylen.

BUCHERER-Reaktion, techn. Verfahren zur Herstellung (besonders) von 2-Amino-naphthalen aus β-Naphthol, das dazu mit wäßriger Ammoniumhydrogensulfitlösung und konz. Ammoniaklösung im Autoklaven auf etwa 150 °C erhitzt wird.

Büchner-Trichter, Trichter aus Keramik mit Siebboden zum Auflegen von Filterpapier, wird zur Vakuumfiltration verwendet.

Bullrichsalz, nicht mehr gebräuchlicher Trivialname für ↗ Natriumhydrogencarbonat.

BUNA, Kunstwort aus **Bu**tadien und **Na**trium. Die technische ↗ Kautschuksynthese war anfangs eine Blockpolymerisation von Butadien mit Natrium als Katalysator.

Bunakalk, Abfallprodukt der Umsetzung von Calciumcarbid zu Ethin. Er besteht aus Calciumhydroxid (↗ Löschkalk) mit verschiedenen Verunreinigungen. Ein Teil wird als Mörtel, ein anderer in der Landwirtschaft als Kalkdünger verwendet.

Bunsen, Robert Wilhelm (31. 3. 1811 bis 16. 8. 1899), bedeutender deutscher Chemiker, bereicherte viele Gebiete der Chemie. Er beschäftigte sich mit Kakodylverbindungen, führte die elektrolytische Gewinnung von Magnesium, Aluminium, Chromium, Mangan, Calcium, Strontium und Barium durch, entwickelte die iodometrische Methode, untersuchte die Vorgänge des Hochofenprozesses, wurde durch seine gasometrischen Arbeiten zum Begründer der Gasanalyse. Gemeinsam mit dem Physiker G. Kirchhoff entwickelte er die Spektralanalyse. Mit dieser Methode entdeckte er die Elemente Rubidium und Caesium. Der ↗ Bunsenbrenner, die ↗ Wasserstrahlpumpe, das Eiskalorimeter, das Fettfleckphotometer, das Bunsen-Element; eiserne Kochstative, Bürettenhalter u. a. wurden von ihm in die Chemie eingeführt. Bild.

R. W. Bunsen

Bunsenbrenner, allgemeine Bez. für die im Laboratorium verwendeten Gasbrenner. 1855 von R. Bunsen erstmalig eingesetzt. Durch einen Ring kann die Luftzufuhr und somit die Verbrennungstemperatur reguliert werden. Wenig Luft, leuchtende Flamme mit niedriger Temperatur. Viel Luft, rauschende nichtleuchtende Flamme mit hoher Temperatur. Die Brennerflamme besitzt einen Oxidations- und einen Reduktionsraum. Weiterentwicklungen des einfachen B. sind der Teclubrenner, der Meker-Brenner und der Landmann-Brenner. 2 Bilder.

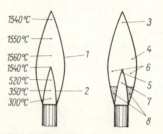

Bild 1. Flamme eines Bunsenbrenners
1 Flammenmantel
2 Flammenkegel
3 oberer Oxidationsraum
4 unterer Oxidationsraum
5 oberer Reduktionsraum (heiß)
6 Schmelzraum
7 unterer Reduktionsraum
8 kalte Flammenbasis

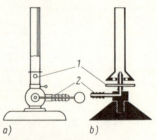

Bild 2. Bunsenbrenner
a) Landmann-Brenner
b) Teclubrenner
1 Luftregulierung 2 Gaszufuhr

Bunsen-Ventil, einfaches Überdruckventil im chem. Laboratorium aus einem unterbrochenen Glasrohr und einem Gummischlauch mit Längsschlitz.

Buntkupferkies, Bornit, Cu_3FeS_3, meist derbes rötliches Kupfererz mit bunten Anlauffarben. Es entsteht in der Verwitterungszone (↗ Hut) von Kupferlagerstätten aus Kupferkies. Bestandteil des ↗ Kupferschiefers.

Buntmetalle, nicht exakt abgegrenzte Sammelbez. für alle relativ unedlen Schwermetalle mit Ausnahme von Eisen. Der Name deutet auf die Farbigkeit der Metalloberfläche bzw. der gebildeten Ionen und Verb. hin.

Bürette, Laborgerät der ↗ Volumetrie zur kontrollierten Zugabe von Flüssigkeiten (auch Gasen). Im allgemeinen werden Flüssigkeitsmengen auf 0,1 ml genau dosiert. Die Geräte sind auf 20 °C geeicht. Zur Erhöhung der Ablesegenauigkeit befindet sich an der Rückseite mancher Büretten ein blauer Streifen (SCHELLBACH-Streifen). Gasbüretten (z. B. HEMPEL-Bürette) besitzen ein mit einer Flüssigkeit gefülltes Ausgleichsgefäß. 3 Bilder.

Ableserichtung

Bild 1. Bürette

Bild 2. Halbautomatische Bürette

Bild 3. Ablesen an einer Bürette mit Schellbachstreifen
1 Flüssigkeitsmeniskus

Buta-1,3-dien,

$CH_2\!=\!CH\!-\!CH\!=\!CH_2$, C_4H_6
54,09 g · mol^{-1}
Schmp. $-108{,}9\,°C$
Sdp. $-4{,}5\,°C$
$\varrho_{fl} = 3{,}5\ \mathrm{kg\cdot l^{-1}}$
$\varrho_{g} = 2{,}41\ \mathrm{kg\cdot m^{-3}}$

techn. wichtigstes Butadien. B. ist das niedrigste Dien mit konjugierten C=C-Doppelbindungen. Herstellungsmethoden für B. sind:
- katalytische Dehydrierung der C$_4$-Fraktionen der Crack-Gase;
- aus Ethin:

$2\,C_2H_2 \xrightarrow{+\,2\,H_2O} 2\,CH_3CHO$
Ethin   Ethanal

$\xrightarrow{(NaOH)} CH_3\!-\!CH(OH)\!-\!CH_2\!-\!CHO$
3-Hydroxy-butanal

$\xrightarrow{H_2\,(Kat)} CH_3\!-\!CH(OH)\!-\!CH_2\!-\!CH_2\!-\!OH$
Butan-1,3-diol

$\xrightarrow[-2\,H_2O]{(Kat)} CH_2\!=\!CH\!-\!CH\!=\!CH_2$
Buta-1,3-dien

- aus Ethin und Methanal

$C_2H_2 + 2HCHO \xrightarrow{(Kat)} HO\!-\!CH_2\!-\!C\!\equiv\!C\!-\!CH_2\!-\!OH$
Ethin   Methanal   Butin-1,4-diol

$HO\!-\!CH_2\!-\!CH_2\!-\!CH_2\!-\!CH_2\!-\!OH$
Butan-1,4-diol

$\xrightarrow[-2\,H_2O]{(Kat)} CH_2\!=\!CH\!-\!CH\!=\!CH_2$
Buta-1,3-dien

- aus Ethanol (LEBEDEW-Verfahren)
- aus Ethanol und Ethanal

B. ist als konjugiertes Dien sehr reaktionsfähig. Bei einer elektrophilen Addition an einer Doppelbindung bilden sich 1,2- und 1,4-Additionsprodukte. Analog verläuft die Polymerisation, gegebenenfalls mit anderen Olefinen (Vinylverb.), zu synthetischem Kautschuk. B. ist ferner Reaktionspartner bei ↗ Diensynthesen.

Butadiene, C$_4$H$_6$, Bez. für zwei isomere Verb. mit 4 Kohlenstoffatomen und 2 Doppelbindungen im Molekül: CH$_2$=C=CH—CH$_3$ Buta-1,2-dien (kumuliertes Dien) und CH$_2$=CH—CH=CH$_2$ ↗ Buta-1,3-dien (konjugiertes Dien).

Butadien-Styren-Kautschuk, (Buna-S) Copolymerisat mit günstigen mechanischen und verarbeitungstechnischen Eigenschaften (im Vergleich zu reinen Butadien-Elastomeren).
Als »Allzweckkautschuk« bezeichnet, wird es aus den beiden Monomeren hauptsächlich durch Emulsionspolymerisation bei +5 °C hergestellt. Die Reaktionsmasse durchläuft eine Rührkesselkaskade bis zur 60 %igen Umsetzung.
Die nicht umgesetzten Monomere werden vom gebildeten Latex getrennt und zurückgeführt. Die kolloidalen Latexteilchen werden durch Säurezugabe zur Koagulation gebracht und abgetrennt. Nach dem Mastizieren (↗ Kautschuk) erfolgt die ↗ Vulkanisation zu Gummi.

Butandiole, C$_4$H$_8$(OH)$_2$, es gibt vier strukturisomere B.:

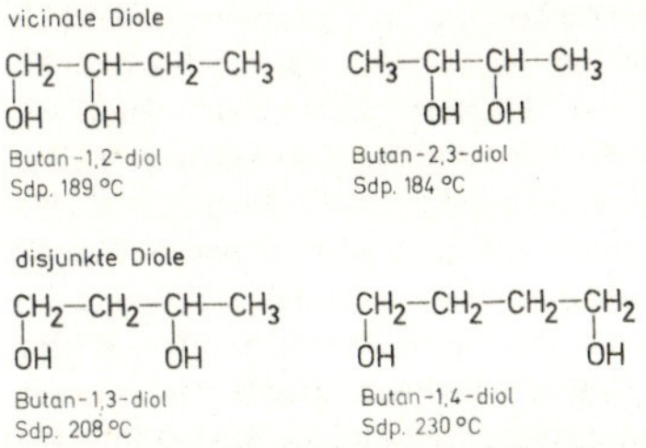

vicinale Diole

$CH_2\!-\!CH\!-\!CH_2\!-\!CH_3$
$\ \ |\quad\ \ \ |$
$OH\ \ \ OH$
Butan-1,2-diol
Sdp. 189 °C

$CH_3\!-\!CH\!-\!CH\!-\!CH_3$
$\quad\ \ \ |\quad\ |$
$\quad\ \ OH\ OH$
Butan-2,3-diol
Sdp. 184 °C

disjunkte Diole

$CH_2\!-\!CH_2\!-\!CH\!-\!CH_3$
$\ \ |\qquad\quad\ \ |$
$OH\qquad\ \ OH$
Butan-1,3-diol
Sdp. 208 °C

$CH_2\!-\!CH_2\!-\!CH_2\!-\!CH_2$
$\ \ |\qquad\qquad\quad\ |$
$OH\qquad\qquad OH$
Butan-1,4-diol
Sdp. 230 °C

B. sind bei Zimmertemperatur farblose, hygroskopische, gut wasserlösliche Flüssigkeiten mit vielfältigen Einsatzmöglichkeiten. Die 1,3- und 1,4-Bu-

tandiole sind Zwischenprodukte der ↗ Butadiensynthese. B. werden als Lösungsmittel, als Zusätze zum Feuchthalten und Geschmeidigmachen technischer Produkte und als Ausgangsverbindungen zur Esterherstellung genutzt. Butandiolester sind gute Weichmacher für Plaste.
Butane, aliphatische Kohlenwasserstoffe der ↗ Alkanreihe mit 4 C-Atomen. In der älteren Nomenklatur werden die isomeren C_4-Alkane mit n-Butan (n von normal) und i-Butan (i von iso) bezeichnet. Isobutan ist der niedrigste verzweigte Kohlenwasserstoff mit dem rationellen Namen 2-Methyl-propan.
Butansäure, CH_3—CH_2—CH_2—COOH, Trivialbezeichnung ist n-Buttersäure, sie ist zu unterscheiden von der Isobuttersäure, der 2-Methyl-propansäure. B. ist eine aliphatische ↗ Monocarbonsäure mit stark ranzigem Geruch.
B. kommt als Ester des Propantriols (Glycerols) in der Butter vor und kann durch Oxydation von Butanol hergestellt werden.
Butendisäureanhydrid, ein cyclisches Anhydrid. Nur die cis-Form der ↗ Butendisäure (Maleinsäure) liefert leicht ein Anhydrid beim Erhitzen oder bei der Einwirkung von Ethansäureanhydrid. B. entsteht ebenfalls leicht durch Dehydratisierung von 2-Hydroxy-butandisäure (↗ Äpfelsäure). Von deren lateinischem Namen, Acidum malicum, leitet sich die Trivialbezeichnung »Maleinsäure« bzw. »Maleinsäureanhydrid« ab.

Butendisäure-
anhydrid

Techn. wird das B. durch Oxydation von Benzen mit Luft bei 400 bis 500 °C in etwa 50 %iger Ausbeute erhalten.
Ebenso führt die Oxydation des But-2-enal (Crotonaldehyd) zum B.
B. ist eine farblose, kristalline Substanz, Schmp. 53 °C, die sich wenig in Wasser, aber gut in Diethylether und Trichlormethan löst. Mit Wasser bildet sich die (Z)-Butendisäure (Maleinsäure) und mit Alkoholen deren Ester oder Halbester.
Bei ↗ DIELS-ALDER-Reaktionen reagiert B. als Philodien. Durch die olefinische Doppelbindung ist das B. zu Polymerisationen befähigt und wird deshalb zur Herstellung von Anstrichstoffen, Harzen, Textilhilfsmitteln und zum Zusatz von trocknenden Ölen genutzt. Derivate des B. sind Pflanzenschutzmittel.
Butendisäuren, HOOC—CH=CH—COOH, existieren in zwei cis-trans-isomeren Formen:

cis-Butendisäure
(Maleinsäure)
Schmp. 132 °C

trans-Butendisäure
(Fumarsäure)
Schmp. 286 °C

leicht wasserlöslich, leichte Dehydratisierung zu Maleinsäureanhydrid, Isomerisierung zur trans-Form bei längerem Erhitzen auf 150 °C und bei Einwirkung von UV-Licht,

Herstellung durch katalytische Oxydation des Benzens oder des But-2-ens

schwer wasserlöslich, bei etwa 300 °C Isomerisierung und Bildung von Maleinsäureanhydrid, schwächer sauer und schwerer hydrierbar als die Maleinsäure Vorkommen in Pflanzen, Pilzen und im Zellstoffwechsel,

Herstellung aus Maleinsäure oder durch Bromwasserstoffabspaltung aus Brom-butandisäure

BUTLEROV, ALEKSANDER MIHALOVIČ (25. 8. 1828 bis 5. 8. 1886), russischer Chemiker, hat durch sein Lehrbuch der org. Chemie wesentlich zur Verbreitung der chem. Strukturlehre beigetragen. Der Begriff Struktur und seine erste wissenschaftliche Begründung stammen von ihm. Er behandelte eingehend das Problem der ↗ Isometrie und beschrieb die ↗ Tautomerie. Zahlreiche org. Verb. wurden erstmals von ihm dargestellt, u. a. synthetisierte er den ersten tertiären Alkohol.
Butter, Emulsion von Wasser in Milchfett. B. darf höchstens 20 % Wasser enthalten. Bei den Fetten der Butter sind neben den höheren Fettsäuren auch niedere Carbonsäuren (z. B. ↗ Butansäure – Buttersäure) mit ↗ Glycerol verestert. Von dieser Säure stammt der unangenehme Geruch ranziger Butter.
Buttersäuren, Trivialname; bei n-B. für die ↗ Butansäure und bei Isobuttersäure für die ↗ 2-Methyl-propansäure. Beide sind aliphatische ↗ Monocarbonsäuren.

C

Cadmium,

Cd	$Z = 48$
	$A_{r(1981)} = 112{,}41$
	Ek: [Kr] $4d^{10}5s^2$
	OxZ: (+1), +2
	$X_E = 1{,}69$

Elementsubstanz:
Schmp. 321 °C
Sdp. 765 °C
$\varrho = 8{,}65 \text{ kg} \cdot \text{l}^{-1}$

chem. Element (↗ Elemente, chem.).
Cadmium, Symbol: Cd, 2. Element der 2. Nebengruppe des PSE (↗ Nebengruppenelemente, 2. Nebengruppe des PSE). C. ist die Bez. für alle Atome, die 48 positive Ladungen im Kern (also 48 Protonen) besitzen: Kernladungszahl $Z = 48$. Die Hülle des neutralen Atoms besteht aus 48 Elektronen, von denen die möglichen Valenzelektronen die Konfiguration $4d^{10}5s^2$ besitzen. In Verb. wird eine stabile Oxydationsstufe eingenommen, die durch die Oxydationszahl OxZ +2 charakterisiert ist. C. wurde 1817 von STROMEYER im Zinkcarbonat und fast gleichzeitig von HERMANN im Zinkoxid entdeckt. Es findet sich in der Natur als häufiger Begleiter in Zinkerzen, gelegentlich auch als reines Erz: *Cadmiumblende*, CdS, (in der Zinkblende); *Otavit*, $CdCO_3$, (im Galmei); und *Greenockit*, CdS, (rein). Metallisches C., das als Nebenprodukt bei der Zinkgewinnung anfällt, wird zunächst durch Destillation vom metallischen Zink abgetrennt, dann fraktioniert in Schwefelsäure gelöst und durch Elektrolyse abgeschieden. Dabei wird Elektrolytcadmium mit mehr als 99,9 % C. erhalten. Das Metall ist weißglänzend, weich, duktil, aber knapp unterhalb 321 °C so spröde, daß es sich pulverisieren läßt. Metallisches C. verbrennt mit rotbrauner Flamme zu Cadmiumoxid:
$2 \text{ Cd} + O_2 \rightarrow 2 \text{ CdO}$, $\Delta_B H = -256 \text{ kJ} \cdot \text{mol}^{-1}$;
löst sich schwer in nichtoxydierenden Säuren, leicht in verd. Salpetersäure. Fast alle Cadmiumverbindungen sind für den Menschen stark giftig. Das Metall wird als Überzugsmetall und Bestandteil vieler Legierungen (leicht schmelzende Legierungen, Schnellot, Lagermetall, Amalgame, Uhrenmetall mit geringster Ausdehnung) und im WESTONschen Normalelement verwendet.

Cadmium(II)-chlorid, $CdCl_2$, farblose, glänzende, kristalline, in Wasser leicht lösliche, giftige Substanz (Schmp. 564 °C, Sdp. 960 °C). C. kann durch Erhitzen von metallischem Cadmium im Chlorstrom dargestellt werden:
$Cd + Cl_2 \rightarrow CdCl_2$, $\Delta_B H = -389 \text{ kJ} \cdot \text{mol}^{-1}$.
Es bildet Hydrate.

Cadmiumgelb, Malerfarbe auf der Basis von ↗ Cadmiumsulfid. ↗ Pigment.

Cadmium(II)-oxid, CdO, gelbrote bis braunschwarze, kubisch kristalline, giftige Substanz mit Halbleitereigenschaften. C. entsteht beim Verbrennen von metallischem Cadmium:

$2 \text{ Cd} + O_2 \rightarrow 2 \text{ CdO}$, $\Delta_B H = -256 \text{ kH} \cdot \text{mol}^{-1}$, läßt sich aber leicht reduzieren.

Cadmium(II)-sulfid, CdS, farbige (zitronengelbe bis orangerote), hexagonal kristalline Substanz, die bei 1380 °C sublimiert. C., das in Wasser und Säuren schwer löslich ist, entsteht durch Fällung von Cadmium(II)-Ionen durch Sulfidionen:
$Cd^{2+} + S^{2-} \rightarrow CdS \downarrow$.
Es wird u. a. als Malerfarbe (Cadmiumgelb) verwendet.

Caesium,

Cs $\quad Z = 55$
$A_{r(1981)} = 132{,}9054$
Ek: [Xe] $6s^1$
OxZ: +1
$X_E = 0{,}79$
Elementsubstanz:
Schmp. 28,64 °C
Sdp. 690 °C
$\varrho = 1{,}873 \text{ kg} \cdot \text{l}^{-1}$

chem. Element (↗ Elemente, chem.).
Caesium, Symbol: Cs, 5. Element der 1. Hauptgruppe des PSE (↗ Hauptgruppenelemente, 1. Hauptgruppe des PSE). C. ist die Bez. für alle Atome, die 55 positive Ladungen im Kern (also 55 Protonen) besitzen: Kernladungszahl $Z = 55$. Die Elektronenhülle des neutralen Atoms besteht aus 55 Elektronen, von denen eins als Valenzelektron die Konfiguration $6s^1$ besitzt. In Verb. wird nur eine Oxydationsstufe eingenommen, die durch die Oxydationszahl OxZ + 1 charakterisiert ist. C. ist 1860 von BUNSEN und KIRCHHOFF in Mineralwasser spektralanalytisch entdeckt und 1882 von SETTERBERG durch Schmelzflußelektrolyse als Metall dargestellt worden. Es findet sich in ganz geringen Mengen als Begleiter in Mineralien anderer Alkalimetalle: *Polluzit*, $Cs_2[Al_2Si_4O_{12}] \cdot H_2O$, ist ein wichtiges Caesiummineral. Die Elementsubstanz, d. h. das metallische C., wird durch Reduktion von Caesiumchlorid mit metallischem Magnesium im Wasserstoffstrom:
$2 \text{ CsCl} + Mg \rightarrow 2 \text{ Cs} + MgCl_2$,
durch Reduktion von Caesiumchlorid mit metallischem Calcium im Vakuum:
$2 \text{ CsCl} + Ca \rightarrow 2 \text{ Cs} + CaCl_2$
und durch Reduktion von Caesiumdichromat mit metallischem Zirconium (wobei noch Zirconiumdioxid und Chromiumtrioxid entstehen):
$Cs_2Cr_2O_7 + 2 \text{ Zr} \rightarrow 2 \text{ Cs} + 2 \text{ ZrO}_2 + Cr_2O_3$
hergestellt. Auch ist eine Schmelzflußelektrolyse von Caesiumhydroxid (analog der Darstellung von metallischem ↗ Natrium) möglich. Metallisches C. ist goldgelb, besitzt eine hohe elektrische Leitfähig-

keit, zeigt sich sehr reaktionsfähig und stellt ein typisches Alkalimetall (dem ↗ Kalium besonders ähnlich) dar. Bei Sauerstoffzutritt entzündet es sich sofort, wobei Caesiumhyperoxid, CsO_2, gebildet wird. An binären Sauerstoffverbindungen sind bekannt: *Caesiumoxid*, Cs_2O, *Caesiumperoxid*, Cs_2O_2, *Caesiumhyperoxid*, CsO_2, und *Caesiumozonid*, CsO_3. Außerdem ist das *Caesiumtrioxid*, Cs_2O_3, besser als Doppeloxid formuliert $2\,CsO_2 \cdot Cs_2O_2$, nachgewiesen. *Caesiumhydroxid*, CsOH, stellt die stärkste bekannte Base dar. Schließlich seien als Verb. noch genannt: *Caesiumhydrid*, CsH, das nicht sehr beständig ist; *Caesiumcarbonat*, Cs_2CO_3; *Caesiumchlorid*, CsCl, das giftige Wirkung besitzt; *Caesiumnitrat*, $CsNO_3$, das mit dem Kaliumnitrat isomorph ist, und *Caesiumalaun* bzw. *Caesiumaluminiumsulfat-hydrat*, $CsAl(SO_4)_2 \cdot 12\,H_2O$, das zum Aluminiumnachweis verwendet wird. Metallisches C. und Caesiumverbindungen sind durch die Seltenheit des Materials in ihrer Anwendung beschränkt. So wird metallisches C. z. B. als Getter, in Photozellen und in Atomuhren, das Isotop ^{137}Cs in der Medizin als Strahlenquelle und das Caesiumhydroxid als Elektrolyt in galvanischen Elementen verwendet.

Calcinieren, Erhitzen fester Stoffe bis zu einem bestimmten Zersetzungsgrad (z. B. zur Dehydratation).

Calcit, Kalkspat, Doppelspat, $CaCO_3$, sehr häufiges Mineral, dessen Kristalle sich durch ihren Formenreichtum auszeichnen. Häufig sind vor allem farblose bis weiße Rhomboeder und Prismen/Rhomboeder-Kombinationen. Daneben findet man C. auch feinkristallin-körnig, fasrig oder oolithisch, Kristalle zeigen eine gut ausgeprägte Spaltbarkeit. C. tritt im Kalkstein und Marmor gesteinsbildend auf.

Calcium,

Ca	$Z = 20$
$A_{r(1981)} = 40{,}08$	
Ek: [Ar] $4s^2$	
OxZ: +2	
$X_E = 1{,}00$	
Elementsubstanz:	
Schmp.	838 °C
Sdp.	1490 °C
$\varrho = 1\,540\ kg \cdot l^{-1}$	

chem. Element (↗ Elemente, chem.).
Calcium, Symbol: Ca, 3. Element der 2. Hauptgruppe des PSE (↗ Hauptgruppenelemente, 2. Hauptgruppe des PSE). C. ist die Bez. für alle Atome, die 20 positive Ladungen im Kern (also 20 Protonen) besitzen: Kernladungszahl $Z = 20$. Die Elektronenhülle des neutralen Atoms besteht aus 20 Elektronen, von denen zwei als Valenzelektronen die Konfiguration $4s^2$ besitzen. In Verb. wird nur eine Oxydationsstufe eingenommen, die durch die Oxydationszahl OxZ +2 charakterisiert ist. C. ist 1808 von Davy durch Elektrolyse des angefeuchteten Hydroxids erstmalig als Metall dargestellt worden. Mineralische Verb. des C. sind in der Natur weit verbreitet: *Calciumcarbonat*, modifiziert als Calcit (Islandspat), Aragonit, Marmor, Kreide und Kalkstein, $CaCO_3$; Flußspat CaF_2; *Dolomit*, $CaCO_3 \cdot MgCO_3$; *Calciumsulfat* als Gips, $CaSO_4 \cdot 2\,H_2O$, und Anhydrit, $CaSO_4$; *Apatit*, $3\,Ca_3(PO_4)_2 \cdot Ca(OH, F, Cl)_2$; *Natrocalcit*, $Na_2CO_3 \cdot CaCO_3 \cdot 5\,H_2O$, und *Calciumsilicate* (verschiedener Zusammensetzung). Die Elementsubstanz, d. h. das metallische C., wird durch Schmelzflußelektrolyse eines Gemisches von Calciumfluorid, CaF_2, und Calciumchlorid, $CaCl_2$, oder durch Reduktion von Calciumoxid mit metallischem Aluminium im Vakuum:
$$4\,CaO + 2\,Al \rightarrow Ca[Al_2O_4] + 3\,Ca$$
hergestellt. Die Elementsubstanz ist ein silberweißes Metall, härter als die Alkalimetalle, weicher als Beryllium und Magnesium. Metallisches C. ist an der Luft unbeständig (Aufbewahrung unter Paraffinöl oder Petroleum), reagiert mit Wasser bei Zimmertemperatur zu Calciumhydroxid und Wasserstoff:
$$Ca + 2\,H_2O \rightarrow Ca(OH)_2 + H_2\uparrow,$$
verbrennt an der Luft zu Calciumoxid; setzt sich dabei gleichzeitig mit dem Stickstoff zu Calciumnitrid um:
$$2\,Ca + O_2 \rightarrow 2\,CaO,\ \Delta_B H = -635{,}1\ kJ \cdot mol^{-1},$$
$$3\,Ca + N_2 \rightarrow Ca_3N_2,\ \Delta_B H = -436{,}4\ kJ \cdot mol^{-1}.$$
Metallisches C. wird als Legierungsmetall (z. B. zur Härtung von Bleilegierungen) und als Reduktionsmittel verwendet. Viele Calciumverbindungen besitzen techn. Bedeutung.

Calciumcarbid, CaC_2, technisch wichtiger Ausgangsstoff für die Ethinerzeugung ↗ Acetylenchemie. Daneben dient es zur Herstellung von Ruß, Cyanamid und Schweißgas.
C. wird durch elektrothermische Reduktion bei 1800 bis 2200 °C in einer endothermen Reaktion in elektrisch beheizten Niederschachtöfen hergestellt:
$$CaO + 3\,C \rightarrow CaC_2 + CO,\ \Delta_R H = +461{,}9\ kJ \cdot mol^{-1}.$$
In die 10 m hohen Schmelzöfen wird von oben eine stückige Mischung von Branntkalk und Koks kontinuierlich aufgegeben. Die Heizung erfolgt durch elektrische Widerstandserwärmung der Reaktionszone mittels Hohl-Kohleelektroden bei Stromstärken von etwa 100 KA und Spannungen um 150 V. Die Carbidschmelze wird schmelzflüssig abgesto-

chen und in wassergekühlten Drehtrommeln abgekühlt und zerkleinert.
Die Leistungsaufnahme eines Carbidofens (10 bis 60 MW) kann problemlos reduziert und damit wechselnden Energiesituationen angepaßt werden. Pro Tonne CaC_2 werden etwa 3 500 kWh Elektroenergie benötigt.

Calciumcarbonat, $CaCO_3$, in der Natur als Kalkspat, Kalkstein, Marmor, Aragonit, Kreide, Calcit (Islandspat) und Travertin weit verbreitet. Eine Darstellung kann aus Calciumhydroxid und Kohlendioxid erfolgen:
$Ca(OH)_2 + CO_2 \rightarrow CaCO_3 + H_2O$.
Diese Umsetzung vollzieht sich auch beim Abbinden des Mörtels. C. ist in Wasser schwer löslich (etwa zu $1,5 \cdot 10^{-3}\%$ bei 20 °C), bei Anwesenheit von Wasser und Kohlendioxid erfolgt eine Umwandlung zum Calciumhydrogencarbonat, das in Wasser leicht löslich ist und die sogenannte temporäre Härte darstellt:
$CaCO_3 + CO_2 + H_2O \rightleftharpoons Ca^{2+} + 2\ HCO_3^-$.
C. wird oberhalb 900 °C thermisch zerlegt:
$CaCO_3 \rightarrow CaO + CO_2\uparrow$, $\Delta_R H = +175,8\ kJ \cdot mol^{-1}$,
ein Vorgang, der beim Brennen des Kalksteins in großtechn. Maßstab vollzogen wird.

Calciumchlorid, $CaCl_2$, leicht lösliche Verb., die viele Hydrate bildet, darunter das Mono-, das Di-, das Tetra- und das Hexahydrat. Wasserfreies C. schmelzt bei 782 °C und wird im Laboratorium als Trockenmittel verwendet.

Calciumchloridrohr, ↗ Absorptionsgefäße.

Calciumhydrid, CaH_2, ionische (oder salzartige) Verb., die durch direkte Vereinigung der Elementsubstanzen bei etwa 400 °C entsteht:
$Ca + H_2 \rightarrow CaH_2$, $\Delta_B H = -192,5\ kJ \cdot mol^{-1}$.
C. ist ein weißer, kristalliner Stoff, der im Laboratorium zur Erzeugung von Wasserstoff verwendet wird:
$CaH_2 + 2\ H_2O \rightarrow 2\ H_2\uparrow + Ca(OH)_2$,
$\Delta_R H = -226,1\ kJ \cdot mol^{-1}$.
Aus 1 kg C. kann auf diese Weise 1 m³ Diwasserstoff (unter Normalbedingungen) gewonnen werden.

Calciumhydrogencarbonat, $Ca(HCO_3)_2$, wasserlösliche Verb., die durch Einwirkung von Wasser und Kohlendioxid auf Calciumcarbonat entsteht:
$CaCO_3 + H_2O + CO_2 \rightleftharpoons Ca(HCO_3)_2$.
Ein Niederschlag von Calciumcarbonat in Wasser löst sich daher beim Einleiten von Kohlendioxid durch Bildung von C., das Calciumionen (Ca^{2+}) und Hydrogencarbonationen (HCO_3^-) liefert, wieder auf. Oberhalb 100 °C ist die Reaktion durch die Erhöhung des Dampfdruckes vom Kohlendioxid (das aus dem Gleichgewicht entweicht) rückläufig, es fällt wieder Calciumcarbonat aus der Lösung aus. Dieses Gleichgewicht spielt bei der Enthärtung von Wasser, bei der Tropfsteinbildung und bei der Kalkabscheidung in Haushaltsgeräten eine entscheidende Rolle.

Calciumhydroxid, $Ca(OH)_2$, weißes Pulver, das durch Umsetzung von Calciumoxid (Branntkalk) mit Wasser entsteht:
$CaO + H_2O \rightarrow Ca(OH)_2$, $\Delta_R H = -63,6\ kJ \cdot mol^{-1}$.
Es bindet Kohlendioxid, wobei Calciumcarbonat und Wasser entstehen:
$Ca(OH)_2 + CO_2 \rightarrow CaCO_3\downarrow + H_2O$.
Die klare wäßrige Lösung wird als Kalkwasser bezeichnet und übersteigt nicht 0,17 Gewichtsprozent bei 20 °C. C. ist die häufigste und billigste Base in der Technik. Es wird in großen Mengen zur Mörtelzubereitung und zur Caustifizierung der Soda verwendet.

Calciumnitrat, $Ca(NO_3)_2$, *Kalk-* oder *Norgesalpeter* genannt, ist in Wasser und Ethanol leicht löslich, kann z. B. durch Umsetzung von Calciumcarbonat mit Salpetersäure hergestellt werden (wobei Kohlendioxid entweicht):
$CaCO_3 + 2\ HNO_3 \rightarrow Ca(NO_3)_2 + CO_2\uparrow + H_2O$,
bildet mit Wasser Di-, Tri- und Tetrahydrate und findet als Düngemittel Verwendung. ↗ Mauersalpeter.

Calciumnitrid, Ca_3N_2, salzartige Verb., die aus den Elementsubstanzen gebildet werden kann:
$3\ Ca + N_2 \rightarrow Ca_3N_2$, $\Delta_B H = -436,4\ kJ \cdot mol^{-1}$,
bei 1 195 °C schmelzt und mit Wasser zu Calciumhydroxid und Ammoniak reagiert:
$Ca_3N_2 + 6\ H_2O \rightarrow 2\ NH_3\uparrow + 3\ Ca(OH)_2$.

Calciumoxid, CaO, Verb. mit hohen Schmelz- und Siedetemperaturen: Schmp. 2 600 °C, Sdp. 3 570 °C, die beim thermischen Zerfall von Calciumcarbonat (Brennen von Kalkstein):
$CaCO_3 \rightarrow CaO + CO_2\uparrow$, $\Delta_R H = +175,8\ kJ \cdot mol^{-1}$
oder beim Verbrennen von metallischem Calcium in Sauerstoffatmosphäre:
$2\ Ca + O_2 \rightarrow 2\ CaO$, $\Delta_B H = 635,1\ kJ \cdot mol^{-1}$
entsteht. C. setzt sich mit Wasser (unter Erwärmung) zu Calciumhydroxid um:
$CaO + H_2O \rightarrow Ca(OH)_2$, $\Delta_R H = -65\ kJ \cdot mol^{-1}$,
was als *Löschen des Branntkalks* bezeichnet wird. C. wird zur Mörtelzubereitung (in der Bauindustrie), als Ausgangsstoff für die Calciumcarbidherstellung und als Zuschlag bei Verhüttungsprozessen verwendet. Darüber hinaus ist es für die Ammoniaksynthese und als Agrarchemikalie von Bedeutung.

Calciumperoxid, CaO_2, entsteht nicht (wie bei den Alkalimetallen) durch Verbrennen von metallischem Calcium, sondern durch Umsetzung von Calciumoxid mit Wasserstoffperoxid:

Calciumsulfat

$CaO + H_2O_2 \rightarrow CaO_2 + H_2O$.

Oberhalb 275 °C erfolgt Zersetzung in Calciumoxid und Sauerstoff.

Calciumsulfat, $CaSO_4$, kommt in der Natur als ↗ Gips, Alabaster oder Marienglas in der Form des Dihydrats, $CaSO_4 \cdot 2\,H_2O$, und als Anhydrit, $CaSO_4$, vor. Daneben ist noch das Hemihydrat, $CaSO_4 \cdot 0,5\,H_2O$, bekannt. C. kann durch Fällung von Calciumionen mit Sulfationen hergestellt werden, da die wäßrige Lösung bereits bei 0,199 % gesättigt ist:

$Ca^{2+} + SO_4^{2-} \rightarrow CaSO_4 \downarrow$.

Das Abspalten des Kristallwassers wird als *Brennen des Gipses* bezeichnet. Es vollzieht sich in zwei Etappen:

$2\,CaSO_4 \cdot 2\,H_2O \xrightarrow{100\,°C} 2\,CaSO_4 \cdot 0,5\,H_2O + 3\,H_2O$,

$2\,CaSO_4 \cdot 0,5\,H_2O \xrightarrow{1100\,°C} 2\,CaSO_4 + H_2O$.

Bei der ersten Etappe entsteht das Hemihydrat, das in der Lage ist, in einem Abbindeprozeß das abgespaltete Wasser wieder aufzunehmen und unter Erhärten das Dihydrat zu bilden. In der zweiten Etappe entsteht die wasserfreie Form des C., die als *totgebrannter Gips* bezeichnet wird, weil nunmehr ein Abbindeprozeß nicht mehr stattfindet. Daneben existieren noch Zwischenformen, wie z. B. der sogenannte *Estrichgips*.

Californium,

Cf	$Z = 98$
$A_{r(1981)} = [251]$	
Ek: [Rn] $5f^{10}7s^2$	
OxZ: +3	
$X_E = 1,3$	
Elementsubstanz:	
Schmp. 900 °C	

chem. Element (↗ Elemente, chem.).

Californium, Symbol: Cf, 9. Element der ↗ Actinoidengruppen, 6. Element der ↗ Transurane. C. ist die Bez. für alle Atome, die 98 positive Ladungen im Kern (also 98 Protonen) besitzen: Kernladungszahl $Z = 98$. C. wurde 1950 durch THOMPSON, STREET, GHIORSO und SEABORG synthetisiert. Es ist ein radioaktives Element, das aus dem Curium-Isotop ^{242}Cm gewonnen werden kann und als Isotop ^{245}Cf, $t_{1/2} = 45$ min anfällt. Verfügbar ist noch das Isotop ^{252}Cf, $t_{1/2} = 2,57$ a.

Calvin-Zyklus, ↗ Photosynthese.

Camphen, $C_{10}H_{16}$, ein bicyclischer ungesättigter Kohlenwasserstoff aus der Reihe der ↗ Terpene. C. ist Zwischenprodukt bei der Herstellung des synthetischen ↗ Camphers aus α-Pinen.

Campher, $C_{10}H_{16}O$, auch Bornan-2-on, ein bicyclisches Keton aus der Terpenreihe. Trotz der zwei asymmetrischen C-Atome existiert nur ein Antipodenpaar in der cis-Anordnung. Die rechtsdrehende Form kommt im Campherbaum vor und wird daraus durch Wasserdampfdestillation gewonnen. Die linksdrehende Form findet sich in ätherischen Ölen. C. ist der wichtigste Weichmacher für Celluloid. Da der Bedarf an natürlichem C. nicht gedeckt wird, wird racemischer C. aus dem im Terpentinöl vorkommenden α-Pinen über verschiedene Zwischenstufen hergestellt.

Campher

CANNIZZARO, STANISLAO (16. 7. 1826 bis 10. 5. 1910), italienischer Chemiker, trug wesentlich zur Klärung des Atom- und Molekülbegriffes in der Chemie bei. Nach ihm ist eine von ihm gefundene Reaktion der org. Chemie benannt. (↗ CANNIZZARO-Reaktion).

CANNIZZARO-Reaktion, eine chem. Reaktion, bei der 2 Moleküle eines Aldehyds eine Disproportionierung in Gegenwart einer Lauge eingehen:

$2\,R-CHO + NaOH \longrightarrow R-CH_2-OH + Na(R-COO)$

Aldehyd   Alkohol   Carbonsäuresalz

Da die ↗ Aldoladdition eine Konkurrenzreaktion ist, verläuft die C. dann, wenn am α-C-Atom kein Wasserstoffatom vorhanden ist. Besonders leicht reagieren aromatische Aldehyde, Methanal und 2,2-Dimethyl-propanal. Schwächere Basen, wie $Ca(OH)_2$, begünstigen den Ablauf.

ε-Caprolactam, Trivialname für das ↗ Lactam der 6-Aminohexansäure, $C_6H_{11}NO$, eine farblose, kristalline Verb. C. ist das Monomere für die Herstellung von 6-Polyamid (Dederon). Die Synthese geht vom Phenol aus, das zum Cyclohexanonoxim umgesetzt wird. Durch ↗ BECKMANN-Umlagerung entsteht C.

Cyclohexanonoxim   ε-Caprolactam

Carbamate, Salze der Carbamidsäure, dem unbeständigen Monoamid der Kohlensäure. Wichtig ist das *Ammonium-C.* als Zwischenprodukt der Harn-

Carbonsäureanhydride

stoffsynthese. Es wird auch als Hirschhornsalz bezeichnet und als Backhilfsmittel verwendet.

$$NH_4^+ \left[O=C \begin{array}{c} \bar{N}H_2 \\ \bar{O}^\ominus \end{array} \right]^-$$

Carbene, Derivate des zweibindigen Kohlenstoffs. Das einfachste C. ist CH_2, für dessen Diradikalstruktur, $\dot{C}H_2$, auch der Name Methylen üblich ist, während im Carben die stabilere spinkompensierte Form mit freiem Elektronenpaar, $|CH_2$, vorliegt. C. sind sehr reaktionsfähig und deshalb extrem unbeständig. C. sind elektrophile Verb. mit starkem Elektronenmangelcharakter.
C. bilden sich bei der Spaltung von Diazoalkanen oder Ketenen durch Hitze oder Licht.
Aliphatisch substituierte C. isomerisieren zu Olefinen; $R-CH_2-\bar{C}H \rightarrow R-CH=CH_2$. C. addieren sich an olefinischen Doppelbindungen zu Cyclopropanderivaten und an Aromaten unter Ringerweiterungen. So entsteht aus C. und Benzen das Tropiliden.

Carbide, binäre Verb. eines Elementes mit Kohlenstoff, bei denen i. allg. der Kohlenstoff der elektronegativere Bindungspartner ist:
<u>Ionische oder salzartige C.</u>, Verb. mit Elementen der I. bis III. Hauptgruppe des PSE mit Ausnahme von Bor. In diesen Verb. tritt der Kohlenstoff als C^{4-}- oder C_2^{2-}-Anion auf. C., die das C^{4-}-Anion besitzen, werden *Methanide* genannt, da sie mit Wasser zu Methan und Hydroxid reagieren:
$Al_4C_3 + 12 H_2O \rightarrow 4 Al(OH)_3 + 3 CH_4\uparrow$,
C., die das C_2^{2-}-Anion besitzen, heißen *Acetylide*, da sie sich mit Wasser zu Ethin (früher als Acetylen bezeichnet) und Hydroxid umsetzen:
$CaC_2 + 2 H_2O \rightarrow Ca(OH)_2 + C_2H_2\uparrow$.
<u>Diamantartige C.</u>, Verb. mit den Elementen Bor und Silicium, die kovalente Bindungen aufweisen. Borcarbid, B_4C, ist der härteste Stoff nach dem Diamanten, und auch Siliciumcarbid, SiC, ist sehr hart. Beide Stoffe werden als Schleifmittel verwendet.
<u>Metallische C.</u>, Verb. mit den Elementen der IV. bis VIII. Nebengruppe des PSE, die metallisches Aussehen, elektrische Leitfähigkeit und sehr hohe Schmelz- und Siedetemperaturen besitzen.
<u>Flüchtige, nichtmetallische C.</u>, Verb. mit den Elementen der VI. bis VII. Hauptgruppe des PSE. Sie stellen keine C. im engeren Sinne dar (jedenfalls ist die Bez. C. für diese Verb. nicht allgemein üblich). Es sind relativ beständige gasförmige oder flüssige Stoffe wie Kohlendioxid, CO_2; Kohlendisulfid, CS_2; Tetrachlormethan, CCl_4, u. a.

Carbidkalk, ↗ Bunakalk.

Carbidofen, elektrisch beheizter Niederschachtofen zur Herstellung von ↗ Calciumcarbid, Bild

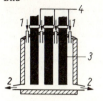

Schema eines Carbidofens
1 Einbringen der Reaktionsmasse
2 Abstich des flüssigen Carbids
3 Elektroden
4 Stromzuführung

Carbo, wissenschaftliche Bez. für das chem. Element ↗ Kohlenstoff.

Carbonat, e, Name für die (neutralen) Salze der ↗ Kohlensäure.

Carboniumion, $R^1-\overset{\oplus}{\underset{R^3}{C}}-R^2$, org. Ion mit einer positiven Ladung an dreibindigen Kohlenstoffatom mit einer Elektronenpaarlücke. Die Bildung eines C. setzt starke Polarisierung des org. Restes durch elektronenziehende Gruppen voraus, wie z. B. Halogen oder der Sulfonsäuregruppe. C. sind elektrophile Reagenzien.

Carbonsäureamide, $R-\underset{\underset{O}{\|}}{C}-\underset{R^2}{N}-R^1$, sind ↗ Carbonsäurederivate, in denen die Hydroxylgruppe durch die Aminogruppe, $-NH_2$, ersetzt ist, deren Wasserstoff auch durch Alkyl- oder Arylreste substituiert sein kann.
Die meisten C. sind kristalline Verb., flüssig sind Formamid, $HCO-NH_2$, und N,N-Dimethyl-formamid, $HCO-N(CH_3)_2$. Auf Grund der Mesomerie ist die Basizität des Amidstickstoffatoms nur sehr gering, dagegen sind C. bereits schwache Säuren, die mit Alkalimetallen Salze bilden. C. bilden sich bei der Umsetzung von Carbonsäurehalogeniden, -anhydriden und -estern mit Ammoniak bzw. primären oder sekundären Aminen; durch Dehydratisierung von Ammoniumsalzen der Carbonsäuren und durch partielle Hydrolyse von Nitrilen. In Peptiden tritt durch Verknüpfung der α-Aminosäuren die Säureamidstruktur vielfach auf, ebenso in den vollsynthetischen Fasern vom Polyamidtyp.
N,N-Dimethyl-formamid ist ein sehr gutes Lösungsmittel. Es wird bei der Herstellung der Polyacrylfaser eingesetzt.

Carbonsäureanhydride, $R-CO-O-CO-R$, sind ↗ Carbonsäurederivate, deren Struktur sich durch Wasserabspaltung aus zwei Molekülen Carbonsäure ableiten läßt. Es sind flüssige oder feste Verb. Das C. der Methansäure ist unbekannt. Das Ethan-methansäure-anhydrid,
$HCO-O-CO-CH_3$, ist das niedrigste C. C. werden durch Umsetzung von Carbonsäurehalogeni-

Carbonsäurederivate

den mit Alkalisalzen der Carbonsäuren hergestellt. C. werden als ↗ Acylierungsmittel verwendet. Mit Wasser reagieren C. lebhaft unter Rückbildung der entsprechenden Carbonsäuren. Das wichtigste C. ist das Ethansäureanhydrid (Acetanhydrid). Es wird in der pharmazeutischen Industrie und zur Synthesefaserherstellung verwendet. Die Herstellung erfolgt durch Umsetzung von Keten mit Ethansäure:

$CH_2=C=O + CH_3-COOH$
$\rightarrow CH_3-CO-O-CO-CH_3$

oder durch Oxydation von Ethanol mit Kupfer- oder Cobaltacetatkatalysatoren bei etwa 60 °C in inerten Lösungsmitteln:

$2 CH_3-CHO + O_2 \xrightarrow{Kat.}$
$CH_3-CO-O-CO-CH_3 + H_2O$.

Carbonsäurederivate, org. Verb., die sich von den Carbonsäuren ableiten, indem in der Carboxylgruppe die Hydroxylgruppe oder (und) der Carbonylsauerstoff durch andere Substituenten ersetzt wird:

R—C(=O)—X
X = F, Cl, Br oder I
Carbonsäurehalogenide

R^2—C(=O)—O—C(=O)—R^1
Carbonsäureanhydride

R—C(=O)—O—R^1
Carbonsäureester

R—C(O—R^1)$_3$
Orthocarbonsäureester

R—C(=O)—N(R^1)(R^2)
Carbonsäureamide

R—C(=O)—NH—OH
Hydroxamsäuren
(H substituierbar)

R—C(=O)—NH—NH$_2$
Carbonsäurehydrazide
(H durch Alkyl- oder Aryl- substituierbar)

R—C(=O)—N$_3$
Carbonsäureazide

R—C(=NH)—O—R^1
Imidoester oder Imidoesterhydrochloride

[R—C(=⊕NH$_2$)—O—R^1] Cl

R—C(=NH)—NH$_2$
Carbonsäureamidine oder Amidinhydrochloride

[R—C(=⊕NH$_2$)—NH$_2$] Cl

R—C(=N)—NH—NH$_2$
Amidrazone

R—CN
Nitrile

R—C(=C=O)—R^1
Ketene

Carbonsäureester, R—CO—O—R^1, sind ↗ Carbonsäurederivate. Die Namen werden aus dem Namen der Säure, dem Rest der entsprechenden Hydroxylverb. und der Endung -ester gebildet. C. sind vielfältig in der Natur vorkommende Verb. Die niedrigen C. sind farblose Flüssigkeiten mit fruchtartigem Geruch. Sie lösen sich nur wenig in Wasser, sind aber ausgezeichnete Lösungsmittel und Weichmacher für Plaste. Der niedrigste C. ist der Methansäuremethylester, HCO—O—CH$_3$, Sdp. 30 °C. C. sind brennbar; Ester der Methansäure mit C$_5$-Alkoholen sind Stoffe der Gefahrklasse A I, ebenso Ester der Ethansäure mit C$_3$-Alkoholen.

Die Bildung der C. erfolgt in einer Gleichgewichtsreaktion aus Carbonsäure und Alkohol unter Wasserabspaltung. Die Umsetzung wird von Protonen katalysiert. Die Reaktionsgeschwindigkeit ist der Wasserstoffionenkonzentration proportional. Eine Verschiebung des Gleichgewichtes ist durch Zusatz wasserbindender Mittel (Doppelfunktion der konz. Schwefelsäure als Zusatz) oder durch Austreiben des Wassers als niedrigsiedendes ternäres Gemisch aus Alkohol/Wasser/Schleppmittel bei der azeotropen Destillation möglich. Als Schleppmittel eignen sich Benzen, Toluen, Xylene oder Tetrachlormethan. In meist quantitativen Ausbeuten erhält man C. durch Umsetzung von ↗ Carbonsäurehalogeniden oder -anhydriden mit Alkoholen.

C. sind die Geruchsträger der ätherischen Öle (Fruchtester). *Fette* sind C. aus längeren Monocarbonsäuren (Fettsäuren) und Propantriol. ↗ *Wachse* sind C. aus längeren Monocarbonsäuren und längeren, primären, einwertigen Alkoholen.

Carbonsäurehalogenide, R—CO—X, Derivate der Carbonsäuren, bei denen die Hydroxylgruppe durch ein Halogenatom ersetzt ist. Von praktischer Bedeutung sind die Carbonsäurechloride, weniger die -bromide. C. sind sehr reaktionsfähige Verb., die sich an feuchter Luft zersetzen, lebhaft mit Wasser reagieren und als Acylierungsmittel verwendet werden.

Die Herstellung erfolgt durch Umsetzung von Carbonsäuren mit Halogenierungsmitteln wie Phosphortrichlorid, PCl$_3$, Phosphorpentachlorid, PCl$_5$, oder Thionylchlorid, SOCl$_2$. Salze der Carbonsäuren bilden mit Phosphoroxidchlorid, POCl$_3$, C. C. reagieren mit Alkoholen zu Estern, mit Aminen zu Carbonsäureamiden und mit Aromaten in Anwesenheit von FeCl$_3$ oder AlCl$_3$ zu den entsprechenden Arylketonen, ↗ FRIEDEL-CRAFTS-Acylierung.

Carbonsäuren, R—COOH, org. Verb., die eine, ↗ Mono-C., zwei, ↗ Di-C., oder mehrere Carboxylgruppen, —COOH, tragen. Es wird auch nach dem

Rest zwischen aliphatischen, aromatischen und heterocyclischen C. unterschieden.
Durch Substitution des Carbonylsauerstoffs oder (und) der Hydroxylgruppe lassen sich ↗ Carbonsäurederivate ableiten. C. sind meist schwache bis mittelstarke Säuren, die beständige Salze bilden. Bei der Dissoziation bildet sich das mesomeriestabilisierte Carboxylation

$$R-COOH \rightleftharpoons H^+ + \left[R-C\underset{O|}{\overset{|\overline{O}|^\ominus}{\diagup}} \longleftrightarrow R-C\underset{O^\ominus}{\overset{|\overline{O}|}{\diagup}} \right]$$

Wenn im Rest R- der C. weitere funktionelle Gruppen gebunden sind, werden diese Verb. als ↗ substituierte Carbonsäuren bezeichnet.

Carbonyle, ↗ Metallcarbonyle.

Carbonyleisen, durch thermische Zersetzung von Eisenpentacarbonyl [Fe(CO)₅] gewonnenes hochreines Eisen, das für Magnetkerne verwendet wird (↗ Metallcarbonyle).

Carbonylgruppe, $>C=O$, funktionelle Gruppe, die in ↗ Aldehyden und ↗ Ketonen enthalten ist. Die Doppelbindung ist polar, wobei der Kohlenstoff positiviert und der Sauerstoff negativiert ist. Das C-Atom ist Angriffsort für nucleophile Reagenzien. Die Reaktionsfähigkeit, Carbonylaktivität, ist abhängig von den Substituenten. Sie wird durch elektronenziehende Gruppen erhöht.

Carbonylierung, ist eine chem. Reaktion des Ethins mit Kohlenmonoxid und Verb. mit aktivem Wasserstoff, wie Wasser, Alkoholen oder Aminen. ↗ Metallcarbonyle dienen als Katalysatoren. Durch C. werden hergestellt:

Propensäure	$H_2C=CH-COOH$
(Acrylsäure)	
Propensäureester	$H_2C=CH-CO-O-R$
(Acrylsäureester)	
Propensäureamide	$H_2C=CH-CO-N\diagdown{R^1 \atop R^2}$
(Acrylsäureamide)	

Auf Grund der Vinylgruppe $H_2C=CH-$ können diese Verb. polymerisiert werden.

Carborane, Verb., deren Moleküle in einem polyedrischen Gerüst sowohl Bor- als auch Kohlenstoffatome besitzen. Durch Austausch von Bor durch Übergangsmetallionen (z. B. Eisen, Cobalt oder Mangan) bilden sich *Metallcarborane*.

Carborundum, Trivialname für ↗ Siliciumcarbid, SiC.

Carboxylgruppe, $-C\underset{OH}{\overset{O}{\diagup}}$, funktionelle Gruppe, die für ↗ Carbonsäuren charakteristisch ist. Durch Austausch des Sauerstoffs oder der Hydroxylgruppe bilden sich ↗ Carbonsäurederivate. Durch Abspaltung eines Protons entsteht das mesomeriestabili-

sierte Carboxylation, $-COO^-$, das als Anion in den Salzen der Carbonsäuren auftritt.

Carnallit, $KCl \cdot MgCl_2 \cdot 6H_2O$, tritt in Form von körnig-dichten, feinkristallinen Aggregaten im Carnallitit (einem Gestein bestehend aus C. und Steinsalz) auf. C. ist das häufigste Mineral unserer Kalilagerstätten, enthält geringe Mengen Brom und Rubidium, die bei seiner Verarbeitung mit gewonnen werden.

CARNOTscher Kreisprozeß, von S. CARNOT (1824) beschriebenes Gedankenexperiment zur Ermittlung des ↗ Wirkungsgrades von Wärmekraftmaschinen. Danach ergibt sich der Anteil einer Wärmemenge, der beim Wärmeübergang zwischen zwei Teilsystemen mit den Temperaturen T_1 und T_2 ($T_1 > T_2$) in Arbeit umwandelbar ist, aus dem Verhältnis $T_1 - T_2/T_1$. Die Schlußfolgerung, daß mit Hilfe einer Wärmekraftmaschine nur Arbeit aus Wärme erzeugt werden kann, wenn diese von einem Teilsystem höherer Temperatur zu einem tieferer Temperatur übergeht, wird als CARNOTsches Prinzip bezeichnet. Dieses stellt eine grundlegende Erkenntnis für den 2. ↗ Hauptsatz der Thermodynamik dar.

CARO, NIKODEM (23. 5. 1871 bis 27. 6. 1935), deutscher Industriechemiker, entwickelte gemeinsam mit ↗ A. FRANK das Verfahren zur Gewinnung von Kalkstickstoff aus Calciumcarbid und Stickstoff.

Caroten, ↗ Carotenoide, ↗ Vitamine.

Carotenoide, zur Gruppe der Tetraterpene (↗ Terpene) gehörende natürliche, fettlösliche, gelbe bis rote Farbstoffe, die in Pflanzen und Tieren weit verbreitet sind. Wichtigster Vertreter ist das *Caroten* mit der Summenformel $C_{40}H_{56}$, welches besonders reichlich in der Mohrrübe *[Daucus carota]* gebildet wird und dort in drei isomeren Formen, dem α-, β- und γ-Caroten, vorkommt. Bild, S. 100.

Cassiopeium, ursprüngliche deutschsprachige Bez. des chem. Elements mit der Kernladungszahl $Z = 71$ (Symbol: Cp). Durch Beschluß der IUPAC ist seit 1949 für dieses chem. Element der Name ↗ Lutetium (Symbol: Lu) eingeführt worden.

CAVENDISH, HENRY (10.10.1731 bis 24.2.1810), englischer Naturforscher, beschäftigte sich sehr erfolgreich mit unterschiedlichen Gebieten der Naturwissenschaft. Für die Chemie waren besonders seine Untersuchungen gasförmiger Stoffe von Bedeutung. 1766 entdeckte er den Wasserstoff und stellte reines Kohlendioxid her. Weiterhin bestimmte er die Zusammensetzung des Wassers und der Luft. Bei chem. Umsetzungen der Luft erhielt er einen beständigen gasförmigen Anteil, dessen Natur er nicht erklären konnte. Ende des 19. Jahrhunderts wurden darin die Edelgase nachgewiesen ↗ RAY-

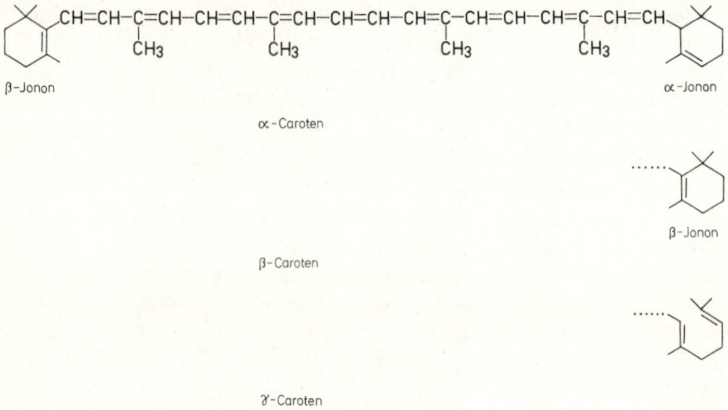

Cellobiose

Die drei isomeren Formen des Carotens

β-Jonon

α-Caroten

β-Caroten

γ-Caroten

α-Jonon

β-Jonon

LEIGH. C. deutete seine Untersuchungen im Sinne der vorherrschenden Phlogistontheorie.
Cellobiose, $C_{12}H_{22}O_{11}$, ein ↗ Disaccharid, das beim Abbau der Cellulose gebildet wird. Es unterscheidet sich von der Maltose durch den sterischen Bau. In der C. sind β-Glucoseeinheiten verknüpft, 4-(β-D-Glucopyranosido)-D-glucopyranose. C. ist ein reduzierender Zucker.
Cellophan, ↗ Cellulosexanthogenat
Celluloid, Zellhorn, heute bedeutungsloses Produkt der Celluloseveredlung. Es ist ein leicht brennbares, farbloses, leicht anfärbbares Material. Chemisch ein Celluloseester, wird Celluloid aus Cellulosedinitrat (↗ Cellulosenitrate) durch Weichmachung mit Campher hergestellt.
Celluloid war der erste in größerem Maßstab praktisch verwendete Thermoplast.
Cellulose, ein pflanzliches ↗ Polysaccharid, in welchem D-Glucosereste aus 1,4-verknüpften β-Glucopyranose-Einheiten zu unverzweigten langen Ketten aus 3000 bis 5000 Glucoseeinheiten verknüpft sind. C. bildet den Hauptbestandteil der pflanzlichen Zellwand und ist das in der Natur am meisten vorkommende Kohlenhydrat. Manche Pflanzenhaare und -fasern bestehen aus fast reiner C. (Baumwolle, Hanf, Jute, Flachs). C. wird technisch meist aus Holz, seltener aus Stroh oder Schilfrohr, durch saure oder alkalische Hydrolyse gewonnen. Das techn. Rohprodukt wird als ↗ Zellstoff bezeichnet. C. ist bedeutender Rohstoff für die Papier- und Textilindustrie (Viskoseseide) und

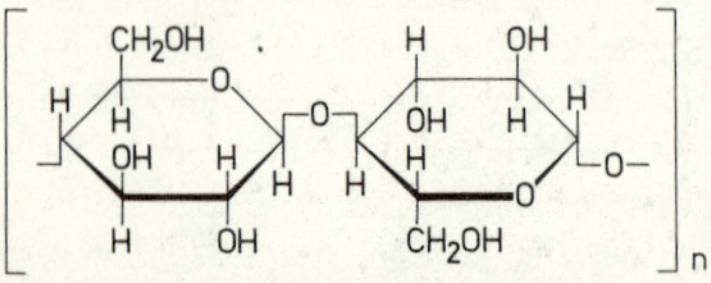

Gärungsindustrie, ferner für die Futtermittelproduktion und die chem. Industrie.
↗ Celluloid, ↗ Celluloseacetate, ↗ Celluloseether, ↗ Cellulosenitrate, ↗ Cellulosexanthogenat.
Celluloseacetate, Ester der Cellulose mit der Ethansäure. Die drei freien Hydroxylgruppen einer Glucoseeinheit $[—C_6H_7O_2(OH)_3—]_n$ werden mit Ethansäureanhydrid und katalytischen Mengen Schwefelsäure leicht zum Cellulosetriacetat umgesetzt $[—C_6H_7O_2(O—CO—CH_3)_3—]_n$. Die Löslichkeit dieses C. ist für die weitere Verarbeitung ungünstig, deshalb erfolgt eine partielle Hydrolyse zu C. mit 2 bis 2,5 Acetylgruppen pro Glucoseeinheit. Das nun in Propanon lösliche C. ist Ausgangsmaterial für die im Trockenspinnverfahren hergestellte Acetatseide.
Mit Weichmachern wird C. zu schwer entflammbaren Folien und Filmen (Sicherheitsfilmen) verarbeitet.
Celluloseester, Cellulosederivate, in denen die drei freien Hydroxylgruppen des Cellulosemoleküls teilweise oder ganz mit Säuren verestert sind (Celluloseacetat, Cellulosenitrate).
Celluloseether, leiten sich von der Cellulose ab, indem deren drei freie Hydroxylgruppen pro Anhydroglucosebaustein vollständig oder teilweise verethert sind. Die Anzahl und die Art der Ethergruppen bestimmen weitgehend die Eigenschaften der C. Zur Herstellung wird Cellulose mit konz. Natronlauge in die Natroncellulose überführt, die dann mit dem entsprechenden Veretherungsmittel umgesetzt wird:

Methylchlorid oder Dimethylsulfat	ergibt	Methylcellulose (I)
Ethylchlorid	ergibt	Ethylcellulose (II)

Ausschnitt aus dem Cellulosemolekül

Benzylchlorid	ergibt	Benzyl-cellulose (III)
Chlorethansäure	ergibt	Carboxymethyl-cellulose (IV)
Ethylenoxid	ergibt	Hydroxyethyl-cellulose (V)

I, IV und V sind wasserlöslich und bilden hochviskose Mischungen. Sie werden in der Textilindustrie, als Bindemittel für Farben, als Klebstoffe u. a. verwendet. IV wird Waschmitteln bis zu etwa 2 % zugesetzt. II und III sind Thermoplaste und Lackrohstoffe.

Cellulosenitrate, Verb., die durch Veresterung der Cellulose mit Salpetersäure gebildet werden. Da in den Glucosebausteinen der Cellulose je drei Hydroxylgruppen frei sind, $[-C_6H_7O_2(OH)_3-]_n$, ist eine unterschiedliche Veresterung möglich. Hochnitrierte Cellulose enthält etwa 13 % N und trägt die Bezeichnung Schießbaumwolle. Weniger nitriert ist die Kollodiumwolle mit etwa 10 % N.
Mit Ethanol-Diethylether-Gemisch gelierte Schießbaumwolle wird als Treibladung für Geschosse verwendet.
Mit Campher als Weichmacher bildet Kollodiumwolle das hornartige ↗ Celluloid. Lösungen von C. sind die Nitrolacke.

Celluloseregeneratfasern, Chemiefasern, die durch Regenerieren gelöster Cellulose nach dem Naßspinnverfahren gewonnen werden, z. B. ↗ Zellwolle, ↗ Viskoseseide, ↗ Kupferseide.

Cellulosexanthogenat, Natriumsalz des Xanthogensäurecelluloseesters. C. bildet sich, wenn Cellulose mit Natronlauge und Schwefelkohlenstoff behandelt wird:

C. ist wasserlöslich und hochviskos. Davon leitet sich der Name *Viskose* ab. Die Lösung wird durch Düsen in verdünnte Schwefelsäure mit Zusätzen, die die Fasereigenschaften verbessern, gepreßt. Es bildet sich die Viskoseseide bzw. Zellwolle. Aus C. werden auch Cellophan und Viskoseschwämme hergestellt.

CELSIUS, ANDERS (27.11.1701 bis 25.4.1744), schwedischer Gelehrter, führte die 100teilige Thermometerskala ein. Er entdeckte auch die mit dem Nordlicht zusammenhängenden magnetischen Störungen.

Cephalosporine, ↗ Antibiotika.

Cer, der bis zum Jahre 1975 gebräuchliche deutschsprachige Name des chem. Elements ↗ Cerium.

CEREVITINOV-Methode, analytisches Verfahren zur Bestimmung des Anteils von aktiven Wasserstoffatomen in einer Verb. durch deren Reaktion mit Methylmagnesiumiodid (↗ GRIGNARD-Verb.) und Messung des freigesetzten Methans.

Ceriterden, Bez. für ein Gemisch der Oxide des Lanthans, La_2O_3; Ceriums, Ce_2O_3; Praseodymiums, Pr_2O_3; Neodymiums, Nd_2O_3 und Samariums, Sm_2O_3; das in dieser Vergesellschaftung mineralisch (und z. T. auch isomorph) vorkommt. So enthalten der Bastnäsit bis zu 70 % C., der Monazit bis zu 74 und der Cerit bis zu 72 %.

Cerium,

Ce	$Z = 58$
$A_{r(1981)} = 140{,}12$	
Ek: [Xe] $4f^2 6s^2$	
OxZ: $+3, +4$	
$X_E = 1{,}12$	
Elementsubstanz:	
Schmp.	795 °C
Sdp.	3 470 °C
$\varrho = 6{,}78 \text{ kg} \cdot l^{-1}$	

chem. Element (↗ Elemente, chem.).
Cerium, Symbol: Ce, 1. Element der ↗ Lanthanoidengruppe. C. ist die Bez. für alle Atome, die 58 positive Ladungen im Kern (also 58 Protonen) besitzen: Kernladungszahl $Z = 58$. C. findet sich in der Natur in den ↗ Ceriterden, verbreitet aber in geringen Konzentrationen. Eine Darstellung des silberweißen und weichen Metalls erfolgt nach (aufwendiger) Trennung z. B. durch Schmelzflußelektrolyse oder Reduktion mit metallischem Kalium. C. wird als Mischmetall (z. B. als Cereisen für Feuersteine) und Legierungszusatz verwendet.

Cerussit, Weißbleierz, $PbCO_3$, rhombisch kristallisierendes Bleicarbonat. C. ist ein wichtiges Bleierz, das sich als metasomatische Bildung in Kalken und Dolomitgesteinen findet.

Cetanzahl, (Abk. CeZ), Maß für die Zündwilligkeit von Dieselkraftstoffen. Sie entspricht dem Cetangehalt (in Vol.-%) eines Eichgemisches aus sehr zündfreudigem Cetan $C_{16}H_{34}$ und sehr zündträgem α-Methylnaphthalin $C_{11}H_{10}$, das in einem Prüfmotor den gleichen Zündverzug aufweist wie der un-

tersuchte Kraftstoff.
Chalcedon, SiO_2, gealtertes, z. T. jetzt kristallin bis fasrig vorliegendes ehemaliges Kieselgel. Die oft radialstrahligen bzw. konzentrisch-schaligen Aggregate bilden brombeerartige Gebilde. Die Farbe von C. ist weiß durchscheinend. Durch Fremdfärbung entstandene Varietäten werden als Schmucksteine verwendet.
Chalkogene, Bez. der Elemente der 6. Hauptgruppe des PSE (↗ Hauptgruppenelemente, 6. Hauptgruppe des PSE), die in der Natur mit techn. bedeutsamen Metallen verbunden als ↗ Erze vorkommen, somit *Erzbildner* darstellen. Bis auf das Polonium sind dies alle Elemente dieser Gruppe: Sauerstoff, Schwefel, Selen und Tellur.
Chalkopyrit, ↗ Kupferkies.
Chalkosin, ↗ Kupferglanz.
Chargenbetrieb, Betriebsbez. für diskontinuierlich arbeitende Apparate bzw. Anlagen.
charge-transfer, aus dem Englischen übernommene Bez. für eine Ladungsübertragung, z. B. bei ↗ Elektronen-Donator-Akzeptor-Wechselwirkung.
Charge-transfer-Komplex, ↗ Elektronen-Donator-Akzeptor-Wechselwirkung.
CHARLESsches Gesetz (1787), auch als AMONTONsches Gesetz (1702) bezeichnet, besagt, daß sich unter ↗ isochoren Bedingungen der Druck eines idealen ↗ Gases bei einer Temperaturerhöhung von 1 Kelvin um $\frac{1}{273,15}$ des Druckes erhöht, den dieses Gas bei 0 °C hat. Die Entdeckung dieser Gesetzmäßigkeit trug zur Skalenfestlegung für die absolute bzw. thermodynamische ↗ Temperatur bei. Eine analoge Gesetzmäßigkeit stellt das 1. ↗ GAY-LUSSACsche Gesetz dar.
Chelate, Verb., in denen Ringe durch die Ausbildung von ↗ Wasserstoffbrückenbindungen, z. B. im Protonenchelat (2-Hydroxy-benzaldehyd), oder durch Komplexbildung unter Einbeziehung von Metallionen (↗ Metallchelate) gebildet werden.

2-Hydroxy-benzaldehyd

Chemical Abstracts, wichtigste englischsprachige Referatezeitschrift, ↗ Chemische Literatur.
Chemie, Wissenschaft, die zum Bereich der Naturwissenschaften gehört. Ihr Gegenstand ist die Betrachtung und Untersuchung der chem. ↗ *Stoffe,* daher befaßt sie sich mit deren (chem. und physikal.) Eigenschaften, Zusammensetzung, Isolierungs-, Umwandlungs- und Darstellungsmöglichkeiten sowie allen damit in Zusammenhang stehenden allgemeinen und gesetzmäßigen Erscheinungen. Nach moderner Definition ist die C. die Wissenschaft, welche die Ursachen und Wirkungen von Elektronenabgabe, -aufnahme oder -verteilung zwischen Atomen und Molekülen sowie die Beziehungen des Energieniveaus solcher Elektronen innerhalb der Atome und Moleküle untersucht. Traditionell wird die C. (nach den Schwerpunkten der Zielstellung des jeweiligen Arbeitsgegenstandes) in verschiedene Teilgebiete (Disziplinen) gegliedert, die sich z. T. wesentlich unterscheiden, z. T. aber auch beträchtlich überlappen können: analytische Chemie – Untersuchung der Zusammensetzung chem. Stoffe; anorganische Chemie – Untersuchung der chem. Elemente und ihrer Verb.; Biochemie – Untersuchung chem. Verb. und Vorgänge bei allen Lebewesen; organische Chemie – Untersuchung der chem. Kohlenstoffs (bis auf die Oxide, die Kohlensäure und ihre Salze); pharmazeutische Chemie – Untersuchung von Pharmaka; physikalische Chemie – Untersuchung der chem. Vorgängen zugrunde liegenden physikal. Gesetzmäßigkeiten; technische Chemie – Untersuchung der Umsetzung chem. Reaktionen (insbesondere von Synthesen, Reindarstellungen, Isolierungen usw.) für die großtechn. Produktion. Als weitere Teilgebiete der C. sollen noch erwähnt sein: Elektrochemie, Geochemie, Kolloidchemie, Kosmochemie, Magnetochemie u. a.
Chemieanlage, miteinander fest verbundener Komplex von Einzelausrüstungen zur Realisierung eines chem. Verfahrens.
Chemiefasern, industriell produzierte Fasern, die ebenso wie die natürlichen Fasern (z. B. Baumwolle, Seide) aus langgestreckten Makromolekülen aufgebaut sind. Man unterscheidet ↗ Regeneratfasern und ↗ Synthesefasern.
Chemiemethodik, abgekürzte Bez. für das Lehrgebiet ↗ Methodik des Chemieunterrichts, das in nerhalb der akademischen Ausbildung von Chemielehrern Bedeutung besitzt.
Chemiewirtschaft, Sammelbezeichnung für verschiedene Industriebereiche, die durch stoffliche Umsetzungen im Hauptprozeß gekennzeichnet sind (↗ chem. Industrie, ↗ Stoffwirtschaft).
Chemikalien, durch die chem. Industrie hergestellte Erzeugnisse, die bei chem. Reaktionen benötigt werden. *Feinchemikalien* sind im Laboratorium verwendete Chemikalien eines bestimmten Reinheitsgrades.
Chemilumineszenz, ↗ Lumineszenz.
chemische Bindung, Bez. für die Natur des Zusammenhaltes von Atomen im Molekül, in Flüs-

sigkeiten und Feststoffen. Im Jahre 1811 äußerte ↗ BERZELIUS die Vermutung, daß elektrische Kräfte zwischen den Atomen zur c.B. führen. Die Entdeckung der Elektronen als Bestandteil aller Atome begründete Anfang unseres Jahrhunderts die Vorstellung, daß die c.B. durch Übergänge der äußeren Elektronen (Valenzelektronen) zwischen den Atomen zustande kommt, wenn dabei ein Zustand niedrigerer Energie erreicht wird (allgemeines Kriterium der c. B.).
Nach der Anordnung der Außenelektronen unterscheidet man als Grenzfälle der c. B., zwischen denen zahlreiche Übergänge existieren, die ↗ Atombindung einschließlich der ↗ koordinativen Bindung, die ↗ Ionenbeziehung und die ↗ metallische Bindung. Gegenüber diesen starken Wechselwirkungen mit freigesetzten Bindungsenergien von einigen $100\,kJ \cdot mol^{-1}$ bezeichnet man schwächere mit Bindungsenergien von 0 bis $50\,kJ \cdot mol^{-1}$ als ↗ zwischenmolekulare Wechselwirkungen.
Theorien der c.B. dienen der Erklärung des Auftretens von energetisch stabileren Zuständen bei der Wechselwirkung von Atomen in ganz bestimmten Kombinationen, ihrer damit verbundenen räumlichen Anordnung (Struktur), aber auch deren optischen, elektrischen und magnetischen Eigenschaften sowie Reaktivitätsverhalten. Auf der Grundlage des BOHRschen ↗ Atommodells führten KOSSEL (1915) der Ionenbeziehung und LEWIS (1916) der Atombindung in der ersten Bindungstheorie auf die Bildung energetisch stabiler ↗ Edelgaskonfigurationen zurück. Ein umfassendes Verständnis für die Natur der c. B. sowie deren energetische und strukturelle Aspekte ergab sich erst auf Basis des wellenmechanischen ↗ Atommodells ab 1927, wobei die ↗ Atombindung entsprechend ihrer Verbreitung besondere Beachtung fand.
chemische Elemente, ↗ Elemente, chemische.
chemische Formeln, ↗ Formel.
chemische Industrie, Zweig der Grundstoffindustrie, umfaßt folgende Erzeugnisgruppen:
anorg. und org. Grundchemikalien, Mineralöl- und Teerprodukte, Chemiefasern, Pharmazeutika, Plaste, Elaste, Spezialerzeugnisse.
Besonderheiten der c. I.:
Die Möglichkeit, ein Produkt aus sehr unterschiedlichen Ausgangsstoffen herzustellen, ebenso wie aus einigen wenigen Ausgangsstoffen eine Vielzahl von Produkten zu erzeugen,
der hohe Veredlungsgrad der Ausgangsstoffe,
hoher Anteil des Materials an der Kostenstruktur, geringer Einsatz lebendiger Arbeit sowie weitgehende Verflechtung der verschiedenen Produktionsprozesse.

chemische Kampfstoffe, zu militärischen Zwecken verwendet, in kleinen Dosen auf den Menschen tödlich oder schädigend wirkende Chemikalien. Tödlich wirkende chem. K. können als Massenvernichtungsmittel eingesetzt werden.
1. Einteilung: In der Tabelle auf S. 104 sind die zur Zeit wichtigsten chem. K. der US-Armee, nach ihrer physiologischen Wirkung eingeteilt, aufgeführt.
2. Wirkung: Die bedeutendsten und gefährlichsten chem. K. sind die Phosphorsäureester (Abk. P-Ester, z. B. Sarin und V-Stoffe). Sie wirken in äußerst geringen Konzentrationen tödlich, etwa 10 mg V-Stoff töten einen Menschen. Durch die P-Ester wird die Reizübertragung der Nervenenden auf die Muskeln gestört (Nervengifte). Es kommt zur Verkrampfung der Muskulatur, die schließlich zur Atemlähmung führt. Als Gegengift wirkt Atropin (↗ Tropanalkaloide).
Die Einwirkung von Yperit auf die Haut ruft sehr schwer heilende, nekrotische Wunden hervor.
Eingeatmetes Phosgen hydrolysiert in der Lunge unter Bildung von HCl und führt infolge Lungenödems zum Tode. Reizstoffe führen zu Schleimhautreizungen und Tränenfluß (»Tränengase«) und werden vor allem von Polizeieinheiten eingesetzt (»Chemische Keule«).
Psychotoxische Kampfstoffe hemmen die geistigen und körperlichen Aktivitäten und führen zur Verwirrtheit und Halluzinationen.
Phytotoxische Kampfstoffe sind Unkrautvernichtungsmittel, die, in größeren Mengen angewendet, zur Vernichtung der gesamten Vegetation führen. Sie wurden durch die USA in den Jahren 1962 bis 1971 in großem Ausmaß im Krieg in Vietnam eingesetzt. Die Vernichtung von Wäldern und Verwüstung landwirtschaftlicher Nutzfläche in großen Gebieten hat zu unumkehrbaren ökologischen Schäden geführt. Die verwendeten Kampfstoffe enthalten darüber hinaus Verunreinigungen von ↗ Dioxin, das sich unter den Bedingungen des Einsatzes von konventionellen Waffen durch thermische Zersetzung in verstärktem Maße bildet. Das Dioxin ist einer der giftigsten bekannten Stoffe. Dem Einfluß von Kampfstoffen waren im Vietnamkrieg etwa 2 Mill. Menschen ausgesetzt. Das Dioxin bewirkt u. a. eine Schädigung der Erbanlagen, so daß als Spätfolgen dieses Krieges noch bei nachfolgenden Generationen Mißbildungen auftreten.
3. Einsatzmittel für chem. K. sind Rauch- und Nebelgeräte, Sprühvorrichtungen, Granaten, Minen, Bomben und Raketensprengköpfe. Es kommt darauf an, den Kampfstoff möglichst fein zu verteilen. Eine wirksame Methode ist das mechanische Ver-

chemische Kampfstoffe

Wichtige chemische Kampfstoffe

Formel	Bezeichnung	Code der US-Armee

1. Kampfstoffe mit allgemeiner Giftwirkung

$C_2H_5O\text{-}P(=O)(CH_3)\text{-}S\text{-}CH_2\text{-}CH_2\text{-}NR_2$	V-Stoffe	z. B. VX
$(CH_3)_2CHO\text{-}P(=O)(CH_3)\text{-}F$	Sarin	BB

2. Hautschädigende Kampfstoffe

$S(CH_2\text{-}CH_2\text{-}Cl)_2$	Yperit	HD

3. Lungenschädigende Kampfstoffe

$Cl_2C=O$	Phosgen	CG

4. Reizstoffe

$C_6H_5\text{-}CO\text{-}CH_2\text{-}Cl$	Chloracetophenon	CN
$o\text{-}Cl\text{-}C_6H_4\text{-}CH=C(CN)_2$	Chlorbenzalmalonsäuredinitril	CS
10-Chlor-5,10-dihydrophenarsazin	Adamsit	DM

5. Psychotoxische Kampfstoffe

$(C_6H_5)_2C(OH)\text{-}CO\text{-}O\text{-}CH(\text{chinuclidinyl})$	Chinuklidinylbenzylat	BZ

6. Phytotoxische Kampfstoffe

2,4-$Cl_2\text{-}C_6H_3\text{-}O\text{-}CH_2\text{-}COOH$	2,4-D (2,4-Dichlor-phenoxyessigsäure)[x)]	agent orange, agent white usw.
2,4,5-$Cl_3\text{-}C_6H_2\text{-}O\text{-}CH_2\text{-}COOH$	2,4,5-T (2,4,5-Trichlor-phenoxyessigsäure)[x)]	

[x)] Einsatz als Mischungen von Estern und Salzen

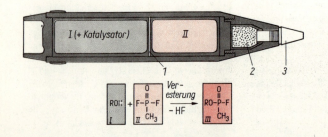

Aufbauprinzip einer chem. Binärwaffe
I, II Behälter
1 Berstscheiben
2 Sprengstoff
3 Zünder

sprühen unter Bildung eines Aerosols. In Binär-Munition befinden sich zwei relativ wenig giftige Stoffe (Vorstufen) in getrennten Behältern. Der eigentliche Kampfstoff bildet sich erst beim Einsatz dieser Munition aus den Vorstufen. (Bild, S. 104)

4. *Schutz vor chem. K.* erfolgt individuell durch Atemschutz (Schutzmaske mit Aktivkohle- und Schwebstoffilter) und Körperschutz (Schutzanzüge und -umhänge) oder für Menschengruppen in Schutzräumen.

5. *Entgiftung von chem. K.* erfolgt durch Oxydation dieser Stoffe (z. B. durch ↗ Chlorkalk oder ↗ Chloramin T) oder durch Verseifung mit Alkalien (Natronlauge, Ammoniak).

chemische Kinetik, ↗ Reaktionskinetik.

chemische Literatur, die für den Lernenden wichtigsten Literaturquellen sind Lehr- und Arbeitsbücher. In den *Lehrbüchern* sind die wichtigsten chem. Sachverhalte didaktisch aufbereitet dargestellt. *Arbeitsbücher* enthalten vor allem Experimentierungsanleitungen. *Wissensspeicher*, *Nachschlagewerke* und *Lexika* dienen zur Vertiefung und Erweiterung des Wissens. *Tabellenbücher* sind Zusammenstellungen von Stoffkonstanten. Der in der Forschung tätige Chemiker muß die zu seinem Fachgebiet erschienene Literatur auswerten. Zur Zeit erscheinen jährlich über eine halbe Mill. Veröffentlichungen auf dem Gebiet der Chemie.

Die sogenannte *Primärliteratur* umfaßt Fachzeitschriften, Patentschriften, Forschungs- und Tagungsberichte, Firmenschriften, Dissertationsschriften und Monographien. Neue Forschungsergebnisse werden meist erstmals als sogenannte Originalarbeit in einer *Zeitschrift* publiziert. Zur Zeit gibt es etwa 14 000 Zeitschriften, in denen Arbeiten zu chem. Sachverhalten erscheinen. Die Zeitschriften sind mehr oder weniger auf ein bestimmtes Teilgebiet ausgerichtet. Für chem. Erfindungen sind ↗ *Patentschriften* eine wichtige Literaturquelle. *Monographien* sind zusammenfassende Darstellungen eines bestimmten Teilgebietes in Buchform. Zur Erschließung der umfangreichen Originalliteratur gibt es verschiedene Hilfsmittel *(Sekundärliteratur)*. Sie helfen aus der Informationsflut die jeweilig interessierenden Veröffentlichungen zu einem bestimmten Sachgebiet herauszufinden. In den systematischen *Handbüchern* ist die gesamte Literatur ausgewertet, kritisch gesichtet und nach einem bestimmten Ordnungsprinzip, meist nach bestimmten Stoffgruppen, geordnet. Man findet dort eine kurze Zusammenstellung der wichtigsten Sachverhalte und bibliographische Angaben zur Originalliteratur. Das wichtigste Handbuch für die anorg. Chemie ist *»GMELINS Handbuch der anorganischen Chemie«*, dessen 8. Auflage seit 1924 erscheint. Die Literatur auf dem Gebiet der org. Chemie ist in *»BEILSTEINS Handbuch der organischen Chemie«* zusammengefaßt. Da die Handbücher in größeren Abständen erscheinen und die Literaturschlußtermine etwa 10 Jahre zurückliegen, muß man die neuere Literatur durch sogenannte *Referatezeitschriften* ermitteln. Die darin enthaltenen Referate (abstracts) sind nach Sachgebieten geordnet und sind Kurzzusammenfassungen von Originalarbeiten mit den entsprechenden bibliographischen Angaben. Die Referate erscheinen mit einer Verzögerung von einem viertel bis einem Jahr zur Originalveröffentlichung. Wichtige Referatezeitschriften sind die in den USA erscheinenden *»Chemical abstracts«* und das in der UdSSR herausgegebene *»Referativnij Žurnal, serija chimija«*. Die Arbeit mit Handbüchern und Referatezeitschriften wird durch Registerbände, wie Sachregister, Verbindungsregister und Formelregister erleichtert. Darüber hinaus ist auch eine Literatursuche mit Hilfe von Computerspeichern möglich.

chemisches Potential, ↗ freie Enthalpie.

chemisches Rechnen, ↗ Stöchiometrie.

chemische Technologie, Wissenschaft von der chem. Produktion, die alle stoffumwandelnden Produktionsprozesse umfaßt. Dazu zählen sowohl Hauptprozesse (↗ Stoffwirtschaft) als auch einzelne Produktionsstufen in Neben- und Hilfsprozessen anderer Industriezweige.

Chemisorption, ↗ Adsorption.

Chemotherapeutika, Arzneimittel zur Behandlung von Infektionskrankheiten. Ch. wirken gegen die Krankheitserreger (Bakterien, Einzeller, Viren usw.), ohne Mensch oder Tier zu schädigen. Wichtige synthetisch hergestellte Ch. sind z. B. ↗ Sulfonamide, org. Amino- und Nitroverbindungen, org. Arsen-, Antimon- und Bismutverb., Chinolin und Acridinderivate (↗ Acridin) sowie Triphenylmethanfarbstoffe. ↗ Antibiotika werden aus Pilz- oder Bakterienkulturen gewonnen, können jedoch auch teilweise oder vollständig synthetisiert werden (z. B. Chloramphenicol).

Ch. können z. B. auf Bakterien tötend (bakteriozid) oder hemmend (bakteriostatisch) wirken. Bakteriostatische Mittel hemmen u. a. die Vermehrung der Bakterien durch Zellteilung. Ein Bakterium ist ohne Zellteilung nur eine bestimmte Zeit lebensfähig. Bakteriostatische Ch. müssen regelmäßig so lange eingenommen werden, bis alle Krankheitserreger abgestorben sind.

Chilesalpeter, Bez. für mineralisches ↗ Natriumnitrat.

Chinhydron, ein Charge-transfer-Komplex aus 1,4-Benzochinon und 1,4-Dihydroxy-benzen (Hydrochinon), in dem das Chinon als π-Elektronen-Akzeptor und das Hydrochinon als Donator wirkt. (↗ Elektronen-Donator-Akzeptor-Wechselwirkung).

Chinhydron

Ch. wird in der Elektrochemie als ↗ Chinhydronelektrode eingesetzt.

Chinin, Pflanzenalkaloid, aus der Gruppe der Chinaalkaloide, die aus der Rinde südamerikanischer Cinchona-Bäume gewonnen werden. Der Name »China« leitet sich vom indianischen »Quina« für Rinde ab. C. kann auch synthetisch hergestellt werden und war lange Zeit das einzige Medikament zur Behandlung der Malaria. Auf Grund seiner bakterioziden und fiebersenkenden Wirkungen ist es zuweilen in Grippemitteln enthalten. Größere Mengen C. wirken giftig, in kleineren Mengen wirkt es als Bitterstoff appetitanregend, z.B. im Tonic-Wasser.

Chinin

Chinone, Gruppe chem. Verb., die sich aus sechsgliedrigen mono- oder polycyclischen Molekülen ableiten und zwei Oxogruppen in zueinander konjugierter Stellung enthalten. Grundverbindungen dieser Reihe sind die beiden Benzochinone. Wichtig ist noch das ↗ Anthrachinon.

C. sind reaktionsfähige Dioxoverbindungen, die sich leicht zu Dihydroxyaromaten reduzieren lassen. C. und Hydrochinon, das Reduktionsprodukt, bilden ein Redoxsystem mit einem definierten Redoxpotential, ↗ Chinhydron.

Während der Sauerstoff im C. stark nucleophil reagiert, sind die m-ständigen C-Atome elektrophil. So bildet sich aus 1,4-Benzochinon mit Cyanwasserstoff das 1,4-Dihydroxy-2-cyanobenzen und analog mit Methanol das 1,4-Dihydroxy-2-methoxybenzen. C. sind bei ↗ Dien-Synthesen Philodiene. C. werden hergestellt durch Oxydation von 1,2- oder 1,4-Diphenolen, Diaminoarenen oder Aminophenolen. Verschiedene C. haben praktische Bedeutung: 1,4-Benzo-chinon dient als Polymerisationsinhibitor; das 1,4-Naphthochinon-System findet sich als Grundgerüst im Vitamin K, es wirkt blutungsvermindernd, und im Juglon, das in den Schalen unreifer Walnüsse vorkommt und die Haut stark braun färbt; Indanthrone (Indanthrene) sind Farbstoffe mit verknüpften Anthrachinonmolekülen.

1,2-Benzochinon   1,4-Benzochinon

Chiralität, ↗ optische Aktivität.

Chitin, ein stickstoffhaltiges ↗ Polysaccharid, in welchem N-Acetyl-D-glucosaminreste β-1,4-glycosidisch zu unverzweigten Ketten vereinigt sind. C. ist Hauptbestandteil des Exoskeletts der wirbellosen Tiere (z.B. Insekten, Krebse), kommt aber auch in der Zellwand der Pilze vor.

Ausschnitt aus dem Chitinmolekül

Chlor,

Cl	$Z = 17$
$A_{r(1981)} = 35,453$	
Ek: [Ne] $3s^2 3p^5$	
OxZ: -1, $+1$, $+3$, $+4$, $+5$, $+6$, $+7$	
$X_E = 3,16$	
Elementsubstanz: Cl_2	
Schmp. $-101\,°C$	
Sdp. $-35\,°C$	
$\varrho_g = 3,214\,\text{kg}\cdot\text{m}^{-3}$	
$\varrho_{fl}\ 1,56\,\text{kg}\cdot l^{-1}$	

chem. Element (↗ Elemente, chem.).

Chlorum, Symbol: Cl, 2. Element der 7. Hauptgruppe des PSE (↗ Hauptgruppenelemente, 7. Hauptgruppe des PSE). C. ist die Bez. für alle Atome, die 17 positive Ladungen im Kern (also 17 Protonen) besitzen: Kernladungszahl $Z = 17$. Die Hülle des neutralen Atoms besteht aus 17 Elektronen, von denen sieben als Valenzelektronen die Konfiguration $3s^2 3p^5$ besitzen. In Verb. werden Oxydationsstufen eingenommen, die durch die Oxydationszahlen OxZ -1, $+1$, $+3$, $+4$, $+5$, $+6$ und $+7$ charakterisiert sind. Die Elementsubstanz wurde als erstes Halogen von SCHEELE durch Oxydation von Salzsäure mit Braunstein erhalten (1774), aber erst 36 Jahre später (1810) von DAVY als chem. Element erkannt. In der Natur kommt C. in der Form von Chloriden vor: *Steinsalz*, Natriumchlorid, NaCl; *Sylvin*, Kaliumchlorid, KCl; *Kainit*, $MgSO_4 \cdot KCl \cdot 3 H_2O$, und *Carnallit*, $KCl \cdot MgCl_2 \cdot 6 H_2O$. Bedeutende Vorkommen von Steinsalz finden sich in der DDR bei Staßfurt. Die Elementsubstanz ist eine zweiatomige Verbindung: molekulares Cl_2. Eine Darstellung erfolgt durch Oxydation von Chlorwasserstoff, z. B. durch Braunstein:

$4 HCl + MnO_2 \rightarrow Cl_2\uparrow + MnCl_2 + 2 H_2O$

oder durch Elektrolyse (anodische Oxydation) von Chloridionen:

$2 Cl^- \rightarrow Cl_2\uparrow + 2 e^-$

(z. B. bei der ↗ Chloralkalielektrolyse). Molekulares C. ist ein gelbgrünes Gas (in festem Zustand gelb), das sich bei etwa 725 °C zu 0,03 % und bei 1 725 °C zu 52 % in Einzelatome aufspaltet. Molekulares C. stellt ein starkes Atemgift dar. Eine Umsetzung erfolgt mit metallischem Natrium zu Natriumchlorid:

$2 Na + Cl_2 \rightarrow 2 NaCl$, $\Delta_B H = -410,9 kJ \cdot mol^{-1}$,

mit metallischem Eisen zu Eisen(III)-chlorid:

$2 Fe + 3 Cl_2 \rightarrow 2 FeCl_3$, $\Delta_B H = -391,2 kJ \cdot mol^{-1}$,

mit molekularem Wasserstoff (in einer Kettenreaktion) zu Chlorwasserstoff:

$H_2 + Cl_2 \rightarrow 2 HCl$, $\Delta_B H = -92,31 kJ \cdot mol^{-1}$

und mit Schwefelwasserstoff zu Chlorwasserstoff und Schwefel:

$H_2S + Cl_2 \rightarrow 2 HCl + S$.

In Wasser ist molekulares C. löslich unter langsam einsetzender Reaktion zu Chlorwasserstoff und hypochloriger Säure:

$Cl_2 + H_2O \rightarrow HCl + HClO$.

Molekulares C. wird in großen Mengen hergestellt und zu Chloriden, Chloraten, org. Lösungsmitteln, Kunststoffen, Zwischenprodukten für Farbstoffe, Insektiziden und vielen anderen Stoffen weiterverarbeitet. Außerdem findet es Verwendung beim Entzinnen von Weißblech, zur Entkeimung von Wasser und zur Beseitigung von Fäulnisstoffen.

Chloracetophenon, Reizstoff (↗ chem. Kampfstoffe).

Chloralkalielektrolyse, großtechnische Durchführung der ↗ Elektrolyse wäßriger Alkalichloridlösungen. Bei diesem Verfahren wird Natriumchlorid (NaCl, Kochsalz) zu Natronlauge, Chlor und Wasserstoff elektrolysiert. Beim Einsatz von Kaliumchlorid (KCl) entsteht neben Chlor und Wasserstoff Kalilauge. Natronlauge ist eine wäßrige Lösung von Natriumhydroxid (NaOH), Kalilauge die von Kaliumhydroxid (KOH). Es finden zwei nahezu gleichwertige Verfahren Anwendung: Beim *Diaphragma-Verfahren* wird als Trennung von Anoden- und Katodenraum eine poröse Wand (Diaphragma) verwendet. An der Katode wird Wasserstoff (H_2), an der Anode Chlor (Cl_2) abgeschieden; im Katodenraum bildet sich Natronlauge, die durch Natriumchlorid verunreinigt ist. Zur Optimierung dieses Prozesses haben die Entwicklung stabiler Elektroden, neuer Diaphragmamaterialien mit hohen Standzeiten sowie der Einsatz selektiver ↗ Ionenaustauschermembranen beigetragen.

Beim *Amalgam-Verfahren* wird eine Quecksilber-Katode eingesetzt, an der sich Natrium abscheidet und eine Natrium-Quecksilberlegierung (↗ Amalgam) bildet. An der Anode bildet sich Chlor. In einer nachgeschalteten Zersetzerzelle wird das Natriumamalgam mit Wasser zu einer sehr reinen Natronlauge umgesetzt, wobei Wasserstoff entsteht.

Chlorameisensäureester, ↗ Chlorkohlensäureester.

Chloramine, Natriumsalz des N-Chlor-toluen-4-sulfonamids

$Na[CH_3-C_6H_4-SO_2-\overset{\ominus}{N}-Cl]$

Chloramin T, bzw. N,N-Dichlor-toluen-4-Sulfonamid, $CH_3-C_6H_4-SO_2-NCl_2$, Dichloramin T. Diese C. zeigen die desinfizierende, oxydierende und bleichende Wirkung des Chlors in wäßrigen Lösungen. Sie werden aus dem als Nebenprodukt der Saccharinherstellung erhaltenen p-Toluensulfochlorid preiswert hergestellt.

Chloramphenicol, ↗ Antibiotika.

Chlorat, e, Bez. der Salze der ↗ Chlorsäure.

Chloratsprengstoffe, reibungsempfindliche Explosivstoffe aus 85 bis 90 % ↗ Kaliumchlorat im Gemisch mit brennbaren Stoffen wie Mineralölen oder Sägespänen.

Chlorbenzen, C_6H_5Cl, farblose, schwach riechende Flüssigkeit, Sdp. 132 °C. C. wird durch Chlorieren des Benzens in einer elektrophilen Substitutionsreaktion in Gegenwart von Eisen- oder Aluminiumchlorid gewonnen und wegen seiner hervorragenden Lösefähigkeit als Lösungsmittel für Öle, Fette, Harze u. a. verwendet. C. dient ferner als Zwischenprodukt für die Synthesen von Phenol, Farbstoffen und Arzneimitteln.

Chlorcyan, Cl—CN, ein Cyanhalogenid, das aus Chlor und Cyanwasserstoff gewonnen wird. C. ist bei Zimmertemperatur gasförmig, Sdp. 13 °C. C. ist stark giftig und tränenreizend. C. wird meist direkt zu ↗ Cyanurchlorid weiterverarbeitet.

Chlordiazepoxid, beruhigend wirkendes ↗ Psychopharmakum, das u. a. als ↗ Schlafmittel bei durch Streß verursachten Einschlafstörungen verordnet wird.

Chloressigsäuren, ↗ Chlorethansäuren.
Chlorethansäuren, Derivate der Ethansäure, die durch Austausch von einem oder mehreren Wasserstoffatomen der Methylgruppe abgeleitet werden:

Chlorethansäure (Chloressigsäure)	Cl—CH₂—COOH	Schmp.	63 °C
Dichlorethansäure	Cl₂CH—COOH	Sdp.	194 °C
Trichlorethansäure	Cl₃C—COOH	Schmp.	58 °C

Bedingt durch den -I-Effekt der Chloratome sind die C. erheblich saurer als die Ethansäure.
Mono-C. wird meist durch Oxydation von 2-Chlor--ethanol (Ethylenchlorhydrin) gewonnen.
Di-C. bildet sich bei der Umsetzung von Chloralhydrat mit Calciumcarbonat, wobei Natriumcyanid als Katalysator eingesetzt wird.
Tri-C. ist das Oxydationsprodukt des Chloralhydrates in Gegenwart konzentrierter Salpetersäure, ↗ Trichlorethanal. Alle C. sind wertvolle Zwischenprodukte für Synthesen von Arzneimitteln und Pflanzenschutzmitteln.
Chlorid, e, Bez. für die Salze der ↗ Salzsäure.
chlorige Säure, $HClO_2 \cdot x H_2O$, tritt nur in wäßriger Verdünnung auf, kann z. B. durch Reduktion von Chlordioxid mit Wasserstoffperoxid erhalten werden:
$$2 ClO_2 + H_2O_2 \rightarrow 2 HClO_2 + O_2\uparrow.$$
Sie ist die einzige gesichert bekannte halogenide Säure, HXO_2. Ihre Salze heißen Chlorite.
Chlorite, 1. grüne Silicate wechselnder Kationenzusammensetzung mit Schichtgitterstruktur. Neben blättchenförmigen Kristallen findet man vor allem feinkristalline Aggregate. Sie treten als Zersetzungsprodukte primär gebildeter Silicatmineralien auf.
2. Salze der ↗ chlorigen Säure.
Chlorkalk, techn. wichtiges Produkt, das zum wesentlichen Teil aus einem gemischten Calciumsalz der Chlorwasserstoff- und hypochlorigen Säure besteht: Ca(ClO)Cl. C. wird beim Einleiten von molekularem Chlor in eine wäßrige Aufschlämmung von Calciumhydroxid gewonnen:
$$Ca(OH)_2 + Cl_2 \rightarrow Ca(ClO)Cl + H_2O$$
und findet als starkes Bleich- und Desinfektionsmittel Verwendung.
Chlorkautschuk, Chlorierungsprodukt des Naturkautschuks. Er ist wegen seiner Härte, Unentflammbarkeit und Korrosionsbeständigkeit geschätzt. ↗ Kautschuk.
Chlorknallgas, Gemisch der Gase Wasserstoff (H_2) und Chlor (Cl_2), das durch Entzündung (z. B. durch lokale Erhitzung oder Bestrahlung mit blauem Licht) explosionsartig Chlorwasserstoff bildet:
$$H_2 + Cl_2 \rightarrow 2 HCl, \quad \Delta_B H = -92{,}31 \text{ kJ} \cdot \text{mol}^{-1}.$$
Der Ablauf der Reaktion vollzieht sich nach einem Radikalkettenmechanismus, d. h. über die Ausbildung von Chlor- bzw. Wasserstoffradikalen, die mit den Molekülen des Reaktionspartners weiterreagieren:
$Cl_2 \rightarrow 2 Cl^\bullet$ (Startreaktion);
$Cl^\bullet + H_2 \rightarrow HCl + H^\bullet$;
$H^\bullet + Cl_2 \rightarrow HCl + Cl^\bullet$ (usw. = Kettenreaktion).
Chlorkohlensäureester, Cl—C(=O)—O—R, Halbester der Kohlensäure mit Alkoholen oder Phenolen, deren zweite Hydroxylgruppe durch Chlor substituiert ist. Sie können auch als chlorierte Methansäureester (Ameisensäureester) aufgefaßt werden. C. sind sehr reaktionsfähige Verbindungen, die erstickend riechen und deren Dämpfe zu Tränen reizen. C. werden aus ↗ Phosgen und den entsprechenden Alkoholen hergestellt und als Synthesebausteine zur Einführung der Carbalkoxy- bzw. der Carbaryloxygruppe, —CO—O—R, in Verb. mit aktiven Wasserstoffatomen benutzt.
Chlormethylierung, (BLANC-Reaktion) Reaktion zur Einführung der Chlormethylgruppe, —CH₂Cl, in Aromaten. Bei der C. wird Methanal und Chlorwasserstoff in einer elektrophilen Reaktion an das Aren unter katalytischer Wirkung von Aluminiumchlorid oder Zinkchlorid angelagert:

$C_6H_6 + H-CHO + HCl \xrightarrow{(AlCl_3)} C_6H_5-CH_2-Cl + H_2O$

Chlorophylle, in den Chloroplasten von Pflanzenzellen enthaltene grüne Farbstoffe. C. sind wie das ↗ Häm Porphyrin-Chelatkomplexe, enthalten aber Mg^{2+}-Ionen als Zentralionen. Natürliches Chlorophyll höherer Pflanzen ist ein Gemisch aus blaugrünem Chlorophyll a und gelbgrünem Chlorophyll b im Verhältnis 3:1 (Bild). Durch Chlorophyll a wird bei der Photosynthese als erster Schritt Lichtenergie in Elektronenanregungsenergie umgewandelt.

Chlorophyll a
R = —CH₃

Chlorophyll b
R = —C(=O)H

—$C_{20}H_{39}$ = Phetylrest

Struktur des Chlorophylls ·

Chloroprenkautschuk, aus Chloropren (2-Chlor--buta-1,3-dien) hergestellter Kautschuk, der gegenüber Naturkautschuk verbesserte Eigenschaften (Härte, Beständigkeit) aufweist. Er wird zu Förderbändern, Gefäßauskleidungen, Ölschläuchen, Kabelschutzmassen u. ä. verwendet.
Das Monomere ist eine chlorierte Butadienverbindung, die durch Anlagerung von Chlorwasserstoff an Vinylethin (But-1-en-3-in) hergestellt wird. ↗ Kautschuk.

Chlor(I)-oxid, Cl_2O, auch Dichlormonoxid, gelbes bis rötliches Gas (Schmp. $-116\,°C$, Sdp. $2{,}0\,°C$), das durch Umsetzung (↗ Disproportionierung) von molekularem Chlor mit Quecksilberoxid entsteht:
$$2\,Cl_2 + HgO \rightarrow Cl_2O + HgCl_2.$$
Mit brennbaren Substanzen in Berührung gebracht oder durch Erwärmung zerfällt es explosionsartig.

Chlor(IV)-oxid, ClO_2, auch Chlordioxid, gelbes bis orangegelbes Gas (Schmp. $-59\,°C$, Sdp. $11{,}0\,°C$), das durch Einwirkung von konz. Schwefelsäure auf ein Gemisch von Kaliumchlorat und Oxalsäure (Ethandisäure) entsteht:
$$2\,KClO_3 + 2\,H_2SO_4 + H_2C_2O_4$$
$$\rightarrow 2\,ClO_2 + 2\,CO_2 + 2\,KHSO_4 + 2\,H_2O.$$
C. ist hochexploxiv, mit Kohlendioxid verdünnt jedoch gefahrloser zu handhaben.

Chlor(VI)-oxid, Cl_2O_6, auch Dichlorhexoxid, tiefrotbraune Flüssigkeit (Schmp. $3{,}5\,°C$, Sdp. $203\,°C$), die durch Oxydation von Chlordioxid mit Trisauerstoff (Ozon) gewonnen wird:
$$2\,ClO_2 + 2\,O_3 \rightarrow Cl_2O_6 + 2\,O_2.$$
In reinem Zustand ist es beständig, explodiert jedoch sofort sehr heftig, wenn org. Stoffe anwesend sind.

Chlor(VII)-oxid, Cl_2O_7, auch Dichlorheptoxid, farblose ölige Flüssigkeit (Schmp. $-91{,}5\,°C$, Sdp. $80\,°C$), die durch Entwässerung von ↗ Perchlorsäure mit Phosphor(V)-oxid entsteht:
$$2\,HClO_4 \rightarrow Cl_2O_7 + H_2O.$$
C. ist hochexplosiv: durch Schlag oder Berührung mit offener Flamme. In der Kälte ist es jedoch beständiger als die anderen Chloroxide.

Chlorpikrin, auch Nitrochloroform, ↗ Trichlornitromethan.

Chlorpromazin, ↗ Psychopharmaka.

Chlorsäure, $HClO_3$, als freie Säure nur verdünnt beständig. Sie kann über ihre Salze, die *Chlorate,* dargestellt werden. Durch Einleiten von molekularem Chlor in heiße, konz. Kalilauge entsteht über die Stufe des Kaliumhypochlorits (durch Disproportionierungsprozesse) Kaliumchlorat (und Kaliumchlorid):

$$3\,Cl_2 + 6\,KOH \rightarrow 3\,KClO + 3\,KCl + 3\,H_2O,$$
$$3\,KClO \rightarrow KClO_3 + 2\,KCl.$$
Chlorate sind starke Oxydationsmittel und können zur Darstellung von molekularem Sauerstoff (↗ Kaliumchlorat) verwendet werden.

Chlorum, wissenschaftliche Bez. für das chem. Element ↗ Chlor.

Chlorwasserstoff,

HCl
Schmp. $-114\,°C$
Sdp. $-85{,}02\,°C$
$\varrho_g = 1{,}639\ kg \cdot m^{-3}$

farbloses, an der Luft Nebel bildendes Gas mit stechendem Geruch und Geschmack. Es löst sich begierig in Wasser (bei $20\,°C$ lösen sich $718{,}8\,g$ HCl in einem Liter H_2O) und bildet dabei ↗ Salzsäure:
$$HCl + H_2O \rightleftharpoons H_3O^+ + Cl^-.$$
C. kann aus den Elementsubstanzen:
$$H_2 + Cl_2 \rightarrow 2\,HCl,\ \Delta_B H = -92{,}31\ kJ \cdot mol^{-1}$$
oder durch Umsetzung von Chloriden mit konz. Schwefelsäure, z. B.:
$$2\,NaCl + H_2SO_4 \rightarrow 2\,HCl\uparrow + Na_2SO_4$$
hergestellt werden. C. wird in großen Mengen zur Herstellung von Salzsäure verwendet.

Cholesterol, früher Cholesterin (Cholest-5-en-3β-ol), einwertiger, sekundärer Alkohol aus der Gruppe der Sterole (Sterine). Schmp. $148\,°C$, der schuppige Kristalle bildet, in Wasser unlöslich, aber in Ethanol, Diethylether, Halogenalkanen und anderen org. Lösungsmitteln gut löslich ist. C. ist ein Bestandteil aller tierischen Zellen und kommt als Ester von Fettsäuren im ↗ Lanolin (Wollfett) vor. C. ist lebenswichtig. Eine Störung des C.-Stoffwechsels kann zur Arteriosklerose führen.
C. besitzt 8 asymmetrische Kohlenstoffatome und ist somit optisch aktiv: C-Atome 3, 8, 9, 10, 13, 14, 17, 18.

Cholesterol

Chrom, bis zum Jahre 1975 gebräuchliche deutschsprachige Bez. für das chem. Element ↗ Chromium.

Chromate, Verb. des Chromiums(VI), die das gelbe, tetraedrisch konfigurierte Chromation, CrO_4^{2-}, enthalten. C. bilden sich bei der Umsetzung von polymerem Chromium(VI)-oxid in alkalischer

Lösung:
$(CrO_3)_n + n\,OH^- + n\,H_2O \rightleftharpoons n\,CrO_4^{2-} + n\,H_3O^+$.
In saurer Lösung (bei pH = 2 bis 6) gehen die gelben Chromationen in orangegelbe Dichromationen über:
$2\,CrO_4^{2-} + 2\,H_3O^+ \rightleftharpoons Cr_2O_7^{2-} + 3\,H_2O$.
C. sind (wie auch die Dichromate) starke Oxydationsmittel, die u. a. in der Maßanalyse (Oxydimetrie) Verwendung finden. Einige C. sind in Wasser schwer löslich: Ag_2CrO_4, $PbCrO_4$, $HgCrO_4$ u. a.

Chromatographie, physikalisch-chem. Methode zur Stofftrennung auf der Basis von Phasengleichgewichten, bei der eine ↗ Phase unbeweglich (stationär) ist und die andere (mobile) sich an ihr entlang bzw. durch sie hindurch bewegt. Als *stationäre Phasen* dienen feinpulvrige Feststoffe mit großer Oberfläche wie Aluminiumoxid, Kieselgel, Molekularsiebe und Ionenaustauscher oder dünne Flüssigkeitsfilme auf Trägern mit großer Oberfläche, z. B. Wasser auf Papier oder Kieselgel, Siliconöl auf Polyethylenpulver usw. Die *mobile Phase* mit dem zu trennenden Stoffgemisch kann gasförmig *(Gaschromatographie)* oder flüssig *(Flüssigkeitschromatographie)* sein. Je nach Kombination der stationären und mobilen Phasen bestehen zwischen ihnen ↗ Verteilungs-, ↗ Adsorptions- oder ↗ Ionenaustauschgleichgewichte. Tabelle.

Phasenaufbau und Bezeichnungen in der Chromatographie

Bezeichnung nach dem Phasengleichgewicht	Phasen mobile	Phasen stationäre	Übliche Kurzbezeichnung
Adsorptionschromatographie	L	S	LSC
	G	S	GSC
Verteilungschromatographie	L	L	LLC
	G	L	GLC
Ionenaustauschchromatographie	L	S	LSC

S solidus (fest); L liquidus (flüssig); G gasförmig; C Chromatographie

Ihre ständige Neueinstellung durch die Bewegung der mobilen Phase führt bei unterschiedlichen Gleichgewichtslagen der Bestandteile des Stoffgemisches zu einem kontinuierlichen Trennprozeß. So wandern Stoffe, die von der stationären Phase stark aufgenommen oder adsorbiert werden, langsamer durch die chromatographische Anordnung als weniger in Wechselwirkung befindliche.
Alle Arten der Chromatographie (Tabelle) können als *Säulenchromatographie* durchgeführt werden. Dabei befindet sich die stationäre Phase in einer Säule; die Geschwindigkeit der mobilen Phase läßt sich mit dem Ablaufhahn drosseln.
Sind die einzelnen Stoffe nach der Trennung in der stationären Phase enthalten, spricht man von einem *inneren Chromatogramm.* Das ist auch bei der *Papier-* (Bild) und *Dünnschichtchromatographie* der Fall. Dort liegt eine kleine Menge eines gelösten Substanzgemisches nach dem Transport durch ein ↗ hydrophobes Laufmittel über die ↗ hydrophile (mit Wasser bedeckte) stationäre Phase aus Papier bzw. einer dünnen Schicht, z. B. aus Aluminiumoxid, auf einer Glasplatte getrennt in diesen Schichten vor. Die Auftrennung ist durch die Eigenfärbung der Stoffe, mit chem. Verfahren (z. B. Anfärben) oder durch physikal. Methoden (z. B. Bestrahlung mit ultraviolettem Licht) erkennbar. Zur Charakterisierung der Auftrennung kann der Retentionsfaktor (R_f-Wert) dienen, der das Verhältnis der Laufstrecke des einzelnen Stoffes gegenüber der des Laufmittels angibt. Bild.

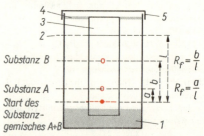

Prinzip der (aufsteigenden) Papierchromatographie und Erläuterung des R_f-Wertes
1 Lösungsmittel (Laufmittel)
2 Laufmittelfront
3 Papier
4 Papierhalterung
5 geschlossenes Gefäß

Man erhält ein *äußeres Chromatogramm,* wenn die getrennten Stoffe nacheinander, d. h. mit verschiedenen Retentionszeiten, am Säulenende aufgefangen bzw. mit Hilfe eines Detektors angezeigt werden, wie es bei der Gaschromatographie üblich ist. Dort wird eine kleine Menge eines unzerstört verdampfbaren Stoffgemisches mit Hilfe eines Trägergasstromes (meist Wasserstoff oder Helium) über eine Säule mit der stationären Phase transportiert und dabei getrennt.
Da die chromatographischen Methoden sehr empfindlich (µg bis pg) und wirksam sind, haben sie große Verbreitung in der analytischen und präparativen Stofftrennung gefunden.

Chromeisenstein, ↗ Chromit.

Chromit, $(Fe, Mg)(Cr, Al, Fe)_2O_4$, Mineral der Spinellgruppe. In derben feinkristallinen Massen vorkommend, ist er das wichtigste Chromerz.

Chromium,

Cr	$Z = 24$
	$A_{r(1981)} = 51{,}996$
Ek:	$[Ar]\ 3d^5 4s^1$
OxZ:	$-2, -1, 0, +1, +2, +3, +4, +5, +6$
$X_E = 1{,}66$	
Elementsubstanz:	
Schmp.	1 900 °C
Sdp.	2 642 °C
$\varrho = 7{,}19\ kg \cdot l^{-1}$	

chem. Element (↗ Elemente, chem.).
Chromium, Symbol: Cr, 1. Element der 6. Nebengruppe des PSE (↗ Nebengruppenelemente, 6. Nebengruppe des PSE). C. ist die Bez. für alle Atome, die 24 positive Ladungen im Kern (also 24 Protonen) besitzen: Kernladungszahl $Z = 24$. Die Hülle des neutralen Atoms besteht aus 24 Elektronen, von denen die möglichen Valenzelektronen die Konfiguration $3d^5 4s^1$ besitzen. In Verb. werden Oxydationsstufen eingenommen, die durch die Oxydationszahlen OxZ $-2, -1, 0, +1, +2, +3, +4, +5$ und $+6$ charakterisiert sind. C. wurde 1797 von VAUQUELIN im Rotbleierz entdeckt und mit Kohle zum Metall reduziert. Bis 1975 war der deutschsprachige Name des Elements *Chrom*. In der Natur finden sich die Chromerze: *Chromeisenstein, Chromit* (als Hauptvorkommen), $Cr_2O_3 \cdot FeO$, und *Rotbleierz, Krokoit*, $PbCrO_4$. Metallisches C. wird durch Reduktion des Chromeisensteins mit Kohle:

$Cr_2O_3 \cdot FeO + 4\,C \rightarrow 2\,Cr + Fe + 4\,CO\uparrow$

oder durch Reduktion von Chromium(III)-oxid mit metallischem Aluminium (im aluminothermischen Verfahren):

$Cr_2O_3 + 2\,Al \rightarrow 2\,Cr + Al_2O_3$

dargestellt. Das Metall ist silberweiß mit hellbläulichem Glanz, regulär kristallin (kubisch-raumzentriert), zäh, dehnbar, schmiedbar und von mittlerer Härte (4 bis 5 nach MOHS). Es ist an der Luft beständig, setzt sich mit Salzsäure unter Luftabschluß zu Chromium(II)-chlorid und Diwasserstoff:

$Cr + 2\,HCl \rightarrow CrCl_2 + H_2\uparrow$,

mit molekularem Sauerstoff nach Entzündung zu Chromium(III)-oxid:

$4\,Cr + 3\,O_2 \rightarrow 2\,Cr_2O_3$, $\Delta_B H = -1\,141\ kJ \cdot mol^{-1}$

um. Chromium(III)-oxid wird in einer Schmelze von Natriumcarbonat und Kaliumnitrat (Soda-Salpeter-Schmelze) zu Natriumchromat(VI) oxydiert:

$Cr_2O_3 + Na_2CO_3 + 3\,KNO_3$
$\rightarrow 2\,Na_2CrO_4 + 3\,KNO_2 + 2\,CO_2\uparrow$.

Die Verb. des C., insbesondere die Chromium(VI)-Verb., sind sehr giftig. Chromiumionen sind Komplexbildner. Metallisches C. wird als Legierungsmetall, zum Verchromen und als Vorlegierung Ferrochrom zur Herstellung von Chromstählen, die sich durch besondere Härte auszeichnen, verwendet.

Chromium(II)-chlorid, $CrCl_2$, weiße, orthorhombisch kristalline, in Wasser leicht lösliche Substanz (Schmp. 815 °C, Sdp. 1 302 °C), die durch Umsetzung von metallischem Chromium mit Salzsäure unter Luftabschluß:

$Cr + 2\,HCl \rightarrow CrCl_2 + H_2\uparrow$

dargestellt werden kann. C. ist, wie alle Chromium(II)-Verbindungen, ein starkes Reduktionsmittel:

$Cr^{2+} \rightarrow Cr^{3+} + e^-$.

Chromium(III)-chlorid, $CrCl_3$, samtartig glänzende, in violetten Nadeln trigonal kristallisierende Substanz (Sbl. 945 °C). Mit Wasser bildet sich das Hexahydrat:

$CrCl_3 \cdot 6\,H_2O \rightarrow [Cr(H_2O)_6]Cl_3$,

das einer Hydratisometrie:

$[Cr(H_2O)_6]Cl_3 \rightleftharpoons [Cr(H_2O)_5Cl]Cl_2 \cdot H_2O$
graublau   hellgrün

$\rightleftharpoons [Cr(H_2O)_4Cl_2]Cl \cdot 2\,H_2O$
smaragdgrün

unterliegt. C. setzt sich mit Ammoniak zu Chromium(III)-nitrid:

$CrCl_3 + NH_3 \rightarrow CrN + 3\,HCl$

und mit Phosphan zu Chromium(III)-phosphid um:

$CrCl_3 + PH_3 \rightarrow CrP + 3\,HCl$.

Chromium(III)-oxid, Cr_2O_3, grüne, trigonal kristalline oder amorphe, in Wasser unlösliche Substanz. C. wird durch direkte Synthese von metallischem Chromium mit molekularem Sauerstoff:

$4\,Cr + 3\,O_2 \rightarrow 2\,Cr_2O_3$, $\Delta_B H = -1\,141\ kJ \cdot mol^{-1}$

oder Reduktion von Chromaten bzw. Dichromaten, z. B.:

$(NH_4)_2Cr_2O_7 \rightarrow Cr_2O_3 + N_2\uparrow + 4\,H_2O$

(= thermischer Zerfall – Reduktion von Ammoniumdichromat) gebildet.

Chromium(VI)-oxid, CrO_3, dunkelrote, orthorhombisch kristalline, in Wasser leicht lösliche Substanz (Schmp. 187 °C) von linear polymerer Struktur:

$$\begin{array}{c} O O \\ \| \| \\ --Cr-O-Cr-O-- \\ \| \| \\ O O \end{array}$$

C. kann durch Säurezusatz (z. B. Schwefelsäure) zu

Dichromatlösungen erhalten werden:
$Cr_2O_7^{2-} + 2H^+ \rightarrow 2CrO_3 + H_2O$.
C. ist ein starkes Oxydationsmittel.

chromophore Gruppen, Chromophore, sind Atomanordnungen bzw. funktionelle Gruppen, die wesentlich die selektive Absorption des Lichtes einer org. Verb. (↗ Spektren) bestimmen. Ein Molekül mit einem Chromophor ist ein Chromogen. Bei konjugierter Anordnung mehrerer Chromophore erfolgt meist eine so starke bathochrome Absorptionsverschiebung, daß die Verbindung farbig erscheint. Die niedrigste farbige Verb. ist das Butan-2,3-dion (Diacetyl), $CH_3-CO-CO-CH_3$, eine gelbe Flüssigkeit.
Zu C. zählen: >C=O, >C=N−, >C=C<, −N=N−, −N=O, −NO$_2$.

Chromschwefelsäure, eine giftige Mischung aus Natriumdichromat und konz. Schwefelsäure, durch die (auch durch das gebildete Chromium(VI)-oxid) org. Verunreinigungen (z.B. Fette) aus Glasgefäßen entfernt werden können.

Chrysotil, $(OH)_4Mg_2[Si_2O_5]$, Varietät des ↗ Serpentins in langfaseriger Ausbildung (↗ Asbest). Chrysotilasbest stellt die Hauptmenge des technisch genutzten Asbests.

Cinnabarit, ↗ Zinnober.

Citral, Trivialname für den zweifach ungesättigten Aldehyd mit isolierter Dienstruktur,

$CH_3-C=CH-CH_2-CH_2-C=CH-C-H$,
     | | ||
     CH_3 CH_3 O

dem 3,7-Dimethyl-octa-2,6-dienal. C. ist eine gelbliche, ölige Flüssigkeit mit charakteristischem Zitronengeruch und wird aus Zitronenöl oder Lemongrasöl isoliert.
C. ist der Geruchsträger von Zitronenaromen und Ausgangsstoff für die Herstellung von Pseudojonon, aus dem ↗ Jonon gewonnen wird.

Citrate, Bez. der Salze der Citronensäure, ↗ Atmung.

Citratzyklus, ↗ Atmung.

Citronensäure, $HOOC-CH_2-\underset{\underset{COOH}{|}}{\overset{\overset{OH}{|}}{C}}-CH_2-COOH$, eine Hydroxy-tricarbonsäure, gebräuchlicher Trivialname für die 3-Carboxy-3-hydroxy-pentan-disäure. C. kommt in Früchten, besonders aber in Zitronen (5 bis 7 %) vor und kann daraus gewonnen werden. Industriell wird sie aus Kohlenhydraten (Melasse) durch Citronensäuregärung hergestellt. C. bildet farblose Kristalle, die leicht in Wasser löslich sind. Die Salze heißen Citrate. Calciumcitrat ist in heißem Wasser weniger löslich als in kaltem. C. wird in der Lebensmittelindustrie verwendet.

Citronensäurezyklus, ↗ Atmung.

CLAISEN-Kondensation, eine Verknüpfung von zwei Estermolekülen zu 3-Keto-carbonsäureestern unter der Katalyse von Natriumalkoholat, Natriumamid oder Natrium:

$2R-CH_2-\underset{\underset{O}{||}}{C}-O-C_2H_5$

$\xrightarrow{(C_2H_5ONa)} R-CH_2-\underset{\underset{O}{||}}{C}-\underset{\underset{R}{|}}{CH}-\underset{\underset{O}{||}}{C}-O-C_2H_5 + C_2H_5-OH$

Die Reaktionsprodukte der C. sind wertvolle Ausgangsstoffe für chem. Synthesen.

Clathrate, ↗ Einschlußverbindungen.

CLAUS, CARL (11.1.1796 bis 12.3.1864), vielseitig begabter russischer Gelehrter, untersuchte u. a. die Platinmetalle. Er entdeckte das Ruthenium und stellte zahlreiche Rutheniumverbindungen her.

CLAUS-Verfahren, katalytische Oxydation von Schwefelwasserstoff mit Luftsauerstoff (bzw. Schwefeldioxid) zu Schwefel (bzw. Schwefeldioxid):

$H_2S + 1\frac{1}{2}O_2 \rightarrow SO_2 + H_2O$
$2H_2S + SO_2 \rightarrow 3S + 2H_2O$

─────────────────────

$3H_2S + 1\frac{1}{2}O_2 \rightarrow 3S + 3H_2O$

Der Reaktor (»CLAUS-Ofen«) ist zum größten Teil mit einer Bauxit-Schüttung angefüllt, die als Katalysator wirkt.

CLAUSIUS-CLAPEYRONsche Gleichung, ↗ Dampfdruck.

Cluster, [engl., svw. Büschel, Traube, Gruppierung].
1. Bez. für größere Aggregationen von Einzelmolekülen infolge ↗ Wasserstoffbrückenbindungen, z. B. im ↗ Wasser.
2. Bez. für ↗ Komplexverb., den Metallclustern, in denen durch Bindungen zwischen Metallatomen komplexe Baugruppen entstehen (Inselstrukturen). Metallcluster werden von Halogeniden und Oxiden von 4d- und 5d-Elementen der V., VI. und VII. Nebengruppe des PSE mit niedrigen Oxydationszahlen des Metalls gebildet. Zum Beispiel sind im Molybdän(II)-chlorid von 12 Chloridionen nur 4 mit Silbernitrat fällbar, entsprechend der Formel $[Mo_6Cl_8]Cl_4$. Die Verb. enthält $[Mo_6Cl_8]^{4+}$-Baugruppen mit Clusterstruktur. Bild.

$[Mo_6Cl_8]^{4+}$-Cluster

Mehrkernige ↗ Metallcarbonyle bilden ebenfalls Clusterstrukturen.

Cobalt,

Co $Z = 27$
$A_{r(1981)} = 58,9332$
Ek: [Ar] $3d^7 4s^2$
OxZ: $-1, 0, +1, +2, +3, +4$
$X_E = 1,88$
Elementsubstanz:
Schmp.   1 490 °C
Sdp.   2 900 °C
$\varrho = 8,90 \text{ kg} \cdot l^{-1}$

chem. Element (↗ Elemente, chem.). *Cobaltum*, Symbol: Co, 2. Element der Eisengruppe (↗ Nebengruppenelemente, 8. Nebengruppe des PSE). C. ist die Bez. für alle Atome, die 27 positive Ladungen im Kern (also 27 Protonen) besitzen: Kernladungszahl $Z = 27$. Die Hülle des neutralen Atoms besteht aus 27 Elektronen, von denen die möglichen Valenzelektronen die Konfiguration $3d^7 4s^2$ besitzen. In Verb. werden Oxidationsstufen eingenommen, die durch die Oxydationszahlen OxZ $-1, 0, +1, +2, +3$ und $+4$ charakterisiert sind. 1735 wurde C. von BRANDT erstmalig als Metall dargestellt. In der Natur findet sich C. meist mit Nickel vergesellschaftet. Wichtige Cobalterze sind: *Smaltin, Speiskobalt*, $CoAs_2$; *Kobaltglanz, Glanzkobalt*, CoAsS; *Kobaltblüte, Erythrin*, $Co_3[AsO_4]_2 \cdot 8 H_2O$; *Heterogenit, Stainierit*, $Co_2O_3 \cdot H_2O$ bzw. $Co_2O_3 \cdot 2 H_2O$, und *Linneit, Kobaltkies*, Co_3S_4. Zur Gewinnung des metallischen C. werden die Erze in Oxide überführt (z. B. durch Röstprozesse) und dann mit Kohle reduziert:
$Co_2O_3 + 3 C \rightarrow 2 Co + 3 CO\uparrow$.
Das Metall ist stahlgrau, zäh, hart, ferromagnetisch und existiert in zwei Modifikationen:
α-Cobalt $\xrightleftharpoons{480 °C}$ β-Cobalt.
α-Cobalt ist hexagonal und β-Cobalt kubisch kristallin. Metallisches C. reagiert mit nichtoxydierenden Säuren (langsam) unter Bildung von Cobalt(II)-Verbindungen und Diwasserstoff:
$Co + 2 HCl \rightarrow CoCl_2 + H_2\uparrow$.
Beim Erhitzen an der Luft entsteht Cobalt(II)-oxid:
$2 Co + O_2 \rightarrow 2 CoO$, $\Delta_B H = -238,9 \text{ kJ} \cdot \text{mol}^{-1}$.
Die einfachen Verb. der Oxydationsstufe OxZ +2 sind die beständigsten. In den Komplexverbindungen ist es jedoch die Stufe OxZ +3. C. wird als wichtiges Legierungsmetall, zur Herstellung von Katalysatoren, zur Färbung von Gläsern (Cobaltblau) und keramischen Glasuren und als Isotop ^{60}Co als Strahlungsquelle in der Technik und Medizin verwendet.

Cobaltblau, $CoO \cdot Al_2O_3$, amorphes Pulver (↗ Spinell) von intensiver, typischer Blaufärbung, das als Künstlerfarbe (Ölfarbe) verwendet wird und einen analytischen Nachweis von Cobalt bzw. Aluminium ermöglicht.

Cobalt(II)-chlorid, $CoCl_2$, blaue, trigonal kristalline, sehr hygroskopische Substanz (Schmp. 740 °C, Sdp. 1 053 °C), die Hydrate bildet: $CoCl_2 \cdot 2 H_2O$; $CoCl_2 \cdot 4 H_2O$ und $CoCl_2 \cdot 6 H_2O$. Die Hydratbildung ist mit einer Änderung der Farbe von blau über violett bis schwach rosa verbunden, daher können Cobalt(II)-chloridlösungen als sympathetische Tinte verwendet werden. C. kann durch Umsetzung von Salzsäure mit metallischem Cobalt (unter Bildung von molekularem Wasserstoff):
$Co + 2 HCl \rightarrow CoCl_2 + H_2\uparrow$
oder mit Cobalt(II)-oxid (unter Bildung von Wasser):
$CoO + 2 HCl \rightarrow CoCl_2 + H_2O$
dargestellt werden.

Cobaltkanone, Bez. für eine Strahlungseinrichtung, die als Strahlungsquelle das radioaktive Cobaltisotop ^{60}Co besitzt. ^{60}Co sendet energiereiche β- und γ-Strahlen aus, die in der Medizin zur Zerstörung von Krebszellen dienen. ^{60}Co zerfällt dabei mit einer Halbwertzeit von $t_{1/2} = 5,2$ a.

Cobalt(II)-oxid, CoO, olivgrüne, kubisch kristalline Substanz (Schmp. 1 800 °C), die durch Umsetzung von metallischem Cobalt mit molekularem Sauerstoff:
$2 Co + O_2 \rightarrow 2 CoO$, $\Delta_B H = -238,9 \text{ kJ} \cdot \text{mol}^{-1}$
oder durch Erhitzen von Cobalt(II)-hydroxid:
$Co(OH)_2 \rightarrow CoO + H_2O$,
von Cobalt(II)-carbonat:
$CoCO_3 \rightarrow CoO + CO_2\uparrow$
oder von Cobalt(II)-nitrat:
$2 Co(NO_3)_2 \rightarrow CoO + 4 NO_2\uparrow + O_2\uparrow$
dargestellt werden kann.

Cobaltum, wissenschaftliche Bez. für das chem. Element ↗ Cobalt.

Cocain, Alkaloid des Cocastrauches (↗ Tropanalkaloide), das als ↗ Rauschgift, örtliches Betäubungsmittel (↗ Lokalanästhetika) und ↗ Dopingmittel Bedeutung hat.

Codein, *Methylmorphin*, Alkaloid, das bis zu 3,5 % im ↗ Opium enthalten ist. Darüber hinaus wird die überwiegende Menge des aus dem Opium gewonnenen Morphins durch Methylierung in C. umgewandelt. C. verstärkt die Wirkung bestimmter schmerzstillender Mittel und ist in schmerzstillenden Kombinationspräparaten enthalten. Auf Grund seiner Hemmwirkung auf den Hustenreflex ist es Bestandteil vieler Hustenmittel.

Coelestin, $SrSO_4$, himmelblaues, in Kristallen und fasrig auftretendes Mineral in Kalksteinen und Mergeln.
Coenzyme, ↗ Enzyme.
Coffein, ↗ Purinalkaloide.
Colchicin, ein ↗ Alkaloid aus verschiedenen Liliengewächsen. Seinen Namen erhielt es nach der Herbstzeitlose *[Colchicum]*, aus der es zum erstenmal isoliert wurde. C. besitzt ein kondensiertes Ringsystem aus einem Benzen- und zwei C_7-Ringen. Aufgrund des speziellen Biosyntheseweges liegt der Stickstoff außerhalb des Ringskeletts, weshalb C. zuweilen nicht zu den Alkaloiden gerechnet wird. *M*: 399,4, Schmp. 155 bis 157 °C. C. ist stark giftig. In der Pflanzenzüchtung wird es wegen seiner speziellen Wirkung als Mitosegift zur Erzielung polyploider Formen verwendet.

Colchicin

Collidin, gebräuchlicher Trivialname für das 2,4,6-Trimethyl-pyridin.
Compton-Effekt, 1923 bei der Streuung von ↗ Röntgenstrahlung an freien bzw. schwach gebundenen ↗ Elektronen einer dünnen Metallfolie entdeckte Verringerung der Strahlungsfrequenz ν mit zunehmendem Ablenkwinkel α. Eine Erklärung ergab sich nur durch eine Impulsübertragung beim Zusammenstoß. Bild.

$$E_{kin} = \frac{m \cdot v^2}{2}$$

$h \cdot \nu_0$

Ablenkwinkel α

$h \cdot \nu_1$

$(\nu_0 - \nu_1) \sim \alpha$

Schematische Darstellung des COMPTON-Effektes

Danach besitzt ebenso wie das Elektron auch die elektromagnetische ↗ Strahlung Teilchencharakter. Da die Energie *E* der kleinsten Lichtteilchen (Photonen) entsprechend der EINSTEINschen Beziehung (↗ Quantentheorie) $E = h \cdot \nu$ durch die Frequenz bestimmt ist, äußert sich die Energieabgabe der Photonen an die Elektronen beim Zusammenstoß in der Verringerung der Frequenz. Der C. E. stellte eine wichtige experimentelle Bestätigung des ↗ Welle-Teilchen-Dualismus dar.

Computerchemie, allgemeine Bez. für alle Anwendungen der elektronischen Rechentechnik in der Chemie, wie z.B. zur Auswertung von Spektren, für Berechnungen in der ↗ Quantenchemie und zur chem. Dokumentation. Unter C. im engeren Sinne versteht man die Lösung von Problemen der chem. Synthese (Syntheseplanung) mit Hilfe von elektronischen Rechnern. Die Entwicklung der C. seit etwa 1970 beruht auf dem fortgeschrittenen Entwicklungsstand der elektronischen Rechentechnik sowie der Wissenschaft Chemie bezüglich des notwendigen Faktenwissens und der begrifflichen Voraussetzungen. Sie resultierte aus der Erkenntnis, daß für die vielschichtigen Entscheidungsprozesse bei der Lösung chem. Probleme der Einsatz von elektronischen Rechnern besonders geeignet ist.

Cordierit, $Mg_2Al_3[Si_5AlO_{18}]$, rhombisch kristallisierendes Mineral metamorpher Gesteine. Künstlich hergestellt, ist es durch seinen extrem niedrigen thermischen Ausdehnungskoeffizienten ein geschätzter Werkstoff.

Corticosteroide, eine Gruppe von Steroidhormonen (↗ Steroide, ↗ Hormone), die in der Nebennierenrinde produziert werden und viele wichtige physiologische Steuerfunktionen haben, insbesondere bei der Regulierung des Stoffwechsels. Das im menschlichen Organismus am meisten produzierte C. ist mit etwa 15 mg pro Tag das *Cortisol* (*M*: 362,47 Schmp. 220 °C) (Bild). Das aus *Cortisol* durch chem. oder mikrobielle Dehydrierung hergestellte *Prednisolon* ist ein hochwirksames Heilmittel gegen Rheuma, Asthma und Ekzeme.

Cortisol   Prednisolon (1,2-Dehydrocortisol)

Corticosteroide

Cortisol, ↗ Corticosteroide.
COULOMB, CHARLES AUGUSTINE DE (11. 6. 1736 bis 23. 8. 1806), französischer Ingenieur und Wissenschaftler, fand u. a. in den Jahren 1785/89 die nach ihm benannten Gesetze. Er hat als erster Elektrizitätsmengen gemessen. Die Einheit der elektrischen Ladung trägt ihm zu Ehren seinen Namen. Seine Arbeiten lieferten Grundlagen für die Untersuchungen von FARADAY, MAXWELL, HERTZ u. a.
COULOMBsches Gesetz, beschreibt die Abhängigkeit der Kraft *K* zwischen zwei Ladungen vom Quadrat des Abstandes r^2 und dem Produkt der Ladungsgröße $e_1 \cdot e_2$. Im stofferfüllten Raum ist die

Dielektrizitätskonstante ε zu berücksichtigen. ↗ Ionenbeziehung.

$$K = \frac{1}{\varepsilon} \cdot \frac{e_1 \cdot e_2}{r^2}$$

Coulometrie, Methode zur <u>Messung einer elektrischen Ladungsmenge durch</u> die Bestimmung der von ihr bei einer ↗ Elektrolyse entsprechend den ↗ FARADAYschen Gesetzen <u>abgeschiedenen Stoffmenge</u>. Am gebräuchlichsten sind das Silbercoulometer mit zwei in eine Silbernitratlösung tauchenden Silber- oder Platinelektroden und das Knallgascoulometer, bestehend aus zwei in eine verdünnte Kalilaugelösung tauchenden Nickelelektroden. Der Ladungsmenge von 1 Coulomb entsprechen 1,118 mg abgeschiedenes Silber bzw. 0,058 cm³ Knallgas unter ↗ Standardbedingungen.

Cowperturm, ↗ Winderhitzer.

Cracken, Bez. für Verfahren zur Herstellung von ↗ Benzin aus höhersiedenden Erdöldestillationsprodukten durch thermisches »Zerbrechen« der längerkettigen Einsatzkohlenwasserstoffe [engl.: to crack].
Die endothermen Spaltungsreaktionen werden technisch bei 600 °C durchgeführt (»Tieftemperatur-Pyrolyse«).
Besonders katalytisch gesteuerte Crackreaktionen (für Benzin mit hohem Anteil verzweigter oder cyclischer Kohlenwasserstoffe) sowie ↗ Hydrocrackverfahren sind heute bedeutungsvoll.

CRAFTS, JAMES MASON (8. 3. 1839 bis 20. 6. 1917) ↗ FRIEDEL.

Cremes, *Hautcremes,* ↗ Hautkosmetika.

Cresole, $CH_3-C_6H_4-OH$, gebräuchliche Bez. für die 3 isomeren Hydroxytoluene (Methylphenole):

2-Hydroxy-toluen
o-Cresol
Schmp. 31 °C
Sdp. 190 °C

3-Hydroxy-toluen
m-Cresol
Schmp. 12 °C
Sdp. 202 °C

4-Hydroxy-toluen
p-Cresol
Schmp. 36 °C
Sdp. 202 °C

C. kommen in Steinkohlenteer vor. Da die Trennung besonders der meta- und para-Verb. kompliziert ist, werden techn. häufig die Gemische verwendet, z. B. für Phenoplaste (Kondensation mit Methanal) oder im Gemisch mit Seife als Desinfektionsmittel (Lysol).
Für die 3 Isomeren gibt es spezielle Synthesemethoden.

Cristobalit, Hochtemperaturmodifikation von ↗ Quarz, in der Natur selten, bedeutsam für manche Produkte der techn. Silicatchemie.

CROOKES, WILLIAM (17. 6. 1832 bis 4. 4. 1919), englischer Gelehrter, hat sich besonders mit Lumineszenzerscheinungen, den Kathodenstrahlen und der Radioaktivität befaßt. 1861 entdeckte er spektralanalytisch das Thallium. C. war von 1913 bis 1915 Präsident der »Royal Society«.

CSV-Wert, ↗ Sauerstoffverbrauch, chem.

Cumarin, ↗ ätherische Öle.

Cumen, (Isopropylbenzen) $C_6H_5-CH(CH_3)_2$, gebräuchlicher Trivialname für das 2-Phenyl-propan. C. ist eine aromatisch riechende Flüssigkeit, Sdp. 153 °C, C. wird durch elektrophile Anlagerung von Propen an Benzen hergestellt und als Ausgangsprodukt für die Gewinnung von Phenol und Propanon eingesetzt, ↗ Cumen-Verfahren.

Cumen-Verfahren, großtechn. Verfahren zur Herstellung von Phenol und Propanon aus Benzen und Propen. Unter Einfluß von Phosphorsäure reagiert Propen unter Druck mit Benzen zu 2-Phenyl-propan (Cumen). Durch Oxydation mit Luft bildet sich daraus das 2-Phenyl-propan-hydroperoxid (Cumenhydroperoxid), $C_6H_5-C(CH_3)-O-O-H$, das durch verdünnte Säuren in Phenol und Propanon gespalten wird.

Cumol, veraltete Bez. für ↗ Cumen.

Cuprit, ↗ Rotkupfererz.

Cuprum, wissenschaftliche Bez. für das chem. Element ↗ Kupfer.

CURIE, MARYA, geb. SKLODOWSKA (7. 11. 1867 bis 4. 7. 1934), gebürtige Polin, entdeckte gemeinsam mit ihrem Mann, PIERRE CURIE, das Polonium und das Radium. Nach dem Tod ihres Mannes setzte sie die Untersuchung radioaktiver Stoffe fort. Der Begriff »Radioaktivität« wurde von ihr vorgeschlagen. Sie erhielt 1903 (mit ihrem Mann und HENRY BECQUEREL) den Nobelpreis für Physik, 1911 den Nobelpreis für Chemie. Bild.

M. CURIE

CURIE, PIERRE (15. 5. 1859 bis 19. 4. 1906), französischer Physiker, entdeckte die Piezoelektrizität, bearbeitete den Magnetismus verschiedener Stoffe;

dabei fand er das Gesetz der Temperaturabhängigkeit. Ab 1897 wandte er sich mit seiner Frau ↗ MARYA C. der Untersuchung radioaktiver Stoffe zu.

Curium,

Cm	$Z = 96$
$A_{r(1981)}$	$= [247]$
Ek: [Rn] $5f^7 6d^1 7s^2$	
OxZ: $+3$, $+4$	
$X_E = 1{,}3$	
Elementsubstanz:	
Schmp. $1350\,°C$	
$\varrho = 13{,}5\ kg \cdot l^{-1}$	

chem. Element (↗ Elemente, chem.).
Curium, Symbol: Cm, 7. Element der ↗ Actinoidengruppe, 4. Element der ↗ Transurane. C. ist die Bez. für alle Atome, die 96 positive Ladungen im Kern (also 96 Protonen) besitzen: Kernladungszahl $Z = 96$. C. wurde 1944 durch SEABORG, JAMES, MORGAN und GHIORSO synthetisiert. Es ist ein radioaktives Element, das aus dem Plutoniumisotop ^{239}Pu gewonnen werden kann und als Isotop ^{242}Cm, $t_{1/2} = 150\,d$, anfällt. Verfügbar ist noch das Isotop ^{248}Cm, $t_{1/2} = 4{,}7 \cdot 10^5$ a.

Cyanamid, H_2N-CN, kann als Amid der Cyansäure, HOCN, oder als das Nitril der Carbamidsäure, $H_2N-CO-OH$, aufgefaßt werden. C. wird technisch durch Einleiten von Kohlendioxid in eine Aufschlämmung von Calciumcyanamid und Abtrennen des in Wasser kaum löslichen Calciumcarbonates hergestellt.
C. reagiert amphoter. Es bildet mit starken Basen und Säuren Salze. C. ist in saurer Lösung stabil. Im schwach basischen Bereich dimerisiert es leicht zu dem für die Aminoplastherstellung wichtigen Dicyandiamid, $H_2N-C(=NH)-NH-CN$.

Cyanhydrine, R-CH-CN, 2-Hydroxy-nitrile,
              |
              OH
Verb., die sich bei der nucleophilen Addition von Cyanwasserstoff an Aldehyde bilden. C. sind Zwischenprodukte bei der Herstellung von substituierten Carbonsäuren.

Cyanidlaugung, Verfahren zur Gewinnung der Metalle Gold und Silber.
Es beruht auf deren Löslichkeit in einer wäßrigen Alkalicyanidlösung in Gegenwart von Sauerstoff. Aus der Lauge werden die Edelmetalle durch metallisches Zink gefällt.

Cyaninfarbstoffe, (Polymethinfarbstoffe), Gruppe von Farbstoffen, deren Struktur dadurch gekennzeichnet ist, daß zwei N-Heterocyclen durch eine oder mehrere Methingruppen, $-CH=$, verknüpft sind. C. werden in Silberhalogenidschichten zur Sensibilisierung der an sich nur ultraviolett bis blau empfindlichen Emulsionen bis in den infraroten Bereich hinein verwendet. Der erste Farbstoff dieser Gruppe war das Cyanin.

Cyankali, Trivialname für Kaliumcyanid, KCN (↗ Cyanwasserstoff).

Cyanotypie, ↗ Lichtpausverfahren.

Cyansäure, $N\equiv C-O-H$, isomer mit der Isocyansäure, $H-N=C=O$, wobei die Isocyansäure im Gleichgewicht überwiegt. Die Salze sind die Cyanate. Das Kaliumcyanat entsteht bei der Oxydation von Kaliumcyanid. Die freie C. ist sehr unbeständig. Bei der Polymerisation bildet sich überwiegend die Isocyanursäure (isomer mit der ↗ Cyanursäure) und das Cyamelid, eine kettenförmige, hochmolekulare Verb.

Cyanursäure, 2,4,6-Trihydroxy-1,3,5-triazin, Trimerisationsprodukt der Cyansäure. C. ist isomer mit der Isocyanursäure. Während die Ester beider Formen herstellbar sind, überwiegt im Gleichgewicht der Säuren die Isocyanursäure. Beim Erhitzen zerfällt C. bzw. Iso-C. in Isocyansäure.

Isocyanursäure ⇌ Cyanursäure

Cyanursäurechlorid, (Cyanurchlorid), $C_3Cl_3N_3$, ist das 2,4,6-Trichlor-1,3,5-triazin. Es wird durch Trimerisation von ↗ Chlorcyan hergestellt und zur Produktion von Farbstoffen, Textilhilfsmitteln, optischen Aufhellern (Weißtönern) und Herbiciden verwendet. C. ist ein farbloser Stoff, dessen Dämpfe Atemwege und Augen stark reizen.

Cyanursäurechlorid

Cyanwasserstoff, HCN, hochgiftiges Gas (Schmp. $-14{,}7\,°C$, Sdp. $24{,}6\,°C$), das nach bitteren Mandeln riecht und durch Umsetzung von Ammoniak mit Kohlenmonoxid hergestellt werden kann:
$NH_3 + CO \rightleftharpoons HCN + H_2O$.
C. ist in jedem Verhältnis mit Wasser mischbar, die wäßrige Lösung besitzt saure Eigenschaften und wird als *Cyanwasserstoffsäure* oder (trivial) als *Blausäure* bezeichnet. Die Salze der Cyanwasserstoffsäure heißen *Cyanide*, von denen das Kaliumcyanid, KCN, unter dem Trivialnamen Cyankali, wie auch viele andere Cyanide als sehr starke Gifte be-

kannt sind. C., Cyanwasserstoffsäure und Cyanide werden als Komplexbildner verwendet.
Cyclamate, Metallsalze der ↗ N-Cyclohexylsulfaminsäure. Besonders das Natrium- und Calciumsalz werden als ↗ Süßstoff verwendet.
Cyclohexan, C_6H_{12}, cyclischer, gesättigter Kohlenwasserstoff, der durch katalytische Hydrierung von Benzen hergestellt wird. C. ist eine farblose Flüssigkeit, Sdp. 81 °C, mit benzinähnlichem Geruch. C. existiert in zwei Konformationsisomeren, der Sessel- und der Wannenform, wobei erstere um etwa 24 kJ · mol^{-1} stabiler ist als letztere. Die Differenz ist aber nicht ausreichend, um beide Formen isolieren zu können. Bei mehrfach substituierten Cyclohexanderivaten ergeben sich vielfache Isomerenstrukturen.
Cyclohexanol, C_6H_{11}—OH, cyclischer, sekundärer Alkohol, der durch Hydrierung von Phenol hergestellt wird. C. ist eine farblose, pfefferminzartig riechende Flüssigkeit, Sdp. 161 °C, die bei der Oxydation Cyclohexanon oder Hexandisäure (Adipinsäure) liefert.
Cyclohexanon, $C_6H_{10}O$, cyclisches Keton, das durch Oxydation von Cyclohexanol erhalten wird. C. ist eine farblose Flüssigkeit, Sdp. 156 °C, mit pfefferminzartigem Geruch. C. ist Zwischenprodukt bei der Polyamidsynthese über ε-Caprolactam.
N-Cyclohexyl-sulfaminsäure, C_6H_{11}—NH—SO_3H, bildet farblose Kristalle, Schmp. 169 bis 170 °C, die sich mit stark saurer Reaktion in Wasser lösen. Sie ist hydrolysebeständig im Bereich pH 2 bis 10 und hitzebeständig. C. wird aus Cyclohexylamin und Chlorsulfonsäure hergestellt. Die neutral reagierenden Natrium- oder Calciumsalze werden als ↗ Süßstoff verwendet.
Cyclosilicate, Strukturform der ↗ Silicate, die in einer cyclischen Kette kondensiert sind und deren Anionen die allgemeine Formel $[SiO_3^{2-}]_n$ besitzen, wobei n meist mit $n = 3$ oder $n = 6$ angenommen werden kann.
L-Cystein, Abk. Cys, *L-α-Amino-β-mercapto-propionsäure*, HS—CH_2—CH(NH_2)—COOH, eine proteinogene ↗ Aminosäure. M: 121,2, Schmp. 240 °C. Cystein hat eine zentrale Rolle im Schwefelstoffwechsel aller Organismen inne. Von großer Bedeutung für die Struktur der ↗ Proteine ist die Ausbildung der *Disulfidbrücke* zwischen zwei benachbarten *Cystein*-Bausteinen. Das dabei entstehende Dicystein wird als *L-Cystin* bezeichnet.
L-Cystin, ↗ L-Cystein.
Cytidin, ↗ Nucleoside.
Cytokinine, eine Gruppe von ↗ Phytohormonen, die besonders die Zellteilung fördern, darüber hinaus aber auch viele andere pflanzliche Wachstums- und Differenzierungsprozesse steuern. Chem. handelt es sich um Derivate des *Adenins* (↗ Purinbasen). Besonders bekannt sind das *Kinetin (6-Furfuryl-aminopurin)* und das Zeatin *[6-(4-Hydroxy-3-methyl-but-trans-2-enyl)-aminopurin]*. Bild.

Cytokinine

Cytosin, ↗ Pyrimidinbasen.

D

2,4-D, ↗ 2,4-Dichlor-phenoxyethansäure.
DALTON, JOHN (6. 9. 1766 bis 27. 7. 1844). Die Arbeiten dieses englischen Gelehrten waren für die Chemie von grundlegender Bedeutung. Seine Atomtheorie, das von ihm erkannte ↗ Gesetz der multiplen Proportionen, die Erkenntnisse über den Gesamtdruck eines Gasgemisches und das ↗ GAY-LUSSAC-DALTONsche Gesetz beeinflußten maßgeblich die Entwicklung der theoretischen und praktischen Chemie. 2 Bilder.
daltonide Verbindungen, Verb. konstanter, stöchiometrischer Zusammensetzung. Die meisten Salze und org. Verb. sind d. V. (↗ berthollide Verbindungen).
DALTONsches Gesetz der Partialdrücke, ↗ Gasmischungen.

J. DALTON

Dämmstoffe

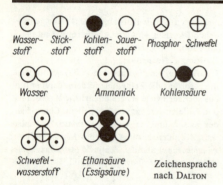

Zeichensprache nach DALTON

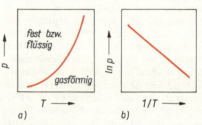

Dampfdruckkurven
a) $p = f(T)$
b) $\ln p = f(1/t)$

Dämmstoffe, Baustoffe zur Wärme- bzw. Schalldämmung. Gute Dämmeigenschaften weisen Baustoffe mit poröser Struktur und vielen kleinen Lufteinschlüssen auf (Hohlziegel, Gasbeton, Keramsit, Kork, Torf, Holz, Holzwolle, Stroh, Filz, Textilmatten, Bimsstein, Kieselgur, Schlacke, Glasfasern).

Dampf, Zustandsform eines Stoffes bei oder oberhalb seines Siedepunktes.

Dampfdruck, sich in einem geschlossenen Gefäß über einem festen oder flüssigen Stoff durch ↗ Sublimation oder ↗ Verdampfung einstellender Druck. Er entsteht durch den Übergang der Teilchen des Stoffes in die Gasphase, die nach der ↗ BOLTZMANNSCHEN Energieverteilung in einem System so viel Energie besitzen, daß sie die Anziehungskräfte innerhalb der flüssigen bzw. festen Phase überwinden können. Der D. ist für jeden Stoff charakteristisch und hängt nur von der ↗ Temperatur ab. Bei konstanter Temperatur stellt sich ein Verdampfungsgleichgewicht ein, wobei der Raum über dem Feststoff oder der Flüssigkeit mit Dampf gesättigt ist (Sättigungs- bzw. Gleichgewichtsdruck) und ebensoviele Teilchen in die Gasphase übergehen, wie aus ihr nach Energieverlust wieder in die feste oder flüssige ↗ Phase (↗ Kondensation) zurückkehren. Bei Einkomponentensystemen bezeichnet man die graphische Darstellung der Abhängigkeit des Sättigungsdampfdruckes von der Temperatur als Dampfdruckkurve (Bild a). In der ↗ Thermodynamik können Dampfdruckkurven durch Beziehungen beschrieben werden, wie sie die CLAUSIUS-CLAPEYRONsche Gleichung (1850)
$\ln p = -\Delta_v H_m / RT + $ konst.
für die Verdampfung von Flüssigkeiten darstellt (Bild b), die die Berechnung der zuzuführenden stoffspezifischen molaren Verdampfungsenthalpie $\Delta_v H_m$ gestatten (R: ↗ Gaskonstante). Da beim Sieden eines Stoffes der äußere Druck dem D. gleich ist, kann die Dampfdruckkurve durch Messung der Siedetemperaturen bei verschiedenen äußeren Drücken gemessen werden, und umgekehrt ist aus vorliegenden Dampfdruckkurven diese Abhängigkeit ablesbar.

Wird in einer Flüssigkeit ein Stoff mit vernachlässigbar kleinem D. gelöst, führt das zu einer ↗ Dampfdruckerniedrigung der Flüssigkeit. Dampfdruckkurven von ↗ Systemen mit mehreren ↗ Komponenten ähnlichen D. stellen die Abhängigkeit des D. von der Zusammensetzung dar (↗ Phasendiagramm, ↗ RAOULTsches Gesetz).

Dampfdruckerniedrigung, Verringerung des ↗ Dampfdruckes p_0 einer Flüssigkeit 1 durch Lösen eines schwerflüchtigen Stoffes 2 auf den Wert p. Nach dem ↗ RAOULTschen Gesetz ist die relative D.
$\Delta p / p_0 = p_0 - p/p_0 = c_2 \cdot M_1 / \varrho_1$,
woraus sich die ↗ molare Masse M_2 gelöster Stoffe ermitteln läßt, wenn zunächst mit Hilfe der Molmasse M_1 und Dichte ϱ_1 des Lösungsmittels die Konzentration c_2 und daraus mit Hilfe der bekannten Einwaage m_2 die gesuchte Größe nach $M_2 = m_2/n_2 = m_2/Vc_2$ berechnet wird. Aus praktischen Gründen wird zur Molmassebestimmung an-

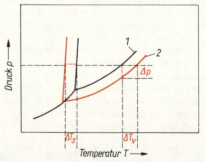

Gefrierpunktserniedrigung ΔT_s und Siedepunktserhöhung ΔT_v durch die Dampfdruckerniedrigung Δp
1 Lösungsmittel 2 Lösung

stelle der D. die ihr proportionale (Bild) Siedepunktserhöhung (↗ Ebullioskopie) oder Gefrierpunktserniedrigung (↗ Kryoskopie) gemessen, wobei die letzte Methode den Vorzug hat.

Dampferzeuger, Dampfkessel, Einrichtungen zur Erzeugung von Dampf für Betriebs- oder Heizzwecke durch Wärmezufuhr (brennstoffgefeuerte, Elektro- oder Kernkraftdampferzeuger). Brennstoffgefeuerte D. besitzen Rost-, Kohlenstaub-, Gas- oder Ölfeuerung. Die bei der Verbrennung freiwerdende Wärme wird durch Strahlung und Berührung der Heizflächen durch heiße Rauchgase auf Wasser bzw. Dampf übertragen. Die Rauchgase strömen durch Rohre im Dampfkessel (Rauchrohr-D.) oder umströmen wassergefüllte Rohre (Schrägrohr-D.). Für große Dampfleistung dominiert heute der Strahlungskessel, dessen Brennkammer allseitig mit Wasserrohren ausgekleidet ist.

Dampfpyrolyse, Variante der ↗ MT-Pyrolyse unter Verwendung gasförmiger Wärmeträger (überhitzter Wasserdampf).

Dampfreformierverfahren, Verfahren zur techn. Herstellung von Synthesegas vorwiegend aus Erdgas.
Im Primärreformer (Rohrreaktor mit Katalysator) erfolgt bei etwa 800 °C und 2 bis 4 MPa die endotherme Umwandlung der gasförmigen Einsatzkohlenwasserstoffe mit Wasserdampf (im Überschuß):

$CH_4 + H_2O \rightleftharpoons CO + 2 H_2$

(↗ FISCHER-TROPSCH-Synthese). Unter den angegebenen Bedingungen erfolgt der Umsatz des Methans zu etwa 90 %.
Um ein Synthesegas der Zusammensetzung Wasserstoff/Stickstoff (zur Ammoniaksynthese) zu erzeugen, wird das Reaktionsprodukt des Primärreformers (enthält noch 10 % CH_4!) mit Luft im Sekundärreformer umgesetzt:

$CH_4 + \frac{1}{2} O_2 \rightleftharpoons CO + 2 H_2$.

Diese exotherme Reaktion läuft techn. bei 1 000 °C, 3 MPa unter Verwendung von Katalysatoren ab. Das Rohgas wird anschließend durch ↗ Konvertierung vom CO-Anteil befreit.

DANIELL-Element, ↗ galvanische Zelle.

DANIELLscher Hahn, Gerät zur gefahrlosen Verbrennung explosiver Gasgemische und Nutzung der dabei freiwerdenden Energie durch Vereinigung der Gase unmittelbar vor der Verbrennung, z. B. Schweißbrenner.

Dauerwellpräparate, Präparate für die heute üblichen Kaltwellen enthalten als wirksame Substanz 2-Mercapto-essigsäure HS—CH_2—COOH. Sie wirkt auf das Haar erweichend durch Lösen von Disulfidbrücken der Gerüsteiweiße (Strukturproteide) des Haares. Mit Lockenwicklern können sie in eine andere Form gebracht werden. Durch Einwirkung von verdünnter Wasserstoffperoxidlösung als Oxydationsmittel werden neue Disulfidbrücken gebildet. Das Haar verfestigt sich dadurch wieder und behält die gegebene Form.

DAVY, HUMPHRY (17. 12. 1778 bis 29. 5. 1829), einer der bedeutendsten englischen Chemiker, begründete die Elektrochemie und stellte Natrium, Kalium sowie Calcium, Strontium, Barium und Magnesium elektrolytisch dar. Von ihm stammt die Erkenntnis, daß Chlor ein Element ist. Am Beispiel der Chlorwasserstoffsäure widerlegte er die Auffassung von LAVOISIER, alle Säuren seien sauerstoffverbindungen. Er fand die nach ihm benannte Sicherheitslampe für Bergleute. D. war Präsident der Royal Society.

DDC, Abk. für »Direct Digital Control« bei der Prozeßsteuerung von Anlagen durch Rechner. Hier übernimmt der Rechner die Funktion einer Vielzahl von konventionellen Reglern und greift unmittelbar über die Stellglieder in den Prozeß ein. DDC ist damit die höchste Form der Prozeßführung an Chemieanlagen durch Prozeßrechner.

DDT, Kurzbez. für Dichlordiphenyl-trichlorethan (1,1,1-Trichlor-2,2-bis(4-chlor-phenyl)ethan), dem historisch bekanntesten und verbreitetsten Insektzid seit dem 2. Weltkrieg. Es wird heute praktisch nicht mehr angewendet, da es sich in Nahrungsketten anreichert und vor allem im Fettgewebe von Organismen lange Zeit gespeichert wird. Den Anstoß dazu gab ein Buch von R. CARLSON »Silent Spring«, das in den USA eine breite Resonanz fand und zur Einsetzung einer Untersuchungskommission durch den damaligen Präsidenten KENNEDY führte.

Dead-stop-Methode, ↗ Amperometrie.

Debye, abgekürzt D, Einheit des ↗ Dipolmomentes, die nicht in das internationale Einheitensystem (SI) aufgenommen wurde.

DEBYE-HÜCKEL-Theorie (1923), Theorie zur Erklärung der Verringerung der wirksamen Konzentration (↗ Aktivität) bei Konzentrationserhöhung in starken ↗ Elektrolyten durch interionische elektrostatische Wechselwirkung entsprechend dem ↗ COULOMBschen Gesetz. Es wird die Bildung von Ionenwolken (Bild a) angenommen, bei denen ein Ion von mehr Ionen entgegengesetzter als gleicher Ladung umgeben ist und die durch die Wärmebewegung der Teilchen (↗ BROWNsche Molekularbewegung) ständig ihre Struktur verändern. Bei Zunahme der Konzentration vergrößert sich der Radius der Ionenwolke, wodurch sich die wirksame Konzentration verkleinert. Mit Hilfe dieses Modells erfolgte erstmals die Berechnung der Größe von Aktivitätskoeffizienten, die bereits früher empirisch zur Anpassung der Konzentration an die wirksame Konzentration eingeführt worden waren. Weiterhin ließen sich entsprechende Korrekturfaktoren von Meßgrößen interpretieren, die von der Teilchenzahl abhängig sind, z. B. der Leitfähigkeitskoeffizient. So führt die Bildung von Ionenwolken bei der entgegengesetzten Wanderung der verschieden geladenen Ionen im elektrischen Feld (Bild b) zu einer gegenseitigen Behinderung (elektrophoretischer Effekt). Da der Neuaufbau der Ionenwolke vor dem wandernden Ion eine gewisse Zeit erfordert, entsteht eine asymmetrische Ladungsverteilung um dieses Ion, die ebenfalls die Wanderung behindert (Relaxationseffekt).

Ionenwolke
a) Struktur
b) Bewegung der Ionenwolke im Raum

Decaboran, $B_{10}H_{14}$, ↗ Borane.

Decalin, $C_{10}H_{18}$, bicyclischer, gesättigter Kohlenwasserstoff, der aus zwei orthokondensierten Cyclohexanringen aufgebaut ist und durch vollständige katalytische Hydrierung von Naphthalen hergestellt wird. D. ist ein hochsiedendes Lösungsmittel.

Decan, $C_{10}H_{22}$, gesättigter Kohlenwasserstoff, n-Decan: Sdp. 174 °C, ↗ Alkane.

Decarboxylierung, chem. Reaktion, bei der aus Carbonsäuren unter Abspaltung von Kohlendioxid der zugrunde liegende Kohlenwasserstoff gebildet wird:

R—COOH → R—H + CO_2

D. ist bei biologischen Abbauprozessen ein wichtiger Teilschritt. In der Praxis, im Laboratorium und in der Technik wird die D. durch Erhitzen der entsprechenden Carbonsäuren oder eines Gemisches aus den Alkalisalzen der Carbonsäuren mit Alkalihydroxiden bzw. mit Natronkalk durchgeführt.

Dederon, DDR-Handelsbezeichnung für Polyamidfaserstoffe (PA).

Dehydratisierung, chem. Reaktion, bei der unter Wasserabspaltung eine neue Verb. gebildet wird. Die D. kann im Molekül durch Abspaltung einer Hydroxylgruppe und eines Protons erfolgen (intramolekular). Es können aber auch zwei Moleküle beteiligt sein, wobei das eine die Hydroxylgruppe und das andere das Proton liefert (intermolekular).

Durch D. werden z. B. Ethen aus Ethanol, Butadien aus Butan-1,3-diol hergestellt.

Dehydrierung, chem. Reaktion, bei der aus einer Verb. unter Wasserstoffabspaltung ein Olefin entsteht. Die D. wird meist katalytisch in der Hitze durchgeführt. Techn. wichtige D. sind die Ethenbildung aus Ethan, die Butadienbildung aus Butan oder Buten und die Styrenherstellung aus Ethylbenzen.

1,2-Dehydro-benzen, enthält in einem Kohlenstoffsechsringsystem eine C≡C-Dreifachbindung. Es ist das einfachste ↗ Arin.

Dekametrie, abgekürzt DK-Metrie, Messung der ↗ Dielektrizitätskonstante (DK). Meist wird das DK-Meter nach OEHME benutzt, dessen Funktion auf der Veränderung der elektrischen Kapazität eines Kondensators (Meßzelle) durch die eingebrachte Probe beruht.

Dekantieren, Trennverfahren einer flüssigen von einer festen Phase durch vorsichtiges Abgießen einer Flüssigkeit von einem Bodensatz.

d-Elemente, Nebengruppenelemente, deren Valenzelektronen in d-Zuständen eingebaut werden.

Denaturierung, ↗ Vergällung.

dephlogistierte Luft, so bezeichnete ↗ PRIESTLEY den von ihm entdeckten Sauerstoff.

Deponie, Ablagerung von festen Abprodukten auf vorbereiteten Plätzen, als geordnete D. unter Berücksichtigung landeskultureller und hygienischer Erfordernisse.

Derivat, Abkömmling, chem. Verb., die sich aus einer Grundverbindung ableiten lassen. So ist z. B. Trichlormethan, $CHCl_3$ (Chloroform), ein D. des Methans (CH_4).

Desinfektionsmittel, Chemikalien zur Abtötung krankheitserregender Mikroorganismen. Grobdesinfektionsmittel werden zur Keimfreimachung von Räumen, Gebrauchsgegenständen, sanitären Einrichtungen und Körperausscheidungen verwendet. Feindesinfektionsmittel, die zur Behandlung von Körperoberflächen oder Körperhöhlen (Mund, Nase, Rachen, Blase) dienen, werden auch als *Antiseptika* bezeichnet. D. können nicht als ↗ systemische Mittel zur Behandlung von Infektionskrankheiten eingesetzt werden, da sie meist zu giftig sind.

Anorg. D. sind Oxydations- oder Reduktionsmittel wie z. B. Chlor, Iod, Wasserstoffperoxid, Ozon, ↗ Chlorkalk, Kaliumpermanganat und Schwefeldioxid.

1865 wurde Phenol (Carbolsäure) als D. in die Chirurgie eingeführt. Es wird heute durch wirksamere Phenolderivate (Cresole, Chlorphenole, Thymol, ↗ Hexachlorophen) ersetzt. Ein weit verbreitetes D. ist Methanal (Formaldehyd) und seine wäßrige Lösung (Formalin). Weitere D. sind u. a. ↗ Salicylsäure, ↗ 8-Hydroxy-chinolin, Triphenylmethanfarbstoffe, Invertseifen, Acridinderivate (↗ Acridin), org. Quecksilberverb. und Silberverb. Tabelle.

Wichtige Desinfektionsmittel

Wirkstoff	Anwendung
Chlor	Trinkwasser
Iod	Wunden
Chlorkalk	Fäkalien
Kaliumpermanganat	Mund- und Rachenspülungen
Wasserstoffperoxid	Wunden
n-Propanol	Haut
Formalin	Räume
Kresolseifenlösungen	Wäsche, Instrumente
Invertseifen	Instrumente, Hände
p-Hydroxy-benzoesäureester	Konservierung pharmazeutischer Präparate
8-Hydroxy-chinolin	Puder, Salben
Acriflaviniumchlorid	Mundhöhle
Ethacridinlactat	Wunden
Quecksilberverbindungen	Hände, Haut
Silberverbindungen	Mund- und Rachenhöhle

Desodorierung, Methode zur Beseitigung von unangenehmem Geruch. Die Geruchsstoffe können durch oxydierende Stoffe wie ↗ Chlorkalk oder Peroxoverbindungen zerstört oder von Aktivkohle oder Kieselgur adsorbiert werden. Kosmetische Desodorierungsmittel in Sprays, Stiften und Seifen vermindern Körpergeruch. Wirksame Substanzen sind bestimmte Aluminiumsalze, die die Transpiration vermindern, und antibakterielle Mittel, wie ↗ Hexachlorophen.
Desorption, Umkehrung der ↗ Adsorption.
Desoxydation, in der Stahlindustrie die Entfernung von Sauerstoffanteilen aus der Stahlschmelze. Sie erfolgt durch Zugabe von Mangan, Silicium, Aluminium oder Kohlenstoff. Die entstehenden gasförmigen, flüssigen oder festen Produkte werden vor dem Erstarren aus der Schmelze abgeschieden.
Desoxyribonucleinsäure, ↗ Nucleinsäuren.
Destillation, wichtigstes Verfahren im Laboratorium und in der chem. Industrie zur Trennung von Gemischen flüssiger oder verflüssigter Stoffe. Dabei werden die Stoffgemische erhitzt, sie verdampfen mit steigendem Sdp., werden kondensiert und erneut aufgefangen (↗ Siededigramm). Die D. dient der Trennung von Stoffgemischen und Reinigung von Flüssigkeiten. Zur vollständigen Trennung werden die Verdampfungs- und Kondensationsvorgänge mehrfach wiederholt (fraktionierte D.). Bei der Vakuum-D. werden empfindliche Stoffe im Vakuum bei herabgesetztem Sdp. schonend destilliert.

Die trockene Destillation, von z. B. Kohle, ist eine ↗ Pyrolyse, bei der die entstehenden Stoffgemische durch anschließende Destillation getrennt werden. Bild.

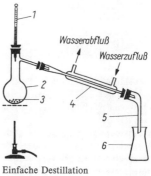

Einfache Destillation
1 Thermometer
2 Kolben
3 Siedesteine
4 Kühler
5 Vorstoß
6 Vorlage

Detergenzien, grenzflächenaktive org. Stoffe, die die Oberflächen- bzw. Grenzflächenspannung von Flüssigkeiten (besonders Wasser) verringern und als Wasch-, Netz- und Reinigungsmittel verwendet werden.
Detonation, ↗ Verbrennung, ↗ Explosivstoffe.
Deuterium, ↗ Isotop des Elements ↗ Wasserstoff mit eigenem Namen und Symbol D. Der Atomkern besitzt neben einem Proton ein Neutron. Relative Atommasse A_r = 2,0147. D. kommt als Elementverbindung D_2 mit 0,02 Vol.-% im normalen Wasserstoff vor, besitzt einen Schmp. von −254,53 °C und einen Sdp. von 249,51 °C. Mit Sauerstoff bildet D. schweres Wasser D_2O, das in natürlichen Gewässern im Verhältnis von $H_2O:D_2O$ = 5 500:1 vorkommt.
DEVARDAsche Legierung, Legierung aus 50 % Cu, 45 % Al und 5 % Zn. Sie ist leicht zu pulverisieren und wird im Laboratorium als Reduktionsmittel verwendet.
DEVILLE, HENRI ETIENNE SAINTE-CLAIRE (1818 bis 1881), französischer Chemiker, entdeckte 1849 das Anhydrid der Salpetersäure. Unabhängig von WÖHLER fand er das kristalline Bor und Silicium. Ihm gelang 1855 die erste techn. Herstellung des Aluminiums.
DEwAR-Gefäß, doppelwandiges, evakuiertes, innen

DEWAR-Gefäß

verspiegeltes Glas- oder Metallgefäß zur Aufbewahrung von Kältemischungen und Flüssiggasen (z. B. flüssiger Luft) bzw. zum Warmhalten von Flüssigkeiten *(Thermosgefäß)*. Bild.

Dextrane, von Mikroorganismen gebildete, hochmolekulare Polysaccharide aus Glucosebausteinen mit verzweigter Struktur. D. werden vor allem für ↗ Blutersatzmittel verwendet.

Dextrine, wasserlösliche ↗ Polysaccharide, die beim teilweisen Abbau der Stärke durch Erhitzen auf 160 bis 220 °C oder durch Säure- oder Fermenteinwirkung gebildet werden. D. werden als ↗ Klebstoffe in Pflanzenleimen, als Farbenbindemittel, als Verdickungsmittel und zur Appretur von Geweben verwendet.

Diabas, körniges Ergußgestein. Es besteht aus einem Gemenge von ↗ Plagioklas und Augit. D. besitzt oft eine grüne Farbe, da die Augite in ↗ Chlorite umgewandelt sind, wurde deshalb früher Grünstein genannt. D. ist ein sehr zäher, fester Werkstein, der industriell verwertet wird.

Diagenese, Umbildung von lockeren Ablagerungen in feste Sedimentgesteine. Auch die ↗ Inkohlung ist ein diagenetischer Prozeß.

Dialkylsulfate, (R—O—)$_2$SO$_2$, Di-ester der Schwefelsäure. D. bilden sich durch Oxydation der Dialkylsulfite, die aus Alkoholen und Thionylchlorid, SOCl$_2$, hergestellt werden. D. sind sehr reaktionsfähige Alkylierungsmittel. Wichtig sind das ↗ Dimethylsulfat, (CH$_3$—O—)$_2$SO$_2$, Sdp. 188 °C, das aus Methanol und Schwefeltrioxid (rauchende Schwefelsäure) hergestellt wird, und das Diethylsulfat, (CH$_3$—CH$_2$—O—)$_2$SO$_2$, Sdp. 208 °C, das sich beim Einleiten von Ethen in kalte konz. Schwefelsäure bildet. D. sind giftige Verb.

Dialyse, physikalisches Verfahren zur Abscheidung niedermolekularer Stoffe aus Lösungen von ↗ Makromolekülen und aus ↗ Kolloiden mit Hilfe halbdurchlässiger Membranen. Die D. beruht darauf, daß atomare bzw. molekulare Teilchen schneller durch Pergamentpapier, Cellophan, tierische Haut u. a. in ein Lösungsmittel diffundieren (↗ Diffusion) als makromolekulare und kolloide Teilchen. Die Geschwindigkeit der D. läßt sich durch Temperaturerhöhung und ständige Erneuerung des Lösungsmittels vergrößern. Bei der Abtrennung von ↗ Elektrolyten kann die D. durch Anlegen einer elektrischen Spannung beschleunigt werden (Elektrodialyse).

Diamagnetismus, ↗ Magnetochemie.

Diamant [griech. »unbezwingbar«], einer der wertvollsten Edelsteine. Er ist eine Modifikation des Kohlenstoffs, die bei sehr hohen Drücken und Temperaturen entsteht. Reine Kristalle sind farblos-wasserklar. D. ist das härteste Mineral. Er findet sich in Südafrika, Brasilien, Südostasien und in der Sowjetunion. Die schwarz-grauen D. heißen Karbonados und werden für techn. Zwecke genutzt (Bohr- und Schneidwerkzeuge). Heute werden Industriediamanten auch synthetisch in Hochdruckanlagen hergestellt (500 MPa bei 2 000 °C). Gepulverter D., sogenannter Bort, ist Schleifmittel in der Diamantschleiferei.

Dian, Trivialname für das Dimethyl-bis(4-hydroxy-phenyl)-methan. D. wird durch Kondensation von Phenol mit Propanon hergestellt. Durch Umsetzung von D. mit ↗ Epichlorhydrin werden höhermolekulare Diepoxide gebildet, die mit Diaminen oder Dicarbonsäureanhydriden ↗ Epoxidharze bilden.

HO—⟨⟩—C(CH$_3$)(CH$_3$)—⟨⟩—OH

Dian

Diaphragma, in der Elektrochemie Bez. für eine poröse Scheidewand (Membran), die bei Elektrolyseverfahren den Katoden- und Anodenraum trennt, ohne den Stromdurchgang zu unterscheiden.

Diaphragmaverfahren, ↗ Chloralkalielektrolyse.

Diaspor, α-AlOOH, farbloses, meist in schuppigfeinkörnigen Aggregaten vorkommendes Mineral, das Hauptbestandteil der Bauxite ist. Daneben findet es sich in metamorphen Gesteinen als Begleiter des ↗ Korunds.

Diastereomere, stereoisomere Verb., die aber nicht spiegelbildisomer sind. Sie haben deshalb nicht nur unterschiedliche optische Eigenschaften, sondern besitzen verschiedenen Energieinhalt und damit unterschiedliche physikalische Eigenschaften, die eine Trennung z. B. über Löslichkeitsdifferenzen möglich machen. Über die Bildung von D. sind somit Racematspaltungen durchführbar. Aus Racematsäuren werden mit optisch aktiven Basen diastereomere Salze gebildet. Ebenso können Racematbasen mit optisch aktiven Säuren über die daraus entstehenden diastereomeren Salze getrennt werden.

$$\begin{bmatrix} \text{D-Säure} \\ \text{L-Säure} \end{bmatrix} + 2\,(+)\text{-Base} \rightarrow \begin{bmatrix} \text{D}(+)\text{-Salz} \\ \text{L}(+)\text{-Salz} \end{bmatrix}$$

Racemat   Diastereomere

Diatomeenerde, ↗ Kieselgur.

Diazomethan, CH_2N_2, einfachste aliphatische Diazoverbindung. D. ist mesomeriestabilisiert:

$$H_2\overset{\ominus}{C}-\overset{\oplus}{N}\equiv N \longleftrightarrow H_2C=\overset{\oplus}{N}=\overset{\ominus}{N}$$

Es wird aus Nitrosomethylharnstoff mit Kalilauge oder aus dem Gemisch von Trichlormethan, Hydrazin und alkoholischer Kalilauge hergestellt. D. ist ein gelbes, sehr giftiges Gas, Sdp. $-24\,°C$, das nur in der Lösung inerter organ. Lösungsmittel, wie Benzen, Diethylether u. a., einige Tage haltbar ist. D. wird als Methylierungsmittel für Verb. mit ausreichend acidem Wasserstoff (Phenole, Carbonsäuren) verwendet.

Diazoniumsalze, $[\text{Ar}-\overset{\oplus}{\text{N}}\equiv\text{N}|]\,X$, Reaktionsprodukte von primären Aminen mit salpetriger Säure in mineralsaurer Lösung ($X = Cl^-$, Br^-, HSO_4^-, $H_2PO_4^-$). Im Unterschied zu den D. aus aliphatischen Aminen, die sich sofort zersetzen, sind Arenderivate bei Eiskühlung einigermaßen stabil. Lagerfähig bei Zimmertemperatur sind Doppelsalze mit Zinkchlorid oder die Diazonium-tetrafluoroborate. D. sind in Wasser gut löslich. D. sind Salze starker Basen. Mit Alkalihydroxiden bilden sich aus dem instabilen Diazoniumhydroxid über das Diazohydroxid Diazotate:

$$\text{Ar}-\overset{\oplus}{\text{N}}\equiv\text{N}| \xrightarrow{+HO^-} \text{Ar}-\bar{\text{N}}=\bar{\text{N}}-\text{OH} \xrightarrow[-H_2O]{+HO^-} \text{Ar}-\bar{\text{N}}=\bar{\text{N}}-\bar{\text{O}}|^{\ominus}$$

D. sind vielseitig einsetzbar für org. Synthesen:
– beim Erwärmen in wäßriger Lösung bilden sich Phenole,
– mit Kaliumiodid bilden sich Iodaromaten,
– mit Natriumazid bilden sich Arylazide,
– mit Alkoholen bilden sich Arylalkylether,
– mit Kupfer(I)-chlorid bilden sich Chloraromaten,
– mit Kupfer(I)-bromid bilden sich Bromaromaten,
– mit Kupfer(I)-cyanid bilden sich Arylnitrile,
– durch Reduktion mit Natriumsulfit entstehen Arylhydrazine,
– durch Kupplung mit aromatischen primären Aminen entstehen Diazoaminoverbindungen, Aryl—N=N—NH—Aryl, (N-Kupplung)
– durch Kupplung mit Phenolen entstehen Azoverbindungen, Aryl—N=N—arylen—OH—, bevorzugt wird die para-Stellung (C-Kupplung),
– durch Kupplung mit tertiären aromatischen Aminen erfolgt die Bildung von Azoverbindungen unter C-Kupplung,
Aryl—N=N—arylen—$N(CH_3)_2$, in para-Stellung.
Die Bildung von Azoverbindungen bzw. Azofarbstoffen ist eine der techn. wichtigsten Reaktionen der D. Dabei ist es möglich, die Farbstoffbildung auf der Faser ablaufen zu lassen (Entwicklungsfarbstoffe), wenn diese mit Naphtholen präpariert ist.

Diazotierung, Umsetzung aromatischer primärer Amine in mineralsaurer Lösung mit Natriumnitrit zu ↗ Diazoniumsalzen.

Diazotypie, ↗ Lichtpausverfahren.

Dibenzoylperoxid,
C_6H_5—CO—O—O—CO—C_6H_5, Derivat der Benzoesäure. D. bildet farblose Kristalle, Schmp. $108\,°C$, ist kaum löslich in Wasser, gut löslich in Estern, Ethern und aromatischen Kohlenwasserstoffen, explodiert beim starken Erhitzen. D. wird aus Benzoylchlorid und Wasserstoffperoxid in alkalischem Medium erhalten und als Polymerisationsbeschleuniger oder als bleichender Zusatz zu Waschmitteln verwendet.

Diboran, B_2H_6, ↗ Borane.

Dicarbonsäuren, aliphatische oder aromatische Verb., die zwei Carboxylgruppen, —COOH, im Molekül besitzen. Da D. vielfach von praktischer Bedeutung sind, haben sich Trivialnamen herausgebildet. 2 Tabellen.

D. sind kristalline, farblose Substanzen, die sich mit zunehmender C-Zahl schlechter in Wasser lösen. Die Schmp. sind abhängig von der C-Zahl stark alternierend. Die geradzahligen schmelzen höher als die höheren und niedrigeren ungeradzahligen D.

D. reagieren sauer. Eine gegenseitige Beeinflussung der Acidität der Carboxylgruppen ist bis etwa C_4-Ketten möglich. Sie führt durch den —I-Effekt

Tabelle 1. Benzendicarbonsäuren

$C_6H_4(COOH)_2$ Name	Trivialname	Schmp. in °C (–)
Benzen-1,2-dicarbonsäure	Phthalsäure	206
Benzen-1,3-dicarbonsäure	Isophthalsäure	330
Benzen-1,4-dicarbonsäure	Terephthalsäure	subl.

Tabelle 2. Aliphatische Dicarbonsäuren

Formel	Name	Trivialname	Schmp. in °C
HOOC—COOH	Ethandisäure	Oxalsäure	189
HOOC—CH$_2$—COOH	Propandisäure	Malonsäure	136
HOOC—(CH$_2$)$_2$—COOH	Butandisäure	Bernsteinsäure	185
HOOC—(CH$_2$)$_3$—COOH	Pentandisäure	Glutarsäure	97
HOOC—(CH$_2$)$_4$—COOH	Hexandisäure	Adipinsäure	152
HOOC—(CH$_2$)$_5$—COOH	Heptandisäure	Pimelinsäure	103
HOOC—(CH$_2$)$_6$—COOH	Octandisäure	Korksäure	140
HOOC—(CH$_2$)$_7$—COOH	Nonandisäure	Azelainsäure	106
HOOC—(CH$_2$)$_8$—COOH	Decandisäure	Sebacinsäure	133

der Carboxylgruppen zur Aciditätserhöhung, die mit zunehmender Zahl dazwischenliegender Methylengruppen geringer wird. Die einzelnen D. werden meist nach speziellen Methoden hergestellt.

2,4-Dichlor-phenoxyethansäure, (2,4-D), Derivat der Ethansäure. Es wird aus Natrium-(2,4-dichlor-phenolat) und Chlorethansäure hergestellt und als Wirkstoff in Unkrautbekämpfungsmitteln eingesetzt (↗ chem. Kampfstoffe).

Cl—⟨C$_6$H$_3$Cl⟩—O—CH$_2$—COOH

2,4-Dichlor-phenoxyethansäure (2,4-D)

Dichte, Formelzeichen ϱ, Quotient aus Masse und Volumen eines Stoffes. Maßeinheit: kg · m^{-3} (auch in g · cm^{-3}). In der Chemie interessieren besonders die D. von Flüssigkeiten und Gasen, die z. B. mit ↗ Pyknometern bestimmt werden. Tabelle.

Dichten ausgewählter Lösungsmittel

Lösungsmittel	Dichte	
	in g · cm^{-3}	in kg · m^{-3}
Aminobenzen	1,021 7	1 021,7
Benzen	0,879 1	879,1
Chlorbenzen	1,106 4	1 106,4
Decan	0,730 1	730,1
Diethylether	0,736 2	736,2
Ethanol	0,789 3	789,3
Ethansäurediethylester	1,078 5	1 078,5
Hexan	0,659 5	659,5
Methanol	0,792 3	792,3
Methylbenzen	0,871 6	871,6
Nitromethan	1,132	1 132,2
Pyridin	0,977 2	977,2
Schwefelkohlenstoff	1,263	1 263,2
Tetrahydrofuran	0,889 2	889,2
Cyclohexan	0,779 1	779,1

dichteste Kugelpackung, vereinfachte Darstellungsform der geometrischen Anordnung der (als Kugeln gedachten) Gitterbausteine von Kristallen bei möglichst dichter Packung.

Dichtetrennung, Dichtesortierung, Gruppe von Grundoperationen, die feinkörnige Feststoffgemenge nach der Dichte in »Gleichfälligkeitsklassen« trennen (Gruppen gleicher Absetzgeschwindigkeit).
Dabei sind zwei verschiedene Grundvarianten zu unterscheiden:
– bei gleicher Korngröße eines stofflich heterogenen Aufgabegutes sind in den Gleichfälligkeitsklassen die stofflich unterschiedlichen Anteile (unterschiedliche Dichten) des Aufgabegutes getrennt (↗ Sortieren).
– bei gleichartiger (homogener) stofflicher Zusammensetzung eines Einsatzgutes unterschiedlicher Korngröße finden sich in den Gleichfälligkeitsklassen die unterschiedlichen Korngrößenklassen getrennt (↗ Klassieren).
In der Praxis überlagern sich beide Varianten und verringern die Eindeutigkeit der Sortier- bzw. Klassierleistung der D.

Dicyandiamid, H$_2$N—C(=NH)—NH—C≡N, Dimerisationsprodukt des ↗ Cyanamids. D. wird zur Herstellung von Melamin und zur Produktion von Duroplasten verwendet.

Dieckmann-Kondensation, eine intramolekulare Kondensation von aliphatischen Dicarbonsäureestern zu cyclischen Ketonen analog der Claisen-Kondensation. Durch D. bilden sich aus:
– Hexandisäurediethylester   Cyclopentanon
– Heptandisäurediethylester   Cyclohexanon
– Octandisäurediethylester   Cycloheptanon

Dieldrin, höhercyclische polychlorierte Alkanverbindung, wird als Insektizid eingesetzt.

Dielektrizitätskonstante, ε, DK, gibt die Fähigkeit eines Lösungsmittels an, die elektrostatischen Wechselwirkungen zwischen geladenen Teilchen zu schwächen. Unpolare Moleküle haben geringe

DK-Werte (Hexan $\varepsilon = 1{,}89$; Benzen $\varepsilon = 2{,}28$) und lösen unpolare Verb. Polare Moleküle (↗ Dipol) haben hohe DK-Werte (Wasser $\varepsilon = 80{,}37$; Formamid $\varepsilon = 109$) und sind Lösungsmittel für Verb. mit Ionenbeziehungen. Ionenverbindungen sind in Lösungsmitteln mit einem DK-Wert von $\varepsilon > 40$ löslich. Tabelle.

Dielektrizitätskonstanten ausgewählter Lösungsmittel

Lösungsmittel	Dielektrizitätskonstante
Hexan	1,89
Tetrachlorkohlenstoff	2,24
Benzen	2,28
Chloroform	5,1
Essigsäure	6,3
Ethanol	25,80
Methanol	33,62
Wasser	80,37
Fluorwasserstoff, flüssig	83,6
Formamid	109,00

Diels-Alder-Reaktion, ↗ Diensynthese.
Diene, kettenförmige, ungesättigte Kohlenwasserstoffe mit 2 Doppelbindungen in der Kette. Die Lage der C=C-Bindungen zueinander bestimmt wesentlich die Eigenschaften. Es wird unterschieden:
R—CH=C=CH—R
kumulierte D. (Allen-Typ)
R—CH=CH—CH=CH—R
konjugierte D. (Dien-Typ)
R—CH=CH—(CH$_2$)$_n$—CH=CH—R
isolierte D. (Diolefin-Typ)
Verb. mit konjugierter Doppelbindungsanordnung besitzen 4 benachbarte sp^2-hybridisierte C-Atome, die über mesomere Wechselwirkungen 1,2- und 1,4-Additionsprodukte geben. Wichtige Vertreter dieser Gruppe sind das Butadien und das 2-Methyl-butadien (Isopren), aus denen durch Polymerisation Elaste hergestellt werden.

Diensynthese, (Diels-Alder-Reaktion), Additionsreaktion eines Olefins, dessen C=C-Doppelbindung durch benachbarte polare Gruppen aktiviert ist, an ein konjugiertes Diensystem, z. B.:

Butadien (Dien) + Maleinsäureanhydrid (Philodien) → Tetrahydrophthalsäureanhydrid (Addukt)

Dieselkraftstoff (Sdp. 250 bis 350 °C), DK, wird aus der Dieselölfraktion der Erdöldestillation hergestellt. Durch Abtrennung leicht auskristallisierender Paraffinanteile wird die Verwendung im Winter ermöglicht. Durch ↗ Hydroraffination wird der Schwefelanteil weitgehend entfernt. Zusätze von Zündbeschleunigern sorgen für eine gute Zündwilligkeit, durch eine hohe Cetanzahl ausgedrückt.

Dieselöl, Gasöl, Destillationsprodukt des Erdöls im Siedebereich von etwa 250 bis 350 °C. Es wird zur Herstellung von Dieselkraftstoffen, als leichtes Heizöl sowie Einsatzstoff für Crack- und Pyrolyseprozesse verwendet.

Diethylenglycol, Trivialname für den 2,2'-Dihydroxy-diethylether,
HO—CH$_2$—CH$_2$—O—CH$_2$—CH$_2$—OH
D. ist eine farblose, ölige, gut wasserlösliche, süß schmeckende Verb., die bei der Einwirkung von Wasser auf Ethylenoxid entsteht. Abhängig von den Bedingungen bilden sich Ketten mit unterschiedlichem Polymerisationsgrad, die Polyethylenglycole: Diese Verb. sind Weichmacher, Textilhilfsmittel und Hydroxykomponente in Polyurethanen.
D. wurde als unerlaubtes, gesundheitsschädigendes Süßungsmittel für Weine benutzt.

Diethylether, CH$_3$—CH$_2$—O—CH$_2$—CH$_3$, ist der niedrigste, bei Zimmertemperatur flüssige Dialkylether. D. ist eine farblose, leicht verdampfende, mit Wasser nicht mischbare, leicht brennbare Flüssigkeit, Sdp. 34,6 °C. Die Dämpfe des D. sind schwerer als Luft und bilden mit ihr explosive Gemische. Längere Lufteinwirkung und Licht führen zur Bildung polymerer Etherperoxide, $-\left[\begin{array}{c}\text{CH—O—O—}\\ |\\ \text{CH}_3\end{array}\right]_n-$

die schwerer flüchtig sind als der D., sich deshalb beim Abdampfen im Rückstand anreichern und zu schweren Explosionen führen können. D. wird aus Ethanol durch katalytische Dehydratisierung (Aluminiumoxid) bei etwa 200 °C hergestellt.
D. wird im Labor als Lösungsmittel verwendet. In der Technik ist es in diesem Verwendungszweck durch ungefährlichere Verbindungen ersetzt worden. Seit 1846 ist die Anwendung als Narkosemittel bekannt.

Diethylsulfat, (CH$_3$—CH$_2$—O—)$_2$SO$_2$, ein ↗ Dialkylsulfat, das als Ethylierungsmittel verwendet wird.

Diffusion, Vermischung von Gasen und Flüssigkeiten an ihren Berührungsflächen bis zur homogenen Verteilung.

Digerieren, Herauslösen eines Stoffes aus einem Stoffgemisch durch Zugabe eines heißen Lösungsmittels und folgendes Dekantieren. Form der fest-

Dihydroxybenzene

flüssig ↗ Extraktion.
Dihydroxybenzene, drei stellungsisomere zweiwertige Phenole

1,2-Dihydroxy--benzen	1,3-Dihydroxy--benzen	1,4-Dihydroxy--benzen
Brenzcatechin	Resorcinol	Hydrochinon

Färbung der wäßrigen Lösung mit Eisen(III)-chlorid:
grün   violett   keine

<u>Brenzcatechin</u> wurde durch Erhitzen der Catechine (Brenzreaktion) erhalten. Es wird aus o-Chlor-phenol durch nucleophile Substitution des Chlors mit Natronlauge hergestellt. Schmp. 105 °C, leicht löslich in Wasser, stark reduzierend in alkalischer Lösung, deshalb Anwendung als Schwarz-Weiß-Entwickler.
<u>Resorcinol</u> entsteht bei der Alkalischmelze der Benzen-1,3-disulfonsäure, Schmp. 110 °C, leicht löslich in Wasser, keine reduzierende Wirkung, leicht hydrierbar zu Cyclohexan-1,3-dion, leicht elektrophil substituierbar, schwach desinfizierend, Ausgangssubstanz für Farbstoffe.
<u>Hydrochinon</u> bildet sich durch Reduktion von 1,4-Benzochinon, Schmp. 172 °C, löslich in Wasser, in alkalischer Lösung reduzierende Wirkung, deshalb Anwendung als Schwarz-Weiß-Entwickler in der ↗ Photographie.

1,3-Dihydroxy-propan-2-on, (1,3-Dihydroxyaceton), HO—CH_2—CO—CH_2—OH, ist der einfachste Ketozucker. D. ist das Oxydationsprodukt des Propantriols, an dem die sekundäre Alkoholgruppe angegriffen wird. Techn. erfolgt diese Reaktion mikrobiologisch durch enzymatische Dehydrierung. D. ist der Wirkstoff kosmetischer Präparate, die eine Hautbräunung ohne Sonnenbestrahlung verursachen.

Diisocyanate, O=C=N—R—N=C=O, Derivate aliphatischer oder aromatischer Kohlenwasserstoffe mit zwei Isocyanatgruppen, —N=C=O. D. sind sehr reaktionsfähige, feuchtigkeitsempfindliche Verb., deren Dämpfe Atemorgane und Augen reizen. Durch die Addition bifunktioneller Verb. an D. entstehen makromolekulare Stoffe von großer praktischer Bedeutung. So bilden sich mit Diaminen ↗ Polyharnstoffe und mit Diolen, meist Polyethylenglycolen oder Polydicarbonsäureglycolestern, die in ihren Eigenschaften durch Auswahl der Komponenten breit variierbaren ↗ Polyurethane.
Wichtige D. sind Hexamethylendiisocyanat und die Toluylendiisocyanate.
D. werden aus den entsprechenden Diaminen durch Umsetzung mit Phosgen, O=CCl_2, hergestellt.

dimensionsstabile Elektroden bestehen aus Titan oder anderen Werkstoffen, die während der Elektrolyse nicht verbraucht werden (in ihrer geometrischen Gestalt konstant bleiben). Sie sind zur Prozeßoptimierung bei techn. Elektrolysen wichtig (↗ Chloralkalielektrolyse).

2,3-Dimercapto-propan-1-ol,
$CH_2(OH)$—CH(SH)—CH_2SH, Gegenmittel bei Schwermetallvergiftungen außer bei Cadmium, Tellur, Selen und Blei.

Dimerisation, ↗ Additionsreaktionen.

Dimethylbenzene, (Xylene), $C_6H_4(CH_3)_2$, drei isomere Verb. mit geringen Siedepunktsdifferenzen.

1,2-Dimethyl-benzen	1,3-Dimethyl-benzen	1,4-Dimethyl-benzen
o-Xylen	m-Xylen	p-Xylen
Sdp. 144,4 °C	Sdp. 139,2 °C	Sdp. 138,4 °C
Schmp. -25 °C	Schmp. -48 °C	Schmp. 13 °C

D. kommen im Steinkohlenteer und den Aromatisierungsprodukten von C_8-Benzinfraktionen als Isomerengemisch vor. 1,2-Dimethyl-benzen wird daraus durch Destillation abgetrennt. Aus dem Rückstand wird das 1,4-Dimethyl-benzen ausgefroren.
D. sind farblose Flüssigkeiten mit aromatischem Geruch, die als Lösungsmittel verwendet werden. Das 1,4-Dimethyl-benzen ist eine wichtige Ausgangsverbindung für die Herstellung der Benzen-1,4-dicarbonsäure (Terephthalsäure), aus der mit Ethandiol Polyesterfäden gewonnen werden.

N,N-Dimethyl-formamid, HCO—$N(CH_3)_2$, dimethyliertes Amid der Methansäure (Ameisensäure), das aus Methansäuremethylester und Dimethylamin gewonnen wird. D. ist eine farblose, beständige und wenig gesundheitsschädigende Flüssigkeit, Sdp. 153 °C. D. ist mit Wasser, Alkoholen und vielen anderen org. Flüssigkeiten mischbar. D. ist ein sehr gutes Lösungsmittel.

Dimethylsulfat, $(CH_3—O—)_2SO_2$, ↗ Dialkylsulfat, das als Methylierungsmittel verwendet wird.

Dimethylsulfoxid, CH_3—S(=O)—CH_3, farblose Flüssigkeit, Sdp. 189 °C, die mit Wasser, Alkohol und vielen anderen org. Flüssigkeiten mischbar ist. D. ist ein ausgezeichnetes Lösungsmittel, das in der Technik vielseitig verwendet wird. Die Herstellung

von D. erfolgt durch katalytische Oxydation von Dimethylsulfid, CH_3-S-CH_3, mit Sauerstoff.
DIMROTH-Kühler, ↗ Rückflußkühler.
Diole, zweiwertige Alkohole. Es gibt drei Typen:
– geminale D. $\underset{R}{\overset{R^1}{C}}\underset{OH}{\overset{OH}{<}}$
(unbeständig, ↗ ERLENMEYER-Regel)
– vicinale D. $R-CH-CH-R^1$
                  $\quad\;\;\, |\;\;\;\;\;\, |$
                  $\quad\;\;\, OH\;\;\, OH$
(↗ Ethan-1,2-diol einfachster Vertreter)
– disjunkte D. $R-CH-(CH_2)n-CH-R^1$
                  $\quad\;\;\, |\;\;\;\;\;\;\;\;\;\;\;\;\;\;\;\; |$
                  $\quad\;\;\, OH\;\;\;\;\;\;\;\;\;\;\;\, OH$

Diopsid, $CaMg[Si_2O_6]$, gesteinsbildendes Mineral der ↗ Pyroxengruppe. Es kristallisiert in quadratisch-säuligen Kristallen, die je nach dem Eisengehalt farblos bis grünlich oder bräunlich gefärbt sind. D. bildet durch Ersatz von Mg^{++} durch Fe^{++} Mischkristalle mit ↗ Hedenbergit. D. findet sich vorzugsweise in metamorphen Gesteinen.

Dioxan, $C_4H_8O_2$, cyclischer Ether, der farblos, leicht brennbar und mit Wasser und Alkoholen mischbar ist, Schmp. 11,8 °C, Sdp. 101 °C. D. wird durch Dimerisierung von Ethylenoxid oder durch dehydratisierende Cyclisierung von Ethan-1,2-diol mit Schwefelsäure hergestellt. D. wird wegen seiner chem. Beständigkeit und seines ausgezeichneten Lösevermögens als Lösungsmittel für Polymere, Fette, Lacke, Harze, Wachse u. a. verwendet.

$\begin{array}{c}H_2C\diagdown O\diagup CH_2\\H_2C\diagup O\diagdown CH_2\end{array}$
Dioxan

Dioxin, Dibenzo-1,4-dioxin

Dibenzo [1,4] dioxin
(Dioxin)

Im weiteren Sinne werden die Chlorsubstitutionsprodukte des Dioxins als D. bezeichnet, z. B. 2,3,7,8-Tetrachlor-dibenzo-1,4-dioxin (Abk. TCDD).

2,3,7,8-Tetrachlor-dibenzo-
[1,4] dioxin (TCDD)

D. bilden sich durch ↗ Pyrolyse von Chlorphenolen und ihren Derivaten, sie werden weltweit in Spuren in Flugaschen von Verbrennungsprozessen gefunden. TCDD kann sich im Havariefall auch bei der Herstellung des Herbizides 2,3,5-Trichlor-phenoxyessigsäure (2,3,5-T) bilden, z. B. 1976 im italienischen Seveso. Dieses Herbizid war Bestandteil des 1961 bis 1971 durch die USA in Vietnam eingesetzten phytotoxischen Kampfstoffes Agent Orange. Da er zusammen mit Napalm und konventioneller Munition eingesetzt wurde, bildete sich durch die hohen Temperaturen verstärkt TCDD. TCDD ist äußerst giftig. Bei Kontakt von Schwangeren mit TCDD kommt es zu Mißbildungen bei den Kindern (DOWN-Syndrom), weiterhin werden Schädigungen der Erbanlagen und krebserregende Wirkung angenommen. D. sind äußerst beständig und können die Umwelt lange Zeit verseuchen.

Diphenylamin, $C_6H_5-NH-C_6H_5$, diaromatisch substituiertes, sekundäres Amin, mit sehr geringer Basizität. D. bildet mit starken Säuren Salze, die in wäßriger Lösung weitgehendst hydrolytisch gespalten sind. D. ist eine farblose, kristalline Substanz, Schmp. 54 °C, die sehr wenig in Wasser, mäßig löslich in Ethanol und gut löslich in Diethylether ist. D. wird durch Erhitzen von Anilin und Anilinhydrochlorid hergestellt. Es ist ein Reagens auf Salpetersäure, salpetrige Säure, Nitrate und Nitrite. Mit diesen Verb. gibt D. in konz. Schwefelsäure gelöst eine intensive Blaufärbung.

Diphenylether (Diphenyloxid), $C_6H_5-O-C_6H_5$, farblose, angenehm nach Geranien riechende, in Wasser unlösliche Verb., Schmp. 27 °C, die sich mit vielen org. Lösungsmitteln mischt. D. wird aus Phenol durch Dehydratisierung mit Zink- oder Aluminiumchlorid oder aus Kaliumphenolat und Brombenzen unter Einfluß von Kupferpulver hergestellt. D. wird wegen seiner chem. und thermischen Beständigkeit als Wärmeübertrager für Heizbäder und wegen seines Geruchs in der Parfümerie verwendet.

Diphosgen, Chlorameisensäure-trichlormethylester, $Cl_3COCOCl$, im 1. Weltkrieg als Lungengift verwendeter ↗ chem. Kampfstoff.

Diphosphin, veraltete Bez. ↗ Phosphane.

Diphosphorsäure, $H_4P_2O_7$, früher auch Pyrophosphorsäure genannt, farblose, glasige Masse, die bei 61 °C schmilzt und durch Erwärmen von Orthophosphorsäure auf Temperaturen von 200 bis 300 °C hergestellt werden kann.

Dipol, Eigenschaft von Molekülen, die aus Atomen unterschiedlicher Elektronegativität bestehen. Atome haben von der Elektronegativität abhängige Partialladungen, d. h., es treten Atome mit positiven und negativen Partialladungen auf (↗ Atommodell). Fallen die Ladungsschwerpunkte nicht zusammen, so liegt ein Dipolmolekül vor. Als Dipolmoment μ wird das Produkt aus Ladung e und Ladungsabstand l bezeichnet, Maßeinheit Debye [D]. Die guten Lösungsmitteleigenschaften von Wasser für polare Stoffe sind auf dessen Dipoleigenschaften zurückzuführen. Bild.

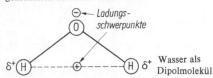

Wasser als Dipolmolekül

Dipolmoment, ↗ Dipol. Tabelle.

Dipolmomente ausgewählter Verbindungen

Verbindung	Dipolmoment in Debye
Fluorwasserstoff	1,9
Salzsäure	1,03
Wasser	1,84
Schwefelwasserstoff	0,92
Ammoniak	1,46
Kohlendioxid	0
Tetrachlorkohlenstoff	0

2,2′-Dipyridyl (α,α'-Dipyridyl), heteroaromatische Verb., die durch Kondensation von 2 Pyridinmolekülen in der 2-Stellung gebildet wird. Dazu ist längeres Erhitzen mit Eisen(III)-chlorid erforderlich. D. bildet farblose, angenehm riechende Kristalle, Schmp. 69 °C, die in org. Lösungsmitteln leicht löslich sind. D. gibt mit Eisen(II)-Ionen purpurrote komplexe Kationen $[(C_{10}H_8N_2)_3Fe]^{2+}$. D. wird in der Analytik genutzt.

2,2′-Dipyridyl

Disaccharide, Zucker aus der Gruppe der Oligosaccaride, ↗ Kohlenhydrate. Die Struktur der D. läßt sich durch Verknüpfung von zwei einfachen Zuckern (↗ Monosaccharide) unter Wasserabspaltung ableiten. In den Cycloformen der Monosaccharide liegen zwei unterschiedliche Arten von Hydroxylgruppen vor: glycosidische (in Aldosen am C-Atom 1, in Ketosen am C-Atom 2) und alkoholische (alle anderen). Erfolgt die Kondensation durch Wasserabspaltung aus je einer glycosidischen OH-Gruppe (Bauprinzip 1), liegt eine Dicarbonylbindung vor. Diese D. wirken nicht reduzierend. Erfolgt die Kondensation zwischen einer glycosidischen und einer alkoholischen OH-Gruppe, ist bei dieser Monocarbonylbindung das D. ein reduzierender Zucker (Bauprinzip 2). Wichtige D. sind ↗ Saccharose, ↗ Maltose, ↗ Lactose, ↗ Cellobiose.

Disauerstoff, O_2, (normale) Elementverbindung des ↗ Sauerstoffs, die aus Molekülen von zwei kovalent gebundenen Sauerstoffatomen besteht.

disjunkt, Stellung von zwei Substituenten in einer org. Verb. zueinander, die dadurch charakterisiert ist, daß sich zwischen den substituierten C-Atomen mindestens eine Methylengruppe, $-CH_2-$, befindet.

diskontinuierliche Betriebsweise einer Apparatur/Anlage, ist durch die Wiederholung des Zyklus: Füllen – Stoffwandlung – Entleeren gekennzeichnet. Sie ist charakteristisch bei geringeren Produktionsmengen und rasch wechselnder Produktpalette, die ein häufiges Umrüsten der Anlage auf eine andere Produktion erfordert.

Dispersion, feine Verteilung eines Stoffes in einem anderen Stoff, dem Dispersionsmittel. Fest in gasförmig, z. B. Aerosol, flüssig in flüssig, z. B. Emulsion, gasförmig in fest, z. B. erstarrter Schaum.

Dispersionskräfte, ↗ VAN-DER-WAALSsche Wechselwirkung.

Disproportionierung, besondere Form des Redoxprozesses, bei dem Atome einer Verb. aus einer mittleren in eine höhere und eine niedrigere Oxydationsstufe übergehen.

$$\overset{\pm 0}{Cl_2} + H_2O \rightleftharpoons \overset{-1}{HCl} + \overset{+1}{HClO}$$

D. tritt im Bereich der org. Chemie besonders bei Aldehyden auf, wobei sich Alkohole und Carbonsäuren bilden. Die D. verläuft leicht bei aromatischen Aldehyden und bei aliphatischen Aldehyden, die kein Wasserstoffatom am zur Aldehydgruppe benachbarten C-Atom besitzen, z. B. 2,2-Dimethylpropanal und Methanal.

Typische D. sind z. B. die ↗ CANNIZZARO- und die ↗ TIŠČENKO-Reaktionen.

Dissimilation, exergoner biologischer Abbau org. Substanz. Die freiwerdende Energie wird zur Synthese energiespeichernder ↗ Nucleotide, insbesondere *Adenosintriphosphat* (Abk. ATP), genutzt. D. kann in Form von ↗ Atmung oder ↗ Gärung erfolgen. Im Falle des Kohlenhydratabbaus ist beiden Prozessen die am Beginn des gesamten Abbauweges liegende ↗ Glycolyse gemeinsam.

Dissoziation, reversible Aufspaltung von Molekülen oder anderen Teilchenverbänden in kleinere Baueinheiten (Moleküle, Atome oder Ionen).

1. *Thermische D.*, reversibler Zerfall von Molekülen bei Erwärmung (Gegensatz ↗ Pyrolyse irreversibel), z. B. $N_2O_4 \rightleftharpoons 2 NO_2$. Die für die D. notwendige Energie ist die Dissoziationsenergie.

2. *Elektrolytische D.*, werden Elektrolyte (Hydroxide, Säuren und Salze) in geeigneten Lösungsmitteln gelöst, so bilden sie freibewegliche Ionen, sie dissoziieren. Feste echte Elektrolyte bilden auch in

der Schmelze freibewegliche Ionen. Das für die D. wichtigste Lösungsmittel ist Wasser. Wegen seines ↗ Dipolmomentes und seiner ↗ Dielektrizitätskonstanten schwächt es die Bindungskräfte in den Kristallgittern bzw. Molekülen und ermöglicht die Ionenbildung. Diese Ionen werden durch die Wassermoleküle solvatisiert, d. h., die Ionen sind von einer Hülle aus Wassermolekülen umgeben. Die D. verläuft sehr schnell unter Ausbildung von Gleichgewichtszuständen ab. Für Elektrolyte des Typs AB gilt das Gleichgewicht
AB ⇌ A⁺ + B⁻.

Das Verhältnis der dissoziierten Anteile (A^+ und B^-) zum undissoziierten (AB) wird als Dissoziationsgrad α bezeichnet ($0 < \alpha < 1$). Nach α wird in starke Elektrolyte (α nahe 1) und schwache Elektrolyte (α nahe 0) unterschieden. Die Dissoziation schwacher Elektrolyte wird durch die Gleichgewichtskonstante, die dann als Dissoziationskonstante (K_D) bezeichnet wird, des Ausdrucks des ↗ MWG charakterisiert.

$$K_D = \frac{c_{A^+} \cdot c_{B^-}}{c_{AB}}$$

Mit zunehmender Dissoziation steigt der Wert von K_D. Für vollständig dissoziierte Stoffe (starke Elektrolyte) ist K_D nicht zu berechnen. Salze dissoziieren vollständig in positive Metallionen und negative Säurerestionen, z. B.
$K_2SO_4 \rightleftharpoons 2 K^+ + SO_4^{2-}$.
Hydroxide dissoziieren in positive Metallionen (Ausnahme NH_4^+) und negative Hydroxidionen, z. B.
$KOH \rightleftharpoons K^+ + OH^-$.
Säuren dissoziieren in positive Hydroniumionen (vereinfacht Wasserstoffionen) und negative Säurerestionen, z. B.
$HNO_3 + H_2O \rightleftharpoons H_3O^+ + NO_3^-$,
vereinfacht $HNO_3 \rightleftharpoons H^+ + NO_3^-$. Mehrbasige Säuren und mehrsäurige Basen dissoziieren stufenweise, z. B.
1. Stufe: $H_2SO_4 + H_2O \rightleftharpoons H_3O^+ + HSO_4^-$,
2. Stufe: $HSO_4^- + H_2O \rightleftharpoons H_3O^+ + SO_4^{2-}$.
Bei schwachen Elektrolyten tritt bevorzugt die 1. Stufe, bei starken Elektrolyten die 2. Stufe auf.

Dissoziationsgrad, ↗ Dissoziation. Tabelle.

Dissoziationskonstante, Gleichgewichtskonstante für den Ausdruck des MWG einer Dissoziationsgleichung.

Disthen, Al_2OSiO_4, polymorphe Modifikation zu ↗ Andalusit und ↗ Sillimanit. Breitstenglige Kristalle oder strahlig-fasrige Aggregate, weiß, gelblich oder blau gefärbt, sind in metamorphen Gesteinen

Dissoziationsgrad von 1N Säuren bei 18 °C

Säure	α
sehr starke Säuren	1…0,7
HNO_3	0,82
HCl	0,784
starke Säuren	0,7…0,2
H_2SO_4	0,51
mäßig starke Säuren	0,2…0,01
H_3PO_4	0,17 (1)
HF	0,07
schwache Säuren	0,01…0,001
$CH_3 \cdot COOH$	0,004
sehr schwache Säuren	0,001
H_2CO_3	0,001 (2)
H_2S	0,000 7 (2)

(1) 0,5N Lösungen
(2) 0,1M Lösungen

anzutreffen. D. wird techn. zu feuerfesten Sondererzeugnissen verwendet.

Diterpene, ↗ Terpene, ↗ Gibberelline.

1,2-Dithio-glycerol, (1,2-Dithioglycerin), Trivialname für ↗ 2,3-Dimercapto-propan-1-ol.

Diuretika, Arzneimittel, die eine verstärkte Harnausscheidung durch die Nieren bewirken. Ist damit eine verstärkte Salzausscheidung verbunden, werden sie auch als Saluretika bezeichnet. Als D. wirken Theophyllin (↗ Purinalkaloide), org. Quecksilberverbindungen und bestimmte ↗ Sulfonamide.

Diwasserstoff, H_2, (normale) Elementverbindung des ↗ Wasserstoffs, die aus Molekülen von zwei kovalenten gebundenen Wasserstoffatomen besteht. Synonym wird auch der Name *molekularer Wasserstoff* verwendet.

DNA, Abk. für desoxyribonucleic acid, ↗ Nucleinsäuren.

DNS, Abk. für Desoxyribonucleinsäure. International setzt sich immer mehr die englischsprachige Abk. ↗ DNA durch. ↗ Nucleinsäuren.

DOEBEREINER, JOHANN, WOLFGANG (15. 12. 1780 bis 24. 3. 1849), war ein sehr vielseitiger Chemiker. Besonders bekannt wurde er durch das nach ihm benannte Feuerzeug, für das er die katalytische Wirkung des Platins ausnutzte. 1822 gelang ihm die katalytische Oxydation des Ethanols zu Ethansäure. 1829 stellte er die ↗ Triadenregel auf. Er beschäftigte sich mit der Zuckerproduktion aus Stärke und der Herstellung optischer Gläser. GOETHE, mit dem er befreundet war, informierte er über die neuesten Entwicklungen der Chemie. D. war einer der ersten, der die org. Chemie als Chemie der Kohlenstoffverbindungen bezeichnete.

Li-thium	Na-trium	Kalium	Kal-zium	Stron-tium	Barium
7	23	39	40	88	137
Schwe-fel	Selen	Tellur	Chlor	Brom	Jod
32	79	128	35,5	80	127

Triaden nach DOEBEREINER

Dolomit, $CaMg(CO_3)_2$, trigonal kristallisierendes Doppelsalz, das farblose oder weiße Kristalle, vorwiegend Rhomboeder, bildet. D. bildet sich metasomatisch in Kalksteinen. Es ist ein geschätztes Industriemineral, dessen feinkristalline Massen für die Feuerfestindustrie, als Zuschlag im Hochofenprozeß und in der chem. Industrie verwendet werden.

Donator, Molekül, Atom oder Ion, das befähigt ist, Teilchen (z. B. Protonen oder Elektronen) abzugeben.

Donoratom, ↗ Ligatoratom.

Donorzahl, *Donizität*, DN. Als D. wird der negative Wert der experimentell ermittelten Reaktionsenthalpie des Adduktes aus $SbCl_5$ und einem Elektronenpaar-Donor-(EPD-)Lösungsmittel in 1,2-Dichlor-ethan bezeichnet. DN = $-\Delta H_{EPD \cdot SbCl_5}$. Aus den D. lassen sich u. a. Aussagen zur Koordinationsfähigkeit der Lösungsmittel ableiten.

Dopingmittel, Arzneimittel, die auf das zentrale oder periphere Nervensystem anregend wirken, dadurch Ermüdungserscheinungen beseitigen und kurzzeitig zu einer Erhöhung der körperlichen und geistigen Leistungsfähigkeit führen. Als Dopingmittel werden bestimmte Opiumalkaloide und ↗ Cocain (Bild ↗ Tropanalkaloide) angewendet. Bedeutung als D. haben vor allem ↗ Ephedrin und ↗ Weckamine, wie Amphetamin und Methamphetamin. Diese Mittel werden eingesetzt, um sich bei Sportwettkämpfen in unfairer Weise Vorteile zu verschaffen. Da durch D. natürliche Schutzfunktionen des Körpers außer Kraft gesetzt werden, kann Doping zu einer Überbeanspruchung des Körpers führen und schwere gesundheitliche Schäden zur Folge haben. Die Anwendung von Opiumalkaloiden, Cocain und Weckaminen kann zur Sucht führen und unterliegt deshalb den Bestimmungen des Betäubungsmittelgesetzes. Bei internationalen Wettkämpfen erfolgen Dopingkontrollen, bei denen unerlaubte Mittel bzw. ihre Stoffwechselprodukte im Urin nachgewiesen werden.

Doppelbindungen, Verknüpfung zweier Atome durch eine σ- und eine π-Bindung (↗ Atombindung). Wird in Formeln durch einen doppelten Bindungsstrich angegeben, z. B. Ethen, $CH_2{=}CH_2$.

Doppelbrechung, Eigenschaft von Stoffen mit anisotroper Struktur, einen Lichtstrahl bei Durchgang in zwei Teilstrahlen zu zerlegen, die unterschiedliche Geschwindigkeiten aufweisen (durch jeweils verschiedene Brechungsindizes charakterisiert). Die Differenz der Brechungsindizes beider Teilstrahlen gibt die Größe der D. an.

Die Eigenschaft der D. findet man bei nichtkubischen Kristallen, kristallinen Flüssigkeiten sowie bei verschiedenen Stoffen in elektrischen bzw. magnetischen Feldern oder mechanischen Spannungszuständen.

Stoffe mit sehr großer D. zeigen an sehr klaren, großen Kristallen bereits mit bloßem Auge sichtbare Doppelbilder (↗ Doppelspat).

Doppelkontaktverfahren, Variante der Prozeßführung bei der Schwefelsäureherstellung, bei der durch Zwischenabsorption des gebildeten SO_3 das Reaktionsgleichgewicht gestört und der weitere Umsatz von eingesetztem SO_2 zu SO_3 begünstigt wird. Damit wird der Umsatz gesteigert und die SO_2-Restgasemission vermindert.

Doppelsalz, entsteht aus zwei Salzen, die Mischkristalle mit stöchiometrischer Zusammensetzung bilden, z. B. $KCl \cdot MgCl_2 \cdot 6 H_2O$, Carnallit. In wäßriger Lösung dissoziieren Doppelsalze vollständig in die Ionen der einfachen Salze.

Doppelspat, auch isländischer Doppelspat, größere wasserklare Calcitkristalle, die deutlich den Effekt der Doppelbrechung erkennen lassen.

Doppelsuperphosphat, $Ca(H_2PO_4)_2$, Düngemittel, das aus primärem Calciumorthophosphat besteht und aus ↗ Orthophosphorsäure und tertiärem Calciumorthophosphat hergestellt wird.

Dornstein, ↗ Gradierwerk.

Dotierung, Einbringen einer geringen Menge von Fremdatomen in ein Kristallgitter, um dessen Eigenschaften zu verändern. Die D. wird besonders zur Herstellung von Halbleitern (↗ Bändermodell) für elektronische Bauelemente angewandt.

Drehrohrofen, kontinuierlich arbeitendes, rostfreies Ofensystem, bestehend aus einem leicht geneigten feuerfestausgekleideten Stahlzylinder, der sich während des Betriebes langsam um seine Achse dreht.

Drehrostgenerator, Schachtofen mit einer selbsttätigen Entleerungsvorrichtung (sich langsam drehender zentraler Rost) am unteren Ende.

Drehscheibenextraktor, Extraktor für die Flüssig-Flüssig-Extraktion in Kolonnenbauweise. In der Kolonne sind rotierende Scheiben auf einer

Welle und feste Statorringe am Kolonnenmantel abwechselnd angeordnet.

Drehung des polarisierten Lichtes, ↗ optische Aktivität.

Dreifuß, dreifüßiges, eisernes Laboratoriumsgerät, das als Halter für Schalen, Kolben u. a. verwendet wird.

Dreizentrenbindung, eine Bindung, die bei ↗ Elektronenmangelverbindungen auftritt und bei der drei Atome durch zwei Elektronen verbunden werden. Die beiden Elektronen bilden über drei Atome eine gemeinsame Ladungswolke, z. B. im Diboran, die beiden Boratome und das Wasserstoffatom als Brückenatom werden durch zwei Elektronen verknüpft (↗ Atombindung).

Druckapparat, ↗ Autoklav, ↗ Rohrreaktor.

Druckrohr, ↗ Rohrreaktor.

Druckvergasung der Braunkohle, Verfahren der stoffwirtschaftlichen Nutzung der Braunkohle durch Umwandlung in Kohlenmonoxid und Wasserstoff sowie Methan in untergeordneten Anteilen. Das Zielprodukt ist als Heiz- und Synthesegas einsetzbar. Die D. ist vor allem für minderwertige, ballastreiche oder Salzkohlen und große Durchsätze geeignet. Vergasungsmittel ist ein Sauerstoff-Wasserdampf-Gemisch. Gegenüber der Vergasung in der Wirbelschicht (bei Normaldruck) besitzt die D. einige Vorteile, z. B. geringeres Reaktorvolumen, schneller Reaktionsablauf sowie ein bereits komprimiert anfallendes Reaktionsprodukt. Der Reaktor ist ein Doppelmanteldruckofen. Der Prozeß der Vergasung wird im Druckbereich von etwa 2 MPa betrieben:

$C + H_2O \rightarrow CO + H_2$ (endotherm)
$C + \frac{1}{2}O_2 \rightarrow CO$ (exotherm)
$(C + 2H_2 \rightarrow CH_4)$ (exotherm).

Druse, bergmännische Bez. für einen rundlichen Hohlraum im Gestein, dessen Wände mit kristallisierenden Mineralien bedeckt sind.

Dualismus von Welle und Teilchen, ↗ Welle-Teilchen-Dualismus.

dualistisch-elektrochemische Hypothese von ↗ Berzelius. Danach sollten alle chem. Verb. aus einem positiven und einem negativen Bestandteil bestehen.

Dublett, ↗ Multiplizität.

Dulong-Petitsche Regel, ↗ Molwärme.

Düngemittel, vorwiegend feste, feinkörnig-granulierte Stoffe, die der Boden zur optimalen Pflanzenernährung bzw. zur Verhinderung der Nährstoffverarmung benötigt. Hauptnährstoffe sind lösliche Stickstoff-, Phosphor- und Kaliumverbindungen (N-, P-, K-Dünger). Komplexdünger sind Mehrnährstoffdünger, die zwei oder alle drei Hauptnährstoffelemente in einem Korn chem. verbunden vereinigen. Neben den anorg. und mineralischen Düngern benötigt der Boden organ. Dünger (Stallmist, Jauche, Gülle, Kompost u. ä.) zur Reproduktion des Humusgehaltes.

Dünnsäure, Sammelbez. für verd. Säuren als Produktionsabfälle; speziell für verd. Schwefelsäure mit gelöstem Eisensulfat, von der Titandioxidproduktion, beim Erzaufschluß und von Beizereien. D. wird z. T. im Meer ausgebracht und schädigt dann stark die marine Fauna.

Dünnschichtverdampfer, kontinuierlich arbeitender Verdampfertyp für große Leistungen. Die einzudampfende Flüssigkeit wird auf eine beheizte Walze aufgegeben.

Duralumin, Abk. Dural, härtbare Legierung mit 93 bis 95 % Al, 2,5 bis 5,5 % Cu, bis 2 % Mg, bis 1,2 % Mn und bis 1 % Si. D. wird im Fahrzeug- und Flugzeugbau verwendet und kann zur Erhöhung der Korrosionsbeständigkeit mit Reinaluminium plattiert (↗ Plattieren) werden.

Durchlässigkeit für Strahlung, ↗ Absorption.

Durchsatz, (Volumen- oder Massedurchsatz), Volumen- oder Massestrom, der einen Apparat (Reaktor) in einer Zeiteinheit passiert.

Duroplastabfälle, Abprodukte, die sich nach Aufmahlen als Füllstoff zur Plastproduktion verwenden lassen. Daneben ist die thermische Zersetzung (↗ Pyrolyse) zur Gewinnung von Syntheseausgangsstoffen möglich. Eine energetische Verwertung ist zwar durch einen hohen Heizwert (größer als Braunkohle) günstig, erfordert aber die Beachtung möglicherweise aggressiver Rauchgase.

Duroplaste, Plaste, die durch Polykondensation entstehen. Nach dem Aushärten (während oder nach der Formgebung) lassen sie sich nicht wieder erweichen. Erhitzen dieser Stoffe führt nicht zum Erweichen oder Schmelzen, sondern zur Zersetzung.
Sie bestehen aus einer dreidimensional-ungeregelten Struktur von vernetzten Makromolekülen.

Dynamite, brisante, handhabungssichere Gesteinssprengstoffe. Zur Herstellung wird ein Gemisch von ↗ Glyceroltrinitrat (↗ Propantrioltrinitrat) und Glycoldinitrat (Sprengöl) mit ↗ Collodiumwolle (↗ Cellulosenitrate) zu Sprenggelatine gelatiniert. Ein Gemisch aus 65 % dieser Sprenggelatine, 27 % Natriumnitrat und 8 % Holzmehl wird als Dynamit 1 bezeichnet.
Der erste Dynamitsprengstoff wurde 1867 von ↗ A. Nobel entwickelt, indem Glyceroltrinitrat in Kieselgur aufgesaugt wurde (Gur-Dynamit).

Dysprosium,

Dy $Z = 66$
$A_{r\,(1981)} = 162{,}50$
Ek: [Xe] $4f^{10}6s^2$
OxZ: $+3$
$X_E = 1{,}22$
Elementsubstanz:
Schmp. 1410 °C
Sdp.   2600 °C
$\varrho = 8{,}54 \text{ kg} \cdot \text{l}^{-1}$

chem. Element (↗ Elemente, chem.) *Dysprosium*, Symbol: Dy, 9. Element der ↗ Lanthanoidengruppe. D. ist die Bez. für alle Atome, die 66 positive Ladungen im Kern (also 66 Protonen) besitzen: Kernladungszahl $Z = 66$. D. findet sich in der Natur in den ↗ Ytttererden in geringen Konzentrationen. Eine Darstellung des silberweißen und weichen Metalls erfolgt nach (aufwendiger) Trennung, z. B. durch Schmelzflußelektrolyse oder Reduktion mit metallischem Kalium. D. kann durch sein hohes Neutronenabsorptionsvermögen (Neutronenfänger) in der Kerntechnik verwendet werden.

E

Ebullioskopie, Methode der Bestimmung der Molekülmasse fester org. Verb. durch Messung der durch sie in einem Lösungsmittel hervorgerufenen ↗ Siedepunktserhöhung. Die Molekülmasse berechnet sich nach

$$M = \frac{E}{\Delta T} \cdot \frac{m \cdot 1000}{b}$$

ΔT Siedepunktserhöhung
b Masse des Lösungsmittels
m Masse des festen Stoffes
E ebullioskopische Konstante des Lösungsmittels

Ecdyson, *Häutungshormon*, Steroidhormon (↗ Steroide, ↗ Hormone), welches bei Gliedertieren (z. B. Insekten, Spinnen, Krebsen) die Häutung auslöst. Es zeichnet sich durch einen hohen Hydroxylierungsgrad aus. E. wurde von BUTENANDT und KARL-

SON 1954 als erstes Insektenhormon kristallin dargestellt (25 mg aus 550 kg Puppen des Seidenspinners).

Echtfärbesalze, Diazokomponenten für die Herstellung von Azofarbstoffen auf der Faser bei der Bildung der ↗ Entwicklungsfarben. Als Kupplungskomponenten werden Derivate der 2-Hydroxy--naphthalen-3-carbonsäure (↗ Naphthol-AS) eingesetzt. Um die sehr leicht zersetzlichen Diazoniumsalze zu stabilisieren, werden Tetrafluoroborate bzw. Arensulfonate hergestellt oder Doppelsalze mit Zinkchlorid gebildet. E. sind relativ beständig, wenn sie trocken gehalten werden. In wäßriger Lösung bildet sich die kupplungsfähige Diazoniumsalzlösung.

Economiser, (Ekonomiser), ↗ Wärmeaustauscher, vor allem bei Dampferzeugern zur Speisewasservorwärmung durch abziehende warme Rauchgase.

Edelgase, alle Elemente der 8. Hauptgruppe des PSE (↗ Hauptgruppenelemente, 8. Hauptgruppe des PSE). Durch eine sehr stabile ↗ Elektronenkonfiguration liegen die Elementsubstanzen als Atome (d. h. einatomig) vor. Kovalente Verb. sind erst nach 1962 synthetisiert worden. Bis zu dieser Zeit wurde angenommen, daß die Elemente dieser Gruppe, die unter ↗ Normalbedingungen sämtlich als *Gase* vorliegen, keinerlei echte Verb. einzugehen vermögen. Dieser »edle« Charakter führte zu der Bez. Edelgase.

Edelgaskonfiguration, Elektronenkonfiguration der Edelgase, die sich durch vollbesetzte Orbitale auszeichnet. Die E. ist ein energiearmer Zustand, deshalb werden bei chem. Reaktionen bevorzugt diese E. ausgebildet.

Edelgasverbindungen, sind seit 1962 synthetisiert worden. Bekannt sind (echte) Verb. der Edelgase Krypton, Xenon und Radon. Bedingt durch die hohen Ionisierungsenergien der Edelgase sind als Reaktionspartner nur Elemente mit sehr hoher Elektronenaffinität möglich: Fluor, Sauerstoff und Chlor. Vom Krypton, bedingt durch die sehr hohe Ionisierungsenergie, und vom Radon, bedingt durch die Kurzlebigkeit des stabilsten Isotops ^{222}Rn, sind nur sehr wenige Verb. bekannt; das Xenon wurde bisher am umfangreichsten untersucht. Hier sind Verb. wie: Xenon(II)-fluorid, XeF_2; Xenon(IV)-fluorid, XeF_4; Xenon(VI)-fluorid, XeF_6; Xenon(II)-chlorid, $XeCl_2$; Xenonoxiddifluorid, $XeOF_2$; Xenonoxidtetrafluorid, $XeOF_4$; Xenondioxiddifluorid, XeO_2F_2 und Xenon(VI)-oxid, XeO_3; als Beispiele zu nennen, die noch durch eine Reihe von Komplexen ergänzt werden können.

Edelkunstharze, Kunstharze, meist ↗ Phenol-, ↗

Harnstoff- oder ↗ Polyesterharze, die als Gießharze ohne Füllstoffe verarbeitet werden. E. sind durchscheinend, lassen sich einfärben und polieren, sind chemikalienbeständig und lassen sich spanabhebend verarbeiten. Aus ihnen werden Gebrauchsgegenstände, Schmuckwaren und Ziergeräte hergestellt.

Edelmetalle, Metalle, die gegen vielerlei Korrosionseinflüsse (z. B. Luft, Feuchtigkeit, gasförmige Schwefelverbindungen u. a.) relativ beständig sind. In der Natur kommen sie oft gediegen vor: Silber, Gold, Platin und Iridium.

Edelsteine, Mineralien, deren Kristalle auf Grund ihrer besonderen Eigenschaften (z. B. Härte, Farbe, chem. Beständigkeit und Lichtbrechung) von der Schmuckindustrie verwendet werden.

EDTA, Reagens für die komplexometrische Titration von Metallionen, Handelsname u. a. Chelaplex III. Dinatriumsalz der ↗ Ethylendiamintetraessigsäure.

EGR, Kurzbezeichnung für ↗ »Elektrische Gasreinigung«.

EGW ↗ Einwohnergleichwert.

Ehrlich, Paul (14. 3. 1854 bis 20. 8. 1915), deutscher Arzt, Biologe und Chemiker, begründete die Chemotherapie. Sein Salvarsan, später das Neosalvarsan, ermöglichte die erfolgreiche Bekämpfung der Syphilis. Er beschäftigte sich u. a. mit der Immunitätsforschung und der experimentellen Krebsbehandlung. 1908 erhielt er gemeinsam mit I. I. Mečnikov den Nobelpreis für Medizin.

Eigen, Manfred (geb. 9. 5. 1927), bearbeitet physikal.-chem., biochem. und molekularbiologische Probleme. Es gelang ihm u. a., die Bildungsgeschwindigkeit einer Wasserstoffbrückenbindung zu bestimmen. Seine Untersuchungen sind wesentlich für die Aufklärung der Enzymsteuerung, Mechanismen der Vererbung usw. »Für die Untersuchung sehr schnell verlaufender chem. Reaktionen« wurde ihm 1967 gemeinsam mit R. G. W. Norrish und G. Porter der Nobelpreis für Chemie verliehen.

Eigendrehimpuls, ↗ Spin.

Eindampfen, Einengen, thermische Grundoperation, Methode, bei der ein Teil des Lösungsmittels durch Erhitzen vertrieben wird. Die Lösung wird dabei konzentriert. In besonderen Fällen wird dazu eine ↗ Destillation benutzt.

Eindicker, Behälter zur Trennung einer Suspension unter Einwirkung der Schwerkraft entsprechend der Dichte in eine Schlamm- und eine Flüssigkeitsschicht (z. T. noch eine Schwimmschicht).

Einkristall, einzelner Kristall, der eine einheitliche Gitterorientierung und eine homogene chem. Zusammensetzung aufweist. Große Einkristalle für techn. Zwecke werden mittels Kristallzüchtungsverfahren hergestellt.

Einschlußverbindungen, Einlagerung von kleineren Atomen in Gitter von Verb., die geeignete Hohlräume enthalten. Die Gastatome befinden sich in einem »Käfig« − Käfigverbindungen, Clathrate. So lagern sich Edelgase in die wasserstoffbrückenbildenden Verb. Wasser, Phenol oder Hydrochinon ein.

Einschmelzlegierungen, Legierungen auf der Grundlage von Eisen, Nickel und Cobalt mit Wärmeausdehnungskoeffizienten, die denen von Gläsern und Porzellanen entsprechen. Sie können als Zuführungsdrähte in diese Materialien (z. B. in Glühbirnen und Röhren) eingeschmolzen werden.

Einsteinium,

Es	$Z = 99$
$A_{r(1981)} = [252]$	
Ek: [Rn] $5f^{11}7s^2$	
$OxZ: +3$	
$X_E = 1,3$	

chem. Element (↗ Elemente, chem.)

Einsteinium, Symbol: Es, 10. Element der ↗ Actinoidengruppe, 7. Element der ↗ Transurane. E. ist die Bez. für alle Atome, die 99 positive Ladungen im Kern (also 99 Protonen) besitzen: Kernladungszahl $Z = 99$. E. wurde 1952 durch Ghiorso und Mitarbeiter synthetisiert. Es ist ein radioaktives Element, das aus dem Uraniumisotop ^{238}U gewonnen werden kann und als Isotop ^{247}Es, $t_{1/2} = 7,3$ min, anfällt. Das Isotop ^{254}Es ist mit einer Halbwertzeit von $t_{1/2} = 1,52$ a das langlebigste und stabilste.

Einstranganlage, Einstraßenanlage, Bauweise von Chemieanlagen für große Durchsätze und nur ein oder wenige Produkte. Ihr spezifischer Investitionsumfang ist bedeutend niedriger als für mehrere kleinere Anlagen.

Einstranganlagen erfordern eine relativ gleichbleibende Produktion und verursachen bei Betriebsstörungen sehr hohe Kosten. Die Betriebssicherheit läßt sich erhöhen durch Einbau von Zwischenlagern und Doppelung wichtiger Einzelausrüstungen.

Einwohnergleichwerte (EGW), Maßzahl des Verschmutzungsgrades von Abwässern. Man versteht darunter diejenige biochem. abbaubare Schmutzstoffmenge, die von einem Einwohner täglich erzeugt wird.

Der EGW = 1 entspricht einer Schmutzmenge, die zu ihrem biochemischen Abbau in 5 Tagen 54 g ↗

BSB benötigt. Tabelle.

Einwohnergleichwerte einiger industrieller Abwässer

Produktionsart	Bezugsgröße	EGW
Papierfabrik	1 t Papier	100... 300
Zuckerfabrik	1 t Rüben	120... 400
Brauerei	1 000 l Bier	300... 2 000
Zellwollefabrik	1 t Zellwolle	500... 700
Stärkefabrik	1 t Mais	800...11 000
Sulfitzellstoffwerk	1 t Zellstoff	4 000... 6 000

Eis, (eigenständige) Bez. für ↗ Wasser, das sich im festen Aggregatzustand befindet. Unterhalb eines Druckes von etwa $1,8 \cdot 10^8$ Pa (und unterhalb einer Temperatur von 0 °C) existiert die Modifikation Eis I, die hexagonal kristallisiert. Bei höheren Drücken folgen die Modifikationen Eis II bis Eis VII, von denen Eis II orthorhombisch und Eis III tetraedrisch kristallisiert.

Eisen,

Fe $Z = 26$
$A_{r(1981)} = 55,847$
Ek: [Ar] $3d^6 4s^2$
OxZ: $-2, -1, 0, +1, +2, +3, +4, +5, +6$
$X_E = 1,83$
Elementverbindung:
Schmp. 1 540 °C
Sdp.   3 000 °C
$\varrho = 7,873$ kg $\cdot 1^{-1}$

chem. Element (↗Elemente, chem.).
Ferrum, Symbol: Fe, 1. Element der Eisengruppe (↗ Nebengruppenelemente, 8. Nebengruppe des PSE). E. ist die Bez. für alle Atome, die 26 positive Ladungen im Kern (also 26 Protonen) besitzen: Kernladungszahl $Z = 26$. Die Hülle des neutralen Atoms besteht aus 26 Elektronen, von denen die möglichen Valenzelektronen die Konfiguration $3d^6 4s^2$ besitzen. In Verb. werden Oxydationsstufen eingenommen, die durch die Oxydationszahlen OxZ $-2, -1, 0, +1, +2, +3, +4, +5$ und $+6$ charakterisiert sind. E. ist seit ältester Zeit bekannt. In der Natur ist E. mit einer Beteiligung von 5,1 % am Aufbau der Erdrinde das vierthäufigste Element. Gewaltige Eisenmengen werden im Erdkern (= Nickel-Eisen-Kern mit einem Radius von mehr als 3 000 km) angenommen. Wichtige Eisenerze sind: *Magneteisenstein, Magnetit*, Fe_3O_4; *Roteisenstein, Hämatit, Rötel, Eisenglanz, Eisenglimmer*, Fe_2O_3; *Brauneisenstein, Limonit*, $Fe_2O_3 \cdot n$ H_2O bzw. FeO(OH); *Spateisenstein, Siderit*, $FeCO_3$; *Eisenkies, Pyrit, Schwefelkies, Pyrrhotin, Magnetkies*, FeS_2; *Arsenkies, Arsenpyrit*, FeAsS, und *Magnetischer Pyrit*,

FeS. Zur Gewinnung des metallischen E. werden die sulfidischen Erze durch Röstprozesse in Oxide überführt und dann einer Reduktion unterworfen; durch molekularen Wasserstoff:
$Fe_2O_3 + 3 H_2 \rightarrow 2 Fe + 3 H_2O$;
durch Kohlenmonoxid:
$Fe_2O_3 + 3 CO \rightarrow 2 Fe + 3 CO_2\uparrow$;
durch Kohle:
$FeO + C \rightarrow Fe + CO\uparrow$;
oder durch metallisches Aluminium (aluminothermisch):
$3 Fe_3O_4 + 8 Al \rightarrow 9 Fe + 4 Al_2O_3$.
Techn. wird die Reduktion der oxidischen Erze zu Roheisen im ↗ Hochofenprozeß durchgeführt. Das Metall ist silberweiß, weich, duktil und existiert in drei Modifikationen:

α-Eisen $\xrightleftharpoons{906\,°C}$ γ-Eisen $\xrightleftharpoons{1\,401\,°C}$ δ-Eisen.

α-Eisen ist kubisch kristallin (raumzentriert) und ferromagnetisch; γ-Eisen ist kubisch kristallin (flächenzentriert) und paramagnetisch, und δ-Eisen ist kubisch kristallin (raumzentriert) und paramagnetisch. Metallisches E. ist nicht sehr korrosionsbeständig, es reagiert mit nichtoxydierenden Säuren zu Eisen(II)-Verb. und molekularem Wasserstoff:
$Fe + 2 HCl \rightarrow FeCl_2 + H_2\uparrow$;
mit molekularem Chlor zu Eisen(III)-chlorid:
$2 Fe + 3 Cl_2 \rightarrow 2 FeCl_3$;
mit Schwefel (Elementsubstanz) zu Eisen(II)-sulfid:
$Fe + S \rightarrow FeS$;
mit molekularem Sauerstoff zu Eisen(II,III)-oxid:
$3 Fe + 2 O_2 \rightarrow Fe_3O_4$.
E. vermag viele Komplexverb. zu bilden (↗ Blutlaugensalze), z. T. auch solche, die eine besondere biologische Wirksamkeit besitzen (↗ Harn). E. wird hauptsächlich zur Herstellung von Eisen-Kohlenstoff-Legierungen (Roheisen, Gußeisen und Stahl) verwendet. In Kernreaktoren wird Radioeisen (= das radioaktive Isotop ^{59}Fe) als Radioindikator (Radiotracer) eingesetzt.
Eisen(II)-chlorid, $FeCl_2$, farblose, trigonal kristalline in Wasser leicht lösliche Substanz (Schmp. 677 °C, Sdp. 1 012 °C), die durch Umsetzung von metallischem Eisen mit Salzsäure (unter Luftabschluß) entsteht:
$Fe + 2 HCl \rightarrow FeCl_2 + H_2\uparrow$.
Eisen(III)-chlorid, $FeCl_3$, irisierende, trigonal kristalline, in Wasser leicht lösliche, Hydrate bildende Substanz (Schmp. 303,9 °C, Sdp. 319 °C), die durch direkte Vereinigung von metallischem Eisen und molekularem Chlor (z. T. unter Feuererscheinung) gebildet wird:

$2\,Fe + 3\,Cl_2 \rightarrow 2\,FeCl_3$, $\Delta_B H = -391{,}2\,kJ \cdot mol^{-1}$.
Mit Chlorwasserstoff erfolgt eine Reaktion zur Bildung von hellgelber Chloroeisen(III)-Säure:
$FeCl_3 + HCl \rightarrow H[FeCl_4]$.

Eisenglanz, ↗ Hämatit.

Eisenkies, ↗ Pyrit.

Eisen-Kohlenstoff-Diagramm, Darstellung des Systems Eisen–Kohlenstoff bis zur Schmelztemperatur im Konzentrationsbereich 0 bis 5 Masse-% Kohlenstoff; es ist theoretische Grundlage der Prozesse der Eigenschaftsmodifizierung von Stahl (z. B. Härten) in der Industrie. Bild.

Eisenmetalle, auch Eisengruppe, sind die drei ersten Elemente der 8. Nebengruppe des PSE (↗ Nebengruppenelemente, 8. Nebengruppe des PSE): ↗ Eisen, ↗ Cobalt und ↗ Nickel. Sie sind ferromagnetisch.

Eisen(II)-oxid, FeO, schwarze, kubisch kristalline, in Wasser schwer lösliche Substanz, die durch thermische Spaltung von Eisen(II)-oxalat (unter Luftabschluß) entsteht:
$FeC_2O_4 \rightarrow FeO + CO_2\uparrow + CO\uparrow$.

Eisen(II,III)-oxid, Fe_3O_4, schwarze bis blauschwarze, kubisch kristalline, ferromagnetische und den elektrischen Strom leitende Substanz (Schmp. 1594 °C) der Struktur $Fe^{II}Fe^{III}[Fe^{III}O_4]$. E. entsteht beim Verbrennen von metallischem Eisen (z. B. von Eisenpulver) mit molekularem Sauerstoff:
$3\,Fe + 2\,O_2 \rightarrow Fe_3O_4$, $\Delta_B H = 1116\,kJ \cdot mol^{-1}$.

Es ist das beständigste Oxid.

Eisen(III)-oxid, Fe_2O_3, gelbrote bis rotbraune, trigonal kristalline Substanz mit Halbleitereigenschaften: $\alpha\text{-}Fe_2O_3$. Zwei weitere Modifikationen sind bekannt: $\gamma\text{-}Fe_2O_3$ (kubisch kristallin) und $\delta\text{-}Fe_2O_3$ (hexagonal kristallin). E. kann durch Glühen von Eisen(III)-hydroxid dargestellt werden:
$2\,Fe(OH)_3 \rightarrow Fe_2O_3 + 3\,H_2O$.

Eisensau, Rückstand der Kupferverarbeitung, der durch seinen vielfältigen Restmetallgehalt neben Fe noch Cu, Mo, Ni, Wo, Ga, Re, As, Co, Edelmetalle enthält, wirtschaftlich interessant, aber schwierig zu verhütten ist (Abtrennung und Isolierung der einzelnen Wertstoffe).

Eisenspat, Siderit, $FeCO_3$, kristallisiert in braunen Rhomboedern oder kommt in dichten bis feinkörnigen Massen vor. Das Mineral ist vor allem als metasomatische Bildung in Kalkgesteinen bekannt und besitzt dann Bedeutung als Eisenerz. Daneben findet man Eisenspatkristalle auf hydrothermalen Lagerstätten.

Eisen(II)-sulfat, $FeSO_4$, weiße, orthorhombisch kristalline in Wasser leicht lösliche, Hydrate bildende und Feuchtigkeit anziehende (d. h. hygroskopische) Substanz. E. wird techn. durch Umsetzung von Eisenabfällen mit verd. Schwefelsäure gewonnen:
$Fe + H_2SO_4 \rightarrow FeSO_4 + H_2\uparrow$.

Aus wäßriger Lösung kristallisiert das Heptahydrat: $FeSO_4 \cdot 7\,H_2O$; auch *Eisenvitriol* genannt, aus.

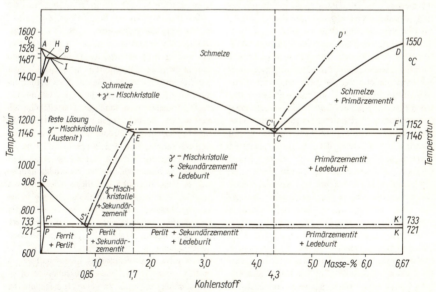

Eisen-Kohlenstoff-Diagramm (Zustandsschaubild)

Eisen(II)-sulfid, FeS, grauschwarze, metallisch glänzende, hexagonal kristalline, in Wasser schwer lösliche Substanz (Schmp. 1 195 °C), die durch direkte Vereinigung der Elementsubstanzen entsteht:
Fe + S → FeS, $\Delta_B H = -96,2$ kJ·mol^{-1}.
Durch Einwirkung nichtoxydierender Säuren werden Eisen(II)-Salze und Schwefelwasserstoff gebildet:
FeS + 2 HCl → FeCl$_2$ + H$_2$S↑.
Diese Reaktion wird z. B. zur Herstellung von Schwefelwasserstoff im Laboratorium mittels des KIPPschen Apparates eingesetzt.

Eisessig, Name für die wasserfreie ↗ Ethansäure, die bei 17 °C zu eisähnlichen Kristallen erstarrt.

Eisstein, ↗ Kryolith.

Eiweiße, svw. ↗ Proteine.

Eiweißsynthese, mikrobiologische, techn. Massenvermehrung von Mikroorganismen bei Anwesenheit von Sauerstoff mit dem Ziel, deren eiweißreiche Zellmasse zu gewinnen. Als Substrate können z. T. minderwertige org. Abprodukte eingesetzt werden.
Die großtechn. mikrobielle Eiweißsynthese kann zur Schließung der ↗ Eiweißlücke künftig große Bedeutung erlangen. Als klassische Variante gilt die Produktion von Futterhefe aus billigen Kohlenhydraten (Melasse, Sulfitablauge, hydrolysierte Holzabfälle). Eine RGW-Entwicklung ist die Produktion von ↗ Fermosin durch mikrobielle Entparaffinierung von Dieselölen. Analog arbeiten bereits Verfahren zur mikrobiellen Eiweißsynthese aus Methanol oder Ethanol.

Eka [Sanskrit: eins]. Bei der Aufstellung des ↗ PSE bemerkte ↗ MENDELEEV, daß in einigen Reihen die korrespondierenden Glieder fehlen. Auf Grund der benachbarten und der darüber und darunter stehenden Elemente sagte er die chem. und physikalischen Eigenschaften der fehlenden Elemente sowie ihre wichtigen Verbindungen voraus. Um keine neuen Namen für diese »Lückenelemente« prägen zu müssen, benutzte er die Namen der nächsten niederen analogen Elemente, die er mit einem Zahlwort aus dem Sanskrit als Vorsatz versah, z. B. ↗ Ekaaluminium, ↗ Ekabor, ↗ Ekasilicium oder Ekacaesium für das 1. Lückenelement; Dwicaesium für das 2. Lückenelement nach Caesium [dwi: zwei]. Unter Mangan gab es vier Lücken: Ekamangan, Dwimangan, Trimangan [tri: drei], Tschaturmangan [tschatur: vier].

Ekaaluminium, von ↗ MENDELEEV vorausgesagtes Element. Es wurde 1875 von dem Franzosen PAUL EMILE LECOQ DE BOISBAUDRAN entdeckt und Gallium genannt.

Ekabor, von ↗ MENDELEEV vorausgesagtes Element, welches 1879 von dem Schweden LARS FREDERIK NILSON entdeckt wurde und den Namen Scandium erhielt.

Ekasilicium, von ↗ MENDELEEV vorausgesagtes Element, welches CLEMENS WINKLER 1886 im Mineral Argyrodit der Himmelfürstgrube in Freiberg entdeckte. Es erhielt den Namen Germanium.

Elaidinsäure, Trivialname für die trans- ↗ Octadec-9-ensäure. E. ist das Stereoisomere der ↗ Ölsäure.

Elaste, Elastomere, Sammelbez. für makromolekulare Werkstoffe mit kautschukelastischem Verhalten. Es sind vor allem Dienpolymerisate wie cis-1,4-Polyisopren (Naturkautschuk) sowie Copolymerisate von Butadien mit Styren (Buna S) oder Acrylnitril (Buna N), Poly-2-chlorbutadien (Chloroprenkautschuk) sowie cis-1,4-Polybutadien und cis-1,4-Polyisopren (Stereokautschuk). Sie werden durch Emulsions- oder Lösungspolymerisation hergestellt. Daneben sind Polyurethane und Ethen-Propen-Copolymerisate als Elaste bekannt. Die Elaste sind unvulkanisiert, d. h. ohne Vernetzung der Mikromolekülketten, plastisch und formbar. Im vulkanisierten Zustand sind sie innerhalb eines sortenspezifischen Temperaturbereiches elastisch und verformbar. Sie besitzen hohe Zugfestigkeit, großen Elastizitätsmodul und gute Rückprallelastizität. Diese Erscheinung ist auf unter sich verknäulte bis in die einzelnen Glieder frei bewegliche langgestreckte Makromoleküle zurückzuführen (↗ Vulkanisation). ↗ Kautschuk.

elektrische Gasreinigung, EGR, z. T. auch als elektrostatische Gasreinigung bzw. COTTRELL-MÖLLER-Verfahren bezeichnet, dient zum Abscheiden von feinkörnigen Feststoffteilchen (Staub) oder Flüssigkeitströpfchen aus Gasen. Eine Sprühelektrode emittiert bei Anlegen eines Gleichstroms (50 bis 80 kV) Elektronen, durch die Gasteilchen ionisiert werden. Diese bewegen sich zur plattenförmigen Niederschlagselektrode, dabei transportieren sie Feststoffteilchen oder Flüssigkeitströpfchen, die zur Abscheidung in diesen Raum eingeblasen werden. An der Niederschlagselektrode erfolgt die Entladung der Gasteilchen und die Abscheidung des Staub- bzw. Flüssigkeitsanteils. Von den vielen bekannten Entstaubungsverfahren ist die EGR am vielseitigsten einsetzbar und wirkt bei einem sehr breiten Teilchenspektrum mit sehr hohen Abscheidungsgraden.

elektrische Leitfähigkeit, Eigenschaft eines Stoffes, elektrische Ladungen auszubreiten, d. h. den elektrischen Strom zu leiten. Je nachdem, ob das durch den Transport von ↗ Elektronen oder ↗

Ionen geschieht, unterscheidet man *Elektronenleiter* und *Ionenleiter* bzw. Leiter I. und II. Ordnung. Bei Elektronenleitern nimmt die e. L. mit steigender Temperatur ab, bei Ionenleitern zu. Werden bei Elektronenleitern die Ladungsträger erst durch Energiezufuhr frei beweglich, bezeichnet man sie als *Halbleiter*. Ist dazu Erwärmung nötig, liegen *thermische Halbleiter* vor, wird dazu ↗ Licht benötigt, handelt es sich um einen *Photohalbleiter* (↗ lichtelektrischer Effekt, innerer). Die e. L. von Elektronenleitern, Halbleitern und Isolatoren kann mit Hilfe des ↗ Bändermodells erklärt werden. Die e. L. stellt den Kehrwert des elektrischen Widerstandes R dar und hängt dementsprechend von der Länge l und dem Querschnitt q des Leiters ab. So ergibt sich für den *Leitwert*:

$$\frac{1}{R} = \frac{\varkappa \cdot q}{l}$$

$\varkappa$ spezifische Leitfähigkeit, Bild.

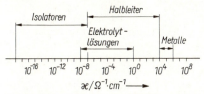

Spezifische Leitfähigkeit $\varkappa$ von Stoffgruppen bei Normaltemperatur

Bei Lösungen von ↗ Elektrolyten wird die e. L. auch als *elektrolytische Leitfähigkeit* bezeichnet. Ihre Größe beruht auf der ↗ Wanderungsgeschwindigkeit der Ionen. Zu ihrer Messung verwendet man Wechselspannungen, um eine Konzentrationsabnahme durch ↗ Elektrolyse zu vermeiden. Die spezifische Leitfähigkeit ist für verd. Lösungen der Konzentration proportional, durchläuft aber bei hohen Konzentrationen ein Maximum infolge zunehmender interionischer Wechselwirkungen in starken Elektrolyten (↗ DEBYE-HÜCKEL-Theorie) bzw. des abnehmenden ↗ Dissoziationsgrades schwacher Elektrolyte. Deshalb besteht auch für die *molare Leitfähigkeit*

$$\Lambda_m = 1000 \frac{\varkappa}{c} \text{ in } \Omega^{-1} \cdot cm^2 \cdot mol^{-1}$$

c Konzentration in $mol \cdot l^{-1}$

eine Konzentrationsabhängigkeit. Sie erreicht bei kleinen Konzentrationen einen Maximalwert, die *Grenzleitfähigkeit* Λ^∞. Diese kann bei starken Elektrolyten nach dem KOHLRAUSCHschen Quadratwurzelgesetz

$$\Lambda_m = \Lambda^\infty - a\sqrt{c}$$

a lösungsmittelabhängige Konstante

ermittelt werden. Grenzleitfähigkeiten schwacher Elektrolyte lassen sich aus denen starker Elektrolyte nach dem KOHLRAUSCHschen *Gesetz der unabhängigen Ionenwanderung* berechnen, wonach bei unendlicher Verdünnung jedes Ion unabhängig vom anderen mit seiner Ionenleitfähigkeit (↗ Wanderungsgeschwindigkeit) zur Grenzleitfähigkeit beiträgt. Der Quotient Λ_m/Λ^∞ entspricht bei schwachen Elektrolyten dem ↗ Dissoziationsgrad und kann in das ↗ OSTWALDsche Verdünnungsgesetz eingesetzt werden. Für mehrwertige Elektrolyte war die Angabe der *Äquivalentleitfähigkeit* üblich. Sie ergibt sich durch Bezug der molaren Leitfähigkeit Λ_m auf die elektrochem. Wertigkeit z des Elektrolyten: $\Lambda_{äq} = \frac{\Lambda_m}{z}$. Die praktischen Anwendungen der elektrolytischen Leitfähigkeit erfaßt man unter dem Begriff ↗ Konduktometrie.

Elektrochemie, Teilgebiet der ↗ physikalischen Chemie, das die <u>gegenseitige Umwandlung von elektrischer und chem. Energie</u> behandelt. Die Gewinnung elektrischer Energie durch chem. Reaktionen bezeichnet man als *Galvanismus* (↗ galvanische Zelle). Werden chem. Umsetzungen durch Zuführung von elektrischer Energie erreicht, nennt man das ↗ *Elektrolyse*. Galvanismus und Elektrolyse stehen in engem Zusammenhang mit der *elektrolytischen* ↗ *Dissoziation* und der ↗ *elektrischen Leitfähigkeit*. Die E. besitzt eine große Bedeutung für die chem. Analyse (↗ Konduktometrie, ↗ Coulometrie, ↗ Potentiometrie, ↗ Elektrogravimetrie, ↗ Polarographie). Es gibt auch zahlreiche, z. T. industriell genutzte Verfahren der chem. Synthese auf der Basis der E. (z. B. die ↗ Chloralkalielektrolyse, die elektrothermische Erzeugung von ↗ Calciumcarbid, die elektrolytische Raffination von ↗ Kupfer). Die E. ist bei der Speicherung bzw. Erzeugung elektrischer Energie (↗ Akkumulatoren) bedeutsam.

elektrochemische Grundreaktionen, Reaktionen, die unter Zufuhr von Elektroenergie ablaufen. Der Stromdurchgang ist mit einer chem. Zersetzung des Elektrolyte verbunden (↗ Elektrolysen).

elektrochemische Oberflächenbehandlung (Galvanotechnik), techn. Ausnutzung der Elektrolyse zur kathodischen Herstellung metallischer oder anodischen Herstellung oxidischer Überzüge, die einen wirksamen Korrosionsschutz bieten. Beim elektrochem. Polieren entsteht im Verlauf einer Elektrolyse durch anodisches Auflösen des Metalls eine glatte Oberfläche des Anodenmaterials.

elektrochemisches Äquivalent, abgeschiedene Masse eines Stoffes pro Einheit der Ladungsmenge

elektrochemisches Äquivalent

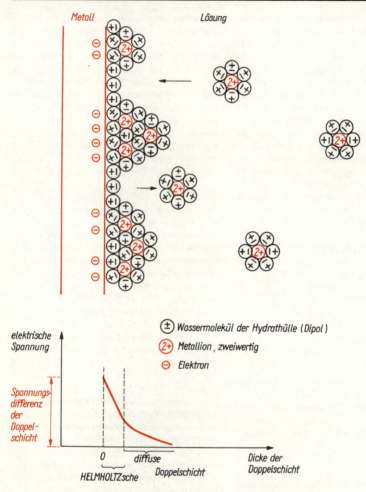

Bild 1. Elektrochemische Doppelschicht und Potential einer elektrochemischen Elektrode

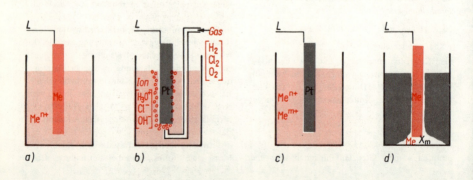

Elektrode

Übersicht der Standardpotentiale einiger Elektrodenarten und -typen

Elektrodenart, -typ, Beispiel	Symbol	$U^\ominus$ in V
Elektroden 1. Art		
– Metall-Metallionen-Elektroden		
• Zinkelektrode	Zn^{2+}/Zn	−0,763
• Kupferelektrode	Cu^{2+}/Cu	+0,342
– Gaselektroden		
• Wasserstoffelektrode	H^+/H_2, Pt	0
• Chlorelektrode	Cl^-/Cl_2, Pt	+1,358
– Redoxelektroden		
• Eisen(II)-Eisen(III)-Elektrode	$Fe^{3+}, Fe^{2+}/Pt$	+0,771
• Mangan(II)-Mangan(VII)-Elektrode	$H^+, MnO_4^-, Mn^{2+}/Pt$	+1,51
Elektroden 2. Art		
– Kalomelelektrode	$Cl^-/Hg_2Cl_2/Hg$	+0,268
– Silber-Silberchlorid-Elektrode	$Cl^-/AgCl/Ag$	+0,222
– Chinhydronelektrode	H^+, Hydrochinon, Chinon/Chinhydron, Pt	+0,700
– Oxidelektroden, z. B. Antimonelektrode	$H^+/Sb(OH)_3/Sb$	−0,050

(1. ↗ FARADAYsches Gesetz) bei der ↗ Elektrolyse.
elektrochemisches Potential, ↗ Elektrode.
elektrochemische Stromquellen, ↗ galvanisches Element, ↗ Akkumulator.
Elektrode, Bez. für feste elektrische Leiter (meist Metalle), die der Stromzuführung in Gase (Gasentladungen), Flüssigkeiten oder Feststoffe dienen. In der ↗ Elektrochemie bezeichnet man als E. ein System aus einem ↗ Metall und der ↗ Lösung eines ↗ Elektrolyten, bei dem die Trennung der Elektronen und Ionen eines Redoxgleichgewichtes (Elektrodenreaktion) an der Phasengrenze durch die elektrische (isolierende) Wirkung der Hydrathüllen der Ionen zum Aufbau einer elektrischen Doppelschicht mit einer bestimmten Spannung (Elektrodenpotential) führt (Bild 1). Deren Größe hängt von der Natur des Redoxgleichgewichtes ab und kann nur als Differenz zu einer anderen Spannung gemessen werden. Deshalb kombiniert man die elektrochemische E. als eine Halbzelle mit einer anderen zu einer ↗ galvanischen Zelle und mißt die Zellspannung. Als relatives Elektrodenpotential U bezeichnet man die Zellspannung gegenüber der Standardwasserstoffelektrode (siehe unten). Es hängt entsprechend der NERNSTschen Gleichung

$$U = U^\ominus + \frac{R \cdot T}{z \cdot F} \cdot \ln \frac{a_{ox}}{a_{red}}$$

von der Temperatur T, der Zahl der (pro Formelumsatz) ausgetauschten Ladungen z, den ↗ Aktivitäten a bzw. Konzentrationen c oder auch Drücken (gasförmige Stoffe) der oxydierten und reduzierten Form des jeweiligen Stoffes und dem Standardelektrodenpotential $U^\ominus$ ($a = 1$, Tabelle) ab. Ordnet man die Redoxpaare nach dessen Größe, ergibt sich die ↗ elektrochemische Spannungsreihe. Je nachdem, ob in der Elektrolytphase Anionen oder Kationen zur Metallphase wandern und Stoffe oxydiert oder reduziert werden, bezeichnet man die E. als *Anode* oder *Katode*.
Bei der *Klassifizierung elektrochem. E.* unterscheidet man polarisierbare und unpolarisierbare (↗ Polarisation, galvanische), reversible und irreversible (Auftreten von Überspannungen, ↗ Elektrolyse) sowie E. 1. und 2. Art.
Als *E. 1. Art* bezeichnet man eine Halbzelle, deren Potential von den Aktivitäten bzw. Drücken des Stoffes abhängt, der in zwei Wertigkeitsstufen an der Elektrodenreaktion beteiligt ist. Die dazu gehörenden Elektrodentypen sind in der Tabelle zusammengefaßt und in Bild 2 dargestellt. Während bei den *Metall-Metallionen-E.* das Elektrodenpotential

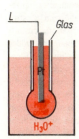

Bild 2. Elektrodenarten
a) Metall-Metallionen-Elektrode
b) Gaselektrode
c) Redoxelektrode
d) Elektrode 2. Art
e) Glaselektrode
(L elektrischer Leiter)

Elektrofilter

aus dem Durchtritt von Metallionen durch die Phasengrenze (symbolisiert als Schrägstrich) resultiert, entsteht es bei den *Gas- und Redox*-E. durch einen Elektronendurchtritt. Dazu wird bei letzteren Elektrodentypen ein indifferenter (sich nicht an der Elektrodenreaktion beteiligender) fester Leiter wie Platin oder Graphit (Kohlestab) benötigt. Bei der als Bezugselektrode für die Werte der relativen Elektrodenpotentiale dienenden Standardwasserstoffelektrode (Bild 2) ist die Wasserstoffionenaktivität $1\ \text{mol} \cdot \text{l}^{-1}$ und der Wasserstoffdruck 101 325 Pa (= 1 atm). Ihr Elektrodenpotential setzt man für alle Temperaturen mit Null Volt fest.

Eine E. 2. Art ist eine Halbzelle, deren Potential über das ↗ Löslichkeitsprodukt eines schwerlöslichen Stoffes von der Aktivität einer Ionenart abhängt, die nicht an der Elektrodenreaktion teilnimmt, z. B. von der Chloridionenaktivität bei der Kalomelelektrode. Hält man diese Aktivität konstant, besitzen diese E. ein konstantes Potential und lassen sich als *Bezugselektroden* bei der ↗ Potentiometrie einsetzen. Wasserstoffionenabhängige Redoxgleichgewichte wie bei der Chinhydronelektrode (↗ Chinhydron) und den Oxidelektroden können zur potentiometrischen ↗ pH-Wert-Messung genutzt werden, was allerdings häufiger mit Glaselektroden erfolgt.

Als *Glaselektrode* (Bild 2) bezeichnet man ein dünnwandiges Glaskölbchen, welches mit einer ↗ Pufferlösung gefüllt ist und in eine Lösung mit unbekanntem pH-Wert taucht. Ionenaustauschvorgänge an beiden Seiten der Glasmembran erzeugen ein vom Unterschied der pH-Werte abhängiges Membran- bzw. DONNAN-Potential, das mit Hilfe von zwei Ableitelektroden (meist Kalomelelektroden) gemessen wird.

Als *Indikatorelektrode* bezeichnet man in der ↗ Potentiometrie eine E., deren Potential von der Konzentration des quantitativ zu bestimmenden Stoffes abhängt.

Elektrofilter, ↗ elektrische Gasreinigung.

Elektrogravimetrie, besondere Form der Gewichtsanalyse, bei der Metalle aus ihren Salzlösungen durch Elektrolyse quantitativ abgeschieden werden und anschließend ausgewogen werden. Die Abscheidung erfolgt auf Platinelektroden.

Elektrolyse, bezeichnet in der ↗ Elektrochemie die Umwandlung von elektrischer in chem. Energie. Dabei wird durch Anlegen einer Gleichspannung an ↗ Elektroden, die in einen ↗ Elektrolyten tauchen, eine freiwillig nicht ablaufende ↗ Redoxreaktion erzwungen. An der Katode (negativer Pol) findet die ↗ Reduktion und gleichzeitig an der Anode (positiver Pol) die ↗ Oxydation statt, so daß

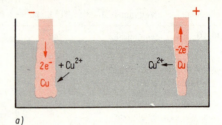

a)

b)

Elektrolyse wäßriger Elektrolytlösungen
a) mit unpolarisierbaren
b) mit polarisierbaren Elektroden

die Zahl der an beiden Elektroden ausgetauschten Ladungen gleich ist. Von dieser Ladungsmenge hängt nach den ↗ FARADAYschen Gesetzen die abgeschiedene Stoffmenge ab. In der praktischen E. trennt man den Katoden- und Anodenraum oft durch ein ↗ Diaphragma. Der Elektrolyt kann sowohl eine meist wäßrige Salzlösung als auch eine Salzschmelze *(Schmelzflußelektrolyse)* sein.

Bei einer E. mit unpolarisierbaren Elektroden (Bild a) beginnt eine merkliche Stoffumwandlung und ein damit verbundener Stromfluß schon bei kleinen Spannungen. Eine E. mit polarisierten Elektroden (Bild b) liegt dann vor, wenn die Stoffumwandlung und der Stromfluß erst oberhalb einer bestimmten *Zersetzungsspannung* beginnt. Ursache dafür ist die der angelegten Spannung entgegenwirkende Zellspannung der ↗ galvanischen Zelle, die durch die Redoxgleichgewichte zwischen den abgeschiedenen Stoffen und den zugehörigen Elektrolytbestandteilen entsteht (↗ Polarisation, galvanische, chem.). Ist die Zersetzungsspannung größer als die nach der NERNSTschen Gleichung (↗ Elektrode) berechenbare Zellspannung, wird die Differenz beider Spannungen als *Überspannung* bezeichnet. Sie ist auf irreversible Behinderungen der Teilschritte bei der Stoffabscheidung (Diffusion der Ionen an die Elektrode, Ladungsdurchtritt durch die Phasengrenze, Einbau des abgeschiedenen Stoffes in das Kristallgitter der Elektrode oder

Weiterreaktion des Stoffes) zurückzuführen. Mit Hilfe der E. wird eine Reihe von Stoffen industriell hergestellt. Dazu gehören ↗ Wasserstoff und ↗ Chlor (↗ Chloralkalielektrolyse), Sauerstoff, Alkalilaugen, z. B. ↗ Natronlauge und ↗ Wasserstoffperoxid. Weiterhin gewinnt man zahlreiche ↗ Metalle durch E. ihrer wäßrigen Salzlösungen oder reinigt Metalle, z. B. ↗ Kupfer, dadurch, daß man sie durch anodische Oxydation auflöst und katodische Reduktion wieder abscheidet (elektrolytische ↗ Raffination). Einige Metalle werden durch Schmelzflußelektrolyse gewonnen, z. B. ↗ Aluminium. Die E. wird weiterhin zur Herstellung metallischer Überzüge, zum Polieren, Beizen, Entmetallisieren und Ätzen von Oberflächen genutzt (↗ elektrochem. Oberflächenbehandlung). Auf der E. beruhen auch wichtige Verfahren der analytischen Chemie wie die ↗ Elektrogravimetrie, die ↗ Coulometrie und die ↗ Polarographie und der elektrochem. Synthese, z. B. die ↗ Kolbe-Alkan-Synthese. Die E. ist auch zur Wasserreinigung einsetzbar. Im Abwasser enthaltene Metallionen werden an der Katode zu elementarem Metall reduziert. Daneben ist durch anodische Oxidation z. B. die Umsetzung giftiger Cyanide in Abwässern möglich, allerdings mit ungenügenden ↗ Raum-Zeit-Ausbeuten.

Elektrolyse, technische, techn. Anwendung ↗ elektrochem. Grundreaktionen:
- als Elektrolysen in wäßrigen Systemen (z. B. ↗ Chloralkalielektrolyse und Raffination von Metallen),
- als Schmelzflußelektrolyse (↗ Aluminiumherstellung),
- als Elektrosynthese org. Verb. in nichtwäßrigen Lösungsmitteln.

Elektrolysezelle, für techn. Elektrolysen eine Einzelzelle mit verhältnismäßig kleinen Abmessungen, die parallel geschaltet ist (↗ Batterieschaltung). Häufig ist es eine rechteckige, oben geschlossene Wanne. Ein ↗ Diaphragma trennt bei Bedarf Anoden- und Katodenraum. Das Elektrodenmaterial ist sehr vielgestaltig; der Trend geht zu ↗ dimensionsstabilen Elektroden.

Elektrolyte, Stoffe, die in wäßriger Lösung oder in der Schmelze in Ionen dissoziieren und bei Anlegen einer elektrischen Spannung den Stromtransport übernehmen. Starke E. dissoziieren vollständig, schwache E. nur teilweise. Echte E. sind bereits im festen Zustand aus Ionen aufgebaut, z. B. Salze. Potentielle E. bilden die Ionen erst nach der Reaktion mit den Lösungsmitteln, z. B. gasförmiger Chlorwasserstoff.

Elektrolytkupfer, durch Elektrolyse gereinigtes ↗ Kupfer (Raffinatkupfer).

elektromagnetisches Sortieren, Phasentrennoperationen für Feststoffgemenge durch Nutzung unterschiedlicher elektromagnetischer Eigenschaften. Neben der klassischen Trennung ferromagnetischer Stoffe von nichtmagnetischen Anteilen gewinnen heute zunehmend Verfahren an Bedeutung, die eine Trennung sonst nichtmagnetischer Stoffe erlauben, z. B. Diamant/Sand, unterschiedliche Plastearten, Kalisalze/Steinsalze, Aluminium und andere Nichteisenmetalle in Gemischen voneinander. Dazu werden Effekte, wie unterschiedliche Oberflächenladung beim Felddurchgang, herangezogen.

elektromotorische Kraft, abgekürzt EMK, andere Bez. für die Zellspannung einer ↗ galvanischen Zelle.

Elektron, 1. Symbol e, e⁻ oder ⊖, wichtiges ↗ Elementarteilchen der Ruhemasse von $9{,}108 \cdot 10^{-28}$ Gramm und einer negativen Ladung von $1{,}602 \cdot 10^{-19}$ Coulomb, welche die ↗ Elementarladung darstellt. Nachdem bereits ↗ Faraday um 1834 aus seinen Untersuchungen der ↗ Elektrolyse auf die atomistische Struktur der Elektrizität hingewiesen hatte und Helmholtz 1881 daraus die Existenz positiv und negativ geladener ↗ Elementarteilchen folgerte, prägte Thomson 1897 für die kleinsten Träger der negativen Ladung den Begriff E. Er schloß auf ihre Ladung und korpuskulare Natur aus der Untersuchung von ↗ Katodenstrahlen. Die Natur des E. wird durch den ↗ Welle-Teilchen-Dualismus bestimmt. Nachdem der Teilchencharakter bekannt war, wiesen Davisson und Germer 1927 durch Elektronenbeugung an Kristallgittern (Interferenzerscheinungen) den Wellencharakter des E. nach. Das E. besitzt einen ↗ Spin mit den Quantenzahlen $s = +\frac{1}{2}$ und $s = -\frac{1}{2}$ und infolgedessen ein ↗ magnetisches Moment. Da die Atomhülle aus E. besteht (↗ Atommodell), bedingen sie die chem. Eigenschaften der Elemente und die Entstehung der ↗ Atomspektren. Die E. sind weiterhin für die Bildung der ↗ chem. Bindung und deren Eigenschaften verantwortlich. So bewirken sie in Kristallgittern von Metallen und Halbleitern die elektrische Leitfähigkeit (↗ Bändermodell). Bei der ↗ Anregung der E. im Molekül entstehen ↗ Molekülspektren.
Freie E. liegen als β-Strahlen (↗ Radioaktivität) und ↗ Katodenstrahlen vor. Sie können auch durch den ↗ lichtelektrischen Effekt, durch Photoionisierung (↗ Photochemie) von Atomen und Molekülen sowie deren gegenseitigen schnellen Zusammenstoß (Molekularstrahlen) erzeugt werden.
2. Bez. für Magnesiumlegierungen mit 85 bis 98 %

Elektronegativität

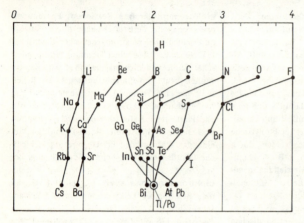

Elektronegativitäten der Hauptgruppenelemente

Mg und 2 bis 15% Al. E. ist leicht, aber fest und hart und wird deshalb im Flugzeugbau eingesetzt.

Elektronegativität, X_E oder *EN*, Maßzahl für die Stärke, mit der die Atome eines Elementes in einem Molekül Elektronen an sich ziehen. Ist aus Ionisierungsenergie und Elektronenaffinität des jeweiligen Elementes zu berechnen. Die Werte der E. nach PAULING sind im ↗ PSE, Seite 364 angegeben. Aus der Differenz der E. zweier in einem Molekül vereinigten Atome lassen sich Schlußfolgerungen auf die ↗ chem. Bindung ziehen. Bild.

Elektronenaffinität, *A*, Energie, die frei wird oder aufgebracht werden muß, wenn ein neutrales Atom unter Aufnahme eines Elektrons zum Ion wird. Die Halogene haben große Elektronenaffinitätswerte. Besitzen Atome halb oder voll besetzte Orbitale (bzw. Energieniveaus), muß bei der Elektronenaufnahme Energie aufgebracht werden, die Elektronenaffinitätswerte erhalten ein negatives Vorzeichen. Die E. verändert sich in Abhängigkeit der Stellung des betreffenden Elementes im PSE.

Elektronendonator, ↗ Donator.

Elektronen-Donator-Akzeptor- (Abk. EDA-) Wechselwirkung, spezifische ↗ zwischenmolekulare Wechselwirkung zwischen ↗ Donator-Molekülen mit locker gebundenen π-Elektronen oder nichtbindenden Elektronenpaaren und ↗ Akzeptoren hoher ↗ Elektronenaffinität. Eine teilweise Ladungsübertragung führt zur Bildung von EDA-Komplexen (Charge-transfer-Komplexe, Ladungsübertragungskomplexe), z. B.:

$$\begin{matrix} R \\ R \end{matrix} \!\!\! > \!\! O \; + \; \begin{matrix} F \\ F \end{matrix} \!\!\! > \!\! B\!-\!F \; \longrightarrow \; R_2O \!\rightarrow\! BF_3$$

Elektronenpaar-donator   Elektronenpaar-akzeptor   EDA-Komplex

Die Wechselwirkung ist stärker als bei der ↗ VAN-DER-WAALSschen Wechselwirkung und schwächer als die ↗ Wasserstoffbrückenbindung. Akzeptorverbindungen sind z. B. Aromaten mit mehreren elektronenziehenden Substituenten, wie 1,3,5-Trinitro-benzen, 2,4,6-Trinitro-phenol; p-Benzochinon (↗ Chinhydron). Donatorverb. sind z. B. Naphthalen, 1,4-Dihydroxy-benzen, Phenol, Hexamethylbenzen.

Elektronenformel, ↗ Strukturformel eines Moleküls, bei der neben den bindenden Elektronen auch die nicht an der Bindung beteiligten Valenzelektronen als Elektronen oder als Elektronenpaare angegeben werden, z. B. $|N\equiv N|$, $\overline{O}=C=\overline{O}$.

Elektronengas, ↗ metallische Bindung.

Elektronenkonfiguration, Abk.: Ek., Verteilung der Elektronen eines Atoms auf die zur Verfügung stehenden Energieniveaus bzw. Orbitale. Die Reihenfolge der Besetzung unterliegt verschiedenen Gesetzmäßigkeiten. So können nach dem ↗ PAULI-Prinzip keine zwei Elektronen eines Atoms durch die gleichen ↗ Quantenzahlen bestimmt werden. Das bedeutet, daß die beiden Elektronen eines Orbitals unterschiedliche Spinquantenzahlen haben. Unter Beachtung dieses PAULI-Prinzips werden die Orbitale (oder Energieniveaus) in der Reihenfolge steigender Energie besetzt. Dabei erfolgt nach der ↗ HUNDschen Regel (Prinzip der maximalen Multiplizität) zuerst eine Einfachbesetzung der Orbitale. Die Orbitale werden erst dann mit 2 Elektronen (antiparalleler Spin) besetzt, wenn die dazu notwendige Spinpaarungsenergie geringer ist als die Energiedifferenz zum folgenden Orbital. Die energetische Reihenfolge der Orbitale ist auszugsweise im Bild 1 angegeben. Die Besetzung der Orbitale erfolgt nach steigender Ordnungszahl des ↗ PSE, woraus der Zusammenhang zwischen Atom-

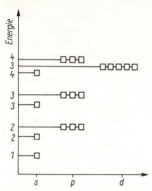

Bild 1. Energetische Reihenfolge der Orbitale (Auszug)

Elektronenkonfiguration ausgewählter Elemente

Element	Orbital					1s	2s	2p
H	↑					$1s^1$		
He	↑↓					$1s^2$		
Li	↑↓	↑				$1s^2$	$2s^1$	
Be	↑↓	↑↓				$1s^2$	$2s^2$	
B	↑↓	↑↓	↑			$1s^2$	$2s^2$	$2p^1$
C	↑↓	↑↓	↑	↑		$1s^2$	$2s^2$	$2p^2$
N	↑↓	↑↓	↑	↑	↑	$1s^2$	$2s^2$	$2p^3$
O	↑↓	↑↓	↑↓	↑	↑	$1s^2$	$2s^2$	$2p^4$
F	↑↓	↑↓	↑↓	↑↓	↑	$1s^2$	$2s^2$	$2p^5$
Ne	↑↓	↑↓	↑↓	↑↓	↑↓	$1s^2$	$2s^2$	$2p^6$

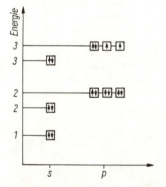

Bild 2. Elektronenkonfiguration eines Schwefelatoms

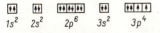

Bild 3. Elektronenkonfiguration eines Schwefelatoms (PAULING-Symbolik)

bau und PSE folgt. Da für chem. Reaktionen die Valenzelektronen von herausragender Bedeutung sind, werden häufig auch nur diese angegeben, z. B. Schwefel [Ne] $3s^2 3p^4$. Tabelle, 2 Bilder.

Elektronenmangelverbindungen, Verb., wie z. B. BF_3, BCl_3, $AlCl_3$ wasserfrei, denen nur drei bindende Elektronenpaare zur Verfügung stehen. Sie weisen eine Elektronenlücke auf und sind somit Säuren im Sinne der ↗ Säure-Base-Theorie von LEWIS.

Elektronenpaar, ↗ Atombindung, ↗ koordinative Bindung.

Elektronenpaarabstoßungsmodell, ↗ VSEPR-Konzept.

Elektronenspektrum, der Atome ↗ Atomspektren, der Moleküle ↗ Molekülspektren.

Elektronenspinresonanz, ↗ Molekülspektren.

Elektronenstrahlschmelzen, Schmelzverfahren der Vakuummetallurgie, bei dem die Wärme durch Aufprall eines energiereichen Elektronenstrahls auf das Schmelzgut entwickelt wird (Strahlspannung >100 kV). Durch die hohe Temperatur und das Vakuum entweichen Gasteilchen und Fremdstoffe aus dem Schmelzgut. Verunreinigungen durch äußere Einflüsse sind ausgeschlossen. Das Verfahren dient der Herstellung sehr reiner Metalle, Legierungen, Edelstähle.

Elektronenvolt, abgekürzt eV, Energieeinheit für den atomaren und molekularen Bereich, die die Energie eines Elektrons nach einer Beschleunigung im Vakuum durch eine elektrische Spannung von einem Volt angibt. Umrechnung in SI-Einheit:

$$1 \text{ eV} = 1{,}602\,19 \cdot 10^{-19} \text{ J}.$$

elektronisch, Vorgänge, Geräte und deren Bauteile sowie Methoden und Verfahren, die auf der sehr schnellen Bewegung elektrischer Ladungsträger (↗ Elektronen bzw. ↗ Ionen), d. h. der Elektrizitätsleitung in Feststoffen (z. B. Halbleiter: ↗ Bändermodell) oder in Gasen bzw. im Vakuum (Elektronenröhren) beruhen.

Elektroofen, techn. Schmelzofen/Reaktor, der durch Elektroenergie beheizt wird. Nach der Art der Wärmeerzeugung unterscheidet man Lichtbogenöfen, Widerstandsöfen, Lichtbogenwiderstandsöfen (↗ Carbidöfen), Induktionsöfen, Vakuumöfen, Elektronenstrahlöfen (↗ Stahlherstellung). E. sind gut steuer- und regelbar, vermeiden Verunreinigungen und Umweltbelastungen, haben aber einen hohen spezifischen Energieverbrauch.

elektrophil, elektronensuchend.

Elektrophorese, Verfahren zur Trennung geladener Teilchen in Lösungen durch Wanderung im elektrischen Feld. Dabei bewegen sich die negativ geladenen Teilchen zur ↗ Anode und die positiv geladenen zur ↗ Katode. Man führt die E. in U-Rohren oder auf Trägermaterialien wie Filterpapier, dünnen Schichten aus Aluminiumoxid, Kieselgel u. a. Materialien durch.

Die E. findet häufig bei der Untersuchung ↗ kolloider Lösungen von Naturstoffen, insbesondere Eiweißen, Anwendung. Sie dient weiterhin zur Ermittlung der ↗ Säure-Basen-Eigenschaften unbekannter Substanzen. Die E. bietet auch eine Möglichkeit der Abwasserreinigung, bei der nach Anlegen einer Gleichspannung Kolloidteilchen auf Grund ihrer elektrischen Ladung ausgeflockt werden (elektrokinetische Trennung).

Elektroschmelzverfahren, ↗ Stahlherstellung.
Elektrosortierung, ↗ elektromagnetisches Sortieren.
Elektrostahlverfahren, ↗ Stahlherstellung.
Elementaranalyse, qualitative und quantitative Analyse org. Verb. durch Ermittlung der elementaren Zusammensetzung.

1. Qualitative E.
Zum Nachweis von Kohlenstoff und Wasserstoff wird die Substanz mit Kupfer(II)-oxid erhitzt und Kohlendioxid und Wasserstoff als Reaktionsprodukte nachgewiesen. Halogene werden durch die ↗ BEILSTEINprobe erkannt. Zum Nachweis von Schwefel und Stickstoff wird die Probe mit etwas Natriummetall geschmolzen, das Reaktionsprodukt in Wasser aufgenommen und der Schwefel als Bleisulfid sowie der Stickstoff als Eisen(III)-hexacyanoferrat(II) (↗ LASSAIGNEsche Probe) nachgewiesen.

2. Quantitative E.
Bestimmung von Kohlenstoff und Wasserstoff, zurückzuführen auf das Verfahren von LIEBIG. Die genau eingewogene org. Substanz wird im Sauerstoffstrom verbrannt. Das entstehende Kohlendioxid wird von Natriumhydroxid und das gebildete Wasser von Calciumchlorid oder Magnesiumperchlorat aufgenommen. Durch Differenzwägung wird die Masse der Verbrennungsprodukte ermittelt und auf den Gehalt an Kohlenstoff und Wasserstoff zurückgerechnet. Der Sauerstoffgehalt entspricht der Differenz der Summe aller Bestandteile zu 100%.

Bestimmung von Stickstoff nach KJELDAHL; der Stickstoff der Probe wird in schwefelsaurer Lösung durch katalytische Umsetzung (Zugabe von Selenverbindungen) zu Ammoniumsulfat umgesetzt. Durch Natriumhydroxidzugabe wird Ammoniak frei, der in Wasser gelöst, mit Schwefelsäure titriert wird (↗ Neutralisationsanalyse).

Bestimmung von Schwefel durch Oxydation zu Sulfationen und anschließende Ausfällung von Bariumsulfat, das gravimetrisch (↗ Gravimetrie) bestimmt wird.

Bestimmung von Halogen durch verschiedene Verfahren, Umwandlung in Halogenidionen, die durch ↗ Argentometrie bestimmt werden. Bild.

Elementarladung, abgekürzt e, kleinste elektrische Ladungsmenge, die ein Objekt besitzen kann. Sie beträgt $1{,}602\,19 \cdot 10^{-19}$ Coulomb und stellt eine Naturkonstante dar, da alle in der Natur vorkommenden elektrischen Ladungen ganzzahlige Vielfache davon sind. ↗ Elektronen und Antiprotonen besitzen z. B. eine negative, Positronen und ↗ Protonen eine positive E. (↗ Elementarteilchen). Die E. wurde 1909 von MULLIKAN erstmals experimentell bestimmt. Als FARADAY-Konstante $F = 9{,}648\,5 \cdot 10^4 \, C \cdot mol^{-1}$ bezeichnet man die Ladungsmenge von einem Mol E. (↗ FARADAYsche Gesetze). Da F und e sehr genau experimentell meßbar sind, gestatten sie eine genaue Berechnung der ↗ AVOGADRO-Zahl N_A nach $N_A = F/e$.

Elementarreaktion, ↗ Reaktionskinetik.
Elementarteilchen, kleinste Bausteine der Mate-

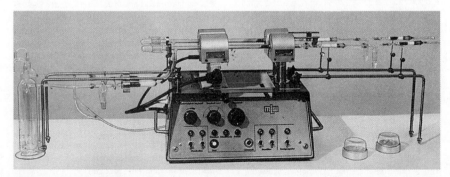

Gerät zur Elementaranalyse

Elementarzelle

Übersicht wichtiger Elementarteilchen

Gruppe	Name	Symbol	Ruhemasse ($m_e = 1$)	Ladung ($e = 1$)	Spin	Mittlere Lebensdauer in s	Entdeckung
Photonen	Photon	γ	0	0	1	stabil	1905 EINSTEIN (Teilchennatur)
Leptonen	Neutrino	ν	0,0005	0	$\frac{1}{2}$	stabil	1930 PAULI (postuliert), 1956; 1962 (Nachweis)
	Antineutrino	$\bar{\nu}$	0,0005	0	$\frac{1}{2}$	stabil	1956 (COWAN und REINES)
	Elektron	e^-	1	-1	$\frac{1}{2}$	stabil	1881 bis 1912 (Teilchennatur), 1927 (Wellennatur)
	Positron	e^+	1	$+1$	$\frac{1}{2}$	stabil	1928 DIRAC (postuliert) 1932 ANDERSON (Nachweis)
	µ-Meson und Antiteilchen	μ^+ und μ^-	206,8	± 1	$\frac{1}{2}$	$2 \cdot 10^{-6}$	1936 bis 1946 (Nachweis)
Mesonen	π-Mesonen und Antiteilchen	π^+, π^- π^0	273,2 264,2	± 1 0	0 0	$2,6 \cdot 10^{-8}$ $0,9 \cdot 10^{-16}$	1935 YUKAWA (postuliert), 1947, 1948 (Nachweis)
	K-Mesonen und Antiteilchen	K^+, K^- K^0	966,5 974	± 1 0	0 0	$1,2 \cdot 10^{-8}$ $0,9 \cdot 10^{-10}$	seit 1947 (Nachweis)
Nukleonen	Proton	p	1 836,15	$+1$	$\frac{1}{2}$	stabil	1920 RUTHERFORD (Teilchennatur)
	Antiproton	p^-	1 836,15	-1	$\frac{1}{2}$	stabil	1955 SEGRÈ (Nachweis)
	Neutron	n	1 838,68	0	$\frac{1}{2}$	10^{10}	1932 CHADWICK (Nachweis)
	Antineutron	$\bar{n}$	1 838,68	0	$\frac{1}{2}$		1956 (Nachweis)
Hyperonen	Λ-, Σ-, Ξ-, Ω-Teilchen		2 182 bis 2 581	$\pm 1; 0$	$\frac{1}{2}$	10^{-10} bis $< 10^{-14}$	seit 1947 (Nachweis)

rie, deren Natur durch den ↗ Welle-Teilchen-Dualismus bestimmt wird. Nachdem am Ende des 19. und Anfang des 20. Jahrhunderts der Aufbau der bis dahin als kleinste Grundbausteine der Materie angenommenen Atome aus ↗ Elektronen, ↗ Protonen und ↗ Neutronen (↗ Atommodell) nachgewiesen wurde, konnten zahlreiche weitere E. entdeckt werden (Tabelle). Die E. werden nach ihrer Ruhemasse m_0 in Gruppen eingeteilt und können durch ihre elektrische Ladung, ihren ↗ Spin, ihre Lebensdauer und Zerfallsart charakterisiert werden (Tabelle). Nukleonen und Hyperonen bezeichnet man zusammenfassend als Baryonen und diese gemeinsam mit den Mesonen als Hadronen. Auf der Suche nach einer einheitlichen Theorie der E. gibt es ausgehend von der unendlichen Vielfalt der Existenzformen der Materie gegenwärtig große Bemühungen zum Nachweis weiterer E., insbesondere der für die innere Struktur der Hadronen angenommenen Quarks.

Die Umwandlung bzw. Erzeugung von E. geschieht durch Zuführung sehr großer Energien in aufwendigen Teilchenbeschleunigern entsprechend dem EINSTEINschen Äquivalenzgesetz:

$E = m \cdot c^2$

m Masse
E Energie
c Lichtgeschwindigkeit

Dabei tritt auch eine Massenzunahme entsprechend der EINSTEINschen Relativitätstheorie auf:

$m = m_0 / \sqrt{1 - v^2/c^2}$

m_0 Ruhemasse
v Geschwindigkeit

Es entstehen im allgemeinen Paare von Teilchen und ↗ Antiteilchen, z. B. Elektron und Positron oder Proton und Antiproton, die beim Zusammentreffen wieder vollständig in Energie umgewandelt werden (zerstrahlen).

Elementarzelle, kleinste Baueinheit eines ↗ Kristallgitters.

Elemente, chemische

Elemente, chemische, (Tabelle und Tabelle Vorsatzblatt) früher auch chem. ↗ Grundstoffe genannt, haben bisher ↗ Stoffe dargestellt, die sich durch chem. Methoden und Verfahren nicht weiter in einfachere Stoffe zerlegen lassen. Sie bestehen aus Atomen gleicher Kernladungszahl. Nach moderner Auffassung wird unter einem (bestimmten) E. eine spezifische Atomart verstanden, die ausschließlich durch eine entsprechende Kernladungszahl charakterisiert ist. Dabei ist es gleichgültig, welche unterschiedlichen Zustände die Atome dieser Art (nach Atommasse, ↗ Isotop, Oxydationsstufe, Bindung usw.) einnehmen. Alle E. besitzen einen *Namen* (z. B. Wasserstoff), eine *wissenschaftliche Bez.* (z. B. Hydrogenium) und ein *Symbol* (z. B. H).

Die chemischen Elemente (nach der Kernladungszahl geordnet)

Z	Name und Symbol		$A_{r\,(1981)}$	Ek	E_I in eV	X_E	Schmp. in °C	Sdp. in °C	ϱ_f in kg·l^{-1}	ϱ_g in kg·m^{-3}
1	Wasserstoff	H	1,0074	1s^1	13,59	2,20	−259,2	−252,76	0,07	0,08989
2	Helium	He	4,00260	1s^2	24,58		−270	−269	0,15	0,17847
3	Lithium	Li	6,941	[He] 2s^1	5,39	0,98	180	1330	0,534	
4	Beryllium	Be	9,01218	[He] 2s^2	9,32	1,57	1280	2480	1,86	
5	Bor	B	10,81	[He] 2s^{2}2p^1	8,30	2,04	2400	2550	2,33	
6	Kohlenstoff	C	12,011	[He] 2s^{2}2p^2	11,26	2,55	3730 3550	4830	2,26 G 3,51 D	
7	Stickstoff	N	14,0067	[He] 2s^{2}2p^3	14,53	3,04	−210	−196	0,81	1,25056
8	Sauerstoff	O	15,9994	[He] 2s^{2}2p^4	13,61	3,44	−219	−183	1,15	1,4289
9	Fluor	F	18,998403	[He] 2s^{2}2p^5	17,42	3,98	−220	−188	1,51	1,695
10	Neon	Ne	20,179	[He] 2s^{2}2p^6	21,56		−249	−246	1,20	0,9006
11	Natrium	Na	22,98977	[Ne] 3s^1	5,14	0,93	98	892	0,971	
12	Magnesium	Mg	24,305	[Ne] 3s^2	7,64	1,31	650	1110	1,741	
13	Aluminium	Al	26,98154	[Ne] 3s^{2}3p^1	5,98	1,61	660	2450	2,698	
14	Silicium	Si	28,0855	[Ne] 3s^{2}3p^2	8,15	1,90	1410	2680	2,3263	
15	Phosphor	P	30,97376	[Ne] 3s^{2}3p^3	10,48	2,19	44 590	280 417 (sbl.)	1,82 w 2,25 rt	
16	Schwefel	S	32,06	[Ne] 3s^{2}3p^4	10,36	2,58	113 119	445	2,07 rh 1,96 mn	
17	Chlor	Cl	35,453	[Ne] 3s^{2}3p^5	12,97	3,16	−101	−35	1,56	3,214
18	Argon	Ar	39,948	[Ne] 3s^{2}3p^6	15,76		−189	−186	1,40	1,7837
19	Kalium	K	39,0983	[Ar] 4s^1	4,34	0,82	64	760	0,862	
20	Calcium	Ca	40,08	[Ar] 4s^2	6,11	1,00	838	1490	1,540	
21	Scandium	Sc	44,9559	[Ar] 3d^{1}4s^2	6,54	1,36	1540	2730	2,99	
22	Titanium	Ti	47,88	[Ar] 3d^{2}4s^2	6,82	1,54	1670	3260	4,505	
23	Vanadium	V	50,9415	[Ar] 3d^{3}4s^2	6,74	1,63	1900	3450	5,8	
24	Chromium	Cr	51,996	[Ar] 3d^{5}4s^1	6,87	1,66	1900	2642	7,19	
25	Mangan	Mn	54,9380	[Ar] 3d^{5}4s^2	7,43	1,55	1250	2100	7,43	
26	Eisen	Fe	55,847	[Ar] 3d^{6}4s^2	7,87	1,83	1540	3000	7,873	
27	Cobalt	Co	58,9332	[Ar] 3d^{7}4s^2	7,86	1,88	1490	2900	8,90	
28	Nickel	Ni	58,69	[Ar] 3d^{8}4s^2	7,63	1,91	1450	2730	8,90	
29	Kupfer	Cu	63,546	[Ar] 3d^{10}4s^1	7,72	1,90	1083	2600	8,96	
30	Zink	Zn	65,38	[Ar] 3d^{10}4s^2	9,39	1,65	419	906	7,14	
31	Gallium	Ga	69,72	[Ar] 3d^{10}4s^{2}4p^1	6,00	1,81	29,78	2400	5,91	
32	Germanium	Ge	72,59	[Ar] 3d^{10}4s^{2}4p^2	7,88	2,01	937,2	2830	5,3263	
33	Arsen	As	74,9216	[Ar] 3d^{10}4s^{2}4p^3	9,81	2,18	817[1]	613 (sbl.)	5,72 gr 2,03 gb	
34	Selen	Se	78,96	[Ar] 3d^{10}4s^{2}4p^4	9,75	2,55	217,4	684,9	4,7924 gr	
35	Brom	Br	79,904	[Ar] 3d^{10}4s^{2}4p^5	11,84	2,96	−7	58,2	3,12	
36	Krypton	Kr	83,80	[Ar] 3d^{10}4s^{2}4p^6	14,00		−157,2	−153,2	2,61	3,744
37	Rubidium	Rb	85,4678	[Kr] 5s^1	4,18	0,82	38,7	688	1,532	
38	Strontium	Sr	87,62	[Kr] 5s^2	5,69	0,95	770	1380	2,67	
39	Yttrium	Y	88,9059	[Kr] 4d5s^2	6,38	1,22	1500	2930	4,472	
40	Zirconium	Zr	91,22	[Kr] 4d^{2}5s^2	6,84	1,33	1850	3580	6,49	

Elemente, chemische

Die chemischen Elemente (nach der Kernladungszahl geordnet)

Z	Name und Symbol		$A_{r(1981)}$	Ek	E_I in eV	X_E	Schmp. in °C	Sdp. in °C	ϱ_f in kg·l^{-1}	ϱ_g in kg·m^{-3}
41	Niobium	Nb	92,9064	[Kr] 4d^{4}5s^1	6,88	1,6	2420	4900	8,55	
42	Molybdän	Mo	95,94	[Kr] 4d^{5}5s^1	7,10	2,16	2610	5560	10,22	
43	Technetium	Tc	[98]	[Kr] 4d^{5}5s^2	7,28	1,9	2140	4600	11,49	
44	Ruthenium	Ru	101,07	[Kr] 4d^{7}5s^1	7,36	2,2	2300	3900	12,2	
45	Rhodium	Rh	102,9055	[Kr] 4d^{8}5s^1	7,46	2,28	1970	3730	12,4	
46	Palladium	Pd	106,42	[Kr] 4d^{10}	8,33	2,20	1550	3125	12,0	
47	Silber	Ag	107,8682	[Kr] 4d^{10}5s^1	7,57	1,93	961,3	2210	10,50	
48	Cadmium	Cd	112,41	[Kr] 4d^{10}5s^2	8,99	1,69	321	765	8,65	
49	Indium	In	114,82	[Kr] 4d^{10}5s^{2}5p^1	5,79	1,78	156,17	2000	7,31	
50	Zinn	Sn	118,69	[Kr] 4d^{10}5s^{2}5p^2	7,34	1,96	231,9	2270	5,76 gr 7,30 w	
51	Antimon	Sb	121,75	[Kr] 4d^{10}5s^{2}5p^3	8,64	2,05	630,5	1380	6,68	
52	Tellur	Te	127,60	[Kr] 4d^{10}5s^{2}5p^4	9,01	2,1	449,5	1390	6,24	
53	Iod	I	126,9045	[Kr] 4d^{10}5s^{2}5p^5	10,45	2,66	113,6	182,8	4,94	
54	Xenon	Xe	131,29	[Kr] 4d^{10}5s^{2}5p^5	12,13		−111,9	−108,1	3,5	5,896
55	Caesium	Cs	132,9054	[Xe] 6s^1	3,89	0,79	28,64	690	1,873	
56	Barium	Ba	137,33	[Xe] 6s^2	5,21	0,89	714	1640	3,50	
57	Lanthan	La	138,9055	[Xe] 5d^{1}6s^2	5,61	1,10	920	3470	6,17	
58	Cerium	Ce	140,12	[Xe] 4f^{2}6s^2	6,54	1,12	795	3470	6,17	
59	Praseodymium	Pr	140,9077	[Xe] 4f^{3}6s^2	5,40	1,13	935	3130	6,769	
60	Neodymium	Nd	144,24	[Xe] 4f^{4}6s^2	5,49	1,14	1020	3030	7,007	
61	Promethium	Pm	[145]	[Xe] 4f^{5}6s^2	5,55	1,2	1030	2730	7,2	
62	Samarium	Sm	150,36	[Xe] 4f^{6}6s^2	5,61	1,17	1072	1900	7,54	
63	Europium	Eu	151,96	[Xe] 4f^{7}6s^2	5,64	1,2	826	1440	5,26	
64	Gadolinium	Gd	157,25	[Xe] 4f^{7}5d^{1}6s^2	6,16	1,20	1310	3000	7,886	
65	Terbium	Tb	158,9254	[Xe] 4f^{9}6s^2	5,89	1,2	1360	2800	8,27	
66	Dysprosium	Dy	162,50	[Xe] 4f^{10}6s^2	5,82	1,22	1410	2600	8,54	
67	Holmium	Ho	164,9304	[Xe] 4f^{11}6s^2	5,89	1,23	1460	2600	8,799	
68	Erbium	Er	167,26	[Xe] 4f^{12}6s^2	5,95	1,24	1500	2900	9,05	
69	Thulium	Tm	168,9342	[Xe] 4f^{13}6s^2	6,03	1,25	1550	1730	9,33	
70	Ytterbium	Yb	173,04	[Xe] 4f^{14}6s^2	6,04	1,1	824	1430	6,98	
71	Lutetium	Lu	174,967	[Xe] 4f^{14}5d^{1}6s^2	5,32	1,27	1650	3330	9,84	
72	Hafnium	Hf	178,49	[Xe] 4f^{14}5d^{2}6s^2	7,00	1,3	2000	5400	13,1	
73	Tantal	Ta	180,9479	[Xe] 4f^{14}5d^{3}6s^2	7,88	1,5	3000	5430	16,6	
74	Wolfram	W	183,85	[Xe] 4f^{14}5d^{4}6s^2	7,98	2,36	3410	5930	19,3	
75	Rhenium	Re	186,207	[Xe] 4f^{14}5d^{5}6s^2	7,87	1,9	3180	5630	21,04	
76	Osmium	Os	190,2	[Xe] 4f^{14}5d^{6}6s^2	8,73	2,2	3000	5500	22,4	
77	Iridium	Ir	192,22	[Xe] 4f^{14}5d^{7}6s^2	9,1	2,20	2450	4500	22,5	
78	Platin	Pt	195,08	[Xe] 4f^{14}5d^{9}6s^1	8,96	2,28	1770	3825	21,4	
79	Gold	Au	196,9665	[Xe] 4f^{14}5d^{10}6s^1	9,22	2,54	1063	2970	19,3	
80	Quecksilber	Hg	200,59	[Xe] 4f^{14}5d^{10}6s^2	10,43	2,00	−38,86	356,73	13,53	
81	Thallium	Tl	204,383	[Xe] 4f^{14}5d^{10}6s^{2}6p^1	6,11	2,04	303	1460	11,85	
82	Blei	Pb	207,2	[Xe] 4f^{14}5d^{10}6s^{2}6p^2	7,42	2,33	327,4	1740	11,337	
83	Bismut	Bi	208,9804	[Xe] 4f^{14}5d^{10}6s^{2}6p^3	7,29	2,02	271	1560	9,79	
84	Polonium	Po	[209]	[Xe] 4f^{14}5d^{10}6s^{2}6p^4	8,43	2,0	254	962	9,4	
85	Astat	At	[210]	[Xe] 4f^{14}5d^{10}6s^{2}6p^5	9,5	2,2	302	335		
86	Radon	Rn	[222]	[Xe] 4f^{14}5d^{10}6s^{2}6p^6	10,75		−71	−62	4,4	9,96
87	Francium	Fr	[223]	[Rn] 7s^1	3,98	0,7	20	617	2,2	
88	Radium	Ra	226,0254	[Rn] 7s^2	5,28	0,9	700	1530	5,0	
89	Actinium	Ac	227,0278	[Rn] 6d7s^2	6,9	1,1	1050	3200		
90	Thorium	Th	232,0381	[Rn] 6d^{2}7s^2	6,95	1,3	1700	4200	11,7	
91	Protactinium	Pa	231,0359	[Rn] 5f^{2}6d^{1}7s^2		1,5	1560		15,4	
92	Uranium	U	238,0289	[Rn] 5f^{3}6d^{1}7s^2	6,08	1,38	1130	3820	18,90	
93	Neptunium	Np	237,0482	[Rn] 5f^{5}7s^2		1,36	639		20,4	
94	Plutonium	Pu	[244]	[Rn] 5f^{6}7s^2	5,1	1,28	640	3230	19,8	
95	Americium	Am	[243]	[Rn] 5f^{7}7s^2	6,0	1,3	1173	2600	13,7	

Elemente, künstliche

Die chemischen Elemente (nach der Kernladungszahl geordnet)

Z	Name und Symbol		$A_{r(1981)}$	Ek	E_I in eV	X_E	Schmp. in °C	Sdp. in °C	ϱ_f in kg·l^{-1}	ϱ_g in kg·m^{-3}
96	Curium	Cm	[247]	[Rn] $5f^76d^17s^2$		1,3	1350		13,5	
97	Berkelium	Bk	[247]	[Rn] $5f^86d^17s^2$		1,3	986			
98	Californium	Cf	[251]	[Rn] $5f^{10}7s^2$		1,3	900			
99	Einsteinium	Es	[252]	[Rn] $5f^{11}7s^2$		1,3				
100	Fermium	Fm	[257]	[Rn] $5f^{12}7s^2$		1,3				
101	Mendelevium	Md	[258]	[Rn] $5f^{13}7s^2$		1,3				
102	Nobelium	No	[259]	[Rn] $5f^{14}7s^2$		1,3				
103	Lawrencium	Lr	[260]	[Rn] $5f^{14}6d^17s^2$		1,3				
104	Kurtschatowium	Ku	[261]	[Rn] $5f^{14}6d^27s^2$						
105	Nielsbohrium	Nh	[262]	[Rn] $5f^{14}6d^37s^2$						

Abkürzungen und Hinweise:
bei Element
- Kohlenstoff   G   Graphit
                    D   Diamant
- Phosphor   w   weißer Phosphor
                    rt   roter Phosphor
- Schwefel   rh   orthorhombische Modifikation
                    mn   monokline Modifikation
- Arsen   gr   graues Arsen
                    gb   gelbes Arsen
                    [1]   unter einem Druck von 3 647,7 kPa gemessen
- Zinn   gr   graues Zinn (α-Zinn)
                    w   weißes Zinn (β-Zinn)

Häufigkeit der etwa 90 natürlich vorkommenden chemischen Elemente
(im Bereich der 16 km dicken Erdrinde, den Ozeanen und der Lufthülle)

Element (Symbol)	Masse-%		Element (Symbol)	Atom-%	
O	49,5		O	55,16	
Si	25,3		Si	16,06	
Al	7,5		H	15,40	
Fe	5,08		Al	4,96	
Ca	3,39	98,60	Na	2,04	99,26
Na	2,63		Fe	1,62	
K	2,40		Ca	1,51	
Mg	1,93		Mg	1,42	
H	0,87		K	1,09	
Ti	0,63		Ti	0,23	
Cl	0,19		C	0,12	
P	0,12		Cl	0,10	
Mn	0,09		P	0,07	
C	0,08		N	0,038	
S	0,06		S	0,033	
Ba	0,04	1,40	Mn	0,029	0,74
Cr	0,04		Cr	0,014	
N	0,02		Ba	0,005	
restliche Elemente	0,12		restliche Elemente	0,101	

Soll ein E. in seiner stofflichen Existenz charakterisiert sein, so muß von ↗ Elementsubstanz oder ↗ Elementverbindung gesprochen werden. Die in der Tabelle angegebenen Werte für die Kernladungszahl (Z), die relative Atommasse ($A_{r(1981)}$), die Ionisierungsenergie (E_I) und die Elektronegativität (X_E) sind Kenndaten des jeweiligen chem. E., d. h. seiner Atome, die angegebenen Werte für den Schmelzpunkt (Schmp.), den Siedepunkt (Sdp.) und die Dichte (ϱ) hingegen sind Kenndaten der entsprechenden Elementsubstanz bzw. Elementverbindung.

Elemente, künstliche, chem. ↗ Elemente, die durch Prozesse der ↗ Kernumwandlung über Bildungs- oder Zerfallsvorgänge künstlich im Laboratorium hergestellt werden können. Das ↗ Technetium und die ↗ Transurane sind Beispiele künstlicher Elemente. Obwohl in der Natur Elementumwandlungen stattfinden, kommen die künstlichen Elemente meist in der freien Natur nicht vor. Sie sind ↗ radioaktiv und daher auf Dauer nicht beständig.

Elemente, natürliche, etwa 90 chem. ↗ Elemente, die in der Natur als Elementsubstanz oder in Form ihrer chem. Verb. vorkommen. In der folgenden Tabelle sind die auf unserem Planeten vorkommenden Elemente in der Reihenfolge ihrer in Masse-% erfaßten Häufigkeit zusammengestellt. Im Universum gilt demgegenüber eine andere Häufig-

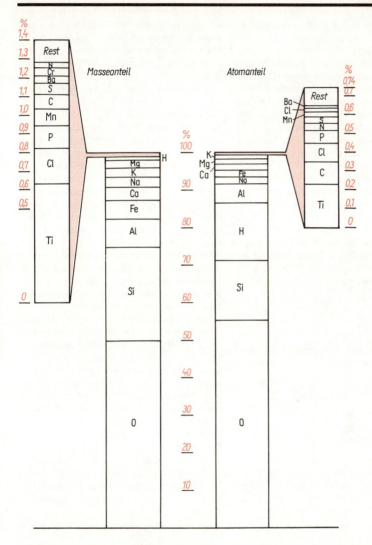

Häufigkeitsdiagramm der natürlich vorkommenden chemischen Elemente nach Masse- und Atomanteil

keitsverteilung. Es wird angenommen, daß von 1 000 Atomen 929 dem Wasserstoff, 70 dem Helium und nur eines einem schwereren Element zuzuordnen sind. Bild.
Elementgruppen, Zusammenfassungen chem. Elemente auf Grund ähnlicher chem. und physikal. ↗ Eigenschaften. Im ↗ Periodensystem der Elemente (PSE) ist eine Einteilung der Elemente in 8 ↗ Hauptgruppen, 8 ↗ Nebengruppen, eine ↗ Lanthanoidengruppe und eine Actinoidengruppe vorgenommen. Nur der Wasserstoff wird als einziges Element keiner Gruppe zugeordnet. Die Ähnlichkeit der Eigenschaften in den Gruppen ist im wesentlichen auf eine gleiche bzw. annähernd gleiche ↗ Elektronenkonfiguration der neutralen Atome in der äußeren Elektronenhülle, d. h. der Valenzelektronenschale zurückzuführen.
Elementsubstanz, gegenständliche Zustandsform eines chem. ↗ Elements als makroskopische Menge eines Stoffes, der aus Atomen gleicher

Elementverbindung

Kernladung besteht. In den meisten Fällen stellt E. eine ↗ Elementverbindung dar.

Elementverbindung, kennzeichnet die Tatsache, daß die chem. ↗ Elemente in ihrer stofflichen Existenz (d. h. als makroskopische Menge eines Stoffes) unter Normalbedingungen als chem. ↗ Verb. vorliegen. Eine Ausnahme stellen die Elemente der 8. Hauptgruppe des PSE (↗ Hauptgruppenelemente, Edelgase) dar. Charakteristische E. sind z. B. H_2, N_2, O_2, O_3, F_2, Cl_2, Br_2, P_4, S_8, C_n (Diamant und Graphit), alle Metalle (jedoch nur im festen und flüssigen Zustand).

Eliminierungsreaktionen, chem. Reaktionen, bei denen aus einem Molekül unter Abspaltung von Atomen (Ionen) oder Atomgruppen ein neues, kleineres Molekül gebildet wird: $AB \to A + B$. Es wird zwischen α-E. und β-E. unterschieden. Eine α-E. liegt vor, wenn die Abspaltung nur an einem C-Atom erfolgt. Bei einer β-E. (1,2-E) erfolgt die Abspaltung an zwei benachbarten C-Atomen.
Von besonderer Bedeutung sind β-E., die ionisch verlaufen:

$$B|^{\ominus} + H-\underset{|}{\overset{|}{C}}-\underset{|}{\overset{|}{C}}-X \longrightarrow B-H + \rangle C=C\langle + X|^{\ominus}$$

Wird X^- abgespalten, bevor die H—C-Bindung gelockert ist, verläuft die E. monomolekular (E1). Der Ablauf erfolgt asynchron über ein Carboniumion, z. B.:

$$H-\underset{|}{\overset{|}{C}}-\underset{|}{\overset{|}{C}}-Br \xrightarrow{langsam} Br|^{\ominus} + H-\underset{|}{\overset{|}{C}}-\overset{|}{\overset{|}{C}}{}^{\oplus}$$
Carboniumion

$$HO^{\ominus} + H-\underset{|}{\overset{|}{C}}-\overset{|}{\overset{|}{C}}{}^{\oplus} \xrightarrow{schnell} H_2O + \rangle C=C\langle$$
Hilfsbase

Erfolgen die Lockerung der C—X- und der H—C-Bindung gleichzeitig, liegt eine synchrone bimolekulare E. vor (E2), die zunächst zu einem Übergangszustand führt:

$$HO^{\ominus} + H-\underset{|}{\overset{|}{C}}-\underset{|}{\overset{|}{C}}-Br \rightleftharpoons [HO\cdots H\cdots C\vcentcolon\vcentcolon\vcentcolon C\cdots Br]^-$$
Übergangszustand

$$\longrightarrow H_2O + \rangle C=C\langle + Br^{\ominus}$$

Typische Substituenten für E. sind:

HO—	Dehydratisierung von Alkoholen
Cl—, Br—, I—	Dehydrohalogenierung von Halogenalkanen
HO_3SO—	Spaltung von Alkylschwefelsäuren
RSO_2O—	Spaltung von Sulfonsäureestern
$N{\equiv}N^{\oplus}$—	Spaltung von Diazoniumsalzen
$R_3N^{\oplus}$—	Spaltung von quartären Ammoniumsalzen (HOFMANN-Abbau)

In Konkurrenz zur E. verlaufen ↗ Substitutionsreaktionen. Reine E1- und E2-Mechanismen sind selten. Der Ablauf von E. wird beeinflußt von
– der Art der substituierten C-Atome,
– der Stellung der substituierten C-Atome in der Kette,
– der Abspaltungstendenz des Substituenten,
– der Art und Stärke der Hilfsbase,
– dem Lösungsmittel
Wenn bei einer E. der abzuspaltende Substituent an einem sekundären oder tertiären C-Atom gebunden ist, können 2 isomere Olefine entstehen: Nach SAYZEV bildet sich das Produkt mit der größten Anzahl von Alkylgruppen an den C-Atomen der C=C-Doppelbindung. Das Proton wird vom wasserstoffärmeren C-Atom abgespalten. Diese Orientierung erfolgt vorwiegend, wenn der Substituent Halogen (Halogenalkane) oder eine Acylgruppe (Alkylester) ist.
Nach HOFMANN erfolgt die Spaltung quartärer Ammoniumsalze ($X = R_3N^{+-}$) unter Ausbildung des Olefins mit der geringsten Anzahl von Alkylgruppen an den C-Atomen der C=C-Doppelbindung.
Esterpyrolysen verlaufen abweichend von den vorhergehenden Beispielen über einen cyclischen Übergangszustand, in dem sich der β-ständige Wasserstoff der Hydroxylgruppe und der Sauerstoff der Carbonylgruppe in einem Sechsring verbrücken.

Eloxalverfahren, anodische Oxydation von Aluminium zur Erzeugung dünner Oxidschichten. Diese schützen den darunterliegenden Werkstoff gegen weitere Korrosion und lassen sich günstig einfärben (↗ Passivierung).

Eloxieren, ↗ Eloxalverfahren.

Emaille, Email, nicht zu Ende geschmolzener Glasüberzug auf Metallunterlagen. Durch Metalloxidbeimischungen lassen sich Farbeffekte erzielen. Emailüberzüge dienen techn. dem Korrosionsschutz metallischer Werkstoffe z. B. im Behälterbau.

Emission, 1. elektromagnetischer ↗ Strahlung, deren Aussendung durch Stoffe nach ihrer ↗ Anregung. Die *spontane E.* erfolgt nach Zuführung elektrischer Energie (Funken, Lichtbogen), Wärmeenergie (Flammen) oder mechanischer Energie und dient der Untersuchung der ↗ Atomspektren, während Moleküle dabei meist zerfallen oder umgewandelt werden. Die bei diesen durch ↗ Absorption elektromagnetischer Strahlung hervorgerufene E. bezeichnet man als ↗ Lumineszenz. Bei der *induzierten E.* wird die Aussendung elektromagnetischer Strahlung durch Einstrahlung einer ebensolchen mit bestimmter Frequenz ausgelöst. Sie findet Anwendung beim *Laser* bzw. *Maser* (Abk. aus dem Englischen für *l*ight bzw. *m*icrowave *a*mplification by *s*timulated *e*mission of *r*adiation), wo sich durch bestimmte strukturelle Voraussetzungen, z. B. Spuren von Chromium(III)-Ionen in einem Rubinkristall, nach der Absorption von elektromagnetischer Strahlung mehr Atome in einem angeregten (metastabilen) Zustand befinden als im Grundzustand. Die gespeicherte Energie wird bei Einstrahlung einer bestimmten Frequenz in sehr kurzer Zeit mit hoher Intensität und sehr geringer Frequenzstreuung ausgesandt.

2. Abgabe luftverunreinigender Stoffe an die Atmosphäre. Sie verursachen durch ihre Ausbreitung in der Atmosphäre die ↗ Immission.

Emissionsgrenzwert, gesetzlich zulässiger Grenzwert für die Schadstoffabgabe einer Emissionsquelle an die Atmosphäre. Er muß in Abhängigkeit für jede einzelne Emissionsquelle gesondert bestimmt werden.

EMK, Abk. für ↗ elektromotorische Kraft.

Empfängnisverhütungsmittel, *Antikonzipienzien*, Mittel zur Verhütung einer unerwünschten Schwangerschaft. Als E. können einmal spermientötende Mittel in Form von Pasten, Gelees oder Zäpfchen vor dem Geschlechtsverkehr in die Scheide eingebracht werden. Solche *spermiciden* Mittel sind z. B. Schwefelsäureester der Cellulose, Borsäure, org. Quecksilberverb. und andere vaginal anwendbare Desinfektionsmittel. Diese Mittel geben eine begrenzte Sicherheit, können aber Schädigungen der Schleimhäute hervorrufen.
Eine zweite Möglichkeit ist die Einnahme von *ovulationshemmenden Sexualhormonen* mit der »Pille«. Diese Sexualhormone sind Steroidhormone, es werden Follikelhormone (Estrogene) und Gelbkörperhormone (Gestagene) angewendet (↗ Keimdrüsenhormone).

Emulgator, Stoff, der das Zusammenlagern der fein verteilten Tröpfchen des dispergierten Teils einer Emulsion und damit ihre Entmischung verhindert.

Emulsion, ↗ Dispersion einer Flüssigkeit in einer anderen, mit ihr nicht mischbaren Flüssigkeit; z. B. Milch. Die dispergierten Teilchen liegen in kolloidaler Größe vor.

Emulsionspolymerisation, in der Industrie ein häufiges Polymerisationsverfahren, wenn im kontinuierlichen Betrieb große Polymerisatmengen produziert werden müssen, ohne daß an die Produktreinheit allzu große Anforderungen gestellt werden (die Polymerisate enthalten die Emulgatorzusätze). Es ist das Polymerisationsverfahren der Wahl für die Herstellung von Massenplasten.

Emulsionsspaltung, Trennung von industriellen Öl-Wasser-Emulsionen (↗ Altöl), die als Zweiphasensysteme vor allem in der Metallindustrie (spanende und spanlose Formgebung) verwendet werden. Sie enthalten neben Mineralölen noch Emulgatoren (Tenside), Stabilisatoren, Korrosions- und Alterungsinhibitoren, Bakterizide, Oxydationsprodukte der genannten Stoffe und viel Wasser. Je nach der Größe der dispergierten Öltröpfchen werden unterschiedliche Trennverfahren eingesetzt:

grobe Fettstückchen: Fettabscheider
große Öltröpfchen: Schwerkraftscheidung
kleine Öltröpfchen: Spaltung der Emulsion durch Zugaben von Säuren bzw. Salzen, durch Membrantrennung, Verdampfen der wäßrigen Phase u.a.

Enantiomere, (Enantiostereoisomere) zwei optische Antipoden, die Spiegelbildisomeren bei der optischen ↗ Isomerie. Kristalle von E. besitzen gleiche Flächen und Winkel, sie lassen sich aber durch ihren spiegelbildlichen Bau nicht zur Deckung bringen. E. besitzen mindestens ein ↗ asymmetrisches C-Atom.

Enantiotropie, Erscheinung, daß Modifikationen gegenseitig ineinander umwandelbar sind. Eine einseitige Wandelbarkeit der Modifikation wird als ↗ Monotropie bezeichnet.

Endlauge, in der Kali- und Sodaindustrie anfallende verd. $MgCl_2$- bzw. $CaCl_2$-Lösung.

endotherme Reaktion, chem. Reaktionen, die unter Wärmeaufnahme aus der Umgebung ablaufen. Die Reaktionswärme erhält ein positives Vorzeichen, z. B.:
$C + CO_2 \rightleftharpoons 2\,CO$, $\Delta_R H = 172{,}5\ kJ \cdot mol^{-1}$.

energetischer Wirkungsgrad, ↗ Wirkungsgrad.

Energiebänder, ↗ Bändermodell.

Energieflußbild, anschauliche Darstellung der Energiebilanz eines Bilanzsystems in Form von Flußbildern, in denen die Breite der Ströme ihren Quantitäten entspricht.

Energiekreislauf, ↗ Kreislaufführung.

Energieniveau, ↗ Atombau, ↗ chem. Bindung.

Energiespeicher, Einrichtungen zur Speicherung techn. benötigter Energie zur Überbrückung von zeitlichen Differenzen zwischen Angebot und Nachfrage.
Der Speicherung mechanischer Energie dienen z. B. Staubecken, Elektroenergie läßt sich nur in Beträgen <1000 kWh in ↗ Akkumulatoren speichern. Wärme läßt sich in Form von Dampf, wärmespeichernden Flüssigkeiten, Steinschüttungen oder Salzhydraten speichern.

Energieträger, Stoffe, die selbst Energiequellen sind (Primärenergieträger, z. B. Kohle, Gas, Erdöl), sowie Mittel, mit deren Hilfe vorhandene Energie gespeichert oder transportiert werden kann (↗ Energiespeicher).

Energiewirtschaft, Teilgebiet der Volkswirtschaft, das den gegenwärtigen und künftigen Energiebedarf der Gesellschaft zu decken hat.

Enole, ungesättigte Alkohole, die unbeständig sind, wenn die Hydroxygruppe am sp²-hybridisierten C-Atom der Doppelbindung steht. Es erfolgt dann Umlagerung zu der entsprechenden Oxoverbindung, z. B.:

CH$_2$=CH–OH ⟶ CH$_3$–C=O
                                |
                                H

E. können sich im Gleichgewicht mit den Oxo- bzw. Keto-Formen befinden, ↗ Keto-Enol-Tautomerie.

Enol-Keto-Tautomerie, ↗ Keto-Enol-Tautomerie.

Enstatit, (Mg, Fe)$_2$[Si$_2$O$_6$], rhombisch kristallisierendes Mineral der ↗ Pyroxengruppe. E. findet man in Form grau-grünlicher, prismatischer Kristalle oder feinkörniger Aggregate in vielen basischen magmatischen Gesteinen sowie in ↗ Meteoriten.

Entfärber, handelsübliche Bleichmittel (↗ Bleichen). E. enthalten meist reduzierend wirkende Verb., wie Natriumhydrogensulfit NaHSO$_3$ und Natriumdithionit Na$_2$S$_2$O$_4$. Diese Verb. reduzieren bestimmte Farbstoffe zu farblosen Verb., sogenannten Leukoverb.

Entflammungstemperatur, Temperatur, bei der Reaktionsgemische exothermer Reaktionen von selbst entflammen. Die E. kann, da sie von den Reaktionsbedingungen abhängt, nicht exakt bestimmt werden.

Entgasung der Kohle, Verfahren zur stoffwirtschaftlichen Nutzung der Kohle, bei dem die Kohlesubstanz unter Luftabschluß auf höhere Temperaturen erhitzt wird. Dabei findet eine thermische Disproportionierung der Kohlesubstanz in Kohlenstoff (Koks) und Kohlenwasserstoffe (Gas, Teer, Öl) statt. Nach der Temperaturlage unterscheidet man zwei verschiedene Gruppen von Verfahren, die ↗ Schwelung und die ↗ Verkokung.

Entgiftung toxischer Abwasserinhaltsstoffe, Forderung, um Schäden an Organismen und Umwelt zu verhindern. Dazu dienen vor allem Maßnahmen der Fällung, von Redoxreaktionen, der Solventextraktion, der Sorption und des Ionenaustausches. Die Verdünnung toxischer Abwässer ist keine ausreichende Entgiftungsmaßnahme.

Enthalpie, Symbol H, gibt als thermodynamische Zustandsfunktion die Wärmemenge an, die ein Stoff bei konstantem äußerem Druck enthält. Sie setzt sich nach dem 1. ↗ Hauptsatz der Thermodynamik aus der ↗ inneren Energie U und der ↗ Volumenarbeit $p \cdot V$ zusammen:

$H = U + pV$.

Da Zustandsänderungen häufig in offenen Gefäßen bei konstantem (Luft-)Druck ablaufen, ist die E. gegenüber der inneren Energie eine bevorzugte Zustandsfunktion. Die Ermittlung von Enthalpieänderungen erfolgt meist in offenen ↗ Kalorimetern durch Messung der Änderungen der ↗ Temperatur bei bekannter ↗ Molwärme C_p bzw. ↗ Wärmekapazität. Da die zur Ermittlung von Absolutwerten der E. notwendige E. der Stoffe am absoluten Nullpunkt meist nicht genau bekannt ist, werden im allgemeinen nur Enthalpieänderungen ΔH eines Systems für bestimmte Zustandsänderungen angegeben. So enthalten Tabellen molare Standardenthalpieänderungen (↗ Standardbedingungen) $\Delta_x H_m^\ominus$ u. a. für folgende Vorgänge: das ↗ Schmelzen ($x = S$), das ↗ Verdampfen ($x = V$), die ↗ Sublimation, die Bildung ($x = B$, ↗ Bildungswärme), die Reaktion ($x = R$, ↗ Reaktionswärme), die Verbrennung ($x = C$), die ↗ Neutralisation, die Phasenwandlung ($x = U$). Bei Enthalpieabgabe erhält ΔH ein negatives Vorzeichen (exotherme Vorgänge), bei Enthalpieaufnahme ein positives Vorzeichen (endotherme Vorgänge).

Im engen Zusammenhang mit der E. steht die ↗ freie E.

Molare Standardenthalpien $\Delta_x H^\ominus$ in kJ·mol^{-1}
($T = 298$ K, $p = 101\,325$ Pa)

Stoff	$\Delta_U H_m^\ominus$	$\Delta_S H_m^\ominus$	$\Delta_V H_m^\ominus$	$\Delta_B H_m^\ominus$	$\Delta_C H_m^\ominus$
C (Graphit)	+1,9 (Diamant)			0	−394
CO		8,1	6,0	−110	−294
CO$_2$		8,0		−393	−
H$_2$O		6,0	40,8	−286	−
NaCl		31,2	171	−411	−
CH$_3$OH		3,2	38,5	−239	−724
CH$_3$COOH		11,7	24,3	−487	−875

Enthärtung von Wasser, verschiedene industrielle Verfahren zur Herstellung von Betriebswasser hoher Reinheitsanforderung, z. T. durch chem. Verfahren (Zusatz von Ätzkalk, Soda, Salzsäure, Trinatriumphosphat), heute zunehmend mit ↗ Ionenaustauscher.

Entparaffinierung von höhersiedenden Erdölfraktionen dient der Qualitätsverbesserung dieser Produkte (bei Dieselöl z. B. Verbesserung der Viskosität im Wintereinsatz durch Verhinderung einer Tieftemperaturkristallisation dieser Paraffinanteile) sowie der Gewinnung der Paraffine als wertvolle Syntheseausgangsstoffe (↗ Paraffine). Die Abtrennung kann auch durch Tieftemperaturkristallisation oder – heute günstiger – nach dem ↗ Parex-Verfahren mit Molsieben erfolgen.

Entropie, Symbol S, gibt als grundlegende thermodynamische Zustandsfunktion des 2. ↗ Hauptsatzes der Thermodynamik die auf die Temperatur T bezogene reversibel ausgetauschte Wärmeenergie Q (↗ Enthalpie, ↗ innere Energie) an, die ein Stoff besitzt:

$S = Q_{rev}/T$.

Sie kennzeichnet entsprechend den Erkenntnissen des ↗ CARNOTschen Kreisprozesses den Anteil der Wärmeenergie eines Stoffes, der bei dieser Temperatur in andere Formen der Energie umgewandelt werden kann, und beschreibt thermodynamisch die Ablaufrichtung (Irreversibilität) von Vorgängen. Statistisch läßt sich die E. auch als ein Maß der Unordnung eines thermodynamischen Zustandes verstehen. Daraus kann für den Zustand maximaler Ordnung in einem idealen Kristall am absoluten Nullpunkt eine Nullpunktsentropie S_0 mit dem Wert Null (3. ↗ Hauptsatz der Thermodynamik) abgeleitet werden. Deshalb lassen sich im Gegensatz zur ↗ Enthalpie für die Stoffe Absolutwerte der E. angeben, die als molare Standardentropien tabelliert sind (Tabelle) und auch auf andere Temperaturen umgerechnet werden können. Die Temperaturabhängigkeit der Entropie eines Stoffes (Bild) zeigt sprungförmigen Verlauf bei den Phasenumwandlungen. Da beim ↗ Schmelzen (S) bzw. ↗ Verdampfen (V) der meisten Stoffe ähnliche Veränderungen des Ordnungszustandes auftreten, liegen die jeweiligen Entropieänderungen verschiedener Stoffe auch in derselben Größenordnung (RICHARDsche Regel $\Delta_S S$: 12,5 bis 21 J·K^{-1}·mol^{-1}, TROUTONsche Regel $\Delta_V S$: etwa 90 J·K^{-1}·mol^{-1}. Reaktionsentropien lassen sich als Differenz der E. der Endstoffe und Ausgangsstoffe berechnen.

Entschwefelung von Brennstoffen, Maßnahme des Umweltschutzes, um Schwefeldioxidemissionen durch die Verbrennungsgase zu vermeiden. Sie ist bei Erdgas und Heizöl techn. einfach durch ↗ Hydroaffination zu realisieren. Die Entschwefelung von Kohlen ist zwar techn. im Prinzip möglich, aber ökonomisch nicht tragbar. Günstiger sind die Bindung des Schwefels an zugesetzten Kalksteinstaub oder die nachträgliche Entfernung aus den Rauchgasen.

Entstaubung, ↗ Staubabscheidung.

Entwickler, Stoffgemische für den Entwicklungsprozeß der ↗ Photographie. E. enthalten als wirksame Substanzen schwache Reduktionsmittel, die Silberhalogenide zu elementarem Silber reduzieren, wie z. B. *Eisen(II)-chelatkomplexe,* ↗ *Hydrochinon, p-Aminophenol* (↗ Aminophenole) u. a.

2 AgBr + Entwickler + 2 OH$^-$
→ 2 Ag + Entwickleroxydationsprodukt + 2 Br$^-$ + 2 H$_2$O

Als Farbentwickler dienen *N,N-Dialkyl-p-phenylendiamine,* deren Oxydationsprodukte mit den Farbkupplern der Farbfilme Farbstoffe bilden. Käufliche Entwickler enthalten neben den Reduktionsmitteln Zusätze wie Natriumsulfit als Oxydationsschutzmittel, alkalisch wirkende Substanzen wie Soda zur Einstellung eines pH-Wertes > 7, Komplexbildner als Wasserenthärter (Kalkschutzmittel) u. a.

Entzündung, Beginn eines Verbrennungsprozesses, dabei müssen die Stoffe auf die Entzündungstemperatur erhitzt werden. Einige chem. Stoffe, wie feinverteilter weißer Phosphor und Diphosphin P$_2$H$_4$, sind selbstentzündlich.

Enzyme, *Fermente, Biokatalysatoren,* ↗ Proteine oder ↗ Proteide mit Katalysatorfunktion im Stoffwechsel der Zelle. E. besitzen eine Substrat- und eine Wirkungsspezifität. Die Substratspezifität er-

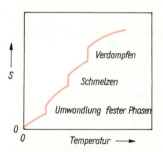

Abhängigkeit der Entropie von der Temperatur

Molare Standardentropien ($S^\ominus$) einiger Stoffe
(T = 298 K, p = 101 325 Pa)

Stoff	C (Graphit)	CO	CO$_2$	H$_2$O	NaCl	CH$_3$OH	CH$_3$COOH
$S^\ominus$ in J·mol^{-1}·K^{-1}	5,7	198	214	70	72	127	159

gibt sich aus der Architektur des Enzymmoleküls. Das umzusetzende Substratmolekül muß räumlich genau zum aktiven Zentrum des E. passen (Schlüssel-Schloß-Prinzip). Die Wirkungsspezifität hängt besonders von der Struktur des aktiven Zentrums ab. Hier wirken Aminosäurereste zusammen, die in der gestreckten Polypeptidkette z.T. weit voneinander entfernt liegen. Nur wenige E. sind reine Proteine. Viele benötigen zur Entfaltung ihrer Aktivität zusätzliche Co-Faktoren, z. B. Metallionen (Mg^{2+}, Mn^{2+}, Zn^{2+}, Fe^{2+}, Fe^{3+}, Cu^{2+}, K^+). Handelt es sich bei den *Co-Faktoren* um org. Moleküle, spricht man von *Coenzymen*. Sind diese dauerhaft an das Protein gebunden, werden sie als *prosthetische Gruppe* bezeichnet (↗ Proteide). Der enzymatisch inaktive Proteinanteil komplexer E. allein heißt *Apoenzym*. Wichtige Coenzyme sind z. B. das *Coenzym A* (↗ Atmung), das ↗ *Nicotinsäureamid-adenin-dinucleotid (NAD⁺)* (↗ Atmung, ↗ Gärung) und das ↗ *Nicotinsäureamid-adenin-dinucleotidphosphat (NADP⁺)* (↗ Photosynthese). Man unterscheidet nach ihrer Funktion sechs Klassen von E. Tabelle.

Die internationale Klassifizierung der Enzyme: Klassenbezeichnung und Typ der katalysierten Reaktion

Enzymklasse	Katalysierte Reaktionen
1. Oxidoreductasen	Oxydations-Reduktions-Reaktionen
2. Transferasen	Übertragung von funktionellen Gruppen
3. Hydrolasen	hydrolytische Reaktionen
4. Lyasen	Lösen von C—O, C—C, C—N und anderen Bindungen
5. Isomerasen	Isomerisierungen
6. Ligasen	Knüpfen kovalenter Bindungen zwischen zwei Molekülen

Ephedrin, 2-Methylamino-1-phenyl-propan-1-ol,

$$H-\overset{CH_3}{\underset{}{C}}-NH-CH_3$$
$$H-\overset{}{\underset{}{C}}-OH$$
(Phenyl)

D(−)-Ephedrin

Schmp. 38 °C, ein Alkaloid aus verschiedenen Ephedraarten. E. wurde bereits 3000 v.u.Z. als Mittel gegen Fieber verwendet. Es wird heute bei leichten Kreislaufschädigungen, zur Erregung des Atemzentrums eingesetzt. E. wird aus Phenylethylketon durch Bromieren, Umsetzen mit Methylamin und nachfolgender Reduktion der Oxogruppe hergestellt. Derivate des E. werden vielseitig in der Pharmazie verwendet.

Epichlorhydrin, $Cl-CH_2-CH-CH_2$ (Chlormethyl-
$\overset{}{O}$
oxiran, sehr reaktionsfähige, farblose Flüssigkeit, Sdp. 116 °C, die wegen des leicht aufspaltbaren Epoxidringes und des leicht austauschbaren Chloratoms eine wertvolle Basis für chem. Synthesen ist.
E. wird zusammen mit ↗ Dian zur Herstellung von ↗ Epoxidharzen und als Ausgangsverbindung zur Propantriolsynthese verwendet.

Epidot, $(OH)Ca_2(Al,Fe)_3O[SiO_4][Si_2O_7]$, häufiges Mineral metamorpher Gesteine, z. T. als sekundäres Umbildungsprodukt (»Epidotkrankheit« dieser Gesteine). Es bildet säulige, grüne Kristalle mit guter Spaltbarkeit.

Epitaxie, in der Kristallographie gesetzmäßige Verwachsung ungleichartiger Kristalle als Aufwachsung oder Einlagerung. Voraussetzung sind zweidimensionale Analogien im Gitteraufbau.

EP-Kautschuk, Ethylen-Propylen-Polymerisat mit kautschukähnlichen Eigenschaften (↗ Elaste).

Epoxide, $R-CH-CH-R'$, Derivate des gesättigten,
$\overset{}{O}$
heterocyclischen Ringsystems, das als Oxiran bezeichnet wird. E. als cyclische Ether sind sehr reaktionsfähig.
Wichtige E. sind: ↗ Ethylenoxid und ↗ Epichlorhydrin.

Epoxidharze, Polyether, deren Ketten mit bifunktionellen Härtern vernetzt werden. Aus ↗ Epichlorhydrin und ↗ Dian (Bisphenol A) wird bei alkalischer Kondensation ein höhermolekulares Diepoxid hergestellt:

$$CH_2-CH-CH_2\left[O-C_6H_4-\underset{CH_3}{\overset{CH_3}{C}}-C_6H_4-O-CH_2-CH-CH_2\right]_n$$
$$-C_6H_4-\underset{CH_3}{\overset{CH_3}{C}}-C_6H_4-O-CH_2-CH-CH_2$$

Die Molmassen dieser leicht gelblichen, öligen bis hochviskosen Polymeren liegen bei etwa 2 500. Durch Reaktion mit Diaminen, Diaminobenzen, cyclischen Dicarbonsäureanhydriden werden die Oxiranringe aufgespalten und die Ketten vernetzt. Die aliphatischen Diamine härten bereits bei Zimmertemperatur, während cyclische Dicarbonsäureanhydride meist erst bei 70 bis 80 °C reagieren.
E. können zum Kleben, Laminieren und Gießen eingesetzt werden. Die ausgehärteten Harze besitzen vorzügliche Eigenschaften, wie Festigkeit, chem. Beständigkeit, hohe Isolationsfähigkeit und geringe Wasseraufnahme. Die Erweichungstempe-

ratur liegt bei etwa 100 bis 150 °C. Harze ohne Füllstoffe haben eine Dichte von etwa 1 200 kg · m⁻³. Da besonders die aliphatischen Diaminhärter sehr ätzend wirken, aber auch die Harze und die anderen Härter Hautreizungen verursachen können, sind die entsprechenden Arbeitsschutzordnungen zu beachten.
E. können bis zu 90 % mit Füllmitteln versetzt werden. In Verbindung mit Glasseidengewebe oder anderen Harzträgern entstehen sehr feste Materialien, die vielseitig im Gerätebau eingesetzt werden.
E. gehören zu den besten Klebstoffen und besitzen in der Technik ein breites Anwendungsgebiet.

EPR, Abk. für den englischen Begriff *electron paramagnetic resonance*, svw. Elektronenspinresonanz (↗ Molekülspektren).

Erbinerden, Untergruppe der ↗ Yttererden.

Erbium,

Er	$Z = 68$
	$A_{r\,(1981)} = 167{,}26$
	Ek: [Xe] $4f^{12}6s^2$
	OxZ: +3
	$X_E = 1{,}24$
	Elementsubstanz:
	Schmp. 1 500 °C
	Sdp. 2 900 °C
	$\varrho = 9{,}05$ kg · l⁻¹

chem. Element (↗ Elemente, chem.).

Erbium, Symbol: Er, 11. Element der ↗ Lanthanoidengruppe. E. ist die Bez. für alle Atome, die 68 positive Ladungen im Kern (also 68 Protonen) besitzen: Kernladungszahl $Z = 68$. E. findet sich in der Natur in den ↗ Yttererden, ist aber nur in geringen Konzentrationen verbreitet. Eine Darstellung des silberweißen und weichen Metalls erfolgt nach (aufwendiger) Trennung, z. B. durch Schmelzflußelektrolyse oder Reduktion mit Kalium.

Erdalkalimetalle, alle Elemente der 2. Hauptgruppe des PSE (↗ Hauptgruppenelemente, 2. Hauptgruppe des PSE).

Erden, Seltene, verbreitete Bez. für die Elemente der ↗ Lanthanoidengruppe.

Erdgas, Naturgas, in Gesteinsporen und -klüften der Erdkruste vorkommendes brennbares Gas (Heizwert 18 000 bis 55 000 kJ · m⁻³). Es besteht vor allem aus Methan. Daneben kann es andere gasförmige Alkane, Stickstoff, Kohlendioxid, Schwefelwasserstoff und Edelgase in unterschiedlichen Mengenverhältnissen enthalten. E. mit einem merklichen Anteil von Propan, Butan und Pentan wird als nasses E. bzw. Kondensat bezeichnet. Diese Anteile (»Naturbenzin«) entsprechen der Flüssiggasfraktion der Erdöldestillation. E. entsteht vor allem bei der Erdölbildung und ist deshalb auch dessen typischer Begleiter, sofern es nicht schon in andere Teile der Erdkruste abgewandert ist. Auch bei der Inkohlung von Torf zu Steinkohle wird Methan gebildet. ↗ Biogas. Lagerstätten z. T. völlig unabhängig vom Erdöl liegen in der Nordsee, den Niederlanden, Westsibirien, der Sahara u. a. Das E. der DDR-Lagerstätte Salzwedel besitzt folgende mittlere Zusammensetzung: 34,6 % CH₄; 0,4 % C₂H₈; 64,7 % N₂; 0,3 % CO₂. E. wird durch Bohrungen (Sonden) gefördert. Im Jahre 1969 wurde das Erdgasfeld Rulison (USA) erstmals durch eine in der Lagerstätte gezündete Kernexplosion für die Förderung vorbereitet, um das Gestein zu zerklüften und dem Gas den Weg zur Sonde freizumachen.

Erdgashydrate, kristalline Verb. von Erdgas mit Wasser bei tiefen Temperaturen.

Erdmetalle, Elemente der 3. Hauptgruppe des PSE (↗ Hauptgruppenelemente, 3. Hauptgruppe des PSE), die Metallcharakter besitzen. Bis auf das Bor sind das alle Elemente dieser Gruppe: Aluminium, Gallium, Indium und Thallium.

Erdöl, alle natürlich vorkommenden Gemische flüssiger Kohlenwasserstoffe. Das E. ist ein Gemisch sehr vieler verschiedener Kohlenwasserstoffe, vor allem von Alkanen (neben Naphthenen und Aromaten in geringen Mengen). Es enthält stets eine von Druck und Temperatur abhängige Menge gelöster Kohlenwasserstoffgase (↗ Erdgas). E. ist eine gelb- bis dunkelbraune, ölige Flüssigkeit unterschiedlichster Viskosität. Seine Verbrennungswärme beträgt 40 bis 48 000 kJ · kg⁻¹. Es findet sich in der Erdkruste in porösen Gesteinen, oft zusammen mit Erdgas. Es entsteht bei der anaeroben Zersetzung niederer tierischer und pflanzlicher Organismen durch Bakterien (↗ Faulung). Große Lagerstätten liegen am Persischen Golf (mehr als ⅔ aller bekannten Vorräte), im Wolga-Ural-Gebiet, den Golfstaaten der USA, in Venezuela und Westafrika. Beträchtliche Lagerstätten sind auch in den Schelfregionen der Weltmeere nachgewiesen. Die Förderung verlagert sich zunehmend in diese Gebiete. Förderung von E. geschieht mit »Sonden« (Bohrungen), durch Eigendruck oder Einpressen von Gas oder Wasser. Nicht mehr mobilisierbares Erdöl (Totöllagerstätten) kann, wenn das Speichergestein im Tagebaubetrieb erreichbar ist, daraus durch Zerkleinern und Extrahieren gewonnen werden (Erdöl-Abbau in Kanada, »Ölsande«).

Erdöldestillation, erste wichtige Verarbeitungsstufe des Erdöls nach Gewinnung und Reinigung (Entwässerung und Entsalzung). Es handelt sich

Erdwachs

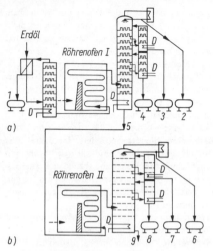

Verfahrensschema einer Erdöldestillationsanlage
a) Rektifikationskolonne I (Normaldruck)
b) Rektifikationskolonne II (Unterdruck)
D Dampfzufuhr
1 Benzine bis 85 °C
2 Benzine bis 180 °C
3 Petroleum 180 bis 300 °C
4 Gasöle 300 bis 350 °C
5 Sumpfprodukt 350 °C
6 Heizöl 350 bis 420 °C
7 Schmieröle 420 bis 480 °C
8 Heizöl 480 bis 520 °C
9 Bitumen 520 °C

um eine zweistufige Rektifikation bei normalem Druck und danach bei Vakuumbedingungen (Bild). Atmosphärische Destillation: Nach Aufheizen des Rohöls im Röhrenofen auf etwa 350 bis 400 °C erfolgt die Zerlegung in Kolonnen mit Seitenstromabnahme in den Fraktionen

Flüssiggase bis 35 °C
Benzin 35 bis 180 °C
Petroleum 180 bis 250 °C (Kerosin)
Gasöl 250 bis 350 °C (Dieselöle)

Vakuumdestillation: Hier wird der Rückstand der atmosphärischen Destillation weiter zerlegt. Eine weitere Temperaturerhöhung bei Normaldruck würde zur thermischen Zersetzung der Inhaltsstoffe führen. Produkte sind Heizöl, Schmier- bzw. Maschinenöl, ↗ Bitumen als Rückstand.
Bei der destillativen Zerlegung des Erdöls fallen mengenmäßig vor allem die höhersiedenden Fraktionen an, die aus längerkettigen Kohlenwasserstoffen bestehen (Dieselöle und Heizöle). Benzin, das bei weitem wichtigste Destillationsprodukt (zur Kraftstoffherstellung wie zur petrolchemischen Weiterverarbeitung), tritt nur in relativ geringen Mengen auf (↗ Straightrun-Benzin). Durch ↗ Cracken läßt sich eine Umverteilung im Produktionsspektrum erreichen.

Erdwachs, Ozokerit, natürlich vorkommendes, knetbar weiches bis hartes mineralisches Wachs aus Alkanen ab $C_{18}H_{38}$. E. ist gelb-braun bis dunkelbraun-schwarz und bildet sich als Entgasungs- und Oxydationsprodukt von Erdöl.

Erfassungsgrenze, Begriff der chem. Analytik, der die Menge eines Stoffes angibt, die durch die durchzuführende Reaktion gerade noch nachzuweisen ist. Die E. wird in Mikrogramm (µg) angegeben. Zum Nachweis von Thiocyanationen mit Eisen(III)-Ionen ist $E = 0,05\ \mu g \cdot l^{-1}$ SCN$^-$.

Ergocalciferol, ↗ Vitamine.
Ergosterin, ↗ Vitamine.
ERLENMEYER-Kolben, ↗ Kolben.
ERLENMEYER-Regel, Aussage zur Struktur-Eigenschafts-Beziehung bei Verb., die mehrere Hydroxylgruppen an einem C-Atom tragen, wonach geminale Diole nicht existenzfähig sind und unter Wasserabspaltung in Oxoverb. übergehen. Diole mit stark elektronenziehenden Gruppen sind aber ausreichend stabil. Die Trichlormethylgruppe im Chloralhydrat ermöglicht so z. B. die geminale Anordnung der beiden Hydroxylgruppen (Ausnahme der E.)

2,2,2-Trichlor-ethan-1,1-diol: $Cl_3C-C{<}^{OH}_{OH}\!\!\!\!_H$

Erstarrung, Übergang eines Stoffes aus dem flüssigen in den festen Aggregatzustand. Bei reinen Stoffen erfolgt die E. in Abhängigkeit vom Druck (↗ Dampfdruck) bei einer konstanten Erstarrungstemperatur, da während der E. eine Phasenumwandlungswärme frei wird. Die Erstarrungstemperatur stimmt mit der Schmelztemperatur überein und wird durch thermische Analyse (↗ Schmelzdiagramm) bestimmt. Bei Stoffgemischen kann sich die E. über einen Temperaturbereich erstrecken (↗ Schmelzdiagramm). Bei Lösungen liegt die Erstarrungstemperatur niedriger als beim Lösungsmittel (↗ Gefrierpunktserniedrigung). Eine E. von Stoffen, die unter ↗ Standardbedingungen flüssig sind, nennt man Gefrieren. Da bei der E. meist eine Kristallbildung (↗ Kristallisation) auftritt, kann die Flüssigkeit bei Fehlen von Kristallisationskeimen weit unter ihre Erstarrungstemperatur abgekühlt werden, was bei Stoffgemischen wie ↗ Glas zur Bearbeitung ausgenutzt wird.

Erstarrungspunkt, ↗ Schmelzpunkt.
Eruptivgestein, ↗ magmatische Gesteine.
Erweichungspunkt, Temperatur nichtkristalliner Festkörper (Gläser, organische Polymere), bei der eine Erweichung beginnt. Gegensatz ist der klar de-

finierte ↗ Schmelzpunkt eines kristallinen Festkörpers.

Erze, Minerale oder Mineralgemenge, aus denen Metalle (Gebrauchsmetalle) oder Metallverbindungen wirtschaftlicher Bedeutung hergestellt werden können. Vom nichterzhaltigen, tauben Gestein, der Gangart, wird das Erz durch verschiedene Aufbereitungsverfahren getrennt. ↗ Gang, ↗ magmatische Lagerstätten, ↗ Pegmatit, ↗ hydrothermale Lagerstätten, ↗ metasomatische Lagerstätten, ↗ pneumatolytische Lagerstätten, ↗ Seifen.

Erzeugnisgruppen, chemische, ↗ chem. Industrie.

ESBACH-Reaktion, Möglichkeit, den Eiweißgehalt im Harn durch Fällung zu bestimmen. Dazu wird das ESBACH-Röhrchen bis zur Marke U mit Harn, eventuell angesäuert mit Ethansäure, und danach bis zur Marke R mit ESBACH-Reagens (Lösung, die 2 % Zitronensäure und 1 % Pikrinsäure enthält) gefüllt. Nach Schütteln und 24stündigem Stehen wird an Teilstrichen die Eiweißmenge in g pro Liter abgelesen.

ESR, Abk. für *E*lektronen*s*pin*r*esonanz (↗ Molekülspektren).

Essenzen, ↗ Aromen.

Essigsäure, Trivialname für die ↗ Ethansäure.

Essigsäureproduktion, mikrobiologische, aerobes techn. Verfahren, bei dem mit Hilfe von Essigbakterien durch Oxydation von Alkohol Ethansäure produziert wird.

essigsaure Tonerde, Lösung, die basisches Aluminiumacetat (Aluminiumacetathydroxid) $Al(CH_3COO)_2(OH)$ enthält. Zur Stabilisierung können ↗ Borsäure oder ↗ Weinsäure zugesetzt werden. E. T. wird zur Wunddesinfektion und -heilung angewendet.

Ester, org. Verb., die sich aus Säuren und Alkoholen unter Wasserabspaltung bilden. Es gibt E. anorg. und org. Säuren. Der Sauerstoff des abgespaltenen Wassers stammt bei anorg. Sauerstoffsäuren und Carbonsäuren aus deren Hydroxylgruppen, während das Proton der Alkohol liefert.

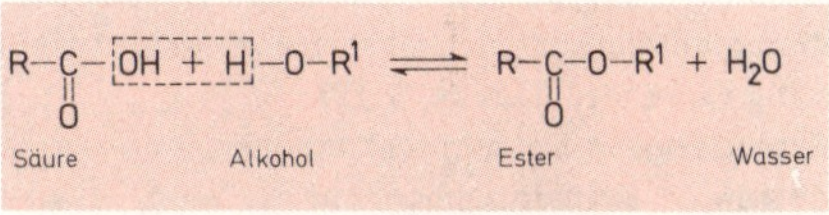

$$R-\underset{O}{\overset{O}{C}}-\boxed{OH + H}-O-R^1 \rightleftharpoons R-\underset{O}{\overset{O}{C}}-O-R^1 + H_2O$$

Säure — Alkohol — Ester — Wasser

Esterbildungen sind Gleichgewichtsreaktionen. Die Reaktionsgeschwindigkeit hängt proportional von der Protonenkonzentration ab. Eine möglichst vollständige Veresterung der Säure erfolgt bei
– Alkoholüberschuß,

Verwendung von Estern

Name	Formel	Verwendung
Dimethylsulfat	$(CH_3-O-)_2SO_2$	Methylierungsmittel
Diethylsulfat	$(CH_3-CH_2-O-)_2SO_2$	Ethylierungsmittel
Trialkylphosphate	$(Alkyl-)_3PO_4$	Weichmacher
Ethylnitrit	CH_3-CH_2-O-NO	Nitrosierungsmittel
Ethylnitrat	$CH_3-CH_2-O-NO_2$	Nitriermittel (explosiv!)
Propan-1,2,3-triol-trinitrat	$C_3H_5O_3(NO_2)_3$	Sprengstoff (Nitroglycerol)
Ethansäurealkylester	$CH_3-CO-O-alkyl$	Lösungsmittel
Ethansäurevinylester	$CH_3-CO-O-CH=CH_2$	Ausgangsverb. für Polyvinylacetat
Butansäureester	$CH_3-(CH_2)_2-CO-O-alkyl$	Lösungsmittel, Weichmacher, Aromenbestandteil
2-Methyl-propensäure-ethylester	$CH_2=\underset{CH_3}{C}-CO-O-CH_2-CH_3$	Ausgangsverb. für Polymethacrylsäureester (Plexiglas)
Benzoesäurealkylester	$C_6H_5-CO-O-alkyl$	Ausgangsverb. für chem. Synthesen
Salicylsäurealkylester (2-Hydroxy-benzoesäure-ester)	$C_6H_4(OH)-CO-O-alkyl$	Pharmaka
4-Hydroxy-benzoesäure-alkylester	$C_6H_4(OH)-CO-O-alkyl$	Konservierungsmittel für Pharmaka, Kosmetika, Lebensmittel
Hexandisäurediester (Adipinsäureester)	$(CH_2)_4(CO-O-alkyl)_2$	Weichmacher
Benzen-1,4-dicarbon-säuredimethylester	$CH_3O-CO-C_6H_4-CO-OCH_3$	Ausgangsverb. für Polyesterfasern

– Entfernung des Wassers aus dem Gleichgewicht durch wasserbindende Mittel (konz. Schwefelsäure, Zinkchlorid) oder azeotrope Destillation.
Quantitativ erfolgt die Bildung von E. aus den Säurehalogeniden oder -anhydriden.
E. sind bei Säurekatalyse hydrolysierbar zu den entsprechenden Säuren und Alkoholen. In Gegenwart von Laugen erfolgt Verseifung zu Alkoholen und den entsprechenden Salzen der Säuren. Mit Ammoniak oder primären oder sekundären Aminen bilden sich unter Alkoholabspaltung die Säureamide. Protonenkatalysiert ist ein Austausch der Alkylgruppen, Umesterung, möglich.
Das Aroma von Früchten wird vorwiegend durch E. mittlerer Carbonsäuren und mittlerer Alkohole (Fruchtester) bestimmt. Fette sind die E. von Fettsäuren mit Propantriol. Wachse sind E. von Fettsäuren mit langkettigen Alkoholen. E. werden vielseitig verwendet. Tabelle, S. 157.
Estrogene, ↗ Keimdrüsenhormone.
Estron, ↗ Keimdrüsenhormone.
Etagenofen, breiter Rohrreaktor mit Etageneinbauten, der für Gas-Feststoff-Reaktionen eingesetzt wird, z. B. zum Rösten sulfidischer Erze. Der Feststoff wird oben aufgegeben und fällt von Etage zu Etage nach unten, durch Rechen jeweils zu den Fallöchern befördert und im Gegenstrom mit dem gasförmigen Reaktionspartner. Eine spezielle Variante bei Verwendung warmer Luft dient zur Trocknung stückiger Feststoffe. ↗ Trockenvergaser.
Etagenreaktor, Reaktor mit mehreren hintereinandergeschalteten Katalysatorschichten, zwischen denen eine Zwischenkühlung oder Kaltgaseinspritzung erfolgt.
E. sind typisch für exotherme Gasreaktionen, die heterogen katalysiert werden (Ammoniak- bzw. Schwefeltrioxid-Synthese u. a.), ↗ Etagenofen.
Etagentrockner, ↗ Etagenofen.
Ethan,

CH_3—CH_3, C_2H_6
30,07 g · mol^{-1}
Schmp. −183,2 °C
Sdp. −88,6 °C
$\varrho_{fl} = 0,33$ kg · l^{-1}
$\varrho_g = 1,36$ kg · l^{-1}

gesättigter aliphatischer Kohlenwasserstoff aus der homologen Reihe der ↗ Alkane. E. ist ein farb- und geruchloses, brennbares Gas, das im Erdgas vorkommt und bei der Erdölverarbeitung anfällt. Im Laboratorium wird E. durch die ↗ KOLBE-Alkan-Synthese (Elektrolyse einer Natriumacetatlösung) oder durch Decarboxylierung von Natriumpropionat im Gemisch mit Natronkalk oder durch Hydrolyse von Ethylmagnesiumbromid aus Bromethan und Magnesium nach ↗ GRIGNARD erhalten. E. wird als Heizgas verwendet. Aus E. wird durch katalytische Dehydrierung ↗ Ethen gewonnen.
Ethanal, CH_3—$\underset{H}{\overset{\;}{C}}$=O Trivialname Acetaldehyd, niedrigsiedende, farblose, stechend riechende Flüssigkeit, Sdp. 21 °C, die in Wasser und org. Lösungsmitteln leicht löslich ist. E. ist ein wichtiges Zwischenprodukt beim biochem. Zuckerabbau, der alkoholischen Gärung.
E. wird im Labor durch katalytische Dehydrierung (Silber) oder durch Oxydation von Ethanol gewonnen. In der Technik wird E. durch Hydratisierung von Ethin in Gegenwart von Quecksilbersulfat oder durch partielle Oxydation von Ethen mit Sauerstoff in wäßriger Palladium- und Kupferchloridlösung hergestellt.
Aus E. werden Butadien, Ethansäure, Ethanol, Insektizide und Pharmaka produziert.
Ethan-1,2-diol, HO—CH_2—CH_2—OH, Trivialnamen sind Glycol oder Ethylenglycol, zweiwertiger, primärer ↗ Alkohol. E. ist eine farblose, ölige, mit Wasser und anderen Alkoholen mischbare Flüssigkeit, Sdp. 198 °C. E. wird aus Ethen entweder über das Ethylenoxid und dessen saurer Hydrolyse oder durch Hydrolyse des aus Ethen und Chlorwasser entstandenen Ethylenchlorhydrins hergestellt.

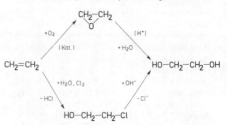

E. wird als Gefrierschutzmittel und als Lösungsmittel verwendet. E. ist die Alkoholkomponente in den Polyesterfasern.
Ethandisäure,

HOOC—COOH, $C_2H_2O_4$
90,04 g · mol^{-1}
$C_2H_2O_4$: Schmp. 189 °C
$C_2H_2O_4 \cdot 2\,H_2O$: Schmp. 102 °C

Trivialname ist Oxalsäure. E. ist die niedrigste ↗ Dicarbonsäure. E. bildet farblose Kristalle, die sich leicht mit saurer Reaktion in Wasser lösen und im Unterschied zu den anderen Dicarbonsäuren leicht oxydiert werden können. Das Calciumsalz ist in Wasser schwer löslich.
E. kommt in Pflanzen, z. B. Sauerklee *[Oxalis aceto-*

sellaJ, Rhabarber, Sauerampfer, vor und wird aus Natriumformiat hergestellt.
E. wird in der Analytik als Urtitersubstanz und als Fällungsmittel und in der Färberei als Beizmittel benutzt.

Ethanol,

CH_3—CH_2—OH, C_2H_6O
46,07 g·mol^{-1}
Schmp. $-114,2\,°C$
Sdp. 78,37 °C
$\varrho_{fl} = 0,789\,kg \cdot l^{-1}$
$\varrho_g = 2,06\,kg \cdot m^{-3}$
MAK-Wert: 100 mg·m^{-3}

Ethylalkohol, primärer ↗ Alkohol, der mit Wasser zu jedem Verhältnis mischbar ist. E. ist eine farblose, brennbare Flüssigkeit. E. bildet mit 4,7 % Wasser ein acetropes Gemisch, das etwa 0,2 °C niedriger siedet als das reine E. Deshalb ist durch Destillation kein wasserfreies E. zu erhalten. Dazu muß das 96volumenprozentige E. mit Calciumoxid erhitzt und destilliert werden, oder es wird nach Benzenzusatz das Wasser als ternäres Benzen/Ethanol/Wasser-Gemisch (74 %, 18,5 %/7,5 %), das bei 64,8 °C siedet, entfernt und danach das überschüssige Benzen als binäres Gemisch mit E. (67,7 %/32,3 %) bei 68,2 °C abdestilliert.
E. bildet mit Alkali- und Erdalkalimetallen unter Wasserstoffentwicklung Ethylate, die in wäßriger Lösung vollständig hydrolysieren.
E. wird vorwiegend durch alkoholische Gärung aus Hexosen unter Einfluß des Enzymkomplexes Zymase der Hefe hergestellt:

$C_6H_{12}O_6 \xrightarrow{(Zymase)} 2\,CH_3$—$CH_2$—$OH + 2\,CO_2\uparrow$.

Techn. ist E. aus Ethanal durch katalytische Reduktion oder durch Hydratisierung von Ethen zugängig.
E. ist ein wertvolles Lösungsmittel besonders für die Kosmetikindustrie. E. ist Ausgangsstoff für Ethansäure, Butadien, für Ester und Pharmaka. Wasserfreies E. wird im Gemisch mit Benzin oder allein als Vergaserkraftstoff verwendet.
Eine wesentliche Bedeutung hat E. als Bestandteil alkoholischer Getränke. Abhängig von den Rohmaterialien, die vergoren wurden, unterscheiden sich die verschiedenen Sorten: aus Getreide – Korndestillate, aus Zuckerrohrmelasse – Rum, aus Wein – Weinbrand, aus Obstweinen – entsprechende Obstdestillate u. a.

Ethansäure,

CH_3—$\underset{OH}{\overset{O}{C}}$, $C_2H_4O_2$
60,05 g·mol^{-1}
Schmp. 16,6 °C
Sdp. 118,1 °C
$\varrho_{fl} = 1,049\,kg \cdot l^{-1}$
$\varrho_g = 2,1\,kg \cdot m^{-3}$
MAK-Wert: 20 mg·m^{-3}

Monocarbonsäure, Trivialname Essigsäure. Die annähernd wasserfreie E. wird Eisessig genannt. E. ist eine farblose, stechend riechende Flüssigkeit, die sich mit Wasser mischt und in etwa 5 %iger wäßriger Lösung als Speiseessig benutzt wird. Die Salze der E. heißen Acetate. Sie sind bis auf wenige Ausnahmen (CH_3COOAg) gut wasserlöslich. E. bildet sich bei der enzymatischen Oxydation verd. wäßriger Lösungen von Ethanol, Weinessig, und wird durch Oxydation von Ethanal hergestellt.
E. ist die wichtigste Monocarbonsäure. Sie wird in der Lebensmittelindustrie, in der Färberei und als Ausgangsstoff für chem. Folgeprodukte wie Essigsäureester und Acetamide verwendet.

Ethansäureanhydrid, Acetanhydrid, CH_3—CO—O—CO—CH_3, wichtigstes Derivat der Ethansäure. E. ist eine farblose, stechend riechende Flüssigkeit, Sdp. 140 °C, die mit Wasser lebhaft unter Bildung von Ethansäure reagiert.
Es wird aus Ethanal durch partielle katalytische Oxydation oder durch Umsetzung von Keten, CH_2=C=O, mit Ethansäure produziert.
E. wird als Acetylierungsmittel eingesetzt, hauptsächlich für Acetatcellulose, aber auch für Pharmazeutika (z. B. Acetylsalicylsäure) und Farbstoffe.

Ethansäureester, CH_3—CO—O—R, ↗ Ester, die aus Ethansäure oder Ethansäurechlorid bzw. Ethansäureanhydrid und Alkoholen hergestellt werden. Der Name eines E. wird durch Einfügen des Namens für den Kohlenwasserstoffrest der Alkoholkomponente gebildet, z. B. CH_3—CO—O—CH_2—CH_3 Ethansäureethylester. Auch die salzanaloge Bezeichnung Ethylacetat ist noch üblich. Es sind farblose Flüssigkeiten mit fruchtartigem Geruch, die sich wenig in Wasser, aber gut in org. Lösungsmitteln lösen (Tabelle, S. 160).
E. sind ausgezeichnete Lösungsmittel für Harze und Lacke. E. werden in der Parfümerie und zur Aromen- und Essenzenherstellung verwendet.

Ethen,

CH_2=CH_2, C_2H_4
28,05 g·mol^{-1}
Schmp. $-169\,°C$
Sdp. $-104\,°C$
$\varrho_{fl} = 0,57\,kg \cdot l^{-1}$
$\varrho_g = 1,26\,kg \cdot m^{-3}$

Ethen

Ethansäureester

Name	Formel	Sdp. in °C	Gefahrklasse
Ethansäure-ester			
-methylester	CH₃—CO—O—CH₃	57	A I
-ethylester	CH₃—CO—O—CH₂—CH₃	77	A I
-propylester	CH₃—CO—O—CH₂—CH₂—CH₃	101	A I
-isopropylester	CH₃—CO—O—CH(CH₃)₂	89	A I
-butylester	CH₃—CO—O—(CH₂)₃—CH₃	124	A II
-pentylester	CH₃—CO—O—(CH₂)₄—CH₃	148	A II
-hexylester	CH₃—CO—O—(CH₂)₅—CH₃	57 (1,3 kPa)	A II
-heptylester	CH₃—CO—O—(CH₂)₆—CH₃	192	–
-octylester	CH₃—CO—O—(CH₂)₇—CH₃	96 (1,3 kPa)	–
-cyclohexylester	CH₃—CO—O—C₆H₁₁	177	–
-vinylester	CH₃—CO—O—CH=CH₂	72	A I
-benzylester	CH₃—CO—O—CH₂—C₆H₅	215	–
-phenylester	CH₃—CO—O—C₆H₅	196	A III

veraltete Bez. Äthylen, niedrigster und wichtigster Vertreter der ↗ Alkene, ein farbloses, brennbares Gas, das im Labor durch Dehydratisierung von Ethanol mit konz. Schwefelsäure oder bei etwa 400 °C am Aluminiumoxidkatalysator hergestellt wird. In der Technik bildet es sich bei der Pyrolyse von Benzinen im Gemisch mit anderen Olefinen und wird daraus durch fraktionierte Tieftemperaturdestillation abgetrennt. Auch die katalytische Dehydrierung von Ethan führt zu E.
E. ist das Monomere zur Herstellung von Polyethylen. Aus E. werden u. a. Ethylenoxid, 2-Chlor-ethanol, Ethan-1,2-diol, Ethanol und Folgeprodukte sowie Styren über Ethylbenzen produziert. Bild.

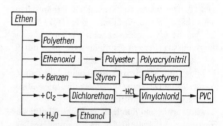

Wichtige industrielle Folgeprodukte von Ethen

Ether

Name	Formel	Sdp. in °C	Gefahrklasse
Dimethylether	CH₃—O—CH₃	−23,6	B I
Ethylmethylether	CH₃—CH₂—O—CH₃	7,5	B I
Diethylether	CH₃—CH₂—O—CH₂—CH₃	35,6	A I
Ethylpropylether	CH₃—CH₂—O—(CH₂)₂—CH₃	61	A I
Dipropylether	CH₃—(CH₂)₂—O—(CH₂)₂—CH₃	91	A I
Butylethylether	CH₃—(CH₂)₃—O—CH₂—CH₃	92	A I
Dibutylether	CH₃—(CH₂)₃—O—(CH₂)₃—CH₃	142	A II
Dipentylether	CH₃—(CH₂)₄—O—(CH₂)₄—CH₃	190	A III
Methylvinylether	CH₃—O—CH=CH₂	5	–
Ethylvinylether	CH₃—CH₂—O—CH=CH₂	37	A I
Methylphenylether (Anisol)	CH₃—O—C₆H₅	156	A II
Benzylethylether	C₆H₅—CH₂—O—CH₂—CH₃	188	–
Dibenzylether	C₆H₅—CH₂—O—CH₂—C₆H₅	298	Schmp. 5 °C
2-Methoxy-ethanol (Ethylenglycolmonomethylether)	CH₃—O—CH₂—CH₂—OH	129	B II
2-Ethoxy-ethanol (Ethylenglycolmonoethylether)	CH₃—CH₂—O—CH₂—CH₂—OH	135	B II

Ethenylgruppe, $CH_2=CH-$, kleinster Olefinsubstituent mit dem Trivialnamen Vinyl.

Ether, $R-O-R^1$, org. Verb., bei der zwei org. Reste über die freien Valenzen am Kohlenstoffatom über Sauerstoff gebunden sind. Bei einfachen E. sind die beiden Substituenten gleich, bei gemischten E. ungleich. Die Namen werden aus denen der Reste in alphabetischer Reihenfolge und der Endung Ether gebildet, z. B.:

$CH_3-O-CH_2-CH_3$	Methoxyethan (Ethylmethylether)
$CH_3-O-C_6H_5$	Methoxybenzen (Methylphenylether)
CH_3-O-CH_3	Dimethylether (Methoxymethan)

E. assoziieren nicht über Wasserstoffbrücken und haben deshalb niedrigere Siedepunkte als Alkohole gleicher C-Zahl:

Diethylether	$(C_4H_{10}O)$	Sdp. 34,6 °C und
Butanol	$(C_4H_{10}O)$	Sdp. 117,8 °C.

E. mit niedrigen C-Zahlen sind leichtflüchtige, farblose, brennbare und wasserunlösliche Flüssigkeiten. Tabelle, S. 160.
Die Dämpfe bilden mit Luft explosive Gemische. Beim Lagern an der Luft, besonders unter Lichteinfluß, bilden sich explosive Peroxide, die sich bei der Destillation im Rückstand anreichern. Sie lassen sich mit Eisen(II)-Salzen reduktiv zerstören.
E. werden aus Alkalialkoholaten und Alkylhalogeniden (WILLIAMSON-Synthese) oder durch katalytische Dehydratisierung von Alkoholen (Aluminiumoxid) bei etwa 200 °C hergestellt.
Der ↗ Diethylether ist der wichtigste Vertreter dieser Gruppe.

Ethin, $HC\equiv CH$, techn. Bez. Acetylen, niedrigster und wichtigster Vertreter der ↗ Alkine. E. ist ein farbloses, etherisch riechendes Gas, das sich in Wasser, aber besonders gut in Propanon löst und mit stark rußender Flamme brennt. Gemische von E. und Luft sind im Bereich von 3 bis 70% stark explosiv. Verflüssigtes E. explodiert leicht.
E. kann in Stahlflaschen verhältnismäßig sicher als Brenngas zum Schweißen eingesetzt werden. Dazu werden die Stahlflaschen mit porösen Massen, wie Bimsstein, Kieselgur oder Holzkohle, gefüllt und mit Propanon gesättigt. Bei etwa 1,2 MPa löst nun das Propanon etwa das 300fache an E. Der unangenehme Geruch des techn., aus Calciumcarbid hergestellten E. wird durch Beimengungen von Schwefel- und Phosphorwasserstoff bedingt.
Im Vergleich zu Alkenen ist die Dreifachbindung gegenüber elektrophilen Reagenzien weniger reaktionsfähig, dafür sind aber nucleophile Angriffe erleichtert.

Die Wasserstoffatome des E. können als Protonen abgespalten und durch Metallionen ersetzt werden. Diese Salze des E. heißen Acetylide oder Carbide. Schwermetallacetylide sind in trockenem Zustand sehr explosiv. Das rotbraune Kupfer(I)-acetylid, $Cu_2(C\equiv C)$, ist wasserunlöslich und eignet sich zum Nachweis des E.
E. wird vorwiegend aus Calciumcarbid durch Umsetzung mit Wasser hergestellt. Andere Verfahren, wie die Lichtbogenpyrolyse oder die unvollständige Verbrennung des Methans, liefern nur Reaktionsgase mit etwa 10 bis 20% Ethinanteil. Wesentliche Reaktionen des E. sind:

<u>Vinylierungen:</u> mit Alkoholen, primären oder sekundären Aminen oder Carbonsäuren bilden sich Vinylverb.

<u>Ethinylierungen:</u> mit Aldehyden oder Ketonen bilden sich unter Erhaltung der Dreifachbindung Alkinole oder Alkindiole, z. B. mit Methanal das But-2-in-1,4-diol, $HO-CH_2-C\equiv C-CH_2-OH$

<u>Carbonylierungen:</u> mit Wasser, Alkoholen oder primären bzw. sekundären Aminen und Kohlenmonoxid entstehen Propensäurederivate (Acrylsäure)

$H_2C=CH-COOH$	Propensäure
$H_2C=CH-CO-O-R$	Propensäureester
$H_2C=CH-CO-NH-R$	Propensäureamide

<u>Cyclisierungen:</u> zu Benzen oder Cyclooctatetraen

<u>Dimerisierung:</u> zu Vinyl-acetylen, dem But-1-en-3-in

<u>Addition</u> von Wasser zu Ethanal (↗ Butadien), von Halogenwasserstoff zu Vinylhalogeniden (↗ Vinylchlorid), von Chlor zu Tetrachlorethan.
Durch die vielen chem. Synthesen über das E. ist damit auf Kohlebasis eine vielfältige Chemieproduktion möglich.

Ethinylierung, Reaktion des ↗ Ethins mit Aldehyden oder Ketonen, wobei unter Kettenverlängerung und Erhalt der Dreifachbindung die durch Kupfer(I)-acetylid katalysierte Addition zu Alkinolen oder zu Alkindiolen führt. Techn. wichtig ist die Addition von Methanal an Ethin:
$HC\equiv CH + 2\,HCHO$
$\rightarrow HO-CH_2-C\equiv C-CH_2-OH$
über das But-2-in-1,4-diol wird nach Hydrieren und Dehydratisierung Buta-1,3-dien hergestellt.

Ethylbenzen, $CH_3-CH_2-C_6H_5$, farblose, wasserunlösliche, brennbare Flüssigkeit, Sdp. 136 °C. E. wird durch Ethylierung des Benzens mit Ethen als katalytische elektrophile Reaktion hergestellt. Durch Dehydrierung wird das techn. wichtige Styren $CH_2=CH-C_6H_5$ erhalten, aus dem durch Polymerisation das Polystyren produziert wird.

Ethylendiamintetraethansäure, wichtiger Komplexbildner, der meist als Dinatriumsalz in der Analytik, zur Wasserenthärtung und in der Färberei und der Photographie angewendet wird. E. wird aus 1,2-Diamino-ethan, Methanal und Cyanwasserstoff hergestellt:

$H_2N-CH_2-CH_2-NH_2 + 4\,HCHO + 4\,HCN$

$\xrightarrow{-4\,H_2O}$ $\begin{array}{c}NC-CH_2\\NC-CH_2\end{array}\!\!>\!\!N-CH_2-CH_2-N\!\!<\!\!\begin{array}{c}CH_2-CN\\CH_2-CN\end{array}$

$\xrightarrow[-4\,NH_3]{+8\,H_2O}$ $\begin{array}{c}HOOC-CH_2\\HOOC-CH_2\end{array}\!\!>\!\!N-CH_2-CH_2-N\!\!<\!\!\begin{array}{c}CH_2-COOH\\CH_2-COOH\end{array}$

Ethylenglycol, Trivialname für ↗ Ethan-1,2-diol.

Ethylenimin, (Aziridin) $\underset{H}{\overset{CH_2-CH_2}{\underset{|}{N}}}$ sehr reaktionsfähige, stark giftige, ätzende, farblose Flüssigkeit, Sdp. 56 °C. E. wird aus 2-Chlor-ethylamin-hydrochlorid durch Umsetzung mit heißer Natronlauge hergestellt und in der chem. Synthese zur Einführung der Aminoethylgruppe benutzt.

Ethylenoxid, (Oxiran) $CH_2\underset{O}{-}CH_2$, das einfachste Epoxid. E. ist ein farbloses, sehr giftiges Gas, das schleimhautreizend wirkt, Sdp. 10,4 °C. E. wird durch partielle Oxydation des Ethens mit Luft bei 250 °C am Silberkatalysator hergestellt. Es ist sehr reaktionsfähig. Es werden leicht Verb. mit aktiven Wasserstoffatomen addiert, z. B.:

Wasser	zu	Ethan-1,2-diol
Chlorwasserstoff	zu	2-Chlor-ethanol
Cyanwasserstoff	zu	3-Hydroxy-propionitril
Alkohole	zu	2-Alkoxy-ethanol
Ammoniak	zu	2-Amino-ethanol
primäre Amine	zu	N-substituierten 2-Amino-ethanolen
sekundäre Amine	zu	N,N-disubst. 2-Amino-ethanolen

Mit wenig Wasser bilden sich polymere Ether, die Polyethylenglycole:

HO—CH_2—CH_2—[—O—CH_2—CH_2—]$_n$—O—CH_2—CH_2—OH

und analog mit wenig Alkohol die Polyethylenglycolether, bei denen dann eine Hydroxylgruppe durch die Alkoxy-Gruppe R—O— ausgetauscht ist. Werden Carbonsäuren als Reaktionspartner verwendet, bilden sich die Polyethylenglycolcarbonsäureester. Diese polymeren Produkte aus E. sind wichtige Waschmittelzusätze und Alkoholkomponenten für Polyurethane.

Eucalyptol, ↗ ätherische Öle.

Eudiometerrohr, einseitig verschlossenes Glasrohr, häufig mit eingeschmolzenen Elektroden, zur Durchführung quantitativer Gasreaktionen.

Eugenol, $C_{10}H_{12}O_2$, Trivialname für das 2-Methoxy-4-(prop-2-enyl)phenol, den Hauptgeruchsträger des Nelkenöles.

[Strukturformel: Benzolring mit O—CH$_3$, OH und CH$_2$—CH=CH$_2$]
Eugenol

Europium,

Eu	$Z = 63$
$A_{r(1981)} = 151{,}96$	
Ek: [Xe] $4f^76s^2$	
OxZ: +2, +3	
$X_E = 1{,}2$	
Elementsubstanz:	
Schmp.	826 °C
Sdp.	1440 °C
$\varrho = 5{,}26\,kg\cdot l^{-1}$	

chem. Element (↗ Elemente, chem.).

Europium, Symbol: Eu, 6. Element der ↗ Lanthanoidengruppe. E. ist die Bez. für alle Atome, die 63 positive Ladungen im Kern (also 63 Protonen) besitzen: Kernladungszahl $Z = 63$. E. findet sich in der Natur in den ↗ Ytererden, ist aber nur in ganz geringen Konzentrationen verbreitet. Eine Darstellung des silberweißen und weichen Metalls erfolgt nach aufwendiger Trennung z. B. durch Schmelzflußelektrolyse oder Reduktion mit metallischem Kalium. E. kann durch sein hohes Neutronenabsorptionsvermögen (Neutronenfänger) in der Kerntechnik verwendet werden.

Eutektikum, ↗ Schmelzdiagramm.

Eutrophierung, Anreicherung der Landschaft oder einzelner Landschaftsteile mit Pflanzennährstoffen, insbesondere mit Nitraten und Phosphaten. E. führt zu einer verstärkten Bildung von pflanzlicher ↗ Biomasse. Starke E. löst in Gewässern eine Massenentwicklung kurzlebiger Kleinalgen aus (sog. Wasserblüte). Nach dem Absterben der Algen führt deren mikrobieller Abbau insbesondere in Seen, aber auch in hoch belasteten Flüssen unter Umständen zum vollständigen Verbrauch des im Wasser gelösten Sauerstoffs mit drastischen Folgen für die Organismen. Häufig ist z. B. ein plötzliches Fischsterben nicht auf giftige Substanzen, sondern auf O_2-Mangel als Sekundäreffekt nach der ursprünglichen E. zurückzuführen (↗ biologischer Abbau).

EVA, Abk. für Ethylen-Vinylacetat-Copolymere. Es sind elastische Werkstoffe mit verbesserter

Dauertemperaturbeständigkeit und physiologischer Unbedenklichkeit.

Exalton, Trivialname für das Cyclopentadecanon, ein wertvolles Produkt der Riechstoffindustrie, das anstelle des natürlichen Moschus verwendet wird.

exotherme Reaktion, chem. Reaktion, die unter Wärmeabgabe an die Umgebung abläuft. Die Reaktionswärme erhält ein negatives Vorzeichen, z. B.:

$C + O_2 \rightarrow CO_2$, $\Delta_B H = -393,5 \text{ kJ} \cdot \text{mol}^{-1}$

Expansion, Volumenvergrößerung eines Gases durch Verringerung des Druckes.

Explosion, sehr schnell verlaufende chem. Reaktion, die häufig unter Feuererscheinungen abläuft, bei der beträchtliche Wärmemengen freiwerden und heftige Gasentwicklung eine Druckwelle erzeugt (↗ Verbrennung).

Explosivstoffe, *Sprengstoffe,* Stoffe oder Stoffgemische, die bei Zündung sehr schnell reagieren, dabei große Mengen heißer Gase bilden und dadurch plötzlich einen großen Druck auf ihre Umgebung ausüben (Explosion). Dabei laufen in der Regel Redoxreaktionen ab, wobei sauerstoffhaltige Verb. (z. B. Chlorate, Nitrate) oder sauerstoffhaltige Gruppen org. Verb. (z. B. —NO$_2$, —O—NO$_2$) oxydierend wirken. Brisante Sprengstoffe haben eine zertrümmernde Wirkung, da die Vorgänge mit enormer Geschwindigkeit ablaufen (Detonation). Die Zündung der E. kann durch Wärme, Schlag, Reibung oder Stoß erfolgen. Die gewerblich verwendeten Sprengstoffe sind handhabungssicher und müssen durch Initialzündung mit Initialsprengstoffen gezündet werden.
Nach ihrer Zusammensetzung und Verwendung kann man E. folgendermaßen einteilen:
1. einheitliche Sprengstoffe
– Salpetersäureester, z. B. Glyceroltrinitrat (↗ Propantrioltrinitrat), Glycoldinitrat, ↗ Pentaerythritoltetranitrat, ↗ Cellulosenitrate.
– org. Nitroverb., z. B. ↗ Trinitrotoluen, ↗ Pikrinsäure.
– Nitramine, z. B. ↗ Hexogen.
2. Sprengstoffmischungen
– ↗ Schwarzpulver
– ↗ Dynamite
– ↗ Ammonsalpetersprengstoffe
3. ↗ *Initialsprengstoffe*

z. B. Knallquecksilber (↗ Quecksilber(II)-fulminat), ↗ Bleiazid
4. ↗ *Treibladungspulver* (rauchschwache Pulver)
E. werden außerdem in der ↗ Pyrotechnik verwendet.

Exsikkator, dickwandiges Glasgefäß mit dichtschließendem Deckel, das mit einem Trockenmit-

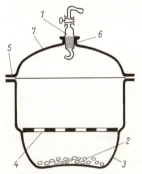

Exsikkator
1 Stopfen mit Einweghahn   *5* Planschliff
2 Trockenmittel   *6* Schliffhülse
3 Exsikkatorunterteil   *7* Exsikkatordeckel
4 Exsikkatorplatte

tel (Calciumchlorid, Kieselgel, Phosphor(V)-oxid o. a.) zum Trocknen feuchter und zur Aufbewahrung feuchtigkeitsempfindlicher Substanzen dient. Die Trockenwirkung kann durch Evakuierung des E. erhöht werden. Bild.

extensive Größe, ↗ Zustandsgröße.

Extinktion, ↗ Lambert-Beersches-Gesetz.

Extraktion, physikal. Grundoperation zur Phasentrennung von Feststoff- und Flüssigkeitsgemischen.

Flüssig-Flüssig-Extraktion, Solvent-Extraktion Trennen eines homogenen Flüssigkeitsgemisches mit Hilfe einer Zusatzflüssigkeit (Extraktionsmittel). Diese muß selektiv eine Komponente aus dem Flüssigkeitsgemisch aufnehmen und mit den ande-

Bild 1. Extraktionsapparat nach Soxhlet

Extraktivdestillation

ren Komponenten eine Mischungslücke bilden:
AB + C → CB + A
CB → C + B
AB Ausgangsflüssigkeit
C   Zusatzstoff
CB Extrakt
A   Raffinat
B   Übergangskomponente
(↗ Soxhlet-Apparat) Bild 1.

Fest-Flüssig-Extraktion
Selektives Herauslösen eines Stoffes bzw. eines Stoffteils aus einem Feststoffgemisch durch ein flüssiges Lösungsmittel, z. B. Herauslösen des Zuckeranteils aus der Zuckerrübe, von Wertstoffen aus armen Erzen. Die tatsächlichen Verhältnisse werden dadurch modifiziert, daß sich zwischen AB, A und AB ein ganz bestimmtes Verteilungsgleichgewicht ausbildet.
Das Schema einer techn. Anlage zur Flüssig-Flüssig-Extraktion zeigt Bild 2. Der Extraktor hat die Aufgabe, die flüssigen Phasen fein zu verteilen und innig miteinander zu vermischen, um einen umfassenden Stoffübergang bzw. schnelle Einstellung des Verteilungsgleichgewichts zu erreichen. ↗ Drehscheibenextraktor, ↗ Mischer-Absetzer-Extraktor. Wichtige techn. Verfahren sind die Gewinnung von Aromaten aus Pyrolyse- bzw. Reformingbenzin, Trennung von Caprolactam und Ammonsulfatlösung, Gewinnung pflanzlicher Aroma- bzw. Wirkstoffe, Phenol aus Abwasser, Metallen aus gelösten Metallsalzen durch org. Lösungsmittel u. a.

Extraktivdestillation, Modifizierung der Grundoperation Destillation homogener Flüssigkeitsgemische, die destillativ allein nicht zu trennen sind. Durch Zugabe eines Zusatzstoffes (Extraktionsmittels) wird ein Anteil des Flüssigkeitsgemisches im Sumpf zurückgehalten (durch/mit dem Zusatzstoff), während der andere Anteil allein über Kopf abgeht. Bild.

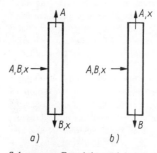

Schema von Extraktiv- und Azeotropdestillation
a) Extraktivdestillation
b) Azeotropdestillation
A, B zu brennende Stoffe
X Zusatzstoffe

Extruder, beheizbare, mit einer oder zwei Schnekken ausgerüstete ↗ Strangpresse. Der Extruder dient der kontinuierlichen Herstellung endloser Rohre, Stangen, Profile u. a. hauptsächlich aus thermoplastischem Material.

Eyring-Gleichung, ↗ Reaktionskinetik.

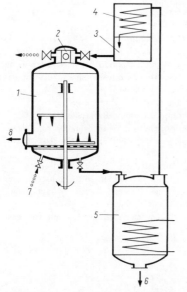

Bild 2. Schema einer Flüssig-Flüssig-Extraktion
1 Extraktor mit zinkentragendem Rührwerk und Siebboden
2 Extraktionsgut-Füllstutzen
3 Lösemittelsammler
4 Lösemittelkühler
5 Destillierblase
6 Extraktstoff
7 Dampfeintritt zum Entfernen eingeschlossener Lösemittelreste
8 Rückstand-Entladeöffnung

F

Fahlerz, $(Cu_2, Ag_2, Fe, Zn, Hg)_3(Sb, As, Bi)_2S_6$, polymetallisches Mineral mit hohem Kupfergehalt und wechselnden Gehalten anderer Metallanteile. Es tritt in Form tetraedrischer stahlgrauer Kristalle oder als derbe Aggregate auf. Die Kristalle zeigen häufig Anlauffarben. F. ist häufig auf hydrothermalen Lagerstätten, vor allem in der ↗ Zementations-

zone. Fahlerze sind als Kupfer- und Silbererze wirtschaftlich bedeutsam.
Faktor, dimensionslose Zahl zur Berechnung von Analysenergebnissen, z. B. der ↗ Gravimetrie und der ↗ Volumetrie. Der F. ist mit Hilfe der ↗ Stöchiometrie zu berechnen bzw. Tabellenwerken zu entnehmen.
Fällen, ↗ Ausfällen.
Fall out, feinstkörnige, radioaktive Substanzen, die bei Kernwaffenexplosionen in der Atmosphäre entstehen, als Aerosol in den oberen Luftschichten der Atmosphäre überregional verbreitet werden und sich erst im Laufe längerer Zeiträume absetzen.
Fällungskristallisation, Variante der ↗ Kristallisation. Durch Zugabe eines Fällungsmittels zu einer Lösung wird das Löslichkeitsprodukt überschritten und Feststoff kristallisiert aus. Da mit der Fällungsmittelzugabe das System meist sehr stark übersättigt wird, verläuft die Kristallisation sehr schnell, so daß sich viele sehr feinkörnige Kristalle oder Kristallaggregate bilden.
Fällungspolymerisation, Variante der ↗ Polymerisation, die industriell bevorzugt wird, wenn nur das Monomere in der verwendeten flüssigen Phase löslich ist. Damit fällt das gebildete Polymere als feinkörnige Feststoffteilchen aus der Lösung aus und kann abgetrennt werden. Vorteilhaft ist die Möglichkeit einer kontinuierlichen Prozeßgestaltung, nachteilig die feine Korngröße der gebildeten Produkte für eine schnelle und einfache Abtrennung aus der Lösung.
Fällungstitration, besondere Form der ↗ Volumetrie, bei der das entstehende Reaktionsprodukt aus der Lösung ausfällt. Zur ↗ Äquivalenzpunktbestimmung sind deshalb spezielle Methoden anzuwenden. Die wichtigste F. ist die ↗ Argentometrie.
FARADAY, MICHAEL (22. 9. 1791 bis 25. 8. 1867), bedeutender englischer Naturforscher, entdeckte u. a. die elektrische und magnetische Induktion und den Diamagnetismus. 1834 erkannte er die Grundgesetze der Elektrolyse, die nach ihm auch als erstes und zweites FARADAYsches Gesetz bezeichnet werden. Die Begriffe Elektrolyse, Elektrolyt, Elektrode, Anode und Katode gehen auf ihn zurück. Er entdeckte das Benzen im Leuchtgas.
FARADAY-Konstante, ↗ FARADAYsche Gesetze.
FARADAYsche Gesetze, 1833/34 entdeckte Zusammenhänge zwischen der abgeschiedenen Stoffmenge an den Elektroden und dem Stromfluß bei der ↗ Elektrolyse.
Nach dem *1. Gesetz* ist die Menge n der an den Elektroden abgeschiedenen Stoffe der geflossenen elektrischen Ladungsmenge

$Q = I \cdot t$
I Stromstärke
t Zeit

proportional: $n = k \cdot I \cdot t$.
Der Proportionalitätsfaktor k ergibt sich aus dem *2. Gesetz.* Danach verhalten sich die durch die gleiche Ladungsmenge abgeschiedenen Massen m verschiedener Elemente wie ihre ↗ Äquivalentmassen:

$$m_1 : m_2 = \frac{M_1}{z_1} : \frac{M_2}{z_2}$$

M Molmasse
z Anzahl der ausgetauschten ↗ Elementarladungen e bei der Entladung eines Teilchens an der Elektrode = elektrochem. Wertigkeit

Danach wandelt die Ladungsmenge $I \cdot t$ eine Teilchenzahl

$$\frac{I \cdot t}{z \cdot e} \quad \text{bzw. Stoffmenge}$$

$$n = \frac{I \cdot t}{z \cdot e \cdot N_A}$$

N_A ↗ AVOGADROsche Zahl

um. Die Ladungsmenge $e \cdot N_A$ eines Mols elektrischer Ladungen wird als FARADAY-*Konstante* $F = 96\,485 \, \text{C} \cdot \text{mol}^{-1}$ bezeichnet. Zusammenfassend ergibt sich für die F. G.:

$$n = \frac{I \cdot t}{z \cdot F} \quad \text{bzw.}$$

$$m = \frac{M \cdot I \cdot t}{z \cdot F}$$

Farbe, ↗ Strahlung.
Farbenbindemittel, Bestandteil von Anstrichstoffen bzw. Malerfarben, in denen die Pigmente suspendiert werden. F. bilden nach dem Trocknen bzw. Erhärten einen Film, der die Pigmente mit dem Untergrund verbindet. Wasserlösliche F. sind Tier- und Pflanzenleime, ↗ Dextrin, ↗ Wasserglas, gelöschter Kalk und Casein (Milcheiweiß). Ölige F. sind Leinöl und schnell trocknende ↗ Firnisse. Harzbindemittel sind Lösungen von Natur- oder Kunstharzen und werden zur Herstellung von ↗ Lacken verwendet.
Farbphotographie, ↗ Photographie.
Farbstoffe, farbige Verb., die in der Lage sind, andere Stoffe wie Textilfasern, Leder, Papier u. a. anzufärben.
F. für Textilien werden nach der Färbemethode unterschieden: ↗ substantive F., ↗ Beizen-F., ↗ Naphthol-AS-F., ↗ Küpen-F., ↗ Reaktiv-F. Unabhängig davon kann eine Einteilung nach Strukturmerkmalen erfolgen, z. B. ↗ Triphenylmethan-F.,

↗ Azo-F., ↗ Indigo-F., ↗ Indanthren-F., ↗ Anthrachinonfarbstoffe, ↗ Cyaninfarbstoffe.

Faserbaustoff, Faserwerkstoff, Gruppe von Baustoffen bzw. Werkstoffen, in die Fasern gerichtet oder statistisch eingelagert sind. Diese Fasereinlagerung bewirkt eine wesentlich höhere Festigkeit (»Verbundwerkstoffe«).

Faulgas, ↗ Biogas.

Faulschlamm, Sapropel, feinkörniges, grauschwarzes Sediment, das unter Wasser bei anaeroben Bedingungen entsteht. Enthaltene org. Reste zersetzen sich dabei durch ↗ Faulung. Im Laufe der ↗ Diagenese können aus derartigen Sedimenten Ölschiefer bzw. ↗ Kupferschiefer entstehen. Größere zusammenhängende Mengen org. Substanz bilden sich zu Kohlen oder Erdöl um (↗ Inkohlung, Erdöl).

Faulung, anaerobe Zersetzung org. Substanz unter Bildung von Methan. ↗ Biogas.

Fayalit, $Fe_2[SiO_4]$, Mineral der Olivingruppe. Bildet Mischkristalle mit ↗ Forsterit, dem Mg-Olivin. Fayalitkristalle sind schwarz und zeichnen sich durch Fettglanz und fehlende Spaltbarkeit, d. h. muscheligen Bruch, aus. F. bildet sich bei der Erstarrung basischer magmatischer Gesteine bzw. industriell in Eisenschlacken.

Fayence, kunstgewerbliche Tonwaren mit porösen Scherben, deckender weißer Glasur und farbigem Dekor. Der Name bezieht sich auf die italienische Stadt Faenza, einen bekannten Herstellungsort, dort wurden diese Produkte Majolika genannt.

FCKW Abk. für Fluorchlorkohlenwasserstoffe, ↗ Sprays.

FEHLINGsche Lösung, Nachweisreagens für reduzierend wirkende Substanzen. F. besteht aus zwei Lösungen, die zu gleichen Teilen gemischt, mit der Probe versetzt und einige Zeit bis fast zum Sieden erhitzt werden (F. I: 34,6 g $CuSO_4 \cdot 5 H_2O$ in 500 ml Wasser; F. II: 173 g Kaliumnatriumtartrat (Seignettesalz) und 53 g Natriumhydroxid in 500 ml Wasser). Die Bildung von gelbem oder rotem Kupfer(I)-oxid zeigt reduzierende Substanzen (Aldehyde, Zucker u. ä.) an.

Feingehalt, Edelmetallgehalt von Edelmetallegierungen. Der F. wird eingeprägt (»gestempelt«). Der Stempel 333 bedeutet, daß in 1 000 Teilen (Massebzw. Gewichtsteile) Goldlegierung 333 Teile Gold und 667 Teile andere Metalle enthalten sind.

Feldspäte, Gruppe wichtiger gesteinsbildender Minerale, die mit etwa 60 % am Aufbau der Erdrinde beteiligt sind. Es sind wasserfreie, farblose, weiße oder licht gefärbte Alkali- und Erdalkalisilicate, die Mischkristalle bilden (Bild). Die vollkommene Mischbarkeit von Albit (Na-Feldspat) und Anorthit (Ca-Feldspat) erklärt sich aus den nahezu gleichen Ionenradien von Na^+ und Ca^{++}. Dagegen sind Mischkristalle zwischen Orthoklas (K-Feldspat) und Albit (Na-Feldspat) wegen der sehr unterschiedlichen Ionenradien von K^+ und Na^+ nur bei hohen Temperaturen möglich, diese entmischen sich bei Abkühlung. ↗ Orthoklas, ↗ Albit, ↗ Anorthit, ↗ Plagioklase.

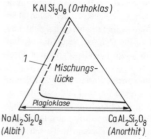

Mischkristallbildung bei Feldspäten
1 Mischkristallbildung nur bei hohen Temperaturen, bei Normalbedingungen Entmischung

Fensterreinigungsmittel, Lösungen von Tensiden (waschaktiven Substanzen) in einem Gemisch von Wasser und n- bzw. iso-Propanol.

Fermente, ↗ Enzyme.

Fermentor, Bioreaktor, Reaktionsbehälter, in dem Stoffumwandlungen durch Mikroorganismen oder Enzyme durchgeführt werden. Die Gestaltung des F. wird durch die Anforderungen der Mikroorganismen an optimale Lebensbedingungen bestimmt (Temperaturbereich meistens 10 bis 50 °C, Normaldruck, wäßriges Reaktionsmedium). Je nach den Lebensumständen der Mikroorganismen unterscheidet man Oberflächenverfahren (↗ Tropfkörper) und Submersverfahren, bei denen die Mikroorganismen in einer Nährlösung leben, die durchmischt werden muß.

Fermium,

Fm $Z = 100$
$A_{r(1981)} = [257]$
Ek: [Rn] $5f^{12}7s^2$
OxZ: +3
$X_E = 1,3$

chem. Element (↗ Elemente, chem.).

Fermium, Symbol: Fm, 11. Element der ↗ Actinoidengruppe, 8. Element der ↗ Transurane. F. ist die Bez. für alle Atome, die 100 positive Ladungen im Kern (also 100 Protonen) besitzen: Kernladungszahl $Z = 100$. F. wurde 1952 durch GHIORSO und Mitarbeiter synthetisiert. Es ist ein radioaktives Element, das aus dem Plutoniumisotop ^{239}Pu gewonnen werden kann und als Isotop ^{254}Fm anfällt.

Das Isotop ^{257}Fm ist mit einer Halbwertzeit von $t_{1_2} = 94$ d das langlebigste und stabilste, jedoch nur in geringen Mengen verfügbar.

Fermosin-Verfahren, Verfahren zur Futterhefeherstellung durch mikrobielle Umwandlung von Paraffinanteilen von Dieselölfraktionen der Erdöldestillation, die auf diese Weise ↗ entparaffiniert und qualitativ verbessert werden.

Ferrit, 1. in der Metallurgie Eisen-Kohlenstoff-Mischkristalle; 2. in der Elektrotechnik die Mischoxide von Eisen(III)-oxid, Fe_2O_3, mit Oxiden zweiwertiger Metalle; es sind wichtige magnetische Werkstoffe.

Ferrocen, Bis(cyclopentadienyl)eisen(II), $Fe(C_5H_5)_2$ (↗ metallorg. Verb.), eine kristalline, orangefarbene, wasserunlösliche beständige Verb., Schmp. 173 °C. Die Struktur dieses Metall-π-Komplexes ist ein Doppelkegel, in dessen sich berührenden Spitzen sich das Eisen(II)-ion befindet und dessen beide Basisflächen durch die regulären Fünfecke der Cyclopentadienylringe gebildet werden (Sandwich-Struktur). F. ist sulfonierbar, nach FRIEDEL-CRAFTS alkylierbar und acylierbar. Über die Alkaliverbindung kann mit Kohlendioxid auch die Ferrocencarbonsäure hergestellt werden.

Ferrochrom, Legierung der Metalle Chromium und Eisen mit unterschiedlichem Kohlenstoffgehalt. F. wird als Vorlegierung zur Herstellung hochchromiumhaltiger Sonderstähle verwendet.

Ferrolegierungen, spröde Legierungen des Eisens mit anderen Elementen (Ferrochrom, Ferromangan, Ferromolybdän, Ferronickel, Ferrotitan, Ferrovanadin, Ferrowolfram, Ferrophosphor, Ferrosilicium). Sie sind für die Erzeugung legierter ↗ Stähle als Vorlegierungen wichtig. Ferrolegierungen werden der Stahlschmelze zugesetzt und ergeben entsprechend dosiert den Legierungsbestand bzw. dienen der ↗ Desoxydation.

Ferromagnetismus, ↗ Magnetochemie.

Ferromangan, Legierung der Metalle Eisen und Mangan mit wechselndem Kohlenstoffgehalt, die bei der Stahlerzeugung zur Desoxydation und zur Herstellung von Stählen mit niederem Mangangehalt verwendet wird.

Ferromolybdän, Legierung der Metalle Eisen und Molybdän mit einem Kohlenstoffgehalt zwischen 1,5 und 3 %, verwendet als Vorlegierung zur Herstellung von Edelstählen und Gußeisenwerkstoffen.

Ferrovanadium, Legierung, die aus den Metallen Vanadium und Eisen besteht und Zusätze von Kohlenstoff und Silicium enthält. F. ist eine Legierungskomponente für Spezialstähle.

Ferrowolfram, Legierung der Metalle Eisen und Wolfram mit einem Kohlenstoffgehalt bis zu 1 %, dient als Vorlegierung zur Herstellung von Spezialstählen (z. B. Schnelldrehstahl, Widia, Dauermagnetstahl u. a.).

Ferrum, wissenschaftliche Bez. für das chem. Element ↗ Eisen.

Fertigungstechnik, Lehre von der Herstellung geometrischer fester Körper als Bestandteil von Nutz- und Ziergegenständen, vorwiegend durch physikal. Verfahren. F. ist ein Teilgebiet der ↗ Technologie.

Festbettreaktor, Reaktor mit einer festangeordneten Katalysatorschüttung. ↗ Katalysator.

Festkörper, Stoff im festen Aggregatzustand, dessen atomare oder molekulare Bausteine in regelmäßigen Gitterstrukturen angeordnet sind (↗ Kristall) oder nur statistische bzw. lokale Ordnung aufweisen (↗ amorpher Festkörper).
Übergangsformen mit partiellen Ordnungszuständen bezeichnet man als Parakristalle, partiell-kristalline Festkörper u. ä.

Feststoff, jedes in der Industrie verwendete (homogen oder heterogen aufgebaute) Material im festen Aggregatzustand.

Fettabscheider, Absetzbecken zum Abtrennen von Fetten aus Abwässern. Diese bilden eine Schwimmschicht und können als ↗ Fettschlamm abgezogen werden.

Fettalkohole, techn. Bez. für längerkettige primäre Alkohole, die durch katalytische Hydrierung von Fettsäuren oder deren Methylester hergestellt werden. F. sind auch durch Oxosynthese aus Olefinen durch katalytische Reaktion mit Kohlenmonoxid und Wasserstoff zugänglich. F. sind Ausgangsverb. für die als Waschmittel genutzten ↗ Alkylsulfate.

Fettalkoholsulfate, ↗ Alkylsulfate.

Fette, techn. durch Extraktion aus landwirtschaftlichen bzw. tierischen Rohstoffen mit org. Lösungsmitteln oder synthetisch durch Veresterung von ↗ Fettsäuren mit Glycerol hergestellt. Da die synthetischen F. auch Fettsäuren mit verzweigten Kohlenstoffketten enthalten und dadurch als Nahrungsmittel ungenießbar sind, werden sie nur für industrielle Zwecke eingesetzt (↗ Lipide).

Fetthärtung, Verfahren zur Herstellung fester Fette aus Pflanzen- oder Tierölen durch Hydrierung. Die flüssigen fetten Öle enthalten Glycerolester ungesättigter Fettsäuren. Durch Hydrierung entstehen daraus feste gesättigtere Verb. mit höheren Schmp. Gehärtete Fette werden zur Herstellung von ↗ Margarine verwendet.

Fettsäuren, R—COOH, Name für die gesättigten ↗ Monocarbonsäuren. Da die längerkettigen F. Be-

Fettschlamm

standteile der Fette sind, in denen sie als Säuren verestert mit Propan-1,2,3-triol vorkommen, erhielt davon diese Stoffgruppe ihren Namen. Die einzelnen Glieder dieser homologen Reihe haben meist Trivialnamen, die von C_1 bis C_5 noch erlaubt sind (↗ Nomenklatur). F. des Kettenlängenbereichs C_8 bis C_{22} mit gerader Zahl von Kohlenstoffatomen lassen sich techn. aus tierischen und pflanzlichen Fetten durch Verseifen herstellen (↗ Fettspaltung). Sie werden vorwiegend zu Fettalkoholen weiterverarbeitet, aus denen durch Sulfatierung Alkylsulfate bzw. durch andere Reaktionen weitere Tenside hergestellt werden. F. sind auch günstige Ausgangsstoffe für andere techn. wichtige Synthesen der Aliphatenchemie.

Fettschlamm, dickflüssige, wasserhaltige Suspension aus pflanzlichen oder tierischen Fetten, die in Fleischwarenbetrieben, Küchen und Verarbeitungsbetrieben als Abprodukt anfällt. F. wird zur Herstellung von Fettsäuren und Glycerol (↗ Fettspaltung) und von Futtermitteln verwendet.

Fettspaltung, techn. Herstellung von ↗ Fettsäuren und Glycerol aus Fetten durch Verseifung. Sie erfolgt heute in einem kontinuierlichen Verfahren mit Wasser bei 250 °C und 5 MPa. Früher wurde durch Verseifen von Fetten mit Natronlauge auch das Natriumsalz der Fettsäuren direkt hergestellt und als ↗ Seife verwendet.

Feuerfestmaterial, Werkstoffe für die metallurgische, chem. und Baustoffindustrie, die bis 1600 °C keine Verformung, keine wesentliche Abnahme der Druckfestigkeit sowie Beständigkeit gegen chem. Einflüsse und raschen Temperaturwechsel aufweisen. Man unterscheidet feuerfeste Ziegel (↗ Schamotte) und hochfeuerfeste Steine (↗ Silicatsteine, ↗ Magnesiasteine, ↗ Siliciumcarbidsteine).

Feuerluft, als ↗ C. W. SCHEELE 1774 Mangan(IV)-oxid mit Schwefelsäure erhitzte, erhielt er einen gasförmigen Stoff, den er, da dieser die Verbrennung so gut unterhielt, Feuerluft nannte. LAVOISIER wählte später den Namen Oxygenium, er nahm an, Sauerstoff sei ein Bestandteil aller Säuren (oxys = sauer).

Feuerschutzmittel, ↗ Flammschutzmittel.

Feuerstein, Flint, vorwiegend aus Chalcedon bestehendes Gestein, das in Knollen oder Bändern in Kalkstein- oder Kreideschichten vorkommt. Das dichte graue, muschlig brechende Mineral wurde wegen seiner Härte und leichten Bearbeitbarkeit in der Urgeschichte der Menschheit als geschätzter Werkstoff für Werkzeuge benutzt. F. ist auch die Bez. für ↗ Zündsteine.

Feuerverzinken, Variante des Metallspritzverfahrens zum Aufbringen dünner korrosionshemmender Metallüberzüge auf metallische Werkstoffe (vor allem Eisen). Erhitztes, verflüssigtes Metall (Aluminium, Blei, Kupfer, Zink oder Zinn) wird mit Druckluft aus einer Düse zerstäubt und mit großer Geschwindigkeit auf den zu überziehenden Gegenstand gebracht.

Feuerwerkerei, ↗ Pyrotechnik.

Filter, Gerätschaften in Laboratorium und Technik, die zur Abtrennung fester Bestandteile aus Flüssigkeiten oder Gasen dienen. Sie bestehen aus porösen Materialien, die den festen Stoff zurückhalten, die Flüssigkeit oder das Gas ungehindert passieren lassen. Als Materialien werden Filterpapier oder poröse Platten aus Glas bzw. Keramik, sogenannte Fritten, eingesetzt; für kolloidale Lösungen werden auch F. aus tierischen oder pflanzlichen Materialien verwendet.
In der Industrie werden als Filtermittel lose Schüttungen von Kies, Sand oder Koks, Textilgewebe, feste poröse Materialien (Sinterfilter), verfilzte Zellstoffschichten oder Membranen eingesetzt. Oft bildet der Filterkuchen das eigentliche Filtermittel. Durch Vakuum- oder Druckfiltration wird die Filtrationsgeschwindigkeit erhöht. Häufig verwendete Typen sind ↗ Vakuum-Zellenfilter und ↗ Filterpressen.

Filterhilfsmittel, Feststoffe, die bei der Filtration zugegeben werden, um die Filtrationsgeschwindigkeit zu erhöhen. Sie werden entweder zu Beginn auf die Filterschicht geschwemmt (Anschwemmfiltration) oder der Suspension bereits vorher zugegeben.

Filterpresse, techn. häufig verwendeter Apparat zur Filtration von Suspensionen bzw. Entwässerung von Schlämmen. Er besteht aus mehreren Metallrahmen mit Hohlräumen, zwischen denen jeweils Filtertuch angeordnet ist. Diese Elemente werden auf Halteschienen zusammengepreßt. Die Suspension läuft in jeweils einem Bauelement von oben ein, das Filtrat in den beiden Nachbarelementen jeweils unten ab. Wenn die Einlaufelemente mit Feststoff angefüllt sind, wird der Filter auseinandergenommen und gereinigt.
Nachteilig ist der diskontinuierliche Betrieb, vorteilhaft die robuste, einfache Betriebsweise.

Filtration, Trennverfahren fester von flüssigen oder gasförmigen Stoffen in Laboratorium und Technik mit Hilfe von ↗ Filtern. Die durch den Filter fließende Flüssigkeit wird als das Filtrat bezeichnet, der auf dem Filter zurückbleibende Rückstand als Filterkuchen. Zur Beschleunigung der F. und zur nahezu vollständigen Trennung von Filtrat und Filterkuchen wird im Vakuum gearbeitet, ↗ Vakuumfiltration Bild.

Flammschutzmittel

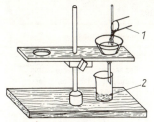

Filtration mit Trichter und Filtriergestell
1 zu filtrierende Flüssigkeit
2 Filtrat

Finalprodukt, Erzeugnis für den Endverbraucher.

Firnisse, farblose Anstrichstoffe auf der Basis trocknender Öle oder Harzlösungen. Leinölfirnis wird durch Lösen von Trockenstoffen (↗ Sikkativen) in Leinöl hergestellt. F. werden zur Grundierung und als Bindemittel für Pigmente verwendet. Gemäldefirnis auf der Basis von Naturharzen dient als Schutzüberzug für Gemälde.

Fischer, Emil (9.10.1852 bis 15.7.1919), herausragender Forscher, beschäftigte sich besonders mit Naturstoffen. Ihm gelang die Synthese der Mannose und Glucose. Durch seine Arbeiten bestätigte er die stereochemische Theorie. Er untersuchte die Purinverbindungen. Der Name Purin wurde von E. Fischer geprägt. Er drang ein in die Struktur der Proteine und synthetisierte Polypeptide. 1902 erhielt er als erster deutscher Chemiker den Nobelpreis für Chemie.

Fischer, Franz (19.3.1877 bis 1.12.1947), deutscher Chemiker, beschäftigte sich mit dem Gebiet der Kohleveredlung. Gemeinsam mit Hans Tropsch und mit Helmut Pichler entwickelte er Verfahren zur Synthese von Kohlenwasserstoffen.

Fischer, Hans (27.7.1881 bis 31.3.1945), deutscher Chemiker, erhielt für seine bedeutungsvollen Arbeiten, die die Konstitution des Blutfarbstoffs und des Chlorophylls aufklärten, 1930 den Nobelpreis für Chemie.

Fischer-Tropsch-Synthese, Kogasin-Verfahren, Verfahren zur Herstellung von Kohlenwasserstoffen durch katalytische Hydrierung von Kohlenmonoxid. Vor dem 2. Weltkrieg entwickelt, diente es im Krieg vor allem zur Treibstofferzeugung. Mit dem Aufkommen der Erdölverwertung verlor es seine wirtschaftliche Bedeutung, wird aber gegenwärtig wieder in verbesserter Form als künftige Variante einer stoffwirtschaftlichen Verwertung ballaststoffreicher Kohlen durch ↗ Vergasung untersucht.

Fittig-Synthese, Verfahren zur Alkylierung von Aromaten mit Alkylhalogeniden analog der Wurtzschen Synthese. Es bilden sich so z. B. aus Brombenzen mit Ethylbromid in Gegenwart von Natrium das Ethylbenzen und Natriumbromid. Nebenprodukte sind Butan und Diphenyl. Die F. hat keine techn. Bedeutung.

fixe Luft, so nannte ↗ Priestley das Kohlendioxid.

Fixieren, ↗ Photographie.

Fixiersalz, Stoffgemisch, aus dem durch Lösen in Wasser die Fixierbäder für die ↗ Photographie bereitet werden. F. enthält als wirksamen Bestandteil Stoffe, die mit Silberhalogeniden lösliche Komplexverb. bilden, am häufigsten *Natriumthiosulfatpentahydrat* $Na_2S_2O_3 \cdot 5 H_2O$. Dadurch werden die unentwickelten Silberhalogenide aus der photographischen Schicht entfernt, und das Photo wird lichtbeständig.

$AgBr + 2 S_2O_3^{2-} \rightarrow [Ag(S_2O_3)_2]^{3-} + Br^-$
unlöslich   löslich

Zur Deckung des Silberbedarfs ist die Silberrückgewinnung aus den Fixierbädern erforderlich. Dies erfolgt z. B. durch Ausfällen von elementarem Silber durch unedle Metalle (Zn, Fe), dem ↗ Zementieren:

$2 Ag^+ + Zn \rightarrow 2 Ag\downarrow + Zn^{2+}$.

Flamme, Verbrennung eines Gases, die mit einer Lichterscheinung verbunden ist. Die Temperatur der Flammen ist unterschiedlich.

Flammenfärbung, Verfärbung von Flammen durch chem. Substanzen. Die F. wird als Vorprobe der qualitativen Analyse verwendet. Die mit Salzsäure behandelten Substanzen werden an einem Magnesiastäbchen in der nichtleuchtenden Brennerflamme geglüht. Die intensive gelbe Natriumflamme kann die anderen Farben überdecken. Es wird dann die Flamme durch ein blaues Kobaltglas betrachtet. Die wichtigsten F. sind:

Natrium – gelb	Calcium – gelbrot
Strontium ⎫ karminrot	Barium – gelbgrün
Lithium ⎭	Kalium – violett
Kupfer – blaugrün	Borsäureester – grün

Flammofen, meist wannenartiger Industrieofen, der mittels Verbrennung von Gasen durch eine lange Flamme beheizt wird, die das Reaktionsgut unmittelbar berührt. Die Flamme kann durch Steuerung der Zusammensetzung des Gasgemisches oxydierend oder reduzierend wirken. Es werden Öfen mit festem (Herdflammöfen) und beweglichem Herd bzw. Etagenöfen unterschieden.

Flammpunkt, Temperatur, bei der brennbare Flüssigkeiten durch eine Zündflamme erstmals aufflammen.

Flammschutzmittel, Verb., mit denen brennbare Stoffe wie Holz, Papier und Gewebe bestrichen oder getränkt werden, um ihre Entflammbarkeit

Flavan

herabzusetzen und ihre Verbrennungsgeschwindigkeit zu vermindern. Als F. verwendet man Ammoniumsalze, wie NH_4Cl, $(NH_4)_2SO_4$ und $(NH_4)_2HPO_4$, Trikaliumphosphat, ↗ Borax, Kaliumcarbonat und Wasserglaslösungen.

Flavan, ↗ Flavonoide.

Flavone, ↗ Flavonoide.

Flavonoide, sehr mannigfaltige Klasse pflanzlicher Inhaltsstoffe, die sich vom *Flavan* ableiten lassen. Je nach Substitution am O-haltigen Ring werden verschiedene Stoffgruppen unterschieden, wie z. B. die als Farbstoffe bedeutsamen *Flavone, Flavonole* und *Anthocyanidine* (Bild). Die Vielfalt innerhalb jeder Gruppe ergibt sich aus der Einführung von Hydroxyl-, Methyl- und Methoxygruppen, insbesondere an den Positionen 5, 7, 3', 4', und 5'. Außerdem liegen die meisten F. als ↗ Glycoside mit verschiedenen Zuckern, z. T. sogar mit zwei- oder dreifacher Glycosidierung vor. Von den gelben *Flavonen* und *Flavonolen* sind bisher mehr als 300 natürliche Verb. bekannt. Sie treten vor allem als Blüten- und Kernholzfarbstoffe auf. Die *Anthocyanidine*, deren *Glycoside* als *Anthocyane* bezeichnet werden, sind für rote, violette, blaue und schwarze Färbungen in Blüten, Blättern und Früchten verantwortlich. Sie bilden im sauren Milieu mit den Säuren rote Salze, während sie im alkalischen Milieu als violette Anhydrobasen vorliegen. Eine Veränderung des pH-Wertes im Zellsaft während des Aufblühens ist z. B. dafür verantwortlich, daß beim Vergißmeinnicht *[Myosotis]* die Knospen rot, die Blüten aber blau gefärbt sind.

Flavonoide

Flavonole, ↗ Flavonoide.

Fleckentfernung, Verunreinigungen auf Gewe-

Fleckart	Fleckentfernung
Blut	Frisch mit kaltem Wasser oder verd. Ammoniaklösung auswaschen. Alte Flecke mit Wasserstoffperoxidlösung bleichen und gründl. auswaschen. Blutentferner.
Braunstein	Mit $NaHSO_3$-Lösung oder Entfärber behandeln.
Fett, Öl, Schuhcreme Bohnerwachs u. ä.	Benzin, Tetrachlormethan oder Fleckwasser (gut absaugen!). Fleckpaste bzw. Mischung aus Lösungsmittel und Magnesia (MgO).
Gras	Zunächst mit Benzin oder Fleckwasser behandeln, nach dem Trocknen mit Wasserstoffperoxid bleichen.
Gummilösung	Benzin oder Benzen
Harz	Benzin oder Fleckwasser, eventuell im Gemisch mit Amylalkohol; oder Einweichen mit Glycerol und mit Spiritus lösen.
Kaffee	Frisch auswaschen. Alte Flecke mit Glycerol benetzen und mit Entfärber oder Wasserstoffperoxid bleichen.
Kakao	Siehe Kaffee. Frische Flecke sofort mit Kochsalz einreiben.
Kopierstift, Kugelschreiberfarbe	Mit warmem Wasser auswaschen, mit Zitronensäure oder Alaunlösung behandeln und waschen. Weiße Gewebe mit Glycerol benetzen und mit Entfärber bleichen. Eventuell auch mit Aceton oder Nagellackentferner versuchen.
Lacke, Ölfarben	Je nach Lackart mit verschiedenen Lösungsmitteln probieren: Verdünnungen, Fleckwasser, Benzin, Terpentinöl, Aceton, Spiritus. Für PUR-Lacke nur PUR-Verdünnung verwenden.
Nagellack	Aceton, Nitroverdünnung
Obst	Frisch sofort auswaschen, eventuell unter Zusatz von Ammoniak. Alte Flecke mit Entfärber, Wasserstoffperoxidlösung oder Obstentferner bleichen.
Rost	Mit Citronensäure, Oxalsäure, Kleesalz oder Rostentferner behandeln.
Teer	Mit Margarine einweichen und mit Benzin, Fleckwasser oder Terpentinöl entfernen.
Tinte	Frisch mit Citronensäure behandeln. Alte Flecke mit Spiritus, Glycerol einweichen und mit Kleesalz, Wasserstoffperoxid, Entfärber oder Tintenentferner beseitigen.

ben oder anderen Materialien können durch Lösungsmittel (z. B. Fette) bzw. durch Komplexbildung unter Bildung von Komplexverb. gelöst (z. B. Rost) oder durch Oxydations- bzw. Reduktionsmittel gebleicht (↗ Bleichen) werden (z. B. natürliche und synthetische Farbstoffe). *Fleckwässer* zur Entfernung von Fett, Öl, Harz, Teer u. a. enthalten org. Lösungsmittel wie Benzin, Trichlorethylen, Tetrachlormethan, Aceton und Terpentinöl. *Rostentferner* enthalten ↗ Kleesalz. *Entfärber* wirken bleichend und können als Oxydationsmittel ↗ Peroxide oder ↗ Chlorkalk bzw. als Reduktionsmittel Natriumdithionit $Na_2S_2O_4$ oder Natriumhydrogensulfit $NaHSO_3$ enthalten. Vor der Fleckentfernung muß überprüft werden, ob das Gewebe bzw. die Gewebefärbung durch die verwendeten Mittel keine Schädigung erleiden. Bei der Anwendung sollen die Fleckentfernungsmittel, die die Verunreinigungen enthalten, durch ein saugfähiges Material (z. B. Fließpapier) aufgesaugt werden. *Fleckentfernungspasten* enthalten Kieselgur, Magnesia oder Cellulosepulver als Aufsaugmittel, die nach dem Trocknen abgebürstet werden. Im Gewebe haftende Reinigungsmittelreste sollen zum Schluß gründlich ausgewaschen werden. Tabelle.

Fleischextrakt, eingedickter, albumin-, leim- und fettfreier Wasserauszug von zerkleinertem Rindfleisch. F. enthält u. a. ↗ Kreatin, ↗ Glycogen, Traubenzucker, org. Säuren und anorg. Salze, er wirkt verdauungsfördernd und appetitanregend. F. wird zur Bereitung von Brühwürfeln und -pasten verwendet. Erstmals wurde F. 1850 von ↗ J. VON LIEBIG hergestellt.

Fließbett, ↗ Wirbelschicht.

Fließbild, bildlich-schematische Darstellung für technologische Prozesse. Je nach den dargestellten Informationen unterscheidet man (qualitative) Verfahrensbilder, (quantitative) Mengenfließbilder, konstruktive Fließbilder (Apparateanordnung), Energieflußbild, technologisches Schema, Montageschema u. a.

Fließtechnologie, Fließfertigung, Fließbandarbeit, Form der Organisation der Produktion, die durch konsequente Aufteilung des technologischen Prozesses in Einzelschritte und deren rationale Verknüpfung gekennzeichnet ist. Es ist die örtlich fortschreitende, zeitlich bestimmte (Taktzeit) lückenlose Folge von Arbeitsgängen, die in einer Fließstraße ablaufen. Voraussetzung ist eine gewisse gleichartige Mindestproduktionsmenge über eine bestimmte Zeit sowie die konstruktive und technologische Reife der Erzeugnisse.

Flint, ↗ Feuerstein.

Flockung, Zusammenlagern feinster dispergierter Feststoffteilchen einer Suspension zu größeren, flockenartigen Gebilden. Die Flockung läßt sich in wäßrigen Suspensionen z. B. durch Ausfällen von Calcium-, Eisen- oder Aluminiumhydroxiden oder durch Zusatz makromolekularer organ. Flockungsmittel (z. B. Polyacrylamide) erreichen. Dabei erfolgt entweder ein Abbau von Potentialbarrieren an den Grenzflächen durch Adsorptionsvorgänge oder eine Vernetzung der Teilchen durch die fadenförmigen Makromoleküle, deren bindungsaktive Gruppen mit den Teilchenoberflächen in Wechselwirkung treten. F. besitzt techn. Bedeutung bei der Fest-Flüssig-Trennung sehr feindisperser Suspensionen, z. B. bei der Wasserreinigung.

Flotation, verbreitetes techn. Verfahren zur Trennung vor allem feinkörniger heterogener Feststoffgemische in Wertstoffe und Begleitstoffe. Viele heute verarbeitete Rohstoffe wären ohne vorherige flotative Anreicherung nicht nutzbar. Das Feststoffgemisch wird soweit zerkleinert, daß alle Bestandteile als homogene Körper vorliegen (Korngröße >10 μm), und in einer Flüssigkeit suspendiert. Durch Zugabe eines Flotationsmittels bzw. Sammlers (etwa 100 g auf 1 t Feststoff) werden interessierende Gemengeanteile hydrophob gemacht. Durch eingeblasene Luft werden diese Anteile an die Badoberfläche gebracht und abgetrennt. Der Effekt erklärt sich aus dem Bau der Flotationsmittel (Bild), deren polare Gruppen sich selektiv an bestimmte Bestandteile oberflächlich anlagern, während ihr längerkettiger Alkylrest nach außen zeigt.

Prinzip der Wirkungsweise von Flotationsmitteln
1 Lösung
○— *Schäumermolekel* 2 Erzpartikel
●— *Sammlermolekel* 3 Luftbläschen

Flotationsapparat, wannenförmiger Behälter, der mit Rührwerk und Lufteintrag-Düsen versehen ist. Durch Zugabe von Schäumern (↗ Tenside) werden die Luftblasen stabilisiert. Die mit dem Schaum oberflächlich angereicherten Wertstoffe lassen sich mit einem Abstreifer austragen.

Flotationsmittel, Sammler, die einen kettenförmigen Alkylrest mit einer polaren Gruppe am Ende aufweisen. Diese lagert sich selektiv an die Oberfläche bestimmter Feststoffe an. Ein spezielles Trenn-

Flöze

problem erfordert also auch dafür speziell geeignete Sammler, die an den Begleitstoffen keinen Adsorptionseffekt zeigen dürfen. Häufig verwendete Sammler sind Xanthogenate, Alkylsulfate und -sulfonate, Fettsäuren und Alkylamine.

Flöze, bergmännischer Ausdruck für horizontal weit ausgedehnte, aber nur relativ geringmächtige Schichten techn. nutzbarer Gesteine sedimentärer Entstehung (z. B. Kohlen-, Kupfer-, Kaliflöze).

Fluatieren, Verfahren zur Härtung und Dichtung von Baustoffen wie Kalk- bzw. Zementmörtel und Beton mittels Fluorosilicaten, den Salzen der Hexafluorokieselsäure $H_2[SiF_6]$. Es bilden sich Calciumfluorosilicate, die die noch vorhandenen Poren verstopfen und hemmend auf die Bildung von ↗ Mauersalpeter wirken. Durch F. wird so z. B. ein Durchschlagen von Wasserflecken in den Farbanstrich verhindert. F. kann auch zum Holzschutz eingesetzt werden.

Flüchtigkeit, neben exakt definierten Begriffen der physikalischen Chemie, wie Fugazität und relative F., ein empirischer Begriff zur Erläuterung von ↗ Verdrängungsreaktionen. Die F. ist ein Maß für das Bestreben eines Stoffes, aus einem System zu entweichen.

Fluor,

F	$Z = 9$
$A_{r(1981)} = 18,998\,403$	
Ek: [He] $2s^2 2p^5$	
OxZ: -1	
$X_E = 3,98$	
Elementsubstanz: F_2	
Schmp. $-220\,°C$	
Sdp. $-188\,°C$	
$\varrho_g = 1,696 \text{ kg} \cdot \text{m}^{-3}$	
$\varrho_{fl} = 1,51 \text{ kg} \cdot \text{l}^{-1}$	

chem. Element (↗ Elemente, chem.).
Fluorum, Symbol: F, 1. Element der 7. Hauptgruppe des PSE (↗ Hauptgruppenelemente, 7. Hauptgruppe des PSE). F. ist die Bez. für alle Atome, die 9 positive Ladungen im Kern (also 9 Protonen) besitzen: Kernladungszahl $Z = 9$. Die Hülle des neutralen Atoms besteht aus 9 Elektronen, von denen sieben als Valenzelektronen die Konfiguration $2s^2 2p^5$ besitzen. In Verb. wird nur eine Oxydationsstufe eingenommen, die durch die Oxydationszahl OxZ -1 charakterisiert ist. F. wurde von AMPERE bereits 1810 vermutet, konnte aber erst 1886 von MOISSAN durch Elektrolyse molekular dargestellt werden. Von den Fluormineralen sind: *Flußspat,* CaF_2; *Kryolith,* $Na_3[AlF_6]$, und *Fluorapatit,* $3\,Ca_3(PO_4)_2 \cdot CaF_2$, von Bedeutung. In der belebten Natur findet sich F. in bestimmten Pflanzen (z. B. in den Blättern der Birke und in Gräsern) und in den Knochen (besonders im Zahnschmelz) von Mensch und Tier. Die Elementsubstanz, d. h. das molekulare F., wird elektrolytisch aus wasserfreien Schmelzen von Hydrogenfluoriden (z. B. KHF_2) dargestellt:

$2\,F^- \rightarrow F_2\uparrow + 2e$.

Molekulares F. ist ein schwach gelblich-grünes Gas (verdichtet eine hellgelb-grüne Flüssigkeit) von stechendem Geruch, das die Atmungsorgane reizt und sehr reaktionsfähig ist: Mit Wasser erfolgt eine stürmische Umsetzung zu Fluorwasserstoff und Monosauerstoff, der unter Ozonbildung weiterreagiert:

$F_2 + H_2O \rightarrow 2\,HF + O$

und mit molekularem Wasserstoff sofortige explosionsartige Vereinigung selbst bei $-250\,°C$ im Dunkeln:

$H_2 + F_2 \rightarrow 2\,HF$, $\Delta_B H = -268,5 \text{ kJ} \cdot \text{mol}^{-1}$.

F. wird zur Darstellung vieler anorg. und org. Verb. (z. B. Plaste, wie Teflon) verwendet. Als Elementverbindung dient F. auch als Raketentreibstoff, der mit Hydrazin eine Flammentemperatur von etwa 4400 °C ergibt.

Fluorescein, Farbstoff aus der Phthaleingruppe, der aus 1,3-Dihydroxy-benzen und Phthalsäureanhydrid mit konz. Schwefelsäure bei 210 °C hergestellt wird. F. ist ein rotes Pulver, das in alkalischen Lösungen sehr stark gelb-grün fluoresziert. F. wird deshalb in sehr geringen Mengen Badezusätzen beigegeben.

Fluorescein

Das sich durch Bromierung leicht bildende Tetrabrom-fluorescein ist als Eosin bekannt und wird wegen seiner intensiven Rotfärbung als Farbstoff für rote Tinte benutzt.

Fluoreszenz, ↗ Lumineszenz.
Fluorid, e, Salze der ↗ Flußsäure.
Fluorit, ↗ Flußspat.
Fluorsauerstoffverbindungen, binäre Verb. des ↗ Fluors mit Sauerstoff: *Sauerstoffdifluorid,* OF_2, ist ein farbloses Gas von charakteristischem Geruch; *Disauerstoffdifluorid,* O_2F_2, ist ein schwach braunes Gas, das beim Sdp. bereits (bei $-57\,°C$) zerfällt; *Trisauerstoffdifluorid* (Ozondifluorid), O_3F_2, und *Tetrasauerstoffdifluorid,* O_4F_2, stellen stärkste Oxydationsmittel dar.

Fluorum, wissenschaftliche Bez. für das chem. Element ↗ Fluor.

Fluorwasserstoff, HF, farbloses, giftiges, an der Luft rauchendes Gas (Schmp. $-83,36\,°C$, Sdp. $19,46\,°C$). F. entsteht durch direkte Vereinigung der Elementsubstanzen (explosionsartig, selbst bei $-250\,°C$ und im Dunkeln):
$$H_2 + F_2 \rightarrow 2\,HF,\quad \Delta_B H = -268,5\,kJ \cdot mol^{-1}$$
und durch Umsetzung von Calciumfluorid (Flußspat) mit Schwefelsäure:
$$CaF_2 + H_2SO_4 \rightarrow 2\,HF + CaSO_4.$$
Die Moleküle des F. lagern sich temperaturabhängig durch Wasserstoffbrückenbindung zu größeren Gebilden zusammen:

$$(HF)_6 \xrightleftharpoons{19,5\,°C} (HF)_4 \rightleftharpoons (HF)_3$$
$$\xrightleftharpoons{32\,°C} (HF)_2 \xrightleftharpoons{90\,°C} HF$$

Eine wäßrige Lösung von F. wird als *Flußsäure* bezeichnet (Dissoziation in Hydronium- und Fluorid- bzw. Hydrogenfluoridionen):
$$HF + H_2O \rightleftharpoons H_3O^+ + F^-, \text{ bzw.}$$
$$(HF)_2 + H_2O \rightleftharpoons H_3O^+ + HF_2^-. \text{ F. (bzw. Flußsäure)}$$
reagieren mit Siliciumdioxid und siliciumdioxidhaltigen Stoffen wie Silicaten zu Siliciumtetrafluorid und Wasser:
$$4\,HF + SiO_2 \rightleftharpoons SiF_4 + 2\,H_2O.$$
Aus diesem Grunde ist eine Aufbewahrung von Lösungen des F. (Flußsäure) in Glasflaschen nicht möglich, es werden Polyethylen- oder Hartgummigefäße verwendet. Siliciumtetrafluorid setzt sich mit weiterem F. zu Hexafluorokieselsäure um:
$$SiF_4 + 2\,HF \rightarrow H_2SiF_6.$$

Flüssigdünger, vor allem flüssiges Ammoniak als konzentriertester Stickstoffdünger (82 % N) der Landwirtschaft. Vorteile sind neben der hohen Nährstoffkonzentration das günstige Ausbringen. Nachteilig wirken sich Wetterbedingungen (Auswaschen durch Regen) sowie die Kosten für die Ammoniak-Druckgefäße zur Lagerung aus. Im Gegensatz zu trockneren Klimagebieten nehmen deshalb Flüssigdünger bei uns nur einen kleinen Anteil am Düngeraufkommen ein.

Flüssig-Flüssig-Extraktion, ↗ Extraktion.

Flüssiggase, Kohlenwasserstoffe, besonders Propan und Butan, die bei der destillativen Aufarbeitung von Erdölen anfallen oder in nassen Erdgasen enthalten sind, ↗ Erdöldestillation.

Flüssigkeit, Stoff, der im flüssigen ↗ Aggregatzustand vorliegt. Die Teilchen einer F. sind frei beweglich.

Flußmittel, Stoffe, die zur Erniedrigung des Schmelzpunktes bzw. der Viskosität der Schmelze bei techn. Prozessen zugegeben werden.

Häufiges Flußmittel ist ↗ Fluorit.

Flußsäure, wäßrige Lösung von ↗ Fluorwasserstoff, die meist 40%ig ($\varrho = 1{,}13\,kg \cdot l^{-1}$) gehandelt wird. F. ist giftig, führt zu schwer heilenden Hautverätzungen, löst Siliciumdioxid, Silicate und Glas und wird deshalb in Polyethylen- oder Hartgummigefäßen aufbewahrt. Die Salze der F. heißen Fluoride.

Flußspat, Fluorit, CaF_2, kubisch kristallisierendes Mineral, dessen gut spaltende, oktaederförmige, oft durchsichtige Kristalle in verschiedenen Farben anzutreffen sind. F. kommt häufig in hydrothermalen Lagerstätten vor, oft vergesellschaftet mit ↗ Schwerspat. F. wird als Flußmittel in der Metallurgie, zur Herstellung von Flußsäure, für Email und Glasuren verwendet.

Folsäure, ↗ Vitamine.

Formaldehyd, Trivialname für ↗ Methanal, dessen etwa 40%ige wäßrige Lösung Formalin genannt wird.

formale Ladung, valenztheoretischer Begriff. Sie wird errechnet, indem jedem von zwei Atomen die Hälfte der an der Bindung beteiligten Elektronen zugeordnet wird. Die Differenz dieser Elektronen und der Valenzelektronen des Elementes ist die f. L. Die Summe der formalen Ladungen eines Systems ist gleich der Gesamtladung, z. B.

$$\left[\begin{array}{c} H \\ H-N-H \\ H \end{array}\right]^+$$

Die formale L. für Stickstoff beträgt +1 (5 Valenzelektronen minus 4 anteilige Bindungselektronen).

Formalin, Handelsname für eine 35- bis 40%ige Lösung von ↗ Methanal in Wasser.

Formazane, Derivate von Carbonsäuren. F. mit aromatischen Substituenten bilden orange- bis tiefrotgefärbte Kristalle, die durch Oxydation in die farblosen Tetrazoliumsalze umgewandelt werden können. Durch reduktive Vorgänge im Wachstumsprozeß der Pflanzen erfolgt eine Rückbildung in die gefärbten F. Tetrazoliumsalze mit aromatischen Substituenten werden deshalb zur Keimfähigkeitsüberprüfung von Samen verwendet. F. werden durch Reaktion von Aldehydhydrazonen mit Aryldiazoniumchloriden hergestellt.

$$R-C\begin{array}{c} N-NH-R^1 \\ N=N-R^2 \end{array}$$
Formazane

Formel, chem. Zeichen für Verb. (auch Elementverb.). Die F. gibt die chem. Zusammensetzung und das Zahlenverhältnis der Atome der Bauein-

heiten an. Es werden verschiedene Formelarten unterschieden: ↗ Summenformel, ↗ Substanzformel, ↗ Strukturformel u. a.
Formelumsatz, abgekürzt F. U., Bezug für die Angabe der Änderung thermodynamischer Zustandsgrößen bei einer chem. Reaktion. So beträgt z. B. für die Reaktion $Fe_2O_3 + 3\,CO \rightarrow 2\,Fe + 3\,CO_2$ die molare Standardreaktionsenthalpie $\Delta_R H_m^\ominus = -33{,}5\,kJ \cdot mol^{-1}$ F. U., wenn Stoffmengen (in Mol) entsprechend den stöchiometrischen Faktoren der Reaktionsgleichung zum Umsatz gebracht werden. Oft wird der Zusatz F. U. bei der Angabe der Energiebilanz einer Reaktionsgleichung auch weggelassen.
Formgeben, physikal. Grundoperationen, die der Erzeugung bzw. Verwendung der geometrischen Form von Verarbeitungsprodukten dienen, z. B. Stückigmachen von Pulvern, Herstellung von Formkörpern und Halbzeug aus Plastgranulat u. ä.
Formiate, Salze der ↗ Methansäure.
Forsterit, Mg_2SiO_4, Mineral der Olivingruppe (↗ Fayalit). Seine Kristalle zeichnen sich durch blaßgrünliche Farbe und fehlende Spaltbarkeit (nur muschliger Bruch) aus. F. ist wie alle Olivine vorwiegend magmatischer Entstehung.
Fraktionierung, Zerlegung eines Stoffgemisches in seine Bestandteile durch fraktionierte Destillation, fraktionierte Fällung, fraktionierte Kristallisation u. a. Die einzelnen Anteile werden als Fraktionen bezeichnet.
Francium,

Fr	$Z = 87$
$A_{r(1981)} = [223]$	
Ek: [Rn] $7s^1$	
OxZ: +1	
$X_E = 0{,}7$	
Elementsubstanz:	
Schmp.	27 °C
Sdp.	680 °C

chem. Element (↗ Elemente, chem.).
Francium, Symbol: Fr, 6. Element der 1. Hauptgruppe des PSE (↗ Hauptgruppenelemente, 1. Hauptgruppe des PSE). F. ist die Bez. für alle Atome, die 87 positive Ladungen im Kern (also 87 Protonen) besitzen: Kernladungszahl $Z = 87$. Radioaktives Element mit 16 Isotopen zwischen ^{211}Fr und ^{226}Fr. ^{223}Fr ist mit einer Halbwertzeit von $t_{1/2} = 1320\,s$ das langlebigste und damit stabilste Isotop. F. ist 1939 von M. PEREY in der Natur als Spaltprodukt der Actiniumzerfallsreihe entdeckt worden. Künstlich kann es durch Beschuß von Radium mit Neutronen hergestellt werden. Die Verb. des F. sind noch wenig bekannt, da das Element sehr kurzlebig ist. Unter anderem sind das Franciumperchlorat, $FrClO_4$, und das Franciumhexachloroplatinat(IV), $Fr_2[PtCl_6]$, als relativ schwer lösliche Verb. nachgewiesen worden.
FRANK, ADOLPH (20. 1. 1834 bis 30. 5. 1916), deutscher Apotheker und Chemiker, legte mit den Grundstein für die Kaliindustrie. 1861 gründete er in Staßfurt eine Fabrik zur Gewinnung von Kalisalzen aus dem Abraum der Steinsalzproduktion. Aus der bromidhaltigen Mutterlauge der Kaliumchloridfabrikation stellte er elementares Brom her. Bereits 1858 hatte er ein Patent für die Scheidung und Reinigung des Zuckerrübensaftes erhalten. Gemeinsam mit ↗ N. CARO entwickelte F. das ihren Namen tragende Verfahren zur Herstellung von Kalkstickstoff.
Frasch-Verfahren, Variante der Schwefelgewinnung aus Gesteinen durch Bohrungen. Durch Einpressen von überhitztem Wasserdampf in das Gestein wird der Schwefel geschmolzen und durch heiße Druckluft über das Förderrohr der Bohrung gefördert.
freie Energie, auch HELMHOLTZsche Energie, Symbol F oder A, ↗ Zustandsfunktion des 2. ↗ Hauptsatzes der Thermodynamik, die den Anteil der ↗ inneren Energie wiedergibt, der bei konstantem Volumen und reversibler Prozeßführung in jede andere Energieform überführt werden kann. Zur Ermittlung der f. E. muß der durch die Temperatur T und die ↗ Entropie S bestimmte Anteil der inneren Energie, der als Wärmeenergie im System enthalten bleibt (gebundene Energie), von der inneren Energie U subtrahiert werden:
$F = U - T \cdot S$ (GIBBS-HELMHOLTZsche Gleichung).
Die Änderung der f. E. ΔF ist bei freiwillig ablaufenden Prozessen negativ und gestattet die Berechnung der Gleichgewichtskonstante K_c nach
$\Delta F = -R \cdot T \ln K_c$.
R ↗ Gaskonstante
Die f. E. steht in Analogie zum 1. Hauptsatz der Thermodynamik mit der ↗ freien Enthalpie G im Zusammenhang: $F = G + W$ bzw. $F = G - p \cdot V$ ($W = -p \cdot V$: Volumenarbeit). Die f. E. stellt damit bei einem Vorgang die maximal ausgetauschte Arbeit dar.
freie Enthalpie, auch GIBBSsche Energie, Symbol G, ↗ Zustandsfunktion des 2. ↗ Hauptsatzes der Thermodynamik, die den Anteil der ↗ Enthalpie angibt, der bei konstantem Druck und reversibler Prozeßführung in jede andere Energieform überführt werden kann. Zur Ermittlung der f. E. muß deshalb der Teil der Enthalpie, der als Wärmeenergie im System enthalten bleibt (gebundene Enthalpie) und durch die ↗ Entropie S und die ↗

Temperatur T bestimmt wird, von der Enthalpie H subtrahiert werden:
$G = H - T \cdot S$
bzw. für ihre Änderungen:
$\Delta G = \Delta H - T \cdot \Delta S$ (GIBBS-HELMHOLTZsche Gleichung).
Das Vorzeichen der Änderung der f. E. gibt die Ablaufrichtung eines Prozesses an (freiwillig: $\Delta G < 0$, Gleichgewichtszustand: $\Delta G = 0$). Die Gesamtänderung der f. E. zwischen Ausgangs- und Gleichgewichtszustand eines Vorganges bestimmt die Größe der ↗ Gleichgewichtskonstante K_p nach
$\Delta G = - R \cdot T \cdot \ln K_p$
R ↗ Gaskonstante
und gestattet so deren thermodynamische Berechnung aus den Änderungen der Enthalpie und Entropie (Übersicht: Tabelle). In Analogie zum 1. ↗ Hauptsatz der Thermodynamik unterscheidet sich die f. e. von der ↗ freien Energie F durch die ↗ Volumenarbeit
$W = - p \cdot V$: $G = F - W$ bzw. $G = F + p \cdot V$.
Damit stellt die f. E. den Anteil der freien Energie dar, der unter konstantem Druck bei Abzug der Volumenarbeit durch Umwandlung in jede andere Form der Energie nutzbar gemacht werden kann *(maximale Nutzarbeit)*, und ist ein <u>Maß für die Affinität eines Vorganges</u>. Sie kann bei elektrochem. Reaktionen (↗ galvanische Zelle) direkt aus der gemessenen Zellspannung U nach der Gleichung:
$\Delta G = - z \cdot F \cdot U$
z Zahl der ausgetauschten Ladungen pro ↗ Formelumsatz
F ↗ FARADAY-Konstante
berechnet werden. Die Änderung der f. E., bezogen auf die Änderung der Molzahl einer Komponente in einem Mehrkomponentensystem, bezeichnet man als *chem. Potential*.

Freiheitsgrade, in der ↗ Thermodynamik: ↗ GIBBSsches Phasengesetz, in der Molekülbewegung: ↗ Molwärme.

FRIEDEL, CHARLES (12.3.1832 bis 20.4.1899), französischer Chemiker, erarbeitete gemeinsam mit dem Amerikaner ↗ J. M. CRAFTS eine Synthese für aromatische Kohlenwasserstoffe mit aliphatischen Halogenverbindungen in Gegenwart von Aluminiumchlorid oder -bromid als Katalysator. Zusammen mit ↗ A. LADENBURG bearbeiteten sie org. Siliciumverb.

FRIEDEL-CRAFTS-Synthesen, elektrophile Substitutionen an Aromaten, die durch Aluminiumchlorid, Eisen(III)-chlorid u. a. LEWIS-Säuren katalysiert werden. Die Umsetzung von Benzen nach einer F. ergibt so z. B. mit

- Alkylhalogenid   Alkylbenzen
- Acylhalogenid   Phenylketone
- Carbonsäureanhydrid   Phenylketone
- Ethylenoxid   2-Phenylethanol
- Dichlormethan   Diphenylmethan
- Trichlormethan   Triphenylmethan
- Tetrachlormethan   Triphenylchlormethan

Durch den Katalysator wird die Halogen-Kohlenstoff-Bindung des Reaktionspartners stark polarisiert und damit das C-Atom positiviert, das dann das π-Elektronensextett des Aromaten elektrophil angreifen kann. Der zunächst gebildete π-Komplex lagert sich in das Carboniumion um und ergibt nach Protonenabspaltung und Rearomatisierung das Reaktionsprodukt, ↗ Substitutionsreaktionen.

Thermodynamische Abschätzung der Reaktionswahrscheinlichkeit

Fall	ΔH	ΔS	$\Delta G = \Delta H - T \cdot \Delta S$	Reaktionswahrscheinlichkeit (R)
1	<0 (exotherm)	>0	<0	bei allen T hohe R
2	<0 (exotherm)	<0	<0 T ist klein	bei tiefer T hohe R
			>0 T ist groß	bei hoher T niedrige R
3	>0 (endotherm)	>0	<0 T ist groß	bei hoher T hohe R
			>0 T ist klein	bei tiefer T niedrige R
4	>0 (endotherm)	<0	>0	niedrige R

FRIES-Reaktionen, Umlagerungsreaktionen, die durch Aluminiumchlorid, Zinkchlorid u. a. katalysiert werden, wobei aus Carbonsäurephenylestern die entsprechenden Hydroxyphenylketone (Acylphenole) gebildet werden. Die Reaktionstemperatur hat Einfluß auf die Stellung der Acylgruppe. Bei mehr als 100 °C wird die ortho-Stellung, unter 100 °C die para-Stellung bevorzugt:

Phenylester — p-Acyl-phenol — o-Acyl-phenol

Frischen, techn. Bez. für die Umwandlung von ↗ Roheisen in ↗ Stahl durch Zufuhr von Luft bzw. Sauerstoff als Oxydationsmittel. Man unterscheidet Auf- bzw. Durchblasen (Windfrischen) im Konverter von den älteren Verfahren des Herdfrischens (↗ SIEMENS-MARTIN-Verfahren).

Fritte, ↗ Filter aus porösen Gläsern oder keramischen Materialien.

FRITZSCH, CARL JULIUS V. (1808 bis 1871), aus Neustadt (Sachsen) stammender Chemiker, ging nach seiner Assistentenzeit bei E. MITSCHERLICH in Berlin nach Petersburg. Er wurde russischer Staatsrat und war Mitglied der Akademie der Wissenschaften. 1841 erhielt er beim Erhitzen von Indigo mit Kalilauge eine basische Flüssigkeit, die er Anilin nannte. ↗ HOFMANN, A. W.

Frostschutzmittel, Mittel, die z. B. das Gefrieren des Kühlwassers in Motoren verhindern. Als F. werden vor allem mehrwertige Alkohole, wie ↗ Propantriol (Glycerol) $CH_2(OH)-CH(OH)-CH_2(OH)$ und ↗ Ethandiol (Glycol) $CH_2(OH)-CH_2(OH)$, eingesetzt. Diese Verb. sind mit Wasser mischbar, wirken nicht korrodierend und verdampfen bei der Betriebstemperatur (90 °C) kaum. Der Gefrierpunkt der Mischungen von Wasser mit F. liegt unterhalb 0 °C. Tabelle.

Schmelzpunkte (Gefrierpunkte) von Frostschutzmittel-Wasser-Mischungen

Vol.-% Frostschutzmittel	t_S in °C bei Verwendung von	
	Glycol	Glycerol
10	−4	−2,5
20	−9	−6
30	−15	−10
40	−24	−16
50	−36	−23

Fruchtschiefer, durch Kontaktmetamorphose (↗ Metamorphose) aus Tonschiefer entstandenes Gestein mit getreidekornartigen Kristallaggregaten von ↗ Cordierit. Es wird z. B. im Erzgebirge und in der Lausitz als Werkstein abgebaut.

Fructose, $C_6H_{12}O_6$ (Fruchtzucker, Lävulose). D(−)-F. ist eine ↗ Hexose mit einer Ketogruppe (Ketohexose). F. kommt in Früchten und im Honig vor. Als Disaccharid bildet es zusammen mit Glucose die Saccharose und als Polysaccharid das Inulin, aus dem durch Hydrolyse F. hergestellt wird.

α-D-Fructose

β-D-Fructose

Oxo-Form — Cyclo-Formen (Fructofuranose)

F. löst sich sehr gut in Wasser und kristallisiert schlecht, Schmp. 102 bis 104 °C. F. reagiert mit ↗ FEHLINGscher Lösung und ↗ TOLLENS Reagens und gibt die ↗ HAINE-Reaktion.

Fuchs, gemauerter, schwach ansteigender Kanal, der die Abgase der Dampferzeuger und Industrieöfen zum Schornstein führt.

Fuchsin, Farbstoff der Triphenylmethangruppe. F. bildet grüne, metallisch glänzende Kristalle, die sich in Wasser leicht mit intensiv roter Farbe lösen. Die zugrunde liegende Base des F. ist durch die Mesomerie im Kation des Salzes verhältnismäßig stark. F. färbt Wolle, Seide und mit Tannin gebeizte Baumwolle leuchtend rot an. Die Färbung ist aber wenig licht- und waschecht.

Fuchsin

F. wird durch Oxydation eines Gemisches von äquivalenten Mengen Anilin, o-Toluidin und p-Toluidin mit Nitrobenzen in Gegenwart von Salzsäure hergestellt.

fuchsinschweflige Säure, (SCHIFFS-Reagens), wäßrige Lösung von Fuchsin, die durch schweflige Säure entfärbt ist. Die farblose f. S. ergibt mit Aldehyden eine Rotviolettfärbung (Nachweisreaktion). Durch Zusatz von konz. Salzsäure wird die durch Methanal verursachte Violettfärbung bläulich, während bei anderen Aldehyden die Färbung verblaßt.

Fügen, ist das Zusammenbringen der Fügeteile beim Kleben (mit oder ohne Druck) sowie beim Schweißen.

Fukui, Kenichi (geb. 4.10.1918), japanischer Quantenchemiker, der sich um die Aufklärung des Ablaufs chem. Reaktionen große Verdienste erworben hat, besonders um die sogenannten Elementarschritte. Er prägte den Begriff Frontorbitale. 1981 erhielt er gemeinsam mit dem Amerikaner R. Hoffmann den Nobelpreis für Chemie.

Füllkörper, kleine korrosionsfeste Körper geometrischer Gestalt, die zur Vergrößerung der Oberfläche bei Stoff- bzw. Wärmeaustauschprozessen von Gasen und Flüssigkeiten in Kolonnen eingesetzt werden. Sie bestehen aus Steinzeug, Porzellan, Glas, Metall, Plaste u. a. ↗ Raschigringe, ↗ Berl-Sattelkörper, ↗ Tropfkörper.

Füllkörperkolonne, ↗ Kolonne, die ganz oder teilweise mit Füllkörperschüttungen gefüllt ist. Sie wird vor allem bei Absorptions- und Destillationsprozessen eingesetzt. ↗ Tropfkörperkolonne.

Füllstoffe, Zusätze bei der Verarbeitung von Plastrohstoffen, um dem Produkt bestimmte Eigenschaften zu verleihen (z. B. Glasfasern zur Erhöhung der mechanischen Festigkeit).

Fulminate, Salze der ↗ Knallsäure, von denen einige, z. B. das Knallquecksilber oder Quecksilberfulminat, $Hg(CNO)_2$, als Initialzündstoff in Zündhütchen, Sprengkapseln, Patronen usw. verwendet werden. Die F. werden z. T. durch die ↗ Azide ersetzt.

Fumarate, Salze der Fumarsäure, ↗ Atmung.

Fumarsäure, Trivialname für die trans-↗Butendisäure.

Fungizide, Wirkstoffe zur Vernichtung von Pilzen.

funktionelle Gruppe, Atomgruppierung in org. Verb., die für deren Reaktionsverhalten charakteristisch ist, z. B. Aminogruppe, $—NH_2$, Carbonylgruppe, $—C{=}O$, Hydroxylgruppe, $—OH$, Carboxylgruppe, $—COOH$.

Furan, heteroaromatische Verb. mit 5 Ringgliedern und Sauerstoff als Heteroatome. F. wird techn. aus Furfural durch katalytische Kohlenmonoxidspaltung oder aus Brenzschleimsäure (Furan-2-carbonsäure) durch Decarboxylierung hergestellt.

HC——CH
HC   CH
  \\O/
Furan

F. ist eine charakteristisch riechende, brennbare Flüssigkeit, Sdp. 32 °C, die gegen Säuren sehr empfindlich ist und unter deren Einwirkung polymerisiert. Es läßt sich leicht zu Tetrahydrofuran hydrieren, das als cyclischer Ether ein sehr gutes Lösevermögen hat und deshalb vielseitig verwendet wird.

Furfural (Furan-2-aldehyd), heterocyclischer Aldehyd mit großer techn. Bedeutung. F. wird techn. durch Destillation eines Gemisches von Pentosen enthaltenden pflanzlichen Produkten wie Kleie, Haferspelzen, Maiskolben u. a. mit verd. Schwefelsäure hergestellt.

HC——CH   H
HC   C—C
  \\O/   \\O
Furfural

F. ist eine unbeständige Flüssigkeit, Sdp. 162 °C, die sich an der Luft rasch braun färbt. Seine Reaktionen sind denen des Benzaldehyds vergleichbar.
F. ist ein wichtiges Ausgangsmaterial zur Herstellung von Furanderivaten (Furan-2-carbonsäure, Furan, Tetrahydrofuran), die als Lösungsmittel, Basis für Arzneimittel oder zur Polyamid-6,6-Synthese verwendet werden.

Fuselöl, Gemisch aus n-Propanol und verschiedenen Pentanolen (Amylalkoholen), das als Nebenprodukt bei der alkoholischen Gärung durch den Abbau von Eiweißstoffen entsteht. Die Alkohole des F. sind stärker berauschend und giftiger als Ethanol und verursachen Kopfschmerzen. Bei der Herstellung von hochwertigen Trinkbranntweinen werden sie deshalb bei der Destillation so gut wie möglich abgetrennt. F. wird als Lösungsmittel und für die Herstellung von Fruchtestern verwendet.

Futter, techn. Bez. für das Auskleidungsmaterial von Öfen. ↗ Feuerfestmaterial, ↗ Ofen.

Futterhefe, eiweißreiches Futtermittel, das industriell durch mikrobiologische Prozesse hergestellt wird. ↗ Fermosin.

G

Gabbro, grobkörniges, basisches, magmatisches Gestein. G. besteht vor allem aus einem Gemenge von ↗ Augit, ↗ Olivin und ↗ Plagioklas.

Gabriel-Synthese, Verfahren zur Herstellung primärer Amine aus Halogenalkanen. Bei der Reaktion von Halogenalkanen mit Ammoniak bilden sich Gemische unterschiedlich alkylierter Stickstoffverbindungen, also primäre, sekundäre und tertiäre Amine nebeneinander. Die G. ermöglicht aber die Herstellung reiner primärer Amine, indem das Halogenalkan mit Phthalimidkalium zum N-Alkyl-phthalimid umgesetzt und dieses dann der sauren oder alkalischen Hydrolyse unterworfen wird. Dabei bildet sich neben Phthalsäure das primäre Amin.

Gadolinium,

Gd $Z = 64$
$A_{r(1981)} = 157,25$
Ek: [Xe] $4f^7 5d^1 6s^2$
OxZ: +3
$X_E = 1,20$
Elementsubstanz:
Schmp.   1310 °C
Sdp.   3000 °C
$\varrho = 7,886$ kg · l^{-1}

chem. Element (↗ Elemente, chem.).
Gadolinium, Symbol: Gd, 7. Element der ↗ Lanthanoidengruppe. G. ist die Bez. für alle Atome, die 64 positive Ladungen im Kern (also 64 Protonen) besitzen: Kernladungszahl $Z = 64$. G. ist in der Natur in den ↗ Yttererden in geringen Konzentrationen vorhanden. Eine Darstellung des silberweißen und weichen Metalls erfolgt nach (aufwendiger) Trennung z. B. durch Schmelzflußelektrolyse oder Reduktion mit Kalium. G. kann durch sein hohes Neutronenabsorptionsvermögen (Neutronenfänger) in der Kerntechnik verwendet werden.

Galalith, internationale Bez. für Kunsthorn, ein Plast aus der Gruppe der veredelten Naturstoffe. Es wird aus Milcheiweiß (Casein) und Methanol hergestellt, besitzt keine Bedeutung mehr.

Galenit, ↗ Bleiglanz.

Gallensäuren, Derivate der zur Gruppe der ↗ Steroide gehörenden 5β-Cholan-24-säure. G. sind meist peptidartig (↗ Peptidbindung) an ↗ Glycin oder ↗ Taurin gebunden und liegen in Form von Salzen vor. In dieser Form wirken sie emulgierend auf Fette und ermöglichen so deren Aufnahme durch die Darmwand.

5 β-Cholan-24-säure

Gallium,

Ga $Z = 31$
$A_{r(1981)} = 69,72$
Ek: [Ar] $3d^{10} 4s^2 4p^1$
OxZ: +1, +2, +3
$X_E = 1,81$
Elementsubstanz:
Schmp. 29,78 °C
Sdp.   2400 °C
$\varrho = 5,91$ kg · l^{-1}

chem. Element (↗ Elemente, chem.).
Gallium, Symbol: Ga, 3. Element der 3. Hauptgruppe des PSE (↗ Hauptgruppenelemente, 3. Hauptgruppe des PSE). G. ist die Bez. für alle Atome, die 31 positive Ladungen im Kern (also 31 Protonen) besitzen: Kernladungszahl $Z = 31$. Die Hülle des neutralen Atoms besteht aus 31 Elektronen, von denen drei als Valenzelektronen die Konfiguration $4s^2 4p^1$ besitzen. In Verb. werden Oxydationsstufen eingenommen, die durch die Oxydationszahlen OxZ +1, +2 und +3 charakterisiert sind, von denen aber diejenigen, welche die Oxydationszahl OxZ +3 besitzen, die stabilsten sind. G. wurde 1875 von LECOQ DE BOISBAUDRAN spektroskopisch entdeckt, vier Jahre nach der Voraussage von MENDELEEV über das Element Eka = Aluminium. G. kommt in der Natur als Begleiter vieler Blenden, hauptsächlich (bis zu 0,8 %) im *Germanit,* $3 Cu_2S \cdot FeS \cdot 2 GeS$, in Zinkerzen und (zu etwa 0,001 %) in *Bauxiten* vor. Die Elementsubstanz, d. h. das metallische G., wird durch Elektrolyse einer alkalischen Hydroxidlösung dargestellt. Das Metall ist glänzendweiß, weich und dehnbar. Beim Schmelzen erfährt es eine Volumenkontraktion. Chem. verhält sich G. dem Aluminium sehr ähnlich: das Metall wird von Wasser und von konz. Salpetersäure kaum angegriffen, setzt sich aber mit molekularem Halogen, Halogenwasserstoff, Schwefelsäure und Kali- bzw. Natronlauge (wie das ↗ Aluminium) um. Von den Galliumverb. sollen erwähnt sein: *Gallium(III)-oxid,* Ga_2O_3, ist fest, weiß und liegt in mehreren kristallinen Modifikationen vor; *Gallium(III)-hydroxid,* $Ga(OH)_3$, fällt meist als weißer, flockiger Niederschlag an; *Gallium(III)-sulfid,* Ga_2S_3, ist eine gelbe Substanz, die an der Luft langsam und in Wasser schnell unter Bildung von Schwefelwasserstoff zersetzt wird; *Gallium(III)-sulfat,* $Ga_2(SO_4)_3 \cdot 18 H_2O$, liegt in farblosen Kristallen vor, die sich oberhalb 520 °C zersetzen; *Gallium(III)-chlorid,* $GaCl_3$, ist eine weiße, nadelförmigkristalline Substanz, die in Wasser hydrolysiert. Von den Verb. des einwertigpositiven G. ist das *Gallium(I)-oxid,* Ga_2O, zu nennen, das ein braunschwarzes Pulver ist und bei 500 °C sublimiert. Metallisches G. wird zur Füllung von Hochtemperaturthermometern (durch seinen niedrigen Schmelz- und sehr hohen Siedepunkt), als Kontaktmetall in

der Elektrotechnik, als Sperrflüssigkeit, als Wärmeaustauscher in Kernreaktoren, in der Spektrographie und als Legierungsmetall verwendet. Insbesondere hat G. für die Herstellung intermetallischer Verb. besonders mit Arsen und Antimon in der Halbleiterindustrie Bedeutung erlangt.

Galmei, ↗ Zinkspat.

galvanische Zelle, auch galvanisches Element oder galvanische Kette, stellt in der ↗ Elektrochemie eine Anordnung dar, mit der spontan chem. Energie in elektrische überführt wird. Dazu werden Reduktions- und Oxydationsprozeß einer ↗ Redoxreaktion mit Hilfe elektrochem. ↗ Elektroden räumlich getrennt, so daß der Elektronenaustausch über einen äußeren metallischen Leiter einen elektrischen Strom erzeugt. Die Elektroden kombiniert man als Halbzellen der g. Z. durch eine leitende Verb. der Elektrolytlösungen, die zugleich deren Mischung verhindert (Diaphragma, Stromschlüssel), sowie einen metallischen Leiter zwischen den Metallstäben (Beispiel DANIELL-Element: Bild).

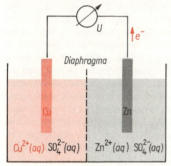

a) $Cu/Cu^{2+}(aq) // Zn^{2+}(aq)/Zn$

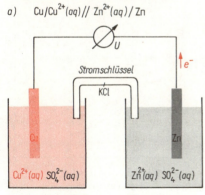

b) $Cu/Cu^{2+}(aq), KCl, Zn^{2+}(aq)/Zn$

DANIELL-Element
a) mit Diaphragma
b) mit Stromschlüssel
(aq hydratisiert)

Entsprechend der Größe der beiden relativen Elektrodenpotentiale, die nach der NERNSTschen Gleichung vor allem durch die Stellung ihrer Standardpotentiale in der elektrochem. ↗ Spannungsreihe bestimmt wird, scheidet sich beim DANIELL-Element am Kupferstab weiteres Kupfer ab, und am Zinkstab geht Zink in Lösung:

Elektrodenreaktionen
Reduktion: $Cu^{2+} + 2e \rightleftharpoons Cu$ $U^\ominus = 0{,}337\,V$
Oxydation: $Zn \rightleftharpoons Zn^{2+} + 2e$ $U^\ominus = -0{,}763\,V$

Zellreaktion
Redoxreaktion: $Cu^{2+} + Zn \rightleftharpoons Cu + Zn^{2+}$ $U^\ominus = 1{,}100\,V$

Damit ist eine Anionenwanderung zur Zinkelektrode verbunden. Der Elektronenüberschuß am Zinkstab gleicht den Elektronenumsatz am Kupferstab aus und erzeugt so einen Stromfluß über den äußeren Leiter. Wird dieser Stromfluß vollständig unterdrückt (↗ Potentiometrie), kann zwischen den Elektroden die sogenannte Zellspannung gemessen werden, die sich aus der Differenz der Elektrodenpotentiale ergibt. Sie wird auch als *elektromotorische Kraft* (EMK) bezeichnet. Bei Stromfluß tritt durch den inneren elektrischen Widerstand der g. Z. ein Spannungsabfall auf, so daß dann die sogenannte *Klemmspannung* gemessen wird.

Praktisch werden meist solche g. Z. genutzt, die eine möglichst große Zellspannung, einen kleinen inneren Widerstand, eine geringe ↗ Polarisation der Elektroden und eine lange Lebensdauer besitzen sowie aus billigem Material aufgebaut sind. Als Batterien finden Trockenelemente breite Anwendung, wie das ↗ LECLANCHÉ-Element. Sie können nicht regeneriert werden (*Primärelemente*). Regenerierbare g. Z. (*Sekundärelemente*) stellen die ↗ Akkumulatoren dar. Zur wirtschaftlicheren Gewinnung elektrischer Energie aus Brennstoffen entwickelt man die ↗ Brennstoffzellen. Zur genauen Messung unbekannter Spannungen dienen die sogenannten ↗ Standardelemente. In der analytischen Chemie finden g. Z. Anwendung bei der potentiometrischen Titration (↗ Potentiometrie). Die Bildung g. Z. spielt auch eine entscheidende Rolle bei der ↗ Korrosion.

Galvanismus, ↗ Elektrochemie, ↗ galvanische Zelle.

Galvanotechnik, ↗ elektrochem. Oberflächenbehandlung.

Gammastrahlen, γ-Strahlen, ↗ Radioaktivität.

Gang, aus einzelnen Mineralien oder einem Gestein bestehende Ausfüllung einer Spalte in einem anderen (älteren) Gestein. Dieses Nebengestein grenzt am »Salband« an die Gangfüllung. Enthal-

Gangart

ten derartige Gänge Erze, spricht man von Erzgängen. Der Abbau gangförmiger Erzlagerstätten ist sehr risikoreich, da das »Auftun« oder wieder »Verdrücken« der Erzfüllung schwierig vorher zu erkunden ist und plötzlich erfolgen kann.

Gangart, Mineralien, die auf Erzgängen die Erze begleiten.

Garkupfer, bis auf 99 % gereinigtes Kupfer.

Garne, entstehen beim Verspinnen (Zusammendrehen) von Fasern.

Gärung, im Gegensatz zur ↗ Atmung ein anaerober, d. h. ein ohne Beisein von Sauerstoff ablaufender biologischer Substratabbau, dessen organische Endprodukte noch energiereich sind, so daß die G. eine wesentlich geringere Energieausbeute liefert als die Atmung. G. ist der bei Bakterien und Hefen vorherrschende ↗ Dissimilationsprozeß, bei Sauerstoffmangel können aber auch Zellen höherer Pflanzen und Tiere gären. Der Substratabbau beginnt mit der ↗ Glycolyse. Die anaerobe Umsetzung der Glycolyseprodukte *Pyruvat* und *Wasserstoff* (in Form von $NADH + H^+$) erfolgt je nach dem Gärungsendprodukt auf unterschiedliche Weise, z. B.:

Milchsäuregärung: Der Wasserstoff wird direkt auf das Pyruvat übertragen unter Bildung von Milchsäure:

$CH_3—CO—COOH + NADH + H^+$
$\rightarrow CH_3—CHOH—COOH + NAD^+$

Alkoholische Gärung: Das Pyruvat wird decarboxyliert, der entstehende Acetaldehyd wird durch Wasserstoffübertragung zu Ethanol reduziert:

$CH_3—CO—COOH \rightarrow CH_3—CHO + CO_2$
$CH_3—CHO + NADH + H^+$
$\rightarrow CH_3—CH_2OH + NAD^+$

Gas, Aggregatzustand eines Stoffes ohne bestimmte Gestalt und mit leicht veränderlichem Volumen. Im G. kann sich durch die geringe Wechselwirkung der Teilchen infolge ihrer hohen kinetischen Energie leicht die Anordnung und der Abstand der Teilchen verändern. Je nachdem, ob man zur Beschreibung des Zusammenhanges zwischen den Zustandsgrößen Druck p, ↗ Temperatur T und Volumen V (thermische ↗ Zustandsgleichung) eines Gases die ↗ zwischenmolekularen Wechselwirkungen und das Eigenvolumen der Teilchen berücksichtigen muß oder nicht, unterscheidet man reales und ideales Verhalten.

Als ideales G. liegt jede Gasart oberhalb einer bestimmten Temperatur, der BOYLE-Temperatur, vor. Unter Vernachlässigung der zwischenmolekularen Wechselwirkungen der Gasteilchen und ihres Eigenvolumens gilt dann die Zustandsgleichung idealer Gase (Gasgesetz):

$p \cdot V = n \cdot R \cdot T$,
n Stoffmenge
R ↗ Gaskonstante

die sich aus der Zusammenfassung des ↗ BOYLE-MARIOTTEschen, des ↗ CHARLESschen und des 1. ↗ GAY-LUSSACschen Gesetzes ergibt. Auf den Besonderheiten der idealen Gase beruht auch das 2. ↗ GAY-LUSSACsche Gesetz. Unterhalb der BOYLE-Temperatur erfüllen die Gase nur bei niedrigen Drücken die Zustandsgleichung idealer Gase.

Als reales G. liegt jede Gasart unterhalb der BOYLE-Temperatur bei höheren Drücken vor, wo gegenüber idealem Verhalten durch die zunehmenden Wechselwirkungen der Gasteilchen der nach außen wirkende Druck p um den *Binnendruck* p_B verringert und das gemessene Volumen V durch das *Kovolumen* b (vierfaches Eigenvolumen der Moleküle) vergrößert ist. Zur Beschreibung dieses realen Verhaltens gibt es zahlreiche Beziehungen. Oft verwendet man die 1873 aufgestellte VAN-DER-WAALSsche Gleichung:

$(p + p_B)(V - nb) = n \cdot R \cdot T$.

Unterhalb der für jeden Stoff charakteristischen, sogenannten *kritischen Temperatur* T_k (Bild) ist die Wechselwirkung der Gasteilchen so groß, daß sich die Gase durch ↗ Kompression verflüssigen lassen (↗ JOULE-THOMSON-Effekt). Das bestimmt den Isothermenverlauf des Bildes unterhalb der kritischen Temperatur. Zunächst tritt bei der Komprimierung des G. eine Druckerhöhung auf (Bereich I), dann bleibt der Druck durch die Gasverflüssigung konstant (Bereich II) und steigt nach vollständiger Verflüssigung entsprechend Volumenbeständigkeit von Flüssigkeiten stark an (Bereich III).

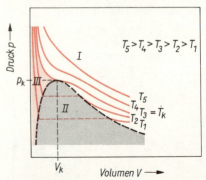

Isothermen von Gasen als p-V-Diagramm
P_k kritischer Druck
V_k kritisches Volumen

Der Zusammenhang der meßbaren Zustandsgrößen mit dem Verhalten der einzelnen Gasteilchen wird durch die ↗ kinetische Gastheorie beschrieben.

Gasanalyse, Methoden zur Untersuchung der chem. Zusammensetzung von Gasgemischen. Wichtige Anwendungsbereiche sind Kontrollen zur Einhaltung der gesetzlichen Bestimmungen des Umwelt- und des Arbeitsschutzes. Bei der exakten G. werden die zu untersuchenden Gase aufgefangen, qualitativ nachgewiesen und anschließend quantitativ bestimmt. Ein klassisches Gerät für die G. ist der ↗ Orsat-Apparat. Heute werden vornehmlich physikal.-chem. Verfahren benutzt, z. B. die Gaschromatographie (↗ Chromatographie) und die ↗ Infrarotspektroskopie. Durch Gasprüfröhrchen können viele Gase qualitativ und halbquantitativ nachgewiesen werden. So wird beim ↗ Alkoholtest ein mit Kaliumdichromat gefülltes Röhrchen verwendet. Durch Reduktion entsteht grünes Chrom(III)-sulfat, das auf Alkohol hinweist.

Gasbeton, Blähbeton, ein Leichtbeton, bei dessen Herstellung durch chem. Treibmittel eine Porenstruktur erzeugt wird. Treibmittel sind z. B. Aluminiumpulver, das mit Calciumhydroxid unter Wasserstoffabspaltung reagiert, oder Calciumcarbid, das mit Wasser zu Ethin reagiert.

Gasbürette, ↗ Büretten.

Gasentwickler, Zutropfgasentwickler, Laborapparatur zur Darstellung von Gasen aus Feststoffen und einer zugetropften Flüssigkeit. Bild.

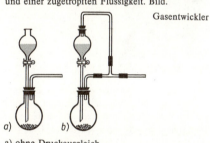

Gasentwickler
a) ohne Druckausgleich
b) mit Druckausgleich

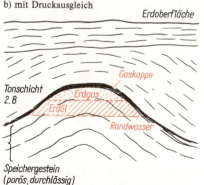

Schema einer Erdgas-Erdöllagerstätte

Gaskappe, oberer Teil vieler Erdöllagerstätten. Bild.

Gaskarbonitrieren, ↗ Härten des Stahls.

Gaskonstante, Symbol R, Konstante in der thermischen Zustandsgleichung idealer ↗ Gase, die sich wie folgt ergibt:

$$R = \frac{p_0 \cdot V_{m,0}}{T_0}$$

$$= \frac{101\,325\,\text{Pa} \cdot 0{,}022\,414\,\text{m}^3 \cdot \text{mol}^{-1}}{273{,}15\,\text{K}}$$

$$= 8{,}314\,4\,\text{J}\,(\text{K}\cdot\text{mol})^{-1}$$

bzw. $1{,}99\,\text{cal}\,(\text{K}\cdot\text{mol})^{-1}$ bzw. $0{,}082\,\text{l}\cdot\text{atm}\,(\text{K}\cdot\text{mol})^{-1}$

p_0 Druck
$V_{m,0}$ molares Volumen
T_0 Temperatur für ↗ Normzustand

Entsprechend dem gleichen molaren Volumen idealer Gase (↗ AVOGADROsches Gesetz) gibt R unabhängig von der Gasart die Arbeit an, die von einem Mol des Gases unter konstantem Druck bei einer Temperaturerhöhung um 1 K geleistet wird. Mit der ↗ BOLTZMANN-Konstante k besteht der Zusammenhang

$$R = N_A \cdot k$$

N_A ↗ AVOGADRO-Konstante

Gasmischungen, entstehen durch Ausdehnung der Gasbestandteile über das ganze Volumen unter gegenseitiger vollkommener Vermischung. Reagieren die ↗ Gase nicht miteinander und verhalten sich annähernd wie ideale Gase, ist das Gesamtvolumen gleich der Summe der Teilvolumina, und der Gesamtdruck ergibt sich aus der Summe der Partialdrücke (DALTON*sches Gesetz der Partialdrücke in Gasgemischen*). Unter dem *Partialdruck* (Teildruck) versteht man den ↗ Druck jedes einzelnen Gases, den es unbeeinflußt von den anderen ausübt bzw. auch ausüben würde, wenn es das Gesamtvolumen bei gleicher ↗ Temperatur allein ausfüllen würde.

Gasöl, Fraktion der ↗ Erdöldestillation mit den Siedegrenzen 250 bis 350 °C, die zu Dieselkraftstoff oder leichtem Heizöl verarbeitet oder durch ↗ Cracken in andere Produkte umgewandelt wird.

Gasometer, Anordnung zur vollständigen Aufnahme und Abgabe von Gasen. Die Sperrflüssigkeit darf nicht mit dem aufzufangenden Gas reagieren und dieses nicht lösen. Für viele Zwecke genügt Wasser.

Gaspipette, Laboratoriumsgerät zur ↗ Gasanalyse. Die Gase werden durch mit Absorptionsmitteln gefüllte Glasgefäße in die G. geleitet. Aus der Volumenabnahme wird auf die Menge des absorbierten Gases geschlossen.

Gasreinigung, Entfernen fester oder flüssiger

Gasreinigungsmasse

Teilchen aus Gasströmen. Falls erforderlich, wird zunächst durch Abkühlung des Gases eine Kondensation von Beimischungen (Kohlenwasserstoff, Wasserdampf) erzielt, die sich als Flüssigkeitströpfchen abscheiden. Der Staubanteil des Gases wird mit Verfahren der Gasreinigung (↗ Zyklon, ↗ EGR, ↗ Absetzkammer) abgeschieden. Die Abtrennung von einzelnen Gasarten aus Mischgasen erfordert Verfahren der ↗ Adsorption (Gaswäsche), Tieftemperatur-Destillation bzw. Druckdestillation und der katalytischen Umsetzung (z. B. Nachverbrennung).

Gasreinigungsmasse, festes Produkt zum Entfernen von Schwefelwasserstoffanteilen aus Brenn- und Synthesegasen.
Sie besteht aus Raseneisenerz (Eisenoxidhydrat), Eisenhydroxidschlamm, Beizschlamm oder Aktivkohle.

Gassilicatbeton, ↗ Gasbeton.

Gasspeicher, unterirdischer, geologische Struktur der Erdkruste aus porenreichen Gesteinen, die bei lokal begrenzter Ausdehnung von dichten Gesteinen umgeben ist. In diese Struktur kann durch Bohrungen zur zeitweiligen Lagerung Gas eingebracht werden.

Gasverflüssigung, ↗ Gase, ↗ JOULE-THOMSON-Effekt.

Gaswäsche, Abtrennen von festen und flüssigen Teilchen aus einem Trägergas mit Hilfe einer Waschflüssigkeit. Daneben wird auch noch die selektive Absorption eines Gases aus einem Gasgemisch durch eine Flüssigkeit als Gaswäsche bezeichnet.

Gaswaschflasche, ↗ Waschflasche.

Gaswerk, Anlage zur Erzeugung von Heizgas. Das klassische Gaswerk basiert auf der ↗ Entgasung von Steinkohle. Heute wird das »Stadtgas« auch durch ↗ Druckvergasung von Braunkohle erzeugt. Daneben gibt es Spaltanlagen zur Verarbeitung von Erdöldestillaten.

GATTERMANN-KOCH-Synthese, Variante der ↗ FRIEDEL-CRAFTS-Acylierung, die die Herstellung von aromatischen Aldehyden ermöglicht, indem anstelle des unbeständigen Formylchlorids, H−C$\overset{O}{\underset{Cl}{}}$, ein Gemisch von Kohlenmonoxid und Chlorwasserstoff in Gegenwart von Aluminiumchlorid und Kupfer(I)-chlorid mit dem Aromaten zur Reaktion gebracht wird. Die G. verläuft nur günstig mit alkylsubstituierten Aromaten, wie Toluen. Mit Phenolen oder Phenylethern ist eine Reaktion nur möglich, wenn das Kohlenmonoxid durch wasserfreien Cyanwasserstoff ersetzt wird. Eine günstigere Verfahrensweise gestattet den Einsatz von Zinkcyanid anstelle des Cyanwasserstoffs.

GAU, Bez. (und Abkürzung) für den theoretisch »größtmöglichen atomaren Unfall« in einem Kernkraftwerk. Die Sicherheitsvorkehrungen müssen daher so angelegt sein, daß ein solcher GAU ohne Schaden für die Umwelt behoben werden kann.

GAY-LUSSAC, JOSEPH-LOUIS (6. 12. 1778 bis 9. 5. 1850), hervorragender französischer Naturforscher, entdeckte 1802 gleichzeitig mit DALTON das Gesetz über die Ausdehnung der Gase und 1808 das Gasvolumengesetz. Erste Beobachtungen dazu hatte er bereits 1801 gemeinsam mit dem befreundeten A. v. HUMBOLDT gemacht. Er isolierte das freie Cyan. Seine Untersuchungen bildeten mit die Grundlage für die Radikaltheorie. Weiterhin erwarb er sich große Verdienste um die Untersuchung von Iodverbindungen. Nach seinen Überlegungen wurde der GAY-LUSSAC-Turm zur Absorption nitroser Gase für das Bleikammerverfahren entwickelt. Bild.

J. L. GAY-LUSSAC

GAY-LUSSACsche Gesetze, Das *1. G.-L. Gesetz* (1802) besagt, daß sich unter ↗ isobaren Bedingungen das Volumen eines idealen ↗ Gases bei einer Temperaturerhöhung von 1 Kelvin bzw. Grad Celsius um 1/273,15 des Volumens erhöht, das dieses Gas bei 0 °C hat. Die Entdeckung dieser Gesetzmäßigkeit trug zur Skalenfestlegung für die thermodynamische bzw. absolute ↗ Temperatur bei. Eine analoge Gesetzmäßigkeit stellt das ↗ CHARLESsche bzw. AMONTONsche Gesetz dar.
Das *2. G.-L. Gesetz* (1807) besagt, daß bei idealen ↗ Gasen die ↗ innere Energie nur von der Temperatur, nicht aber vom Druck oder Volumen abhängt. Das wurde mit Hilfe des sogenannten GAY-LUSSACschen Versuches festgestellt. Dabei läßt man ein ideales Gas ohne Arbeitsleistung in ein Vakuum expandieren und stellt fest, daß sich die Temperatur als Maß der inneren Energie nicht verändert. Die Ursache ist das Fehlen von Wechselwirkungen der Teilchen in einem idealen Gas.
Nach dem *G.-L. Gesetz der ganzzahligen Volumenver-*

hältnisse (1805) bei der chem. Reaktion von Gasen stehen die Volumina von Ausgangsstoffen und Endprodukten immer im Verhältnis kleiner ganzer Zahlen (↗ Gesetz der konstanten Proportionen).

gebrannter Kalk, ↗ Branntkalk.

Gefrierpunkt, i. allg. Bez. für den Erstarrungspunkt bzw. ↗ Schmelzpunkt von Wasser.

Gefrierpunktserniedrigung, Erscheinung, daß der Schmelzpunkt eines Lösungsmittels durch Zusatz gelöster Stoffe erniedrigt wird. Die G. wird zur ↗ Molmassebestimmung (↗ Kryoskopie), besonders org. Stoffe, benutzt. Die Wirkung von Tausalz beruht auf der G. Die Größe der G. hängt nicht von Eigenschaften der gelösten Stoffe, sondern nur von der Teilchenzahl der gelösten Stoffe und einer spezifischen Konstante (kryoskopische Konstante) des Lösungsmittels ab.

Gefüge, innerer Bau von Gesteinen oder industriell hergestellten Feststoffen. G. umfaßt die Größe und Ausbildung der das Material aufbauenden Kristalle (Korngröße, Struktur) und ihre Verbindungsart und räumliche Anordnung (Raumgefüge, Textur).

Gegenstromführung, Variante der Führung von Stoff- bzw. Energieströmen in Apparaten entlang einer zur Verfügung stehenden Weglänge (z. B. im ↗ Wärmetauscher). G. zeichnet sich durch besseren Wirkungsgrad als ↗ Gleichstromführung aus. In homogenen Systemen ist kein G. möglich. ↗ Gleichstromführung.

Geheimtinte, sympathetische ↗ Tinte.

Gel, Zustand eines dispersen Systems, bei dem die dispergierten Teile starke Wechselwirkungen aufeinander ausüben und Strukturen bilden. Sind die Zwischenräume mit Flüssigkeit gefüllt, spricht man von Lyogel (Gallerte). Diese können austrocknen, und es entstehen Xerogele, die durch Quellung wieder zum Lyogel werden, z. B. im Falle der Quellung von Knochenkaltleim oder Gelatine.

Gelatine, ein aus den Gerüsteiweißen (↗ Strukturproteine) der Knochen und des Bindegewebes durch Hydrolyse erhaltenes Gemisch von wasserlöslichen Eiweißstoffen mit hohem Quellvermögen. G. wird für Speisezwecke, in der Pharmazie zur Herstellung von Kapseln und Tabletten, in der Bakteriologie zur Bereitung von Nährböden und in der Photoindustrie als Bindemittel für die lichtempfindlichen Schichten der Filme und Photopapiere verwendet.

gelöschter Kalk, ↗ Löschen von Branntkalk.

Gemenge, heterogenes ↗ Gemisch. Die einzelnen Bestandteile haben ihre Eigenschaften behalten. Prinzipiell können in einem G. Aggregatzustände nebeneinander vorliegen. Sie können durch

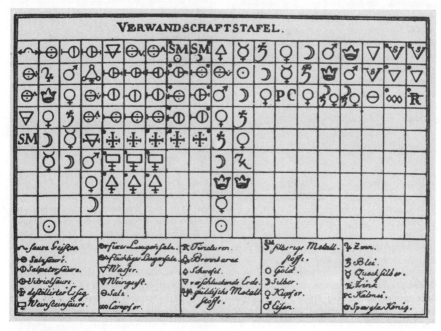

Verwandtschaftstafel nach GEOFFROY

geminal

Sieben, Schlämmen, Filtrieren u. ä. Verfahren getrennt werden.
geminal, Bindung zweier gleicher Substituenten an dasselbe Kohlenstoffatom.
Gemisch, aus zwei oder mehreren Bestandteilen bestehendes System von Stoffen. Heterogene Gemische sind ↗ Gemenge. Homogene Gemische von Stoffen haben im Gegensatz zu Verb. keine einheitlichen Schmelz- und Siedepunkte. Trennungen von G. erfolgen durch fraktionierte Destillation, Kristallisation, Sublimation u. ä.
Generator, Apparate in der chem. Technik zur Erzeugung oder Umsetzung von Gasen. ↗ Vergasung, ↗ Drehrostgenerator, ↗ WINKLER-Generator.
Generatorgas, ↗ Vergasung von Kohle.
Genfer Nomenklatur, ↗ Nomenklatur, chem.
Geochemie, Wissenschaft von der chem. Zusammensetzung und den chem. Veränderungen des Erdkörpers.
GEOFFROY, ETIENNE-FRANCOIS (13. 2. 1672 bis 6. 1. 1731), stellte Versuche zur chem. Verwandtschaft an und ordnete die Stoffe nach ihren Verwandtschaftsgraden in Tabellen (bis Ende des 18. Jahrhunderts im Gebrauch). Bild, S. 183.
Geologie, Wissenschaft von der Zusammensetzung, dem Bau und der Geschichte der Erdkruste und von den hier wirkenden Kräften.
Geophysik, Wissenschaft von den natürlichen physikal. Vorgängen und Erscheinungen in und auf der Erde.
Geowissenschaften, Sammelbez. für Geologie, Geochemie, Geophysik und Mineralogie einschließlich Lagerstättenkunde.
Geraniol, Terpenalkohol, Hauptbestandteil und wesentlicher Geruchsträger des Rosen- und Geranienöles. G. ist ein zweifach ungesättigter, primärer Alkohol:

CH_3
$\quad\quad$ C=CH—CH_2—CH_2
CH_3 $\quad\quad\quad\quad\quad\quad\quad\quad$ C=C $\quad$ H
$\quad\quad\quad\quad\quad\quad\quad\quad\quad$ CH_3 $\quad$ CH_2—OH
Geraniol
trans-Form

CH_3
$\quad\quad$ C=CH—CH_2—CH_2 $\quad\quad\quad\quad$ CH_2—OH
CH_3 $\quad\quad\quad\quad\quad\quad\quad\quad$ C=C
$\quad\quad\quad\quad\quad\quad\quad\quad\quad$ CH_3 $\quad$ H
Nerol
cis-Form

Die Umlagerung von der trans- in die cis-Form erfolgt durch Erhitzen mit Natriumalkoholat. Beide Verb. sind wertvolle Riechstoffe (ätherische Öle).
Gerberei, *Gerbung,* Verfahren zur Herstellung von Leder aus Tierhäuten bzw. -fellen. Von den Fellen bzw. Häuten werden zunächst die Oberhaut mit den Haaren und das Unterhautbindegewebe entfernt, und die übrigbleibende Lederhaut wird mit Gerbmitteln behandelt. Die in den Gerbmitteln enthaltenen ↗ Gerbstoffe bilden Verb. mit den Eiweißstoffen der Haut. Dies bewirkt, daß das Leder nicht hornartig, sondern porös auftrocknet, vor Fäulnis geschützt ist und im warmen, feuchten Zustand nicht verleimt.
Gerbsäure, pflanzliche ↗ Gerbstoffe.
Gerbstoffe, auf tierische Häute gerbend wirkende Stoffe (↗ Gerberei). *Pflanzliche G.* sind komplizierte, aus Phenolcarbonsäuren aufgebaute Verb., die als Tannine oder als Gerbsäuren bezeichnet werden. Sie sind u. a. in Baumrinden und Pflanzengallen enthalten. Als *anorg. G.* finden basische Chromium(III)-sulfate (Chromgerberei) und Aluminiumverb. (Alaungerberei) Verwendung.
GERHARDT, CHARLES (21.8.1816 bis 19.8.1856), französischer Chemiker, entwickelte die ↗ Typentheorie, die er zur umfassendsten chem. Theorie seiner Zeit ausbaute.
Germanate, Verb. des ↗ Germaniums, die als Salze der Germaniumsäure aufgefaßt werden können und die allgemeinen Formeln M_4GeO_4 (= Orthogermanate) und M_2GeO_3 (= Metagermanate) besitzen. (M gilt als einwertig positives Metall.)
Germane, binäre Verb. des Wasserstoffs mit ↗ Germanium.
Germanium,

Ge $\quad\quad Z = 32$
$A_{r(1981)} = 72{,}59$
Ek: [Ar] $3d^{10}4s^24p^2$
OxZ: $-4, +2, +4$
$X_E = 2{,}01$
Elementsubstanz:
Schmp. $\quad 937{,}2\,°C$
Sdp. $\quad\quad 2830\,°C$
$\varrho = 5{,}3263\,kg\cdot l^{-1}$

chem. Element (↗ Elemente, chem.).
Germanium, Symbol: Ge, 3. Element der 4. Hauptgruppe des PSE (↗ Hauptgruppenelemente, 4. Hauptgruppe des PSE). G. ist die Bez. für alle Atome, die 32 positive Ladungen im Kern (also 32 Protonen) besitzen: Kernladungszahl $Z=32$. Die Hülle des neutralen Atoms besteht aus 32 Elektronen, von denen vier als Valenzelektronen die Konfiguration $4s^24p^2$ besitzen. In Verb. werden drei Oxydationsstufen eingenommen, die durch die Oxydationszahlen OxZ $-4, +2$ und $+4$ charakterisiert sind. G. wurde 1885 von C. WINKLER im Argyrodit entdeckt und erwies sich als das von MENDELEEW 1871 vorausgesagte Eka-Silicium. In der Natur ist G. selten, vorwiegend aber in den Mineralen *Argyrodit,* $4Ag_2S\cdot GeS_2$, und *Germanit,* $3Cu_2S\cdot FeS\cdot 2GeS_2$. Die Elementsubstanz kann

durch Reduktion von Germaniumdioxid, GeO_2, entweder mit Kohlenstoff in Wasserstoffatmosphäre oder direkt mit Diwasserstoff dargestellt werden. Dabei wird das Germanium(IV)-oxid aus den Mineralen durch Behandeln mit einem Gemisch aus Schwefelsäure und Salpetersäure gewonnen. Die Elementsubstanz stellt ein grauweißes, glänzendes, hartes und sprödes Metall dar, das regulär kristallisiert, ein typischer Halbleiter ist und mit vielen Metallen (Platin, Gold, Silber, Kupfer u. a.) Legierungen bildet. Metallisches G. ist in nichtoxydierenden Säuren unlöslich, bildet mit oxydierenden Säuren (z. B. Salpetersäure) Germaniumdioxid und verbrennt mit Disauerstoff zu Germanium(IV)-oxid

$Ge + O_2 \rightarrow GeO_2$, $\Delta_B H = -540{,}6 \text{ kJ} \cdot \text{mol}^{-1}$

Von verdünnten Basen wird es nicht angegriffen. Von den Verb. des G., von denen die Germanium(IV)-Verb. weitaus überwiegen, sollen erwähnt sein: *Germanium(IV)-oxid* (auch Germaniumdioxid), GeO_2, ist ein weißer, pulverförmiger, in zwei Modifikationen vorliegender, feuerbeständiger Stoff, der bei 1 115 °C schmilzt, in Wasser bei 20 °C mit 0,4 g/100 g Wasser wenig löslich ist und amphoter reagiert. *Germaniumwasserstoffe*, auch ↗ Germane genannt, stellen eine Verbindungsgruppe der allgemeinen Formel Ge_nH_{2n+2} dar, von denen *Monogerman*, GeH_4, (Sdp. −88,35 °C) farblos, gasförmig; *Digerman*, Ge_2H_6, (Sdp. 30,8 °C) farblos, flüssig und *Trigerman*, Ge_3H_8, (Sdp. 111,1 °C) farblos, flüssig vorliegen. Sie werden durch Umsetzung von Germaniumtetrachlorid mit Lithiumalanat in etherischer Lösung gebildet:

$GeCl_4 + Li[AlH_4] \rightarrow GeH_4 + Li[AlCl_4]$.

Germaniumtetrachlorid, $GeCl_4$, entsteht durch Umsetzung von Germanium(IV)-oxid mit Chlorwasserstoffsäure:

$GeO_2 + 4 HCl \rightarrow GeCl_4 + 2 H_2O$;

stellt eine farblose Flüssigkeit dar (Schmp. −49,5 °C), die sich mit metallischem G. zu Germanium(II)-chlorid umsetzt:

$GeCl_4 + Ge \rightarrow 2 GeCl_2$.

Germanium(II)-Verbindungen sind ebenfalls bekannt: *Germanium(II)-oxid*, GeO; *Germanium(II)-chlorid*, $GeCl_2$, und *Germanium(II)-sulfid*, GeS. Metallisches G. besitzt als Halbleiter und ebenso als Legierungsmetall große Bedeutung. Es wird als Element für Dioden, Detektoren und Transistoren und in Photozellen wie Instrumenten verwendet.

gesättigt, Kohlenwasserstoffe oder Kohlenwasserstoffreste, die nur Kohlenstoffatome mit Einfachbindungen enthalten, also sp^3-hybridisiert sind.

gesättigte Lösung, Lösung, in der sich bei einer gegebenen Temperatur keine weiteren Mengen des gelösten Stoffes auflösen können.

Geschwindigkeitskonstante, ↗ Reaktionskinetik.

Gesetz der konstanten Proportionen, Grundgesetz der Chemie, J. L. PROUST, 1797. Verbinden sich zwei oder drei Elemente miteinander, so geschieht das nicht in beliebigen, sondern nur in bestimmten, stets konstanten Massenverhältnissen.

Gesetz der konstanten Volumenverhältnisse, nach GAY-LUSSAC reagieren Gase im Verhältnis kleiner ganzer Zahlen ihrer Volumina miteinander.

Gesetz der multiplen Proportionen, Grundgesetz der Chemie, J. DALTON, 1808. Die Massenverhältnisse von zwei oder mehreren Elementen, die sich zu verschiedenen Verbindungen vereinigen, entsprechen einfachen ganzen Zahlen.

Gesetz von der Erhaltung der Masse, Grundgesetz aller chem. Reaktionen, LOMONOSSOV 1748 und LAVOISIER 1774.

Bei jeder chem. Reaktion ist die Summe der Massen der Ausgangsstoffe gleich der Summe der Massen aller Reaktionsprodukte (↗ Gesetz von der Erhaltung der Materie).

Gesetz von der Erhaltung der Materie, Grundgesetz aller chem. Reaktionen, nachdem bei chem. Umsetzungen Materie weder verlorengehen noch neu entstehen kann. Durch die Beziehung nach EINSTEIN

$E = m \cdot c^2$

E Energie
m Masse
c Lichtgeschwindigkeit

gilt das Gesetz von der Erhaltung der Masse nicht streng. Ein bestimmter Teil der Masse der Reaktionspartner wird in Energie umgewandelt. Da Energie eine Zustandsform der Materie ist, gilt das Gesetz von der Erhaltung der Materie. Da der auftretende Massendefekt (↗ Kernenergie) bei normalen chem. Reaktionen nicht meßbar, sondern lediglich berechenbar ist, bleibt das Gesetz von der Erhaltung der Masse in der Praxis bestehen.

Gestagene, ↗ Keimdrüsenhormone.

Gestein, Teil der festen Erdkruste, G. bestehen aus einer Mineralart oder aus verschiedenen Mineralien und sind durch Ablagerung (↗ Sedimentgesteine), Erstarrung (↗ magmatische Gesteine) oder Umbildung von älterem Material (↗ Metamorphose) entstanden. Die Lehre von der Zusammensetzung, dem Aufbau und der Bildung der G. ist die *Petrographie*. Den G. analoge techn. Produkte sind Untersuchungsgegenstand der *Techn. Petrographie*.

Getter, auch *Getterstoffe* genannt, Substanzen der Elemente Aluminium, Barium, Silber, Strontium, Titanium u. a., die als Metalle oder Metallegierungen in evakuierten Elektronenröhren (z. B. Röntgenröhren, Fernsehbildröhren usw.) und Glühlampen letzte Spuren unerwünschter Gase (durch Absorption oder chem. Reaktionen) an sich zu binden vermögen. Das Vorhandensein dieser Gase im Vakuumraum, das die Funktion und Lebensdauer der Röhre bzw. Glühlampe sehr nachteilig beeinflußt, hat unterschiedliche Ursachen, von denen hier die unvollständige Entfernung bei der Herstellung (Restluft) oder die Bildung beim Produktionsprozeß (z. B. Kohlenmonoxid, Kohlendioxid usw.) bzw. beim Gebrauch der Röhre genannt sein sollen. Durch das Wirken der G., das als *Getterung* bezeichnet wird, lassen sich Hochvakua von unter 10^{-6} Pa aufrechterhalten.

Gewichtsprozent, Gew.-%, häufig nicht korrekt für ↗ Masseprozent verwendet.

GFP-Werkstoffe, ungesättigte Polyesterharze, die durch eingelagerte Glasfasern verstärkt sind. ↗ Glasfaserverstärkte Werkstoffe, ↗ Polyesterharze.

Gibberelline, Gruppe von ↗ Phytohormonen mit vielfältigen physiologischen Wirkungen. Besonders charakteristisch sind die Förderung des Längenwachstums sowie die Steuerung der Samenkeimung und des Blühens. Alle G. besitzen das Gibbanskelett, werden aber nach einem IUPAC-Vorschlag besser vom ent-Gibberellan abgeleitet (Bild). Die G. sind als tetracyclische Diterpene (↗ Terpene) aufzufassen. Sie werden in der Reihenfolge ihrer Entdeckung mit GA_1 bis GA_n bezeichnet. Bisher sind etwa 50 G. bekannt, von denen das GA_3 (Gibberellinsäure) die größte Bedeutung hat. Es gehört zu einer Gruppe von G., denen das C-Atom 20 fehlt und die eine γ-Lacton-Gruppe im Ring A besitzen (Bild). Die Strukturaufklärung gelang CURTIS und CROSS 1954.

Gibban   ent-Gibberellan

Gibberellinsäure (GA₃)   Gibberelline

Gibberellinsäure, ein Vertreter der ↗ Gibberelline.

GIBBS, JOSIAH, WILLARD (11. 2. 1839 bis 28. 4. 1903), amerikanischer Chemiker, hatte maßgeblichen Anteil am theoretischen Aufbau der Phasenlehre.

GIBBS-HELMHOLTZsche Gleichung, ↗ freie Energie, ↗ freie Enthalpie.

Gibbsit, ↗ Hydrargillit.

GIBBSsche Energie, ↗ freie Enthalpie.

GIBBSsches Phasengesetz, (1878) gibt für ein System aus K ↗ Komponenten den Zusammenhang zwischen der Zahl existierender ↗ Phasen P sowie den Freiheitsgraden F (Druck, Temperatur, Zusammensetzung) an und lautet:

$P + F = K + 2.$

Mit Hilfe des G. P. kann bei Vorgabe der Zahl der Komponenten und der gleichzeitig vorliegenden Phasen ermittelt werden, wie viele thermodynamische Zustandsgrößen ohne Änderung der Phasenzusammensetzung des Systems frei variiert werden können (Freiheitsgrade). Das G. P. dient der Interpretation von ↗ Phasendiagrammen bzw. ↗ Schmelz- und ↗ Siedediagrammen.

Gichtgas, Reaktionsgas, das bei der ↗ Roheisenherstellung über die Gicht (obere Öffnung des Hochofens) abzieht. Es besteht vor allem aus Stickstoff und Kohlenmonoxid; es besitzt einen geringen Heizwert und dient nach Entstaubung zur Beheizung der Winderhitzer u. a.

Gießen, Verfahren des Urformens für Metalle, Glas, Plaste u. a. Das Material wird geschmolzen und erstarrt in Gießformen.

Gießharze, härtbare, flüssige Duroplaste, die in Formen zu den gewünschten Bauteilen aushärten. Für den Einsatz als G. sind sehr unterschiedliche Harztypen geeignet, wenn sie folgende Voraussetzung erfüllen: optimale Viskosität, günstige Härtungsbedingungen, geeignete Festigkeit, ausreichende thermische und elektrische Beständigkeit, geringe Schrumpfung und geringe exotherme Härtungsreaktion. Techn. wichtige G. sind: Polyester-, Epoxid-, Polyurethan- und Siliconharze.

Gifte, (im Sinne gesetzlicher Bestimmungen) chem. Stoffe, die durch toxische Wirkung im lebenden Organismus vorübergehende oder bleibende Gesundheitsschädigungen verursachen oder den Tod herbeiführen können. Der Verkehr mit G. d. h. die Herstellung, Gewinnung, Verarbeitung, Lagerung, Erwerb, Besitz, Abgabe, Transport und Beseitigung wird in den Ländern gesetzlich geregelt. Entsprechend ihrer toxischen Wirkung werden die G. in unterschiedliche Gruppen (z. B. Abteilungen) eingestuft. Auf den Etiketten von G. ist neben der Bez. des Inhaltes eine besondere Kennzeichnung (z. B. das Wort Gift, das Totenkopfzeichen) anzugeben. Tabelle.

Glaskeramik

Zusammenstellung ausgewählter Gifte

Acrylnitril
Allylalkohol
Arsen und Verbindungen
Blausäure und Verbindungen
Bleitetraethyl
Cadmiumverbindungen außer CdS
Kohlenmonoxid
Phosphide
Quecksilberverbindungen außer Hg und Hg_2Cl_2
Stickstoffdioxid
Stickstoffmonoxid
Thalliumverbindungen

Gips, $CaSO_4 \cdot 2H_2O$, häufiges gesteinsbildendes Mineral, vor allem chem. Sedimentgesteine. Seine farblosen, relativ weichen, tafligen, gut spaltenden Kristalle (»Marienglas«) sind häufig anzutreffen. Daneben tritt G. in fasrigen Aggregaten (Fasergips) oder feinkörnig (Alabaster) auf. G. entsteht aus ↗ Anhydrit durch Wasseraufnahme. Technisch verwendet wird gebrannter G. Beim Brennen bis 120 °C entsteht eine wasserärmere Form, die als schnellbindender Modellgips verwendet wird. Bei 200 °C entsteht Stuck- und Putzgips, der aus Halbhydrat $CaSO_4 \cdot \frac{1}{2} H_2O$ besteht. Mit Wasser erhärtet der Putzgips unter Rückverwandlung in Dihydratform. Der sehr feste, langsam bindende Estrichgips bildet sich bei weiterer Temperaturerhöhung (»Totbrennen des G.« = Bildung von Anhydrit und etwas CaO).

Gips-Schwefelsäureprozeß, ↗ MÜLLER-KÜHNE-Verfahren.

GIRARD-Reagens, gibt mit Carbonylverb., wie Aldehyden und Ketonen, wasserlösliche Kondensationsprodukte. Eine Trennung von wenig löslichen Verunreinigungen ist damit möglich. G. ist das Betain-hydrazid-chlorid.

$$\left[(CH_3)_3 \overset{\oplus}{N} - CH_2 - C \begin{smallmatrix} O \\ NH-NH_2 \end{smallmatrix} \right] Cl^-$$

Gitterbaufehler, Abweichungen der realen Kristalle von der ideal gedachten, streng dreidimensional-periodischen anisotropen Anordnung der Gitterbausteine. Die Züchtung weitgehend von Gitterbaufehlern freier Kristalle hat insbesondere für die Halbleiterindustrie (die Mikroelektronik) große Bedeutung erlangt.

Gitterenergie, diejenige Energiemenge, die frei wird, wenn sich 1 mol fester, kristalliner Ionensubstanz aus gasförmigen Ionen bildet (↗ HABER-BORNscher-Kreisprozeß). Eine hohe G. haben solche Substanzen, bei deren Bildung viel Energie abgegeben wurde, sie sind energiearm und sehr stabil.

Gitterkonstanten, Abmessungen der ↗ Elementarzelle in nm und Winkelangaben des zugrunde liegenden Koordinatensystems (↗ Kristallgitter).

Glanz, e, spezifische Formen (Modifikationen) sulfidischer Erze. Beispiel: Bleiglanz − PbS.

Glanzcobalt, Cobaltglanz, CoAsS, kubisches Mineral, dessen oktaederförmige rötlich-silberweiße Kristalle auf hydrothermalen Lagerstätten vorkommen.

Glas, meist lichtdurchlässiger, fester, amorpher und homogener Stoff ohne definierten Schmelzpunkt. Als techn. Produkt wird vor allem Silicatglas, daneben auch ↗ organ. Glas verwendet. Das häufigste techn. Silicatglas ist ein Natronkalkglas. Es wird aus Sand, Soda und Kalkstein in einem Wannenofen (Hafenofen) bei etwa 1 500 °C erschmolzen. An die Bildung der Glasschmelze schließt sich die Läuterung (Homogenisierung) an, bei der eingeschlossene Gase austreten. Durch Blasen, Pressen, Ziehen, Spinnen und Walzen erfolgt die Verarbeitung der Glasmasse.

Durch verschiedenartige Zusätze werden Spezialgläser für bestimmte Sonderzwecke hergestellt.

Glasätzen, Glas wird nur von wenigen Stoffen angegriffen. Es reagiert jedoch mit Fluorwasserstoff bzw. Flußsäure unter Bildung von Siliciumtetrafluorid:

$$SiO_2 + 4\,HF \rightarrow SiF_4 + 2\,H_2O$$

Diese Chemikalien oder Hydrogenfluoride können zum Mattätzen von Glas verwendet werden. Bereiche des Glases, die nicht geätzt werden sollen, werden mit Wachs bzw. Paraffin bedeckt. Glaskolben von Glühlampen werden mit Ammoniumhydrogenfluorid $NH_4F \cdot HF$ mattgeätzt, um das Licht gleichmäßiger zu zerstreuen.

Glasfasern, faden- bzw. faserförmige Glaserzeugnisse. Glasseide wird im Düsenziehverfahren hergestellt, Glaswolle durch Schleuder- oder Blasverfahren. Die Produkte sind sehr leicht, säure- und witterungsbeständig, nicht trennbar; sie besitzen ein gutes Wärmedämmvermögen, werden zur Schall- und Wärmeisolation, Elektroisolation, als Filterstoffe, Tapeten, Füllstoffe für Duroplaste, Elaste (Autoreifen), Bauplatten und für Faseroptik (Lichtleitertechnik) verwendet.

glasfaserverstärktes ungesättigtes Polyesterharz, GFP, GUP, leichter, sehr fester Konstruktionswerkstoff, ebenso wie andere durch Glasfasern verstärkte Duroplastharze.

Glaskeramik, Vitrokeramik, Werkstoffart, die durch gesteuerte Kristallisation aus Gläsern durch bestimmte Keimbildner (Metallspuren) hergestellt wird. Es sind homogene, mikrokristalline Stoffe hoher Festigkeit, mit sehr geringem Ausdehnungs-

Glaskopf, alte bergmännische Bez. für rundlichtraubige, nierige Mineralaggregate mit glatter Oberfläche.

Glasschmelzofen, kontinuierlich arbeitender Wannenofen, der durch Trennung von Schmelzwanne und Arbeitswanne gekennzeichnet ist. Gegenüber dem alten ↗ Hafenofen sind damit wesentlich größere Durchsätze bei gleichzeitig stark verringertem Energiebedarf verbunden.

Glasuren, besitzen die chem. Zusammensetzung von Gläsern und dienen zum Überziehen keramischer Körper.

Glaszustand, Strukturverhältnisse in Gläsern. Im G. liegt kein Festkörper, sondern eine unterkühlte Flüssigkeit, die ihre Fluidität verloren hat, vor. Stoffe im G. besitzen keinen scharfen Schmp., sondern einen Erweichungsbereich. Für das Verständnis der Strukturverhältnisse des G. gibt es verschiedene, sich teilweise widersprechende Theorien. So erklärt die *Netzwerktheorie* die Eigenschaften des G. durch das Auftreten unregelmäßig angeordneter Strukturelemente, wie z. B. die SiO_4-Tetraeder in Silicatgläsern. Die *Kristallittheorie* beschreibt die Struktur von Gläsern als eine Anhäufung mikrokristalliner Gebilde.

GLAUBER, JOHANN RUDOLF (1604 bis 1668), verbesserte die Herstellung von Salz-, Salpeter- und Schwefelsäure; gewann Natrium- und Kaliumsulfat. Das Natriumsulfat fand als Abführmittel Eingang in die Medizin. ↗ Sal mirabile. G. versuchte zu erklären, warum Stoffe miteinander reagieren, und deutete dabei die chem. Verwandtschaft an. Er stellte aus Holz durch trockene Destillation Holzessig her und untersuchte Meteorsteine. Mit der Schrift »Teutschlands Wohlfarth« machte er auf die wirtschaftliche Bedeutung der Chemie aufmerksam. Bild.

Glaubersalz, alte Bez. für Natriumsulfat-Dekahydrat, $Na_2SO_4 \cdot 10\,H_2O$, nach dem Apotheker und Chemiker J. R. GLAUBER, seltenes Mineral in Salzlagerstätten [↗ sal mirabile].

Gleichfälligkeitsprinzip, wesentlicher Aspekt der Sortierung und Klassierung von Feststoffgemengen nach der Dichte der Bestandteile und ihrer Korngröße. Es besagt, daß
– nur bei einheitlicher Korngrößenfraktion eine Sortierung nach der Dichte,
– nur bei gleicher Dichte (homogener Zusammensetzung) eine Klassierung nach der Korngröße möglich ist.

Gleichgewicht, chemisches, chem. Reaktionen (z. B. $A + B \rightleftharpoons C$; $A + B \rightleftharpoons C + D$) laufen nicht bis zur vollständigen Umsetzung der Reaktionspartner, sondern bis zur Ausbildung eines Gleichgewichtszustandes ab, d. h., chem. Reaktionen sind Gleichgewichtsreaktionen. Bei einer chem. Reaktion bilden sich nicht nur ständig neue Stoffe, sondern die gebildeten Stoffe zerfallen auch wieder. Die ↗ Reaktionsgeschwindigkeiten der Bildungs- und der Zerfallsreaktionen sind konzentrationsabhängig und damit sehr verschieden. Am Reaktionsbeginn sind die Ausgangsstoffe in hoher Konzentration vorhanden, sie reagieren mit großer Reaktionsgeschwindigkeit unter Bildung der Reaktionsprodukte. Da dabei die Konzentration der Ausgangsstoffe abnimmt, sinkt die Reaktionsgeschwindigkeit der Bildungsreaktion. Gleichlaufend steigt mit der Konzentration der Reaktionsprodukte die Geschwindigkeit ihrer Zerfallsreaktionen. Der Zustand, bei dem die Geschwindigkeiten der Bildungs- (Hin-) und der Zerfallsreaktion (Rückreaktion) gleich sind, ist der Gleichgewichtszustand. Dabei liegt ein dynamisches Gleichgewicht vor, d. h., die Reaktion ist nicht beendet, aber da die Zahl der sich bildenden Moleküle gleich der Zahl der zerfallenden Moleküle ist, erscheint die Reak-

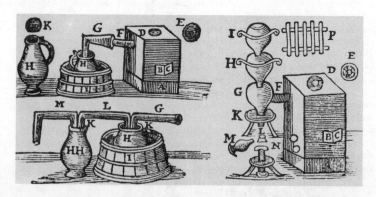

Destillationszubehör nach GLAUBER

tion als beendet. Dieser Gleichgewichtszustand wird durch das ↗ Massenwirkungsgesetz (MWG) quantitativ beschrieben. Gleichgewichtsreaktionen werden durch einen Doppelpfeil (⇌ oder ⇋) gekennzeichnet. Die Gleichgewichtskonstante beschreibt die Lage eines G., d. h., sie gibt an, bei welchem Verhältnis der Konzentration von Ausgangsstoffen und Reaktionsprodukten der Gleichgewichtszustand erreicht wurde. Liegt das G. ganz auf der Seite der Reaktionsprodukte, erscheint das Gleichgewicht als vollständige Umsetzung. Solche Reaktionen werden durch einen einfachen Reaktionspfeil gekennzeichnet. Der Einfluß von Druck und Konzentration der Reaktionspartner auf die Gleichgewichtslage wird durch das ↗ Prinzip von Le Chatelier charakterisiert.

Gleichgewichtskonstante, K, für jede chem. Reaktion (bei bestimmter Temperatur) charakteristischer Wert, der sich aus dem Ausdruck für das ↗ MWG errechnet und die Lage eines chem. ↗ Gleichgewichtes beschreibt. Große Werte der G. bedeuten, daß ein Gleichgewicht auf der Seite der Reaktionsprodukte liegt.

Gleichstromführung, Variante der Führung von Stoff- und Energieströmen in Apparaten. Sie besitzt gegenüber der Gegenstromführung einen geringeren Wirkungsgrad. In homogenen Systemen ist nur G. möglich.

Gleichung, speziell chem. Reaktionsgleichung, in der Chemie Darstellungsform einer chem. Reaktion durch Symbole und Formeln, die die stöchiometrischen Verhältnisse der Ausgangs- und Endprodukte beschreibt. Die Ausgangsstoffe einer Reaktion werden auf die linke Seite der G. geschrieben, es folgt der Reaktionspfeil (→, Doppelpfeil bei Gleichgewichtsreaktionen ⇌ oder ⇋), die Reaktionsprodukte werden auf die rechte Seite geschrieben. Die Symbole und Formeln in einer G. haben eine qualitative Bedeutung als chem. Zeichen für die an der chem. Reaktion beteiligten Stoffe. Sie hat eine quantitative Bedeutung, denn jedes Symbol oder jede Formel entspricht einem Mol bzw. einem Grammolekül oder Grammatom der entsprechenden Substanz. Stoffe, die als unlösliche Niederschläge entstehen, werden durch einen nach unten weisenden Pfeil (↓), solche, die als Gase aus dem System entweichen, durch einen nach oben weisenden Pfeil (↑) gekennzeichnet. Die Wärmetönung wird als Reaktionsenthalpie ($\Delta_R H$) hinter der eigentlichen Gleichung in Kilojoule pro Mol (kJ · mol^{-1}) angegeben. Exotherme Effekte werden mit negativen, endotherme Effekte mit positiven Vorzeichen gekennzeichnet. Die Gleichung Zn + 2 HCl → ZnCl$_2$ + H$_2$ bedeutet, daß metallisches Zink und Salzsäure unter Bildung von Zinkchlorid und molekularem Wasserstoff reagieren.

1 mol Zink reagiert mit 2 mol Chlorwasserstoff unter Bildung von 1 mol Zinkchlorid und 1 mol Diwasserstoff, bzw. 65,38 g Zink reagiert mit 72,9 g Chlorwasserstoff enthaltender Salzsäure zu 135,38 g Zinkchlorid und 2 g Wasserstoff.

Glimmer, Gruppenbez. für hydroxyl- und alkalihaltige Tonerdesilicate mit schichtiger Anordnung der SiO$_4$-Tetraeder im Gitter. Si kann dabei z. T. durch Al ersetzt werden; zum Valenzausgleich treten andere Elemente dazu. Neben »hellen« Glimmern (K-, Na-, Li-Glimmer) sind »dunkle« Glimmer (Mg-, Fe- und Lithiumeisenglimmer) bekannt. Die Kristallstruktur bedingt die ganz ausgezeichnete schichtige Spaltbarkeit dieser Mineralgruppe. Die einzelnen, extrem dünnen Spaltblättchen sind elastisch-biegsam. G. sind als wichtige gesteinsbildende Mineralien weit verbreitet. ↗ Muskovit, ↗ Lepidolith, ↗ Biotit, ↗ Zinnwaldit.

Glimmerschiefer, häufiges metamorphes Gestein, das aus einem Gemenge von Quarz mit Glimmermineralien besteht und durch Gebirgsdruck eine schiefrige Textur aufweist.

Globuline, chem. und physiologisch heterogene Gruppe einfacher ↗ Proteine, die in verd. Salzlösungen gut löslich sind und ein höheres Molekulargewicht als die ↗ Albumine besitzen. Zu den G. gehören zahlreiche ↗ Enzyme.

Glockenboden, spezielle Bodenform von Kolonnen zur Destillation bzw. Rektifikation. Er enthält viele einzelne Glocken, die einen intensiven Stoff- und Wärmeaustausch zwischen aufwärts strömender Gasphase und abwärts fließender Flüssigkeit bewirken. Nachteilig wirkt sich ein hoher fertigungstechn. Aufwand aus; G. werden daher heute vielfach durch einfach herstellbare Bodentypen oder Kolonneneinbauten ersetzt (↗ Performgrid).

D-Glucitol (D-Sorbit),
HO—CH$_2$—(CHOH)$_4$—CH$_2$—OH,
ein sechswertiger Alkohol, der durch Reduktion der Glucose hergestellt wird. G. schmeckt süß (Diabeti-

```
        H
        |
    H—C—OH
        |
    H—C—OH
        |
   HO—C—H
        |
    H—C—OH
        |
    H—C—OH
        |
    H—C—OH
        |
        H
     Glucitol
```

Glucose, $C_6H_{12}O_6$, in der Natur kommt nur die D(+)-Glucose vor (Traubenzucker oder Dextrose). Sie kristallisiert aus Ethanol-Wasser-Gemischen als α-D-G. aus (Schmp. 146 °C). Aus Pyridin wird die β-D-G. erhalten (Schmp. 148 bis 150 °C). Sie unterscheiden sich strukturell in der Stellung der OH-Gruppe am C-Atom 1 in der Cyclo-Form. G. in der Sechsring-Struktur wird Glucopyranose genannt.

Oxo-Form

Cyclo-Formen

In wäßriger Lösung stellt sich zwischen α-G und β-G. ein Gleichgewicht ein, das durch Änderung der optischen Drehung von +111 °C (α-G.) bzw. +19,2 °C (β-G.) auf den Endwert von 52,5 °C gekennzeichnet ist und ↗ Mutarotation genannt wird. G. kommt in Früchten (Trauben), Honig, im Blut und bei Diabeteserkrankung im Harn vor. G. löst sich leicht in Wasser und ist etwa halb so süß wie die Saccharose. G. wird durch Hydrolyse von Kartoffel- oder Maisstärke mit verdünnter Salzsäure unter Druck hergestellt. G. reduziert ↗ FEHLINGsche Lösung, gibt die ↗ HAINE-Reaktion und reagiert mit ↗ TOLLENS-Reagens.

Glühphosphate, Thermophosphate, Phosphordüngemittel, die durch thermischen Aufschluß aus Rohphosphaten mit Soda und Sand im Temperaturbereich oberhalb 1000 °C hergestellt werden. Diese entstandenen Phosphorsn. sind im Gegensatz zu den Ausgangsphosphaten im Boden löslich und damit für die Pflanze verfügbar.

Glühschiffchen, kleines langgestrecktes, oben offenes Gefäß aus keramischen Materialien insbesondere zum Erhitzen fester Stoffe in Gasströmen.

Glutamat, Kurzbez. für ↗ Natriumglutamat.

L-Glutamin, Abk. Gln, $H_2N-OC-CH_2-CH_2-CH(NH_2)-COOH$, ein Halbamid der ↗ L-Glutaminsäure, gehört wie diese zu den proteinogenen ↗ Aminosäuren. M: 146,2, Schmp. 184 bis 185 °C. G. spielt eine zentrale Rolle im Stickstoffstoffwechsel.

L-Glutaminsäure, Abk. Glu, L-α-Aminoglutarsäure, $HOOC-CH_2-CH_2-CH(NH_2)-COOH$, eine proteinogene ↗ Aminosäure. M: 147,1. Schmp. 247 bis 249 °C. G. gehört zu den verbreitetsten Aminosäuren und ist beteiligt an zahlreichen Stoffwechsel- und Regulationsprozessen. In Form von *Ca-Glutamat* wurde die Verb. erstmals von RITTHAUSEN 1866 isoliert.

Glycerol, (früher Glycerin) Trivialname für den dreiwertigen Alkohol ↗ Propan-1,2,3-triol.

Glyceroltrinitrat, (verbotener Trivialname: Nitroglycerin), Triester des Propantriols mit Salpetersäure, der sich bei der Umsetzung von wasserfreiem ↗ Propantriol mit Nitriersäure (konz. Salpetersäure/konz. Schwefelsäure) bei Temperaturen unter 30 °C bildet.

G. ist eine farblose, giftige, ölige Flüssigkeit, die sich nicht in Wasser, aber in Ethanol löst. Entzündet man kleine Mengen, brennen sie gefahrlos ab, bei Schlag oder Stoß explodiert G. jedoch mit hoher Brisanz. Weniger empfindlich ist G., wenn es in Kieselgur aufgesaugt wird. Es läßt sich dann nur mit Initialzündung zur Explosion bringen (↗ Dynamit). G. wird auch als Mittel gegen Angina pectoris verwendet.

Glycin, *Glycocoll,* Abk. Gly, *Aminoessigsäure,* H_2N-CH_2-COOH, die einfachste der proteinogenen ↗ Aminosäuren. M: 75,1, Schmp. 292 °C. G. wurde erstmals von BRACONNOT 1819 isoliert.

Glycocoll, ↗ Glycin.

Glycogen, tierisches ↗ Polysaccharid, welches als Reservestoff dient und besonders in der Leber gespeichert wird. Chemisch ähnelt G. dem pflanzlichen *Amylopectin* (↗ Stärke), hat aber einen höheren Verzweigungsgrad. Die Seitenketten entspringen im Durchschnitt an jedem achten Glucosebaustein der Hauptkette.

Glycol, Trivialname für das ↗ Ethan-1,2-diol.

Glycole, Trivialname für zweiwertige Alkohole (↗ Diole). Der Gruppenname G. leitet sich vom einfachsten vicinalen Diol, dem ↗ Glycol, ab.

Glycolyse, die für ↗ Atmung und ↗ Gärung gemeinsamen ersten Abbauschritte von Kohlenhydraten (↗ Dissimilation). Bruttogleichung der Glycolyse:

$$C_6H_{12}O_6 \xrightarrow[-2\,ATP,\,-2\,H_2O]{+2\,ADP,\,2\,H_3PO_4} 2\,H_3C-CHOH-COOH$$

Glycoside, in Pflanzen und Tieren weitverbreitete Kondensationsprodukte, in denen verschiedenartigste org. Moleküle (Alkohole, Phenole, Amine) mit Mono- oder Oligosacchariden verknüpft sind. Je nach dem am Aufbau des G. beteiligten Zucker spricht man im einzelnen von Glucosiden, Ribosi-

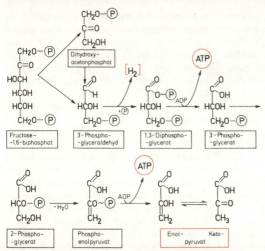

Die wichtigsten Reaktionsschritte der Glycolyse
[H₂]: an Coenzym gebundener Wasserstoff

den, Saccharosiden usw. Der Nichtzucker-Anteil des G. wird als *Aglycon* bezeichnet. Die Anlagerung des Zuckers erfolgt entweder über alkoholische bzw. phenolische Hydroxylgruppen (O-G.) oder über Aminogruppen (N-G.). Das stets durch Enzyme vermittelte Herstellen oder Lösen der glycosidischen Bindung kann die Löslichkeit und damit die Transportfähigkeit eines Moleküls verändern, häufig aber auch die Aktivierung eines vorher physiologisch unwirksamen Moleküls oder die Entgiftung eines körperfremden Stoffes bewirken.

Glyoxylsäure, OHC—COOH, unbeständige, hygroskopische Aldehydcarbonsäure, die in Pflanzen, z. B. Rhabarber, vorkommt. G. bildet sich bei der Hydrolyse der Dichlorethansäure oder durch Reduktion von Oxalsäure. G. ist in Spuren in der konz. Ethansäure enthalten.

Gneis, sehr häufiges körniges metamorphes Gestein, das hauptsächlich aus Quarz, Feldspäten und Glimmermineralien besteht und eine schiefrige bis flasrige Textur aufweist. G. entstanden durch intensive Metamorphose in tiefen Teilen der Erdkruste aus Sedimentgesteinen (Paragneise) oder magmatischen Gesteinen (Orthogneise).

Gold,

Au	$Z = 79$
$A_{r(1981)} = 196{,}9665$	
Ek: [Xe] $4f^{14}5d^{10}6s^1$	
OxZ: +1, +3	
$X_E = 2{,}54$	
Elementsubstanz:	
Schmp. 1063 °C	
Sdp. 2970 °C	
$\varrho = 19{,}3 \ kg \cdot l^{-1}$	

chem. Element (↗ Elemente, chem.).
Aurum, Symbol: Au, 3. Element der 1. Nebengruppe des PSE (↗ Nebengruppenelemente, 1. Nebengruppe des PSE). G. ist die Bez. für alle Atome, die 79 positive Ladungen im Kern (also 79 Protonen) besitzen: Kernladungszahl $Z = 79$. Die Hülle des neutralen Atoms besteht aus 79 Elektronen, von denen die möglichen Valenzelektronen die Konfiguration $5d^{10}6s^1$ besitzen. In Verb. werden Oxydationsstufen eingenommen, die durch die Oxydationszahlen OxZ +1 und +3 charakterisiert sind. G. ist aus ältester Zeit bekannt. In der Natur findet sich G. gediegen (d.h. als Metall) hauptsächlich als Berggold (eingesprengt in Quarz) und gebunden. Wichtige Golderze sind: *Sylvanit, Schrifterz,* AuAgTe₄; *Nagyagit, Blättertellur, Blättererz,* AuTe₂ · 6 Pb(S, Te); *Petzit,* (Au, Ag)₂Te, und *Calaverit, Krennerit,* AuTe₂. Metallisches G. wird durch die Goldwäscherei vom beigemengten Quarz getrennt. Durch die Cyanidlaugerei wird G. (metallisch oder gebunden) komplex gelöst:

$4 \ Au + 8 \ NaCN + 2 \ H_2O + O_2$
$\rightarrow 4 \ Na[Au(CN)_2] + 4 \ NaOH$

und dann durch metallisches Zink abgeschieden:
$4 \ Na[Au(CN)_2] + 2 \ Zn \rightarrow 2 \ Na_2[Zn(CN)_4] + 4 \ Au$.

Eine Reinigung des metallischen G. kann durch heiße konz. Schwefelsäure, welche einen großen Teil der Verunreinigungen in Lösung bringt, und durch elektrolytische Raffination, bei der im Anodenschlamm noch Iridium, Rhodium und Ruthenium anfallen, erfolgen. Metallisches G. ist typisch metallisch gelbglänzend, weicher als metallisches Kupfer und Silber, läßt sich zu dünnsten Folien bis zu $1 \cdot 10^{-10}$ m Dicke auswalzen, die blaugrün durch-

Gold(I)-Verbindungen

scheinend sind. Metallisches G. ist ein typisches Edelmetall, das von Disauerstoff und allen nichtoxydierenden Säuren wie auch konz. Salpetersäure nicht angegriffen wird. Nur Königswasser, eine Mischung von Salzsäure und Salpetersäure, vermag durch das Wirksamwerden von atomarem Chlor Gold(III)-chlorid zu bilden:
$3 HCl + HNO_3 \rightarrow 2 Cl + NOCl + 2 H_2O$ (Königswasser),
$Au + 3 Cl \rightarrow AuCl_3$.
Auch Chlorwasser kann metallisches G. angreifen:
$2 Au + 3 Cl_2 \rightarrow 2 AuCl_3$.
G. bildet mit geeigneten Liganden Komplexverbindungen. So wird z.B. Gold(III)-chlorid durch Chloridionen zu Tetrachloroaurat(III)-Ionen umgewandelt:
$AuCl_3 + Cl^- \rightarrow [AuCl_4]^-$.
Die Bildung von Cyanidkomplexen ist bereits erwähnt worden. Metallisches G. findet fast ausschließlich als Goldlegierung mit den Metallen Silber, Kupfer, Platin, Palladium, Nickel und Rhodium Verwendung. Goldlegierungen werden auch heute noch durch die traditionelle Karatangabe gekennzeichnet: 24karätiges G. = 1 000 ‰ (reines G.); 18karätiges G. = 750 ‰ Goldanteil; 14karätiges G. = 585 ‰ (genau: 583,333... ‰) Goldanteil. Metallisches G. (bzw. Goldlegierungen) finden Verwendung als Schmuckmetall, zur Herstellung galvanischer Überzüge, als Walzgold, als Blattgold (auf Glas und Porzellan), kolloidal in Glasflüssen in Goldrubingläsern, in der Photographie (als Tonbäder), in der Medizin (z.B. als Antirheumatikum), in Goldalkylmercaptiden zum Vergolden, als »flüssiges Gold«.

Gold(I)-Verbindungen, einfache Verb. des Goldes von geringer Beständigkeit, daraus gebildete Gold(I)-Komplexe mit der bevorzugten Koordinationszahl 2 jedoch relativ beständig. Bekannt sind die Gold(I)-halogenide: *Gold(I)-chlorid*, AuCl; *Gold(I)-bromid*, AuBr, und *Gold(I)-iodid*, AuI. Gold(I)-chlorid disproportioniert in wäßriger Lösung zu Gold(III)-chlorid und metallischem Gold:
$3 AuCl \rightarrow AuCl_3 + 2 Au$,
während Gold(III)-Ionen durch Iodidionen zu Gold(I)-iodid reduziert werden:
$Au^{3+} + 3 I^- \rightarrow AuI + I_2$.
Gold(I)-sulfid, Au_2S, und *Gold(I)-cyanid*, AuCN, sind weitere wichtige G. Das Gold(I)-cyanid bildet mit Cyanid-Ionen das in der Cyanidlaugerei sich ergebende (stabile) Kalium- oder Natriumdicyanoaurat(I):
$AuCN + KCN \rightarrow K[Au(CN)_2]$.
Die Existenz von *Gold(I)-oxid*, Au_2O, gilt als nicht gesichert.

Gold(III)-Verbindungen, Verb. des Goldes, die relativ beständig sind, in Komplexverbindungen die bevorzugte Koordinationszahl 4 mit planarquadratischer Anordnung der Liganden ausbilden. Bekannt sind die Gold(III)-halogenide (bis auf das Iodid), die leicht in stabile Tetrahalogenkomplexe übergehen:
$AuCl_3 + Cl^- \rightarrow [AuCl_4]^-$ (Tetrachloroaurat(III)-Komplex).
Gold(III)-oxid, Au_2O_3, und Gold(III)-hydroxid, $Au(OH)_3$, sind bekannte, aber thermisch nicht sehr stabile G. Abgeleitet vom Gold(III)-cyanid sind Tetracyanoaurat(III)-Komplexe: $[Au(CN)_4]^-$; nachgewiesen und als relativ stabile Verb. erkannt worden.

GOODYEAR, CHARLES (1800 bis 1860), Amerikaner, erfand 1839 die Heißvulkanisation des Kautschuks. Er begründete das nach ihm benannte Kautschukunternehmen.

Gradierwerk, veraltete techn. Anlage, um Salzsolen (↗ Sole) mit relativ geringem NaCl-Gehalt aufzukonzentrieren, damit sie »sudwürdig« werden. Es handelte sich ursprünglich meistens um natürliche Solen, die beim Auslaugen unterirdischer Steinsalzlager durch Grundwässer entstehen und als Solequellen austreten. Zahlreiche dieser Solen ließen sich direkt eindampfen, so die Sole von Halle (18 % NaCl), andere (Bad Kösen, Bad Dürrenberg) werden zunächst durch Gradieren konzentriert. Das G. ist ein Fachwerkhaus, dessen Zwischenräume mit Dornensträuchern (Schwarzdorn) ausgefüllt sind. Beim Herunterrieseln an diesen Zweigen verdunstet Wasser, zugleich setzen sich die schwerer löslichen störenden Begleitsalze $CaCO_3$ und $CaSO_4$ als »Dornenstein« ab. Die so gereinigte und konz. Sole gelangte dann in das Sudhaus zur Weiterverarbeitung (↗ Salinenbetrieb). G. werden heute nur noch betrieben, weil die Luft ihrer Umgebung zahlreiche Salzstäubchen enthält, die heilend bei Erkrankungen der oberen Atemwege wirken.

Grammäquivalent, die Masse einer Substanz in Gramm, deren Zahlenwert gleich der ↗ Äquivalentmasse ist. Das G. (val) ist nicht mehr gebräuchlich.

$$\text{Grammäquivalent} = \frac{\text{Grammformeleinheit}}{\text{stöchiometr. Wertigkeit}}$$

Grammatom, die Masse eines Elementes in Gramm, die gleich seiner relativen Atommasse ist; 1 Grammatom Eisen sind $55{,}84 \text{ g} \cdot \text{mol}^{-1}$.

Grammformeleinheit, die Masse einer Substanz in Gramm, die gleich seiner Formelmasse ist. 1 Grammformeleinheit Natriumchlorid sind 55,04 g. Die G. entspricht zahlenmäßig dem Grammolekül. Die Bez. G. wird für salzartige

Substanzen, die nicht in Einzelmolekülen vorliegen, verwendet.

Grammolekül, die Masse einer Substanz in Gramm, die gleich seiner relativen Molekülmasse in Gramm ist.
1 Grammolekül Wasser sind 18 g. Die früher verwendete Abkürzung Mol ist heute nicht mehr zulässig.

Granat, Gruppe häufiger, z. T. gesteinsbildender Silicatmineralien, die für metamorphe Gesteine typisch sind. Neben Ca^{2+}, Mg^{2+}, Fe^{2+} und Mn^{2+} tritt Al^{3+}, Fe^{3+} und Cr^{3+} als Kation auf: $M_3^{2+} M_2^{3+} [SiO_4]_3$. Die so möglichen Verb. bilden kubische Mischkristalle. Wichtige Vertreter sind Grossular, $Ca_3Al_2[SiO_4]_3$, grünbraune Kristalle; Pyrop, $Mg_3Al_2[SiO_4]_3$, »granat«-rote Kristalle; Almandin $Fe_3Al_2[SiO_4]_3$, rote Kristalle; Spessartin $Mn_3Al_2[SiO_4]_3$, braunrote Kristalle. Granatkristalle bevorzugen als Kristallform den Rhombendodekaeder (»Granatoeder«) bzw. Ikositetraeder (↗ Leuzit) und werden als Schmuckstein genutzt (»böhmischer Granatschmuck«).

Granit, verbreitetstes Tiefengestein (↗ magmatische Gesteine). Er besteht aus einem richtungslos körnigen Gemenge von Quarz, Feldspäten und Glimmermineralien. Er wird als geschätzter Werkstein abgebaut.

Granulit, Gruppe quarzreicher, granitähnlicher metamorpher Gesteine.

Graphit, C, hexagonale Modifikation des Kohlenstoffs, die strukturell durch eine Sechsringanordnung der Kohlenstoffatome, in regelmäßigen Schichten übereinander angeordnet, gekennzeichnet ist. Das schwarze, blättchenförmige Mineral weist eine ausgezeichnete Spaltbarkeit auf und ist ein guter Leiter für Wärme und elektrischen Strom. Es kommt in metamorphen Gesteinen sowie künstlich als Bestandteil von techn. ↗ Koks vor. Aus Roheisen scheidet sich G. unter bestimmten Bedingungen als lamellenförmige und kuglige Bildung ab. G. ist als Endglied der ↗ Inkohlungsreihe anzusehen, wird als Schmiermittel, als Material für Tiegel und Elektroden sowie für Moderatoren in Kernreaktoren verwendet.

graues Gußeisen, Grauguß, Gußeisen, das durch feine Graphitausscheidungen im Gefüge gekennzeichnet ist. Diese können sowohl lamellar (normaler Grauguß) als auch neuerdings kugelförmig (Grauguß mit Kugelgraphit) ausgebildet sein. Kugelgraphit (auch Sphärolitguß genannt) bewirkt eine deutlich verbesserte Festigkeit des Gußeisens und ermöglicht die Substitution von teurem Stahlguß. Die lamellare Graphitausbildung in normalem Grauguß wird durch einen höheren Siliciumgehalt des Roheisens und langsame Abkühlung erreicht. Das Material ist billig, aber spröde und nicht sehr fest.
Durch Überhitzen der Schmelze und Magnesiumzugabe als Vorlegierung mit Kupfer und Nickel wird die kugelförmige Ausscheidung des Graphits bewirkt. Die Erhöhung der Herstellungskosten wird überdeckt von den besseren Eigenschaften.

graues Roheisen, Gießereiroheisen, siliciumreicheres Roheisen, das bei hohen Ofentemperaturen entsteht. Sein Kohlenstoffgehalt liegt als Graphit vor und verleiht ihm auf Bruchflächen ein graues Aussehen. Es wird zu grauem und weißem Gußeisen weiterverarbeitet.

Grauspießglanz, ↗ Antimonglanz.

Grauwacken, graue, sandsteinartige, sehr feste Sedimentgesteine.

Gravimetrie, Gewichtsanalyse, quantitative Analysenmethode, bei der der zu bestimmende Stoff aus einer Lösung auf einer Elektrode elektrolytisch (↗ Elektrogravimetrie) abgeschieden (z. B. Kupfer) oder durch Zugabe eines Fällungsmittels als genau definierte Verb. ausgefällt wird. Die elektrolytisch abgeschiedenen Metalle können i. allg. direkt durch Differenzwägung der Elektroden ermittelt werden. Die Niederschläge werden filtriert, vollständig getrocknet, eventuell geglüht, dabei werden Papierfilter verascht. Anschließend wird auf einer ↗ Analysenwaage die Masse ermittelt. Durch Multiplikation der Auswaage mit dem für die Reaktion charakteristischen ↗ Faktor wird das Analysenergebnis ermittelt.

Grenzfläche, Kontaktfläche zwischen zwei ↗ Stoffen oder ↗ Phasen eines Systems. G. gegenüber Gasen bezeichnet man als *Oberfläche*. An der G. ändert sich die ↗ Dichte und Zusammensetzung des Systems sehr stark, so daß besondere *Grenzflächenerscheinungen* auftreten können. Dazu gehören die ↗ Adsorption und die heterogene ↗ Katalyse, die Bildung elektrochem. Doppelschichten (↗ Elektrode), die ↗ Grenzflächenspannung u. a.. *Vorgänge an G.*, wie ↗ Verdampfung, ↗ Kondensation und ↗ Kristallisation spielen eine große Rolle bei Phasenumwandlungen. Bedeutsam sind auch *Transportvorgänge durch G.* wie die ↗ Diffusion und die ↗ Wärmeleitfähigkeit.

Grenzflächenspannung, Energiezunahme eines Stoffes pro Einheit der Grenzflächenvergrößerung, die darauf zurückzuführen ist, daß die Teilchen an der ↗ Grenzfläche weniger ↗ zwischenmolekulare Wechselwirkungen eingehen als im Inneren einer Phase (Bild). Die G. ist identisch mit einer Kraft F, die senkrecht zur Grenzfläche in das Innere der dichteren Phase gerichtet ist. Sie bewirkt eine mög-

13 TL Chemie

lichst kleine Grenzfläche, so daß Flüssigkeiten bei vernachlässigbaren anderen Kräften (z. B. Schwerkraft) Kugelform annehmen und eine freiwillige Vereinigung mehrerer kleiner Flüssigkeitstropfen zu einem großen stattfindet. Am ausgeprägtesten treten G. an der Grenzfläche gasförmig-flüssig auf (Oberflächenspannung).

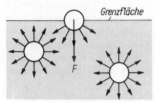

Entstehung der Grenzflächenspannung

Grenzformel, Grenzstruktur, ↗ Mesomerie.
GRIGNARD-Synthese, Reaktionen mit ↗ GRIGNARD-Verb.
1. Umsetzungen mit Verb., die leicht austauschbaren (aktiven) Wasserstoff enthalten: Wasser, Alkohole, Phenole, Carbonsäuren, Ammoniak, primäre oder sekundäre Amine. Es wird dabei der Kohlenwasserstoff gebildet, von dem sich die GRIGNARD-Verb. ableitet.
2. Umsetzungen mit Verb., die polare Mehrfachbindungen enthalten, wie:
$>C=O$, $>C=N-$, $-C\equiv N$, $>C=S$, $-N=O$, $>S=O$
Diese G. verlaufen über zwei Stufen. Zunächst erfolgt eine Addition. Das Additionsprodukt wird danach hydrolytisch gespalten. Wichtige G. sind:

Reaktionspartner	Reaktionsprodukt
Methanal	primäre Alkohole
Aldehyde	sekundäre Alkohole
Ketone	tertiäre Alkohole
Carbonsäureester	tertiäre Alkohole
Kohlendioxid	Carbonsäuren
Methansäureester	Aldehyde
Nitrile	Ketone
Keten	Methylketone
Lactone	Diole
Chinone	Chinole (nur eine C=O-Gruppe)

$R-C\underset{O}{\overset{H}{\diagup}} + R^1-MgBr$

Aldehyd   GRIGNARD-Verbindung

$\longrightarrow R-C\underset{O-MgBr}{\overset{H}{\diagup}}R^1 \xrightarrow[-Mg(OH)Br]{+H_2O} R-C\underset{OH}{\overset{H}{\diagup}}R^1$

Additionsprodukt   sekundärer Alkohol

GRIGNARD-Verbindungen, R—Mg—X, org. Magnesiumverb., die aus Alkylhalogeniden und Magnesiumspänen in exothermer Reaktion gebildet werden. Als Lösungsmittel werden meist trockner Diethylether oder Tetrahydrofuran verwendet. G. werden ohne vorhergehende Isolierung zu Folgeprodukten umgesetzt (↗ GRIGNARD-Synthesen).
Grisuten, Handelsname für Chemiefaserstoffe aus ↗ Polyester (PEF).
Grossular, ↗ Granat.
Grudekoks, Schwelkoks, der beim ↗ Verschwelen von Braunkohle anfällt.
Grundoperationen, physikalische, physikal. Grundvorgänge (mechanische und thermische); z. B.
Trennen von Gemischen (Phasentrennoperationen), Vereinigen von Gemischen, Zerteilen von Festkörpern, Formgeben von Pulvern, Schüttungen u. a., Wärmeübertragen, TUL-Vorgänge (Transport, Umschlag, Lagerung), Verpacken. Physikalische Grundoperationen sind vor allem in der Vorbereitungsphase (Vorbereitung der Ausgangsstoffe zur Reaktion) und der Nachbereitungs- oder Aufarbeitungsphase (Aufarbeitung der Reaktionsprodukte zu Verkaufsprodukten) wichtig. Ihre Beherrschung entscheidet oft über die Möglichkeit, eine chem. Reaktion als Grundlage eines chem.-techn. Prozesses auch zu nutzen. Sie bestimmen einen großen Teil der Kosten des Produkts.
Grundreaktionen, chemische, Ordnungsversuch für die vielfältigen, in chem.-techn. Prozessen ablaufenden Reaktionen nach der Art des Erreichens der Aktivierungsenergie (↗ Reaktionskinetik). Man unterscheidet
– thermische, (thermochem.),
– elektrochem.,
– mechanochem.,
– strahlenchem.,
– photochem.,
– plasmachem.,
– biochem. Reaktionen.
Grundstoffe, chemische, nicht mehr gebräuchliche und nach modernen Auffassungen nicht ganz korrekte Bez. der chem. ↗ Elemente.
Grundwasser, durch Versickerung der Niederschläge in den Boden gelangendes Wasser, das hier zwischen Gesteinsporen und Klüften zirkuliert und kleinere und größere Hohlräume im Gestein ausfüllt. Es liegt nur in offenen Bohrlöchern (Brunnen) frei. Seine Oberfläche, der Grundwasserspiegel, richtet sich in seinem Verlauf nach Geländeform und Gesteinsdurchlässigkeit.
Guajacol, Trivialname für das 2-Methoxy-phenol, charakteristisch nach Holzteer riechende Substanz, Schmp. 28 °C, die stark desinfizierend wirkt und im

Buchenholzteer vorkommt. G. ist Wirksubstanz mancher Mittel gegen Husten.

Guanidin, $HN=C(NH_2)_2$, unbeständige, farblose hygroskopische Substanz, Schmp. 50 °C. G. ist eine sehr starke org. Base, da durch eine völlig symmetrische Anordnung des Guanidiniumions, welches dadurch besonders energiearm ist, eine Mesomeriestabilisierung des Moleküls erfolgt. Das G. ist aus diesem Grunde ein starker Protonenakzeptor:

$$\left[H_2\overset{\oplus}{N}=C\overset{\bar{N}H_2}{\underset{\bar{N}H_2}{\diagdown}} \longleftrightarrow H_2\bar{N}-C\overset{\overset{\oplus}{N}H_2}{\underset{\bar{N}H_2}{\diagdown}} \longleftrightarrow H_2\bar{N}-C\overset{\bar{N}H_2}{\underset{\overset{\oplus}{N}H_2}{\diagdown}} \right]^+$$

Die Salze des G. sind stabil. Das Nitrat ist schwer wasserlöslich und eignet sich deshalb zur Isolierung des G., wenn es aus Dicyanamid und Ammoniumnitrat hergestellt wird:
$H_2N-C(NH)-NH-CN + 2 NH_4NO_3$
$\to 2 [H_2N=C(NH_2)_2]NO_3$
G. wird für Synthesen verwendet. Biologisch wichtige Derivate des G. sind Arginin, Kreatin und Kratinin.

Guanin, ↗ Purinbasen.

Guano, Ablagerungen von phosphorhaltigen Vogelexkrementen in Vogelbrutkolonien niederschlagsarmer Gebiete (Chile), die durch Umsatz mit unterlagerndem Kalkstein z. T. zu Calciumphosphat umgebildet werden. G. wird als Rohstoff für Phosphordünger abgebaut.

Guanosin, ↗ Nucleoside.

GULDBERG, CATO MAXIMILIAN (1. 8. 1836 bis 14. 1. 1902), norwegischer Mathematiker, entdeckte mit seinem Schwager ↗ WAAGE 1867 das Massenwirkungsgesetz, das 1887 durch die thermodynamischen Untersuchungen von ↗ VAN'T HOFF gefestigt wurde. G. machte 1870 auf den Zusammenhang von Dampfdruckerniedrigung und Gefrierpunktserniedrigung von Lösungen aufmerksam.

Gülle, wäßriges Gemisch von Kot, Harn und Futterresten als Abprodukt industrieller Tierhaltung. G. enthält neben gelösten Stoffen, wie Harnstoff, Feststoffteilchen vom kolloidalen bis zum grobdispersen Bereich. Als Größenordnung des Gülleanfalls kann man mit etwa 50 kg (Großvieheinheit · Tag) rechnen. Der Trockensubstanzgehalt schwankt zwischen 3 bis 10 %. G. entspricht einem 50- bis 100fach konzentrierten kommunalen Abwasser; sie ist jedoch ein wertvoller potentieller komplexer Mehrnährstoffdünger, dessen Gehalt an Stickstoff, Phosphor, Kalium und org. Substanz bei sachgemäßer Verarbeitung beachtliche Mengen von Mineraldünger substituieren kann. Bei unsachgemäßem Ausbringen gefährdet vor allem der gelöste Stickstoffanteil den Nitratgehalt von Grundwasser und Vorfluter.

Gummi, vulkanisierter Kautschuk. Je nach dem Schwefelgehalt gibt es Weichgummi (5 bis 10 %) und Hartgummi (30 bis 50 %).
G. (das Gummi) ist der wasserlösliche Bestandteil von Gummiharzen, die in einigen Pflanzen als Milchsäfte vorkommen (z. B. Mastix, Weihrauch).

Gummiabfälle, entstehen bei der Herstellung, Verarbeitung oder Anwendung gummielastischer Werkstoffe, Halbzeuge oder Erzeugnisse. Sie können an- oder ausvulkanisiert oder unverfestigt vorliegen. Es sind vielfältige Nutzungsmöglichkeiten bekannt, u. a. als Gummimehl-»Regenerat«-Zusatz für Formteile oder als Granulat in Straßendeckschichten, aber keine Variante konnte bisher eine breitere Anwendung erzielen. So werden nach wie vor G. energetisch genutzt (in der DDR Zusatz bei der Beheizung der Drehrohröfen der ↗ Zementindustrie) oder auf ↗ Monodeponien gelagert (z. B. Bad Langensalza, Bezirk Erfurt).

Gummi arabicum, harzähnliche Ausscheidungen tropischer Akazien aus Stoffen mit pectinähnlicher Zusammensetzung. G. löst sich in Wasser unter Bildung zäher, klebriger Flüssigkeiten. Es wird als Klebstoff, Binde- und Verdickungsmittel verwendet.

Gummilösung, Lösung von Natur- oder Synthesekautschuk und Hilfsstoffen in org. Lösungsmitteln, wie Benzin, Benzen oder Tetrachlormethan zum Kleben von Gummi und zum Gummieren von Geweben.

GUP, ↗ GFP.

Gur, ↗ Kieselgur.

Gußeisen, Eisen-Kohlenstoff-Legierung mit 2 bis 4 % Kohlenstoff. G. wird aus grauem Roheisen hergestellt, das dazu mit Zuschlägen in einem Kupolofen umgeschmolzen wird. Je nach Abkühlungsgeschwindigkeit aus der Schmelze und Beimengungen von Legierungsbestandteilen erhält man ↗ weißes G. (durch metastabile ↗ Zementitausscheidung gekennzeichnet) oder ↗ graues G. (durch stabile Gefügeausbildung und Kohlenstoffausscheidung charakterisiert).

Gutta, ein dem Naturkautschuk (↗ Kautschuk) verwandtes Polyterpen (↗ Terpene), bei dem die Isopren-Monomeren in *trans*-Konfiguration verknüpft sind. G. ist besonders reichlich im Milchsaft mehrerer Sapotegewächse *[Sapotaceae]* enthalten. Das aus dem Milchsaft gewonnene Rohprodukt wird als *Guttapercha* bezeichnet. Für die *Guttapercha*-Produktion hat der in Indonesien plantagemä-

ßig kultivierte Guttaperchabaum *[Palaquium gutta]* die größte Bedeutung. G. ist bei Raumtemperatur hart und unelastisch. Nach Vulkanisation ergeben sich viele mit dem Kautschuk gemeinsame Einsatzgebiete. Wegen seiner praktisch unbegrenzten Wasserbeständigkeit wird G. bevorzugt zur Isolierung von Unterwasserkabeln verwendet.
Guttapercha, ↗ Gutta.

H

Haarfärbemittel, kosmetische Präparate zum Färben von (ergrautem) Haar oder für Modefärbungen.
Früher wurden anorg. Salzlösungen, wie Silber-, Kupfer-, Nickel- und Cobaltsalzlösungen, zusammen mit Reduktionsmitteln, wie Pyrogallol oder Natriumthiosulfat, verwendet. Mit dem Schwefel des Cystins der Gerüsteiweiße des Haares oder mit zugesetzten Sulfiden bildeten die Metalle Metallsulfide. Moderne H. enthalten vor allem Oxydationsfarbstoffe, wie mehrwertige Phenole und besonders primäre aromatische Amine (z. B. p-Phenylendiamin). Es werden meist cremeartige Emulsionen angewendet. Bei der Färbung wird das Haar zunächst gewaschen (entfettet), dann mit der Lösung eines Oxydationsmittels (z. B. Wasserstoffperoxidlösung, Harnstoff-Peroxidhydrat-Lösung) durchfeuchtet, und anschließend bringt man das Haarfärbemittel auf das Haar. Die Färbung entsteht durch Einwirkung des Oxydationsmittels auf den Oxydationsfarbstoff des H. Nach dem Färben muß das Haar gründlich gespült werden.
Haarkies, ↗ Millerit.
Haarlacke, Lacke mit Polyvinylpyrrolidon, ↗ Alkydharzen oder anderen Kunstharzen als Lackrohstoff und Alkohol-Wasser-Mischungen als Lösungsmittel. Sie werden mit einem Sprüher oder aus einer Spraydose gleichmäßig auf das Haar verteilt, um der Frisur eine bessere Formbeständigkeit zu geben.
Haarwaschmittel, *Shampoos,* enthalten als waschaktive Substanzen synthetisch hergestellte Tenside, wie Fettalkoholsulfat oder kationenaktive, quaternäre Ammoniumverb. (Inertseifen). Seifen sind für Haarwaschmittel nicht geeignet. Anwendungsformen sind meist flüssige oder cremeartige Emulsionen. Man erhält sie durch Zusätze von Salzen (Na_2SO_4, $CaCl_2$), mehrwertigen Alkoholen (↗ Glycerol, ↗ Glycole, ↗ Sorbit), verschiedenen Wachsen und org. Säuren (z. B. ↗ Citronensäure) zu den Waschmittellösungen. Perlmuttglänzende Pasten gewinnt man bei Verwendung von Behensäure. Haarschonende Zusätze sind fette Öle, die einer Entfettung des Haars vorbeugen, sowie als Schutzkolloide Proteine und Lecithin (↗ Lipide, z. B. aus dem Eigelb). Für trockenes Haar werden Ölhaarwäschen, die pflanzliche Öle und Mineralöle als Hauptbestandteile enthalten, verwendet.
Haarwässer, kosmetische Haarpflegemittel. H. sollen vorbeugend gegen Schuppenbildung, Kopfjucken und Kopfhauterkrankungen wirken. Es sind alkoholisch-wäßrige Lösungen mit bestimmten Wirkstoffen, wie Desinfektionsmitteln, Schwefel, Pflanzenextrakten (Birke, Brennessel, Hopfen, Kamille), ↗ Cholesterol, Lecithin, (↗ Lipide), ↗ Vitaminen (Panthenol) und Hormonen (z. B. Prednisolon, Estradiol). Die Wirkung dieser Bestandteile ist zum Teil umstritten. Durch Massage mit der alkoholischen Lösung der H. wird die Durchblutung der Kopfhaut verbessert und der Haarwuchs angeregt. Ein erblich bedingter Haarausfall (Glatzenbildung) kann durch H. (»Haarwuchsmittel«) jedoch nicht aufgehoben werden. Bei krankhaftem Haarausfall sollte der Hautarzt konsultiert werden.
HABER, FRITZ (9. 12. 1868 bis 29. 1. 1934), deutscher Chemiker, bearbeitete Gebiete der Elektrochemie und der Thermodynamik. Er entwickelte die physikal.-chem. Grundlagen für die techn. Synthese des Ammoniaks; dafür erhielt er 1918 den Nobelpreis für Chemie. Im selben Jahr wurde von den Alliierten für seinen maßgeblichen Anteil an der Entwicklung und dem Einsatz von Giftgas im 1. Weltkrieg seine Auslieferung als Kriegsverbrecher gefordert. 1933 legte H. seine Stelle als Direktor des Physikalischen Instituts in Berlin-Dahlem nieder; damit distanzierte er sich von den faschistischen Machthabern. Er emigrierte und starb 1934 in der Schweiz. Bild.

F. HABER

HABER-BORNSCHER Kreisprozeß, energetische Bilanz für die ↗ Gitterenergie von Ionengittern unter Anwendung des ↗ HESSSchen Satzes. Danach ergibt sich die Gitterenergie (bzw. -enthalpie) $\Delta_G H$

aus der Differenz zwischen der ↗ Bildungswärme $\Delta_B H$ und der Summe aus der Verdampfungsenthalpie des Metalls $\Delta_V H$, seiner Ionisierungsenergie $\Delta_I H$ sowie der Dissoziationsenergie $\Delta_D H$ und der Elektronenaffinität $\Delta_A H$ des Nichtmetalls. Bild.

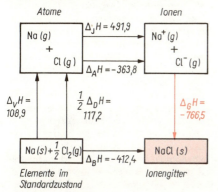

HABER-BORNscher Kreisprozeß für die Bildung von Ionengittern (Zahlenwerte in kJ·mol⁻¹)

HABER-BOSCH-Verfahren, ↗ Ammoniaksynthese.
HABERsche Spaltregel, statistische Beziehung, die Aussagen über die Produkte der thermischen Spaltung von Kohlenwasserstoffen durch ↗ Cracken bzw. ↗ MT-Pyrolyse erlaubt. Sie besagt, daß mit steigender Spaltungstemperatur die Bruchstelle von längerkettigen Alkanen zum Kettenende wandert. Das bedeutet, daß Spaltprodukte mittlerer Kettenlänge (flüssige Kohlenwasserstoffe im Benzin-Siedebereich) bei Temperaturen um 600 °C zu erzielen sind, während die C_2-, C_3-, C_4-Bruchstücke der MT-Pyrolyse als gewünschtes Hauptprodukt erhöhte Temperaturen (800 bis 900 °C) erfordern. Bei diesen Temperaturen bilden sich vorzugsweise Alkene (Olefine) wegen der hier thermodynamischen Instabilität der Alkane, dazu die ebenfalls stabilen Aromaten.
Hafen, Schmelztiegel aus Schamotte zur Glasherstellung. ↗ Glasschmelzofen, ↗ Hafenofen.
Hafenofen, besteht aus bis zu 12 Häfen, in denen die Arbeitsgänge Schmelzen, Läutern, Abstehenlassen in **einer** Arbeitsperiode (von etwa 20 bis 24 Stunden Dauer) diskontinuierlich erfolgen. Er ist heute im wesentlichen durch den ↗ Glasschmelz-Wannenofen abgelöst.
Hafnium,

Hf	$Z = 72$
$A_{r(1981)} = 178{,}49$	
Ek: [Xe] $4f^{14}5d^26s^2$	
OxZ: +3, +4	
$X_E = 1{,}3$	

Elementsubstanz:
Schmp. 2 000 °C
Sdp. 5 400 °C
$\varrho = 13{,}1$ kg·l⁻¹

chem. Element, (↗ Elemente, chem.).

Hafnium, Symbol: Hf, 3. Element der 4. Nebengruppe des PSE (↗ Nebengruppenelemente, 4. Nebengruppe des PSE). H. ist die Bez. für alle Atome, die 72 positive Ladungen im Kern (also 72 Protonen) besitzen: Kernladungszahl $Z = 72$. Die Hülle des neutralen Atoms besteht aus 72 Elektronen, von denen die möglichen Valenzelektronen die Konfiguration $5d^26s^2$ besitzen. In Verb. werden Oxydationsstufen eingenommen, die durch die Oxydationszahlen OXZ +3 und +4 charakterisiert sind. H. wurde erst 1922 von v. HEVESEY und COSTER durch Röntgenspektroskopie entdeckt. In ganz geringen Konzentrationen ist H. in der Natur verbreitet, kommt aber nicht als Mineral, sondern nur als Begleiter des Zirconiums (bis zu 5,5 %) vor. Metallisches H. wird durch Reduktion des Tetrachlorids mit metallischem Natrium:
$HfCl_4 + 4\,Na \rightarrow Hf + 4\,NaCl$
oder durch Reduktion des Dioxids mit metallischem Calcium:
$HfO_2 + 2\,Ca \rightarrow Hf + CaO$
dargestellt. Das Metall ist hochglänzend, weich und dehnbar. Es setzt sich in direkter Synthese mit Disauerstoff zu Hafniumdioxid:
$Hf + O_2 \rightarrow HfO_2$, $\Delta_B H = -1\,113$ kJ·mol⁻¹
mit molekularem Chlor unter Feuererscheinung zu Hafniumtetrachlorid:
$Hf + 2\,Cl_2 \rightarrow HfCl_4$, $\Delta_B H = -1\,050$ kJ115·mol⁻¹,
mit molekularem Stickstoff bei hoher Temperatur zu Hafniumnitrid:
$2\,Hf + N_2 \rightarrow 2\,HfN$, $\Delta_B H = -369{,}2$ kJ·mol⁻¹
und mit Kohlenstoff zu Hafniumcarbid:
$Hf + C \rightarrow HfC$
um. H. wird in der Kerntechnik verwendet.
Haftatom, ↗ Ligatoratom.
Hahn, OTTO (8. 3. 1879 bis 28. 7. 1968), entdeckte das Radiothor, das Radioaktinium, das Mesotho-

O. HAHN

rium 1 und 2, das Ionium, zusammen mit ↗ L. MEITNER das Protaktinium. Er untersuchte die Absorption von β-Strahlen, erkannte die Kernenergie und begründete die Rubidium-Strontium-Methode für die geologische Altersbestimmung. Gemeinsam mit F. STRASSMANN und L. MEITNER fand er 1938 die Kernspaltung. O. H. erhielt 1944 den Nobelpreis für Chemie. Bild, S. 197.

HAINE-Reaktion, Nachweisreaktion für reduzierende Zucker, vorwiegend von Glucose im Harn. Die Probe wird mit HAINES Reagens versetzt und zum Sieden erhitzt. Bei Anwesenheit von reduzierenden Substanzen bildet sich rotes Kupfer(I)-oxid. Das Reagens ist eine Lösung von 1 g $CuSO_4 \cdot 5 H_2O$, 7 g Propantriol und 7 g KOH in 100 ml Wasser.

Halbacetale, $R-\underset{OH}{\overset{H}{C}}-O-R^1$, Additionsprodukte der nucleophilen Anlagerung von Alkoholen an Aldehyde. H. sind dabei unbeständige Zwischenprodukte, die rasch mit einem zweiten Molekül Alkohol zu Acetalen weiterreagieren.

Zucker liegen in der Ringstruktur als cyclische Halbacetale vor.

Halbedelstein, veraltete Bez. für Mineralien, die als Schmucksteine Verwendung finden, ohne als Edelsteine zu gelten.

Halbleiter, Stoffe, deren elektrische Leitfähigkeit bei Raumtemperatur zwischen der von Metallen und Isolatoren liegt. Im Gegensatz zu Metallen steigt die elektrische Leitfähigkeit bei Temperaturerhöhung. Bei tiefen Temperaturen sind H. praktisch Isolatoren. Die Halbleitereigenschaften können durch Dotierung mit Fremdionen, durch Temperatur, Strahlungseinwirkung, mechanische Beanspruchung und die umgebende Atmosphäre beeinflußt werden. Haben die dotierten Atome weniger Elektronen als der Halbleitergrundstoff, liegt eine p-Leitung (Mangel-, Löcherleitung) vor. Haben die dotierten Atome mehr Elektronen als der Halbleitergrundstoff, erfolgt eine n-Leitung (Überschuß-, Elektronenleitung), z. B. Silicium vier Valenzelektronen, das Donatoratom Arsen fünf Valenzelektronen. Das überschüssige Elektron verändert die Leitfähigkeitseigenschaften. Die Eigenschaften der H. sind auch mit dem ↗ Bändermodell zu erklären. Bild.

```
 |   |   |
-Si-Si-Si-
 |   |e⁻ |
-Si-As⁺-Si-     n-Leitung in mit Arsen
 |   |   |      dotiertem Silicium
-Si-Si-Si-
 |   |   |
```

Halbmetalle, Elemente, die im PSE zwischen Metallen und Nichtmetallen stehen und sich durch entsprechende chem. Eigenschaften auszeichnen. Sie können sowohl Elektronen aufnehmen und Anionen bilden, als auch Elektronen abgeben und Kationen bilden, z. B. Antimon, Bismut. Viele H. sind amphotere Elemente.

Halbmikrotechnik, analytische Arbeitstechnik mit geringen Substanzmengen (etwa 0,1 g) und entsprechend kleineren Geräten. Im Gegensatz dazu wird bei der Makrotechnik für einen ↗ Trennungsgang mindestens die zehnfache Substanzmenge benötigt. Die Geräte der H. finden vielfach zu Ausbildungszwecken Verwendung.

Halbwertszeit, $t_{1/2}$, bezeichnet bei Vorgängen mit Stoffmengenänderungen wie chem. Reaktionen (↗ Reaktionskinetik) oder radioaktivem Zerfall (↗ Radioaktivität) die Zeit, in der die Stoffmenge der Ausgangsstoffe auf die Hälfte gesunken ist.

Halbzeug, Produkte, die bis zur Gebrauchsfähigkeit einer weiteren Verarbeitung bedürfen, z. B. Rohre, Fittings, Profile, Tafeln, Blöcke, Folien, Felle, Matten u. ä.

Halde, Aufschüttung fester Stoffe (Bodenschätze, Baustoffe, Abprodukte) zur vorübergehenden oder dauernden Lagerung. Ihre baldige Wiedernutzung oder Begrünung ist wichtiges Anliegen des Umweltschutzes.

Halit, Steinsalz, Kochsalz, NaCl, meist in Würfelform kristallisierendes Mineral chem. Sedimente. Es ist leicht löslich und bildet sich heute in warmen Gebieten durch Verdunsten von Meerwasser (Meeressalz, Salzgärten), z. T. auch in arktischen Gebieten durch Ausfrieren. Steinsalz bildet u. a. in der DDR ausgedehnte mächtige Gesteinsschichten. Es wird bergmännisch oder durch Aussolung (↗ BB) gewonnen. In Salinen wird die NaCl-Sole zu Siedesalz weiterverarbeitet. Techn. ist sie Ausgangsprodukt der ↗ Natriumchloridelektrolyse.

Halluzinogene, ↗ Rauschgifte.

Halogene, Salzbildner, alle Elemente der 7. Hauptgruppe des PSE (↗ Hauptgruppenelemente, 7. Hauptgruppe des PSE), da viele der von ihnen gebildeten Verb. ↗ Salze sind.

Halogen-Halogen-Verbindungen, ↗ Interhalogenverbindungen.

Halogenierung, Reaktion zur Einführung von Halogenatomen in org. Verb. Die präparativen Verfahren sind abhängig von den Ausgangsverb.:

gesättigte Kohlenwasserstoffe: In einer radikalischen ↗ Substitutionsreaktion (S_R) wird in Alkanen unter Lichteinwirkung Wasserstoff durch Chlor oder Brom substituiert. Fluorierungen verlaufen explosionsartig. Iodierungen sind nicht möglich.

ungesättigte Kohlenwasserstoffe: In elektrophilen ↗ Additionsreaktionen (A_E) bilden sich aus Alkenen oder Alkinen mit Halogenen vicinale Dihalogenverb.; mit Halogenwasserstoff entstehen Monohalogenalkane, wobei die Anlagerung an asymmetrische Alkene nach der ↗ MARKOVNIKOV-Regel erfolgt; mit unterchloriger Säure (Gemisch von Chlor und Wasser) bilden sich Chlorhydrine, R—CHCl—CH(OH)—R′.

Aromaten (Benzen): Es ist eine radikalische Addition (A_R) von Chlor zum wichtigen ↗ Hexachlorcyclohexan möglich (Licht). Durch elektrophile Substitution (S_E) entstehen Halogenarene (Chlor, Brom).

Alkohole: In einer nukleophilen Substitutionsreaktion (S_N) kann die Hydroxylgruppe durch Chlor, Brom oder Iod bei Einwirkung von Halogenierungsmitteln wie Phosphorhalogenide oder den Halogenwasserstoffsäuren ersetzt werden. Für Chlorierungen eignet sich das Thionylchlorid ($SOCl_2$) besonders gut.

Oxoverbindungen: Mit Hilfe von Phosphorhalogeniden bildet sich aus Aldehyden oder Ketonen durch Substitution des Carbonylsauerstoffs ein geminales Dihalogenalkan.

Carbonsäuren: Mit Halogenierungsmitteln wie Phosphortri- oder -pentahalogenid bilden sich aus Carbonsäuren durch Substitution der Hydroxylgruppe die entsprechenden Acylhalogenide ($R-C{\overset{O}{\underset{X}{}}}$, X = Halogen). Mit Thionylchlorid entstehen Acylchloride.

Alkalisalze von Carbonsäuren: Mit Phosphorchloridoxid bilden sich Acylchloride.

aromatische Amine: Nach ↗ Diazotierung ist durch ↗ SANDMEYER-Reaktion die Herstellung von Halogenarenen möglich.

Halothan, ↗ Narkosemittel. 2-Brom-2-chlor-1,1,1-trifluor-ethan F_3C—CHClBr.

Häm, roter Blutfarbstoff, Porphyrin-Chelatkomplex des Eisens. Porphyrine besitzen als Grundgerüst das Porphin, in dem die Ecken der vier Pyrrolringe substituiert sind. Sie wirken als vierzählige, planare Chelatliganden (Bild). Häm ist Bestandteil des Chromoproteids ↗ Hämoglobin. Die Bindung an den Eiweißbestandteil erfolgt durch Koordination eines Imidazolringes des Aminosäurebausteins Histidin an das Eisen. Das Hämoglobin der roten Blutkörperchen ist für den Sauerstofftransport im Blut verantwortlich. Sauerstoffmoleküle können reversibel an der sechsten Koordinationsstelle des Eisens gebunden werden. Bei Kohlenmonoxidvergiftungen wird anstelle von Sauerstoff Kohlenmonoxid gebunden, und die Sauerstoffversorgung des Körpers ist damit blockiert.

Hämatit, Eisenglanz, α-Fe_2O_3, wichtiger Bestandteil oxidischer Eisenerze. Das meist in feinkristallin schuppigen Aggregaten vorkommende Mineral ist schwarz bis dunkelrot und zeigt deutlichen Metallglanz. Hämatit geht bei Verwitterung in Brauneisenstein über. Techn. wichtige Lagerstätten sind an metamorphe Gesteine gebunden (Brasilien, Kriwoi-Rog).

Hammerschlag, ↗ Zunder, der sich beim Schmieden ablöst.

Hämoglobin, in den roten Blutkörperchen (Erythrocyten) aller Wirbeltiere vorkommendes ↗ Proteid, welches aus vier Polypeptidketten zusammengesetzt ist und vier ↗ Häm-Moleküle als prosthetische Gruppen enthält (M: 54 500). H. liegt gelöst in den Erythrocyten vor und bewirkt deren Rotfärbung. Es hat die Funktion der Sauerstoffübertragung aus der Lunge in alle Gewebe des Körpers.

HANTZSCH-WIDMAN-System, System zur systematischen Benennung von monocyclischen ↗ Heterocyclen (↗ Nomenklatur, org. chem.)

Harnsäure, *2,6,8-Trihydroxy-purin* (↗ Purin), schwache Säure, die in zwei tautomeren Formen auftritt, wobei die *Lactamform* überwiegt. M: 168,1. Beim Erhitzen auf über 400 °C zersetzt sich die H., ohne vorher zu schmelzen.

H. wird im Zuge der Ammoniakentgiftung von Menschen und Affen im Harn, von Vögeln und

Harnstoff

Reptilien in den Exkrementen als Stoffwechselendprodukt ausgeschieden. H. wurde 1776 von SCHEELE im Harn entdeckt.
Harnstoff, $H_2N\text{—}CO\text{—}NH_2$, Diamid der Kohlensäure, ist das stickstoffhaltige Endprodukt des Eiweißabbaues bei Menschen und Säugetieren. Ein Erwachsener scheidet im Harn pro Tag etwa 25 bis 30 g H. aus. H. bildet farblose Kristalle, die sich leicht in Wasser und Ethanol lösen, Schmp. 132 °C. H. ist eine sehr schwache Base, die mit Salpetersäure ein schwerlösliches Nitrat bildet. Beim Erhitzen auf etwa 150 °C wird aus zwei Molekülen H. ein Molekül Ammoniak abgespalten und Biuret gebildet,
$H_2N\text{—}CO\text{—}NH\text{—}CO\text{—}NH_2$,
das über die ↗ Biuret-Reaktion nachgewiesen werden kann. H. wurde erstmals von ↗ WÖHLER aus Ammoniumcyanat, NH_4OCN, hergestellt.
Techn. gewinnt man H. aus Kohlendioxid und Ammoniak bei 135 bis 150 °C und 3,5 bis 4,0 MPa:
$2 NH_3 + CO_2 \rightleftharpoons (NH_2)_2CO + H_2O$.
H. ist ein wertvolles Stickstoffdüngemittel. Große Mengen werden zur Herstellung der Aminoplaste, den Harnstoff-Methanal-Harzen, verwendet. H. bildet mit n-Alkanen und deren Derivaten Additionsverbindungen, wenn die kettenförmigen Kohlenwasserstoffe wenigstens 6 C-Atome enthalten. Aus methanolischen, gesättigten Harnstofflösungen fallen die Einschlußverbindungen meist sofort nach dem Zugeben der n-Alkane aus. Über diese Addukte ist die Trennung verzweigter und unverzweigter Alkane aus Fraktionen der Erdölaufbereitung möglich.
Harnstoffaddukte, Additionsverb. aus ↗ Harnstoff und unverzweigten Alkanen und deren Derivaten, wie Alkoholen, Carbonsäuren, Estern, Halogeniden und Nitrilen. Die Harnstoffmoleküle bilden wabenförmige Kristalle aus regulären, sechsseitigen Prismen mit durchgehenden kanalartigen Hohlräumen, in die sich die kettenförmigen Alkane einfügen können. Dieses Verhalten wird zur Trennung verzweigter und unverzweigter Alkane in der Erdölchemie benutzt.
Harnstoffharze, makromolekulare Verb. aus der Gruppe der ↗ Aminoplaste, bei denen als Amin Harnstoff mit Methanal kondensiert wird. H. werden vorwiegend als Leime oder mit Füllstoffen versetzt als Preßmassen verwendet. Im Unterschied zu den Phenoplasten besitzen sie keine Eigenfärbung.
harte Basen und Säuren, ↗ Säure-Base-Theorien.
Härte des Wassers, nach Graden (Härtegraden) zu messender quantitativer Gehalt des Wassers (insbesondere des Grund-, Leitungs-, Trink- und Brauchwassers) an gelösten Calcium- und/oder Magnesiumverbindungen. Einem deutschen Härtegrad
1° dH entsprechen 10 mg (= 10^{-5} kg) Calciumoxid – CaO – bzw. 7,14 mg (= $0,714 \cdot 10^{-5}$ kg) Magnesiumoxid – MgO –.
Es wird unterschieden nach temporärer oder zeitweiliger Härte, permanenter oder dauerhafter Härte und Gesamthärte des Wassers.
Temporäre oder zeitweilige Härte liegt vor, wenn die gelösten Calcium- oder Magnesiumverb. beim Erwärmen als unlösliche Substanzen ausfallen. So z. B. das Calciumhydrogencarbonat:
$Ca(HCO_3)_2 \rightarrow CaCO_3\downarrow + CO_2\uparrow + H_2O$.
Permanente oder dauerhafte Härte ist gegeben, wenn die gelösten Verb. des Calciums oder Magnesiums beim Erhitzen des Wassers keine unlöslichen (oder schwer löslichen) Verb. zu bilden vermögen, also nicht ausfallen. So z. B. die entsprechenden Sulfate.
Die Gesamthärte des Wassers stellt die Summe von permanenter und temporärer Härte dar.
Auch andere Verb., z. B. des Eisens und Mangans, können eine H. d. W. bedingen. Für viele Verwendungszwecke des Wassers stellen die Verb., welche die H. d. W. bedingen, wesentliche Störungen dar: z. B. beim Waschen mit Seifen durch Bildung unlöslicher Kalkseifen, bei der Speisung von Dampfkesseln durch Bildung von Kesselstein usw. Daher werden verschiedene Verfahren angewandt, um Trink- und Brauchwasser von diesen Beimengungen zu befreien (↗ Enthärtung von Wasser).
Härten des Stahls, durch verschiedene Verfahren möglich: Das Abschreckhärten bzw. Umwandlungshärten ist eine Festigkeitssteigerung durch Wärmebehandlung. Durch Erhitzen des Stahls, der mindestens 0,3 % Kohlenstoff enthalten muß (bei unlegiertem Stahl), auf eine Temperatur oberhalb 723 °C bildet sich γ-Eisen, das den Kohlenstoffanteil löst (Austenitgefüge). Durch schnelles Abkühlen (Abschrecken) bildet sich α-Eisen, in dessen Kristallgitter ein großer Teil des Kohlenstoffs gelöst ist, da er sich durch zu schnelle Abkühlung nicht ausscheiden konnte. Es entstehen dadurch Spannungen, die zusammen mit dem feinnadeligen Korngefüge (Martensit) die Ursache der hohen Härte sind. Soll nur die Oberfläche hart sein, das kohlenstoffarme Werkstückinnere jedoch zäh bleiben, wird nur die Oberfläche zusätzlich weiter aufgekohlt: Kohlenstoff diffundiert ein. Dazu wird das Werkstück zunächst in einem kohlenstoffhaltigen Medium (Kohlepulver, Methangasstrom, Salzbad aus $NaCN$, $BaCO_3$ u. a.) erhitzt, bevor es abgeschreckt wird.

Das **Nitrierhärten** ist für Stähle mit Zusätzen von Chromium, Silicium, Aluminium geeignet. Es basiert auf der Bildung von Eisennitrid durch Diffusion von Stickstoff aus einer Gasatmosphäre (Gasnitrieren) oder einem Nitrierbad (Badnitrieren) bei etwa 580 °C in die Stahloberfläche. Ein Abschrekken entfällt. Durch diese Verfahren ist nur eine Oberflächenhärtung möglich.

Das **Kalthärten** ist eine historische Form der Stahlhärtung. Durch Kaltbearbeiten (Hämmern, Walzen) werden die Kristalle des Gefüges zertrümmert, parallel dazu steigt die Härte des Materials.

Härtereisalze, bei der Wärmebehandlung metallischer Oberflächen in der Metallurgie und metallverarbeitenden Industrie anfallende verbrauchte Hilfsstoffe. Entsprechend der verwendeten Technologie zählen dazu H. im engeren Sinne sowie Kohlungssalze, Schnellstahlsalze, Glühsalze, Nitriersalze, Anlaßsalze und Desaliersalze. Stofflich handelt es sich um Cyanide, Carbonate, Chloride, Hydroxide und Nitrate von Alkali- und Erdalkalimetallen. Nach Anfall sind die Cyanide in ungiftige Verb. zu überführen (Oxydation mit Formaldehyd, Redox-Schmelze mit Eisenhydroxidschlamm u. a.), die Bariumverb. werden zurückgewonnen.

Hartgummi, ↗ Gummi.

Hartgummimasse, auf Kautschukbasis hergestellte kittartige Masse für Klebeverbindungen. Die Härtung (Vulkanisation) erfolgt durch Wärmezufuhr.

Hartmanganerz, ↗ Psilomelan.

HARTMANN, JOHANNES (1563 bis 1631), war ab 1609 Professor der Chymiatrie an der Universität Marburg; hier gründete er das erste chem. Unterrichtslaboratorium, in dem Studenten im Sinne der Iatrochemie ausgebildet wurden.

Hartmetalle, sehr harte, temperaturbeständige Werkstoffe (Legierungen) für die Schneidenteile spanabhebender Hochleistungswerkzeuge (Bohrer, Drehmeißel u. a.). H. werden aus hochschmelzenden ↗ Carbiden (z. B. Wolframcarbid) durch ↗ Sintern mit Cobalt- oder Nickelpulver hergestellt.

Hartporzellan, Porzellanart, die aus etwa 50 % Kaolin, 25 % Feldspat und 25 % Quarz hergestellt wird. Die meisten europäischen Gebrauchsporzellane sind Hartporzellane, ↗ Weichporzellan.

Hart-PVC, weichmacherfreies PVC.

Hartsalz, bergmännische Bez. für ein Salzgestein aus den Hauptbestandteilen Steinsalz, Sylvin und Anhydrit (anhydritisches Hartsalz) bzw. Kieserit (kieseritisches Hartsalz). H. ist ein hochwertiges Rohsalz für die Kalidüngerproduktion.

Hartspiritus, Spiritustabletten, Trockenbrennstoff auf der Basis von Brennspiritus (vergälltem Ethanol). Der Spiritus kann durch ↗ Celluloseacetat aufgesaugt werden oder durch Seife in ein festes, brennbares Gel überführt werden. Als Trockenbrennstoff kann weiterhin ↗ Metaldehyd $(CH_3CHO)_n$, ein Polymerisationsprodukt des ↗ Ethanals, verwendet werden.

Harze, Sammelbez. für org., meist makromolekulare Stoffe oder Stoffgemische aus verschiedenen Stoffgruppen. H. sind ähnlich wie Gläser unterkühlte Schmelzen, sind deshalb amorph und erweichen allmählich beim Erwärmen. Sie sind geschmack- und geruchlos, durchscheinend und glänzend, verbrennen mit rußender Flamme, sind unlöslich in Wasser und löslich in Ethanol, Aceton, Ether und Estern.

Naturharze sind meist Pflanzenausscheidungen. Ihre Lösungen in ätherischen Ölen oder Terpenen nennt man Balsame. Ein fossiles Baumharz ist der ↗ Bernstein. Das wichtigste Naturharz ist ↗ Kolophonium, das aus dem Balsam von Nadelbäumen gewonnen wird. Weitere Naturharze sind ↗ Kanadabalsam, ↗ Kopale und Mastix, ↗ Schellack ist tierischen Ursprungs.

Harze unterliegen nicht der Fäulnis, sie sind daher im Altertum zum Einbalsamieren von Leichen verwendet worden. Heute werden H. zur Herstellung von Druckfarben, Klebstoffen, Linoleum, Polituren, Textilhilfsmitteln und Pharmazeutika sowie zur Papierverleimung eingesetzt. Ihre Bedeutung als Lackrohstoff ist infolge der Produktion von synthetischen H. (↗ Kunstharze) zurückgegangen.

Haschisch, aus den Drüsenhaaren weiblicher Pflanzen des indischen Hanfes gewonnenes Harz. Es wird als Rauschgiftdroge meist im Gemisch mit Tabak in Zigaretten (»joints«) oder in Pfeifen geraucht. Die Hanfdrogen H. und Marihuana sind die verbreitetsten Rauschgiftdrogen, ihr wichtigster Wirkstoff ist das Tetrahydrocannabinol (Formel ↗ Rauschgifte).

HASSEL, ODD (1897 bis 1981), skandinavischer Gelehrter, arbeitete besonders über Röntgenstrukturanalyse, Dipolmessungen, Elektronenstreuungen. 1946 führte er die erste Konformationsanalyse aus. 1969 erhielt er den Nobelpreis für Chemie.

Haufwerk, beim Abbau aus seinem natürlichen Verband gelöstes Gestein (bzw. Mineral).

Hauptgruppen sind ↗ Elementgruppen, die im ↗ Periodensystem der Elemente als Ordnungs- und Einteilungsprinzip der chem. ↗ Elemente gelten. Es werden 8 Hauptgruppen unterschieden, in denen jeweils Elemente gleicher ↗ Elektronenkonfiguration (↗ Hauptgruppenelemente) der äußersten Elektronenschale vereinigt sind.

Hauptgruppenelemente, chem. Elemente, die in eine der 8 Hauptgruppen des PSE eingeordnet sind. Sie besitzen eine typische ↗ Elektronenkonfiguration der Valenzelektronen, die darüber hinaus für die Elemente jeder einzelnen Hauptgruppe spezifisch ist. Die freien Atome sind in den s- und p-Orbitalen der äußersten Elektronenhülle so mit Elektronen besetzt, daß Elektronenkonfigurationen von $ns^{1,2}$ (bei den Elementen der 1. und 2. Hauptgruppe) und $ns^2\,np^{1,2...6}$ (bei den Elementen der 3. bis 8. Hauptgruppe) das Reaktionsverhalten, d. h. die Reaktivität, bestimmen.

1. Hauptgruppe des PSE, umfaßt 6 Elemente (Tabelle), die als *Alkalimetalle* bezeichnet werden. Es sind sehr weiche Metalle mit relativ niedrigen Schmelz- und Siedepunkten sowie sehr geringen Dichten (ϱ). Alle Elemente sind sehr reaktionsfähig, stark basisch, fangen bereits bei mäßigem Erhitzen an der Luft Feuer und bilden als Verbrennungsprodukte zumeist Peroxide. Sie sind sehr gute elektrische Leiter. Sie sind in ihren Verb. elektropositiv einwertig; ihre Reaktivität nimmt mit steigender Ordnungszahl zu. Durch die geringe Elektronegativität (X_E) besitzen die ausgebildeten Verb., bedingt durch die daraus resultierenden vorherrschenden Ionenbeziehungen, fast ausschließlich salzartige Strukturen. *Wichtige Verbindungstypen* sind (M gilt als »Metall« symbolisch für jedes Alkalimetall): Hydride MH; Oxide M_2O; Hyperoxide MO_2; (auch Ozonide MO_3 sind bekannt); Hydroxide MOH; Nitride M_3N; Carbide M_2C_2. Hinzu kommen viele *Salze*: Fluoride MF; Chloride MCl; Bromide MBr; Iodide MI; Chlorate $MClO_3$; Perchlorate $MClO_4$; Nitrate MNO_3; Nitrite MNO_2; Sulfate M_2SO_4, $MHSO_4$; Sulfite M_2SO_3, $MHSO_3$; Phosphate M_3PO_4, M_2HPO_4, MH_2PO_4; Carbonate M_2CO_3 und viele andere. Ebenso sind viele *Doppelsalze* bekannt, wie z. B. Glaserit $Na_2SO_4 \cdot 3\,K_2SO_4$. Schwerlösliche Salze der Alkalimetalle sind selten. Die Verbindungen der Alkalimetalle zeigen charakteristische Flammenfärbungen: Li – rot, Na – gelb, K – violett, Rb – violett, Cs – blau.

2. Hauptgruppe des PSE, umfaßt 6 Elemente (↗ Tabelle), die als *Erdalkalimetalle* bezeichnet werden. Es sind durchweg Metalle, die in allen ihren Eigenschaften den Elementen der 1. Hauptgruppe ähnlich sind, jedoch nicht die gleichen Extremwerte erreichen. Sie sind weniger weich (z. T. sogar hart), die Schmelz- und Siedepunkte liegen höher, und die Dichte (ϱ) ist größer. Die Reaktionsfähigkeit ist zwar noch ausgeprägt vorhanden, erreicht aber nicht die Intensität der Alkalimetalle. Die vorherrschende Bindungsart bei den ausgebildeten Verb. ist die Ionenbeziehung, jedoch treten kovalente Bindungen beim Beryllium auf. *Wichtige Verbindungstypen* sind (M gilt hier als »Metall« symbolisch für jedes Erdalkalimetall): Hydride MH_2; Oxide MO; Peroxide MO_2 und M_2O_4; Hydroxide $M(OH)_2$; Nitride M_3N_2; Carbide MC_2 (vereinzelt auch M_2C). Hinzu kommen viele *Salze*: Halogenide MX_2 (X gilt hier symbolisch für jedes Halogenid – F, Cl, Br und I); Sulfate MSO_4; Carbonate MCO_3; Hydrogencarbonate $M(HCO_3)_2$; und viele andere. Ebenso sind viele *Doppelsalze* bekannt, wie z. B. der Dolomit $CaCO_3 \cdot MgCO_3$.

Im Gegensatz zu den Alkalimetallen sind viele Verb. der Erdalkalimetalle schwerlöslich, z. B. $BaSO_4$ ist sehr schwer löslich in Wasser.
Die Verbindungen des Ca, Sr, Ba zeigen charakteristische Flammenfärbungen: Ca – ziegelrot, Sr – rot, Ba – grün.

3. Hauptgruppe des PSE, umfaßt 5 Elemente (Tabelle), von denen das B eine gewisse Ausnahmestellung einnimmt (hohe Schmelz- und Siedepunkte, geringe elektrische Leitfähigkeit, Halbleiter, Säurebildner). Die übrigen Elemente, Al, Ga, In und Tl, werden als *Erdmetalle* oder *Aluminiumgruppe* bezeichnet. Diese Metalle sind, bis auf das Al, leicht schmelzend. In und Tl sind sehr weich. Alle Elemente der 3. Hauptgruppe treten in ihren Verb. dreiwertig positiv auf. Mit steigender Atommasse (vom Al zum Tl) gewinnt jedoch die einwertig positive Stufe an Bedeutung. Beim Tl ist diese Stufe vorherrschend.
Die Erdmetalle sind durchweg unedle Metalle. Al und Ga, die in ihren chem. Eigenschaften sehr ähnlich sind, werden durch eine unsichtbare Oxidschicht vor Einwirkungen der Luft geschützt. Tl wird von der Luftfeuchtigkeit angegriffen, es wird unter Petroleum (bzw. Paraffinöl) aufbewahrt. Die Erdmetalle besitzen eine geringe Basizität und reagieren ↗ amphoter, daher sind die Salze dieser Elemente zumeist der ↗ Hydrolyse unterworfen. Eine Ausnahme bildet das Tl, das stärker basisch und dadurch in seinen einwertigen Salzen beständig ist.
Die Verb. dieser Elementgruppe zeichnen sich zum Teil durch ↗ Kovalenz aus (↗ Hybridisierung zu sp²-Orbitalen).
Die Verb. des Ga, In und Tl zeigen charakteristische ↗ Flammenfärbungen: Ga – violett, In – blau und Tl – grün.

4. Hauptgruppe des PSE, umfaßt 5 Elemente (Tabelle), die unter Normalbedingungen fest vorliegen. Mit steigender Atommasse verändern sich die physikal. und chem. Eigenschaften z. T. beträchtlich. So nehmen Nichtmetallcharakter und säurebildende Eigenschaften ab und Metallcharakter und

basenbildende Eigenschaften zu. C und Si stellen ausgesprochene Nichtmetalle und Säurebildner dar, beim Ge sind die metallischen Eigenschaften noch gering ausgeprägt, und Sn und Pb sind Metalle, zeigen aber in ihrem chem. Verhalten auch säurebildende Eigenschaften. Bedingt durch die vier Außenelektronen der neutralen Atome, sind drei Oxydationsstufen in unterschiedlicher Beständigkeit bei den Verb. dieser Elemente verbreitet: +4, +2 und −4. Die Beständigkeit der Verb., insbesondere der Oxide, in der Oxydationsstufe +4 nimmt mit steigender Atommasse der Elemente ab. Bei C und Si ist die Stufe +4 (CO_2 und SiO_2) und bei Pb die Stufe +2 (PbO) die beständigste. C, Si und Ge bilden keine freien Kationen (= Kationoide). Die Elemente Si, Ge, Sn und Pb bilden keine pπ-Bindungen aus, d. h., nur die Verb. des C weisen ↗ Doppelbindungen auf.

Mit steigender Atommasse der Elemente sinkt die Flüchtigkeit ihrer Chloridverb.

5. Hauptgruppe des PSE, umfaßt 5 Elemente (Tabelle), von denen unter Normalbedingungen der N gasförmig als N_2 und die übrigen Elemente fest vorliegen. Mit steigender Atommasse nimmt der Metallcharakter zu: N und P sind ausgesprochene Nichtmetalle und Säurebildner, As und Sb zeigen metallische und nichtmetallische Eigenschaften und sind sowohl Säure- wie auch Basenbildner, und nur bei Bi sind die metallischen und basenbildenden Eigenschaften relativ ausgeprägt. Im Vergleich zu den Elementen der 4. Hauptgruppe des PSE ist hier der nichtmetallische und säurebildende Charakter etwas stärker. Die Schmelz- und Siedepunkte liegen relativ niedrig. Die Elementverb. des N, P, As und Sb liegen im festen Zustand in mehreren ↗ Modifikationen vor. Alle Elemente bilden Wasserstoffverb. vom Typ EH_3. (E gilt hier für »Element« symbolisch für alle Elemente der 5. Hauptgruppe.) Diese können über eine Gleichgewichtsreaktion ein Proton addieren:

$EH_3 + H^+ \rightleftharpoons EH_4^+$.

Bei N liegt dieses Gleichgewicht auf der rechten, beim As bereits auf der linken Seite der Gleichung.

6. Hauptgruppe des PSE, umfaßt 5 Elemente (Tabelle), die, mit Ausnahme des Po, als *Chalkogene (Erzbildner)* bezeichnet werden. Unter Normalbedingungen liegen O gasförmig als O_2 und die übrigen Elemente fest vor. Der nichtmetallische Charakter ist bei allen Elementen ausgeprägt, nimmt aber mit steigender Atommasse ab. Ebenso verhält es sich mit dem Säurencharakter der Oxide, der beim S am stärksten und beim Po am schwächsten ausgebildet ist. Mit steigender Atommasse der Elemente nimmt i. allg. die Affinität zum Wasserstoff ab, während die Affinität zum Sauerstoff wächst. Die Elementverb. weisen unterschiedliche ↗ Modifikationen auf. Die Farbe der nichtmetallischen Modifikationen wird mit steigender Atommasse vertieft: Sauerstoff − hellblau, Schwefel − gelb, Selen − rot, Tellur − braun. Alle Elemente bilden Wasserstoffverb. vom Typ H_2E (E gilt hier für »Element« symbolisch für alle Elemente der 6. Hauptgruppe).

7. Hauptgruppe des PSE, umfaßt 5 Elemente (Tabelle), die als *Halogene (Salzbildner)* bezeichnet werden. Unter Normalbedingungen liegen F und Cl gasförmig als F_2 und Cl_2, Br flüssig und I und At fest vor. Es sind Nichtmetalle, jedoch nimmt der Nichtmetallcharakter mit steigender Atommasse der Elemente ab. Mit steigender Atommasse der Elemente weisen die Elementverb. eine Vertiefung ihrer Eigenfärbung auf. Im gasförmigen Zustand sind: Fluor − hellgelb, Chlor − gelbgrün, Brom − rotbraun und Iod − violett. Alle Elemente sind generell sehr reaktionsfähig. Mit steigender Atommasse der Elemente nimmt die allgemeine Reaktionsfähigkeit und die ↗ Affinität zum Wasserstoff ab, die Affinität zum Sauerstoff und die Säurestärke der wäßrigen Halogenwasserstoffsäuren zu. Die Halogene können untereinander Verb. eingehen, die als ↗ Interhalogenverb. bezeichnet werden. Durch die relativ hohe ↗ Elektronegativität der Halogene sind bei den ausgebildeten Verb. alle Arten der chem. ↗ Bindung, von der ↗ Ionenbeziehung bis zur ↗ Atombindung (↗ Kovalenz), vertreten.

8. Hauptgruppe des PSE, umfaßt 6 Elemente (Tabelle), die als *Edelgase* bezeichnet werden, weil sie unter Normalbedingungen gasförmig vorliegen und lange Zeit als chem. vollkommen ↗ inert gegolten haben. Als ↗ Elementsubstanz weisen sie keine Verb. auf, liegen daher einatomig vor. Seit 1962 sind Verb. echter ↗ Kovalenz beim Xe, in geringem Maße auch beim Kr und Rn bekannt geworden. Beim Xe wird eine *s-p-d-Hybridisierung* angenommen, durch welche die für eine Bindung erforderlichen Orbitale zur Verfügung stehen. Durch die hohe ↗ Ionisierungsenergie des Xe eignet sich als Reaktionspartner besonders gut das Fluor, das eine hohe ↗ Elektronenaffinität besitzt. Die Edelgase finden Verwendung als Inertgase (Ar und He), zur Füllung von Glühlampen (Ar und Kr), zur Füllung von Reklameröhren (Ne − Neonröhren), zur Füllung von Gasthermometern (He) und als Füllgas für GEIGER-MÜLLER-Zählrohre (Ar). Auf den Seiten 204 bis 207 folgen die entsprechenden Tabellen.

Elemente der 1. und 2. Hauptgruppe des PSE

Z	Name	Symbol	$A_{r(1981)}$	Ek	n s	n p	OxZ	E_I in eV	X_E	Schmp. in °C	Sdp. in °C	ϱ_f in kg·l^{-1}	Isotope (Angabe in %)
3	Lithium	Li	6,941	[He]	2	2	+1	5,39	0,98	180	1330	0,534	6 (7,4); 7 (92,6)
11	Natrium	Na	22,989 77	[Ne]	3	3	+1	5,14	0,93	98	892	0,971	23 (100)
19	Kalium	K	39,098 3	[Ar]	4	4	+1	4,34	0,82	64	760	0,862	39 (93,1); *40* (0,01); 41 (6,9)
37	Rubidium	Rb	85,4678	[Kr]	5	5	+1	4,18	0,82	38,7	688	1,532	85 (72,2); *87* (27,8)
55	Caesium	Cs	132,9054	[Xe]	6	6	+1	3,89	0,79	28,64	690	1,873	133 (100)
87	Francium	Fr	[223]	[Rn]	7	7	+1	3,89	0,7	27	680		
Σ					n	n	+1	sehr klein	sehr klein	sehr niedrig	sehr niedrig	sehr gering	gering
4	Beryllium	Be	9,012 18	[He]	2	2	+2	9,32	1,57	1280	2480	1,86	9 (100)
12	Magnesium	Mg	24,305	[Ne]	3	3	+2	7,64	1,31	650	1110	1,741	24 (78,7); 25 (10,1); 26 (11,2)
20	Calcium	Ca	40,08	[Ar]	4	4	+2	6,11	1,00	838	1490	1,540	40 (97,0); 42 (0,6); 43 (0,1); 44 (2,1); 46 (0,03); 48 (0,2)
38	Strontium	Sr	87,62	[Kr]	5	5	+2	5,69	0,95	770	1380	2,67	84 (0,6); 86 (9,9); 87 (7,0); 88 (82,5)
56	Barium	Ba	137,33	[Xe]	6	6	+2	5,21	0,89	714	1640	3,50	130 (0,1); 132 (0,1); 134 (2,4); 135 (6,6); 136 (7,8); 137 (11,3); 138 (71,7)
88	Radium	Ra	226,0254	[Rn]	7	7	+2	5,28	0,90	700	1530	5,0	gering
Σ					n	n	+2	klein	klein	niedrig			

Kursiv gedruckte Massezahlen kennzeichnen auch in den folgenden Tabellen radioaktive Isotope

Hauptgruppenelemente

Elemente der 3. und 4. Hauptgruppe des PSE

Z	Name	Symbol	$A_{r (1981)}$	Ek	n s	n p	n	OxZ	E_I in eV	X_E	Schmp. in °C	Sdp. in °C	ϱ_r in kg·l^{-1}	Isotope (Angabe in %)
5	Bor	B	10,81	[He]	2	2		+3	8,30	2,04	2400	2550	2,33	10 (19,6); 11 (80,4)
13	Aluminium	Al	26,98154	[Ne]	3	3		+1, +2, +3	5,98	1,61	660	2450	2,698	27 (100)
31	Gallium	Ga	69,72	[Ar] 3d^{10}	4	4		+1, +2, +3	6,00	1,81	29,78	2400	5,91	69 (60,4); 71 (39,6)
49	Indium	In	114,82	[Kr] 4d^{10}	5	5		+1, +2, +3	5,79	1,78	156,17	2000	7,31	113 (4,3); 115 (95,7)
81	Thallium	Tl	204,37	[Xe] 4f^{14}5d^{10}	6	6		+1, +3	6,11	2,04	303	1460	11,85	203 (29,5); 205 (70,5)
$\sum$					n	n		+1, +2, +3	gering	gering	tief bis hoch	mittel bis hoch	gering bis mittelgroß	
6	Kohlenstoff Graphit Diamant	C	12,011	[He]	2	2		−4, +2, +4	11,26	2,55	3730 3550	4830	2,26 3,51	12 (98,9); 13 (1,1); *14* (Spuren)
14	Silicium	Si	28,08555	[Ne]	3	3		−4, +2, +4	8,15	1,90	1410	2680	2,3263	28 (92,2); 29 (4,7); 30 (3,1)
32	Germanium	Ge	72,59	[Ar] 3d^{10}	4	4		−4, +2, +4	7,88	2,01	937,2	2830	5,3263	70 (20,5); 72 (27,4); 73 (7,8); 74 (36,5); 76 (7,8)
50	Zinn α-Zinn (grau) β-Zinn (weiß)	Sn	118,69	[Kr] 4d^{10}	5	5		−4, +2, +4	7,34	1,96	231,9	2270	5,76 7,30	112 (1,0); 114 (0,7); 115 (0,4); 116 (14,3); 117 (7,6); 118 (24,0); 119 (8,6); 120 (32,8); 122 (4,7); 124 (5,9)
82	Blei	Pb	207,2	[Xe] 4f^{14}5d^{10}	6	6		−4, +2, +4	7,42	2,33	327,4	1740	11,337	204 (1,5); 206 (23,6); 207 (22,6); 208 (52,3)
$\sum$					n	n		−4, +2, +4	mittelgroß	mittelgroß	hoch bis tief		gering bis mittelgroß	

Hauptgruppenelemente

Elemente der 5. und 6. Hauptgruppe des PSE

Z	Name	Symbol	$A_{r(1981)}$	Ek	n s	n p	OxZ	E_I in eV	X_E	Schmp. in °C	Sdp. in °C	$\varrho_{f/fl}$ in kg·l^{-1}	Isotope (Angabe in %)
7	Stickstoff	N	14,0067	[He]	2	2	0, −1, −2, −3, +1, +2, +3, +4, +5	14,53	3,03	−210	−196	0,81	14 (99,6); 15 (0,4)
15	Phosphor weiß rot	P	30,97376	[Ne]	3	3	−2, −3, +1, +3, +4, +5	10,48	2,19	44 590^1) 817^1)	280 417^2) 613^2)	1,82 2,2	31 (100)
33	Arsen grau gelb	As	74,9216	[Ar] 3d^{10}	4	4	−3, +3, +5	9,81	2,18			5,72 2,03	75 (100)
51	Antimon	Sb	121,75	[Kr] 4d^{10}	5	5	−3, +3, +4, +5	8,64	2,05	630,5	1380	6,68	121 (57,2); 123 (42,8)
83	Bismut	Bi	208,9804	[Xe] 4f^{14}5d^{10}	6	6	−3, +2, +3, +5	7,29	2,02	271	1560	9,79	209 (100)
$\sum$					n	n	0, −1, −2, −3, +1, +2, +3, +4, +5	groß bis mittel	groß bis mittel	tief bis niedrig	tief bis niedrig	gering bis mittelgroß	

^{1}) unter Druck; ^{2}) bei Sublimation

Z	Name	Symbol	$A_{r(1981)}$	Ek	n s	n p	OxZ	E_I in eV	X_E	Schmp. in °C	Sdp. in °C	$\varrho_{f/fl}$ in kg·l^{-1}	Isotope (Angabe in %)
8	Sauerstoff	O	15,9994	[He]	2	2	−2, −1, +1, +2	13,61	3,44	−219	−183	1,15	16 (99,8); 17 (0,04); 18 (0,2)
16	Schwefel rhombisch monoklin	S	32,06	[Ne]	3	3	−2, +2, +3, +4, +5, +6	10,36	2,58	119	445	2,07 1,96	32 (95,0); 33 (0,8); 34 (4,2); 36 (0,02)
34	Selen metallisch	Se	78,96	[Ar] 3d^{10}	4	4	−2, +2, +4, +6	9,75	2,55	217,4	684,9	4,7924	74 (0,9); 76 (9,0); 77 (7,6); 78 (23,5); 80 (49,8); 82 (9,2)
52	Tellur	Te	127,60	[Kr] 4d^{10}	5	5	−2, +2, +4, +6	9,01	2,1	449,5	1390	4,94	120 (0,1); 122 (2,4); 123 (0,9); 124 (4,6); 125 (7,0); 127 (18,7); 128 (31,8); 130 (34,5)
84	Polonium	Po	[209]	[Xe] 4f^{14}5d^{10}	6	6	−2, +2, +4	8,43	2,0	254	962	9,4	
$\sum$					n	n	−2, −1, +1, +2, +3, +4, +5, +6	groß bis mittel	groß bis mittel	tief bis niedrig	tief bis niedrig	gering bis mittelgroß	

Elemente der 7. und 8. Hauptgruppe des PSE

Z	Name	Symbol	$A_{r(1981)}$	Ek	n s	n p	OxZ	E_I in eV	X_E	Schmp. in °C	Sdp. in °C	$\varrho_{r/n}$ in kg·l^{-1}	Isotope (Angabe in %)
9	Fluor	F	18,998 403	[He]	2	2	−1	17,42	3,98	−220	−188	1,51	19 (100)
17	Chlor	Cl	35,453	[Ne]	3	3	−1, +1, +3, +4, +5, +6, +7	12,97	3,16	−101	−35	1,56	35 (75,5); 37 (24,5)
35	Brom	Br	79,904	[Ar] 3d^{10}	4	4	−1, +1, +4, +5, +6	11,84	2,96	−7	58,2	3,12	79 (50,5); 81 (49,5)
53	Iod	I	126,9045	[Kr] 4d^{10}	5	5	−1, +1, +5, +7	10,45	2,66	113,6	182,8	4,94	127 (100)
85	Astat	At	[210]	[Xe] 4f^{14}5d^{10}	6	6	−1	9,5	2,2	302	335		
Σ					n	n	−1, +1, +3, +4, +5, +6, +7	sehr groß	sehr groß	tief	tief	gering	

Z	Name	Symbol	$A_{r(1981)}$	Ek	n s	n p	OxZ	E_I in eV	Schmp. in °C	Sdp. in °C	ϱ_{fl} in kg·l^{-1}	ϱ_g in kg·m^{-3}	Isotope (Angabe in %)
2	Helium	He	4,00260		1			24,58	−270	−269	0,15	0,17847	3 (10^{-4}); 4 (100)
10	Neon	Ne	20,179	[He]	2			21,56	−249	−246	1,20	0,9006	20 (90,9); 21 (0,3); 22 (8,8)
18	Argon	Ar	39,948	[Ne]	3			15,76	−189	−186	1,40	1,7837	36 (0,3); 38 (0,1); 40 (99,6)
36	Krypton	Kr	83,80	[Ar] 3d^{10}	4		+2	14,00	−157,2	−153,3	2,16	3,744	78 (0,3); 80 (2,3); 82 (11,6); 83 (11,5); 84 (56,9); 86 (17,4)
54	Xenon	Xe	131,30	[Kr] 4d^{10}	5		+2, +4, +6, +8	12,13	−111,9	−108,1	3,5	5,896	124 (0,1); 126 (0,1); 128 (1,9); 130 (4,1); 131 (21,2); 132 (26,9); 134 (10,4); 136 (8,9)
86	Radon	Rn	[222]	[Xe] 4f^{14}5d^{10}	6		?	10,75	−71	−62	4,4	9,96	
Σ					n			maximal	sehr tief	sehr tief			gering

Hauptsätze der Thermodynamik, stellen grundlegende Erfahrungssätze der ↗ Thermodynamik dar.
Nach dem 0. Hauptsatz befinden sich zwei Systeme im thermischen Gleichgewicht, wenn sie die gleiche Temperatur besitzen.
Der 1. Hauptsatz stellt eine Anwendung des Gesetzes der Erhaltung der Energie auf thermodynamische Zustandsänderungen dar, bei denen sich nur die ↗ innere Energie U ändert. Er besagt, daß die Änderung der inneren Energie U eines Systems gleich der Summe der mit der Umgebung ausgetauschten Wärme ΔQ und Arbeit ΔW ist:
$\Delta U = \Delta Q + \Delta W$.
Mit der meist betrachteten ↗ Volumenarbeit
$\Delta W = - p \cdot \Delta V$
ergibt sich
$\Delta U = \Delta Q - p \cdot \Delta V$
und daraus die Definition der ↗ Enthalpie
$\Delta H = \Delta U + p \cdot \Delta V$
als weitere wichtige Zustandsgröße des 1. H. d. T.
Der 2. Hauptsatz ergänzt die Aussage des ersten hinsichtlich der Ablaufrichtung von Vorgängen in der Natur. Ausgehend vom CARNOTschen Prinzip (↗ CARNOTscher Kreisprozeß) der Temperaturabhängigkeit der Umwandelbarkeit von Wärme in Arbeit wurde zur thermodynamischen Beschreibung der Freiwilligkeit eines Vorganges die Größe ↗ Entropie S definiert. Damit kann der 2. H. d. T. für abgeschlossene Systeme so formuliert werden, daß bei freiwillig ablaufenden Prozessen die Entropie stets zunimmt, bis sie im Gleichgewichtszustand ihr Maximum erreicht hat und die Änderung Null ist: $dS \geq 0$. Für nicht abgeschlossene Systeme ist zusätzlich der Wärmeaustausch mit der Umgebung zu berücksichtigen, wie es sich in den Definitionen der thermodynamischen Zustandsfunktionen ↗ freie Energie F und ↗ freie Enthalpie G widerspiegelt. Der 2. H. d. T. für nicht abgeschlossene Systeme lautet danach: Bei freiwillig ablaufenden Prozessen nimmt die freie Energie (↗ isochore Prozesse) bzw. freie Enthalpie (↗ isobare Prozesse) stets ab und erreicht im Gleichgewicht ihren Minimalwert, wobei dann ihre Änderung Null ist:
$dF \leq 0$ bzw. $dG \leq 0$.
Der als 3. Hauptsatz bezeichnete NERNSTsche Wärmesatz sagt aus, daß die Entropieänderung ΔS für sämtliche Vorgänge bei der Annäherung an den absoluten Nullpunkt der ↗ Temperatur gegen Null geht. Auf Grund dieser Erfahrung wurde von ↗ PLANCK die Entropie am absoluten Nullpunkt S_0 auf den Wert Null normiert:
$S_0 = \lim_{T \to 0} S = 0$.

Dadurch können Absolutwerte der Entropie für die Stoffe bei bestimmten Temperaturen angegeben werden. Entsprechend dem 3. H. gehen auch die Änderungen anderer thermodynamischer Größen mit der Temperatur, wie z. B. die ↗ Molwärme oder der thermische Ausdehnungskoeffizient (↗ 1. GAY-LUSSACsches Gesetz) gegen Null, so daß man sich dem absoluten Nullpunkt experimentell annähern, ihn aber nicht erreichen kann.

Hausmüll, Kommunalmüll, Abfälle aus Haushalten, Gaststätten u. ä.
H. ist eine nach Bestandteilen und Korngrößen außerordentlich variable komplexe Stoffgruppe, dessen industrielle Aufarbeitung zwar techn. gelöst ist, aber bisher nur schwierig ökonomisch vertretbar betrieben werden kann. Die Müllverbrennung hat sich wegen starker Korrosion der Anlagen und der komplizierten Beseitigung der anfallenden Luftschadstoffe nur z. T. durchgesetzt. Gegenwärtig günstigster Weg zur Nutzung dieser Vielstoff-Sekundärrohstoffquelle ist eine verstärkte vorgeschaltete selektive Erfassung der einzelnen Müllbestandteile an den Anfallstellen sowie eine kombinierte Aufarbeitung des Restmülls durch Sortierung (Phasentrennung) der Grobfraktion und Verwendung der Feinfraktion mit anderen org. Abfällen zur ↗ Kompostierung. Tabelle. Bild, S. 209.

Durchschnittliche Zusammensetzung von Hausmüll

Bestandteile (Stoffgruppen)	Durchschnittlicher Anteil in %
Metalle	3... 9
Glas	7...20
Papier, Pappe	10...35
Textilien	1... 4
Kunststoffe	2... 4
organische Küchenabfälle	10...20
Steine, Keramik	2... 6
Feinmüll	20...35
Sonstiges (Holz, Leder, Gummi)	2... 4

Hautkosmetika, kosmetische Präparate zur Pflege (Reinigung, Schutz, Gesunderhaltung) und Verschönerung der Haut. Die wichtigsten Zubereitungsformen sind Hautöle und -fette, Cremes, flüssige Emulsionen, Hautwässer, Puder und Stifte. Die zur Bereitung von Kosmetika verwendeten Stoffe dürfen keine gesundheitsschädigende Wirkung haben. Wichtige Grundstoffe zur Bereitung von H. sind:
– Fette und fette Öle, wie Baumwollsaatöl, Leinöl, Weizenkeimöl, Mandelöl, Olivenöl, Lebertran, Walratöl (↗ Walrat) und Schmalz;

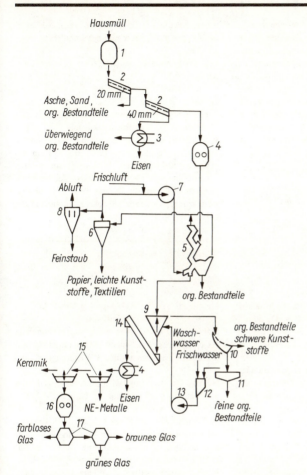

Schema der Hausmüll-Verwertung
1 Aufreißvorrichtung
2 Feinmüllsiebe
3 Überbandmagnetabscheider
4 Schneidwalzenzerkleinerer
5 Windsichter
6 Zyklon
7 Unterwindventilator
8 Entstaubungsanlage
9 Aufstromsortierer
10 Entwässerungssieb
11 Eindicker
12 Pumpensumpf
13 Pumpe
14 Austrags- und Entwässerungseinrichtung
15 Dichtesortieranlagen
16 Riffelwalzwerk
17 optisch-mechanische Sortiergeräte

– Mineralöle und -fette, wie Paraffinöl, Vaseline und ↗ Ozokerit;
– Wachse, wie Wollwachs, Bienenwachs und ↗ Walrat;
– Fettsäuren, wie ↗ Palmitin-, ↗ Stearin-, Myristin-, Cerotin-, ↗ Öl-, ↗ Linol- und ↗ Linolensäure;
– höhere Alkohole (Fettalkohole), wie Hexadecan-1-ol (Cetylalkohol) und Octadecan-1-ol (Stearylalkohol);
– Polyethylenglycole, das sind makromolekulare Verb., die aus Ethylenoxid und mehrwertigen Alkoholen (Glycol; Glycerol) hergestellt werden;
– niedere Alkohole, hauptsächlich Ethanol und Isopropanol;
– Wasser, das möglichst enthärtet ist;
– Pudergrundlagen, wie ↗ Talk, Kaolin, ↗ Kieselgur, Magnesiumcarbonat, Titaniumdioxid und Fettsäuresalze des Magnesiums und Zinks.

Als *Hilfsstoffe* werden benötigt: mehrwertige Alkohole, wie Glycerol als Feuchthaltemittel, Riechstoffe (Parfüms), Konservierungsmittel und zum Färben anorg. Pigmente, Farblacke oder org. Farbstoffe.

Als *Wirkstoffe* enthalten H. ↗ ätherische Öle, Kräuterauszüge, Gewebeextrakte, Vitamine, Hormone, Desinfektionsmittel, Schwefel, Sonnenschutzmittel u. a.

Hautöle und *-fette* enthalten Fette, fette Öle, Wachse und Mineralöle ohne Zusatz von Wasser. Sie sollen der Haut Fettstoffe zuführen und können auch zur Reinigung (z. B. Abschminken) benutzt werden. Spezielle Hautöle enthalten bestimmte Wirkstoffe.

Eine häufig angewendete Zubereitungsform von H. sind ↗ Emulsionen in Form von *Cremes* und *flüssi-*

gen *Emulsionen* (Gesichtsmilch, Reinigungsmilch u. ä.). Kosmetische Emulsionen enthalten 30 bis 85%, flüssige Emulsionen bis 95% Wasser, weiterhin eine Fettphase, Hilfsstoffe und Wirkstoffe. Für Fett-, Reinigungs-, Nähr-, Hormon- und Vitamincremes sind Wasser-in-Öl-Emulsionen geeignet. Für Matt-, Tages- und Hautschutzcremes werden Öl-in-Wasser-Emulsionen verwendet. Beim ersten Emulsionstyp sind Wassertröpfchen in einer zusammenhängenden Ölphase, beim zweiten Typ Öltröpfchen in Wasser verteilt. Bild.

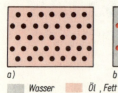 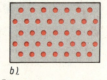

a) b)

▓ *Wasser* ▓ *Öl, Fett*

Emulsionstypen
a) Wasser-in-Öl-Emulsion
b) Öl-in-Wasser-Emulsion

Gesichts- und *Rasierwässer* sind alkoholisch-wäßrige Lösungen von Hilfs- und Wirkstoffen. Desodorierende Hautwässer werden als »Spray« vertrieben. Durch Treibgas werden sie in ein ↗ Aerosol überführt.

↗ *Puder* bestehen aus einer fein gepulverten Pudergrundlage und einer Reihe von Zusätzen. Gesichts-, Körper- und Kinderpuder dienen der Hautpflege. Verbreitet werden Schminkpuder angewendet, die ↗ Pigmente enthalten. Oft werden aus den Schminkpudern Preßlinge hergestellt, die leicht Substanz abgeben.

Stifte (Parfümstifte, desodorierende Stifte und Insektenabwehrstifte) sind feste Gele von Seifen mit einer 10- bis 100fachen Gewichtsmenge Alkohol. Die Grundlage für *Lippenstifte* bilden hochschmelzbare Fette, Wachse oder Polyethylenglycole.

Hedenbergit, $CaFe[Si_2O_6]$, Mineral der ↗ Pyroxengruppe. Es bildet Mischkristalle mit ↗ Diopsid. Seine dunklen bis schwarzen Kristalle sind nicht allzu häufig in metasomatischen Gesteinen anzutreffen.

Heisenbergsche Unschärferelation, 1927 aus dem ↗ Welle-Teilchen-Dualismus abgeleitete Schlußfolgerung, nach der für ↗ Elementarteilchen der Ort x und der Impuls $p = m \cdot v$ nie gleichzeitig genau angegeben werden können. Da der Angabe der Wellenlänge λ stets eine bestimmte Ortsveränderung Δx zugrunde liegt, ist auch der zugeordnete Impuls $m \cdot v = h/\lambda$ (de Broglie-Gleichung) nur näherungsweise für diese Ortsänderung Δx definiert. Nach der H.U. gilt für die Ungenauigkeit Δ der Angabe des Ortes x und des Impulses p:
$\Delta x \cdot \Delta p \geqq h/2\pi$
bzw. der Energie E und der Zeit t:
$\Delta E \cdot \Delta t \geqq h/2\pi$
h Planckschs Wirkungsquantum.
Durch die Abhängigkeit der Linienbreite ΔE in ↗ Spektren von der Lebensdauer angeregter Zustände Δt ist die H.U. experimentell nachprüfbar.

Heizbäder, Bäder zur gleichmäßigen schonenden und vollständigen Wärmeübertragung auf ein Reaktionsgefäß, besonders bei Glasgefäßen durch einen Wärmeüberträger. Die Bäder werden heute vornehmlich elektrisch beheizt. Wird Luft als Wärmeüberträger verwendet, benutzt man einen ↗ Babotrichter.

Bezeichnung	Wärmeüberträger
Wasserbad	Wasser
Sandbad	Quarzsand
Ölbad	Maschinenöl, besser Silikonöl
Metallbad	z. B. Woodsches Metall, Lipowitzsches Metall

Heizgase, für Heizzwecke eingesetzte brennbare Gase, vor allem Wasserstoff, Kohlenmonoxid und Methan. ↗ Druckvergasung, ↗ Vergasung, ↗ Gaswerk.

Heizöl, Gemisch flüssiger Kohlenwasserstoffe, die vor allem als höhersiedende Produkte der ↗ Erdöldestillation anfallen (Dieselölfraktion der atmosphärischen Stufe sowie Vakuumdestillate). Daneben erhält man H. aus der Teeraufbereitung der Kohleentgasung. Ihr Heizwert als flüssige Brennstoffe ist sehr hoch, er liegt bei 40 000 kJ/kg. Günstiger ist ihre stoffwirtschaftliche Nutzung nach einer thermischen Spaltung (↗ Hydrocracken).

Heizsystem, techn. Lösung der Erwärmung von Räumen und Apparaten.
1. Unmittelbare Energiezufuhr ist für Temperaturbereiche oberhalb 1 000 °C erforderlich. Sie ist möglich durch Elektroheizung (Widerstands-, Lichtbogen-, Induktivheizung) sowie durch Brennstoffheizung mit Gas, Heizöl oder Kohle (Kohlenstaub- bzw. Rostfeuerung).
2. Heizung durch stoffliche Wärmeträger ist vor allem im Temperaturbereich unter 300 °C günstig. Heizmittel sind Gase, Dämpfe, Flüssigkeiten, Feststoffe, Salz- und Metallschmelzen. Für die Wärmeübertragung stehen ↗ Regeneratoren und ↗ Rekuperatoren zur Verfügung.
3. Lokale Beheizung ist durch Strahlenheizung mit IR-Wärmestrahlern möglich.

Heiztischmikroskop, wird nach seinen Erfindern als KOFLER oder BOETIUS bezeichnet und dient zur Schmelzpunktbestimmung. Einzelne Kristalle der Probe werden zwischen Objektträger und Deckglas gebracht, auf das mit einer Heizeinrichtung versehene Mikroskop gelegt und der Schmp. ermittelt. Durch langsames Aufheizen der Probe werden genaueste Ergebnisse erzielt.

Heizwert, ↗ Verbrennungswärme.

Helide, Stoffe, die durch Anlagerung einiger Metalle an ↗ Helium gebildet werden, jedoch keine stöchiometrische Zusammensetzung besitzen.

Heliotropin, Piperonal 3,4-Methylendioxy-benzaldehyd, ein wertvoller Riechstoff aus der Gruppe der aromatischen Aldehyde, Schmp. 35 °C. H. kommt in geringen Mengen im Blütenöl von Spiraea ulmaria vor, wird aber techn. aus Safrol, das zu etwa 80 % aus Sassafrasöl isoliert wird, hergestellt.

Heliotropin

Helium,

He	$Z = 2$
$A_{r(1981)} = 4,00260$	
Ek: $1s^2$	
Elementsubstanz: He	
Schmp. -270 °C	
Sdp. -269 °C	
$\varrho_g = 0,17847$ kg·m^{-3}	
$\varrho_{fl} = 0,15$ kg·l^{-1}	

chem. Element (↗ Elemente, chem.).

Helium, Symbol: He, Edelgas, 1. Element der 8. Hauptgruppe des PSE (↗ Hauptgruppenelemente, 8. Hauptgruppe des PSE). H. ist die Bez. für alle Atome, die 2 positive Ladungen im Kern (also 2 Protonen) besitzen: Kernladungszahl $Z = 2$. Die Hülle des Atoms, die aus 2 Elektronen besteht, vermag Elektronen weder abzugeben noch aufzunehmen, daher sind auch keine Verb. bekannt. Die Elementsubstanz liegt einatomig vor. Nichtstöchiometrische Anlagerung von Metallen an Helium führt zu Stoffen, die als Helide bezeichnet werden. H. wurde 1868 von LOCKYER im Sonnenspektrum entdeckt und 1895 von RAMSAY beim Auflösen uranhaltiger Mineralien in Säure als Elementsubstanz isoliert. H. ist mit 0,00046 Vol.-% in der Luft enthalten, findet sich aber auch als Endprodukt radioaktiven Zerfalls in einigen Mineralien eingeschlossen. H. wird als Inertgas und zur Füllung von Gasthermometern, früher auch zur Füllung von Luftschiffen verwendet.

helle Produkte der Erdöldestillation, Betriebsbez. für die niedrigsiedenden Fraktionen, vor allem Benzine.

HELMHOLTZsche Energie, ↗ freie Energie.

HELMONT, JOHANN BAPTIST VAN (1577 bis 1644), bedeutender niederländischer Iatrochemiker, erkannte die Verschiedenartigkeit »luftförmiger Körper«. Er unterschied Gase und Dämpfe. Die Bezeichnung »Gas« (abgeleitet von Chaos) stammt von ihm. 1620 spricht er bereits den Gedanken von der Erhaltung der Stoffe bei chem. Prozessen aus. Er weist auf die Bedeutung räumlicher Anordnung für chem. Eigenschaften hin. Daneben ist er überzeugt von der Existenz des ↗ Steins der Weisen und eines Universallösungsmittels ↗ Alkahest.

HENRY-DALTONsches Gesetz, stellt eine Erweiterung des ↗ HENRYschen Gesetzes auf Gasmischungen dar. Die Konzentration des gelösten Gases in einer Flüssigkeit c ist seinem Partialdruck p (↗ Gasmischungen) proportional. Die Gültigkeitsgrenzen entsprechen dem HENRYschen Gesetz.

HENRYsches Gesetz, (1803) besagt, daß bei konst. Temperatur die Löslichkeit eines reinen Gases in einer Flüssigkeit (↗ Absorption), ausgedrückt durch die Konzentration des gelösten Gases c, seinem Druck p proportional ist: $c = \alpha \cdot p$. Der sogenannte Absorptionskoeffizient α ist von der Art des Gases und der Flüssigkeit abhängig sowie von den gewählten Einheiten der Konzentration und des Druckes. Das H. G. gilt nur für Gase mit geringer Löslichkeit, bei denen keine chem. Reaktion mit dem Lösungsmittel auftritt.

Herbizide, Unkrautvernichtungsmittel, die als Totalherbizide oder nur gegen Unkräuter bei Schonung der Kulturpflanzen als Selektivherbizide wirken. Es sind vor allem Verb. der Gruppen Phenolderivate, Phenoxyfettsäuren, Triazine und Carbamate.

Herdfrischen, ↗ Frischen.

Herdofen, einfachste und älteste Form eines ↗ Industrieofens. Es ist ein ↗ Flammofen mit waagerechtem Herd (Sohle des Ofenraums) und relativ niedrigem Abstand zwischen diesem und dem Gewölbe (Decke des Ofenraums). Das Heizgas streicht über das auf dem Herd liegende Ofengut und erhitzt es.

Heroin, Diacetylester des Morphins. H. ist ein starkes suchterregendes ↗ Rauschgift (»harte Droge«). Es wird aus dem ↗ Morphin des ↗ Opiums durch Acetylierung in geheimen Laboratorien hergestellt und illegal gehandelt. Sein Mißbrauch führt zur psychischen und körperlichen Zerrüttung. Infolge der großen Giftigkeit des H. führt eine Überdosierung häufig zum Tod. Die therapeutische Anwendung des H. als schmerzstillendes Mittel ist verboten.

Herzberg, Gerhard (22. 12. 1904), in Hamburg geborener Physiker, arbeitete besonders über die Theorie der Molekülzustände und über Molekülspektren. Zahlreiche Veröffentlichungen betreffen die Anwendungsbereiche der Molekülspektroskopie. 1935 emigrierte er nach Kanada. 1971 wurde ihm der Nobelpreis für Chemie verliehen.

Herz-Kreislauf-Medikamente, Arzneimittel zur Behandlung von Herzinsuffizienz, Angina pectoris und zur Regulierung des Blutdruckes.

1. Mittel bei Herzinsuffizienz (verminderter Leistungsfähigkeit des Herzens): Als Mittel, die die Kontraktionskraft des Herzens erhöhen, werden natürlich vorkommende Pflanzenglycoside (↗ Glycoside) angewendet, die aus dem roten oder weißen Fingerhut (Digitalisglycoside), aus dem Maiglöckchen, aus der Meerzwiebel oder aus Hundsgiftgewächsen (Strophantin) gewonnen werden. Herzglycoside müssen regelmäßig eingenommen werden, da sie erst wirken, wenn ein bestimmter Spiegel vorhanden ist.

2. Mittel zur Erweiterung der Herzkranzgefäße: Verengungen der Herzkranzgefäße infolge Verkalkung und/oder Verfettung führen zu mangelhafter Durchblutung des Herzmuskels und damit zu sporadischem Sauerstoffmangel (Angina pectoris). Bei akuten Anfällen werden als rasch wirkende Mittel Ester der Salpetersäure oder salpetrigen Säure wie ↗ Glyceroltrinitrat, ↗ Pentaerythritoltetranitrat oder Amylnitrit eingenommen. Da die Salpetersäureester Explosivstoffe sind, werden sie im Gemisch mit Kohlenhydraten oder in nicht explosiven alkoholischen Lösungen angewendet. Für die Dauerbehandlung von Angina pectoris werden synthetische Präparate (verschiedene Amine) hergestellt. Kombinationspräparate enthalten meist auch Theobromin und Theophyllin (↗ Purinalkaloide). Bei Verschluß von Herzkranzgefäßen kommt es zum Herzinfarkt, bestimmte Bezirke des Herzmuskels werden funktionsuntüchtig. Die Behandlung eines akuten Infarktes erfolgt durch ↗ Beruhigungsmittel, starke, morphinhaltige ↗ schmerzstillende Mittel, Tranquilizer (↗ Psychopharmaka) und zusätzliche Sauerstoffgaben.

3. Blutdrucksteigernde Mittel: Es sind Substanzen, die das periphere Nervensystem anregen, wie die Hormone ↗ Adrenalin und Noradrenalin sowie das Alkaloid ↗ Ephedrin. Über das Zentralnervensystem wirken die sogenannten ↗ Weckamine.

4. Blutdrucksenkende Mittel: Der weit verbreitete Bluthochdruck wird durch Kombination von ↗ Diuretika und Beta-Rezeptoren-Blockern behandelt. Letztere blockieren die Reizübertragung von den Nervenenden auf die Muskulatur und bewirken somit eine Erweiterung der Blutgefäße. Die wichtigsten Beta-Rezeptoren-Blocker gehören zum Propanoltyp (z. B. Propanolol), mit der Struktur R—O—CH_2—CH(OH)—CH_2—NHR (R = Aryl-). Weitere blutdrucksenkende Mittel sind u. a. Rauwolfia-Alkaloide, (z. B. Reserpin), Guanidine und quarternäre Ammoniumsalze.

Hess, Germain Henri (7. 8. 1802 bis 30. 11. 1850), in Gent geboren; ab seinem 3. Lebensjahr lebte er in Rußland. Der Arzt und Chemiker H. beschäftigte sich mit mineralogischen Arbeiten und führte zahlreiche physikal.-chem. Untersuchungen durch. Berühmt wurde er durch seine 1840 aus thermochem. Forschungsergebnissen abgeleiteten Schlußfolgerungen über die Wärmetönung bei chem. Reaktionen. ↗ Hessscher Satz.

Hessscher Satz, 1840 aufgestelltes Gesetz der konstanten Wärmesummen, wonach die Reaktionswärme einer gegebenen Reaktion gleich der Summe der Reaktionswärmen nacheinander durchgeführter Teilreaktionen ist, die von denselben Ausgangsstoffen zu denselben Reaktionsprodukten führen wie die in einem Schritt durchgeführte Reaktion. Der H. S. stellt historisch einen wichtigen Schritt bei Entdeckung des Gesetzes der Energieerhaltung sowie der Charakterisierung thermodynamischer ↗ Zustandsgrößen dar. Mit Hilfe dieses Gesetzes lassen sich ↗ Reaktionswärmen berechnen, die einer direkten Messung unzugänglich sind. Dazu nutzt man meist die gut meßbaren ↗

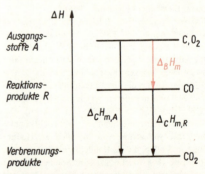

Ermittlung von Reaktionswärmen aus Verbrennungswärmen nach dem H. S. am Beispiel der molaren Standardbildungsenthalpie von CO:

$\Delta_B H_m^\ominus = \Delta_C H_{m,A}^\ominus - \Delta_C H_{m,R}^\ominus$
$= (-394 - (-284))$ kJ·mol^{-1}
$= -110$ kJ·mol^{-1}

Verbrennungswärmen. Nach dem H. S. ergibt sich die Reaktionswärme aus der Differenz der Verbrennungswärmen der Ausgangs- und Endstoffe einer chem. Reaktion (Bild, S. 212). Der H. S. findet auch Anwendung beim ↗ HABER-BORNschen Kreisprozeß.

hetero, heterogen, svw. ungleich, verschieden.

Heterocyclen, ringförmige, org. Verb., in denen als Ringglieder Heteroatome eingebaut sind. Die wichtigsten Heteroatome sind Sauerstoff, Schwefel und Stickstoff. Befinden sich die Heteroatome neben sp^3-hybridisierten Kohlenstoffatomen im Ring, so zeigen die H. die Eigenschaften, die sich aus der Wechselwirkung des Kohlenwasserstoffanteils und des als funktionelle Gruppe auftretenden Heteroatoms ergeben. H. mit Sauerstoff verhalten sich wie Ether, mit Schwefel wie Thioether und mit Stickstoff wie sekundäre Amine. Befindet sich jedoch das Heteroatom in einer Verb. mit einem cyclisch vollkonjugierten π-Elektronensystem, erhält das Molekül einen typisch aromatischen Charakter, der die speziellen Eigenschaften bestimmt.

In fünfgliedrigen Ringen wird zum Aufbau des aromatischen π-Elektronensextetts ein freies Elektronenpaar des Heteroatoms herangezogen. Wichtige Fünfringheteroaromaten sind ↗ Furan, ↗ Thiophen und ↗ Pyrrol. Bei diesen H. ist die Elektronendichte an den Kohlenstoffatomen durch die Aufteilung des freien Elektronenpaares größer. Sie werden deshalb als π-elektronenreiche H. bezeichnet, an denen demnach S_E-Reaktionen entsprechend leichter ablaufen.

Der Austausch eines CH-Ringgliedes im Benzen durch Stickstoff führt zu einem sechsgliedrigen N-Heteroaromaten, dem ↗ Pyridin, dessen N-Atom nucleophiles Verhalten zeigt, das aber durch das aromatische System beeinflußt wird. Der elektronegativere Stickstoff führt zu einer Verringerung der Elektronendichte an den Kohlenstoffatomen, erschwert damit S_E-, erleichtert S_N-Reaktionen und bestimmt den Reaktionsort bei Substitutionen am Ring. Derartige Verb. werden als π-elektronenarme H. bezeichnet.

Wird die Methingruppe des Benzens durch den zweibindigen Sauerstoff ersetzt, ist die Ausbildung eines vollkonjugierten π-Elektronensystems nicht mehr möglich. Die ↗ Pyrane sind keine Heteroaromaten. Bei den Salzen des Pyrans hat der Sauerstoff eine dreibindige Ringfunktion, indem er über ein freies Elektronenpaar eine Doppelbindung zum Kohlenstoff ausbildet. Dabei wird er positiv. Das so gebildete ↗ Pyrylium-Kation besitzt nun ein π-Elektronensextett und hat damit aromatischen Charakter. Analog ist die Beziehung zwischen dem ↗ Thiapyran und den Thiapyryliumsalzen.

H., besonders die Heteroaromaten, bilden eine sehr breite Gruppe org. Verb. In den Derivaten werden die Namen von den Stammnamen des Grundsystems abgeleitet (↗ Nomenklatur).

Die Vielzahl von Stammverbindungen ergibt sich daraus, daß in einem Ringsystem auch mehrere Heteroatome, die noch unterschiedlich kombiniert werden können, möglich sind, z. B.:

im Fünfring O und N	– Oxazole
im Fünfring S und N	– Thiazole
im Fünfring S und 2 N	– Thiadiazole
im Fünfring 2 N benachbart	– Pyrazol
im Fünfring 2 N	– Imidazol
im Fünfring 3 N	– Triazol
im Fünfring 4 N	– Tetrazol
im Sechsring 2 N	– Pyridazin (1,2-Stellung)
	Pyrimidin (1,3-Stellung)
	Pyrazin (1,4-Stellung)
im Sechsring 3 N	– Triazine
im Sechsring 4 N	– Tetrazin

Von Bedeutung sind außerdem die mit carbocyclischen Ringen kondensierten H. Sehr viele biochem. wichtige Verb. sind Derivate von H., z. B. Vitamine, Enzyme, Aminosäuren, Chlorophyll, Blut-, Gallen- und Blütenfarbstoffe, Nucleinsäurebasen, Alkaloide. Ebenso breit ist die techn. Nutzung, z. B. für Plaste (↗ Melamin), für Arznei- und Pflanzenschutzmittel, für Farbstoffe.

Von vielen H. sind die Stammverbindungen weitaus weniger von Bedeutung, als einzelne Derivate, für die es dann spezielle Synthesemethoden gibt.

heterocyclisch, org. Verb., die ringförmig aufgebaut sind und außer Kohlenstoffatomen noch andere mehrwertige Elemente als Ringglieder besitzen (Heteroatome). Es sind auch Ringsysteme ohne Kohlenstoff möglich, z. B. Pentazol mit 5 N-Atomen im Fünfringsystem. Wichtige Heteroatome in h. Verb. sind: N, O, S.

heterogenes Gleichgewicht, ↗ Gleichgewicht.

heteropolare Bindung, auch polare Bindung. Bez. für die ↗ Ionenbeziehung.

Heteropolysäuren, Komplexverb. mit einem Nichtmetallatom als Zentralatom und mit Säurerestanionen von Isopolysäuren als Liganden. Bestimmte Säurerestanionen (Molybdate, Wolframate, Vanadate u.a.) bilden aus einzelnen Anionen unter Wasserabspaltung oligomere oder polymere Säurerestanionen, ↗ Isopolysäuren. Oligomere und polymere Säurerestanionen verschiedener Elemente, z. B. Molybdän und Wolfram, schließen in Hohlräumen ihrer Struktureinheiten noch Fremdatome, sogenannte Heteroatome, z. B. Phosphor und Silicium, ein. Es bilden sich die Anionen von Heteropolysäuren, z. B. Dodekamolybdatophosphat, $[P(M_{12}O_{40})]^{3-}$.

Hexaboran, B_6H_{10}, ↗ Borane.

1,2,3,4,5,6-Hexachlor-cyclohexan, $C_6H_6Cl_6$, ein Produkt der radikalischen Addition von Chlor an Benzen. H. ist eine farblose, kristalline Substanz mit charakteristischem Geruch, die sich kaum in Wasser löst. Es sind 8 Stereoisomere möglich. Das Reaktionsprodukt der Benzenchlorierung ist ein Isomerengemisch, dessen Trennung aufwendig ist. Das γ-Isomere ist ein sehr wirksames Insektizid, wird mit der Abkürzung HCH bezeichnet und hat einen Anteil im Reaktionsprodukt von etwa 10 bis 16%. Die Nutzung der anderen Isomeren ist ein vorrangiges Problem chem. Forschung. Das reine γ-Isomere ist 1912 erstmals von VAN DER LINDEN isoliert worden. Ihm zu Ehren werden Produkte mit mehr als 99% γ-Anteil als »Lindan« bezeichnet.

Hexachlorophen, *Bis(2,3,5-Trichlor-6-hydroxy--phenyl)methan.* Verb. mit antibakterieller Wirkung, die als Desinfektionsmittel und zur Herstellung desodorierender Seifen und Sprays verwendet wird.

Hexachlorophen

Hexafluorokieselsäure, $H_2[SiF_6]$, ↗ Fluorwasserstoff.

hexagonal, ↗ Kristallgitter.

Hexahydroboran, B_6H_{12}, ↗ Borane.

Hexamethylendiamin, $H_2N—(CH_2)_6—NH_2$, diprimäres, aliphatisches Diamin, das zur Herstellung von Polyamiden verwendet wird. H. kann aus ↗ Hexandisäure (Adipinsäure) über dessen Dinitril oder aus ↗ Furfural über das Furan, Tetrahydrofuran, Dichlorbutan und Hexandisäuredinitril hergestellt werden.

Hexamethylentetramin, $(CH_2)_6N_4$, eine kristalline, wasserlösliche Substanz, die durch Kondensation von Methanal mit Ammoniak gebildet wird.

Hexamethylentetramin

H. wird in wäßriger Lösung durch Säuren in die Ausgangskomponenten gespalten. Es wird deshalb zum Härten von Pheno- und Aminoplasten und als Arzneimittel zur Desinfektion der Harnwege verwendet. Durch Reaktion mit konz. Salpetersäure bildet sich aus H. der hochbrisante Sprengstoff 1,3,5-Trinitro--hexahydro-1,3,5-triazin (Hexogen).

Hexan, $H_3C—(CH_2)_4—CH_3$, Vertreter der homologen Reihe der ↗ Alkane mit der Summenformel C_6H_{14}. Mit der gleichen Summenformel existieren noch vier weitere verzweigte Alkane (Isoalkane): 2-Methyl-pentan, 3-Methyl-pentan, 2,3-Dimethyl--butan, 2,2-Dimethyl-butan (Neohexan). Sie sind in den Aufbereitungsfraktionen der Erdölchemie (Benzinen) vorhanden. Aus H. wird durch Cyclodehydrierung Benzen hergestellt.

Hexandisäure, $HOCC—(CH_2)_4—COOH$, Trivialname Adipinsäure, farblose, geruchlose und mäßig wasserlösliche Dicarbonsäure. H. wird durch Hydrolyse von Hexandinitril (Adipinsäuredinitril) oder durch Oxydation von Cyclohexanol bzw. Cyclohexanon hergestellt und zur Produktion von Polyamiden, Polyestern, Weichmachern und Alkydharzen und in der Lebensmittelindustrie als beständige, feste Säure eingesetzt.

Hexanitrodiphenylamin, (Dipikrylamin), gibt mit Kaliumionen einen schwerlöslichen, roten Niederschlag, der zum Nachweis, zur gravimetrischen, titrimetrischen und colorimetrischen Bestimmung genutzt werden kann. Die Reaktion ist verhältnismäßig selektiv, da die entsprechenden Lithium-, Natrium-, Magnesium- und Calciumsalze leicht löslich sind. Das Caesium- und Rubidiumsalz sind allerdings ebenfalls schwerlöslich, besitzen aber andere Kristallformen.

Hexanitrodiphenylamin

Hexogen, einer der wichtigsten hochbrisanten ↗ Explosivstoffe, der vor allem für militärische Zwecke eingesetzt wird. H. wird aus ↗ Hexamethylentetramin hergestellt.

Hexogen
1,3,5-Trinitro-hexahydro-
-1,3,5-triazin

Hexosen, $C_6H_{12}O_6$, ↗ Monosaccharide, die in der Natur eine große Bedeutung haben. Es gibt 16 Al-

dohexosen und 8 Ketohexosen. Die 8 Antipodenpaare der Aldohexosen sind:
Allose, Altrose, ↗ Glucose, Mannose, Gulose, Idose, Galactose, Talose.
Die wichtigste Ketohexose ist die ↗ Fructose.

Hiltsche Regel, besagt, daß Steinkohlen im allgemeinen mit zunehmender Tiefe stärker entgast sind als oberflächennähere (↗ Inkohlung).

Himbeerspat, ↗ Manganspat.

Hinsberg-Trennung, Methode zur Trennung von Gemischen primärer, sekundärer und tertiärer Amine, die 1890 von Hinsberg beschrieben wurde. Zur H. wird das Amingemisch mit ↗ Benzensulfochlorid umgesetzt. Dabei bilden primäre und sekundäre Amine gut kristallisierende Benzensulfonamide, während tertiäre Amine nicht angegriffen werden. Das Gemisch der Benzensulfonamide der primären und sekundären Amine wird nun mit Kalilauge behandelt, die das Amid des primären Amins löst, während das des sekundären Amins als Rückstand bleibt. Durch Kochen mit starken Mineralsäuren kann die Benzensulfonsäure wieder abgespalten werden, so daß damit die drei unterschiedlichen Amine getrennt vorliegen. Die Löslichkeit in Lauge bei den Amiden primärer Amine ist darauf zurückzuführen, daß durch den starken −I-Effekt der SO$_2$-Gruppe das Wasserstoffatom am Stickstoff leicht als Proton abgespalten werden kann.

$$C_6H_5-SO_2-\underset{H}{N}-R + NaOH \longrightarrow H_2O + Na[C_6H_5-SO_2-\underset{}{\overset{\ominus}{N}}-R]$$

wasserunlöslich   wasserlöslich

Hirschhornsalz, Gemisch aus Ammoniumcarbonat $(NH_4)_2CO_3$, Ammoniumhydrogencarbonat NH_4HCO_3 und Ammoniumcarbamat NH_4CONH_2, das oberhalb 60 °C unter Bildung von Wasser, Kohlendioxid und Ammoniak zerfällt. Darauf beruht seine Wirkung als Treibmittel beim Backen.

Hisinger, Wilhelm von (1776 bis 1852), schwedischer Bergwerksbesitzer, unterstützte ↗ Berzelius und war an einigen seiner Arbeiten beteiligt.

Histamin, 4-(2-Amino-ethyl)imidazol, biogenes Amin. M 111,14, Schmp. 83 bis 84 °C, Sdp. 209 °C. H. wird im Organismus durch Decarboxylierung der Aminosäure ↗ Histidin gebildet und in geringen Mengen als ↗ Hormon freigesetzt. Es reguliert die Gefäßweite, die Kontraktion der glatten Muskulatur und die Drüsensekretion. Bei allergischen Erkrankungen (Heuschnupfen, Asthma) ist es stark vermehrt nachweisbar. H. ist auch Bestandteil des ↗ Bienengiftes.

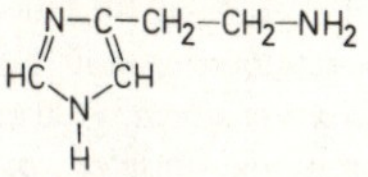

```
     N──C──CH₂──CH₂──NH₂
    ‖   ‖
   HC   CH
     \ /
      N
      |
      H
Histamin
```

L-Histidin, Abk. His, 1-Amino-2-(imidazol-4-yl)propionsäure, eine proteinogene ↗ Aminosäure. M 155,2, Schmp. 277 °C. H. ist besonders reichlich im ↗ Hämoglobin enthalten und findet

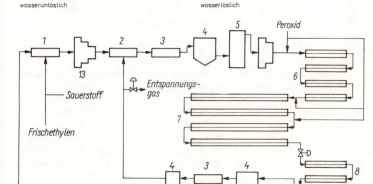

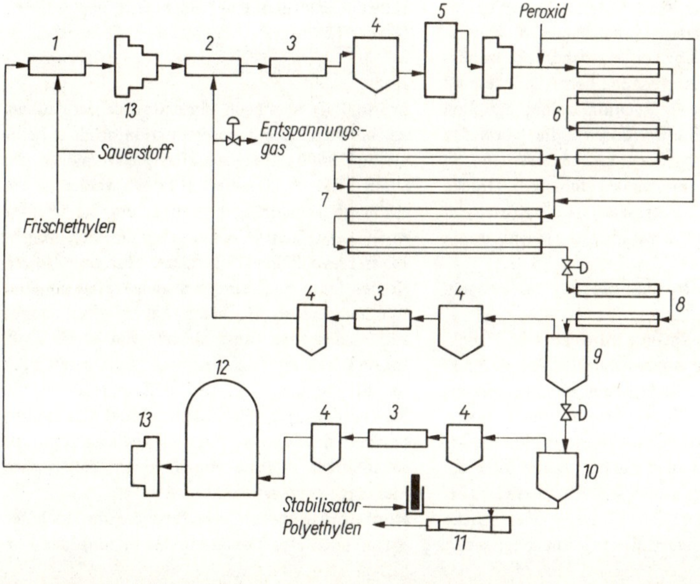

Verfahrensschema der industriellen HDPE-Herstellung

1 Vordruckmischstrecke
2 Zwischendruckmischstrecke
3 Kühler
4 Nachabscheider
5 Wasch- und Absorptionsturm
6 Vorheizer
7 Reaktor
8 Produktkühler
9 Zwischendruckabscheider
10 Niederdruckabscheider
11 Austragvorrichtung
12 Gasbehälter
13 Verdichter

sich auch häufig im aktiven Zentrum von Enzymproteinen (↗ Enzyme).

N—C—CH₂—CH(NH₂)—COOH
HC‖N—CH
   |
   H

L-Histidin

Hittorf, Johann Wilhelm (27. 3. 1824 bis 28. 11. 1914), deutscher Physiker und Chemiker, legte mit seinen Untersuchungen der Ionenwanderung mit den Grundstein für die Entwicklung der Elektrochemie. 1869 entdeckte er die Katodenstrahlung.

Hochdruckpolyethylen, HDPE, techn. durch Polymerisation von Ethylen unter hohem Druck hergestellt. Im Vergleich zum ↗ Niederdruckpolyethylen ist es durch geringeren Kristallinitätsgrad, höheren Verzweigungsgrad und niedere Dichte gekennzeichnet. Die bekannten Verfahren (↗ Polymir 60) arbeiten im Temperaturbereich 150 bis 300 MPa vorwiegend mit Rohrreaktoren (100 m Rohrlänge). Es werden gegenwärtig Umsätze von etwa 23 % erreicht. Bild, S. 215.

Hochdruckverfahren, in der chem. Industrie Syntheseverfahren unter Verwendung hoher Drücke. Historisch wurden sie mit der Entwicklung der ↗ Ammoniaksynthese durch Haber und Bosch zu Beginn unseres Jahrhunderts möglich, für deren Realisierung entscheidende grundsätzliche Fragen der Beherrschung hoher Drücke in großen Produktionsanlagen gelöst wurden. Damit wurde der Weg frei für andere Synthesen (↗ Methanolsynthese, ↗ Kohlehydrierung). Die z. Z. höchsten Drücke werden bei der Herstellung von ↗ Hochdruckpolyethylen eingesetzt. Die Anwendung hoher Drücke muß immer kostenmäßig in Relation zu den erzielten Ausbeuteverbesserungen durch die bewirkte Gleichgewichtsverschiebung gesehen werden. So haben sich bei der Ammoniaksynthese z. B. Drücke um 100 MPa nicht durchgesetzt, da die Kosten dafür höher lagen als der zusätzliche Gewinn durch verbesserte Ausbeute.

Hochfrequenzspektroskopie, ↗ Molekülspektren.

Hochfrequenztrocknung, dielektrische Trocknung, spezielle Trocknungsart, bei der das zu trocknende Gut geringer elektrischer Leitfähigkeit als Dielektrikum zwischen die Platten eines Kondensators gebracht wird. Dabei erwärmen sich die inneren Partien des Gutes stärker als die äußeren. Diese Trocknungsart wird deshalb vorzugsweise für hochwertige dielektrische Güter großer Dicke (Edelhölzer, Schaumgummi) sowie zur schonenden Trocknung dünner Schichten eingesetzt. Der apparative Aufwand und der spezifische Energieverbrauch sind groß.

Hochofen, Schachtofen, der zur ↗ Roheisenherstellung eingesetzt wird. Bild.

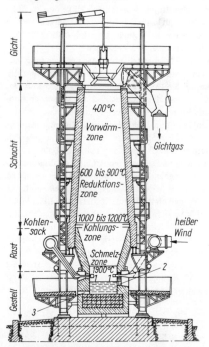

Schematischer Bau eines Hochofens
1 Windformen
2 Abnahme der Schlacke
3 Abstich des Roheisens

Er ist 20 bis 50 m hoch, einschließlich der Aufbauten bis 90 m. Die Tagesproduktion erreicht heute bis zu 12 000 t Roheisen (Fassungsvermögen des Ofens 5 500 m³). Seit einigen Jahren werden H. mit erhöhtem Winddruck betrieben, um die Ofenleistung zu steigern. Über die Windformen werden Zusatzbrennstoffe (Kokereigas, Erdgas, Heizöl, Kohlenstaub) zugeführt, bei gleichzeitig erhöhter Windtemperatur. Hochöfen haben einen hohen Kühlwasserbedarf (Rast, Gestell) von 30 bis 70 m³ H_2O/t Roheisen. In koksarmen Ländern mit billiger Elektroenergie werden Elektroniederschachtöfen eingesetzt. Kohle wirkt hier direkt als Reduktionsmittel, da keine Luft eingeblasen und die erforderliche Wärme durch einen elektrischen Lichtbogen erzeugt wird.

Hochofenprozeß, Gesamtheit der im Hochofen ablaufenden Reaktionen zur Umsetzung des Einsatzgutes, d. h. zur Reduktion der Eisenoxide zu Roheisen. Die Reduktion erfolgt vorwiegend durch Kohlenmonoxid (indirekte Reduktion). Das Kohlenmonoxid wird aus Kohlendioxid (aus verbranntem Koks) und Koks gemäß dem ↗ BOUDOUARD-Gleichgewicht bei hohen Temperaturen gewonnen:

$CO_2 + C \rightleftharpoons 2\,CO$ endotherm.

Durch Gleichgewichtsschwankungen (Rückreaktion bei Temperaturabnahme) bildet sich feinstkörniger Spaltungskohlenstoff, der ebenfalls als Reduktionsmittel wirkt (direkte Reduktion):

$3\,Fe_2O_3 + CO \rightarrow 2\,Fe_3O_4 + CO_2$
$2\,Fe_3O_4 + 2\,CO \rightarrow 6\,FeO + 2\,CO_2$
$6\,FeO + 6\,CO \rightarrow 6\,Fe + 6\,CO_2$

$Fe_2O_3 + 3\,CO \rightleftharpoons 2\,Fe + 3\,CO_2$
$\Delta_B H = -26{,}83\,kJ \cdot mol^{-1}$

Wesentlich für die Durchführbarkeit des Hochofenprozesses ist die Kohlenstoffaufnahme des Eisens im festen Zustand (Aufkohlung), dessen Schmp. von 1528 auf etwa 1100 °C sinkt und damit im Hochofen erschmelzbar ist.

In der Schmelzzone schützt die spezifisch leichtere Schlacke das gebildete Roheisen vor Oxydation. Um sie zu bilden, müssen die Zuschläge auf die Begleitgesteine der Erze (Gangart) genau abgestimmt sein. ↗ Roheisenherstellung.

Hochofenschlacke, Nebenprodukt der Roheisenherstellung, zugleich von entscheidender Bedeutung für den Schutz des gebildeten Roheisens vor nachträglicher Oxydation. Die Verschlackung der Gangart ist zugleich eine wesentliche Voraussetzung für Abtrennung und Reduktion des Erzes (Werkstoffs). H. besteht vor allem aus Calcium-Aluminium-Silicaten als glasige amorphe Masse und wird zu verschiedenen Produkten weiterverarbeitet, z. B. Schlackenwolle, Schlacken-Vitrokeramen, Hüttenzemente, Hüttenstein, Hüttenbims u. a.

Hochtemperaturentgasung der Kohle, ↗ Verkohlung.

Hochtemperaturpyrolyse, Verfahren zur Ethinherstellung aus Kohlenwasserstoffen, vorwiegend des Methans (Erdgas). Sie arbeiten im Temperaturbereich von 1800 bis 2000 °C.

$2\,CH_4 \rightarrow CH\equiv CH + 3\,H_2$, endotherm

HOFMANN, AUGUST WILHELM (8. 4. 1818 bis 5. 5. 1892), arbeitete auf Empfehlung seines Lehrers J. v. LIEBIG von 1845 bis 1862 am »Royal College of Chemistry« in London. Viele hervorragende englische Chemiker wurden von ihm ausgebildet. Mit seinen Untersuchungen legte er den Grundstein für die Entwicklung der Farbenindustrie. Er stellte fest,

A. W. HOFMANN

daß die Verb. Kyanol, Kristallin, Benzidam mit Anilin identisch sind. Sein Schüler W. H. PERKIN erhielt den ersten praktisch verwendbaren künstlichen Farbstoff, das Mauvein (Anilin purple). 1863 fand H. den nach ihm als HOFMANNS Violett benannten Farbstoff Triethylfuchsin. Das Fuchsin hatte er unabhängig von NATHANSON und VERGUIN bereits vorher erhalten. 1862 kehrte er nach Deutschland zurück. 1865 wurde er Nachfolger von E. MITSCHERLICH in Berlin. 1867 entdeckte er das Methanol. Er leistete wesentliche Vorarbeiten für die Konstitutionsaufklärung von Alkaloiden. Von H. stammt eine Apparatur zur elektrolytischen Zerlegung des Wassers. Der Begriff aliphatisch wurde von ihm vorgeschlagen. Unter seinem Vorsitz wurde 1867 die Deutsche Chemische Gesellschaft gegründet. Bild.

HOFMANN-Abbau, Reaktion, die die Umwandlung eines Carbonsäureamids in das um ein C-Atom kürzere Amin erlaubt. Zum H. wird das Säureamid in einem geringen Überschuß von Natriumhypobromidlösung gelöst und auf etwa 70 °C erwärmt:

$R-C\begin{smallmatrix}O\\NH_2\end{smallmatrix} + NaOBr \longrightarrow R-NH_2 + NaBr + CO_2$

In der Praxis wird als Hypobromid ein Gemisch von Natronlauge und Brom verwendet.

HOFMANN-Regel, empirisch bestimmte Aussage, wonach bei der Spaltung von Alkyltrimethylammoniumverb. das Trimethylammoniumion und das Olefin mit der kleinsten Anzahl von Alkylgruppen an der $C=C$-Doppelbindung entstehen, ↗ Eliminierung.

Holländer, Maschine zum Zerkleinern und Mischen von Faserstoffaufschwemmungen. Der H. wurde für die Papierherstellung entwickelt und ist heute weitgehend durch andere Zerkleinerungsapparate ersetzt. In einer Wanne mit Mittelwand wird ein umlaufender Stoffstrom durch einen Hohlraum bewegt, der zwischen einer Messerwalze und einem dazu passenden Grundwerk alle größeren Teile zerquetscht und zerschneidet.

Höllenstein, Trivialname für festes ↗ Silber(I)-nitrat, das, in Stiftform gepreßt, für eine medizinische Verwendung (Hautätzung) vorgesehen ist.

Holmium,

> Ho $\quad Z = 67$
> $A_{r(1981)} = 164{,}9304$
> Ek: [Xe] $4f^{11}6s^2$
> OxZ: +3
> $X_E = 1{,}23$
> Elementsubstanz:
> Schmp. 1460 °C
> Sdp. 2600 °C
> $\varrho = 8{,}799 \text{ kg} \cdot \text{l}^{-1}$

chem. Element (↗ Elemente, chem.).
Holmium, Symbol: Ho, 10. Element der ↗ Lanthanoidengruppe. H. ist die Bez. für alle Atome, die 67 positive Ladungen im Kern (also 67 Protonen) besitzen: Kernladungszahl $Z = 67$. H. ist in der Natur in den ↗ Ytthererden, aber in sehr geringen Konzentrationen verbreitet. Eine Darstellung des silberweißen und weichen Metalls erfolgt nach (aufwendiger) Trennung, z. B. durch Schmelzflußelektrolyse oder Reduktion mit Kalium.

Holz, bedeutsamer, vielseitig genutzter natürlicher Werkstoff. H. ist festes, größtenteils nicht mehr lebendes Zellgewebe höherer Pflanzen und besteht vor allem aus Cellulose und Lignin. H. wird heute in modernen Industrien einschließlich Dünnholz, Rinde, Späne u. a. vollständig verwendet, so als Baustoff, Chemierohstoff, zur Papier- und Zellstoffgewinnung u. a.

Holzbetonsteine, Bausteine, die aus Zement und Holzabfällen als Zuschlagstoff hergestellt werden.

Holzschliff, Schliff, durch Schleifen von Holz gewonnener Rohstoff zur Papierherstellung.

Holzstoff, ↗ Lignin.

HOMO, Abk. der englischen Bez. *h*ighest *o*ccupied *m*olecular *o*rbital für das höchste besetzte Molekülorbital im MO-Schema (↗ Atombindung). Der energetische Abstand von HOMO und ↗ LUMO ist für die chem. Eigenschaften einer chem. Verb. und ihr Elektronenanregungsspektrum (↗ Molekülspektren) bestimmend.

homogen, svw. gleichartig.

homogenes Gleichgewicht, ↗ Gleichgewicht.

homologe Reihe, Reihe org. Verb. mit gleichen Strukturmerkmalen (funktionelle Gruppe), deren benachbarte Glieder sich um eine CH_2-Gruppe unterscheiden. Wichtige h. R. sind Alkane, Alkene, Alkine, Alkohole, Alkanale, Carbonsäuren u. a.

homöopolare Bindung, auch unpolare Bindung, kovalente Bindung oder Kovalenz; andere Bez. für die ↗ Atombindung.

Honig, von Honigbienen aus Blütennektar gebildeter Nahrungsvorrat, der als wertvolles Nahrungsmittel genutzt wird. Bei der Bildung des Honigs aus Nektar wird vor allem Rohrzucker (↗ Saccharose) durch Enzyme in Traubenzucker (↗ Glucose) und Fruchtzucker (↗ Fructose) umgewandelt. H. enthält bis zu 10 % Rohrzucker, bis 45 % Traubenzucker, bis 50 % Fruchtzucker, etwa 20 % Wasser und geringe Mengen von org. Säuren, Eiweißstoffen, Aminosäuren, Enzymen und Mineralstoffen. *Kunsthonig* besteht hauptsächlich aus ↗ Invertzucker.

Honigblende, ↗ Zinkblende.

Hordenkontakt, Form der Anordnung von Katalysatoren in Reaktoren. ↗ Katalysator.

Hormone, chem. sehr heterogene Gruppe von Stoffen, die bei Pflanzen (↗ Phytohormone), Tieren und beim Menschen wichtige Regulierungsfunktionen im Stoffwechsel, im Wachstum und in der Entwicklung ausüben. Chem. handelt es sich um ↗ Steroide, Aminosäurederivate (↗ Adrenalin), ↗ Peptide und andere Stoffklassen. H. werden in spezialisierten Zellen, z. B. Nerven- oder Drüsenzellen, synthetisiert und dann zum Wirkungsort transportiert. H. können in sehr geringen Mengen, meist im Nanogrammbereich, wirksam werden (↗ Ecdyson, ↗ Insulin, ↗ Keimdrüsenhormone, ↗ Oxytocin).

Hornblende, ↗ Amphibole.

Hückel-Regel, ein über quantenmechanische Berechnungen 1931 von Hückel gefundener Zusammenhang zwischen der Zahl der π-Elektronen in einem cyclisch vollkonjugierten System und dessen Stabilität. Nach der H. sind Systeme mit $(4n + 2)\pi$-Elektronen besonders stabil. Die typische Verb. mit $n = 1$ ist das Benzen, das mit seinem π-Elektronensextett ein aromatisches System darstellt, ↗ Aromaten.

Humus, Sammelbez. für die abgestorbene org. pflanzliche und tierische Substanz im Boden, die sich infolge der Tätigkeit der Bodenorganismen in stetigem Abbau, Umbau und Aufbau befindet. Dabei wächst durch Kondensations- und Polymerisationsvorgänge ihr Kohlenstoffgehalt bei gleichzeitigem Einbau von Stickstoff und Verengung des C/N-Verhältnisses.

Hundsche Regel, erklärt in ihrer elementaren Formulierung die Einordnung der Elektronen in Orbitale gleicher Energie (Prinzip der maximalen Multiplizität). Danach wird zunächst jedes der energiegleichen Orbitale mit einem Elektron des gleichen Spins (paralleler Spin) besetzt. Sind diese Orbitale mit je einem Elektron besetzt, kann jedes Orbital mit einem zweiten Elektron entgegengesetzten Spins (antiparalleler Spin) aufgefüllt werden.

Hustenmittel, Arzneimittel, die den Hustenreiz

dämpfen oder die Hustensekrete verflüssigen. Pflanzenglycoside der Kastanie (Saponine) und ätherische Öle aus dem Buchenholzteer (↗ Guajacol) vermehren die Schleimhautsekretation und verflüssigen so die Hustensekrete. Verb., wie ↗ Ephedrin, wirken krampflösend auf die Bronchialmuskulatur. Über das Zentralnervensystem dämpfen Alkaloide, wie ↗ Codein, den Hustenreflex.

Hut, Hutzone, bergmännische Bez. für die oberflächennahen Teile von Lagerstätten, die durch von oben eindringende Oberflächenwässer verändert werden. ↗ Oxydationszone (»Eiserner Hut«), ↗ Zementationszone, ↗ Salzhut.

Hüttenbims, mit wenig Wasser geblähte Schlacke, die gebrochen und in verschiedenen Fraktionen als Leichtzuschlagstoff in der Betonindustrie eingesetzt wird (Großblocksteine, Betonfertigteile).

Hüttenkoks, ↗ Koks hoher Standfestigkeit und geringer Abriebsneigung mit geringem Aschegehalt. Als H. wird vorwiegend Steinkohlenkoks verwendet.

Hüttenrauch, Emissionsprodukte von metallurgischen Betrieben, in dem z. T. giftige Staubpartikeln oder Gase enthalten sind.

Hüttenzement, Hochofenzement, Mischung von Portlandzement und gemahlener Hochofenschlacke mit latent hydraulischen Eigenschaften.

Hybridisierung, ↗ Atombindung.

Hydantoine, (Imidazolin-2,4-dione) Verb., die sich vom ↗ Imidazolidin ableitet. Die Grundverb., das Hydantoin, wird aus Aminoethansäure und Kaliumcyanat hergestellt. Die zunächst gebildete Ureidoethansäure (Hydantoinsäure), $H_2N-CO-NH-CH_2-COOH$, wird dann durch Wasserabspaltung zum Hydantoin cyclisiert. Das ↗ Allantoin, ein Abbauprodukt der ↗ Harnsäure, ist ein H. Verschiedene H. sind wertvolle Arzneimittel.

$$O=C-N-H$$
$$H_2CC=O$$
$$N$$
$$H$$
Hydantoine

Hydrargillit, Gibbsit, γ-$Al(OH)_3$, ein Hauptbestandteil der ↗ Bauxite. Das Mineral tritt vorzugsweise in blättrig-kugligen Aggregaten feinkristallin auf. Für die techn. Verwendung des Bauxits ist es wichtig, daß sich H. ebenso wie Böhmit leicht durch Alkalilaugen aufschließen läßt. Die verschiedenen Al-Hydroxide finden auch zur Herstellung von Hochfeuerfestmaterial Verwendung.

Hydrargyrum, wissenschaftliche Bez. für das chem. Element ↗ Quecksilber.

Hydratation, Anlagerung von Wassermolekülen an die in Wasser gelösten Stoffe. Durch ihre Dipoleigenschaften können sich Wassermoleküle sowohl an Anionen als auch allerdings bevorzugter an Kationen ablagern. Die H. ist ein Sonderfall der ↗ Solvatation. In wäßrigen Lösungen von Elektrolyten liegen keine isolierten, sondern von einer Hydrathülle umgebene Ionen vor (z. B. Na aq.) Die umgesetzte Energie ist die Hydratationsenergie. Die Zahl der angelagerten Wassermoleküle entspricht bei Nebengruppenelementen der ↗ Koordinationszahl. Bei den Hauptgruppenelementen ist sie häufig variabel.

Hydrate, durch ↗ Hydratation entstandene Moleküle oder Ionen. Die Wassermoleküle werden als Hydratwasser bezeichnet. Viele Verb. kristallisieren mit Hydratwasser aus, z. B. $Na_2SO_4 \cdot 10\,H_2O$. H. von Übergangselementen sind häufig eindeutig definierte ↗ Komplexverbindungen (Aquakomplexe).

hydraulische Bindemittel, Bindemittel, die auch unter Wasser erhärten. Wichtigster Vertreter dieser Gruppe ist der ↗ Portlandzement. Charakteristisch für die hydraulische Erhärtung ist die Bildung unlöslicher Verb. (Calciumsilicate u. a.).

Hydrazide, $R-CO-NH-NH_2$, Derivate von Carbonsäuren, die durch Umsetzung von Carbonsäureestern mit Hydrazinhydrat gebildet werden. Die Umsetzung verläuft analog mit Alkyl- oder Arylhydrazin zu den entsprechenden N'-Alkyl-H. H. sind Ausgangsstoffe für Synthesen von Heterocyclen.

Hydrazin, N_2H_4, farblose, ölige Flüssigkeit (Schmp. 1,54 °C, Sdp. 113,5 °C) von charakteristischem Geruch. Die Herstellung erfolgt vorzugsweise nach dem RASCHIG-Verfahren aus Ammoniak und Natriumhypochlorit:
$2\,NH_3 + NaOCl \rightarrow N_2H_4 + NaCl + H_2O$.
H. ist ein starkes Reduktionsmittel:
$N_2H_4 + 2\,Cl_2 \rightarrow N_2 + 4\,HCl$,
vermag *Hydrazonium*-Ionen zu bilden:
$N_2H_4 + H_2O \rightarrow [N_2H_5]^+ + OH^-$,
$N_2H_4 + 2\,H_2O \rightarrow [N_2H_6]^{2+} + 2\,OH^-$
ist hierbei schwach basisch und ergibt mit Chlorwasserstoff Salze:
$N_2H_4 + HCl \rightarrow [N_2H_5]^+Cl^-$ und
$N_2H_4 + 2\,HCl \rightarrow [N_2H_6]^{2+} \cdot 2\,Cl^-$.
H. wird techn. in Kraftwerken als Zusatz zum Kesselspeisewasser verwendet, um Sauerstoff zu binden und Korrosion an Dampfkesseln, Überhitzern und Turbinen zu vermeiden. Daneben dient es als Raketentreibstoffzusatz, techn. Treibmittel, für die Herstellung von Wirkstoffen und Pharmazeutika.

Hydrazine, vom ↗ Hydrazin abgeleitet Verb., deren Wasserstoffatome ganz oder teilweise durch

Hydrazone

org. Reste substituiert sind, z. B.

R—NH—NH$_2$ R—NH—NH—R   (R)$_2$—N—NH$_2$
(Alkyl- oder   sym. Dialkyl-   asym. Dialkyl-
Arylhydrazin)   oder Diarylhydra-   oder Diaryl-
   zin   hydrazin

H. sind basisch reagierende Verb., die reduzierend wirken. Da die Reaktion von Alkylhalogeniden mit Hydrazin zu Gemischen unterschiedlich substituierter H. führt, werden Monoalkyl-H. meist nach besonderen Methoden hergestellt. Das wichtigste aromatische H., das Phenylhydrazin, wird durch Reduktion des Phenyldiazoniumchlorids mit schwefliger Säure erhalten. Zur Herstellung symmetrischer Dialkyl-H. wird zunächst durch Acylierung das sym. Diacyl-hydrazin gebildet, das dann mit Alkylierungsmitteln alkyliert werden kann. Durch saure Hydrolyse werden danach die beiden Acylgruppen wieder abgespalten. Asymmetrische Dialkyl- oder Diaryl-H. bilden sich bei der Reduktion der entsprechenden Nitrosamine mit Zink und Ethansäure.

H. sind Ausgangsverbindungen zur Synthese von Heterocyclen, Arzneimitteln und Pflanzenschutzmitteln. Das asymmetrische Dimethylhydrazin ist ein ↗ Raketentreibstoff.

Hydrazone, $\overset{R_1}{\underset{R}{>}}C=N-NH-R^2$, Kondensationsprodukte aus Carbonylverb., den Ketonen oder Aldehyden (R = H), mit Hydrazinen, die eine freie NH$_2$-Gruppe besitzen. Aromatische Hydrazine bilden meist gut kristallisierende H., die sich zur Abscheidung und Identifizierung von Carbonylverbindungen eignen. Bewährt hat sich in der Analytik das 2,4-Dinitrophenylhydrazin, das schwerlösliche, gelb bis rot gefärbte H. bildet.

Unsubstituiertes Hydrazin reagiert beidseitig zu Aldazinen mit Aldehyden und Ketazinen mit Ketonen. Die entsprechenden H. sind durch Erhitzen dieser Azine mit Hydrazinhydrat zugänglich, sie sind aber unbeständig.

Hydride, Verb. von Elementen oder Elementgruppen mit Wasserstoff, die in sehr unterschiedlichen Verbindungstypen vorliegen:

– ionische Hydride, auch salzartige H. genannt, sind Verb., die ↗ Ionenbeziehung aufweisen, in denen der Wasserstoff als Anion (H$^-$) vorliegt: LiH, NaH, KH, CaH$_2$, BaH$_2$ und andere. Es sind durchweg starke Reduktionsmittel.

– kovalent molekulare Hydride, auch leicht flüchtige H. genannt, sind Verb., die sich durch Elektronenpaarbildung und durch (z. T.) ↗ Wasserstoffbrückenbindung auszeichnen: NH$_3$, HCl, H$_2$S und andere.

– metallische Hydride, auch Übergangsmetallhydride genannt, sind Verb. mit ↗ Übergangselementen und stellen charakteristische Vertreter nichtstöchiometrischer Verb. mit metallischen oder halbmetallischen Eigenschaften dar: TiH$_2$, UH$_3$ und CrH (in idealisierter Formulierung).

– kovalent polymere Hydride sind Elektronenmangelverbindungen, die Wasserstoffbrücken ausbilden: (BeH$_2$)$_n$, (ZnH$_2$)$_n$, B$_2$H$_6$, Si$_2$H$_x$ und viele andere. Sie sind im allgemeinen nicht flüchtig.

Hydrierung, Reaktion, bei der an eine Verb. Wasserstoff angelagert wird. Die H. erfordert meist höhere Drücke und den Einsatz von Katalysatoren. Dafür eignen sich Edelmetalle, wie Platin, Palladium, aber auch Nickel, Cobalt und Eisen. Durch H. werden leicht olefinische Doppelbindungen angegriffen. Eine wichtige Reaktion ist u. a. die Fetthärtung, bei der durch H. aus ungesättigten Carbonsäuren, wie Ölsäure, Linol- und Linolensäure, die Stearinsäure gebildet wird, deren Ester höhere Schmelzpunkte aufweisen.

Die H. der Kohle ist ein carbochem. Weg zu Benzinen und Ölen (↗ Kohlehydrierung).

Hydrochinon, Trivialname für das ↗ 1,4-Dihydroxy-benzen.

Hydrocracken, Variante des ↗ Crackens, die als Ausgangsstoffe hochsiedende, relativ wasserstoffarme Siedelagen der Erdöldestillation, vor allem Vakuumdestillate bzw. Destillationsrückstände sowie Braunkohlenschwelteer verwendet. Um beim Spalten dieser z. T. hochkondensierten Kohlenwasserstoffe zu Produkten der Benzin-Siedelage zu kommen, muß Wasserstoff zugeführt werden, d. h., der Spaltprozeß muß mit einer Hydrierung der Produkte gekoppelt sein.

Während sich die ↗ Hydrierung von Kohlen wegen des sehr hohen Wasserstoffverbrauchs und der bescheidenen Produktivität der aufwendigen Hochdruckanlagen bis heute noch als unwirtschaftlich erwiesen hat, gewinnt das ↗ tiefere Spalten von Erdölrückständen und Teeren durch Hydrocracken steigende Bedeutung als Quelle wichtiger org. Syntheserohstoffe sowie zur Kraftstoffherstellung. Die Katalysatoren dieses Prozesses müssen bifunktionell sein (z. B. spalt- und hydrieraktive Schwermetalloxid-Mischkatalysatoren), bei schwefel- und stickstoffhaltigen Vakuumdestillaten und Rückstandsölen wird die Crackreaktion nicht mehr katalytisch geführt. Man arbeitet bei Reaktionstemperaturen um 500 °C bei Drücken bis 30 MPa.

Hydrogen-, (Nomenklatur) Vorsilbe zur Bez. von Säurewasserstoff enthaltenden Salzen, z. B. NaHSO$_4$ – Natriumhydrogensulfat.

Hydrogencarbonat, e, Name für die sauren Salze der ↗ Kohlensäure.

Hydrogenium, wissenschaftliche Bez. für das chem. Element ↗ Wasserstoff.

Hydrolyse, im allgemeinen Zerlegung eines Stoffes unter Einwirkung von Wasser.
1. Reagieren Stoffe mit Wasser und deren Atombindungen werden dabei aufgespalten, so entsprechen solche Reaktionen dem eigentlichen Inhalt des Begriffes H., z. B.:
$SiCl_4 + 4 H_2O \rightarrow Si(OH)_4 + 4 HCl$.
2. Die Erscheinung, daß viele Salze in wäßriger Lösung nicht neutral reagieren, sondern basische oder saure Reaktionen zeigen, wurde früher als H. bezeichnet. Heute sollte der Begriff ↗ Solvolyse verwendet werden, da solche Zersetzungsreaktionen auch in anderen Lösungsmittelsystemen auftreten können. Die basische oder saure Reaktion von Salzen läßt sich sowohl nach der ↗ Säure-Base-Theorie von ARRHENIUS als auch nach BRÖNSTED interpretieren. Nach ARRHENIUS reagiert ein System sauer, wenn $c_{H_3O^+} > c_{OH^-}$ (c Konzentration), und basisch, wenn $c_{H_3O^+} < c_{OH^-}$. Die H. ist an der basischen Reaktion einer wäßrigen Sodalösung erklärbar: In dieser Lösung liegen die Ionen des vollständigen dissoziierten Natriumcarbonates
($Na_2CO_3 \rightleftharpoons 2 Na^+ + CO_3^{2-}$)
und in geringem Maße die Ionen (↗ Ionenprodukt des Wassers) des Wassers vor
($2 H_2O \rightleftharpoons H_3O^+ + OH^-$).
Damit liegen in der Lösung wenige Ionen der schwachen bzw. mittelstarken, gering dissoziierenden Kohlensäure und viele Ionen des vollständig dissoziierenden Natriumhydroxides vor. Ein Teil der Hydroniumionen bildet mit den Carbonationen undissoziierte Kohlensäure. Das im neutralen Wasser vorhandene Verhältnis $c_{H_3O^+} = c_{OH^-}$ ändert sich damit zu $c_{H^+} < c_{OH^-}$. Die Lösung reagiert basisch. Somit reagieren Salze basisch, wenn in ihren wäßrigen Lösungen die Ionen stärkerer Basen und schwächerer Säuren vorliegen. Sie reagieren sauer, wenn die Ionen schwächerer Basen und stärkerer Säuren auftreten. Haben die entsprechenden Basen und Säuren die gleiche Stärke, so reagieren die wäßrigen Salzlösungen neutral.
Nach BRÖNSTED reagiert ein System sauer, wenn im ↗ korrespondierenden Säure-Base-Paar die Säure mehr Hydroniumionen (Protonen) abgibt, als die Base aufzunehmen vermag. Bei basischer Reaktion liegen umgekehrte Verhältnisse vor. Für die o. g. Gleichgewichte gilt, daß die hydratisierten Na^+-Ionen eine extrem schwache Säure darstellen, sie können keine Protonen abspalten. Die Carbonationen sind stärkere Basen und nehmen nach der Gleichung:
$CO_3^{2-} + H_3O^+ \rightleftharpoons HCO_3^- + H_2O$

Protonen auf. Das Verhältnis $C_{H_3O^+} = C_{OH^-}$ verschiebt sich zugunsten C_{OH^-}.
Die Salzlösung reagiert basisch.

Hydrometallurgie, Naßmetallurgie, zusammenfassende Bez. für alle metallurgischen Verfahren zur Gewinnung von Metallen über Metallsalzlösungen. H. ist für die Herstellung vor allem von Nichteisenmetallen zu einer ökonomisch z. T. günstigeren Alternative zur klassischen ↗ Pyrometallurgie geworden, besonders für wertstoffarme Rohstoffe. Diese werden durch selektive Lösungsmittel (↗ Extraktion, insbesondere Drucklaugung) aufgearbeitet; die Metallgehalte werden elektrolytisch oder durch Fällung abgeschieden.

Hydroniumion, Oxoniumion, hydratisiertes Wasserstoffion (Proton), meist als H_3O^+ dargestellt.

Hydroniumionenkonzentration, Die Dissoziation des Wassers nach Gleichung
$2 H_2O \rightleftharpoons H_3O^+ + OH^-$
ist Grundlage der Angabe der H., da die Konzentration der H_3O^+-Ionen gleich der möglichen Konzentration der H^+-Ionen ist.

Hydroperoxide, R—O—O—H, reaktionsfähige Produkte, die sich bei der Oxydation org. Verb. bilden können. Gefährlich sind die Autooxydationsprodukte der Ether. Das ↗ Cumenhydroperoxid ist ein wichtiges Zwischenprodukt bei der Phenol- und Propanonherstellung. Peroxide und H. sind Auslöser für radikalische Polymerisationen, z. B. wird damit die Härtung von Polyesterharz durchgeführt.

hydrophil, svw. wasserfreundlich, -anziehend.

hydrophob, svw. wasserabstoßend.

Hydrophobieren, durch ↗ hydrophobe Substanzen (z. B. Siliconöl) wird das Beschlagen damit beschichteter Oberflächen mit Wasserdampf verhindert.

Hydroraffination, Reinigungsverfahren zur Qualitätsverbesserung von Erdöldestillaten, insbesondere zur Entschwefelung der höhersiedenden Fraktionen (Heizöle). Die katalytische Hydroentschwefelung von hochsiedenden Destillaten wird bevorzugt in Rieselöfen oder Blasenreaktoren bei Temperaturen um 400 °C und Wasserstoffdrücken von 15 bis 20 MPa durchgeführt:

R_1—S—R_2 + 2 H_2 → $R_1H + R_2H + H_2S$

R_1, R_2 Kohlenwasserstoffreste.

Es handelt sich um ein katalytisches Spalten der Bindungen zwischen Kohlenstoff- und Heteroatom mit anschließender Hydrierung der Spaltstücke. Dazu wird Wasserstoff aus ↗ Reforming-Prozessen hier wieder eingesetzt. Der gewonnene Schwefelwasserstoff wird nach dem ↗ CLAUS-Verfahren weiterverarbeitet.

hydrothermale Lagerstätten, meist gangförmige Lagerstätten, die sich im Anschluß an die Erkaltung magmatischer Massen in der Erdkruste in den Gesteinsklüften der Umgebung aus heißen metallhaltigen Lösungen bilden. Die meisten Erzgänge sind hydrothermalen Ursprungs.

Hydroxide, im eigentlichen Sinne Verb. von Metallen mit der einwertigen OH-Gruppe, die in Wasser zumindest teilweise löslich sind und ↗ basische Reaktionen zeigen. Die wäßrige Lösung von Ammoniak in Wasser wird in diesem Sinne als Hydroxid betrachtet. Im weiteren Sinne werden alle Verb. von Elementen mit der einwertigen OH-Gruppe (z. B. NaOH, Al(OH)$_3$, B(OH)$_3$) als H. bezeichnet. In Abhängigkeit von der Ladung und dem Radius des betreffenden Elementes entstehen bei der elektrolytischen Dissoziation entweder Wasserstoffionen (H$^+$) oder Hydroxidionen (OH$^-$). Dieses saure bzw. basische Verhalten läßt sich mit dem ↗ COULOMBschen Gesetz begründen.

2-Hydroxy-butandisäure, ↗ Apfelsäure.

8-Hydroxy-chinolin, ein Chinolinderivat, das farblose, phenolartig riechende Kristalle bildet, Schmp. 75 °C. Es löst sich wenig in Wasser, aber gut in verdünnten Laugen und Alkoholen. H. bildet leicht Komplexe mit mehrwertigen Metallen, wie Magnesium, Zink, Chromium, Mangan, Eisen, Cobalt, Nickel u. a. Diese Komplexe sind meist in Wasser unlöslich, so daß H. in der Analytik zur Metallbestimmung verwendet wird. Die übliche Abkürzung für H. ist »Oxin«. Die Komplexe werden deshalb auch als Oxinate bezeichnet.

8-Hydroxy-chinolin

H. besitzt fungizide und antiseptische Wirkung und wird daher zur Desinfektion verwendet.

Hydroxylamin, NH$_2$OH, weiße, feste Substanz (Schmp. 33,1 °C, Sdp. 58 °C bei 2,933 kPa), neigt bei höheren Temperaturen zu explosionsartigem Zerfall. Die Herstellung erfolgt durch katodische Reduktion von Salpetersäure:
HNO$_3$ + 6 H$_5$ + 6 e → NH$_2$OH + H$_2$O.
H. wird als Reduktionsmittel verwendet.

2-Hydroxy-2-phenyl-ethansäure (Mandelsäure), C$_6$H$_5$–CH–COOH farblose, kristalline Substanz, die ein asymmetrisches Kohlenstoffatom besitzt und deshalb in zwei optischen Antipoden, der rechtsdrehenden und der linksdrehenden Form, und als Racemat vorkommt. Das Racemat schmilzt bei 121 °C. H. wird aus Benzaldehyd über die Hydrolyse des mit Cyanwasserstoff entstehenden Benzaldehyd-cyanhydrins hergestellt. Bei dieser Synthese entsteht das Racemat, das über die Bildung von Diastereomeren mit (+)-Cinchonin in die Antipoden gespalten werden kann. Die D(−)-H. kommt im Amygdalin der bitteren Mandeln vor. Salze, aber auch die Ester der H. heißen Mandelate. Beide werden als Pharmazeutica genutzt.

2-Hydroxy-propansäuren (Milchsäuren), substituierte Carbonsäuren mit einem asymmetrischen C-Atom, das die Existenz von zwei optischen Isomeren und eines Racemates bedingt. H. sind wichtige Stoffwechselprodukte pflanzlicher und tierischer Zellen. H. sind niedrig schmelzende, zerfließende, leicht wasserlösliche Stoffe:

COOH	COOH	COOH
H–C–OH	HO–C–H	CH(OH)
CH$_3$	CH$_3$	CH$_3$
D(−)-Milchsäure	L(+)-Milchsäure Fleischmilchsäure	DL-Milchsäure Racemat
Schmp. 25 °C	Schmp. 25 °C	Schmp. 18 °C

Bei der Milchsäuregärung wird aus Glucose vorwiegend die DL-Milchsäure erhalten, mit entsprechenden spezifisch wirkenden Bakterien bilden sich aber die nahezu einheitlichen Antipoden. Dieser Gärprozeß läuft auch bei der Silierung von Grünfutter und der Säuerung von Gurken und Kraut ab. Salze der H. heißen »Lactate«. Aus dem leicht löslichen Calciumlactat läßt sich die H. mit Schwefelsäure freisetzen. H. werden in der Gerberei, Färberei und in der Lebensmittelindustrie verwendet.

Hydroxyverbindungen, organische, Verb., die an einem Kohlenwasserstoffrest eine Hydroxylgruppe tragen.
Abhängig von der Art des bindenden Kohlenstoffatoms wird unterschieden: Alkohole (OH-Gruppe an einem gesättigten, sp^3-hybridisierten C-Atom), Enole (OH-Gruppe an einem ungesättigten sp^2-hybridisierten C-Atom) und Phenole (OH-Gruppe an einem aromatischen Rest).
Die OH-Gruppe tritt auch in ↗ Halbacetalen und der ↗ Carboxylgruppe auf.

Hydrozyklon, ↗ Zyklon, der als strömendes Medium statt eines Gasstromes einen Flüssigkeitsstrom aufweist. Er dient zum ↗ Klassieren, ↗ Sortieren und Abtrennen von Feststoffteilchen aus Suspensionen durch das Zusammenwirken von Fliehkraft und Schwerkraft.

hygroskopisch, soviel wie wasseranziehend. Verb., die den in der Luft enthaltenen Wasserdampf aufnehmen. Besonders Verbindungen, die sehr leicht wasserlöslich sind, haben hygroskopische Eigenschaften. Feste Stoffe zerfließen dabei

leicht. Sie lagern den Wasserdampf im allgemeinen als Kristallwasser bzw. unter Hydratbildung an und werden im Laboratorium häufig als ↗ Trockenmittel verwendet, z. B. Calciumchlorid wasserfrei, Alkalihydroxide, konzentrierte Schwefelsäure, Phosphor(V)-oxid. Die feuchtigkeitsempfindlichen Verb. reagieren im Gegensatz dazu unter Zersetzung mit Wasser, z. B.:
$AlCl_3 + 3 H_2O \rightarrow Al(OH)_3 + 3 HCl$.
Manches handelsübliche Kochsalz wird feucht, weil es geringe Mengen des hygroskopischen Magnesiumchlorides enthält.

Hyoscyamin, ↗ Tropanalkaloide.

Hyperkonjugation, auch als BAKER-NATHAN-Effekt bezeichnet, eine Wechselwirkung zwischen den π-Elektronen einer Doppelbindung und den Elektronen einer Methylgruppe, CH_3—, oder Methylengruppe, —CH_2—, die dazu konjugiert stehen. Die H. bewirkt die Veränderung des tetraedrischen C-Atoms der Methylgruppe in einem trigonalen Valenzzustand, bei dem die Wasserstoffeigenfunktionen zu Gruppeneigenfunktionen übergehen.
H. ist schwächer als die üblichen Mesomerieeffekte, bewirkt aber z. B. bei S_E-Reaktionen am Toluen Reaktionserleichterungen.

Hyperoxide, Verb. von Elementen der 1. Hauptgruppe des PSE mit Sauerstoff, die einen höheren Sauerstoffgehalt als die entsprechenden ↗ Peroxide besitzen. Es sind bekannt: Natriumhyperoxid, NaO_2; Kaliumhyperoxid, KO_2; Rubidiumhyperoxid, RbO_2, und Caesiumhyperoxid, CsO_2. H. setzen sich im festen Zustand mit Kohlendioxid unter Bildung von festem Carbonat und Disauerstoff um, wenn ein geeigneter Katalysator vorhanden ist, z. B.
$4 KO_{2(f)} + 2 CO_{2(g)} \xrightarrow{CuCl_2} 2 K_2CO_{3(f)} + 3 O_{2(g)}$.
Aus diesem Grunde lassen sich H. sehr gut in Atemgeräten und in der Raumfahrttechnik verwenden.

Hypersthen, $(Mg,Fe)_2[Si_2O_6]$, rhombisch kristallisierendes Mineral der ↗ Pyroxengruppe. Seine schwarzen prismatischen Kristalle finden sich in basischen magmatischen Gesteinen, daneben in ↗ Meteoriten.

Hypnotika, ↗ Schlafmittel.

Hypo-, in der ↗ Nomenklatur Vorsilbe zur Bez. eines niedrigen Oxydationszustandes.

hypobromige Säure, HBrO, auch unterbromige Säure, ist nur in wäßriger Verdünnung beständig. Sie kann durch Einwirkung von molekularem Brom auf Wasser und Quecksilber(II)-oxid hergestellt werden:
$2 Br_2 + HgO + H_2O \rightarrow 2 HBrO + HgBr_2$.
Die Salze werden als *Hypobromite* bezeichnet.

Hypobromit, e, Salze der ↗ hypobromigen Säure.

hypochlorige Säure, HClO, auch unterchlorige Säure, ist als freie Säure nur in verd. Lösungen, die durch Destillation im Vakuum etwas konzentriert werden können, haltbar. Sie entsteht beim Einleiten von molekularem Chlor in Wasser:
$Cl_2 + H_2O \rightarrow HClO + 6 HCl$
oder durch Umsetzung von molekularem Chlor mit Quecksilberoxid und Wasser:
$2 Cl_2 + 2 HgO + H_2O \rightarrow 2 HClO + HgO \cdot HgCl_2$.
H. S. zerfällt sehr leicht zu Chlorwasserstoff und atomarem Sauerstoff: $HClO \rightarrow HCl + O$; und besitzt dadurch eine oxydierende und bleichende Wirkung. Die Salze der h. S., die *Hypochlorite*, können durch Einleiten von molekularem Chlor in Hydroxidlösungen erhalten werden, z. B.
$Cl_2 + 2 KOH \rightarrow KClO + KCl + H_2O$.
Hypochlorite (↗ Chlorkalk) werden als Bleich-, Oxydations- und Desinfektionsmittel eingesetzt.

Hypochlorit, e, Salze der ↗ hypochlorigen Säure.

hypoiodige Säure, HIO, auch unteriodige Säure, ist als freie Säure wenig, in Form ihrer Salze, der *Hypoiodite*, besser beständig. Eine Darstellung erfolgt durch Umsetzung von molekularem Iod mit Quecksilberoxid und Wasser:
$2 I_2 + HgO + H_2O \rightarrow 2 HIO + HgI_2$.
h. S. neigt zur Disproportionierung, wobei Iodwasserstoff und Iodsäure gebildet werden:
$3 HIO \rightarrow 2 HI + HIO_3$.

Hypoiodit, e, Salze der ↗ hypoiodigen Säure.

I, J

Iatrochemie, Anfang des 16. Jahrhunderts von PARACELSUS begründet. Er erklärte im Gegensatz zu den Bemühungen der Alchemisten, zu Gold zu gelangen, die Gewinnung von Arzneimitteln zum Hauptzweck der Chemie. Bei aller Einseitigkeit der Zielsetzung und der Unzulänglichkeit des Wissens um die wirklichen chem. Prozesse in Organismen kam es doch in diesem Zeitabschnitt, der bis zur Mitte des 17. Jahrhunderts dauerte, zu einer wesentlichen Bereicherung der Chemie, besonders zur Erweiterung der experimentellen Kenntnisse. In jener Zeit wurde der Grundstein für die spätere Entwicklung der pharmazeutischen Chemie und der Pharmakologie gelegt. Das Bestreben, anorg. Präparate als Heilmittel zu nutzen, förderte auch stark die Entwicklung der Mineralogie.

Idealkristall, ↗ Kristallgitter.

β-IES, Abk. für Indol-3-yl-ethansäure, ein Vertreter der ↗ Auxine.

Ilmenit, Titaneisenerz, $FeTiO_3$, Hauptträger des Titaniums in der Natur und wichtigstes Titanerz. Die schwarzen, metallglänzenden Kristalle zeichnen sich durch fehlende Spaltbarkeit und muschligen Bruch aus. Sie finden sich in basischen magmatischen Gesteinen, daneben angereichert in sandigem Verwitterungsschutt dieser Gesteine als Rückstandsmineral (↗ Seifen).

Imidazol, fünfgliedriger Stickstoffheteroaromat mit einer ↗ Amidinstruktur. I. ist eine farblose, leicht wasserlösliche basische Substanz, die mit Mineralsäuren beständige Salze bildet. Schmp. 90 °C. I. besitzt eine geringere Elektronendichte an den C-Atomen als das ↗ Pyrrol. Es sind aber elektrophile ↗ Substitutionsreaktionen vorwiegend in 4-Stellung möglich.
Das unsubstituierte I. wird aus Bromethanalethandiolacetal durch Erhitzen mit Formamid unter Einleiten von Ammoniak hergestellt (BREDERECK, 1958). Für 4,5-disubstituierte I. gibt es verschiedene spezielle Synthesen.
Das I.-Ringsystem findet sich in zahlreichen Naturstoffen, wie ↗ Histamin, Biotin (Vitamin H). Aus 1,2-Diamino-benzen bilden sich durch Kondensation mit wasserfreien Carbonsäuren Benzimidazole. Das Benzimidazol ist ein Baustein des Vitamin B_{12}.

Imidazol

Imide, Carbonsäurederivate, bei denen die beiden Bindungen der ↗ Iminogruppe, =NH, an eine —C(O—R)= oder zwei —CO-Gruppen gebunden sind. Im ersten Fall bilden sich die Carbonsäureimide, von denen die Imidoesterhydrochloride beständig und Syntheseausgangsverbindungen sind, R—C(NH)—OR' · HCl. Aus Dicarbonsäuren, wie der Butandisäure oder der Benzen-1,2-dicarbonsäure (Phthalsäure) bilden sich cyclische Imide:

Succinimid   Phthalimid

Imidoester, Carbonsäurederivate, die als Salze, meist Hydrochloride, beständig sind. I. sind sehr reaktionsfähige, kristalline Verb., die aus Nitrilen, die in einem wasserfreien Alkohol gelöst sind, beim Einleiten von trockenem Chlorwasserstoff gebildet werden:

$$R-CN + R^1-OH + HCl \longrightarrow \left[R-C\overset{NH_2^\oplus}{\underset{O-R^1}{\Big<}} \right]^+ Cl^-$$

Aus I. werden mit Alkoholen ↗ Orthocarbonsäureester und mit Ammoniak ↗ Amidine hergestellt.

Imine, =N—N, Derivate des Ammoniaks, bei denen zwei Wasserstoffatome durch zwei Bindungen an ein Kohlenstoffatom ersetzt sind. Die Reaktionen der Iminogruppe sind mit denen der sekundären ↗ Amine vergleichbar. Das freie Elektronenpaar am Stickstoffatom der I. kann ein Proton binden, deshalb sind I. basische Verb., aus denen sich durch Protonisierung Immoniumionen bilden, $>C=\overset{\oplus}{N}H_2$.

Immission, Vorkommen von Luftschadstoffen in der Atmosphäre als Folge von Emissionen.

Immissionskonzentration, maximale (MIK-Wert), gesetzlich festgelegte zulässige Höchstkonzentration für bestimmte Luftschadstoffe in der Atmosphäre, bei deren Auftreten nach dem heutigen Stand der wissenschaftlichen Erkenntnisse keine schädigenden Auswirkungen auf Organismen und Umwelt zu erwarten sind. Man unterscheidet Kurzzeitwerte MIK_k (Meßzeitraum 10 bis 30 Minuten) und Langzeitgrenzwerte MIK_D (Meßzeitraum 24 Stunden).

Indanthrenfarbstoffe, eine besonders wertvolle Farbstoffgruppe, die zu den ↗ Küpenfarbstoffen gehört. I. werden aus Anthrachinonderivaten durch Kondensation hergestellt. Die Gruppe hat den Namen vom Indanthren, das aus 2-Amino-anthrachinon durch Schmelzen mit einem Gemisch von Natriumhydroxid und Kaliumnitrat bei etwa 160 °C gewonnen wird und eine sehr beständige Blaufärbung liefert.

Indanthren

Indigo, schon im Altertum bekannter, lichtechter, blauer Farbstoff, der als Glucosid in Pflanzenteilen der Indigofera-Arten vorkommt. I. bildet blaue, kupferartig glänzende, wasserunlösliche Kristalle. Für die Synthese des I. gibt es verschiedene Verfahren, die vom ↗ Anilin oder der 2-Amino-benzoesäure (Anthranilsäure) ausgehen.
I. wird für Küpenfärbungen von Baumwolle oder anderen Cellulosefasern benutzt. Dazu muß der wasserunlösliche I. in eine wasserlösliche, auf die Faser aufziehende Form gebracht werden. Das ist

über einen Reduktionsvorgang in alkalischer Lösung möglich. Heute verwendet man das Natriumdithionit, $Na_2S_2O_4$, als Reduktionsmittel, während früher Gärprozesse genutzt wurden. Nach dem Aufziehen des Indigweiß (eine gelbe Lösung) auf die Faser wird durch Oxydation mit Luft oder schwachen Oxydationsmitteln der I. zurückgebildet, der nun sehr licht- und waschecht die Faser anfärbt:

Indigo $\xrightarrow[\substack{-2\,Na_2SO_3 \\ -2\,H_2O}]{\substack{+Na_2S_2O_4 \\ +4\,NaOH}}$ Indigweiß

Häufig werden anstelle von I. die Indigosole verwendet, da sie beständig in alkalischer Lösung und besser färbetechnisch anwendbar sind. Sie bilden sich aus Indigweiß mit Chlorsulfonsäure. Dabei wird das Phenolation des Indigweiß unter Chlorwasserstoffabspaltung mit Schwefelsäure zum Halbester verestert. Durch Umsetzung mit Natriumnitrit in saurer Lösung wird nach dem Aufbringen des Indigosols daraus der I. zurückgebildet.

Indigofarbstoffe, Gruppe von ↗ Küpenfarbstoffen, deren wichtigster Vertreter ↗ Indigo ist. Andere I. sind unterschiedlich substituierte, meist halogenierte Derivate des Indigos. Der antike Purpur ist z. B. 6,6-Dibrom-indigo.

Indigosol, Dischwefelsäureester des ↗ Indigos, der zur Blaufärbung von Cellulosefasern verwendet wird.

Indikator, wörtlich Anzeiger, im engeren Sinn ein Stoff, der bei der Änderung der Konzentration bestimmter Bestandteile einer Lösung in einem engen Konzentrationsbereich seine Farbe ändert. I. dienen deshalb in der ↗ Volumetrie zur Ermittlung des ↗ Äquivalenzpunktes. *Säure-Base-I.* (pH-I.) sind empfindlich für den pH-Wert und werden bei ↗ Neutralisationstitrationen eingesetzt. ↗ *Metallindikatoren* sprechen auf bestimmte Metallionen an und finden in der ↗ Komplexometrie Anwendung. *Redoxindikatoren* sind empfindlich auf bestimmte Reaktionspartner bei ↗ Redoxreaktionen und können bei ↗ Redoxtitrationen eingesetzt werden. Als *Säure-Base-I.* dienen schwache org. Säuren oder Basen, die eine andere Farbe besitzen als die bei ihrer Dissoziation entstehenden Anionen bzw. Kationen. So sind z. B. Methylorange bei pH <4,5 rot, bei pH >4,5 orange und Phenolphthalein bei pH <9 farblos, bei pH >9 rot. Früher wurde häufig ↗ Lackmus verwendet. Unitest-Papier ist ein mit einer Mischung verschiedener I. getränktes Filterpapier, mit dem pH-Werte über einen größeren Bereich hinreichend genau ermittelt werden können.

Als I. bezeichnet man auch radioaktive Atome, die chem. Verb. zur Strukturaufklärung zugesetzt werden.

indischer Salpeter, mineralisches ↗ Kaliumnitrat.

Indium,

In $\quad Z = 49$
$A_{r(1981)} = 114,82$
Ek: [Kr] $4d^{10}5s^25p^1$
OxZ: $+1$, $+2$, $+3$
$X_E = 1,78$
Elementsubstanz:
Schmp. 156,17 °C
Sdp. 2000 °C
$\varrho = 7,31$ kg·l^{-1}

chem. Element (↗ Elemente, chem.).
Indium, Symbol: In, 4. Element der 3. Hauptgruppe des PSE (↗ Hauptgruppenelemente, 3. Hauptgruppe des PSE). I. ist die Bez. für alle Atome, der 49 positive Ladungen im Kern, also 49 Protonen besitzen: Kernladungszahl $Z = 49$. Die Hülle des neutralen Atoms besteht aus 49 Elektronen, von denen drei, die Valenzelektronen, die Konfiguration $5s^25p^1$ besitzen. In Verb. werden Oxydationsstufen eingenommen, die durch die Oxydationszahlen OxZ $+1$, $+2$, $+3$ charakterisiert sind, von denen aber diejenigen, welche die Oxydationszahl OxZ: $+2$ oder $+3$ besitzen, relativ stabil sind. I. wurde 1863 von REICH und RICHTER spektroskopisch entdeckt. In der Natur findet sich I. nur in ganz geringen Mengen als Begleiter von Blenden und Glanzen. Die Elementsubstanz, d. h. das metallische I., wird durch Elektrolyse seiner Salze dargestellt. Das Metall ist silberweiß, stark glänzend und sehr weich (mit dem Messer zu schneiden). Von den Verb. des I. sollen erwähnt sein: *Indium(III)-oxid,* In_2O_3, ist eine gelbe Substanz, Halbleiter, die bei 2000 °C schmilzt und in Säuren unlöslich ist; *Indium(II)-oxid,* InO, ist ein weißes Pulver; *Indium(I)-oxid,* In_2O, stellt eine schwarze, spröde, gelblich durchscheinende Substanz dar; *Indium(III)-chlorid,* $InCl_3$, ist hygroskopisch, sublimiert bei 498 °C, löst sich gut in Wasser; *Indium(III)-sulfid,* In_2S_3, ist in seiner β-Modifikation ein guter Halbleiter. Metallisches I. wird als Legierungsmetall zur Erhöhung der Korrosionsbeständigkeit und Härte, als Amalgam in der Zahnheilkunde und als Bestandteil intermetallischer Verb. zur Herstellung von Halbleitern verwendet.

Indol (Benzpyrrol), benzkondensierter, stickstoffhaltiger Heterocyclus. I. kommt im Steinkohlenteer (Fraktion, die bei 240 bis 260 °C siedet) zu 3 bis 5 % vor. Es ist im Jasmin- und Orangenblüten-

Indophenole

öl enthalten, dessen Geruch es maßgeblich mitbestimmt.
I. selbst ist weniger von Bedeutung, aber seine Derivate sind wichtig, z. B.: Indol-3-yl-ethansäure ist ein Wachstumshormon und als Heteroauxin bekannt, Tryptophan, 1-Amino-2-(indol-3-yl)propionsäure, ist eine biologisch wichtige Aminosäure. Die Alkaloide Reserpin und Yohimbin enthalten das I.-Ringsystem.
I. ist die Stammverb. des ↗ Indigos und seiner Vorstufe, dem ↗ Indoxyl, bzw. dessen Oxydationsprodukt, dem ↗ Isatin.

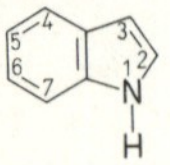

Indol

Indophenole, Farbstoffgruppe, die sich vom p-Benzochinonimin, $O=C_6H_4=N-Ar$, ableiten, dessen Derivate mit einem aromatischen Substituenten, Ar = Aryl, intensiv gefärbt sind. Da sie säureempfindlich und nicht lichtecht sind, werden sie in der Färberei nicht verwendet. I. werden aber als Zwischenprodukte für die Produktion von Schwefelfarbstoffen eingesetzt. Besondere Bedeutung besitzen sie aber in der Farbphotographie. I. werden aus Phenolen und Aminen durch Oxydation hergestellt. In der Farbphotographie dient als Oxydationsmittel das Silberhalogenid, vorwiegend -bromid, und als Aminkomponente ein N,N-Dialkyl-phenylendiamin. Daraus ergibt sich mit einem Naphtholderivat als Kupplungskomponente in der Farbschicht des Films ein blauer Farbstoff. Mit aktiven Methylengruppen, z. B. in Derivaten der Ethanoyl- oder Benzoylethansäure, bildet sich der gelbe und mit Pyrazolonen der purpurne Farbstoff, ↗ Farbphotographie.
Das Natriumsalz des *2,6-Dichlor-indophenols*, $NaO-C_6H_4-N=C_6H_2Cl_2=O$, ist ein Redoxindikator.

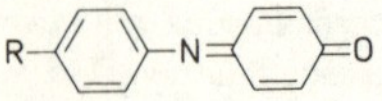

Indophenole

Indoxyl, Oxydationsprodukt des ↗ Indols. I. ist eine gelbe, kristalline Substanz, Schmp. 85 °C, die sich kaum in Wasser, aber gut in Alkalilaugen löst und in diesen Lösungen leicht zu ↗ Indigo durch Luft oxydiert wird.
I. ist Zwischenprodukt der Indigosynthesen. Es wird aus Anilin und Chlorethansäure (HEUMANN, 1890), aus Anilin und Methanal-Natriumhydrogensulfit, Anilin und Ethylenoxid oder aus 2-Amino--benzoesäure (Anthranilsäure) und Chlorethansäure (HEUMANN, 1890) hergestellt.

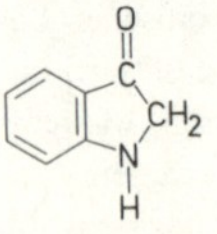

Indoxyl

Induktionsöfen, Typ der Elektroöfen, die elektrisch beheizt werden. I. wirken wie Transformatoren, die Wärme wird durch einen Induktionsstrom erzeugt. Dabei bildet der zu erhitzende gut leitende Ofeninhalt die aus einer Windung bestehende Sekundärwicklung. I. werden vorwiegend zum Schmelzen von Metallen verwendet.

induktiver Effekt (Induktionseffekt), Wechselwirkung in einem org. Molekül zwischen dem Kohlenwasserstoffrest und einem Heteroatom bzw. einer funktionellen Gruppe. Die Bindung zwischen zwei Atomen unterschiedlicher ↗ Elektronegativität ist polar und bildet einen primären Dipol, der von einerseits Angriffsort für ein polares Reagens sein kann, andererseits aber einen Effekt über das Restmolekül ausübt, dessen Wirkungsrichtung von der Polarität des C-Atoms am primären Dipol bestimmt wird. Es wird an der Nachbarbindung ein Dipolmoment induziert (induktiver Effekt). Dieser induzierte Dipol wirkt nun wieder auf die nächste Bindung entsprechend ein. Der i. E. wird über die Kette rasch schwächer und ist nach etwa drei Bindungen kaum noch feststellbar, wie es der aciditätserhöhende Einfluß des Chloratoms in den entsprechend substituierten Chlorbutansäuren zeigt:

$CH_3-CH_2-CHCl-COOH \quad K_S = 144,54 \cdot 10^{-5}$
$CH_3-CHCl-CH_2-COOH \quad K_S = 8,71 \cdot 10^{-5}$
$CH_2Cl-CH_2-CH_2COOH \quad K_S = 3,02 \cdot 10^{-5}$
$CH_3-CH_2-CH_2-COOH \quad K_S = 1,51 \cdot 10^{-5}$

Abhängig von der Richtung des primären Dipols unterscheidet man Gruppen mit einem positiven (+I-Effekt) oder negativen (−I-Effekt). Gruppen mit +I-Effekt erhöhen die Elektronendichte im Molekülrest, Gruppen mit −I-Effekt verringern sie dementsprechend.
Einen +I-Effekt besitzen:

$-\underline{\overline{O}}|^{\ominus}$, $-\underline{\overline{N}}-R$, $-CH_3$, $-CH_2-CH_3$, $-CH(CH_3)_2$, $-C(CH_3)_3$

Einen −I-Effekt besitzen:

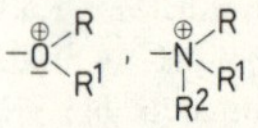

$-\overset{\oplus}{\underline{O}}\overset{R}{\underset{R^1}{}}$, $-\overset{\oplus}{\underset{R^2}{\underset{|}{N}}}\overset{R}{\underset{R^1}{}}$, $-F$, $-Cl$, $-Br$, $-I$, $=O$,
$=N-R$, $\equiv N$, $-CH=CH_2$, $-C\equiv CH$, $-C_6H_5$

Als Standard für den Vergleich der i. E. wird die C−H-Bindung gewählt, deren Polarität gleich Null gesetzt wird. Es gelten folgende Kriterien zur Bewertung der Wirkungsstärke:

– ionische Substituenten haben einen sehr starken i. E.,
– je größer die Elektronegativitätsdifferenz zum Kohlenstoff ist, um so größer ist der i. E.,
– Alkylgruppen besitzen einen +I-Effekt, der von der Methyl- über die i-Propyl- zur tert-Butylgruppe ansteigt,
– die Elektronegativität sp- und sp^2-hybridisierter C-Atome ist geringer als die der sp^3-hybridisierten, deshalb üben ungesättigte Gruppen (Ethenyl- < Ethinyl-) einen −I-Effekt aus.

Im engeren Sinne wird zwischen dem i. E., bei dem die induzierten Dipole über die Bindungskette weitergeleitet werden, und dem Feldeffekt, nach dem die Dipolbildung entsprechend dem Coulombschen Gesetz über den Raum erfolgt, unterschieden. Für die Diskussion von Eigenschaften und Reaktionen ist aber diese Differenzierung nicht wesentlich. In Formelbildern wird der I. durch Angabe von Partialladungen, z. B. $\overset{\delta-}{Cl}-\overset{\delta+}{CH_2}-\overset{\delta\delta+}{CO}-O-\overset{\delta\delta\delta+}{H}$, oder durch eine Pfeilmarkierung der Bindungen, z. B.
Cl←CH₂←CO←O←H,
gekennzeichnet.

Industriemüll, ↗ Abprodukte.

Industrieöfen, mit feuerfesten Stoffen ausgekleidete ↗ Öfen zur Erhitzung von Stoffen in der Produktion. Die Temperaturerhöhung soll sowohl physik. Veränderungen (Trocknen, Gefügeveränderung, Erweichen, Sintern, Verflüssigen, Verdampfen) als auch chem. Umsetzungen bewirken. Sie wird vorwiegend durch Fremdheizung erzeugt; entweder direkt, das Einsatzgut im direkten Kontakt zu Brennstoff oder Brenngasen, oder indirekt.

inert, svw. träge bzw. reagiert nicht.

Infrarotspektroskopie, ↗ Molekülspektren.

Inhibitor, svw. Verzögerer, Stoff, der, im Gegensatz zu einem ↗ Katalysator, eine chem. Reaktion hemmt.

Initialsprengstoffe, durch Schlag, Stoß, Reibung oder Flamme leicht entzündbare ↗ Explosivstoffe. Sie dienen zur Zündung schwerer entzündbarer Explosivstoffe und sind in Sprengkapseln und Zündhütchen (↗ Zündmittel) enthalten. Die wichtigsten I. sind ↗ Bleiazid (Pb(N₃)₂) und Knallquecksilber (↗ Quecksilber(II)-fulminat, Hg(OCN)₂).

Inkohlung, diagenetische Vorgänge bei der Kohlebildung. Aus Pflanzenmaterial bildet sich anaerob zunächst Torf, bei fortschreitender Überlagerung mit Sedimenten Braunkohle. Beim Auftreten von höheren Temperaturen und Drücken in der Erdkruste während Gebirgsbildungen entstehen schließlich Steinkohle, Anthrazit und bei metamorphen Einwirkungen Graphit. Bei der I. gehen Sauerstoff und Wasserstoff verloren, Kohlenstoff reichert sich relativ an, daneben entstehen Kohlendioxid und Methan (Grubengas, »schlagende Wetter«); Tabelle, Bild.

Inkohlungsreihe

Inkohlungs- stadien	Elementgehalt in %			
	C	H	O	N
Holz	50	6	43	1
Torf	58	5,5	35	2
Braunkohle	70	5	24	0,8
Steinkohle	82	5	12	0,8
Anthrazit	94	3	3	–
Graphit	100	–	–	–

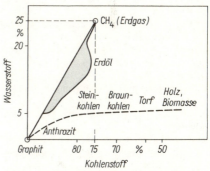

Schema der Kohlebildung durch fortschreitende Inkohlung

↗ Hiltsche Regel. Beim Übergang vom Braunkohlen- zum Steinkohlenstadium werden die Huminsäuren zerstört, Methan wird frei, aromatische Strukturen kondensieren.

INN, Abk. für International Nonproprietary Names (Internationale nichtgeschützte Namen), von der Weltgesundheitsorganisation WHO festgelegte Trivialnamen für Arzneimittel, die nicht als Handelsnamen geschützt werden können.

innere Energie, Symbol U, thermodynamische ↗ Zustandsfunktion, welche die Summe aller in einem System enthaltenen potentiellen und kinetischen Energien (z. B. der ↗ Translation, Rotation, Schwingung und Elektronen der Moleküle) angibt und der in einem Stoff bei konstantem Volumen enthaltenen Wärmemenge entspricht. Eine Änderung des thermodynamischen Zustandes des Systems ist meist mit einer Änderung der i. E. verbunden. Nach dem 1. ↗ Hauptsatz der Thermodynamik erfolgt das durch einen Austausch von Wärme ΔQ und Arbeit ΔW (meist ↗ Volumenarbeit $\Delta W = -p \cdot \Delta V$) mit der Umgebung:

$\Delta U = \Delta Q + \Delta W$ bzw. $\Delta U = \Delta Q - p \cdot \Delta V$.
Die Angabe der i. E. bezieht sich auf konstantes Volumen (isochore Bedingungen): $\Delta V = 0$, $\Delta U = \Delta Q$.
Eine Ermittlung der Änderungen der i. E. erfolgt in geschlossenen ↗ Kalorimetern mit Hilfe der ↗ Wärmekapazität bzw. ↗ Molwärme C_v durch Messung der Temperaturänderung. Da die zur Ermittlung von Absolutwerten der i. E. eines Stoffes notwendige i. E. am absoluten Nullpunkt meist nicht genau bekannt ist, werden im allgemeinen nur Änderungen der i. E. für bestimmte Zustandsänderungen angegeben, wie z. B. die ↗ Bildungs- und ↗ Reaktionswärme bei konstantem Volumen.
Die Änderung der i. E. bei Volumenvergrößerung ist für ideale ↗ Gase Null (↗ 2. GAY-LUSSACsches Gesetz) und führt bei realen ↗ Gasen meist zu einer Temperaturerniedrigung (↗ JOULE-THOMSON-Effekt). Die i. E. steht in engem Zusammenhang mit der ↗ Enthalpie und ↗ freien Energie.

Inosite, $C_6H_6(OH)_6$, Gruppe von 8 diastereomeren Cyclohexan-1,2,3,4,5,6-hexolen, von denen 7 optisch inaktive Mesoformen sind. Das optisch aktive I. (Isomerenpaar in D,L-Form) kommt in der Natur vor. Der myo-I. ist ein Bestandteil des Vitamin-B-Komplexes. I. sind leicht wasserlöslich und schmecken süß.

Insektizide, insektentötende Mittel, vor allem chlorierte Kohlenwasserstoffe, org. Phosphorverb. und Carbamate.

Insulin, Polypeptidhormon (↗ Peptide, ↗ Hormone), $M\ 5\,780$. Es enthält 51 Aminosäuren. Das Molekül besteht aus zwei Peptidketten, die an zwei Stellen durch Disulfid-Brücken miteinander verbunden sind. Die Kette A besteht aus 21, die Kette B aus 30 Aminosäuren. Im Grundaufbau ist das I. bei allen Säugetieren und dem Menschen gleich.
Artspezifisch verschieden sind nur die Positionen 8–10 der A-Kette und 30 der B-Kette. I. ist das einzig blutzuckersenkende Hormon. Ein Mangel an I. führt zur Zuckerkrankheit *(Diabetes mellitus)*. Bild.

intensive Größen, ↗ Zustandsgrößen.

Interhalogenverbindungen, auch Halogen-Halogen-Verb., in der Regel binäre Verb. der Elemente der 7. Hauptgruppe des PSE untereinander. I. zeichnen sich durch echte Atombindungen aus, jedoch sind die Bildungsenthalpien meist sehr gering, so daß die Beständigkeit ebenfalls gering ist. I. verhalten sich chem. wie die Elementverb. der reinen Halogene und treten strukturell in vier Verbindungstypen auf: AB, AB_3, AB_5 und AB_7, wobei A und B Symbole der Halogene darstellen und A das Halogen mit der größeren relativen Atommasse kennzeichnet. Es ist auch die Bildung von Komplexen bzw. komplexen Ionen möglich, z. B. $[BrF_2]^+$-Ionen.

intermetallische Verbindungen, ↗ Legierungen zweier oder mehrerer Metalle, deren Eigenschaften ganz erheblich von den Eigenschaften der Einzelkomponenten abweichen. Sie werden von solchen Metallen gebildet, deren Elektronenaffinitäten sich deutlich unterscheiden. Ihre Zusammensetzung kann den stöchiometrischen Erwartungen widersprechen.

intermolekular, zwischen zwei oder mehreren Molekülen.

Internationale Union für Reine und Angewandte Chemie, ↗ IUPAC.

intramolekular, innerhalb bzw. in einem Molekül.

Intrusivgestein, ↗ magmatisches Gestein.

Inversion, Vorzeichenwechsel der optischen Drehung (↗ optische Aktivität) beim Ablauf einer Reaktion an einer optisch aktiven Verb. Typisches Beispiel ist die I. der Saccharose durch saure oder enzymatische Hydrolyse. Aus der rechtsdrehenden Saccharose bildet sich ein linksdrehendes Glucose-Fructose-Gemisch. Obwohl die Glucose ebenfalls rechts dreht, überwiegt die erheblich stärkere links drehende Wirkung des Fructose-Anteils. Das Reaktionsgemisch wird ↗ Invertzucker genannt. Es ist Bestandteil des Kunsthonigs.

Invertzucker, Gemisch aus Traubenzucker (↗ Glucose) und Fruchtzucker (↗ Fructose). I. entsteht durch Erwärmen von Rüben- und Rohrzucker (↗ Saccharose) mit verd. Säuren (↗ Inversion) und nachfolgender Neutralisation. Er wird zu Kunsthonig und Speisesirup verarbeitet.

```
      A        S―――――――――S
      |        |         |
Gly-Ile-Val-Glu-Gln-Cys-Cys-Thr-Ser-Ile-Cys-Ser-Leu-Tyr-Gln-Leu-Glu-Asn-Tyr-Cys-Asn
                    |                                                    |
      B             S                                                    S
      |             |                                                   /
Phe-Val-Asn-Gln-His-Leu-Cys-Gly-Ser-His-Leu-Val-Glu-Ala-Leu-Tyr-Leu-Val-Cys-Gly-Glu-
Arg-Gly-Phe-Phe-Tyr-Tyr-Pro-Lys-Thr
```

Primärstruktur des Human-Insulins

Iod,

I $Z = 53$
$A_{r(1981)} = 126{,}9045$
Ek: [Kr] $4d^{10}5s^25p^5$
OxZ: $-1, +1, +3, +5, +7$
$X_E = 2{,}66$
Elementsubstanz: I_2
Schmp. 113,6 °C
Sdp.   182,8 °C
$\varrho = 4{,}94 \text{ kg} \cdot l^{-1}$

chem. Element (↗ Elemente, chem.). *Iodum*, Symbol: I (bis 1975 Jod, Symbol: J), 4. Element der 7. Hauptgruppe des PSE (↗ Hauptgruppenelemente, 7. Hauptgruppe des PSE). I. ist die Bez. für alle Atome, die 53 positive Ladungen im Kern, also 53 Protonen besitzen: Kernladungszahl $Z = 53$. Die Hülle des neutralen Atoms besteht aus 53 Elektronen, von denen sieben, die Valenzelektronen, die Konfiguration $5s^25p^5$ besitzen. In Verb. werden Oxydationsstufen eingenommen, die durch die Oxydationszahlen OxZ $-1, +1, +3, +5$ und $+7$ charakterisiert sind. I. wurde 1811 von COURTOIS bei der Sodabereitung in der Asche von Strandpflanzen entdeckt und 1815 von GAY-LUSSAC als Element erkannt. I. ist im Meerwasser zu etwa 2 bis 3 mg pro Liter enthalten, im wesentlichen org. gebunden. Bestimmte Meeresalgen (Tang) vermögen Iod anzureichern. Im Chilesalpeter ist I. als Natriumiodat, $NaIO_3$ (bis zu 0,1 %), enthalten. Die Darstellung der Elementsubstanz, d. h. des molekularen I., erfolgt durch Oxydation von Iodiden; durch molekulares Chlor:
$2\,KI + Cl_2 \rightarrow I_2 + KCl$,
durch Braunstein und verd. Schwefelsäure:
$2\,KI + MnO_2 + 2\,H_2SO_4 \rightarrow$
$I_2 + MnSO_4 + K_2SO_4 + 2\,H_2O$;
durch konz. Schwefelsäure:
$8\,KI + 5\,H_2SO_4 \rightarrow 4\,I_2 + 4\,K_2SO_4 + H_2S\uparrow + 4\,H_2O$.
Eine Darstellung der Iodide wird durch Reduktion der Iodate mit Schwefeldioxid erreicht:
$NaIO_3 + 3\,SO_2 + 3\,H_2O \rightarrow NaI + 3\,H_2SO_4$.
Die Elementsubstanz, die als zweiatomiges Molekül I_2 vorliegt, ist ein fester, kristalliner, schwarzer, metallisch glänzender Stoff, der bereits in der Höhe des Schmp. durch hohen Dampfdruck verdampft und so durch Sublimation gereinigt werden kann. Die Dämpfe sind violett und weniger gesundheitsschädlich als die der übrigen Halogene. Molekulares I. löst sich in vielen org. Lösungsmitteln, in den polaren Verb., z. B. Ethanol, mit brauner und in den unpolaren Verb., z. B. Tetrachlormethan, mit violetter Farbe. Molekulares I. kann durch Sulfitionen zu Iodidionen reduziert werden:

$I_2 + SO_3^{2-} + H_2O \rightarrow 2\,I^- + SO_4^{2-} + 2\,H^+$,
Iodidionen vermögen molekulares I. anzulagern (Polyiodid-Bildung):
$I^- + I_2 \rightarrow I_3^-$.
Molekulares I. findet in der Medizin durch seine antiseptische und blutstillende Wirkung (meist als Lösung in Ethanol; ↗ Iodtinktur) Verwendung. Iodpräparate werden als Katalysatoren, in der Photographie und Teerfarbenindustrie eingesetzt. Zur Herstellung von Halogen-Metalldampf-Lampen werden Iodverb. benötigt.

Iodat, e, Salze der ↗ Iodsäure.

Iodid, e, Salze der Iodwasserstoffsäure (↗ Iodwasserstoff).

Iodoform, ↗ Triiodmethan.

Iodoformprobe, Nachweisreaktion für Verb., die die Atomanordnung CH_3—CO als Strukturelement enthalten, also u. a. für Ethanol, Ethanal und Propanon. Zur I. wird der zu untersuchende Flüssigkeit mit Natronlauge und einer Lösung von Iod in wäßriger Kaliumiodidlösung versetzt. Wenn in der Probe das genannte Strukturelement enthalten ist, fällt ein gelber, charakteristisch riechender Niederschlag von ↗ Triiodmethan (Iodoform) aus.

Iodometrie, quantitative Analysenmethode der ↗ Volumetrie auf Grundlage der reversiblen Reaktion
$I_2 + 2e \rightleftharpoons 2I^-$.
Reduktionsmittel werden mit Iodlösung titriert, z. B.
$SO_3^{2-} + I_2 + H_2O \rightarrow SO_4^{2-} + 2\,I^- + 2\,H^+$.
Die braune Iodlösung wird bis zum ↗ Äquivalenzpunkt entfärbt.
Oxydationsmittel werden mit einem Überschuß von Iodidlösung versetzt, z. B.
$H_2O_2 + 2\,I^- + 2\,H^+ \rightarrow I_2 + 2\,H_2O$.
Das gebildete Iod wird mit Natriumthiosulfatlösung bestimmt (Rücktitration).

Iodoxide, binäre Verb. des ↗ Iods mit Sauerstoff. Bedeutung besitzen: *Iod(IV)-oxid*, I_2O_4, Diiodtetroxid, fest, gelb, körnig, Zp. >100 °C und *Iod(V)-oxid*, I_2O_5, Diiodpentoxid, fest, weiß, kristallin, beständig bis 300 °C.

Iodsäure, HIO_3, farbloser, kristalliner, fester Stoff (Schmp. 110 °C), der sich in Wasser löst. I. kann durch Oxydation von molekularem Iod mit Salpetersäure:
$3\,I_2 + 10\,HNO_3 \rightarrow 6\,HIO_3 + 10\,NO\uparrow + 2\,H_2O$,
mit molekularem Chlor und Wasser:
$I_2 + 5\,Cl_2 + 6\,H_2O \rightarrow 2\,HIO_3 + 10\,HCl\uparrow$
und mit Chlorsäure:
$I_2 + 2\,HClO_3 \rightarrow 2\,HIO_3 + Cl_2\uparrow$
dargestellt werden. I. ist ein starkes Oxydationsmittel, das in der Maßanalyse (↗ Iodometrie) verwendet wird. Die Salze der I. heißen *Iodate*.

Iod-Stärke-Reaktion, ↗ Stärke.
Iodstickstoff, NI_3, ↗ Stickstofftriiodid.
Iodtinktur, alkoholische Lösung (Ethanol), die 2 bis 10 % molekulares Iod, z. T. auch noch einen geringen Anteil an Natrium- bzw. Kaliumiodid enthält und in der Medizin infolge seiner antiseptischen und blutstillenden Wirkung verwendet wird.
Iodum, wissenschaftliche Bez. für das chem. Element ↗ Iod.
Iodwasserstoff, HI, farbloses, stechend riechendes, an der Luft Nebel bildendes Gas (Schmp. $-50{,}79\,°C$, Sdp. $-35{,}34\,°C$), das sich in Wasser leicht löst. I. ist eine nicht sehr beständige Verb. Bereits durch Lichteinwirkung erfolgt ihre Zersetzung. Eine Darstellung kann aus den Elementsubstanzen, bei Anwesenheit eines Katalysators und unter Energiezufuhr:
$H_2 + I_2 \rightarrow 2\,HI$, $\Delta_B H = +25{,}94\,kJ \cdot mol^{-1}$,
aus Iodiden durch Umsetzung mit verd. Schwefelsäure, z. B.
$NaI + H_2SO_4 \rightarrow HI\uparrow + NaHSO_4$
und in anderer Weise erfolgen. Die wäßrige Lösung reagiert stark sauer:
$HI + H_2O \rightleftharpoons H_3O^+ + I^-$,
sie wird als *Iodwasserstoffsäure* bezeichnet, die mit 57 % Iodwasserstoffanteil als azeotropes Gemisch bei 127 °C siedet. Iodwasserstoffsäure ist die stärkste Halogenwasserstoffsäure (Salze: *Iodide*).
Ionen, elektrisch geladene Teilchen atomarer oder molekularer Größenordnung. Die Kennzeichnung der I. erfolgt durch die hochgestellte Angabe der Ladung hinter dem Symbol bzw. der Formel, z. B. Fe^{2+}, NH_4^+, Cl^-, SO_4^{2-}. Positiv geladene Ionen heißen *Kationen*, negativ geladene *Anionen*. Man unterscheidet einfache Ionen, wie Fe^{2+} und Cl^-, und zusammengesetzte Ionen, wie NH_4^+ und SO_4^{2-}. Einfache Ionen entstehen aus Atomen durch Elektronenabgabe, z. B.
$Ca \rightleftharpoons Ca^{2+} + 2e^-$,
bei Zuführung der ↗ Ionisierungsenergie als thermische oder elektrische Energie oder durch Elektronenaufnahme, z. B.
$Cl + e^- \rightleftharpoons Cl^-$,
wobei der Energieumsatz durch die ↗ Elektronenaffinität erfaßt wird. Die Anzahl der aufgenommenen oder abgegebenen Elektronen ist gleich der Ionenladung bzw. ↗ Ionenwertigkeit. Aus Ionen über die ↗ Ionenbeziehung gebildete feste Stoffe bezeichnet man als Salze. Sie stellen echte ↗ Elektrolyte dar, da die durch elektrolytische ↗ Dissoziation oder Schmelzen frei beweglich werdenden Ionen schon im Feststoff vorhanden sind. Dagegen entstehen bei potentiellen Elektrolyten die I. bei der elektrolytischen Dissoziation erst durch Reaktion mit dem Lösungsmittel, z. B.
$H_2SO_4 + 2\,H_2O \rightleftharpoons 2\,H_3O^+ + SO_4^{2-}$.
Ionenaustauscher, hochpolymere org. oder anorg. Molekülgerüste mit basischen oder sauren Endgruppen, die Wasserstoffionen gegen Kationen (Kationenaustauscher) oder Hydroxidionen gegen Anionen (Anionenaustauscher) austauschen können. Die Grundgerüste anorg. I. sind u. a. Alumosilicate, die der org. I. sind u. a. hochkondensierte Phenolsulfonsäuren. I. werden z. B. zur Enthärtung des Wassers, zur Wasserreinigung, als Absorptionsmittel für giftige Abprodukte, als Trennmittel in der analytischen Chemie verwendet. So werden bei der Enthärtung von Wasser die Ca^{2+}-Ionen im harten Wasser gegen Na^+-Ionen ausgetauscht. Wenn der I. gesättigt ist, wird er durch Zugabe einer überschüssigen NaCl-Lösung wieder regeneriert:
$$2\,R{-}SO_3Na + Ca^{2+} \underset{\text{Regenerieren}}{\overset{\text{Enthärten}}{\rightleftharpoons}} (RSO_3)_2Ca + 2\,Na^+$$
Ionenbeweglichkeit, ↗ Wanderungsgeschwindigkeit.
Ionenbeziehung (Elektrovalenz, heteropolare Bindung), Grenzfall der chem. Bindung durch rein elektrostatische Anziehung (↗ COULOMBsches Gesetz) geladener atomarer Teilchen, den ↗ Ionen. KOSSEL (1916) erklärte ihr Zustandekommen und ihre maximale Ladung (↗ Wertigkeit) durch Erreichen der stabilen ↗ Edelgaskonfiguration (Bild 1) und veranschaulichte das auf der Basis des BOHRschen ↗ Atommodells (Bild 2). Ausgeprägte I. gehen die Elemente der ersten drei Hauptgruppen des PSE (Bildung von ↗ Kationen) mit denen der letzten drei Hauptgruppen ein (Bildung von ↗ Anionen), z. B. die Halogenide der ↗ Alkalimetalle. Im festen Zustand ordnen sich die Ionen infolge der gleichmäßigen Wirkung ihrer elektrostatischen Kräfte in alle Raumrichtungen in stabilen Ionenkristallgittern an (Gitterenergie: 600 bis $1\,000\,kJ \cdot mol^{-1}$), in denen keine abgegrenzten Moleküle vorliegen (Bild 3). Diese ↗ Salze haben hohe Schmelz- und Siedetemperaturen, lösen sich leicht in polaren ↗ Lösungsmitteln unter Bildung echter ↗ Elektrolyte, die ebenso wie die geschmolzenen Salze eine gute ↗ elektrische Leitfähigkeit besitzen. In den Ionenkristallgittern kann eine gegenseitige Deformation der Elektronenhüllen (↗ Polarisierbarkeit) der Ionen stattfinden, vor allem die des Anions durch das Kation. Diese steigt mit zunehmender Ladung und abnehmendem ↗ Ionenradius des Kations sowie mit zunehmendem Ionenradius des Anions, wodurch sich der Anteil der Ionenbeziehung (Ionencharakter) an der chem. Bindung verringert und der Anteil der ↗ Atombindung zunimmt.

Ionisierungsenergie

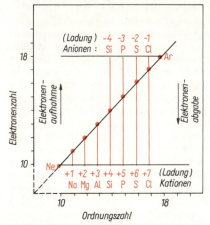

Bild 1. Ionenbindung nach KOSSEL

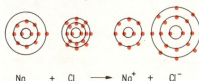

Bild 2. Entstehung der Ionenbindung nach dem Schalenmodell von KOSSEL

- Na^+-Ionen
- Cl^--Ionen

Bild 3. Ionengitter des Natriumchlorids

Ionenbindungsanteil, aus der Elektronegativitätsdifferenz benachbarter Atome berechneter Wert, aus dem der Ionencharakter einer Bindung abgeleitet wird. Elemente mit ähnlicher Elektronegativität ($\Delta EN < 1{,}7$) gehen untereinander kovalente Bindungen ein. Ist ΔEN zweier Elemente $>1{,}7$, bilden diese salzartige Stoffe mit überwiegend ionischer Bindung.

Ionengitter, vorwiegend Salze, Kristallgitter, in denen abwechselnd Anionen und Kationen die Gitterplätze besetzen. Hauptbindungsart ist die elektrostatische Anziehung zwischen diesen verschieden geladenen Teilchen (Ionenbeziehung). Über größere Bereiche gleichen sich die Ladungen aus. Die Raumanordnung der Ionen im I. folgt stark geometrischen Aspekten, dichteste Kugelpackungen sind häufig.

Ionenladung, Größe der elektrischen Ladung eines Ions, entspricht der ↗ Ionenwertigkeit und ergibt sich aus der Zahl der aufgenommenen (Anionen) bzw. abgegebenen (Kationen) Elektronen.

Ionenleitfähigkeit, ↗ Wanderungsgeschwindigkeit.

Ionenprodukt des Wassers, K_W, spezielle Anwendung des ↗ Massenwirkungsgesetzes für das Dissoziationsgleichgewicht des Wassers $H_2O \rightleftharpoons H^+ + OH^-$. Nach dem Massenwirkungsgesetz gilt:

$$K_c = \frac{c_{H^+} \cdot c_{OH^-}}{c_{H_2O}}$$

Die Konzentration des Wassers in reinem Wasser berechnet sich wie folgt:

$$c_{H_2O} = \frac{n_{H_2O}}{v_{H_2O}} = \frac{m_{H_2O}}{M_{H_2O} \cdot v_{H_2O}}$$

$$c_{H_2O} = \frac{1000 \text{ g}}{18 \text{ g} \cdot \text{mol}^{-1} \cdot 1 \text{ l}} = 55{,}6 \text{ mol} \cdot \text{l}^{-1}$$

Dieser Wert ändert sich auch in verdünnten Lösungen nicht wesentlich. Deshalb wird die Konzentration des Wassers mit der Gleichgewichtskonstante zum Ionenprodukt des Wassers zusammengefaßt:
$K_W = K_c \cdot c_{H_2O}^2$,
$K_W = c_{H_3O^+} \cdot c_{OH^-}$

Reines Wasser ist sehr wenig dissoziiert. Aus Messungen der ↗ elektrischen Leitfähigkeit von reinem Wasser wurden die Hydronium- und Hydroxidionenkonzentration bei einer Temperatur von 22 °C zu je 10^{-7} mol $\cdot$ l^{-1} bestimmt. Daraus ergibt sich für das Ionenprodukt des Wassers:
$K_W = 10^{-14}$ mol$^2 \cdot$ l^{-2} ($t = 22$ °C)
Das I.d.W. hat Bedeutung für den ↗ pH-Wert wäßriger Lösungen.

Ionenradius, Radius der Ionen in einem Gitter unter der Annahme, daß diese starre Kugeln seien. Die Kationenradien sind beträchtlich kleiner als die Radien der entsprechenden Atome, während Anionenradien beträchtlich größer sind. Das Verhältnis der I. eines Ionenpaares ist für dessen Gitterbildung von Bedeutung. (↗ Atomradius)

Ionentheorie, ↗ Dissoziation, elektrolytische.

Ionenwanderung, auch ↗ Migration, Bewegung der Ionen eines Elektrolyten in einem elektrischen Feld (↗ Wanderungsgeschwindigkeit).

Ionenwertigkeit, Zahl der Ladungen eines Ions. Sie wird durch hochgestellte Ziffern mit nachgestellten Plus- oder Minuszeichen angegeben, z. B. Ca^{2+}, Na^+, Cl^-, PO_4^{3-} (↗ Ionenladung).

Ionenwolke, ↗ DEBYE-HÜCKEL-Theorie.

Ionisierungsenergie, E_I, I., Energie (exakter: Änderung der inneren Energie ΔU_0 bei 0 K), die benötigt wird, um aus einem Atom (bzw. Ion oder Molekül) eines gasförmig vorliegenden Elements

Ionisierungspotential

das am wenigsten fest gebundene Elektron abzuspalten:
X → X⁺ + e⁻ (erste Stufe),
X⁺ → X²⁺ + e⁻ (zweite Stufe).
Die I. ändert sich periodisch in Abhängigkeit von der Stellung des Elements im PSE. Die größten I. der ersten Stufe haben die Elemente der 8. und 7. Hauptgruppe, die kleinsten haben die Elemente der 1. Hauptgruppe des PSE.
Ionisierungspotential, ↗ Ionisierungsenergie.
IR, Abk. für infra*r*ot (↗ Strahlung, ↗ Spektroskopie)
Irdengut, feinkeramische Töpferware, die bei etwa 1 000 °C gebrannt wird.
Iridium,

Ir	$Z = 77$
$A_{r(1981)} = 192{,}22$	
Ek: [Xe] $4f^{14}5d^76s^2$	
OxZ: 0, +1, +2, +3, +4, +5, +6	
$X_E = 2{,}0$	
Elementsubstanz:	
Schmp. 2 450 °C	
Sdp. 4 500 °C	
$\varrho = 22{,}5$ kg · l⁻¹	

chem. Element (↗ Elemente, chem.).
Iridium, Symbol: Ir, 2. Element der schweren Platinmetalle (↗ Nebengruppenelemente, 8. Nebengruppe des PSE). I. ist die Bez. für alle Atome, die 77 positive Ladungen im Kern, also 77 Protonen besitzen: Kernladungszahl $Z = 77$. Die Hülle des neutralen Atoms besteht aus 77 Elektronen, von denen die möglichen Valenzelektronen die Konfigurationen $5d^76s^2$ besitzen. In Verb. werden Oxydationsstufen eingenommen, die durch die Oxydationszahlen OxZ 0, +1, +2, +3, +4, +5 und +6 charakterisiert sind. I. wurde 1804 von Tennant entdeckt. In der Natur findet sich I., mit den anderen Platinmetallen vergesellschaftet, in Eisen-, Chromium-, Nickel- und Kupfererzlagern; z. T. auch (sekundär) durch fließende Gewässer abgelagert und angereichert. Besondere Minerale sind die Legierungen: *Iridosmium, Osmiridium,* Ir-Os-Legierung; *Platiniridium,* Ir-Pt-Legierung und *Auroosmirid,* Au-Ir-Os-Legierung. Die Gewinnung des Metalls erfolgt über eine Anreicherung durch Schlämmen, ein Auskochen mit Königswasser und ein Ausfällen der einzelnen Metalle nach aufwendigen und differenzierten Verfahren. Metallisches I. ist silberweiß, kubisch kristallin (flächenzentriert), hart, spröde und polierbar. Es reagiert mit molekularem Sauerstoff bei Rotglut:
Ir + O₂ → IrO₂, $\Delta_B H = -184$ kJ · mol⁻¹
und mit molekularem Chlor:

2 Ir + 3 Cl₂ → 2 IrCl₃, $\Delta_B H = -209$ kJ · mol⁻¹,
ist aber inert gegenüber den meisten Mineralsäuren (und Königswasser). I. wird als Legierungsmetall und zur Herstellung besonderer Geräte verwendet.
irreversibler Vorgang, nicht umkehrbarer Vorgang. In der Natur sind alle von selbst ablaufenden Vorgänge mehr oder weniger irreversibel, was durch den zweiten ↗ Hauptsatz der Thermodynamik zum Ausdruck gebracht wird.
Isatin, Oxydationsprodukt des ↗ Indols bzw. des ↗ Indigos. I. wird aus Anilin, Trichlorethanal und Hydroxylamin hergestellt. Eine Lösung von I. in konz. Schwefelsäure gibt mit ↗ Thiophen eine kräftige Blaufärbung, die sich zum Thiophennachweis eignet und als Indopheninreaktion bekannt ist.

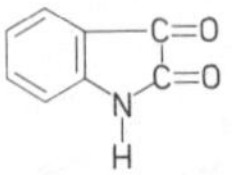

Isatin

Islandspat, ↗ Doppelspat.
Iso-, Vorsilbe zur Bez. eines von mehreren Isomeren, in der org. Chemie von verzweigten Isomeren,

CH₃CH₂CH₂OH

CH₃>CHOH
CH₃

Propanol
Propan-1-ol

Iso propanol
Propan-2-ol

KOCN
Kaliumcyanat

KNCO
Kaliumisocyanat

isobar, Änderung des thermodynamischen Zustandes bei konst. Druck (↗ Enthalpie, ↗ freie Enthalpie).
Isobornylacetat, übliche Bez. für den Ethansäureester des linksdrehenden Enantiomeren des ↗ Borneols, dem (−)-Isoborneol. I. ist Zwischenprodukt bei der ↗ Camphersynthese und wird wegen seines Fichtennadelgeruches als Zusatz zu Schaumbädern genutzt.
isochor, Änderung des thermodynamischen Zustandes bei konst. Volumen (↗ innere Energie, ↗ freie Energie).
Isocitrate, Salze der Isocitronensäure, ↗ Atmung.
Isocyanate, R—N=C=O, Alkyl- oder Arylester der Isocyansäure, die sich in der Anordnung der Stickstoff- und Sauerstoffatome von den Cyanaten, R—O—C≡N, unterscheiden.
I. sind farblose, meist stechend riechende, Augen reizende Stoffe, die sehr reaktionsfähig sind.
Mit Spuren von Säuren erfolgt eine Trimerisation zu den entsprechenden Isocyanursäuretriestern (1,3,5-trisubstituierte 1,3,5-Triazin-2,4,6-trione). Mit Wasser erfolgt eine hydrolytische Spaltung in Kohlendioxid und Amin. Mit wenig Wasser bzw.

unter Einfluß der Luftfeuchtigkeit bildet sich aus dem Amin und noch vorhandenem I. der hydrolysebeständigere disubstituierte, symmetrische Harnstoff, R—NH—CO—NH—R. Alkohole werden zu N-substituierten Urethanen, R—NH—CO—O—R, addiert. Analog bilden sich mit primären und sekundären Aminen die di- oder trisubstituierten Harnstoffe,

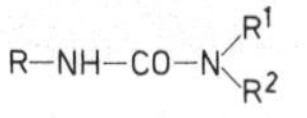

R—NH—CO—N$\overset{R^1}{\underset{R^2}{\diagdown}}$

(bei primärem Amin ist $R^2 = H$).
I. sind Zwischenprodukte beim ↗ HOFMANN-Abbau der Carbonsäureamide bzw. der -azide oder der Hydroxamsäuren. Verb. mit zwei Isocyanatgruppen im Molekül, ↗ Diisocyanate, sind neben langkettigen ↗ Diolen Ausgangsverb. für die wertvollen Polyurethane.

isocyclisch, org. Verb., die ringförmig aufgebaut sind und nur Kohlenstoffatome als Ringglieder enthalten.

isoelektrischer Punkt, Wasserstoffionenkonzentration (pH_{iso}- Wert) eines Ampholyten, bei der Ladungsausgleich in dem Sinne eintritt, daß die Konzentration des Anions des Ampholyten gleich der Konzentration seines Kations ist.

isoelektronisch, auch *isoster*, Bez. für zwei Stoffe, die bei gleicher Atom- und Elektronenzahl die gleiche Elektronenkonfiguration haben, z. B. Kohlenmonoxid :C:::O: und Distickstoff :N:::N:.

Isoeugenol, 4-Propenyl-2-methoxy-phenol, wird durch Allyl-Propenyl-Umlagerung aus ↗ Eugenol (4-Allyl-2-methoxy-phenol) unter Einfluß von Alkalien erhalten. I. ist Zwischenprodukt bei der ↗ Vanillinsynthese aus Eugenol.

Isolator, Stoff, der den elektrischen Strom nicht leitet, weil er über keine frei beweglichen elektrisch geladenen Teilchen verfügt. Nach dem ↗ Bändermodell sind I. solche Stoffe, die eine breite verbotene Zone besetzen, welche auch durch Energiezufuhr von den Elektronen nicht zu überbrücken ist.

L-Isoleucin, Abk. Ile, *L-α-Amino-β-methyl-valeriansäure*, eine proteinogene ↗ Aminosäure. M 131,2, Schmp. 285 bis 286 °C.

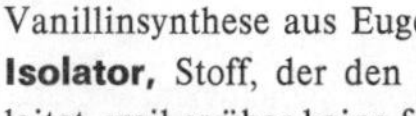

CH$_3$—CH$_2$—CH—CH—COOH
         | |
         CH$_3$ NH$_2$

L-Isoleucin

Isomerie, Erscheinung, daß chem. Verb. gleicher Zusammensetzung unterschiedliche Strukturen ausbilden. Solche isomeren Verb. werden durch gleiche ↗ Summenformeln, aber durch unterschiedliche ↗ Strukturformeln dargestellt. Bei der Strukturisomerie sind die Atome oder Atomgruppen innerhalb des Moleküls verschieden verknüpft,

z. B. Butanol (C$_4$H$_{10}$O)
CH$_3$—CH$_2$—CH$_2$—CH$_2$—OH
und Diethylether (C$_4$H$_{10}$O)
CH$_3$—CH$_2$—O—CH$_2$—CH$_3$.
Bei der geometrischen I. haben zwei oder mehrere Atomgruppen im Molekül zueinander verschiedene Stellungen. Diese I. wird auch als cis-trans-I. oder als E/Z-I. (Bild 1) bezeichnet. Bei der optischen I. (Spiegelbildisomerie, Bild 2) existieren von einer Verb. spiegelbildgleiche Isomere. Diese optischen Isomeren sind optisch aktiv (↗ optische Aktivität). Andere Formen der I. sind die Bindungsisomerie und die Konformationsisomerie.

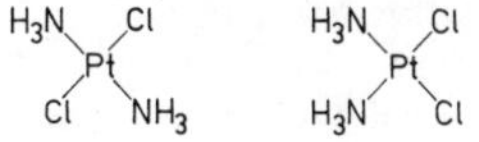

H$_3$N   Cl   H$_3$N   Cl
     ＼ ／   ＼ ／
       Pt   Pt
     ／ ＼   ／ ＼
Cl   NH$_3$ H$_3$N   Cl
E-Form   Z-Form
(trans)   (cis)

Bild 1. E/Z-Isomerie

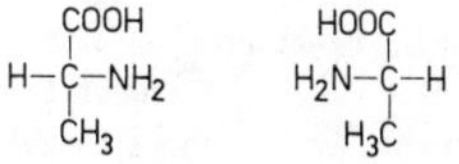

    COOH   HOOC
     | |
H—C—NH$_2$ H$_2$N—C—H
     | |
    CH$_3$ H$_3$C
D(-)-Alanin   L(+)-Alanin

Bild 2. Spiegelbildisomerie

Isomorphie, svw. Gleichgestaltigkeit. Die Bausteine des Ionengitters eines Stoffes können durch andere Ionen schrittweise ersetzt werden, ohne daß sich dabei der Gittertyp ändert. Aus Lösungen oder Schmelzen kristallisieren isomorphe Stoffe unter Mischkristallbildung.

Isonicotinsäure, Pyridin-4-carbonsäure, eine heterocyclische Carbonsäure, die durch Oxydation des ↗ γ-Picolins hergestellt und dessen Hydrazid, ↗ Isonicotinsäurehydrazid, als Arzneimittel verwendet wird.

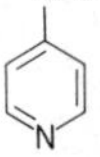

COOH
|
⬡
|
N

Isonicotinsäure

Isonicotinsäurehydrazid, Pyridin-4-carbonsäurehydrazid, ein sehr wirkungsvolles Mittel zur Bekämpfung der Tuberkulose mit der WHO-Bez. »Isoniazid«. I. wird aus dem Methyl- oder Ethylester der ↗ Isonicotinsäure durch Umsetzung mit Hydrazinhydrat, H$_2$N—NH$_2$·H$_2$O, hergestellt.

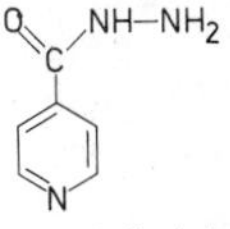

O   NH—NH$_2$
 ＼ ／
  C
  |
 ⬡
  |
  N

Isonicotinsäurehydrazid

Isonitrile, R—$\overset{\oplus}{N}\equiv\overset{\ominus}{C}$, Verbindungsgruppe, die mit den ↗ Nitrilen isomer ist. I. sind überwiegend sehr übel riechende Flüssigkeiten, die stark giftig sind. Sie sieden niedriger als die isomeren Nitrile, sind

gegen Alkalien beständig, werden aber durch Säuren leicht zum entsprechenden Amin und der Methansäure hydrolysiert. Durch katalytische Reduktion entstehen sekundäre Methylamine, R—NH—CH$_3$. Die Oxydation führt zu ↗ Isocyanaten, R—N=C=O, und die Schweflung zu Isothiocyanaten, R—N=C=S.
I. bilden sich aus primären Aminen beim Erwärmen mit Kalilauge und Trichlormethan. Aus den Methansäureamiden primärer Amine, R—NH—C(H)(=O), werden bei der Dehydratisierung mit Phosphoroxidchlorid in Gegenwart von Pyridin in guten Ausbeuten I. erhalten. Bei der Reaktion von Alkylbromiden mit Cyaniden ist der Anteil an I. neben dem entsprechenden Nitril abhängig vom Metallion. Mit Silbercyanid bilden sich nur I., mit Kupfer(I)-cyanid etwa 50 %, während mit Alkalicyaniden fast nur Nitrile gebildet werden.
Die Entwicklung des widerlichen I.-Geruchs bei der Umsetzung von primären Aminen mit Trichlormethan ist als I.-Reaktion für den analytischen Nachweis dieser Amine bekannt (HOFMAN, 1867).

Isonitrilreaktion, Nachweisreaktion für primäre Amine durch Bildung von ↗ Isonitrilen.

Isooctan, 2,2,4-Trimethyl-pentan, ein stark verzweigter aliphatischer Kohlenwasserstoff, dem wegen seiner hohen Klopffestigkeit im Einsatz als Vergaserkraftstoff in Ottomotoren willkürlich die ↗ Octanzahl 100 gegeben, während die Klopffestigkeit von Heptan gleich 0 gesetzt wurde. I. wird aus 2-Methyl-propen (Isobuten) durch katalytische Addition an 2-Methyl-propan (Isobutan) gewonnen.

CH$_3$—C(CH$_3$)(CH$_3$)—CH$_2$—CH(CH$_3$)—CH$_3$

Isooctan

Isopolysäuren, bestimmte Säurerestanionen (Silicate, Phosphate, Molybdate, Wolframate u.a.) bilden aus einzelnen Anionen, i. allg. unter Wasserabspaltung, oligomere oder polymere Säurerestanionen, die Anionen von Isopolysäuren, z. B. (Si$_4$O$_{10}$)$^{4-}$, (Cr$_4$O$_{13}$)$^{2-}$.

Isopren, CH$_2$=C(CH$_3$)—CH=CH$_2$, Grundbaustein des natürlichen Kautschuks. Es wird technisch aus Produkten der ↗ MT-Pyrolyse hergestellt: aus C$_5$-Fraktionen durch Extraktivdestillation oder Extraktion direkt isoliert oder aus Propylen oder Isobuten mit Formaldehyd synthetisiert. Die stereospezifische Polymerisation von Isopren führt zu einem Synthesekautschuk, der in seinen Eigenschaften dem Naturkautschuk sehr nahe kommt.

Isoprene, ↗ Terpene.

Isoprenoide, ↗ Terpene.

Isopropylgruppe, —CH(CH$_3$)(CH$_3$) Bez. für die 1-Methyl-ethylgruppe.

Isosterie, Gleichheit von Verb. in bezug auf Atom- und Elektronenzahlen (↗ isoelektronisch). Isoster sind demnach: Stickstoff (|N≡N|), Kohlenmonoxid (|$\overset{\ominus}{C}$≡$\overset{\oplus}{O}$|), oder Cyanate (R—$\overline{O}$—C≡N|) und Azide (R—$\overset{\ominus}{\overline{N}}$—$\overset{\oplus}{N}$≡N|).

isotherm, Änderung des thermodynamischen Zustandes bei konst. Temperatur. Dabei ist für reine Stoffe bzw. Stoffmischungen unter Ausschluß chem. Reaktionen die Änderung der ↗ inneren Energie Null ($\Delta U = 0$), so daß entsprechend dem ↗ 1. Hauptsatz der Thermodynamik Wärme ΔQ vollständig in Arbeit ΔW ($\Delta Q = -\Delta W$) umgewandelt werden kann. Das ist praktisch nicht realisierbar, da i. Prozesse nur angenähert bei sehr langsamer Prozeßführung realisiert werden können (↗ 2. Hauptsatz der Thermodynamik).

Isothiocyanate, R—N=C=S, (Senföle), Verb., die an einem org. Rest die Isothiocyanatogruppe, —N=C=S, tragen. Alkylisothiocyanate sind wasserunlösliche, tränenreizende Öle, die sich mit Aminen zu Thioharnstoffen, mit Hydrazin oder Hydraziden zu Thiosemicarbaziden umsetzen. Ein typischer Vertreter der I. ist das Prop-2-enylisothiocyanat (Allylsenföl), das im Öl des Senfsamens vorkommt.

isotonisch, Lösungen gleichen osmotischen Druckes (↗ Osmose).

Isotope, Atomarten eines chem. Elementes, deren ↗ Atomkerne bei gleicher Protonenzahl (↗ Ordnungszahl Z) verschiedene Neutronenzahlen besitzen (Kurzschreibweise: ↗ Massenzahl links oben neben das Elementsymbol, darunter die Protonenzahl, z. B. für das Wasserstoffisotop der Atommasse 2: $^2_1$H (↗ Deuterium). Neben der Masse unterscheiden sich die I. auch in anderen physikal. Eigenschaften wie ↗ Spin und Volumen der ↗ Atomkerne, ↗ Wärmeleitfähigkeit, Verhalten bei der ↗ Diffusion, Schmelz- und Siedetemperatur, ↗ Viskosität, Reaktionsgeschwindigkeit und optischer Isotopieverschiebung von Spektrallinien. Darauf basieren die meisten Methoden zur Isotopentrennung, z. B. die Thermodiffusion im Trennrohr, die Anreicherung durch Destillation und die Gasdiffusion. Daneben nutzt man auch die geringen Unterschiede der chem. Eigenschaften von Isotopen zu ihrer Trennung aus.
Die natürliche Häufigkeit der I. eines Elementes,

$$C_6H_5-CH_2-COOH + 2\,R-MgCl \longrightarrow 2\,R-H + C_6H_5-\underset{MgCl}{CH}-COOMgCl$$

$$C_6H_5-\underset{MgCl}{CH}-COOMgCl \xrightarrow{+R-C\overset{O}{\underset{H}{}}} R-\underset{ClMg-O}{CH}-\underset{C_6H_5}{CH}-COOMgCl \xrightarrow[-2\,MgCl_2]{+2\,HCl} R-\underset{OH}{CH}-\underset{C_6H_5}{CH}-COOH$$

die mit Hilfe der ↗ Massenspektroskopie ermittelt wurde, bedingt die Nichtganzzahligkeit seiner relativen Atommasse A_r. So besteht Chlor ($A_r = 35,453$) aus 75,77 % $^{35}_{17}Cl$ und 24,23 % $^{37}_{17}Cl$. Nur wenige Elemente bestehen aus einem einzigen I. (Reinelemente), z. B. $^{19}_{9}F$ und $^{23}_{11}Na$. Man unterscheidet stabile (etwa 300) und instabile I. (etwa 450). Letztere senden radioaktive Strahlung (↗ Radioaktivität) aus und kommen natürlich vor, z. B. $^{238}_{92}U$, $^{14}_{6}C$ oder werden künstlich durch ↗ Kernreaktionen dargestellt, z. B. $^{32}_{15}P$, $^{11}_{6}C$. Die I. verwendet man in Spuren, um den Weg eines Elementes bei den verschiedensten Prozessen und chem. Umwandlungen, z. B. im Stoffwechsel, zu verfolgen. Dabei sind Radioisotope durch ihre leichte Nachweisbarkeit mit Hilfe der Radioaktivität bevorzugt, auf der auch ihre Anwendung in der medizinischen Diagnose und Therapie beruht.

Isotropie, Erscheinung, daß physikal. Eigenschaften richtungsunabhängig sind. Die I. tritt bei Gasen, Flüssigkeiten, amorphen Festkörpern und Kristallen des kubischen Systems auf.

Isovaleriansäure, Trivialname für die 3-Methylbutansäure.

IUPAC, Abk. für *International Union for Pure and Applied Chemistry* (Internationale Union für Reine und Angewandte Chemie). Die IUPAC wurde 1919 gegründet und ist eine Vereinigung von nationalen Körperschaften (z. B. wissenschaftlichen Akademien, Forschungsräten, wissenschaftlichen Gesellschaften und Industrieverbänden) auf dem Gebiet der Chemie. Sie fördert die Zusammenarbeit zwischen den Chemikern der Mitgliedsländer und die Entwicklung der Chemie als Wissenschaft. Dazu werden regelmäßig Konferenzen und Symposien abgehalten und die Ergebnisse in Zeitschriften der IUPAC (Pure and Applied Chemistry, Comptes rendus und Information Bulletin) veröffentlicht. Die IUPAC ist in Abteilungen für anorg., org., physikal., makromolekulare, analytische und angewandte Chemie gegliedert. In ihnen werden vor allem Fragen behandelt, die internationaler Regelung und Abstimmung bedürfen. Das betrifft vor allem die Erarbeitung einer systematischen Nomenklatur, aber auch Festlegungen von Atommasseangaben, Symboltabellen, Reinheitsstandards und analytischen Methoden.

IUPAC-Nomenklatur, ↗ Nomenklatur, chem.

Ivanoff-Reaktion, Methode zur Herstellung von 2,3-di- bzw. 2,3,3-trisubstituierten 3-Hydroxy-propansäuren. Durch die leichte Protonenabspaltung der Wasserstoffatome aus der CH_2-Gruppe der Phenylethansäure (Phenylessigsäure) bilden sich daraus mit Alkylmagnesiumhalogeniden (GRIGNARD-Verb.) reaktionsfähige Magnesiumhalogenide, die leicht Aldehyde oder Ketone addieren und sich durch saure Hydrolyse zu den entsprechenden 3-Hydroxy-propansäuren zerlegen lassen.
Die entstandenen Verb. sind durch die asymmetrischen C-Atome 2 und 3 zur Bildung von Stereoisomeren befähigt.

Jato, Abk. für Jahrestonnen (t/a), einer Angabe von Produktionsmengen/Jahr in Industriestatistiken.

Jod, bis zum Jahre 1975 gebräuchliche deutschsprachige Bez. des chem. Elements ↗ Iod.

Joliot-Curie, FREDERIC (19. 3. 1900 bis 14. 8. 1958). Er entdeckte gemeinsam mit seiner Gattin IRENE die künstliche Radioaktivität. Für ihre Arbeiten erhielten sie 1935 den Nobelpreis für Chemie. Beide kämpften aktiv gegen den Faschismus; nach 1945 setzten sie sich für die friedliche Nutzung der Kernenergie ein. FREDERIC JOLIOT-CURIE war Präsident des Weltfriedensrates. Bild.

F. und I. JOLIOT-CURIE

Joliot-Curie, IRENE (12. 9. 1897 bis 17. 3. 1956). Sie war die Tochter von M. und P. CURIE. Sie setzte mit ihrem Gatten, der den Namen CURIE mit annahm, die Untersuchungen ihrer Eltern fort. ↗ FREDERIC JOLIOT-CURIE.

Jonone, zwei isomere Ketone, die aus Pseudojonon durch säurekatalysierte Cyclisierung hergestellt werden. Mit Bortrifluorid und Ethansäure bildet sich fast einheitlich das β-Jonon. Pseudojonon wird durch Kondensation von ↗ Citral mit Propanon in Gegenwart von Natronlauge erhalten.

α-Jonon

β-Jonon

J. besitzen einen sehr intensiven Veilchengeruch und sind deshalb wertvolle Duftstoffe. Aus dem β-J. wird Vitamin A hergestellt.

Joule, J. Einheit der Arbeit, Wärme und jeder anderen Energieform. 1 Joule entspricht z.B. der Wärmemenge, die der Arbeit bei der Verschiebung eines Körpers durch die Kraft 1 Newton um den Weg 1 Meter in der Kraftrichtung äquivalent ist.

$$1\,J = 1\,m^2 \cdot kg \cdot s^{-2}$$

Joule-Thomson-Effekt, Änderung der ↗ inneren Energie und damit der Temperatur bei der Ausdehnung realer ↗ Gase ohne äußere Arbeitsleistung (in ein Vakuum). Die meist auftretende Temperaturerniedrigung kann durch eine Verringerung der inneren Energie infolge ihrer Umsetzung in Arbeit zur Überwindung der zwischenmolekularen Anziehungskräfte bei der Volumenvergrößerung erklärt werden. Die entsprechende Zustandsänderung *idealer Gase* beschreibt das 2. ↗ Gay-Lussacsche Gesetz.
Der J.-T.-E. wird praktisch durch die ↗ adiabatische Expansion eines Gases von hohem auf niedrigen Druck mittels eines Drosselventils realisiert und dient im Kreisprozeß mit einer Kompression und anschließender Abführung der entstandenen Wärme zur Gasverflüssigung, insbesondere der Luft (↗ Linde-Verfahren).

Juglon, Trivialname für das 5-Hydroxy-1,4-naphthochinon: J. kommt in den Schalen der Walnüsse vor und färbt die Haut stark braun.

Juglon

K

Käfigverbindungen, ↗ Einschlußverb.
Kainit, $KCl \cdot MgSO_4 \cdot 3\,H_2O$, häufiges Mineral in der Auslagerungs- und Umbildungszone von Salzlagerstätten (↗ Salzstock, ↗ Hutzone). Zu Beginn des Staßfurter Bergbaus im 19. Jahrhundert wurde es zunächst »abgeräumt« (Abraumsalz), da man Steinsalz suchte. Danach wurde es als wertvolles Düngesalz erkannt und als Zielprodukt gewonnen. Erst nach dem Abbau der sekundären »Hutsalze« ging der Bergbau zur Gewinnung des Hartsalzes über. ↗ Salzhut.

Kalander, Walzmaschine zur Formgebung oder Mischung stückigen Ausgangsmaterials zu flächigen Produkten (Folien, Bahnen, Matten), vor allem aus Textilien, Plaste oder Papier.

Kalidünger, Düngersalze, die als wesentlichen Bestandteil das Element Kalium in einer für die Pflanze im Boden aufnehmbaren Form enthalten. Der Kaliumgehalt dieser Dünger wird durch eine Maßzahl, den »K_2O-Gehalt«, ausgedrückt (62% K_2O entspricht einem Salz aus 99% KCl). Wichtigstes Kalidüngersalz ist Kaliumchlorid, KCl. Daneben wird als chloridfreier Kalidünger Kaliumsulfat K_2SO_4 eingesetzt. Kalidüngesalze werden aus Kalirohsalzen gewonnen, die bergmännisch im Tiefbau oder durch Solung (↗ BB) gewonnen werden. Ein günstiges Rohsalz ist ↗ Sylvinit bzw. ↗ Hartsalz, aus dem KCl durch verschiedene Trennverfahren gewonnen wird (Flotation, selektive Kristallisation aus heißen Lösungen, Elektrosortieren).

Kalifeldspat, ↗ Orthoklas.
Kalignost, *Natriumtetraphenyloboranat*, $Na[B(C_6H_5)_4]$, das Kaliumionen als schwerlösliches, quantitativ gravimetrisch gut zu bestimmendes Kaliumtetraphenyloboranat, $K[B(C_6H_5)_4]$, ausfällt.
Kalilauge, wäßrige Lösung von ↗ Kaliumhydroxid.
Kalirohsalze, Sammelbez. für Hutsalze (↗ Kainit), Carnallitit (↗ Carnallit), Hartsalze (↗) und Sylvinit (↗). Sie entstanden infolge der Eindunstung abgeschnürter Meeresteile bei warmem Klima, d.h., sie liegen als letzte Schicht auf mächtigen Kalkstein-, Anhydrit- und Steinsalz-Bildungen, in der Reihenfolge der Löslichkeit ausgefällt.
Kalisalpeter, KNO_3, Bez. für mineralisches ↗ Kaliumnitrat. ↗ Indischer Salpeter.
Kalium,

K	$Z = 19$
	$A_{r\,(1981)} = 39{,}098\,3$
	Ek: [Ar] $4s^1$
	OxZ: +1
	$X_E = 0{,}82$
	Elementsubstanz:
	Schmp. 64 °C
	Sdp. 760 °C
	$\varrho = 0{,}862\,kg \cdot l^{-1}$

chem. Element (↗ Elemente, chem.).
Kalium, Symbol: K, 3. Element der 1. Hauptgruppe des PSE (↗ Hauptgruppenelemente, 1. Hauptgruppe des PSE). K. ist die Bez. für alle Atome, die 19 positive Ladungen im Kern, also 19 Protonen besitzen: Kernladungszahl $Z = 19$. Die Elektronenhülle des neutralen Atoms besteht aus 19 Elektronen, von denen eines, das Valenzelektron, die Konfiguration $4s^1$ besitzt. In Verb. wird nur eine Oxydationsstufe eingenommen, die durch die Oxydationszahl $OxZ + 1$ charakterisiert ist. K. ist 1807 von DAVY durch Schmelzflußelektrolyse von Kaliumhydroxid erstmalig als Metall dargestellt worden. Es ist ein typischer Vertreter der 1. Hauptgruppe des PSE und in seinen Eigenschaften dem ↗ Natrium sehr ähnlich. In der Natur findet sich K. hauptsächlich in Silicatverb. wie *Orthoklas* oder *Kalifeldspat*, $K[AlSi_3O_8]$; *Muskovit* oder *Kaliglimmer*, $KAl_2[AlSi_3O_{10}]$ $(OH, F)_2$, und *Leuzit*, $K[AlSi_2O_6]$. Rohstoffe für die Gewinnung reiner Kalisalze sind: Sylvin, KCl; Carnallit, $KCl \cdot MgCl_2 \cdot 6 H_2O$, und Kainit, $KCl \cdot MgSO_4 \cdot 3 H_2O$. Die Elementsubstanz, d. h. das metallische K., wird durch Schmelzflußelektrolyse (analog der Darstellung von metallischem ↗ Natrium) und durch Umsetzung von Kaliumfluorid mit Calciumcarbid bei 1 000 °C im Vakuum hergestellt:
$2 KF + CaC_2 \rightarrow 2 K + CaF_2 + 2 C$.
Metallisches K. ist sehr reaktionsfähig, noch reaktionsfähiger als metallisches Natrium. Es verbrennt an der Luft lebhaft zu Kaliumhyperoxid, KO_2, wobei ein geringer Anteil an Kaliumperoxid, K_2O_2, entsteht:
$K + O_2 \rightarrow KO_2$, $\Delta_B H = -282,8 \text{ kJ} \cdot \text{mol}^{-1}$ bzw.
$2 K + O_2 \rightarrow K_2O_2$, $\Delta_B H = -494 \text{ kJ} \cdot \text{mol}^{-1}$.
Mit Wasser erfolgt bereits bei Zimmertemperatur unter Entzündung eine sehr heftige Umsetzung zu Kaliumhydroxid und Wasserstoff:
$2 K + 2 H_2O \rightarrow 2 KOH + H_2\uparrow$.
Mit allen Halogenen vollzieht sich ebenfalls eine heftige Reaktion, z. B.:
$2 K + Cl_2 \rightarrow 2 KCl$, $\Delta_B H = -435,7 \text{ kJ} \cdot \text{mol}^{-1}$.
Metallisches K. setzt sich mit Wasserstoff zu Kaliumhydrid:
$2 K + H_2 \rightarrow 2 KH$, $\Delta_B H = -65,27 \text{ kJ} \cdot \text{mol}^{-1}$;
mit Ammoniak zu Kaliumamid und Wasserstoff:
$2 K + 2 NH_3 \rightarrow 2 KNH_2 + H_2\uparrow$
und mit aliphatischen Alkoholen zu Alkoholaten und Wasserstoff:
$2 K + 2 C_2H_5OH \rightarrow 2 C_2H_5OK + H_2\uparrow$
um. Metallisches K. wird hauptsächlich im chem. Laboratorium (als Trockenmittel für org. Lösungsmittel), als Reaktionspartner bei org. Synthesen und als Katalysator bei Polymerisationsreaktionen verwendet. Es wird unter Paraffinöl aufbewahrt, um den zersetzenden Einfluß der Luft (Sauerstoff, Stickstoff, Kohlendioxid und Wasser) zu verhindern. Viele Verb. des K. besitzen techn. Bedeutung.

Kaliumcarbonat, K_2CO_3, techn. wichtige Verb. des ↗ Kaliums, die durch Umsetzung von Kaliumhydroxid mit Kohlendioxid:
$2 KOH + CO_2 \rightarrow K_2CO_3 + H_2O$
entsteht. Techn. wird K. nach dem Formiat-Pottasche-Verfahren und nach dem ENGEL-PRECHT-Verfahren hergestellt. K., das bei 894 °C schmilzt, ist in Wasser leicht löslich und bildet verschiedene Hydrate, von denen das Dihydrat, $K_2CO_3 \cdot 2 H_2O$, bei Zimmertemperatur beständig ist. Die wäßrige Lösung zeigt alkalische Reaktion. K. wird in großen Mengen in der Seifen- und Glasfabrikation sowie zur Herstellung anderer Kalisalze verwendet.

Kaliumchlorat, $KClO_3$, starkes Oxydationsmittel, wird in großen Mengen zur Herstellung von Zündhölzern, Feuerwerkskörpern und Sprengstoff gebraucht. Es kann durch Einleiten von molekularem Chlor in heiße konzentrierte Kalilauge gewonnen werden, wobei zunächst Kaliumhypochlorit (und Kaliumchlorid) entsteht, das dann durch Disproportionierung zu K. und ↗ Kaliumchlorid umgebildet wird:
$6 KOH + 3 Cl_2 \rightarrow 3 KClO + 3 KCl + 3 H_2O$;
$3 KClO \rightarrow KClO_3 + 2 KCl$.

Kaliumchlorid, KCl, wichtige Verb. des ↗ Kaliums, die durch Umsetzung von Salzsäure (Chlorwasserstoff) mit metallischem Kalium:
$2 K + 2 HCl \rightarrow 2 KCl + H_2\uparrow$,
mit Kaliumcarbonat:
$K_2CO_3 + 2 HCl \rightarrow 2 KCl + H_2O + CO\uparrow$
oder mit Kaliumhydroxid:
$KOH + HCl \rightarrow KCl + H_2O$
hergestellt wird. K. entsteht auch bei der Synthese beider Elementsubstanzen:
$2 K + Cl_2 \rightarrow 2 KCl$, $\Delta_B H = -435,7 \text{ kJ} \cdot \text{mol}^{-1}$.
K. ist ein Salz, Schmp. 770 °C, Sdp. 1 407 °C. Das Mineral wird als *Sylvin* bzw. *Sylvinit* (Rohsalztyp) bezeichnet. K. ist ein wertvoller Bestandteil von Kalidüngemitteln und der Ausgangsstoff für die Kaliumhydroxid- und Kaliumcarbonatherstellung.

Kaliumhydroxid,

KOH	
Schmp.	410 °C
Sdp.	1 327 °C
$\varrho = 2,044 \text{ kg} \cdot l^{-1}$	

techn. wichtige Verb. des ↗ Kaliums, die, orthorhombisch kristallin, sich oberhalb von 249 °C in

Kaliumnitrat

eine kubisch kristalline Modifikation umwandelt, hygroskopisch ist und sich in Wasser, Methanol und Ethanol leicht löst. K. wird industriell aus einer wäßrigen Kaliumchloridlösung durch Elektrolyse hergestellt. Die wäßrige Lösung, die als *Kalilauge* bezeichnet wird, stellt eine starke Base dar und findet u. a. zur Verseifung von Fetten Verwendung, wobei Schmierseifen entstehen.

Kaliumnitrat, KNO_3, techn. wichtige Verb. des ↗ Kaliums, die durch Konversion (doppelte Umsetzung) von Natriumnitrat mit Kaliumchlorid;

$$NaNO_3 + KCl \rightarrow KNO_3 + NaCl$$

oder durch Umsetzung von Kaliumcarbonat mit Salpetersäure:

$$K_2CO_3 + HNO_3 \rightarrow 2 KNO_3 + H_2O + CO_2\uparrow$$

hergestellt wird. Mineralisches K. wird als *Kalisalpeter* oder *Indischer Salpeter* bezeichnet. K. findet als Bestandteil von Schwarzpulver in der Pyrotechnik, in der Keramik- und Glasherstellung, in der Färberei, in der Düngemittelproduktion und als Bestandteil von Kältemischungen Verwendung.

Kaliumnitrit, KNO_2, Verb. des ↗ Kaliums, die beim thermischen Zerfall von Kaliumnitrat entsteht, wobei Sauerstoff frei wird:

$$2 KNO_3 \rightarrow 2 KNO_2 + O_2\uparrow.$$

K. wird auch bei einer Umsetzung von Kaliumnitrat mit metallischem Blei gebildet:

$$KNO_3 + Pb \rightarrow KNO_2 + PbO.$$

K., das bei 387 °C schmilzt, wird zum Diazotieren und als Photochemikalie verwendet.

Kaliumoxide, Verb. des ↗ Kaliums mit Sauerstoff der Zusammensetzung K_2O (Kaliumoxid), K_2O_2 (Kaliumperoxid), KO_2 bzw. K_2O_4 (Kaliumhyperoxid) und KO_3 (Kaliumozonid). (Strenggenommen sind Oxide binäre Verb. mit Sauerstoff, bei denen im Regelfall der Sauerstoff in der Oxydationsstufe -2 auftritt.) Auch ist ein Oxid der Zusammensetzung K_2O_3 bekannt, das aber ein Doppeloxid darstellt und besser mit der Formel $2 KO_2 \cdot K_2O_2$ belegt werden sollte. *Kaliumoxid*, K_2O, entsteht bei einer Umsetzung von Kaliumhyperoxid mit metallischem Kalium:

$$KO_2 + 3 K \rightarrow 2 K_2O$$

oder durch Reduktion von Kaliumnitrat mit metallischem Kalium:

$$2 KNO_3 + 10 K \rightarrow 6 K_2O + N_2\uparrow.$$

Beim Verbrennen von metallischem Kalium in reinem Sauerstoff entstehen *Kaliumperoxid*, K_2O_2, und *Kaliumhyperoxid*, KO_2 bzw. K_2O_4:

$$2 K + O_2 \rightarrow K_2O_2, \Delta_B H = -494 \, kJ \cdot mol^{-1} \text{ und}$$
$$K + O_2 \rightarrow KO_2, \Delta_B H = -282{,}8 \, kJ \cdot mol^{-1}.$$

Kaliumozonid, KO_3, entsteht durch Einwirkung von Ozon auf Kaliumhydroxid.

Kaliumpermanganat, $KMnO_4$, ↗ Mangan(VII)-Verbindungen.

Kaliumsulfat, K_2SO_4, entsteht innerhalb einer zweistufigen Umsetzung von Kaliumchlorid mit Magnesiumsulfat:

$$2 KCl + 2 MgSO_4 \rightarrow K_2SO_4 \cdot MgSO_4 + \text{«} C5MgCl_2;$$
$$K_2SO_4 \cdot MgSO_4 + 2 KCl \rightarrow 2 K_2SO_4 + MgCl_2.$$

K., das nur als kristallwasserfreies Salz bekannt ist, stellt einen wertvollen feinkörnigen und unbegrenzt lagerfähigen Kalidünger dar.

Kalk, umgangssprachliche Sammelbez. für verschiedene Calciumverb., wie $CaCO_3$ für Kalkstein, Kalktuff, Leunakalk, Kesselstein, CaO für Ätzkalk, Branntkalk, Luftkalk, $Ca(OH)_2$ für Löschkalk, Bunakalk.

Kalkammonsalpeter, z. Z. noch wichtigstes Stickstoffdüngemittel. Es ist ein Gemisch aus Ammoniumnitrat und Calciumcarbonat. Der $CaCO_3$-Zusatz gewährleistet Streufähigkeit und unterdrückt die thermische Zersetzung des NH_4NO_3. Kalkammonsalpeter wird durch Umsetzung von Salpetersäure mit Ammoniak im Blasenreaktor hergestellt, wobei die entstandene NH_4NO_3-Lösung zusammen mit feinkörnigem $CaCO_3$ im Prillturm versprüht wird:

$$NH_3 + HNO_3 \rightarrow NH_4NO_3$$
Gas   wäßrige   wäßrige
       Lösung   Lösung

Kalkbrennen, umgangssprachliche Bez. für die thermische Zersetzung von Kalkstein zur Herstellung von Calciumoxid, Branntkalk, oder Ätzkalk:

$$CaCO_3 \rightleftharpoons CaO + CO_2\uparrow$$

Die Energie für die stark endotherme Reaktion wird durch die exotherme Verbrennungsreaktion von zugemischtem aschearmem Koks erzeugt, etwa 1 000 bis 1 200 °C. Als Reaktor dient ein Schachtofen, dessen obere Öffnung den Abzug des gebildeten CO_2 gestattet und damit die ständige Störung des Zersetzungsgleichgewichts bis zum vollständigen Durchreagieren des eingesetzten Kalksteins bewirkt. Das gebildete CO_2 kann nach Entstaubung weiterverwendet werden. Calciumoxid wird techn. vor allem als Ausgangsstoff für die Calciumcarbidherstellung, als Ausgangsstoff für die Baustoffindustrie, bei der Zuckergewinnung, der Sodaproduktion und als Düngemittel verwendet.

Kalkfeldspat, ↗ Anorthit.

Kalkhydrat, techn. Bez. für festes, trockenes ↗ Calciumhydroxid.

Kalksalpeter, ↗ Salpeter und ↗ Calciumnitrat.

Kalkschachtofen, ↗ Kalkbrennen.

Kalkspat, $CaCO_3$, natürlich vorkommende, kristalline (trigonale) Modifikation des ↗ Calciumcarbonats. (↗ Calcit.)

Kalkstein, sehr verbreitetes Sedimentgestein, das

durch Ausfällung von Calciumcarbonat aus einem wäßrigen Medium entsteht, bzw. durch Ablagerung der Kalkschalen und -skelette kleiner Meerestiere. Varietäten sind: ↗ Muschelkalk, ↗ Kalktuff, ↗ Travertin, ↗ Kreide, ↗ Kalirohsalze.

Kalkstein-Additiv-Verfahren, Verfahren zur Rauchgasentschwefelung bei Braunkohlefeuerung für mittlere Größen der Verbrennungsanlage. Das Schwefeldioxid wird durch Zugabe von feingemahlenem Kalkstein als Anhydrit-Staub gebunden und über Entstaubungsanlagen abgeschieden.

Kalkstickstoff, techn. Produkt, dessen Hauptbestandteil das Calciumcyanamid ist, wird aus Calciumcarbid und Stickstoff bei hoher Temperatur in exothermer Reaktion gewonnen:
$CaC_2 + N_2 \rightleftharpoons CaCN_2 + C$.
K. ist ein dunkelgraues Pulver, das ätzend wirkt. Um das Stäuben einzuschränken, wird häufig etwas Öl zugemengt. K. zersetzt sich mit Wasser zu Calciumcarbonat und Ammoniak. In wäßriger Aufschwemmung wird K. mit Kohlendioxid zu Calciumcarbonat und ↗ Cyanamid, einer leicht in Wasser löslichen Substanz, die sich zu ↗ Dicyandiamid dimerisiert, zersetzt. Während in der letzten Zeit die Bedeutung des K. als Düngemittel zurückgegangen ist, wird in steigendem Maße K. zur industriellen Herstellung von Harnstoff, Thioharnstoff, Cyanamid, Dicyandiamid, Cyaniden, Guanidinierungssalzen und Melamin genutzt.

Kalktuff, Süßwasserkalk, Kalksteinabsatz aus Quellen und Bächen, von poröser Beschaffenheit, der häufig zahlreiche Schneckenschalen und Blattreste umkrustet enthält. Beim Austritt Ca^{2+}- und HCO_3^--haltiger Wässer an die Erdoberfläche wird das Gleichgewicht in der Lösung gestört und $CaCO_3$ als schwerer lösliche Verb. ausgefällt (↗ Kesselstein). K. ist ein wärmedämmender Baustein für Zwischenwände geringer Belastung.

Kalkwasser, klare wäßrige Lösung von Calciumhydroxid, $Ca(OH)_2$, die bei 20 °C maximal 0,17%ig ist, zum Nachweis von Kohlendioxid verwendet werden kann:
$Ca(OH)_2 + CO_2 \rightarrow CaCO_3\downarrow + H_2O$
und, bedingt durch diese Reaktion, an der Luft unter Trübung zersetzt wird.

Kalomel bzw. Kalomel-Reaktion, ↗ Quecksilber(I)-chlorid.

Kalorie, Symbol cal, früher allgemein genutzte, jetzt nicht mehr gesetzliche Einheit der ↗ Energie, die für die ↗ Wärmeenergie abgeleitet wurde. Danach stellt eine K. die Wärmemenge dar, die benötigt wird, um bei Atmosphärendruck von 101 325 Pa (↗ Standardbedingungen) ein Gramm Wasser von 14,5 auf 15,5 °C zu erwärmen. Die Umrechnung in die gesetzliche, dem internationalen Einheitensystem (SI) entsprechende Energieeinheit ↗ Joule lautet 1 cal = 4,185 J.

Kalorimetrie, Methode zur Messung von Wärmeänderungen bei physikal. Prozessen und chem. Reaktionen. Dazu werden Kalorimeter benutzt, die so konstruiert sind, daß man in ihnen den untersuchten Vorgang auslösen und ablaufen lassen kann und dabei die Temperaturänderungen im Meßgefäß sowie den Wärmeaustausch mit der Umgebung kontrollieren kann. Man unterscheidet zwei Grundtypen von Kalorimetern. Bei den isothermen Kalorimetern wird die Wärmeänderung des untersuchten Vorganges automatisch kompensiert, so daß die Temperatur während des Meßvorganges konstant bleibt. Die dazu notwendige Energie wird elektrisch oder mit anderen Methoden gemessen. Bei den diathermischen Kalorimetern (Bild 1) wird mit einem genauen Thermometer die Temperaturdifferenz ΔT gemessen, die der Wärmeänderung ΔQ des untersuchten Vorganges proportional ist. Mit Hilfe der ↗ Wärmekapazität C des Kalorimeters (Wasserwert) kann die Wärmeänderung ΔQ berechnet werden: $\Delta Q = C \cdot \Delta T$.

Die Wärmekapazität C läßt sich durch Zuführung bekannter Wärmemengen (elektrische Energie oder ↗ Reaktionswärme) bestimmen. Der Wärmeaus-

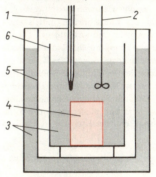

1 Thermometer
2 Rührer
3 Wasser
4 Reaktionsgefäß
5 Isoliermantel
6 Kalorimetergefäß

Bild 1. Aufbau eines Flüssigkeitskalorimeters

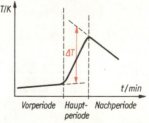

Bild 2. Temperatur-Zeit-Verlauf kalorimetrischer Messungen

Kältemischungen

tausch mit der Umgebung ergibt den im Bild 2 dargestellten typischen Temperatur-Zeit-Verlauf. Läuft der untersuchte Vorgang nicht selbst in flüssiger Phase ab, taucht man das Reaktionsgefäß (z. B. eine kalorimetrische Bombe für hohen Sauerstoffdruck bei der Ermittlung von Verbrennungswärmen) in ein Kalorimetergefäß, das meist mit Wasser gefüllt ist. Dort sorgt ein Rührer für den Temperaturausgleich zwischen Meßflüssigkeit und Reaktionsgefäß.

Kältemischungen, dienen zum Erreichen niederer Temperaturen. Die im Laboratorium gebräuchlichsten K. sind: Eis-NaCl (3:1) bis $-20\,°C$; Eis-$MgCl_2 \cdot 6\,H_2O$ (3:2) bis $-30\,°C$; Eis-$CaCl_2 \cdot H_2O$ (2:5) bis $-40\,°C$; Aceton-Trockeneis (festes CO_2) bis $-78\,°C$. Zum Erreichen noch tieferer Temperaturen (bis $-190\,°C$) wird flüssige Luft bzw. flüssiger Stickstoff verwendet.

Kältemittel, Arbeitsmittel für Kältemaschinen in Kühl- bzw. Gefrierschränken und Klimaanlagen. Als K. eignen sich leicht verflüssigbare Gase und Flüssigkeiten mit einem niedrigen Sdp., die eine hohe Verdampfungswärme besitzen, wie z. B. Ammoniak. Als Sicherheits-K. (ungiftig und nicht brennbar) werden Fluorkohlenwasserstoffe, wie Trifluormethan, CHF_3, und Dichloridifluormethan, CCl_2F_2, verwendet.

Die K. werden in einem Röhrensystem (Kondensator) außerhalb des Kühlschrankes mittels eines Kompressors verdichtet und so verflüssigt. Die dabei entstehende Wärme wird an die Außenluft abgegeben. Über ein Ventil gelangt das K. in einen Verdampfer, der sich im Kühlraum befindet. Hier verdampft es unter Wärmeaufnahme (Verdampfungswärme), dadurch wird der Kühlraum abgekühlt. Das Gas wird nun wieder durch den Kompressor angesaugt, und der Kreislauf ist geschlossen. Bild.

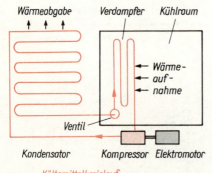

Schema einer Kältemaschine

Kammerabscheider, ↗ Absetzkammer.

Kammertrockner, Kanaltrockner, kontinuierlich arbeitender Trockner einfacher Bauart. Das feuchte Gut wird in einer isolierten Kammer mit Hordenwagen oder auf Bändern im Kreuzstrom gegen Warmluft geführt.

Kampfstoffe, ↗ chem. Kampfstoffe.

Kanadabalsam, flüssiges Naturharz, das in Kanada und den USA aus der Rinde bestimmter Tannen gewonnen wird. K. wird als Glasklebemittel für Linsen in Objektiven und als Einbettungsmittel in der Mikroskopie verwendet; es hat angenähert den gleichen Brechungsindex wie Glas.

Kanalofen, Tunnelofen, kontinuierlicher Ofentyp, bei dem das Gut auf Wagen o. ä. in einem Kanal durch die heiße Ofenzone bewegt wird.

Kanalstrahlen, aus positiv geladenen Ionen bestehende Strahlung, die bei Gasentladungen durch Elektronenstoßionisierung entsteht. Bei durchbohrter Katode können die von ihr angezogenen positiven Ionen durch die Kanäle hindurchfliegen und dahinter auf einem Fluoreszenzschirm sichtbar gemacht werden. Die Entdeckung der K. durch GOLDSTEIN 1886 führte zur Entwicklung der ↗ Massenspektrometrie und zur Entdeckung der ↗ Isotope.

Kaolinit, $Al_2(OH)_4Si_2O_5$, häufig vorkommendes Tonmineral. Seiner Struktur nach ist es aus regelmäßigen Schichten aufgebaut (Zweischicht-Tonmineral). Das Si in den Tetraedern kann durch Al, das Al der Oktaeder durch Mg, Fe, Ti u. a. ersetzt werden. Das Mineral bildet erdige feinstkristalline Massen (»Kaolin«, Porzellanerde) als Verwitterungsprodukte feldspatreicher Gesteine, z. B. Granite.

Kapazität, Produktionsvermögen eines Betriebes, einer Anlage o. ä. zur Herstellung von Produkten in einem bestimmten Zeitraum, meist Tonnen/Jahr (↗ jato).

Karamel, *Farbzucker,* dunkelbraune Masse, die durch trockenes Erhitzen von Rohr- oder Rübenzucker auf 150 bis 200 °C entsteht. K. wird als braune Lebensmittelfarbe zum Anfärben von Bier, Bonbons, Likör u. a. verwendet.

Karat, im Diamanthandel gebräuchliche Maßeinheit: 1 Karat sind 0,2 g; z. T. auch bei Goldlegierungen (↗ Gold) verwendet.

Karbonado, ↗ Diamant.

karzinogene Stoffe, krebserzeugende Stoffe; vor allem bestimmte Kohlenwasserstoffe, z. B. Benzpyren; sowie ↗ Asbest, ↗ Arsen, ↗ Beryllium, ↗ Ruß, ↗ Blei u. a., die im Gewebe die Ausbildung von Krebszellen anregen oder ihr Wachstum beschleunigen.

Kaskadenschaltung, Grundschaltung verfahrenstechn. Systeme. Bei ihr sind die Elemente hintereinander derart angeordnet, daß die Nutzleistung eines Elementes als Ausgangsleistung des nachgeschalteten Elementes dient.

Kassiterit, Cassiterit, ↗ Zinnstein.

Katalysatoranordnung, wesentlicher Aspekt der Reaktorauslegung. Je nach den speziellen Reaktionsbedingungen lassen sich verschiedene Grundvarianten erkennen (Bild). Netzkatalysatoren sind typisch für Reaktionen, die nur eine kurze Verweilzeit der reagierenden Stoffe am Katalysator erlauben. Vollraum-Kontaktschüttungen erfordern Reaktionen ohne größere Wärmetönung (thermoneutrale Reaktionen). Für exotherme Gasreaktionen, (z. B. HABER-BOSCH-Verfahren, Kontaktverfahren) haben sich Hordenkontakte durchgesetzt, die eine gute Temperaturführung im Reaktor durch jeweils dazwischen mögliche Kaltgaseinblasung ermöglichen. Intensive Katalysatorwirkung wird in der Wirbelschicht erzielt, die jedoch an die Abriebfestigkeit des bewegten Katalysators hohe Anforderungen stellt.

Katalysatoren, Stoffe, die die Geschwindigkeit einer chem. Reaktion durch Herabsetzung der Aktivierungsenergie erhöhen bzw. den Ablauf kinetisch gehemmter chem. Reaktionen ermöglichen, dabei nicht verbraucht werden und keinen Einfluß auf die Gleichgewichtskonstante der Reaktion haben (↗ Reaktionskinetik). Entsteht der K. erst nach der chem. Reaktion, die er katalysiert, spricht man von ↗ Autokatalyse. Verschiedene Schwefel-, Arsen- und Phosphorverb. (z. B. H_2S) schwächen die Katalysatorwirkung und werden deshalb als Katalysatorgifte bezeichnet.
K. besitzen eine große Bedeutung für die industrielle Herstellung chem. Produkte (↗ Ammoniak-Synthese, biochemische Vorgänge, ↗ Enzyme). Stoffe, die die Reaktionsgeschwindigkeit herabsetzen, bezeichnet man als ↗ Inhibitoren.

Katalysatorgifte, Stoffe, die eine geplante Katalysatorwirkung blockieren bzw. verhindern. Sie wirken bereits in z. T. sehr geringen Mengen, z. B. als Verunreinigungen, und erfordern dann eine sorgfältige Reinigung der Ausgangsstoffe einer Reaktion. So sind z. b. geringe Schwefelgehalte von Erdöldestillaten bekannte Katalysatorgifte für viele katalytische Folgereaktionen.

Katalyse, Erscheinung, daß die Reaktionsgeschwindigkeit durch einen ↗ Katalysator erhöht bzw. die Reaktion durch Herabsetzung der Aktivierungsenergie erst möglich ist. Liegt bei Gas- oder Lösungsreaktionen der Katalysator in der gleichen Phase vor, spricht man von homogener K. Metallorg. Koordinationsverb. sind ausgezeichnete Katalysatoren bei der homogenen K. zur Herstellung definierter org. Makromolekularer, z. B. Polyethylen. Von heterogener K. spricht man, wenn die Reaktion an der Oberfläche eines festen Körpers stattfindet. Dabei wird der Katalysator zur Oberflächenvergrößerung auf Trägersubstanzen, z. B. Ton, aufgebracht. Die techn. Katalysatoren werden auch als Kontakte bezeichnet.

Kation, ein- oder mehrfach geladenes positives Ion. K. sind z. B. Metallionen, Ca^{2+}, K^+, Fe^{3+}, Komplexionen, $[Ni(H_2O)_6]^{2+}$, das Wasserstoff- bzw. Hydroniumion, H^+, H_3O^+, und das Ammoniumion, NH_4^+. Beim Anlegen einer elektrischen Gleichspannung wandern die in wäßriger Lösung befindlichen Kationen zur Katode.

Katode, früher Kathode, ↗ Elektrode, bei der in der Elektrolytphase die Kationen zur Metallphase wandern und an der Stoffe reduziert werden.

Katodenstrahlen, aus ↗ Elektronen bestehende Strahlung, die in Elektronen- und Gasentladungsröhren aus erhitzten Katoden (Glühkatode) austritt. Durch ihre Ladung sind die K. ablenkbar und können beschleunigt werden. K. werden im Elektronenmikroskop, zur Erzeugung von ↗ Röntgenstrahlen sowie zur Kristallstrukturuntersuchung durch Elektronenbeugung (↗ Elektron) verwendet und schwärzen photographisches Material.

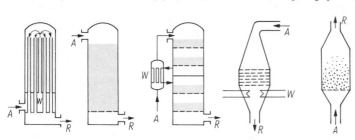

Technisch wichtige Arten der Katalysatoranordnung in Reaktoren
a) Röhrenkontakt b) Vollraumkontakt c) Hordenkontakt d) Netzkontakt e) Wirbelschicht

A Ausgangsstoffe
R Rohprodukt
W Wärmeaustauscher

Katzengold

Katzengold, umgangssprachliche Bez. für verwittertes Muskovit oder Biotit bzw. Pyritkörner als Einsprenglinge in Gesteinen. Die goldgelbe Farbe dieser Bestandteile erweckt den Anschein von gediegenem Gold.

Kaustifizieren, veraltete Bez. für das Überführen der schwachen Alkalien Kaliumcarbonat K_2CO_3 und Natriumcarbonat Na_2CO_3 in die starken Alkalien Ätzkali KOH und Ätznatron NaOH. Durch Umsetzen der Salzlösungen mit $Ca(OH)_2$ und Abfiltrieren des gefällten Calciumcarbonats erhält man Kali- bzw. Natronlauge.

Kautschuk, hochpolymere, elastische, ungesättigte Kohlenwasserstoffe, die durch Vulkanisation in Gummi übergehen.

Naturkautschuk: ein Polyterpen (↗ Terpene) der Summenformel $(C_5H_8)_n$, bei dem die Isopren-Monomeren in cis-1,4-Konfiguration verknüpft sind. Er kann aus dem Milchsaft (Latex) verschiedener Pflanzenarten gewonnen werden. Die größte Bedeutung hat der in Brasilien beheimatete, inzwischen aber in vielen tropischen Gebieten angebaute Kautschukbaum *(Hevea brasiliensis)* aus der Familie der Wolfsmilchgewächse *(Euphorbiaceae)*.

Synthetischer K.: Sammelbez. für Produkte, die durch techn. Polymerisation ungesättigter Monomeren hergestellt werden und in ihrer Zusammensetzung dem Natur-K. ähneln oder ihm in ihren Eigenschaften weitgehend entsprechen. Wichtigster Ausgangsstoff ist *Buta-1,3-dien*. Dieses wird meist zusammen mit anderen ungesättigten Monomeren in einer Mischpolymerisation umgesetzt.

Unter der Vulkanisation, die bei natürlichem und synthetischem K. gleichermaßen angewendet wird, versteht man das Einbringen von Schwefel in den Molekülverband. Dabei werden benachbarte Kettenmoleküle durch Schwefelbrücken verbunden. Die Anzahl dieser Brücken entscheidet über die Elastizität und viele weitere Eigenschaften des Endprodukts. Bei 5 bis 10% Schwefelgehalt entsteht Weichgummi, mit 30 bis 40% Schwefel Hartgummi. Bild.

Keimdrüsenhormone, Gruppe von Steroidhormonen (↗ Steroide, ↗ Hormone), die vor allem in den männlichen (Hoden) und den weiblichen (Eierstöcke) Keimdrüsen produziert werden. Die K. bewirken die normale Entwicklung und Funktion der Geschlechtsorgane und die Ausbildung der sekundären Geschlechtsmerkmale. Unter den männlichen K., Androgenen, hat das *Testosteron* (M 288,43, Schmp. 155 °C) eine zentrale Bedeutung. Bei den weiblichen K. sind die Östrogene, z. B. *Östron* (M 270,38, Schmp.: 259°C), und die besonders während der Schwangerschaft bedeutsamen Gestagene, z. B. *Progesteron* (M 314,47, Schmp. 128 °C), zu unterscheiden. Bild.

Testosteron   Östron

Progesteron   Keimdrüsenhormone

KEKULÉ, FRIEDRICH AUGUST (V. STRADONITZ) (7. 9. 1829 bis 13. 7. 1896), begann unter dem Einfluß von ↗ LIEBIG 1849 sein Chemiestudium. 1857 sprach er die 4. Wertigkeit (»Atomigkeit«) des Kohlenstoffatoms an, und kurz danach entwickelte er die Theorie von der Verkettung der Kohlenstoffatome. Damit legte er mit die Grundlage zur Entwicklung der Strukturtheorie. Im Jahr 1865 veröffentlichte er seine Benzenhypothese und stellte die Sechseckformel für Benzen auf. Ohne diese Arbeit wäre die stürmische Entwicklung der Teerfarbenindustrie nicht möglich gewesen. Bild.

A. KEKULÉ V. STRADONITZ

Kelvin, K, Einheit der ↗ Temperatur.

Kephaline, gemischte Ester des Propan-1,2,3-triols mit Fettsäuren und Phosphorsäure. K. sind ähnlich aufgebaut wie die Lecithine, bei de-

Ausschnitt aus dem Kautschuk-Molekül

nen aber an der Phosphorsäure Cholin gebunden ist. Bei den K. unterscheidet man in Abhängigkeit von dem mit der Phosphorsäure veresterten Alkohol zwischen Colamin-K.,
(R = —CH_2—CH_2—NH_2), und Serin-K.,
(R = —CH_2—CH—$NH_3^{\oplus}$)
         |
         $COO^{\ominus}$

K. und Lecithine gehören zu den Phospholipiden. Im Unterschied zu den Lecithinen lösen sich die K. nur wenig in Ethanol. K. sind Zellbestandteile, die für den Fettstoffwechsel und die Nerventätigkeit von Bedeutung sind.

CH_2—O—CO—R^1
|
CH— O—CO—R^2
|
CH_2—O—P(=O)(OH)—O—R R^1, R^2 Alkylrest

Kephaline

Keramik, Tonwaren, Sammelbez. für techn. Produkte, die aus natürlich vorkommenden Aluminiumsilikaten (Tonen) hergestellt werden. Das Rohmaterial weist in Verbindung mit Wasser plastische Eigenschaften auf. Beim anschließenden »Brennen«, dem thermischen Entfernen des Wassers, behalten sie ihre Form bei. Zur Keramik zählen zwei Erzeugnisgruppen:
– Irdenware, Irdengut, mit porösen, erdigen Scherben (Ziegel, Schamotte, Silimanitsteine, Steingut, Sanitärkeramik),
– Sinterware, Tonzeug, mit dichten, gesinterten Scherben (z. B. Porzellan).
Zur Herstellung von Keramik sind zwei Bestandteile erforderlich:
– plastisches Material (Tone), um die Form zu bilden,
– Magerungsmittel (z. B. Sand), um das Schwinden beim Brennen zu verringern.
Zum Verglasen wird ↗ Feldspatmehl zugesetzt.

Keratine, ↗ Strukturproteine.

Kernbrennstoffe, Betriebsstoffe von Kernreaktoren, die aus einem Gemisch von Spalt- und Brutstoffen bestehen. Der Einsatz der Spaltstoffe Uranium-235, Uranium-233 und Plutonium-239 sowie der Brutstoffe Uranium-238 und Thorium-232 erfolgt in Leistungsreaktoren meist in Form des Dioxides, z. B. UO_2, PuO_2, seltener in metallischer Form als Monocarbid. Die Anwendung von K. mit Thorium und Uranium-233 ist bisher weniger erschlossen. Natürliche Rohstoffquellen für K. sind Erzlagerstätten und das Wasser der Weltmeere. Kernbrennstoff muß nuklear rein sein, d. h., er darf keine Verunreinigungen enthalten, die Neutronen absorbieren. Die Reinigungsverfahren und die Anreicherung erfordern einen umfangreichen techn. Aufwand. Dazu werden die Erze gemahlen, mit Schwefelsäure gelaugt und das als Komplexion in Lösung gegangene Uranium mit Ionenaustauschern aufkonzentriert und abgetrennt. Mit Salpetersäure eluiert und mit Ammoniak als $(NH_4)_2U_2O_7$ gefällt, wird dieses bei 600 °C thermisch zersetzt zu UO_3, das mit Wasserstoff zu UO_2 reduziert wird. UO_2 wird in gasförmiges Uraniumhexafluorid UF_6 überführt und in Isotopentrennanlagen weiterverarbeitet (durch Gasdiffusions- oder Gaszentrifugenanlagen).

Kernenergie, Energie, die bei der meist hypothetischen Bildung der Atomkerne aus Protonen und Neutronen freigesetzt würde und anteilmäßig bei ↗ Kernreaktionen umgesetzt wird. Die K. ergibt sich aus dem Masseverlust *(Massendefekt)* ΔM bei der Vereinigung von Neutronen und Protonen zum Atomkern nach dem EINSTEINschen Äquivalenzgesetz von Masse und Energie
$E = \Delta M \cdot c^2$.
Danach entspricht einer atomaren Masseneinheit u eine Energie von 931,4 MeV. Frei werdende K. wird als energiereiche elektromagnetische ↗ Strahlung (γ-Strahlung) abgegeben oder tritt als kinetische Energie oder Anregungsenergie der Reaktionsprodukte in Erscheinung. Die K. beträgt mit etwa 10^5 MJ·mol^{-1} ungefähr das 10^6fache der Energieänderungen bei chem. Reaktionen.

Kernkräfte, ↗ Atomkern.

Kernladungszahl, Z, Zahl der in den Atomkernen eines Elementes enthaltenen Protonen. Zahlenmäßig gleich der ↗ Ordnungszahl der chem. Elemente.

Kernreaktionen, Umwandlung von ↗ Atomkernen durch den Beschuß mit energiereichen Teilchen. Dabei kann Kernanregung, Kernumwandlung, Kernspaltung und Kernverschmelzung (Kernfusion) auftreten. K. werden durch ähnliche Reaktionsgleichungen wie bei chem. Reaktionen beschrieben und sind von Änderungen der ↗ Kernenergie begleitet. Bei K. bleibt u. a. die Zahl der Ladungen und der Nukleonen konstant.
Die erste künstliche Kernumwandlung durch ↗ RUTHERFORD (1919) mit α-Strahlung (Heliumkerne) der natürlichen ↗ Radioaktivität, führte zur Entdeckung des ↗ Protons:
$^{14}_{7}N + ^{4}_{2}He \rightarrow ^{17}_{8}O + p$
(Symbole: ↗ Isotope, ↗ Elementarteilchen). Nach der Entdeckung des ↗ Neutrons (1932) bei der Kernumwandlung:
$^{9}_{4}Be + ^{4}_{2}He \rightarrow ^{12}_{6}C + n$
wurden Neutronenstrahlen immer stärker für künstliche Kernumwandlungen angewendet, da sie

durch die Kerne nicht elektrostatisch abgestoßen werden. Das Ehepaar ↗ JOLIOT-CURIE entdeckte 1934 die künstliche Radioaktivität (Element $^{30}_{15}P$) und das Positron e⁺ als erstes ↗ Antiteilchen: $^{27}_{13}Al + ^{4}_{2}He \rightarrow ^{30}_{15}P + n$, $^{30}_{15}P \rightarrow ^{30}_{14}Si + e^+$.

Durch Kernumwandlungen wurden neben weiteren radioaktiven Isotopen natürlicher Elemente auch Isotope der in der Natur nicht vorkommenden Elemente Technetium, Promethium, Astat und Francium sowie die instabilen chem. Elemente bis zur Ordnungszahl 105 künstlich dargestellt. Dazu benutzt man seit 1931 lineare oder kreisförmige (Zyklotron) Beschleuniger.

Die Kernspaltung wurde von HAHN und STRASSMANN (1939) beim Neutronenbeschuß schwerer Kerne, speziell Uranium-235 $^{235}_{92}U$, entdeckt. Dabei entstehen jeweils zwei verschiedene Elemente in der Mitte des PSE, z.B. $_{56}Ba$ und $_{36}Kr$ oder $_{38}Sr$ und $_{54}Xe$, sowie mehrere Neutronen. Diese können weitere Urankerne spalten, so daß eine Kettenreaktion möglich ist. Die riesige freiwerdende ↗ Kernenergie von etwa 200 MeV pro Uraniumkern, die $2 \cdot 10^7$ MJ · mol⁻¹ entspricht, führt durch unkontrollierte Freisetzung in Atombomben zur unvergleichlichen vernichtenden Wirkung (1. Zündung USA 1945, Einsatz durch USA gegen Japan 1945: 335 000 Tote, 400 000 Verstümmelte), kann aber gesteuert (USA, 1942) in Kern- bzw. Atomkraftwerken (UdSSR, 1954) zur Energieversorgung der Menschheit genutzt werden. Da der einzige natürliche Spaltstoff Uranium-235 nur im Verhältnis 1:140 mit Uranium-238 natürlich vorkommt, war eine Anreicherung durch aufwendige Isotopentrennung nötig. Heute können als Kernbrennstoffe auch Uranium-233 und Plutonium-239 verwendet werden, die vor allem aus dem in der Natur genügend vorkommenden Uranium-238 und Thorium-232 durch Neutronenfang im Kernreaktor (Brüter) selbst erzeugt (erbrütet) werden.

Bei der Kernverschmelzung (-fusion) erfolgt eine Freisetzung von Kernenergie, die bezogen auf die Kernmasse um Größenordnungen höher als bei der Kernspaltung ist. Eine thermonukleare Kernfusion ist eine Verschmelzung leichter Atomkerne bei Temperaturen von mehreren 100 Millionen Kelvin, wie z.B.
$^{2}_{1}H + ^{3}_{1}H \rightarrow ^{4}_{2}He + n$,
$E = 17,6$ MeV $\hat{=} 1,7 \cdot 10^9$ kJ · mol⁻¹.

Die von einem Magnetfeld in einem Plasma zusammengehaltenen Ionen besitzen dann eine so große kinetische Energie, daß ihre elektrostatischen Abstoßungskräfte (↗ COULOMBsches Gesetz) überwunden werden können. Die Kernfusion stellt die wichtigste Energiequelle in der Natur dar, da auf ihr die Energiefreisetzung in den Fixsternen (z.B. Sonne) beruht. Gegenwärtig werden große Anstrengungen unternommen, um eine kontrollierte Kernfusion in Reaktoren kontinuierlich zur Energiegewinnung zu nutzen. Ein unkontrollierter Verlauf wurde erstmals 1952 (USA) bei einer Wasserstoffbombe realisiert, wo eine Kernspaltungsbombe die Kernfusion einer Lithiumverbindung des ↗ Deuteriums bzw. ↗ Tritiums auslöste.

Kernseife, feste Seife ohne Füllstoffe, die durch Kochen von Fetten mit Natronlauge hergestellt werden. Sie sind heute weitgehend durch modernere Waschmittel abgelöst.

Kernspinresonanz, ↗ Molekülspektren.

Kernumwandlung, Oberbegriff für die Umwandlung von Atomkernen, welche die natürliche und künstliche ↗ Radioaktivität erzeugt und bei ↗ Kernreaktionen auftritt.

Kerosin, eine der vier Hauptfraktionen der Erdöldestillation. K. wird auch als Leuchtöl bezeichnet, weil es nach nochmaliger Destillation zu Beleuchtungszwecken benutzt worden ist. Jetzt dient K. vorwiegend als Turbinen- oder Raketentreibstoff.

Kesselstein, ↗ Kalk.

Ketene, $(R)_2C=C=O$, sind als innere Anhydride der Carbonsäuren aufzufassen. K. sind sehr reaktionsfähige Verb., da ein kumuliertes Doppelbindungssystem im Molekül auftritt. Bis auf das Diphenylketen dimerisieren K. rasch zu Diketenen:

$(R)_2C=C-C(R)_2$
$\qquad | \qquad |$
$\qquad O-C=O$

Die niedrigste Verb. dieser Gruppe heißt Keten, $H_2C=C=O$, ein unbeständiges, stark giftiges, stechend riechendes Gas, das nach der Herstellung sofort weiterverarbeitet werden muß. K. lassen sich durch Umsetzung von 2-Brom-carbonsäurebromiden mit Zink herstellen.

Das Keten bildet sich bei der thermischen Spaltung von Propanon oder durch katalytische Dehydratisierung von Ethansäure bei rascher Tiefkühlung des Reaktionsgases zur Vermeidung von Rückreaktionen.

K. sind wertvolle Acylierungsmittel. Keten ist damit ein Acetylierungsmittel und wird zur Herstellung von Ethansäureestern und -amiden eingesetzt. Über das Diketen wird 3-Oxo-butansäureethylester ↗ Acetessigester gewonnen, der besonders in der pharmazeutischen Industrie von Bedeutung ist.

Keto-Enol-Tautomerie, eine Tautomerie, bei der eine Verb. in der Ketoform und in der Enolform im Gleichgewicht nebeneinander existiert. Die Umlagerung der Formen ineinander erfolgt durch die Wanderung eines Protons unter gleichzeitiger Bindungsumlagerung. Dabei müssen für eine Tautomerie die beiden Formen isolierbar oder nachweisbar sein. Ein typisches Beispiel für K. ist der ↗ Acetessigester:

$$CH_3-C-CH-C\begin{matrix}O\\\\O-C_2H_5\end{matrix} \rightleftharpoons CH_3-C=CH-C\begin{matrix}O\\\\O-C_2H_5\end{matrix}$$
$$\begin{matrix}\|\\O\end{matrix}\quad\begin{matrix}|\\H\end{matrix} \qquad\qquad\qquad |\\\qquad\qquad\qquad\qquad\qquad OH$$

Ketoform (92,5%)
3-Oxo-butansäureethylester

Enolform (7,5%)
3-Hydroxy-but-2-ensäure-ethylester

Ketogruppe, $>C=O$, Atomanordnung, bei der die beiden freien Valenzen der Carbonylgruppe, $>C=O$ (Oxo-Gruppe) jeweils an Kohlenstoffatome gebunden sind, im Unterschied zu den ↗ Aldehyden, bei denen ein Wasserstoff- und ein Kohlenstoffatom Bindungspartner sind.

Ketol, Produkt einer der ↗ Aldoladdition analogen Reaktion an Ketonen.

Ketone, R^1-CO-R^2, eine große Gruppe von Verb., bei denen zwei org. Reste an die ↗ Ketogruppe, $>C=O$, die auch Carbonyl- oder Oxogruppe genannt wird, gebunden sind. In einfachen K. ist $R^1 = R^2$, in gemischten K. ist $R^1 \neq R^2$, während in cyclischen K. R^1 und R^2 einen gemeinsamen zweiwertigen Rest bilden. Die Namen werden durch Nennung der beiden Reste in alphabetischer Reihenfolge und der Endung -keton gebildet. Wenn R^1 und R^2 Alkylgruppen sind, handelt es sich um Alkanderivate mit der Gruppenbezeichnung »Alkanone«, z. B.:

$CH_3-CH_2-CO-CH_3$
Butan-2-on
Ethylmethylketon

Niedrige K. besitzen einen charakteristischen Geruch und ein ausgezeichnetes Lösevermögen für viele org. Verb. Propanon ist mit Wasser mischbar. Mit zunehmender Kettenlänge nimmt die Wasserlöslichkeit rasch ab. K. wirken nicht reduzierend. Bei Einwirkung starker Oxydationsmittel erfolgt Kettenaufspaltung. Durch Reduktion entstehen sekundäre Alkohole oder bei energetischer Reduktion die entsprechenden Kohlenwasserstoffe. Bei der Reduktion mit Natriumamalgam erfolgt gleichzeitig eine Dimerisierung zu einem vicinalen Diol. Aus Propanon bildet sich das 2,3-Dimethyl-butan-2,3-diol (Pinacol). Additions- und Kondensationsreaktionen verlaufen an K. analog zu denen an ↗ Aldehyden. Es bilden sich aus K. mit:

Cyanwasserstoff	→ Cyanhydrine
Natriumhydrogensulfit	→ Hydrogensulfitverbindungen
Grignard-Verbindungen	→ tertiäre Alkohole
Orthomethansäureethylester	→ Ketondiethylacetale
Mercaptanen	→ Thioacetale (Mercaptole)
Semicarbazid	→ Semicarbazone
Hydrazinen	→ Hydrazone
Hydroxylamin	→ Ketoxime

K. werden durch Oxydation oder Dehydrierung aus sekundären Alkoholen gewonnen. Die Destillation von Calciumsalzen der Carbonsäuren liefert neben Calciumcarbonat K. Die Reaktion von Grignard-Verb. mit ↗ Nitrilen führt zu Additionsprodukten, aus denen durch Hydrolyse K. freigesetzt werden. Durch Acylierung von Aromaten mit Carbonsäurehalogeniden nach ↗ Friedel-Crafts werden Arylketone erhalten.

Cyclische K. sind wegen ihrer chem. Beständigkeit und ihres intensiven Geruchs wertvolle Riechstoffe, besonders die K. mit mehr als 10 Ringatomen. Typische Geruchsnoten sind bei:

Ketone

Name (Trivialname)	Formel	Schmp. in °C	Sdp. in °C	Gefahrklasse
Propanon (Aceton)	$CH_3-CO-CH_3$	−95,0	56,5	B I
Butanon (Ethylmethylketon)	$CH_3-CH_2-CO-CH_3$	−86,4	79,6	A I
Pentan-3-on (Diethylketon)	$(CH_3-CH_2)_2CO$	−42,0	102,7	A I
Pentan-2-on (Methylpropylketon)	$CH_3-CO-CH_2-CH_2-CH_3$	−77,8	101,7	A I
Hexan-2-on (Methylbutylketon)	$CH_3-CO-(CH_2)_3-CH_3$	−56,9	127,2	
3,3-Dimethyl-butan-2-on Pinacon	$(CH_3)_3C-CO-CH_3$	−52,5	106,2	
Methylphenylketon (Acetophenon)	$CH_3-CO-C_6H_5$	19,7	202,3	A III
Ethylphenylketon (Propiophenon)	$CH_3-CH_2-CO-C_6H_5$	21,0	218,0	A III
Benzylmethylketon (Phenylaceton)	$C_6H_5-CH_2-CO-CH_3$	−15,4	216,7	
Diphenylketon (Benzophenon)	$C_6H_5-CO-C_6H_5$	49,0	306,0	
Butandion (Diacetyl)	$CH_3-CO-CO-CH_3$		88,0	A I
Pentan-2,4-dion (Acetylaceton)	$CH_3-CO-CH_2-CO-CH_3$	−23,2	137,0	A II
Cyclohexanon	$(CH_2)_5CO$	−45,0	155,6	A II

Cyclohexanon — Mandel
Cycloheptanon — Pfefferminze
Cycloctanon — Pfefferminze
Cyclononanon — Campher
Cyclodecanon — Campher
Cyclotridecanon — Zeder
Cyclotetradecanon — Moschus, intensiv
Cyclopentadecanon — Moschus, zart

Niedrige K. sind vielfach genutzte Lösungsmittel, deren niedrige Siedepunkte die Einstufung in Gefahrklassen bedingen (Tabelle, S. 245). Verschiedene K. sind Ausgangsstoffe für chem. Synthesen.

Ketosäuren, ↗ Oxosäuren

Ketoxime, $\underset{R}{\overset{R^1}{>}}C=N-OH$, Kondensationsprodukte, die sich bei der Reaktion von ↗ Ketonen mit Hydroxylamin unter Wasserabspaltung in einem $A_N E$-Mechanismus (↗ Additionsreaktion) bilden. K. werden zur Isolierung und Identifizierung von Ketonen genutzt.

Kettenreaktionen, sind Umsetzungen von Verb., die in mehreren Teilschritten ablaufen, bei denen zuletzt ein reaktionsauslösender Partner wieder freigesetzt wird. K. sind radikalisch oder ionisch möglich. Typische radikalische K. sind die Chlorknallgasreaktion, die Alkanchlorierung oder -bromierung, die Alkansulfochlorierung, die Alkannitrierung, die Benzenchlorierung als radikalische Additionsreaktion, Etherperoxidbildung und Polymerisationen. Über Ionenkettenreaktionen verlaufen verschiedene Polymerisationen. Für kationoide K. werden Lewis-Säuren, wie Borfluorid, Aluminium(II)-chlorid, Titanium(IV)-chlorid oder Zinn(IV)-chlorid, in Gegenwart von geringen Mengen Mineralsäure oder Wasser als ↗ Katalysatoren eingesetzt. Für anionoide K. sind Metall-alkyle, -alkoholate, -amide, -hydroxide als ↗ Katalysatoren geeignet.
Die radikalische Kettenpolymerisation wird durch UV-Licht, durch Hitze oder mit Hilfe von Radikalbildnern wie Sauerstoff, Wasserstoffperoxid, org. Peroxide oder aliphatische Azoverbindungen ausgelöst. Sie läßt sich mit Inhibitoren (↗ Antioxydatien) verlangsamen oder verhindern.

Kettensilicate, eine Strukturform der ↗ Silicate, die als lange Kette kondensiert sind und deren Anionen die allgemeine Formel $[SiO_3^{2-}]_n$ besitzen. Sie werden auch als Metasilicate bezeichnet.

Kies, durch Wassertransport abgerundete Gesteinstrümmer, oft generell für Lockergesteinsmaterial im Korngrößenbereich erbsen- bis walnußgroß (2 bis 25 mm). K. sind sulfidische Erzminerale. Die mittelalterliche Bez. findet sich noch z. B. im Namen von Schwefelkies, Kupferkies. Analoge alte Bez. sind Blenden (Zinkblende) und Glanze (Bleiglanz).

Kieselgur, Gur, lockere Masse, gebildet aus den Kieselschalen abgestorbener Diatomeen. Dazwischen befinden sich Beimengungen von Sand und Ton. K. entstand als Ablagerung in Binnenseen. Es wird wegen seiner großen Porosität als Isolier-, Filter- und Saugmaterial verwendet, z. B. zur ↗ Bierfiltration und zur Stabilisierung von Trinitroglycerin (Dynamit) und Ethin. Dazu wird das Rohmaterial bis 800 °C geglüht (»kalzinierte Gur«), um Feuchtigkeit und org. Anteile zu entfernen. Aktivierte Gur, Christobalitgur, ist auf über 900 °C geglühtes Material, das durch Neubildung von Christobalit, einer Hochtemperatur-Modifikation von Quarz, gekennzeichnet ist und verbesserte Eigenschaften aufweist.

Kieselsäuren, Bez. für eine Gruppe von Verb. des ↗ Siliciums, die sich von der *Orthokieselsäure*, H_4SiO_4, ableiten, bei der in tetraedrischer Anordnung vier OH-Gruppen um ein sp^3-hybridisiertes Siliciumatom gelagert sind. Die Orthokieselsäure ist nur kurze Zeit beständig, da sie beim Umsatz mit arteigenen Molekülen Wasser abspaltet und dabei zu größeren Molekülen kondensiert. Zwei Moleküle Orthokieselsäure kondensieren zunächst zur *Orthodikieselsäure*:

$2 H_4SiO_4 \rightarrow H_6Si_2O_7 + H_2O$.

Die Kondensation kann in differenzierter Weise weiterlaufen: Es können sich cyclische Formen ausbilden, *Cyklokieselsäuren* der Zusammensetzung $[H_2SiO_3]_n$; es können *Ketten* gebildet werden der Zusammensetzung $[H_2SiO_3]_n$, auch *Metakieselsäure* genannt; zwei parallel verlaufende Ketten können zu einem *Band* kondensieren, K. der Zusammensetzung $[H_6Si_4O_{11}]_n$; und viele parallel verlaufende Ketten können zu einem *Blatt* kondensieren, K. der Zusammensetzung $[H_2Si_2O_5]_n$. Dabei kann n in allen Fällen, bis auf die cyclischen Formen, unendlich groß angenommen werden. Eine vollständige und damit vollkommene Kondensation der Orthokieselsäure ergibt ein Raumnetzgebilde der Zusammensetzung $[SiO_2]_n$, das der Polymerstruktur des Siliciumdioxids entspricht.

Kieselschiefer, dichtes, hartes und sprödes Gestein von grauer bis schwarzer Farbe, das vorwiegend aus Quarz und Chalzedon besteht und durch Verfestigung von marinem Radiolarienschlamm entstanden ist.

Kieserit, $MgSO_4 \cdot H_2O$, häufiges Mineral in Kalisalzlagerstätten, als Begleitmineral im Carnallitit (↗ Carnallit) ebenso wie im kieseritischen ↗ Hartsalz. Wegen seiner relativ schlechten Löslichkeit gegenüber den Begleitsalzen reichert es sich im Löserückstand der Kalisalzverarbeitung an (➚ Heißlöseverfahren).

Kiesfilter, einfache Filtriervorrichtung zur Wasserreinigung. Das Filtermittel ist in der Regel eine Sandschicht von 3 m Schütthöhe und einer Körnung 0,5 bis 3 mm. K. werden drucklos (Langsamfilter) oder mit Druck (Schnellfilter) betrieben.

Kimberlit, ein ➚ Peridotit, der in Südafrika Muttergestein für Diamanten ist, ➚ pipes.

Kinetik, ➚ Reaktionskinetik.

Kinetin, ein Vertreter der ➚ Cytokinine.

kinetische Gastheorie, von BERNOULLI 1738 begründete und von CLAUSIUS 1857, MAXWELL 1860 und BOLTZMANN 1871 weiterentwickelte Theorie, mit der für ➚ Gase Beziehungen zwischen den makroskopisch meßbaren Größen Druck, ➚ Temperatur und Volumen und dem mikroskopischen Verhalten der einzelnen Moleküle abgeleitet wurden. Auf der Basis der Modellvorstellungen des idealen ➚ Gases werden die Teilchen als kugelförmige, nicht kompressible Massepunkte angenommen, die sich regellos mit großer Geschwindigkeit im Raum bewegen. Bei ihrem gegenseitigen Zusammentreffen bzw. Stößen auf die Behälterwände verhalten sie sich vollelastisch und ändern ihre Fortbewegungsrichtung und ihre Geschwindigkeit, was zur MAXWELLschen Geschwindigkeitsverteilung (Bild) bzw. ➚ BOLTZMANNschen Energieverteilung führt.

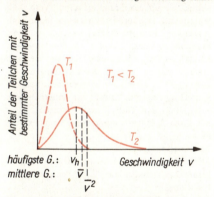

MAXWELLsche Geschwindigkeitsverteilung

Aus der Impulsänderung der Teilchen beim Stoß auf eine Behälterwand kann für den Druck p die Beziehung

$$p = \frac{N \cdot m \cdot \bar{v}^2}{3}$$

N Teilchenzahl pro cm³
m Teilchenmasse
$\bar{v}^2$ mittleres Geschwindigkeitsquadrat

abgeleitet werden.

Nach der ebenfalls ableitbaren Beziehung

$$T = \frac{2 N_A \cdot E_{kin}}{3 R}$$

N_A ➚ AVOGADRO-Konstante
R ➚ Gaskonstante

kann die Temperatur T als Maß für die kinetische Energie E_{kin} der Teilchen aufgefaßt werden. Die k. G. gestattet auch die Berechnung von ➚ Molwärmen, thermodynamischen ➚ Zustandsgrößen, der Zahl der Zusammenstöße (Stoßzahl) der Gasteilchen (bedeutsam für die ➚ Reaktionskinetik) sowie ihrer ➚ mittleren freien Weglänge (wichtig für Transportvorgänge, wie ➚ Wärmeleitfähigkeit, ➚ Diffusion und ➚ Viskosität).

Kippe, Aufschüttung von festen Abprodukten.

KIPPscher Apparat, KIPPscher Gasentwickler, Laboratoriumsgerät zur Darstellung von Gasen, z. B. Wasserstoff, Kohlendioxid, Schwefelwasserstoff, aus großkörnigen Feststoffen, z. B. Zink, Calciumcarbonat, Eisensulfid, und Flüssigkeiten, z. B. Salzsäure. Bild.

KIPPscher Gasentwickler

KIRCHHOFF, GUSTAV ROBERT (12. 3. 1824 bis 17. 10. 1887), deutscher Physiker, entwickelte gemeinsam mit ➚ R. W. BUNSEN 1859 die Spektralanalyse, die von ihm besonders zur Untersuchung der stofflichen Zusammensetzung von Himmelskörpern genutzt wurde. Von K. stammen u. a. wesentliche Arbeiten zur Elastizität, der mechanischen Wärmetheorie und der Optik.

KIRCHHOFFsches Gesetz, Beziehung, nach der die Temperaturabhängigkeit der ➚ Reaktionswärme durch die Differenz der Summe der ➚ Molwärmen der Reaktionsprodukte und der Ausgangsstoffe gegeben ist. Das K. G. gestattet die Berechnung der Reaktionswärmen für beliebige Temperaturen, wenn die Molwärmen und die Reaktionswärme bei einer Temperatur, z. B. für ➚ Standardbedingungen, bekannt ist.

Kitte, weiche, knetbare, allmählich erhärtende Massen zum Kleben und zum Ausfüllen von Hohlräumen. K. werden auf der Basis von trocknenden Ölen (z. B. Leinöl), ↗ Wasserglas, ↗ Glycerol oder bestimmten Klebstoffen hergestellt. Als Füllstoffe werden Branntkalk, CaO, Schlämmkreide, $CaCO_3$, Magnesiumoxid, MgO, Bleiglätte, PbO, Mennige, Pb_3O_4, gebrannter Gips, $CaSO_4 \cdot \frac{1}{2} H_2O$, Eisenoxide u. a. verwendet.
Zur Herstellung von Glaserkitt wird z. B. Leinöl mit soviel Schlämmkreide verknetet, bis eine weiche Masse entsteht. Aquarienkitte enthalten Bleiglätte.

KJELDAHLsche Stickstoffbestimmung, Methode zur quantitativen Stickstoffbestimmung bei der ↗ Elementaranalyse org. Verb.

KLAPROTH, MARTIN HEINRICH (1. 12. 1743 bis 1.1.1817). Der in Wernigerode geborene Apotheker und Chemiker war der erste Lehrstuhlinhaber für Chemie an der 1810 gegründeten Berliner Universität. ↗ BERZELIUS nannte ihn den größten Analytiker Europas. Er entdeckte 1789 das Uranium; den Namen wählte er nach dem 1781 von HERSCHEL entdeckten Planeten. Ferner entdeckte er die Elemente Strontium, Titanium, Zirconium und Cerium. Letzteres unabhängig von BERZELIUS und HISINGER. Wenig später als ↗ VAUQUELIN fand er 1797 das Chromium.

Kläranlage, in der Umgangssprache die Bez. für eine Abwasserreinigungsanlage.

Klärschlamm, fester Rückstand der biologischen Abwasserreinigung nach dem Belebtschlammverfahren. Er wird, sofern er nicht durch Schwermetallgehalte aus Industrieabwässern kontaminiert ist, in der landwirtschaftlichen Produktion zur Verbesserung der Humusbilanz des Bodens eingesetzt; eventuell vorher in einem Faulungsprozeß zur ↗ Biogaserzeugung verwendet.

Klassieren, Trennung eines Feststoffgemenges nach der Korngröße in einzelne Korngrößenklassen.

Klebstoffe, Stoffe oder Stoffgemische zum Verbinden (Kleben) von Gegenständen durch das Wirken von Adhäsion (Haftung) und Kohäsion. Zur Gewährleistung einer guten Benetzung der Oberfläche der Gegenstände müssen K. als Lösungen bzw. Flüssigkeiten angewendet werden; feste K. müssen geschmolzen werden. Hauptbestandteile von K. sind meist org. makromolekulare Verb. Das Abbinden erfolgt durch Verdunsten von Lösungsmitteln oder Erstarren von Schmelzen. Bei härtenden K. laufen chem. Reaktionen wie ↗ Polykondensation, ↗ Polymerisation oder ↗ Vulkanisation ab.
Leime sind wasserlösliche K. Im engeren Sinne bezeichnet man tierische Eiweißstoffe (Glutine) enthaltende K. als Leim, wie z. B. Knochen-, Haut- und Fischleim. Pflanzenleime enthalten Stärke oder Dextrin und werden für das Kleben von Kartonagen, für Gummierungen und für den Bürobedarf verwendet. ↗ Celluloseether werden als Zelleim vor allem für Tapezier- und Malerzwecke benötigt. K. können auch aus Naturharzen gewonnen werden. Mit Natronlauge verseiftes ↗ Kolophonium (Harzseife) dient zur Herstellung von geleimtem Papier, das wenig saugfähig und dadurch tintenfest ist.
In immer stärkerem Maße werden *Kunstharze* als K. verwendet. Phenol-Formaldehyd-, Harnstoff-Formaldehyd- und Melamin-Formaldehyd-Kunstharze werden vor allem in der Möbel- und Sperrholzindustrie und zur Herstellung von Spanplatten eingesetzt. K. auf der Basis von ↗ Polyurethanen, ↗ Polyesterharzen, ↗ Epoxidharzen und ↗ Siliconen sind härtbare K. und können zum Kleben von Metallen (↗ Metallklebstoffe) benutzt werden. Häufig sind es ↗ Zweikomponentenklebstoffe.
In der Schuhindustrie werden vor allem K. auf der Basis von ↗ Cellulosenitraten, Naturkautschuk und Synthesekautschuk verwendet, steigende Bedeutung gewinnen Polychlorbutadien-K. Klebdispersionen sind wäßrige Dispersionen wasserunlöslicher org., makromolekularer Verb., z. B. Polyvinylacetat, PVAC, die auch als Latex bezeichnet werden. K. auf der Grundlage anorg. Verb. sind die Wasserglas-K., die für Malerzwecke sowie zur Wellpappen- und Papierherstellung verwendet werden.

Kleesalz, Bez. für Kaliumtetraoxalat $KHC_2O_4 \cdot H_2C_2O_4 \cdot 2 H_2O$ oder für ein Gemisch dieses Salzes mit Kaliumhydrogenoxalat $KHC_2O_4 \cdot H_2O$. K. wurde früher aus dem Saft von Sauerklee gewonnen. Es wird zur Entfernung von Rost-, Blut- und Tintenflecken verwendet, da es mit Eisen farblose, wasserlösliche Komplexe bildet.

Klemmspannung, ↗ galvanische Zelle.

Klinker, 1. ↗ Ziegelsteine, bis zur Sinterung gebrannt. 2. Sinterprodukt bei der ↗ Portlandzementherstellung.

Klopffestigkeit, umgangssprachliche Bez. für das Zündverhalten von Kraftstoffen. Es bezieht sich auf akustische Erscheinungen beim Verbrennungsmotor. Eine Selbstzündung des Kraftstoffs zum falschen Zeitpunkt bewirkt neben klappernden oder klingenden Geräuschen vorzeitigen Verschleiß des Motors. Die Klopffestigkeit des Kraftstoffs wird durch die ↗ Octanzahl charakterisiert. Durch Zusatz von ↗ Antiklopfmitteln oder ↗ Reformierung des Benzins kann das Zündverhalten verbessert werden.

Knallgas, explosibles Gasgemisch. Durch einen Zündfunken (partielle Temperaturerhöhung) oder durch Lichteinwirkung kann die meist stark exotherm verlaufende Reaktion ausgelöst werden und in Bruchteilen von Sekunden beendet sein. Oftmals handelt es sich um ↗ Kettenreaktionen. Gemische von Sauerstoff und Wasserstoff (Knallgas) und Chlor und Wasserstoff (Chlorknallgas) sind Beispiele von Gasgemischen, die bei Zündung mit lautem Knall explodieren.

Knallquecksilber, ↗ Quecksilber(II)-fulminat.

Knallsäure, $H-C\equiv\overset{\oplus}{N}-\overset{\ominus}{\underline{\overline{O}}}|$, ist eine der ↗ Cyansäure, H—O—C≡N|, isomere Verb., die in freiem Zustand unstabil ist und polymerisiert. Die Salze werden als Fulminate bezeichnet (fulmen-Blitz), da sie in der Hitze unter Blitzerscheinung abbrennen. Die Schwermetallfulminate detonieren bei Schlag, Stoß oder Entzündung. Besonders das Quecksilberfulminat wird als Initialzünder für Sprengstoffe eingesetzt. Es bildet sich in einer komplizierten Reaktion beim Auflösen von Quecksilber in konz. Salpetersäure und Zufügen von Ethanol. Das Silberfulminat läßt sich analog herstellen.

Knautschlack, textiles Gewebe, das mit Polyurethan beschichtet ist.

KNIETSCH, RUDOLF THEOPHIL (13. 12. 1854 bis 28. 5. 1906), deutscher Chemiker, erwarb sich bedeutende Verdienste um die technische Darstellung von flüssigem Chlor, um die wissenschaftliche und apparative Entwicklung des ↗ Kontaktverfahrens und um die Fabrikation von Indigo.

KNOEVENAGEL-Kondensation, Kondensationsreaktion von Aldehyden oder Ketonen mit Malonsäure (↗ Propandisäure) oder deren Estern. Unter anschließender Dehydratisierung und Decarboxylierung des Zwischenproduktes entsteht eine α, β-ungesättigte Carbonsäure bzw. deren Ester. (↗ Malonestersynthese).

Knotenebene, Fläche, bei der die Aufenthaltswahrscheinlichkeit der Elektronen Null ist (↗ Atommodell, ↗ Atombindung).

Koagulation, Zusammenballen von kolloiden Teilchen zu größeren Verbänden. Die K. tritt bei Alterung, mechanischer Einwirkung (Schütteln) oder Elektrolytzusatz ein. Die Kolloide flocken aus.

Kobalt, bis zum Jahre 1975 die gültige deutschsprachige Schreibweise vom Namen des chem. Elements ↗ Cobalt. In einigen zusammengesetzten Namen hat sich diese Schreibweise z.T. noch erhalten, z. B. Speiskobalt, Kobaltin u. a.

Kobaltblüte, $Co_3(AsO_4)_2 \cdot 8 H_2O$, sekundäres Cobaltmineral, das sich in Form roter, strahliger blättriger oder dichter Aggregate auf anderen Cobalterzen bildet.

Kobaltglanz, ↗ Glanzkobalt.

Kochpunkt, ↗ Siedepunkt.

Kochsalz, Trivialname für ↗ Natriumchlorid, ↗ Halit.

Kogasin, ↗ Kerosinfraktion der ↗ FISCHER-TROPSCH-Synthese.

Kohle, im engeren Sinne ein brennbares Inkohlungsprodukt von fossilen Pflanzenresten, im weiteren Sinne ein Zersetzungsprodukt org. Substanzen, also auch Holzkohle, Aktivkohle u. a. ↗ Inkohlung, ↗ Torf, ↗ Braunkohle, ↗ Steinkohle, ↗ Anthrazit, ↗ Aktivkohle.

Kohlechemie, Gesamtheit der chem.-techn. Prozesse, die auf Kohle als Kohlenstoffquelle aufbauen und daraus über verschiedene Verfahren Kohlenwasserstoffe herstellen. Tabelle.

Industrielle Möglichkeiten der stoffwirtschaftlichen Nutzung von Kohlen

Verfahren	Prinzip	Produkte
Entgasung – HT-Entgasung, Verkokung – TT-Entgasung, Schwelung	thermische Disproportionierung der Kohle	Koks (etwa 80 %), flüchtige Kohlenwasserstoffe (< 10 %),
Vergasung Wirbelschichtvergasung – Sauerstoff-Staubdruck-Vergasung	Umwandlung der Kohle durch chemische Reaktionen mit Luft bzw. Sauerstoff und Wasserdampf	CO, H$_2$, (N$_2$, CO$_2$) (»Synthesegas«) CO, H$_2$, CH$_4$ (»Heizgas«)
Hydrierung (»Kohleverflüssigung«)	Anlagerung von Fremdwasserstoff	flüssige Kohlenwasserstoffe
Extraktion	Kohlenwasserstoff-Anteile von Kohlen extrahiert	»Montanwachs«
Carbid-Verfahren	Umsetzung von Koks mit Calciumoxid	CaC$_2$ als Ausgangsstoff für die Ethin-Chemie

Kohlehydrierung, ↗ Kohleverflüssigung.

Kohlendioxid,

CO$_2$
Schmp. $-56{,}6\,°C$ bei 535 kPa
Sbl. $-78{,}5\,°C$
$\varrho_n = 1{,}53\ kg \cdot l^{-1}$ (bei $-79\,°C$)

farbloses, geruchloses, schwach säuerlich schmek-

kendes Gas. Es kann aus den Elementsubstanzen durch Verbrennung hergestellt werden:
$C + O_2 \rightarrow CO_2$, $\Delta_B H = -393{,}51$ kJ · mol^{-1},
außerdem entsteht es bei der Einwirkung einer nichtoxydierenden Säure auf Carbonate, z. B.:
$CaCO_3 + 2\,HCl \rightarrow CO_2\uparrow + CaCl_2 + H_2O$
und bei der thermischen Zersetzung von Carbonaten:
$CaCO_3 \rightarrow CaO + CO_2\uparrow$.
Die Reaktion von K. mit Kohlenstoff zu Kohlenmonoxid vollzieht sich als Gleichgewicht (BOUDOUARD-Gleichgewicht):
$CO_2 + C \rightleftharpoons 2\,CO$, $\Delta_R H = +172{,}5$ kJ · mol^{-1}.
K. löst sich in Wasser (mit 171 ml/100 g H$_2$O bei 0 °C), reagiert dabei zum geringen Teil zu Kohlensäure:
$CO_2 + 3\,H_2O \rightleftharpoons H_3O^+ + HCO_3^- + H_2O$
$\rightleftharpoons 2\,H_3O^+ + CO_3^{2-}$.
In Natronlauge löst sich K. vollständig unter Bildung von Natriumcarbonat und Wasser:
$CO_2 + 2\,NaOH \rightarrow Na_2CO_3 + H_2O$.
K. wird unter Druck verflüssigt und in Stahlflaschen aufbewahrt, dient zur Herstellung von Mineralwasser, wird bei Bierausschank eingesetzt, ist Bestandteil von Feuerlöscherfüllungen und kann fest als Kältemittel (Kohlensäureschnee, Trockeneis) verwendet werden.

Kohlenhydrate, Verb., in denen neben Kohlenstoff Wasserstoff und Sauerstoff im Verhältnis des Wassers (2:1) vorkommen. Sie sind mit Fett und Eiweiß die Grundlage unserer Ernährung. Unter Zucker versteht man die »einfachen Zucker« und die aus bis zu 6 einfachen Zuckern zusammengesetzten Verb. Die Namen der Zucker enden auf »-ose«. Strukturell sind Zucker Oxydationsprodukte mehrwertiger Alkohole. Nach der Stellung der Oxogruppe wird unterschieden in Aldosen (Aldehydgruppe) und Ketosen (Ketogruppe). Die Angabe der C-Zahl wird in den Namen eingeschoben, z. B. $C_6H_{12}O_6$ Aldohexose oder Ketohexose. Die Kohlenstoffatome sind außer den endständigen und oxogruppentragenden asymmetrisch. Bei 2^n asymmetrischen Kohlenstoffatomen existieren 2^n Stereoisomere. Die Anordnung der Hydroxylgruppe an dem am weitesten von der Carbonylgruppe entfernten asymmetrischen Kohlenstoffatom bestimmt die Zuordnung zur D- oder L-Reihe. Bezugssubstanz ist die Triose (Glycerindehyd). Die große Gruppe der K. wird unterteilt in:
– Monosaccharide (einfache Zucker), wichtig sind Pentosen und ↗ Hexosen
– Oligosaccharide (aus bis zu 6 einfachen Zuckern unter Wasserabspaltung zusammengesetzt), wichtig sind Disaccharide, wie ↗ Saccharose, ↗ Maltose,
↗ Lactose
– Polysaccharide (hochmolekulare Naturstoffe), wichtig sind ↗ Cellulose, ↗ Stärke, Glycogen.

Kohlenmonoxid,

CO
Schmp. $-205{,}1$ °C
Sdp. $-191{,}5$ °C
$\varrho_g = 1{,}250$ kg · m^{-3}

farbloses, geruchloses und geschmackloses, stark giftiges Gas, bindet z. B. den roten Blutfarbstoff Hämoglobin. K. wird innerhalb des BOUDOUARD-Gleichgewichtes:
$CO_2 + C \rightleftharpoons 2\,CO$, $\Delta_R H = 172{,}5$ kJ · mol^{-1},
durch Reduktion von Kohlendioxid mit metallischem Zink:
$CO_2 + Zn \rightarrow CO\uparrow + ZnO$,
innerhalb des Wassergasgleichgewichtes:
$C + H_2O \rightleftharpoons CO + H_2$, $\Delta_R H = 175{,}4$ kJ · mol^{-1}
und durch wasserentziehende Einwirkung von konz. Schwefelsäure auf Methansäure:
$HCOOH \rightarrow CO\uparrow + H_2O$
gebildet. Große Mengen K. werden bei der ↗ Generatorgas- und ↗ Wassergaserzeugung gewonnen. Im Kohlenmonoxidmolekül sind Kohlenstoff und Sauerstoff durch eine Dreifachbindung gebunden: $C\equiv O$. K. ist reaktionsfähig: Es verbrennt mit blauer Flamme zu Kohlendioxid:
$2\,CO + O_2 \rightarrow 2 \rightarrow CO_2$,
reagiert mit molekularem Wasserstoff zu Methan und Wasser:
$CO + 3\,H_2 \rightarrow CH_4 + H_2O$
oder unter anderen Reaktionsbedingungen zu Methanol:
$CO + 2\,H_2O \rightarrow CH_3OH$,
jedoch in beiden Fällen unter Verwendung von Nickelkatalysatoren, setzt sich mit Kaliumhydroxid zu Kaliummethanat um:
$CO + KOH \rightarrow HCOOK$
und bildet mit Metallen *Carbonyle*:
$4\,CO + Ni \rightarrow Ni(CO)_4$.
Mit molekularem Chlor entsteht unter Lichteinwirkung die sehr giftige und früher als chem. Kampfstoff verwendete Verb. *Phosgen*:
$CO + Cl_2 \rightarrow COCl_2$.

Kohlensack, Teil des ↗ Hochofens.

Kohlensäure, H_2CO_3, sehr schwache Säure, weil sich der überwiegende Teil des Kohlendioxids nur im Wasser löst und daher zur Dissoziation nicht zur Verfügung steht:
$CO_2 + H_2O \rightleftharpoons H_2CO_3$;
wenn auch der wirklich als H_2CO_3 vorliegende Anteil stark dissoziiert:
$H_2CO_3 \rightleftharpoons H^+ + HCO_3^- \rightleftharpoons 2\,H^+ + CO_3^{2-}$

und bei tiefen Temperaturen in Diethylether beständig ist. Die Salze der K. werden als *Carbonate* (z. B. Calciumcarbonat, $CaCO_3$) bzw. als *Hydrogencarbonate* (z. B. Natriumhydrogencarbonat, $NaHCO_3$) bezeichnet. Sie stellen beständige Verb. dar.

Kohlensäurederivate, Gruppe von Verb., die sich von der Kohlensäure durch Austausch einer oder beider Hydroxylgruppen ableiten lassen. K. mit einer freien Hydroxygruppe sind unbeständig,

$$O=C<^R_{OH}.$$

Am reaktionsfähigsten sind die Halogenide der Kohlensäure. Von praktischer Bedeutung sind nur die Chlorderivate.

Kohlensäuremonochlorid ist unbeständig,

$$O=C<^{Cl}_{OH}.$$

Kohlensäuredichlorid (Phosgen) ist ein farbloses, sehr giftiges Gas, das sich bei 8 °C verflüssigen läßt. Es wird aus Chlor und ↗ Kohlenmonoxid hergestellt und für Synthese, besonders zur ↗ Isocyanatherstellung, eingesetzt. Im 1. Weltkrieg ist es als Kampfstoff verwendet worden.

Kohlensäureesterchloride (Chlorameisensäureester),

$$O=C<^{Cl}_{O-R},$$

sind giftige, stechend riechende Verb., die sehr reaktionsfähig sind. Sie werden aus dem Kohlensäuredichlorid durch Umsetzung mit Alkoholen oder Phenolen hergestellt und zur Einführung der Alkoxycarbonyl- bzw. Aryloxycarbonylgruppe in Verb. mit aktiven Wasserstoffatomen genutzt.

Orthokohlensäureester sind farblose, angenehm riechende und verhältnismäßig beständige Flüssigkeiten, die aus Chlorpikrin, $Cl_3C—NO_2$, und Natriumalkoholat, R—ONa, hergestellt werden, $C(O—R)_4$. Sie sind wie die Orthocarbonsäureester für Synthesen nutzbar.

Carbamidsäure,

$$O=C<^{NH_2}_{OH},$$

ist unbeständig, während ihre Salze, die ↗ Carbamate, herstellbar sind.

↗ *Urethane* sind die Ester der Carbamidsäure,

$$O=C<^{OR}_{NH_2},$$

die leicht aus Kohlensäureesterchloriden und Aminen bzw. Ammoniak hergestellt werden können. Sie werden als Herbicide eingesetzt.

↗ *Harnstoff* ist das Kohlensäurediamid.

Kohlensäureschnee, Trivialname für festes ↗ Kohlendioxid, CO_2, das als Kältemittel (Trockeneis) verwendet wird.

Kohlenstoff,

C $Z = 6$
$A_{r(1981)} = 12{,}011$
Ek: [He] $2s^2 2p^2$
OxZ: $-4, +2, +4$
$X_E = 2{,}55$
Elementsubstanz:
     Graphit   Diamant
Schmp. 3 730 °C   3 550 °C
Sdp.   4 830 °C
$\varrho =$ 2,26   3,51 kg·l^{-1}

chem. Element (↗ Elemente, chem.).

Carboneum, Symbol: C, 1. Element der 4. Hauptgruppe des PSE (↗ Hauptgruppenelemente, 4. Hauptgruppe des PSE). K. ist die Bez. für alle Atome, die 6 positive Ladungen im Kern, also 6 Protonen besitzen: Kernladungszahl $Z = 6$. Die Hülle des neutralen Atoms besteht aus 6 Elektronen, von denen vier, die Valenzelektronen, die Konfiguration $2s^2 2p^2$ besitzen. In Verb. werden drei Oxydationsstufen eingenommen, die durch die Oxydationszahlen OxZ -4, $+2$ und $+4$ charakterisiert sind. In der Natur kommt K. in den beiden Modifikationen der Elementsubstanz *Graphit* und *Diamant* vor. Das Vorkommen als fossile Kohlen, die nicht als reine Elementsubstanzen gelten können, erstreckt sich auf Anthrazit (bis zu 92 %), Steinkohle (bis zu 85 %), Braunkohle (bis zu 70 %) und Torf (bis zu 50 % Kohlenstoffanteil). Chem. gebunden findet sich K. in den Carbonaten: *Kalkstein, Kreide, Marmor* usw., $CaCO_3$; im *Magnesit*, $MgCO_3$; *Dolomit*, $CaCO_3 \cdot MgCO_3$, und *Eisenspat*, $FeCO_3$. Kohlendioxid ist in großen Mengen in der Luft, mit 0,03 Vol.-%, und im Meerwasser enthalten. Org. Kohlenstoffverb. sind im Pflanzen- und Tierreich vorhanden, abgelagert auch als Erdöl, Erdgas, Asphalt und Erdwachs. Es existieren zwei allotrope Modifikationen der Elementsubstanz: Graphit und Diamant.

Graphit ist grau, schuppig, mit schwachem Metallglanz, leicht spaltbar, fettig anfühlbar. Er ist ein guter Leiter für Wärme und Elektrizität. Graphit entsteht durch Erhitzen von Kohlenstoffverbindungen auf Temperaturen über 2 500 °C. Im Graphit, der hexagonal kristallisiert, sind durch eine sp^2-Hybridisierung hexagonale Schichten über Atombindungen ausgebildet. Zwischen den Schichten wirken nur, durch ein delokalisiertes System von Elektronen aus den nichthybridisierten Atomorbitalen, sehr schwache Bindungskräfte, wodurch die geringe Härte, die Schmierfähigkeit, die leichte Spaltbarkeit, aber auch die elektrische Leitfähigkeit bedingt sind.

Kohlenstoffdisulfid

Diamant ist farblos, wasserklar, stark lichtbrechend, sehr hart und spröde. Der kubische Kristall stellt ein Riesenmolekül dar, in dem die Kohlenstoffatome durch eine sp³-Hybridisierung tetraedrisch durch Atombindung fest verbunden sind. Die hohe Bindungsenergie der C—C-Bindung bedingt eine hohe Gitterenergie und damit die große Härte des Diamanten. Da alle vorhandenen Elektronen in den Bindungen lokalisiert sind, ist der Diamant ein guter Isolator. Künstliche Diamanten können durch Erhitzen von Graphit auf 3000 °C bei einem Druck von 10^8 kPa über die Dauer von mehreren Stunden erhalten werden.

Die Elementsubstanz reagiert mit vielen Stoffen: mit molekularem Sauerstoff unter Verbrennung zu ↗ Kohlendioxid:
$C + O_2 \rightarrow CO_2$, $\Delta_B H = -393{,}51$ kJ·mol^{-1}
bei unvollständiger Verbrennung zu ↗ Kohlenmonoxid:
$2C + O_2 \rightarrow 2CO$, $\Delta_B H = -110{,}5$ kJ·mol^{-1},
mit Wasser, unter Zuführung von Wärme zu Kohlenmonoxid und Wasserstoff (Wassergas):
$C + H_2O \rightleftharpoons CO + H_2$, $\Delta_R H = +120$ kJ·mol^{-1},
mit Schwefel zu Kohlendisulfid:
$C + 2S \rightarrow CS_2$, $\Delta_B H = +87{,}8$ kJ·mol^{-1},
mit molekularem Fluor zu Tetrafluormethan:
$C + 2F_2 \rightarrow CF_4$, $\Delta_B H = -908{,}5$ kJ·mol^{-1},
mit molekularem Stickstoff zu Dicyan:
$2C + N_2 \rightarrow (CN)_2$, $\Delta_R H = +308{,}1$ kJ·mol^{-1}
und mit Silicium zu Siliciumcarbid:
$C + Si \rightarrow SiC$, $\Delta_B H = -111{,}7$ kJ·mol^{-1}.

Die Verb. des Kohlenstoffs sind außerordentlich vielfältig. Sie bestimmen das große Gebiet der ↗ org. Chemie. Graphit wird als Material für Schmelztiegel, Elektroden, Bürsten elektrischer Motoren und Generatoren, Schwärzungs-, Schmier- und Korrosionsschutzmittel und für Bleistiftminen verwendet. Chem. raffinierter Graphit dient als Moderator zum Abbremsen der schnellen Neutronen im Atomreaktor. Mikrokristalliner Graphit ist Hauptbestandteil der Aktivkohle, die zur Adsorption von Gasen, Dämpfen und anderen Stoffen (z. T. auch in der Medizin) verwendet wird. Diamant ist Edelstein (geschliffen: Brillant), dient als Schleifmittel, Ziehstein, Achslager in Präzisionsinstrumenten und Werkzeug bei der Kupferstecherei.

Kohlenstoffdisulfid, CS_2, Schwefelkohlenstoff, farblose, stark lichtbrechende, unangenehm riechende Flüssigkeit (Schmp. $-112{,}1$ °C, Sdp. $46{,}25$ °C). K. kann aus den Elementsubstanzen hergestellt werden:
$C + 2S \rightleftharpoons CS_2$, $\Delta_B H = +87{,}8$ kJ·mol^{-1}.
K. ist ein gutes Lösungsmittel für viele Stoffe, aber stark giftig.

Kohlensuboxide, C_3O_2 und C_5O_2, binäre Sauerstoffverb. des Kohlenstoffs, besitzen aber nur geringe Bedeutung.

Kohlenwasserstoffe, Verb., die sich nur aus den Elementen Kohlenstoff und Wasserstoff zusammensetzen. Sie sind neben den ↗ Heterocyclen die Stammverb. für die Stoffe der org. Chemie. Nach der Zusammensetzung bzw. der Bindung, dem Hybridisierungsgrad der C-Atome, werden unterschieden: *Alkane, Alkene, Alkine, Cycloalkane, Cycloalkene* und *Aromaten* oder *aliphatische* (kettenförmige) K., *alicyclische* K. und *aromatische* K.

Kohleveredlung, zusammenfassende Bez. sowohl für chem. Prozesse der Kohlenutzung als Rohstoff der org.-techn. Chemie (↗ Kohlechemie), als auch für physikal. Verfahren der Brikettierung oder Mahlung (Kohlenstaub).

Kohleverflüssigung, umgangssprachliche Bez. für Verfahren, bei denen Kohle durch Hydrierung in flüssige Kohlenwasserstoffe, vor allem der Benzin-Fraktion, umgewandelt wird. Die von BERGIUS entwickelte katalytische Hochdruckhydrierung ist zwar heute nicht mehr konkurrenzfähig (↗ Hydrocracken, ↗ BERGIUS-Verfahren), doch wird nach Erschöpfung der Welterdölvorräte mit weiterentwickelten Verfahren dieser Grundkonzeption zu rechnen sein. Die technischen und ökonomischen Aufwendungen für eine Benzinherstellung aus Kohle werden aber in jedem Falle ein Mehrfaches von denen zur Herstellung aus Erdölkohlenwasserstoffen betragen.

Kokerei, Betrieb zur ↗ Verkokung von Kohle, vor allem zur Koksherstellung. ↗ Koks.

Kokereigas, Sammelbez. für die gasförmigen Produkte der ↗ Verkokung nach Kondensation der flüssigen Kohlenwasserstoffe (Teere und Öle).

Kokillen, Dauergießformen aus Gußeisen oder Stahlguß, die zum portionsweisen Abgießen von Stahlblöcken mit einfacher geometrischer Gestalt dienen. Sie fassen je nach Größe 0,1 bis 250 t Flüssigstahl. Die erstarrten Stahlblöcke werden dann bei Bedarf weiterverarbeitet, ↗ Strangguß.

Koks, der feste, poröse, schwarze, brennbare Rückstand der ↗ Verkokung oder ↗ Schwelung von Kohle. K. ist das wichtigste techn. Reduktionsmittel. Es besteht aus amorphem Kohlenstoff, mit nur geringen Verunreinigungen. K. ist wichtiger Ausgangsstoff pyrometallurgischer Reduktionsprozesse, im MÜLLER-KÜHNE-Verfahren, bei der Calciumcarbidherstellung, beim Kalkbrennen u. a.

KOLBE, HERMANN (27.9.1818 bis 25.11.1884), einer der herausragenden Chemiker seiner Zeit. Besonders durch seine experimentellen Arbeiten bereicherte er die org. Chemie. Ihm gelang u. a. die Totalsynthese der Ethansäure; er deckte die Konstitution der 2-Hydroxy-propansäure (Milchsäure) auf, synthetisierte 2-Hydroxy-benzoesäure (Salicylsäure) und entdeckte Nitromethan. Von ihm stammen zahlreiche literarische Arbeiten zur Chemie, u. a. verfaßte er Lehrbücher der org. Chemie. Mit der Entwicklung neuer strukturchemischer Vorstellungen, z. B. den Arbeiten ↗ VAN 'T HOFFS, konnte er sich nicht anfreunden; diese lehnte er heftig ab.

KOLBE-Alkansynthese, Verfahren zur Verknüpfung von Kohlenstoffketten bzw. zum Aufbau von Alkanen durch Elektrolyse von gesättigten Lösungen der Natriumsalze von Carbonsäuren. Während sich an der Anode die org. Verb. und Kohlendioxid abscheiden, entwickelt sich an der Katode Wasserstoff (KOLBE, 1849):

$$2\,R\text{—}COO^- \xrightarrow{-2\,e^-} R\text{—}R + 2\,CO_2.$$

Werden Gemische zweier Carbonsäuren (R^1—COO^- und R^2—COO^-) eingesetzt, bilden sich drei org. Reaktionsprodukte: R^1—R^1, R^2—R^2, R^1—R^2.

Kolben, Laboratoriumsgeräte aus thermisch beständigem Glas, die in verschiedenen Formen vielseitige Verwendung finden. K. sind zur Verbindung mit anderen Glasgeräten mit einem ↗ Normschliff versehen. Bild.

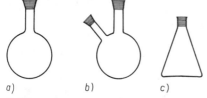

Kolben
a) Rundkolben
b) Zweihalskolben
c) Erlenmeyerkolben

KOLBE-Nitrilsynthese, Verfahren zur Herstellung von ↗ Nitrilen durch Umsetzung von Alkylhalogeniden mit Kaliumcyanid in alkoholisch-wäßriger Lösung:

$$R\text{—}X + KCN \rightarrow KX + R\text{—}CN \qquad X\ Halogen$$

Die Reaktivität nimmt in der Reihenfolge: Iodid, Bromid, Chlorid zum Fluorid ab. In der Industrie wird vornehmlich das Chlorid verwendet (Herstellung des Hexandisäuredinitrils). Mit Schwermetallcyaniden, besonders Silbercyanid, bilden sich Isonitrile (GAUTIER, 1868).

Kolbenprober, zylindrisches, graduiertes Glasgefäß mit eingeschliffenem Kolben zur Dosierung kleiner Gasmengen. Bild.

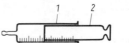

Kolbenprober
1 Hülse
2 Kolben

KOLBE-SCHMITT-Synthese, techn. genutztes Verfahren zur Herstellung der 2-Hydroxy-benzoesäure (Salicylsäure) aus Natriumphenolat und Kohlendioxid. KOLBE führte diese Reaktion 1859 erstmals bei 180 bis 200 °C durch. Wird der Kohlendioxiddruck auf 0,5 bis 0,7 MPa erhöht, kann die Temperatur auf 120 bis 140 °C gesenkt werden (SCHMITT, 1885). Die Umsetzung des Phenolats in die 2-Hydroxy-benzoesäure ist nach der K. nahezu vollständig. Bei Temperaturerhöhung bildet sich vorwiegend die ebenfalls techn. wichtige 4-Hydroxy-benzoesäure.

Kollagen, ↗ Strukturproteine.

kolligative Eigenschaften, von der Konzentration einer ideal verdünnten Lösung abhängige Eigenschaften, wie Dampfdruckerniedrigung, Gefrierpunktserniedrigung, Siedepunktserhöhung und osmotische Eigenschaften. Die k. E. werden zur Bestimmung der molaren Massen benutzt.

Kolloide, disperse Systeme, deren Teilchen einen Durchmesser von 10^{-3} bis 10^{-6} mm besitzen. Dispersionskolloide (↗ Dispersion) entstehen durch meist mechanische Zerkleinerung und Eintragen in ein Dispersionsmittel, z. B. Nebel, Rauch, Milch als Emulsion, kolloidales Eisen; Molekülkolloide sind Makromoleküle in kolloidaler Verteilung, z. B. Eiweiße, Kautschuk. Mizellkolloide entstehen, wenn sich molekulare Teilchen zu kolloiden Teilchen zusammenlagern, z. B. Seifen, Farbstoffe. Stoffe, die die ↗ Koagulation der K. verhindern, sind Schutzkolloide, Emulgatoren und Schaumbildner. K. sind wichtige Stoffe im Boden (Quellungsvorgänge, Absorptionsverhalten) und spielen eine Rolle im täglichen Leben (Gelatine in Nahrungsmitteln u. a.). Kolloiddisperse Systeme sind u. a. am ↗ TYNDALL-Effekt zu erkennen.

Kölnisch Wasser, *Eau de Cologne,* ein erfrischendes ↗ Parfüm, das durch Lösen von ätherischen Ölen, z. B. Bergamottöl, Rosenöl, Rosmarinöl, Neroliöl, in 70- bis 85%igem Ethanol hergestellt wird. *Wasch-Eau de Cologne* enthält weniger als 70 % Alkohol.

Kolonne, Apparatur im Laboratorium und in der chem. Technik, die zur besseren Trennung von Stoffgemischen bei der fraktionierten ↗ Destillation (bzw. ↗ Rektifikation) verwendet wird (Bild 1, S. 254). K. in der Technik ist eine hohe säulenförmige Apparatur, die Einbauten (↗ Böden) enthält. Sie wird bis 100 m Höhe und 9 m Durchmesser gebaut und ist einer der größten Apparate der Stoff-

Kolophonium

Bild 1. Kolonne, mit Glaskugeln gefüllt

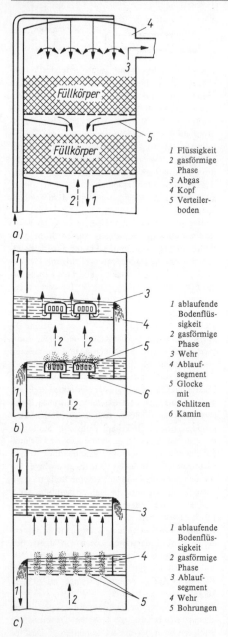

Bild 2. Schematischer Bau wichtiger industrieller Kolonnenarten
a) Benetzungskolonne (Ausschnitt)
b) Glockenbodenkolonne (Ausschnitt)
c) Siebbodenkolonne (Ausschnitt)

wirtschaft. Sie dient neben der Durchführung von Destillationen (Rektifikation) auch der Absorption, Extraktion, Adsorption u. a.
Wichtige Bauarten (Bild 2) von K. sind Boden-, Füllkörper-, Packungskolonnen. Wichtiger Leistungsparameter ist der Druckverlust, der in der Reihe von Boden- zu Packungskolonnen abnimmt.

Kolophonium, ein Naturharz (↗ Harze). Es wird durch Anritzen der Rinde von Nadelbäumen gewonnen. Dadurch wird »Harzfluß« als fäulnisverhütender Wundverschluß angeregt. Die austretende Masse ist ein ↗ Balsam und wird als Terpentin bezeichnet. Dieses wird durch Wasserdampfdestillation in ↗ Terpentinöl und K. als Destillationsrückstand zerlegt. Hauptbestandteil des K. ist Abietinsäure, ein Terpenderivat (↗ Terpene). K. ist eine harte, spröde, glasartige Masse, es ist in vielen org. Lösungsmitteln und Natronlauge löslich. Man verwendet es als Lackrohstoff, zur Herstellung von Druckfarben, Klebstoffen und Seifen, zum Verleimen von Papier und als Löthilfsmittel.

Kolorimetrie, ↗ Photometrie.

Kombinationswirkung, Bez. für die gegenseitige Beeinflussung der Wirkung von Substanzen, als Synergismus (gesteigerte, neuartige Wirkung) oder Antagonismus (gegenseitige Hemmung, verminderte Gesamtwirkung); z. B. bei Wirkung verschiedener Luftschadstoffe an einem Ort.

Kommunalmüll, ↗ Hausmüll.

Komplex, Bestandteil einer ↗ Komplexverb., bestehend aus Zentralion(-atom) und Liganden. Je nach Ionenladung des Komplexes unterscheidet man Kationenkomplexe, z. B. $[Cr(H_2O)_6]^{3+}$, Anionenkomplexe, z. B. $[Fe(CN)_6]^{4-}$, und Neutralkomplexe, z. B. $[PtCl_2(NH_3)_2]$.

σ-Komplex, Zwischenzustand beim Ablauf elektrophiler Reaktionen, der auch als »Carboniumion«

bezeichnet wird. Im σ-K. ist der elektrophile Reaktionspartner über eine σ-Bindung unter Aufrichtung einer Doppelbindung und Ausbildung einer positiven Ladung an einem Kohlenstoffatom (Carboniumion) gebunden. Es wird angenommen, daß der Bildung eines σ-K. die Bildung eines π-Komplexes vorangeht.
Die Zwischenexistenz des σ-K. wird bewiesen durch die Möglichkeit der Anlagerung unterschiedlicher nucleophiler Partner im Reaktionsablauf und durch stereochem. Aspekte. σ-K. treten z. B. auf bei elektrophiler Addition, A_E-Reaktion, an Olefinen und der elektrophilen Substitution, S_E-Reaktion, an Aromaten.
Bei der Addition von Protonensäuren an asymmetrische Olefine bildet sich durch die Protonenanlagerung der σ-K. mit der niedrigsten Aktivierungsenergie. Es erfolgt eine A_E-Reaktion nach der ↗ MARKOVNIKOV-Regel, die bei endständigen C=C-Doppelbindungen ausschließlich die Additionsrichtung bestimmt.

π-Komplex, Beschreibung eines Zwischenzustandes beim Ablauf einer elektrophilen Reaktion, in dem ein elektrophiler Partner mit einer positiven Ladung oder einer Elektronenlücke ein lockeres Addukt mit den π-Elektronen einer C=C-Doppelbindung oder eines aromatischen Elektronensextetts bildet. Elektrophile Additionsreaktionen, A_E-Reaktion, an Olefinen mit Halogenwasserstoff oder FRIEDEL-CRAFTS-Alkylierungen bzw. -acylierung und Chlorierungen, Bromierungen, Nitrierungen und Sulfonierungen an Aromaten durch elektrophile Substitutionsreaktionen, S_E-Reaktion, verlaufen über π-K.
Es erfolgt im π-K. eine Ladungsübertragung, die zur Vergrößerung der Dipolmomente führt. Im Absorptionsspektrum tritt eine meist schwache neue, langwelligere Bande (Ladungsübertragungsbande) auf. Die Bindung ist schwach und erfolgt im Gleichgewicht. Zwischen π-K. und ↗ σ-Komplexen sind Übergänge in beiden Richtungen möglich.
Die Ausbildung von π-K. mit Übergangsmetallen ist eine techn. wichtige Problematik für die Dimerisierung, Oligomerisierung, Carbonylierung und Hydroformylierung von Olefinen.

Komplexdünger, ↗ Mehrnährstoffdünger, die mehrere der drei Hauptnährstoffe (Stickstoff, Kalium, Phosphor) bereits im Herstellungsprozeß gemeinsam verarbeitet enthalten (Mischdünger).

komplexe Reaktion, ↗ Reaktionskinetik.

Komplexgleichgewichte, ↗ Gleichgewichte, chem., die sich bei Komplexbildungsreaktionen einstellen. Die Bildung von ↗ Komplexverbindungen in wäßriger Lösung vollzieht sich als Ligandenaustausch (Ligandensubstitution). Wassermoleküle von Aquakomplexen werden schrittweise durch andere Liganden ersetzt. Diese Reaktionen sind Gleichgewichtsreaktionen. Deshalb liegen verschieden zusammengesetzte Komplexe gleichzeitig in der Lösung vor. Quantitativ lassen sich K. durch das Massenwirkungsgesetz beschreiben. Ein Maß für die thermodynamische Stabilität sind die Gleichgewichtskonstanten. Diese werden bei K. als Komplexbildungskonstanten (Stabilitätskonstanten) bezeichnet. Die Kehrwerte heißen Komplexzerfallskonstanten (Instabilitätskonstanten). Je größer die Stabilitätskonstante bzw. je kleiner die Instabilitätskonstante, desto stabiler ist ein Komplex. Man unterscheidet zwischen individuellen Stabilitätskonstanten K für die einzelnen Komplexbildungsstufen und Bruttostabilitätskonstanten β, z. B.:

1. Stufe

$[Ni(H_2O)_6]^{3+} + NH_3 \rightleftharpoons [Ni(NH_3)(H_2O)_5]^{3+} + H_2O$

$K_1 = \dfrac{c_{[Ni(NH_3)(H_2O)_5]^{3+}}}{c_{[Ni(H_2O)_6]^{3+}} \cdot c_{NH_3}} \quad K_1 = 10^{2,7}\,mol^{-1} \cdot l$

2. Stufe

$[Ni(NH_3)(H_2O)_5]^{3+} + NH_3$
$\rightleftharpoons [Ni(NH_3)_2(H_2O)_4]^{3+} + H_2O$

$K_2 = \dfrac{c_{[Ni(NH_3)_2(H_2O)_4]^{3+}}}{c_{[Ni(NH_3)(H_2O)_5]^{3+}} \cdot c_{NH_3}} \quad K_2 = 10^{2,1}\,mol^{-1} \cdot l$

6. Stufe

$[Ni(NH_3)_5(H_2O)]^{3+} + NH_3 \rightleftharpoons [Ni(NH_3)_6]^{3+} + H_2O$

$K_6 = \dfrac{c_{[Ni(NH_3)_6]^{3+}}}{c_{[Ni(NH_3)_5(H_2O)]^{3+}} \cdot c_{NH_3}} \quad K_6 = 10^{-0,1}\,mol^{-1} \cdot l$

Summarische Gleichung:

$[Ni(H_2O)_6]^{3+} + 6\,NH_3 \rightleftharpoons [Ni(NH_3)_6]^{3+} + 6\,H_2O$

$\beta_6 = \dfrac{c_{[Ni(NH_3)_6]^{3+}}}{c_{[Ni(H_2O)_6]^{3+}} \cdot c_{6NH_3}} \quad \begin{array}{l} \beta_6 = K_1 \cdot K_2 \ldots \cdot K_6 \\ \beta_6 = 10^8\,mol^{-6} \cdot l^6 \end{array}$

Thermodynamisch besonders stabile Komplexe sind ↗ Metallchelate.

Komplexometrie, Methode der quantitativen Analyse zur volumetrischen Bestimmung des Gehaltes an Metallionen in einer Lösung. Die zur Titration benutzten ↗ Komplexone (z. B. Na_2H_2Y) bilden mit den Metallionen stabile Komplexe (Metallchelate) definierter stöchiometrischer Zusammensetzung. Dabei werden Wasserstoffionen frei, und es wird zur vollständigen Umsetzung in einem Puffersystem gearbeitet. Zur Probelösung gibt man ↗ Metallindikatoren, die mit den Metallionen (z. B. M^{2+}) gefärbte Komplexe (z. B. MI$^-$) bilden. Mit einer Komplexonlösung (H_2Y^{2-}) wird titriert, wobei sich die Metall-Indikator-Komplexe zu den

Komplexone

thermodynamisch stabileren Metall-Komplexon-Komplexen (z. B. MY^{2-}) umsetzen. Der dabei freiwerdende Indikator (z. B. H_2I^-) ist anders gefärbt als der Metall-Indikator-Komplex, so daß der Äquivalenzpunkt an der Farbänderung erkennbar ist:

$$M^{2+} + H_2I^- \rightleftharpoons MI^- + 2H^+$$
$$\text{rot}$$
$$MI^- + H_2Y^{2-} \rightleftharpoons MY^{2-} + H_2I^-$$
$$\text{rot} \qquad\qquad \text{blau}$$

Komplexone, bestimmte Aminopolycarbonsäuren, die mit Metallsalzen außerordentlich stabile Komplexe bilden. Am häufigsten wird das Dinatriumethylendiamintetraacetat (Abk. EDTA) verwendet (↗ Ethylendiamintetraessigsäure).

Komplexverbindung, im weiteren Sinne die Bez. für ↗ Koordinationsverb. Im engeren Sinne Bez. für eine Koordinationsverb. mit Kernstruktur. Darunter versteht man, daß ein *Zentralion* bzw. *-atom* ein Koordinationszentrum bildet, um das Ionen und/oder Moleküle mehr oder weniger symmetrisch angelagert (koordiniert) sind. Die das Zentralion(-atom) unmittelbar umgebenden Ionen bzw. Moleküle werden als *Liganden* bezeichnet. Zentralion(-atom) und Liganden bilden ein komplexes Teilchen, *Komplex* genannt. Der Komplex wird in der Formel durch eckige Klammern gekennzeichnet.

Komplexverbindungen: $[Fe(H_2O)_6]Cl_3$
Komplex: $[Fe(H_2O)_6]^{3+}$

Zahl der Liganden (6)
Ligand (H_2O)
Zentralion (Fe^{3+})

Die Ladung des Komplexes ergibt sich aus der Summe der Ladungen seiner Bestandteile.

$[Co(NH_3)_6]^{3+}$ komplexes Kation
$(1 \cdot 3+) + (6 \cdot 0) = 3+$ Kationenkomplex

$[Fe(CN)_6]^{4-}$ komplexes Anion
$(1 \cdot 2+) + (6 \cdot 1-) = 4-$ Anionenkomplex

$[PtCl_2(NH_3)_2]$ Komplexmolekül
$(1 \cdot 2+) + (2 \cdot 1-) + (2 \cdot 0) = 0$ Neutralkomplex

Die Bindung der Liganden an das Zentralion(-atom) erfolgt über ein sogenanntes *Haftatom* (Ligatoratom, Donoratom), das mindestens ein freies Elektronenpaar besitzen muß. Die Anzahl der Ligatoratome eines Liganden wird als seine *Zähnigkeit* bezeichnet.

Einzähnige Liganden:
Chloridion Wasser Hydroxidion Ammoniak

Zweizähnige Liganden:
Ethylendiamin (Abk. en)   Glycination

$H_2N-CH_2-CH_2-NH_2 \qquad [H_2N-CH_2-COO]^-$

Die Anzahl der Ligatoratome, die im Komplex an das Zentralion (-atom) koordiniert sind, ist die *Koordinationszahl*. Die häufigsten Koordinationszahlen sind 2, 4 und 6, verbunden mit einer bestimmten geometrischen Anordnung der Liganden (Bild 1). Koordiniert ein mehrzähniger Ligand (Chelatligand) über mehrere Ligatoratome an einem Zentralion(-atom), bilden sich im Komplex Ringe aus, und der Komplex wird als *Chelatkomplex* (↗ Metallchelat) bezeichnet. Komplexe mit einem Koordinationszentrum sind Einkernkomplexe. Befinden sich im Komplex mehrere Zentralionen (-atome), bezeichnet man sie als Mehrkernkomplexe. In ihnen sind einzelne Liganden, sogenannte Brückenliganden, mit zwei Zentralionen(-atomen) verbunden, z. B.

$$\left[(H_2O)_4 Fe \begin{smallmatrix} H \\ O \\ O \\ H \end{smallmatrix} Fe (H_2O)_4 \right]^{4+}$$

Zweikernkomplex

Die Benennung von K. erfolgt nach den IUPAC-Regeln (↗ Nomenklatur, anorg. chem.).

Die *chem. Bindung* in Komplexen zwischen Zentralion(-atom) und Ligand hat je nach der Art des Zentralions(-atoms) und des Liganden mehr ionischen oder mehr kovalenten Charakter. Deshalb kann die chem. Bindung in K. sowohl durch elektrostatische wie auch durch kovalente Modelle der chem. Bindung beschrieben werden.

Beim einfachen *elektrostatischen Modell* werden die Anziehungskräfte zwischen Zentralion und den Liganden (Ionen-Ionen bzw. Ionen-Dipol-Wechselwirkung) und die Abstoßungskräfte zwischen den Liganden betrachtet. Dabei ergibt sich die Koordinationszahl und die räumliche Anordnung der Liganden aus dem Größenverhältnis der beteiligten Teilchen und der Größe der Ladungen. So läßt sich erklären, daß Komplexe mit ionischen Liganden kleinere Koordinationszahlen haben als entsprechende Komplexe mit neutralen Liganden, da sich die Ionen untereinander stärker abstoßen, z. B.:
$[Co(H_2O)_6]^{2+}$ – $[CoCl_4]^{2-}$
$[Al(H_2O)_6]^{3+}$ – $[Al(OH)_4]^-$

Fluorokomplexe mit dem kleinen Fluoridion als

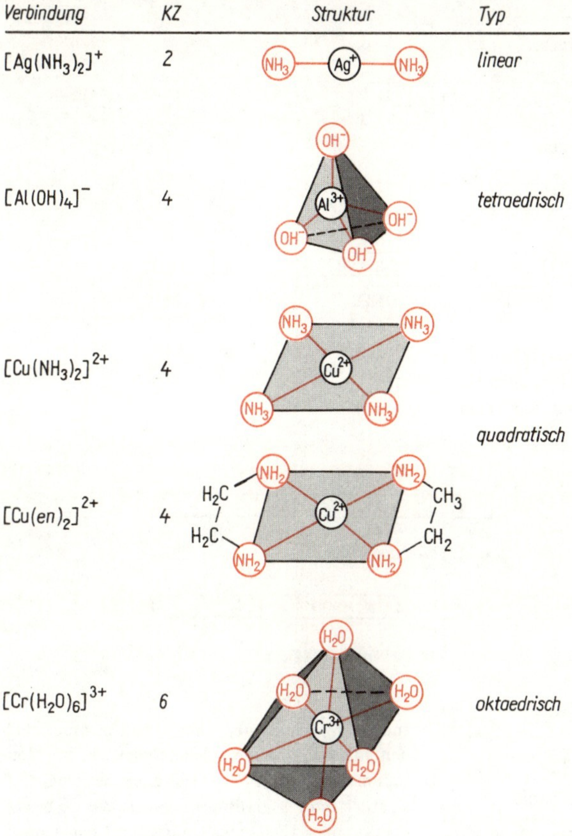
Verbindung
KZ
Struktur
Typ
$[Ag(NH_3)_2]^+$
2
NH_3 Ag^+ NH_3
linear
$[Al(OH)_4]^-$
4
OH^- Al^{3+} OH^- OH^- OH^-
tetraedrisch
$[Cu(NH_3)_2]^{2+}$
4
NH_3 NH_3 Cu^{2+} NH_3 NH_3
quadratisch
$[Cu(en)_2]^{2+}$
4
H_2C H_2C NH_2 NH_2 Cu^{2+} NH_2 NH_2 CH_3 CH_2
$[Cr(H_2O)_6]^{3+}$
6
H_2O H_2O H_2O Cr^{3+} H_2O H_2O H_2O
oktaedrisch

Bild 1. Koordinationspolyeder von Komplexverbindungen

Ligand haben meist größere Koordinationszahlen als Komplexe mit den größeren Halogenidionen, z. B.: $[FeF_6]^{3-}$ und $[FeBr_4]^-$.

Beim *kovalenten Bindungsmodell* wird Atombindung zwischen Ligand und Zentralion(-atom) angenommen. Dabei stammen beide Elektronen des gemeinsamen Elektronenpaares vom Liganden *(↗ koordinative Bindung).* Das Zentralion(-atom) erhält dadurch oft ↗ Edelgaskonfiguration, z. B. im $[Co(NH_3)_6]^{3+}$:

Co^{3+}	24 Elektronen
6 Elektronenpaare vom Ammoniak	12 Elektronen
	36 Elektronen = Elektronenzahl des Kryptons

Da der Ligand Elektronenpaarspender (Elektronenpaardonator) ist, fungiert er als LEWIS-Base; das Zentralion(-atom) als Elektronenpaarakzeptor ist eine LEWIS-Säure. Somit kann die Komplexbildung als LEWIS-Säure-Basen-Reaktion aufgefaßt werden (↗ Säure-Base-Theorie).

Die ↗ *VB-Methode* (↗ Atombindung) erklärt die Atombindung durch Überlappung von Atomorbitalen. Demzufolge müssen bei der Bindung in Komplexen ein leeres Orbital des Zentralions (-atoms) und ein doppelt besetztes Orbital des Ligatoratoms überlappen. Das Zentralion(-atom) muß über so viele gleichartige leere Orbitale verfügen, wie dazugehörige Ligatoratome vorhanden sind. Dazu bilden sich durch ↗ Hybridisierung (↗ Atombindung) aus energetisch und in der Form unterschiedlichen Orbitalen gleichartige Hybridorbitale. Welche und wieviel Orbitale die Hybridorbitale bilden, hängt von der Zahl und der räumlichen Anordnung der Ligatoratome ab (Bild 2, S. 258). Damit die entsprechende Anzahl leerer Hybridorbitale gebildet werden kann, ist oft Spinpaarung notwendig. Schematisch läßt sich die Bindung in Komplexen mit Hilfe der PAULING-Symbolik darstellen, z. B.:

Komplexverbindung

$[Co(NH_3)_6]^{3+}$

Elektronenkonfiguration des Co^{3+}-Ions:

Co^{3+} (Ar) [↿⇂|↑|↑|↑|↑|↑] [ ] [| |] [| | | |]
               3d   4s   4p   4d

d^2sp^3-Hybridisierung unter Spinpaarung
Co^{3+} (Ar) [↿⇂|↿⇂|↿⇂| |] [ ] [| |] [| | | |]
          sechs leere d^2sp^3-Orbitale

Komplexbildung mit Ammoniak
$[Co(NH_3)_6]^{3+}$ (Ar) [↿⇂|↿⇂|↿⇂|××|××] [××] [××|××|××] [| | | |]
                      Elektronenpaare des NH_3

Je nachdem, ob d-Orbitale der nächst inneren oder der äußersten Schale an der Bindung beteiligt sind, unterscheidet man Innenbahn- und Außenbahnkomplexe, z. B.:

Außenbahnkomplex:
$[Fe(H_2O)_6]^{3+}$ (Ar) [↑|↑|↑|↑|↑] [××] [××|××|××] [××|××| |]
                3d   4s   4p   4d
                    sp^3d^2-Hybridisierung

Innenbahnkomplex:
$[Fe(CN)_6]^{3-}$ (Ar) [↿⇂|↿⇂|↑|××|××] [××] [××|××|××] [| | | |]
                3d   4s   4p   4d
                    d^2sp^3-Hybridisierung

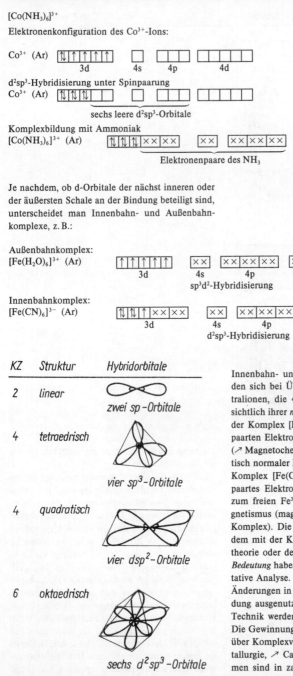

KZ	Struktur	Hybridorbitale
2	linear	zwei sp-Orbitale
4	tetraedrisch	vier sp^3-Orbitale
4	quadratisch	vier dsp^2-Orbitale
6	oktaedrisch	sechs d^2sp^3-Orbitale

Bild 2. Zusammenhang zwischen Hybridisierung und Struktur

Innenbahn- und Außenbahnkomplexe unterscheiden sich bei Übergangsmetallkomplexen mit Zentralionen, die 4 bis 8 d-Elektronen besitzen, hinsichtlich ihrer *magnetischen Eigenschaften*. So besitzt der Komplex $[Fe(H_2O)_6]^{3+}$ auf Grund der 5 ungepaarten Elektronen den gleichen Paramagnetismus (↗ Magnetochemie) wie das freie Fe^{3+}-Ion (magnetisch normaler Komplex, High-spin-Komplex). Der Komplex $[Fe(CN)_6]^{3-}$ besitzt nur noch ein ungepaartes Elektron und zeigt deshalb im Vergleich zum freien Fe^{3+}-Ion einen verminderten Paramagnetismus (magnetischer anomaler bzw. Low-spin-Komplex). Die chem. Bindung in K. kann außerdem mit der Kristallfeldtheorie, der Ligandenfeldtheorie oder der MO-Theorie beschrieben werden. *Bedeutung* haben K. für die qualitative und quantitative Analyse. Dabei werden Farbänderungen und Änderungen in der Löslichkeit bei der Komplexbildung ausgenutzt, z. B. ↗ Komplexometrie. In der Technik werden K. als Katalysatoren angewendet. Die Gewinnung und Reinigung von Metallen kann über Komplexverbindungen erfolgen (↗ Hydrometallurgie, ↗ Carbonyleisen). In lebenden Organismen sind in zahlreichen Biokatalysatoren (↗ Enzyme, ↗ Hormone, ↗ Vitamine) Metallionen komplex gebunden.

Komponenten, Zahl der voneinander unabhängigen Stoffe eines Systems, die zum Aufbau aller Phasen unbedingt nötig sind (↗ GIBBSsches Phasengesetz). Nach der Anzahl der K. unterscheidet man Ein-, Zwei-, Drei- und Mehrkomponentensysteme.

Kompostierung, biologisch-chem. Abbau org. Abprodukte zu hochwertigen org. Dünger bzw. Bodenverbesserungsmittel.

Kompression, Volumenverminderung eines Gases durch Druckerhöhung.

Komproportionierung, auch Synproportionierung, besonderer Fall des Redoxprozesses, bei dem eine mittlere Oxydationsstufe eines Elementes aus einer höheren und einer niederen entsteht:

$$5 \overset{-1}{I} + \overset{+5}{IO_3^-} + 6 H_3O^+ \rightarrow 3 \overset{\pm 0}{I_2} + 9 H_2O.$$

Kondensation,
1. Übergang eines Dampfes in den flüssigen oder festen Aggregatzustand durch Abkühlung.
2. Vereinigung zweier Moleküle unter Abspaltung eines Moleküls Wasser bzw. eines anderen Produktes (z. B. Chlorwasserstoff), z. B. Bildung von Dikieselsäure aus zwei Molekülen Orthokieselsäure: $H_4SiO_4 + H_4SiO_4 \rightarrow H_6Si_2O_7 + H_2O$.

Kondensationsreaktionen, Reaktionen, bei denen aus zwei oder mehreren Molekülen intermolekular unter Verknüpfung dieser Moleküle eine Verb. abgespalten wird. Die neue Bindung kann unter Freisetzung von Wasser, Halogenwasserstoff oder Ammoniak erfolgen.
Führen die K. zur Ausbildung von makromolekularen Verb., werden sie als Polykondensationen bezeichnet (↗ Phenoplaste, ↗ Aminoplaste, ↗ Polyesterfaser).

Kondensatlagerstätten, ↗ Erdgas.

Kondensator, in der Verfahrens- und Energietechnik ein nachgeschalteter Wärmeüberträger, in dem Dämpfe kondensieren. Das Kondensat wird entweder als Produkt abgezogen oder in den vorhergehenden Apparat zurückgeführt (↗ Destillationskolonne).

Konduktometrie, Messung der ↗ elektrischen Leitfähigkeit von Elektrolytlösungen. Dazu verwendet man meist die WHEATSTONEsche Brückenschaltung und Wechselspannung $U_\sim$ (Bild 1).
Die K. wird für Reinheitsuntersuchungen im Laboratorium und bei der Betriebsüberwachung chem. Anlagen angewendet. Weiterhin findet sie in der analytischen Chemie bei konduktometrischen ↗ Titrationen Anwendung, wenn eine visuelle Endpunktbestimmung mit einem ↗ Indikator schwierig ist. Es werden Neutralisations- und Fällungstitrationen untersucht. Bei einer Neutralisation einer

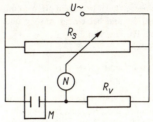

Bild 1. Brückenschaltung nach WHEATSTONE zur Leitfähigkeitsmessung
M Meßzelle
R_V Vergleichswiderstand
R_S Schiebewiderstand
N Nullinstrument

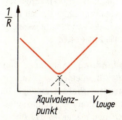

Bild 2. Konduktometrische Titrationskurve der Umsetzung einer starken Säure mit einer starken Base

starken Säure mit einer starken Base (Bild 2) sinkt zunächst die Leitfähigkeit durch Ersatz der gut beweglichen Hydroniumionen durch weniger bewegliche Alkalimetallionen. Nach dem Äquivalenzpunkt steigt die Leitfähigkeit durch die überschüssigen Ionen der Base wieder an (↗ Wanderungsgeschwindigkeit).

Konfiguration, räumliche Anordnung von Teilchen, z. B. der Atome eines Moleküls. Die K. wird besonders bei optisch aktiven Verb. betrachtet, ↗ Elektronenkonfiguration.

Konformation, räumliche Anordnung der Atome eines Moleküls, die durch Drehung um eine Einfachbindung zu verändern ist. Bild.

Konformationsisomere des Ethans

Konglomerat, Sedimentgestein, das durch Verfestigung grober Kieselschichten entstanden ist.

Kongorot, wasserlöslicher Azofarbstoff, das Natriumsalz der Benzidin-diazo-bis(1-amino-naphth-2-yl-4-sulfonsäure). K. wird durch zweifaches ↗ Diazotieren von Benzidin und C-Kupplung des Benzidintetrazoniumsalzes mit 4-Amino-naphthalen-1-sulfonsäure hergestellt.
K. ist ein substantiver Farbstoff für Cellulosefasern, aber säureempfindlich und wenig lichtecht. K. wird

als Indikator eingesetzt, der bei einem pH-Wert unter 3 blauviolett ist und bei einem Anstieg über pH 5,6 eine rote Färbung annimmt.

Königsches Salz,

$$\left[\begin{array}{c} C_6H_5-N-CH=CH-CH=CH-CH=\overset{\oplus}{N}-C_6H_5 \\ | \qquad\qquad\qquad\qquad\qquad\qquad | \\ CH_3 \qquad\qquad\qquad\qquad\qquad\quad CH_3 \end{array} \right]^+ Br^-,$$

ein Spaltprodukt des Pyridins. Es bildet sich daraus mit Bromcyan über das N-Cyano-pyridiniumbromid, das mit 2 Molen N-Methyl-aminobenzen unter Abspaltung von Cyanamid das K. S. liefert. K. S. ist eine rote, kristalline Verb., die für chem. Synthesen eingesetzt wird.

Königswasser, Gemisch von konz. Salpetersäure und konz. Salzsäure im molaren Verhältnis 1:3. Durch die Bildung von aktivem Chlor werden auch Gold (als »König der Metalle«) und Platin gelöst:
$HNO_3 + 3\,HCl \rightarrow NOCl + 2\,Cl + H_2O$,
$Au + 3\,Cl^- \rightarrow AuCl_3$.

konjugierte Doppelbindung, Anordnung von zwei Doppelbindungen, z. B. in einem ↗ Dien, mit einer dazwischenstehenden Einfachbindung. In den Dienen sind die vier C-Atome des konjugierten Systems sp^2-hybridisiert und planar, so daß die π-Elektronen über die Kette der konjugierten Anordnung delokalisiert sind. Daraus lassen sich Besonderheiten der Reaktivität ableiten, z. B. 1,4-Addition am Buta-1,3-dien. Verbindungen mit einer höheren Zahl konjugierter Doppelbindungen bezeichnet man als Polyene (z. B. Triene). Ein konjugiertes System mit besonderen Eigenschaften stellt das aromatische System dar (↗ Benzen).

Konservierung, Verfahren zur Haltbarmachung von Lebensmitteln als Schutz vor Fäulnis, Gärung und Schimmelbildung.
Physikal. Methoden der K. sind Kühlen (0 bis +10 °C), Gefrieren (−10 bis −20 °C), Frosten (unter −20 °C), ↗ Pasteurisieren (Erwärmen bis +100 °C), Sterilisieren (Erwärmen über +100 °C) und Trocknen.
Chem. Methoden sind Einsalzen (Pökeln), Räuchern und Einlegen in Alkohol, Zuckerlösungen, Öle oder Essigsäure. Bei der Sauerkrautbereitung findet eine natürliche Säuerung statt (Milchsäuregärung). Eine K. kann durch Zusatz von keimtötenden bzw. -hemmenden Konservierungsmitteln erreicht werden. Diese Mittel sollen für den Menschen relativ unschädlich sein. So werden z. B. Ameisensäure (↗ Methansäure), ↗ Benzoesäure, ↗ Salicylsäure, 4-Hydroxy-benzoesäureester, schweflige Säure und Hydrogensulfite eingesetzt.

Konstantan, Legierung aus 60 % Cu und 40 % Ni und Spuren von Fe und Mn mit nahezu temperaturunabhängigem elektrischem Widerstand zur Herstellung von Thermoelementen und Präzisionswiderständen.

Kontakt, umgangssprachliche Bez. für einen (festen) Katalysator.

Kontaktanordnung, ↗ Katalysatoranordnung.

Kontaktapparat, Reaktor für katalytische Reaktionen. ↗ Katalysatoranordnung.

Kontakthof, Zone der Einwirkung einer in der Erdkruste erkaltenden Magmamasse auf die Nebengesteine. Neben thermischen Veränderungen (Auftreten neuer Mineralbildungen aus den ursprünglich vorhandenen Paragenesen) stehen die Zufuhr heißer Lösungen und Dämpfe und ihre Wirkungen (Verdrängungen im Ursprungsgestein, Ausbildung von Gängen).

Kontaktklebstoffe, ↗ Klebstoffe zum Verkleben von Glas, Keramik und Plastwerkstoffen. K. sind z. B. Lösungen von bestimmten Synthesekautschuksorten, z. B. Polychlorbutadien, in org. Lösungsmitteln. Bei der Anwendung müssen beide Klebflächen mit K. bestrichen werden. Es muß nun so lange Lösungsmittel verdunsten, bis der K. genügend klebrig geworden ist. Dann fügt man beide Klebflächen unter Druck zusammen.

Kontaktthermometer, ist ein Quecksilberthermometer, das in Apparaten zur Temperaturregulierung verwendet wird und einen eingebauten, in der Länge verschiebbaren Metalldraht besitzt, in dem bei Berührung von Quecksilber und Metalldraht ein Schaltkontakt ausgelöst wird.

Kontaktverfahren, ↗ Schwefelsäureherstellung.

Kontamination, Belastung der Atmosphäre, des Wassers oder des Bodens durch toxische Stoffe.

kontinuierliche Betriebsweise, stetige Zuführung eines Stoffstroms zu einem Apparat einer Anlage und dessen stetige Abführung, ohne zeitliche Unterbrechung. Der Zustand des Stoffstromes an jeder Stelle im Innern des Apparates der Anlage ist von der Zeit unabhängig. Diese Betriebsweise ist effektiver als die diskontinuierliche. Sie erfordert einen geringeren Ausrüstungsaufwand für gleiche Produktionsleistung und ist für Großproduktionen mit über längere Zeit konstanter Produktpalette typisch.

Konversion, Verfahren zur Abtrennung einer Komponente aus reziproken Salzpaaren infolge unterschiedlicher Löslichkeit. So stellte man durch »Konversion« aus Chilesalpeter, $NaNO_3$, mit Kaliumchlorid, KCl, Konversionssalpeter, Kaliumnitrat, her.

Konverter, Schmelzapparat in der Metallurgie zur oxydierenden Veredlung und ↗ Raffination von Metallen aus der Schmelze. Es ist ein birnen- bzw.

zylinderförmiges Gefäß, das um eine waagerechte Achse schwenkbar ist und innen eine feuerfeste Auskleidung enthält. Das Fassungsvermögen eines K. beträgt im allgemeinen 100 bis 400 t. Je nach dem angewandten Veredlungsverfahren wird durch den Boden oder (Aufblaskonverter) von oben Luft oder Sauerstoff durch den schmelzflüssigen Inhalt geblasen (Bild). Die freiwerdende Wärme der ablaufenden Oxydationsprozesse liefert die erforderliche Temperatur. Bedeutsam für die ablaufenden Prozesse ist die Art des »Futters«, mit dem der K. feuerfest ausgekleidet ist. ↗ Stahlerzeugung.

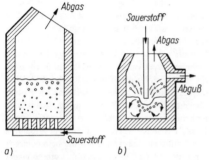

Schema eines Konverters
a) Sauerstoff-Durchblas-Verfahren
b) Sauerstoff-Aufblas-Verfahren

Konvertierung, katalytische Umwandlung von Kohlenmonoxid mit Wasserdampf zu Wasserstoff und Kohlendioxid:
$CO + H_2O \rightleftharpoons H_2 + CO_2$, exotherm.
↗ Ammoniaksynthese, ↗ Harnstoff.

Konzentrat, Zielprodukt von Anreicherungsvorgängen, z. B. in der Rohstoffaufbereitung.

Konzentration, relativer Mengenanteil der Komponente einer Mischung. Für die K. gibt es verschiedene ↗ Konzentrationsmaße.

Konzentrationsmaße, quantitative Angaben der Konzentration. Nach dem Bezug werden massebezogene, volumenbezogene und teilchenbezogene K. unterschieden (Tabelle).

1. Massebezogene K.
Der Massenbruch (w_i) ist der Quotient aus der Masse der Komponente (m_i) und der Gesamtmasse (m);

$$w_i = \frac{m_i}{m},$$

mit 100 multipliziert wird w_i in Masse-% angegeben.

2. Volumenbezogene K.
Der Volumenbruch (φ_i) ist der Quotient aus dem Volumen der Komponente (v_i) und dem Gesamtvolumen (v). Wegen der ↗ Volumenkontraktion ist

$$v \neq \Sigma v_i, \quad \varphi_i = \frac{v_i}{v},$$

multipliziert mit 100 wird φ_i in Vol.-% angegeben.

3. Teilchenbezogene K.
Da bei chem. Reaktionen Teilchen miteinander reagieren, sind die teilchenbezogenen die für die Chemie wichtigsten K.
Der Molenbruch (x_i) ist der Quotient der Molzahl der Komponente (n_i) und der Summe der Molzahlen aller Bestandteile des Systems (Σn)

$$x_i = \frac{n_i}{\Sigma n}.$$

Der Molenbruch ist eine dimensionslose Zahl.

Die Molarität (c) ist die Molzahl (Objektmenge) n des gelösten Stoffes pro Liter Lösung: $c = \frac{n}{v}$. Die Maßeinheit ist $mol \cdot l^{-1}$. Eine einmolare (1 M) ist die Konzentration von $1\, mol \cdot l^{-1}$.

Die Normalität ($c_Ä$) ist ein von der Molarität abgeleitetes K., das sich durch Multiplikation der Molarität (c) mit der stöchiometrischen Wertigkeit (z) ergibt:
$c_Ä = c \cdot z$.

Die Molalität (c_m) ist die Molzahl n des gelösten Stoffes pro Kilogramm Lösungsmittel. Die Maßeinheit ist $mol \cdot kg^{-1}$. Eine 1molale (1 m) Lösung enthält 1 mol in 1 kg Lösungsmittel.

Konzentrationen wichtiger Basen und Säuren

Substanz	Masse-%	Molarität in $mol \cdot l^{-1}$	Dichte in $g \cdot cm^{-3}$
Schwefelsäure, konz.	96	18	1,84
Schwefelsäure, verd.	25	3	1,18
Salzsäure, konz.	36	12	1,18
Salzsäure, verd.	20	6	1,10
Salpetersäure, konz.	72	16	1,42
Salpetersäure, verd.	32	6	1,19
Ammoniaklösung, konz.	28	15	0,90
Ammoniaklösung, verd.	6	3	0,97

Koordinationslehre, von ↗ A. WERNER 1893 begründete Lehre von der Zusammensetzung und dem räumlichen Aufbau der ↗ Komplexverb. WERNER schlußfolgerte aus den chem. Eigenschaften dieser Verb., daß sie Kernstruktur besitzen müssen. Das bedeutet, daß um ein Koordinationszentrum (Zentralion bzw. -atom) eine bestimmte Anzahl von ↗ Liganden symmetrisch angeordnet sind. Das Zentralion(-atom) und die Liganden bilden zusam-

men einen Komplex, der an chem. Reaktionen als neue Gesamtheit unverändert beteiligt ist.
Koordinationsverbindungen, auch als ↗ *Komplexverb.* bezeichnet, sind Verb. höherer Ordnung, die sich aus einfacheren, selbständig und unabhängig voneinander existierenden Verb. (Verb. erster Ordnung) bilden. Zu den Verb. erster Ordnung gehören solche, deren Zusammensetzung sich mit den klassischen Wertigkeitsvorstellungen (↗ Oktett-Regel) erklären läßt, z. B. die binären anorg. Verb., wie Hydride, Oxide, Sulfide, Halogenide usw., aber auch die Mehrzahl der org. Verb. Folgende Verb.-Gruppen zählen zu den K.:

↗ Solvate (z. B. Hydrate)   z. B. $Na_2CO_3 \cdot 10 H_2O$
↗ Doppelsalze   z. B. $AlK(SO_4)_2 \cdot 12 H_2O$
↗ Oniumverb.   z. B. NH_4Cl
↗ Molekülverb.   z. B. H_3N-BF_3
↗ Einschlußverb.   z. B. Iodstärke

Eine große Gruppe von K. bilden die ↗ Komplexverb. im engeren Sinne. In ihnen bildet ein Zentralion bzw. -atom ein Koordinationszentrum, um das Ionen und/oder Moleküle, die man allgemein als Liganden bezeichnet, angelagert werden.
Koordinationszahl, gibt in einem Teilchenverband (z. B. Kristallgitter) die Anzahl der unmittelbar benachbarten Teilchen an. In der ↗ Komplexchemie gibt die K. die Zahl der Haftfunktionen des Zentralions an.
koordinative Bindung, formale Bez. für eine ↗ Atombindung, bei der beide Elektronen nur von einem Atom herrühren, infolge der Ununterscheidbarkeit der Elektronen jedoch keine Unterschiede zur Natur der Atombindung bestehen. Weil das bindende Elektronenpaar anteilig beiden Atomen angehört, erhält entsprechend der Gleichung:

$$\ddot{D}: + \ddot{A}: \longrightarrow :\overset{\oplus}{\ddot{D}}:\overset{\ominus}{\ddot{A}}: \text{ bzw. } \overset{\delta^+}{D}-\overset{\delta^-}{A} \text{ bzw. } D \rightarrow A$$

der ↗ Donator D des Elektronenpaares eine positive und der ↗ Akzeptor A eine negative Ladung. Dadurch besitzt die Atombindung bei der k. B. einen stark polaren Charakter und wird auch als semipolare Bindung bezeichnet. Allerdings ist die Ladung der Atome meist nicht ganzzahlig, wie durch die ↗ formale Ladung ⊕, ⊖ angegeben wurde, sondern es tritt nur eine Verschiebung (↗ Polarisierung) des Elektronenpaares des Donators zum Akzeptor auf. Das wird durch die partiellen Ladungen δ oder durch einen Pfeil in der Schreibweise angedeutet. Als ↗ Elektronen-Donator-Akzeptor-Wechselwirkung stellt die Bildung der k. B. eine ↗ Säure-Basen-Reaktion nach ↗ LEWIS dar.

Mit Hilfe der Vorstellungen von der k. B. konnte die Bildung von ↗ Koordinationsverb. bzw. ↗ Komplexverb. erklärt werden.
Kopale, Sammelname für natürliche, harte ↗ Harze.
Kopf, oberes Ende einer ↗ Kolonne.
Kopfprodukt, Produkt, das aus dem obersten Teil einer Kolonne abgezogen wird, ↗ Destillation.
Koppelprodukt (auch: Kuppelprodukt), Produkt, dessen Herstellung sich bei der Produktion eines anderen Produktes zwanglos ohne größeren Aufwand anschließen läßt, das aber das gesamte Betriebsergebnis günstig beeinflußt. Beispiel: Schwefeldioxid und Zement beim MÜLLER-KÜHNE-Verfahren; jedes Produkt allein würde keine ökonomische Prozeßgestaltung ermöglichen.
Koppelproduktion ist die gleichzeitige Herstellung mehrerer Produkte in einem Produktionsprozeß. Sie ist typisch für die chem. Industrie und bedingt die hier besonders starke Verflechtung der Produktionsprozesse und die Bildung großer Produktionseinheiten auf engem Raum.
Korn, Feststoffteilchen meist geringer Größe, als lose Schüttung (Lockerprodukt) wie bei gegenseitiger Verwachsung (Gestein). Ein K. kann homogen, aus einem Mineral, einer Phase bestehend, oder heterogen, aus verschiedenen Phasen, aufgebaut sein. Der Begriff »Korn« ist nicht mit dem Begriff »Kristall« identisch, der eine strukturelle Forderung stellt. Jeder kleine Einzelkristall stellt ein K. dar, aber nicht jedes homogene K. muß kristalliner Struktur sein.
Körperfarben, ↗ Pigmente.
korrespondierendes Redoxpaar, Reaktionspartner, die durch die Gleichung Oxidationsmittel + Elektron ⇌ Reduktionsmittel miteinander in Beziehung stehen (↗ Redoxsystem).
korrespondierendes Säure-Base-Paar, Reaktionspartner, die durch die Gleichung Säure ⇌ Base + Proton miteinander in Beziehung stehen (↗ Säure-Base-Theorie nach BRÖNSTED).
Korrosion, unerwünschte Zerstörung von Werkstoffen durch chem. oder elektrochem. Reaktionen an ihrer Oberfläche infolge äußerer Einflüsse (Sauerstoff, Feuchtigkeit, aggressive Dämpfe, Lösungen oder Salzschmelzen).
Unter der K. der Metalle versteht man die langsame Oxydation ihrer Oberflächen, die wesentlich durch Feuchtigkeit und Verunreinigungen gefördert wird. Dabei spielt die Bildung sehr kleiner ↗ galvanischer Zellen auf der Metalloberfläche, sogenannter Lokalelemente, eine große Rolle. Bei der K. von Eisenwerkstoffen (Rosten) sind die entstehenden Elektroden $Fe/Fe(OH)_2$ und $Fe/FeO(OH)$

sowie geringste metallische Verunreinigungen für die Bildung von Lokalelementen verantwortlich. Es laufen folgende Prozesse ab (Bild 1), die durch säurebildende Verunreinigungen, z. B. SO_2, gefördert werden:

Oxydation $\quad$ Fe $\quad \rightarrow Fe^{2+} + 2e^-$,
Reduktion $\quad 2H_2O + 2e^- \rightarrow 2OH^- + H_2$,
Gesamt- $\quad$ Fe + $2H_2O \rightarrow Fe^{2+} + 2OH^- + H_2$,
reaktion
Folge- $\quad Fe^{2+} + 2OH^- \rightarrow Fe(OH)_2$,
reaktionen $\quad 2Fe(OH)_2 + O_2 \rightarrow 2FeO(OH) + 2OH^-$.

Befinden sich auf Eisen metallische Schutzschichten, läuft die K. an deren Störungen ab, wobei das Metall mit dem kleineren Standardpotential (↗ Spannungsreihe) in Lösung geht (Bild 2). Zum Korrosionsschutz sind metallische und nichtmetallische Überzüge am verbreitetsten, die möglichst dicht, porenfrei und festhaftend sein sollen. Manche Metalle bilden selbstschützende Korrosionsschichten (↗ Passivierung). Dagegen schützt der Rost das Eisen nicht, da keine einheitliche Schicht gebildet wird.

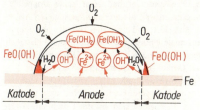

Bild 1. Rosten von Eisenwerkstoffen

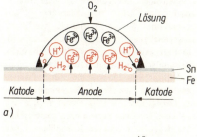

a)

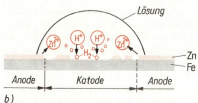

b)

Bild 2. Korrosion an Eisen mit Metallüberzügen
a) eines edleren
b) eines unedleren Metalls

Korund, α-Al_2O_3, sehr hartes Mineral metamorpher Entstehung. Klare, rotgefärbte Kristalle werden als Rubin, blaugefärbte als Saphir zu Schmucksteinen verarbeitet. Als feinkristalline Aggregate vorkommend, wird K. zusammen mit metamorphen Begleitmineralien als Schmirgel bezeichnet. Wegen seiner großen Härte findet sich K. oft auch in Edelsteinqualität in Seifenlagerstätten Südostasiens. Techn. K. wird heute in Edelsteinqualität in einem Schmelzverfahren synthetisch hergestellt (VERNEUIL-Verfahren).

KOSSEL, WALTER (4. 1. 1888 bis 22. 5. 1956), deutscher Physiker, hat wesentliche Verdienste um die Entwicklung moderner valenztheoretischer Ansichten. ↗ Ionenbeziehung ↗ Edelgaskonfiguration.

Kosten, in Geld bewerteter Verbrauch von vergegenständlichter und lebendiger Arbeit zur Herstellung von Erzeugnissen bzw. Realisierung von Leistungen. In der chem. Industrie setzen sie sich aus den festen Kosten (z. B. Anlagen- bzw. Investkosten) und den variablen Betriebskosten (z. B. Kosten der durchgesetzten Stoff- und Energieströme) zusammen.

Koste-Verfahren, Abkürzung für das Kohlenstaub-Einblaseverfahren, um beim Betrieb von Hochöfen zur Roheisenherstellung einen Teil des Hüttenkokses einzusparen.

kovalente Bindung, homöopolare Bindung, ↗ Atombindung.

Kovalenz, homöopolare Bindung, ↗ Atombindung.

Kraftfahrzeugabgase, enthalten verschiedene Schadstoffe (Kohlenmonoxid, Kohlenwasserstoffe, Ruß, Stickoxide, Schwefeldioxid, Bleiverbindungen), die sich aber heute (außer Bleiverbindungen) durch katalytische Umwandlung in ungiftige Verb. (katalytische Nachverbrennung) beseitigen lassen. Die Verwendung von bleifreiem Benzin ist daher günstig für die Umwelt und Voraussetzung für die Funktion des Katalysators.

Krätze, Abfallprodukt, das bei der Gewinnung, Be- und Verarbeitung von Metallen, z. B. Aluminium, Gold, Silber, anfällt und im wesentlichen ein heterogenes Gemisch von Metallen, Metallverbindungen und Schlackenstoffen darstellt. K. kann hochgiftige Beimengungen enthalten, z. B. Verbindungen, die bei Wassereinwirkung Phosphane entwickeln, und damit zu einem die Umwelt belastenden Schadstoff werden.

Kreatin, N-Methyl-guanidinethansäure, eine bio-

$$CH_3-N-CH_2-COOH$$
$$\quad\quad\;\; |$$
$$\quad\quad\;\; C=NH$$
$$\quad\quad\;\; |$$
$$\quad\quad\;\; NH_2$$

Kreatin

logisch wichtige substituierte Carbonsäure, die im Muskelsaft der Wirbeltiere vorkommt und aus Fleischbrühe isoliert wird.
Krebs-Zyklus, ↗ Atmung.
Kreide, sehr feinkörniger, weißer, meistens wenig fester Kalkstein.
Kreislauffahrweise, Kreislaufführung, Prinzip zur Führung von Stoffströmen (bzw. an Stoffströme gebundene Energie) bei chem.-techn. Prozessen. Diese Ströme bewegen sich dabei längs geschlossener Bahnen. Ausgangsstoffe werden eingeschleust, Produkte abgezogen. Kreislauffahrweise ist das techn.-ökonomische Optimum bei kontinuierlicher Betriebsweise, z. B. als Regenerationskreislauf bei der Reaktion beteiligter Reaktionsvermittler (z. B. NaOH im ↗ Bayer-Verfahren, Hg im ↗ Quecksilberverfahren, NH_3 und CO_2 im ↗ Solvay-Verfahren bei nur geringen Umsätzen; ↗ Ammoniakherstellung).
Kreuzstrom, Querstrom, verfahrenstechn. Prinzip für die Führung von miteinander im Stoff- oder Energieaustausch stehenden Phasenströmen, die dabei im Winkel von 90 °C zueinander fließen. Die Phasenströme sind meistens durch feste Wände voneinander getrennt. Bild.

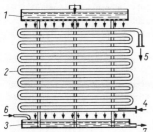

Schema eines Rieselkühlers
1 Rieselwasser-Verteilerwanne
2 Rohrwand
3 Sammelrinne
4 Kühlguteintritt
5 Kühlgutaustritt
6 Zusatzwasser
7 Wasserablauf

Kriechprobe, qualitativ analytischer Nachweis für Fluoridionen. In einem Reagenzglas wird die Untersuchungssubstanz mit konz. Schwefelsäure übergossen. Bei Anwesenheit von Fluoridionen entsteht gasförmiger Fluorwasserstoff, der mit der Reagenzglaswand zu Siliciumtetrafluorid reagiert. Beim Schütteln der Schwefelsäure läuft diese »ölig« an der Reagenzglaswand ab:
$2 CaF_2 + 2 H_2SO_4 \rightarrow 2 CaSO_4 + 4 HF$
$4 HF + SiO_2 \rightarrow SiF_4 + 2 H_2O$
Kristalle, aus Atomen, Ionen oder Molekülen aufgebaute, homogen zusammengesetzte Festkörper, deren Bausteine durch chem. Bindungskräfte zusammengehalten, in einem ↗ Kristallgitter, dreidimensional regelmäßig strukturiert, angeordnet sind. Die stofflichen Eigenschaften der K. sind z.T. durch die bestehenden chem. Bindungsverhältnisse bestimmt: z. B. Kristall mit ionischer Bindung = Natriumchlorid; Kristall mit kovalenter Bindung = Diamant; Kristall mit metallischer Bindung = Kupfermetall und Kristall mit zwischenmolekularer Bindung = Naphthalin.
Kristalle, flüssige, Flüssigkristalle, bessere Bez. wäre kristalline Flüssigkeiten, kennzeichnen einen Zustand bestimmter org. Verb., z. B. biologisch aktive Substanzen, wie Cholesterol und andere Steroide, die im geschmolzenen Zustand, unmittelbar nach dem Schmelzen im Bereich eines begrenzten Temperaturintervalls, als trübe Flüssigkeit optische Doppelbrechung zeigen. Daraus resultiert, daß in der Schmelze relativ große Aggregate angenommen werden müssen, die durch Symmetrie der Moleküle und durch Wirkung zwischenmolekularer Kräfte eine gewisse kristalline, d. h. richtungsabhängige Ordnung einnehmen. Ab einer bestimmten Temperatur geht dieser Zustand verloren, d. h., die Schmelze wird klar und zeigt keine Doppelbrechung mehr, weil die größeren, gerichteten Aggregate aufgelöst sind und alle Teilchen die dreidimensionale Unordnung einer normalen Flüssigkeit zeigen. K. f. finden z. B. in den Displays elektronischer Geräte (LCD-Quarzuhren) Verwendung.
Kristallformen, äußere, z. B. spezifische, morphologische Anhaltspunkte für das Vorliegen von Kristallen. K. ergeben sich aus der Kombination verschiedener Kristallflächen, der Tracht, deren Gesamtheit noch durch unterschiedliche Größenverhältnisse der Flächen zueinander, den Habitus, modifiziert wird. So ist z. B. bei gleicher Tracht, d. h. bei gleicher Flächenkombination, ein nadeliger, säuliger, prismatischer usw. Habitus möglich. Die Kristallflächen sind der äußere sichtbare Ausdruck des Wachsens der Kristalle über nacheinander angelagerten Netzebenen der atomaren Bausteine. Daher bestehen trotz großer morphologischer Vielfalt deutliche Beziehungen zwischen den auftretenden bzw. möglichen Kristallflächen und dem Aufbau des Gitters, d. h. der Art der hier möglichen Netzebenen. So lassen sich alle auftretenden Kristallformen-Kombinationen eines Minerals auf das gleiche Koordinatensystem beziehen und damit die Gestalt der Elementarzelle dieses Kristallgitters beschreiben. Bei schneller Kristallisation, z. B. rascher Abkühlung einer Schmelze oder abruptem Überschreiten des Löslichkeitsproduktes durch hohe Konzentrationen der Reaktionspartner, wachsen viele kleinere Kristalle vorwiegend nach den Ecken und Kanten; denn diese sind für den

Bausteineinbau besonders zugänglich. Dabei entstehen Skelettkristalle bzw. Dendriten. Verwachsungen gleichartiger Kristalle werden als Zwillinge bezeichnet, wenn die Raumgitter der beiden Körper nicht zufällig, sondern in definierten geometrischen Beziehungen zueinander verwachsen sind.

Kristallgitter, Modellvorstellung zur Beschreibung der regelmäßigen, räumlichen Anordnung der Bausteine (Atome, Ionen, Moleküle) in ↗ Kristallen. K. lassen sich auf die kleinsten möglichen Baueinheiten, die Elementarzellen, zurückführen. Durch Zusammensetzung (unendlich) vieler Elementarzellen kann das K. bis zur makroskopischen Größe aufgebaut werden. Zur Charakterisierung eines K. genügt eine Bestimmung des Typs der entsprechenden Elementarzelle. Als Bestimmungsparameter einer Elementarzelle dienen die *Längen der drei räumlichen Achsen* (mit a, b und c bezeichnet) und die *Größen der Winkel,* die diese Achsen miteinander bilden (mit α, β und γ bezeichnet). Alle bekannten Kristallstrukturen, d. h. die ihnen entsprechenden Kristallgitter, lassen sich durch Klassifizierung der Elementarzellen nach 7 Kristallsystemen ordnen. Bild, Tabelle.

Ein K. kann in seiner systematischen Anordnung noch differenzierter betrachtet werden, wenn Gitterpunkte (Bausteinorte), die nicht an den Ecken der Elementarzelle liegen, in die Betrachtung einbezogen sind. Auf diese Weise lassen sich die 7 Kristallsysteme auf 14 Gittertypen, die sogenannten ↗ BRAVAIS-Gitter, erweitern. Das K. postuliert den regelmäßigen Feinbau eines Idealkristalls, der jedoch von dem in der Wirklichkeit existierenden Realkristall durch vorhandene (viele mögliche) *Baufehler* mehr oder weniger abweicht.

Die sieben Kristallsysteme

System	Achsen	Winkel
kubisch	$a = b = c$	$\alpha = \beta = \gamma = 90°$
tetragonal	$a = b \neq c$	$\alpha = \beta = \gamma = 90°$
rhombisch (auch orthorhombisch)	$a \neq b \neq c$	$\alpha = \beta = \gamma = 90°$
monoklin	$a \neq b \neq c$	$\alpha = \gamma \neq 90° \neq \beta \neq 90°$
triklin	$a \neq b \neq c$	$\alpha \neq \beta \neq \gamma \neq 90°$
hexogonal (auch trigonal)	$a = b \neq c$	$\alpha = \beta = 90°, \gamma = 120°$
rhomboedrisch	$a = b = c$	$\alpha = \beta = \gamma \neq 90°$

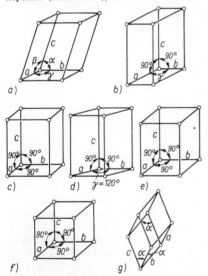

Schematische Darstellung der Koordinatensysteme der 7 Kristallsysteme
a) triklin
b) monoklin
c) rhombisch
d) hexagonal
e) tetragonal
f) kubisch (früher: regulär)
g) rhomboedrisch

kristallin, Ordnungsgrad eines Festkörpers, der aus einem oder mehreren Kristallen besteht. Gegensatz ↗ amorph.

Kristallisation, die Bildung von Kristallen aus übersättigten Lösungen, Schmelzen oder Dämpfen. Techn. dient die K. zur Trennung von Stoffgemischen, zur Feinreinigung eines Stoffes oder zur Formgebung (Einkristalle, Agglomerate). Man unterscheidet die Herstellung großer Einkristalle (Gerätebau, Mikroelektronik) und die Massenkristallisation (Düngemittel, Zucker, Speisesalz u. a.). Der zur Durchführung der K. erforderliche techn. Apparat, der Kristallisator, ist in verschiedenen Bauarten im Einsatz. Nach der Art der Erzeugung der erforderlichen Übersättigung unterscheidet man Verdampfungs-, Kühlungs- und Vakuumkristallisatoren. Vakuumkristallisatoren arbeiten nach dem Prinzip der Entspannungsverdampfung und benötigen im Gegensatz zu den beiden anderen Grundtypen keine inneren Heiz- bzw. Kühlflächen. Typisches Beispiel einer techn. K. ist die Abtrennung von KCl aus einem NaCl-KCl-Rohsalzgemisch (Bild, S. 266). Von dem Rohsalz wird eine heiße (etwa 90 °C) gesättigte Lösung hergestellt. Bei Abkühlung auf etwa 20 °C fällt ein beträchtlicher Teil des heiß gelösten KCl als Produkt aus, da es bei niederen Temperaturen wesentlich weniger löslich ist.

Kristallisator

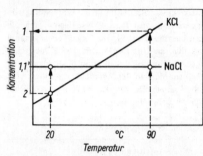

Schema der technischen KCl-Abtrennung aus einem NaCl-KCl-Rohsalz
Löslichkeitskurven (Sättigungslinien) von NaCl und KCl
1 bei 90° (»Heißlösen«) für KCl und NaCl
1* bei 20° für NaCl } nach Abkühlung
2 bei 20° für KCl
Bei Abkühlung kristallisiert KCl (Differenz-Konzentration von 1:2) aus.

Kristallisator, techn. Apparat zur Durchführung der ↗ Kristallisation.
Kristallisierschale, oben offenes Glas- oder Porzellangefäß mit flachem Boden zum Einengen von Lösungen und Ausführen von Kristallisationen.
Kristallit, Kristall relativ kleiner Größe.
Kristalloblastese, gleichzeitiges Wachsen von neugebildeten Kristallen in einem Altbestand (bei metamorphen oder metasomatischen Vorgängen), im Gegensatz zu dem Nebeneinander der Kristallisation bei Erstarrung aus der Schmelze oder Kristallisation aus Lösungen.
Kristallographie, Lehre von den Kristallen bzw. kristallinen Festkörpern.
Kristallstrukturanalyse, ↗ Röntgenbeugungsverfahren.
Kristallsysteme, ↗ Kristallgitter.
Kristallviolett, Triphenylmethanfarbstoff mit intensiv violetter Farbe. Zur Herstellung wird N,N-Dimethyl-anilin mit Phosgen zu 4,4-Bis(dimethyl-amino)benzophenon (MICHLERS Keton) umgesetzt, das dann mit weiterem N,N-Dimethyl-anilin in Gegenwart von Phosphoroxidchlorid zu K. kondensiert wird. K. ist wegen der geringen Waschechtheit zur Faserfärbung wenig geeignet. K. ist der Farbstoff violetter Tinten.

Kristallwasser, stöchiometrisch definierter Wassergehalt in Kristallen. Die Wassermoleküle sind im Kristallgitter eingelagert, z. B. $Na_2B_4O_7 \cdot 10\,H_2O$, bei Übergangsmetallverb. koordinativ gebunden, Aquakomplexe, z. B.:
$NiCl_2 \cdot 6\,H_2O \triangleq [Ni(H_2O)_6]Cl_2$
oder sowohl koordinativ gebunden als auch am Anion angelagert, z. B.:
$CoSO_4 \cdot 7\,H_2O \triangleq [Co(H_2O)_6]SO_4 \cdot H_2O$.
kritische Größen, ↗ Gase.
Kryolith, Eisstein, $Na_3[AlF_6]$, ist ein relativ seltenes Mineral, das meist in fein kristallinen Aggregaten vorkommt, seltener in weißen, würfelförmigen Kristallen. Größere Vorkommen sind nur aus Grönland und dem Ural bekannt. K. dient als Zusatz bei der Aluminiumherstellung.
Kryoskopie, Methode zur Bestimmung der Molekülmasse fester oder flüssiger Verb. durch Messung der durch sie in einem Lösungsmittel hervorgerufenen ↗ Gefrierpunktserniedrigung. Die Molekülmasse berechnet sich nach

$$M = \frac{K}{\Delta T} \cdot \frac{m \cdot 100}{b}$$

ΔT Gefrierpunktserniedrigung,
b Masse des Lösungsmittels,
m Masse des gelösten Stoffes,
K kryoskopische Konstante des Lösungsmittels

Krypton,

Kr	$Z = 36$
$A_{r\,(1981)}$	$= 83,80$
Ek:	$[Ar]\,3d^{10}4s^24p^6$
OxZ:	$+2$
Elementsubstanz:	Kr
Schmp.	$-157,2\,°C$
Sdp.	$-153,2\,°C$
ϱ_g	$= 3,744\,kg \cdot m^{-3}$
ϱ_{fl}	$= 2,61\,kg \cdot l^{-1}$

chem. Element (↗ Elemente, chem.).
Krypton, Symbol: Kr, *Edelgas,* 4. Element der 8. Hauptgruppe des PSE (↗ Hauptgruppenelemente, 8. Hauptgruppe des PSE). K. ist die Bez. für alle Atome, die 36 positive Ladungen im Kern, also 36 Protonen besitzen: Kernladungszahl $Z = 36$. Die Hülle des Atoms, die aus 36 Elektronen besteht, läßt sich nur durch Elemente größter Elektronenaffinität angreifen. Daher sind bisher nur Verb. des Krypton(II)-fluorids und seiner Derivate bekannt geworden. Die Elementsubstanz liegt einatomig vor. K. wurde 1898 von RAMSAY und TRAVERS bei

der Fraktionierung verflüssigter Luft entdeckt. In der Luft ist K. mit 0,000 108 Vol.-% enthalten. Es wird als inertes Füllgas in Halogenglühlampen verwendet.

kubisch, ↗ Kristallgitter.

Kugelgraphit, ↗ Graues Gußeisen.

Kühler, Apparatur im Laboratorium und in der chem. Technik zur Kühlung von Flüssigkeiten und Gasen. Im Laboratorium wird der Kühler hauptsächlich eingesetzt beim Kondensieren gasförmiger Phasen, bei der ↗ Destillation und beim Erhitzen unter Rückfluß. Meist wird als Kühlungsmittel fließendes Leitungswasser verwendet. Für siedende Flüssigkeiten mit einer Siedetemperatur von 140 °C wird ein Luftkühler verwendet. 2 Bilder.

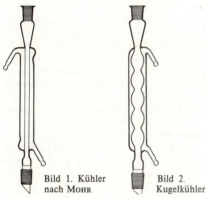

Bild 1. Kühler nach MOHR

Bild 2. Kugelkühler

Kühlfalle, gekühltes U-förmiges Gefäß zur Entfernung kondensierbarer Stoffe, z. B. Wasserdampf, aus Gasgemischen. Bild.

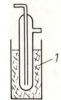

Kühlfalle
1 Kühlmittel

Kühlturm, kontinuierlicher Wärmeaustauscher für Flüssigkeiten, vor allem zur Abkühlung von Brauchwasser. Über oberflächenvergrößernde Einbauten rieselt es in offenen Türmen der nach oben strömenden Luft entgegen und kühlt sich durch direkten Wärmeübergang und z. T. durch Verdunstung ab.

Kumulene, Verb., in denen C=C-Doppelbindungen benachbart angeordnet sind. Das einfachste K. ist das Propadien (Allen), $H_2C=C=CH_2$. Diese Anordnung von Doppelbindungen in einem Dien wird kumuliert genannt. Da im Allen die beiden endständigen Kohlenstoffatome sp^2-hybridisiert sind, während das mittlere sp-hybridisiert ist, ist eine digonale Kohlenstoffatomanordnung gegeben, die bei asymmetrischer Substitution zur optischen Isomerie führt. Das gilt grundsätzlich für K. mit gerader Anzahl von Doppelbindungen.

K. mit ungerader Anzahl von Doppelbindungen bilden bei asymmetrischer Substitution cis-trans-Isomere.

KUNCKEL, JOHANN VON LÖWENSTERN (1630 bis 1703), stellte unabhängig von ↗ BRAND Phosphor her und gewann Knallquecksilber. In seinem Laboratorium auf der Pfaueninsel bei Potsdam glückte ihm die Darstellung des Rubinglases. Er schrieb ein umfassendes Buch über die Glasherstellung. In Schweden, wo er die letzten Jahre seines Lebens wirkte, wurde er geadelt.

Kunstfasern, ↗ Synthesefasern.

Kunstharze, synthetische, org., meist makromolekulare Stoffe mit harzähnlichen Eigenschaften. Nach ihrer Zusammensetzung unterscheidet man u. a. ↗ *Alkydharze* (Polyester), *Phenolharze* (↗ Phenoplaste), *Harnstoff-* und *Melaminharze* (↗ Aminoplaste), ↗ *Epoxidharze, Siliconharze* (↗ Silicone) und *Cumaronharze*. K. werden vor allem als Lackrohstoffe eingesetzt (↗ Lacke). Durch Gießen, Spritzen und Pressen (oft mit Füllstoffen) werden die verschiedensten Gebrauchsgegenstände aus ihnen hergestellt.

Kunsthonig, ↗ Invertzucker.

Kunsthorn, ↗ Galalith.

Kunstleder, flächiges, weiches Industrieprodukt, das anstelle von natürlichem Leder verwendbar ist. Es wird durch Beschichten von Geweben mit PVC oder Polyurethan oder als selbsttragende Kunststoffolie hergestellt. Schaumkunstleder besitzt eine geschäumte Beschichtung.

Küpenfarbstoffe, Farbstoffe, die zum Färben von Textilfasern, besonders Cellulosefaser, geeignet, aber wasserunlöslich sind. K. müssen deshalb durch Reduktion in eine wasserlösliche Leukoverb. umgewandelt werden. Die Leukoverb. zieht auf der Faser auf und wird danach durch Oxydation an der Luft in den nun wieder wasserunlöslichen K. zurückgebildet. Zu der Gruppe der K. gehören der ↗ Indigo und die ↗ Indigofarbstoffe sowie die ↗ Indanthrenfarbstoffe.

Kupfer,

Cu	$Z = 29$
$A_{r(1981)} =$	63,546
EK: [Ar] $3d^{10}4s^1$	
OxZ: +1, +2, +3, (+4)	
$X_E = 1,90$	

Elementsubstanz:
Schmp. 1083 °C
Sdp. 2600 °C
$\varrho = 8{,}96 \text{ kg} \cdot l^{-1}$

chem. Element (↗ Elemente, chem.). *Cuprum*, Symbol: Cu, 1. Element der 1. Nebengruppe des PSE (↗ Nebengruppenelemente, 1. Nebengruppe des PSE). K. ist die Bez. für alle Atome, die 29 positive Ladungen im Kern, also 29 Protonen besitzen: Kernladungszahl $Z = 29$. Die Hülle des neutralen Atoms besteht aus 29 Elektronen, von denen die möglichen Valenzelektronen die Konfiguration $3d^{10}4s^1$ besitzen. In Verb. werden Oxydationsstufen eingenommen, die durch die Oxydationszahlen OxZ +1, +2, +3 und auch +4 charakterisiert sind. K. zählt mit zu den seit frühester Zeit bekannten Metallen, und seine Verwendung läßt sich bis zum Ausgang der Steinzeit (5000 bis 4000 v.u.Z.) zurückverfolgen. In der Natur kommt K. gediegen, d.h. als Metall, und gebunden vor. Wichtige Kupfererze sind die *Sulfide*: Kupferkies, Chalkopyrit, $CuFeS_2$; Buntkupferkies, Bornit, $CuFeS_4$, und Kupferglanz, Chalkosin, Cu_2S, und gleichermaßen die *Oxide* bzw. die *Hydroxidcarbonate*: Rotkupfererz, Cuprit, Cu_2O; Malachit, $CuCO_3 \cdot Cu(OH)_2$, und Kupferlasur, Azurit, $2\,CuCO_3 \cdot Cu(OH)_2$. Die Elementsubstanz, d.h. das metallische K., wird techn. durch *Röstreaktionsarbeit*, d.h. durch Abrösten der Sulfide zu Oxiden:
$2\,Cu_2S + 3\,O_2 \rightarrow 2\,Cu_2 + SO_2\uparrow$
und anschließende Reaktion der Oxide mit weiteren Sulfiden zu Metall und Schwefeldioxid:
$2\,Cu_2O + Cu_2S \rightarrow 6\,Cu_2O + SO_2\uparrow$
gewonnen. Reinstes K. wird durch anschließende Elektrolyse (elektrolytische Raffination) hergestellt. Reines metallisches K. ist nicht sehr hart, zäh, dehnbar und besitzt eine hohe Elektrizitäts- und Wärmeleitfähigkeit. Geringe Verunreinigungen beeinträchtigen die elektrische Leitfähigkeit beträchtlich. Metallisches K. läßt sich durch molekularen Sauerstoff bei Erwärmung oxydieren:
$4\,Cu + O_2 \rightarrow 2\,Cu_2O$, $\Delta_B H = -170{,}7 \text{ kJ} \cdot \text{mol}^{-1}$ bzw.
$2\,Cu + O_2 \rightarrow 2\,CuO$, $\Delta_B H = -165{,}3 \text{ kJ} \cdot \text{mol}^{-1}$,
setzt sich aber nur mit oxydierenden Säuren um, z.B. mit konz. Salpetersäure:
$3\,Cu + 8\,HNO_3 \rightarrow 3\,Cu(NO_3)_2 + 2\,NO\uparrow + 4\,H_2O$
und mit konzentrierter, heißer Schwefelsäure:
$Cu + 2\,H_2SO_4 \rightarrow CuSO_4 + SO_2\uparrow + 2\,H_2O$.
K. vermag viele Komplexverb. auszubilden, z.B.: $[Cu(NH_3)_4]SO_4$, $K_3[Cu(CN)_4]$
Metallisches K. wird als Material in der Elektrotechnik und zur Herstellung chem. Apparate (Kessel, Reizrohre, Kühlschlangen usw.) verwendet. Außerdem ist das Metall ein wichtiger Bestandteil sehr vieler Legierungen, z.B. ↗ Messing und ↗ Bronze.

Kupferblüte, ↗ Rotkupfererz.

Kupfer(II)-chlorid, $CuCl_2$, ist in wasserfreiem Zustand eine gelbe, kristalline und hygroskopische Substanz (Schmp. 630 °C), die mit Wasser ein Dihydrat, $CuCl_2 \cdot 2\,H_2O$, bildet, das hellblau bis grün, glänzend, durchsichtig und kristallin ist und bereits bei 110 °C schmilzt. K. hat als Katalysator eine gewisse Bedeutung erlangt.

Kupferfaser (Kupferzellwolle, Kuoxamfaser), Fasern und Seiden aus regenerierter Cellulose, die dazu in Tetramminkupfer(II)-hydroxid, $[Cu(NH_3)_4](OH)_2$, gelöst wird (SCHWEIZERS Reagens). Nach dem Verspinnen in heißem Wasser wird der gebildete Faden mit verd. Schwefelsäure entkupfert. Die Kurzbezeichnung für diesen Fasertyp ist »KU«. Die Eigenschaften ähneln denen der Viskosefaser: mäßige Festigkeit, geringe Naßfestigkeit, gute Anfärbbarkeit mit substantiven Farbstoffen, erhebliche Feuchtigkeitsaufnahme, Säuren bewirken Hydrolyse, Laugen starke Quellung. K. wird für leichte Kleider-, Futter- und Dekostoffe sowie für Tücher und Unterwäsche verwendet.

Kupferglanz, Chalkosin, Cu_2S, wichtiges Kupfererz aus der ↗ Zementationszone von Kupferlagerstätten. Das dunkelbleigraue bis schwarze Mineral findet sich fast nur in derben Massen, auch als Imprägnation in Kupferschiefer.

Kupferherstellung, wird industriell nach zwei verschiedenen Verfahren vollzogen:
Trockenes Verfahren: Es geht von sulfidischen reichen Erzen oder Erzkonzentrationen aus, die z.T. geröstet zu Kupferstein (einem Cu-Fe-S-Produkt, etwa 35% Cu) in Schacht- oder Flammöfen verarbeitet werden (»Steinarbeit«). Dieser wurde früher totgeröstet und im Flammofen zu Schwarzkupfer (95% Cu) weiterverarbeitet. Diese »Schwarzkupferarbeit« ist heute durch Verblasen des Kupfersteins im Konverter zu 99%igem Konverterkupfer abgelöst.
Nasses Verfahren: Es verarbeitet vor allem Armerze bzw. nicht aufbereitete Erze unter 2% Cu-Gehalt. Der Cu-Anteil wird mit Schwefelsäure gelöst und durch ↗ Zementieren mit Eisen oder elektrolytisch bzw. durch Extraktion abgeschieden.
Das Schwarz-, Konverter- und Zementkupfer wird anschließend durch selektive Oxydation der Verunreinigungen im Raffinierofen zu Hüttenkupfer (Garkupfer) gereinigt. Die weitere Raffination ist elektrolytisch möglich (Elektrolytkupfer).
Der im Sangerhäuser Gebiet abgebaute ↗ Kupferschiefer ist ein Armerz (etwa 0,6% Cu, 1,2% Pb, 3%

Zn, weitere 80 Elemente in geringen Konzentrationen). Aus dem Anodenschlamm der elektrolytischen Kupferraffination lassen sich Ag, Au, Pt, Ir, As, Sb, Se, Te, Pb u.a. gewinnen.
Kupfer-Armerze werden heute international bereits mikrobiologisch angereichert, indem durch spezifische Bakterien wasserlösliche Kupferverbindungen produziert werden, die durch Auslaugung gewonnen werden (»Bakterienlaugung von Armerzen«).
Kupfer(II)-hydroxid, $Cu(OH)_2$, wird durch Fällung von Kupfer(II)-Ionen mit Hydroxidionen als sehr schwer lösliches Gel (bzw. kristalline Substanz) blauer Farbe erhalten:
$Cu^{2+} + 2\,OH^- \rightarrow Cu(OH)_2\downarrow$.
Durch Zusatz von Ammoniak kann das Kupfer(II)-hydroxid unter Bildung des Kupfertetraminkomplexes wieder in Lösung gebracht werden:
$Cu(OH)_2 + 4\,NH_3 \rightarrow Cu(NH_3)_4(OH)_2$.
Kupferkies, Chalkopyrit, $CuFeS_2$, häufigstes Kupfermineral. Die messinggelben, oktaederähnlichen Kristalle sind oft bunt angelaufen. Neben hydrothermalen Lagerstätten großen Ausmaßes findet man Kupferkies als Nebengemengteil auch in vielen anderen Gesteinsarten; häufig als Überzug auf Zinkblende, Fahlerz und Bleiglanz.
Kupferlasur, ↗ Azurit.
Kupfer(I)-oxid, Cu_2O, roter, pulverförmiger oder kristalliner Stoff (Schmp. 1230 °C) mit Halbleitereigenschaften. Bei Umsetzung von Kupfer(I)-Ionen mit Hydroxidionen entstehen K. und Wasser:
$2\,Cu^+ + 2\,OH^- \rightarrow Cu_2O + H_2O$.
Kupfer(II)-oxid, CuO, dunkelbrauner bis schwarzer Stoff (Schmp. 1336 °C) mit Halbleitereigenschaften. K. kann durch Synthese der Elementsubstanzen:
$2\,Cu + O_2 \rightarrow 2\,CuO$, $\Delta_B H = -165{,}3\,kJ \cdot mol^{-1}$
oder durch Wasserabspaltung von Kupfer(II)-hydroxid:
$Cu(OH)_2 \rightarrow CuO + H_2O$
dargestellt werden. K. setzt sich bereits mit nichtoxydierenden Säuren um:
$CuO + 2\,HCl \rightarrow CuCl_2 + H_2O$.
Kupferschiefer, bergmännische Bez. für bitumenhaltigen Mergelschiefer im Zechstein Deutschlands, der als Faulschlammbildung (anaerob) in flachen, abgeschnürten Meeresbecken entstand. Die reduzierende Atmosphäre im Faulschlamm fällte die Metallgehalte der Verwitterungslösungen vom Festland als Sulfide. Der Kupferschiefer enthält 1 bis 3% Kupfer, ferner Silber, Blei, Zink, Eisen und viele andere Metalle in kleineren Mengen.
Kupferseide, ↗ Kupferfaser.
Kupferstein, ↗ Kupferherstellung.

Kupfer(II)-sulfat, $CuSO_4$, ist in wasserfreiem Zustand weiß und kristallin, bildet unter Wasseraufnahme Hydrate: $CuSO_4 \cdot H_2O$; $CuSO_4 \cdot 3\,H_2O$ und $CuSO_4 \cdot 5\,H_2O$. Aus wäßriger Lösung wird das Pentahydrat, $CuSO_4 \cdot 5\,H_2O$, durch Auskristallisation großer blauer, durchsichtiger, trikliner Kristalle gewonnen und trivial als *Kupfervitriol* bezeichnet. Die Wasseraufnahme bedingt eine Komplexbildung des Kupfer(II)-Ions, verbunden mit einer Blaufärbung. K. kann z.B. durch Umsetzung von Kupfer(II)-oxid mit Schwefelsäure hergestellt werden:
$CuO + H_2SO_4 \rightarrow CuSO_4 + H_2O$.
Es wird zur Herstellung von Mineralfarben, Schädlingsbekämpfungsmitteln, in der Galvanostegie und Galvanoplastik verwendet.
Kupfer(II)-sulfid, CuS, schwarzer, glänzender, kristalliner Stoff, der durch Fällung von Kupfer(II)-Ionen mit Sulfidionen entsteht:
$Cu^{2+} + S^{2-} \rightarrow CuS\downarrow$
und in Wasser sehr schwer löslich ist. Mit konz. Salpetersäure (und langsam bereits an der Luft) wird K. zu Kupfer(II)-sulfat oxydiert:
$CuS + 2\,O_2 \rightarrow CuSO_4$.
Kupfervitriol, Trivialname für Kupfer(II)-sulfat-Pentahydrat, $CuSO_4 \cdot 5\,H_2O$ (↗ Kupfer(II)-sulfat).
Kupolofen, Gießereischachtofen, Schachtofen zum Umschmelzen der Ausgangsstoffe im Gießereibetrieb zur Homogenisierung. Als Brennstoff dient Koks, dem zum Verschlacken der Verunreinigungen Kalk beigemischt wird.
Kupolofenschlacke, Verwendung der ↗ Schlacke.
Kupplungsreaktionen, Verknüpfung von aromatischen ↗ Diazoniumsalzen mit einer zweiten Komponente. Ist diese ein aromatisches, primäres Amin, so erfolgt N-Kupplung:

$(Ar-\overset{\oplus}{N}\equiv N)Cl + H_2N-R \rightarrow HCl +$
$\qquad\qquad\qquad\qquad Ar-N=N-NH-R$
Diazoniumsalz   Amin   Diazoaminoverbindung

In einer intermolekularen Umlagerung bilden sich leicht aus Diazoaminoverb. die entsprechenden Aminoazoverb., z. B.

$C_6H_5-N=N-NH-C_6H_5 \rightarrow$
$\qquad\qquad H_2N-C_6H_4-N=N-C_6H_5$
Diazoaminobenzen   4-Amino-azobenzen

Mit Phenolen, tertiären aromatischen Aminen wie N,N-Dimethyl-anilin, aber auch primären aromatischen Aminen wie 3-Amino-toluen (m-Toluidin), 1,3-Diamin-benzen (m-Phenylendiamin) und 2-Amino-naphthalen (β-Naphthylamin) erfolgt die

C-Kupplung, z. B.:
(Ar—$\overset{\oplus}{N}$≡N)Cl + C_6H_5ONa
→ NaCl + Ar—N═N—C_6H_4—OH
Die C-Kupplung greift in der para-Stellung des Phenols an. Nur wenn diese besetzt ist, wird in der ortho-Stellung gekuppelt. Durch C-Kupplung wird eine Vielzahl von ↗ Azofarbstoffen hergestellt. Werden Derivate der Naphtholcarbonsäure (Naphthol AS) auf die Faser substantiv aufgebracht und anschließend mit einer Diazoniumsalzlösung, gegebenenfalls einem ↗ Echtfärbesalz, gekuppelt, dann werden die Farbstoffe direkt auf der Faser erzeugt (Entwicklungsfarben) und besitzen dann meist hohe Echtheitswerte.
Es ist auch eine Kupplung mit aktiven Methylengruppen, wie sie z. B. im Acetessigester oder im Malonester vorhanden sind, möglich. Die primär entstehenden Azoverb. lagern sich jedoch rasch in die entsprechenden Arylhydrazone um:

$$(Ar-\overset{\oplus}{N}\equiv N)Cl + H_2C\begin{matrix}COOR\\|\\|\\COOR\end{matrix} \xrightarrow{-HCl} Aryl-N=N-\overset{COOR}{\underset{COOR}{C}}-H$$

$$\longrightarrow Ar-NH-N=\overset{COOR}{\underset{COOR}{C}}$$

Kurtschatowium, chem. Element (↗ Elemente, chem.), Kurtschatowium, Symbol: Ku, $A_r = [261]$, *EK*: [Rn] $5f^{14}6d^27s^2$, 1. Element der ↗ Transactinoiden, Kernladungszahl $Z = 104$. Das Element wurde 1964 durch FLEROV und Mitarbeiter synthetisiert.

L

Laboratorium, chem., ein für chem. Arbeiten eingerichteter Arbeitsraum, enthält neben verschiedenen Laboratoriumsgeräten und -apparaten Arbeitstische mit Gas- und Wasseranschluß, Elektroinstallation sowie Arbeitsschutzeinrichtungen, z. B. Abzug zum Ausführen von Arbeiten mit flüchtigen, giftigen, übelriechenden oder gesundheitsgefährdenden chem. Substanzen.
Lachgas, Trivialname für ↗ Stickstoff(I)-oxid, N_2O.
Lacke, sind ↗ Anstrichstoffe, die Lackrohstoffe enthalten. Diese Lackrohstoffe sind org. makromolekulare Filmbildner, die in Binde- und/oder Lösungsmitteln zusammen mit Weichmachern gelöst sind, gegebenenfalls unter Zusatz von Trockenstoffen (↗ Sikkative). Durch Zumischen von Farbpigmenten erhält man Lackfarben. *Lackrohstoffe* können Naturharze wie ↗ Schellack, Kopale, ↗ Kolophonium, halbsynthetische Rohstoffe wie ↗ Cellulosenitrate und ↗ Celluloseacetate, oder synthetische makromolekulare Stoffe (Kunstharze) wie ↗ Alkydharze, Phenolharze, ↗ Harnstoffharze, Melaminharze, ↗ Epoxidharze, Vinylpolymerisationsprodukte (PVC, Polyvinylacetat), Chlorkautschuk, ↗ Polyurethane und ↗ Silicone sein. Als nichtflüchtige *Bindemittel* werden trocknende Öle, vor allem Leinöl, eingesetzt. Als *Lösungsmittel* werden Ethanol, Ether, Aceton, Benzen, Toluen, Benzin, Essigsäureester oder Terpentinöl verwendet. Weichmacher wie Phthalsäureester sollen die Elastizität des Anstrichfilms erhöhen. Ölhaltigen L. setzt man *Sikkative* (Schwermetallsalze von Fettsäuren) zur Beschleunigung der Trocknung zu. Nach ihrer Zusammensetzung unterscheidet man Spirituslacke, Öllacke, Alkydharzlacke, Nitrolacke, Polyurethanlacke (PUR-Lacke), Siliconlacke, Chlorkautschuklacke, Cumaronharzlacke, Kombinationslacke u. a. Die Trocknung der L. erfolgt durch Verdunsten des Lösungsmittels und/oder durch chem. Reaktionen wie ↗ Polymerisation, ↗ Polykondensation und ↗ Polyaddition.
Lackmus, ↗ Indikator, Naturfarbstoff, der, aus Flechten gewonnen, zum Nachweis von Basen und Säuren verwendet wird. Lackmuspapier ist mit Lackmuslösung getränktes Filterpapier. Basen färben Lackmuspapier blau und Säuren rot.
Lactame, cyclische Carbonsäureamide, mit der ringförmig verknüpften Atomanordnung —CO—NH—, der Säureamidgruppe. L. mit 5 und 6 Ringgliedern sind besonders stabil. Die durch Ringöffnung an der C—N-Bindung entstehenden Aminocarbonsäuren sind Basis für die Benennung. Das Propan-3-lactam (Azetidin-2-on) bildet einen Viererring, der beim Spalten der Säureamid-Bindung die β-Amino-propionsäure (3-Amino-propansäure) ergibt. Ein β-Lactamring ist im Penicillin an einen Thiazolidinring kondensiert.
γ-L. bilden sich beim Erhitzen von γ-Aminocarbonsäuren unter Wasserabspaltung und sind durch saure oder alkalische Hydrolyse wieder in diese zurückzuwandeln.
δ-L. verhalten sich analog.
L. mit 6 und mehr Kohlenstoffatomen im Ring lagern sich in hochmolekulare Plaste um, die sich besonders als Fasermaterial eignen, ↗ Polyamide. Das wichtigste L. ist das ε-Caprolactam.
Lactam-Lactim-Tautomerie, eine Tautomerieform, bei der im Gleichgewicht ein cyclisches Säureamid, *Lactam*, und das entsprechende cyclische Säureimid, *Lactim*, nebeneinander existieren:

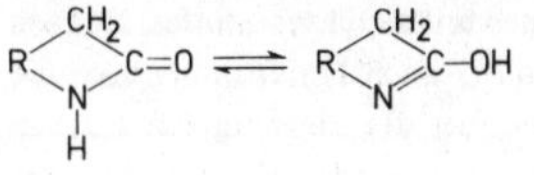

Lactam ⇌ **Lactim**

Die L. wird bei der Festlegung der Strukturen von N-heterocyclischen Verb., die am C-Atom ein Sauerstoffatom tragen, diskutiert, z. B.:

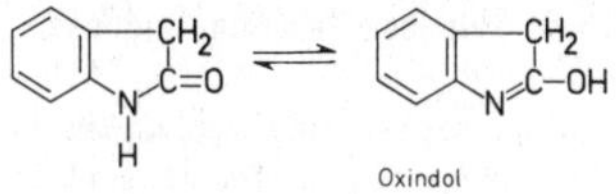

Oxindol

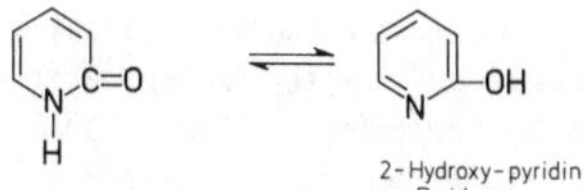

2-Hydroxy-pyridin
α-Pyridon

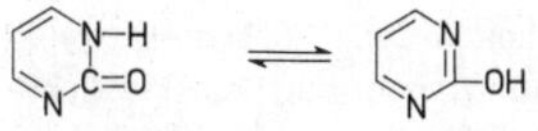

2-Hydroxy-pyrimidin

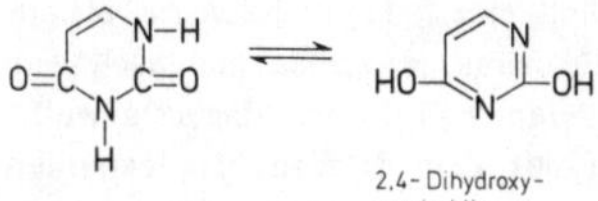

2,4-Dihydroxy-
-pyrimidin
Uracil

Lactate, Salze der ↗ 2-Hydroxy-propansäure (Milchsäure).

Lactide, cyclische Diester, die sich durch intermolekulare Wasserabspaltung aus 2-Hydroxy-carbonsäuren bilden:

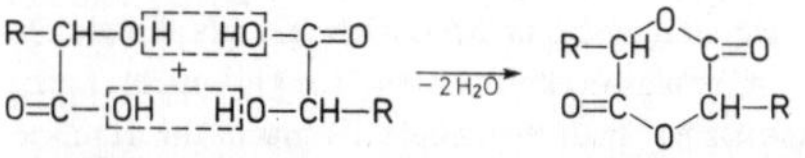

2-Hydroxy-carbonsäure → 1,4-Dioxan-2,5-dion

Der Name dieser Stoffklasse leitet sich von dem Dehydratisierungsprodukt der Milchsäure (Acidum lacticum) ab, an der diese Reaktion erstmals beobachtet wurde.

Lactime, ↗ Lactam-Lactim-Tautomerie.

Lactole, cyclische Halbacetale, die sich durch intramolekularen Ringschluß aus Hydroxyaldehyden bzw. -ketonen bilden:

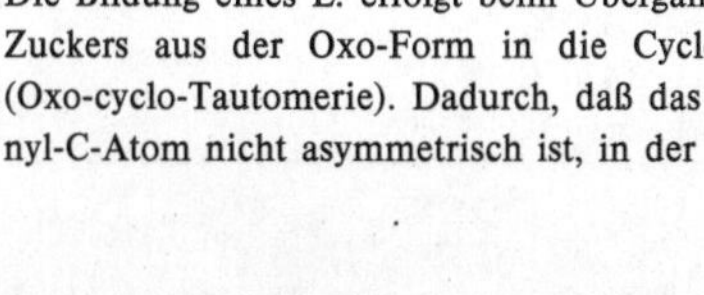

Lactole

Die Bildung eines L. erfolgt beim Übergang eines Zuckers aus der Oxo-Form in die Cyclo-Form (Oxo-cyclo-Tautomerie). Dadurch, daß das Carbonyl-C-Atom nicht asymmetrisch ist, in der Lactol-Form aber asymmetrisch auftritt, sind in der Cyclo-Form der Zucker zwei optische Isomere möglich (α-Zucker, β-Zucker). Es gibt deshalb z. B. 8 α-Aldohexosen und 8 β-Aldohexosen.

Lactone, innere, cyclische Ester von Hydroxycarbonsäuren. Je nach der Stellung der Hydroxylgruppe (—OH) zur Carboxylgruppe (—COOH) wird zwischen α-, β-, γ-, δ-, ε- usw. L. unterschieden, denen dann die entsprechenden Hydroxycarbonsäuren zugrunde liegen.
Da besonders 5- und 6-Ring-Strukturen stabil sind, ist das α-L. unbeständig und nicht isolierbar. β-L. sind nur nach speziellen Methoden herstellbar, während γ- und δ-L. leicht aus den entsprechenden Hydroxycarbonsäuren durch Dehydratisierung gebildet werden können. Höhergliedrige L. bilden sich bei der Oxydation der cyclischen Ketone mit Peroxoschwefelsäure.
L. mit größeren Ringen sind wertvolle Duftstoffe, wie das Exaltolid mit 15 C-Atomen.
L. sind vielfach genutzte Syntheseausgangsstoffe. Mit Halogenwasserstoff bilden sich Halogencarbonsäuren, mit Alkalicyanid die Cyancarbonsäuresalze, mit GRIGNARD-Verbindungen die entsprechenden Diole. Unter Wasserabspaltung reagieren L. mit Ammoniak unter Lactambildung.

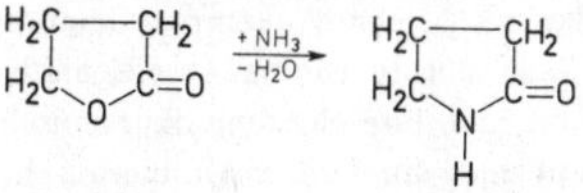

γ-Butyrolacton $\xrightarrow{+NH_3, -H_2O}$ γ-Butyrolactam

Lactose, $C_{12}H_{22}O_{11}$ (Milchzucker), ein ↗ Disaccharid, das zu etwa 5 % in der Milch enthalten ist. L. ist eine farblose, leicht wasserlösliche und nur schwach süß schmeckende Substanz, Schmp. 202 °C. L. besteht aus 1,4-verknüpfter D-Glucopyranose und D-Galactopyranose. Sie wirkt reduzierend.

LADENBURG, ALBERT (2. 7. 1842 bis 15. 8. 1911), deutscher Chemiker, von ihm stammen wesentliche Arbeiten auf dem Gebiet der org. Chemie. Er stellte zahlreiche siliciumorganische Verb. dar. ↗ FRIEDEL. Ab 1879 untersuchte er Alkaloide und trug zu ihrer Konstitutionsaufklärung bei. Mit dem Coniin synthetisierte er das erste Alkaloid. Er erwarb sich Verdienste um die Entwicklung der Theorie des Benzens. L. gab ein 13bändiges Handwörterbuch der Chemie heraus und bearbeitete chemie-historische Fragen.

Ladungszahl, Zahl der Ladungen eines ↗ Ions.

Lagermetalle, Legierungen zur Herstellung von Achslagern, die bei geeigneter Schmierung eine geringe Reibung aufweisen. Hauptbestandteile sind die weichen Metalle Zinn und/oder Blei, die durch weitere Legierungsbestandteile, z. B. Antimon, gehärtet werden. Weißmetalle bestehen aus 5 bis 80 % Sn, 0 bis 79 % Pb, 11 bis 15 % Sb und 1 bis 9 % Cu. Bahnmetall zur Lagerung von Achslagern von Eisenbahnwaggons besteht aus Hartblei, das mit geringen Mengen Ca, Na und Li gehärtet worden ist. Lagerbronze oder Rotguß ist eine Kupferlegierung mit 4 bis 10 % Sn, 2 bis 7 % Zn und 0 bis 1 % Pb.

Lagern, ↗ Grundoperation. Tabelle.

Übersicht über industrielle Möglichkeiten des Lagerns von Stoffen

Aggregatzustand	Lagereinrichtung
Feststoffe	Silo, Bunker, Bodenspeicher, Freilager
Flüssigkeiten	Tanklager
Gase	Gastanks (z. B. Glockengasbehälter, Drucktank) Untergrundspeicher (Speichergestein) Kavernenspeicher (Hohlraum)

Lagerstätten, räumlich begrenzte abbauwürdige Konzentrationen nutzbarer Gesteine und Mineralien in der Erdkruste. Mineralvorkommen können zu L. werden, wenn sich für sie ein gesellschaftlicher Bedarf ergibt bzw. ihre Nutzung ökonomisch und technologisch möglich wird. Polymineralische L. sind solche Vorkommen, bei denen mehrere Nutzkomponenten gewinnbar sind. Generell besteht aber die Zielstellung, im Sinne einer abproduktarmen Produktion das abgebaute Material komplex zu nutzen und auch für zunächst nicht nutzbare Begleitstoffe Nutzungsmöglichkeiten zu suchen (↗ abproduktarme Technologie). Die Gesamtheit der Lagerstättenbedingungen mit Blick auf die Gewinnung wird als *Bonität* bezeichnet. Die Forderungen, die aus der Sicht der Gewinnung an die L. gestellt werden müssen, bzw. die Bedingungen, die erfüllt sein müssen, damit sich der Abbau lohnt, sind die *Konditionen* des Abbaus. Der Lagerstättenvorrat wird nach seiner Eignung für die Nutzung klassifiziert: als Bilanzvorräte, wenn er gegenwärtig gewinnbar ist, als Außerbilanzvorrat, wenn das z. Z. nicht möglich ist, der Lagerstättenvorrat aber unter der Sicht der möglichen wissenschaftlich-technischen bzw. ökonomischen Entwicklung nutzbar werden könnte.

Lambert-Beersches Gesetz, beschreibt die Abhängigkeit der ↗ Absorption elektromagnetischer ↗ Strahlung von der Schichtdicke l (Lambert 1728 bis 1777) und der Konzentration c (Beer 1825 bis 1863) der Lösung des untersuchten Stoffes. Danach gilt für die Intensität I nach Durchgang durch die Probenlösung gegenüber der eintretenden Intensität I_0:
$I = I_0 \cdot e^{-\varepsilon \cdot c \cdot l}$
bzw.
$-\lg (I/I_0) = \varepsilon \cdot c \cdot l.$
Durch Einführung der Absorbanz A bzw. Extinktion E für die linke Seite der Gleichung ergibt sich:
A bzw. $E = \varepsilon \cdot c \cdot l.$
Unter ε versteht man den *molaren dekadischen Absorptions-* bzw. *Extinktionskoeffizienten*, der stoffspezifisch und wellenlängenabhängig ist. Das L.-B. G. gilt, wenn bei der Konzentrationsveränderung keine chem. Reaktionen, z. B. Hydrolyse, Assoziation der Moleküle, stattfinden. Es findet häufige Anwendung zur Konzentrationsbestimmung von Lösungen mit Hilfe der Kolorimetrie und Spektralphotometrie (↗ Photometrie, ↗ Spektroskopie).

laminare Strömung, Bewegung von Flüssigkeiten oder Gasen, bei der die einzelnen Strömungsschichten nur aufeinander gleiten.

Lanolin, Wollfett, eine fettähnliche Masse, die aus der Schafswolle herausgewaschen und nach dem Fällen mit Calciumchlorid oder Magnesiumsulfat mit Propanon aus dem Niederschlag extrahiert wird. Nach weiterer Reinigung bildet L. eine gelbliche, cremige Substanz mit charakteristischem Geruch. L. ist ein Gemisch von Fettsäureestern verschiedener höhermolekularer, cyclischer Alkohole, den Sterolen. Ein wichtiges Sterol des L. ist das ↗ Cholesterol (Cholesterin). L. läßt sich gut mit Wasser emulgieren und kann dabei unter Beibehaltung der cremigen Beschaffenheit mehr als die gleiche Menge Wasser aufnehmen. L. wird nicht ranzig und ist gut hautverträglich. Es macht die Haut geschmeidig und wird deshalb zur Herstellung von Salben, Cremes und Emulsionen verwendet. L. ist Zusatz von Textil- und Lederpflegemitteln. Reines wasserfreies Wollfett ist unter der Bezeichnung »Adeps lanae anhydricum« im Handel, während L. wasserhaltiges Wollfett ist, dem meist noch etwa 20 % Paraffinöl beigemischt wird.

Lanthan,

La	$Z = 57$
$A_{r(1981)}$	$= 138{,}905\,5$
Ek:	[Xe] $5d^1 6s^2$
OxZ:	$+3$
X_E	$= 1{,}10$
Elementsubstanz:	
Schmp.	920 °C
Sdp.	3 470 °C
ϱ	$= 6{,}17 \, \text{kg} \cdot \text{l}^{-1}$

chem. Element (↗ Elemente, chem.).
Lanthan, Symbol: La, 3. Element der 3. Nebengruppe des PSE (↗ Nebengruppenelemente, 3. Nebengruppe des PSE). L. ist die Bez. für alle Atome, die 57 positive Ladungen im Kern, also 57 Protonen besitzen: Kernladungszahl $Z = 57$. Die Hülle des neutralen Atoms besteht aus 57 Elektronen, von denen die möglichen Valenzelektronen die Konfiguration $5d^1 6s^2$ besitzen. In Verb. wird nur eine Oxydationsstufe eingenommen, die durch die Oxydationszahl $OxZ + 3$ charakterisiert ist. L. wurde 1839 von MOSANDER durch Reduktion des Chlorids mit Kalium isoliert. In der Natur findet sich L. meist in den Mineralen der leichteren Lanthanoiden, so z. B. denen des Ceriums: *Monazit*, $CePO_4$, und *Cerit*, $Ce_4(SiO_4)_3$. Mit 26 % La_2O_3-Anteil ist der *Bastnäsit*, $(Ce,La)CO_3 \cdot F$, zu nennen. Zur Darstellung des metallischen L. wird das Mineral in das Chlorid überführt und reduziert, z. B. mit Kalium:
$LaCl_3 + 3 K \rightarrow La + 3 KCl$
oder durch Schmelzflußelektrolyse. Das Metall L. ist hellgrau, läuft an der Luft durch Oxydation sofort an, liegt fest in drei Modifikationen vor: unterhalb von 310 °C hexagonal kristallin; zwischen 310 bis 868 °C regulär kristallin (kubisch-flächenzentriert) und oberhalb von 868 °C regulär kristallin (kubisch-raumzentriert). Lanthan(III)-oxid, La_2O_3, (Schmp. 2 315 °C, Sdp. 4 200 °C) nimmt begierig Wasser auf unter Bildung des Hydroxids:
$La_2O_3 + 3 H_2O \rightarrow 2 La(OH)_3$
Lanthan(III)-hydroxid, $La(OH)_3$, löst sich etwas in Wasser und ist eine ziemlich starke Base, die z. B. Kohlendioxid zu binden vermag:
$2 La(OH)_3 + 3 CO_2 \rightarrow La_2(CO_3)_3 + 3 H_2O$.
Lanthancarbonat, $La_2(CO_3)_3$, ist hitzebeständiger als die Carbonate des Scandiums und des Yttriums. L. wird flüssig (geschmolzen) als Extraktionsmittel von Plutonium aus Uranium und als spezieller Stahlveredler eingesetzt.
Lanthanidengruppe, ↗ Lanthanoidengruppe.
Lanthanoidengruppe, 14 chem. Elemente (Tabelle, S. 274), die in der 6. Periode des PSE dem Element Lanthan ($Z = 57$) folgen und die Kernladungszahlen $Z = 58$ bis 71 besitzen. Früher sind diese Elemente unter Einbeziehung des Lanthans als *Lanthaniden* bezeichnet worden. Unter weiterer Einbeziehung der Elemente Scandium und Yttrium werden sie als *Seltene Erden* oder *Seltenerdmetalle* gekennzeichnet. Die Elektronenkonfiguration der neutralen Atome ist bei den Lanthanoiden durch eine Besetzung in dem 6s-Orbital mit 2, den 5d-Orbitalen mit 0 oder 1 und den 4f-Orbitalen mit 2 bis 14 Elektronen charakterisiert. Alle Eigenschaften der Elemente und Elementsubstanzen sind sich durch die abgeschirmten und daher nur schwach wirkenden Veränderungen in der Elektronenhülle (im 4f-Bereich) sehr ähnlich. In Verb. ist die Oxydationszahl $OxZ + 3$ vorherrschend, jedoch sind auch OxZ: +2, +4 und vereinzelt +5 möglich. Der Radius der Ln^{3+}-Ionen, Ln gilt hier als Symbol für alle Lanthanoiden, nimmt mit steigender Atommasse und Kernladungszahl der Elemente kontinuierlich ab. Diese Erscheinung wird als ↗ Lanthanoidenkontraktion bezeichnet. Die Elementsubstanzen sind silberweiße und weiche Schwermetalle, von denen meist mehrere Modifikationen vorliegen. Eine Darstellung der Metalle kann durch Schmelzflußelektrolyse der Halogenide und durch Reduktion der Fluoride mit metallischem Kalium bzw. auch Calcium erfolgen, der sich Reinigungsverfahren, Hochvakuumdestillation oder Umschmelzen unter Inertgas, anschließen. Die Metalle reagieren leicht mit verdünnten Mineralsäuren unter Bildung von molekularem Wasserstoff:
$2 Ln + 6 HCl \rightarrow 2 LnCl_3 + 3 H_2 \uparrow$,
mit molekularem Halogen zu Halogenid:
$2 Ln + 3 Cl_2 \rightarrow 2 LnCl_3$,
mit molekularem Sauerstoff (oberhalb 150 °C schnell) zu Oxid:
$4 Ln + 3 O_2 \rightarrow 2 Ln_2O_3$,
mit molekularem Wasserstoff zu Hydrid:
$Ln + H_2 \rightarrow LnH_2$ bzw. $2 Ln + 3 H_2 \rightarrow 2 LnH_3$,
mit molekularem Stickstoff zu Nitrid und mit Koks zu Carbid. Mit steigender Atommasse der Elemente nehmen die Basizität der Hydroxide ab und die Hydrolyse der Salze, die thermische Zersetzlichkeit der Salze und die Tendenz der Komplexbildung zu. Die einzelnen Elemente sind schwer voneinander zu trennen.
Lanthanoidenkontraktion, ↗ Lanthanoidengruppe.
Lapis infernalis, Höllenstein, Silbernitrat. Der Iatrochemiker ↗ SALA führte das Silbernitrat als Arzneimittel in die Medizin ein.
Lapislazuli, Lasurit, Lasurstein, blaues, undurchsichtiges Na-Al-Silicat-Mineral, häufig eingesprengt, kleine gelbe ↗ Pyrit-Körnchen enthaltend, wegen dieser schönen Farbkombination beliebter Schmuckstein.
Laser, ↗ Emission.
LASSAIGNESche Probe, zum qualitativen Nachweis von Stickstoff in org. Verb. wird die Probe mit Natrium erhitzt, dabei entsteht Natriumcyanid. Nach Auflösen und Zugabe von Eisen(II)-sulfat und Eisen(III)-sulfat entsteht das tiefblaue Berliner Blau:

Lanthanoidengruppe

Elemente der Lanthanoidengruppe

Z	Name	Symbol	$A_{r(1981)}$	Ek	n f	n d	n s	OxZ	E_I in eV	X_E	Schmp. in °C	Sdp. in °C	ϱ_f in kg·l^{-1}
58	Cerium	Ce	140,12	[Xe]	4	5	6	+3, +4	6,54	1,12	795	3470	6,78
59	Praseodymium	Pr	140,9077	[Xe]	4	5	6	+3, +4, +5	5,40	1,13	935	3130	6,769
60	Neodymium	Nd	144,24	[Xe]	4	5	6	+3	5,49	1,14	1020	3030	7,007
61	Promethium	Pm	[145]	[Xe]	4	5	6	+3	5,55	1,2	1030	2730	7,2
62	Samarium	Sm	150,4	[Xe]	4	5	6	+2, +3	5,61	1,17	1072	1900	7,54
63	Europium	Eu	151,96	[Xe]	4	5	6	+2, +3	5,64	1,2	826	1440	5,26
64	Gadolinium	Gd	157,25	[Xe]	4	5	6	+3	6,16	1,20	1310	3000	7,886
65	Terbium	Tb	158,9254	[Xe]	4	5	6	+3, +4	5,89	1,2	1360	2800	8,27
66	Dysprosium	Dy	162,50	[Xe]	4	5	6	+3	5,82	1,22	1410	2600	8,54
67	Holmium	Ho	164,9304	[Xe]	4	5	6	+3	5,89	1,23	1460	2600	8,799
68	Erbium	Er	167,26	[Xe]	4	5	6	+3	5,95	1,24	1500	2900	9,05
69	Thulium	Tm	168,9342	[Xe]	4	5	6	+3	6,03	1,25	1550	1730	9,33
70	Ytterbium	Yb	173,04	[Xe]	4	5	6	+2, +3	6,04	1,1	824	1430	6,98
71	Lutetium	Lu	174,97	[Xe]	4	5	6	+3	5,32	1,27	1650	3330	9,84
Σ				[Xe]	$4f^{2-14}$	$5d^{0-1}$	$6s^2$	+2, +3, +4, +5	gering	gering	niedrig bis mittelgroß		mittelgroß

$6 NaCN + FeSO_4 \rightarrow Na_4[Fe(CN)_6] + Na_2SO_4$
$3 Na_4[Fe(CN)_6] + 2 Fe_2(SO_4)_3$
$\rightarrow Fe_4[Fe(CN)_6]_3 + 6 Na_2SO_4$.

Laterit, rotbrauner Verwitterungsboden tropischer Gebiete. Hier zerfällt Pflanzenmaterial so rasch, daß sich kein Humus bilden kann. Das begünstigt die hydrolytische Verwitterung, bei der Kieselsäure aus dem Oberboden ausgelaugt wird. Tonerdemineralien, Tonmineralien und Eisenoxidhydrate bleiben zurück. (↗ Bauxit).

Latex, 1. Milchsaft kautschukliefernder Pflanzen; 2. wäßrige Dispersion von Synthesekautschuk und anderen Polymerisaten.

Lauge, wäßrige Lösung von Natriumhydroxid (Natronlauge) und Kaliumhydroxid (Kalilauge). In der Technik werden auch nicht basisch reagierende Salzlösungen als L. bezeichnet, z. B. die sauer reagierende Magnesiumchloridlauge.

Läuterung,
1. in der Bierherstellung die Abtrennung der Würze von den Trebern (Maische-Läuterung),
2. in der Glasherstellung die Homogenisierung der Schmelze.

Lava, Magmamaterial, geschmolzenes Gesteinsmaterial aus dem Untergrund, das bei Vulkanausbrüchen die Erdoberfläche erreicht und hier erstarrt.

Lavendelöl, ätherisches Öl, das aus *Lavandula vera* durch Wasserdampfdestillation in etwa 1%iger und durch Extraktion der Blüten mit Petrolether in etwa 2%iger Ausbeute gewonnen wird. L. ist ein intensiv nach Lavendel riechendes Öl, das bis zu 60% Linalooloethansäureester enthält. Die Weltproduktion beträgt etwa 100000 kg. L. ist ein wertvoller Bestandteil von Duftwässern und Parfümen.

LAVOISIER, ANTOINE LAURENT (26. 8. 1743 bis 8.5.1794), französischer Chemiker, erklärte mit seinen quantitativen Untersuchungen die Vorgänge des Verbrennungsprozesses, dadurch wurde die ↗ Phlogistontheorie abgelöst, und die quantitativen Messungen erlangten zunehmend Bedeutung für die Chemie. Er fand auch das Gesetz von der Erhaltung der Masse, welches allerdings bereits 1748

A. L. LAVOISIER

von ↗ LOMONOSSOW angesprochen worden war. 1787 legte L. der Pariser Akademie einen Vorschlag zur systematischen Nomenklatur chem. Verb. vor. Als Angehöriger einer verhaßten Schicht, 1771 hatte L. die Stelle eines königlichen Generalsteuerpächters erhalten, wurde er vor ein Revolutionstribunal der französischen Republik gestellt, zum Tode verurteilt und am 8. Mai 1794 hingerichtet. Bild.

Lävulinsäure (4-Oxo-pentansäure),
$CH_3-CO-CH_2-CH_2-COOH$,
eine substituierte Carbonsäure, die farblose Blättchen bildet, Schmp. 34 °C, und leicht in Wasser, Ethanol und Diethylether löslich ist.
L. wird aus Fructose (Lävulose) durch Kochen mit Salzsäure neben Methansäure erhalten, vorwiegend aber durch Erhitzen von Saccharose mit Salzsäure unter Druck hergestellt.

Lawrencium,

Lr	$Z = 103$
$A_{r(1981)} = [260]$	
Ek: [Rn] $5f^{14}6d^{1}7s^{2}$	
OxZ: +3	
$X_E = 1,3$	

chem. Element (↗ Elemente, chem.).

Lawrencium, Symbol: Lr, 14. Element der ↗ Actinoidengruppe. 11. Element der ↗ Transurane. L. ist die Bez. für alle Atome, die 103 positive Ladungen im Kern, also 103 Protonen besitzen: Kernladungszahl $Z = 103$. L. wurde 1961 durch GHIORSO, SIKKELAND, LARSH und LATIMER synthetisiert. Es ist ein radioaktives Element, das aus dem Californium-Isotop ^{250}Cf gewonnen werden kann und als Isotop ^{257}Lr anfällt. Das Isotop ^{260}Lr ist das langlebigste und stabilste.

Laxantia, ↗ Abführmittel.

LD-Verfahren (Linz-Donawitz-Verfahren), in Österreich entwickeltes Verfahren zur ↗ Stahlerzeugung.

LEBEDEV, SERGEI VASSILEVIČ (13. 7. 1874 bis 2.5.1934), sowjetischer Chemiker, beschäftigte sich besonders mit Polymerisationsreaktionen. 1930 wurde in der Sowjetunion die erste Anlage für das von L. entwickelte Verfahren zur Gewinnung von synthetischem Kautschuk errichtet.

LEBEDEV-Verfahren, eine vom sowjetischen Chemiker LEBEDEV entwickelte Methode zur Herstellung von Buta-1,3-dien aus Ethanol. Dazu werden dessen Dämpfe bei 400 °C über einen Silicatkatalysator geleitet, wobei sich etwa 35% Butadien bilden:
$2 CH_3-CH_2-OH \rightarrow H_2C=CH-CH=CH_2 +$
$2 H_2O + H_2$

Ein Gemisch aus gleichen Teilen Ethanol und Ethanal liefert etwa 75% Butadien:

$CH_3—CH_2—OH + CH_3—CHO \xrightarrow{(Ta_2O_5/SiO_2)} H_2C=CH—CH=CH_2 + 2 H_2O$

Das L. ist ein zur Zeit wenig genutztes Verfahren zur Herstellung synthetischen Kautschuks.

LE BEL, JOSEPH ACHILLE (1847 bis 1930), französischer Gelehrter, entwickelte unabhängig von ↗ VAN'T HOFF das Tetraedermodell des Kohlenstoffatoms; er zählt damit zu den Begründern der Stereochemie.

Lebensmittelfarbstoffe, natürliche, meist jedoch synthetische org. Farbstoffe zur Färbung solcher Lebensmittel wie Marmeladen, Bonbons, Limonaden, Liköre u. a. L. müssen für den Menschen vollkommen unschädlich und gesetzlich genehmigt sein.

LEBLANC, NICOLAS (6.12.1742 bis 16.1.1806), französischer Arzt, der auch Chemie studiert hatte, unterbreitete 1787 einen Vorschlag zur Herstellung künstlicher Soda. 1790 wurde nach diesem Verfahren erstmals industriell Soda gewonnen. Im Zusammenhang mit dem LEBLANC-Verfahren wurden viele neue Apparaturen und Verfahrensprinzipien entwickelt. Es wurde somit zur Grundlage der sich im 19. Jahrhundert entfaltenden chemischen Großindustrie. L. schied, völlig verarmt, am 16. 1. 1806 freiwillig aus dem Leben.

LE CHATELIER, HENRY LOUIS (7. 10. 1850 bis 17. 9. 1936), vielseitiger französischer Chemiker, wurde besonders bekannt durch seine Arbeiten über den Einfluß der Zustandsgrößen Druck und Temperatur auf chem. Gleichgewichtsreaktionen. ↗ Prinzip von LE CHATELIER-BRAUN.

LE CHATELIER-BRAUN, Prinzip von; *Prinzip des kleinsten Zwanges.* Wird auf ein chem. System, das sich im Gleichgewicht befindet, ein äußerer Zwang ausgeübt, verlagert sich das Gleichgewicht derart, daß es dem Zwang ausweicht. So laufen Gleichgewichtsreaktionen mit Volumenverminderung bei Erhöhung des Druckes mit höherer Ausbeute ab, oder endotherme Reaktionen sind bei Wärmezufuhr begünstigt.

Lecithin, ↗ Lipide.

LECLANCHÉ-Element, 1868 entwickelte, als Trockenelement für Batterien viel genutzte Primärzelle (↗ galvanische Zelle) mit der Zellreaktion

$Zn + 2 NH_4^+ \rightarrow Zn^{2+} + H_2 + 2 NH_3,$

Zellspannung 1,5 Volt (Bild). Da die Elektrolytlösung durch Gelatine, Späne oder anderes Material verdickt ist, kann die Batterie in jeder Lage genutzt werden. Die ↗ Polarisation der Kohleelektrode durch den freigesetzten Wasserstoff unterbindet man mit Hilfe des Braunsteins durch die Reaktion

$2 MnO_2 + H_2 \rightarrow Mn_2O_3 + H_2O.$

Das entstehende Ammoniak wird als $[Zn(NH_3)_2]Cl_2$ gebunden.

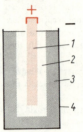

Aufbau eines LECLANCHÉ-Elementes
1 Kohlestab
2 Mangan(IV)-oxid
3 Ammoniumchloridlösung in Gelatine
4 Zinkhülse

Legierung, einheitlicher Stoff, der durch Zusammenschmelzen von zwei oder mehreren Metallen, auch Anteilen von Nichtmetallen, entstanden ist. Die L. besitzt keinen Schmelzpunkt, sondern ein Schmelzintervall. Die Eigenschaften der L. können sich wesentlich von denen der Bestandteile unterscheiden.

Lehm, Produkt der chem. Verwitterung von Gesteinen, bestehend aus einem feinkörnigen Gemenge von Tonmineralien und Quarzkörnern, oft durch Eisenoxidhydrate braun gefärbt.

Leichtmetalle, Metalle, die sich durch eine geringe Dichte auszeichnen. Die Dichte dieser Metalle, z.B. Magnesium und Aluminium, soll unterhalb von $\varrho = 3,5$ bis $5,0 kg \cdot l^{-1}$ liegen. Metalle, die eine größere Dichte besitzen, werden demgegenüber als ↗ Schwermetalle bezeichnet.

Leichtöl, Fraktion der Destillation von ↗ Teer im Siedebereich des ↗ Benzins.

Leim, ↗ Klebstoffe.

Leistung, in der Stoffwirtschaft die Produktionsmenge pro Zeiteinheit, die eine Anlage/Apparatur realisiert. Daneben wird auch das Produkt aus Durchsatz und Ausbeute als Leistung eines Apparates/Reaktors bezeichnet. Erreicht die Ausbeute nahezu den Wert 1, sind Leistung und Durchsatz identisch.

Leiter, Stoff, der durch seine Struktur die Elektrizität (↗ elektrische Leitfähigkeit), die Wärme (↗ Wärmeleitfähigkeit) oder den Schall zu leiten vermag.

Leitfähigkeitsband, ↗ Bändermodell.

Leitwert, ↗ elektrische Leitfähigkeit.

Lepidolith, Lithionit, $KLi_2Al[Si_4O_{10}]$ (F, OH)$_2$, Lithiumglimmer mit geringen Gehalten von Rubidium und Caesium. Seine meistens feinkristallinen, blättchenförmigen Kristalle sind pfirsichblütenrot gefärbt.

Letten, rote, grüne, braune oder graue ↗ Schiefertone.
Letternmetalle, ↗ Schriftmetalle.
Leuchtstoffe, *Luminophore,* Stoffe oder Stoffgemische, die bei Energieaufnahme (Anregung) ohne zu glühen Licht ausstrahlen (kaltes Leuchten). Dieses Leuchten beruht auf der Erscheinung der ↗ Lumineszenz. Die L. können durch die Energie des sichtbaren Lichtes und der UV-Strahlung, durch Röntgenstrahlen, Elektronenstrahlen oder radioaktive Strahlung angeregt werden. Fluoreszierende L. leuchten nur so lange, wie sie angeregt werden. Phosphoreszierende L. (Phosphore) leuchten längere Zeit nach.
Als L. werden vor allem Zinksulfid, Cadmiumsulfid und Erdalkalisulfide verwendet. Diese können mit Schwermetallen wie Kupfer oder Silber aktiviert werden. Phosphoreszierende Eigenschaften haben auch aktivierte Oxide, Halogenide, Borate, Silicate, Phosphate und Wolframate der Elemente der 2. Haupt- und Nebengruppe der PSE.
L. werden für Leuchtziffern, Leuchtfarben sowie zur Beschichtung von Oszillographenröhren, Röntgenschirmen, Fernsehbildröhren und Leuchtstoffröhren verwendet. Lebewesen, z. B. Leuchtkäfer (Glühwürmchen), Bakterien und Tiefseetiere, enthalten org. Leuchtstoffe, die durch die Energie von exothermen Stoffwechselvorgängen angeregt werden.
L-Leucin, Abk. Leu, *L-α-Amino-isohexansäure,* eine proteinogene ↗ Aminosäure. M 131,2. Schmp. 293 bis 295 °C. L. ist besonders reichlich in den Proteinen des Blutplasmas enthalten.

$$H_3C \diagdown \atop H_3C \diagup CH-CH_2-\underset{\underset{NH_2}{|}}{CH}-COOH$$

L- Leucin

Leucit, $(K, Na) [AlSi_2O_6]$, tetragonales, pseudokubisches Mineral in quarzfreien Ergußgesteinen. Typische Kristallformen sind milchweiße Ikositetraeder (»Leucitoeder«). Bekannt ist das Vorkommen von schön ausgebildeten Leucitoedern in Laven des Vesuvs.
Leunakalk, Abprodukt der Ammoniumsulfat-Produktion nach dem Leunaverfahren, besteht im wesentlichen aus Calciumcarbonat.
Leunaverfahren, Herstellung des Düngemittels Ammoniumsulfat aus dem heimischen Rohstoff ↗ Anhydrit mit Ammoniak und Kohlendioxid. In wäßriger Lösung liegen folgende Ionen in Lösung vor: NH_4^+, CO_3^{2-} sowie in geringen Mengen Ca^{2+} und SO_4^{2-} wegen des geringen Löslichkeitsprodukts des $CaSO_4$. Da aber Ca^{2+} und CO_3^{2-} zu dem noch schwerer löslichen, ausfallenden ↗ Leunakalk zusammentreten, wird das Löslichkeitsgleichgewicht ständig gestört, d. h., NH_4^+ und SO_4^{2-} reichern sich an. Durch Aufkonzentrieren wird das Salz mittels Verdampfungskristallisation abgetrennt:
$$(NH_4)_2CO_3 + CaSO_4 \rightleftharpoons (NH_4)_2SO_4 + CaCO_3$$
Lewis, GILBERT NEWTON (23.10.1875 bis 23.3.1946), amerikanischer Chemiker, ist neben ↗ W. KOSSEL als Begründer moderner valenztheoretischer Anschauungen bekannt geworden. Er untersuchte die unpolaren und schwach polaren chem. Bindungen. L. bereicherte wesentlich die Theorie der Säure-Base-Funktion. 1933 gelang ihm durch Elektrolyse die Gewinnung von schwerem Wasser.
LEWISsche Säure-Base-Theorie, ↗ Säure-Base-Theorie.

Libavius (LIBAU), ANDREAS (1540? bis 25. 7. 1616), studierte in Jena Medizin, Chemie, Geschichte und Sprachwissenschaften, war u. a. Arzt, Leiter der Lateinschule in Rothenburg ob der Tauber und Direktor des Gymnasiums in Coburg. L. wies Silber in Bleierzen nach, untersuchte Mineralwässer, stellte Zinntetrachlorid her. ↗ *Spiritus fumans* LIBAVII. Er entdeckte die Bernsteinsäure und erkannte die Reaktion von Kupfersalzlösungen mit Ammoniak. Mit dem Verbrennen von Schwefel an der Luft in Gegenwart von Salpeter zu Schwefelsäure entwickelte er einen Vorläufer des ↗ Bleikammer-Verfahrens. Von ihm stammen zahlreiche Lehrbücher. Seine »Alchymia« war ein maßgebliches Lehrbuch der Chemie jener Zeit.
Libby, WILLARD FRANK (7. 12. 1908 bis 8. 9. 1980), amerikanischer Chemiker, begründete 1946 die Radiocarbonmethode zur Altersbestimmung kohlenstoffhaltiger Substanzen. Er erhielt 1960 den Nobelpreis für Chemie.
Licht, elektromagnetische ↗ Strahlung im ultraroten, sichtbaren und ultravioletten Spektralgebiet.
Lichtbogenofen, verwendet die Lichtbogenerwärmung zum Erhitzen des Ofeninhalts. Der Lichtbogen ist eine Form der Gasentladung sehr hoher Strom- und Leistungsdichte zwischen zwei Elektroden bzw. Elektrode und den Ofeninhaltsstoffen; die Stromstärken liegen im Bereich bis 10^5 A. ↗ Elektroofen.
lichtelektrischer Effekt, auch photoelektrischer Effekt oder Photoeffekt, Ablösung von Elektronen bei einem Material durch elektromagnetische ↗ Strahlung (insbesondere sichtbares, ultrarotes, ultraviolettes Licht und ↗ Röntgenstrahlung) sowie radioaktive Strahlung. Beim äußeren l. E. (HALLWACHS, 1888) werden die Elektronen aus dem Molekülverband der Oberfläche der bestrahlten festen Substanz herausgelöst und gelangen in einen gasgefüllten Raum oder ein Vakuum. In Photozellen

(Bild a) wird dieser Effekt zur Messung der Lichtintensität ausgenutzt (↗ Photometrie). Die Erklärung der gemessenen Frequenzabhängigkeit des Photostromes (Bild b) durch EINSTEIN (1905) unter Anwendung der ↗ Quantentheorie für die elektromagnetische Strahlung war ein erster Beweis für den Teilchencharakter des Lichtes im Rahmen des ↗ Welle-Teilchen-Dualismus. Danach ist die Energie der Lichtteilchen (Photonen):

$E = h \cdot \nu$
h PLANCKsches Wirkungsquantum
ν Frequenz

gleich der Summe aus der Ablösearbeit der Elektronen aus dem Gitterverband E_0 und ihrer kinetischen Energie $\frac{m \cdot v^2}{2}$,

$h \cdot \nu = E_0 + \frac{m \cdot v^2}{2}$.

Unter dem inneren l. E. versteht man die Erzeugung oder Erhöhung der ↗ elektrischen Leitfähigkeit eines Stoffes bei Bestrahlung. Dabei verlassen die aus dem Gitterverband gelösten Elektronen den Stoff nicht, sondern bewegen sich im Leitfähigkeitsband frei im Gitter (↗ Bändermodell). Sie werden als lichtelektrische Halbleiter (Photohalbleiter) zur Messung der Lichtintensität (↗ Photometrie) durch Photowiderstandszellen, Photodioden, Phototransistoren und Photoelemente angewendet.

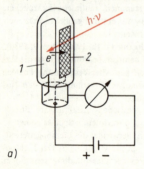

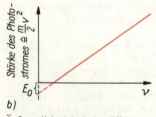

Äußerer lichtelektrischer Effekt
a) Meßanordnung
 1 Alkalimetallschicht (Katode)
 2 Netzelektrode (Anode)
b) Meßergebnis

Lichtpausverfahren, Vervielfältigungsverfahren unter Verwendung von Papieren, die durch Tränken mit Chemikalien lichtempfindlich gemacht werden.
Bei der *Cyanotypie* wird das Papier mit Ammoniumeisen(III)-citrat und rotem Blutlaugensalz (Kaliumhexacyanoferrat(III) $K_3[Fe(CN)_6]$) getränkt. Die transparente Kopiervorlage wird auf das Vervielfältigungspapier gelegt und belichtet. An den belichteten Stellen werden Fe^{3+}-Ionen des Ammoniumeisen(III)-citrats durch eine photochemische Reaktion zu Fe^{2+}-Ionen reduziert, diese bilden mit dem $K_3[Fe(CN)_6]$ Berliner Blau $Fe_3[Fe(CN)_6]_2$. Die nicht umgesetzten Salze werden herausgewaschen, und man erhält so eine Negativkopie (Blaupause). Bei der *Diazotypie* befinden sich auf dem Papier relativ stabile, aber lichtempfindliche Diazoniumsalze und als Kupplungskomponente Phenole oder aromatische Amine. An den belichteten Stellen wird das Diazoniumsalz unter Stickstoffentwicklung zersetzt. Bei der Entwicklung mit Ammoniakdämpfen bildet sich nur an den unbelichteten Stellen aus dem Diazoniumsalz und der Kupplungskomponente ein Azofarbstoff, und man erhält so eine Kopie.

Lichtquant, ↗ Photon.

LIEBERMANN-Reaktion, analytischer Nachweis für Nitrit und Nitrosogruppen durch eine Farbreaktion der Probe mit Phenol in konz. Schwefelsäure bzw. als Nachweis für Phenole oder Phenolderivate mit wenig Natriumnitrit in konz. Schwefelsäure. Es bildet sich zunächst ein blaugrüner Indophenolfarbstoff. Beim Eingießen des Reaktionsgemisches in Wasser entsteht durch Hydrolyse das rote Indophenol, aus dem sich durch Zusatz von Natronlauge das tiefblaue Natriumsalz bildet. Für die L. ist besonders diese Farbänderung charakteristisch.

LIEBIG, JUSTUS VON (12. 5. 1803 bis 18. 4. 1873), war einer der bedeutendsten Chemiker des 19. Jahrhunderts. Nach seinem Studium in Erlangen und einem Studienaufenthalt in Frankreich erhielt er, 21jährig, eine Professur in Gießen. 1853 übersie-

J. v. LIEBIG

delte er nach München, wo er bis zu seinem Lebensende wirkte.

Er entwickelte die org. Elementaranalyse zu einem wichtigen Hilfsmittel für den Chemiker; gemeinsam mit dem befreundeten ↗ WÖHLER arbeitete er über org. Radikale. L. begründete die Agriculturchemie, entdeckte das Gesetz vom Minimum und beschäftigte sich mit der Bedeutung der Chemie für Lebensprozesse. In Gießen begründete er die Annalen der Chemie, später LIEBIGS Annalen genannt. 1844 erschienen die »Chemischen Briefe«, mit denen er die Entwicklung der Chemie einem breiten Leserkreis näherbrachte. Zahlreiche, später hervorragende Chemiker aus vielen Ländern wurden von L. ausgebildet. Bild, S. 278.

Ligand, Ion oder Molekül, das in einer ↗ Komplexverbindung an das Zentralion(-atom) des Komplexes über ein sogenanntes ↗ Ligatoratom (Haftatom) angelagert ist. L. mit einem Ligatoratom sind einzähnig, z. B. NH_3, H_2O; L. mit mehreren Ligatoratomen sind mehrzähnig, z. B. $H_2NCH_2CH_2NH_2$, und bilden Chelatkomplexe (↗ Metallchelate). Solche Liganden werden als Chelatliganden bezeichnet.

Ligatoratom, Haftatom, Donatoratom, Atom eines Liganden, durch das die Bindung an ein Zentralion(-atom) in einer ↗ Komplexverbindung erfolgt.

Lignin, *Holzstoff,* polymeres Inkrustierungsmaterial der verholzenden pflanzlichen Zellwand. Das Holz der Bäume besteht zu etwa 20% aus L. Als monomere Bausteine dienen die Phenylpropan-Abkömmlinge *p-Cumarylalkohol, Coniferylalkohol* und *Sinapylalkohol* (Bild 1). Diese polymerisieren in der Zellwand dreidimensional zwischen dem Netz der Cellulosefibrillen, wobei mannigfache Verknüpfungsmöglichkeiten bestehen (Bild 2). L. ist deshalb chem. nicht eindeutig zu definieren.

Das L. der Nadelbäume besteht zu 98% aus *Conife-*

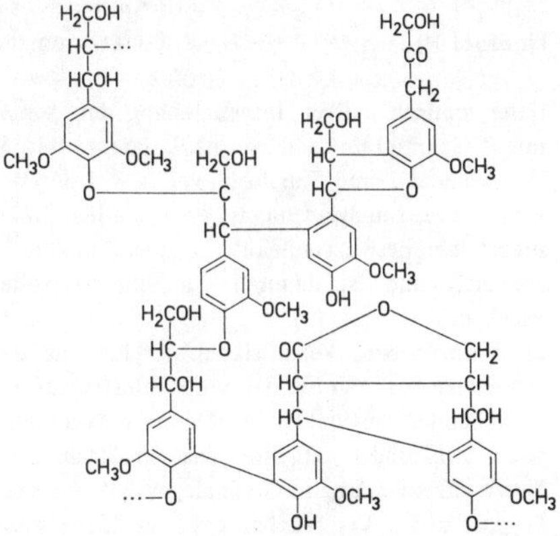

Bild 2. Formelausschnitt des Lignins. Die Darstellung gibt einige der vielen möglichen Verknüpfungen wieder. Das Molekül müßte man sich dreidimensional vorstellen.

rylalkohol, das der Laubbäume aus etwa gleichen Mengen *Coniferyl-* und *Sinapyl-* sowie Spuren von *Cumarylalkohol,* das der Gräser aus etwa gleichen Anteilen aller drei Bausteine. L. fällt techn. als Nebenprodukt bei der Zellstoffherstellung und bei der Holzverzuckerung an (↗ Sulfitablauge). Durch chem. Spaltung (»Lignincrackung«) lassen sich aromatische Verb. herstellen, an deren techn. Nutzung gearbeitet wird.

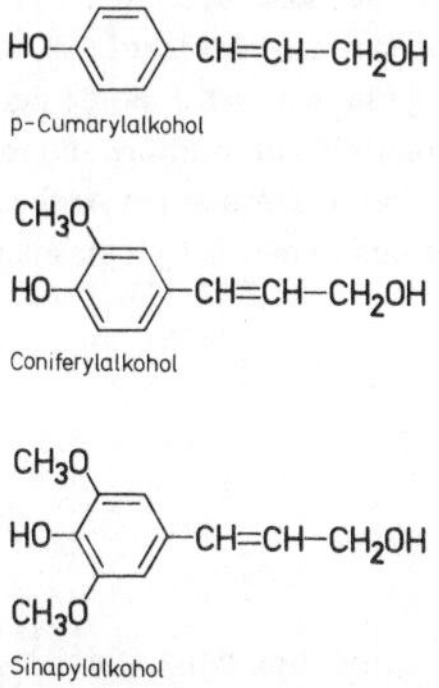

Limonen, ein zweifach ungesättigter Terpenkohlenwasserstoff, der sich vom p-Menthan ableitet, das durch vollständige Hydrierung des p-Cymens (1-Isopropyl-4-methyl-benzen) erhalten werden kann. Neben den zahlreichen Menthadienen sind die beiden L. natürlich vorkommende Verb.

(+)-L. findet sich im Kümmelöl und (−)-L. im Fichtennadelöl. Das Racemat aus beiden ist ein Bestandteil des Terpentinöles. Asymmetrisch ist das Kohlenstoffatom 4, das damit für die optische Isomerie verantwortlich ist.

Das Racemat der L., das Dipenten, bildet sich leicht aus anderen Terpenkohlenwasserstoffen beim Erwärmen und ist deshalb häufig Folgeprodukt thermischer Prozesse an ätherischen Ölen. Die L. riechen citronenähnlich.

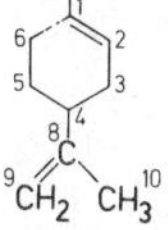

Bild 1. Lignin-Bausteine

Limonit, ↗ Brauneisenstein.

Linalool $H_3C-C=CH-CH_2-CH_2-\underset{OH}{\overset{CH_3}{C}}-CH=CH_2$, ein tertiärer, optisch aktiver Terpenalkohol, der isomer mit ↗ Geraniol und ↗ Nerol ist. L. kommt frei im ↗ Lavendelöl und Linaloeöl vor. Als Ester der Ethansäure, Linalylacetat, ist er wesentlicher Geruchsträger des Lavendelöls. L. riecht maiglöckchenartig und ist dadurch ein sehr wertvoller Riechstoff.

LINDE-Verfahren, Verflüssigung der Luft auf der Grundlage des ↗ JOULE-THOMSON-Effektes zur anschließenden destillativen Zerlegung in Stickstoff, Sauerstoff und Edelgase. Die großtechnische Sauerstoffgewinnung in Großanlagen hat zu einem Wandel in der Verbrauchsstruktur des Sauerstoffs geführt. Große Mengen werden heute zur Ammoniakoxydation und in der Metallurgie verwendet.

Linienspektrum, ↗ Spektroskopie, ↗ Atomspektren.

Linolensäure, Trivialname für die dreifach ungesättigte Monocarbonsäure, Octadeca-9,12,15-triensäure

$CH_3-CH_2-CH=CH-CH_2-CH=CH-CH_2-$
$-CH=CH-(CH_2)_7-COOH.$

L. kommt neben anderen mehrfach ungesättigten Fettsäuren im Lein-, Nuß- und Mohnöl vor.

L. ist eine der essentiellen Fettsäuren, die lebensnotwendig sind, aber im Körper von Menschen und Tieren nicht aufgebaut werden können. Sie müssen deshalb mit der Nahrung zugeführt werden. L. gehören zu den F-Vitaminen. L. ist eine ölige Substanz, die sich nicht in Wasser, aber gut in Ethanol und Diethylether löst und mit Hydroxiden Salze (Seifen) bildet, Schmp. 12,8 °C.

Ester der L. werden zur Behandlung von Hauterkrankungen benutzt.

Bei der Einwirkung von Luftsauerstoff auf L. und andere mehrfach ungesättigte Fettsäuren erfolgt durch Autoxydation eine radikalische Polymerisation zu festen Harzen. Deshalb ist die L. einer der wirksamen Bestandteile der ↗ Ölfarben und des ↗ Firnis.

Linolsäure, Trivialname für die zweifach ungesättigte Monocarbonsäure, Octadeca-9,12-diensäure:

$CH_3-(CH_2)_4-CH=CH-CH_2-CH=CH-$
$-(CH_2)_7-COOH.$

L. ist eine essentielle Fettsäure, die neben der ↗ Linolensäure und anderen ungesättigten Fettsäuren in pflanzlichen Ölen, besonders dem Leinöl, vorkommt. Sie ist ölig, Schmp. -8 °C, wasserunlöslich, löslich in Ethanol und Diethylether und an der Luft unbeständig. Durch die zwei Doppelbindungen sind vier verschiedene cis-trans-Isomere möglich, von denen aber nur die cis-cis-Form natürlich vorkommt. Die Salze der L. sind die Linoleate.

In den fetten Ölen ist die L. an Propantriol verestert.

Der Anteil von L. in den Ölen ist höher als der der Linolensäure. Sie ist deshalb ein wesentlicher Bestandteil der trocknenden Öle, die durch radikalische Polymerisation feste Harze bilden.

L. wird für kosmetische und pharmazeutische Produkte eingesetzt.

Lipide, *Fette,* weitverbreitete, wasserunlösliche Naturstoffe. L. im engeren Sinn *(Neutralfette)* sind Triglyceride, ihr Molekül ist als dreifach mit ↗ *Fettsäuren* verestertes *Glycerol* aufzufassen (Bild). L. mit ausschließlich gesättigten Fettsäuren, z. B. *Palmitinsäure, Stearinsäure,* sind bei Raumtemperatur mehr oder weniger fest. Die ölige Konsistenz der meisten Pflanzenfette ist auf den Gehalt an ungesättigten Fettsäuren, z. B. *Ölsäure, Linolsäure,* zurückzuführen. Pflanzenfette sind darüber hinaus stets Gemische aus Triglyceriden und freien Fettsäuren. Neutralfette sind vollkommen apolar und *hydrophob.* Sie dienen bei Pflanzen und Tieren als energiereiche Speichersubstanzen *(Speicher-L.).* L. werden außer als Lebensmittel auch zur Herstellung von ↗ Glycerol, Seifen, Salben, Schmiermitteln und Malerfarben genutzt.

Zu den L. im weiteren Sinn rechnet man auch die sogenannten *Struktur-L.* oder *Lipoide.* Ihr Molekül besitzt einen *hydrophilen* Pol, da eine der drei Hydroxylgruppen des Glycerols statt mit einer Fettsäure mit einem andersartigen Molekül, z. B. Phosphorsäure, Zucker, verbunden ist. Lipoide neigen auf Grund ihrer Polarität zur Bildung monomolekularer Filme und sind wesentlich am Aufbau submikroskopischer Membranen des Cytoplasmas

$$\begin{array}{c} H_2C-OH \\ HC-OH \\ H_2C-OH \end{array} + \begin{array}{c} HO-\overset{O}{\overset{\|}{C}}-(CH_2)_n-CH_3 \\ HO-\overset{O}{\overset{\|}{C}}-(CH_2)_n-CH_3 \\ HO-\overset{O}{\overset{\|}{C}}-(CH_2)_n-CH_3 \end{array} \xrightarrow[-H_2O]{} \begin{array}{c} H_2C-O-\overset{O}{\overset{\|}{C}}-(CH_2)_n-CH_3 \\ HC-O-\overset{O}{\overset{\|}{C}}-(CH_2)_n-CH_3 \\ H_2C-O-\overset{O}{\overset{\|}{C}}-(CH_2)_n-CH_3 \end{array}$$

Glycerol Fettsäuren Triglycerid (Neutralfett)

Zusammensetzung der Lipide

beteiligt. Ein typischer Vertreter der *Struktur-L.* ist das Phospholipoid *Lecithin.*

$$\begin{array}{c} H_2C-O-\overset{O}{\overset{\|}{C}}-(CH_2)_{16}-CH_3 \\ CH_3 \quad\quad O \quad H\overset{|}{C}-O-\overset{O}{\overset{\|}{C}}-(CH_2)_{16}-CH_3 \\ CH_3-\overset{\oplus}{\underset{|}{N}}-CH_2-CH_2-O-\overset{|}{\underset{|}{P}}-O-\overset{|}{C}H_2 \\ \overset{|}{CH_3} \quad\quad O^{\ominus} \end{array}$$

Lecithin

Lipoide, ↗ Lipide.
Lippenstifte, ↗ Hautkosmetika.
liquid-magmatische Lagerstätten, Lagerstätten, die sich beim schrittweisen Erstarren und Auskristallisieren schmelzflüssiger magmatischer Massen gebildet haben. Dabei entstanden Anreicherungen von Titanium-, Chromium-, Nickel-, Kupfer- und Eisenerzen sowie Platinlagerstätten.
Lithionit, ↗ Lepidolith.
Lithium,

Li	$Z = 3$
A_r (1981)	$= 6,941$
Ek: [He] $2s^1$	
OxZ: $+1$	
$X_E = 0,98$	
Elementsubstanz:	
Schmp.	$180\,°C$
Sdp.	$1330\,°C$
$\varrho = 0,534\ kg \cdot l^{-1}$	

chem. Element (↗ Elemente, chem.).
Lithium, Symbol: Li, 1. Element der 1. Hauptgruppe des PSE (↗ Hauptgruppenelemente, 1. Hauptgruppe des PSE). L. ist die Bez. für alle Atome, die 3 positive Ladungen im Kern, also 3 Protonen besitzen: Kernladungszahl $Z = 3$. Die Elektronenhülle des neutralen Atoms besteht aus 3 Elektronen, von denen eines, das Valenzelektron, die Konfiguration $2s^1$ besitzt. In Verb. wird nur eine Oxydationsstufe eingenommen, die durch die Oxydationszahl $OxZ + 1$ charakterisiert ist. L. ist 1817 von ARFEVEDSON im Petalit entdeckt worden. Es findet sich als Begleiter der natürlichen Natrium- und Kaliummineralien, auch in Mineralquellen, Grubenwässern, Salinen und im Meerwasser sowie als Spurenelement im Ackerboden. Wichtige Lithiummineralien sind: *Spodumen,* LiAl[Si$_2$O$_6$], als häufigstes und wichtigstes Mineral; *Amblygonit,* LiAl[PO$_4$](F, OH); *Triphylin,* (Li, Na) (Fe, Mn) [PO$_4$]; *Lepidolith* oder *Lithionglimmer* KLi$_2$Al[Si$_4$O$_{10}$](F, OH)$_2$; *Petalit* (Li, Na)Al[Si$_4$O$_{10}$], und *Kryolithionit,* Na$_3$Li$_3$[AlF$_6$]$_2$, als lithiumreichstes Mineral. Metallisches L. ähnelt in seinen Eigenschaften dem metallischen ↗ Magnesium und z. T. auch ↗ Calcium. Es ist sehr reaktionsfähig, verbrennt an der Luft zu Lithiumoxid:
$4\,Li + O_2 \rightarrow 2\,Li_2O$, $\Delta_B H = -596,5\ kJ \cdot mol^{-1}$,
setzt sich mit Wasser zu Lithiumhydroxid und Wasserstoff um:
$2\,Li + 2\,H_2O \rightarrow 2\,LiOH + H_2\uparrow$,
bildet mit Stickstoff, langsam bereits bei Zimmertemperatur, Lithiumnitrid:
$6\,Li + N_2 \rightarrow 2\,Li_3N$,
greift in geschmolzenem Zustand Silicate an und reagiert direkt mit allen Halogenen. L. bildet lithiumorg. Verb. Metallisches L. wird, insbesondere um die mechanischen Eigenschaften zu verbessern und die Korrosionsbeständigkeit zu erhöhen, als Legierungszusatz verwendet. Es wird ferner als Reaktorkühlmittel, als Katalysator in der Mineralölindustrie und zur Darstellung vieler metallorg. Verb. eingesetzt. Neuerdings ist eine besondere biologische Wirksamkeit von Lithiumverbindungen nachgewiesen worden, durch die ein Einsatz im medizinischen Bereich gegeben ist.
Lithiumchlorid, LiCl, Salz, das drei verschiedene Hydrate (mit 1, 2 und 3 Molekülen H$_2$O) bildet. Es entsteht durch Umsetzung von Lithiumoxid oder Lithiumhydroxid mit Chlorwasserstoff:
$Li_2O + 2\,HCl \rightarrow 2\,LiCl + H_2O$,
$LiOH + HCl \rightarrow LiCl + H_2O$.
Eine Darstellung ist auch aus metallischem Lithium mit Chlorwasserstoff möglich:
$2\,Li + 2\,HCl \rightarrow 2\,LiCl + H_2\uparrow$.
L. ist zu 45 % in Wasser löslich und findet als Trockenmittel, in der Pyrotechnik, als Zusatz für Rotfeuer, und in der Medizin Verwendung.
Lithiumhydroxid, LiOH, entsteht durch Umsetzung von metallischem Lithium mit Wasser:
$2\,Li + 2\,H_2O \rightarrow 2\,LiOH + H_2\uparrow$
L. ist hygroskopisch, bildet mit Wasser eine Base, die schwächer ist als die übrigen Alkalihydroxidlösungen.
Lithiumnitrid, Li$_3$N, ist eine salzartige Verb., die durch Umsetzung von metallischem Lithium mit Stickstoff, langsam bereits bei Zimmertemperatur, entsteht:
$6\,Li + N_2 \rightarrow 2\,Li_3N$.
Mit Wasser erfolgt eine Umsetzung zu Lithiumhydroxid und Ammoniak:
$Li_3N + 3\,H_2O \rightarrow NH_3\uparrow + 3\,LiOH$.
Lithiumoxid, Li$_2$O, entsteht beim Verbrennen von metallischem Lithium oder beim Glühen von Lithiumhydroxid, LiOH, Lithiumcarbonat, Li$_2$CO$_3$, und Lithiumnitrat, LiNO$_3$, bei Temperaturen über 800 °C. Der Schmp. liegt über 1 700 °C. Es reagiert mit Wasser unter Bildung von Lithiumhydroxid:

$Li_2O + H_2O \rightarrow 2\,LiOH$.

Lithopone, gemeinsam gefällte Mischung von Zinksulfid und Bariumsulfat, das als weißes Farbpigment für Innenanstriche sowie zum Aufhellen von Plasten und anderen techn. Produkten verwendet wird.

Lobelin, Alkaloid, das aus *Lobelia inflata* isoliert wird. Es ist ein Piperidinderivat, das 1921 erstmals von WIELAND rein isoliert wurde. L. ist ein Krampfgift und führt in Mengen von 3 bis 6 mg bei intravenöser Injektion zu einer spezifischen Erregung des Atemzentrums. L. wird deshalb zur Bekämpfung von Atemlähmungen eingesetzt. Die Wirkung ist sehr flüchtig, denn bereits nach wenigen Minuten wird L. im Körper abgebaut.

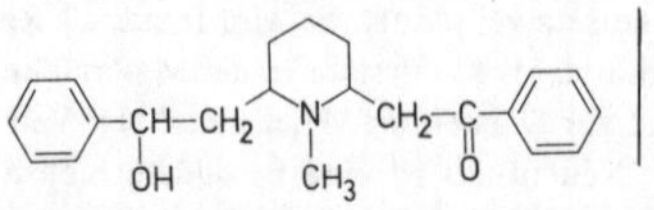

Lobelin

Lockergesteine, diagenetisch noch nicht verfestigte Sedimentgesteine.

Lokalanästhetika, Arzneimittel, die durch Lähmung peripherer Nerven die Schmerzempfindung in begrenzten Gebieten ausschalten. Sie werden bei kleineren chirurgischen Eingriffen angewendet. Bei oberflächlicher Anwendung (Oberflächenanästhesie) werden nur Nervenendigungen betroffen. Werden die L. injiziert, wird außerdem die Erregungsübertragung in kleineren Nervensträngen (Infiltrationsanästhesie) oder von Nervenstämmen (Leitungsanästhesie) unterbrochen. Das älteste Lokalanästhetikum ist ↗ Cocain, es wird aus Blättern amerikanischer Coca-Pflanzen gewonnen. Zu Beginn des Jahrhunderts wurde die lokalanästhetische Wirkung von p-Amino-benzoesäureethylester (Benzocain, Anästhesin) entdeckt. Heute werden vor allem die Hydrochloride basischer Ester der Aminobenzoesäure vom Typ des Procains und Anilide vom Typ des Lidocains als L. angewendet. ↗ Bild.

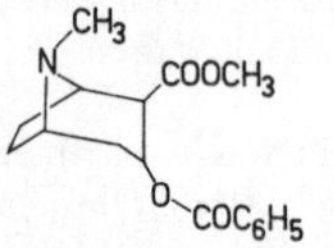

Lokalelement, ↗ Korrosion.

LOMONOSOV, MICHAIL VASILEVIČ (8.11.1711 bis 4.4.1765), wird als Stammvater der russischen Wissenschaft und Literatur bezeichnet. Er begründete die wissenschaftliche Chemie in Rußland. Für die Untersuchung der Stoffe forderte er die Anwendung der Methoden der Chemie, der Physik und der Mathematik. 1748 formulierte er in einem Brief an den Mathematiker EULER das Gesetz von der Erhaltung der Masse und der Energie. Mit seinen Gedanken über die Ursache der Verbrennung, die Entstehung des Gasdruckes, von Wärme und Kälte war er seiner Zeit weit voraus. 1749 wurde das nach seinen Plänen errichtete erste russische chem. Laboratorium in Petersburg eröffnet. Seine praktischen Arbeiten galten u. a. der Untersuchung von Mineralien, der Gewinnung von Farben und der Herstellung farbiger Gläser. Bild.

M. V. LOMONOSOV

Löschen von Branntkalk, in der Bauindustrie bedeutsamer Vorgang der Umsetzung von ↗ Branntkalk mit Wasser:
$CaO + H_2O \rightarrow Ca(OH)_2$,
wobei der gelöschte Kalk (↗ Löschkalk) in wäßriger Aufschlämmung entsteht und zur Mörtelzubereitung verwendet werden kann.

Löschkalk, gelöschter Kalk, Calciumhydroxid, $Ca(OH)_2$, ist ein weißes Pulver, das an der Luft durch Reaktion mit Kohlendioxid in Calciumcarbonat übergeht. In Wasser ist Calciumhydroxid wenig löslich, die klare wäßrige Lösung (Kalkwasser) reagiert basisch. Kalkmilch ist die Suspension von festem Calciumhydroxid in Kalkwasser.
L. entsteht bei der Zugabe von Wasser zu Calciumoxid unter Wärmeentwicklung (↗ Löschen von Branntkalk). Der entstehende Kalkbrei wird als ↗ Luftmörtel im Bauwesen verwendet. Kalkwasser bzw. Kalkmilch wird in der Zuckerindustrie zum

Cocain

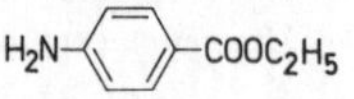

Benzocain

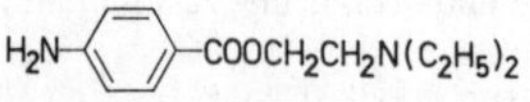

Procain

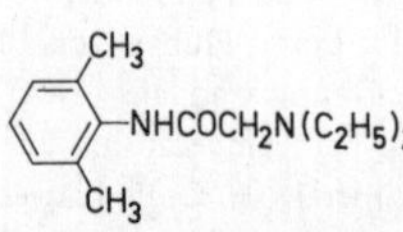

Lidocain

Wichtige Lokalanästhetika

Löslichkeiten von Hydroxiden und wichtigen Salzen

	Gut löslich	Mäßig löslich	Schwer löslich
Hydroxide	Alkalimetallhydroxide	Erdalkalimetallhydroxide	alle anderen Metallhydroxide
Chloride	alle anderen Chloride	–	AgCl PbCl$_2$ TlCl
Sulfate	alle anderen Sulfate	CaSO$_4$	BaSO$_4$ SrSO$_4$ PbSO$_4$
Carbonate	Alkalimetallcarbonate	Li$_2$CO$_3$	alle anderen Carbonate
Nitrate	alle Nitrate	–	–

Reinigen des Rohstoffes sowie zur Melasseaufbereitung verwendet sowie in der Abwasserreinigung u. a. Kalkwasser ist die billigste techn. Base.
Loschmidtsche Zahl, frühere Bez. für die ↗ Avogadro-Konstante.
Löseapparat, Einrichtung zum Lösen von Salzen, z. B. in der Kalidüngesalzindustrie. Es handelt sich meistens um längliche Gefäße, in denen das zu lösende Gut, z. B. durch Schnecken, im Gegenstrom zur »Löselauge« transportiert wird.
Löslichkeit, die bei ↗ Lösungen in einer bestimmten Lösungsmittelmenge maximal lösliche Menge eines Stoffes. Sie ist von der Natur des gelösten Stoffes und des Lösungsmittels, der Temperatur sowie Zusätzen anderer Stoffe abhängig. Die Angabe der L. erfolgt in Gramm gelöster Stoff pro 100 g Lösungsmittel bzw. der molaren oder molalen Sättigungskonzentration (Tabelle). Für die L. von Gasen ist die Angabe des Absorptionskoeffizienten üblich (↗ Henrysches Gesetz). Bei schwerlöslichen Stoffen wird zur Charakterisierung ihrer L. auch das ↗ Löslichkeitsprodukt verwendet.
Löslichkeitsprodukt, K_L bzw. L, Anwendung des Massenwirkungsgesetzes auf Löslichkeitsgleichgewichte (↗ Lösungen) schwerlöslicher Stoffe, wonach das Produkt der Sättigungskonzentrationen der gebildeten Ionen bei gegebener Temperatur konstant ist, z. B. für Silberchlorid:
$K_L = c_{Ag^+} \cdot c_{Cl^-}$
$K_L = 1{,}6 \cdot 10^{-10}$ mol$^2 \cdot$ l^{-2} ($t = 25$ °C).
Je schwerer löslich ein Stoff ist, desto kleiner ist sein L. Tabelle. Konzentrationszunahme von beteiligten Ionen durch chemische Reaktionen oder gleichionige Zusätze führt unter Ausschluß der Bildung von ↗ Komplexverbindungen zur Verringerung der ↗ Löslichkeit und bei Überschreitung des L. zur Niederschlagsbildung. Fremdionige Zusätze führen bei Ausschluß von Komplexbildung zur Erhöhung des L. bzw. der Löslichkeit.

Löslichkeitsprodukte ausgewählter Verbindungen bei 25 °C

Verbindung	Löslichkeitsprodukt
CaCO$_3$	$4{,}8 \cdot 10^{-9}$
SrCO$_3$	$1{,}6 \cdot 10^{-9}$
CaSO$_4$	$6{,}3 \cdot 10^{-5}$
SrSO$_4$	$2{,}8 \cdot 10^{-7}$
BaSO$_4$	$1{,}1 \cdot 10^{-10}$
PbCl$_2$	$2{,}12 \cdot 10^{-5}$
AgCl	$1{,}56 \cdot 10^{-10}$
AgBr	$6{,}3 \cdot 10^{-13}$
AgI	$1{,}5 \cdot 10^{-16}$
ZnS	$1{,}1 \cdot 10^{-24}$
PbS	$1{,}1 \cdot 10^{-29}$
HgS bei 18 °C	$3 \cdot 10^{-54}$

Löß, gelbes, feinkörniges, ungeschichtetes lockeres Sediment, das sich vorwiegend als Windablagerung (bei Staubstürmen) gebildet hat. L. besteht vor allem aus feinsten Quarz-, Feldspat- und Kalksteinsplitterchen, Tonmineralien und Glimmern.
Lossen-Abbau, Methode zur Umwandlung einer Carbonsäure in das um ein C-Atom kürzere primäre Amin. Durch Dehydratisierung der entsprechenden Hydroxamsäure mit Ethansäureanhydrid oder Phosphor(V)-oxid bildet sich beim L. zunächst das Alkylisocyanat, das bei der Umsetzung mit Wasser unter Kohlendioxidabspaltung das Amin liefert:

$$R-\underset{O}{C}-OH \xrightarrow[-H_2O]{+ROH} R-\underset{O}{C}-O-R^1 \xrightarrow[-R^1-OH]{+NH_2OH} R-\underset{O}{C}-NHOH \xrightarrow[-H_2O]{} R-N=C=O \xrightarrow[-CO_2]{+H_2O} R-NH_2$$

Der L. ist seit 1875 bekannt.
Lost, ⁊ Yperit.
Lösungen, homogene flüssige oder feste ⁊ Mischungen von zwei oder mehr Stoffen, wobei eine Komponente, das Lösungsmittel, im Überschuß vorliegt. Gelöst werden können gasförmige, flüssige oder feste Stoffe bis zur Sättigungskonzentration, die als ⁊ Löslichkeit oder mit Hilfe des ⁊ Löslichkeitsproduktes angegeben wird. In ungesättigten Lösungen ist die Sättigungskonzentration noch nicht erreicht. In gesättigten Lösungen ist die Konzentration des gelösten Stoffes gleich seiner Sättigungskonzentration. Überschuß von zu lösendem Stoff liegt als weitere ⁊ Phase neben der Lösung vor, z. B. als fester Bodenkörper, und steht mit der L. im Gleichgewicht (Lösungsgleichgewicht). Dieses wird zwischen zwei flüssigen Phasen als ⁊ Verteilung bezeichnet und zwischen Gasen und Flüssigkeiten durch das ⁊ HENRYsche Gesetz beschrieben. Unter bestimmten Umständen, z. B. langsames Abkühlen, kann die Sättigungskonzentration überschritten werden. Solche übersättigten Lösungen neigen zur spontanen Abscheidung des überschüssigen gelösten Stoffes, z. B. durch Auskristallisieren. Für die Auflösung eines Stoffes in einem Lösungsmittel sind Wechselwirkungen zwischen beiden verantwortlich (⁊ Dissoziation, ⁊ Hydrolyse, ⁊ Solvatation). Dabei treten ⁊ Lösungswärmen auf. L. können durch physikalische Methoden, z. B. Destillation, Kristallisation, in ihre Bestandteile zerlegt werden.
Lösungsgleichgewicht, ⁊ Lösungen.
Lösungsmittel, alle anorg. und org. Flüssigkeiten, in denen sich Gase, Flüssigkeiten oder Feststoffe ohne chem. Reaktion auflösen. Dabei lösen sich polare Stoffe, wie Salze, gut in polaren L., wie Wasser. Unpolare Stoffe, viele org. Stoffe lösen sich gut in unpolaren org. L., wie Benzen oder Ether. Ähnliches löst sich in Ähnlichem, similia similibus solvuntur. Im engeren Sinne werden org. Flüssigkeiten als L. bezeichnet.
Lösungspolymerisation, Polymerisationsmethode, bei der Monomeres und gebildetes Polymeres in einem Lösungsmittel gelöst sind. Da nach Ablauf das Lösungsmittel entfernt werden muß, gestaltet sich diese Verfahrensweise sehr aufwendig und wird techn. wenig eingesetzt. Wichtigstes industrielles Beispiel ist die Herstellung von Polyacrylnitril in Dimethylformamid. Hier wird die Lösung mit dem Polymerisationsprodukt direkt versponnen, wobei das Lösungsmittel hinter der Spinndüse durch Wasser aufgenommen (Naßspinnverfahren) oder durch einen heißen Luftstrom verdampft wird (Trockenspinnverfahren).

Lösungswärme, Wärmemenge, die beim Auflösen von Stoffen in einem Lösungsmittel abgegeben oder aufgenommen wird. Das hängt bei der Auflösung fester Stoffe vom Verhältnis der zur Zerstörung des Kristallgitters aufzubringenden Gitterenergie und der durch Wechselwirkung mit den Lösungsmittelmolekülen frei werdenden Solvatationsenergie ab. Nach dem ⁊ HABER-BORNschen Kreisprozeß ist die Summe der Gitterenergie und der Solvatationsenergie gleich der L. Bild.

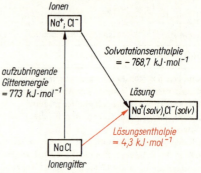

HABER-BORNscher Kreisprozeß für die Auflösung eines Kristallgitters
(p = konst., Wärme ≙ ⁊ Enthalpie H)

Lote, leichtschmelzende Legierungen von Metallen, die als Bindemittel beim ⁊ Löten verwendet werden. Weichlote sind meist Zinn-Blei-Legierungen und schmelzen unterhalb 450 °C (⁊ Lötzinn). Hartlote (Messinglote, Silberlote) schmelzen oberhalb 450 °C.
Löten, Verfahren zum Verbinden von Metallen mit Hilfe leichtschmelzender Metall-Legierungen (⁊ Lote). Die Haftung kommt dabei durch eine oberflächliche Legierungsbildung zwischen den Metallen und dem Lot zustande. Diese Verb. wird durch oberflächliche Oxidschichten beeinträchtigt. Die Anwendung von Hilfsmitteln, die die Oxide auflösen (⁊ Lötwasser, Lötfett, ⁊ Borax, ⁊ Ammoniumchlorid, ⁊ Kolophonium), gewährleistet eine dauerhafte Verb.. Je nach der Löttemperatur unterscheidet man Weichlöten ($t < 450$ °C) und Hartlöten ($t > 450$ °C).
Lötrohr, Metallrohr mit Düse und Mundstück zum Durchführen der ⁊ Lötrohrprobe. Bild.

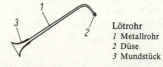

Lötrohr
1 Metallrohr
2 Düse
3 Mundstück

Lötrohrprobe, Vorprobe in der analytischen Chemie. Die Probe wird gemeinsam mit angefeuchtetem Natriumcarbonat auf einem Stück Holzkohle durch die Flamme eines Lötrohres erhitzt. Aus dem Reaktionsrückstand kann auf bestimmte Metalle geschlossen werden. Die L. hat heute nur noch geringe Bedeutung.

Lötstein, Ammoniumchlorid, das als Löthilfsmittel zur Entfernung von Oxidschichten beim ↗ Löten dient. Die Metalloxide bilden beim Erhitzen mit Ammoniumchlorid flüchtige Metallchloride.

Lötwasser, Ammoniumtetrachlorozincat $(NH_4)_2[ZnCl_4]$ enthaltendes Löthilfsmittel zur Entfernung von Oxidschichten. Die Herstellung erfolgt durch Auflösen von Zinkabfällen in Salzsäure unter Zusatz von Ammoniumchlorid.

Lötzinn, ↗ Legierung aus Zinn und Blei, die als Lot zum Weichlöten verwendet wird (↗ Löten). Zinnlote enthalten je nach Verwendungszweck 25 bis 98 % Zinn und schmelzen zwischen 183 und 257 °C.

LSD, Abk. für ↗ Lysergsäurediethylamid.

Luft, Gasgemisch, das die Erde bis zu einer Höhe von etwa 60 km umgibt, das bis auf einen wechselnden Gehalt an Wasser, Ozon und bestimmten Schadstoffen homogen ist und eine relativ konstante Zusammensetzung besitzt. Tabelle.

Zusammensetzung der Luft (ohne Gehalt an Wasser und Schadstoffen)

Bestandteil	liegt vor	Vol.-%
Stickstoff	molekular (N_2)	78,10
Sauerstoff	molekular (O_2)	20,93
Argon	atomar (Ar)	0,9325
Kohlendioxid	molekular (CO_2)	0,03
Neon	atomar (Ne)	0,0018
Helium	atomar (He)	0,0005
Krypton	atomar (Kr)	0,0001
Xenon	atomar (Xe)	0,000009

Durch ein zwischen der Atmosphäre und der Biosphäre wirkendes Gleichgewicht, an dessen Einstellung mehrere prozeßartige Zyklen (Kohlendioxid-Zyklus, Stickstoff-Zyklus) beteiligt sind, wird die homogene Zusammensetzung der Luft den angegebenen Werten entsprechend erhalten, wenn die jeweils aufgenommenen Schadstoffe unberücksichtigt bleiben. Durch Veränderungen der Umwelt, z. B. durch verstärkte Reduzierung der Grünflächen, gesteigerte Verbrennung fossiler Brennstoffe, massiven Ausstoß reaktiver Schadstoffe u. a., kann dieses Gleichgewicht soweit gestört werden, daß eine für die Lebewesen bedrohliche Veränderung der Zusammensetzung der Luft nicht auszuschließen ist. Daneben übt der Gehalt an Schadstoffen, wie Kohlenmonoxid, Schwefeldioxid, Kohlenwasserstoffe, nitrose Gase und Staub, an bestimmten biologischen Organismen, wie Bakterien, Krankheitskeimen der verschiedensten Art usw. und an Strahlungskomponenten einen sehr ungünstigen Einfluß auf die in der Atmosphäre lebenden Menschen, Tiere und Pflanzen aus. Die Luft wird industriell genutzt, z. B. durch Kompression, Zerlegung in ihre Bestandteile und Verarbeitung (bei der Luftverflüssigung und Luftfraktionierung, bei der Vergasung der Kohle, bei vielen Verhüttungsprozessen zur Gewinnung und Veredlung von Metallen u. a.).

Luftgas, techn. durch unvollständige Verbrennung von Kohle mit Luft hergestelltes Kohlenmonoxid im Gemisch mit Stickstoff:

$2 C + O_2 \rightarrow 2 CO$

Dieser exotherme Prozeß (»Heißblasen«) wurde früher alternierend zur ↗ Wassergasherstellung gefahren. Beides waren früher selbständige Teilprozesse der Heiz- oder Synthesegasherstellung in Generatoren.

Luftkalk, Luftmörtel, Bindemittel, deren Verfestigung auf der Aufnahme von Kohlendioxid der Luft durch gelöschten Kalk (Kalkbrei) und der Bildung von Calciumcarbonat beruht. Es sind nichthydraulische Bindemittel, die während des Erhärtens und auch danach nicht ständig mit Wasser zusammenkommen dürfen. Sie bilden mit Sand gemischt Luftmörtel.

Luftverflüssigung, ↗ LINDE-Verfahren.

Luftverunreinigung (Luftschadstoffe), alle in der ursprünglichen Atmosphäre nicht enthaltenen Beimengungen von Feststoffen, Gasen oder Flüssigkeitströpfchen, die vor allem durch die menschliche Tätigkeit entstehen. Sie sind häufig gesundheitsschädigend bzw. beeinträchtigen das Wohlbefinden. Ihre höchstzulässigen Konzentrationen werden deshalb gesetzlich in Abhängigkeit von den möglichen Einwirkungszeiten nach medizinischen Erkenntnissen so begrenzt, daß nach heutigem Erkenntnisstand keine nachteiligen Auswirkungen entstehen können. ↗ MAK-Werte, ↗ MIK-Werte, ↗ Emission, ↗ Immission.

Luftverunreinigung, Beseitigung von, möglich durch folgende Maßnahmen:
– Schaffung abproduktarmer Technologien oder
– Entfernung der Schadstoffe aus den Emissionen.

Die Ableitung, Verteilung und Verdünnung der Schadstoffe mit hohen Schornsteinen ist keine ausreichende Maßnahme des Umweltschutzes.

Luftverunreinigung, Wirkung von,
– auf den Boden durch ↗ pH-Wert-Verschiebung, Kontamination mit toxischen Schadstoffspuren,
– auf Pflanzen durch Beeinträchtigung der Photosyntheseintensität, Anreicherung von Schadstoffspuren im Gewebe und Gewebezerstörung,
– auf Tiere durch kontaminiertes Futter oder Schädigung der Atmungsorgane,
– auf Menschen durch Geruchsbelästigung, Schädigung der Atmungsorgane und Gewebeveränderungen,
– auf Werkstoffe und Baustoffe durch verstärkte Verwitterung und Korrosion.

Luftzerlegung, technische, Tieftemperaturdestillation der nach dem ↗ LINDE-Verfahren verflüssigten Luft zur Gewinnung von Stickstoff, Sauerstoff und Edelgasen (Bild). Daneben gewinnen heute Arbeiten zur L. bei Normaltemperatur durch ↗ Molsiebe techn. Interesse. Sie können bei industrieller Realisierung die gegenwärtigen Produktionskosten für Sauerstoff in modernen Großzerlegungsanlagen für Luft drastisch senken.

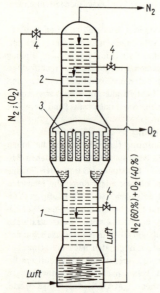

Schema der technischen Luftzerlegung
1 Druckkolonne
2 Obersäule
3 Kondensator für die Druckkolonne und Verdampfer für die Obersäule
4 Drosselventile

Lumineszenz, zusammenfassende Bez. für die Energieabgabe von Stoffen in Form von elektromagnetischer ↗ Strahlung (↗ Emission), bei der die vorherige Anregung nicht durch Zuführung thermischer Energie (Glühen) erfolgt. Bei der L. tritt ein kaltes Leuchten auf (↗ Leuchtstoffe).
Nach der Art und Weise der Energiezuführung (↗ Anregung) bzw. dem Auftreten der L. unterscheidet man verschiedene Arten, wie die Röntgenlumineszenz durch ↗ Röntgenstrahlung, die Radiolumineszenz durch radioaktive Strahlung (↗ Radioaktivität), die Chemilumineszenz bei chem. Reaktionen (z. B. bei der Oxydation des weißen ↗ Phosphors) und die Biolumineszenz (Chemilumineszenz bei lebenden Organismen).
Generell unterscheidet man bei der L. zwischen Fluoreszenz und Phosphoreszenz je nach der Dauer der Lichterscheinung bzw. dem Anregungsmechanismus (Bild). Bei der Fluoreszenz hört das Leuchten sofort nach Beendigung der Anregung auf, wogegen bei der Phosphoreszenz ein Nachleuchten bis zu Monaten zu beobachten ist. Fluoreszenz tritt bei Gasen und Dämpfen, einigen anorg. (Zinn(II)-chloridlösung) und vielen org. Flüssigkeiten (aromatische Kohlenwasserstoffe, z. B. Benzen) sowie einigen Feststoffen (Calciumfluorid, Uranylsalze, Salze einiger Lanthanoidenelemente, Fluorescein) auf. Phosphoreszenz ist bei anorg. Verb. an Spuren bestimmter Stoffe in einem Material gebunden, z. B. Kupfer in Zinksulfid bzw. Silber in Zink-Cadmium-Sulfid. Sie erzeugen die für die Phosphoreszenz zur Energiespeicherung notwendigen metastabilen Energiezustände.

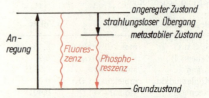

Unterschiedliche Mechanismen von Fluoreszenz und Phosphoreszenz

Luminol, 5-Amino-1,4-dihydroxy-phthalazin, ein cyclisches Dicarbonsäurehydrazid, das bei der Oxydation eine intensiv hellblaue Chemolumineszenz zeigt. L. ist in Laugen löslich. In dieser alkalischen Lösung erfolgt die Oxydation durch Wasserstoffperoxid bei Anwesenheit von Metallkomplexen, wie Hämin (Blut), Kaliumhexacyanoferrat(III), dem roten Blutlaugensalz, oder Komplexen des Mangans, Cobalts, Nickels oder Kupfers.
L. wird als Redoxindikator verwendet. Gemische von L. mit Natriumperoxid und Kaliumhexacyanoferrat(III) leuchten intensiv beim Auflösen in Wasser. Sie eignen sich so zum Auffinden von Schiffbrüchigen bei der nächtlichen Suche.
L. kann durch eine Mehrstufensynthese aus Phthal-

säure hergestellt werden. Nitrierung ergibt ein Isomerengemisch, aus dem die 3-Nitro-phthalsäure durch Umkristallisieren getrennt und dann zur Aminoverbindung reduziert und mit Hydrazin zum L. umgesetzt wird.

Luminol

Luminophore, ↗ Leuchtstoffe.
LUMO, Abk. der englischen Bez. *l*owest *u*noccupied *m*olecular *o*rbital für das niedrigste unbesetzte Molekülorbital im MO-Schema (↗ Atombindung). Dessen Energieunterschied zum ↗ HOMO bestimmt die chem. Eigenschaften und das Elektronenanregungsspektrum (↗ Molekülspektren) der chem. Verb.
Lutetium,

Lu	$Z = 71$
$A_{r\,(1981)} = 174{,}967$	
Ek: [Xe] $4f^{14}5d^{1}6s^{2}$	
OxZ: $+3$	
$X_E = 1{,}27$	
Elementsubstanz:	
Schmp. 1650 °C	
Sdp. 3330 °C	
$\varrho = 9{,}84$ kg $\cdot$ l^{-1}	

chem. Element (↗ Elemente, chem.).
Lutetium, Symbol: Lu, 14. Element der ↗ Lanthanoidengruppe. L. ist die Bez. für alle Atome, die 71 positive Ladungen im Kern, also 71 Protonen besitzen: Kernladungszahl $Z = 71$. Bis 1949 war der deutschsprachige Name des Elements *Cassiopeium* mit dem Symbol: Cp. L. findet sich in der Natur in den ↗ Yttererden, verbreitet aber in ganz geringen Konzentrationen. Eine Darstellung des silberweißen und weichen Metalls erfolgt nach aufwendiger Trennung z. B. durch Schmelzflußelektrolyse oder Reduktion mit Kalium.
lyophil, lösungsmittelanziehend, lösungsmittelfreundlich.
lyophob, lösungsmittelabweisend.
Lyosol, bestimmte kolloide Lösungen.
Lysergsäure, eine tetracyclische Monocarbonsäure, deren Struktur sich durch Kondensation aus

Lysergsäure

einem Indol- und einem Chinolinsystem ergibt. Amide der L. sind wehenfördernde ↗ Alkaloide des Mutterkorns *(Secale cornutum)*, wie Ergotamin oder Ergometrin. Das Diethylamid der L. ist als LSD bekannt. ↗ Lysergsäurediethylamid.
Lysergsäurediethylamid, Abk. LSD, eines der gefährlichsten Rauschgifte (Halluzinogen), das in kleinsten Mengen (20 bis 50 μg) erhebliche psychische Störungen, wie Halluzinationen, Farbvisionen, Rauschzustände und Selbstüberschätzung hervorrufen kann, die bis zu 24 Stunden anhalten. LSD wird halbsynthetisch durch Amidierung von ↗ Lysergsäure erhalten. Lysergsäure ist Grundbaustein der Mutterkornalkaloide und wird aus diesen gewonnen (Formel ↗ Rauschgifte).
L-Lysin, Abk. Lys, α,ε-*Diamino-hexansäure*, $H_2N-(CH_2)_4-CH(NH_2)-COOH$, eine proteinogene ↗ Aminosäure. *M*: 146,2. Schmp. 224 °C. L. gehört zu den wichtigsten essentiellen Aminosäuren. Sein Fehlen oder Mangel im Jugendalter führt zu Störungen bei der Knochenbildung.

M

Mackintosh, Bez. für beschichtete Gummimäntel, benannt nach dem englischen Chemiker gleichen Namens, der 1823 in Glasgow erstmals das Imprägnierungsverfahren anwandte.
magmatische Gesteine, Magmatite, Eruptivgesteine, entstehen aus Schmelzflüssen (Magma) der Erdkruste, die emporrdringen und unter Abkühlung und Druckentlastung zu m. G. erstarren. Erfolgt die Erstarrung noch innerhalb der Erdkruste, spricht man von Tiefen- oder Intrusivgesteinen bzw. Plutoniten, z. B. Granit. Ergießt sich der Schmelzfluß als Lava an die Erdoberfläche und erstarrt hier, so bil-

Übersicht über die häufigsten magmatischen Gesteine

Hauptbestandteile	Tiefengesteine (Plutonite)	Ergußgesteine (Vulkanite)
Quarz, Feldspat, Glimmer	Granit	Quarzporphyr
Feldspat, Glimmer	Syenit	Porphyr
Feldspat, Hornblende, Glimmer	Diorit	Porphyrit
Feldspat, Augit	Gabbro	Basalt, Diabas

den sich die Erguß- bzw. Extrusivgesteine oder Vulkanite, z. B. Basalt. Zu jedem Tiefengestein gibt es ein stofflich analoges Ergußgestein (Tabelle), das sich aber im Erstarrungsgefüge unterscheidet.

magmatische Lagerstätten, entstehen bei der Abkühlung magmatischer Massen durch Ausscheidung und Anreicherung von Erzmineralien. Dazu zählen Platinmineralien, Apatit, Eisenerze sowie Oxide und Sulfide von Titanium, Chromium, Vanadium und Kupfer.

Magmatite, ↗ magmatische Gesteine.

Magnesia, Trivialname für ↗ Magnesiumoxid.

Magnesia alba, ↗ Magnesiumcarbonat.

Magnesiarinne, etwa 10 cm lange und 1 cm breite Rinne aus gebranntem Magnesiumoxid zur Durchführung von Schmelzreaktionen, besonders für ↗ Vorproben.

Magnesiastäbchen, etwa 10 cm lange und 1,5 mm dicke Stäbchen aus gebranntem Magnesiumoxid für die Durchführung von Flammenfärbungen und Boraxperlen.

Magnesiasteine, Magnesitsteine, aus Magnesiumoxid bestehende Feuerfestwerkstoffe, die bis 2 000 °C beständig sind. ↗ Magnesiumchloridspaltung.

Magnesia usta, relativ reines und bei niedrigen Temperaturen hergestelltes ↗ Magnesiumoxid, das als mildes Neutralisationsmittel in der Medizin Verwendung findet.

Magnesiazement, Mischung einer konz. Magnesiumchloridlösung mit geglühtem Magnesiumoxid, die unter Bildung von Magnesiumoxidchloriden zu einer sehr harten Masse erstarrt. M. wird auch als SOREL-Zement bezeichnet.

Magnesit, Bitterspat, $MgCO_3$, gesteinsbildendes Mineral, besonders in chem. Sedimenten sowie metasomatischen und metamorphen Gesteinen. M. findet sich fast immer in feinkristallinen Aggregaten. Er wird als Feuerfestmaterial zur Auskleidung von Industrieöfen verwendet.

Magnesium,

Mg	$Z = 12$
$A_{r(1981)} = 24{,}305$	
Ek: [Ne] $3s^2$	
OxZ: +2	
$X_E = 1{,}31$	
Elementsubstanz:	
Schmp.	650 °C
Sdp.	1 110 °C
$\varrho = 1{,}741$ kg · l^{-1}	

chem. Element (↗ Elemente, chem.).

Magnesium, Symbol: Mg, 2. Element der 2. Hauptgruppe des PSE (↗ Hauptgruppenelemente, 2. Hauptgruppe des PSE). M. ist die Bez. für alle Atome, die 12 positive Ladungen im Kern (also 12 Protonen) besitzen: Kernladungszahl $Z = 12$. Die Elektronenhülle des neutralen Atoms besteht aus 12 Elektronen, von denen zwei als Valenzelektronen die Konfiguration $3s^2$ einnehmen. In Verb. wird nur eine Oxydationsstufe eingenommen, die durch die Oxydationszahl OxZ +2 charakterisiert ist. M. ist 1808 von DAVY als Metall durch Schmelzflußelektrolyse dargestellt worden. Magnesiumsulfat (als Bittersalz) und Magnesiumoxid (als Bittererde) sind bereits im 17. und 18. Jahrhundert bekannt und vornehmlich in England als Heilmittel verwendet worden. In der Natur findet sich M. weit verbreitet in Form seiner Salze und Doppelsalze, vor allem in den Kalisalzlagern: *Bischofit,* $MgCl_2 · 6 H_2O$; *Kieserit,* $MgSO_4 · H_2O$; *Carnallit,* $KCl · MgCl_2 · 6 H_2O$; *Kainit,* $KCl · MgSO_4 · 3 H_2O$; *Schönit,* $K_2SO_4 · MgSO_4 · 6 H_2O$; *Magnesit,* $MgCO_3$, und *Dolomit,* $CaCO_3 · MgCO_3$. M. ist auch Bestandteil vieler mineralischer Silicate: *Olivin,* $(Mg, Fe)_2 [SiO_4]$; *Serpentin,* $Mg_6[Si_4O_{10}](OH)_8$, und *Asbest,* $Mg_6[Si_4O_{11}](OH)_6 · H_2O$. M. ist schließlich auch ein wichtiger Bestandteil des Chlorophylls. Die Elementsubstanz, d. h. das metallische M., wird durch Schmelzflußelektrolyse von Magnesiumchlorid im Gemisch mit Natriumchlorid und Calciumchlorid oder durch Reduktion von Magnesiumoxid mit Kohlenstoff bei 2 000 °C im elektrischen Ofen, wobei das M. abdestilliert wird und im Wasserstoffstrom erkaltet:

$MgO + C \rightarrow Mg + CO\uparrow$,

hergestellt. Die Elementsubstanz ist ein silberglänzendes Metall mittlerer Härte, das sich hämmern, gießen und auswalzen läßt. Metallisches M. ist an der Luft durch eine ausgebildete Oxidhaut beständig, verbrennt mit blendend weißem Licht zu Magnesiumoxid:

$2\,Mg + O_2 \rightarrow 2\,MgO$, $\Delta_B H = -601{,}2$ kJ · mol^{-1},

ist ein kräftiges Reduktionsmittel, wird von kaltem Wasser langsam angegriffen, brennt, einmal entzündet, unter Wasser weiter (Magnesiumfackel):

$Mg + 2\,H_2O \rightarrow Mg(OH)_2 + H_2\uparrow$,

wird von nichtoxydierenden Säuren leicht, von Alkalien kaum angegriffen, dient vor allem in ↗ GRIGNARD-Verb. zur Synthese vieler org. Substanzen. Metallisches M. ist als Leichtmetall Bestandteil vieler Legierungen (↗ Elektron, ↗ Magnalium), findet aber auch als Reduktionsmittel und bei org. Synthesen umfangreiche Verwendung.

Magnesiumcarbide, MgC_2 und Mg_2C_3, entstehen durch Umsetzung von Magnesiumchlorid mit Calciumcarbid:

$MgCl_2 + CaC_2 \rightarrow MgC_2 + CaCl_2$,

$6 \, MgC_2 \xrightarrow{>550\,°C} 3 \, Mg_2C_3 + 3 \, C$.

Mit Wasser setzen sich die Carbide heftig und unter Erwärmung zu *Ethin* bzw. *Propin* und Magnesiumhydroxid um:

$MgC_2 + 2 \, H_2O \rightarrow C_2H_2\uparrow + Mg(OH)_2$,
$Mg_2C_3 + 4 \, H_2O \rightarrow C_3H_4\uparrow + 2 \, Mg(OH)_2$.

Magnesiumcarbonat, $MgCO_3$, kommt mineralisch, Magnesit genannt, in großen Lagern vor, bildet Hydrate: $MgCO_3 \cdot H_2O$, $MgCO_3 \cdot 3 \, H_2O$ und $MgCO_3 \cdot 5 \, H_2O$. Als lockeres weißes Pulver, das auch als Magnesia alba bezeichnet wird, findet es als Putzmittel und Farbpigment Verwendung. Mit Alkalicarbonaten bildet es leicht Doppelsalze.

Magnesiumchlorid, $MgCl_2$, kristallisiert aus wäßrigen Lösungen als Hexahydrat, $MgCl_2 \cdot 6 \, H_2O$, aus und zeigt als Magnesiumchlorid-Lauge saure Reaktion:

$2 \, MgCl_2 + H_2O \rightarrow Mg_2OCl_2 + 2 \, HCl\uparrow$.

Beim Erhitzen des Hydrats erfolgt bei der Wasserabspaltung Zersetzung. Es wird zur Herstellung von Magnesiazement (SOREL-Zement) verwendet.

Magnesiumchloridspaltung, Verfahren zur Verwertung der Endlaugen der Kalisalzverarbeitung, die bei zunehmendem Carnallitabbau wachsende Mengen Magnesiumchlorid (200 g/kg Lösung und mehr) enthalten. Bei der thermischen Spaltung der Magnesiumchloridhydrate gewinnt man MgO (↗ Feuerfestmaterial) und Chlorwasserstoff (↗ PVC-Herstellung).

Magnesiumhydroxid, $Mg(OH)_2$, entsteht durch Umsetzung von Magnesiumoxid mit Wasser, von metallischem Magnesium mit Wasser, wobei Wasserstoff frei wird, und von Magnesiumchlorid mit Calciumhydroxid:

$MgCl_2 + Ca(OH)_2 \rightarrow Mg(OH)_2 + CaCl_2$.

M. ist in Wasser schwer löslich, setzt sich jedoch mit Säuren leicht um. Es kann bis zu 100 °C ohne Zersetzung getrocknet werden.

Magnesiumoxid,

MgO
Schmp. 2802 °C
Sdp. 3600 °C
$\varrho = 3{,}576 \, kg \cdot l^{-1}$

auch *Magnesia* oder *Bittererde* genannt, weißer, kubisch kristalliner oder pulverartiger, in Wasser schwer löslicher Stoff. M. entsteht durch Verbrennen von metallischem Magnesium:

$2 \, Mg + O_2 \rightarrow 2 \, MgO$, $\Delta_B H = -601{,}2 \, kJ \cdot mol^{-1}$,

durch Glühen von Magnesiumcarbonat:
$MgCO_3 \rightarrow MgO + CO_2\uparrow$,
Magnesiumhydroxid:
$Mg(OH)_2 \rightarrow MgO + H_2O$,

Magnesiumnitrat oder Magnesiumsulfat. Unter 1000 °C hergestellt, setzt sich M. mit Wasser wieder zu Magnesiumhydroxid um, sintert bei hohen Temperaturen (etwa 1600 bis 1700 °C) zu einem Produkt, das mit Wasser nicht mehr reagiert und sehr hitzebeständig ist. Durch seine hohen Schmelz- und Siedetemperaturen wird es als Material für Laboratoriumsgeräte, hochfeuerfeste Steine (Magnesiastein) eingesetzt. Ferner dient es zur Herstellung fugenloser Fußböden und in der Medizin als *Magnesia usta* zur milden Neutralisation von Säuren.

Magnesiumsulfat, $MgSO_4$, kommt in der Natur mineralisch als *Kieserit*, $MgSO_4 \cdot H_2O$, vor. Es bildet mit Wasser Hydrate mit ein bis zwölf Molen H_2O, so z. B. das Bittersalz, $MgSO_4 \cdot 7 \, H_2O$, das mit den entsprechenden Hydraten des Zinks, Mangans, Eisens, Nickels und Cobalts isomorph ist und leicht Doppelsalze ergibt.

Magneteisenstein, ↗ Magnetit.

magnetische Resonanzspektroskopie, ↗ Molekülspektren.

magnetisches Moment, Größe der magnetischen Eigenschaften eines Teilchens. Das m. M. wird in BOHRschen Magnetonen, Abk. B. M., angegeben.

$$1 \, B.M. = \frac{e \cdot h}{4 \pi \cdot m \cdot c}$$

e   Elektronenladung
m   Elektronenmasse
c   Lichtgeschwindigkeit
h   PLANCKsche Konstante

Das m. M. eines Elektrons ist ungleich einem B. M. und errechnet sich nach

$$\mu_s \, (in \, B.M.) = g\sqrt{s(s+1)}$$

g   LANDÉ-Faktor
s   absoluter Betrag der Spinquantenzahl
μ_s magnetisches Spinmoment

μ_s für 1 Elektron sind 1,73 B. M.

magnetische Suszeptibilität, Maß für die Magnetisierbarkeit von Stoffen. Bei paramagnetischen Stoffen ist sie positiv, bei diamagnetischen Stoffen negativ (↗ Magnetochemie).

Magnetismus, ↗ Magnetochemie.

Magnetit, Magneteisenstein, Fe_3O_4, tritt in schwarzen, meist oktaedrischen Kristallen als Beimengung in vielen Gesteinen auf. Typisch sind die fehlende Spaltbarkeit, der muschlige Bruch und das magnetische Verhalten. M. bildet die besten Eisenerze. Bekannte Vorkommen liegen z. B. in Kiruna (Nordschweden), im Ural, Kertsch (SU) und Oberer See (USA). Magnetit enthält oft beträchtliche Anteile von TiO_2 (»Titanomagnetit« mit bis 15% TiO_2), ebenso von Vanadium.

Magnetkies, Pyrrhotin, FeS, bronzefarbenes, metallisch glänzendes magnetisches Mineral, dessen Kristalle hexagonale Tafeln oder kurze Säulen bilden. M. findet man in basischen magmatischen Gesteinen sowie in Meteoriten. Der oft erhebliche Nickelgehalt (bis 6%) macht Massenvorkommen von M. zu geschätzten Nickellagerstätten.

Magnetochemie, untersucht den Zusammenhang zwischen magnetischen und chem. Eigenschaften. Durch die Elektronen wird um die Atome aller Elemente ein sehr kleines magnetisches Feld aufgebaut. Die durch die Elektronenladung hervorgerufenen magnetischen Eigenschaften treten bei allen Elementen auf und werden als Diamagnetismus bezeichnet. Die Bahnbewegung und hauptsächlich der Spin der Elektronen rufen den ↗ Paramagnetismus hervor. Jedes Element mit ungepaarten Elektronen, bei gepaarten Elektronen hebt sich die Spinwirkung auf, ist paramagnetisch. Aus dem magnetischen Moment, d. h. aus der Größe des Paramagnetismus, kann auf die Zahl der ungepaarten Elektronen geschlossen werden. Die magnetischen Eigenschaften gestatten damit Schlußfolgerungen auf die Elektronenkonfiguration der Elemente. Dabei wird das magnetische Spinmoment berechnet, das magnetische Bahnmoment liefert nur einen geringen Beitrag. Mit einer Magnetwaage nach GOUY wird die ↗ magnetische Suszeptibilität gemessen, aus der das ↗ magnetische Moment berechnet wird. Wenn sich die paramagnetischen Momente der Atome in einem Kristallverband gegenseitig verstärken, tritt Ferromagnetismus auf, der z. B. beim Eisen makroskopisch feststellbar ist. Heben sich die paramagnetischen Momente der Atome im Kristallverband gegenseitig auf, tritt Antiferromagnetismus auf.

Magnetscheidung, Trennen von Teilchen unterschiedlicher Magnetisierbarkeit in einem Magnetfeld in mindestens zwei Produktströme.

Maische, für: Mischung, Betriebsausdruck für spezielle Feststoff-Flüssigkeits-Mischungen, z. B. in der Brauerei für das mit Wasser verrührte, zerkleinerte Malz, der Spiritusbrennerei für mit Wasser und zerkleinertem Malz gemischter stärkehaltiger Rohstoff und der Weinkelterei für die zerdrückte Traubenmasse.

Majolika, ↗ Fayence.

Makromoleküle, Moleküle, die aus mindestens 1500 Atomen aufgebaut sind. Sie sind aus niedermolekularen Bausteinen aufgebaut, welche die periodisch wiederkehrenden Struktureinheiten der M. darstellen.

MAK-Wert, ↗ Arbeitsplatzkonzentration, maximal zulässige.

Malachit, $CuCO_3 \cdot Cu(OH)_2$, malvengrünes Kupfermineral, das vorwiegend in derben, konzentrischschaligen bzw. radialfasrigen Massen vorkommt (»grüner Glaskopf«). M. tritt als Umbildungsprodukt im Hutbereich (Oxydationszone) von Kupferlagerstätten auf. Feste Stücke werden als Schmucksteine verarbeitet.

Malachitgrün, ein Triphenylmethanfarbstoff, der sich leicht in Wasser löst, aber wegen seiner geringen Licht- und Waschechtheit nicht zum Färben von Textilien genutzt wird.
M. wird durch Schmelzen eines Gemisches von einem Mol Benzaldehyd und zwei Molen N,N-Dimethyl-anilin und Zinkchlorid bei nachfolgender Oxydation der zunächst entstandenen Leukobase mit Blei(IV)- oder Mangan(IV)-oxid in saurer Lösung hergestellt.

Malachitgrün

Malariamedikamente, Arzneimittel, die gegen bestimmte Entwicklungsformen der Malariaerreger (Plasmodien) wirken. Das älteste Mittel zur Behandlung der Malaria ist das Pflanzenalkaloid ↗ Chinin. Synthetische M. sind u. a. 4-Amino-chinolin-Derivate und Acridinderivate.

Malate, Salze der 2-Hydroxy-butandisäuren (↗ Äpfelsäuren), von denen es auf Grund des asymmetrischen C-Atoms 2 zwei optische Antipoden und das optisch inaktive Racemat gibt. In der Natur kommt nur die L(−)-Hydroxy-butan-disäure frei und als Salz vor (↗ Atmung).

Maleinsäure, Trivialname für die ↗ cis-Butendisäure.

Maleinsäureanhydrid, ↗ Butendisäureanhydrid.

Malonate, Salze der ↗ Propandisäure (Malonsäure), auch Bez. für die Ester der Propandisäure.

Malonestersynthesen, chem. Reaktionen, bei denen der Malonsäureester, meist der Diethylester, der ↗ Propandisäure-diester (Malonsäurediethylester), als Ausgangssubstanz genutzt wird. Bei diesem Ester, $H_5C_2-O-CO-CH_2-CO-O-C_2H_5$, sind die Wasserstoffatome der Methylengruppe, $-CH_2-$, leicht als Protonen ablösbar und damit elektrophil substituierbar, weil die benachbarten $-CO-O$-Gruppen einen gleichsinnigen $-I$-Effekt auf die Methylengruppe ausüben.

In wasserfreien Lösungsmitteln bildet sich mit Natriumalkoholat oder Natriumamid der Natriummalonester, der mit Halogenalkanen zu Alkylmalonestern reagiert. Bei erneuter Umsetzung bilden sich entsprechend die Dialkylmalonester. Der Einbau ungleicher Alkylgruppen ist so leicht möglich:

$$[R-O-CO-\overset{\ominus}{C}H-CO-O-R]^- Na^+$$

$$\xrightarrow[-NaBr]{+R^2-Br} R-O-CO-\underset{}{\overset{R^2}{C}H}-CO-O-R$$

$$[R-O-CO-\underset{\ominus}{\overset{R^1}{C}}-CO-O-R]^- Na^+$$

$$\xrightarrow[-NaBr]{+R^2-Br} R-O-CO-\underset{R^2}{\overset{R^1}{C}}-CO-O-R$$

Die alkylierten Malonester werden bei der alkalischen oder sauren Hydrolyse gespalten und decarboxyliert. Es bilden sich dann mono- oder disubstituierte Ethansäuren:

$$R-O-CO-\underset{R^2}{\overset{R^1}{C}}-CO-O-R \xrightarrow[-2R-OH \atop -CO_2]{+H_2O(H^+)} HO-CO-\underset{R^2}{\overset{R^1}{C}H}$$

Mit Carbonylverb., Aldehyden oder Ketonen, reagiert die Methylengruppe des Malonesters zu einem aldolartigen Zwischenprodukt, das leicht Wasser abspaltet und einen ungesättigten Dicarbonsäurediester bildet (↗ KNOEVENAGEL-Reaktion):

$$R-O-CO-CH_2-CO-O-R \xrightarrow[-H_2O]{+R^1-C\overset{O}{\diagdown}H} R-O-CO-\underset{HC-R^1}{\overset{}{C}}-CO-O-R$$

Diese Reaktionsprodukte werden bei der sauren Hydrolyse gleichzeitig decarboxyliert und die 3-substituierten Propensäuren gebildet.
In Gegenwart basischer Katalysatoren (Piperidin, Natriumalkoholat o.ä.) ist eine Anlagerung des Malonesters an aktivierte Doppelbindungen möglich, wie sie in α,β-ungesättigten Carbonylverb., Carbonsäureestern oder Nitrilen vorliegen ($R^1-CO-CH=CH-R^2$, $R^1-O-CO-CH=CH-R^2$, $N\equiv C-CH=CH-R^2$):

Diese Methode zur Herstellung von 5-Oxo-säuren wird ↗ MICHAEL-Addition genannt und ist seit 1887 bekannt.

Malonsäure, ↗ Propandisäure.
Malonsäureester (Malonester), ↗ Propandisäurediester.
Maltose, $C_{12}H_{22}O_{11}$ (Malzzucker), ein ↗ Disaccharid, das beim enzymatischen Stärkeabbau als Zwischenprodukt erhalten wird. M. besteht aus zwei α-1,4-verknüpften Glucosebausteinen, 4-(α-D-Glucopyranosido)-D-glycopyranose. Die Acetalhydroxygruppe einer Glucopyranoseeinheit ist frei, deshalb wirkt M. reduzierend.
Malz, aus Gerste gewonnenes Produkt zur ↗ Bierbrauerei.
Mandelate, Salze der 2-Hydroxy-2-phenyl-ethansäure (Mandelsäure), aber auch Bez. für deren Ester.
Mandelsäure, Trivialname der 2-Hydroxy-2-phenyl-ethansäure.
Mangan,

Mn	$Z = 25$
$A_{r(1981)}$	$= 54,9380$
Ek: [Ar] $3d^5 4s^2$	
OxZ: $-3, -2, 0,$	
$+1, +2, +3, +4, +5, +6, +7$	
$X_E = 1,55$	
Elementsubstanz:	
Schmp.	$1250\,°C$
Sdp.	$2100\,°C$
$\varrho = 7,43\ kg \cdot l^{-1}$	

chem. Element (↗ Elemente, chem.).
Manganium, Symbol: Mn, 1. Element der 7. Nebengruppe des PSE (↗ Nebengruppenelemente, 7. Nebengruppe des PSE). M. ist die Bez. für alle Atome, die 25 positive Ladungen im Kern (also 25 Protonen) besitzen: Kernladungszahl $Z = 25$. Die Hülle des neutralen Atoms besteht aus 25 Elektronen, von denen die möglichen Valenzelektronen die Konfiguration $3d^5 4s^2$ besitzen. In Verb. werden Oxydationsstufen eingenommen, die durch die Oxydationszahlen OxZ $-3, -2, 0, +1, +2, +3, +4, +5, +6$ und $+7$ charakterisiert sind. M. wurde 1774 erstmalig von GAHN als Metall dargestellt. In der Natur ist M. weit verbreitet, jedoch in geringen

$$\begin{bmatrix} R-O-C=O \\ H-\overset{\ominus}{C}l \\ R-O-C=O \end{bmatrix} Na^+ + CH=CH-\underset{O}{\overset{R^1}{C}}-R^1 \longrightarrow \begin{bmatrix} R-O-C=O \\ H-C-CH-CH=C-R^1 \\ R-O-C=O\ R^2\ |\underline{O}|^{\ominus} \end{bmatrix} Na^+$$

$$\xrightarrow[-NaOH]{+H_2O} \underset{R-O-C=O}{\overset{R-O-C=O}{H-C}}-\underset{R^2}{\overset{}{C}H}-CH_2-C-R^1 \xrightarrow[-CO_2]{+2H_2O \atop -2ROH} HO-\overset{O}{\overset{\|}{C}}-CH_2-\underset{R^2}{\overset{}{C}H}-CH_2-\overset{O}{\overset{\|}{C}}-R^1$$

Konzentrationen. Eisenerze sind oft stark manganhaltig. Wichtige Manganerze sind: *Braunstein, Pyrolusit*, MnO_2; *Hausmannit*, Mn_3O_4; *Braunit, Hartmanganerz*, $3\,Mn_2O_3 \cdot MnSiO_3$; *Bixbyit*, $(Mn,Fe)_2O_3$; *Manganit, Braunmanganerz*, $MnO(OH)$; *Manganspat, Rhodochrosit, Himbeerspat*, $MnCO_3$; *Manganosit*, MnO; *Manganblende, Alabandin*, MnS, und *Mankies, Hauerit*, MnS_2. Zur Darstellung von metallischem M. werden die Erze zu Mangan(II,III)-oxid geröstet und dann aluminothermisch reduziert:
$3\,Mn_3O_4 + 8\,Al \rightarrow 9\,Mn + 4\,Al_2O_3$,
reinstes Metall entsteht bei Elektrolyse von Mangan(II)-Salz-Lösungen. Das Metall ist silberweiß, hart, spröde und liegt in vier Modifikationen vor. Beim Erhitzen an der Luft erfolgt Verbrennung zu Mangan(II,III)-oxid:
$3\,Mn + 2\,O_2 \rightarrow Mn_3O_4$, $\Delta_B H = -1386\,kJ \cdot mol^{-1}$,
mit Salzsäure bilden sich Mangan(II)-chlorid und molekularer Wasserstoff:
$Mn + 2\,HCl \rightarrow MnCl_2 + H_2\uparrow$,
mit den Elementsubstanzen Chlor, Schwefel, Kohlenstoff, Silicium, Stickstoff und Bor erfolgt direkte Vereinigung:
$Mn + Cl_2 \rightarrow MnCl_2$,
$3\,Mn + N_2 \rightarrow Mn_3N_2$,
$3\,Mn + C \rightarrow Mn_3C$.
M. wird als wichtiges Legierungsmetall zur Herstellung von Ferromangan, Manganstählen, Manganin und Manganbronzen vielseitig verwendet.

Manganate, ↗ Mangan(V)-, Mangan(VI)- und Mangan(VII)-Verbindungen.

Mangan(II)-chlorid, $MnCl_2$, hellrosarote, trigonal kristalline, in Wasser leicht lösliche Substanz (Schmp. 650 °C, Sdp. 1231 °C). M. kann durch Umsetzung von metallischem Mangan mit Salzsäure:
$Mn + 2\,HCl \rightarrow MnCl_2 + H_2\uparrow$
oder mit molekularem Chlor:
$Mn + Cl_2 \rightarrow MnCl_2$
dargestellt werden. Ebenso entsteht M. bei Einwirkung von Salzsäure auf Mangan(II)-oxid:
$MnO + 2\,HCl \rightarrow MnCl_2 + H_2O$.
M. vermag Hydrate zu bilden: $MnCl_2 \cdot 2\,H_2O$; $MnCl_2 \cdot 4\,H_2O$ und $MnCl_2 \cdot 6\,H_2O$.

Manganit, $MnOOH$, bildet prismatische schwarze Kristalle, die durch häufige Längsstreifung oder charakteristische Durchdringungszwillinge charakterisiert sind. M. findet sich auf hydrothermalen Erzgängen (Ilfeld, Elgersburg) sowie in metasomatischen Vorkommen.

Manganium, wissenschaftliche Bez. für das chem. Element ↗ Mangan.

Manganknollen, knollenartige polymetallische Gebilde am Grunde der Tiefsee, besonders des Pazifischen Ozeans in Tiefen über 2000 m. Es sind konzentrisch-schalig aufgebaute, bis dezimetergroße Knollen, die neben Ton Metallverb. von Mangan, Eisen, Titanium, Kupfer, Nickel und Cobalt enthalten. Sie bedecken 20 % und mehr der Fläche der Ozeane und stellen eine bedeutsame Rohstoffreserve dar. Erste Gewinnungsversuche sind im Gange.

Manganometrie, quantitative Analysenmethode (↗ Volumetrie) zur Bestimmung von Reduktionsmitteln (Fe^{2+}, NO_2^-, $S_2O_3^{2-}$ u. a.) mit einer verd. Kaliumpermanganatlösung. Der ↗ Äquivalenzpunkt wird durch Entfärbung der tiefvioletten Permanganatlösung erkannt:
$5\,Fe^{2+} + MnO_4^- + 8\,H^+ \rightarrow Mn^{2+} + 5\,Fe^{3+} + 4\,H_2O$.
Es ist vorteilhaft, im sauren Medium zu arbeiten, weil dabei lösliche Mn^{2+}-Ionen entstehen.

Mangan(II,III)-oxid, Mn_3O_4; zimtbraune, tetraedrisch kristalline Substanz (Schmp. 1590 °C), die bei der Verbrennung von metallischem Mangan:
$3\,Mn + 4\,O_2 \rightarrow Mn_3O_4$, $\Delta_B H = -1386\,kJ \cdot mol^{-1}$
oder beim Erhitzen von Mangan(III)-oxid über 940 °C:
$6\,Mn_2O_3 \rightarrow 4\,Mn_3O_4 + O_2\uparrow$
entsteht. M. ist eine relativ beständige Verb.

Mangan(III)-oxid, Mn_2O_3, braunschwarze, kubisch kristalline Substanz, die bei der thermischen Zersetzung von Mangan(IV)-oxid unter Abspaltung von molekularem Sauerstoff entsteht:
$4\,MnO_2 \rightarrow 2\,Mn_2O_3 + O_2\uparrow$.
Bis 940 °C ist die Verb. stabil, geht dann in Mangan(II,III)-oxid über:
$6\,Mn_2O_3 \rightarrow 4\,Mn_3O_4 + O_2\uparrow$.

Mangan(IV)-oxid, MnO_2, auch Braunstein, schwarze, tetraedrisch kristalline Substanz, die sich oberhalb 500 °C unter Abgabe molekularen Sauerstoffes in Mangan(III)-oxid umwandelt:
$4\,MnO_2 \rightarrow 2\,Mn_2O_3 + O_2\uparrow$.
M. entsteht durch thermische Zersetzung von Mangan(II)-nitrat:
$Mn(NO_3)_2 \rightarrow MnO_2 + 2\,NO_2\uparrow$.
M. ist ein starkes Oxydationsmittel, z. B.:
$MnO_2 + 4\,HCl \rightarrow MnCl_2 + 2\,H_2O + Cl_2\uparrow$.
M. wird als Katalysator bei der Gewinnung von molekularem Sauerstoff (z. B. aus Wasserstoffperoxid, Kaliumchlorat) verwendet.

Manganspat, $MnCO_3$, rosa bis rötlich-braune, meist feinkristalline Aggregate auf metasomatischen oder hydrothermalen Lagerstätten.

Mangan(II)-sulfat, $MnSO_4$, (fest) weiße, orthorhombisch kristalline, in Wasser leicht lösliche Substanz (Schmp. 700 °C), die sich oberhalb 850 °C zersetzt. Eine Darstellung kann durch Umsetzung von Mangan(IV)-oxid mit Schwefelsäure:

$2 MnO_2 + 2 H_2SO_4 \rightarrow 2 MnSO_4 + 2 H_2O + O_2\uparrow$.
M. vermag Hydrate zu bilden:
$MnSO_4 \cdot H_2O$; $MnSO_4 \cdot 4 H_2O$; $MnSO_4 \cdot 5 H_2O$ und $MnSO_4 \cdot 7 H_2O$.
Mangan(V)-Verbindungen, liegen zumeist in der Form des Typs $M^I_3MnO_4$ vor. Natriummanganat(V) kann erhalten werden, wenn Mangan(IV)-oxid, Natriumoxid und Natriumnitrit zusammengeschmolzen werden. $Na_3MnO_4 \cdot 10 H_2O$ ist hellblau, kristallin.
Mangan(VI)-Verbindungen, liegen zumeist in der Form des Typs $M^I_2MnO_4$ vor. Kaliummanganat(VI) kann durch Zusammenschmelzen von Manganverb. mit Natriumcarbonat und Kaliumnitrat (Soda-Salpeter-Schmelze) hergestellt werden. Kaliummanganat(VI), K_2MnO_4, ist dunkelgrün und metallisch glänzend.
Mangan(VII)-Verbindungen, liegen zumeist in der Form des Typs M^IMnO_4 vor. Manganate(VII), auch *Permanganate,* können aus Manganaten (VI) durch Oxydation mit molekularem Chlor:
$2 MnO_4^{2-} + Cl_2 \rightarrow 2 MnO_4^- + 2 Cl^-$
oder durch Disproportionierung in saurer Lösung:
$3 MnO_4^{2-} + 4 H^+ \rightarrow 2 MnO_4^- + MnO_2 + 2 H_2O$
dargestellt werden. *Kaliummanganat(VII),* $KMnO_4$, auch *Kaliumpermanganat,* ist dunkelblauviolett, orthorhombisch kristallin und leicht löslich in Wasser. Oberhalb 200 °C beginnt eine Zersetzung unter Abgabe von molekularem Sauerstoff zu Kaliummanganat(VI), Kaliummanganat(V) und Mangan(IV)-oxid:
$2 KMnO_4 \rightarrow K_2MnO_4 + MnO_2 + O_2\uparrow$ bzw.
$3 KMnO_4 \rightarrow K_3KnO_4 + 2 MnO_2 + 2 O_2\uparrow$.
Kaliummanganat(VII) wird als Oxydationsmittel u.a. in der Maßanalyse (Oxydimetrie) verwendet.
MANNICH-Reaktion, Aminomethylierung, Methode zur Herstellung von C—C-Bindungen, durch die Kondensation einer CH-aciden Verb. mit Methanal oder anderen Aldehyden und einem sekundären oder primären Amin bzw. dessen Hydrochlorid:

$$R-\underset{O}{\underset{\|}{C}}-CH_3 + CH_2 + \left[H_2\overset{\oplus}{N}(R^1)_2\right]^+ Cl^-$$

$$\xrightarrow{-H_2O} \left[R-\underset{O}{\underset{\|}{C}}-CH_2-CH_2-\overset{\oplus}{N}H(R^1)_2\right]^+ Cl^-$$

Für den Ablauf der M. muß das Amin gegenüber dem Methanal nucleophiler als die CH-acide Verb. reagieren.
Die entstehenden MANNICH-Basen sind 3-Aminoketone, die durch Reduktion die physiologisch wichtigen 3-Amino-alkohole ergeben.

Die M. ist eine bedeutende Synthesevariante zur Herstellung von Alkaloiden, Heterouxin und Arzneimitteln.
Margarine, Nahrungsmittel, das durch Emulgieren von Pflanzen- und/oder Tierfetten in Magermilch oder Wasser hergestellt wird. Als Ausgangsstoffe dienen verschiedene Pflanzenöle und Waltran, die zunächst gehärtet werden (↗ Fetthärtung). Zusätze von Vitaminen, Eigelbextrakten und Milchrahm verbessern Qualität und Geschmack.
Margarinsäure, $CH_3-(CH_2)_{15}-COOH$, Trivialname für die in der Natur nicht vorkommende Heptadecansäure.
MARGGRAF, ANDREAS SIGISMUND (3. 3. 1709 bis 7. 8. 1782), Chemiker. Ihm gelang 1747 der Nachweis des Zuckers in der Runkelrübe. Sein Schüler ↗ ACHARD errichtete die erste Rübenzuckerfabrik. M. gewann zuerst reinen Traubenzucker. Er verbesserte die Phosphorgewinnung aus Harnstoff, entwickelte das erste techn. brauchbare Verfahren zur Zinkgewinnung, erkannte die Zusammensetzung des Gipses, stellte Kaliumcyanid her und beschrieb dessen Eigenschaft der Komplexbildung. Weiterhin war er der erste Chemiker, der das Mikroskop für seine Untersuchungen nutzte.
Marienglas, farblos durchsichtige plattige Gipskristalle und deren Spaltblättchen, ↗ Gips.
Marihuana, Droge aus getrockneten Blättern, vor allem der harzreichen Blütenstände und der Triebspitzen weiblicher Pflanzen des indischen Fasernhanfes. Die Hanfdrogen M. und ↗ Haschisch sind die verbreitetsten Rauschgiftdrogen (M.-Zigaretten). Die Wirkstoffe sind Tetrahydrocannabinol, Cannabidiol und Cannabinol (↗ Rauschgifte).
Markasit, FeS_2, Modifikation des ↗ Pyrits. Das Mineral tritt vorwiegend in kuglig-radial-strahligen Aggregaten (»Strahlkies«) auf. Einzelkristalle zeigen oft eine charakteristische mehrfache Zwillingsbildung (»Speerkies«). Sie sind gelb, auf frischen Brechflächen auch fast weiß. M. ist Begleitmineral in Erzgängen.
MARKOVNIKOV-Regel, eine von MARKOVNIKOV empirisch gefundene Aussage über die Addition von Verb. des Typs H—X an Doppelbindungen, deren C-Atome eine unterschiedliche Anzahl von Wasserstoffatomen besitzen. Nach der M. wird der Wasserstoff an das wasserstoffreichere C-Atom angelagert:

$$CH_3-CH=CH_2 + HX \longrightarrow \begin{array}{l} CH_3-CH-CH_3 \\ X \\ \\ CH_3-CH_2-CH_2-X \end{array}$$

Bei dieser elektrophilen ↗ Addition bildet sich zunächst ein π-Komplex durch die Anlagerung des

Protons, H⁺, der sich zu den beiden unterschiedlichen Carboniumionen isomerisieren kann:

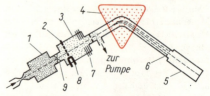

Wenn die positive Ladung am mittelständigen C-Atom angeordnet ist, erfolgt durch den (+)-I-Effekt der beiden Methylgruppen eine weitaus stärkere Stabilisierung als bei der endständigen Anordnung, wo nur eine Alkylgruppe wirksam ist. Für die Stabilität gilt die Reihenfolge: primäres < sekundäres < tertiäres Carboniumion.

Abweichungen von der M. weisen auf einen radikalischen Additionsmechanismus hin, ↗ Peroxideffekt.

Marmor, kristallin-körniger Kalkstein, der durch Metamorphose aus sedimentärem Kalkstein (starke Vergrößerung von Calzitkristallen) entstanden ist. Er wird zu Bau- und Bildhauerarbeiten, als Düngemittel, Zuschlagstoff in der Metallurgie und bei der ↗ Papierherstellung verwendet.

Marshsche Probe, spurenanalytischer Nachweis von Arsen (Arsenverb.), der erstmals den gerichtsmedizinischen Beweis von Arsenvergiftungen ermöglicht hat. Das Arsen der Probe wird durch Reduktion mit Wasserstoff im status nascendi in Arsenwasserstoff überführt, der sich bei Erwärmung zersetzt und sich auf einem Scherben oder der Wand eines Glasgerätes als Metallspiegel niederschlägt. Durch die M. P. kann auch Antimon nachgewiesen werden.

Maßanalyse, ↗ Volumetrie.

Massendefekt, ↗ Kernenergie.

Massenkristallisation, Herstellung großtonnagiger Produkte durch ↗ Kristallisation.

Massenspektroskopie, Methode zur Trennung atomarer und molekularer Teilchen nach ihrer Masse. Dazu durchlaufen die ionisierten Teilchen der verdampften Probe im Hochvakuum (10^{-2} bis 10^{-4} Pa) ein magnetisches Feld (Geräteaufbau: Bild 1). Die meist einfach positive Ionisierung der Teilchen einer sehr kleinen Probenmenge (mg bis µg) erfolgt durch senkrechten Zusammenstoß mit Elektronen (↗ Katodenstrahlen). Mit Hilfe der Änderung der Beschleunigungsspannung oder der magnetischen Feldstärke gelangen die Ionen verschiedener Masse nacheinander auf den empfindlichen photoelektrischen Empfänger (↗ lichtelektrischer Effekt). Das erhaltene *Massenspektrum* (Bild 2) gibt die Abhängigkeit der Häufigkeit der Ionen von ihrer ↗ Massenzahl an.

Bild 1. Aufbau eines Massenspektrometers
1 Probenbehälter
2 Anode
3 Ionenquelle
4 Magnetfeld
5 Empfänger
6 Austrittsspalt
7 Beschleunigungselektroden
8 Katode
9 Drosselventil

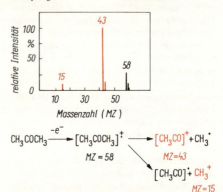

Bild 2. Massenspektrum einer organischen Verbindung

Die M. entwickelte sich zu Anfang unseres Jahrhunderts im Zusammenhang mit der Ermittlung der Zusammensetzung der Elemente aus verschiedenen ↗ Isotopen. Etwa seit 1950 findet die M. verstärkte Anwendung zur Strukturermittlung in Spuren org. Substanzen, z. B. in der Biochemie. Dazu nutzt man die strukturabhängige Bildung von »Schlüsselbruchstücken« der Moleküle mit charakteristischen Massenzahlen aus, die im Anschluß an die Ionisierung stattfindet.

Massenwirkungsgesetz, MWG, von Guldberg und Waage 1867 formuliertes Naturgesetz, das die mengenmäßigen Anteile von Stoffen beschreibt, die sich im geschlossenen chem. System im Gleichgewichtszustand befinden. Reagieren zwei Stoffe (als A und B bezeichnet) zu zwei anderen Stoffen (als C und D bezeichnet) und bildet sich bei dieser Reaktion ein Gleichgewichtszustand heraus, so ergibt sich die Reaktionsgleichung:
$a\,A + b\,B \rightleftharpoons c\,C + d\,D$.
(Die kleinen Buchstaben kennzeichnen die jeweiligen molaren Mengen). Das M. geht von den Konzentrationen der miteinander reagierenden Stoffe aus (hier mit *x* bezeichnet) und wird bei fe-

sten und flüssigen Stoffen in molaren Konzentrationsmaßen, bei gasförmigen Stoffen auch in den Partialdrücken angegeben. Nach dem M. ergibt sich für unsere Reaktion:

$$K_x = \frac{x_C^c \cdot x_D^d}{x_A^a \cdot x_B^b}$$

Der Quotient aus dem Produkt der Konzentrationen der Endstoffe und dem Produkt der Konzentrationen der Ausgangsstoffe ist für ein bestimmtes Stoffsystem immer gleich, K_x stellt eine Konstante, die Gleichgewichtskonstante, dar. Aus dem M. ist ableitbar, wie sich die Anteile im Gleichgewichtssystem variiert verändern, wenn die Konzentrationen der eingesetzten Stoffe variiert werden. Damit gestattet das M. eine Berechnung der Ausbeuten. In der oben genannten Form gilt das M. allerdings nur, wenn alle anderen Reaktionsbedingungen, z. B. die Temperatur, konstant gehalten werden.

Massenzahl, stellt die Summe der Zahl der ↗ Protonen und ↗ Neutronen im ↗ Atomkern eines ↗ Isotopes eines chem. Elementes dar und kann mit Hilfe der ↗ Massenspektrometrie bestimmt werden.

Massepolymerisation, Substanz- oder Blockpolymerisation, Polymerisation von Monomeren ohne deren Dispergierung in einer flüssigen Phase. Problematisch ist die Abfuhr der Polymerisationswärme sowie die zunehmende Viskosität der Polymerisationsprodukte. Sie ist techn. wenig gebräuchlich; Beispiele sind die Produktion von Polystyren und Polymethacrylat.

Masseprozent, ↗ Konzentrationsmaße.

Maßlösung, Bez. für die bei der ↗ Volumetrie verwendeten ↗ Normallösungen.

Mastix, gelbliches Harz, das aus der Rinde des Mastixstrauches gewonnen wird. M. wird zur Herstellung von Lacken und Kitten verwendet.

Masurium, ursprüngliche deutschsprachige Bez. des chem. Elements mit der Kernladungszahl $Z = 43$ (Symbol: Ma). Durch Beschluß der IUPAC ist vom Jahre 1949 ab für dieses chem. Element der Name ↗ Technetium (Symbol: Tc) eingeführt worden.

Masut, russische Bez. für hochsiedende Rückstände der Erdöl- und Teerverarbeitung. M. wurde vorwiegend für Heizzwecke verwendet, wird aber jetzt zunehmend durch viskositätserniedrigende Verfahren und Spaltung im Rahmen einer Höherveredlung der stofflichen Nutzung zugeführt.

Materiewelle, Wellen, die nach dem ↗ Welle-Teilchen-Dualismus bestimmten Objekten im Mikrokosmos (↗ Elementarteilchen) entsprechen. Solche M. stellen z. B. die Orbitale im wellenmechanischen ↗ Atommodell dar.

Mauersalpeter, $Ca(NO_3)_2$, weiße Ausblühung von ↗ Calciumnitrat auf Mauerwerk und Putz. Er entsteht dadurch, daß sich unter dem Einfluß von Bakterien beim Verwesen stickstoffhaltiger org. Verb. (z. B. Harnstoff, Eiweiß) Salpetersäure bildet, die sich mit dem Calciumcarbonat des Kalkmörtels bzw. -putzes zu M. umsetzt.

Mauvein, basischer Azinfarbstoff, der 1856 als erster synthetischer Farbstoff von W. H. PERKIN durch Oxydation von Aminobenzen hergestellt wurde. M. ist heute ohne techn. Bedeutung.

Maurein

mechanische Verfahrenstechnik, Verarbeitungsprozesse, die im wesentlichen unter Nutzung verschiedenartiger mechanischer Energieformen verlaufen. Sie beziehen sich auf grobdisperse Stoffsysteme (Teilchen > 1 μm) und umfassen Trenn- und Mischprozesse (auf die Phasen bezogen), Zerteil- und Agglomerierprozesse (auf die Teilchengröße bezogen) sowie TUL- (Transport-, Umschlag- und Lagerprozesse) bzw. Dosierprobleme.

medizinisch-chem. Untersuchungsmethoden, Arten der Durchführung qualitativer und quantitativer chem.-analytischer Untersuchungen an Substanzen, die dem menschlichen bzw. auch tierischen Körper entnommen worden sind. Das sind z. B. Untersuchungen des Blutes, des Harns, das Magensaftes, des Sputums und des Stuhls.

Meerschaum, in erdig-schaumigen, porösen, gelbgrünen Massen als Verwitterungsprodukt von Serpentinmineralien vorkommender Stoff, der zu Schmuckwaren verarbeitet wird, z. B. Pfeifenköpfe.

Meerwasserentsalzung, Gewinnung von Süßwasser in heißen, trocknen Klimagebieten durch Entfernen der gelösten Salze aus dem Meerwasser. Ökonomisch günstigstes Verfahren ist die Reversosmose, daneben sind Destillaton und Ionenaustausch in Gebrauch.

MEERWEIN-PONNDORF-VERLEY-Reduktion, Redoxverfahren, bei dem mit Hilfe von Aluminiumisopropylat in Isopropanol (Propan-2-ol) aus einem Aldehyd der entsprechende primäre Alkohol hergestellt wird.

Der Vorteil dieser Methode liegt darin, daß sie spezifisch für Carbonylgruppen, also Aldehyde oder Ketone ist, und andere reduktionsempfindliche

Gruppen, wie —C=C— oder —NO$_2$, nicht angegriffen werden.
Die umgekehrte Reaktion, bei der aus einem Alkohol eine Carbonylverb. mit Hilfe von Propanon in Gegenwart von Aluminium-tert-butylat durchgeführt wird, ist die ↗ OPPENAUER-Oxydation.

$$R-\underset{H}{\overset{O}{C}} + CH_3-\underset{OH}{CH}-CH_3$$

$$\xrightarrow{Al(CH_3-\overset{|\overline{O}|^{\ominus}}{CH}-CH_3)_3} R-CH_2-OH + CH_3-\underset{\underset{O}{\|}}{C}-CH_3$$

Mehrnährstoffdünger, Kombinationsdünger, Mineraldünger, die zwei oder alle drei Hauptnährstoffe Kalium, Phosphor und Stickstoff enthalten. Sie können als ↗ Komplexdünger oder als ↗ Mischdünger hergestellt werden.

Mehrzentrenbindung, ↗ Dreizentrenbindung.

MEITNER, LISE (7.11.1878 bis 27.10.1968), arbeitete ab 1907 mit ↗ O. HAHN zusammen und hatte maßgeblichen Anteil am experimentellen Nachweis des radioaktiven Rückstoßes, der Entdeckung des Protactiniums und der Uranspaltung. Ihr wurde von den faschistischen Machthabern aus »rassischen Gründen« bereits 1933 die Lehrbefähigung entzogen. Als 1938 die faschistische Annexion ihrer Heimat Österreich sie zur »Reichsdeutschen« machte, war ihr klar, welche Gefahr für sie die Unterstellung unter die faschistische Gesetzgebung bedeutete. Sie verließ heimlich Deutschland und begab sich auf Umwegen nach Stockholm.

Melamin (Cyanursäuretriamid 2,4,6-Triamino-1,3,5-triazin), Triaminderivat des 1,3,5-Triazins, techn. sehr wichtiges heterocyclisches Amin, das ein weißes, leicht wasserlösliches Kristallpulver bildet. Es sublimiert ohne zu schmelzen und wird durch Erhitzen von ↗ Dicyandiamid in flüssigem Ammoniak auf etwa 220 °C bei etwa 5 MPa hergestellt.

$$H_2N-\underset{N}{\overset{N}{C}}\underset{\underset{NH_2}{|}}{\overset{N}{C}}-NH_2$$

Melamin

Durch Polykondensation mit Methanal bilden sich die ↗ Melaminharze, die vielfältig als Duroplaste eingesetzt werden.

Melaminharze, Duroplaste, die durch Polykondensation von Melamin mit Methanal als Grundharz erhalten werden. M. sind Aminoplaste mit deren guten Gebrauchswerteigenschaften. Die Aminogruppen des ↗ Melamins reagieren mit dem Methanal unter Wasserabspaltung. Dabei werden die Melaminmoleküle mit Methylen-, —CH$_2$—, oder Oxymethylengruppen, —O—CH$_2$—, verknüpft. In der ersten Stufe, die im neutralen oder basischen Bereich abläuft, sind zunächst noch Methylolgruppen, —CH$_2$—OH, vorhanden, die dann in der zweiten Stufe, der Härtung, unter Säurekatalyse zur endgültigen Vernetzung führen. Gebräuchliche Härter sind Ammoniumchlorid, Methansäure, Salzsäure, Phosphorsäure.

Im Unterschied zu Phenoplasten besitzen M. keine Eigenfarbe, so daß eine breite Farbgestaltung der Produkte möglich ist. Sie sind geruchs- und geschmacksfrei, besitzen eine hohe Beständigkeit gegen Lösungsmittel, Waschmittel, Öle, Fette und Heißwasser. Sie sind kriechstromfest, lichtbeständig und verhältnismäßig wärmefest. Die Dichte des Grundharzes beträgt 1,48 g·cm^{-3}, die Wasseraufnahme 0,3 bis 0,5 %, die Erweichungstemperatur 125 °C und die Kerbschlagzähigkeit 1 bis 2 J·m^{-2}.

M. werden als Preßmassen, Schichtpreßstoffe, Lacke, Leime und Harze für Papier- und Textilveredlung eingesetzt. Sie eignen sich besonders für Dekorationsschichtplatten mit hoher Oberflächenhärte und als Preßmassen für Haushaltsgeräte.

Melaphyr, grünlich-schwarzes, basisches Ergußgestein, dessen Hauptbestandteile Olivine, Augite und Plagioklase sind. M. ist häufig blasig ausgebildet (»Melaphyrmandelstein«); diese kleinen ↗

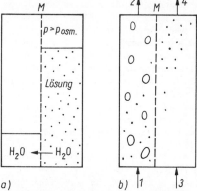

Prinzipschema der Membrantrennprozesse
a) Reversosmose (bei Lösungen) und Ultrafiltration (bei kolloiden Lösungen)
M   Membran
p   hydrostatischer Druck
p_{osm} osmotischer Druck
b) Dialyse (Diffusion durch die Membran)
1 Ausgangslösung (gelöste und kolloidale Stoffe)
2 Lösung mit Kolloiden ohne echt gelöste Stoffe
3 Lösungsmittel
4 Lösung mit echt gelösten Stoffen

Drusen sind oft mit Kalkspat- und Quarzkristallen oder Chalzedon ausgefüllt. M. wird zu Schotter und Straßenbausteinen verarbeitet.

Melasse, brauner, sirupöser Rückstand der Zuckerindustrie, aus dem kein Zucker mehr kristallisiert. M. enthält noch etwa 50 % Zucker. Sie ist Rohstoff für die Gärungsindustrie, aus ihr können u. a. Spiritus (Ethanol), Essigsäure, Citronensäure und Glycerol gewonnen werden. M. dient auch als Futterzusatz und als Hefenährboden.

Membrantrennprozesse, verschiedene Trennprozesse für Stoffgemische, die alle auf dem Einsatz spezieller Membranen beruhen. Je nach dem Trennmechanismus unterscheidet man:
Trennung durch Diffusion
– Dialyse (gelöste Stoffe/kolloide Stoffe),
– Permeation (Trennung von Gasgemischen);
Trennung durch hydrostatischen Druck
– Reversosmose (Lösungsmittel/gelöster Stoff),
– Ultrafiltration (Kolloid/Lösung).
Bild, S. 296.

Mendeleev, Dimitri Ivanovič (8. 2. 1834 bis 20. 1. 1907), herausragender russischer Chemiker, Physiker und Technologe, entdeckte das Gesetz der Periodizität der Elemente. Auf der Grundlage des von ihm aufgestellten Periodensystems sagte er die Existenz der Elemente Gallium, Skandium und Germanium und ihre chem. und physikal. Eigenschaften voraus. Für eine Reihe von Elementen korrigierte M. die bis dahin angenommenen Atommassen. Das Periodensystem erwies sich nicht nur von grundlegender Bedeutung für die Chemie, sondern beeinflußte die gesamte Entwicklung der modernen Naturwissenschaft, bis zur heutigen Kernphysik und Kernenergetik. Mit seinen Arbeiten über die Steinkohle, das Erdöl und das Eisen förderte M. wesentlich die industrielle Entwicklung seines Vaterlandes. Das künstlich hergestellte Element 101 wurde ihm zu Ehren »Mendelevium« genannt. 2 Bilder.

Mendelevium,

Md	$Z = 101$
$A_{r(1981)} = [258]$	
Ek: [Rn] $5f^{13}7s^2$	
OxZ: $+2, +3$	
$X_E = 1,3$	

chem. Element (↗ Elemente, chem.).

Mendelevium, Symbol: Md, 12. Element der ↗ Actinoidengruppe, 9. Element der ↗ Transurane. M. ist die Bez. für alle Atome, die 101 positive Ladungen im Kern (also 101 Protonen) besitzen: Kernladungszahl $Z = 101$. M. wurde 1955 duch Ghiorso synthetisiert. Es ist ein radioaktives Element, das aus dem Einsteinium-Isotop ^{253}Es gewonnen werden kann und als Isotop ^{256}Md, $t_{1/2} = 1$ h, anfällt. Das Isotop ^{258}Md ist mit einer Halbwertzeit von $t_{1/2} = 53$ d das langlebigste und stabilste.

Mengenflußschema, siehe z. B. Bild ↗ Verkokung der Kohle, Übersichtsschema eines Verfahrens (Arbeitsschritte, Grundoperationen) einschließlich der Stoff- und Energieströme.

D. I. Mendeleev

			Ti = 50	Zr = 90	? = 180	
			V = 51	Nb = 94	Ta = 182	
			Cr = 52	Mo = 96	W = 186	
			Mn = 55	Rh = 104,4	Pt = 197,4	
			Fe = 56	Ru = 104,4	Ir = 198	
		Ni = Co = 59	Pd = 106,6	Os = 199	
H = 1			Cu = 63,4	Ag = 108	Hg = 200	
	Be = 9,4	Mg = 24	Zn = 65,2	Cd = 112		
	B = 11	Al = 27	? = 68	U = 116	Au = 197?	
	C = 12	Si = 28	? = 70	Sn = 118		
	N = 14	P = 31	As = 75	Sb = 122	Bi = 210?	
	O = 16	S = 32	Se = 79,4	Te = 128?		
	F = 19	Cl = 35,5	Br = 80	J = 127		
Li = 7	Na = 23	K = 39	Rb = 85,4	Cs = 133	Tl = 204	
		Ca = 40	Sr = 87,6	Ba = 137	Pb = 207	
		? = 45	Ce = 92			
		?Er = 56	La = 94			
		?Yt = 60	Di = 95			
		?In = 75,6	Th = 118 ?			

Mendeleevs Periodensystem von 1869

Mennige, Trivialname für Blei(II,IV)-oxid, ↗ Bleioxide.
Mensur, ältere Bez. für ↗ Meßzylinder.
Menthol, $C_{10}H_{20}O$, wichtigster, sekundärer Alkohol aus der Gruppe der Terpene. Im Molekül befinden sich drei asymmetrische C-Atome, die in ihrer unterschiedlichen Anordnung zu 8 Stereoisomeren führen. Als Hauptbestandteil und Hauptgeruchsträger kommt im Pfefferminzöl das (−)-M. vor, ↗ ätherische Öle. Durch Hydrieren des 2-Isopropyl-5-methyl-phenols (↗ Thymol) wird das Racemat des M. erhalten. M. wirkt erfrischend und kühlend und wird Mundwässern, Zahnpasten, Schnupfenmitteln, Hustenbonbons u. a. zugesetzt. Ester aus M. und Carbonsäuren werden in der Parfümerie verwendet.

Menthol

Meprobamat, Arzneimittel mit Tranquilizerwirkung (↗ Psychopharmaka).
Mercaptane, nicht mehr übliche Bez. für ↗ Thiole.
Mercerisieren, 1844 von MERCER entwickeltes Verfahren zur Behandlung von Baumwollfasern mit Natronlauge bei gleichzeitiger Dehnung. Die Faser erhält dadurch einen höheren Glanz, sie wird fester und läßt sich besser anfärben.
Mergel, wenig verfestigtes Sedimentgestein, das aus einem Gemisch von feinkörnigem Calzit bzw. Dolomit mit Tonmineralien besteht. M. ergibt beim Zerfall fruchtbare Böden. Er wird als ein Ausgangsstoff zur Zementherstellung abgebaut.
Merkurblende, ↗ Zinnober.
Mersolate, Handelsbez. für Waschrohstoffe auf der Basis von Alkylsulfonaten.
Mersole (Alkansulfonylchloride), $R-SO_2-Cl$, techn. Produkte, die durch Umsetzung von Alkanen der Siedefraktion im Bereich von etwa 230 bis 300 °C mit Schwefeldioxid und Chlor in einer radikalischen Substitutionsreaktion (S_R), ↗ Sulfochlorierung, hergestellt werden. Bei diesen Alkanen mit C-Zahlen um 14 bis 18 wird nun den gewünschten Eigenschaften entsprechend der Sulfochlorierungsgrad unterschiedlich eingestellt. M. sind Grundstoffe für Waschmittel, Weichmacher und Emulgatoren.
Mescalin, 3,4,5-Trimethoxy-phenethylamin. Alkaloid des mexikanischen Peyotl-Kaktus, das als Halluzinogen wirkt (↗ Rauschgifte, ↗ Rauschdrogen).

Mescalin

Mesomerie, Elektronenverteilung in einer org. Verb. mit π-Bindungen, besonders mit mehreren π-Bindungen in konjugierter Anordnung, die durch klassische Strukturformeln nicht exakt wiedergegeben werden können. In der üblichen Darstellungsweise eines Elektronenpaares in Form eines Striches läßt sich deren Lage im Molekül in verschiedenen »Grenzstrukturen« festlegen. Das sind dann aber lediglich Schreibhilfen, die keinesfalls dem wirklichen Molekülzustand entsprechen, der irgendwie zwischen diesen Extremlagen zu denken ist. Grenzstrukturen sind nicht nachweisbar und sind nicht durch mathematische Beziehungen verknüpft. Dieser Zustand wird mit dem Begriff M. beschrieben (INGOLD, 1933) oder auch mit »Resonanz« bezeichnet (HEISENBERG, 1926, PAULING). Die Darstellung einer Verb. in verschiedenen Grenzstrukturen wird darin zum Ausdruck gebracht, daß diese mit einem Doppelpfeil ↔ verbunden werden, z. B.:
Buten-carboniumion:

$$[H_3C-\overset{\oplus}{C}H-CH=CH_2 \longleftrightarrow H_3C-CH=CH-\overset{\oplus}{C}H_2]^+$$

Keton:

$$\begin{array}{c}R\\R\end{array}\!\!>\!\!C=\overset{..}{O} \longleftrightarrow \begin{array}{c}R\\R\end{array}\!\!>\!\!\overset{\oplus}{C}-\overset{..}{\underset{..}{O}}{}^{\ominus}$$

Die Elektronenverteilung kann auch durch Pfeile wiedergegeben werden, wobei aber nur von einer Grenzstruktur ausgegangen wird:
Keton

$$\begin{array}{c}R\\R\end{array}\!\!>\!\!\overset{\delta^+}{C}=\overset{\delta^-}{\underset{..}{O}} \text{ oder } [H_3C-\overset{\oplus}{C}H\overset{\frown}{-CH}=CH_2]^+$$

Die dem wellenmechanischen Bild entsprechende Darstellung ist weniger gebräuchlich:
$[H_3C\cdots CH\cdots CH\cdots CH_2]^+$
Die Angabe von Grenzstrukturen bedeutet nicht, daß etwa die Elektronen von einer Lage in die andere schwingen und die reale Struktur eine Durchgangslage darstellt. Der mesomere Zustand ist statisch, deshalb reagiert eine Verb. nicht aus einem der Grenzzustände heraus, sondern aus ihrem mesomeren Zustand.

Im mesomeren Zustand sind die π-Elektronen delokalisiert, besitzen deshalb einen größeren Schwingungsraum und damit eine niedrigere Energie. Die Differenz zur Energie aus der klassischen Formeldarstellung wird als Mesomerieenergie (Resonanzenergie) bezeichnet.
Werden in einem quantenmechanischen Verfahren den Grenzstrukturen Eigenfunktionen zugeordnet, die über Näherungsverfahren linear kombiniert und quadriert werden, erhält man Elektronendichteverteilungen. Dieser Weg wird als Valenzstrukturmethode [engl. Valence-bond-method] oder VB-Methode bezeichnet.
Eine M. ist in Molekülen nur möglich, wenn
– die betreffenden Molekülteile in einer Ebene liegen,
– die Bindungslängen und Valenzwinkel in den Grenzstrukturen nicht zu stark voneinander abweichen,
– bei Ladungen in Grenzstrukturen gleiche Ladungen möglichst entfernt angeordnet werden und die Grenzstrukturen vergleichbaren Energieinhalt haben.
Mesomerie-Effekt (M-Effekt), Beschreibung der Wirkung von mesomeriefähigen Gruppen oder Atomen auf das Grundmolekül, bei dem dadurch die ↗ Mesomerie beeinflußt bzw. die Delokalisierung der π-Elektronen erweitert wird.
Elektronenziehende Substituenten erhalten in den Grenzstrukturen eine zusätzliche negative Ladung (der Molekülrest wird positiv), deshalb wird ihnen ein $(-)$M-Effekt zugeordnet, z.B.: $—NO_2$, $—CHO$, $—COOH$, $—CN$, $—SO_3H$, $—COO^\ominus$
Elektronenschiebende Substituenten, Elektronendonatorgruppen, stellen Elektronenpaare zur Ausbildung einer Doppelbindung zur Verfügung und erhalten dabei eine positive Ladung. Es sind Gruppen mit einem $(+)$M-Effekt, wie
$—N(CH_3)_2$, $—NHCH_3$, $—NH_2$, $—\overline{\underline{O}}|^\ominus$, $—O—CH_3$, $—OH$, $—C(CH_3)_3$, $—CH(CH_3)_2$, $—CH_2CH_3$, $—CH_3$, $—I$, $—Br$, $—Cl$, $—F$
Bei einem mehrfach konjugierten System, wie in Aromaten, wird durch den M-Effekt das gesamte System betroffen, nur die meta-Position wird nicht erreicht:

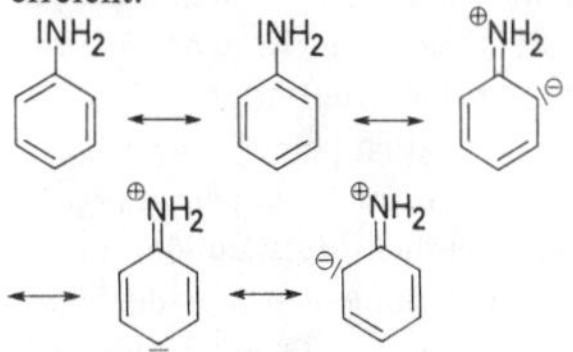

Die Stabilisierung des Moleküls durch die Mesomerie ist um so größer, je mehr Grenzstrukturen mit vergleichbaren Energieinhalten formuliert werden können.
Die Wechselwirkungen im Molekül werden durch Überlagerung von M-Effekt und ↗ Isomerieeffekt bestimmt.
Ein M-Effekt kann sich nur ausbilden, wenn alle beteiligten Orbitale in einer Ebene liegen. Bei Verdrillungen verringert sich entsprechend der Anteil des M-Effektes.
Messing, Kupferlegierung, die aus 55 bis 95 % Cu und 5 bis 45 % Zn besteht. M. läßt sich gießen, schmieden, spanabhebend verformen, löten und schweißen.
Meßkolben, Kolben mit i. allg. für 20 °C geeichten Inhalten. Bild.

Meßkolben

Meßzylinder, früher Mensur, graduiertes Standgefäß zum groben Abmessen von Flüssigkeitsmengen. Bild.

Meßzylinder

meta-, Abk. m-, Bez. für 1,3-Substitution am Benzenring, z. B. m-Dichlor-benzen für 1,3-Dichlorbenzen und für Sauerstoffsäuren mit geringem Wassergehalt: z.B. Metaphosphorsäure, $(HPO_3)_n$.
Metaborsäure, $(HBO_2)_n$, wasserarme Form der ↗ Borsäure, die bei $n = 3$ (trimere Form) als symmetrischer Sechsring und bei $n > 3$ in Kettenform vorliegt.
Metacinnaberit, ↗ Quecksilber(II)-sulfid.
Metakieselsäure, ↗ Kieselsäure.
Metaldehyd, ein cyclisch aufgebautes, tetrameres Ethanal, mit ↗ acetalähnlichem Verhalten, d. h., M. wirkt nicht reduzierend, ist beständig gegen Alkalien und gibt keine Aldehydreaktionen, wird aber in der Hitze oder durch Säuren depolymerisiert. M.

Metallchelat

sublimiert bei 112 °C und wird als Hartspiritus verwendet. M. wird durch Versetzen von Ethanal mit Spuren von konz. Schwefelsäure bei Reaktionstemperaturen unter 0 °C hergestellt.

Metaldehyd

Metallchelat, ↗ Komplex, in dem ein mehrzähniger Ligand über mindestens zwei ↗ Ligatoratome unter Ausbildung von Ringen an ein Zentralion(-atom) koordiniert ist (↗ Komplexverb.). Bevorzugt wird die Bildung von Fünf- und Sechsringen. Bei Neutralchelaten, die auch als Innerkomplexsalze bezeichnet werden, wird die positive Ladung des Zentralions durch negative Ladungen der Chelatliganden ausgeglichen. Bedeutung haben M. in der qualitativen und quantitativen Analyse (↗ Komplexometrie) sowie bei der Extraktion von Metallen (↗ Hydrometallurgie).

Metallchelat
Bis (ethylendiamin) kupfer (II)- Ion

Metallcluster, ↗ Cluster.

Metalle, chem. Elementsubstanzen, die bei Zimmertemperatur fest sind (Ausnahme Quecksilber) und sich durch bestimmte ähnliche Eigenschaften auszeichnen. Die gemeinsamen physikal. Eigenschaften (Metallglanz, geringe Lichtdurchlässigkeit, elektrische und Wärmeleitfähigkeit, Elastizität und Plastizität) werden durch die metallische ↗ Bindung hervorgerufen. Die M. bilden Kationen und viele basisch reagierende Hydroxylverb. In höheren Wertigkeitsstufen sind sie auch anionenbildend (z. B. CrO_4^{2-}; MnO_4^-). Nach der Dichte wird in ↗ *Leichtmetalle* ($\varrho < 5$; Al, Na, Li u. a.) und ↗ *Schwermetalle* ($\varrho > 3,5$ biş 5; Fe, Co, Ni u. a.) unterschieden. Auf Grund der chem. Reaktivität (↗ Standardelektrodenpotentiale) werden *edle Metalle* (Silber, Gold, Platin, Iridium u. a.), *halbedle Metalle* (Kupfer, Nickel, Molybdän u. a.) und *unedle Metalle* (Eisen, Zink, Alkali-, Erdalkali- und Erdmetalle u. a.) unterschieden. Den Übergang zu den Nichtmetallen stellen Halbmetalle dar, diese Übergänge sind nicht immer eindeutig. So existieren bei einigen Elementen (Arsen, Antimon, Selen u. a.) metallische und nichtmetallische Modifikationen.

Metallgitter, typischer Gitterbau der Metallkristalle, gekennzeichnet durch Metallatomrümpfe auf meist kubischen Gitterplätzen, zwischen denen die Valenzelektronen relativ frei beweglich sind (»Elektronengas«, ↗ metallische Bindung). Die Bausteinanordnung entspricht häufig der ↗ dichtesten Kugelpackung.

Metallindikatoren, farbige und komplexbildende Indikatoren zur Äquivalenzpunktbestimmung bei der ↗ Komplexometrie, z. B. Eriochromschwarz T, Murexid, Xylenolorange.

metallische Bindung, Grenzfall der ↗ chem. Bindung, bei dem durch eine starke Wechselwirkung der Atome im Kristallgitter (↗ Bändermodell) die Valenzelektronen frei beweglich sind. Dieses sogenannte Elektronengas hält die positiven Ionen elektrostatisch zusammen, wobei infolge der in alle Raumrichtungen gleich großen Kräfte Kristallgitter mit großer Raumausfüllung (meist ↗ Koordinationszahlen 8 und 12) und hohen ↗ Gitterenergien (400 bis 1 800 kJ/mol) entstehen. Das bedingt z. B. die meist hohen Schmp. sowie die Härte, Verformbarkeit und Dehnbarkeit der ↗ Metalle, während ihre hohe ↗ elektrische Leitfähigkeit und ↗ Wärmeleitfähigkeit sowie ihr Glanz auf das Elektronengas zurückzuführen sind. Die meisten chem. Elemente liegen in Substanz als Metalle vor, insbesondere die der 1. bis 3. Hauptgruppe (außer Bor), der ↗ Nebengruppen, der ↗ Lanthanoidengruppe und der ↗ Actinoidengruppe.

Metallklebstoffe, *Metallkleber,* ↗ Klebstoffe zum Verbinden von Metallen. Da Metalle für Lösungsmittel undurchlässig sind, muß man Klebstoffe verwenden, die nicht infolge der Verdunstung des Lösungsmittels trocknen. Als M. benutzt man deshalb härtbare Klebstoffe auf der Basis von ↗ Kunstharzen (z. B. Epoxidharze, Polyesterharze und Polyurethanharze) oder von Synthesekautschuk (z. B. Polychlorbutadien). Das Aushärten der M. erfolgt durch chem. Reaktionen wie Polykondensation, Polymerisation und Vulkanisation. Dabei kommt es zur Vernetzung der Makromoleküle. Die Komponente, die die Vernetzung bewirkt (Härter), wird bei den sogenannten Zweikomponentenklebstoffen erst unmittelbar vor der Anwendung zugemischt. Kautschukklebstoffe bestehen aus flüssigem Synthesekautschuk, dem elementarer Schwefel und Füllstoffe beigemischt sind. Die Härtung erfolgt bei ihnen durch ↗ Vulkanisation beim Erhitzen.

Metalloide, frühere Bez. für Nichtmetalle.

Metallographie, eigentlich Metallkunde, im engeren Sinne die Untersuchung von Metallgefügen, um Korrelationen zwischen Gefügeausbildung, Herstellungsbedingungen und Werkstoffeigenschaften zu gewinnen.

metallorganische Verbindungen, elementorg. Verb., bei denen org. Moleküle oder Molekülreste über Kohlenstoff an Metalle gebunden werden.
1. In den *Metallalkylen* und *-arylen* ist das Metall mit org. Resten über σ-Bindungen verbunden. Sie haben die Zusammensetzung MR_n (M Metall, R Alkyl- bzw. Arylrest, n Gruppennummer des PSE). Aluminiumalkyle wie $(C_2H_5)_3Al$, $(C_2H_5)_2AlCl$ und $C_2H_5AlCl_2$ sind Bestandteil von ↗ Ziegler-Natta-Katalysatoren zur Gewinnung von ↗ Polyethylen im Niederdruckverfahren. In der org. Synthese werden ↗ Grignard-Verb., z. B. CH_3MgCl, verwendet. Tetraethylblei $(C_2H_5)_4Pb$ wird zu 0,02 bis 0,1 Vol.-% Vergaserkraftstoffen als ↗ Antiklopfmittel zugesetzt.
2. Bei den *Metall-Olefinkomplexen* sind Alkene über die π-Elektronen der Doppelbindung an das Metall gebunden. Bild 1.

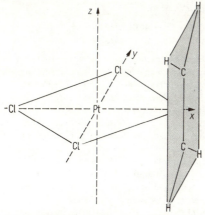

Bild 1. π-Komplex (Struktur des Trichloroethylenplatinat(II)-Ions)

3. Bei den sogenannten *Sandwichverb.* befindet sich das Metallion(-atom) zwischen parallel angeordneten ringförmigen Verb. Die Bindung erfolgt über die delokalisierten π-Elektronen der meist aromatischen Verb. (↗ Aromaten). Bild 2.

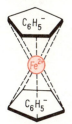

Bild 2. Bis(cyclopentadienyl)-eisen(II) (Ferrocen)

Olefinkomplexe und Sandwichverb. haben Bedeutung als Katalysatoren.

Metallputzmittel, Pulver oder Pasten, die feinste Poliermittel wie z. B. Kieselkreide (kalkhaltiger Ton), Schlämmkreide oder Eisenoxid enthalten. Weitere Bestandteile sind waschaktive Substanzen (z. B. Seifen) und schwache org. Säuren (z. B. Oxalsäure, Weinsäure), die Metalloxidüberzüge chem. auflösen.

Metallurgie, Wissenschaft von der Gewinnung der Metalle aus Erzen und Sekundärrohstoffen sowie deren Reaffination und Weiterverarbeitung zu Halbzeugen.

metamorphe Lagerstätten, Um- oder Neubildungen von nutzbaren Mineralvorkommen durch erhöhten Druck bzw. Temperatur in Gesteinen, die bei Gebirgsbildungen in größere Tiefen der Erdkruste gelangten.
Dazu zählen u. a. Lagerstätten von Graphit, Hämatit, Korund, Rutil, Periklas.

Metamorphose, Umwandlung eines Gesteins durch hohe Temperaturen und Drücke, z. B. bei Absenkung in größere Tiefen bei einer Gebirgsbildung.
Metamorphe Gesteine zeigen gegenüber dem Ausgangsgestein Veränderungen des Gefüges und des Mineralbestandes.

Metaphosphorsäure, $(HPO_3)_n$, farblos durchsichtige, z. T. auch weiße, weich-klebrige und zerfließende Masse, die in Wasser unter Bildung von Orthophosphorsäure leicht löslich ist. M. besitzt eine polymere Kettenstruktur (Polysäure). Sie entsteht bei Erwärmung von Diphosphorsäure über 300 °C.

Metasäuren, Säuren mit kleinstmöglicher Zahl von Hydroxylgruppen.

metasomatische Lagerstätten, Lagerstätten, die bei der metasomatischen Umbildung von Gesteinen entstehen.
Dabei kommt es durch Umbildung oder Verdrängung der ursprünglichen Gesteine in Reaktion mit den zugeführten Lösungen zur Anreicherung von Erzmineralien.

Metasomatose, Form der Metamorphose von Gesteinen, bei der die ursprüngliche Mineralsubstanz auf chem. Wege durch Einwirkung heißer Lösungen oder Gase verändert worden ist.

metastabil, Beschreibung für den Zustand eines chem. Systems, das unter Energieabgabe leicht in einen stabileren Zustand übergehen kann.

Meteorit, außerirdischer Mineral- bzw. Gesteinskörper, der auf natürlichem Wege auf die Erde gelangt ist. Sie weisen eine ähnliche chem. Zusammensetzung wie der Erdkern und die ihn zunächst umgebende Schale auf. Die Elemente Eisen, Nickel und Magnesium dominieren in M. Man unter-

Methacrylsäure

scheidet (bei fließenden Übergängen) Eisenmeteorite (vor allem gediegenes Nickeleisen) und Steinmeteorite (entsprechend den Peridotiten). Eine Sonderstellung nehmen die ↗ Tektite ein.

Methacrylsäure (2-Methyl-propensäure), $CH_2=C(CH_3)-COOH$, eine wasserlösliche, ungesättigte Monocarbonsäure, Sdp. 163 °C. M. kommt als Ester im Kamillenöl vor. Wichtig sind die Ester der M.

Methacrylsäureester (2-Methyl-propensäureester), $CH_2=C(CH_3)-CO-O-R$, wichtigste Derivate der Methacrylsäure, besonders der Methylester. Er wird aus ↗ Propanon durch nucleophile Addition von Cyanwasserstoff zum Propanoncyanhydrin und dessen Umsetzung mit Methanol in Gegenwart von konz. Schwefelsäure hergestellt:

$$CH_3-C(=O)-CH_3 \xrightarrow{+HCN} CH_3-C(OH)(CN)-CH_3$$

$$\xrightarrow[-NH_4(HSO_4)]{+CH_3OH, H_2SO_4} CH_2=C(CH_3)-CO-O-CH_3$$

M. ergeben bei der radikalischen Polymerisation harte, glasklare Plaste, die als org. Glas, ↗ Polymethacrylate, große techn. Bedeutung haben.

Methadon, ↗ schmerzstillende Mittel.

Methan,

CH_4	
Schmp.	−182,5 °C
Sdp.	−161,5 °C
ϱ_g	$= 0{,}424 \text{ kg} \cdot \text{m}^{-3}$
Verbrennungswärme	$35 \text{ MJ} \cdot \text{m}^{-3}$

farb- und geruchloses, brennbares Gas, das sich bei der anaeroben Verwesung von tierischen und pflanzlichen Teilen bildet (Sumpfgas). M. kommt im Erdgas und als Begleiter des Erdöls vor. Es ist Teil des Kokerei- und Stadtgases. M. entsteht bei vielen petrolchem. Prozessen, wird aus Kohle über Kohlenmonoxid und Wasserstoff oder durch Schlammvergärung aus landwirtschaftlichen Abfällen hergestellt. Im Laboratorium wird M. durch katalytische Decarboxylierung der Ethansäure gewonnen:

$$CH_3COOH \xrightarrow{Kat.} CO_2 + CH_4$$

Leicht durchführbar ist die thermische Umsetzung eines Gemisches von wasserfreiem Natriumacetat mit gepulvertem Natriumhydroxid oder besser mit Natronkalk:

$$CH_3-COONa + NaOH \rightarrow CH_4 + Na_2CO_3$$

Aluminiumcarbid reagiert mit Wasser unter Bildung von M.:

$$Al_4C_3 + 12\,H_2O \rightarrow 3\,CH_4 + 4\,Al(OH)_3$$

Ein sehr reines M. wird bei der Hydrolyse des Methylmagnesiumiodids, das sich leicht aus Methyliodid und Magnesiumspänen in wasserfreiem Diethylether bildet (↗ GRIGNARD-Synthesen), erhalten:

$$CH_3-I \xrightarrow{Mg} CH_3-Mg-I \xrightarrow[-Mg(OH)I]{\pm H_2O} CH_4$$

Im M. ist das Kohlenstoffatom vierbindig, wobei alle C—H-Bindungen gleichwertig und unpolar sind. Deshalb verlaufen Substitutionsreaktionen am M. radikalisch, indem durch Radikale zunächst unter Bildung des Methylradikals ein Wasserstoffatom aus dem Molekül herausgerissen wird. Eine typische S_R-Reaktion ist die Chlorierung, die im diffusen Licht unter Bildung der Chlormethane abläuft:

$$Cl_2 \xrightarrow{h \cdot \nu} 2\,Cl\cdot$$

$$CH_4 + Cl\cdot \rightarrow HCl + CH_3\cdot$$
$$CH_3\cdot + Cl_2 \rightarrow Cl\cdot + CH_3Cl$$

Diese Chlorierung ist eine Kettenreaktion, bei der nach gleichem Mechanismus nebeneinander alle Wasserstoffatome des M. ausgetauscht werden. Träger als Chlor reagiert Brom, während Iod nicht substituiert werden kann. Fluor setzt sich explosionsartig um. Eine radikalische Nitrierung führt zum Nitromethan. Die Reaktion mit Ammoniak und Luftsauerstoff ist ein techn. genutztes Verfahren zur Herstellung von Cyanwasserstoff. Durch partielle Oxydation von M. kann Ethin erhalten werden. Ein großer Teil des M. wird als Heizgas verwendet. M. ist Hauptbestandteil des ↗ Erdgases. Es wird techn. heute vorwiegend als Energieträger genutzt. Der Anteil der stoffwirtschaftlichen Verwertung des Erdgases liegt bei 10 % mit steigender Tendenz. Tabelle.

Stoffwirtschaftliche Verwertung von Methan

Verfahren	Zielprodukte
Hochtemperaturpyrolyse	Ethin
Dampfreformierung	Synthesegas (CO, H_2)
Spezialverfahren	
unvollständige Verbrennung	Ruß
Schwefelkohlenstoff-Herstellung	CS_2
ANDRUSSOV-Verfahren	Blausäure
Methan-Chlorierung	»Chlormethane« (Methylchlorid, Methylenchlorid, Trichlor- bzw. Tetrachlormethan)

Die stoffwirtschaftliche Verarbeitung des Methans ist erschwert durch die hohe Stabilität dieser Verb. Die bei weitem wichtigste Variante ist die katalytische Spaltung mit Wasserdampf (↗ Dampfreformierung) oder die autotherme Spaltung mit Sauerstoff und Wasserdampf (↗ Sauerstoff-Druckvergasung).
Daneben steht eine Gruppe von Verfahren der thermischen Spaltung von Methan (↗ HT-Pyrolyse) zur Herstellung von Ethin.
Bedeutung besitzt auch die Herstellung von Schwefelkohlenstoff, Blausäure bzw. die Chlorierung von Erdgas zu Chlormethanen. Das so zugängliche Methylchlorid ist als techn. Ausgangsstoff der ↗ Siliconherstellung bedeutsam. Aus Trichlor- bzw. Tetrachlormethan werden durch Umsetzung mit Fluorwasserstoff Chlorfluormethane hergestellt, die als Treibmittel für Sprays bedeutsam sind, bzw. Tetrafluorethylen, das zu temperaturbeständigen Kunststoffen polymerisiert werden kann.

Methanal,

H–C(=O)H
Schmp. $-92\,°C$
Sdp. $-21\,°C$
MAK: $5\,mg \cdot m^{-3}$

auch Formaldehyd, farbloses, stechend riechendes Gas, das starke Reizwirkungen auf Augen und Atemorgane ausübt und gesundheitsschädigend wirkt. Die wäßrige Lösung ist in starker Verdünnung ein breit wirkendes Desinfektionsmittel, weil M. mit den freien Aminogruppen der Eiweiße reagiert. In höheren Konzentrationen ist M. giftig. Die bakteriostatische Wirkung ist bereits bei 0,01%igen Lösungen zu beobachten.
M. wird vorwiegend aus ↗ Methanol durch katalytische Dehydrierung oder durch katalytische Oxydation hergestellt. Auch die Oxydation von Methan oder anderen kurzkettigen Alkanen führt zu M. Beim Umsetzen von Methanol-Luft-Gemischen an Kupfer- oder Silberwolle entsteht auch im Laborverfahren M. mit sehr guten Ausbeuten. Die thermische Zersetzung von Paraformaldehyd ist eine weitere Labormethode.
M. löst sich leicht in Wasser. Die etwa 35%ige Lösung wird mit Formalin bezeichnet und ist Handelsprodukt. M. polymerisiert leicht zu einer weißen Substanz, dem Paraformaldehyd, oder zum cyclischen Trimeren.
M. gibt die üblichen ↗ Aldehydreaktionen. Mit Ammoniak bildet sich das ↗ Hexamethylentetramin. Wichtig sind die Reaktionen, bei denen mit Hilfe des M. Hydroxymethylengruppen, $HO-CH_2-$, in andere Verb. mit aktiven Wasserstoffatomen eingebaut werden, wie in Aldehyde und Ketone mit Wasserstoffatomen am α-C-Atom, in Nitromethan, in Ethin, mit primären und sekundären Aminen (↗ MANNICH-Reaktion) in CH-acide Verb., im Gemisch mit Chlorwasserstoff zur Chlormethylierung von Aromaten:
$C_6H_6 + HCHO + HCl \rightarrow C_6H_5-CH_2-Cl + H_2O$
Die primären Schritte der Polykondensationen mit Aminen (↗ Aminoplaste) und Phenolen (↗ Phenoplaste) sind ebenfalls Hydroxymethylierungen. Aus M. bilden sich mit ↗ GRIGNARD-Verb. Additionsprodukte, die nach der Hydrolyse primäre Alkohole ergeben.
M. wird in der Technik vielseitig angewendet. Vorrangig ist sein Einsatz zur Herstellung von Duroplasten in Verbindung mit Füllstoffen und als verdichtender Bestandteil der Klebharze in Preßplatten und Schichtpreßstoffen. Kettenförmig hochpolymeres M. mit stabilisierten Endgruppen ist ein wertvolles Material für Gebrauchsartikel. M. wird als Gerbstoff und Desinfektionsmittel eingesetzt. Es dient in wäßriger Lösung zur Aufbewahrung anatomischer Präparate und ist ein zuverlässiges Mittel bei der Schimmelpilzbekämpfung.

Methanisierung, ist die katalytische Feinreinigung von Synthesegas zur Ammoniaksynthese durch Umsetzung der störenden CO-, CO_2- und O_2-Spuren mit Wasserstoff:
$CO + 3\,H_2 \rightarrow CH_4 + H_2O$,
$CO_2 + 4\,H_2 \rightarrow CH_4 + 2\,H_2O$,
$O_2 + 2\,H_2 \rightarrow 2\,H_2O$.
Der Wasseranteil wird durch Kondensation entfernt, der geringe Methangehalt stört die Ammoniaksynthese nicht.

Methanol

CH_3-OH
Schmp. $-97,5\,°C$
Sdp. $-64,5\,°C$
$\varrho_l = 796\,kg \cdot m^{-3}$
Flammpunkt: $6,5\,°C$

(Methylalkohol), eine farblose, brennbare, schwach alkoholisch riechende, sehr giftige Flüssigkeit, die mit Wasser mischbar ist. M. wurde erstmals 1661 von BOYLE aus den Kondensaten der trockenen Destillation des Holzes isoliert und deshalb Holzgeist genannt. Die techn. Nutzung erfolgte, seitdem 1925 die Synthese aus Wassergas möglich wurde. M. kommt in der Natur kaum frei, sondern verestert in den ätherischen Ölen und verethert in zahlreichen Pflanzenstoffen, besonders aber im Lignin des Holzes vor. M. ist durch Oxydation in ↗ Methanal und ↗ Methansäure zu überführen. Mit

Methansäure

Halogenwasserstoff bilden sich Methylhalogenide. Durch intermolekulare Dehydratisierung entsteht der Dimethylether. Als Produkte der katalytischen Druckreaktion mit Ammoniak fallen Mono-, Di- und Trimethylamin an. Mit Ethin und Kohlenmonoxid bilden M. in einer Carbonylierungsreaktion den Acrylsäuremethylester. Das als Lösungsmittel für Polyacrylnitril wichtige N,N-Dimethyl-formamid wird aus M. durch Umsetzung mit Kohlenmonoxid und Ammoniak neben N-Methyl-formamid erhalten.

Das großtechn. Verfahren zur Herstellung von M. ist der ↗ FISCHER-TROPSCH-Synthese ähnlich. Wassergas (Synthesegas) wird bei etwa 22 MPa und etwa 400 °C an einem Chromiumoxid-Zinkoxid-Katalysator umgesetzt:

$CO + 2 H_2 \rightarrow CH_3-OH$.

M. wird vielfältig als Lösungsmittel für Harze, Farbstoffe, Lacke und Polymeren unter Beachtung seiner Toxizität genutzt. Außer zur Herstellung der bei den obigen Reaktionen bereits erwähnten Produkte wird es auch als Esterkomponente für Riechstoffe und als Vergaserkraftstoff oder -zusatz verwendet.

Methansäure

$$H-C\begin{matrix}\nearrow O \\ \searrow O-H\end{matrix}$$

Schmp. 8,3 °C
Sdp. 100,7 °C
$\varrho_l = 1,22 \cdot 10^3$ kg · m^{-3}
$K_a = 1,77\,11510^{-4}$

(Ameisensäure, *Acidum formicicum*), eine farblose stechend riechende Flüssigkeit, die sich mit Wasser mischt und sauer reagiert. Es ist die am stärksten saure Monocarbonsäure. Die Salze heißen »Formiate«. Die Dämpfe der M. sind brennbar und bilden mit Luft explosive Gemische. M. kommt im Sekret der Giftdrüsen der Ameisen und anderer Insekten vor. Sie wirkt ätzend und blasenbildend.

M. wirkt als einzige Monocarbonsäure reduzierend, denn sie kann auf Grund ihrer Struktur auch als Hydroxyaldehyd aufgefaßt werden.

M. wird durch Druckreaktion aus Kohlenmonoxid und Natriumhydroxid über das dabei entstehende Natriumformiat hergestellt:

$CO + NaOH \xrightarrow{0,6 \text{ MPa, } 120\,°C} Na(HCOO)$.

M. bildet sich durch Hydrolyse von Formamid oder Trichlormethan:

$HCONH_2 + H_2O \xrightarrow{(H^+)} HCOOH + NH_3$,

$CHCl_3 + 4 KOH \rightarrow K(HCOO) + 3 KCl + 2 H_2O$.

Beim Erhitzen von Ethandisäure (Oxalsäure) in Propantriol (Glycerol) bildet sich die M. durch Decarboxylierung:

HOOC—COOH

$\xrightarrow{[HO-CH_2-CH(OH)-CH_2-OH]} CO_2 + HCOOH$

Diese Reaktion hat nur noch als Labormethode Bedeutung, da jetzt vorwiegend Natriumformiat Ausgangsmaterial für die Herstellung der Ethandisäure ist.

Die Oxydation von ↗ Methanol oder ↗ Methanal führt zur M. Methanol in Gegenwart von Natriummethylat reagiert mit Kohlenmonoxid unter Druck zu Methansäuremethylester:

$CH_3-OH + CO \rightarrow HCO-O-CH_3$.

Aus den Formiaten kann die M. durch Behandlung mit konz. Schwefelsäure und Vakuumdestillation erhalten werden. M. wird zum Konservieren von Früchten und Fruchtsäften, zur Silage von Grünfutter, zum Ansäuern der Farbbäder in der Textilfärberei besonders bei der Verarbeitung von Wolle, zum Entkalken des Leders und als Ausgangsstoff für chem. Synthesen verwendet. Die Zersetzung der M. mit konz. Schwefelsäure in der Hitze ist die gebräuchlichste Labormethode zur Herstellung von Kohlenmonoxid:

$HCOOH \xrightarrow{(H_2SO_4)} H_2O + CO\uparrow$.

L-Methionin, Abk. Met, α-*Amino-γ-methylthio-buttersäure,* $CH_3-S-CH_2-CH_2-CH(NH_2)-COOH$, neben ↗ Cystein die zweite schwefelhaltige proteinogene ↗ Aminosäure. M 149,2. Schmp. 281 °C.

Methodik des Chemieunterrichts, erziehungswissenschaftliche, der Didaktik zugehörige Disziplin, welche die Planung, Führung, Unterstützung und Auswertung aller Prozesse zu ihrem Gegenstand besitzt, die die Bildung und Erziehung von Schülern innerhalb chemiebezogener Unterweisungen (Chemieunterricht, Chemiearbeitsgemeinschaften) an allgemeinbildenden Schulen betreffen.

4-Methoxy-benzaldehyd (Anisaldehyd), $CH_3-O-C_6H_4-CHO$, farblose, wasserunlösliche, an der Luft beständige Flüssigkeit, Schmp. 0,02 °C. Sdp. 248 °C, mit angenehmem Geruch nach blühendem Weißdorn. M. kommt im Anis-, Sternanis- und Fenchelöl vor und wird durch Oxydation von ↗ Anethol hergestellt. M. läßt sich zu ↗ 4-Methoxy-benzoesäure oxydieren und wird in der Parfümerie verwendet.

4-Methoxy-benzoesäure (Anissäure), eine farblose, geruchlose, wenig wasserlösliche, kristalline Substanz, Schmp. 184 °C, die in ätherischen Ölen, besonders in denen ↗ Anethol enthalten ist, vorkommt. M. wird durch Oxydation von ↗ 4-Methoxy-benzaldehyd oder direkt von Anethol erhalten und für Synthesen verwendet.

4-Methoxy--benzoesäure

Methoxygruppe, Atomanordnung, die in Methylethern vorliegt, CH_3-O-, z. B. Methoxymethan (Dimethylether), CH_3-O-CH_3, oder Methoxybenzen (Anisol), $CH_3-O-C_6H_5$. Da die Methoxygruppe verhältnismäßig häufig als Substituent vorkommt, sind zuverlässige Methoden zur Bestimmung des Anteiles im Molekül bekannt, ↗ Methoxyl-Bestimmung. Auch Ester des Methanols enthalten die M., z. B. Ethansäuremethylester, $CH_3-CO-O-CH_3$.

Methoxyl-Bestimmung, Analysenverfahren zur Bestimmung des Anteils der Methoxylgruppen, CH_3-O-, in einem org. Molekül. Wenn es sich um hochmolekulare Verb. handelt, die die Gruppe nur einmal am Kettenende tragen, ist über eine M. auch eine Aussage zur Molekülgröße möglich. Das Verfahren zur M., aber auch zur Ethoxyl-Bestimmung ist 1930 von F. VIEBÖCK und A. SCHWAPPACH beschrieben worden. Dazu wird die Verb. mit konz. Iodwasserstofflösung erhitzt, wobei eine Etherspaltung erfolgt und aus den Methoxygruppen Methyliodid gebildet wird, welches im schwachen Kohlendioxidstrom in der Hitze in eine Vorlage mit einer Lösung von Brom und Natriumacetat in konz. Ethansäure getrieben wird. Zur Absorption von mitgerissenem Iod wird der Gasstrom durch eine Aufschlämmung von rotem Phosphor in Wasser geleitet. Bei der Umsetzung von Methyliodid mit Brom wird über Zwischenprodukte Iodat gebildet, das dann iodometrisch bestimmt werden kann. Vor der iodometrischen Tritration muß das überschüssige Brom mit Methansäure entfernt werden, indem es zu Bromid reduziert wird:
Methyletherspaltung:
$R-OCH_3 + HI \rightarrow R-OH + CH_3-I$
Reaktion in der Vorlage:
$CH_3I + 3 Br_2 + 3 H_2O \rightarrow CH_3Br + 5 HBr + HIO_3$

Zersetzung der Methansäure:
$HCOOH + Br_2 \rightarrow CO_2 + 2 HBr$
Reaktion beim Ansäuern und Kaliumiodidzugabe:
$HIO_3 + 5 Kl + 5 H_2SO_4 \rightarrow 5 KHSO_4 + 3 I_2 + 3 H_2O$
Titration mit Natriumthiosulfat (Stärke als Indikator):
$3 I_2 + 6 Na_2S_2O_3 \rightarrow 3 Na_2S_4O_6 + 6 NaI$
Die gravimetrische Bestimmung über Silberiodid, das aus dem Methyliodid quantitativ erhalten werden kann, ist weniger üblich.

Methylalkohol, ↗ Methanol.

Methylamine, ↗ Amine, bei denen Wasserstoff des Ammoniaks durch ↗ Methylgruppen ersetzt ist. Primär ist das Methylamin, CH_3-NH_2, sekundär das Dimethylamin, $(CH_3)_2NH$, und tertiär das Trimethylamin, $(CH_3)_3N$. (Daten ↗ Tabelle Amine.)

M. sind ammoniakalisch riechende, brennbare, leicht wasserlösliche Gase, die Haut, Augen und Atemorgane stark angreifen. M. sind Stoffwechselprodukte in Pflanzen und Tieren. Dimethylamin verursacht den typischen Geruch der Heringslake.

M. sind verhältnismäßig starke Basen, die leicht Salze bilden. Sie reagieren mit Alkylhalogeniden zu quartären Ammoniumsalzen.

Hergestellt werden M. durch katalytische Reaktion von ↗ Methanol mit Ammoniak bei etwa 1,5 MPa und 450 °C. Das Reaktionsgemisch, das die drei M. nebeneinander etwa im Verhältnis 2:1:2 enthält, wird durch Destillation getrennt.

Die drei M. sind Ausgangsverb. für Arznei-, Schädlingsbekämpfungs- und Pflanzenschutzmittel, für Emulgatoren und Hilfsstoffe für die Textil- und Lederverarbeitung.

Methylbromid (Brommethan, Monobrommethan), CH_3-Br, ein farbloses, etherartig riechendes Gas, Schmp. $-93,7$ °C, Sdp. 3,5 °C. Es ist in Wasser wenig, aber gut in Ethanol und Diethylether löslich.

M. wird aus Methanol mit Kaliumbromid und konz. Schwefelsäure oder aus Methan mit Brom erhalten.

Das Bromion kann leicht nucleophil ausgetauscht werden. Damit eignet sich M. als wirksames Methylierungsmittel. M. kann für ↗ GRIGNARD-Synthesen, für ↗ FRIEDEL-CRAFTS-Synthesen, für ↗ WURTZ-Synthesen und zur Herstellung von Methylthiol, Methylethern, Methylthioethern, Methylaminen, Methylnitril u. a. eingesetzt werden.

2-Methyl-buta-1,3-dien (Isopren), ein Dien mit einem konjugierten Doppelbindungssystem, das als Baustein des Naturkautschuks vorkommt und

Methylchlorid

durch Erhitzen daraus gewonnen werden kann. Techn. wird M. durch Dehydrierung von 2-Methylbutan (Isopentan) oder 2-Methyl-buten (Isopenten) gewonnen. M. bildet sich auch aus 2-Methyl-propen mit Methanal und aus Propen durch katalytische Dimerisierung und abschließender Methanabspaltung.

Bei der Polymerisation von M. ist neben der statistisch verteilten Anordnung in der C=C-Doppelbindung auch eine reine cis-Form möglich, die im Kautschuk vorliegt. Strukturisomer dazu ist das Guttapercha, bei dem die Polymerenkette in der trans-Form existiert. Mit ZIEGLER-NATTA-Katalysatoren ist eine stereospezifische Polymerisation des M. möglich. Das Polymerisat besitzt die Eigenschaften des Naturkautschuks.

Methylchlorid (Chlormethan, Monochlormethan), CH_3—Cl, ein farbloses, süßlich riechendes Gas, Schmp. $-99\,°C$, Sdp. $-24\,°C$, das mit grüngesäumter Flamme brennt, sich wenig in Wasser, aber gut in Ethanol löst. M. wirkt narkotisch und verursacht, in größeren Mengen eingeatmet, Lähmungserscheinungen und ernste Organschäden.

M. wird durch Chlorieren von Methan neben anderen mehrfach chlorierten Derivaten, die durch Destillation abgetrennt werden können, erhalten.

M. wird in großen Mengen zur Herstellung von Methylchlorsilanen und Methylsiliconen verwendet. Es wird als spezielles Lösungs- und Extraktionsmittel eingesetzt.

Methylengruppe, —CH_2—, Atomanordnung als Teil eines org. Moleküls. Die M. kann auch als freies Diradikal, $·CH_2·$, mit zwei einsam besetzten Orbitalen oder als ↗ Carben, $|CH_2$, mit einer gepaarten Elektronenbesetzung kurzzeitig existieren.

Methylgruppe, Atomanordnung —CH_3, die sich vom Methan ableitet. Die M. ist ein Teil eines org. Moleküls. Sie kann aber auch als kurzlebiges Radikal, $CH_3·$, vorkommen. Mit einer positiven Ladung bildet sich das Methylcarboniumion, $CH_3^{⊕}$.

Methylierung, Reaktion, die eine Einführung der Methylgruppe, CH_3—, in eine org. Verb. mit aktivem Wasserstoff ermöglicht. Dazu werden ↗ Methylierungsmittel eingesetzt.

Methylierungsmittel, org. Verb., die geeignet sind, Methylgruppen in Stoffe mit aktivem Wasserstoff, wie in Alkohole, Phenole, Amine, Carbonsäuren, CH-acide Verb., zu übertragen, ↗ Methylierung.

Wichtige M. sind: ↗ Dimethylsulfat, ↗ Methyliodid, ↗ Methylbromid, ↗ Methylchlorid, ↗ Methanol und ↗ Diazomethan.

Methyliodid (Iodmethan, Monoiodmethan), CH_3—I, in reiner Form farblose, aber sich an der Luft rasch braunfärbende Flüssigkeit, Schmp. $-66\,°C$, Sdp. $42\,°C$, die sich in Wasser kaum löst, aber mit Ethanol mischbar ist. Sie riecht etherartig. M. wird aus einem Gemisch von Methanol, Phosphor und Iod oder aus Methanol mit Phosphortriiodid oder aus gesättigter Kaliumiodidlösung mit Dimethylsulfat erhalten. M. ist ein sehr wirkungsvolles ↗ Methylierungsmittel.

Methylorange (Helianthin, Orange III), Indikator für die Alkalimetrie für den p_H-Bereich 3,1 bis 4,4, wobei die Farbe von gelb (>4,4) nach rot (<3,1) umschlägt. Zur Herstellung von M. wird Sulfanilsäure diazotiert und das gebildete Diazoniumsalz mit N,N-Dimethylamino-benzen gekuppelt:

$$HO_3S—C_6H_4—NH_2 \xrightarrow[-NaCl, 2H_2O]{+2HCl, NaNO_2}$$

$$(HO_3S—C_6H_4—^⊕N≡N)Cl \xrightarrow[-NaCl, 2H_2O]{+C_6H_5N(CH_3)_2, 2NaOH}$$

$$NaO_3S—C_6H_4—N=N—C_6H_4—N(CH_3)_2$$

2-Methyl-propansäure (Isobuttersäure), $(CH_3)_2CH$—COOH, eine ↗ Monocarbonsäure, isomer mit der ↗ Butansäure. M. kommt als Ester im Kamillenöl vor und wird durch Oxydation von 2-Methyl-propan-1-ol erhalten. Wegen des tertiären C-Atoms wird M. im Unterschied zur isomeren Butansäure leicht zu Propanon und Kohlendioxid oxydiert.

Methylrot, Indikatorfarbstoff für die Alkalimetrie aus der Gruppe der Azoverb. Der Farbumschlag liegt im Bereich von rot $p_H < 4,4$ und $p_H \leq 6,2$ gelb.

M. wird aus diazotierter 2-Amino-benzoesäure (Anthranilsäure) durch Kuppeln mit N,N-Dimethylamino-benzen hergestellt.

Methylviolett, ein uneinheitlicher Triphenylmethanfarbstoff, der durch Oxydation von N,N-Dimethylaminobenzen allein oder im Gemisch mit Aminobenzen hergestellt wird. Es sind unterschiedliche Sorten im Handel, die sich alle in Wasser mit intensiv violetter oder rotvioletter Farbe lösen. M. ist zur Färbung von Textilien wenig geeignet, wird aber für Tinten und Stempelfarben verwendet.

MEYER, LOTHAR JULIUS (19.8.1830 bis 12.4.1895), zählt zu den Wegbereitern der physikal. Chemie. Mit seinen Untersuchungen hat er viel zur Bestimmung der Atommassen beigetragen. Er entdeckte die Beziehung zwischen dem Volumen der Atome und der Atommasse. Unabhängig von ↗ MENDELEEV entwickelte er eine Anordnung der bekannten Elemente in Abhängigkeit von ihren Atommassen, die er aber erst 1870 nach dem Erscheinen der Schrift von MENDELEEV veröffentlichte. Bild.

L. J. MEYER

MICHAEL-Addition, Synthesemethode, bei der Verb. mit aktivierter C=C-Doppelbindung elektrophil an aktivierte Methylengruppen, —CH$_2$—, addiert werden. Es bilden sich aus
- α, β-ungesättigten Carbonylverb. (R—CO—CH=CH—R′), δ-Dicarbonylverb. mit Acetessigester δ-Oxosäuren mit Malonester (↗ Malonestersynthesen)
- α, β-ungesättigten Carbonsäureestern, (R—O—CO—CH=CH—R′), δ-Oxosäuren mit Acetessigester δ-Dicarbonsäuren mit Malonester (Pentandisäuren)
- α, β-ungesättigten Nitrilen, (NC—CH=CH—R′), δ-Oxosäuren mit Acetessigester δ-Dicarbonsäuren mit Malonester (Pentandisäuren).

Die M. wird in Gegenwart basischer Katalysatoren, wie Piperidin, Diethylamin oder Natriummethanolat, durchgeführt. Da die Reaktionspartner vielfältig substituiert sein können, ist die Anwendungsbreite der M. recht groß.

Migmatite, Mischgesteine, die nach ihren Bildungsumständen zwischen magmatischen und metamorphen Gesteinen stehen. Sie entstehen durch teilweises Aufschmelzen von Ausgangsgesteinen im Laufe einer Metamorphose oder teilweises Durchdringen und Erstarren von Gesteinsschmelzen in einem nicht völlig aufgeschmolzenen Ausgangsgestein.

Migration, 1. Bewegung der Ionen eines ↗ Elektrolyten im elektrischen Feld (↗ Wanderungsgeschwindigkeit).
2. Bewegung von Grundwässern, Salzlösungen, Erdöl, Erdgas u. ä. in Gesteinen.

Mikroanalyse, alle analytischen Verfahren, bei denen Probemengen <1 mg untersucht werden.

MIK-Wert, ↗ Immissionskonzentration, maximale.

Metallcarbonyle, ↗ Komplexverb. von Metallen, meist ↗ Übergangselementen, mit Kohlenmonoxid als ↗ Ligand. In ihnen ist das Kohlenmonoxid (|C≡O|) über das C-Atom kovalent an das Metall gebunden. In den M. der 3d-Metalle haben die Metalle die OxZ 0, d.h., es liegen Zentralatome vor. Es werden so viel CO-Moleküle gebunden, daß die Metalle die ↗ Edelgaskonfiguration des nächsten Edelgases erreichen. Deshalb bilden die Metalle mit gerader Ordnungszahl die Einkerncarbonyle [Cr(CO)$_6$], [Fe(CO)$_5$] und [Ni(CO)$_4$]. Metalle mit ungerader Ordnungszahl bilden die Zweikerncarbonyle [Mn$_2$(CO)$_{10}$], [Co$_2$(CO)$_8$] und [Cu$_2$(CO)$_6$], in denen sich in jedem Komplex zwei Metallatome befinden.

Die Darstellung der M. erfolgt am einfachsten aus Metallpulver und Kohlenmonoxid bei erhöhter Temperatur und teilweise unter Druck:

$$Fe + 5\,CO \xrightleftharpoons[240\,°C]{200\,°C,\ 10\,MPa} Fe(CO)_5$$

Als Molekülsubstanzen ähneln die M. in ihren Eigenschaften org. Verb. Einkerncarbonyle besitzen einen niedrigen Schmelz- und Siedepunkt und sind flüchtige Substanzen. Sie lösen sich in org. Lösungsmitteln, sind leicht entzündlich, zersetzlich und giftig.

Verwendung finden M. zur Herstellung sehr reiner Metalle (z. B. Nickel mit Hilfe des MOND-Verfahrens, ↗ Carbonyleisen) durch thermische Zersetzung der entsprechenden Carbonyle. Weitere Anwendungen erfahren M. als ↗ Katalysatoren und ↗ Antiklopfmittel.

Milch, Absonderung der Milchdrüsen von Säugetieren und Menschen. Kuhmilch besteht bis zu 89 % aus Wasser. Darin sind bis zu 4,5 % Milchfett emulgiert. Milcheiweiß, hauptsächlich Casein, ist bis zu 3,8 % kolloidal verteilt. Milchzucker (Lactose) ist bis zu 6 % gelöst. Als Mineralstoffe sind vor allem Calcium- und Kaliumphosphate und -citrate, aber auch eine Vielzahl von Spurenelementen enthalten. Weiterhin befinden sich in der Milch Lipoide, Vitamine und Enzyme. Trinkvollmilch ist teilweise entfettet (entrahmt) und zur begrenzten Haltbarmachung pasteurisiert.

Milchsäure, ↗ 2-Hydroxy-propansäure, CH$_3$—CH(OH)—COOH. Das C-Atom 2 ist asymmetrisch, deshalb existieren zwei stereoisomere Formen und ein Racemat.

Milchsäuregärung, ↗ Gärung.

Milchzucker, ↗ Lactose.

Millerit, Haarkies, NiS, messinggelbes, meist dünnsäulig bis haarförmig kristallisierendes Nickelmineral. Es tritt gelegentlich auf hydrothermalen Lagerstätten auf.

MILLONS-Reaktion, Farbreaktion zum Nachweis von Eiweiß. Beim Erwärmen einer Probe mit MILLONS Reagens, einer Lösung von Quecksilber(II)-nitrat in Salpetersäure (Gift), bildet sich ein orange- bis rotgefärbter Niederschlag, wenn Eiweiß vorgelegen hat, das die Aminosäure Tyrosin enthält.

Mineraldünger, Bez. für alle anorg. Düngemittel.

Mineralien, alle als Bestandteile der Erdkruste vorkommenden strukturell, chem. und physikal. homogenen anorg. Festkörper. Die meisten M. sind nach ihrer Struktur als kristalline Festkörper anzusehen. Von den weit über 2000 bekannten Mineralien zählen nur etwa 200 zu den häufigeren gesteinsbildenden Mineralien; darunter sind auch die wichtigsten mineralischen Rohstoffe. Viele als M. natürlich vorkommenden Verb. treten auch als Bestandteile künstlicher Feststoffe auf (z. B. Werkstoffe, Baustoffe, feste Abprodukte); daran sind außerdem noch Verb. beteiligt, die auf Grund ihrer Bildungsumstände auf natürlichem Wege nicht gebildet worden sind. Die techn. Mineralogie bzw. Petrographie beschäftigt sich mit den Bestandteilen techn. Feststoffe, ihren Paragenesen und ihrer Bildung und Veränderung.

mineralische Rohstoffe, Teil der industriell genutzten Rohstoffe, die als Bestandteile der festen Erdkruste vorkommen, abgebaut und aufbereitet werden.

Mineralogie, die Wissenschaft von der Form, den Eigenschaften und der Entstehung der ↗ Mineralien.

Mineralöl, Sammelbez. für ölig-viskose Fraktionen der Erdöldestillation bzw. für Erdöle selbst.

Mineralwolle, glasig erstarrtes Fasermaterial, das aus Schlacken und/oder Natursteinschmelzen (↗ Basalt) ohne weitere Zusätze hergestellt wird. Das Fasermaterial wird zu Matten, Platten und Rohrschalen verarbeitet und dient zur Wärmedämmung im Wohnungs-, Gesellschafts- und Industriebau.

Minette, oolithisches, sedimentäres Eisenerz, das vorwiegend Brauneisenstein enthält.

Miramid, Handelsname für Polyamidwerkstoffe.

Mirathen, Handelsname für Polyethylenwerkstoffe.

Mischdünger, ↗ Mehrnährstoffdünger, die durch mechanisches Mischen mehrerer Einzeldünger hergestellt werden.

Mischkristalle, durch Austausch von Atomen bzw. Ionen mit Teilchen annähernd gleichen Durchmessers entstanden, wobei das Kristallgitter und somit die ursprüngliche Kristallform erhalten bleiben.

Mischung, Bez. für eine Mischphase (homogenes Mehrkomponentensystem). Die beteiligten Stoffe liegen in demselben Aggregatzustand und gegenüber ↗ Lösungen in etwa ähnlichen Mengenteilen vor. Gase sind unbegrenzt mischbar (↗ Gasmischungen), Flüssigkeiten und Feststoffe häufig nur begrenzt. Dann ist die Mischbarkeit stark temperaturabhängig, was in den ↗ Phasendiagrammen (Bild 1) durch die Existenzbereiche sogenannter Mischungslücken (z.B. im System Wasser/Nikotin) beschrieben wird, die sich auch mit Phasenübergängen überschneiden können (↗ Siedediagramm, ↗ Schmelzdiagramm).

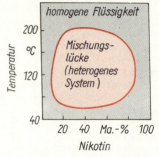

Bild 1. Phasendiagramm mit Mischungslücke

Die Mischbarkeit im flüssigen Zustand hängt von den zwischenmolekularen Kräften ab. Eine ideale M. (Bild 2a) liegt vor, wenn sich die ↗ zwischenmolekularen Wechselwirkungen in der M. von denen in den reinen Komponenten nicht unterscheiden (annähernd erreicht bei unpolaren Stoffen). Dann tritt bei der Herstellung keine Mischungswärme auf, und das Volumen sowie der Dampfdruck ergeben sich additiv aus denen der reinen Komponenten entsprechend ihren Stoffmengenanteilen (1. ↗ Raoultsches Gesetz, Bild 2a). Neben der Dampfdruckkurve der Flüssigkeit l ist als Kurve g die Zusammensetzung des Dampfes bei dem jeweiligen Druck eingezeichnet, woraus sich die Anreicherung der leichter flüchtigen Komponente (höherer Dampfdruck p_0) ablesen läßt. Bei realen M. können die Wechselwirkungen zwischen den Molekülen der verschiedenen Komponenten größer oder kleiner als innerhalb der reinen Komponenten sein. Daraus resultiert beim Mischen eine Wärmeabgabe oder -aufnahme sowie eine Volumen- und Dampfdruckabnahme oder -zunahme (Bild 2b bzw. 2c). Bei den Maxima und Minima der Dampfdruckkurven liegen sogenannte azeotrope M. vor. Sie können durch ↗ Destillation nicht getrennt werden, da hier die Zusammensetzung des Dampfes und der Flüssigkeit gleich ist (Zusammentreffen der Kurven l und g). Das verschiedene Mischungsverhalten

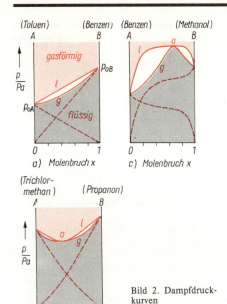

Bild 2. Dampfdruckkurven
a) von idealen
b), c) von realen Mischungen

von Flüssigkeiten spiegelt sich auch in den ↗ Siedediagrammen wider.
Die Bildung fester M. (Mischkristalle) ist bei ähnlichen Kristallgittertypen und Teilchengrößen der Gitterbausteine der Komponenten wahrscheinlich. Sie drückt sich auch im Typ des ↗ Schmelzdiagramms aus.
Mißpickel, ↗ Arsenkies.
Mittelöl, Fraktion der ↗ Teerdestillation im Siedebereich des Dieselöls.
Mitteltemperaturpyrolyse, MT-Pyrolyse, techn. Herstellung von niederen Olefinen und Dienen aus Erdöldestillaten, z.Z. vor allem Benzinen. Das Verfahren ist damit die Grundlage der ↗ Olefinchemie. Es ist die homogene endotherme dehydrierende Spaltung von flüssigen Kohlenwasserstoffen bei 800 bis 900 °C in der Gasphase hauptsächlich in niedere Olefine und Diene (C_2-, C_3-, C_4- und C_5-Verbindungen), vor allem Ethen und Propen, daneben Butadien, Isopren u. a. Als Nebenprodukt fällt ein »Pyrolysebenzin« an, das etwa 35% Benzen und 20% Toluen enthält.
Als Reaktor der MT-Pyrolyse hat sich der Röhrenofen durchgesetzt; eine 70 m lange, durch Gasbrenner in einem Ofenraum beheizte Rohrschlange. An die Kühlung der Spaltgase schließt sich ihre Zerlegung durch Tieftemperaturdestillation in die einzelnen Zielprodukte an.

Die MT-Pyrolyse liefert die wichtigsten Ausgangsstoffe der Petrolchemie. Der Trend der weiteren Verfahrensentwicklung geht hin zur Verwendung von Vakuumdestillaten direkt zur katalytischen Pyrolyse bei gleichzeitiger Hydrierung.
mittlere freie Weglänge, durchschnittliche Länge der geradlinigen Teilchenbahn zwischen zwei Teilchenzusammenstößen (↗ kinetische Gastheorie).
Mobil-Oil-Verfahren, katalytische Direktumwandlung von Methanol in Benzin-Kohlenwasserstoffe (hochoktanige Vergaserkraftstoffe) an zeolithischen Katalysatoren bei Umsätzen von 90%. Bei 400 °C wird mit Drücken von 2 MPa (Festbettreaktor) bzw. 0,2 MPa (Fließbettreaktor) gearbeitet. Die erste Produktionsanlage dieses interessanten Verfahrens entsteht gegenwärtig in Neuseeland auf der Basis billigen einheimischen Erdgases. Daneben ist eine Variante dieses Verfahrens in der halbtechn. Erprobung, die auf die katalytische Direktsynthese von Benzinkohlenwasserstoffen aus Synthesegas als verbesserte ↗ FISCHER-TROPSCH-Synthese abzielt.
Modifikationen, Zustandsformen reiner Stoffe (Elementsubstanzen und Verbindungen) mit unterschiedlichen Bindungs- und Strukturverhältnissen und daraus resultierenden unterschiedlichen physikal. Eigenschaften (Schmp., Dichte, Farbe, Kristallbau u. a.) und z. T. auch unterschiedlichen chem. Eigenschaften (Metall-Nichtmetall-Charakter). Das Auftreten verschiedener M. bei Elementsubstanzen wird als Allotropie und bei chem. Verb. als Polymorphie bezeichnet. Sind die M. eines Stoffes wechselseitig ineinander umwandelbar, so handelt es sich um enantiotrope M. (rhombischer Schwefel ↔ monokliner Schwefel). Ist die Umwandlung nur in einer Richtung möglich, sind das monotrope M. (weißer Phosphor → roter Phosphor).
Mohrsches Salz, $(NH_4)_2Fe(SO_4)_2 \cdot 6H_2O$, Diammoniumeisen(II)-sulfat-Hexahydrat, relativ beständige Eisen(II)-Verb., die zur titrimetrischen Einstellung von Permanganatlösungen (↗ Maßanalyse) geeignet ist.
Mohssche Härteskala, von F. C. Mohs (1820) aufgestellte relative Reihe von Mineralien zum ge-

Mohssche Härteskala

Härte	Bezugsmineral	Härte	Bezugsmineral
1	Talk	6	Feldspat
2	Gips	7	Quarz
3	Calcit	8	Topas
4	Fluorit	9	Korund
5	Apatit	10	Diamant

Mol

genseitigen Härtevergleich (Tabelle); auch heute noch zur ersten Mineraldiagnostik im Gelände verwendet.

Mol, Einheit der Objektmenge (Stoffmenge), Einheitenzeichen: <u>mol</u>, nach dem heute gültigen Molbegriff ist das Mol eine Zähleinheit und gibt eine Objektmenge an. 1 mol sind N_A elementare Einheiten. $N_A = 6{,}022\,19 \cdot 10^{23}$ mol^{-1} (↗ AVOGADRO-Zahl), d. h., 1 mol Natrium sind $6{,}022\,19 \cdot 10^{23}$ Natriumatome, 1 mol Wasser sind $6{,}022 \cdot 10^{23}$ Wassermoleküle. Der frühere Begriff Mol als Abk. für ↗ Grammolekül darf nicht mehr verwendet werden.

Molalität, ↗ Konzentrationsmaße.

molare Größe, auf die Objektmenge (Molzahl) bezogene Größen, wie ↗ molare Masse, ↗ molares Volumen, ↗ molare elektrische Ladung (↗ FARADAY-Konstante) und molare ↗ Gaskonstante.

molare Masse, Maßeinheit kg·mol^{-1}, ist die Masse von $N_A = 6{,}022\,19 \cdot 10^{23}$ (↗ AVOGADRO-Zahl) Teilchen.

Die m. M. ist der Quotient aus Masse und Molzahl. (Objektmenge). Die m. M. ist zahlenmäßig gleich dem Grammolekül.

molares Volumen, V_m, Maßeinheit m$^3 \cdot$ mol^{-1}, ist das Volumen von $N_A = 6{,}022\,19 \cdot 10^{23}$ (↗ AVOGADRO-Zahl) Teilchen.

Das m. V. (Molvolumen) ist der Quotient aus Volumen und Molzahl (Objektmenge) $V_m = \dfrac{v}{n}$. Das m. V. eines idealen Gases bei Normalbedingungen ist $22{,}4\,l \cdot$ mol^{-1}.

Molarität, ↗ Konzentrationsmaße. Ist die Molzahl des gelösten Stoffes pro Liter Lösung. Maßeinheit mol·l^{-1}.

Molekulargewichtsbestimmung, heute ↗ Molmassebestimmung.

Molekularität, ↗ Reaktionskinetik.

Moleküle, auch *Molekeln,* aus Atomen aufgebaute kleinste Teilchen von Stoffen. Sie sind elektrisch neutral, bei Aufnahme oder Abgabe von Elektro-

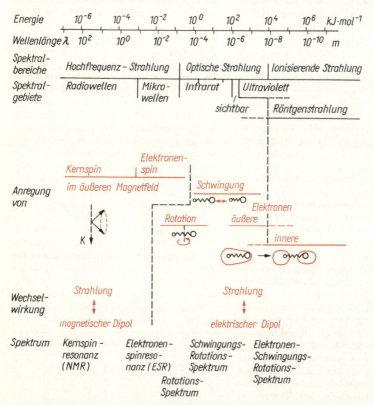

Bild 1. Übersicht der Spektralbereiche und der Anregungsmöglichkeiten der Moleküle bei der Entstehung von Molekülspektren

nen entstehen Ionen. Molekülreste mit freien Wertigkeiten heißen ↗ Radikale. M. können aus wenigen Atomen (z. B. 1 Molekül Wasser besteht aus 2 Wasserstoffatomen und 1 Sauerstoffatom) und aus sehr vielen (mehrere tausend) Atomen (↗ Makromoleküle) bestehen.

Molekülgitter, Molekülkristalle, Bez. für Kristallgitter, deren Baueinheiten (Moleküle) durch verschiedenartige Wechselwirkungen zu Kristallstrukturen angeordnet sind, vor allem für org. Festkörper charakteristisch.

Molekülmasse, die relative M. ist die Summe der Atommassen der Atome, die das Molekül bilden, z. B. H_2O: $(2 \cdot 1) + (1 \cdot 16) = 18$. Die M. ist eine dimensionslose Zahl, Berechnungsgrundlage ist die ↗ Substanzformel.

Molekülorbital, ↗ Atombindung.

Molekülspektren, durch die ↗ Anregung von Molekülen erhaltene Spektren (↗ Spektroskopie). Um dabei deren Zerstörung zu vermeiden, wird meist die ↗ Absorption elektromagnetischer ↗ Strahlung angewendet. Moleküle besitzen mehrere Möglichkeiten der Energieaufnahme mit unterschiedlichen Anregungsenergien und absorbieren deshalb in verschiedenen Bereichen des elektromagnetischen ↗ Spektrums (Bild 1, S. 310). Dabei treten z. T. mehrere Anregungen gleichzeitig auf.

Im Hochfrequenzbereich (HF-Spektroskopie) basiert die magnetische Resonanzspektroskopie auf geringen Energieunterschieden durch verschiedene Ausrichtung der ↗ Spins von ↗ Elektronen und ↗ Atomkernen im angelegten äußeren Magnetfeld (↗ Richtungsquantelung). Mit Hilfe der *magnetischen Kernspinresonanz-* (Abk. NMR-) Spektroskopie im Radiowellenbereich können detaillierte Aussagen über die ↗ chem. Bindung der Atome in den Molekülen bzw. in Feststoffen gewonnen werden, da die Wechselwirkung des magnetischen Feldes mit den Kernen durch die Elektronenhülle beeinflußt wird. Die *Elektronenspinresonanz-* (Abk. ESR-) bzw. *paramagnetische Elektronenresonanz-* (Abk. EPR-) Spektroskopie im Mikrowellenbereich dient zum empfindlichen Nachweis und zur Strukturuntersuchung von Molekülen mit ungepaartem Elektronenspin, die stets ↗ Paramagnetismus aufweisen. Dazu gehören freie ↗ Radikale und paramagnetische Übergangsmetallverb. (↗ Koordinationsverb.).

Die Mikrowellenspektroskopie und die Infrarot- (IR-)Spektroskopie im fernen IR ergibt bei gasförmigen Stoffen von Molekülen mit ↗ Dipolmomenten Linienspektren durch die Änderung ihrer gequantelten Rotationsenergie *(Rotationsspektren)*. Da diese von der Geometrie der Moleküle abhängt, erlauben die Rotationsspektren bei einfachen Molekülen Aussagen über Bindungsabstände und Bindungswinkel.

Energiereichere elektromagnetische Strahlung im mittleren und nahen IR regt in den Molekülen Schwingungen der Atomkerne an, wenn diese mit einer Veränderung des Dipolmomentes verbunden sind (IR-aktive Schwingungen). Gleichzeitig führt sie zur Anregung von Molekülrotationen. Die erhaltenen *Schwingungsrotationsspektren* besitzen nur bei *Gasen die Linienfeinstruktur* der Rotationsspektren (Bild 2a, S. 312), die für einfache Moleküle die obengenannte Auswertung ermöglicht. *Bei Flüssigkeiten und Feststoffen* führt die stärkere ↗ zwischenmolekulare Wechselwirkung durch die Verringerung der Lebensdauer angeregter Zustände nach der ↗ HEISENBERGschen Unschärferelation zur Linienverbreiterung, so daß *durch Linienüberlagerung Bandenspektren* entstehen (Bild 2b). Aus den Frequenzen der Molekülschwingungen (Bandenmaxima) können Aussagen über die ↗ Bindungsordnung und Massen der beteiligten Atome und damit über die Polarität bzw. Natur der Bindung im Molekül abgeleitet werden (Bild 2b). Im Bereich der Gerüstschwingungen ist eine Identitätsprüfung der Substanzen möglich. IR-inaktive Schwingungen lassen sich indirekt über die ↗ Polarisation der Elektronenhülle durch die Wechselwirkung der Moleküle mit sichtbarer elektromagnetischer Strahlung anregen und untersuchen. Das macht sich durch eine Frequenzveränderung der eingestrahlten ↗ monochromatischen Strahlung bemerkbar, wenn die Streustrahlung senkrecht zur Einfallsrichtung untersucht wird *(RAMAN-Effekt)*.

Die Absorption sichtbarer (VISible) und ultravioletter (UV)-Strahlung führt zur ↗ *Anregung von Elektronen, wobei gleichzeitig der Schwingungs- und Rotationszustand der Moleküle* verändert wird. Im UV untersucht man aus meßtechn. Gründen meist nur den Quarz-UV-Bereich ($\lambda = 400$ bis 200 nm). Im UV/VIS-Spektrum können verschiedene Schwingungsanregungen als Einzelbanden im Bandensystem des Elektronenüberganges sichtbar sein (Bild 3), die bei einfachen Gasen unter vermindertem Druck eine Feinstruktur durch die Rotationsanregung besitzen. Die Auswertung beider Feinstrukturen des Bandensystems läßt Rückschlüsse auf den Bindungsabstand und seine Veränderungen bei der Elektronenanregung zu. Bei vielen Substanzen tritt keine Feinstruktur auf, so daß nur die Lage des Maximums des Bandensystems ausgewertet werden kann. Dessen Wellenlänge (↗ Strahlung) und Intensität (↗ Strahlung) erlauben Rückschlüsse auf den Bindungszustand der Elektronen im Molekül entsprechend dem energetischen Ab-

Molekülspektren

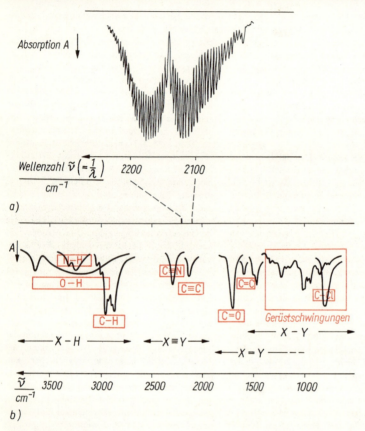

Bild 2. IR-Spektren
a) eines Gases (Kohlenmonoxid)
b) von Flüssigkeiten und Feststoffen (Lage charakteristischer Schwingungen von Atomgruppen)
X, Y: C, O, N, Halogen

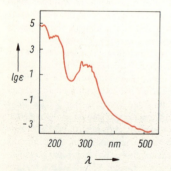

Bild 3. UV-Spektrum von Benzen (flüssig)
ε molarer dekadischer Extinktionskoeffizient
(↗ LAMBERT-BEERsches Gesetz)

stand ihrer Energieniveaus (Bild 4) nach der MO-Theorie (↗ Atombindung). Danach treten Absorptionen im Quarz-UV und sichtbaren Bereich (Farbigkeit) bei Substanzen mit ↗ chromophoren Gruppen auf, die n- und π-Elektronen (z. B. n-π^*-Übergänge bei Carbonylgruppen $>C=\overline{\underline{O}}$) bzw. konjugierte π-Elektronen (π-π^*-Übergänge bei konjugierten Doppelbindungen, Aromaten und Heteroaromaten) enthalten, weiterhin bei ↗ Komplexverb. durch Anregung von d-Elektronen und Ladungsübergängen (Charge-Transfer, Abk. CT) zwischen Ligand und Zentralion sowie bei Nichtmetallverbindungen, Metalloxiden und -sulfiden durch Ladungsübergänge zwischen den Atomen. Die große Intensität der UV-Absorptionen vieler Substanzen ermöglicht ihre empfindliche Konzen-

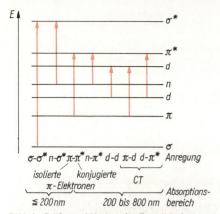

Bild 4. Größenverhältnisse der Energieänderungen verschiedener Elektronenanregungen

trationsbestimmung (10^{-3} bis 10^{-6} mol·l^{-1}) nach dem ↗ LAMBERT-BEERschen Gesetz.
Die Methoden der Molekülspektroskopie ergeben Möglichkeiten zur Strukturermittlung chem. Verb. und zur quantitativen Analyse, die wesentlich zeitsparender, eindeutiger bzw. detaillierter sind als die herkömmlichen chem. Verfahren, und entwickelten sich deshalb in den letzten vierzig Jahren trotz der hohen Kosten für die entsprechenden Geräte zu Routinemethoden.

Molekülverbindungen, chem. Verb., deren kleinste Bausteine Moleküle sind.

Molenbruch, ↗ Konzentrationsmaße.

Molke, Flüssigkeit, die durch Abscheidung von Casein und Milchfett aus der Milch bei der Käseherstellung anfällt. M. enthält noch Eiweißstoffe (Albumine und Globuline), Milchzucker, wenig Fett, Mineralstoffe und Vitamine. Sie wird zur Gewinnung von Milchzucker und zu Futterzwecken verwendet.

Möller, Betriebsbz. im Hochofenbetrieb für das Gemisch aus Eisenerz und Zuschlägen, das abwechselnd mit Koks in den Hochofen eingebracht wird. Die Zuschläge werden so auf das Erz-Nebengestein (↗ Gangart) abgestimmt, daß eine günstige Schlackenbildung möglich ist (basische Gangart mit sauren Zuschlägen, saure Gangart mit basischem Zuschlag; basisch: Kalk, Dolomit; sauer: Silicate).

Molmassebestimmung, Bestimmung der Molekülmasse von Verb., insbesondere um Aussagen zur Molekülgröße von zu analysierenden chem. Verb. zu erhalten. Zur M. stehen verschiedene Methoden zur Verfügung. Gasförmige Stoffe werden durch Differenzwägung nach REGNAULT, leicht verdampfbare Flüssigkeiten aus der Masse und dem Volumen des Dampfes nach MEYER bestimmt. Für die M. fester Stoffe werden u. a. die ↗ Kryoskopie und ↗ Ebullioskopie angewandt. Eine besondere kryoskopische Methode ist die M. von RAST, bei der die Molmasse org. Stoffe in Campfer als Lösungsmittel festgestellt wird.

Molpolarisation, ↗ Polarisation, dielektrische.

Molrefraktion, ↗ Polarisation, dielektrische.

Molsieb, natürliches oder synthetisches Gerüstsilicat (Zeolith) auf Alumosilicatbasis, das von vielen Hohlräumen durchzogen ist. Die Öffnungen zu diesen Hohlräumen haben eine definierte Größe und rufen den »Sieb«-Effekt hervor. Sie werden als Adsorptionsmittel, Ionenaustauscher, Katalysatoren und Trockenmittel verwendet.

Molvolumen, ↗ molares Volumen. Volumen, das von 1 mol Teilchen eingenommen wird. 1 mol eines idealen Gases nimmt ein Volumen von 22,4 l unter Normalbedingungen ein.

Molwärme, Symbol C_m, auch molare ↗ Wärmekapazität, bezeichnet in der ↗ Thermodynamik die benötigte Wärmemenge, um bei der Stoffmenge von einem Mol die Temperatur um ein Kelvin zu erhöhen (Einheit J·mol^{-1}·K^{-1}). Da bei konstantem Druck diese Wärmemenge gleich der ↗ Enthalpie H und bei konstantem Volumen gleich der ↗ inneren Energie U ist, muß zwischen der Molwärme bei konstantem Druck $C_{mp} = (dH_m/dT)_p$ und bei konstantem Volumen $C_{mV} = (dU_m/dT)_V$ unterschieden werden. Entsprechend dem ersten ↗ Hauptsatz der Thermodynamik ist C_p stets größer als C_V. Für ideale ↗ Gase gilt:

$$C_{mp} - C_{mV} = R$$

R Gaskonstante

Die Kenntnis der *M.* ist die Grundlage für die Berechnung der Temperaturabhängigkeit der thermodynamischen Zustandsfunktion, z.B. der Enthalpie, Entropie usw.

Die Größe der *Molwärme ist selbst* auch *temperaturabhängig* (Bild), außer bei einatomigen Gasen. Für

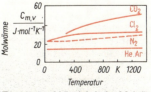

Temperaturabhängigkeit der Molwärme

Gase kann sie mit Hilfe der ↗ kinetischen Gastheorie berechnet werden. Danach tragen mit steigender Temperatur nacheinander die Freiheitsgrade der Molekülbewegung ↗ Translation, ↗ Rotation und Schwingung mit einem Anteil von je

Molwärme

Molybdaenium

Abhängigkeit der Molwärme C_{mV} von den Freiheitsgraden der Molekülbewegung

Atom bzw. Molekül	Freiheitsgrade			Maximale C_{mV} in $J^{-1}\,mol^{-1}\cdot K^{-1}$
	Translation	Rotation	Schwingung	
einatomiges Gas	3			$3 \cdot R/2 = 12{,}5$
zweiatomiges Gas	3	2	2	$7 \cdot R/2 = 29{,}1$
linear dreiatomiges Gas	3	2	8	$13 \cdot R/2 = 54{,}0$
gewinkeltes dreiatomiges Gas	3	3	6	$12 \cdot R/2 = 49{,}9$
Festkörper	–	–	6	$6 \cdot R/2 = 24{,}9$

R Gaskonstante

$R/2 \approx 4\,J \cdot mol^{-1} \cdot K^{-1}$ zur Molwärme C_{mV} bei (Tabelle). Bei Feststoffen ermittelt man die M. C_{mV} entsprechend der NEUMANN-KOPPschen bzw. JOULE-KOPPschen Regel aus der Summe der *Atomwärmen* (molare Wärmekapazitäten der Elemente) in der chem. Verb. Diese können als Produkte der molaren Massen und spezifischen Wärmen der festen chem. Elemente berechnet werden und haben nach der DULONG-PETITschen Regel (1819) einen konst. Wert von etwa $26\,J \cdot mol^{-1} \cdot K^{-1}$ mit Ausnahme der leichten Elemente C, B, Be und Si, die diese Werte erst bei höheren Temperaturen erreichen. Die M. von Flüssigkeiten können nicht theoretisch abgeleitet werden, so daß sie experimentell bestimmt werden müssen. Sie liegen meist höher als bei Gasen und Feststoffen.

Molybdaenium, wissenschaftliche Bez. für das chem. Element ↗ Molybdän.

Molybdän,

Mo $Z = 42$
$A_{r\,(1981)} = 95{,}94$
Ek: [Kr] $4d^5 5s^1$
OxZ: $-2, 0, +1, +2, +3, +4, +5, +6$
$X_E = 2{,}16$
Elementsubstanz:
Schmp. $2610\,°C$
Sdp. $5560\,°C$
$\varrho = 10{,}22\,kg \cdot l^{-1}$

chem. Element (↗ Elemente, chem.).
Molybdaenium, Symbol: Mo, 2. Element der 6. Nebengruppe des PSE (↗ Nebengruppenelemente, 6. Nebengruppe des PSE). M. ist die Bez. für alle Atome, die 42 positive Ladungen im Kern (also 42 Protonen) besitzen: Kernladungszahl $Z = 42$. Die Hülle des neutralen Atoms besteht aus 42 Elektronen, von denen die möglichen Valenzelektronen die Konfiguration $4d^5 5s$ besitzen. In Verb. werden Oxydationsstufen eingenommen, die durch die Oxydationszahlen OxZ $-2, 0, +1, +2, +3, +4, +5$ und $+6$ charakterisiert sind. M. wurde 1782 erstmalig von HJELM als Metall dargestellt. In der Natur stellt der *Molybdänglanz, Molybdänit,* MoS_2, das wichtigste Molybdänvorkommen dar. Daneben sind von Bedeutung: *Gelbbleierz, Wulfenit, Molybdänbleispat,* $PbMoO_4$; *Powellit,* $CaMoO_4$; *Paterait,* $CoMoO_4$; *Belonosit,* $MgMoO_4$, und *Molybdit, Molybdänocker,* MoO_3. Zur Darstellung von metallischem M. wird Molybdänglanz geröstet:
$2\,MoS_2 + 7\,O_2 \rightarrow 2\,MoO_3 + 4\,SO_2\uparrow$
und das entstandene Molybdän(VI)-oxid mit molekularem Wasserstoff reduziert:
$MoO_3 + 3\,H_2 \rightarrow Mo + 3\,H_2O$.
Das Metall ist silberweiß, als Pulver mattgrau, von großer Festigkeit, hämmer-, dehn- und polierbar, von mittlerer Härte (5,5 nach MOHS) und leicht zu legieren. Es vereinigt sich mit molekularem Sauerstoff nach Entzündung zu Molybdän(VI)-oxid:
$2\,Mo + 3\,O_2 \rightarrow 2\,MoO_3$, $\Delta_B H = -744{,}6\,kJ \cdot mol^{-1}$,
das dann mit Natriumhydroxid zu Natriummolybdat weiterreagieren kann:
$MoO_3 + 2\,NaOH \rightarrow Na_2MoO_4 + H_2O$.
Molybdationen treten in saurer Lösung zu größeren Gebilden zusammen: bei pH = 5,5 bis 2:
$6\,MoO_4^{2-} + 6\,H^+ \rightarrow [Mo_6O_{21}]^{6-} + 3\,H_2O$,
bei pH = 1,25:
$2\,[Mo_6O_{21}]^{6-} + 2\,H^+ \rightarrow [Mo_{12}O_{41}]^{10-} + H_2O$,
bei pH = 0,9:
$[Mo_{12}O_{41}]^{10-} + 10\,H^+ + (12\,x - 5)\,H_2O$
$\rightarrow 12\,[MoO_3 \cdot x\,H_2O]$,
und bei pH < 0,6:
$MoO_3 \cdot x\,H_2O + 2\,H^+ \rightarrow MoO_2^{2+} + (x+1)\,H_2O$.
M. ist ein Legierungsmetall für Edelstähle; Molybdänstähle sind hart, fest und zäh. Reines Metall wird zur Herstellung von Blechen und Drähten verwendet, Oxide und Sulfide sind gute Katalysatoren, und Molybdän(IV)-sulfid, MoS_2, ist ein ausgezeichnetes Schmiermittel.

Molybdänglanz, MoS_2, techn. wichtigstes Molybdänmineral. Hexagonale, rötlich-graue tafel- und blättchenförmige Kristalle von vorzüglicher Spaltbarkeit finden sich neben derben Aggregaten. M. ist ein typisches Mineral pegmatisch-pneumatolytischer Lagerstätten.

Molybdänit, ↗ Molybdänglanz.
Molybdän(VI)-oxid, MoO_3, weißes (mit grünlichem Stich), in der Hitze gelbes, kristallines, in Wasser wenig lösliches Pulver (Schmp. 795 °C, Sdp. 1155 °C), das in direkter Synthese aus metallischem Molybdän und molekularem Sauerstoff gebildet wird:
$2\,Mo + 3\,O_2 \rightarrow 2\,MoO_3$, $\Delta_B H = -744{,}6\,kJ \cdot mol^{-1}$.
M. ist in Alkalilaugen löslich und bildet Molybdate des Typs $M^I_2 MoO_4 \cdot x\,H_2O$:
$MoO_3 + 2\,NaOH + (x-1)\,H_2O \rightarrow Na_2MoO_4 \cdot x\,H_2O$.
Natriummolybdat
Monazit, $CePO_4$, bildet dicktaflig-kurzsäulige rötliche Kristalle in magmatischen Gesteinen. Techn. wichtig sind die Seifenlagerstätten von Brasilien. In geringen Mengen ist M. auch im Spülsaum der Ostseeküste angereichert.
Monel-Metall, Legierung aus 65 bis 70 % Ni, 25 bis 32 % Cu und Spuren von Fe, Mn, Si, C, und P.

M. wird direkt aus Rotnickelkies erschmolzen, ist besonders korrosionsbeständig und wird für Haushaltsgeräte und im Apparatebau verwendet.
Monocarbonsäuren, R—COOH, org. Verb., die eine Carboxylgruppe, —COOH, besitzen. Dabei kann R ein aliphatischer, gesättigter Rest sein (↗ Fettsäuren), oder eine kettenförmige ungesättigte oder eine aromatische bzw. heterocyclische Struktur aufweisen. Trägt dieser Teil des Moleküls funktionelle Gruppen oder Heteroatome, werden diese Stoffe als ↗ substituierte Carbonsäuren bezeichnet, erfolgt in der Carboxylgruppe eine Substitution der Hydroxylgruppe oder des Carbonylsauerstoffs, spricht man von ↗ Carbonsäurederivaten.
Der Name der aliphatischen M. wird aus dem Namen des Alkans mit der entsprechenden C-Zahl und der Endung »-säure« gebildet, z. B.: CH_3—COOH Ethansäure. Analog lassen sich auch ungesättigte M. benennen, z. B.:

Tabelle 1. Gesättigte Monocarbonsäuren

Name (Trivialname)	Formel	Acylrest	Schmp. in °C	Sdp. in °C
Methansäure (Ameisensäure)	H—COOH	Methanoyl- (Formyl-)	8,4	100,7
Ethansäure (Essigsäure)	CH_3—COOH	Ethanoyl- (Acetyl-)	16,6	118
Propansäure (Propionsäure)	CH_3—CH_2—COOH	Propanoyl- (Propionyl-)	−22,0	141
Butansäure (Buttersäure)	CH_3—$(CH_2)_2$—COOH	Butanoyl- (Butyryl-)	−7,9	163
Methylpropansäure (Isobuttersäure)	$(CH_3)_2CH$—COOH	Methylpropanoyl- (Isobutyryl-)	−47,0	154
Pentansäure (Valeriansäure)	CH_3—$(CH_2)_3$—COOH	Pentanoyl- (Valeryl-)	−59,0	187
2-Methyl-butansäure (α-Methyl-buttersäure)	CH_3—CH_2—$CH(CH_3)$—COOH	2-Methyl-butanoyl- (α-Methyl-butyryl-)	−80	174
3-Methyl-butansäure (Isovaleriansäure)	$(CH_3)_2CH$—CH_2—COOH	3-Methyl-butanoyl- (Isovaleryl-)	−37,6	176
2,2-Dimethyl-propansäure (Pivalinsäure)	$(CH_3)_3C$—COOH	Dimethylpropanoyl- (Pivaloyl-)	−35	164
Hexansäure	CH_3—$(CH_2)_4$—COOH	Hexanoyl-	−1,5	205
Heptansäure	CH_3—$(CH_2)_5$—COOH	Heptanoyl-	−10	223
Octansäure	CH_3—$(CH_2)_6$—COOH	Octanoyl-	16	237
Nonansäure	CH_3—$(CH_2)_7$—COOH	Nonanoyl-	12	254
Decansäure	CH_3—$(CH_2)_8$—COOH	Decanoyl-	31	268
Dodecansäure (Laurinsäure)	CH_3—$(CH_2)_{10}$—COOH	Dodecanoyl- (Lauroyl-)	44	225 (13 kPa)
Hexadecansäure (Palmitinsäure)	CH_3—$(CH_2)_{14}$—COOH	Hexadecanoyl- (Palmitoyl-)	64	340
Heptadecansäure (Margarinsäure)	CH_3—$(CH_2)_{15}$—COOH	Heptadecanoyl- (Margaroyl-)	61	227 (13 kPa)
Octadecansäure (Stearinsäure)	CH_3—$(CH_2)_{16}$—COOH	Octadecanoyl- (Stearoyl-)	69	383
Cyclohexancarbonsäure	C_6H_{11}—COOH	Cyclohexancarbonyl-	31	232

$CH_2{=}CH{-}COOH$ Propensäure (eine Angabe der Stellung der Doppelbindung ist in diesem Fall nicht erforderlich).
In einer anderen Bezeichnung wird das C-Atom der Carboxylgruppe in der Endung »-carbonsäure« erfaßt, z. B.: $CH_3{-}COOH$ Methancarbonsäure oder $C_6H_{11}{-}COOH$ Cyclohexancarbonsäure. Diese Regelung ist vorteilhaft, wenn der Rest eine cyclische Struktur besitzt.
Wird die Atomanordnung —COOH als funktionelle Gruppe einer Verb. betrachtet, erhält sie die Bez. »carboxy-«. Die Namen für die Reste von M. in der Struktur R—CO— leiten sich von dem entsprechenden Kohlenwasserstoff mit der Endung »-oyl« ab, z. B.: $CH_3{-}CO{-}$Ethanoyl. Wenn R ein cyclischer Rest ist, wird die Gruppe »—CO—« als Substituent mit dem Namen »carbonyl« und gegebenenfalls vorgesetzter Stellungnahme bezeichnet.
Da viele M. seit langem bekannt sind, haben sich Trivialnamen gebildet, die vielfach heute noch angewendet und bis zu C 5 den systematischen Namen vorgezogen werden (Tabelle 1).
M. sind schwache Säuren, deren Acidität sich erhöht, wenn in der Nachbarschaft der Carboxylgruppe elektronenziehende Substituenten, $-I$-Effekt, gebunden sind. Im Verhältnis zur Molekülgröße ist bei M. mit niedriger C-Zahl der Siedepunkt ungewöhnlich groß. Das ist auf das Vorliegen dimerer Moleküle zurückzuführen, die sich durch Wasserstoffbrückenbindungen bilden und teilweise bis zur Siedetemperatur beständig sind.

Gesättigte aliphatische M. mit bis zu 3 C-Atomen mischen sich in jedem Verhältnis mit Wasser und riechen stechend. Verb. mit 4 bis 9 C-Atomen sind schweißartig riechende Flüssigkeiten, die sich mit zunehmender Kettenlänge weniger in Wasser lösen. M. mit 10 und mehr C-Atomen sind wachsartig fest, wasserunlöslich und geruchlos.
Die Schmp. der Verb. dieser Reihe alternieren. M. mit gerader Kohlenstoffanzahl schmelzen höher als die ungeradzahligen Nachbarhomologen. Das ist auf die durch die Molekülform bedingte Kristallstruktur zurückzuführen. Ungesättigte aliphatische M. sind durch Unterschiede in Stellung und Anzahl der Doppelbindungen sehr vielfältig. Dazu kommt das Auftreten von cis-trans-Isomeren. Wichtig sind davon die kurzkettigen für die Synthese und langkettige (18 C-Atome) für biochem. Prozesse (Tabelle 2).
Die Carboxylgruppe wirkt auf das benachbarte C-Atom (α-C-Atom) stark reaktivitätserhöhend.
Salzbildung (Me Metall)
$2\,RCOOH + 2\,Me \rightarrow 2\,Me(R{-}COO) + H_2$
Veresterung
$R{-}COOH + HO{-}R^1 \rightleftharpoons H_2O + R{-}CO{-}O{-}R^1$
Gleichgewichtsreaktion, M. liefert OH-Gruppe zur Bildung des Wassers.
Säurechloridbildung
$R{-}COOH + SOCl_2 \rightarrow RCO{-}Cl + SO_2 + HCl$
↗ Carbonsäurederivate
Reduktion mit Lithium-aluminiumhydrid
$R{-}COOH \xrightarrow[-H_2O]{+4(H)} R{-}CH_2{-}OH$

Tabelle 2. Ungesättigte Monocarbonsäuren

Name (Trivialname)	Formel	Acylrest	Schmp. in °C	Sdp. in °C
Propensäure (Acrylsäure)	$CH_2{=}CH{-}COOH$	Propenoyl- (Acryloyl-)	12	142
trans-But-2-en-säure (Crotonsäure)		trans-But-2-enoyl- (Crotonoyl-)	72	189
cis-But-2-en-säure (Isocrotonsäure)		cis-But-2-enoyl- (Isocrotonoyl-)	14	172
2-Methyl-propen-säure (Methacrylsäure)	$CH_2{=}C(CH_3){-}COOH$	2-Methyl-propenoyl- (Methacryloyl-)	16	163
cis-Octadec-9-en-säure (Ölsäure)	$C_{17}H_{33}{-}COOH$	Octadec-9-enoyl- (Oleoyl-)	14	268 (13 kPa)
trans-Octadec-9-en-säure (Elaidinsäure)	$C_{17}H_{33}{-}COOH$	Octadec-9-enoyl- (Elaidinoyl-)	51	288 (13 kPa)
Octadeca-9,12-diensäure (Linolsäure)	$C_{17}H_{31}{-}COOH$	Octadecadienoyl- (Linoloyl-)	−11	230 (2 kPa)
Octadeca-9,12,15-triensäure (Linolensäure)	$C_{17}H_{29}{-}COOH$	Octdecatrienoyl- (Linoleoyl-)		230 (2 kPa)

Decarboxylierung

$R-COOH \xrightarrow{Kat.} CO_2 + R-H$ (thermisch)

$Na(R-COO) + NaOH \rightarrow Na_2CO_3 + R-H$

↗ KOLBE-*Synthese*

$2 R-COO^{\ominus} \xrightarrow{Anode} R-R + 2 CO_2 + 2 e^{\ominus}$

SCHMIDT-*Abbau*

$R-COOH + HN_3 \xrightarrow{(H_2SO_4)} R-NH_2 + CO_2 + N_2$

↗ HOFMANN-*Abbau,* ↗ LOSSEN-*Abbau*
Für die Herstellung von M., der Bildung von Carboxylgruppen, gibt es einige allgemeine Methoden. Für techn. wichtige M. werden aber häufige, spezielle Verfahren angewendet.

Allgemeine Syntheseverfahren
- Oxydation von Alkanen (Fettsäuresynthese);
- Oxydation von Benzenhomologen (↗ Benzoesäure, ↗ Terephthalsäure);
- Oxydation von Alkanalen und prim. Alkoholen;
- Carbonylierung von Olefinen, (Olefin + CO + H_2O) ↗ Oxosynthese;
- Hydrolyse von Nitrilen ($R-CN + 2 H_2O$);
- Hydrolyse von Carbonsäureestern ($R-CO-O-R^1 + H_2O$);
- Hydrolyse von geminalen Trihalogenverb. ($R-CX_3 + 2 H_2O$); (X Halogen)
- GRIGNARD-Synthese ($R-Mg-X + CO_2$);
- Homologisierung ↗ ARNDT-EISTERT-Synthese.

Auf die Verwendung einzelner M. wird bei deren Behandlung unter dem entsprechenden Namen hingewiesen.

monochromatisch, griech. Bez. für einfarbig; elektromagnetische ↗ Strahlung in einem sehr kleinen Wellenlängenintervall (↗ Spektroskopie), d. h. im Realfall Licht einer definierten Wellenlänge.

monofile Seide, besteht nur aus einem Elementarfaden.

monoklin, ↗ Kristallgitter.

Monomere, reaktionsfähige, niedermolekulare Stoffe, die zum Aufbau hochmolekularer Verb. durch ↗ Polymerisation, ↗ Polyaddition oder ↗ Polykondensation geeignet sind.

Monophosphan, PH_3, wichtiger Vertreter der ↗ Phosphane.

Monosaccharide, einfache Zucker, oxydierte mehrwertige Alkohole mit einer Aldehyd- oder Ketogruppe. Danach wird zwischen Aldosen und Ketosen unterschieden. M. sind die Grundbausteine der ↗ Kohlenhydrate. Da in den M. mehrere asymmetrische C-Atome vorhanden sind, gibt es bei n Asymmetriezentren 2^n verschiedene Stereoisomere, die einer D- und einer L-Reihe zugeordnet werden. Es treten damit jeweils Antipodenpaare auf.

Bezugsverbindung ist der Glycerolaldehyd. Für die M. gilt die Summenformel:
$C_nH_{2n}O_n$ oder $C_n(H_2O)_n$.
Letztere erklärt die Ableitung des Namens »Kohlenhydrate«.
Besonders wichtig sind M. mit $n = 5$ (Aldopentosen, Ketopentosen) und $n = 6$ (Aldohexosen, Ketohexosen, ↗ Hexosen). In der offenkettigen Strukturformel mit einer Oxogruppe lassen sich nicht alle Eigenschaften der M. erklären (Abweichung von einigen Aldehydreaktionen, Mutarotation u. a.). Es wird deshalb in einer Oxo-cyclo-tautomerie die cyclische Struktur als Halbacetal vorherrschen. Dabei können sich pyranähnliche Sechsringe mit einer Sauerstoffbrücke zwischen den C-Atomen 1 und 5 (Pyranosen), ↗ Glucose oder auch furanähnliche Fünfringe mit einer O-Brücke zwischen den C-Atomen 2 und 5 (Furanosen), ↗ Fructose, ausbilden, die Bausteine für Oligo- und Polysaccharide sind, ↗ Saccharose.
M. bilden mit Phenylhydrazin in einer mehrstufigen Reaktion ↗ Osazone, die gelb gefärbt sind und meist gut kristallisieren und sich deshalb zur Identifizierung der M. eignen. M. lassen sich leicht zu Carbonsäuren oxydieren und reagieren somit mit FEHLINGscher Lösung, mit TOLLENS Reagens, und sie geben die HAINE-Reaktion. Einige Hexosen lassen sich vergären.

Monosauerstoff, O, Elementsubstanz des ↗ Sauerstoffs, die atomar vorliegt und durch Spaltung von Disauerstoff durch Glimmentladung bei einem Druck unter 0,133 kPa erhalten werden kann. M. lagert sich sofort an Disauerstoff an und bildet ↗ Ozon (Trisauerstoff).

Monosulfan, H_2S, ↗ Schwefelwasserstoff.

Monoterpene, ↗ Terpene, ↗ ätherische Öle.

Monotropie, einseitige Umwandelbarkeit einer ↗ Modifikation in eine andere.

Monowasserstoff, sehr kurzlebige Elementsubstanz des Elements ↗ Wasserstoff, die aus nichtgebundenen freien Atomen besteht.
M. wird durch elektrische Entladungen in oder thermische Spaltung von ↗ Diwasserstoff (↗ Wasserstoff) gebildet. M. ist als Radikal äußerst reaktionsfähig.

Montanwachs, fossiles Pflanzenwachs in manchen Braunkohlen. Es wird industriell durch Extraktion mit org. Lösungsmitteln gewonnen. Nach

Reinigung durch Destillation dient es z. B. als Oberflächenpflegemittel.

Montmorillonit, $Al_2(OH)_2[Si_4O_{10}] \cdot n\, H_2O$, wichtiges Tonmineral. Charakteristisch ist seine Fähigkeit, zwischen die SiO_4-Tetraeder-Netzebene der Schichtstruktur Flüssigkeiten einzulagern (Aufweitung des Gitters, Quellung). Damit zeigt M. ein auch techn. verwertbares hohes Adsorptionsvermögen, z. B. für Wasser, Öle, Farbstoffe und Gase. Als wichtiger Bestandteil der Bodenkolloide besitzt er für das Wasserhaltevermögen des Bodens und die Nährstoffadsorption große Bedeutung. Er ist Hauptbestandteil der industriellen Walk- und Bleicherden zur Öl- und Farbstoffadsorption. Das Kationenaustauschvermögen des M. ist eine weitere wichtige Eigenschaft dieses Minerals.

Morin, gelber Flavonfarbstoff, der aus dem Gelbholz isoliert wird. M. wurde als Wollfarbstoff genutzt, dient jetzt aber vorwiegend als Nachweisreagens in der Analytik. M. gibt in wäßriger, essigsaurer Lösung mit Aluminiumionen eine sehr intensive gelbgrüne Fluoreszenz, die nur bei Gallium und Indium analog ist. Durch Abtrennen des Aluminiums als Aluminat aus Ionengemischen kann der Nachweis selektiv gestaltet werden, mit einer Nachweisgrenze von $5 \cdot 10^{-9}$ g.

Morphin, Hauptalkaloid des ↗ Opiums. Es wird aus dem Rohopium gewonnen und vor allem als stark wirksames schmerzstillendes Mittel verwendet. Der größte Teil des gewonnenen M. wird durch Methylierung in ↗ Codein (↗ Hustenmittel) umgewandelt. Beträchtliche Mengen M. werden zur illegalen Herstellung von Heroin verwendet (↗ Rauschgifte).

Morpholin (Tetrahydro-1,4-oxazin), eine farblose, schwach aminartig riechende Flüssigkeit, Schmp. −4,9 °C, Sdp. 128 °C, die mit Wasser mischbar ist, alkalisch reagiert und ätzend auf die Haut einwirkt. Es wird aus Bis(2-hydroxy-ethyl)amin durch intramolekulare, cyclisierende Dehydratisation mit Schwefelsäure oder aus Bis(2-chlor-ethyl)ether durch Umsetzung mit Ammoniak erhalten.

H₂C—O—CH₂
H₂C—N—CH₂
   |
   H

Morpholin

M. wird als Syntheseausgangsstoff eingesetzt. Es werden aus M. mit Fettsäuren öllösliche Seifen erhalten.

Mörser, Gerät zum Zerkleinern und Verreiben fester Stoffe im Laboratorium. Heute aus Reibschale und Pistill bestehendes Steingutgerät

Mörtel, Bindemittel im Bauwesen, das mit Magerungsmittel (Sand) und Wasser angerührt wird und erstarrt. ↗ Luftmörtel (Bildung von Calciumcarbonat beim Erhärten). ↗ Hydraulische Bindemittel (Bildung von Silicaten beim Erstarren).

Moschus, Drüsensekret des männlichen Moschustieres, dessen Vorhautdrüse bei erwachsenen Böcken bis zu 30 g Inhalt haben kann. Wichtigster Bestandteil des M. ist das ↗ Muskon. M. wird in der Parfümerie verwendet und ist eines der wertvollsten Fixiermittel. In asiatischen Gebieten wird M. auch als Arzneimittel eingesetzt.

MOSELEY, HENRY (23.11.1887 bis 10.8.1915), englischer Physiker, entdeckte 1913 den Zusammenhang zwischen der charakteristischen Röntgenstrahlung eines Elementes und seiner Kernladungs- und Ordnungszahl im PSE. Auf der Grundlage des MOSELEYschen Gesetzes wurden die Elemente Hafnium und Rhenium entdeckt. M. fiel im 1. Weltkrieg.

MOSELEYsches Gesetz, 1913 entdecktes Gesetz für den Zusammenhang zwischen der Wellenzahl $\bar{\nu}$ von Linien im charakteristischen Röntgenspektrum (↗ Röntgenstrahlen) und der ↗ Ordnungszahl Z eines chem. Elementes:

$$\sqrt{\bar{\nu}} = a\,(Z-b)$$

a, b Konstanten für verschiedene Serien im Röntgenspektrum

Bereits MOSELEY identifizierte die Ordnungszahl Z als die Zahl positiver Ladungen im Kern (Kernladungszahl), bevor BOHR das theoretisch bewies (↗ Atommodell).

Bei der Anordnung der chem. Elemente nach der Ordnungszahl verschwanden die Anomalien im ↗ PSE, die bei der Anordnung nach den Atommassen auftraten, und die Zuordnung verschiedener ↗ Isotope zu den Elementen wurde eindeutig. So war mit dem M. G. ein neues Ordnungsprinzip für das

Muffelofen

↗ PSE gefunden worden. Damit konnte auch geklärt werden, an welchen Stellen im PSE noch chem. Elemente zu entdecken waren (Technetium, Promethium, Hafnium und Rhenium).
MO-Theorie, ↗ Atombindung.
MT-Pyrolyse, ↗ Mitteltemperaturpyrolyse.
Muffelofen, elektrisch beheizter Ofen zum Glühen, Brennen, Schmelzen u. a. von Stoffen. Im Laboratorium werden kleine M. verwendet, die Temperaturen bis über 1 000 °C erreichen. Bild, S. 318.
Müll, Sammelbez. für feste Abfälle aller Art; ↗ Abprodukt, ↗ Hausmüll.

MÜLLER-KÜHNE-Verfahren, Herstellung von Schwefeldioxid und Portlandzement aus heimischen Sulfaten (vor allem Anhydrit). Das Verfahren war während des 1. Weltkrieges unter dem Zwang zur Nutzung heimischer Rohstoffe entwickelt worden (Bild). Ein Gemenge von Anhydrit, Koks, Ton, Sand und Kiesabbrand wird im Drehrohrofen bei 1 200 °C umgesetzt. Die Reaktion des Sulfats zu Schwefeldioxid kann bei Koksüberschuß zur Bildung von Calciumsulfid CaS führen, bei zu geringer Menge ist noch Sulfat im Zement enthalten; beides beeinträchtigt die Eigenschaften beträcht-

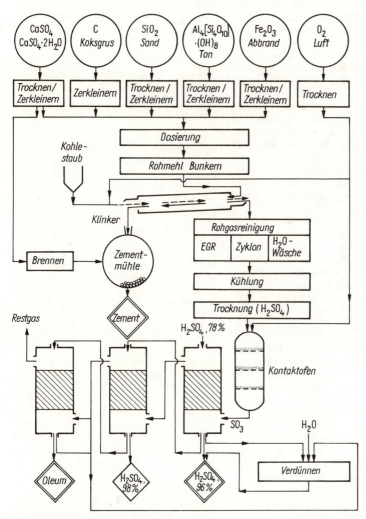

Verfahrensschema des MÜLLER-KÜHNE-Verfahrens

lich. Das Rohgas ist sehr staubhaltig und muß gereinigt werden, es enthält 8 bis 10% SO_2 neben Stickstoff und Kohlendioxid.

Mulliken, Robert Sanderson (7. Juli 1896), amerikanischer Chemiker, Autor grundlegender Arbeiten über die chem. Bindung. Er entwickelte u. a. die MO-Methode, gab eine quantenmechanische Begründung des Kohlenstofftetraeders und berechnete die Bindungskraft der Hybridorbitale.
1966 wurde er mit dem Nobelpreis für Chemie geehrt.

Mullit, $3\,Al_2O_3 \cdot 2\,SiO_2$, ein in der Natur kaum vorkommendes Mineral. Es kann als Hochtemperatur-Modifikation des Sillimanits angesehen werden. In keramischen Produkten ist es jedoch weit verbreitet und bildet sich hier bei der thermischen Zersetzung von Tonmineralien. Porzellan z. B. besteht im wesentlichen aus Mullitkristallen in einer Silicatglasmatrix.

Müllverbrennung, Verfahren zur Beseitigung fester Abfälle bei energetischer Nutzung der brennbaren Inhaltsstoffe zur Dampf- bzw. Elektroenergieerzeugung. Die heterogene Zusammensetzung und das unterschiedliche Brennverhalten der Abfälle stellen an das Verbrennungssystem hohe techn. Anforderungen. Die Abfälle werden unter Luftzufuhr mit Hilfe einer Zusatzheizung (Kohle, Öl, Gas) zu Schlacken, Abgasen und Wärmeenergie umgewandelt. Eine aufwendige Abgasreinigung (Abscheidung von Staub und Schadgasen) ist erforderlich, um nicht die beseitigten Müll-Umweltprobleme auf die Luftverunreinigung umzulegen.

Multiplizität, Abk. M., Bez. für die Feinaufspaltung von Signalen im Spektrum (↗ Atomspektren). Erfolgt eine Aufspaltung in 2 Signale, bezeichnet man das Multiplett als Dublett, entstehen 3 Signale, als Triplett usw. Die M. der Elektronenspektren wird durch die unterschiedlichen Orientierungen (↗ Richtungsquantelung) der ↗ Spins von Elektronen im magnetischen Feld der eigenen Elektronenhülle verursacht und berechnet sich nach $M = 2S+1$ (z. B. $S = \frac{1}{2}$, $M = 2$: Dublett).

Multizyklon, Kombination mehrerer Zyklone für große Gasdurchsätze. Aus Gründen der Abscheidegeometrie läßt sich der Durchmesser eines Zyklons nicht beliebig vergrößern.

Münzmetalle, Bez. für die Elemente der 1. Nebengruppe des PSE (↗ Nebengruppenelemente, 1. Nebengruppe des PSE), weil Kupfer, Silber und Gold im Verlauf der Geschichte auf Grund ihres edlen Charakters immer wieder als besondere Wertmaterialien (meist als Legierungen) zur Prägung von Münzen verwendet worden sind.

Murexid, Ammoniumsalz der Purpursäure, ein rotbraunes Pulver, das in Wasser wenig löslich ist und durch Oxydation von ↗ Harnsäure hergestellt wird. M. wird als Indikator bei der Komplexometrie zur Bestimmung von Calcium, Nickel, Cobalt und Kupfer verwendet.

Murexid

Muscarin, eine der Giftsubstanzen des Fliegenpilzes [Amanita muscaria], ein Furanderivat, das als Chlorid leicht wasserlösliche, hygroskopische Kristalle bildet, Schmp. 181 °C. M. wirkt stark blutdrucksenkend, verringert die Herztätigkeit und erhöht Schweißbildung und Speichelfluß.

Muscarin

Muschelkalk, als Meeresablagerung gebildeter Kalkstein, der auffällig viele Reste fossiler Muscheln u. a. enthält, wie sie z. B. in Flachwasser-Spülräumen zusammengespült werden.

Muscon (3-Methyl-cyclopentadecanon), ein farbloses Öl, Sdp. 328 °C, das sich wenig in Wasser, aber gut in Ethanol löst. M. ist der wertvollste Bestandteil des ↗ Moschus. Seine Synthese ist 1934 von Ziegler und Weber durchgeführt worden. M. wird in der Parfümerie als kaum ersetzbarer Fixateur verwendet. Synthetisch leichter zugängig ist das ↗ Exalton, das ähnliche Eigenschaften wie das M. aufweist.

Muscon

Muskovit, $KAl_2[Si_3AlO_{10}](OH,F)_2$, gesteinsbildendes Mineral der ↗ Glimmergruppe. Seine weißlichen, blättchenförmigen Kristalle zeigen die für Glimmer typische vorzügliche Spaltbarkeit. M. ist von allen Glimmerarten am weitesten verbreitet und praktisch in allen Gesteinen anzutreffen. Techn. wichtige Vorkommen großer Kristalltafeln findet man in pegmatitischen Lagerstätten. Sie werden als Isoliermaterial in der Elektroindustrie verwendet.

Mussivgold, ↗ Zinn(IV)-sulfid.

Mutarotation, Änderung der optischen Drehung von frisch bereiteten Lösungen von Monosacchariden. Es stützt die Annahme, daß Zucker in einer

cyclischen Halbacetalform in zwei unterschiedlichen isomeren Modifikationen existieren, die sich in ihrer spezifischen Drehung unterscheiden, α- und β-Form. In der wäßrigen Lösung stellt sich zwischen beiden Formen ein Gleichgewicht ein.
Mutterlauge, Lösung, die nach dem Auskristallisieren fester Stoffe als Flüssigkeit zurückbleibt.
MWG, allgemein verwendete Bez. für ↗ Massenwirkungsgesetz.

N

Nachverbrennung, katalytische, Verfahren zur Oxydation brennbarer Abgasbestandteile an Katalysatoren. Die Katalysatoren setzen die Verbrennungstemperatur herab und erhöhen den Wirkungsgrad.
NAD⁺, Abk. für ↗ Nicotinsäureamid-adenin-dinucleotid.
NADH + H⁺, Abk. für reduziertes (mit Wasserstoff beladenes) ↗ Nicotinsäureamid-adenin-dinucleotid.
NADP⁺, Abk. für ↗ Nicotinsäureamid-adenin-dinucleotid-phosphat.
Nagellacke, schnelltrocknende ↗ Lacke auf der Basis von ↗ Cellulosenitraten als Lackrohstoff. Sie enthalten als Lösungsmittel Aceton und Ester, als Weichmacher Phthalsäureester oder Campher, weiterhin Kunstharze und org. Farbstoffe. Ein Perlmuttglanz wird durch Zusatz von feingemahlenen Fischschuppen erreicht.
Nagellackentferner, Lacklösemittel auf der Basis von Essigsäureestern. Da sie eine entfettende Wirkung ausüben und die Nägel brüchig machen würden, sind Fettsubstanzen wie Ricinusöl, Weizenkeimöl oder Butylstearat zugesetzt.
Nahrungskette, Folge von Konsumenten, deren Nahrungsgrundlage jeweils voneinander abhängt. Dabei kann es zur Anreicherung von Schadstoffen kommen, wie z.B. im klassischen Fall des ↗ DDT:
Plankton, DDT-kontaminiert
↓
Ährenfische, von Plankton lebend: 0,23 ppm
↓
Hornhechte, von Ährenfischen lebend: 2,07 ppm
↓
von Fischen lebende Möwen: 2 000 ppm
von Fischen lebende Fischadler: 4 000 ppm
Naphthalen,

$C_{10}H_8$
Schmp. 80,4 °C

Sdp. 217,9 °C
$\varrho_n = 1{,}168\ g \cdot cm^{-3}$

(Naphthalin), aromatischer Kohlenwasserstoff, der in Wasser nahezu unlöslich, aber in fast allen org. Lösungsmitteln gut löslich ist und charakteristisch riecht. N. ist mit Wasserdampf flüchtig. N. besteht aus zwei kondensierten Benzenringen. In der Schreibweise mit konjugierten Doppelbindungen besitzt ein Ring ein π-Elektronensextett, während das andere als konjugiertes Dien erscheint. Es ist aber bewiesen, daß die Elektronenverteilung im N. symmetrisch ist und damit ein einheitliches 10 π-Elektronensystem (↗ HÜCKEL-Regel, $n = 2$) vorliegt.

Naphthalen

N. wurde 1819 von GARDEN im Steinkohlenteer entdeckt, in dem es zu etwa 5 % enthalten ist und woraus es isoliert wird. N. ist Ausgangsprodukt für zahlreiche techn. wichtige Verb. Durch partielle Hydrierung wird 1,2,3,4-Tetrahydro-naphthalen und durch vollständige Hydrierung Decahydronaphthalen erhalten, ↗ Tetralin, ↗ Decalin.
Durch Oxydation wird industriell Phthalsäure hergestellt. Leichter als am Benzen erfolgt die radikalische Chloraddition zu 1,2,3,4-Tetrachlor-1,2,3,4-tetrahydro-naphthalen. Die Erstsubstitution erfolgt vorwiegend in der 1-Stellung (α-Stellung) mit Ausnahme der Sulfonierung bei höherer Temperatur und der FRIEDEL-CRAFTS-Reaktion in Nitrobenzenlösung. Bei der Chlorierung bilden sich z. B. 95 % 1-Chlor-naphthalen und 5 % 2-Chlor-naphthalen. Vorwiegend bildet sich ebenfalls das 1-Nitro-naphthalen. Bei Reaktionstemperaturen unter 80 °C entsteht die Naphthalen-1-sulfonsäure und bei Temperaturen über 120 °C die -2-sulfonsäure als Hauptprodukt.
Die Zweitsubstitution kann nun am erstsubstituierten oder am unsubstituierten Ring erfolgen:
– Substituenten 1. Ordnung (—OH, —NH₂ u.a.) in Stellung »1« dirigieren in Stellungen »2 und 4«;
– Substituenten 1. Ordnung in Stellung »2« dirigieren in die Stellungen »1, 8 oder 6«;
– Substituenten 2. Ordnung (—NO₂, —SO₃H, —COOH u. a.) in Stellung »1« dirigieren in den zweiten Kern in Stellungen »5, 6 oder 8«;
– Substituenten 2. Ordnung in Stellung »2« dirigieren in die Stellungen »5, 6 oder 7«.
Die Einheitlichkeit der Reaktionsprodukte der Zweitsubstitutionen ist aber nicht sehr groß.

Naphthalensulfonsäuren

Besonders wichtige Derivate des N. sind die ↗ Naphthylamine, ↗ Naphthole, ↗ Naphthoesäuren und ↗ Naphthalensulfonsäuren.

Naphthalensulfonsäuren, Derivate des ↗ Naphthalens, die eine oder mehrere Sulfonsäuregruppen, —SO₃H, enthalten und von großer Bedeutung für die Farbstoffindustrie sind.

Aus der bei Sulfonierung unter 80 °C aus Naphthalen erhaltenen Naphthalen-1-sulfonsäure bilden sich als Produkt der Zweitsulfonierung Naphthalen-1,5- oder -1,6-disulfonsäuren, während aus der über 120 °C erhaltenen Naphthalen-2-sulfonsäure die Naphthalen-2,6- oder die -2,7-disulfonsäure erhalten werden. Die Trennung dieser Isomerengemische ist nicht einfach. Energische Sulfonierung ermöglicht den Einbau bis zu vier Sulfonsäuregruppen unter Bildung sehr uneinheitlicher Reaktionsprodukte.

Aus N. können durch ↗ Alkalischmelze die ↗ Naphthole hergestellt werden. Mit den Sulfonsäuregruppen werden daraus aufgebaute Farbstoffe besser wasserlöslich; die Färbemethoden vereinfachen sich dadurch.

Naphthalin, veraltete Bez. für ↗ Naphthalen.

Naphthoesäuren (Naphthalen-monocarbonsäuren), Monocarbonsäuren, die durch Oxydation von Methylnaphthalenen gebildet werden. Sie werden auch durch Oxydation der Acetylnaphthalene erhalten.

Naphthalen-1-carbonsäure
α-Naphthoesäure
Schmp. 161 °C

Naphthalen-2-carbonsäure
β-Naphthoesäure
Schmp. 185 °C

Beide N. sind wenig löslich in kaltem Wasser, aber gut löslich in org. Lösungsmitteln.

Die Hydroxynaphthoesäuren haben als Ausgangsverb. für die ↗ Naphthol-AS-Farbstoffe große Bedeutung.

Naphthol-AS (2-Hydroxy-naphthalen-3-carbonsäureanilid), eine Komponente für die ↗ C-Kupplung mit Diazoniumsalzen. Der Vorteil der N-Färbungen liegt darin, daß das N. direkt auf Baumwollfasern aufzieht und dann auf der Faser mit dem Diazoniumsalz der Farbstoff gebildet wird, der dadurch sehr waschecht ist. Bei günstiger Auswahl der Diazoniumverb. werden sehr gute Lichtechtheit und Farbbrillanz erreicht. N. wird aus dem Natriumsalz des Naphth-2-ols durch KOLBE-SCHMIDT-Synthese mit CO₂ über die dabei gebildete 2-Hydroxy-naphthalen-3-carbonsäure hergestellt.

Naphthol-AS-Farbstoffe, Gruppe von ↗ Azofarbstoffen, die erst auf der Cellulosefaser gebildet werden. Dazu wird die Faser mit einer alkalischen Lösung von ↗ Naphthol-AS vorbehalt, wobei das Naphthol auf die Faser aufzieht und nach dem Trocknen mit Diazoniumsalzlösungen (vorwiegend ↗ Echtfärbesalzen) gekuppelt wird.

Naphthole (Hydroxynaphthalene), Hydroxyderivate des Naphthalens, die in geringer Menge im Steinkohlenteer vorkommen.

1-Hydroxy-naphthalen
α-Naphthol
Schmp. 96 °C
Sdp. 278 °C

2-Hydroxy-naphthalen
β-Naphthol
Schmp. 123 °C
Sdp. 285 °C

Violettfärbung mit FeCl₃   Grünfärbung mit FeCl₃
Herstellung aus:
Naphthalen-1-sulfon-   Naphthalen-2-sulfon-
säure   säure
1-Amino-naphthalen

N. sind schwachsaure Verb., die sich wenig in Wasser, aber gut in verdünnten Laugen und in org. Lösungsmitteln lösen.

N. lassen sich mit ↗ Alkylierungsmitteln leicht verethern. 2-Alkoxy-naphthalene sind preiswerte Riechstoffe mit orangenblütenähnlichem Geruch. Naphth-2-ol ist die Ausgangsverbindung für die Herstellung des für die Entwicklungsfarbstoffe wichtigen ↗ Naphthol-AS. Beide N. sind Kupplungskomponenten für die Umsetzung mit ↗ Diazoniumsalzen zur Herstellung von Azofarbstoffen.

Naphthylgruppe, einwertiger Rest, der sich vom ↗ Naphthalen ableitet. Da das Naphthalen zwei Monosubstitutionsprodukte liefert, sind auch 2 isomere N. möglich: Naphth-1-yl- und Naphth-2-yl-.

Naphthylamine, ↗ Aminonaphthalene.

Narkosemittel, *Narkotika,* Arzneimittel, die bei geeigneter Dosierung bestimmte Bereiche des Zentralnervensystems vorübergehend lähmen. Dadurch werden das Bewußtsein und die Schmerzempfindung ausgeschaltet; eine aktive Bewegung ist nicht mehr möglich, und Reflexe sind nicht mehr auszulösen. Die lebenswichtigen Atmungs- und Blutkreislauffunktionen werden durch N. jedoch nicht beeinflußt.

Narkotische Wirkungen zeigen Distickstoffmonoxid, N₂O, bestimmte Kohlenwasserstoffe, z. B. Ethen, Ethin, Cyclopropan; Halogenkohlenwasserstoffe, z. B. Chloroform CHCl₃; Ether, z. B. Diethylether und ↗ Barbitale.

Inhalationsnarkotika werden mit der Atemluft aufgenommen. Distickstoffmonoxid (Lachgas) wird

für leichte Narkosen und in Verbindung mit stärker wirksamen N. angewendet. Diethylether war jahrzehntelang das wichtigste Inhalationsnarkotikum. Immer stärkere Bedeutung haben in den letzten Jahren fluorhaltige Kohlenwasserstoffe erlangt, wie 2-Brom-2-chlor-1,1,1-trifluor-ethan F_3C—$CHClBr$ (Halothan). Chloroform wird nicht mehr zur Narkose verwendet, da es leberschädigend wirkt und seine Anwendung in der Narkose nicht so gut zu steuern ist.
Injektionsnarkotika werden in die Blutbahn injiziert. Für Kurznarkosen und zur Einleitung von Inhalationsnarkosen werden vor allem N-Methyl- und Thiobarbitale (↗ Barbitale) verwendet. Sie zeichnen sich durch einen raschen Wirkungseintritt und kurze Wirkungsdauer aus.
Naßmahlung, eine Form der Zerkleinerung, z. B. für Ausgangsstoffe für eine anschließende Flotation.
Naßsiebung, Naßklassierung, Klassierverfahren für sehr feine Korngrößen, z. B. für Farbstoffe, bzw. zur Klassierung von Salzen in der Lösung (Abtrennung und Rückführung des Feinstkornanteils zur weiteren Kristallisation).
Naßspinnen, Spinnverfahren, bei dem die Fadenbildung in einem Spinnbad erfolgt, z. B. bei der Viskosefaserherstellung durch Koagulation der Viskose durch Schwefelsäure.
naszierender Wasserstoff, ↗ Wasserstoff, der sich im Augenblick des Entstehens der Elementsubstanz, d. h. der Elementverbindung Diwasserstoff, also im *Status nascendi* (Zustand des Entstehens) befindet. N. W. besitzt gegenüber Diwasserstoff eine gesteigerte Reaktivität.
Natrium,

Na $Z = 11$
$A_{r(1981)} = 22,98977$
Ek: [Ne] $3s^1$
OxZ: $+1$
$X_E = 0,93$
Elementsubstanz:
Schmp.   98 °C
Sdp.   892 °C
$\varrho = 0,971$ kg $\cdot$ l^{-1}

chem. Element (↗ Elemente, chem.).
Natrium, Symbol: Na, 2. Element der 1. Hauptgruppe des PSE (↗ Hauptgruppenelemente, 1. Hauptgruppe des PSE). N. ist die Bez. für alle Atome, die 11 positive Ladungen im Kern, also 11 Protonen besitzen: Kernladungszahl $Z = 11$. Die Elektronenhülle des neutralen Atoms besteht aus 11 Elektronen, von denen eines, das Valenzelektron, die Konfiguration $3s^1$ besitzt. In Verb. wird nur eine Oxydationsstufe eingenommen, die durch die Oxydationszahl OxZ $+1$ charakterisiert ist. N. ist 1807 von Davy durch Schmelzflußelektrolyse von Natriumhydroxid erstmalig als Metall dargestellt worden. N. ist das häufigste Element der Gruppe. In der Natur finden sich größte Mengen gelöst im Meerwasser, umfangreiche Lager liegen als Steinsalz, NaCl, vor. N. ist Bestandteil vieler mineralischer Verb. und Doppelsalze: *Glaserit*, $Na_2SO_4 \cdot 3 K_2SO_4$; Astrakanit, $Na_2SO_4 \cdot MgSO_4 \cdot 4 H_2O$; *Natronfeldspat* oder *Albit*, $Na[AlSi_3O_8]$, und *Kryolith*, $Na_3[AlF_6]$.
Die Elementsubstanz, d. h. das metallische Natrium, wird durch Schmelzflußelektrolyse von Natriumhydroxid (bei etwa 330 °C in der Castner-Zelle) oder von Natriumchlorid (bei etwa 650 °C in der Downs-Zelle) dargestellt. N. zeichnet sich durch große Reaktionsfähigkeit aus, verbrennt in der Luft zu Natriumperoxid und in geringen Mengen auch zu Natriumoxid:
$2 Na + O_2 \rightarrow Na_2O_2$, $\Delta_B H = -510,9$ kJ $\cdot$ mol^{-1} bzw.
$4 Na + O_2 \rightarrow 2 Na_2O$, $\Delta_B H = -430,6$ kJ $\cdot$ mol^{-1},
setzt sich mit Wasser zu Natriumhydroxid und Wasserstoff um:
$2 Na + 2 H_2O \rightarrow 2 NaOH + H_2\uparrow$,
verbindet sich mit Wasserstoff (bei 300 bis 400 °C unter Kohlendioxidatmosphäre) direkt zu Natriumhydrid:
$2 Na + H_2 \rightarrow 2 NaH$, $\Delta_B H = -56,9$ kJ $\cdot$ mol^{-1}
und reagiert mit Ammoniak zu Natriumamid und Wasserstoff:
$2 Na + 2 NH_3 \rightarrow 2 NaNH_2 + H_2\uparrow$.
Metallisches N. wird als Reduktionsmittel verwendet, ist Legierungsbestandteil, besonders als Natrium-Kalium-Legierung, und dient flüssig, d. h. geschmolzen, als Kühlmittel in Kernreaktoren.
Natriumbicarbonat, veraltete Bez. für ↗ Natriumhydrogencarbonat.
Natriumcarbonat, Na_2CO_3, Soda, ist ein techn. wichtiges Produkt der chem. Industrie, das nach dem ↗ Soda-Solvay-Verfahren (Ammoniak-Soda-Verfahren) aus Natriumchlorid, Kohlendioxid unter Verwendung von Ammoniak und Calciumcarbonat hergestellt wird. Das Hydrat des N. mit 10 Molekülen H_2O, also das Natriumcarbonat-Dekahydrat ($Na_2CO_3 \cdot 10 H_2O$), wird als Kristallsoda bezeichnet. Soda ist ein techn. vielseitig verwendetes Salz, z. B. in der Textilindustrie, Glasindustrie, Zellstoff- und Papierindustrie, Wasseraufbereitung, Gasreinigung, Metallurgie, Leder-, Gummi-, Zucker- und Nahrungsmittelindustrie, der Herstellung von Waschmitteln, zum Aufschluß saurer Oxide sowie in vielen Zweigen der chem. Industrie.
Natriumchlorid, NaCl, Trivialname Kochsalz,

Natriumchloridelektrolyse

Bez. für das Mineral Steinsalz, ist eine wichtige Verb. des ↗ Natriums. N. entsteht durch Umsetzung von Chlorwasserstoff mit metallischem Natrium:
$2\,Na + 2\,HCl \rightarrow 2\,NaCl + H_2\uparrow$,
mit Natriumcarbonat:
$Na_2CO_3 + HCl \rightarrow 2\,NaCl + H_2O + CO_2\uparrow$,
oder mit Natriumhydroxid:
$NaOH + HCl \rightarrow NaCl + H_2O$.
N. ist ein Salz, das entsprechend seinen Ionenradien (vom Na^+ und Cl^-) in einem typischen Gitter, dem NaCl-Gitter, das kubisch-flächenzentriert ist, kristallisiert. Der Schmp. von 801 °C und der Sdp. von 1 440 °C liegen entsprechend hoch, wie dies für Verb. mit ionischem Bindungscharakter typisch ist.
Natriumchloridelektrolyse, ↗ Chloralkalielektrolyse.
Natriumcyclamat, ↗ Süßstoffe.
Natriumdihydrogenphosphat, NaH_2PO_4, ↗ Natriumphosphate.
Natriumglutamat,
$HOOC-CH(NH_2)-CH_2-CH_2-CH_2-COONa$,
Natriumsalz der Glutaminsäure, einer ↗ Aminosäure. N. ist ein weißes Pulver und verbessert den Geschmack von Gemüse- und Fleischspeisen, da es die Empfindlichkeit der Geschmackspapillen des Mundes erhöht. N. ist in Brühpasten und Fertigsuppen enthalten.
Natriumhydrogencarbonat, $NaHCO_3$, früher auch als *Natriumbicarbonat* oder *Bullrichsalz* bezeichnet, ist ein Zwischenprodukt bei der techn. Herstellung von ↗ Natriumcarbonat. Seine Verwendung als Backpulver, in Brausepulvern und in der Medizin, zum Abstumpfen von Magensäure, wurde stark eingeschränkt.
Natriumhydroxid,

NaOH	
Schmp.	319,1 °C
Sdp.	1 390 °C
$\varrho = 2{,}13\,kg \cdot l^{-1}$	

weiße, orthorhombisch kristalline, sehr hygroskopische, in Wasser, Methanol und Ethanol leicht lösliche Substanz. Die techn. wichtige Verb. wird industriell durch Elektrolyse einer wäßrigen Natriumchloridlösung (↗ Chloralkalielektrolyse) hergestellt und kommt in Schuppen, Plätzchen oder auch Stangen in den Handel. Die wäßrige Lösung wird als *Natronlauge* bezeichnet und stellt eine starke Base dar, die u. a. zur Verseifung von Fetten bzw. Fettsäuren Verwendung findet.
Natriumnitrat, $NaNO_3$, techn. wichtige Verb. des ↗ Natriums, die im wesentlichen aus Natriumcarbonat und Salpetersäure hergestellt wird:

$Na_2CO_3 + 2\,HNO_3 \rightarrow 2\,NaNO_3 + H_2O + CO_2$.
Mineralisches N. wird nach seinem Fundort als *Chilesalpeter* bezeichnet. N. wird zur Herstellung von Kaliumnitrat, als Oxydationsmittel in der Pyrotechnik und in der Glasindustrie verwendet.
Natriumnitrit, $NaNO_2$, Verb. des ↗ Natriums, die zur ↗ Diazotierung, als Reduktionsmittel und als Zusatz für Kältemischungen verwendet wird. N. wird u. a. aus Natriumnitrat und Blei hergestellt:
$NaNO_3 + Pb \rightarrow NaNO_2 + PbO$.
Natriumoxide, Verb. des ↗ Natriums mit Sauerstoff der Zusammensetzung Na_2O (Natriumoxid), Na_2O_2 (Natriumperoxid) und NaO_2 (Natriumhyperoxid). Durch Verbrennen von metallischem Natrium an der Luft entsteht fast ausschließlich *Natriumperoxid*:
$2\,Na + O_2 \rightarrow Na_2O_2$, $\Delta_B H = -510{,}9\,kJ \cdot mol^{-1}$,
Natriumoxid entsteht durch Zusammenschmelzen von Natriumhydroxid und metallischem Natrium:
$2\,NaOH + 2\,Na \rightarrow 2\,Na_2O + H_2\uparrow$.
Natriumhyperoxid läßt sich durch Anlagerung von Sauerstoff an Natriumperoxid bei 500 °C und 30 400 kPa gewinnen:
$Na_2O_2 + O_2 \rightarrow 2\,NaO_2$.
Natriumperoxid findet Verwendung für die Herstellung von Bleichbädern.
Natriumphosphate, Salze des ↗ Natriums mit der Orthophosphorsäure, H_3PO_4, der Zusammensetzung Na_3PO_4, *Natriumphosphat*, Na_2HPO_4, *Dinatriumhydrogenphosphat* und NaH_2PO_4, *Natriumdihydrogenphosphat*. N. werden als Rostschutzmittel, innerhalb der Glasherstellung, als Zusatzstoffe für Futterkalk, als Reinigungsmittel für Metalloberflächen beim Löten und Schweißen und zur Enthärtung von Wasser verwendet. Sie werden durch Umsetzung von Natriumcarbonat oder Natriumhydroxid mit Orthophosphorsäure hergestellt, z. B.:
$3\,Na_2CO_3 + 2\,H_3PO_4 \rightarrow 2\,Na_3PO_4 + 3\,H_2O + 3\,CO_2\uparrow$,
$3\,NaOH + 3\,H_3PO_4 \rightarrow Na_3PO_4 + 3\,H_2O$.
Natriumsulfat, Na_2SO_4, techn. wichtige Verb. des ↗ Natriums, die durch eine doppelte Umsetzung von Natriumchlorid mit Magnesiumsulfat hergestellt wird:
$2\,NaCl + MgSO_4 \rightarrow Na_2SO_4 + MgCl_2$.
Bei dieser Reaktion, die in wäßriger Lösung verläuft, kristallisiert das Hydrat mit 10 Molekülen H_2O, das Natriumsulfat-Dekahydrat, $Na_2SO_4 \cdot 10\,H_2O$, auch GLAUBER-Salz genannt, aus. N. findet umfangreiche Verwendung in der Papier-, Zellstoff und Glasindustrie.
Natriumthiosulfat, $Na_2S_2O_3$, ↗ Thioschwefelsäure.
Natron, Trivialname für Natriumhydrogencarbonat.

Natronfeldspat, ↗ Albit.
Natronlauge, wäßrige Lösung von ↗ Natriumhydroxid, die stark basisch reagiert.
Natronsalpeter, $NaNO_3$, mineralisches ↗ Natriumnitrat (Chilesalpeter).
NATTA, GIULIO (1903 bis 1979), italienischer Chemiker, beschäftigte sich u. a. mit den nach ihm benannten ↗ ZIEGLER-NATTA-Katalysatoren. Er entdeckte, daß diese Katalysatoren auch struktur- und stereospezifische Polymerisationen bewirken können. Gemeinsam mit ↗ ZIEGLER erhielt er 1963 den Nobelpreis für Chemie.
Naturkautschuk, ↗ Kautschuk.
Naturgas, ↗ Erdgas.
Nebengestein, das eine bestimmte Gesteinseinlagerung umgebende Gestein.
Nebengruppen, ↗ Elementgruppen, die im ↗ Periodensystem der Elemente als Ordnungs- und Einteilungsprinzip der chem. ↗ Elemente gelten. Es werden 8 Nebengruppen unterschieden, in denen jeweils Elemente gleicher oder ähnlicher ↗ Elektronenkonfiguration (↗ Nebengruppenelemente) in der äußersten (n) und vorletzten (n-1) Elektronenschale vereinigt sind.
Nebengruppenelemente, chem. Elemente, die in eine der 8 Nebengruppen des PSE eingeordnet sind. Sie besitzen eine typische ↗ Elektronenkonfiguration, die darüber hinaus für die Elemente jeder einzelnen Nebengruppe spezifisch ist. Die freien Atome dieser Elemente sind in der Regel in der äußersten Schale (n) im s-Orbital mit 2, in den p-Orbitalen mit 0 Elektronen und in der vorletzten Schale (n-1) in den d-Orbitalen mit 1 bis 10 Elektronen besetzt. Die so ausgebildete Elektronenkonfiguration von

$n\,s^2\,(n-1)\,d^{1-10}$

bestimmt das Reaktionsverhalten (↗ Reaktivität, ↗ Valenzgeschehen) dieser Elemente.
1. Nebengruppe des PSE, umfaßt drei Elemente (Tabelle), die im allgemeinen Sprachgebrauch auch als ↗ Münzmetalle bezeichnet werden. Die Metalle besitzen durchweg eine hohe elektrische Leitfähigkeit (Silber besitzt die höchste elektrische Leitfähigkeit aller Metalle, dann folgt Kupfer) und eine große Wärmeleitfähigkeit. Die Schmelz- und Siedepunkte liegen im mittleren bis hohen Bereich, ebenso die Dichten. Alle Elemente, d. h. die Metalle, bilden mit anderen Metallen eine Vielzahl von ↗ Legierungen. Die Elemente zeigen nur eine geringe Tendenz, mit dem Sauerstoff Verbindungen einzugehen. In nichtoxydierenden Säuren werden sie nicht gelöst. Demgegenüber ist die Tendenz, mit dem Schwefel Sulfide zu bilden, etwas größer. Alle drei Elemente vermögen eine Vielzahl von ↗ Komplexverbindungen zu bilden. Bei diesen Verb. sind die Koordinationszahlen 2 beim Silber und Gold, 3 und 4 beim Kupfer vorherrschend. Es existieren aber auch Komplexverbindungen dieser Elemente mit den Koordinationszahlen 5 und 6.
2. Nebengruppe des PSE, umfaßt drei Elemente (Tabelle), die in ihrem Verhalten den ↗ Hauptgruppenelementen (↗ 2. Hauptgruppe des PSE) ähnlich sind. Es wird angenommen, daß diese Ähnlichkeit auf die volle Besetzung der d-Orbitale zurückzuführen ist und diese nicht mehr am ↗ Valenzgeschehen beteiligt sind. Die Schmelz- und Siedepunkte liegen allgemein niedrig. Chem. besitzen diese Elemente, im Vergleich zu den Elementen der 2. Hauptgruppe des PSE, einen edleren Charakter. Sie bilden eine Vielzahl von ↗ Komplexverbindungen. In ihren einfachen Verb., z. B. den Halogeniden, ähneln die Elemente Zink und Cadmium dem Magnesium. Demgegenüber weisen die Halogenide des Quecksilbers kovalente Bindungen auf, stellen daher sogenannte ↗ Pseudosalze dar.
3. Nebengruppe des PSE, umfaßt vier Elemente (Tabelle), die in ihren Eigenschaften eine große Ähnlichkeit zu den entsprechenden ↗ Hauptgruppenelementen (↗ 3. Hauptgruppe des PSE) aufweisen. Bedingt durch das Vorhandensein von drei Valenzelektronen sind Scandium, Yttrium und Lanthan in ihren Verb. durchweg dreiwertig positiv und ähneln stark dem Aluminium. Die Oxide stehen mit Wasser in einem gewissen Gleichgewicht, das bei hohen Temperaturen (Glühen) auf der linken Seite liegt:

$$M_2O_3 + 3\,H_2O \xrightleftharpoons[\text{(Glühen)}]{} 3\,M(OH)_3$$

M »Metall«

Die Chloride kristallisieren als Hydrate. Oftmals werden die ↗ Lanthanoiden- und die ↗ Actinoidengruppe in die 3. Nebengruppe des PSE einbezogen.
4. Nebengruppe des PSE, umfaßt, wenn vom Kurtschatovium abgesehen wird, das den ↗ Transactinoiden zugeordnet ist, drei Elemente (Tabelle), die in ihren Eigenschaften den Elementen der 3. Nebengruppe ähneln. Bei den gebildeten Verb. herrscht die positive Vierwertigkeit vor. Beim Titanium treten bei den Verb. der niedrigeren Oxydationsstufen (+2 und +3) farbige elementare Ionen auf. Die Elementverbindungen zeichnen sich durch eine relativ hohe Korrosionsbeständigkeit aus.
5. Nebengruppe des PSE, umfaßt drei Elemente (Tabelle), die in ihren Verb. vorwiegend fünfwertig positiv vorliegen und in dieser Oxydationsstufe saure Eigenschaften erkennen lassen. Daher werden die Elemente auch als *Erdsäurebildner* und die

Nebengruppenelemente

Pentoxide als *Erdsäuren* oder *saure Erden* bezeichnet. Die niedrigen Oxydationsstufen werden vom Vanadium leichter als von den anderen Elementen eingenommen. Die Elemente, die hohe bis sehr hohe Schmelz- und Siedepunkte aufweisen, finden als wertvolle Legierungsbestandteile in der Eisen- und Stahlindustrie Verwendung.

6. Nebengruppe des PSE, umfaßt drei Elemente (Tabelle), die in ihren Verb. in zahlreichen Oxydationsstufen auftreten. In der höchsten Oxydationsstufe (+6) haben die Oxide saure Eigenschaften, bilden Säuren des Typs H_2MO_4 (M »Metall«), die eine gewisse Ähnlichkeit zur Schwefelsäure, H_2SO_4, und damit insgesamt zu den entsprechenden Säuren der ↗ 6. Hauptgruppe des PSE (↗ Hauptgruppenelemente) besitzen. Jedoch bilden die Säuren der 6. Nebengruppe in einem viel stärkeren Maße ↗ Polysäuren (insbesondere ↗ Heteropolysäuren) aus. In den niederen Oxydationsstufen überwiegt der basische Charakter der gebildeten Verb. So ist das z. B. bei den Chromium(II)- und Chromium(III)-Halogeniden zu erkennen. Alle Elemente dieser Gruppe vermögen eine Vielzahl von ↗ Komplexverbindungen zu bilden. Die Elementverbindungen besitzen hohe bis sehr hohe Schmelz- und Siedepunkte, sind durch eine große Dichte ausgezeichnet und finden als Überzugs- und Legierungsmetalle vielfach Verwendung.

7. Nebengruppe des PSE, umfaßt drei Elemente (Tabelle), die in ihren Verb. in zahlreichen positiven und einigen negativen Oxydationsstufen auftreten können. In der höchsten positiven Oxydationsstufe (+7) finden sich starke Säuren, in den niederen positiven Oxydationsstufen überwiegt der basische Charakter der Verb. Im chem. Verhalten ergeben sich Ähnlichkeiten vom Mangan zum Chromium und Eisen, z. B. bei den analytischen Reaktionen des Mangans und Eisens. Während die Schmelzpunkte als mittel bis hoch bezeichnet werden können, weisen die Siedepunkte hohe bis sehr hohe Werte auf. Die Dichte (ϱ) ist beim Mangan als mittlerer, beim Technetium als hoher und beim Rhenium als sehr hoher Wert einzuschätzen. Technetium besitzt techn. Verwendung in der Stahlindustrie; es wird durch ↗ Deuteronen-Beschuß von Molybdän hergestellt und ist damit ein *künstliches* ↗ *Element*. Mangan und Rhenium sind techn. bedeutsame Metalle, z. B. wichtige Legierungsmetalle.

8. Nebengruppe des PSE, umfaßt neun Elemente (Tabelle), in der in drei Perioden jeweils drei nebeneinanderstehende Elemente zu einer Untergruppe vereinigt sind: Eisengruppe – Eisen, Cobalt, Nickel –, leichte Platinmetalle – Ruthenium, Rhodium, Palladium –, schwere Platinmetalle – Osmium, Iridium, Platin –. In den Untergruppen liegen die Kenndaten der Elemente – Ionisierungsenergie (E_T), Elektronegativität (X_E) – und der Elementverbindungen – Schmelz- und Siedepunkt und Dichte (ϱ) – eng beieinander, nehmen aber von Periode zu Periode, d. h. von Untergruppe zu Untergruppe, zu. So sind z. B. bei den schweren Platinmetallen für die Dichte (ϱ) absolute Höchstwerte zu verzeichnen. Auch die Oxydationszahlen der einzelnen Elemente werden von Periode zu Periode größer. Ruthenium und Osmium erreichen das Maximum von +8. Bezogen auf die chem. Reaktivität nimmt der edle Charakter von Periode zu Periode zu. Die Elemente der Eisengruppe werden noch von verdünnter Salzsäure unter Wasserstoffabscheidung angegriffen. Bei den leichten und schweren ↗ Platinmetallen ist das nicht mehr der Fall. Nur Palladium wird von konzentrierter Salpetersäure und Osmium und Platin werden von ↗ Königswasser gelöst. Die Metalle nehmen Wasserstoff auf und aktivieren ihn; sie sind daher gut als ↗ Katalysatoren bei der ↗ Hydrierung org. Substanzen zu verwenden.

Nematizide, Wirkstoffe, die zur Bekämpfung von Nematoden (kleinen Fadenwürmern) dienen. Diese stechen die Pflanzenzellen meist an den Wurzeln an, um den Zellinhalt aufzusaugen.

NE-Metalle, ↗ Nichteisenmetalle.

Neodym, bis zum Jahre 1975 gebräuchlicher deutschsprachiger Name des chem. Elements ↗ Neodymium.

Neodymium

Nd $Z = 60$
$A_{r(1981)} = 144{,}24$
Ek: [Xe] $4f^4 6s^2$
OxZ: +3
$X_E = 1{,}14$
Elementsubstanz:
Schmp. 1020 °C
Sdp.   3030 °C
$\varrho = 7{,}007 \text{ kg} \cdot l^{-1}$

chem. Element (↗ Elemente, chem.).

Neodymium, Symbol: Nd, 3. Element der ↗ Lanthanoidengruppe. N. ist die Bez. für alle Atome, die 60 positive Ladungen im Kern, also 60 Protonen besitzen: Kernladungszahl $Z = 60$. N. findet sich in der Natur in den ↗ Ceriterden, verbreitet aber in geringen Konzentrationen.

Eine Darstellung des silberweißen und weichen Metalls erfolgt nach aufwendiger Trennung, z. B. durch Schmelzflußelektrolyse oder Reduktion mit Kalium. Neodymiumoxid wird zur Färbung von Sonnenschutzgläsern verwendet.

Elemente der 1. Nebengruppe des PSE

Z	Name	Symbol	$A_{r\,(1981)}$	Ek				OxZ	E_I in eV	X_E	Schmp. in °C	Sdp. in °C	ϱ_f in kg·l⁻¹	Isotope[1] (Angabe in %)
					n	d	n s							
29	Kupfer	Cu	63,546	[Ar]	3	⇅⇅⇅⇅⇅	4 ⇅	+1, +2, +3	7,72	1,90	1083	2600	8,96	63 (69,1); 65 (30,9)
47	Silber	Ag	107,868	[Kr]	4	⇅⇅⇅⇅⇅	5 ⇅	+1, +2, +3	7,57	1,93	961,3	2210	10,50	107 (51,4); 109 (48,6)
79	Gold	Au	196,9665	[Xe] 4f¹⁴	5	⇅⇅⇅⇅⇅	6 ⇅	+1, +3	9,22	2,54	1063	2970	19,3	197 (100)
∑					n	⇅⇅⇅⇅⇅	n ⇅	+1, +2, +3	gering	gering	mittelgroß bis hoch		groß	

Elemente der 2. Nebengruppe des PSE

Z	Name	Symbol	$A_{r\,(1981)}$	Ek				OxZ	E_I in eV	X_E	Schmp. in °C	Sdp. in °C	ϱ_f in kg·l⁻¹	Isotope (Angabe in %)
					n	d	n s							
30	Zink	Zn	65,38	[Ar]	3	⇅⇅⇅⇅⇅	4 ⇅	+2	9,39	1,65	419	906	7,14	64 (48,9); 66 (27,8); 67 (4,1); 68 (18,6); 70 (0,6)
48	Cadmium	Cd	112,41	[Kr]	4	⇅⇅⇅⇅⇅	5 ⇅	+1, +2	8,99	1,69	321	765	8,65	106 (1,2); 108 (0,9); 110 (12,4); 111 (12,7); 112 (24,1); 113 (12,3); 114 (28,8); 116 (7,6)
80	Quecksilber	Hg	200,59	[Xe] 4f¹⁴	5	⇅⇅⇅⇅⇅	6 ⇅	+1, +2	10,43	2,00	−38,86	356,73	13,53	196 (0,2); 198 (10,0); 199 (16,8); 200 (23,1); 201 (13,2); 202 (29,8); 204 (6,9)
∑					n	⇅⇅⇅⇅⇅	n ⇅	+1, +2	mittelgroß	mittelgroß	niedrig		mittelgroß	

[1] Kursiv gedruckte Massezahlen kennzeichnen auch in den folgenden Tabellen radioaktive Isotope

Elemente der 3. Nebengruppe des PSE

Z	Name	Symbol	A_r (1981)	Ek	n d	n s	OxZ	E_I in eV	X_E	Schmp. in °C	Sdp. in °C	ϱ_r in kg·l⁻¹	Isotope (Angabe in %)
21	Scandium	Sc	44,9559	[Ar]	3 ↑	4 ⇵	+3	6,54	1,36	1540	2730	2,99	45 (100)
39	Yttrium	Y	88,9059	[Kr]	4 ↑	5 ⇵	+3	6,38	1,22	1500	2930	4,472	89 (100)
57	Lanthan	La	138,9055	[Xe]	5 ↑	6 ⇵	+3	5,61	1,10	920	3470	6,17	138 (0,1) 139 (99,9)
89	Actinium	Ac	227,0278	[Rn]	6 ↑	7 ⇵	+3	6,9	1,1	1050	3200		
Σ					n ↑	n ⇵	+3	gering	gering	mittelgroß bis hoch		gering	

Elemente der 4. Nebengruppe des PSE

Z	Name	Symbol	A_r (1981)	Ek	n d	n s	OxZ	E_I in eV	X_E	Schmp. in °C	Sdp. in °C	ϱ_r in kg·l⁻¹	Isotope (Angabe in %)
22	Titanium	Ti	47,90	[Ar]	3 ↑↑	4 ⇵	0, −1, +2, +3, +4	6,82	1,54	1670	3260	4,505	46 (7,9); 47 (7,3); 48 (74,0); 49 (5,5); 50 (5,3)
40	Zirconium	Zr	91,22	[Kr]	4 ↑↑↑	5 ⇵	+2, +3, +4	6,84	1,33	1850	3580	6,49	90 (51,5); 91 (11,2); 92 (17,1); 94 (17,4); 96 (2,8)
72	Hafnium	Hf	178,49	[Xe] 4f¹⁴	5 ↑↑↑↑	6 ⇵	+3, +4	7,00	1,3	2000	5400	13,1	174 (0,2); 176 (5,2); 177 (18,5); 178 (27,1); 179 (13,8); 180 (35,2)
Σ					n ↑↑↑↑	n ⇵	0, −1, +2, +3, +4	gering	gering	mittelgroß bis hoch		mittelgroß	

Elemente der 5. und 6. Nebengruppe des PSE

Z	Name	Symbol	$A_{r(1981)}$	Ek	n d	n s	OxZ	E_I in eV	X_E	Schmp. in °C	Sdp. in °C	ϱ_r in kg·l^{-1}	Isotope (Angabe in %)
23	Vanadium	V	50,9414	[Ar]	3	4	0, −1, +1, +2, +3, +4, +5	6,74	1,63	1900	3450	5,8	50 (0,2); 51 (99,8)
41	Niobium	Nb	92,9064	[Kr]	4	5	−1, +1, +2, +3, +4, +5	6,88	1,6	2420	4900	8,55	93 (100)
73	Tantal	Ta	180,9479	[Xe] $4f^{14}$	5	6	−1, +1, +2, +3, +4, +5	7,88	1,5	3000	5430	16,6	180 (0,01); 181 (99,99)
Σ					n	n	0, −1, +1, +2, +3, +4, +5	gering	gering	hoch	hoch bis sehr hoch	mittelgroß bis groß	
24	Chromium	Cr	51,996	[Ar]	4	4	0, −1, −2, +1, +2, +3, +4, +5, +6	6,87	1,66	1900	2642	7,19	50 (4,3); 52 (83,8); 53 (9,5); 54 (2,4)
42	Molybdän	Mo	95,94	[Kr]	5	5	0, −2, +1, +2, +3, +4, +5, +6	7,10	2,16	2610	5560	10,22	92 (15,9); 94 (9,0); 95 (15,7); 96 (16,5); 97 (9,5); 98 (23,8); 100 (9,6)
74	Wolfram	W	183,85	[Xe] $4f^{14}$	5	6	0, −2, +1, +2, +3, +4, +5, +6	7,98	2,36	3410	5930	19,3	180 (0,1); 182 (26,4); 183 (14,4); 184 (30,7); 186 (28,4)
Σ					n	n	0, −1, −2, +1, +2, +3, +4, +5, +6	gering	gering bis mittelgroß	hoch bis sehr hoch	groß		

Nebengruppenelemente

Elemente der 7. Nebengruppe des PSE

Z	Name	Symbol	$A_{r(1981)}$	Ek	n d	n s	OxZ	E_I in eV	X_E	Schmp. in °C	Sdp. in °C	ϱ_f in kg·l^{-1}	Isotope (Angabe in %)
25	Mangan	Mn	54,9380	[Ar]	3 ↑↑↑↑↑	4 ↑↓	0, −2, −3, +1, +2, +3, +4, +5, +6, +7	7,43	1,55	1250	2100	7,43	55 (100)
43	Technetium	Tc	[97]	[Kr]	4 ↑↑↑↑↑	5 ↑↓	+3, +4, +6, +7	7,28	1,9	2140	4600	11,49	
75	Rhenium	Re	186,207	[Xe] 4f^{14}	5 ↑↑↑↑↑	6 ↑↓	0, −1, +1, +2, +3, +4, +5, +6, +7	7,87	1,9	3180	5630	21,04	185 (37,1); 187 (62,9)
Σ					n ↑↓		0, −1, −2, −3, +1, +2, +3, +4, +5, +6, +7	gering bis mittelgroß		hoch bis sehr hoch		groß	

Elemente der 8. Nebengruppe des PSE

Z	Name	Symbol	$A_{r(1981)}$	Ek	n d	n s	OxZ	E_I in eV	X_E	Schmp. in °C	Sdp. in °C	ϱ_f in kg·l^{-1}	Isotope (Angabe in %)
26	Eisen	Fe	55,847	[Ar]	3 ↑↓↑↑↑↑	4 ↑↓	0, −1, −2, +1, +2, +3, +4, +5, +6	7,87	1,83	1540	3000	7,86	54 (5,8); 56 (91,7); 57 (2,2); 58 (0,3)
27	Cobalt	Co	58,9332	[Ar]	3 ↑↓↑↓↑↑↑	4 ↑↓	0, −1, +1, +2, +3, +4	7,86	1,88	1490	2900	8,90	59 (100)
28	Nickel	Ni	58,70	[Ar]	3 ↑↓↑↓↑↓↑↑	4 ↑↓	0, −1, +1, +2, +3, +4	7,63	1,91	1450	2730	8,90	58 (67,9); 60 (26,2); 61 (1,2); 62 (3,6); 64 (1,1)

Nebengruppenelemente

44	Ruthenium	Ru	101,07	[Kr]		4	⇌⇌⇌←	5	←	0, −2, +1, +4, +2, +3, +4, +5, +6, +7, +8	7,36	2,2	2300	3900	12,2	96 (5,5); 98 (1,9); 99 (12,7); 100 (12,6); 101 (17,1); 102 (31,6); 104 (18,6)
45	Rhodium	Rh	102,9055	[Kr]		4	⇌⇌⇌←	5	←	0, −1, +1, +2, +3, +4, +6	7,46	2,28	1970	3730	12,4	103 (100)
46	Palladium	Pd	106,4	[Kr]		4	⇌⇌⇌⇌	5	□	0, +2, +3, +4	8,33	2,20	1550	3125	12,0	102 (1,0); 104 (11,0); 105 (22,2); 106 (27,3); 108 (26,7); 110 (11,8)
76	Osmium	Os	190,2	[Xe]	$4f^{14}$	5	⇌⇌⇌←	6	⇌	0, +2, +3, +4, +5, +6, +7, +8	8,73	2,2	3000	5500	22,4	185 (0,02); 186 (1,6); 187 (1,6); 188 (13,3); 189 (16,1); 190 (26,4); 192 (41,0)
77	Iridium	Ir	192,22	[Xe]	$4f^{14}$	5	⇌⇌⇌←	6	⇌	0, +1, +2, +3, +4, +5, +6	9,1	2,20	2450	4500	22,5	191 (37,3); 193 (62,7)
78	Platin	Pt	195,09	[Xe]	$4f^{14}$	5	⇌⇌⇌⇌	6	←	0, +1, +2, +3, +4, +5, +6	8,96	2,28	1770	3825	21,4	*190* (0,01); 192 (0,8); 194 (32,9); 195 (33,8); 196 (25,3); 198 (7,2)
Σ						n		n	⇌	0, −1, −2, +1, +2, +3, +4, +5, +6, +7, +8	mittelgroß		hoch bis sehr hoch		mittelgroß bis sehr groß	

Neon,

Ne $Z = 10$
$A_{r(1981)} = 20{,}179$
Ek: [He] $2s^2 2p^6$
Elementsubstanz: Ne
Schmp. $-249\,°C$
Sdp. $-246\,°C$
$\varrho_g = 0{,}9006\ kg \cdot m^{-3}$
$\varrho_{fl} = 1{,}20\ kg \cdot l^{-1}$

chem. Element (↗ Elemente, chem.).
Neon, Symbol: Ne, *Edelgas*, 2. Element der 8. Hauptgruppe des PSE (↗ Hauptgruppenelemente, 8. Hauptgruppe des PSE). N. ist die Bez. für alle Atome, die 10 positive Ladungen im Kern, also 10 Protonen besitzen: Kernladungszahl $Z = 10$. Die Hülle des Atoms, die aus 10 Elektronen besteht, vermag Elektronen weder abzugeben noch aufzunehmen, daher sind auch keine Verb. bekannt. Die Elementsubstanz liegt einatomig vor. N. wurde 1898 von RAMSAY bei der Fraktionierung verflüssigter Luft entdeckt. N. ist mit 0,00161 Vol.-% in der Luft enthalten. Es findet als Füllgas orangerot leuchtender Neonröhren Verwendung.

Nephelin, $(Na,K)AlSiO_4$, in hexagonalen, kurzsäuligen weißlichen Kristallen oder fettig-glasig glänzenden Massen vorkommendes Mineral alkalireicher Eruptivgesteine. Der auf der Halbinsel Kola neben Apatit vorkommende N. wird als Aluminiumrohstoff verwendet.

Nephelometrie, svw. Trübungsmessung, quantitatives Analysenverfahren. Durch Messung der Intensität des Streulichtes wird der Gehalt an trübenden Stoffen in Suspensionen u. ä. ermittelt.

Nephrit, grünes, sehr dichtes, außerordentlich zähes Aggregat von feinen ↗ Aktinolithkriställchen. In der Steinzeit war es ein wichtiger Werkstoff zur Herstellung geschliffener Steinbeile. Heute verwendet es die Schmuckindustrie.

Neptunium,

Np $Z = 93$
$A_{r(1981)} = 237{,}0482$
Ek: [Rn] $5f^4 6d^1 7s^2$
OxZ: $+3, +4, +5, +6, +7$
$X_E = 1{,}36$
Elementsubstanz:
Schmp. $639\,°C$
Sdp. $3900\,°C$
$\varrho = 20{,}4\ kg \cdot l^{-1}$

chem. Element (↗ Elemente, chem.).
Neptunium, Symbol: Np, 4. Element der ↗ Actinoidengruppe, 1. Element der ↗ Transurane. N. ist die Bez. für alle Atome, die 93 positive Ladungen im Kern, also 93 Protonen besitzen: Kernladungszahl $Z = 93$. Neptunium wurde 1940 durch MC MILLAN und ABELSON synthetisiert. Es ist ein radioaktives Element, das aus dem Uraniumisotop, ^{238}U, über drei unterschiedliche Bildungsreaktionen gewonnen werden kann. Es bilden sich die Isotope: ^{238}Np, $t_{1/2} = 2{,}1\ d$; ^{239}Np, $t_{1/2} = 2{,}3\ d$ und ^{237}Np, $t_{1/2} = 2{,}25 \cdot 10^6\ a$ (als langlebigstes und stabilstes Isotop).

NERNST, WALTER HERMANN (25. 6. 1864 bis 18.11.1941), deutscher Chemiker, zählt zu den Begründern der physikal. Chemie. Er untersuchte u. a. elektrochemische Vorgänge, arbeitete über die Theorie der Lösungen und fand das nach ihm genannte Wärmetheorem. Für seine Arbeiten zur Thermodynamik erhielt er 1920 den Nobelpreis für Chemie.

NERNSTsche Gleichung, 1889 aufgestellte Beziehung zur Berechnung eines Elektrodenpotentials (↗ Elektrode).

NERNSTscher Verteilungssatz, ↗ Verteilung.

NERNSTsches Wärmetheorem, ↗ Hauptsätze der Thermodynamik, dritter.

Nerol, ein primärer, ungesättigter Terpenalkohol, der die cis-Form des trans-isomeren ↗ Geraniols darstellt, die beide isomer mit dem ↗ Linaool sind. N. kommt im Neroli- und Bergamotteöl vor und besitzt einen rosenartigen Geruch. N. ist ein wertvoller Riechstoff.

Nerolin, Handelsbez. für Ether des ↗ Naphth-2-ols (z. B. 2-Methoxy-naphthalen), die wegen ihres angenehmen Geruchs als Riechstoffe Verwendung finden.

Nervengifte, ↗ chem. Kampfstoffe vom Typ der Phosphorsäureester. N. (Nervengase) stören die Reizübertragung von den Nervenenden auf die Muskelfasern. Eine Verkrampfung der Muskeln führt infolge Atemlähmung zum Tode.

Neuroleptika, ↗ Psychopharmaka.

Neusilber, Alpaka, Legierungen aus 45 bis 80% Cu, 8 bis 28% Ni und 7 bis 45 Zn. Sie sind silberglänzend, hart und korrosionsbeständig und werden für medizinische Geräte, Eßbestecke, Schmuck, Uhrengehäuse und Münzen verwendet.

Neutralisation, Reaktion einer Säure mit einer Base. Dabei reagieren die Hydroniumionen der Säure mit den Hydroxidionen der Base unter Bildung von undissoziiertem Wasser,

$H_3O^+ + OH^- \rightleftharpoons 2\,H_2O$.

Die N. ist beendet, wenn die Konzentration der Hydroniumionen gleich der Hydroxidionenkonzentration ist. Dieser Punkt heißt ↗ Neutralpunkt. Die Säurerestionen der Säure und die Kationen der Base sind an der Neutralisationsreaktion nicht beteiligt. Am Neutralpunkt reagiert die Lösung chem. neutral, pH = 7. Dieser Punkt wird durch pH-Indikatoren angezeigt. Die bei der N. auftretende Energie ist die ↗ Neutralisationswärme.

Neutralisationstitration, quantitative Bestimmung (↗ Volumetrie) von H_3O^+-Ionen (↗ Acidimetrie) und OH^--Ionen (↗ Alkalimetrie) durch Titration gegen die ↗ Normallösung einer Base oder einer Säure. Der ↗ Äquivalenzpunkt wird am Farbumschlag zugesetzter pH-Indikatoren oder durch elektrochem. Methoden erkannt. Bei der N. einer starken Säure mit einer starken Base liegt der Äquivalenzpunkt bei pH = 7. Wird eine starke (schwache) Säure mit einer schwachen (starken) Base titriert, liegt er bei pH <7 (pH >7).

Neutralisationswärme, bei konstantem Druck Neutralisationsenthalpie. Bei der Neutralisation freiwerdende Wärme. Die N. kann beträchtlich groß sein und erfordert Vorsicht beim Vermischen von konzentrierten Säuren und Laugen, weil Verspritzungsgefahr besteht.

Neutralpunkt, ↗ Äquivalenzpunkt der ↗ Neutralisation. Am N. ist die $c_{H_3O^+} = c_{OH^-}$, und die Lösung reagiert chem. neutral, pH = 7.

Neutron, Symbol n, ↗ Elementarteilchen, das neben den Protonen Baustein aller ↗ Atomkerne außer Wasserstoff ^1_1H ist. Nachdem das N. bereits durch RUTHERFORD (↗ Atommodell) 1920 vorausgesagt wurde, konnte es 1932 durch CHADWICK bei ↗ Kernreaktionen, durch die es freigesetzt wird, nachgewiesen werden. Das N. ist um 0,15 % schwerer als das Proton und zerfällt mit einer ↗ Halbwertszeit von 12 Minuten in ein Elektron (β-Strahlung), ein Neutrino und ein Proton. Mit Hilfe der β-Strahlung läßt es sich u. a. nachweisen (↗ Radioaktivität). Es besitzt keine Ladung, aber einen ↗ Spin und somit ein magnetisches Moment. Auf der Wechselwirkung zwischen N. und Proton (Kernkräfte) beruht die Stabilität der Atomkerne, die sich in der frei werdenden ↗ Kernenergie ausdrückt.

NEWTON, ISAAC (4.1.1643 bis 31.3.1727), herausragender englischer Physiker, lieferte grundlegende Beiträge zu vielen Gebieten der Physik. Er begründete die Mechanik und entdeckte die Schwerkraft. Unabhängig von LEIBNIZ erfand er die Infinitesimalrechnung.

Niccolum, wissenschaftliche Bez. für das chem. Element ↗ Nickel.

Nichtmetalle, früher Metalloide. Alle chem. Elemente, die keine metallischen Eigenschaften besitzen. Die N. bilden bevorzugt Anionen (Ausnahme Edelgase), und ihre Oxide haben im allgemeinen saure Eigenschaften.

Nickel,

Ni $Z = 28$
$A_{r(1981)} = 58{,}69$
Ek: [Ar] $3d^84s^2$
OxZ: $-1, 0, +1, +2, +3, +4$
$X_E = 1{,}91$
Elementsubstanz:
Schmp. 1450 °C
Sdp. 2730 °C
$\varrho = 8{,}90 \text{ kg} \cdot l^{-1}$

chem. Element (↗ Elemente, chem.). *Niccolum*, Symbol: Ni, 3. Element der Eisengruppe (↗ Nebengruppenelemente, 8. Nebengruppe des PSE). N. ist die Bez. für alle Atome, die 28 positive Ladungen im Kern, also 28 Protonen besitzen: Kernladungszahl $Z = 28$. Die Hülle des neutralen Atoms besteht aus 28 Elektronen, von denen die möglichen Valenzelektronen die Konfiguration $3d^84s^2$ besitzen. In Verb. werden Oxidationsstufen eingenommen, die durch die Oxidationszahlen OxZ $-1, 0, +1, +2, +3$ und $+4$ charakterisiert sind. N. wurde 1751 von CRONSTEDT als neues Metall entdeckt. In der Natur findet sich N. meist an Arsen, Antimon und Schwefel gebunden: *Nickelblende, Gelbnickelkies, Millerit, Haarkies,* NiS; *Rotnickelkies, Nickelin,* NiAs; *Weißnickelkies, Chloanthit,* $NiAs_{2-3}$; *Arsennickelkies, Gersdorfit,* NiAsS; *Pentlandit,* $(Fe,Ni)_9S_8$, und *Garnierit,* $(Ni,Mg)_6[(Si_4O_{10})(OH)_8]$. Zur Gewinnung des metallischen N. werden die Erze in Oxide überführt, z. B. durch Röstprozesse, und dann mit Kohle reduziert: $NiO + C \rightarrow Ni + CO\uparrow$. Das Metall ist silberweiß, stark glänzend, zäh, ferromagnetisch (bis 356 °C) und besitzt die Härte 3,8 (nach MOHS). Verd. nichtoxidierende Säuren greifen das Metall langsam an: $Ni + 2 HCl \rightarrow NiCl_2 + H_2\uparrow$; konz. Salpetersäure passiviert die Oberfläche; verd. Salpetersäure löst das Metall schnell. In den Verb. liegt N. hauptsächlich in der Oxidationsstufe OxZ $+2$ vor. Weitere Verbindungsmöglichkeiten: $Ni^0 = Ni(CO)_4$; $Ni^I = K_4[Ni_2(CN)_6]$; $Ni^{III} = NiOOH$, $K_3[NiF_6]$; $Ni^{IV} = NiO_2$, $BaNiO_3$. N. wird als wichtiges Legierungsmetall zur Erzeugung hochwertiger zäher und fester Stähle, zu Metallüberzügen durch Vernickeln, zur Herstellung von Laboratoriumsgeräten aus reinem N. und nur noch selten von Rundfunkröhren aus reinstem N. verwendet.

Nicotin, ↗ Alkaloid, das besonders reichlich in der Tabakpflanze *(Nicotiana)* vorkommt. Sdp. 267 °C. N. ist eine farblose, hygroskopische Flüssigkeit mit brennend scharfem Geschmack. Es ist stark giftig und wirkt vielseitig schädigend auf den Organismus ein.

Nicotin

Nicotinsäure, ↗ Pyridin-3-carbonsäure. Sie gehört zu den Vitaminen des B-Komplexes.

Nicotinsäureamid, Pyridin-3-carbonsäureamid, ist das Antipellagra-Vitamin. Es findet sich in Leber und Muskeln von Säugetieren, in der Hefe, in Milch und Getreidekeimlingen. Das Nicotinsäurediethylamid ist ein herzanregendes Arzneimittel.

Nicotinsäureamid

Nicotinsäureamid-adenin-dinucleotid, Abk. NAD^+, das wichtigste wasserstoffübertragende Coenzym (Bild) (↗ Enzyme, ↗ Atmung, ↗ Gärung).

NAD^+
a) Strukturformel
b) Reduktion des Nicotinsäureamidteils durch Wasserstoffübernahme

Nicotinsäureamid-adenin-dinucleotidphosphat, Abk. $NADP^+$, ein wichtiges wasserstoffübertragendes Coenzym (↗ Enzyme). Es unterscheidet sich vom ↗ Nicotinsäureamid-adenindinucleotid nur durch den Besitz einer zusätzlichen Phosphatgruppe. ↗ Photosynthese.

Niederdruck-Polyethylen, ND-PE, ↗ Polyethylen.

Niederschlag, feste Substanz, die bei chem. Reaktionen oder auch physikal. Vorgängen aus einer homogenen Phase ausfällt. Ein N. tritt auf, wenn das Löslichkeitsprodukt der gelösten Substanz überschritten wird.

Nielsbohrium, chem. Element (↗ Elemente, chem.), Symbol Ns, $A_{r(1981)} = [262]$, Ek: [Rn]
$5f^{14}6d^37s^2$, 2. Element der ↗ Transactinoiden, Kernladungszahl $Z = 105$. Das Element wurde 1970 durch Arbeitsgruppen um FLEROV und GHIORSO synthetisiert.

Ninhydrin, ein geminales Diol, das sich durch Hydratisierung vom Indan-1,2,3-trion ableitet. N. ist ein häufig verwendetes Reagens zum Nachweis für α-Aminosäuren, Peptide und Eiweißstoffe. In wäßrig neutraler Lösung bildet sich unter Kohlendioxidabspaltung ein konzentrationsabhängiger violetter bis blauer Farbstoff; über dessen Bestimmung ist dann eine Erfassung der freien α-Aminogruppen in der Probe möglich. Andere stickstoffhaltige Zellbestandteile, wie Harnstoff, Harnsäure, Kreatin, Kreatinin u.a., reagieren nicht.

Ninhydrin

Niob, bis zum Jahre 1975 deutschsprachige Bez. für das chem. Element ↗ Niobium.

Niobium,

Nb	$Z = 41$
$A_{r(1981)} = 92,9064$	
Ek: [Kr] $4d^45s^1$	
OxZ: $-1, +1, +2, +3, +4, +5$	
$X_E = 1,6$	
Elementsubstanz:	
Schmp. 2420 °C	
Sdp. 4900 °C	
$\varrho = 8,55$ kg·l^{-1}	

chem. Element (↗ Elemente, chem.).

Niobium, Symbol: Nb, bis 1975 Niob, 2. Element der 5. Nebengruppe des PSE (↗ Nebengruppenelemente, 5. Nebengruppe des PSE). N. ist die Bez. für alle Atome, die 41 positive Ladungen im Kern, also 41 Protonen besitzen: Kernladungszahl $Z = 41$. Die Hülle des neutralen Atoms besteht aus 41 Elektronen, von denen die möglichen Valenzelektronen die Konfiguration $4d^45s^1$ besitzen. In Verb. werden Oxydationsstufen eingenommen, die durch die Oxydationszahlen OxZ $-1, +1, +2, +3, +4$ und $+5$ charakterisiert sind. N. wurde 1844 von ROSE durch Isolierung des reinen Chlorids nachgewiesen und 1905 durch v. BOLTON als Metall dargestellt. N. kommt in seinen Erzen an zahlreichen Stellen, jedoch immer in geringen Mengen, vor: *Niobit, Columbit,* $Fe(NbO_3)_2$, und *Pyrochlor,* $NaCaNb_2O_6F$. Metallisches N. wird durch Schmelzflußelektrolyse, durch Reduktion seiner Oxide mit metallischem Aluminium oder durch Reduktion bestimmter Fluoride mit Natrium dargestellt. Das Metall ist

hellgrau, glänzend, geschmeidig, gut zu ziehen, zu pressen und zu schmieden. Geringe Verunreinigungen machen es hart und spröde. Metallisches N. ist durch eine haltbare Oxidschicht beständig, reagiert aber bei höheren Temperaturen mit den meisten Nichtmetallen; mit molekularem Sauerstoff zu Niobium(V)-oxid:
4 Nb + 5 O_2 → 2 Nb_2O_5, $\Delta_B H = -1\,905$ kJ · mol^{-1}
und mit molekularem Chlor zu Niobium(V)-chlorid:
2 Nb + 5 Cl_2 → 2 $NbCl_5$, $\Delta_B H = -787$ kJ · mol^{-1}.
N. wird als Legierungsbestandteil für Stähle und Nichteisenmetalle verwendet; diese Legierungen sind widerstandsfähig gegen hohe Temperaturen (Werkstoff für Gasturbinen, Düsenflugzeuge, Raketen und Kernreaktoren). Außerdem wird N. als Gettermetall in der Hochvakuumtechnik eingesetzt.

Nitrat, e, Salze der ↗ Salpetersäure.

Nitrene, den ↗ Carbenen analoge Stickstoffverb., die einbindigen Stickstoff enthalten und für die zwei Strukturmöglichkeiten diskutiert werden, R—$\overline{\underline{N}}$ oder R—$\dot{\underline{N}}$|. Es sind typische Elektronenmangelverb., die stark elektrophil reagieren. N. entstehen bei der Spaltung von Aziden:
R—N_3 → N_2 + R—$\overline{\underline{N}}$,
R—CO—N_3 → N_2 + R—CO—$\overline{\underline{N}}$.
N. isomerisieren sich leicht zu Iminen oder cyclischen Produkten oder dimerisieren zu Azoverb. Additionsreaktionen an nucleophile Partner wie Cyclohexan oder Benzen führen zu bicyclischen Systemen oder zu Ringerweiterungen.

Nitride, binäre Verb. eines Elements mit Stickstoff. Es werden unterschieden:

<u>Ionische oder salzartige N.</u> sind Verb. mit Elementen der I. bis III. Haupt- und Nebengruppe des PSE. In diesen Verb. tritt Stickstoff als N^{3-}-Anion auf. Durch Einwirkung von Wasser wird bei Bildung der entsprechenden Hydroxide Ammoniak frei, z. B.:
Mg_3N_2 + 6 H_2O → 2 NH_3↑ + 3 $Mg(OH)_2$.

<u>Flüchtige N.</u> sind Verb. mit Elementen der IV. bis VII. Hauptgruppe des PSE, die eigentlich keine N. im engeren Sinne darstellen, sich aber durch relativ niedrige Schmelz- und Siedetemperaturen auszeichnen, z. B. Stickstofftrichlorid, NCl_3, das bei $-55,5\,°C$ schmilzt und ein wachsgelbes, dünnflüssiges Öl von unangenehmem Geruch darstellt.

<u>Diamantartige N.</u> sind Verb. mit den Elementen Bor, Silicium und Phosphor, die stabile kovalente Bindungen besitzen und feste, sehr schwer flüchtige Substanzen darstellen.

<u>Metallische N.,</u> auch als nichtstöchiometrische N. bezeichnet, sind Verb. mit den Elementen der IV. bis VIII. Nebengruppe des PSE, die sich durch sehr hohe Schmelz- und Siedetemperaturen auszeichnen und z.T. den elektrischen Strom leiten, z.B. Titaniumnitrid, TiN, mit einer Schmelztemperatur von 2 947 °C.

Nitrieren, Verfahren zur Oberflächenvergütung von chromium- und aluminiumhaltigen Stählen. Sie werden bei 500 °C im Ammoniakstrom erhitzt. Stickstoff diffundiert in die oberflächennahen Bereiche und härtet das Material durch Bildung harter Nitride.

Nitriersäure, Gemisch von konz. Salpetersäure und konz. Schwefelsäure im molaren Verhältnis 1:1. Dabei bildet sich ein Gleichgewicht, das durch Vorhandensein des NO_2^+-Ions elektrophile ↗ Substitutionsreaktionen, insbesondere die Einführung der Nitrogruppe in aromatische Verb., ermöglicht:
$HNO_3 + H_2SO_4 \rightleftharpoons NO_2^+ + HSO_4^- + H_2O$.

Nitrierung, eine Methode der org. Chemie, bei der in eine aliphatische oder aromatische Verb. die Nitrogruppe, —NO_2, eingebaut wird. Die Bildung von ↗ Nitroalkanen erfolgt in einer radikalischen Substitutionsreaktion bei höheren Temperaturen mit Salpetersäure. Nitroaromaten, z. B. das ↗ Nitrobenzen, werden in einer elektrophilen Substitutionsreaktion aus den Aromaten mit ↗ Nitriersäure, rauchender Salpetersäure, konz. Salpetersäure, Distickstofftetroxid oder Nitrylbortrifluorid hergestellt.

Nitrificide, Beimengungen zu Stickstoffdüngemitteln, die deren Abbau zu Nitrationen verzögern, um Auswaschungen aus dem Boden zu verringern.

Nitrile, R—C≡N, ↗ Carbonsäurederivate, die durch Wasserabspaltung aus ↗ Carbonsäureamiden hergestellt werden.
Durch Umsetzung von Alkylhalogeniden mit Alkalicyaniden bilden sich überwiegend N. neben wenig Isonitrilen, R—NC. Die Dehydratisierung von Aldehydoximen mit Ethansäureanhydrid führt ebenfalls zu Nitrilen.
N. sind beständige, giftige Verb., die als Zwischenprodukte bei chem. Synthesen verwendet werden.

Nitrite, Salze der ↗ salpetrigen Säure.

Nitroalkane, (Nitroparaffine), R—NO_2, eine Gruppe von Verb., die sich von den ↗ Alkanen ableiten, bei denen ein Wasserstoffatom durch die Nitrogruppe, —NO_2, ersetzt wird, wobei der Stickstoff direkt an das Kohlenstoffatom gebunden ist. Isomer dazu sind die Ester der salpetrigen Säure, die Alkylnitrite, R—O—NO.
N. sind farblose, angenehm riechende Flüssigkeiten, die sich in Wasser kaum lösen. Ist die Nitro-

gruppe an ein primäres oder sekundäres C-Atom gebunden, lösen sich diese N. jedoch in Alkalilaugen unter Salzbildung. Aus alkoholischer Natriumhydroxidlösung fallen die Natriumsalze der N. kristallin aus. Durch den starken −I-Effekt der Nitrogruppe sind die Wasserstoffatome am benachbarten C-Atom leicht als Protonen ablösbar. Das dabei entstehende Anion ist durch Mesomerie stabilisiert:

$$R-\underset{H}{\overset{}{C}H}-N\overset{\oplus}{\underset{O}{\overset{O^\ominus}{\diagup}}}$$

$$\xrightarrow[-H_2O]{+NaOH} Na\left[R-\overset{\ominus}{CH}-N\overset{\oplus}{\underset{O}{\overset{O^\ominus}{\diagup}}} \longleftrightarrow R-CH=N\overset{}{\underset{O^\ominus}{\overset{O}{\diagup}}}\right]$$

In den mesomeren Formen tritt das Anion auch als Ion der tautomeren aci-Nitro-Struktur auf, ↗ Nitro-aci-Nitro-Tautomerie. N. lassen sich zu Alkylaminen reduzieren. Mit starken Mineralsäuren erfolgt eine Spaltung bei primären N. in Carbonsäure und Hydroxylaminsalz, bei sekundären N. in Keton, Distickstoffmonoxid und Wasser.
Bei der Dampfphasennitrierung von Alkanen mit Salpetersäure entstehen Gemische von N. in Ausbeuten von etwa 40%.
Aus Alkylhalogeniden bilden sich N. mit Natriumnitrit in N,N-Dimethylformamid zu über 60% neben den isomeren Alkylnitriten. Tert. N. sind durch Oxydation von tertiären Alkylaminen herstellbar. Für die Synthese des ↗ Nitromethans und des ↗ Tetranitromethans werden spezielle Verfahren angewendet. N. mit niedrigen C-Zahlen sind sehr gute Lösungsmittel für natürliche und synthetische Polymere. Verschiedene N. sind Ausgangsstoffe für chem. Synthesen.

Nitroanilin, $H_2N-C_6H_4-NO_2$, drei isomere Verb., die weniger basisch als das Aminobenzen (Anilin) reagieren. Sie sind durch die farbvertiefende Wirkung der Aminogruppe im Unterschied zum Nitrobenzen intensiv gelb gefärbt. Die Salze der N. sind farblos.
Ortho und para N. werden durch Nitrierung von Acetanilid und anschließende Trennung der Isomeren oder durch Ammonolyse von o- bzw. p-Chlornitro-benzen hergestellt.
Das m-N. wird durch partielle Reduktion des m-Dinitro-benzens gewonnen.
N. sind wichtige Ausgangsverb. zur Produktion von Azofarbstoffen.
Nitrobenzen, $C_6H_5-NO_2$, gelbliche Flüssigkeit, Sdp. 211 °C, die sich in Wasser nicht, aber in org. Lösungsmitteln gut löst. N. besitzt einen starken bittermandelähnlichen Geruch. N. ist eine giftige Verb. Es kann durch die Haut aufgenommen werden! Es behindert den Sauerstofftransport. Die Reduktion des N. führt abhängig vom pH-Wert des Mediums zu unterschiedlichen Produkten:
neutral oder schwach sauer: N-Phenyl-hydroxylamin, $C_6H_5-NH-OH$, z. B. durch Reduktion mit Zinkpulver in wäßriger Ammoniumchloridlösung, oder durch katodische Reduktion in acetatgepufferter ethansaurer Lösung;
sauer: ↗ Aminobenzen (Anilin), $C_6H_5-NH_2$, z. B. durch Reduktion mit Zink oder Eisen in salzsaurer Lösung;
alkalisch: Azoxybenzen, $C_6H_5-\overset{\oplus}{N}=N-C_6H_5$, ↗ Azoxy-
$\qquad\qquad\qquad\qquad\qquad |O|^\ominus$
gruppe, bei Reduktion von N. mit methanolischer Kaliumhydroxidlösung; oder Azobenzen, $C_6H_5-N=N-C_6H_5$,
durch Reduktion von N. mit Natriumamalgam; oder Hydrazobenzen, $C_6H_5-NH-NH-C_6H_5$,
durch Reduktion von N. mit Zinkpulver in verd. Natronlauge oder elektrochem. in Natronlauge.
Das Nitrosobenzen, C_6H_5-NO, ist zwar Zwischenprodukt bei diesen Reduktionsfolgen, da es aber leichter weiter reduziert wird als die Ausgangsverb., kann es nicht isoliert werden. Es wird deshalb durch Oxydation des Phenylhydroxylamins mit Kaliumdichromat in schwefelsaurer Lösung hergestellt. N. wird durch Nitrierung von Benzen mit Nitriersäure (Gemisch von konz. Salpetersäure und konz. Schwefelsäure) in einer S_E-Reaktion hergestellt. Bei energischer Nitrierung bildet sich das 1,3-Dinitro-benzen. Drei Nitrogruppen können nicht in das Benzenmolekül durch direkte Nitrierung eingeführt werden, da durch den gleichgerichteten −I- und −M-Effekt der elektrophile Angriff durch die beiden vorhandenen Nitrogruppen stark erschwert wird.
Chlorierung des N. führt zu 1-Chlor-3-nitro-benzen und Sulfonierung zu 3-Nitro-benzensulfonsäure.
N. wird als Lösungsmittel benutzt, dient aber vorwiegend zur Herstellung von Aminobenzen.
Nitrogenium, wissenschaftliche Bez. für das chem. Element ↗ Stickstoff.
Nitroglycerin, verbotener Trivialname für ↗ Glyceroltrinitrat.
Nitrogruppe, $-NO_2$, Atomanordnung, die als funktionelle Gruppe in den org. Nitroverb. vorkommt, wobei das Stickstoffatom an ein Kohlenstoffatom gebunden ist. In dieser Bindung unterscheidet sich die N. von der isomeren Nitritgruppierung, wie sie in den Estern der salpetrigen Säure vorkommt, $-O-NO$.
In der N. ist das Stickstoffatom vierbindig und trägt

eine positive Ladung. Die Sauerstoffatome sind gleichwertig. Die N. ist durch Mesomerie stabilisiert.
Die N. übt auf einen Substituenten einen starken $-$I-Effekt aus. Sie besitzt einen gleichgerichteten $-$M-Effekt. Als Erstsubstituent am Benzen dirigiert sie den Zweitsubstituenten der elektrophilen Substitution in die meta-Stellung, ist also ein Substituent 2. Ordnung.

Nitrolacke, schnell trocknende, sehr gut spritzfähige Lacke (farblos oder mit Farbstoffpigmenten), die aus ↗ Cellulosenitrat und niedrigsiedenden Lösungsmitteln bestehen.

Nitromethan, CH_3—NO_2, die niedrigste Verb. aus der Reihe der ↗ Nitroalkane. N. ist eine farblose, schwach ätherisch riechende, brennbare Flüssigkeit, Sdp. 101 °C, $\varrho_n = 1{,}13 \, g \cdot cm^{-3}$. N. ist etwa zu 10 % in Wasser löslich. In Alkalilaugen löst es sich unter Salzbildung: $Na[CH_2=NO_2]$.
N. wird zu Methylamin reduziert. Es addiert aliphatische Aldehyde zu Nitroalkoholen, R—CH(OH)—CH_2—NO_2 und kondensiert mit aromatischen Aldehyden zu 2-Aryl-1-nitro-ethen (ω-Nitrostyrene), Ar—CH=CH—NO_2.
N. wird im Laboratorium durch Reaktion von Natriumnitrit mit dem Natriumsalz der ↗ Chlorethansäure hergestellt:
$NaNO_2 + Na(Cl—CH_2—COO)$
$\rightarrow NaCl + Na(O_2N—CH_2COO)$.
Die zunächst entstandene Nitroethansäure wird leicht decarboxyliert und braucht aus der Lösung nicht isoliert zu werden:
$Na(O_2N—CH_2—COO) + H_2O$
$\rightarrow H_3C—NO_2 + NaHCO_3$.
Techn. wird N. bei der Dampfphasennitrierung niedriger Alkane erhalten. Aus dem Gemisch verschiedener Nitroalkane wird N. durch Destillation isoliert. N. ist ein hervorragendes, vielseitig genutztes Lösungsmittel.

Nitrosamine, R^1RN—NO, sind wenig in Wasser lösliche, gelb bis rot gefärbte Verb., die carcinogen wirken können. N. lassen sich durch Spaltung mit konz. Salzsäure in sekundäre Amine überführen, aus denen sie sich in saurer Lösung bei der Reaktion mit Natriumnitrit bilden:

$[R^1R\overset{\oplus}{N}H_2] Cl + NaNO_2 \longrightarrow NaCl + H_2O + R^1R N—NO$

Nitrosamine

Durch Reduktion werden aus N. die N,N-disubsti-

tuierten Hydrazine hergestellt.
N. werden zur Identifizierung oder Reinigung von sekundären Aminen und zur Synthese von Folgeprodukten verwendet, z. B. für disubstituierte Hydrazine, ↗ Diazomethan aus N-Methyl-N-nitrosourethan, C_2H_5—O—CO—N(CH$_3$)—NO. N. sind Schadstoffe, die sich im menschlichen Körper nach Aufnahme von Nitritionen mit dem Trinkwasser bilden können. Ursache dafür ist die überhöhte Auswaschung von Nitritionen aus der landwirtschaftlichen Produktion (Düngemittel, Gülle, Silosickersäfte) in das Grundwasser.

nitrose Gase, Gasgemisch von Stickstoffoxiden, das besonders durch seinen Anteil an ↗ Stickstoff(IV)-oxid stark giftig ist.

Nitrose-Verfahren, ↗ PETERSEN-Verfahren.

Nitrosierung, Reaktion, bei der in eine org. Verb. die Nitrosogruppe, —NO, eingeführt wird. Meist wird aktiver Wasserstoff substituiert. Als wichtigstes Nitrosierungsmittel wird Natriumnitrit in saurer Lösung (salpetrige Säure) verwendet. In wasserfreien Systemen hat sich der Einsatz von Estern der salpetrigen Säure, Ethyl- oder Amylnitrit, bewährt. Analog reagiert auch Distickstofftrioxid, N_2O_3.

Nitrosylion, NO^+, Kation, das Salze zu bilden vermag, z. B. Nitrosylchlorid, NOCl. In wäßriger Lösung hydrolysieren Nitrosylsalze, z. B.:
$NOCl + H_2O \rightarrow NOOH + H^+ + Cl^-$.

Nitrotoluene, H_3C—C_6H_4—NO_2, drei isomere Verb., die sich in der Stellung der Substituenten des Benzenringes zueinander unterscheiden:

2-Nitro-toluen
Schmp. $-4{,}5\,°C$
Sdp. 222 °C

3-Nitro-toluen
Schmp. 15,5 °C
Sdp. 232 °C

4-Nitro-toluen
Schmp. 52 °C
Sdp. 239 °C

2- und 4-Nitro-toluene werden bei der Nitrierung von Toluen mit Nitriersäure erhalten. Das Reaktionsgemisch (etwa 65 % 2-, 30 % 4- und 5 % 3-Nitro-toluen) kann durch fraktionierte Destillation und Kristallisation getrennt werden. Für die Herstellung von Toluendiisocyanaten wird zu Dinitrotoluenen weiternitriert. Es sind wichtige Ausgangsstoffe zur Polyurethanproduktion.
Für die Synthese des 3-Nitro-toluens sind spezielle Verfahren erforderlich.
N. sind Zwischenprodukte bei der Herstellung von Aminotoluenen (Toluidinen). Das ↗ Trinitrotoluen ist ein handhabungssicherer Sprengstoff.

Nitroverbindungen, org. Verb., die als funktionelle Gruppe die ↗ Nitrogruppe, —NO₂, enthalten. Ein Teil dieser Stoffgruppe hat große techn. Bedeutung, ↗ Nitroalkane, ↗ Nitromethan, ↗ Tetranitromethan, ↗ Nitrobenzen, ↗ Nitrotoluene.

NMR, Abk. des englischen Begriffes *n*uclear *m*agnetic *r*esonance für die kernmagnetische Resonanz (↗ Molekülspektren).

NOBEL, ALFRED (21.10.1833 bis 10.12.1896), vielseitig interessierter schwedischer Forscher und Industrieller, entwickelte das ↗ Dynamit, die Sprenggelatine, das Progressivpulver; 1888 stellte er mit dem Ballistit das erste rauchlose Pulver her. Er erfand die Initialzündung. Er befaßte sich mit der Herstellung von Sauerstoff, elektrischen Batterien, metallurgischen Erzeugnissen u. a. Bei seinem Tod hinterließ er rund 30 Millionen Mark. Seine Einstellung zur Wissenschaft und humanitäre Überlegungen führten zur Festlegung in seinem Testament, die jährlichen Zinsen seines gesamten Vermögens für Preise an herausragende Leistungen auf dem Gebiet der Wissenschaften, der Literatur und für Verdienste um Frieden und Völkerverständigung zu verwenden.

A. NOBEL

Nobelium,

No $Z = 102$
$A_{r\,(1981)} = [259]$
Ek: [Rn] $5f^{14}7s^2$
OxZ: +2, +3
$X_E = 1,3$

chem. Element (↗ Elemente, chem.).

Nobelium, Symbol: No, 13. Element der ↗ Actinoidengruppe, 10. Element der ↗ Transurane. N. ist die Bez. für alle Atome, die 102 positive Ladungen im Kern, also 102 Protonen besitzen: Kernladungszahl $Z = 102$. N. wurde 1958 durch Arbeitsgruppen von FLEROV (in Dubna) und GHIORSO (in Berkeley) synthetisiert. Es ist ein radioaktives Element, das aus dem Curium-Isotop ^{244}Cm gewonnen werden kann und als Isotop ^{253}No, $t_{1/2} = 10$ min, anfällt. Das Isotop ^{259}No ist das langlebigste und stabilste.

Nobelpreis ↗ NOBEL, ALFRED. Die ersten N. wurden 1901 verliehen. Den ersten N. für Chemie erhielt 1901 der Niederländer ↗ JACOBUS H. VAN'T HOFF. Im gleichen Jahr erhielt als erster Deutscher WILHELM C. RÖNTGEN den N. für Physik.

Nomenklatur, anorg. chem., Gültig sind zur Zeit die IUPAC-Regeln von 1970.

1. Elementnamen sind der 2. Umschlagseite zu entnehmen. Für abgeleitete Namen werden meist die lateinischen Elementnamen zugrunde gelegt:

Tabelle 1. Von lateinischen Elementnamen abgeleitete Bezeichnungen

Element	lateinischer Name	abgeleitete Bezeichnungen
Blei	Plumbum	Plumbat
Eisen	Ferrum	Ferrat
Gold	Aurum	Aurat
Kohlenstoff	Carboneum	Carbid, Carbonat
Kupfer	Cuprum	Cuprat
Nickel	Niccolum	Niccolat
Quecksilber	Mercurius	Mercurat
Sauerstoff	Oxygenium	Oxid
Schwefel	Sulfur	Sulfid, Sulfit, Sulfat
Silber	Argentum	Argentat
Stickstoff	Nitrogenium	Nitrid, Nitrit, Nitrat
Wasserstoff	Hydrogenium	Hydrid
Zink	Zincum	Zincat
Zinn	Stannum	Stannat

Für Schwefelverb. leiten sich einige Namen vom griechischen Theion ab, z. B. Thiophosphat; Bez. bestimmter Stickstoffverb. haben im französischen Azote ihren Ursprung, z. B. Azid, Azobenzen.

2. Allgemeine Grundsätze für Verb.: Verbindungsnamen werden durch die Angabe der Bestandteile und ihrer Mengenverhältnisse gebildet. Bei mehreren gleichartigen Bestandteilen gilt alphabetische Reihenfolge.

In der *Formel* und im Namen steht der elektropositive Bestandteil (das Kation) zuerst, dann folgt der elektronegative Teil (das Anion), z. B. NaCl, Ca(NO₃)₂. In binären, d.h. in nur aus zwei Elementen bestehenden Verb. von Nichtmetallen wird das Element als elektropositiv betrachtet, das in der folgenden Reihe an früherer Stelle steht: Rn, Xe, Kr, B, Si, C, Sb, As, P, N, H, Te, Se, S, At, I, Br, Cl, O, F, z. B.: NH₃, H₂O, Cl₂O, OF₂. Der Name des elektropositiven Bestandteils bleibt unverändert.

In binären *Verb.* erhält der elektronegative Bestandteil die Endung -id, z. B.:

NaCl   Natriumchlorid
ClO₂   Chlordioxid

Besteht der elektronegative Bestandteil aus mehreren verschiedenen Atomen, wird die Endung -at an die lateinische Bez. des charakteristischen Atoms bzw. des ↗ Zentralatoms angefügt. Die übrigen Atome oder Moleküle werden als ↗ Liganden betrachtet, und der gesamte Bestandteil wird wie ein Anionenkomplex benannt (siehe Punkt 8), z. B.:

H_2SO_4	Dihydrogen-tetraoxosulfat (Schwefelsäure)
Na_2SO_4	Dinatrium-tetraoxosulfat (Natriumsulfat)
Na_2SO_3	Dinatrium-trioxosulfat (Natriumsulfit)

Seit langem benutzte Abk. und ↗ Trivialnamen sind jedoch gebräuchlich und zulässig (siehe Punkt 3. und 6.).

Die *Mengenverhältnisse* der Bestandteile werden durch die multiplikativen Vorsilben mono, di, tri, tetra, penta, hexa, hepta, octa, nona, deca usw. angegeben. Die Vorsilben bis, tris, tetrakis, pentakis usw. werden benutzt, wenn sie sich auf Gruppen beziehen, die im Namen bereits ein Zahlwort enthalten. Die Silbe mono kann weggelassen werden. Beispiele:

SO_3	Schwefeltrioxid
S_2Cl_2	Dischwefeldichlorid
$Ca[PCl_6]_2$	Calcium-bis(hexachlorphosphat)

Das Mengenverhältnis kann auch indirekt durch das STOCKsche System angegeben werden. Dabei erscheint die ↗ Oxydationszahl eines Elementes als römische Ziffer in Klammern hinter dem Element, z. B.:

$\overset{+2}{Fe}Cl_2$	Eisen(II)-chlorid
$\overset{+3}{Fe}Cl_3$	Eisen(III)-chlorid
$K_2\overset{+6}{Mn}O_4$	Kalium-manganat(VI)

Beim EWENS-BASSET-System wird die Ionenladung in Klammern nach dem Namen angegeben, z. B.:

$FeCl_2$	Eisen(2+)-chlorid
K_2MnO_4	Kalium-manganat(2−)

Bei eindeutiger Zusammensetzung bzw. bei Elementen mit im wesentlichen konstanter Oxydationszahl können Angaben zu den Mengenverhältnissen entfallen, z. B.:

Natriumsulfat statt Dinatrium-sulfat
Aluminiumchlorid statt Aluminium(III)-chlorid

3. Namen für Ionen: Einatomige *Kationen* werden mit dem unveränderten Elementnamen bezeichnet, komplexe Kationen nach den Regeln für Koordinationsverb. (siehe Punkt 8.), z. B.:

Fe^{2+}	Eisen(II)-Ion
$[Fe(H_2O)_6]^{2+}$	Hexaaquaeisen(II)-Ion

Leitet sich ein Kation von einem einatomigen Anion durch Anlagerung von Protonen ab, erhält der Kationenname die Endung -onium, z. B.:

H_3O^+	Oxonium-Ion (Hydronium-Ion)
PH_4^+	Phosphonium-Ion

Für das NH_4^+-Ion wird der Name Ammonium-Ion beibehalten. Kationen, die sich von Stickstoffbasen mit der Endung -amin ableiten, werden ebenfalls als Ammonium-Ionen bezeichnet. Endet der Name der Stickstoffbase nicht auf -amin, erhält das Kation die Endung -ium. Beispiele:

$HONH_2$	Hydroxylamin	− $[HONH_3]^+$	Hydroxylammonium-Ion
N_2H_4	Hydrazin	− $[N_2H_6]^{2+}$	Hydrazinium(2+)-Ion

Einatomige *Anionen* erhalten die Endung -id, z. B.:

H^-	Hydrid-Ion	S^{2-}	Sulfid-Ion
Cl^-	Chlorid-Ion	N^{3-}	Nitrid-Ion
O^{2-}	Oxid-Ion	C^{4-}	Carbid-Ion

Einige Namen mehratomiger Anionen enden ebenfalls auf -id, z. B.:

HO^-	Hydroxid-Ion	NH^{2-}	Imid-Ion
O_2^-	Peroxid-Ion	NH_2^-	Amid-Ion
S_2^{2-}	Disulfid-Ion	CN^-	Cyanid-Ion
N_3^-	Azid-Ion	C_2^{2-}	Acetylid-Ion

Mehratomige Anionen enden sonst generell auf -at, z. B.:

PO_4^{3-}	Phosphat-Ion	AsO_3^{3-}	Arsenat(III)-Ion

Für wenige Anionen kann die Endung -it verwendet werden, um einen niedrigeren Oxydationszustand zu kennzeichnen (Tabelle 2, S. 340) z. B.:

NO_2^-	Nitrit-Ion	SO_3^{2-}	Sulfit-Ion
ClO_2^-	Chlorit-Ion		

Weiterhin können die Vorsilben hypo- und per- verwendet werden, wenn sie in der entsprechenden Säure auftreten (Tabelle 2), z. B.:

ClO_4^- Perchlorat-Ion ClO^- Hypochlorit-Ion

4. Atomgruppen (Radikale): Einige Atomgruppen, die in verschiedenen Verbindungen auftreten, erhalten Namen mit der Endung -yl, z. B.:

HO—	Hydroxyl-	SO—	Sulfinyl-(Thionyl)-
CO—	Carbonyl-	SO_2—	Sulfonyl-(Sulfuryl)-
NO—	Nitrosyl-	UO_2—	Uranyl-

Diese Gruppen werden in Verb. als elektropositiver Bestandteil behandelt, z. B.: $HONH_2$ Hydroxylamin.

5. Hydride: Die Namen für binäre Wasserstoffverb. können nach den Grundsätzen für binäre Verb. gebildet werden (siehe Punkt 2.), z. B.:

NaH Natriumhydrid HCl Hydrogenchlorid

Die Benennung flüchtiger Hydride (↗ Hydride) erfolgt üblicherweise jedoch durch die Verwendung der Endung -an, z. B.:

B_2H_6 Diboran H_2S_n Polysulfan

Gebräuchliche Namen wie Wasser, Ammoniak und

Tabelle 2. Empfohlene Namen für wichtige Oxosäuren und ihre Salze

Formel	Name der Säure	Name der Salze
H_3BO_3	Orthoborsäure oder Borsäure	Orthoborate oder Borate
$(HBO_2)_n$	Metaborsäure	Metaborate
H_2CO_3	Kohlensäure	Carbonate
HOCN	Cyansäure	Cyanate
HNCO	Isocyansäure	Isocyanate
HONC	Knallsäure	Fulminate
H_4SiO_4	Orthokieselsäure	Orthosilicate
$(H_2SiO_3)_n$	Metakieselsäure	Metasilicate
HNO_3	Salpetersäure	Nitrate
HNO_2	salpetrige Säure	Nitrite
$H_2N_2O_2$	hyposalpetrige Säure	Hyponitrite
H_3PO_4	Orthophosphorsäure oder Phosphorsäure	Orthophosphate oder Phosphate
$H_4P_2O_7$	Diphosphorsäure oder Pyrophosphorsäure	Diphosphate oder Pyrophosphate
$(HPO_3)_n$	Metaphosphorsäure	Metaphosphate
H_2PHO_3	Phosphonsäure	Phosphonate
HPH_2O_2	Phosphinsäure	Phosphinate
H_3AsO_4	Arsensäure	Arsenate
H_3AsO_3	arsenige Säure	Arsenite
H_2SO_4	Schwefelsäure	Sulfate
$H_2S_2O_7$	Dischwefelsäure	Disulfate
H_2SO_5	Peroxomonoschwefelsäure	Peroxomonosulfate
$H_2S_2O_8$	Peroxodischwefelsäure	Peroxodisulfate
$H_2S_2O_3$	Thioschwefelsäure	Thiosulfate
$H_2S_2O_6$	Dithionsäure	Dithionate
$H_2S_xO_6$	Polythionsäuren	Polythionate
H_2SO_3	schweflige Säure	Sulfite
$H_2S_2O_5$	dischweflige Säure	Disulfite
$H_2S_2O_2$	thioschweflige Säure	Thiosulfite
$H_2S_2O_4$	dithionige Säure	Dithionite
H_2SO_2	Sulfoxylsäure	Sulfoxylate
H_2SeO_4	Selensäure	Selenate
H_2SeO_3	selenige Säure	Selenite
H_6TeO_6	Orthotellursäure	Orthotellurate
H_2CrO_4	Chromsäure	Chromate
$H_2Cr_2O_7$	Dichromsäure	Dichromate
$HClO_4$	Perchlorsäure	Perchlorate
$HClO_3$	Chlorsäure	Chlorate
$HClO_2$	chlorige Säure	Chlorite
HClO	hypochlorige Säure	Hypochlorite
$HBrO_4$	Perbromsäure	Perbromate
$HBrO_3$	Bromsäure	Bromate
$HBrO_2$	bromige Säure	Bromite
HBrO	hypobromige Säure	Hypobromite
H_5IO_6	Orthoperiodsäure	Orthoperiodate
HIO_4	Periodsäure	Periodate
HIO_3	Iodsäure	Iodate
HIO	hypoiodige Säure	Hypoiodite

Hydrazin werden beibehalten. Die Wasserstoffverbindungen der Halogene werden im Deutschen als Halogenwasserstoffe bezeichnet, z. B.: Chlorwasserstoff.

6. **Säuren:** *Sauerstofffreie Säuren* werden nach den Regeln für binäre Verb. benannt, z. B.:
HF   Hydrogenfluorid

Im Deutschen werden jedoch Namen wie Flußsäure (HF), Salzsäure (HCl), Schwefelwasserstoffsäure (H_2S) und Blausäure (HCN) benutzt.

Sauerstoffsäuren (Oxosäuren) können mit systematischen Namen benannt werden (siehe Punkt 2.). Für viele Säuren sind jedoch Trivialnamen gebräuchlich und zulässig (Tabelle 2). Bei mehreren Säuren eines Elements wird die Vorsilbe per- zur Kennzeichnung eines höheren Oxidationszustandes, die Endung -ige und die Vorsilbe hypo- für niedrigere Oxidationszustände verwendet, z. B.:

$H\overset{+7}{Cl}O_4$ Perchlorsäure $H\overset{+3}{Cl}O_2$ chlorige Säure

$H\overset{+5}{Cl}O_3$ Chlorsäure $H\overset{+1}{Cl}O$ hypochlorige Säure

Die Vorsilben ortho- und meta- werden für Säuren mit höherem bzw. niedrigerem Wassergehalt benutzt, z. B.:

H_4SiO_4 Orthokieselsäure
$(H_2SiO_3)_n$ Metakieselsäure

Die Vorsilbe peroxo- wird verwendet, wenn die Gruppierung —O—O— enthalten ist, z. B.: H_2SO_5 Peroxoschwefelsäure.

Die Silbe thio- steht, wenn Sauerstoff durch Schwefel ersetzt ist, z. B.:

H_3PO_4 Phosphorsäure
$H_3PO_2S_2$ Dithiophosphorsäure

Säuren mit anderen Liganden als Sauerstoff und Schwefel werden nach den Regeln für Koordinationsverb. benannt (siehe Punkt 8.).

7. **Salze:** Einfache Salze werden nach den allgemeinen Grundsätzen benannt (siehe Punkt 2. und 3.).

Namen für saure Salze, d. h. Salze mit Säurewasserstoff, werden mit Hilfe des Wortes hydrogen- gebildet, z. B.:

NaH_2PO_4 Natrium-dihydrogenphosphat

Bei ↗ Doppelsalzen, Oxid- und Hydroxid-Salzen erscheinen jeweils Kationen und Anionen in alphabetischer Reihenfolge, sowohl im Namen als auch in der Formel, z. B.:

$AlK(SO_4)_2 \cdot 12 H_2O$ Aluminium-kalium-sulfat-12-Wasser
$Mg(NH_4)PO_4$ Ammonium-magnesium-phosphat
$Ca_5F(PO_4)_3$ Pentacalcium-fluorid-tris-(phosphat)
$Bi(NO_3)O$ Bismut-nitrat-oxid

8. **Koordinationsverbindungen:** In *Formeln* für Komplexverb. steht zuerst das Kation, dann das Anion. Komplexe Teilchen (Kationenkomplexe, Anionenkomplexe, Neutralkomplexe) werden in eckige Klammern gesetzt. Das Zentralatom(ion) steht hier zuerst, es folgen anionische ↗ Liganden und dann Neutralliganden. Bei mehreren verschiedenen anionischen bzw. neutralen Liganden wird in jeder Klasse die Anordnung durch die alphabetische Reihenfolge der Ligatoratome bestimmt. Beispiele:
$[Co(H_2O)_6]SO_4$, $K_3[Fe(CN)_6]$, $[PtCl_2(NH_3)_2]$

Namen von *Komplexteilchen* werden unter Einhaltung folgender Reihenfolge gebildet:
1. Zahl der Liganden durch multiplikative Vorsilben (siehe Punkt 2.)
2. Name des Liganden
3. Name des Zentralatoms(ions)
4. Oxidationszahl des Zentralatoms(ions) als ↗ Stocksche Zahl

Sind verschiedene Liganden vorhanden, werden sie unabhängig von Anzahl und Art in alphabetischer Reihenfolge aufgeführt. Komplexe Anionen erhalten die Endung -at an die lateinische Bez. des Zentralatoms(ions), bei Kationen- und Neutralkomplexen bleibt der Name des Zentralatoms(ions) unverändert.

Liganden werden bezeichnet, indem anionische Liganden die Endung -o erhalten, z. B.:

CO_3^{2-} carbonato SCN^- thiocyanato

Abgewandelte Ausdrücke sind u. a.:

F^-	fluoro	O_2^{2-}	peroxo
Cl^-	chloro	HO^-	hydroxo
Br^-	bromo	S^{2-}	thio
I^-	iodo	HS^-	mercapto
CN^-	cyano	NO_2^-	nitro
O^{2-}	oxo	ONO^-	nitrito

Die Namen von Kohlenwasserstoffresten, von koordinativ gebundenen neutralen Molekülen und von Kationen werden unverändert benutzt. Ausnahmen davon bilden u. a.:

H_2O aqua (früher aquo) CO carbonyl
NH_3 ammin NO nitrosyl

Liganden, die sich von org. Verb. durch Verlust von Protonen ableiten, erhalten die Endung -ato, und die so gebildeten Namen werden in Klammern gesetzt, z. B.:

$CH_3-C=NOH$
$|$
$CH_3-C=NOH$ Butan-2,3-diondioxim
(Dimethylglyoxim)

$CH_3-C=NO^-$
$|$
$CH_3-C=NOH$ Butan-2,3-diondioximato
(Dimethylglyoximato)

Die Oxidationszahlen der Zentralatome(ionen) ergeben sich aus der Ionenladung des Komplexteilchens minus der Summe der Ionenladungen der Liganden (↗ Komplexverb.).

Beispiele für Kationenkomplexe:

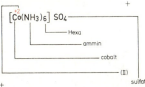

Hexaammincobalt (II)- sulfat

[CoCl₂(NH₃)₄]Cl
Tetraammindichlorocobalt(III)-chlorid
[CoCl₂{(CH₃)₂NH}₄]Cl
Dichlorotetrakis(dimethylamin)cobalt(III)-chlorid
Beispiele für Anionenkomplexe:

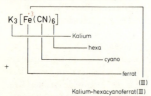

Kalium-hexacyanoferrat(III)

Na₂[Fe(CN)₅NO]
Natrium-pentacyanonitrosylferrat(III)
Na₃[Ag(S₂O₃)₂]
Natrium-bis(thiosulfato)argentat(I)
Beispiele für Neutralkomplexe:

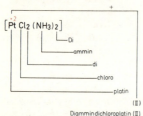

Diammindichloroplatin(II)

[Ni(C₄H₇N₂O₂)₂]
Bis(butan-2,3-diondioximato)nickel(II)

Nomenklatur, chem., Lehre von den wissenschaftlichen Bez. chem. Elemente und ihrer Verb. Diese Bez. müssen eindeutig sein und Rückschlüsse auf die Struktur ermöglichen. Die N. ist eine Kunstsprache, die systemabhängig und an Konventionen gebunden ist. 1892 wurden auf dem Genfer Kongreß erstmals international gültige Regeln aufgestellt (Genfer N.). Seit 1919 bemüht sich die ↗ IUPAC um eine abgestimmte internationale N. (IUPAC-N.), die für wissenschaftliche Publikationen verbindlich ist. Streng nach den Regeln gebildete Namen sind *systematische Namen* (rationelle Namen), Bez. ohne systematische Bestandteile werden als ↗ *Trivialnamen* bezeichnet. Gebräuchliche Trivialnamen haben Eingang in die systematische N. gefunden.

Nomenklatur, org. chem., Gültig sind die in »Nomenklatur of organic chemistry«, London 1971, zusammengestellten Regeln (»Blue book«).
Für die Schreibung chemischer Namen gelten folgende Festlegungen:
– Die Rechtschreibung richtet sich nach den englischsprachigen IUPAC-Regeln, d.h. meist c statt k und z und e statt ä, z.B. Calcium, Ethan.
– Es wird nur der Namensanfang groß geschrieben, ausgenommen vorangestellte Stellenangaben wie o-, m-, p-, prim-. Stellenangaben unter Verwendung von Elementsymbolen werden immer groß geschrieben.
Beispiele: p-Chlor-phenol, Pyridin-N-oxid.
– Stellenangaben für Substituenten und Mehrfachbindungen erfolgen in der Regel durch arabische Ziffern vor den Vorsilben oder Endungen, z.B. 4-Methyl-oct-2-en.
– Kommata werden zur Trennung von Stellenangaben für mehrere Substituenten gleicher Art verwendet, z. B. 3,3-Dimethyl-pentan. Bindestriche stehen zwischen Stellenangabe und folgendem Namensteil sowie nach Substituentennamen, die durch Stellenangaben lokalisiert sind, z.B. 3-Nitro--benzen. Klammern dienen der Zusammenfassung komplexer Substituenten; nach dem Klammerausdruck entfällt der Bindestrich, z.B. 4-(2-Dimethylamino-ethyl)benzoesäure. Sind mehrere Klammern erforderlich, werden sie in der folgenden Reihenfolge von innen nach außen verwendet: { [( )] }.
Der Name einer org. Verb. kann nach verschiedenen Nomenklaturprinzipien gebildet werden. Die größte Bedeutung besitzt die Substitutionsnomenklatur. Das Prinzip besteht darin, daß man sich eine Verb. aus einer Stammverb. durch ↗ Substitutionsreaktion (Ersatz von Wasserstoff durch einen Kohlenwasserstoffrest oder eine ↗ funktionelle Gruppe) abgeleitet denkt. Der Name der Verb. wird gebildet, indem die Namen der Substituenten (z.T. festgelegte Vorsilben bzw. Endungen) an den Stammnamen für die Stammverb. angegliedert werden. Die Position, an der sich der Substituent befindet, wird durch arabische Ziffern bezeichnet.
Stammverbindung:

```
    H H H
    | | |
H—C—C—C—H
    | | |
    H H H
```
Propan

Abgeleitete Verbindungen:

```
     H H H
     | | |
Cl—C—C—C—H
     | | |
     H H H
```
1-Chlor-propan

```
    H H H
    | | |
H—C—C—C—H
    | | |
    H OH H
```
Propan-2-ol

1. Acyclische Kohlenwasserstoffe: Gesättigte Kohlenwasserstoffe heißen ↗ Alkane. Unverzweigte kettenförmige (acyclische) Alkane erhalten Namen aus einem Zahlwort und der Endung -an (Tabelle 1). Die ersten vier Vertreter behalten ↗

Tabelle 1. Namen der unverzweigten Alkane

n	Name	n	Name
1	Methan	11	Hendecan
2	Ethan	12	Dodecan
3	Propan	13	Tridecan
4	Butan	14	Tetradecan
5	Pentan	15	Pentadecan
6	Hexan	16	Hexadecan
7	Heptan	17	Heptadecan
8	Octan	18	Octadecan
9	Nonan	19	Nonadecan
10	Decan	20	Eicosan

n Anzahl der Kohlenstoffatome

Trivialnamen. Einwertige Kohlenwasserstoffreste (Alkylreste), die aus unverzweigten Alkanen durch Entfernung eines Wasserstoffatoms an einem endständigen Kohlenstoffatom entstehen, erhalten Namen, in denen die Endung -an der Alkane durch die Endung -yl ersetzt wird.
$CH_3-CH_2-CH_2-CH_2-$ But**yl**-
Zweiwertige Reste, bei denen die Bindung von den beiden endständigen Kohlenstoffatomen ausgeht, werden durch Vervielfachen der Einheit $-CH_2-$ (Methylen-) benannt.
$-CH_2-CH_2-CH_2-CH_2-$ Tetramethylen-
Eine Ausnahme bildet der Rest $-CH_2-CH_2-$, der als Ethylen- bezeichnet wird.
Verzweigte kettenförmige Alkane benennt man in der Weise, daß der Stammname der längsten Kohlenstoffkette (Hauptkette) des Moleküls entspricht und Reste an dieser Kette als Substituenten betrachtet werden. Die Stellungen der Substituenten an der Hauptkette werden durch Ziffern angegeben. Dazu werden die Kohlenstoffatome der Hauptkette so durchnumeriert, daß sich möglichst niedrige Ziffern ergeben:

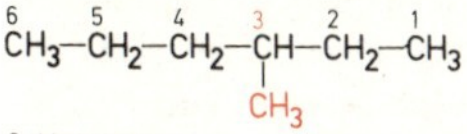

$\overset{6}{C}H_3-\overset{5}{C}H_2-\overset{4}{C}H_2-\overset{3}{C}H-\overset{2}{C}H_2-\overset{1}{C}H_3$
$\qquad\qquad\qquad\quad |$
$\qquad\qquad\qquad\ CH_3$

3-Methyl-hexan

Befinden sich verschiedene Reste an der Hauptkette, werden sie im Namen alphabetisch geordnet. Für mehrere gleiche Reste werden multiplikative Vorsilben (di, tri, tetra usw.) verwendet, die bei der alphabetischen Ordnung der Reste jedoch nicht berücksichtigt werden. Bei der Bezifferung der Hauptkette muß so vorgegangen werden, daß für Seiten-

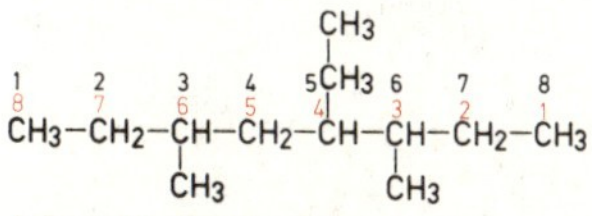

$\overset{1}{C}H_3-\overset{2}{C}H_2-\overset{3}{C}H-\overset{4}{C}H_2-\overset{5}{C}H-\overset{6}{C}H-\overset{7}{C}H_2-\overset{8}{C}H_3$
$\qquad\qquad\quad |\qquad\qquad |\quad\ |$
$\qquad\qquad\ CH_3\qquad CH_3\ CH_3$

4-Ethyl-3,6-dimethyl-octan

ketten die niedrigstmöglichen Stellenangaben erhalten werden.
richtige Ziffernfolge: 3, 4, 6 und nicht: 3, 5, 6.
Die Namen von verzweigten Alkylgruppen werden analog gebildet. Es ist jedoch zu beachten, daß das Kohlenstoffatom, von dem die Bindung ausgeht, in der Hauptkette enthalten sein muß und die Stellenangabe 1 erhält.

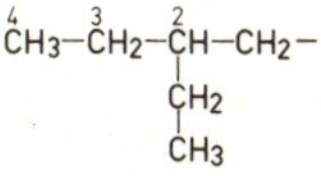

$\overset{4}{C}H_3-\overset{3}{C}H_2-\overset{2}{C}H-\overset{1}{C}H_2-$
$\qquad\qquad\quad |$
$\qquad\qquad\ CH_2$
$\qquad\qquad\quad |$
$\qquad\qquad\ CH_3$

2-Ethyl-butyl-

Für einige unsubstituierte, verzweigte Alkylreste sind Trivialnamen zugelassen, z. B.:

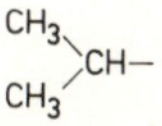

CH_3
$\quad\diagdown$
$\qquad CH-$
$\quad\diagup$
CH_3

Isopropyl-

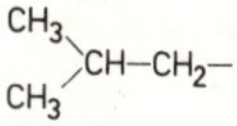

CH_3
$\quad\diagdown$
$\qquad CH-CH_2-$
$\quad\diagup$
CH_3

Isobutyl-

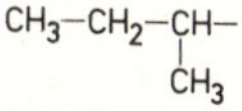

CH_3-CH_2-CH-
$\qquad\qquad\ |$
$\qquad\qquad CH_3$

sec-Butyl-

$\qquad\ CH_3$
$\qquad\quad |$
CH_3-C-
$\qquad\quad |$
$\qquad\ CH_3$

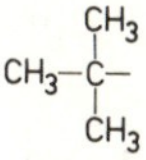

tert-Butyl-

Ungesättigte kettenförmige Kohlenwasserstoffe mit einer Doppelbindung (↗ Alkene) erhalten an Stelle der Endung -an die Endung -en, bei mehreren Doppelbindungen werden die Endungen -adien, -atrien usw. verwendet. Die Kette muß so numeriert werden, daß die Doppelbindungen die niedrigstmöglichen Stellenangaben erhalten.

$\overset{5}{C}H_3-\overset{4}{C}H_2-\overset{3}{C}H_2-\overset{2}{C}H=\overset{1}{C}H_2$ Pent-1-en

$\overset{4}{C}H_2=\overset{3}{C}H-\overset{2}{C}H=\overset{1}{C}H_2$ Buta-1,3-dien

Ungesättigte kettenförmige Kohlenwasserstoffe mit Dreifachbindungen (↗ Alkine) werden analog unter Verwendung der Endung -in bezeichnet.

$\overset{6}{C}H_3-\overset{5}{C}H_2-\overset{4}{C}H_2-\overset{3}{C}\equiv\overset{2}{C}-\overset{1}{C}H_3$ Hex-2-in

Sind Doppel- und Dreifachbindungen nebeneinander enthalten, werden die Endungen -en und -in angehängt. Doppelbindungen haben bei der Stellenangabe den Vorrang vor Dreifachbindungen, z. B.:

$\overset{1}{C}H_3-\overset{2}{C}H=\overset{3}{C}H-\overset{4}{C}\equiv\overset{5}{C}H$ Pent-2-en-4-in

Nomenklatur, org. chem.

Bei verzweigten ungesättigten Kohlenwasserstoffen entspricht der Stammname derjenigen Kette, die die meisten Mehrfachbindungen enthält.
Reste von ungesättigten kettenförmigen Kohlenwasserstoffen erhalten Namen, bei denen die Endung -yl an den Namen des entsprechenden Kohlenwasserstoffs angehängt ist.

CH≡C— Ethinyl-
CH₃—CH=CH—CH₂— But-2-enyl-

Folgende Trivialnamen werden beibehalten:
CH₂=CH— Vinyl- (Ethenyl-)
CH₂=CH—CH₂— Allyl- (Prop-2-enyl-)

2. Isocyclische Kohlenwasserstoffe: Die Namen von monocyclischen Kohlenwasserstoffen und ihren Resten werden unter der Verwendung der Vorsilbe Cyclo- gebildet:

Cyclohexan 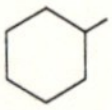   Cyclohexyl-

Cyclohexa-1,3-dien    Cyclopent-2-enyl-

Wichtige aromatische Kohlenwasserstoffe (Arene) und ihre Reste (Arylreste) behalten Trivialnamen:

Benzen   Phenyl-

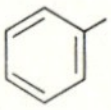

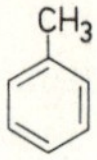

Toluen 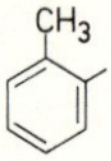   o-Tolyl- (2-Tolyl-)

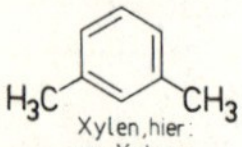

Xylen, hier: m-Xylen 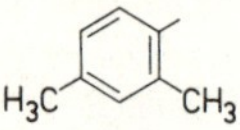   2,4-Xylyl-

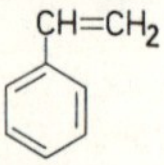

Styren 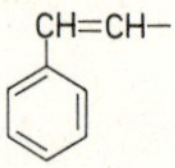   Styryl-

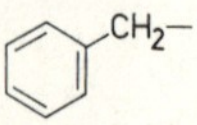

Benzyl- 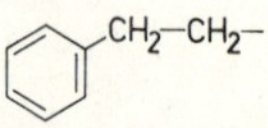   Phenethyl-

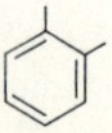

o-Phenylen- (1,2-Phenylen-)

Befinden sich mehrere Substituenten am Benzen-ring, werden sie in alphabetischer Reihenfolge angeführt; sie erhalten die kleinsten Stellenangaben. Der zuerst genannte Substituent erhält die Stellenangabe 1. Bei disubstituierten Benzenverbindungen können die Bez. o- (ortho), m- (meta) und p- (para) für 1,2-, 1,3- und 1,4- verwendet werden.

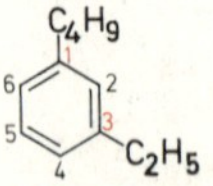

1-Butyl-3-ethyl-benzen
m-Butyl-ethyl-benzen

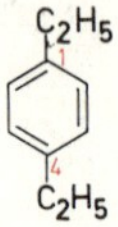

1,4-Diethyl-benzen
p-Diethyl-benzen

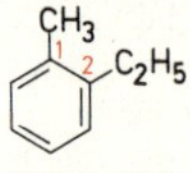

2-Ethyl-toluen
o-Ethyl-toluen

Für einfache anellierte polycyclische Kohlenwasserstoffe sind eine Reihe von Trivialnamen in die systematische Nomenklatur aufgenommen worden, z. B.:

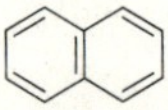

Naphthalen

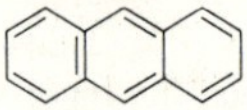

Anthracen

3. Heterocyclische Verbindungen: Cyclische Verbindungen, die im Ring auch andere Elemente außer Kohlenstoff enthalten, heißen Heterocyclen. Bei der systematischen Benennung nach dem HANTZSCH-WIDMAN-System werden Vorsilben für die Heteroatome (»a-Terme«) aus Tabelle 3 ver-

Tabelle 2. Vorsilben (»a-Terme«) für die Heteroatome in monocyclischen Heterocyclen

Element	Wertigkeit	Vorsilbe
Sauerstoff	2	Oxa-
Schwefel	2	Thia-
Selen	2	Selena-
Stickstoff	3	Aza-
Phosphor	3	Phospha-
Arsen	3	Arsa-
Silicium	4	Sila-

Tabelle 3. Stammwörter zur Bez. der Ringgröße monocyclischer Heterocyclen

Zahl der Ringatome	Mit Stickstoff ungesättigt[1]	im Ring gesättigt	Ohne Stickstoff ungesättigt[1]	im Ring gesättigt
3	-irin	-iridin	-iren	-iran
4	-et	-etidin-	-et	-etan
5	-ol	-olidin	-ol	-olan
6	-in	[2]	-in	-an
7	-epin	[2]	-epin	-epan
8	-ocin	[2]	-ocin	-ocan
9	-onin	[2]	-onin	-onan
10	-ecin	[2]	-ecin	-ecan

[1] mit der maximalen Anzahl nicht kumulierter Doppelbindungen
[2] dem Namen der ungesättigten Verb. wird die Vorsilbe Perhydro- vorangestellt.

bunden. Stoßen bei den so gebildeten Namen zwei Vokale zusammen, wird das Schluß-a der Vorsilbe ausgelassen. Tritt ein Heteroatom mehrfach auf, werden multiplikative Vorsilben verwendet. Sind verschiedene Heteroatome im Ring enthalten, werden sie in der Reihenfolge der Tabelle 2 genannt. Die Numerierung des Ringes beginnt beim Heteroatom. Bei mehreren Heteroatomen erhält dasjenige die Stellenangabe 1, das in Tabelle 2 zuerst steht.

Azolidin

1,3-Thiazol

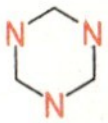

1,3,5-Triazin

Bei der Austauschnomenklatur (Chemical Abstracts Methode) wird der Name aus »a-Termen« der Tabelle 2 und dem Namen des entsprechenden Carbocyclus (siehe Punkt 2.) gebildet.

Aza-1,3-cyclopentadien
(Azacyclopenta-1,3-dien)

Für fünf- und sechsgliedrige heterocyclische Verb. werden Trivialnamen bevorzugt, die in die Nomenklaturregeln übernommen worden sind (↗ Heterocyclen).

4. Verbindungen mit funktionellen Gruppen: Bei der Benennung solcher Verb. werden an den Stammnamen für die Stammverbindung Vorsilben und/oder Nachsilben angefügt. Für die in Tabelle 4

Tabelle 4. Funktionelle Gruppen, die in systematischen Namen nur als Vorsilben erscheinen können

Gruppe	Vorsilbe	Gruppe	Vorsilbe
—F	Fluor-	—NO_2	Nitro-
—Cl	Chlor-	—NO	Nitroso-
—Br	Brom-	—OR	R-oxy-
—I	Iod-	—SR	R-thio-

angeführten Gruppen dürfen nur Vorsilben verwendet werden (alphabetisch geordnet).
Die in Tabelle 5 angeführten Gruppen können im Namen sowohl mit einer Vorsilbe als auch mit einer Nachsilbe bezeichnet werden. Dabei wird immer eine funktionelle Gruppe als Hauptfunktion bezeichnet und im Namen mit einer Nachsilbe gekennzeichnet. Sind verschiedene funktionelle Gruppen vorhanden, hat diejenige die Hauptfunktion, die in Tabelle 5 am weitesten oben steht. Für die anderen Gruppen erscheinen im Namen Vorsilben in alphabetischer Reihenfolge. Wird die funktionelle Gruppe mit einer in Tabelle 5 angeführten Nachsilbe bezeichnet, wird das in der funktionellen Gruppe enthaltene Kohlenstoffatom bei der Bildung des Stammnamens mitgezählt und erhält die niedrigstmögliche Stellenangabe. Werden die in Klammern gesetzten Endungen verwendet, zählt das Kohlenstoffatom der funktionellen Gruppe bei der Bildung des Hauptstammes nicht mit. Diese Endungen werden z. B. benutzt, wenn die funktionelle Gruppe an einen Ring gebunden ist.

Cyclohexancarbonsäure

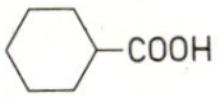

5. Prinzipien der Namensbildung: Bei der Bildung des Namens für eine org. Verb. wird in folgender Reihenfolge vorgegangen:
a) Ermittlung der ranghöchsten funktionellen

Nomenklatur, org. chem.

Tabelle 5. Funktionelle Gruppen, die im Namen als Vor- oder Nachsilbe auftreten können

Verbindungsklasse	Funktionelle Gruppe	Vorsilbe	Nachsilbe
Carbonsäure	—COOH	Carboxy-	-säure (-carbonsäure)
Sulfonsäure	—SO_3H	Sulfo-	-sulfonsäure
Carbonsäuresalz	—COOM	Metallcarboxylato-	Metall-...-oat (Metall-...-carboxylat)
Ester	—COOR	R-oxycarbonyl-	R-...-oat (R-...-carboxylat)
Säurechlorid	—COCl	Chlorformyl-	-oylchlorid (-carbonsäurechlorid)
Säureamid	—$CONH_2$	Carbamoyl-	-amid (-carboxamid)
Nitril	—CN	Cyan-	-nitril (-carbonitril)
Aldehyd	—CHO	Formyl-	-al (-carbaldehyd)
Keton	—CO—	Oxo-	-on
Alkohol	—OH	Hydroxy-	-ol
Amin	—NH_2	Amino-	-amin

Gruppe (Hauptfunktion), durch die die Endung des Namens festgelegt wird.

HO—CH_2—CH_2—COOH   3-Hydroxy-propansäure

HO—CH_2—CH_2—NH_2 2-Amino-ethanol

b) Ermittlung des Verbindungsstamms und damit des Stammnamens unter Beachtung folgender Rangfolge:
– Verbindungsstamm enthält möglichst viele Hauptfunktionen

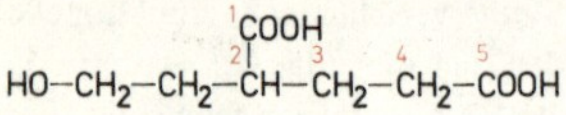

HO—CH_2—CH_2—CH—CH_2—CH_2—COOH
                |
                COOH

2-(2-Hydroxy-ethyl)pentandisäure

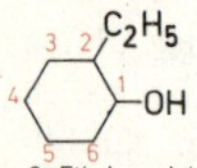

2-Ethyl-cyclohexanol

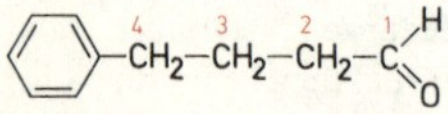

4-Phenyl-butanal

– Heterocyclische Elemente vor isocyclischen und diese vor kettenförmigen. Kann man zwischen Kette und Ring wählen, wird die Verb. mit den meisten Substituenten Stammverb.

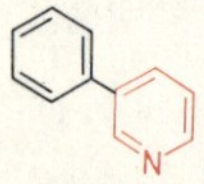

3-Phenyl-pyridin

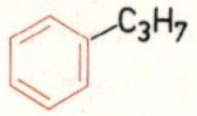

Propylbenzen

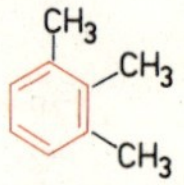

1,2,3-Trimethyl-benzen

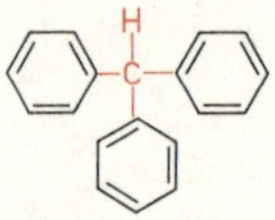

Triphenylmethan

– Kann man zwischen verschiedenen Ketten wählen, muß diese möglichst viele Hauptfunktionen,

HO—CH_2—CH_2—CH_2—⌬—CH—CH_2—OH
                                |
                                OH

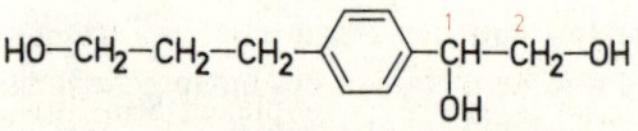

1-[4-(3-Hydroxy-propyl)phenyl]ethan-1,2-diol

möglichst viele Mehrfachbindungen enthalten

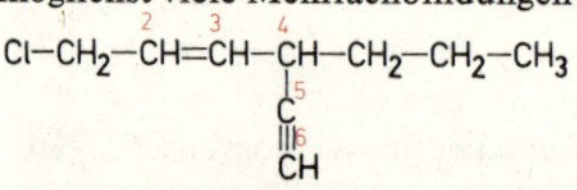

Cl—CH_2—CH=CH—CH—CH_2—CH_2—CH_3
                    |
                    C
                    ‖
                    CH

1-Chlor-4-propyl-hex-2-en-5-in

und dann möglichst lang sein.

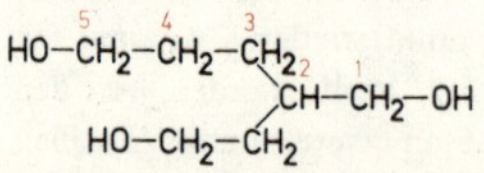

HO—CH_2—CH_2—CH_2
                    \
                     CH—CH_2—OH
                    /
HO—CH_2—CH_2

2-(2-Hydroxy-ethyl)pentan-1,5-diol

c) Die restlichen Substituenten (Kohlenwasserstoffreste und funktionelle Gruppen außer der Hauptgruppe) werden als Vorsilben in alphabetischer Reihenfolge angeführt.

HO–CH₂–CH₂–CH–C(CH₃)–COOH
             Cl CH₃
3-Chlor-5-hydroxy-2,2-dimethyl-pentansäure

d) Festlegung der Stellenangabe in folgender Rangfolge:
– Hauptgruppe erhält die niedrigstmögliche Stellenangabe

H\O=C–CH₂–CH₂–CH₂–COOH
    4   3   2
4-Formyl-butansäure

Wenn die Hauptgruppe an einen Heterocyclus gebunden ist, erhält das Heteroatom die niedrigste Stellenangabe.

Pyridin-3-ol

Bei der Verwendung von griechischen Buchstaben an Stelle von Ziffern geht man von dem der Hauptgruppe benachbarten Kohlenstoffatom aus:

$\overset{\beta}{C}H_3-\overset{\alpha}{C}H-COOH$
           NH_2
α-Aminopropansäure

a-Amino-propionsäure
2-Amino-propansäure

– Mehrfachbindungen erhalten die niedrigstmögliche Stellenangabe

$\overset{1}{C}H_2=CH-CH_2-CH_2-Cl$ 4-Chlor-but-1-en

– Substituenten erhalten die niedrigstmöglichen Stellenangaben

$Cl-\overset{5}{C}H_2-\overset{4}{\underset{\underset{CH_3}{1}}{C}H}-CH_2-CH_2-\overset{1}{C}H_2-Br$

5-Brom-1-chlor-2-methyl-pentan

– die Verknüpfungsstelle des komplexen Substituenten mit der Stammverbindung erhält die Ziffer 1 im Rest.

$HO-\overset{2}{C}H_2-\overset{1}{C}H_2-\text{C}_6\text{H}_4-COOH$

4-(2-Hydroxy-ethyl)benzoesäure

6. Gruppennomenklatur: Neben der Substitutionsnomenklatur sind auch andere Nomenklatursysteme zulässig. Zur Bez. einfacher Verb. wird auch die Gruppennomenklatur angewendet (radikofunktionelle Nomenklatur), bei der die Bez. für einen Rest mit der Bez. für eine bestimmte Stoffgruppe kombiniert wird.

CH_3OH	Methyl*alkohol*
C_2H_5I	Ethyl*iodid*
$C_2H_5OC_2H_5$	Diethyl*ether*
$CH_3COC_2H_5$	Ethylmethyl*keton*
CH_3COCl	Acetyl*chlorid*

Acylreste sind Reste, die man sich aus einer Carbonsäure durch Entfernung einer Hydroxylgruppe entstanden denken kann.

HCO—   Formyl- C_6H_5CO—   Benzoyl-
CH_3CO—   Acetyl- C_4H_9CO—   Pentanoyl-

Zur Bez. von Aminen *muß* die Gruppennomenklatur verwendet werden.

$C_2H_5NH_2$ Ethylamin, nicht Ethanamin

7. Konjuktive Nomenklatur: Sie wird auf cyclische Verb. mit funktionellen Gruppen in der Seitenkette angewendet. Die Namen werden gebildet, indem an den Namen der cyclischen Komponente der Name der acyclischen Komponente angehängt wird.

Naphthalen-2-ethansäure

Auch in einem invertierten Register (z. B. in den ↗ Chemical Abstracts) erscheint der Name dann beim Stammnamen für die cyclische Komponente.

noraminophenazonmethansulfonsaures Natrium, abgekürzte Bez. für ein Antipyretikum, das sich vom Phenazon ableitet, besser wasserlöslich als das gleich wirksame Aminophenazon ist und unter verschiedenen Handelsbezeichnungen als Arzneimittel allein oder in Kombinationspräparaten verwendet wird (Analgin, Novelgin, Algopyrin). ↗ schmerzstillende Mittel.

Norge-Salpeter, ↗ Salpeter und ↗ Calciumnitrat.

Normalbedingungen, ↗ Standardbedingungen.

Normalelement, ↗ frühere Bez. für ↗ Standardelement.

Normalität, ↗ Konzentrationsmaße.

Normallösungen, N-Lösungen, in der ↗ Volumetrie verwendete Lösung genau bekannter Wirkung, d. h. Konzentration auf Basis der ↗ Normalität. Es werden i. allg. 0,1; 1,0 und 10 N-Lösungen zubereitet und verwendet. Die exakte Wirkung, der ↗ Titer, der Lösung muß bei verschiedenen N. (Laugen, Iodid- und Permanganatlösungen) kontrolliert und korrigiert werden; die dazu verwendeten Substanzen müssen einen unveränderlichen Titer besitzen und heißen ↗ Urtitersubstanzen. Heute werden N. vielfach aus sogenannten Testal-Ampullen hergestellt.

Normalpotential, ältere Bez. für Standardpotential (↗ Elektrode).

Normalwasserstoffelektrode, ältere Bez. für die Standardwasserstoffelektrode (↗ Elektrode).

Normschliff, *NS-Schliff,* gläserne Verbindungsstücke in Kegelform aus einer angeschliffenen Hülse und einem angeschliffenen Kern. Für den N. liegen Normgrößen vor, so daß Geräte mit N. beliebig austauschbar sind.

Normzustand, Zustand von Gasen bei einem Druck von 101 325 Pa und einer Temperatur von 0 °C.

Norrish, Ronald G. W. (9. 1897 bis 1978), englischer Physikochemiker, untersuchte freie Radikale und die Keton-Photolyse. Mit seinem Schüler George Porter entwickelte er die Blitzlichtphotolyse, eine wichtige kinetische Arbeitsmethode. Für ihre Untersuchungen sehr schnell verlaufender chem. Reaktionen erhielten sie im Jahre 1967 gemeinsam mit ↗ Manfred Eigen den Nobelpreis für Chemie.

Novolake, Phenoplaste, die bei Kondensation im sauren Bereich entstehen und noch nicht vernetzt sind.

NPK-Dünger, ↗ Volldünger.

Nucleinsäuren, aus ↗ Nucleotiden aufgebaute Polymere, die in allen Organismen und in Viren vorkommen. Sie haben eine zentrale Funktion als Speicher der genetischen Information sowie bei deren Umsetzung in Proteinstrukturen. Die zwei Hauptklassen der N. ergeben sich aus der unterschiedlichen Zuckerkomponente in den Nucleotiden: die *Desoxyribonucleinsäure* (Abk. DNA) enthält *2-Desoxy-β-D-ribose,* die *Ribonucleinsäure* (Abk. RNA) dagegen *D-Ribose.* DNA dient als Informationsspeicher, während RNA vor allem die Übertragung der Information in das Cytoplasma und ihre Realisierung in Form der Proteinbiosynthese vermittelt. Die Art und Weise der Verknüpfung der Nucleotide zu N. zeigt Bild 1. In den Nucleotiden der DNA sind mit der Desoxyribose die Basen *Adenin, Guanin, Cytosin* oder *Thymin* N-glycosidisch verknüpft (↗ Glycoside). Die RNA trägt an ihren Ribosemolekülen die Basen *Adenin, Guanin, Cytosin* oder *Uracil* (↗ Purinbasen, ↗ Pyrimidinbasen).

Die *Primärstruktur* der N. ist gegeben durch die Reihenfolge (Sequenz) und Anzahl der Nucleotide. Zur Beschreibung der Sekundärstruktur der DNA hat sich das von Watson und Crick 1953 entwickelte und inzwischen durch verschiedene Methoden bestätigte Modell der *Doppelhelix* bewährt. Danach laufen zwei DNA-Stränge antiparallel schraubig um eine gedachte gemeinsame Achse. Die beiden Schraubenbänder werden durch Zucker-Phosphorsäure-Ketten gebildet, von denen die Basen seitlich abstehen (Bild 2). Dabei kommen die jeweils einander gegenüberliegenden Basen der beiden DNA-Stränge so nahe zusammen, daß sich zwischen ihnen Wasserstoffbrücken ausbilden.

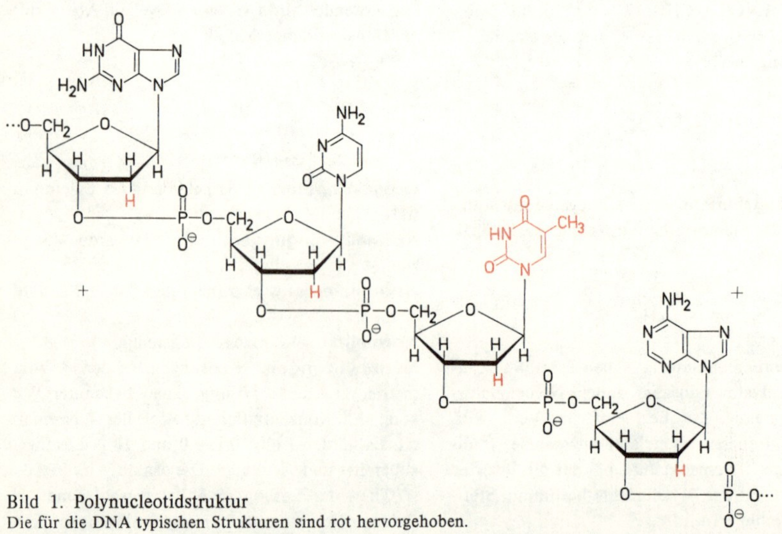

Bild 1. Polynucleotidstruktur
Die für die DNA typischen Strukturen sind rot hervorgehoben.

Nucleotide

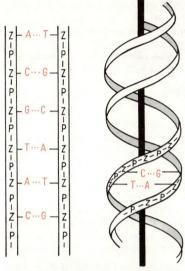

Bild 2. DNA-Doppelhelix (schematisch)

Derartige Basenpaarungen sind nur möglich zwischen Adenin und Thymin (2 H-Brücken) sowie Guanin und Cytosin (3 H-Brücken). Deshalb kann ein bestimmter DNA-Strang mit gegebener Basensequenz nur mit einem einzigen, genau komplementären zweiten Strang die Doppelhelix aufbauen. Eine volle Windung des schraubigen Moleküls umfaßt 10 Nucleotidpaare. Der Durchmesser der Doppelhelix beträgt 2 nm.
Im Gegensatz zur DNA liegt RNA als Einzelstrang vor. Dabei können sich aber einzelne Abschnitte des Moleküls so zusammenfalten, daß sich kurze Doppelhelix-Bereiche mit komplementärer Basenpaarung (Adenin-Thymin und Guanin-Uracil) bilden. Am Aufbau der RNA sind allerdings mit geringem Anteil auch noch andere Purin- und Pyrimidin-Basen beteiligt.
nucleophil, svw. kernsuchend.
Nucleoside, N-Glycoside heterocyclischer Stickstoffbasen (↗ Glycoside). Besondere biologische Bedeutung haben Verb. von ↗ Purin- und ↗ Pyri-midinbasen mit den Zuckern *D-Ribose* und *2-Desoxy-D-ribose*. Die Trivialnamen der N. leiten sich vom Namen der beteiligten Base ab. *Purin-N.* erhalten die Endung *-osin, Pyrimidin-N.* die Endung *-idin* (Tabelle). Die glycosidische C—N-Bindung wird zwischen dem C_1-Atom des Zuckers und dem N_1 der Pyrimidin- bzw. dem N_9 der Purinbase geknüpft. Bild.
Nucleotide, Phosphorsäureester der ↗ Nucleoside. Die Phosphorsäure ist bei den biologisch wichtigen Vertretern der N. esterartig an die CH_2OH-Gruppe der *Pentose* gebunden. N. treten als mono-, di- oder triphosphorylierte Nucleosidderivate auf (Bild). Die Phosphorbindungen sind sehr energiereich, d. h., sie besitzen eine hohe Hydrolysenenthalpie. N. sind deshalb in allen Organismen wichtige Speicher und Überträger chem. Energie, wobei das *Adenosintriphosphat* (Abk. ATP) eine überragende Rolle spielt. *Nucleosidmonophosphate*

Zusammensetzung und Benennung der wichtigsten Nucleoside

Base	Zucker	Nucleosid
Adenin	Ribose	Adenosin
	Desoxyribose	Desoxyadenosin
Guanin	Ribose	Guanosin
	Desoxyribose	Desoxyguanosin
Cytosin	Ribose	Cytidin
	Desoxyribose	Desoxycytidin
Thymin	Desoxyribose	Thymidin
Uracil	Ribose	Uridin

Beispiele für je ein Purin- und Pyrimidinnucleosid

Beispiele für mono- und triphosphorylierte Nucleotide

bilden die monomeren Bausteine der ↗ Nucleinsäuren.

Nukleonen, gemeinsame Bez. für ↗ Neutronen und ↗ Protonen als die beiden Bausteine des ↗ Atomkerns sowie zusammen mit ihren ↗ Antiteilchen als Gruppe von schweren ↗ Elementarteilchen.

Nuklide, Atomarten mit unterschiedlichem Aufbau ihrer ↗ Atomkerne wie ↗ Isotope.

NYLANDERS Reagens, Lösung zum Nachweis von Zucker im Harn, die vor etwa 100 Jahren von E. NYLANDER beschrieben wurde.
Dazu wird der Harn mit etwa einem Fünftel seines Volumens mit N. versetzt und drei Minuten zum Sieden erhitzt. Je nach Zuckeranteil tritt durch Bismutabscheidung eine Gelbbraun- bis Schwarzfärbung auf.
Zur Herstellung von N. werden 2 g Bismutnitrat mit 4 g Kalium-natrium-tartrat (Seignettesalz) verrieben und in 100 cm³ 10%iger Natronlauge gelöst. Die filtrierte Lösung wird in einer braunen Flasche aufbewahrt, weil sie lichtempfindlich ist.

Nylon, Handelsbez. für Polyamidfaserstoffe, die aus Hexamethylendiamin und Adipinsäure (↗ AH-Salz) hergestellt werden.

O

Oberfläche, ↗ Grenzfläche eines Stoffes gegenüber Gasen, stellt bei der thermodynamischen Beschreibung von Vorgängen an solchen Grenzflächen eine weitere ↗ Zustandsgröße dar.

Oberflächenspannung, ↗ Grenzflächenspannung von Stoffen gegenüber Gasen.

Oberflächenveredlung, ↗ elektrochem. Oberflächenbehandlung, ↗ Korrosionsschutz.

Objektmenge, auch Stoffmenge, n, Grundgrößenart mit der Einheit Mol, Einheitszeichen: mol. Alle Dinge, die abzählbar sind, d. h., die aus diskontinuierlichen Struktureinheiten bestehen, können quantitativ durch die Zahl der Struktureinheiten der Objekte charakterisiert werden. Die Teilchen der Chemie (Atome, Moleküle, Ionen) bzw. Formeleinheiten werden durch die Objektmenge erfaßt, dabei wird eine Objektmenge von $6{,}022\,045 \cdot 10^{23}$ Teilchen als ein ↗ Mol bezeichnet.

Obsidian, schwarzes natürlich gebildetes Gesteinsglas. Es entsteht bei schneller Abkühlung kieselsäurearmer Lava. Wegen seiner guten Bearbeitbarkeit (muschliger Bruch) und seiner Härte war es in der Frühgeschichte der Menschheit ein geschätzter Werkstoff.

Ocker, erdiger Brauneisenstein, mit Tonmineralien vermischt.

Octadec-9-ensäuren, zwei cis-trans-isomere Alkencarbonsäuren, $C_{17}H_{33}COOH$,

$$CH_3-(CH_2)_7\diagdown C=C\diagup (CH_2)_7-COOH$$
$$H\qquad\qquad H$$

Ölsäure
cis-Form Schmp. 16 °C

$$CH_3-(CH_2)_7\diagdown C=C\diagup H$$
$$H\qquad\qquad (CH_2)_7-COOH$$

Elaidinsäure
trans-Form Schmp. 51 °C

Die Ölsäure bildet verestert mit Propan-1,2,3-triol den Hauptbestandteil aller natürlich vorkommenden Öle. Es ist eine in reiner Form farblose, fast geruchlose Flüssigkeit, die sich aber an der Luft rasch braun färbt und einen ranzigen Geruch annimmt.
Unter Einwirkung von Licht, Wärme und besonders leicht von Stickoxiden lagert sich die Ölsäure in die stabilere trans-Form, die Elaidinsäure, um. Das Gemisch beider Formen im Gleichgewicht (etwa 34% cis-Form) ist bei Zimmertemperatur auf Grund des höheren Schmelzpunktes der Elaidinsäure fest.

Octanzahl (OZ), Vergleichszahl für die Klopffestigkeit eines Vergaserkraftstoffes. Dabei wird dem sehr klopffesten Isooctan (2,2,4-Trimethyl-pentan) die OZ = 100 gegeben, während das sehr klopfempfindliche Heptan die OZ = 0 erhält. Am Prüfmotor werden Mischungen dieser beiden Alkane (↗ Tabelle Alkane) mit dem einzustufenden Vergaserkraftstoff verglichen und nach dem Anteil an Isooctan dann die OZ festgelegt.
Durch Zusatz von ↗ Antiklopfmitteln kann ohne Änderung der Alkanzusammensetzung die O. erhöht werden. Eine Erhöhung der O. ist auch durch Isomerisierung und Aromatisierung von Benzinfraktionen der Erdöldestillation möglich. Durch die Umsetzung von verzweigten Alkenen mit verzweigten Alkanen werden hochklopffeste Vergaserkraftstoffe erhalten, die auch ohne Zusatz von Antiklopfmitteln den Anforderungen normal verdichteter Ottomotoren genügen. Das ist von wesentlicher Bedeutung, wenn die Abgase durch einen Katalysator von Kohlenmonoxid, Stickoxiden und Kohlenwasserstoffanteilen befreit werden sollen, da die Edelmetallkatalysatoren durch Blei rasch unbrauchbar gemacht werden. Die Anforderungen eines Ottomotors in bezug auf die Mindest-OZ des Vergaserkraftstoffes ist vorwiegend abhängig von

dessen Verdichtung, aber auch von der Bauweise und der Zündungseinstellung.

Odorieren, Zusatz von Geruchsstoffen zum Stadtgas, um auch geringste Gasaustritte kenntlich zu machen. Odorierungsmittel sind z. B. Abprodukte der Braunkohlenveredlung bzw. Tetrahydrothiophen.

OERSTEDT, JOHANN CHRISTIAN (14. 8. 1777 bis 9.3.1851), dänischer Naturforscher, stellte 1825 aus Aluminiumchlorid, das er aus Tonerde gewonnen hatte, und Kaliumamalgam durch Destillation kleinste Mengen Aluminium her. Er nannte das erhaltene Produkt Argillium. ↗ DEVILLE.

Ofen, ↗ Industrieofen.

Ökologie [griech. »Umweltlehre«], Wissenschaft von den Beziehungen zwischen den Organismen und ihrer Umwelt.

Ökosystem, Raum-Zeit-Gefüge einer Lebensgemeinschaft und ihres Lebensraumes einschließlich der Wechselbeziehungen zwischen ihnen.

Oktanzahl, ↗ Octanzahl.

Oktettregel, besagt, daß die Elemente der 2. Periode des PSE maximal vierbindig sind und die Elektronenkonfiguration von Neon ausbilden.

Ölabscheider, Vorrichtungen zum Entfernen von Ölanteilen aus Abwässern. Je nach der Größe der dispergierten Öltröpfchen sind unterschiedliche Varianten erforderlich. ↗ Emulsionsspaltung.

Öldruckvergasung, techn. Variante der petrolchem. Synthesegasherstellung. Sie geht heute vor allem von dem schwefel- und aschereichen Vakuumrückstand der Erdöldestillation aus und verwendet reinen Sauerstoff und Wasserdampf als Vergasungsmittel:

$-CH_2- + H_2O \rightarrow CO + 2 H_2$ (endotherm)
$-CH_2- + \frac{1}{2} O_2 \rightarrow CO + H_2$ (exotherm)

Am Kopf eines Rohrreaktors werden Kohlenwasserstoff, Sauerstoff und Wasserdampf in einem Düsenbrenner zusammengeführt. In der Flammenzone laufen bei 1 200 bis 1 600 °C gekoppelt exotherme und endotherme Vergasungsreaktionen ab (autotherme Prozeßführung). Das gebildete Synthesegas wird durch Einspritzen von Wasser in der Kühlzone des Rohrreaktors (Quenchen) gekühlt.

Öle, Sammelbez. für viskose, meist org. Flüssigkeiten, die in der Regel wasserunlöslich sind. Fette Öle (↗ Fette) sind flüssige Fette, die reich an ungesättigten Fettsäuren sind und sich daher durch Hydrieren leicht »härten« lassen.

Oleate, Salze der ↗ Ölsäure; auch Bez. für deren Ester.

Olefinchemie, Herstellung org.-techn. Produkte auf der Basis vor allem von Ethen und Propen durch ↗ Mitteltemperaturpyrolyse von Erdöldestillaten. Die relativ niedrigen Kosten der olefinischen Primärprodukte sichern trotz schlechterer rohstoffspezifischer Ausbeuten die wirtschaftliche Überlegenheit über die ↗ Ethinchemie. ↗ Ethen ist heute einer der wichtigsten Grundstoffe der chem. Industrie, ↗ Spaltgase.

Olefine, ↗ Alkene.

Oleum, rauchende Schwefelsäure, Lösung von Schwefeltrioxid in Schwefelsäure. O. wird in der Technik als starkes Oxydations- und Sulfonierungsmittel verwendet.

Ölfalle, eine zur Anreicherung von Erdöl strukturell günstige Stelle in der Erdkruste, z. B. in der Spitze von Falten unter abdichtenden Gesteinsschichten.

Ölfarben, Kunstmalerfarben, die durch Anreiben von anorg. Pigmenten oder org. Teerfarbstoffen mit Ölen, z. B. Leinöl, Firnis, oder Öllacken bereitet werden.

Oligomere, Bez. für Moleküle, die aus wenigen gleichartigen Grundbausteinen durch Polykondensation, Polymerisation oder Polyaddition gebildet werden.

Oligomerbenzin, Polymerbenzin, ist ein hochoctaniger Vergaserkraftstoff, der aus dem Raffineriegas (Flüssiggas) der ↗ Erdöldestillation hergestellt wird.

Oligopeptide, ↗ Peptide.

Olivine, $(Mg, Fe)_2SiO_4$, Gruppe von Mineralien, die als Glieder einer Mischkristallreihe zwischen ↗ Fayalit und ↗ Forsterit aufzufassen sind. Speziell das Mineral mit der Bez. Olivin trägt ein in grünen Kristallen vorkommendes mittleres Mischglied dieser Reihe. Olivinmineralien sind wichtige gesteinsbildende Mineralien kieselsäurearmer magmatischer Gesteine sowie Meteoritenbestandteile.

Ölsäure, Trivialname für die cis-Form der ↗ Octadec-9-ensäure. Ö. ist das ↗ Isomere der Elaidinsäure.

Ölschiefer, verfestigte ↗ Faulschlammsedimente.

Oniumverbindungen, Verb., die Kationen enthalten, die durch Aufnahme von Protonen (auch anderer positiver Teilchen) an Teilchen mit freien Elektronenpaaren entstanden sind, z. B. $[NH_4]^+$, Ammoniumion; $[NH_4]Cl$, Ammoniumchlorid; $[PH_4]^+$, Phosphoniumion; $[PH_4]I$, Phosphoniumiodid; auch H_3O^+, Hydroniumion.

Oolith, »Eierstein«, sedimentäres Gestein, das aus konzentrisch-schaligen oder radialfasrigen, bis erbsengroßen Kügelchen (Ooide) aufgebaut ist, die durch Bindemittel verkittet sind. Bei der Bildung hat sich um einen Kristallisationskern herum Calciumcarbonat oder Eisenoxidhydrat aus übersättig-

ten Lösungen ausgeschieden. Je nach der Wasserbewegung sanken die Gebilde beim Erreichen einer kritischen Größe zu Boden, bei annähernd gleicher Größe.
Kalkoolithe werden als Werkstein abgebaut, Eisenoolithe (aus Limonit), z. B. Minette, sind geschätzte Eisenerze. Der »Karlsbader Sprudelstein« besteht aus Aragonitooiden.
Opal, amorphes SiO_2, das aus kieselsäurereichen Lösungen abgeschieden wurde. Als Edelopal werden bläulich-scheinende Stücke zu Schmucksteinen verarbeitet.
OPEC, Abkürzung für »Organisation of Petroleum Exporting Countries«, der Vereinigung erdölexportierender Länder.
Opiate, Alkaloide des ↗ Opiums.
Opium, eingetrockneter Milchsaft des Schlafmohns. Beim Anritzen unreifer Mohnkapseln tritt aus ihnen ein weißer Milchsaft aus. Dieser trocknet unter Braunfärbung ein. Die entstehende klebrige Masse wird als Rohopium gesammelt, pro Kapsel bis zu 50 mg. Von einem Feld von 400 m² gewinnt man etwa 1 kg Rohopium.
O. enthält über 20 verschiedene ↗ Alkaloide (Opiate). Das Hauptalkaloid ist das ↗ Morphin. Weitere Opiumalkaloide sind z. B. ↗ Codein und Papavarin.
O. wirkt schmerzstillend, hustenreizstillend, narkotisierend und euphorisierend. Es wird als Pulver (10% Morphin), Extrakt (20% Morphin) oder Tinktur (1% Morphin) in der Medizin verwendet. O. ist Rohstoff für die Morphingewinnung und die illegale Herstellung von Heroin. Aus Rohopium wird auch Rauchopium (Chandu) bereitet, das als Rauschgift vor allem in asiatischen Ländern in Opiumpfeifen geraucht wird. (↗ Rauschgifte).
OPPENAUER-Oxydation, ein seit 1937 bekanntes Verfahren zur Überführung eines Alkohols in die entsprechende Carbonylverb. (Aldehyd oder Keton). Sie ist die Gegenreaktion zum ↗ MEERWEIN-PONNDORF-VERLEY-Verfahren, bei dem Carbonylverb. zu Alkoholen reduziert werden. Zur O. wird der Alkohol in Cyclohexanon (oder Propanon) gelöst, mit etwas Aluminium-tert-butanolat versetzt und unter Rückfluß erhitzt. Das Gemisch aus Zielverb., Cyclohexanol und überschüssigem Cyclohexanon muß durch geeignete Verfahren getrennt werden. Die O. ist sehr selektiv und wird bei empfindlichen Naturprodukten vorteilhaft angewendet.
optische Aktivität, Eigenschaft mancher Stoffe, die Ebene des linear polarisierten (in einer Ebene schwingenden) Lichtes zu drehen. Die o. A. ist an einen asymmetrischen Bau der Kristalle oder Mole-

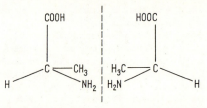

Bild 1. Optische Isomere am Beispiel der 2-Aminopropensäure, (Alanin)

küle (Chiralität) gebunden, der beim Fehlen von Symmetriezentrum und Symmetrieebene (↗ Symmetrie) auftritt. Dann existieren zwei spiegelbildliche Formen (optische Antipoden) der Kristalle bzw. Moleküle, die durch Symmetrieoperationen nicht zur Deckung gebracht werden können. Diese sogenannte optische Isomerie bzw. Spiegelbildisomerie bzw. Enantiomorphie ist z. B. bei Kohlenstoffverb. an das Vorhandensein asymmetrischer Kohlenstoffatome gebunden (Bild 1), die vier verschiedene Substituenten besitzen. Die o. A. kommt dadurch zustande, daß die linear polarisierte Strahlung aus zwei zirkular polarisierten (sich in Form einer Rechts- oder Linksschraube bewegenden) Teilstrahlen besteht, die sich mit unterschiedlichen Geschwindigkeiten in einem optisch aktiven Stoff fortpflanzen (zirkulare Doppelbrechung, Zirkulardichroismus). Dadurch entsteht zwischen ihnen eine Phasenverschiebung, die eine Drehung der Schwingungsebene der linear polarisierten Strahlung bewirkt (Bild 2); ihre Wellenlängenabhängigkeit nennt man Rotationsdispersion. Eine Drehung im Uhrzeigersinn bezeichnet man als Rechtsdrehung mit dem Symbol (+), eine Drehung entgegen dem Uhrzeigersinn als Linksdrehung mit dem Symbol (−). Die durch den Kristallbau verursachte sogenannte temporäre o. A. verschwindet beim Schmelzen oder Lösen der Kristalle. Dagegen bleibt bei diesen Vorgängen die auf die Molekülstruktur zurückgehende sogenannte permanente o. A. erhalten. Bei der Herstellung optisch aktiver Stoffe fallen meist als *Racemate* bezeichnete Gemische mit etwa gleichen Anteilen beider optischen

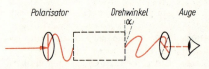

unpolarisierte monochromatische Strahlung | optisch aktive Substanz der Schichtdicke l | Analysator

Bild 2. Prinzip eines Polarimeters

Antipoden an. Da diese sich chem. gleich verhalten, wird zu ihrer Trennung das unterschiedliche Verhalten gegenüber anderen optisch aktiven Substanzen ausgenutzt, was zu sogenannten Diastereomeren mit unterschiedlichen physikal. Eigenschaften führt. Die Messung der o. A. bezeichnet man als Polarimetrie (Geräteaufbau: Bild 2). Der gemessene *Drehwinkel* α einer Substanz ist der Länge der durchstrahlten Substanz l und ihrer Konzentration c (mol·l^{-1}) proportional:

$\alpha = \alpha_m \cdot c \cdot l$

α_m molare Drehung, temperatur- und wellenlängenabhängig

Die Messung des Drehwinkels o. a. Substanzen dient ihrer Erkennung und Konzentrationsermittlung, z. B. bei ↗ Saccharose (↗ Inversion). Besonders viele Naturstoffe sind optisch aktiv und nur in einer bestimmten Isomerenform wirksam, worauf häufig die hohe Selektivität biochem. Vorgänge beruht, z. B. mit ↗ Fermenten.

Orbital, Raum um den Atomkern mit einer großen Aufenthaltswahrscheinlichkeit der Elektronen (↗ Atommodell).

Ordnungszahl, bestimmt den Platz eines Elementes im PSE. Sie ist gleich der ↗ Kernladungszahl Z und damit durch das ↗ MOSELEYsche Gesetz zu bestimmen.

organogene Gesteine, biogene Sedimente, Gesteine, die unter Mitwirkung von Organismen gebildet wurden, z. B. Korallenkalke, Kieselgur, Guano, Kohlen.

Organometallverbindungen, ↗ metallorganische Verb.

Orsat-Apparat, Geräteanordnung zur volumetrischen Gasanalyse. Die in einem Gasgemisch enthaltenen Komponenten können mit dem O. nebeneinander bestimmt werden, indem ihre Volumina nacheinander durch Absorptionsmittel ermittelt werden.

ortho-, Abk. o-, Bez. für 1,2-Substitution am Benzenring, z. B. o-Dichlor-benzen für 1,2-Dichlor--benzen.

Orthoborsäure, H_3BO_3, ist die wasserreichere Form der ↗ Borsäure.

Orthocarbonsäureester, R—C(—O—R')$_3$, Derivate der nicht beständigen Orthocarbonsäure. O. sind stabile Verb., die aus Nitrilen über die ↗ Imidoesterhydrochloride erhalten werden. Orthomethansäureethylester bildet sich bei der Umsetzung von Trichlormethan mit Natriummethanolat, Sdp. 146 °C. O. sind säureempfindlich, aber laugenbeständig. O. werden zu Synthesen verwendet.

Orthodikieselsäure, ↗ Kieselsäure.

Orthokieselsäure, ↗ Kieselsäure.

Orthoklas, $KAlSi_3O_8$, Kalifeldspat, gesteinsbildendes Feldspatmineral in magmatischen und metamorphen Gesteinen. Er bildet weiße oder schwach rötlich u. a. gefärbte, gut spaltende, taflige bzw. prismatische Kristalle. Größere Vorkommen in pegmatitischen Lagerstätten werden abgebaut. O. ist ein Rohstoff für die Porzellan- und Glasindustrie.

Orthokohlensäureester, $C(O—R)_4$, farblose Verb., die verhältnismäßig stabil sind, schwach aromatisch riechen und zu Synthesen eingesetzt werden.

Die Herstellung von O. erfolgt durch Umsetzung von ↗ Trichlornitromethan (Chlorpikrin) mit Natriumalkoholat:

$Cl_3C—NO_2 + 4 Na(R—O)$
$\rightarrow C(O—R)_4 + 3 NaCl + NaNO_2$

Der wichtigste O. ist der Orthokohlensäureethylester, Sdp. 158 °C.

Orthophosphorsäure, H_3PO_4, schmilzt in reinem Zustand bei 42,35 °C und geht bei 200 °C unter Wasserabspaltung in die Diphosphorsäure, $H_4P_2O_7$, über. Die Orthophosphorsäure vermag drei Arten von Salzen zu bilden:

primäre Orthophosphate:
$MH_2PO_4 \rightarrow M^+ + H_2PO_4^-$,

sekundäre Orthophosphate:
$M_2HPO_4 \rightarrow 2 M^+ + HPO_4^{2-}$,

und *tertiäre Orthophosphate:*
$M_3PO_4 \rightarrow 3 M^+ + PO_4^{3-}$,

M^+ gilt hier als einwertig positives Metallion. Primäre Orthophosphate sind sämtlich wasserlöslich, bei den sekundären und tertiären lösen sich nur die Alkalisalze. Orthophosphate stellen wertvolle Düngemittel dar: *Superphosphat* ist ein Gemisch aus primärem Calciumorthophosphat und Calciumsulfat:

$Ca_3(PO_4)_2 + 2 H_2SO_4 \rightarrow Ca(H_2PO_4)_2 + 2 CaSO_4$,

Doppelsuperphosphat ist reines primäres Calciumorthophosphat:

$Ca_3(PO_4)_2 + 4 H_3PO_4 \rightarrow 3 Ca(H_2PO_4)_2$

und *Ammoniumphosphat* ist durch Umsetzung von Orthophosphorsäure mit Ammoniak gewonnenes sekundäres Ammoniumorthophosphat:

$H_3PO_4 + 2 NH_3 \rightarrow (NH_4)_2HPO_4$.

Orthosäuren, Säuren mit höchstmöglicher Zahl von Hydroxylgruppen am säurebildenden Zentralatom.

Osazone, Kondensationsprodukte aus Monosacchariden mit ↗ Phenylhydrazin. Dabei reagiert zunächst die Carbonylgruppe des Monosaccharids mit Phenylhydrazin zu einer Phenylhydrazongruppe, dann wird mit einem zweiten Molekül Phenylhydrazin die Nachbargruppe zur Carbonylgruppe, $>$C=O, oxydiert, die dann mit einem dritten Molekül Phenylhydrazin zu einer weiteren Phenylhydrazongruppe kondensiert:

```
H—C=O                      H—C=N—NH—C₆H₅
H—C—OH    +C₆H₅—NH—NH₂ →   H—C—OH
  |                          |
  R                          R

              H—C=N—NH—C₆H₅
+C₆H₅—NH—NH₂  H—C=O
−C₆H₅—NH—NH₂→   |
−NH₃            R

              H—C=N—NH—C₆H₅
+C₆H₅—NH—NH₂→ H—C=N—NH—C₆H₅
                |
                R
```

O. kristallisieren meist gut und eignen sich deshalb hervorragend zur Isolierung und Identifizierung von Monosacchariden.

O. lassen sich mit Salzsäure unter Abspaltung der beiden Phenylhydrazinreste in Osone (α-Keto-aldehyde) umwandeln.

Osmium,

Os $\quad Z = 76$
$A_{r\,(1981)} = 190{,}2$
Ek: [Xe] $4f^{14}5d^66s^2$
OxZ: 0, +2, +3, +4, +5, +6, +7, +8
$X_E = 2{,}2$
Elementsubstanz:
Schmp. 3 000 °C
Sdp. $\quad$ 5 500 °C
$\varrho = 22{,}4$ kg $\cdot$ l^{-1}

chem. Element (↗ Elemente, chem.).

Osmium, Symbol: Os, 1. Element der schweren Platinmetalle (↗ Nebengruppenelemente, 8. Nebengruppe des PSE). O. ist die Bez. für alle Atome, die 76 positive Ladungen im Kern, also 76 Protonen besitzen: Kernladungszahl $Z = 76$. Die Hülle des neutralen Atoms besteht aus 76 Elektronen, von denen die möglichen Valenzelektronen die Konfiguration $5d^66s^2$ besitzen. In Verb. werden Oxydationsstufen eingenommen, die durch die Oxydationszahlen OxZ 0, +2, +3, +4, +5, +6, +7 und +8 charakterisiert sind. O. wurde 1804 von TENNANT entdeckt. In der Natur findet sich O. mit den anderen Platinmetallen vergesellschaftet in Eisen-, Chromium-, Nickel- und Kupfererzlagern; z. T. auch (sekundär) durch fließende Gewässer abgelagert und angereichert. Besondere Minerale sind die Legierungen: *Iridosmium, Osmiridium* (Ir-Os-Legierung); und *Aurosmirid* (Au-Ir-Os-Legierung). Die Gewinnung des Metalls erfolgt über eine Anreicherung durch Schlämmen und ein Auskochen mit Königswasser, wobei O. im Rückstand verbleibt.

Metallisches O. ist grauweiß bis graublau, hexagonal kristallin, hart, spröde und pulverisierbar. Es reagiert mit molekularem Sauerstoff bei Rotglut:
$$Os + 2\,O_2 \rightarrow OsO_4,\quad \Delta_B H = -391\text{ kJ}\cdot\text{mol}^{-1},$$
ist aber inert gegenüber den meisten Mineralsäuren, einschließlich Königswasser. Das Metall wird als Katalysator und zur Herstellung von Instrumenten, elektrischen Geräten und speziellen Gegenständen verwendet.

Osmose, Diffusion von Lösungsmittelmolekülen aus einer Lösung niedriger Konzentration oder dem Lösungsmittel durch eine ↗ semipermeable Membran in die Lösung höherer Konzentration (Bild). Die Moleküle des gelösten Stoffes können

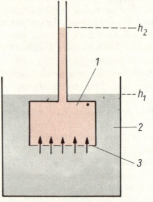

Prinzip der Osmose
1 Lösung *2* Lösungsmittel *3* Membran

durch ihr größeres Volumen auf Grund ihrer Solvathülle nicht durch die Membran diffundieren. Der O. liegt das Bestreben des Systems zugrunde, unter Energiegewinn in den Zustand gleicher Konzentrationen auf beiden Seiten der Membran überzugehen. Für das Ansteigen des Flüssigkeitsspiegels der Lösung stellt sich ein Gleichgewicht ein, bei dem der hydrostatische Überdruck entsprechend der Höhendifferenz h_2-h_1 das Verdünnungsbestreben der Lösung kompensiert. Diesen Druck bezeichnet man als osmotischen Druck π (erste Beobachtung von NOLLET, genaue Messung 1864 von TRAUBE und 1877 von PFEFFER). Für die Abhängigkeit des osmotischen Druckes π von der Temperatur T und Konzentration $c = n/V$ fand 1887 VAN'T HOFF in Analogie zum idealen ↗ Gas für verd. (ideale) Lösungen die Beziehung
$$\pi = (n/V)\cdot R \cdot T = c \cdot R \cdot T$$
R ↗ Gaskonstante.

Danach können aus der Messung von π z. B. die molaren Massen $M = m/n$ makromolekularer

Stoffe bestimmt werden. Bei Elektrolytlösungen ist der osmotische Druck entsprechend der durch die ↗ elektrolytische Dissoziation entstehenden Teilchenzahl v vergrößert.

Starke Elektrolyte (↗ DEBYE-HÜCKEL-Theorie):
$\pi = f_\pi \cdot v \cdot c \cdot R \cdot T$
$f_\pi = \pi_{real}/\pi_{ideal} < 1$ osmotischer Koeffizient
Schwache Elektrolyte:
$\pi = i \cdot c \cdot R \cdot T$
$i = 1 + (v - 1)\alpha$ VAN'T HOFFscher Faktor
α ↗ Dissoziationsgrad.

Die O. besitzt eine große Bedeutung bei biologischen Prozessen, da auf ihr die Transporterscheinungen durch die Zellmembranen beruhen. Der durch O. erzeugte Innendruck der Zellen *(Turgor)* ist eine Ursache für die Festigkeit der Pflanzen. Im menschlichen Blut haben das Blutplasma und das Innere der roten Blutkörperchen den gleichen osmotischen Druck von 780 kPa. Um bei Ersatz des Blutplasmas eine Schädigung der roten Blutkörperchen zu vermeiden, muß eine Lösung mit gleichem osmotischem Druck, eine sogenannte isotonische Lösung, z. B. eine 0,9- bis 1%ige Natriumchloridlösung (physiologische *Kochsalzlösung*), verwendet werden.

OSTWALD, WILHELM (2. 9. 1853 bis 4. 4. 1932), wurde berühmt durch seine bahnbrechenden Arbeiten auf dem Gebiet der physikal. Chemie, die er mitbegründete. Er leitete an der Universität Leipzig das erste physikal.-chem. Institut in der Welt. Er bearbeitete u. a. Fragen der chem. Verwandtschaft, der Theorie der Lösungen, der Elektrochemie. Für seine bedeutungsvollen Arbeiten zur Katalyse erhielt er 1909 den Nobelpreis für Chemie. Mit seinem Namen verbunden sind das ↗ OSTWALDsche Verdünnungsgesetz, die ↗ OSTWALDsche Stufenregel, das ↗ OSTWALD-Verfahren zur Herstellung von Salpetersäure. Die von ihm begründete Reihe der »Klassiker der exakten Wissenschaften« wird heute ebenfalls mit seinem Namen verbunden. 1921 erschien als Ergebnis der Beschäftigung mit Farben und Farbstoffen ein Farbatlas, der 2 500 Farben umfaßt. Von ihm stammen zahlreiche Lehr- und Handbücher, u. a. das Lehrbuch der allgemeinen Chemie in zwei Bänden, die Elektrochemie. O. war Vorsitzender des Monistenbundes. Er unterstützte die bürgerliche Friedensbewegung. Seine philosophischen Ansichten zum »Energetismus«, die eine Versöhnung von Materialismus und Idealismus beinhalten, stießen auf heftige Kritik. Bild.

OSTWALDsche Stufenregel, geht ein chem. System aus einem energiereichen in einen energiearmen Zustand über, so durchläuft es alle möglichen Zwischenstufen.

OSTWALDsches Verdünnungsgesetz, beschreibt die gesetzmäßige Abhängigkeit des ↗ Dissoziationsgrades α einer Elektrolytlösung von der Konzentration (d. h. der Verdünnung des Elektrolyten). Für einen binären (in zwei Ionen zerfallenden) Elektrolyten gilt:

$$K = \frac{\alpha^2 \cdot c}{1 - \alpha}$$

K Dissoziationskonstante,
c Konzentration des Elektrolyten
α Dissoziationsgrad

Bei starker Verdünnung des Elektrolyten, d. h. bei Abnahme der Konzentration c, muß α immer größer werden, damit K erhalten bleibt, bis er den Endwert von 1 angenähert erreicht.

OSTWALD-Verfahren, techn. Herstellung von Salpetersäure durch katalytische Ammoniakoxydation. Das Verfahren wurde parallel zum HABER-BOSCH-Verfahren entwickelt und in die Produktion überführt, um die Kriegsproduktion von Sprengstoffen auf der Basis von Luftstickstoff im 1. Weltkrieg in Deutschland zu sichern. Ammoniak wird dazu an einem Platinkontakt bei 800 °C zu Stickoxid verbrannt.

$4 NH_3 + 5 O_2 \rightarrow 4 NO + 6 H_2O$ (exotherm)

Durch extrem kurze Verweilzeiten an dem Netzkontakt und rasche Abkühlung wird die Bildung von N_2 bzw. N_2O sowie der Zerfall von 2 NO in N_2 und O_2 verhindert.

Danach wird das Stickoxid zu Stickstoffdioxid umgesetzt:

$2 NO + O_2 \rightarrow 2 NO_2$ (exotherm)

Es wird bei relativ niedrigen Temperaturen, unter Druck und mit NO-Überschuß gearbeitet.

Das gebildete Stickstoffdioxid wird bei Sauerstoffanwesenheit in Wasser absorbiert, das entstehende Stickoxid sofort wieder oxydiert.

$3 NO_2 + H_2O \rightarrow 2 HNO_3 + NO$ (exotherm)
$NO + \frac{1}{2} O_2 \rightarrow NO_2$

Durch Druckabsorption bei niedrigen Temperatu-

W. OSTWALD

ren entsteht eine ca. 40–60%ige Salpetersäure. Höhere Konzentrationen, oberhalb eines azeotropen Gemisches von ca. 68%iger Salpetersäure, erhält man durch Destillation in Gegenwart von konzentrierter Schwefelsäure. Es destilliert eine 99,5–99,8%ige Salpetersäure über, während Schwefelsäure und Wasser im Sumpf der Kolonne zurückbleiben (↗ Extraktivdestillation).

Oszillation, lateinische Bez. für Schwingung (Molekülschwingung: ↗ Molekülspektren, ↗ Molwärme).

OTC, Abk. für Oxytetracyclin (↗ Antibiotika).

Oxalacetate, Salze der Oxalessigsäure, ↗ Atmung.

Oxalate, Salze der Oxalsäure (↗ Ethandisäure). Sie sind bis auf die Alkalisalze wenig in Wasser löslich.

Oxalsäure, Trivialname für die niedrigste ↗ Dicarbonsäure, die ↗ Ethandisäure.

Oxide, binäre Verb. eines Elements (z. T. auch org. Gruppen) mit Sauerstoff, deren Bildung aus den Elementsubstanzen meist mit Licht- und Wärmeentwicklung verbunden ist (↗ Verbrennung). O., bei denen der Sauerstoff in der Oxidationsstufe OxZ −2 vorliegt, lassen sich nach ihrer Bindungsart in ionische und kovalente und nach ihrem Reaktionsverhalten in saure, basische, amphotere und neutrale O. klassifizieren. In den *Peroxiden*, z. B. Natriumperoxid, Na_2O_2; *Hyperoxiden*, z. B. Kaliumhyperoxid, KO_2; und *Ozoniden*, z. B. Kaliumozonid, KO_3; liegt der Sauerstoff in einer anderen Oxidationsstufe vor.

Oxidkeramik, Werkstoffe, deren Herstellungstechnologie der von keramischen Werkstoffen entspricht (naß geformt, »gebrannt« bzw. gesintert), die aber aus schwer schmelzbaren Metalloxiden (Al_2O_3, MgO, BeO, ZrO_2 u. a.) bestehen. Sie werden als hochfeuerfeste Bau- oder Werkstoffe bzw. als magnetische Werkstoffe verwendet (↗ Ferrit).

Oxime, Kondensationsprodukte aus Hydroxylamin und Aldehyden:

$$NH_2OH + R-C\overset{O}{\underset{H}{}} \rightleftharpoons R-C=N-OH$$
$$\text{Aldoxim}$$

$$NH_2OH + \overset{R}{\underset{R^1}{}}C=O \rightleftharpoons R-\underset{R^1}{C}=N-OH$$
$$\text{Ketoxim}$$

O. sind farblose, meist gut kristallisierende Verb. Wird zu deren Bildung das Hydroxylaminhydrochlorid eingesetzt, kann der durch die Kondensation freiwerdende Chlorwasserstoff quantitativ mit Natronlauge erfaßt werden. Es ist so leicht möglich, Aldehyde bzw. Ketone durch Titration zu bestimmen. Das Proton der Hydroxylgruppe in den O. kann abgespalten werden, deshalb reagieren sie schwach sauer und bilden mit Alkalihydroxiden Salze. Bei der Dehydratisierung bilden sich die entsprechenden Nitrile. Ketoxime lagern sich unter dem Einfluß stark saurer Katalysatoren in Säureamide um. Diese ↗ BECKMANNsche Umlagerung ist eine wichtige Zwischenstufe bei Herstellung von ↗ ε-Caprolactam.

Oxoglutarate, Salze der Oxoglutarsäure, ↗ Atmung.

Oxogruppe, ↗ Carbonylgruppe.

Oxoniumsalze, Salze, die Oxoniumionen als Kation enthalten. Dazu zählen Verb. vom Typ $(R-\overset{\oplus}{O}H_2)^+ X^-$, die aus Alkoholen und starken Säuren gebildet werden, ferner die aus Ethern abgeleiteten O. von Typ $\begin{bmatrix} R \\ R \end{bmatrix} \overset{\oplus}{O}-H \end{bmatrix}^+ X^-$. Trialkyl-O. entstehen bei der Umsetzung von Bortrifluorid und Alkylfluorid mit einem Ether:

$$BF_3 + R^1-F + R^2-O-R^3 \longleftrightarrow \begin{bmatrix} R^1-\overset{\oplus}{O}-R^3 \\ R^2 \end{bmatrix}^+ (BF_4)^-$$

Trialkyl-O. sind sehr starke ↗ Alkylierungsmittel.

Oxosäuren, (Ketosäuren) eine Untergruppe der substituierten Carbonsäuren, die in ihrem Kohlenwasserstoffrest eine ↗ Ketogruppe (Oxogruppe) besitzen. Der Name wird durch die Angabe der Stellung innerhalb der Kette (2, 3, 4...n oder $α, β, γ$...) und den Präfix »Oxo-« vor dem Namen der entsprechenden Carbonsäure gebildet:

$CH_3-CO-COOH$ $CH_3-CO-CH_2-COOH$
2-Oxo-propansäure 3-Oxo-butansäure
(Brenztraubensäure) ↗ (Acetessigsäure)

Mit beiden Beispielen sind die praktisch wichtigsten O. angeführt. Die Acetessigsäure bzw. ihr Ethylester wird nicht unter dem systematischen Namen beschrieben, da die Verb. durch die ↗ Keto-Enol-Tautomerie stets im Gemisch mit der 3-Hydroxy-but-2-ensäure vorkommt.

2-O. sind im freien Zustand beständig. Mit konz. Schwefelsäure erfolgt Kohlenmonoxidabspaltung unter Bildung von Carbonsäure.

3-O. sind nur als Ester beständig. Die freien 3-O. zerfallen in Keton und Kohlendioxid.

4-O. spalten beim Erhitzen unter Bildung ungesättigter Lactone intramolekular Wasser ab. Die wichtigste 4-O. ist die 4-Oxo-pentansäure (↗ Lävulinsäure).

Oxosynthese, techn. Verfahren, bei dem ↗ Alkene mit Kohlenmonoxid und Wasserstoff in Gegenwart von Cobaltkatalysatoren bei etwa 20 MPa und Temperaturen zwischen 50 und 200 °C umgesetzt werden. Es bilden sich dabei ↗ Aldehyde, die weiter zu primären ↗ Alkoholen hydriert werden können.

$$R-CH=CH_2 + CO + H_2 \xrightarrow{100°C} \begin{array}{l} R-CH_2-CH_2-C\overset{O}{\underset{H}{}} \\ R-CH-CH_3 \\ \overset{|}{C}\overset{O}{\underset{H}{}} \end{array}$$

Über die O. werden erhalten: aus Ethen Propan-1-ol; aus Propen Butan-1-ol; aus Olefingemischen mit Alkenen, die 5 bis 11 Kohlenstoffatome enthalten, Alkohole für Lösungsmittel und Weichmacher und aus längerkettigen Alkenen Alkohole für Waschmittel:

$$R-CH=CH_2 + CO + 2H_2 \xrightarrow{180°C} \begin{array}{l} R-CH_2-CH_2-CH_2-OH \\ R-CH-CH_3 \\ CH_2-OH \end{array}$$

Oxyd, früher gebräuchliche Schreibweise für Oxid (↗ Oxide).

Oxydation, auch Oxidation, Teilschritt des Redoxprozesses, der mit einer Elektronenabgabe verbunden ist. Dabei erhöht sich die ↗ Oxydationszahl der oxydierten Atome. Der elektronenaufnehmende Reaktionspartner ist das Oxydationsmittel. Dieser Oxydationsbegriff ist nicht an das Vorhandensein von Sauerstoff gebunden, z. B.:
$Fe^{2+} \rightarrow Fe^{3+} + e^-$

Das Reaktionsprodukt der O. muß kein Oxid sein. Früher wurde die O. mit der Aufnahme von Sauerstoff, der Verbrennung, gleichgesetzt, z. B.:
$4 Al + 3 O_2 \rightarrow 2 Al_2O_3$

Oxydationsmittel, an einem Oxydationsvorgang beteiligter Stoff, der nach dem älteren Oxydationsbegriff den Sauerstoff liefert. Heute versteht man unter dem O. den elektronenaufnehmenden Reaktionspartner, der über eine relativ große Elektronegativität verfügt.

Oxydationsschmelze, Vorprobe in der qualitativen Analyse, bei der die Probe mit einem Gemisch von Natriumcarbonat und Kaliumnitrat geschmolzen wird. Aus der Farbe der Schmelze wird auf das Element geschlossen. Chromium ergibt gelbe und Mangan grüne Schmelzen, z. B.:
$Cr_2O_3 + 3 KNO_3 + 2 Na_2CO_3$
$\rightarrow 2 Na_2CrO_4 + 3 KNO_2 + 2 CO_2$.
gelb

Oxydationszahl, Oxydationsstufe. Gibt die Ladung der Atome in Elementen, Verb. und Ionen an. Atome haben die O. Null; bei Ionen, wie Cl^-, O^{2-} entspricht sie der Ionenladung. Moleküle und Anionen (z. B. NO_3^-, SO_4^{2-}) denkt man sich aus Ionen aufgebaut und benutzt die gedachte Ionenladung als Oxydationszahl. Zur Berechnung des Vorzeichens der O. wird die ↗ Elektronegativität benutzt; der Betrag entspricht der Wertigkeit. Die O. wird durch eine über das Symbol geschriebene arabische Ziffer mit Vorzeichen angegeben:
$\overset{0}{N_2}$, $\overset{+1-2}{H_2O}$.

In Verb. wird sie als römische Ziffer hinter dem Elementnamen (↗ STOCKsche Zahl) angegeben, z. B. Eisen(III)-chlorid, Kaliummanganat(VI). Tabelle.

Oxydationszahlen ausgewählter Elemente

OxZ	Elemente
+1	H, Li, Na, K, Ag, Cl
+2	Mg, Ca, Sr, Ba, Mn, Fe, Co, Ni, Cu, Zn, Cd, Hg, Sn, Pb
+3	B, Al, Cr, Fe, Co, N, P, As, Bi
+4	C, Si, Sn, Pb, S
+5	N, P, As, Sb
+6	S, Se, Cr
+7	Mn, Cl
+8	Os
−1	F, Cl, Br, I, H, O
−2	O, S
−3	N, P
−4	C

Oxydationszone, oberflächennaher Teil von Erzlagerstätten, der durch eindringende Oberflächenwässer umgebildet wurde. Es entstanden Oxide, Hydroxide, Carbonate und Sulfate der Metalle des ursprünglichen Erzes. Durch Auslaugungsvorgänge entstanden poröse, zerfressene Massen, durch Eisenoxidhydrate braun gefärbt (»Eiserner Hut«). ↗ Hutzone, ↗ Zementationszone.

Oxydimetrie, *Redoxanalyse*, alle volumetrischen Analysenverfahren, z. B. Manganometrie, Iodometrie u. a., bei denen der Gehalt an reduzierenden Stoffen durch Zugabe von Oxydationsmitteln als Normallösungen bestimmt wird.

Oxygenium, wissenschaftliche Bez. für das chem. Element ↗ Sauerstoff.

Oxytetracyclin, ↗ Antibiotika.

Oxytocin, ein Peptidhormon (↗ Peptide), M 1007, welches aus 9 ↗ Aminosäuren besteht (Bild). O. wird im Zwischenhirn *(Hypothalamus)* gebildet und verursacht die Kontraktion der glatten Muskulatur des Uterus (Auslösung der Geburtswehen) und der Brustdrüse (Auspressen der Milch). Die Strukturaufklärung gelang V. DU VINEAUD und Mitarbeitern 1954.

```
                S―――――――S
                |       |        Human-
Gly―Leu―Pro―Cys―Asn―Gln―Ile―Tyr―Cys    Oxytocin
```

OZ, Abkürzung für ↗ Octanzahl.

Ozokerit, bergmännisch abgebautes Erdwachs, das z. B. in der Sowjetunion und Rumänien vorkommt. Es ist eine feste, braune Substanz, die aus langkettigen ↗ Alkanen besteht. Nach der Entfärbung und Reinigung wird es wie die auf carbo- oder petrolchemischem Weg gewonnenen Hartparaffine verwendet.

Ozon, O_3, auch Trisauerstoff, farbloses Gas (Schmp. $-252\,°C$ und Sdp. $-111,9\,°C$), flüssig dunkelblau und fest blauschwarz bis dunkelviolett und kristallin. O. entsteht durch Umsetzung von Disauerstoff mit Monosauerstoff: $O_2 + O \rightarrow O_3$; oder möglicherweise durch direkte Umlagerung von Disauerstoff (beim Durchleiten zwischen Elektroden, an denen eine hohe elektrische Spannung anliegt):

$3\,O_2 \rightarrow 2\,O_3$, $\Delta_B H = 143{,}2\,kJ \cdot mol^{-1}$.

O. besitzt stark oxydierende Eigenschaften, kann daher zur Luftverbesserung, zur Desinfektion von Leitungswasser, als Bleichmittel und als Oxydationsmittel für Raketentreibstoffe verwendet werden. Die Erde ist in der Stratosphäre von einer Ozonschicht umgeben, deren Ozonmaximum in einer Höhe von 25 km liegt. Diese Ozonschicht bewirkt die Filterung der energiereichen Sonnenstrahlung und ist daher für die Erhaltung des Lebens auf der Erde notwendig.

Ozonidspaltung (HARRIS-Reaktion), Verfahren zur Spaltung von ↗ Alkenen an der C=C-Doppelbindung durch Umsetzung mit ↗ Ozon in wasserfreien org. Lösungsmitteln, wie Petrolether, Trichlormethan, Tetrachlormethan oder Ethansäure, zu Ozoniden, die durch katalytische Hydrierung unter Wasserbildung oder durch Hydrolyse unter Bildung von Wasserstoffperoxid zu Carbonylverbindungen gespalten werden können:

Die O. mit Wasserstoff wird bevorzugt, da das bei der Hydrolyse entstehende Wasserstoffperoxid die Aldehyde oxydieren kann. Da die erhaltenen Verb. einen Aufschluß über die Lage der Doppelbindung geben, ist die O. zur Strukturaufklärung von Bedeutung.

Ozonschicht, Bereich der oberen Atmosphäre (Stratosphäre) mit starker Ozonanreicherung. Sie entsteht durch Absorption des UV-Anteils der Sonnenstrahlung unter Ozonbildung durch Ionisation der Sauerstoffmoleküle und schützt damit das irdische Leben vor diesem lebensfeindlichen Strahlungsanteil. Zur Zeit wird weltweit untersucht, ob durch Luftschadstoffe als Folge menschlicher Tätigkeit dieses lebenswichtige System gestört werden kann (Ozonloch), ↗ FCKW.

P

Palladium,

Pd	$Z = 46$
$A_{r(1981)} = 106{,}42$	
Ek: [Kr] $4d^{10}$	
OxZ: 0, +2, +3, +4	
$X_E = 2{,}20$	
Elementsubstanz:	
Schmp. $1550\,°C$	
Sdp. $3125\,°C$	
$\varrho = 12{,}0\,kg \cdot l^{-1}$	

chem. Element (↗ Elemente, chem.).

Palladium, Symbol: Pd, 3. Element der leichten Platinmetalle (↗ Nebengruppenelemente, 8. Nebengruppe des PSE). P. ist die Bez. für alle Atome, die 46 positive Ladungen im Kern, also 46 Protonen besitzen: Kernladungszahl $Z = 46$. Die Hülle des neutralen Atoms besteht aus 46 Elektronen, von denen die möglichen Valenzelektronen die nicht der Regel entsprechende Konfiguration $4d^{10}$ besitzen. In Verb. werden Oxydationsstufen eingenommen, die durch die Oxydationszahlen OxZ 0, +1, +2, +3 und +4 charakterisiert werden. P. wurde 1803 von WOLLASTON entdeckt. In der Natur findet sich P., mit den anderen Platinmetallen vergesellschaftet, in Eisen-, Chromium-, Nickel- und Kupfererzlagern; z. T. (sekundär) durch fließende Gewässer abgelagert und angereichert. Ein besonderes Mineral ist der *Braggit* (Pt, Pd, Ni)S. Die Gewinnung des Metalls erfolgt über eine Anreicherung durch Schlämmen, ein Auskochen mit Königswasser und ein Ausfällen der einzelnen Metalle nach aufwendigen und differenzierten Verfahren. Metallisches P. ist silbrig grauweiß, glänzend, kubisch

kristallin (flächenzentriert), sehr duktil und zäh. Es reagiert mit molekularem Sauerstoff bei Rotglut:
$2\,Pd + O_2 \rightarrow 2 \rightarrow PdU$, $\Delta_B H = -85{,}4\,kJ \cdot mol^{-1}$,
mit molekularem Chlor:
$Pd + Cl_2 \rightarrow PdCl_2$, $\Delta_B H = -189{,}9\,kJ \cdot mol^{-1}$,
löst sich in konz. Salpetersäure und Königswasser. Gegenüber Salzsäure (sauerstofffrei) und Oxydationsschmelzen ist das Metall inert. Es wird als Legierungsmetall (mit Silber oder Platin) und als Katalysator verwendet.

Palmitinsäure, Trivialname für die Hexadecansäure, eine der biologisch wichtigen ↗ Monocarbonsäuren. P. ist neben der ↗ Stearinsäure und der ↗ Ölsäure Hauptbestandteil der pflanzlichen und tierischen Fette, in denen sie als Ester des Propan-1,2,3-triols vorkommen. Sie wird daraus durch Fettspaltung gewonnen. P. ist unlöslich in Wasser, aber löslich in Ethanol und Diethylether (Schmp. und Sdp. ↗ Monocarbonsäuren, Tabelle). Salze der P. heißen Palmitate. Das Natriumpalmitat ist in ↗ Seifen vorhanden.

Pantothensäure, ↗ Vitamine.

Papier, Werkstoff, der durch Verfilzen, Verkleben und Verpressen von Cellulosefasern hergestellt wird. Hauptrohstoffe sind Holz, Zellstoff, Alttextilien (Hadern) und Altpapier, Füllstoffe (z. B. Kaolin), Bindemittel (Leim), Pigmente u. a. Die Arbeitsgänge der Verarbeitung zeigt das Bild. Für die Papierherstellung ist der hohe Wasserbedarf charakteristisch (50 m³ Wasser pro Tonne Papier). Die Reinigung der Abwässer ist ein zentrales Problem dieses Produktionsverfahrens.

Pappe, dickes, steifes Papier, das aus mehreren Lagen naß zusammengepreßter Papierbahnen hergestellt wird.

Papyrus, alte Kulturpflanze, wurde u. a. in Ägypten, Syrien und Palästina angebaut und fand vielfältige Verwendung; Wurzeln und Mark wurden gegessen, der Stengel diente zur Anfertigung von Stricken, Matten, Sandalen u. a. Das Mark war auch Ausgangsstoff für Beschreibmaterial.

Papyrus Ebers, eine 20 m lange und 30 cm hohe Schriftrolle aus der Zeit 1600 v. u. Z., die ausführliche Schilderungen von medizinischen und pharmazeutischen Praktiken enthält. 1872 fand der namhafte ägyptische Altertumsforscher Georg Moritz

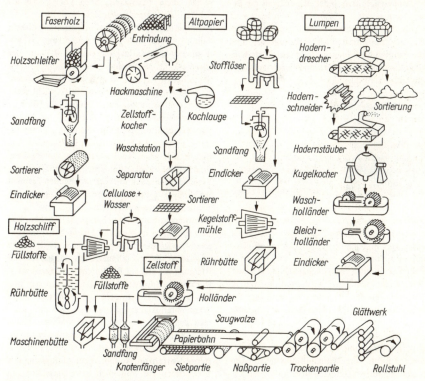

Verfahrensschema der Papierherstellung

EBERS diese Rolle bei Ausgrabungen in der Gräberstadt Theben.

Papyrus Holmiensis, Papyrus Leydensis. Zwei Papyrusschriften, die aus dem 3. Jahrhundert u. Z. stammen und 1828 bei Theben gefunden wurden. Sie enthalten u. a. Angaben über die Metallbearbeitung, die Herstellung künstlicher Edelsteine und Perlen, das Färben von Wolle. Benannt wurden die Papyrusrollen nach den Orten ihrer Aufbewahrung: Stockholm und Leyden.

Papyrus Leydensis, ↗ Papyrus Holmiensis.

para-, Abk. p-, Bez. für 1,4-Substitution am Benzenring, z. B. p-Dimethyl-benzen für 1,4-Dimethyl--benzen.

PARACELSUS (eigentlicher Name: Philippus Aureolus Theophrastus Bombastus von Hohenheim) (10. 11. 1493 bis 24. 12. 1541), schweizerischer Arzt und Naturforscher, begründete die ↗ Iatrochemie. In zahlreichen Schriften erläuterte er die Bedeutung der Chemie für Prozesse des Lebens. Der Chemie stellte er die Aufgabe, Arzneimittel herzustellen. Im Gegensatz zur Lehre von GALEN wandte er Chemikalien, darunter Metallsalze, als Heilmittel an. In seinen Schriften findet sich erstmals der Begriff »Chemy« statt »Alchemie«. Er benutzte zuerst den aus dem arabischen Raum stammenden Begriff ↗ Alkohol (eigentlich gebraucht für alles Feine, Subtile) für Weingeist. P. bereiste viele Länder Europas, um sein Wissen und Können als Arzt zu bereichern. Bild.

PARACELSUS (nach einem Gemälde von einem unbekannten Meister)

Paraffine, ältere Bez. für org. Verb. der homologen Reihe der ↗ Alkane, die wegen ihrer Reaktionsträgheit P. genannt wurden (parum affinis – wenig reaktionsfähig).
Mit P. werden auch die höhersiedenden Bestandteile der Erdöl- oder FISCHER-TROPSCH-Produkt-Destillation bezeichnet. *Paraffinöl* ist eine farblose, wasserunlösliche, ölige Flüssigkeit. *Hartparaffin,* Schmp. 45 bis 60 °C, wird zur Kerzenherstellung genutzt und dient als Ausgangsstoff zur Synthese von Waschmitteln und Carbonsäuren.
P. werden techn. durch Entparaffinierung von Diesel- bzw. Schmierölfraktionen bzw. Mittelölen hergestellt.

C_{20}- bis C_{35}-Paraffine (bei Zimmertemperatur fest): Durch mildes thermisches Cracken bei 500 bis 600 °C lassen sich daraus Alkene (Olefine) (C_{10} bis C_{18}) herstellen, die mit Schwefelsäure oder durch Oxosynthese zu Waschmitteln weiterverarbeitet werden, Seife (RCOONa), Alkylsulfate ($ROSO_3Na$). Daneben werden sie mit Luftsauerstoff zu Carbonsäuren (Fettsäuren) oxydiert und dann zu Waschmittelgrundstoffen weiterverarbeitet. C_{10}- bis C_{20}-Paraffine (bei Zimmertemperatur flüssig): wurden früher aus der Kogasin-Fraktion der FISCHER-TROPSCH-Synthese gewonnen und zu Waschmittelgrundstoffen (Alkansulfonate) verarbeitet. Heute werden die aus höheren Erdöldestillaten abgetrennten Paraffine dieser Kettenlänge vor allem zu Alkylarensulfonaten weiterverarbeitet, die wichtiger Bestandteil moderner Waschmittel sind.

Paraformaldehyd, ↗ Methanal.

Paragenese, Nebeneinandervorkommen von Mineralien, das auf einem gemeinsamen Bildungsvorgang beruht.

Paraldehyd (2,4,6-Trimethyl-1,3,5-trioxan), eine farblose, schwach stechend riechende, scharf schmeckende Flüssigkeit, Sdp. 124 °C, die als Schlafmittel verwendet wurde.
P. ist ein trimeres ↗ Ethanal und wird aus diesem beim Versetzen mit einigen Tropfen konz. Schwefelsäure in heftiger Reaktion gebildet. P. ist wie der tetramere ↗ Metaldehyd ein cyclischer Ether. Seine Reaktivität entspricht deshalb den Acetalen. Er ist gegen Alkalien beständig, wirkt nicht mehr reduzierend, wird aber durch Säuren und Hitze zu Ethanal depolymerisiert.

Parallelschaltung, Grundschaltung verfahrenstechn. Systeme zur Erhöhung der Leistung, zur Gewährleistung eines Teillastbetriebes, zur Realisierung eines quasikontinuierlichen Betriebes des Systems bei diskontinuierlich arbeitenden Elementen sowie zur Erhöhung der Zuverlässigkeit (ein Element wird Reserve).

Paramagnetismus, durch ungepaarte Elektronen hervorgerufene magnetische Eigenschaft von Stoffen (↗ Magnetochemie). Paramagnetische Stoffe werden in einem inhomogenen Magnetfeld in Richtung der größten Feldliniendichte gezogen.

Parathion, Insektizid aus der Gruppe der org. Thionphosphorsäuretriester, das zwar eine akute Warmblütertoxizität aufweist, aber als Atem-, Kontakt- und Fraßgift gegen zahllose Arten von Insekten wirksam ist und zum Universalinsektizid im Pflanzenschutz geworden ist.

Parex-Verfahren, Verfahren zur Abtrennung von n-Paraffinen aus Mittelölen bzw. Dieselölen mit Hilfe von ↗ Molsieben. Aus sterischen Gründen ist die innerkristalline Adsorption in den Hohlräumen der zeolithischen Gerüstsilicate nur den n-Paraffinen möglich. Isoparaffine können wegen der größeren Sperrigkeit ihrer Moleküle nicht durch die Eingangsöffnungen hindurchdiffundieren.

Parfüm, kosmetisches Präparat zur Erzeugung angenehmer Düfte. Es sind Lösungen von Riechstoffen in einem Ethanol-Wasser-Gemisch. Der Alkohol muß sehr rein sein. Als Riechstoffe werden ätherische Öle, z. B. Rosenöl, Lavendelöl, Bergamotteöl u. a.; tierische Duftstoffe, z. B. Moschus; und synthetische Riechstoffe verwendet. Als Fixative bezeichnete Zusätze sollen verhindern, daß sich die Qualität des P. im Verlaufe der Zeit infolge Verdunstung von Riechstoffen verschlechtert. Als Fixative eignen sich Harzextrakte, aus dem Darm von Walen gewonnener Ambra und Kunstharze. P. werden auch zur Parfümierung von Seifen und unangenehm riechenden techn. Produkten verwendet.

Partialdruck, Druck eines Gases in einer ↗ Gasmischung.

Passivierung, Ausbildung einer dünnen Oxidschicht auf der Oberfläche von Aluminium oder anderen Metallen, die eine weitere Zersetzung an der Luft verhindert. Der Effekt kann auch techn. oder chem. erzeugt werden (anodische Oxydation, ↗ Eloxieren, Behandlung mit konz. Salpetersäure).

Pastellfarben, Farbstifte ohne Holzhülle für die Kunstmalerei. Zur Herstellung werden anorg. ↗ Pigmente mit Schlämmkreide oder Gips zu einem Brei angerührt, gepreßt und langsam getrocknet.

Pasten, hoch viskose Dispersionen aus feinpulvrigen Festbestandteilen und Weichmachern, meist frei von Lösungsmittelanteilen.

Pasteur, Louis (27. 12. 1822 bis 28. 9. 1895), französischer Chemiker und Biologe, stellte 1850 die Salze der L- und D-Weinsäure her. Mit seinen Arbeiten über asymmetrische Moleküle legte er eine der Grundlagen für die Stereochemie. Er gehört zu den Begründern der modernen Bakteriologie. Ihm gelang zuerst die Züchtung verschiedener Gärungserreger. Die aseptische Behandlungsmethode in der Medizin beruht auf seinen Erkenntnissen. Er bekämpfte wirksam die Hühnercholera, führte Schutzimpfungen gegen Milzbrand und Rotlauf ein und war auch der erste, der erfolgreich Tollwutschutzimpfungen durchführte.

Pasteurisieren, von Pasteur eingeführtes Verfahren zur zeitlich begrenzten ↗ Konservierung durch Erhitzen auf Temperaturen unter 100 °C. Zum Beispiel wird Milch durch 30minütiges Erhitzen auf 60 bis 65 °C oder kurzzeitiges Erhitzen auf 85 °C pasteurisiert. Dabei werden Krankheitserreger abgetötet, ohne den Geschmack zu beeinträchtigen.

Patent, Schutzrecht, mit dem eine bestimmte Zeit (meist 15 bis 20 Jahre) ein gesetzlicher Schutz vor unbefugter Benutzung einer neuen Erfindung gesetzlich gewährt wird. Der Gegenstand der Erfindung darf damit durch Unbefugte nicht gewerblich hergestellt, gehandelt und gebraucht werden. Der Rechtsschutz eines Patentes erstreckt sich nur auf das Territorium des Staates, dessen Patentamt durch Ausstellung einer Patenturkunde und durch Veröffentlichung einer ↗ Patentschrift das Patent erteilt hat.

Patentschriften, amtliche Veröffentlichungen von Erfindungsbeschreibungen für Erfindungen, für die ein Patent erteilt wurde. P. sind mit einem Anteil von etwa 30 % ein wichtiger Bestandteil der chem. Literatur. Eine Patentschrift enthält bibliographische Angaben, wie Patentnummer, Datum der Anmeldung und Patenterteilung, Titel der Erfindung, Namen der Anmelder, Erfinder und Inhaber. Mit Hilfe eines Klassifikationssystems (Internationale Patentklassifikation, IPK) werden die Patente einem bestimmten Sachgebiet zugeordnet. Dies erleichtert die Suche nach P. zu einem Gebiet, für das man sich interessiert. Neben den bibliographischen Angaben enthalten die P. eine ausführliche Erfindungsbeschreibung mit Anwendungsbeispielen sowie die Patentansprüche.

Pauli, Wolfgang (25. 4. 1900 bis 16. 12. 1958), in Österreich geborener Physiker, arbeitete auf den Gebieten der Relativitätstheorie und Quantenmechanik. Er erhielt 1945 für das nach ihm benannte Prinzip den Nobelpreis. ↗ Pauli-Prinzip.

Pauling, Linus (geb. 28. 2. 1901), amerikanischer Chemiker, machte zahlreiche grundlegende Entdeckungen auf dem Gebiet der Chemie und Biochemie. 1936 fand er die magnetischen Eigenschaften des Blutes. Mit der ↗ Resonanzkonzeption entwickelte er ein Verfahren über die klassische Be-

L. Pauling

trachtungsweise hinaus, auf der Grundlage der Quantenchemie, um die wechselseitigen Einflüsse der Atome zu beschreiben. Die von ihm entwickelte Elektronegativitätsskale gestattet es, die Stabilität und den Charakter einer chem. Bindung einzuschätzen, und liefert eine theoretische Begründung für Übergangsbindungen. Seine Arbeiten zur chem. Bindung, den Aufbau des Proteins, die Immunitätswirkung von Antikörpern wurden 1954 mit dem Nobelpreis für Chemie gewürdigt. Sein Buch »Die Natur der chem. Bindung« wurde in viele Sprachen übersetzt. P. ist ein führender Verfechter für den Frieden in der Welt. 1962 erhielt er den Friedensnobelpreis. Bild, S. 361.

Pauli-Prinzip, die Elektronen eines Atoms (Mehrelektronensystem) unterscheiden sich in mindestens einer ↗ Quantenzahl. Das P.P. bestimmt gemeinsam mit den ↗ Hundschen Regeln die Elektronenkonfiguration der Atome.

PCB, polychlorierte Biphenyle (Diphenyle), Gruppe von Substanzen, die in Kunststoffen, Kühl- und Isoliermitteln, Farbstoffen, Lacken, Papier u.a. weit verbreitet gewesen sind und heute, seit der Erkenntnis ihrer möglichen Schadwirkung, nur noch unter besonderen Sicherheitsvorkehrungen eingesetzt werden.

Pearsonsches Base-Säure-Konzept, ↗ Säure-Base-Theorien.

Pech, Rückstand der Destillation von ↗ Teer. ↗ Steinkohlenteer.

Pechblende, ↗ Uranpecherz.

Pectine, hochmolekulare *Polyuronide*, in denen *D-Galacturonsäure*-Moleküle α-1,4-glycosidisch verknüpft sind. Ein Teil der Carboxylgruppen ist meist methylverestert. Unveresterte Polygalacturonsäure wird als *Pectinsäure* bezeichnet. P. sind als *Cellulose*-Begleiter am Aufbau pflanzlicher Zellwände beteiligt. Besonders reichlich treten sie in fleischigen Früchten sowie in manchen Speicherwurzeln (Knollen und Rüben) auf. Der Gehalt an hydrophilen Gruppen verleiht den P. eine hohe Gelierkraft. Sie werden besonders in der Nahrungsmittelindustrie zur Herstellung von Marmeladen und Tortenguß verwendet.

Ausschnitt aus dem Pectinmolekül

Pegmatit, grobkörniges Ganggestein des Granits, z. T. mit sehr großen Kristallbildungen. P. führen abbauwürdige Anreicherungen von seltenen Leichtmetallen, Edelsteinen und Seltenen Erden, von Feldspäten und Glimmern.

p-Elemente, Elemente der 3. bis 8. Hauptgruppe des PSE, die das jeweils letzte Valenzelektron in einen p-Zustand einordnen.

Pellets, rundliche Agglomerationsprodukte feinkörniger Feststoffe (Pelletierung, Granulierung).

Penicilline, ↗ Antibiotika.

Pentachlorphenol, PCP, häufig verwendetes Holzschutzmittel und selektives Herbizid; z.B. zur Abtrocknung von Kartoffelkraut vor der maschinellen Kartoffelernte.

Pentaerythritol, Pentaerythrit, synthetisch hergestellter vierwertiger primärer Alkohol mit symmetrischer Struktur, Schmp. 262 °C.

P. wird durch Umsetzung von ↗ Ethanal in mehr als der dreifachen Menge ↗ Methanal in Gegenwart von Calciumhydroxid hergestellt.

Durch die tetrafunktionelle Struktur eignet sich P. zur Herstellung räumlich vernetzter Harze (Alkydharze, Polyesterharze). P. dient zur Produktion von Sprengstoff, ↗ Pentaerythritoltetranitrat.

Pentaerythritoltetranitrat, Abk. *Pentrit*, *Nitropenta*, $C(CH_2-O-NO_2)_4$, hochbrisanter, leicht entzündbarer Sprengstoff. Er wird zur Herstellung von Sprengschnüren und -kapseln (↗ Zündmittel) und Füllung von Granaten verwendet. In der Medizin dient P. als krampflösendes Mittel bei Angina pectoris.

Pentan, C_5H_{12}, org. chem. Verb., Sdp. 36,2 °C, ↗ Alkane.

Pentlandit, (Ni, Fe)S, Mineral magmatischer Bildung, das nicht häufig in Begleitung von Magnetkies auftritt.

Pentrit, Abk. für ↗ Pentaerythritoltetranitrat.

Peptidbindung, charakteristischer Bindungstyp

Entstehung des Dipeptids Alanyl-Valin
Die typische Gruppierung der Peptidbindung ist rot hervorgehoben.

zwischen Aminosäurebausteinen in ↗ Peptiden und ↗ Proteinen, wobei die Carboxylgruppe einer Aminosäure mit der Aminogruppe einer zweiten Aminosäure unter Wasserabspaltung reagiert. In den natürlichen Peptiden und Proteinen herrscht allgemein die trans-P. vor. Bild.

Peptide, aus zwei oder mehr ↗ Aminosäuren aufgebaute Verb., wobei die einzelnen monomeren Bausteine durch die ↗ Peptidbindung verknüpft sind. P. mit bis zu 10 Aminosäuren werden als *Oligo-,* solche mit größerer Anzahl als *Polypeptide* bezeichnet. P. mit mehr als hundert Aminosäurebausteinen leiten zu den ↗ *Proteinen* über. Ist die Primärstruktur, d. h. die Aminosäuresequenz eines P. bekannt, erfolgt die systematisch-chem. Bez. folgendermaßen: Der am Kettenende liegende Aminosäurerest mit freier Carboxylgruppe behält seinen Namen. Die übrigen Bausteine, deren Carboxylgruppe Bestandteil der Peptidbindungen ist, erhalten die Endung -yl, z. B. *Glycyl-Alanyl-Lysin.* Dieses Tripeptid kann unter Verwendung der üblichen Kurzschreibweise für ↗ Aminosäuren vereinfacht auch als Gly-Ala-Lys geschrieben werden. P. haben große biologische Bedeutung. Einige wirken als ↗ Hormone (↗ Insulin, ↗ Oxytocin), andere als ↗ Antibiotica, wieder andere als Toxine (↗ Bienengift, ↗ Schlangengifte), als Wachstumshemmer oder -beschleuniger usw.

Perborat, Natriummetaborat-3-hydrat-1-peroxohydrat, $NaBO_2 \cdot 3 H_2O \cdot H_2O_2$. P. wird aus ↗ Borax, Natriumperoxid und Wasserstoffperoxid hergestellt und vor allem als Bleichmittel (↗ Bleichen) in selbsttätigen Waschpulvern verwendet.

Perborax, synthetisch hergestellte, dem ↗ Borax entsprechende Verb. des ↗ Bors, bei der von den 10 Molekülen des angelagerten Kristallwassers ein Molekül als Wasserstoffperoxid vorliegt: $Na_2B_4O_7 \cdot H_2O_2 \cdot 9 H_2O$. P. wird in der Waschmittelproduktion verwendet.

Perchlorat, e, Salze der ↗ Perchlorsäure.

Perchlorsäure, $HClO_4$, farblose, sehr bewegliche, an der Luft Nebel bildende Flüssigkeit (Schmp. $-112\,°C$, $\varrho = 1,764\,kg \cdot l^{-1}$). P. ist die stärkste der bekannten Sauerstoffsäuren. Sie kann durch anodische Oxydation von Chloraten dargestellt werden:

$ClO_3^- + 3 H_2O \rightarrow ClO_4^- + 2 H_3O^+ + 2 e^-$
(Anodenreaktion)
$2 H_3O^+ + 2 e^- \rightarrow H_2 + 2 H_2O$
(Katodenreaktion)

P. und ihre Salze, die *Perchlorate,* sind sehr gefährliche Verb., die zu heftigen und meist unberechenbaren Explosionen führen können.

Perform-Grid-Böden, Rieselblechpackung, Art von Kolonnen-Einbauten, das das ganze Kolonnenvolumen ausfüllen. Gegenüber Bodeneinbauten erfordert die Packungskolonne höhere Investkosten, bewirkt aber einen sehr kleinen Druckabfall für die Gasphase.

Pergamentierung, Verhornung, Behandlung von Papierbahnen, mit Zinkchloridlösung zur Herstellung von ↗ Vulkanfiber, d. h. zur Hydratisierung der Cellulose zu Cellulosehydrat.

Pergamentpapier, fettdichtes, naßfestes Papier, das durch Quellung, Verklebung und ↗ Pergamentierung der Cellulosefasern der Papierbahnen in einem Schwefelsäure- oder Zinkchlorid-Bad hergestellt wird.

Perhydrol, 30%ige wäßrige Lösung von ↗ Wasserstoffperoxid.

Peridotit, körniges, dunkelgrünes Tiefgestein, das im wesentlichen aus Olivin besteht, neben geringen Anteilen von Pyroxenen und Plagioklasen. P. sind die Muttergesteine der Platin- und Chromlagerstätten sowie des Diamanten (↗ Kimberlit).

Periode, Einteilungsprinzip des ↗ Periodensystems der Elemente, durch das typische Intervalle der nach der Kernladungszahl Z geordneten chem. Elemente bestimmt sind. Die Anzahl der Glieder einer P. ergibt sich aus der Elektronenkonfiguration und beträgt in der 1. Periode 2, in der 2. und 3. Periode 8, in der 4. und 5. Periode 18 und in der 6. und 7. Periode 32 Elemente.

Periodensystem der Elemente, allgemein mit PSE bezeichnet, ist die tabellarisch-systematische Anordnung der chem. ↗ Elemente. Die Elemente werden in der Reihenfolge ihrer ↗ Kernladungszahl Z so waagerecht nebeneinander gestellt, daß nach einer bestimmten Anzahl eine neue, wieder von vorn beginnende, darunter liegende Zeile die Reihe fortsetzt. Diese Anordnung folgt aus den chem. und physikal. Eigenschaften der Elemente sowie dem Aufbau ihrer Atome (↗ Atommodell). Die waagerechten Reihen (= Zeilen) stellen die ↗ Perioden und die senkrechten Reihen (= Spalten) die ↗ Elementgruppen (↗ Haupt- und ↗ Nebengruppen) des PSE dar. Für jedes chem. Element ergibt sich in diesem System ein ganz bestimmter Platz, der als Stellung im PSE die chem. und z. T. auch die physikal. Eigenschaften verdeutlicht bzw. erklärt. Es sind viele unterschiedliche Darstellungen des PSE bekannt, von denen (Bild 1 bis 3, S. 364, 365) das Langperiodensystem, das Kurzperiodensystem und das Periodensystem nach ANTROPOV hier vorgestellt werden.

periodisches System der Elemente, nicht mehr übliche Bez. für ↗ Periodensystem der Elemente.

Periodensystem

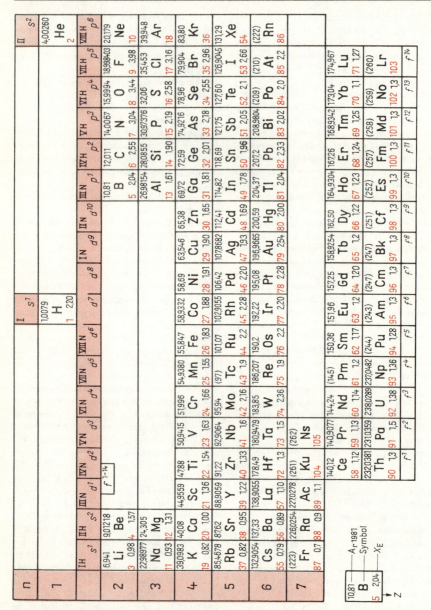

Bild 1. Periodensystem der chemischen Elemente – Langperiodensystem

Periodensystem

1		$_1$H						$_2$He	
n	I H N	II H N	III H N	IV H N	V H N	VI H N	VII H N	VIII H	N
2	$_3$Li	$_4$Be	$_5$B	$_6$C	$_7$N	$_8$O	$_9$F	$_{10}$N	
3	$_{11}$Na	$_{12}$Mg	$_{13}$Al	$_{14}$Si	$_{15}$P	$_{16}$S	$_{17}$C	$_{18}$Ar	
4	$_{19}$K $_{29}$Cu	$_{20}$Ca $_{30}$Zn	$_{21}$Sc $_{31}$Ga	$_{22}$Ti $_{32}$Ge	$_{23}$V $_{33}$As	$_{24}$Cr $_{34}$Se	$_{25}$Mn $_{35}$Br	$_{26}$Fe $_{27}$Co $_{28}$Ni $_{36}$Kr	
5	$_{37}$Rb $_{47}$Ag	$_{38}$Sr $_{48}$Cd	$_{39}$Y $_{49}$In	$_{40}$Zr $_{50}$Sn	$_{41}$Nb $_{51}$Sb	$_{42}$Mo $_{52}$Te	$_{43}$Tc $_{53}$I	$_{44}$Ru $_{45}$Rh $_{46}$Pd $_{54}$Xe	
6	$_{55}$Cs $_{79}$Au	$_{56}$Ba $_{80}$Hg	$_{57}$La $_{81}$Tl	$_{58/71}$/$_{72}$Hf $_{82}$Pb	$_{73}$Ta $_{83}$Bi	$_{74}$W $_{84}$Po	$_{75}$Re $_{85}$At	$_{76}$Os $_{77}$Ir $_{78}$Pt $_{86}$Rn	
7	$_{87}$Fr	$_{88}$Ra	$_{89}$Ac	$_{90/103}$/$_{104}$Ku $_{105}$Ns					

Bild 1. Periodensystem der chemischen Elemente – Kurzperiodensystem

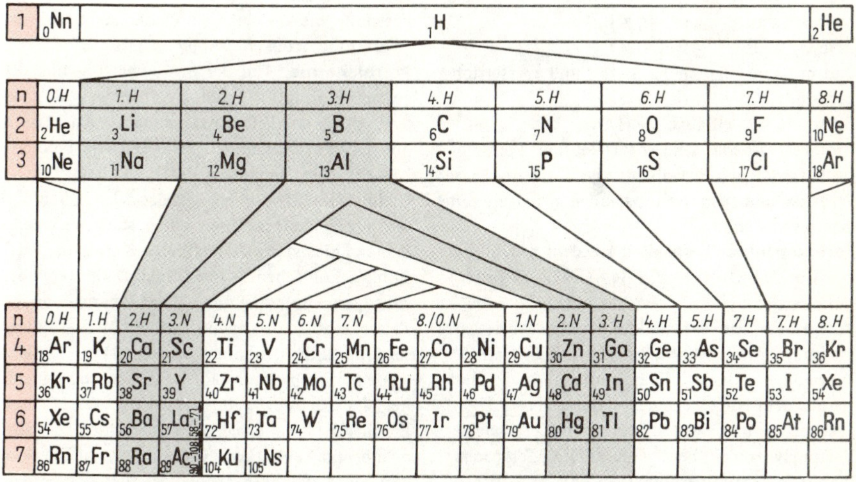

1	$_0$Nn				$_1$H				$_2$He
n	0.H	1.H	2.H	3.H	4.H	5.H	6.H	7.H	8.H
2	$_2$He	$_3$Li	$_4$Be	$_5$B	$_6$C	$_7$N	$_8$O	$_9$F	$_{10}$Ne
3	$_{10}$Ne	$_{11}$Na	$_{12}$Mg	$_{13}$Al	$_{14}$Si	$_{15}$P	$_{16}$S	$_{17}$Cl	$_{18}$Ar

n	0.H	1.H	2.H	3.N	4.N	5.N	6.N	7.N	8./0.N	1.N	2.N	3.H	4.H	5.H	7H	7.H	8.H
4	$_{18}$Ar	$_{19}$K	$_{20}$Ca	$_{21}$Sc	$_{22}$Ti	$_{23}$V	$_{24}$Cr	$_{25}$Mn	$_{26}$Fe $_{27}$Co $_{28}$Ni	$_{29}$Cu	$_{30}$Zn	$_{31}$Ga	$_{32}$Ge	$_{33}$As	$_{34}$Se	$_{35}$Br	$_{36}$Kr
5	$_{36}$Kr	$_{37}$Rb	$_{38}$Sr	$_{39}$Y	$_{40}$Zr	$_{41}$Nb	$_{42}$Mo	$_{43}$Tc	$_{44}$Ru $_{45}$Rh $_{46}$Pd	$_{47}$Ag	$_{48}$Cd	$_{49}$In	$_{50}$Sn	$_{51}$Sb	$_{52}$Te	$_{53}$I	$_{54}$Xe
6	$_{54}$Xe	$_{55}$Cs	$_{56}$Ba	$_{57}$La	$_{72}$Hf	$_{73}$Ta	$_{74}$W	$_{75}$Re	$_{76}$Os $_{77}$Ir $_{78}$Pt	$_{79}$Au	$_{80}$Hg	$_{81}$Tl	$_{82}$Pb	$_{83}$Bi	$_{84}$Po	$_{85}$At	$_{86}$Rn
7	$_{86}$Rn	$_{87}$Fr	$_{88}$Ra	$_{89}$Ac	$_{104}$Ku	$_{105}$Ns											

Bild 3. Periodensystem der chemischen Elemente nach ANTROPOV

Perkin, Sir William Henry (12. 3. 1838 bis 15.7.1907), englischer Chemiker, fand 1856 den ersten Teerfarbstoff, das Mauvein, und legte damit den Grundstein für die Entwicklung der Teerfarbenindustrie in England. Er synthetisierte als erster Glycocoll. Mit einer nach ihm benannten Reaktion stellte er 1866 das Cumarin und 1877 Zimtsäure dar. Weiterhin arbeitete er auf dem Gebiet der physikalischen Chemie. ↗ Hofmann, A. W.

Perkin-Synthese, Verfahren zur Herstellung von α,β-ungesättigten Carbonsäuren, das 1868 von W. H. Perkin beschrieben wurde. Bei der P. reagiert ein aromatischer Aldehyd mit einem Carbonsäureanhydrid in Gegenwart basischer Katalysatoren, wie Natriumacetat oder Pyridin in einer aldolartigen Reaktion zu einem Additionsprodukt, das unter Carbonsäureabspaltung die arylsubstituierte Alkensäure liefert. Ein typisches Beispiel ist die Synthese der 3-Phenyl-propensäure (Zimtsäure):

$$C_6H_5-\underset{H}{\overset{O}{C}} + H_3C-\underset{O}{\overset{}{C}}-O-\underset{O}{\overset{}{C}}-CH_3$$

$$\longrightarrow C_6H_5-\underset{OH}{\overset{}{C}H}-CH_2-\underset{O}{\overset{}{C}}-O-\underset{O}{\overset{}{C}}-CH_3$$

$$\longrightarrow C_6H_5-CH=CH-COOH + CH_3-COOH$$

Perlpolymerisation, ↗ Suspensionspolymerisation.

Peroxide, Verb. chem. Elemente mit Sauerstoff, die die Peroxogruppierung, $-\overline{O}-\overline{O}-$, besitzen. *Ionische Peroxide* sind Verb. von Elementen der 1. und z. T. 2. Hauptgruppe des PSE. Diese P. reagieren mit Wasser heftig, unter Bildung von Metallhydroxid und Disauerstoff, z. B.:
$2\,Na_2O_2 + 2\,H_2O \rightarrow 4\,NaOH + O_2\uparrow$
und mit verd. Säuren zu Salzen und Wasserstoffperoxid, z. B.:
$BaO_2 + H_2SO_4 \rightarrow BaSO_4\downarrow + H_2O_2$.
Nichtmetallperoxide sind von vielen org. Verb. hergestellt worden, z. B. Peroxide von ↗ Ethern. Diese Peroxide sind thermisch instabil und neigen zum explosiven Zerfall.

Peroxogruppe, Bestandteil kovalent gebundener Peroxide, $H-\overline{O}-\overline{O}-$, z. B. H—O—O—H Wasserstoffperoxid.

Perpetuum mobile, praktisch nicht realisierbare Maschine, die entgegen dem 1. ↗ Hauptsatz der Thermodynamik bzw. Energieerhaltungssatz Energie aus dem Nichts erzeugen könnte (P. m. 1. Art) oder mit der im Gegensatz zum 2. ↗ Hauptsatz der Thermodynamik bei konstanter Temperatur Wärme in Arbeit überführbar wäre (P. m. 2. Art).

Pestizide, Pflanzenschutzmittel. Sie dienen zur Schädlingsbekämpfung und zur Unkrautvernichtung. Der eigentliche Wirkstoff wird durch inerte Trägerstoffe (Schiefermehl, Kreide, Ton) gestreckt, dazu kommen noch u. U. Stabilisatoren, Emulgatoren, Haftmittel, Netzmittel u. a. ↗ Insektizide, ↗ Fungizide, ↗ Herbizide.

Petersen-Turmverfahren, Nitrose-Verfahren, Weiterentwicklung des alten Bleikammer-Verfahrens zur Herstellung von Schwefeltrioxid bzw. Schwefelsäure. Es wird heute bei Ausgangsgasen mit relativ geringem SO_2-Gehalt ($<2\%$, z. B. manche Röstgase) bzw. starkschwankenden Gehalten eingesetzt, auch wenn die Hauptmenge der produzierten Schwefelsäuren nach dem ↗ Kontaktverfahren hergestellt wird. Die Oxydation des SO_2 zu SO_3 erfolgt mit Hilfe von Stickoxiden als homogene Katalyse. Bild.

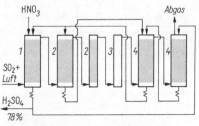

Prinzipschema des Petersen-Turmverfahrens
1 Denitrierturm 3 Reglerturm (Puffer)
2 Produktionstürme 4 Nitriertürme

Petrographie, Lehre von den Gesteinen, ihrer Zusammensetzung, ihrem Gefüge und ihrer Bildung. Techn. P. ist die Übertragung auf »künstliche« Gesteine, d. h. alle industriell entstandenen Feststoffe, die aus mehreren Phasen aufgebaut sind (Werkstoffe, Baustoffe, Abprodukte).

Petrolchemie, Teil der org.-techn. Chemie, der auf dem Rohstoff ↗ Erdöl bzw. ↗ Erdgas (als Kohlenstoff-Ausgangssubstanz) aufbaut und daraus durch chem. Veränderungen org.-techn. Produkte herstellt. Die Hauptlinie der P. ist heute die ↗ Olefinchemie. Die P. hat seit den 50er Jahren dieses Jahrhunderts weltweit durch stark verringerte Kosten die stoffwirtschaftliche Verwertung der Kohle (»Kohlechemie«) verdrängt. Dafür waren die günstigere Förderung und bei der Verarbeitung die Tatsache ausschlaggebend, daß Erdöl Kohlenwasserstoffe enthält, während Kohle erst zu Kohlenwasserstoffen hydriert werden muß. Da wahrscheinlich im nächsten Jahrhundert die wesentlichen Erdöllagerstätten erschöpft sein werden, betreibt man bereits heute Forschungsarbeiten zur Entwicklung einer effektiven Technologie der Kohleveredlung, auch wenn sicher ist, daß für die gleichen

Zielprodukte die günstigen Preisrelationen der Petrolchemie nicht erreichbar sind. ↗ Spaltgase.
Petrolether, die niedrigstsiedende Benzinfraktion bei der Trennung der Rohbenzinfraktion aus der Erdöldestillation. P. besteht aus einem uneinheitlichen Alkangemisch, das vorwiegend Isomere des Alkans C_5H_{12} enthält. Der Siedebereich liegt zwischen 40 und 70 °C, $\varrho_{fl} = 0{,}66\,g\cdot cm^{-3}$. P. verdampft leicht, die Dämpfe sind schwerer als Luft und bilden mit ihr explosive Gemische. P. ist in Wasser unlöslich und darf bei Bränden nicht mit Wasser gelöscht werden.
P. wird zur Extraktion von Ölen, Fetten und ätherischen Ölen verwendet, dient in reiner Form als Wundbenzin.
Petroleum, Kerosin, Leuchtöl, Steinöl, eine etwa zwischen 150 bis 270 °C (180 bis 250°C) siedende Fraktion der ↗ Erdöldestillation, die als Düsenbzw. Gasturbinenkraftstoff sowie als Ausgangsstoff in der Petrolchemie verwendet wird.
Petrolkoks, beim Spalten hochsiedender Erdölrückstände anfallender Koks. Er ist besonders aschearm und wird deshalb zur Herstellung von Elektroden verwendet.
PETTENKOFER, MAX VON (3. 12. 1818 bis 9. 2. 1901), vielseitiger deutscher Arzt und Chemiker, war ein bedeutender Hygieniker und zählt zu den Begründern der Ernährungswissenschaft. Er wies nach, daß die ↗ Triade kein allgemeines Ordnungsprinzip der Elemente darstellt. Seine Abhandlung über die regelmäßigen Abstände der Atommassen der Elemente zählt zu den Vorläufern des Periodensystems.
Pflanzenhormone, svw. ↗ Phytohormone.
Pflanzenschutz, integrierter, moderne komplexe Konzeption zum Schutz pflanzlicher Mono-Produktionskulturen unter Beachtung ökologischer Gesichtspunkte durch Kombination biologischer, chem. kulturtechn. und mechanischer Maßnahmen.
Pflanzenschutzmittel, ↗ Pestizide.
Phase, physikalisch-chemisch einheitlicher, d. h. homogener Bereich (gleiche Struktur und Wechselwirkung der Teilchen), der von anderen Bereichen gleicher Art in einem heterogenen (aus verschiedenen P. bestehenden) System durch eine ↗ Grenzfläche abgetrennt ist.
Besteht das System nur aus einem Stoff, liegen reine P. vor. Sie entsprechen den Aggregatzuständen, wobei mehrere feste P. existieren können (↗ Allotropie).
Enthält das System mehrere ↗ Komponenten, entstehen meist Mischphasen (↗ Mischungen). Für die Zahl der nebeneinander existierenden P. gilt das ↗ GIBBSsche Phasengesetz. Bei Phasenübergängen (z. B. ↗ Verdampfung und ↗ Kondensation, ↗ Schmelzen und Kristallisation, ↗ Sublimation, ↗ Absorption und ↗ Verteilung) stellen sich *Phasengleichgewichte* ein, die durch bestimmte Beziehungen in Abhängigkeit von einer sprunghaften Änderung einer thermodynamischen ↗ Zustandsfunktion beschrieben werden können. Analoges gilt für die Wechselwirkung an Phasengrenzen, wie z. B. die ↗ Adsorption.

Phasendiagramm, graphische Darstellung der Existenzbereiche der ↗ Phasen bzw. Aggregatzustände eines Systems in Abhängigkeit von den ↗ Zustandsgrößen Temperatur, Druck und Konzentration der Komponenten. Damit gestattet das P. Aussagen darüber, bei welchen Werten dieser Größen Phasenübergänge auftreten. Bei reinen Stoffen (*Einkomponentensysteme,* $K = 1$) grenzen in einem Druck-Temperatur-Diagramm (Bild) die Dampfdruckkurve (3) (↗ Dampfdruck), die Sublimationsdruckkurve (1) und die Schmelzdruckkurve (2) die Existenzbereiche der Phasen P ab. Auf den Kurven ist nach dem ↗ GIBBSschen Phasengesetz $P + F = K + 2$ die Zahl der Freiheitsgrade $F = K + 2 - P = 3 - 2 = 1$, während am Schnittpunkt aller drei Kurven, dem sogenannten Tripelpunkt T ($P = 3$), keine Zustandsgröße mehr frei wählbar ist ($F = 1 + 2 - 3 = 0$). Bei *Zweistoffsystemen* stellt man meist die Abhängigkeit der Temperatur für bestimmte Phasenübergänge in Abhängigkeit von der Zusammensetzung bei konstantem Druck dar (↗ Siedediagramm, ↗ Schmelzdiagramm).

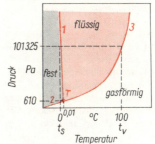

Phasendiagramm des Wassers
1 Schmelzdruckkurve
2 Sublimationsdruckkurve
3 Dampfdruckkurve
t_s Sublimationstemperatur
t_v Siedetemperatur
T Tripelpunkt

Phasengrenzflächen, ↗ Grenzflächen.
Phenacetin, Kurzbez. für das 4-Ethoxy-acetanilid, das vielfach Bestandteil von fiebersenkenden

und schmerzlindernden Arzneimitteln ist. P. wird durch Acetylierung von p-Phenetidin mit Ethansäureanhydrid hergestellt. Es ist eine farblose, geschmacklose Substanz, Schmp. 135 °C.

$CH_3-CH_2-O-C_6H_4-NH-CO-CH_3$

Phenacetin

Phenazon, 2,3-Dimethyl-1-phenyl-3-pyrazolin-5-on, ein seit 1884 bekanntes, von KNORR synthetisiertes Antipyreticum. P. wird durch Kondensation von Phenylhydrazin mit Acetessigester zum 3-Methyl-1-phenyl-2-pyrazolin-5-on und nachfolgender Methylierung mit Dimethylsulfat hergestellt. Es ist eine farblose, wasserlösliche Verb., Schmp. 113 °C, mit schwach bitterem Geschmack. P. ist allein oder in Kombinationspräparaten unter verschiedenen Namen, z.B. Antipyrin, als Arzneimittel im Handel bzw. ist Ausgangsverb. für die Synthese des ↗ Aminophenazons und des ↗ noraminophenazonmethansulfonsauren Natriums. ↗ Schmerzstillende Mittel.

Phenol,

C_6H_5-OH
Schmp. 41 °C
Sdp. 182 °C
$\varrho_n = 1{,}054 \text{ kg} \cdot \text{m}^{-3}$
LD 50: 0,4 g · kg^{-1}
(oral, Ratte)

aromatische Hydroxylverb., die in reiner Form farblose Nadeln bildet, die sich an der Luft rasch rötlich färben. Bei 15 °C lösen sich 8,2 g in 100 ml Wasser, oberhalb 65,3 °C ist P. mit Wasser in jedem Verhältnis mischbar. P. wirkt ätzend und ist stark giftig.

P. riecht charakteristisch nach Teer. Es reagiert sauer und bildet mit Metallen Salze, die Phenolate heißen. In stark verd., wäßrigen Lösungen bildet sich mit etwas Eisen(III)-chlorid eine violette Färbung.

P. wirkt desinfizierend. Die 5%ige wäßrige Lösung ist als Desinfektionsmittel unter dem Namen »Carbolsäure« bekannt. P. läßt sich mit Alkylierungsmitteln veräthern:

$R-Br + Na(C_6H_5-\overline{O}|^\ominus)$
Alkyl-   Natrium-
bromid   phenolat

$\rightarrow NaBr + C_6H_5-O-R$
Alkylphenylether
Phenolether

P. kann nur mit reaktionsfähigen Acylierungsmitteln, wie Carbonsäurehalogeniden oder Anhydriden, verestert werden:

$R-CO-Cl + C_6H_5-OH$
Säure-   Phenol
chlorid

$\rightarrow HCl + C_6H_5-O-CO-R$
Phenylester

Die Hydroxylgruppe am Benzenring ist ein Substituent 1. Ordnung. Sie erleichtert die elektrophile Zweit- und Drittsubstitution und dirigiert die weiteren Substituenten in die ortho- und para-Stellungen. Halogenierungen bis zu Trihalogenverb. sind leicht möglich. Mit konz. Schwefelsäure bilden sich 2-Hydroxy-benzensulfonsäure und 4-Hydroxy--benzensulfonsäure und die 6-Hydroxy-benzen--1,3-disulfonsäure. Ebenso verläuft die Nitrierung.

Mit Kohlendioxid unter Druck bildet sich die 2-Hydroxy-benzoesäure (↗ Salicylsäure), ↗ KOLBE-SCHMITT-Synthese.

Auch Methanal reagiert vorwiegend in der ortho-Stellung und bildet das 2-(Hydroxymethyl)phenol, das zu ↗ Phenoplasten weiter kondensiert.

Diazoniumsalze kuppeln in der para-Stellung zu den entsprechenden Azoverb.

Mit Propanon bei Säurekatalyse bildet sich das zur Herstellung von ↗ Epoxidharzen und ↗ Polycarbonaten wichtige ↗ Dian.

Durch Zusammenschmelzen von P. mit Phthalsäureanhydrid in Gegenwart von konz. Schwefelsäure oder Zinkchlorid wird ↗ Phenolphthalein hergestellt.

Durch Hydrierung des P. wird Cyclohexanol erhalten, das Zwischenprodukt für die Synthese des ε-Caprolactams ist. P. ist erstmals 1834 von RUNGE aus dem Steinkohleteer isoliert worden. Bei der vielseitigen Verwendung des P. sind aber zur Bedarfsdeckung Synthesen erforderlich:

Cumen-Verfahren, nachdem aus Benzen und Propen das Cumen hergestellt wird, schließen sich Oxydation und Spaltung an:

Benzen → (+C$_3$H$_6$) Cumen → (+O$_2$) Cumenhydroperoxid

(H$^+$) → Phenol + Propanon

Alkalischmelze von Natriumbenzensulfonat bei etwa 300 °C:
Na(C$_6$H$_5$—SO$_3$) + 2 NaOH
→ Na(C$_6$H$_5$—O) + Na$_2$SO$_3$ + H$_2$O

Hydrolyse von Chlorbenzen, die bei etwa 300 °C und 28 MPa mit 10%iger Natronlauge abläuft, aber weitgehendst vom Cumen-Verfahren verdrängt worden ist:
C$_6$H$_5$—Cl + 2 NaOH → Na(C$_6$H$_5$—O) + NaCl.

P. ist wichtig zur Herstellung von Farbstoffen, Plasten, Gerbstoffen, Arzneimitteln u. a.

Phenole, eine Gruppe von Verb., bei denen an einem aromatischen Kohlenwasserstoffrest eine oder mehrere Hydroxylgruppen gebunden sind. Im Unterschied zu den Alkoholen ist die OH-Gruppe an ein sp^2-hybridisiertes Kohlenstoffatom gebunden und die freien Elektronenpaare des Sauerstoffatoms sind in die ↗ Mesomerie des Aromaten einbezogen. Daraus resultiert eine verstärkte Delokalisierung der negativen Ladung der Phenolationen und damit die höhere Acidität gegenüber den Alkoholen. Der Name dieser Gruppe leitet sich von der entsprechenden Benzenverb., dem ↗ Phenol, ab. Die Bez. »Phenol« und »Phenyl-« gehen auf den heute ungebräuchlichen Namen für C$_6$H$_6$ »Phen« zurück, der 1837 von LAURENT geprägt worden war. Wichtige P. sind das ↗ Phenol, die drei isomeren Benzendiole (↗ Dihydroxybenzene), die beiden ↗ Naphthole und deren Derivate.

Die P. bilden Salze, die allgemein *Phenolate* heißen. P. lassen sich an der OH-Gruppe verethern und verestern. Durch die OH-Gruppe wird die elektrophile Substitution erleichtert. Der Zweitsubstituent besetzt meist die ortho- oder para-Stellung. Die meisten P. bilden mit Eisen(III)-chloridlösungen intensive Färbungen, die zur Identifizierung genutzt werden können.

Phenolformaldehydharze, ↗ Phenoplaste.

Phenolphthalein, ein Phthaleinfarbstoff, der farblose, geschmacklose Kristalle bildet, Schmp. 261 °C, die in Wasser schwer, aber gut in Ethanol und Laugen löslich sind. Die Färbung der wäßrigen Lösung ist abhängig vom pH-Wert:
pH < 8,2 farblos und pH > 10 rot.
Für diesen Bereich wird deshalb P. als Indikator in der Alkalimetrie verwendet. In sehr starken Laugen verschwindet die anfangs gebildete Rotfärbung durch Umlagerung der farbigen chinoiden in die farblose benzoide Phenolatform. P. wird durch Kondensation von 2 Teilen ↗ Phenol mit 1 Teil ↗ Phthalsäureanhydrid mit etwa der gleichen Menge eines sauren Kondensationsmittels, wie konz. Schwefelsäure oder Zinkchlorid, synthetisiert. Nach dem Umsetzen des Reaktionsproduktes mit Wasser kann das rohe P. abgetrennt werden. P. dient auch als Abführmittel.

Phenolphthalein

Phenoplaste (Phenol-Formaldehyd-Harze, Phenolharze), Gruppe preiswerter Duroplaste, die durch Kondensation von Phenolen, wie Phenol, m-Cresol, 3,5-Xylenol, 1,3-Dihydroxy-benzen (Resorcinol) u. a., mit Methanal in einer Mehrstufensynthese gewonnen werden.

Bei Säurekatalyse bilden sich bei einem Ansatz von Phenol zu Methanal im Verhältnis 1:1 zunächst die noch löslichen *Novolake*, die linear verknüpfte niedermolekulare Kondensationsprodukte und Hydroxymethylphenole enthalten. Die Verknüpfung erfolgt vorwiegend über Methylengruppen, —CH$_2$—:

Die Härtung der *Novolake* erfolgt mit methanalabspaltenden Härtungsmitteln wie ↗ Paraformaldehyd oder ↗ Hexamethylentetramin bei Temperaturen zwischen 150 und 200 °C. Dabei erfolgt eine räumliche Vernetzung über Methylenbrücken in den ortho- und para-Stellungen. Bei der Anwendung von Hexamethylentetramin treten zusätzlich Methyleniminobrücken,
—CH$_2$—NH—CH$_2$—,
auf. Im alkalischen Medium verläuft die Kondensation zunächst zu wenig vernetzten (Hydroxymethyl)phenolen oder mit Methylenethern verknüpften Phenolen. P. in dieser Kondensationsstufe werden *Resole* genannt. Durch weitere Kondensation werden die Vernetzung vergrößert und die in Laugen unlöslichen, aber in Ethanol und Propanon löslichen *Resitole* gebildet, die dann weiter zu den OH-gruppenfreien *Resiten* vernetzen. In den Resiten sind auch die Methylenethergruppen unter Methanalabspaltung in die Methylenbrücken umgewandelt worden.

Techn. wird die Kondensation zu Novolaken oder Resolen diskontinuierlich oder kontinuierlich bis zu einem bestimmten Grad durchgeführt, der meist über Viskositätsmessungen erfaßt wird. Das Produkt dieser Vorkondensation wird isoliert und getrocknet. Dann erfolgt gegebenenfalls nach der Einarbeitung von Füllstoffen oder Katalysatoren die Aushärtung. P. sind schlagzäh mit guter Druckfestigkeit, aber geringer Zugfestigkeit. Sie werden deshalb meist mit Verstärkungsmaterialien oder Füllstoffen verwendet. Dazu haben sich bewährt: Textil- und Glasfasergewebe, Papierbahnen, Holzspäne, Papier- oder Textilschnitzel, Holzmehl, Graphit, Quarzmehl, Kaolin, Glimmer, Asbest u. a.

P. sind durch Nebenreaktionen meist gelb bis dunkelbraun gefärbt, wodurch ihre Anwendung eingeschränkt wird. Sie besitzen gute Isoliereigenschaften, die Voraussetzung für den vielfältigen Einsatz in der Elektrotechnik sind.

Neben dem vorwiegenden Einsatz als Preßmassen eignen sich P. auch als drechselbare Gießharze und Vergußmassen. P. sind hochwertige Holzleime. Die Tabelle gibt einen Überblick über wesentliche Eigenschaften ungefüllter P. Neben den genannten Phenolen sind für Spezialharze auch Verb. mit weiteren funktionellen Gruppen am Benzring wie Carboxyl-, Sulfo- oder Aminogruppen von Bedeutung. Als Kondensationsmittel können auch andere Aldehyde eingesetzt werden. Durch sorgfältige Reinigung der Abwässer und Abdämpfe können bei der Produktion der P. wertvolle Ausgangsstoffe zurückgewonnen werden.

Eigenschaften ungefüllter Phenoplaste

Eigenschaft	Novolak-Typ	Resol-Typ
Dichte in $g \cdot cm^{-3}$	1,26...1,27	1,3
Wasseraufnahme in %	0,1	0,3
Erweichungstemp. in °C	100	70
Zugfestigkeit in MPa	30...50	300...800
Kerbschlagzähigkeit	1...1,5	1...2

Phenosolvanverfahren, Gewinnung von Phenolen aus Schwelwässern der Braunkohle-Schwelung durch Solventextraktion.

Phenoxyessigsäurederivate, Wirkstoffe, die als selektive Wuchsstoffherbizide verwendet werden. Sie haben von allen bekannten Herbiziden die größte Bedeutung. Sie weisen eine geringe Warmblütertoxizität auf, sind bienenungefährlich und unschädlich für Fische, wenn sie korrekt dosiert ausgebracht werden. Bekannteste Verb. dieser Gruppe ist die ↗ 2,4-Dichlor-phenoxyethansäure.

L-Phenylalanin, Abk. Phe. L-α-Amino-β-phenylpropionsäure, eine proteinogene ↗ Aminosäure. M 165,2. Schmp. 283 bis 284 °C. Beim Krankheitsbild der *Phenylketonurie* kann P. infolge eines Enzymmangels nicht auf dem üblichen Weg abgebaut werden. Diese Stoffwechselstörung führt zum Schwachsinn. Durch eine einfache Urinuntersuchung beim Neugeborenen kann diese Krankheit erkannt und durch eine P.-freie Diät kompensiert werden.

$$\underset{L-Phenylalanin}{\underset{}{\bigcirc}-CH_2-\underset{NH_2}{\underset{|}{CH}}-COOH}$$

Phenylbutazon, Rheumamittel und ↗ schmerzstillendes Mittel.

Phenylengruppe, —C_6H_4—, zweiwertiger Rest, der sich aus Benzen ableitet. Da am Benzen drei unterschiedliche Anordnungen von zwei Substituenten möglich sind, existieren drei isomere Phenylengruppen, und zwar in der ortho-, meta- oder para-Struktur.

Phenylgruppe, C_6H_5—, einwertiger Rest, der sich vom Benzen ableitet.

Phenylhydrazin, C_6H_5—NH—NH_2, frischgereinigt, ein farbloses Öl, Schmp. 19,6 °C, Sdp. 243 °C, das sich aber an Licht und Luft rasch braun färbt.

P. ist eine schwache Base, die wasserlösliche Salze liefert. Es besitzt ein starkes Reduktionsvermögen, kann aber auch unter Bildung von Aminobenzen und Ammoniak oxydierend wirken, ↗ Osazone.

P. ist ein Blutgift und kann Ekzeme verursachen!
P. kondensiert mit Aldehyden und Ketonen zu Phenylhydrazonen. Es wird deshalb häufig als analytisches Reagens genutzt. Zweckmäßiger ist dafür aber der Einsatz des 2,4-Dinitro-phenylhydrazins, das besser kristallisierende Hydrazone liefert. Zur Identifizierung von Zuckern eignet sich P. über die ↗ Osazonbildung.

Kondensationsprodukte aus P. mit Acetessigester werden als Arzneimittel verwendet, ↗ Aminophenazon.

P. wird durch Reduktion von Phenyldiazoniumchlorid hergestellt, das mit Natriumsulfit zum Natriumphenylhydrazinsulfonat umgesetzt und dann mit Salzsäure in der Hitze zum Phenylhydrazoniumchlorid und Natriumhydrogensulfat gespalten wird. Das P. kann aus dem Hydrochlorid mit Natronlauge freigesetzt werden:

$(C_6H_5-\overset{\oplus}{N}\equiv N)Cl$

$\xrightarrow[- NaCl]{+ Na_2SO_3} C_6H_5-NH-NH-SO_3Na$

$\xrightarrow[- NaHSO_4]{+ HCl, H_2O} (C_6H_5-NH-\overset{\oplus}{NH_3})Cl$

P. wird als analytisches Reagens, als Ausgangsstoff zur Herstellung von Heterocyclen, Farbstoffen und Arzneimitteln verwendet.

Phenylketonurie, ↗ L-Phenylalanin.

Pheromone, chem. uneinheitliche Gruppe von Wirkstoffen, die von Tieren abgeschieden werden und eine Information für Artgenossen darstellen. P. dienen unter anderem der Markierung von Revieren, der Anlockung des Geschlechtspartners oder der Alarmauslösung (Ameisen, Bienen). Als häufige Strukturtypen treten höhere Fettsäuren und Alkohole, niedere ↗ Terpene und verschiedene heterocyclische Verb. auf. Das erste in seiner Struktur aufgeklärte P. war das Bombycol, der Sexuallockstoff des Weibchens des Seidenspinners (Bombyx mori). Chem. handelt es sich um Hexadeca-10(E),12(Z)-dien-1-ol. Die Strukturaufklärung gelang A. BUTENANDT 1936.

HO ~~~~~~~~~~
Bombycol

Phlogiston, ein in allen brennbaren Stoffen angenommener Bestandteil, der beim Verbrennen entweichen sollte. Je weniger Verbrennungsprodukt erhalten wurde, desto reicher sollte der Phlogistongehalt des ursprünglichen Stoffes sein. Stoffe, die nicht brennen, enthielten demnach kein P. Der mit dieser Ansicht nicht übereinstimmenden Tatsache der Massenzunahme bei der Verbrennung wurde keine Beachtung geschenkt. Die Oxydation der Metalle stellte sich nach Ansicht der Phlogistiker wie folgt dar: Das Metall wird erhitzt; P. entweicht und Metallkalk bleibt zurück. Für die Reduktion wurde angenommen: Metallkalk nimmt z. B. vom Kohlenstoff, dieser galt als fast reines Phlogiston, Phlogiston auf, und es bildet sich das Metall zurück. ↗ BECHER ↗ STAHL ↗ Phlogistontheorie.

Phlogistontheorie, von ↗ BECHER und ↗ STAHL begründete Lehre über den Verbrennungsprozeß, die über 70 Jahre in der Chemie vertreten wurde. Mit dieser »Hypothese« befreite sich die Chemie von alchemistischem Gedankengut; die Entwicklung zur Wissenschaft und die Ausrichtung auf die gewerbliche Praxis wurden stark gefördert. Aufbauend auf experimentelle Ergebnisse von Phlogistikern wie ↗ PRIESTLEY und ↗ SCHEELE, konnte durch die quantitativen Untersuchungen von ↗ LAVOISIER die P. durch die Oxydationstheorie abgelöst werden. ↗ Phlogiston.

Phosgen, $COCl_2$, auch Kohlenoxychlorid oder Carbonylchlorid, farbloses Gas (Schmp. $-126\,°C$, Sdp. $7,95\,°C$) von erstickendem Geruch und großer Giftigkeit (↗ chem. Kampfstoffe). P. kann durch Umsetzung von Kohlenmonoxid mit molekularem Chlor bei Lichteinwirkung gewonnen werden: $CO + Cl_2 \rightarrow COCl_2$.
Oberhalb von 400 bis 500 °C oder durch siedendes Wasser wird die Verb. zersetzt.

Phosphane, binäre Verb. des ↗ Phosphors mit Wasserstoff. Es seien zwei Beispiele genannt:
Monophosphan, PH_3, auch Phosphorwasserstoff und früher Phosphin genannt, ist ein farbloses, charakteristisch riechendes giftiges Gas (Schmp. $-133,8\,°C$, Sdp. $-87,77\,°C$), das bei Umsetzung von Calciumphosphid mit Wasser:
$Ca_3P_2 + 6\,H_2O \rightarrow 3\,Ca(OH)_2 + 2\,PH_3 \uparrow$
von weißem Phosphor mit Kalilauge:
$P_4 + 3\,KOH + 3\,H_2O \rightarrow 3\,KH_2 + PH_3 \uparrow$
und den Elementsubstanzen mit molekularem Wasserstoff bei 300 °C und hohem Druck:
$P_4 + 6\,H_2 \rightarrow 4\,PH_3 \uparrow$,
entsteht. Im PH_3-Molekül ist der ∡ H—P—H 93° 50′. Monophosphan ist in seinen chem. Eigenschaften dem ↗ Ammoniak ähnlich, jedoch sind die basischen Eigenschaften weniger ausgeprägt.
Biphosphan, P_2H_4, früher auch Disphosphin genannt, ist eine farblose Flüssigkeit (Schmp. $-10\,°C$, Sdp. $51,7\,°C$), die sich an der Luft selbst entzündet und keine basischen Eigenschaften mehr besitzt.

Phosphataufschluß, Umwandlung natürlich vorkommender, kaum löslicher Phosphate (↗ Apatit, ↗ Phosphorit) in Phosphorverb., die im Boden als Dünger von der Pflanze aufgenommen werden können. Aufschlußvarianten sind Säureaufschluß (↗ Superphosphat, ↗ Doppelsuperphosphat) und thermischer Aufschluß (↗ Glühphosphate).

Phosphatieren, Erzeugen dünner Phosphatschichten auf Eisenwerkstoffen, z.T. auch auf Zink, Aluminium u. a., als Haftgrundlage für nachfolgende Anstriche sowie als Korrosionsschutzmittel.

Phosphide, binäre Verb. eines Elements mit Phosphor.
Ionische oder salzartige P. sind Verb. mit Elementen der I. bis III. Haupt- und Nebengruppe des PSE, in denen der Phosphor als negativer Bindungspartner auftritt. Diese Verb. besitzen hohe Schmelz- und Siedetemperaturen und setzen sich mit Wasser zu Hydroxid und Monophosphan um, z. B.:
$Ca_3P_2 + 6\,H_2O \rightarrow 3\,Ca(OH)_2 + 2\,PH_3 \uparrow$.
Metallische P. sind Verb. mit den Elementen der

Phosphin

IV. bis VIII. Nebengruppe des PSE. Es sind graue, glänzende, sehr harte und in Wasser wie den meisten Säuren unlösliche Stoffe.
Flüchtige P. sind Verb. mit den Elementen der IV. bis VII. Hauptgruppe des PSE, z. B. die Halogenverbindungen des Phosphors. Sie gelten jedoch nicht mehr als P. im engeren Sinne.
Phosphin, ↗ Phosphane.
Phosphonium-, PH_4^+-Ionen, die sich vom ↗ Phosphan ableiten:
$PH_3 + H^+ \rightarrow PH_4^+$.
Phosphonsäure, H_2PHO_3, auch phosphorige Säure genannt, besteht aus farblosen Kristallen, die sehr hygroskopisch sind und an der Luft langsam zu Orthophosphorsäure oxydiert werden. Eine Darstellung erfolgt über die hydrolytische Spaltung von Phosphor(III)-chlorid:
$PCl_3 + 3 H_2O \rightarrow H_2PHO_3 + HCl\uparrow$.
P. besitzt stark reduzierende Eigenschaften.

Phosphor,

P $Z = 15$
$A_{r\,(1981)} = 30{,}973\,76$
Ek: [Ne] $3s^2 3p^3$
OxZ: $-3, -2, +1, +3, +4, +5$
$X_E = 2{,}19$
Elementsubstanz:
Schmp. weiß 44 °C, rot 590 °C
Sdp.   weiß 280 °C
Sbl.   rot 417 °C
$\varrho_{weiß} = 1{,}82\,kg \cdot l^{-1}$
$\varrho_{rot} = 2{,}2\,kg \cdot l^{-1}$

chem. Element (↗ Elemente, chem.).
Phosphorus, Symbol: P, 2. Element der 5. Hauptgruppe des PSE (↗ Hauptgruppenelemente, 5. Hauptgruppe des PSE). P. ist die Bez. für alle Atome, die 15 positive Ladungen im Kern, also 15 Protonen besitzen: Kernladungszahl $Z = 15$. Die Hülle des neutralen Atoms besteht aus 15 Elektronen, von denen fünf, die Valenzelektronen, die Konfiguration $3s^2 3p^3$ besitzen. In Verb. werden sehr viele Oxydationsstufen eingenommen, die durch die Oxydationszahlen OxZ $-3, -2, +1, +3, +4, +5$ charakterisiert sind. Die Elementsubstanz wurde 1669 von dem Alchimisten BRANDT bei der Suche nach dem Stein der Weisen entdeckt und später von LAVOISIER als chem. Element erkannt. In der Natur findet sich P. fast ausschließlich in den Salzen der Phosphorsäure: *Phosphorit,* $Ca_3(PO_4)_2$; *Hydroxyl-Apatit,* $3\,Ca_3(PO_4)_2 \cdot Ca(OH)_2$; *Fluor-Apatit,* $3\,Ca_3(PO_4)_2 \cdot CaF_2$; *Chlor-Apatit,* $3\,Ca_3(PO_4)_2 \cdot CaCl_2$; *Vivianit, Blaueisenerz,* $Fe_3(PO_4)_2 \cdot 8\,H_2O$, und *Wavellit,* $Al_3[(PO_4)_2(OH)_3] \cdot 5\,H_2O$. Bei der Darstellung der Elementsubstanz werden Phosphorit, Quarzsand und Koks bei 1 000 bis 1 100 °C miteinander umgesetzt:
$2\,Ca_3(PO_4)_2 + 6\,SiO_2 + 10\,C$
$\rightarrow 6\,CaSiO_3 + 10\,CO\uparrow + P_4\uparrow$,
$\Delta_R H = +2\,825\,kJ \cdot mol^{-1}$.
Die Elementsubstanz kann in mehreren monotropen Modifikationen auftreten:
Weißer P., $P_{weiß}$, besteht aus tetraedrischen P_4-Molekülen (Tetraphosphor), ist in Kohlenstoffdisulfid leicht löslich und kristallisiert kubisch. Weißer P. ist stark giftig, entzündet sich bei 60 °C und verbrennt an der Luft zu Phosphor(V)-oxid:
$P_4 + 5\,O_2 \rightarrow P_4O_{10}$, $\Delta_R H = -3\,096\,kJ \cdot mol^{-1}$;
ist ein kräftiges Reduktionsmittel und reagiert mit vielen Stoffen, z. B. mit Wasser bei 600 °C zu Phosphorsäure und Wasserstoff:
$P_4 + 16\,H_2O \rightarrow 4\,H_3PO_4 + 10\,H_2\uparrow$
und mit molekularem Chlor zu Phosphor(III)-chlorid:
$P_4 + 6\,Cl_2 \rightarrow 4\,PCl_3$, $\Delta_B H = -339\,kJ \cdot mol^{-1}$.
Roter P., P_{rot}, ist ein Polymerisationsprodukt, das aus ungleichmäßig dreidimensional vernetzten Phosphoratomen besteht. Roter P. ist ungiftig, ein schwaches Reduktionsmittel, entzündet sich erst bei 400 °C und verhält sich insgesamt weniger reaktionsfähig als weißer P.
Violetter P., $P_{violett}$ (auch HITTORFscher P.), besteht aus Doppelschichten, kristallisiert monoklin und schmilzt bei 620 °C zu einer Schmelze aus P_4-Molekülen, die bei weiterer Erwärmung in P_4-Dampf übergeht.
Schwarzer P., $P_{schwarz}$, kristallisiert zunächst orthorhombisch mit acht Atomen in der Elementarzelle, ist eisengrau, besitzt Metallglanz und Halbleitereigenschaften. Bei weiterer Erwärmung unter erhöhtem Druck bilden sich eine rhomboedrische und dann eine kubische Modifikation des schwarzen P.
Weißer P. ist in seiner Anwendung stark eingeschränkt (Giftigkeit und Selbstentzündlichkeit bei feiner Verteilung), roter P. ist Bestandteil der Reibflächen von Zündholzschachteln. Die Elementsubstanz stellt Ausgangsprodukt für die Herstellung von Phosphorsäure und entsprechenden Derivaten dar.
Phosphor(III)-chlorid, PCl_3, farblose Flüssigkeit (Schmp. -92 °C, Sdp. 74,5 °C), die durch direkte Synthese der Elementsubstanzen:
$P_4 + 6\,Cl_2 \rightarrow 4\,PCl_3$, $\Delta_B H = -339\,kJ \cdot mol^{-1}$
oder durch Reduktion von Phosphor(V)-chlorid mit Phosphor:
$3\,PCl_5 + 2\,P \rightarrow 5\,PCl_3$
hergestellt werden kann. Mit Wasser erfolgt eine hydrolytische Spaltung zu Chlorwasserstoff und

Phosphonsäure:
$PCl_3 + 3 H_2O \rightarrow 3 HCl\uparrow + H_2PHO_3$.
An der Luft raucht P. und reizt zu Tränen.
Phosphor(V)-chlorid, PCl_5, besteht aus farblosen Kristallen, die bei 159 °C sublimieren. Eine Darstellung kann durch Umsetzung von Phosphor(III)-chlorid mit molekularem Chlor erfolgen:
$PCl_3 + Cl_2 \rightarrow PCl_5$.
Mit Wasser erfolgt eine hydrolytische Spaltung, die über die Stufe des Phosphorylchlorids bis zur Orthophosphorsäure verläuft:
$PCl_5 + H_2O \rightarrow POCl_3 + 2 HCl\uparrow$,
$POCl_3 + 3 H_2O \rightarrow H_3PO_4 + 3 HCl\uparrow$.
P. wird zur Chlorierung von Säuren und Alkoholen verwendet.
Phosphordünger, werden vorwiegend aus mineralischen Rohphosphaten durch ↗ Phosphataufschluß hergestellt. Die wichtigsten P-Dünger sind in der Tabelle zusammengestellt.

Wichtige Phosphordünger

Bezeichnung	Hauptbestandteile
Superphosphat	$Ca(H_2PO_4)_2$, $CaSO_4$-Hydrat
Doppelsuperphosphat	$Ca(H_2PO_4)_2$
Alkali-Sinterphosphat (Glühphosphat)	z. B. $CaNaPO_4$
»Thomasmehl«	Calciumsilicate, Calciumphosphate
Guano	verfestigter Vogeldung
Gülle	flüssiges Abprodukt industrieller Tierhaltung

Phosphoreszenz, ↗ Lumineszenz.
phosphorige Säure, ↗ Phosphonsäure.
Phosphorit, ↗ Apatit.
Phosphor(III)-oxid,

P_4O_6
Schmp. 23,8 °C
Sdp. 175,3 °C
$\varrho = 2,135 \text{ kg} \cdot l^{-1}$

weiße, voluminöse, in Schneeflockenform vorliegende, giftige Substanz, die bei der Verbrennung der Elementsubstanz ↗ Phosphor unter vermindertem Sauerstoffanteil entsteht:
$4 P + 3 O_2 \rightarrow P_4O_6$, $\Delta_B H = -2192 \text{ kJ} \cdot mol^{-1}$.
P. disproportioniert leicht zu rotem Phosphor und Phosphor(IV)-oxid:
$4 P_4O_6 \rightarrow 4 P_{rot} + 2 P_4O_8$
und oxydiert an der Luft durch Erhitzen zu

Phosphor(V)-oxid:
$P_4O_6 + 2 O_2 \rightarrow P_4O_{10}$.
Mit kaltem Wasser reagiert es zu *Phosphonsäure*:
$P_4O_6 + 6 H_2O \rightarrow 4 H_2PHO_3$.
Phosphor(V)-oxid,

P_4O_{10}
Schmp. 569 °C
Sdp. 591 °C
$\varrho = 2,7 \text{ kg} \cdot l^{-1}$

auch Phosphorpentoxid, farblose, schneeähnliche, orthorhombisch kristalline, leichte, geruchlose und sehr hygroskopische Substanz, die sich mit Wasser, je nach Mengenanteilen, zu den verschiedenen Phosphorsäuren der *OxZ* +5 verbindet. P. entsteht bei der Verbrennung der Elementsubstanz ↗ Phosphor:
$4 P + 5 O_2 \rightarrow P_4O_{10}$, $\Delta_B H = -3096 \text{ kJ} \cdot mol^{-1}$,
$P_4O_{10} + 6 H_2O \rightarrow 4 H_3PO_4$
(↗ Orthophosphorsäure). P. wird im chem. Laboratorium als Trockenmittel und wasserentziehendes Reagens eingesetzt.
Phosphorsalzperle, Vorprobe der qualitativen Analyse, die der ↗ Boraxperle entspricht. Die Probe wird mit Ammoniumnatriumhydrogenphosphat, NH_4NaHPO_4, geschmolzen.
Phosphorsäuren, Vielzahl chem. Verb. von denen die Sauerstoffsäuren in *Orthosäuren*, H_3PO_n ($n = 2, 3, 4$ und 5), *Metasäuren*, HPO_{n-1} (n wie bei den Orthosäuren), und *Disäuren*, $H_4P_2O_n$ ($n = 5, 6, 7$ und 8), unterteilt werden können. In der Tabelle auf S. 374 sind die Namen, Summenformeln, Oxydationsstufen des Phosphors und die Bez. der Salze dieser Säuren zusammengestellt.
Phosphorus, wissenschaftliche Bez. für das chem. Element ↗ Phosphor.
Phosphorwasserstoff(e), ↗ Phosphane.
Phosphorylchlorid, $POCl_3$, farblose stark lichtbrechende, stechend riechende, an der Luft rauchende, giftige Flüssigkeit (Schmp. 1 °C, Sdp. 105,3 °C), die aus Phosphor(V)-chlorid und Phosphor(V)-oxid hergestellt werden kann:
$6 PCl_5 + P_4O_{10} \rightarrow 10 POCl_3$.
P. ist ein gutes Lösungsmittel für viele org. Stoffe und reagiert mit Wasser:
$POCl_3 + 3 H_2O \rightarrow H_3PO_4 + 3 HCl\uparrow$,
mit Alkoholen:
$POCl_3 + 3 ROH \rightarrow PO(OR)_3 + 3 HCl\uparrow$ oder
$POCl_3 + 3 ROH \rightarrow H_3PO_4 + 3 RCl$
und mit Säuren:
$POCl_3 + 3 RCOOH \rightarrow H_3PO_4 + 3 RCOCl$.
Photochemie, zusammenfassende Bez. für die Auslösung chem. Reaktionen durch die elektromagnetische ↗ Strahlung, insbesondere sichtbares

Sauerstoffsäuren des Phosphors
(Übersicht)

Name der Säure	Summenformel	OxZ	Name der Salze
1. Orthophosphorsäuren	H_3PO_n		
Phosphinsäure (hypophosphorige Säure)	HPH_2O_2	+1	Phosphinate (Hypophosphite)
Phosphonsäure (phosphorige Säure)	H_2PHO_3	+3	Phosphonate (Phosphite)
Orthophosphorsäure (Phosphorsäure)	H_3PO_4	+5	Orthophosphate (Phosphate)
Peroxomonophosphorsäure	H_3PO_5	+5[1]	Peroxomonophosphate
2. Metaphosphorsäuren	HPO_n		
Dioxophosphor(III)-säure	HPO_2	+3	Dioxophosphate(III)
Metaphosphorsäure	HPO_3	+5	Metaphosphate
Peroxophosphor(V)-säure	HPO_4	+5[1]	Peroxophosphate(V)
3. Diphosphorsäuren	$H_4P_2O_n$		
Diphosphonsäure (diphosphorige Säure)	$H_2P_2H_2O_5$	+3	Diphosphonate (Diphosphite)
Hypophosphorsäure	$H_4P_2O_6$	+4	Hypophosphate
Diphosphorsäure	$H_4P_2O_7$	+5	Diphosphate
Peroxodiphosphorsäure	$H_4P_2O_8$	+5[1]	Peroxodiphosphate

[1] z. T. peroxidische Bindung des Sauerstoffs

Licht. Voraussetzung dafür ist die ↗ Absorption der elektromagnetischen Strahlung (GROTTHUS 1818, DRAPER 1839), die zu einer ↗ Anregung der Atome bzw. Moleküle führt. Absorbieren Stoffe nicht zur photochem. Reaktion benötigte Energie nicht selbst, werden dazu ↗ Sensibilisatoren verwendet, welche die aufgenommene Energie übertragen. Wenn die absorbierte Strahlungsenergie nicht in Wärmeenergie des Systems umgewandelt und nicht wieder als Strahlung emittiert wird (↗ Lumineszenz), ergibt sich die Möglichkeit einer photochem. Reaktion. Nach dem photochem. Äquivalenzgesetz von EINSTEIN (1912) führt die Absorption eines Lichtquants mit der Energie $h \cdot v$ (↗ Strahlung) zu einer photochem. Primärreaktion mit der Energieaufnahme $E_2 - E_1 = h \cdot v$. Danach müßte die Quantenausbeute

$$\varphi = \frac{\text{Zahl der umgesetzten Moleküle}}{\text{Zahl der absorbierten Quanten}}$$

stets eins sein. Abweichungen von diesem Gesetz werden durch photochem. Sekundär- bzw. Folgereaktionen verursacht. So kann durch Rekombination der in der Primärreaktion entstandenen Stoffe der Ausgangszustand teilweise wieder erreicht werden ($\varphi < 1$), oder sie erzeugen in Kettenreaktionen immer neue reaktionsfähige Atome, Moleküle oder Radikale ($\varphi > 1$).
Eine photochem. Zersetzung chem. Verb. bezeichnet man als Photolyse (z.B. in der ↗ Photographie).

Dagegen werden bei der ↗ Photosynthese chem. Verb. aufgebaut (z. B. die besonders bedeutsame Photosynthese von Kohlenhydraten durch Assimilation in der Pflanze). Techn. bedeutsam ist z. B. die Photochlorierung von Kohlenwasserstoffen, die ↗ Sulfochlorierung und ↗ Sulfoxydation zur Waschmittelherstellung und die photochem. Auslösung von Polymerisationsreaktionen.

photoelektrischer Effekt, ↗ lichtelektrischer Effekt.

Photographie, Verfahren zur Erzeugung von reellen, dauerhaften Bildern auf lichtempfindlichen Schichten mittels Strahlungsenergie. Am verbreitetsten sind photographische Systeme auf der Basis von Silberhalogeniden (AgCl, AgBr) unter Ausnutzung des sichtbaren Lichtes (400 bis 800 nm). Der Silberhalogenid-P. liegt eine photochem. Reaktion (↗ Photochemie), die Spaltung von Silberhalogeniden unter dem Einfluß von Licht, zugrunde, z. B.:

$$2\,AgBr \xrightarrow{\text{Licht }(hv)} 2\,Ag + Br_2$$

1. Schwarz-Weiß-P. Die Photomaterialien besitzen eine lichtempfindliche Schicht aus Gelatine, in der Silberhalogenidkristalle fein suspendiert sind (sogenannte photographische Emulsion). Man stellt sie her, indem z. B. eine Lösung von Kaliumbromid in wäßriger Gelatine mit Silbernitratlösung umgesetzt wird:

$$KBr + AgNO_3 \rightarrow AgBr\downarrow + KNO_3$$

Als Schichtträger dienen Glasplatten, Folien aus

Celluloseacetat oder Polyester (Filme), Papier (Photopapier) oder Gewebe (z. B. Photoleinen).
Das Silberbromid ist blauempfindlich, d. h., die photochem. Reaktion wird nur durch energiereiche ultraviolette, violette, blaue und blaugrüne Strahlung ausgelöst. Zur Erhöhung der Empfindlichkeit des Filmes in diesem Spektralbereich (Sensibilisierung) dienen Emulsionszusätze von Edelmetallen, schwefelhaltigen Verb. (Bildung von Ag_2S) oder schwachen Reduktionsmitteln. Durch Zusätze von org. Farbstoffen können Filme für den gesamten sichtbaren Spektralbereich sensibilisiert werden.
Beim *Belichten* des Filmes im Photoapparat bilden sich infolge der photochem. Reaktion an den Silberhalogenidkristallen Silberkeime. Je heller das Objekt ist, desto intensiver ist die Belichtung des Films an dieser Stelle und um so mehr bzw. um so größere Silberkeime bilden sich dort. Die gebildete Silbermenge ist jedoch so gering, daß das entstandene Bild noch nicht sichtbar ist *(latentes Bild)*.
Es wird durch die nachfolgende *Entwicklung* verstärkt und sichtbar gemacht. ↗ Entwickler enthalten org. Reduktionsmittel, z. B. Hydrochinon, die Silberhalogenide im alkalischen Milieu zu elementarem Silber reduzieren.

$2\,AgBr + HO-\langle\!=\!\rangle-OH + 2\,OH^-$
Entwickler

$\longrightarrow 2\,Ag + O=\langle\!=\!\rangle=O + 2\,Br^- + 2\,H_2O$
Entwickleroxydationsprodukt

Der Entwicklungsprozeß wird durch die Silberkeime des latenten Bildes katalysiert, d. h., stark belichtete Stellen färben sich schneller schwarz als weniger stark belichtete; es entsteht ein Negativ. Unbelichtete Stellen werden erst bei langen Entwicklungszeiten geschwärzt, das Bild »verschleiert«. Deshalb wird der Entwicklungsprozeß rechtzeitig in einem Bad mit verd. Essigsäure abgebrochen.
Durch das im Film noch enthaltene, nicht reduzierte AgBr wäre das entwickelte Photomaterial nicht lichtbeständig. Deshalb wird dieses AgBr durch das sogenannte *Fixieren* herausgelöst. Wirksamer Bestandteil der sauren Fixierbäder ist Natriumthiosulfat $Na_2S_2O_3$ (Fixiersalz), das mit Silberbromid leicht lösliche Komplexverb. bildet:
$AgBr + 2\,Na_2S_2O_3 \rightarrow Na_3[Ag(S_2O_3)_2] + NaBr$
Die löslichen Salze müssen durch gründliches Wässern aus der Gelatineschicht herausgewaschen werden, und das nun lichtbeständige *Negativ* wird getrocknet.
Durch das *Kopieren* können von einem Negativ beliebig viele wirklichkeitsgetreue Papierbilder (Abzüge) hergestellt werden. Dazu wird das Photopapier durch das Negativ hindurch belichtet und anschließend wie oben beschrieben entwickelt und fixiert. Je stärker das Negativ an einer Stelle geschwärzt ist, desto schwächer wird die entsprechende Stelle auf dem Abzug belichtet. Auf diese Art und Weise entsteht ein *Positiv* mit wirklichkeitsgetreuen Schwarz-Weiß-Werten. Bild 1.
2. Farbphotographie (Color-Verfahren). Moderne

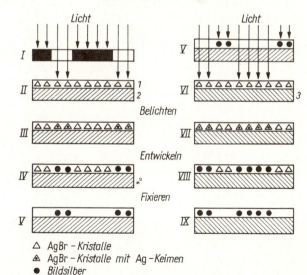

Bild 1. Schema des photographischen Prozesses
 I Objekt
 II unbelichteter Film
 III belichteter Film
 IV entwickelter Film
 V fixiertes Negativ
 VI unbelichtetes Photopapier
 VII belichtetes Photopapier
 VIII entwickelter Abzug
 IX fixierter fertiger Abzug
   (Positiv)
 1 Gelatine
 2 Celluloseacetat
 3 Papier

△ AgBr - *Kristalle*
▲ AgBr - *Kristalle mit Ag - Keimen*
● *Bildsilber*

Photographie

Colorverfahren arbeiten auf der Basis der subtraktiven Farberzeugung, d. h., es werden auf dem Bild gelbe, purpurne und blaugrüne Farbstoffe erzeugt, die Licht ihrer komplementären Grundfarben Blau, Grün bzw. Rot absorbieren. Durch Kombination der drei Farbstoffe lassen sich alle Farben erzeugen. Überdecken sich z. B. der purpurne und blaugrüne Farbstoff, werden die Komplementärfarben Grün und Rot absorbiert und es entsteht ein blauer Farbeindruck. Bild 2.

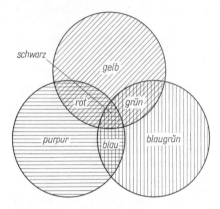

Bild 2. Substraktive Farbmischung

Die photochem. Primärreaktion der Farbphotographie ist die gleiche wie bei der Schwarz-Weiß-Photographie. Ein Colorfilm besitzt jedoch drei lichtempfindliche Schichten, je eine für blaues, grünes und rotes Licht. Diese Schichten enthalten außer AgBr noch sogenannte *Farbkuppler*. Diese Stoffe bilden mit den Entwickleroxydationsprodukten, die sich beim Entwickeln der belichteten Stellen bilden, Farbstoffe. So entsteht in der ersten Schicht an Stellen, die durch blaues Licht belichtet werden, ein gelber Farbstoff.

In der grünempfindlichen Schicht bildet sich ein purpurner, in der rotempfindlichen Schicht ein blaugrüner Farbstoff. Durch das sogenannte *Bleichen*, z.B. mit Kaliumhexacyanoferrat(III), wird die Schwärzung durch das Bildsilber wieder entfernt:
$Ag + [Fe(CN)_6]^{3-} \rightarrow Ag^+ + [Fe(CN)_6]^{4-}$.
Nach dem Fixieren erhält man ein Farbnegativ mit Komplementärfarben. Durch einen analogen Farbkopierprozeß erhält man eine naturgetreue Wiedergabe der Farben. Bild 3.

3. Umkehrverfahren. Umkehrfilme liefern nach der Umkehrentwicklung ein Positiv *(Diapositiv)*. Dies wird dadurch erreicht, daß nach dem Entwickeln des Films das entstandene Bildsilber mit Kaliumhexacyanoferrat(III) zu wasserlöslichem Silbersalz oxydiert wird und dieses durch Auswässern entfernt wird (Bleichen). Durch eine diffuse Zweitbe-

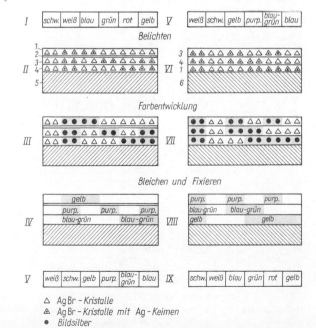

Bild 3. Schema des Color-Negativ-Positiv-Prozesses
I Original
II belichteter Negativfilm
III entwickelter Negativfilm
IV Negativ nach dem Bleichen und Fixieren
V Negativwiedergabe
VI Colorpositivmaterial und Kopierbelichtung
VII entwickelter Abzug
VIII fertiger Abzug
IX Positivwiedergabe
1 blauempfindliche Schicht mit Gelbkuppler
2 gelbe Filterschicht
3 grünempfindliche Schicht mit Purpurkuppler
4 rotempfindliche Schicht mit Blaugrünkuppler
5 Celluloseacetatfolie
6 Papier

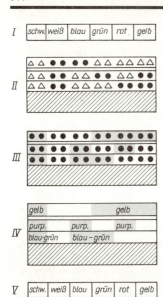

produkte der Entwicklerfarbstoffe sind diffusionsfest und werden in der Schicht B festgehalten.

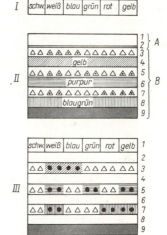

Damit ist die Menge des Farbstoffs, der in die Bildempfangsschicht A diffundiert, umgekehrt proportional zur entwickelten Silbermenge, und es entsteht ein Positiv. Nach der Entwicklung kann die Schicht B abgelöst werden (Zweiblatt-Prinzip) oder die Entwicklerpaste enthält als weißes Pigment TiO_2, das einen weißen Bildhintergrund liefert. Bild 5.

Bild 4. Schema des Color-Umkehr-Prozesses
I Original
II Color-Umkehrfilm nach Belichtung und Schwarz-Weiß-Entwicklung
III nach diffuser Belichtung und Farbentwicklung
IV Diapositiv nach dem Bleichen und Fixieren
V Projektion des Diapositivs

lichtung wird das restliche AgBr entwickelbar, und nach einer zweiten Entwicklung und dem Fixieren erhält man ein Positiv. Bild 4.
Bei Colorumkehrverfahren benutzt man bei der ersten Entwicklung Entwickler, deren Oxydationsprodukte mit den Farbkupplern keinen Farbstoff bilden (Schwarz-Weiß-Entwicklung). Die zweite Entwicklung nach der diffusen Zweitbelichtung ist dann eine Farbentwicklung.

4. Sofortbildverfahren, z. B. Polaroid-Verfahren, arbeiten mit Photomaterial, das aus einer Bildempfangsschicht A und einer Bilderzeugungsschicht B besteht.

A Bildempfangsschicht	⇑ Diffusion des
B Bilderzeugungsschicht	Farbstoffes

In der Bilderzeugungsschicht befinden sich die lichtempfindlichen Schichten und Schichten mit gefärbten Entwicklern. Nach der Belichtung wird eine Entwicklerpaste vom Bildrand zwischen die Schichten A und B gedrückt. Diese bewirkt, daß die Entwicklerfarbstoffe in die Bildempfangsschicht diffundieren. An den belichteten Stellen erfolgt jedoch eine Entwicklung durch die Entwicklerfarbstoffe. Die dabei entstehenden Oxydations-

Bild 5. Prinzip des Sofortbildverfahrens
I Original
II belichtetes Filmblatt
III entwickeltes Filmblatt
1 Bildempfangsschicht
2 Zwischenraum für Entwickler bzw. weißes Pigment
3 blauempfindliche Schicht
4 gelber Entwicklerfarbstoff
5 grünempfindliche Schicht
6 purpurner Entwicklerfarbstoff
7 rotempfindliche Schicht
8 blaugrüner Entwicklerfarbstoff
9 schwarze Rückschicht

Photolyse, ↗ Photochemie.
Photometrie, Messung der Intensität elektromagnetischer ↗ Strahlung. Sie erfolgt meist nach

einer spektralen Zerlegung der Strahlung (↗ Spektroskopie) und wird dann als *Spektralphotometrie* bezeichnet. Werden farbige Lösungen untersucht, nennt man die Methode *Kolorimetrie*. In der Chemie erfolgt die Anwendung der P. zur Konzentrationsbestimmung nach dem ↗ LAMBERT-BEERSchen Gesetz. Der dazu notwendige Vergleich der in eine Probe einfallenden und hindurchgelassenen Strahlungsintensität erfolgte früher visuell (mit dem Auge). Heute werden dazu meist lichtelektrische Empfänger angewendet, die auf Basis des ↗ lichtelektrischen Effektes elektrische Signale erzeugen, die der Strahlungsintensität proportional sind.

Photon, auch Lichtquant, Bez. für die der elektromagnetischen ↗ Strahlung nach dem ↗ Welle-Teilchen-Dualismus und der ↗ Quantentheorie entsprechenden kleinsten Teilchen.

Photosynthese, komplizierter biochem. Prozeß, in dessen Verlauf aus anorg. Stoffen (CO_2, H_2O) Kohlenhydrate aufgebaut werden. Man unterteilt die P. in Lichtprozeß (Photosynthese im engeren Sinn) und Dunkelprozeß (Kohlenstoffassimilation). Am Anfang des *Lichtprozesses* liegt die Absorption von Lichtquanten, d. h. die Aufnahme von Lichtenergie durch photosynthetisch aktive Farbstoffe (in grünen Pflanzen: Chlorophyll a, ↗ Chlorophylle). Diese Energie wird in einer komplizierten Reaktionsfolge zur Produktion von ↗ ATP (↗ Nucleotide) verwendet. In einer zweiten, eng mit der ersten verknüpften Reaktionsfolge wird das Wassermolekül gespalten:

$H_2O \rightarrow 2H^+ + 2e^- + \frac{1}{2}O_2$

Der Sauerstoff entweicht in die Atmosphäre, der Wasserstoff wird an das Coenzym ↗ $NADP^+$ gebunden (↗ Enzyme, ↗ Nicotinsäureamidadenindinucleotidphosphat):

$NADP^+ + 2H^+ + 2e^- \rightarrow NADPH + H^+$

Im *Dunkelprozeß* wird unter Verwendung der beiden Produkte des Lichtprozesses (**ATP** und **NADPH + H⁺**) aus CO_2 Kohlenhydrat produziert. Der Hauptweg dieser Synthese ist der CALVIN-Zyklus, ein Kreisprozeß, in den CO_2 eingeführt und aus dem Kohlenhydrat entnommen wird. Bild. Das CO_2 wird an ein C_5-Molekül gebunden, und zwar an den mit zwei Phosphorsäureresten beladenen Zucker *Ribulosebisphosphat*. Der dabei theoretisch entstehende C_6-Körper ist instabil und zerfällt in zwei Moleküle *Phosphoglycerinsäure* (C_3). Dieses wird mit Hilfe von **NADPH + H⁺** als Reduktionsmittel und **ATP** als Energiespender zu *Phosphoglyceraldehyd* reduziert. Jedes sechste Molekül dieser Verb. wird dem Kreisprozeß entzogen, je zwei dieser dem Kreisprozeß entnommenen C_3-Körper bilden einen C_6-Zucker, das *Fructosebisphosphat*. Dies ist die Ausgangssubstanz für die Synthese aller übrigen Kohlenhydrate. Je fünf im Kreisprozeß verbleibende C_3-Körper *(Phosphoglyceraldehyd)* werden durch mehrfache Molekülspaltung und verändertes Zusammensetzen der Bruchstücke zu drei C_5-Körpern *(Ribulosebisphosphat)* umgebaut. Damit ist der Kreislauf geschlossen.

phototrope Brillengläser, *Heliomatik-Gläser,* bestehen aus Gläsern, in denen sich winzige Silberhalogenid-Mischkristalle befinden. Unter Einwirkung des Sonnenlichtes zersetzen sich die Silberhalogenide, AgCl, AgBr, AgI, unter Bildung von Silber, z. B.:

$2\,AgCl \xrightarrow{h \cdot \nu} 2\,Ag + Cl_2$.

Dadurch werden die Gläser dunkel, und ihre Lichtdurchlässigkeit wird geringer. Die Reaktion läuft analog der photochem. Reaktion beim Photographieren ab. Im Gegensatz zur photographischen Emulsion kann das gebildete Halogen jedoch im

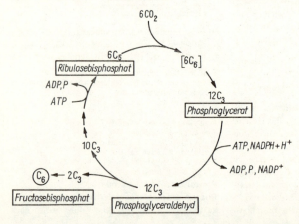

CALVIN-Zyklus (schematisch)

Glas nicht wegdiffundieren. Dadurch verläuft die Reaktion wieder rückläufig, sobald die Strahlungsintensität wieder geringer wird, und die Gläser hellen sich langsam auf.
Phthalsäure (Benzen-1,2-dicarbonsäure), eine der drei isomeren Benzendicarbonsäuren. P. bildet farblose Kristalle, die sich wenig in Wasser und Ethanol lösen. Sie hat keinen scharfen Schmp., da sie bereits vor dem Schmelzen unter Bildung des Anhydrids Wasser abspaltet.

[Strukturformel: Benzolring mit zwei COOH-Gruppen]
Phthalsäure

Die Salze und Ester der P. heißen *Phthalate*. Bei Erhitzen mit überschüssigem Natriumhydroxid bildet sich unter Monodecarboxylierung die Benzoesäure. Aus P. bzw. deren Anhydrid bildet sich mit Phenol das ↗ Phenolphthalein und mit 1,3-Dihydroxy--benzen (Resorcinol) das ↗ Fluoreszein.
P. wird bei der Oxydation von ortho-Xylen erhalten, vorwiegend aber durch Oxydation von ↗ Naphthalen mit Luftsauerstoff bei etwa 400 °C und Vanadium(V)-oxid-Katalyse hergestellt.
P. ist eine wichtige Ausgangssubstanz zur Synthese von Farbstoffen (außer den genannten Triphenylmethanderivaten noch zu Anthrachinonen und Phthalocyaninen). Die Ester der P. mit längerkettigen Alkoholen sind wertvolle Weichmacher für PVC, während die Ester mit mehrwertigen Alkoholen (Propantriol, Pentaerythrit u. a.) als Lackrohstoffe (↗ Alkydharze) vielseitig verwendet werden.
Phthalsäureanhydrid, das innere Anhydrid der ↗ Phthalsäure, eine farblose Substanz, Schmp. 131 °C, die sich leicht durch Dehydratisation von Phthalsäure bildet. Nach Auflösung von P. in heißem Wasser und Zusatz von Salzsäure fällt die Phthalsäure aus.

[Strukturformel Phthalsäureanhydrid]
Phthalsäureanhydrid

Herstellung und Verwendung entsprechen der Phthalsäure.
pH-Wert, vielseitig verwendetes Maß für die Konzentration der Wasserstoffionen bzw. der Hydroniumionen in einer wäßrigen Lösung. Der pH-Wert wird als negativer dekadischer Logarithmus der molaren Wasserstoffionenaktivität a_{H^+} (mol·l^{-1}) (↗ Aktivität) angegeben und erstreckt sich auf einen Zahlenwert zwischen 0 und 14. Für verdünnte Lösungen, in denen die Aktivität a der Konzentration c annähernd gleich ist, gilt:
pH = $-\lg c_{H^+}$ bzw. pH = $-\lg c_{H_3O^+}$

Für den pH-Wert ist unwichtig, ob die molare Konzentration der Wasserstoffionen (H$^+$) oder der Hydroniumionen (H$_3$O$^+$) eingesetzt wird, da beide Werte identisch sind. Ein pH-Wert = 3 kennzeichnet z. B. eine Lösung, die eine Konzentration von 10^{-3} Mol Wasserstoffionen pro Liter enthält. Aus dem ↗ Ionenprodukt des Wassers (c entspricht annähernd a):

$c_{H^+} \cdot c_{OH^-} = K_w = 10^{-14}$ mol$^2 \cdot$ l^{-2} (bei 22 °C)

leitet sich ab, daß bei pH = 3 die Konzentration der Hydroxidionen 10^{-11} Mol pro Liter beträgt. Die Lösung besitzt daher eine größere Konzentration an Wasserstoffionen und reagiert sauer.
Am Neutralpunkt ist pH = 7, in saurer Lösung ist pH <7 und in basischer Lösung ist pH >7. Der pH-Wert kann leicht durch ↗ Indikatoren (Unitest-Papier) und pH-abhängige Farbstoffe mit hinreichender Genauigkeit für die meisten chem. Untersuchungen ermittelt, genauer jedoch durch ↗ potentiometrische Methoden bestimmt werden.
Phyllit, ein schwach metamorph umgewandelter Tonschiefer.
physikalische Chemie, Teilgebiet der Chemie, das sich mit den bei chem. Reaktionen auftretenden physikal. Erscheinungen bzw. der Beeinflussung chem. Reaktionen durch physikalische Einwirkungen befaßt. Der Begriff p. C. wurde erstmals 1752 von ↗ LOMONOSSOV geprägt. Nachdem sich Anfang des 19. Jahrhunderts Physik und ↗ Chemie als eigene Wissenschaften voneinander getrennt hatten, führten immer zahlreichere Probleme auf ihrem Grenzgebiet am Ende dieses Jahrhunderts zur Entwicklung eines selbständigen Wissenschaftszweiges p. C. Daran waren besonders ↗ FARADAY, ↗ MENDELEEV, ↗ VAN'T HOFF, ↗ OSTWALD, ↗ARRHENIUS und ↗ NERNST beteiligt. Als Teilgebiete der p. C. entwickelten sich zunächst die ↗ Thermodynamik und die ↗ Reaktionskinetik. Später kamen die ↗ Elektrochemie, die ↗ Photo- und Strahlenchemie, die Kolloidchemie (↗ Kolloide), die chem. ↗ Spektroskopie, die Grenzflächenchemie (↗ Grenzfläche) u. a. hinzu. Mit der Entwicklung der ↗ Quantentheorie zu Beginn unseres Jahrhunderts wurden zunehmend auch Fragen des Atom- und Molekülbaus als Teilgebiet der p. C. betrachtet (↗ Atommodelle, ↗ chem. Bindung).
Die p. C. stellt eine wichtige *theoretische Grundlage der chem. Technologie* dar. Durch ihren logisch-mathematischen Aufbau trägt die p. C. in Verbindung mit den Fortschritten der experimentellen Technik

zur Erkenntnis der Naturgesetze und ihrer bewußten Nutzung durch den Menschen bei.
physiologische Kochsalzlösung, ↗ Osmose.
Phytogifte, *phytotoxische Kampfstoffe,* ↗ chem. Kampfstoffe.
Phytohormone, *Pflanzenhormone,* eine chem. sehr heterogene Gruppe von Stoffen, die in geringer Menge (einige μg/kg) in bestimmten Pflanzenorganen produziert und dann in andere Teile der Pflanze transportiert werden, wo sie steuernd in viele Wachstums- und Entwicklungsprozesse eingreifen (↗ Hormone). Die wichtigsten P. sind die ↗ Auxine, die ↗ Cytokinine, die ↗ Gibberelline sowie die ↗ Abscisinsäure. Besonders bemerkenswert ist das gasförmige, im Pflanzenreich weit verbreitete P. ↗ Ethylen. Es wirkt als sogenanntes »Fruchtreifungshormon« beschleunigend auf den Prozeß der Fruchtreifung, außerdem auf den Frucht- und Blattfall sowie auf das Altern der Pflanzen ein.
Piacryl, ↗ Polymethacrylat.
Piatherm, Handelsname für einen Schaumstoff-Werkstoff auf der Basis von ↗ Aminoplaste.
Picoline (Methylpyridine), drei isomere Pyridinderivate:

2-Methyl-pyridin
α-Picolin
Schmp. 128,8 °C
ϱ_{fl} 0,950 g·cm^{-3}

3-Methyl-pyridin
β-Picolin
Schmp. 143,4°
ϱ_{fl} 0,961 g·cm^{-3}

4-Methyl-pyridin
γ-Picolin
Schmp. 143,1 °C
ϱ_{fl} 0,957 g·cm^{-3}

P. sind farblose, nach Pyridin riechende Flüssigkeiten, die sich mit Wasser, Ethanol und anderen org. Lösungsmitteln mischen lassen. Sie reagieren basisch und bilden mit Säuren Salze. Mit Wasserstoffperoxid bilden sich Picolin-N-oxide. Mit ↗ Alkylierungsmitteln wird das Stickstoffatom alkyliert, und es bilden sich N-Alkyl-picoliniumsalze.
Die Methylgruppe ist in den 2- und 4-Methyl-pyridinen besonders reaktionsfähig bei Kondensationsreaktionen mit Aldehyden und Nitrosoverb.
Techn. wichtig ist die Kondensation von 2-Methylpyridin mit Methanal zu 2-(2-Hydroxy-ethyl)pyridin, das sich leicht zu 2-Vinyl-pyridin dehydratisieren läßt. Copolymerisation mit Butadien führt zu Elasten, die fest auf Polyamidgewebe haften. Polymeres Acrylnitril, das einen Anteil von 2-Vinyl-pyridin enthält, ist als Faser leichter anfärbbar.
Die P. kommen im Braun- und Steinkohlenteer vor und werden daraus isoliert. Sie werden zu Synthesen verwendet.
Pigmente, meist anorg. Farbpulver, die sich in Lösungsmitteln und Farbenbindemitteln nicht lösen, sondern nur suspendiert werden können. P. können durch Schlämmen, Mahlen und Trocknen aus farbigen Erden und Mineralen gewonnen werden (Erdpigmente, z. B. Ocker, Schwerspat, Umbra) oder durch chem. Reaktionen hergestellt werden (Mineralpigmente, z. B. Chromgelb, Bleiweiß, Mennige). Metallische P. heißen Bronzen. Tabelle.

Anorg. Pigmente (Körperfarben)

Farbe	Bezeichnung	Zusammensetzung
Weiß	Barytweiß	$BaSO_4$
	Zinkweiß	ZnO
	Kreide	$CaCO_3$
	Bleiweiß	$2 PbCO_3 \cdot Pb(OH)_2$
	Titanweiß	TiO_2
Rot	Mennige	Pb_3O_4
	Zinnober	HgS
	Cadmiumrot	CdS
	Englischrot	Fe_2O_3
Gelb	Ocker	$FeO(OH)$ mit Ton
	Chromgelb	$PbCrO_4$
Blau	Cobaltblau	Al_2CoO_4
	Preußischblau (Berlinerblau)	$Fe_4[Fe(CN)_6]_3$
	Ultramarin	schwefelhaltiges Na-Al-Silicat
Grün	Chromoxidgrün	Cr_2O_3
	Zinkgrün	$ZnCrO_4 + Fe_4[Fe(CN)_6]_3$
Braun	Kasseler Braun	amorphe Braunkohle
	Umbra	$Fe_2O_3 + Mn_3O_4$ + Ton
Schwarz	Eisenoxidschwarz	Fe_3O_4
	Knochenkohle	C
	Ölruß	C

Pikrinsäure (2,4,6-Trinitro-phenol), eine gelbe, stark färbende, bitter schmeckende kristalline Verb., Sdp. 122 °C, die giftig und explosiv ist (pikros = bitter). Durch den starken −I- und −M-Effekt der drei Nitrogruppen wird die Acidität des Phenols stark erhöht, pK_S = 1,02 (↗ pK_S-Wert). P. bildet mit org. Basen meist gut kristallisierende Salze, Pikrate, die sich zur Identifizierung der Basen eignen. Kondensierte aromatische Kohlenwasserstoffe und Benzenderivate mit Elektronendonatorgruppen bilden mit P. chargetransfer-Komplexe (Elektronendonator-Akzeptor-Komplexe). P. verbrennt beim Entzünden mit rußender Flamme, bei raschem Erhitzen oder bei Initialzündung explodiert sie mit hoher Brisanz. Die Sprengkraft ist größer als die des Trinitrotoluen (TNT). P. ist stoßunempfindlich im Unterschied zu Schwermetallpikraten, die wie das Bleipikrat als Initialzündsätze Verwendung finden.
P. wird aus Phenol über die Phenol-2,4-disulfonsäure durch Nitrieren mit konz. Salpetersäure her-

gestellt. Im Handel ist meist ein angefeuchtetes Produkt, das unempfindlicher ist.
Pilotanlage, halbtechn. oder kleine Produktionsanlage, die zu dem Zweck errichtet ist, Erfahrungen für die Übertragung chem.-techn. Forschungsergebnisse in die industrielle Produktion zu sammeln. Mit ihr werden alle jene Aspekte einer Verfahrensentwicklung untersucht, die sich erst ab einer gewissen Größe der Versuchsanlage einstellen, die besondere Spezifik der Großproduktion ausmachen und sich meist nicht aus den Laborergebnissen vorhersehen lassen.
Pipeline, industrielle Rohrleitung zum Transport von Gasen, Flüssigkeiten u. z. T. auch von festen körnigen Stoffen. Bekannte Pipelines sind die Erdgas- und Erdölleitungen. Pipelinetransport ist trotz der hohen Baukosten für die Leitung auf Dauer um 50 bis 70 % billiger als der Transport auf der Schiene bzw. auf der Straße.
Piperidin (Hexahydropyridin), heterocyclisches, sekundäres Amin. P. ist eine farblose, aminähnlich riechende Flüssigkeit, Schmp. −10,5 °C, Sdp. 106 °C, die sich mit Wasser mischt und alkalisch reagiert. P. ist als Amidkomponente der Piperinsäure im Wirkstoff des Pfeffers enthalten. P. wird durch Hydrierung des ↗ Pyridins hergestellt und für chem. Synthesen verwendet.

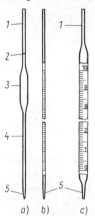

Piperidin

Pipes [engl.] Pfeifen, sind rundliche vulkanische Durchschlagsröhren durch das Deckgebirge an die Oberfläche, die mit ↗ Kimberlit gefüllt sind.
Pipette, röhrenförmiges, geeichtes Volumenmeßgerät für Flüssigkeiten. Vollpipetten haben eine Eichmarke und sind für 1, 2, 5, 10, 20, 25, 50, 100 und 200 ml üblich. Meßpipetten sind mit einer durchgehenden Graduierung versehen. 2 Bilder.

Bild 2. Pipetten
a) Vollpipette
b), c) Meßpipetten
1 Saugrohr
2 Ringmarke
3 Pipettenkörper
4 Auslaufrohr
5 Auslaufspitze

Pitzer-Spannung, tritt auf bei einer sterisch ungünstigen Anordnung der Wasserstoffatome von benachbarten sp³-hybridisierten Kohlenstoffatomen, die die betreffenden Cycloalkane energetisch anhebt. Die P. überwiegt bei kleinen Ringen (Cyclopropan, Cyclobutan), tritt neben der ↗ Prelog-Spannung bei mittleren Ringen auf (Cyclohexan) und wird unbedeutend bei großen Ringen (etwa ab Cyclodecan).
Piviacid-Fasern, bestehen aus nachchloriertem ↗ PVC (weitere Wasserstoffatome sind durch Chloratome ersetzt).
pK-Werte, Maßzahlen für Gleichgewichtsreaktionen, die als negativer, dekadischer Logarithmus der Gleichgewichtskonstanten K:
$$pK = -\lg K$$
angegeben werden und die die Lage des Gleichgewichts kennzeichnen sollen.
pK_B-Wert, der pK-Wert für das Protolysegleichgewicht von Basen. Ist mit dem ↗ pK_S-Wert zahlenmäßig zu verknüpfen.
pK_S-Wert, der ↗ pK-Wert für das Protolysegleichgewicht von Säuren. Er macht quantitative Aussa-

Bild 1. Pipettengestell

Tabelle 1 pK_S-Werte von Nichtmetallhydriden

Nichtmetallhydride	pK_S
NH_3	23
PH_3	20
H_2O	14
H_2S	6,9
H_2Se	3,7
HF	3,14
HCl	−6
HBr	−9
HI	−10

Plagioklas

Tabelle 2
pK_S-Werte ausgewählter Säuren

Säure	pK_S
$HClO_4$	–
H I	–10
HCl	– 6
H_2SO_4	– 3
HNO_3	– 1,32
H_3PO_4	1,96
HF	3,14
$CH_3 \cdot COOH$	4,76
H_2CO_3	6,46
H_2S	6,92
HCN	9,40
H_2O	14

gen zur Säurestärke. Die Summe des pK_S-Wertes und des ↗ pK_B-Wertes der korrespondierenden Base (↗ Säure-Base-Theorie nach BRÖNSTED) ergeben stets 14, $pK_S + pK_B = 14$. Sehr starke Säuren haben negative pK_S-Werte, die Werte der mittelstarken Säuren liegen bei 5, und sehr schwache Säuren weisen pK_S-Werte >15 auf. 2 Tabellen.

Plagioklas, Zwischenglieder der Mischkristallreihe aus ↗ Albit und ↗ Anorthit. Es sind häufige, gesteinsbildende Silicate.

PLANCK, MAX (23.4.1858 bis 4.10.1947), deutscher Physiker, wurde berühmt durch seine bahnbrechenden Arbeiten auf dem Gebiet der Strahlungstheorie und der Thermodynamik. Das von ihm gefundene Strahlungsgesetz mit dem sogenannten »PLANCKschen« Wirkungsquantum ist für die Entwicklung der modernen Naturwissenschaft von grundlegender Bedeutung. 1918 erhielt er den Nobelpreis für Physik. Bild.

M. PLANCK

PLANCKsches Wirkungsquantum, ↗ Quantentheorie.

Plasma, *1. in der Physik* Bez. für den Zustand eines ↗ Gases, bei dem die meisten Atome oder Moleküle ionisiert sind. Im P. liegen neutrale Teilchen, positive geladene Ionen und negativ geladene Elektronen nebeneinander vor, wobei sich die Ladungen aber insgesamt kompensieren. Dieser Zustand der Materie wird auch als vierter Aggregatzustand bezeichnet. Der Plasmazustand tritt u. a. in elektrischen Lichtbögen, Glimmentladungen, Flammen hoher Temperatur sowie in Fixsternen auf. Mit Hilfe von Plasmen versucht man, gesteuerte Kernfusionen zu realisieren (↗ Kernreaktion). *2. in der Biologie* Bez. für die lebende Substanz der Zellen und den flüssigen Bestandteil des Blutes (Blutplasma).

plasmachemische Grundreaktionen, Reaktionen, die im ↗ Plasma ablaufen. Trotz z. T. günstiger stoffwirtschaftlicher Aspekte haben bisher die hohen Kosten für die erforderliche Energie eine größere industrielle Nutzung behindert, ebenso die geringe Selektivität der Reaktionsführung. ↗ HT-Pyrolyse.

Plaste (Singular: der Plast), Plastwerkstoffe, umgangssprachliche Bez. für org. hochpolymere Werkstoffe; im engeren Sinne für ↗ Thermoplaste und ↗ Duroplaste (Tabelle). Sie werden durch chem. Modifizierung org. polymerer Naturstoffe, vor allem von Cellulose und Proteinen, sowie durch Synthese aus Monomeren hergestellt (↗ Polymerisation, ↗ Polykondensation, ↗ Polyaddition). Die Verarbeitung erfordert spezifische Verfahren. Tabelle).

Verfahren zur Verarbeitung von Plastwerkstoffen

Verfahren	Plastwerkstoffe	Verwendung, z. B.
Pressen (Formpressen, Schichtpressen)	Duroplaste	Telefongehäuse Sprelacart-platten
Gießen	duroplastische Gießharze	Kunstharzguß-formteile
Spritzguß	Thermoplaste	Plasteeimer
Extrudieren	Thermoplaste	Plasterohre
Kalandrieren	Thermoplaste Elaste	Fußbodenbelag
Spinnen	Thermoplaste	Synthesefasern
Verschäumen	Thermoplaste Duroplaste	Isolations-schaumstoff

Plastikbombe, knetbare, kittähnliche Sprengmasse für Sabotagezwecke und Terrorakte. Durch Zusatz von ↗ Vaseline oder ↗ Gummilösung wird ein Sprengstoff (z. B. ↗ Hexogen) in einen plastischen Zustand überführt.

Plastographie, Untersuchung von Plastwerkstoffen mit analoger Zielsetzung wie die ↗ Metallographie.

Platin,

Pt	$Z = 78$
$A_{r(1981)} = 195{,}08$	
Ek: [Xe] $4f^{14}5d^96s^1$	
OxZ: 0, +1, +2, +3, +4, +5, +6	

$X_E = 2,28$
Elementsubstanz:
Schmp. 1770 °C
Sdp. 3825 °C
$\varrho = 21,4 \text{ kg} \cdot \text{l}^{-1}$

chem. Element (↗ Elemente, chem.).
Platinum, Symbol: Pt, 3. Element der schweren Platinmetalle (↗ Nebengruppenelemente, 8. Nebengruppe des PSE). P. ist die Bez. für alle Atome, die 78 positive Ladungen im Kern, also 78 Protonen besitzen: Kernladungszahl $Z = 78$. Die Hülle des neutralen Atoms besteht aus 78 Elektronen, von denen die möglichen Valenzelektronen die Konfiguration $5d^9 6s^1$ besitzen. In Verb. werden Oxydationsstufen eingenommen, die durch die Oxydationszahlen OxZ 0, +1, +2, +3, +4, +5 und +6 charakterisiert sind. P. wurde 1750 von WATSON entdeckt. In der Natur findet sich P., mit den anderen Platinmetallen vergesellschaftet, in Eisen-, Chromium-, Nickel- und Kupfererzlagern; z. T. auch (sekundär) durch fließende Gewässer abgelagert und angereichert. Besondere Minerale sind: *Sperrylith, Platinarsenid*, PtAs$_2$; *Braggit*, (Pt, Pd, Ni)S, und *Platiniridium* (Ir-Pt-Legierung). Die Gewinnung des Metalls erfolgt über eine Anreicherung durch Schlämmen, ein Auskochen mit Königswasser, ein Ausfällen der anderen Metalle und ein Glühen des Rückstandes. Eine Reinigung des P. erfolgt über die Bildung von Ammoniumhexachloroplatinat(IV), (NH$_4$)$_2$[PtCl$_6$]. Metallisches P. ist grauweiß, glänzend, kubisch kristallin (flächenzentriert), sehr duktil, schmelz- und schmiedbar. Es reagiert mit molekularem Chlor oberhalb 250 °C:
$Pt + Cl_2 \rightarrow PtCl_2$, $\Delta_R H = -118 \text{ kJ} \cdot \text{mol}^{-1}$;
aber nicht (direkt) mit molekularem Sauerstoff. Von Königswasser wird es unter Bildung von Platin(IV)-chlorid, PtCl$_4$, bzw. Platinchlorwasserstoffsäure, H$_2$[PtCl$_6$], gelöst. P. ist das wichtigste Platinmetall und wird vielseitig verwendet als Legierungsmetall, zur Herstellung von Laboratoriumsgeräten (Tiegel, Spatel, Elektroden, Schalen), von medizinischen Instrumenten und Schmuckgegenständen. Außerdem wird P. als Katalysator eingesetzt.
Platinmetalle, sechs sehr edle Elemente der 8. Nebengruppe des PSE (↗ Nebengruppenelemente, 8. Nebengruppe des PSE): ↗ Ruthenium, ↗ Rhodium, ↗ Palladium, ↗ Osmium, ↗ Iridium und ↗ Platin. Auf Grund ihrer unterschiedlichen Dichte werden sie in eine Gruppe der leichten P. ($\varrho = 12,0$ bis 12,4 kg · l^{-1}): Ruthenium, Rhodium und Palladium und eine Gruppe der schweren P. ($\varrho = 21,4$ bis 22,5 kg · l^{-1}): Osmium, Iridium und Platin unterteilt. Die chem. Verhaltensweise der P. ist sehr ähnlich.
Platinum, wissenschaftliche Bez. für das chem. Element ↗ Platin.
Plattieren, Vereinigen von mehreren Metallschichten zu Verbundwerkstoffen. Damit wird z. B. die Festigkeit des Grundwerkstoffs mit der Korrosionsbeständigkeit eines Metallüberzugs kombiniert (↗ Doublé). P. erfolgt z. B. durch Verbundguß, Lötplattieren (mehrere Metallschichten durch metallisches Bindemittel verbunden) oder durch Walzplattieren (Aufeinanderwalzen der »Platinen« bei Schweißtemperatur).
Plexiglas, Handelsname ↗ Polymethacrylsäureester.
Plumban, PbH$_4$, ↗ Bleiwasserstoff.
Plumbum, Bez. für das chem. Element ↗ Blei.
Plutonit, ↗ magmatische Gesteine.
Plutonium,

Pu	$Z = 94$
$A_{r(1981)} = [244]$	
Ek: [Rn] $5f^6 7s^2$	
OxZ: +3, +4, +5, +6, +7	
$X_E = 1,28$	
Elementsubstanz:	
Schmp.	640 °C
Sdp.	3230 °C
$\varrho = 19,8 \text{ kg} \cdot \text{l}^{-1}$	

chem. Element (↗ Elemente, chem.).
Plutonium, Symbol: Pu, 5. Element der ↗ Actinoidengruppe, 2. Element der ↗ Transurane. P. ist die Bez. für alle Atome, die 94 positive Ladungen im Kern, also 94 Protonen besitzen: Kernladungszahl $Z = 94$. P. wurde 1940 durch SEABORG, MCMILLAN, WAHL und KENNEDY synthetisiert. Es ist ein radioaktives Element, das aus dem Neptunium-Isotop ^{239}Np gewonnen werden kann und als Isotop ^{239}Pu, $t_{1/2} = 2,436 \cdot 10^4$ a anfällt. In größerem Umfang wird P. im Reaktor (Atommeiler) aus Uranium (^{235}U und ^{238}U) gewonnen (etwa 1 kg P. pro Tag bei einem mittelgroßen Reaktor). Das Isotop ^{244}Pu ist mit einer Halbwertzeit von $t_{1/2} = 8,28 \cdot 10^7$ a das langlebigste und stabilste. Oberhalb einer kritischen Masse von 20 kg P. erfolgt bei Neutronenbestrahlung eine Spaltung von ^{239}Pu unter Abgabe riesiger Energien (Plutoniumbombe).
pneumatische Wanne, mit Wasser oder einer anderen Sperrflüssigkeit gefülltes Gefäß zum pneumatischen Auffangen von Gasen. Bild, S. 384.
pneumatolytische Lagerstätten, Vorkommen von Mineralien, die sich bei der Erstarrung magmatischer Massen in der Erdkruste aus den freiwerdenden flüchtigen, gasförmigen Stoffen gebildet

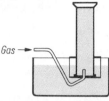
Gas ➝

Pneumatisches Auffangen von Gasen

haben. Diese leichtflüchtigen Stoffe verbleiben dabei entweder, durch das umgebende Gestein am Entweichen gehindert, in der Restschmelze und bilden das bereits auskristallisierte Material um, z. B. Glimmer-, Turmalin-, Zinnsteinbildung, oder sie dringen in die Umgebung des Magmastocks ein und verändern diese bzw. kristallisieren auf Klüften und Spalten aus.

Pochwerk, (historische) Form der Feinmahlung von Erzen u. a. Feststoffen. Der Pochstempel zertrümmert durch sein Fallgewicht das Gut auf einem Amboß und schließt es damit auf für eine ↗ Sortierung, z. B. in Erzmineralien und ↗ Gangart.

POGGENDORFsche Kompensationsmethode, ↗ Potentiometrie.

pOH-Wert, wenig gebräuchliche Maßzahl für die Konzentration der Hydroxidionen einer wäßrigen Lösung, die analog dem ↗ pH-Wert als negativer dekadischer Logarithmus der molaren Hydroxidionenaktivität a_{OH^-} (mol·l^{-1}) angegeben wird und sich auf einen Zahlenwert zwischen 0 und 14 erstreckt. Aus dem ↗ Ionenprodukt des Wassers ergibt sich, daß pH + pOH = 14 ist, und so kann der pOH-Wert leicht aus dem ermittelten pH-Wert errechnet werden.

Pökelsalz, Speisesalz, das 0,5 bis 0,6% Natriumnitrit, $NaNO_2$, oder noch zusätzlich etwa 1% Natriumnitrat, $NaNO_3$, enthält. Entstehendes Stickstoffmonoxid stabilisiert die roten Farbstoffe des Fleisches, so daß es nicht grau wird. Die Anwendung von P. ist wegen der Bildung krebserregender ↗ Nitrosamine umstritten.

Polarimetrie, ↗ optische Aktivität.

Polarisation, galvanische, bezeichnet die Ausbildung von Gegenspannungen bei der ↗ Elektrolyse und ↗ galvanischen Zellen. Man unterscheidet die chem. P. und die Konzentrationspolarisation.
Die *chem. P.* tritt bei der Elektrolyse mit polarisierbaren Elektroden auf. Dort werden die in einer erzwungenen Reaktion abgeschiedenen Elektrolyseprodukte zu Bestandteilen einer galvanischen Zelle. Deren Zellspannung ist der angelegten Spannung entgegengerichtet, so daß diese erst eine ionenspezifische *Zersetzungsspannung* erreicht haben muß, bevor eine merkliche Stoffabscheidung beginnt.

Die *Konzentrationspolarisation* stellt eine Zellspannung dar, die durch unterschiedliche Elektrolytkonzentrationen an gleichen Elektroden (z. B. während der ↗ Elektrolyse mit gleichen unpolarisierbaren Elektroden) entsprechend der NERNSTschen Gleichung entsteht. Sie ist gegenüber der chem. P. klein und kann bei der Elektrolyse durch Konzentrationsausgleich mittels Rührens oder Temperaturerhöhung verhindert werden.

Die g. P. läßt sich durch Anwendung von Wechselspannungen hoher Frequenz und Elektroden großer Oberfläche verringern. Durch g. P. entstandene Polarisationsspannungen rufen beim Abschalten der äußeren Spannung einen kurzen Polarisationsstrom umgekehrt zur ursprünglichen Stromrichtung hervor. Wird dabei weniger als die aufgewandte Energie wieder frei, bezeichnet man den irreversiblen Anteil der Polarisationsspannung als *Überspannung* (↗ Elektrolyse). Die g. P. findet bei der ↗ Polarographie, ↗ Amperometrie und ↗ Voltametrie analytische Anwendung.

Polarisation, dielektrische, Vorgänge bei der Wechselwirkung elektrischer Felder mit nicht oder wenig stromleitenden Stoffen (Dielektrika). Dabei treten die Verschiebungs- und Orientierungspolarisation der Atome bzw. Moleküle auf. Unter der *Verschiebungspolarisation* versteht man die Trennung des positiven Ladungsschwerpunktes der Atomkerne vom negativen der Elektronen durch deren Verschiebung in einem elektrischen Feld E. Dadurch wird ein ↗ Dipolmoment μ erzeugt (induziert):

$$\mu = \alpha \cdot E$$

α Polarisierbarkeit

Orientierungspolarisation tritt bei Molekülen mit permanentem (bereits vorhandenem) ↗ Dipolmoment durch deren Ausrichtung im elektrischen Feld auf. Die auf ein Mol bezogene d. P. bezeichnet man als molare P. bzw. Molpolarisation:

$$P_m = \frac{\varepsilon - 1}{\varepsilon + 2} V_m \qquad \text{CLAUSIUS-MUSOTTI-Gleichung}$$

ε ↗ Dielektrizitätskonstante
V_m ↗ molares Volumen

Der Elektronenanteil der Verschiebungspolarisation entspricht der molaren Refraktion bzw. Molrefraktion:

$$R_m = \frac{n^2 - 1}{n^2 + 2} V_m \qquad \text{LORENZ-LORENTZ-Gleichung}$$

n Brechungsindex, ↗ Brechung

Die Differenz der Molpolarisation und Molrefraktion ergibt annähernd die Größe der Orientierungspolarisation, da der Kernanteil der Verschiebungspolarisation sehr klein ist. Daraus läßt sich der Wert des permanenten Dipolmomentes in den Molekülen eines Stoffes berechnen.

Polarisierbarkeit, spezifische Größe der Verschiebbarkeit der ↗ Elektronen und ↗ Atomkerne durch elektrische Felder (↗ Polarisation, dielektrische).

Polarographie, elektrochem. Analysenmethode auf der Grundlage der Registrierung von Strom-Spannungs-Kurven (Polarogramm, Bild) der zu untersuchenden Elektrolytlösung bei der ↗ Elektrolyse mit einer leicht polarisierbaren ↗ Elektrode.

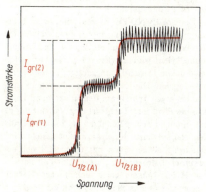

Polarogramm

Dazu wird meist die Quecksilbertropfelektrode verwendet, bei der aus einer hängenden Kapillare mit konst. Geschwindigkeit kleinste Quecksilbertröpfchen austreten und abfallen (zackenförmige Kurve). Sie ist meist als Katode geschaltet und ermöglicht durch die hohe Überspannung des Wasserstoffs auch die Reduktion von Ionen unedler Metalle. Deren unterschiedliche ↗ Polarisation (chem.) der Quecksilbertropfelektrode entsprechend der Stellung des Metalls in der elektrochem. ↗ Spannungsreihe bestimmt die Größe des Halbstufenpotentials $U_{1/2}$ (Bild) und ermöglicht die qualitative Analyse der Probe. Als Anode und Bezugselektrode (↗ Elektroden) dient meist das praktisch unpolarisierbare Bodenquecksilber. Bei der P. übernimmt ein in großem Überschuß zugesetzter Elektrolyt (Leitsalz) den Hauptanteil des Ladungstransportes, so daß die zu untersuchenden Ionen nur durch Diffusion und nicht durch Wanderung im elektrischen Feld zu den Elektroden gelangen. Dadurch kann bei der Abscheidung eines Ions von einer bestimmten Spannung an die Stromstärke nicht weiter ansteigen (Diffusionsgrenzstrom I_{gr}, ↗ Bild), weil alle an die Quecksilbertropfelektrode herandiffundierenden Ionen abgeschieden werden.

Die Größe der Diffusionsgrenzströme (Stufenhöhe) ist der Konzentration proportional und dient zur quantitativen Analyse. Die P. ist eine verbreitete Methode zur Untersuchung von Kationen, Anionen und org. Verb. in sehr kleinen Konzentrationen (10^{-3} bis 10^{-6} molar).

Polluzit, $Cs_2[Al_2Si_4O_{12}]$, wichtiges Mineral des ↗ Caesiums.

Polonium,

Po	$Z = 84$
$A_{r(1981)} = [209]$	
Ek: [Xe] $4f^{14}5d^{10}6s^26p^4$	
OxZ: $-2, +2, +4$	
$X_E = 2,0$	
Elementsubstanz:	
Schmp.	254 °C
Sdp.	962 °C
$\varrho = 9,4 \text{ kg} \cdot l^{-1}$	

chem. Element (↗ Elemente, chem.).
Polonium, Symbol: Po, 5. Element der 6. Hauptgruppe des PSE (↗ Hauptgruppenelemente, 6. Hauptgruppe des PSE). P. ist die Bez. für alle Atome, die 84 positive Ladungen im Kern, also 84 Protonen besitzen: Kernladungszahl $Z = 84$. Polonium ist ein seltenes Element, das in der Pechblende (↗ Uranium) mit 0,001 g in 10 t Erz vorkommt. P. ist ein radioaktives Element, von dem 23 durchweg radioaktive Isotope bekannt sind, mit einer A_r zwischen 196 bis 218. Das Isotop ^{209}Po ist mit einer Halbwertzeit von $t_{1/2} = 103$ a das langlebigste und stabilste. P. wurde 1898 von MARIE CURIE-SKLODOWSKA und PIERRE CURIE in der Pechblende entdeckt. Metallisches P. besitzt Halbleitereigenschaften und ähnelt in seinem Verhalten den Elementen ↗ Bismut und ↗ Tellur. Die Verb. des P. sind bedingt durch die Seltenheit des Elements wenig untersucht: Poloniumwasserstoff, H_2Po, (Schmp. $-36,1$ °C, Sdp. 35,3 °C) und einige Poloniumhalogenide sind nachgewiesen.

Polreagenzpapier, zur Feststellung von Anode und Katode mit Phenolphthalein und Natriumsulfat getränktes Filterpapier. Beim Anlegen einer Gleichspannung tritt an der Katode Rotfärbung auf.

Polyaddition, ↗ Additionsreaktionen.

Polyamidseide, wird international vor allem aus ↗ AH-Salz (↗ Nylon) sowie aus ↗ Caprolactam hergestellt.
P. wird vor allem als Textilfaser, daneben zur Herstellung von Reifen verwendet. Polyamid ist darüber hinaus ein wertvoller Konstruktionswerkstoff, der durch Spritzgießen oder Extrudieren verarbeitet wird.

Die Herstellung der P. aus Caprolactam wird durch folgenden Ringöffnungsvorgang eingeleitet:

$n(CH_2)_5 \begin{array}{c} NH \\ | \\ CO \end{array} \rightarrow [-(CH_2)_5-NH-CO-]_n$

Das Monomere polymerisiert in einer Stickstoffatmosphäre, also bei völliger Sauerstoff-Abwesenheit. Die Endgruppen der Makromoleküle werden durch einen Stabilisator (Essigsäure) blockiert, um andere mögliche Verknüpfungs-Reaktionen zu verhindern. Die Polymerisation erfolgt bei etwa 260 °C kontinuierlich in einem VK-Rohr (einer Art Rohrreaktor in U-Form). Die erstarrte Polyamidschmelze wird geschnitzelt und aus der Schmelze in einer Stickstoffatmosphäre versponnen.

Polyene, org. Verb., die mehrere $C=C$-Doppelbindungen enthalten. Die Doppelbindungen können dabei konjugiert, kumuliert oder isoliert angeordnet sein, ↗ Diene. Olefine mit mehr als vier konjugierten Doppelbindungen sind farbig.

Polyesterfasern, wichtige synthetische Textilfasern. Sie bestehen aus Polyethylenterephthalat, das durch Umsetzung von Dimethylterephthalat oder neuerdings von Terephthalsäure mit Ethylenglycol hergestellt wird. Die Polykondensation erfolgt bei 150 bis 250 °C; der anfallende Polyester wird direkt nach dem Schmelzspinnverfahren versponnen.

Polyesterharze, ungesättigte, techn. bedeutsame polymere Werkstoffe (↗ Kunstharze), die als Vorkondensationsprodukte angeboten werden und anwendungsspezifisch als Zusatz von Monomeren, z. B. Styren, durch weitergeführtes Kettenwachstum bzw. Verknüpfung härten. Damit werden vernetzte Produkte erhalten, die duroplastische Eigenschaften besitzen. Die Vorkondensate werden durch Mischpolykondensation verschiedener Dicarbonsäureanhydride mit verschiedenen zweiwertigen Alkoholen hergestellt. P. sind hochwertige Gießharze, Metallkleber und lösungsmittelfreie Lacke. Besondere Bedeutung besitzen sie als Grundmaterial für die Herstellung ↗ glasfaserverstärkter Werkstoffe, die sehr niedriges Gewicht mit extremer Festigkeit vereinen.

Polyethylen, Polyethen, wichtigster moderner Massenplast, der in zwei strukturellen Varianten produziert wird (Tabelle).

Hochdruck-P. (HD-PE) ist ein flexibles, weiches Material. Es wird bei Drücken von 150 bis 300 MPa und Temperaturen bis etwa 300 °C in einem Rohrreaktor (100 bis 140 m Länge, Durchmesser 15 bis 30 mm) in Gegenwart von wenig Sauerstoff hergestellt, ↗ Polymir 60. Das Polymerisationsprodukt wird als Schmelze abgezogen und granuliert. Die

Eigenschaften von Polyethylen

	HD-PE	ND-PE
Dichte in $g \cdot cm^{-3}$	0,915…0,935	0,945…0,955
Schmelzbereich in °C	105…115	125…130
Kristallinität	50…70 %	65…80 %
Verzweigung je 1 000 Ketten-C-Atome	10…35	3…10

Hochdruckpolymerisation ist gegen Verunreinigungen relativ unempfindlich.

Niederdruck-P. (ND-PE) ist ein steifes festes Material. Unter Verwendung metallorg. Katalysatoren (Systeme aus Titaniumtetrachlorid und Aluminiumalkylen) wird Ethylen bei Nieder- bzw. Normaldruck in inerten Lösungsmitteln kontinuierlich polymerisiert. Die Katalysatoren sind extrem empfindlich gegen Spuren von Feuchtigkeit und Luft.

Lineares P. niederer Dichte ist eine Variante des P., das in einem neuen Verfahren bei niederen Drücken und speziellen Katalysatoren hergestellt wird. Durch Copolymerisation mit Buten läßt sich der gewünschte strukturelle Zustand des Polymerisats jeweils im Rahmen eines einheitlichen Herstellungsprozesses einstellen und damit die jeweiligen Werkstoffeigenschaften von HD- bis ND-PE.

polyfile Seide, besteht aus mehreren Elementarfäden.

Polyhalit, $K_2SO_4 \cdot MgSO_4 \cdot 2\,CaSO_4 \cdot 2\,H_2O$, feinkristallines Begleitmineral des Anhydrits in ozeanischen Salzlagerstätten.

Polyhalogenidionen, Ionen, die durch Anlagerung von Halogenidionen (Cl^-, Br^-, I^-) an molekulare Halogene entstehen:

$$X^- + nX_2 \rightarrow X_{2n+1}^-.$$

Die Teilchenzahl $(2n+1)$ stellt somit immer eine ungerade Zahl dar. An P. sind bekannt: Cl_3^-, Br_3^-, I_3^-, I_5^-, I_7^-, I_9^-; aber auch I_2Br^-, I_4Br^-, I_6Br^-; sogar $IBrCl^-$, $I_2BrCl_2^-$, $I_2Br_2Cl^-$ und $IBrCl_3^-$. Die relativ gute Löslichkeit von Iod in Wasser, die durch Zusatz von Kaliumiodid erreicht wird, beruht auf der Bildung von Polyiodidionen.

Polykondensation, chem. Reaktion, bei der aus Monomeren mit mindestens zwei reaktionsfähigen funktionellen Gruppen Makromoleküle unter Abspaltung von niedermolekularen Verb. aufgebaut werden. Die beiden miteinander reagierenden Gruppen können dabei an einem Monomerenmolekül gebunden sein, z. B. $H_2N-R-COOH$, oder es werden zwei unterschiedliche Monomere eingesetzt, die jeweils die beiden reaktionsfähigen Grup-

pen tragen, z. B.
$H_2N-R_1-NH_2 + HOOC-R_2-COOH$.
Spaltprodukte bei der P. sind meist Wasser, Ammoniak, Alkohole, Halogenwasserstoff, Alkalisalze u. a.
Polykondensate sind u. a. ↗ Phenoplaste, ↗ Aminoplaste, ↗ Polyester, ↗ Alkydharze, ↗ Polycarbonate, ↗ Polyamide, ↗ Silicone und ↗ Thioplaste.
Polymer, Bez. für Moleküle, die durch Verknüpfung von vielen Baueinheiten entstanden sind.
Polymerbenzin, ↗ Oligomerbenzin.
Polymerisation, chem. Reaktion, bei der durch Zusammenlagerung von niedermolekularen einheitlichen Molekülen (Monomeren) hochmolekulare Stoffe (↗ Polymere) entstehen, die die gleiche Elementzusammensetzung wie das Monomere besitzen. Die P. führt vorwiegend zur Bildung von Linearmolekülen, jedoch sind auch unter bestimmten Bedingungen Kettenverzweigungen und Vernetzungen möglich.
Bildet sich das Polymere unter Abspaltung von kleineren Molekülen, wie Wasser, Alkanol, Ammoniak u. a., wird der Vorgang als ↗ Polykondensation bezeichnet, lagern sich Molekülfragmente beim Aufbau des Makromoleküls um, ist es eine ↗ Polyaddition.
Voraussetzung für eine P. ist das Vorhandensein einer Doppelbindung im Molekül des Monomeren, vorwiegend C=C, aber auch C=O oder C=N. Die Reaktivität des Monomeren hängt von den Substituenten ab. Der Vorgang der P. ist eine Folge von Additionsreaktionen, die von einem Initiator ausgelöst wird und als Kettenreaktion fortschreitet. Das Kettenende ist dabei das aktive Zentrum, nach dessen Art die P. unterschieden werden:
– *radikalische P.*: freies Radikal am Kettenende,
– *kationische P.*: Carboniumion am Kettenende,
– *anionische P.*: Carbanion am Kettenende,
– *Koordinations-P.*: Metallkomplex am Kettenende.
Der Ablauf der P. läßt sich in folgende kinetische Einzelvorgänge unterteilen: – Initiierung, – Kettenwachstum, (– Kettenübertragung) – Kettenabbruch.
Bei unsymmetrischen Monomeren kann der Ablauf der Additionsschritte zu einem unterschiedlichen Polymerenaufbau führen. Nach der Art der Anlagerung des Monomeren (A-B) kann es zu einer Kopf-Schwanz- (A-B—A-B—A-B), Schwanz-Schwanz- (bzw. Kopf-Kopf-) (A-B—B-A—A-B-) oder einer unregelmäßigen Anordnung (A-B—A-B—B-A—B-A-) kommen.
Radikalische P.
Die dazu erforderlichen Initiatoren sind Radikalbildner, wie Kaliumperoxodisulfat ($K_2S_2O_8$), Cumenhydroperoxid, Dibenzoylperoxid, Dilauroylperoxid, Azodiisobuttersäuredinitril. Es ist aber auch eine photolytische oder thermische Radikalbildung möglich.

$$I• + CH_2=CH\underset{R}{} \longrightarrow I-CH_2-\overset{•}{C}H\underset{R}{}$$
Initiierung
$$\xrightarrow{+CH_2=CHR} I-CH_2-CH-CH_2-\overset{•}{C}H\underset{R}{}\underset{R}{}$$
Kettenwachstum

Nach diesem Mechanismus polymerisieren: Ethen, Styren, Vinylacetat, Vinylchlorid, Acrylsäure und deren Ester, Acrylnitril, Acrylamid, Butadien.

Kationische P.
Initiatoren sind Verb., die Kationen bilden, wie Chlorwasserstoff, Schwefelsäure, Perchlorsäure, LEWIS-Säuren (BF_3, $AlCl_3$, $SbCl_5$ u. a.) mit Cokatalysatoren (Alkohole, Wasser, Dichlorethan u. a.).

$$II^\ominus + CH_2=CH\underset{R}{} \longrightarrow I-CH_2-\overset{\ominus}{C}H\underset{R}{}$$
$$\xrightarrow{+CH_2=CHR} I-CH_2-CH-CH_2-\overset{\ominus}{C}H\underset{R}{}\underset{R}{}$$

Nach diesem Mechanismus polymerisieren: Ethen, Propen, Butadien, Styren, Methacrylsäuremethylester, ε-Caprolactam.

Anionische P.
Initiatoren dafür sind Verb., die ein möglichst basisches Anion bilden können: Metallhydride, Natriumamid, Natriumalkoholate, GRIGNARD-Verb., Natrium.

$$I^\oplus + CH_2=CH\underset{R}{} \longrightarrow I-CH_2-\overset{\oplus}{C}H\underset{R}{}$$
$$\xrightarrow{+CH_2=CHR} I-CH_2-CH-CH_2-\overset{\oplus}{C}H\underset{R}{}\underset{R}{}$$

Koordinations-P.
Diese Reaktion ist von ZIEGLER und NATTA entwickelt worden. Der klassische Katalysator ist das Gemisch von Titaniumtetrachlorid ($TiCl_4$) und Triethylaluminium, $(C_2H_5)_3Al$, aus dem durch Ligandenaustausch der Initiatorkomplex entsteht. Das aktive Zentrum liegt am Titanium, das an einer Leerstelle ein Olefinmolekül anlagert. Dann wird die Metall-Kohlenstoff-Bindung und die C=C-Doppelbindung destabilisiert, und das Monomere wird zwischen die wachsende Kette und das Titaniumatom geschoben. Bei dieser Art des Kettenwachstums ist die sterische Anordnung im Polyme-

ren vorgegeben. Es können isotaktische und syndiotaktische Anordnungen erfolgen:

isotaktisch

syndiotaktisch

ataktisch

Bei einer *Kettenübertragung* wird das aktive Zentrum vom wachsenden Ende auf ein inaktives Molekül übertragen, das ein Lösungsmittelmolekül, ein Monomeres oder ein anderes Makromolekül sein kann. Sie ist von Bedeutung für die Bildung von Pfropfcopolymeren.
Die techn. Durchführung der P. kann als Lösungs-P., Fällungs-P., Suspensions-P. oder Emulsions-P. erfolgen. P. wird techn. zur Herstellung thermoplastischer Werkstoffe eingesetzt. Dabei sind zwei Probleme zu bewältigen:
– Stofftransport (vollständiger Verbrauch der Monomere an den Wachstumsstellen der Makromoleküle),
– Wärmetransport (Abführung der Polymerisationswärme),
die durch die steigende Viskosität des Polymerisats hervorgerufen werden. Der techn. Lösungsweg zielt auf die Verwendung einer flüssigen Phase, in der die Reaktionsmischung dispergiert umgesetzt wird. Diese flüssige Phase muß inert und von geringer Viskosität sein; über sie erfolgt auch die Wärmeabfuhr. Varianten dieser Polymerisationsart sind die ↗ Fällungs-, Suspensions- und ↗ Emulsionspolymerisation. Polymerisationsprozesse werden in der Industrie diskontinuierlich (in Rührkesseln bzw. Autoklaven) oder kontinuierlich (in Rohrreaktoren bzw. Druckrohren) durchgeführt.
Polymethacrylsäureester, org. hochpolymere Werkstoffe, die als »organisches Glas« (Plexiglas) bezeichnet werden. Sie entstehen durch Polymerisation aus Methacrylsäureester, die aus Aceton und Blausäure über Zwischenstufen hergestellt werden. Die Herstellung glasklarer Platten aus Polymethacrylat erfolgt durch Vorpolymerisation in Rührkesseln bis zu Umsätzen von 20 bis 30%. Diese bei Normaltemperatur hochviskose Flüssigkeit wird durch zwischengekühlte, hochglanzpolierte Platten gegossen und polymerisiert.
Polymethinfarbstoffe, ↗ Cyaninfarbstoffe.
Polymir 60, Abk. aus Polymerisation und Mirathen, bezeichnet ein weiterentwickeltes Hochdruck-Polyethylen-Herstellungsverfahren von 60 kt/a Kapazität.
Polymorphie, Erscheinung, daß Verb. in verschiedenen ↗ Modifikationen existieren können.
Polypeptide, ↗ Peptide.
Polypropylen, Polypropen, leichtester Massen-Plastwerkstoff. Es ist ein sehr hartes, zähes Material und wird damit erfolgreich zur Metallsubstitution verwendet. P. wird durch Polymerisation aus Propylen hergestellt, das durch die ↗ MT-Pyrolyse aus Erdöl günstig zugänglich ist.
Polysaccharide, umfangreiche, im Tier- und Pflanzenreich weitverbreitete Gruppe der ↗ Kohlenhydrate, bei denen mehr als 10 Monosaccharid-Einheiten zu unverzweigten oder verzweigten Ketten verbunden sind. Man unterscheidet Gerüst-P. (↗ Cellulose, ↗ Chitin) und Speicher-P. (↗ Stärke, ↗ Glycogen). Außerdem gehören einige pflanzliche Schleimstoffe hierher, z. B. ↗ Agar-Agar. Zu polysaccharidähnlichen Polymeren treten auch manche *Uronsäuren* zusammen (↗ Pectine). Die verschiedenen P. unterscheiden sich in der Struktur der monomeren Bausteine, in der Art der Verknüpfung dieser Bausteine und im Polymerisationsgrad. Gerüst-P. sind nicht wasserlöslich und nur schwer enzymatisch abzubauen. Dagegen sind Speicher-P. kolloidal wasserlöslich und werden leicht durch ↗ Enzyme zerlegt.
Polysilicone, Polysiloxane, ↗ Silicone, makromolekulare siliciumorganische Verb. Obwohl zu dieser Gruppe eine Vielzahl techn. sehr gut einsetzbarer Stoffe gehören, beschränken die Herstellungskosten die Anwendungsbreite gegenwärtig noch sehr stark. Ausgangspunkt der techn. Herstellung ist Chlormethan, das durch Chlorierung von Erdgas (Methan) erhalten wird.
Polystyren, früher Polystyrol, Polymerisationsprodukt des Styrens, das techn. durch Lösungs-, Suspensions- oder Substanzpolymerisation (Blockpolymerisation) hergestellt wird. Suspensionspolymerisation liefert sehr reine Produkte für Spezialzwecke. Lösungspolymerisation wird z. B. in Ethylbenzen durchgeführt; es ist als kontinuierliches Verfahren für die Massenproduktion geeignet. Substanz- bzw. Blockpolymerisation ist das historisch älteste Verfahren. Das Styren wirkt dabei selbst als Lösungsmittel für das gebildete Polymerisat. Moderne Verfahrensvarianten führen die Polymerisation nur bis zu Umsätzen von etwa 50% und entfernen das restliche Monomere im Vakuum. P. ist ein glasklarer, steifer, spröder Werkstoff. Erhöhte Zähigkeit und Dehnbarkeit weisen die ABS-Polymerisate (Acrylnitril-Butadien-Styren) auf. P.-

Schaumstoff ist ein hervorragendes Isolations- und Verpackungsmaterial.
Polyterpene, ↗ Kautschuk, ↗ Terpene.
Polyurethane, org. chem. hochpolymere Werkstoffe, die durch Polyaddition aus Diisocyanaten und zweiwertigen Alkoholen hergestellt werden. Sie lassen sich durch Zusatz von dreiwertigen Alkoholen vernetzen und durch Zusatz kleiner Mengen an Wasser, unter Verseifung der Isocyanatgruppe zur Aminogruppe und Kohlendioxid, verschäumen. Die P. sind eine sehr vielfältige Werkstoffgruppe. Es sind Spezialplaste, deren Eigenschaften weitgehend »nach Maß« den Anwendungsanforderungen anpaßbar sind. Sie umfassen Fasern, thermoplastische und kautschukartige Werkstoffe, Lacke, Klebstoffe und Schaumstoffe.
Polyvinylchlorid, PVC, wird als Hauptmassenplast techn. vor allem durch Suspensions- und Emulsionspolymerisation hergestellt. Suspensionspolymerisation wird diskontinuierlich durchgeführt und liefert sehr saubere Produkte. Die Polymerisation läuft im Temperaturbereich 45 bis 75 °C unter Inertgasatmosphäre mit Wasser als Trägermedium. Die Regulierung erfolgt über die Polymerisationstemperatur.
Emulsionspolymerisation erfolgt kontinuierlich. Sie ist für große Produktionsmengen gedacht und liefert billige, aber verunreinigte Produkte (Emulgator!).
P. ist ein thermoplastischer Werkstoff mit geringer Temperatur- und Lichtbeständigkeit. Stabilisatorzusätze verringern die Chlorwasserstoffabspaltung bei Erwärmung.
Das normale PVC (Hart-PVC) kann durch Zusätze von Weichmachern in seinen Eigenschaften verändert werden (Weich-PVC).
Porphyr, Ergußgestein, das in seiner dichten, feinkristallinen Grundmasse größere Kristalle als Einsprenglinge aufweist, z. B. Feldspat, Quarz (Quarzporphyr).
Porphyrit, Ergußgestein, das ähnlich dem Porphyr in dichter Grundmasse größere Kristalleinsprenglinge enthält, dessen chem. Zusammensetzung jedoch kieselsäureärmer ist. Als Einsprenglinge finden sich deshalb neben Plagioklas Biotit, Augite und Hornblenden.
Porphyroblasten, große Kristalleinsprenglinge, die bei metamorphen Prozessen nachträglich in einer meist feinkörnigen Grundmasse gewachsen sind.
Portlandzement, ein ↗ Zement, der vor allem aus den Verb. $3\,CaO \cdot Al_2O_3$, $3\,CaO \cdot SiO_2$, $2\,CaO \cdot SiO_2$ und $4\,CaO \cdot Al_2O_3 \cdot Fe_2O_3$ besteht. Beim Erhärten entstehen Hydrate von Ca-Al-Si-Verb., die die Festigkeit dieses ↗ hydraulischen Bindemittels bewirken. P. ist mengenmäßig das wichtigste Bindemittel der Bauindustrie. Er wird durch Sinterung und Umsetzung einer Rohmehlmischung aus Kalkstein, Sand und Ton in Drehrohröfen bei 1 400 bis 1 500 °C hergestellt (Zusatz von Kiesabbrand oder Hochofenschlacke).
Porzellan, keramischer Werkstoff, der aus den Rohstoffen Kaolin (Porzellanerde), Feldspat und Quarz hergestellt wird. Porzellan besteht aus einer glasigen Grundmasse (Silicatglas), in die feinkristalliner ↗ Mullit eingelagert ist.
Die Rohmasse wird bei etwa 1 000 °C vorgebrannt. Diese undekorierte oder mit Unterglasurmalerei versehene Glühware wird mit Glasur überzogen (Rohmasse mit viel Flußmittel) und bei 1 400 °C erneut gebrannt (Gutbrand, Garbrand, Glattbrand).
Porzellanerde, ↗ Kaolin.
Positron, Antiteilchen des Elektrons, ↗ Elementarteilchen.
Potentiometrie, Messung von Zellspannungen ↗ galvanischer Zellen. Sie muß zur Vermeidung eines Spannungsabfalls *ohne Stromfluß* erfolgen. Dazu diente früher die POGGENDORFsche Kompensationsmethode (Bild 1) mit einer durch einen Schiebe-

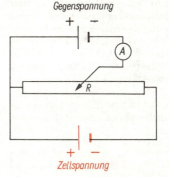

Bild 1. POGGENDORFsche Kompensationsschaltung

widerstand R einstellbaren Gegenspannung. Heute werden Geräte mit entsprechenden elektronischen Bauteilen und Schaltungen eingesetzt, die diese Forderung erfüllen. Zur genauen Spannungseichung dienen ↗ Standardelemente.
Bei der potentiometrischen ↗ Titration dient die P. als Indikator für den Endpunkt (Äquivalenzpunkt) einer im ↗ Elektrolyten durch Reagenszusatz ablaufenden Reaktion (Titrationskurve Bild 2). Als galvanische Zelle benutzt man eine Anordnung aus einer Bezugselektrode (↗ Elektrode 2. Art) mit kon-

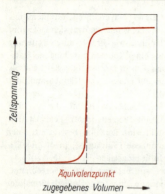

Bild 2. Potentiometrische Titrationskurve

stantem Elektrodenpotenial und einer Indikatorelektrode, deren Potential von der Konzentration der umgesetzten Ionen abhängt. Ihre Auswahl richtet sich danach, ob ↗ Neutralisations-, ↗ Fällungs-, ↗ Redox- oder ↗ Komplexbildungsreaktionen untersucht werden (↗ Elektrode). Die potentiometrische Titration liefert gegenüber der mit Farbindikatoren genauere quantitative Analysenergebnisse, kann auch für trübe oder gefärbte Lösungen angewendet werden und gestattet die Bestimmung mehrerer Ionen nebeneinander in einer Analyse (Simultanbestimmung). Die P. wird häufig zur Messung des pH-Wertes genutzt und dient der Ermittlung von ↗ Gleichgewichtskonstanten und ↗ Löslichkeiten.

Pottasche, ältere Bez. für ↗ Kaliumcarbonat, das früher aus Holzasche durch Extraktion hergestellt worden ist.

Praseodym, der bis zum Jahre 1975 gebräuchliche deutschsprachige Name des chem. Elements ↗ Praseodymium.

Praseodymium,

Pr	$Z = 59$
$A_{r(1981)}$	$= 140{,}907\,7$
Ek:	[Xe] $4f^3 6s^2$
OxZ:	$+3, +4, +5$
X_E	$= 1{,}13$
Elementsubstanz:	
Schmp.	935 °C
Sdp.	3 130 °C
$\varrho = 6{,}769\ \mathrm{kg}\cdot l^{-1}$	

chem. Element (↗ Elemente, chem.).
Praseodymium, Symbol: Pr, 2. Element der ↗ Lanthanoidengruppe. P. ist die Bez. für alle Atome, die 59 positive Ladungen im Kern, also 59 Protonen besitzen: Kernladungszahl $Z = 59$. P. findet sich in der Natur in den ↗ Ceriterden, verbreitet aber in ganz geringen Konzentrationen. Eine Darstellung des silberweißen und weichen Metalls erfolgt nach aufwendiger Trennung, z. B. durch Schmelzflußelektrolyse oder Reduktion mit Kalium. Praseodymiumoxid wird zur Färbung von Sonnenschutzgläsern verwendet.

Präzipitat, veraltete Bez. für einen ↗ Niederschlag. Auch einige Quecksilberverb. wurden als P. bezeichnet, z. B. das weiße schmelzbare P., $[Hg(NH_3)_2]Cl_2$.

Prednisolon, ↗ Corticosteroide.

PRELOG-Spannung, eine Beeinträchtigung der Molekülstabilität durch gegenseitige Behinderung von Wasserstoffatomen. Diese sind an Kohlenstoffatomen gebunden, die im Ring eines Cycloalkans gegenüberliegen, während bei der ↗ PITZER-Spannung sich Wasserstoffatome an benachbarten C-Atomen behindern. Die P. tritt vor allem bei größeren Ringen, vorrangig beim Cyclodecan auf.

Preßholz, bei 30 MPa verpreßtes Naturholz, dessen Hohlräume auf diese Weise verdichtet sind. Das Material besitzt damit eine hohe Festigkeit.

PRIESTLEY, JOSEPH (13. 3. 1733 bis 6. 2. 1804), ehemaliger Priester, legte, da er die Ansichten der englischen Staatskirche nicht teilte, sein Amt nieder und widmete sich den Naturwissenschaften. Ein auf Anregung von BENJAMIN FRANKLIN verfaßtes Buch über die Elektrizität trug ihm die Mitgliedschaft der Royal Society ein. P. begeistertes Eintreten für die französische bürgerliche Revolution führte zu heftigen Angriffen und Verfolgungen. Er wanderte 1794 nach Amerika aus. P. begann seine chem. Arbeiten mit der Untersuchung des Kohlendioxids; dabei entdeckte er den Kreislauf der atmosphärischen Luft. Er stellte Stickstoffmonoxid und Kohlenmonoxid her. Er erkannte, daß durch »brennbare Luft« (Wasserstoff) bestimmte »Metallkalke« (Metalloxide) bei erhöhten Temperaturen in Metalle verwandelt werden. 1774 entdeckte er den Sauerstoff. Anläßlich eines Aufenthaltes in Paris erhielt ↗ LAVOISIER Kenntnis von den Arbeiten P.; dies lieferte ihm den Schlüssel zur Deutung seiner eigenen Untersuchungen und zur Überwindung der Phlogistontheorie. P. blieb bis zu seinem Tode Anhänger der Phlogistontheorie. Bild.

J. PRIESTLEY

Prills, kuglige Produkte der ↗ Sprühtrocknung im ↗ Prillturm.

Prillturm, eine Einrichtung zur ↗ Sprühtrocknung, wobei am oberen Ende eines turmartigen Raumes (Prillturm) konzentrierte Salzlösung versprüht wird, der beim Herabfallen Warmluft entgegenstreicht. Beim Verdunsten des Lösungsmittelanteils entstehen rundliche Salzkügelchen (Prills).
Prinzip des kleinsten Zwanges, Prinzip von ↗ LE CHATELIER-BRAUN.
Progesteron, ↗ Keimdrüsenhormone.
L-Prolin, Abk. Pro, *Pyrrolidin-2-carbonsäure,* eine proteinogene ↗ Aminosäure. M 115,1, Schmp. 220 bis 222 °C. P. ist bis zu 15 % am Aufbau von ↗ *Kollagen* und *Gelatine* beteiligt.

$$\begin{array}{c} H_2C\!\!-\!\!CH_2 \\ H_2C\!\!\underset{H}{N}\!\!CH\!\!-\!\!COOH \end{array}$$
L-Prolin

Promethium,

Pm $Z = 61$
$A_{r\,(1981)} = [145]$
Ek: [Xe] $4f^5 6s^2$
OxZ: +3
$X_E = 1{,}2$
Elementsubstanz:
Schmp. 1 030 °C
Sdp.   2 730 °C
$\varrho = 7{,}2 \text{ kg} \cdot \text{l}^{-1}$

chem. Element (↗ Elemente, chem.).
Promethium, Symbol: Pm, 4. Element der ↗ Lanthanoidengruppe. P. ist die Bez. für alle Atome, die 61 positive Ladungen im Kern, also 61 Protonen besitzen: Kernladungszahl $Z = 61$. Radioaktives und künstlich herstellbares Element mit vielen radioaktiven Isotopen von ^{141}Pm bis ^{156}Pm, von denen das Isotop ^{145}Pm mit einer Halbwertzeit von $t_{1/2} = 18$ a das langlebigste und stabilste ist.
Propadien (Allen), $H_2C\!=\!C\!=\!CH_2$, der einfachste zweifach ungesättigte Kohlenwasserstoff mit kumulierter ↗ Dienstruktur. Reines P. ist bis 400 °C stabil, in Gegenwart von katalytisch wirkender Aktivkohle isomerisiert er sich im Gleichgewicht zu Propin (Methylacetylen). P. bildet sich durch Dechlorierung aus 2,3-Dichlor-prop-1-en mit Zinkpulver.
Propan, C_3H_8, org. chem. Verb., Sdp. −42,2 °C, ↗ Alkane.
Propandisäure (Malonsäure), HOOC—CH_2—COOH, eine leicht wasserlösliche Dicarbonsäure, Schmp. 135 °C, die im Zuckerrübensaft vorkommt. Da sie erstmals durch Oxydation der Äpfelsäure (Acidum malicum) hergestellt worden ist, leitet sich davon der Trivialname ab.
Techn. wird die P. vorwiegend aus Chlorethansäure über die Cyanethansäure produziert. Sie ist auch durch Carboxylierung von wasserfreiem Kaliumethanat mit Kohlendioxid und Eisenpulver als Katalysator unter Druck (etwa 50 MPa) bei 300 °C zu erhalten.
Beim Erhitzen über den Schmp. wird die P. leicht decarboxyliert unter Ethansäurebildung. Bei der Dehydratisierung mit Phosphorpentoxid bildet sich das giftige, gasförmige Kohlensuboxid,
$O\!=\!C\!=\!C\!=\!C\!=\!O.$
Für chem. Synthesen sind die Ester der P. wichtiger als die freie Säure, ↗ Propandisäurediester, ↗ Malonestersynthesen.

Propandisäurediester   (Malonsäureester), R—O—CO—CH_2—CO—O—R, wichtigste Derivate der ↗ Propandisäure. Bedeutend ist davon der Propandisäurediethylester. Er ist eine farblose, wasserunlösliche, angenehm riechende Flüssigkeit, Sdp. 199 °C.
Die P. werden vorwiegend für Synthesen eingesetzt, ↗ Malonestersynthesen, bei denen Reaktionen an der aktivierten Methylengruppe, —CH_2—, stattfinden, da durch den —I-Effekt der beiden Oxycarbonylgruppen, R—O—CO—, der Wasserstoff leicht substituiert werden kann.
Der Diethylester wird aus dem Kaliumsalz der Cyanethansäure mit wasserfreiem Ethanol unter Einleiten von Chlorwasserstoff hergestellt:

$$H_2C\!\!\begin{array}{c}COOK\\C\!\equiv\!N\end{array} + 2\,CH_3\!-\!CH_2\!-\!OH + 2\,HCl$$

$$\longrightarrow KCl + NH_4Cl + H_2C\!\!\begin{array}{c}C(\!=\!O)\!-\!O\!-\!CH_2\!-\!CH_3\\C(\!=\!O)\!-\!O\!-\!CH_2\!-\!CH_3\end{array}$$

Propanon (Aceton),

$$H_3C\!-\!\underset{\underset{O}{\|}}{C}\!-\!CH_3$$

Schmp. −95 °C
Sdp.   56,3 °C
$\varrho_{fl} = 0{,}785\,5 \text{ g} \cdot \text{cm}^{-3}$ (25 °C)

eine farblose, charakteristisch riechende, leicht flüchtige, brennbare Flüssigkeit, die sich mit Wasser und Ethanol in jedem Verhältnis mischt. P. befindet sich im wäßrigen Kondensat der trockenen Destillation des Holzes.
P. ist ein ausgezeichnetes Lösungsmittel für viele org. Verb.
P. zeigt die Reaktionen der ↗ Ketone. Mit basi-

schen Katalysatoren dimerisiert P. zu 4-Hydroxy-4-methyl-pentan-2-on (Diacetonalkohol), mit Säuren trimerisiert P. zu 1,3,5-Trimethyl-benzen (Mesitylen). P. kann durch die ↗ Iodoformprobe nachgewiesen werden.
P. wird heute vorwiegend nach dem ↗ Cumen-Verfahren hergestellt (neben Phenol aus Benzen und Propen). Weitere Verfahren sind:
- Oxydation von Propan-2-ol oder dessen Dehydrierung,
- Erhitzen von Calciumacetat, Ca(CH$_3$COO)$_2$,
- katalytische Umsetzung von Ethanol mit Wasserdampf (450 °C),
- katalytische Oxydation von Propen mit Luft in PdCl$_2$/CuCl$_2$-Lösung.
P. wird als Lösungsmittel und als Ausgangsverb. für chem. Synthesen verwendet (↗ Keton, ↗ Methacrylsäureester, Mesityloxid).

Propan-1,2,3-triol (Glycerol, Glycerin),

CH$_2$—CH—CH$_2$
 | | |
OH   OH OH

ein dreiwertiger Alkohol, der mit Fettsäuren verestert in tierischen und pflanzlichen Fetten und Ölen vorkommt. P. ist eine farblose, dickflüssige, süßschmeckende, hygroskopische Flüssigkeit, die sich mit Wasser und Ethanol in jedem Verhältnis mischt, Schmp. 18 °C, Sdp. 290 °C.
P. zeigt die Reaktionen primärer Alkohole (Oxydation zum Aldehyd) und sekundärer Alkohole (Oxydation zum Keton).
P. kann durch Hydrolyse von Fetten gewonnen werden. Hergestellt wird es aus Propen auf zwei Wegen:

CH$_2$=CH—CH$_3$ $\xrightarrow[-HCl]{+Cl_2, 500°C}$ CH$_2$=CH—CH$_2$Cl

$\xrightarrow[-NaCl]{+NaOH}$ CH$_2$=CH—CH$_2$—OH

$\xrightarrow[-HCl]{+Cl_2/H_2O}$ CH$_2$—CH—CH$_2$ $\xrightarrow[-NaCl]{+NaOH}$ CH$_2$—CH—CH$_2$ oder
                         | | | | | |
                        OH   Cl OH   OH OH OH

CH$_2$=CH—CH$_2$Cl

$\xrightarrow[-HCl]{+Cl_2/H_2O}$ CH$_2$Cl—CHOH—CH$_2$Cl $\xrightarrow[-2NaCl]{+2NaOH}$ CH$_2$—CH—CH$_2$
             CH$_2$Cl—CHCl—CH$_2$OH | | |
                                                                 OH OH OH

P. wird bei der Herstellung von kosmetischen und pharmazeutischen Präparaten, als Zusatz für Farbbandmassen, Druck- und Stempelfarben u. a. verwendet. Es wird zur Produktion von Nitroglycerol und von ↗ Alkydharzen eingesetzt.

Propan-1,2,3-triol-trinitrat, ↗ Glyceroltrinitrat.

Propen (Propylen),

H$_2$C=CH—CH$_3$
Schmp. −185,2 °C
Sdp. −47,7 °C
$\varrho_g = 0{,}647 \text{ kg} \cdot \text{m}^{-3}$

ein ungesättigter Kohlenwasserstoff aus der homologen Reihe der ↗ Alkene. P. ist ein farbloses, geruchloses Gas, das sich wenig in Wasser, aber gut in flüssigen Alkanen und Ethanol löst und mit Luft explosive Gemische bildet.
P. kommt in den Crack- und Pyrolysegasen der Erdölverarbeitung vor und wird daraus durch Tieftemperaturdestillation gewonnen.
P. ist Ausgangsprodukt zur Herstellung von Polypropylen und zahlreichen chem. Produkten, wie Propanol, ↗ Propantriol, ↗ Propanon, ↗ Cumen, ↗ Propennitril, ↗ Epichlorhydrin u. a. Bild.

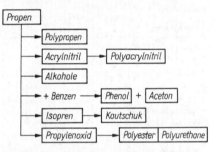

Wichtige industrielle Folgeprodukte von Proben

Propenal, CH$_2$=CH—C(H)(=O), Trivialname Acrolein, eine giftige, schleimhautreizende Flüssigkeit, Sdp. 53 °C. P. wird durch katalytische Oxydation aus Propen oder Prop-2-en-1-ol (Allylalkohol) hergestellt. P. bildet sich bei der Dehydratisierung von Propan-1,2,3-triol (Glycerol) und beim Überhitzen von Fetten. P. wird für chem. Synthesen verwendet.

Propennitril, CH$_2$=CH—CN, Vinylcyanid, Trivialname *Acrylnitril,* eine unangenehm riechende, farblose Flüssigkeit, Sdp. 77 °C, starkes Gift. P. ist ohne Stabilisatoren unbeständig und polymerisiert leicht zu Polyacrylnitril. P. wird durch Addition von Cyanwasserstoff an Ethin:
HCN + HC≡CH → CH$_2$=CH—CN
oder durch Oxydation eines Propen-Ammoniak-Gemisches mit Luft:
2 CH$_2$=CH—CH$_3$ + 2 NH$_3$ + 3 O$_2$
→ 2 CH$_2$=CH—CN + 6 H$_2$O
hergestellt. P. ist die Ausgangsverbindung zur Produktion von ↗ Polyacrylnitril.

Prop-2-en-1-ol, $H_2C=CH-CH_2-OH$, Trivialname für diesen ungesättigten, einwertigen, primären ↗ Alkohol ist Allylalkohol. P. ist eine giftige, stechend riechende, farblose, brennbare Flüssigkeit, Sdp. 97 °C.
P. wird aus Propen über das Allylchlorid hergestellt:

$$CH_2=CH-CH_3 \xrightarrow[-HCl]{+Cl_2(500°C)} CH_2=CH-CH_2Cl$$

$$\xrightarrow[-NaCl]{+NaOH} CH_2=CH-CH_2-OH$$

P. wird zur Synthese von Harzen, Ölen und Arzneimitteln verwendet.

Propensäure, $CH_2=CH-COOH$, Trivialname Acrylsäure, eine farblose, stechend riechende, mit Wasser mischbare, brennbare Flüssigkeit, Sdp. 141 °C. P. polymerisiert leicht zu Polyacrylsäure, die als Appreturen und Verdickungsmittel verwendet werden. Techn. wichtig sind die Derivate der P., z. B. das Nitril und die Ester.

Prop-2-enylisothiocyanat, $H_2C=CH-CH_2-N=C=S$, ein Derivat der Thiocyansäure mit den Trivialnamen »Allylsenföl« oder »Allylisothiocyanat«. P. ist eine giftige, farblose Flüssigkeit, deren Dämpfe zu Tränen reizen, Sdp. 152 °C. P. führt auf der Haut zu Blasenbildung und Entzündungen. Hergestellt wird P. durch Umsetzung von Prop-2-enylbromid (Allylbromid) mit Kaliumthiocyanat, KSCN, in der Hitze.
P. ist im Thioglucosid »Sinigrin« enthalten, das als Haupt- und Wirkbestandteil des Öles in den Samen des schwarzen Senfes (Brassica nigra) vorkommt. Durch das Enzym Myriosinase wird Sinigrin in P., Glucose und Kaliumhydrogensulfat gespalten.

Propylen, ↗ Propen.

Propylenglycol (Propan-1,2-diol),
$H_3C-\underset{OH}{CH}-\underset{OH}{CH_2}$ ein zweiwertiger Alkohol, der aus Propen über das Propylenoxid hergestellt wird und bei der Produktion von Plasten Verwendung findet (Polyester, Epoxidharze, Polyurethane u. a.).

Propylenoxid (Methyloxiran),
$H_3C-\underset{O}{CH-CH_2}$. eine farblose, brennbare Flüssigkeit, Sdp. 34 °C, die aus Propen hergestellt wird und ein wichtiges Synthesezwischenprodukt ist.

Protactinium,

Pa	$Z = 91$
$A_{r(1981)} = 231{,}0359$	
Ek: [Rn] $5f^2 6d^1 7s^2$	
OxZ: +3, +4, +5	
$X_E = 1{,}5$	

Elementsubstanz:
Schmp. 1 560 °C
$\varrho = 15{,}4 \text{ kg} \cdot l^{-1}$

chem. Element (↗ Elemente, chem.).
Protactinium, Symbol: Pa, 2. Element der ↗ Actinoidengruppe. P. ist die Bez. für alle Atome, die 91 positive Ladungen im Kern, also 91 Protonen besitzen: Kernladungszahl $Z = 91$. P. wurde 1917 von HAHN und MEITNER aufgefunden und unabhängig davon 1918 durch SODDY und CRANSTON entdeckt. In der Natur tritt P. spurenweise als radioaktives Zerfallsprodukt in Uraniummineralien auf. Das silberweiße, wenig reaktive Metall kann durch thermische Zersetzung des Chlorids oder Iodids im Hochvakuum an einem beheizten Wolframdraht dargestellt werden. P. ist ein radioaktives Element mit vielen radioaktiven Isotopen von ^{225}Pa bis ^{237}Pa. Das Isotop ^{231}Pa ist mit einer Halbwertzeit von $t_{1/2} = 3{,}43 \cdot 10^4$ a das langlebigste und stabilste. Bei den Verb. des P. sind die der Oxydationsstufe OxZ +5 die stabilsten, jedoch ist auch die Oxydationsstufe OxZ +4 verbreitet.

Proteide, *zusammengesetzte Proteine,* im Gegensatz zu einfachen ↗ Proteinen solche Eiweiße, die außer Aminosäureketten auch noch einen Nichtproteinanteil, die sogenannte *prosthetische Gruppe,* in ihrem Molekül enthalten. Als prosthetische Gruppe können verschiedenartigste org. Moleküle dienen, darunter z. B. ↗ Lipide, ↗ Kohlenhydrate oder Farbstoffe. Zu den P. im weiteren Sinne können auch alle nur zeitweise bestehenden und leicht wieder lösbaren Verb. zwischen Proteinen und anderen Molekülen gerechnet werden.

Proteine, Eiweiße, hochmolekulare Naturstoffe, deren Moleküle einige Hundert bis einige Zehntausend ↗ Aminosäuren enthalten. P. gehören zu den bedeutendsten Stoffgruppen, die am Aufbau der Organismen beteiligt sind. Sie besitzen eine kaum überschaubare Vielfalt an Strukturen und Funktionen. Allein im menschlichen Körper sind mindestens 40 000 verschiedene P. nachweisbar.
Struktur: Der komplizierte Aufbau des P.-Moleküls macht es erforderlich, bis zu vier Strukturebenen zu unterscheiden. Als *Primärstruktur* wird die Aufeinanderfolge (Sequenz) und Anzahl der durch die kovalente ↗ Peptidbindung verknüpften Aminosäuren bezeichnet. Die *Sekundärstruktur* ergibt sich aus der räumlichen Faltung der Aminosäureketten und wird durch Wasserstoffbrücken zwischen räumlich benachbarten Carbonyl- und Amidgruppen (Abstand 0,28 nm), genauer zwischen dem Sauerstoff der Carbonyl- und dem Wasserstoff der Amidgruppe stabilisiert. Die Aminosäureketten lie-

gen z. B. in zickzackförmiger Faltung parallel (oder antiparallel) nebeneinander *(Faltblattstruktur)*, oder die einzelne Kette bildet ein schraubig gewundenes Molekül *(α-Helix-Struktur)*. Im ersten Fall liegen die Wasserstoffbrücken zwischen den benachbarten Ketten, im zweiten Fall bilden sie sich innerhalb des helicalen Moleküls. Unter der *Tertiärstruktur* versteht man schließlich die räumliche Anordnung der in Faltblatt- oder Helix-Struktur vorliegenden Abschnitte des Proteinmoleküls. Sie wird unter anderem stabilisiert durch Disulfidbrücken zwischen benachbarten Cystein-Bausteinen (↗ Cystein), durch Wasserstoffbrücken und durch VAN-DER-WAALSsche Kräfte. Die Tertiärstruktur entscheidet nicht nur über die räumliche Gestalt des P., sondern auch über die Lage reaktiver Aminosäurereste am Molekül. Durch Ausbildung intermolekularer, nicht kovalenter Wechselwirkungen zwischen zwei oder mehreren (identischen oder verschiedenen) P. entsteht schließlich eine stabile Assoziation mit einer definierten *Quartärstruktur*. Viele P. erhalten erst in Quartärstruktur ihre Funktionsfähigkeit.
Einteilung: Es gibt zahlreiche, sehr verschiedenartige Einteilungskriterien, um die Vielfalt der P. sinnvoll zu ordnen. Man kann zunächst einfach zwischen ↗ *Enzym-P.* und *Nichtenzym-P.* unterscheiden, ferner zwischen *einfachen*, d. h. ausschließlich aus ↗ Aminosäuren bestehenden, und *zusammengesetzten P.*, die häufig als ↗ Proteide abgegrenzt werden. Die einfachen P. sind nach ihrer Löslichkeit zu gliedern, in die in Wasser oder Salzlösungen löslichen *globulären P.* mit kugeligem oder rotationsellipsoidischem Molekül (↗ Albumine, ↗ Globuline) und in die in diesen Medien nicht löslichen *fibrillären P.* oder ↗ *Struktur-P.*
Biologische Funktion: Eine der wichtigsten Funktionen haben die P. als ↗ Enzyme, wodurch sie den Ablauf der sehr zahlreichen biochemischen Reaktionen in der Zelle ermöglichen. Von den vielen anderen Funktionen können hier nur einige kurz erwähnt werden: P. bilden Gerüstsubstanzen (↗ Strukturproteine), ermöglichen als Muskelprotein die Muskelkontraktion, dienen als Transportmittel für Sauerstoff im Körper und in der Zelle (Atmung!), wirken als Gifte (↗ Schlangengifte), haben Bedeutung bei der Determinierung der Blutgruppen usw.
Protolyse, protolytische Reaktion, Reaktion zwischen Stoffen mit Protonenaustausch (↗ Säure-Base-Theorie nach BRÖNSTED).
Proton, Symbol p, wichtiges stabiles ↗ Elementarteilchen der Masse $1,6726 \cdot 10^{-27}$ kg und einem ↗ Spin mit dem Betrag $\frac{1}{2}$, das Bestandteil aller ↗ Atomkerne ist. Mit Ausnahme des Wasserstoffisotops der Massenzahl 1 enthalten die Atomkerne außerdem die etwa gleichschweren ↗ Neutronen. Das P. wurde 1919 von RUTHERFORD bei der ersten künstlichen Kernumwandlung (↗ Kernreaktionen) entdeckt. Er schloß aus Streuexperimenten (↗ Atommodell), daß das P. eine positive ↗ Elementarladung besitzt, was CHADWICK 1920 nachweisen konnte. Somit wurde die RUTHERFORDsche Annahme bestätigt, daß die Zahl der Protonen im Atomkern dessen positive Ladung (Kernladungszahl) bestimmt, die gleich der Elektronenzahl im Atom und entsprechend dem ↗ MOSELEYschen Gesetz gleich der Ordnungszahl eines chem. Elementes im PSE ist. Die Wechselwirkung zwischen Proton und Neutron bedingt die Stabilität der Atomkerne. Freie Protonen werden durch Kernreaktionen erzeugt und meist nach Beschleunigung für Kernumwandlungen eingesetzt (↗ Kernreaktionen).
Protonierung, auch Protonisierung, Anlagerung eines positiven Wasserstoffions, d. h. eines Protons, an ein Teilchen.
PROUST, JOSEPH LOUIS (26. 9. 1754 bis 5. 7. 1826), französischer Chemiker, wurde besonders bekannt durch die Entdeckung des Gesetzes der konstanten Proportionen. Über die Gültigkeit dieses Gesetzes führte er mit seinem Landsmann ↗ BERTHOLLET einen jahrelangen wissenschaftlichen Meinungsstreit. BERTHOLLET vertrat die Auffassung, daß die Bildung chem. Verb. in sich verändernden Proportionen erfolgen könne.
Proustit, ↗ Rotgültigerz.
Provitamine, ↗ Vitamine.
Prozeß, dynamische Aufeinanderfolge verschiedener Zustände eines Systems. Bezogen auf die Produktion, ist die materiell-techn. Seite des Produktionsprozesses der technologische Prozeß. Für den chem. Produktionsprozeß ist die materiell-techn. Seite das chem. Verfahren bzw. der chemisch-technologische Prozeß.
Einige Autoren trennen scharf zwischen P. und ↗ Verfahren; danach wird der Begriff P. nur dann verwendet, wenn er mit einer Stoffwandlung verbunden ist. ↗ Verfahren.
PSE, ↗ Periodensystem der Elemente.
Pseudohalogene, Verb. von zwei elektronegativen Atomgruppen (in den folgenden Formulierungen und der Tabelle mit Y bezeichnet), die mindestens ein Stickstoffatom enthalten und in ihren Eigenschaften und reaktiven Verhaltensweisen den Halogenen sehr ähnlich sind. In der Tabelle sind einige P. zusammengestellt. Wie die Halogene vermögen auch die Pseudohalogene einwertige Anionen zu bilden:

Pseudohalogene – Pseudohalogenwasserstoffe – Pseudohalogenide

Y_2	Pseudohalogen	HY	Pseudohalogenwasserstoff	Y^-	Pseudohalogenid
$(CN)_2$	Dicyan	HCN	Cyanwasserstoff	CN^-	Cyanid
$(OCN)_2$	Dioxycyan	HCNO	Cyansäure	OCN^-	Cyanat
$(SCN)_2$	Dirhodan	HCNS	Thiocyansäure (Rhodanwasserstoff)	SCN^-	Thiocyanat (Rhodanid)
$(SeCN)_2$	Diselenocyan			$SeCN^-$	Selenocyanat
		HCNO	Fulminsäure (Knallsäure)	ONC^-	Fulminat
		HN_3	Stickstoffwasserstoffsäure	N_3^-	Azid
$(SCSN_3)_2$	Diazidokohlenstoffdisulfid			$SCSN_3^-$	Azidokohlenstoffdisulfid

$Y_2 + 2e^- \rightarrow 2Y^-$,
die als *Pseudohalogenidionen* bezeichnet werden. Die P. können mit Wasserstoff *Pseudohalogenwasserstoffe* bilden, die den Halogenwasserstoffen sehr ähnlich sind und z. B. wie diese in wäßriger Lösung Säuren bilden:
$Y_2 + H_2 \rightarrow 2HY$, $HY + H_2O \rightarrow H_3O^+ + Y^-$.
Die Pseudohalogenwasserstoffe bilden mit Metallen Salze, die *Pseudohalogenide* genannt werden und die in ihren Eigenschaften (z. B. Löslichkeiten) den entsprechenden Halogeniden ähneln:
$2HY + 2Na \rightarrow 2NaY + H_2\uparrow$,
$Ag^+ + Y^- \rightarrow AgY\uparrow$.
Pseudohalogenidionen lassen sich wie Halogenidionen durch bestimmte Oxydationsmittel zu Radikalen oxydieren, die sich dann zu flüchtigen Dimeren zusammenlagern:
$Y^- \rightarrow Y + e^-$, $2Y \rightarrow Y_2$.
Und schließlich sind Verb. bekannt, die sich aus zwei unterschiedlichen Atomgruppen zusammensetzen (Y – Y') und damit Analoga zu den *Interhalogenverbindungen* darstellen. Die Kombination Halogen–Pseudohalogen (X – Y) ist möglich.
Psilomelan, Hartmanganerz, vorwiegend aus MnO_2, Sammelbegriff für alle kolloidal aus Verwitterungslösungen entstandenen Manganoxide. Es sind glaskopfartige, harte schwarze Massen.
PSM, Pflanzenschutz- und Schädlingsbekämpfungsmittel, ↗ Pesticide, ↗ Schädlingsbekämpfungsmittel.
Psychogifte, chem. Kampfstoffe, die die geistige und körperliche Aktivität hemmen und zu Verwirrtheit und Halluzinationen führen. Als P. kommen in Betracht: Chinuclidinylbenzilat (↗ chem. Kampfstoffe), ↗ Lysergsäurediethylamid (LSD) und 3,4,5-Trimethoxy-phenethylamin (↗ Meskalin).
Psychopharmaka, Arzneimittel, die die psychischen Funktionen beeinflussen. *Tranquilizer* haben eine beruhigende Wirkung bei Erregungs-, Angst- und Spannungszuständen (Streß).

Die wichtigsten Präparate gehören zu den Stoffklassen der Benzodiazepine, z. B. Chlordiazepoxid, und der Carbamidsäureester, z. B. Meprobamat.
Stärker dämpfend wirken die zur Behandlung von Psychosen angewendeten *Neuroleptika.* Zur Stoffgruppe der Phenothiazine gehört das Chlorpromazin, das erste seit 1952 angewendete P. Es wird z. B. als Hilfsmittel zur Behandlung von Suchtkrankheiten eingesetzt. Bild.

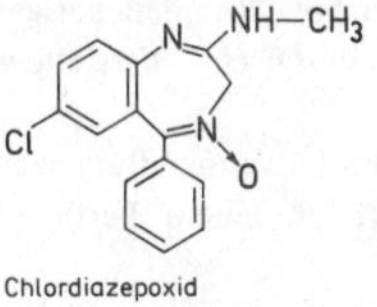

Chlordiazepoxid

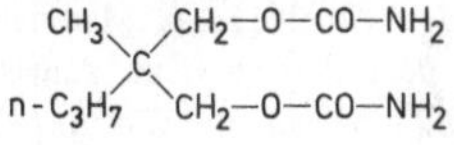

Meprobamat

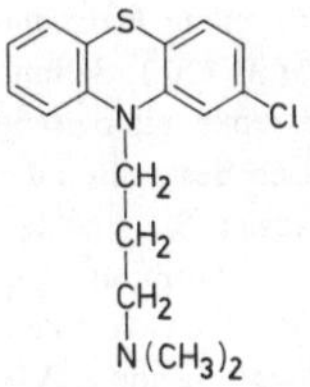

Chlorpromazin

Wichtige Psychopharmaka

Puder, Zubereitungsformen für Arzneimittel und ↗ Hautkosmetika. Als Pudergrundlagen dienen fein vermahlene Stoffe, wie ↗ Talk, Kaolin, ↗ Kieselgur, Magnesiumcarbonat, Titaniumdioxid, Magnesium- und Zinkstearat.
Pufferlösungen, wäßrige Lösungen von Elektrolyten, die nach Zusatz von Wasserstoffionen (bzw. Hydroniumionen) oder Hydroxidionen ihren pH-Wert kaum verändern. Es handelt sich dabei im wesentlichen um Lösungen schwacher Säuren (oder

Basen), die in geringem Maße dissoziiert sind, und deren Salze, die in der Lage sind, hinzukommende Wasserstoffionen (bzw. Hydroniumionen) oder Hydroxidionen durch Überführung in den undissoziierten Zustand abzufangen. Wichtige P. für Wasserstoffionen sind Ethansäure/Natriumacetat-Lösung und für Hydroxidionen Ammoniak/Ammoniumchlorid-Lösung. Tabelle.

Puffersystem	pH-Wert	Ausgewählte Puffersysteme
HCO_3^-/CO_3^{2-}	10,4	
NH_4^+/NH_3	9,2	
CH_3COOH/CH_3COO^-	4,8	

Pulvermetallurgie, Gewinnung und Verarbeitung von Metallpulvern. Dazu wird Metallpulver unter hohem Druck verpreßt und gesintert. Die Pulvermetallurgie orientiert sich auf zwei Erzeugnislinien:
– Werkstoffe, die wegen ihrer Eigenart (z. B. besonders hoher Schmelzpunkt, hohe Reinheit, poriger Aufbau) nur pulvermetallurgisch herstellbar sind;
– Werkstoffe, bei denen das pulvermetallurgische Herstellungsverfahren gleich zu einem Fertigteil führt.
Vorteile sind der Fortfall der maschinen- und lohnintensiven zerspanenden Arbeitsgänge, Materialeinsatz entsprechend dem Fertiggewicht, Anpassung der Gefügeausbildung an die Form des Teiles.

Purin, eine N-heterocyclische Verb., deren kondensiertes Ringsystem formal aus einem *Pyrimidin-* und einem *Imidazol*-Ring besteht M 120,1, Schmp. 217 °C. P.-Derivate haben eine große biologische Bedeutung. Sie sind als ↗ P.-basen Bestandteil der ↗ Nucleotide und ↗ Nucleinsäuren. Sie sind ferner enthalten in verschiedenen ↗ Antibiotica, in Alkaloiden (↗ P.-alkaloide), in ↗ Cytokininen, sind Ausgangssubstanz für die Synthese von ↗ Vitaminen (z. B. *Folsäure*) und bilden als ↗ Harnsäure ein wichtiges Stoffwechselendprodukt.

Purin

Purinalkaloide, eine Gruppe von ↗ Alkaloiden, die sich vom ↗ Purin ableiten. Die Biosynthese der P. geht vom Xanthin (2,6-Dihydroxy-purin) aus. P. bilden die wirksamen Bestandteile des Kaffees *(Coffein),* Tees *(Coffein, Theophyllin)* und Kakaos *(Theobromin)* (Bild). *Coffein* (1,3,7-Trimethyl-xan-

thin), Schmp. 235 bis 237 °C, ist mit durchschnittlich 1,2 % in gerösteten Kaffeebohnen und mit 0,8 bis 5 % in trockenen Teeblättern enthalten. Es wirkt in geringen Dosen (bis etwa 0,1 g) ohne schädliche Nebenwirkungen anregend auf das Herz-Kreislauf-System.

	R^1	R^2	R^3
Xanthin	H	H	H
Theophyllin	CH_3	CH_3	H
Theobromin	H	CH_3	CH_3
Coffein	CH_3	CH_3	CH_3

Struktur von Purinalkaloiden

Theobromin (3,7-Dimethyl-xanthin), Schmp. 351 °C, ist das Hauptalkaloid der Kakaobohnen. Es wird therapeutisch in Form von *Theobrominsalicylat* als harntreibendes Mittel eingesetzt. Noch stärker wirksam ist in dieser Hinsicht das *Theophyllin* (1,3-Dimethyl-xanthin), Schmp. 268 °C.

Purinbasen, vom ↗ Purin abgeleitete schwache Basen. Große biologische Bedeutung haben *Adenin* (6-Amino-purin, M 135,13, Schmp. 365 °C) und *Guanin* (2-Amino-6-hydroxy-purin, M 151,1, Schmp. 365 °C). ↗ Nucleoside, ↗ Nucleotide, ↗ Nucleinsäuren.

PVC, ↗ Polyvinylchlorid.

Pyknit, grobstengliger ↗ Topas.

Pyknometer, Wägegläschen mit geeichtem Inhalt zur Bestimmung der Masse von bekannten Flüssigkeitsvolumina, aus der die Dichte berechnet wird. Bild.

Pyknometer

Pyrargyrit, ↗ Rotgültigerz.

Pyridin, C_5H_5N, ein π-elektronenarmer Heteroaromat, der durch das Stickstoffatom die Eigenschaften eines tertiären Amins besitzt. P. ist eine farblose Flüssigkeit, Sdp. 115 °C, mit unangenehmem Geruch, die sich mit Wasser mischt. Am P. sind elektrophile Substitutionen nur unter extremen Bedingungen durchführbar, nucleophile verlaufen jedoch verhältnismäßig leicht. P. wird aus Teer isoliert, P. wird als Lösungsmittel und als basischer Katalysator bei chem. Synthesen verwendet.

Pyridin

Pyridincarbonsäuren, drei isomere Carbonsäuren, die sich vom ↗ Pyridin ableiten:

Pyridin-2-carbonsäure
Picolinsäure
Schmp. 137 °C

Pyridin-3-carbonsäure
Nicotinsäure
Schmp. 236 °C

Pyridin-4-carbonsäure
Isonicotinsäure
Schmp. 317 °C

Pyrimidin, ↗ Pyrimidinbasen.
Pyrimidinbasen, vom *Pyrimidin (1,3-Diazin, M* 80,1, Schmp. 20 bis 22 °C, Sdp. 124 °C) abgeleitete schwache Basen. Besondere Bedeutung haben als ↗ Nucleinsäure-Bausteine *Cytosin, Thymin* und *Uracil* (Bild). Zwischen den Sauerstoff- und Stickstoffatomen ist eine Protonenwanderung möglich, so daß alle drei Basen als *Lactam*- oder *Lactim*-Tautomere auftreten. Dies ist am Beispiel des *Uracils* dargestellt (Bild, Tabelle).

Pyrimidin   Cytosin   Thymin

Lactimform
pH >13

Lactamform
pH< 8,5
Uracil

Pyrimidin und wichtige Pyrimidinbasen

Einige Stoffkonstanten der Pyrimidinbasen

Base	M in g·mol^{-1}	Schmp. in °C
Cytosin	111,1	320...325
Thymin	126,1	321...326
Uracil	112,09	335

Pyrit, Schwefelkies, Eisenkies, FeS_2, ein häufig vorkommendes Mineral, das oft in schönen gelben Würfeln, seltener in Pentagondodekaedern (Zwölfflächnern mit fünfeckigen Flächen) kristallisiert, daneben tritt es in nierenförmigen kristallinen Aggregaten auf. Die würfeligen Kristalle zeigen oft eine charakteristische Streifung parallel einer Kante. Pyrit bildet eigene Lagerstätten; daneben ist das Mineral auf Erzgängen und in Sedimentgesteinen (Kohlen) häufig anzutreffen.

Pyrolyse, Sammelbezeichnung für die thermische Zersetzung von Stoffen bei hohen Temperaturen. ↗ Cracken (»Tieftemperatur-Pyrolyse«), MT-Pyrolyse, ↗ HT-Pyrolyse.

Pyrolysebenzin, flüssiges Nebenprodukt der ↗ Mitteltemperaturpyrolyse, das sich durch einen hohen Gehalt an ↗ BTX-Aromaten auszeichnet und damit eine wesentliche Aromatenquelle darstellt.

Pyrometallurgie, Gesamtheit jener Verfahren der ↗ Metallurgie, mit denen unter Anwendung thermischer Verfahren aus Erzen Metalle hergestellt und gereinigt werden. Es sind die klassischen metallurgischen Verfahren der thermischen Reduktion der bergmännisch gewonnenen Metallverbindungen zu Metallen. In der letzten Zeit treten daneben immer mehr Verfahren der ↗ Hydrometallurgie in den Vordergrund, insbesondere für »arme Erze« und unter Berücksichtigung energetischer Aspekte.

Pyrometer, Temperaturmeßgerät, besonders für hohe Temperaturen, bei dem die Temperatur aus der von einem heißen Körper ausgesandten Strahlung ermittelt wird.

Pyrop, ↗ Granat.

Pyrophosphorsäure, Trivialname für Diphosphorsäure, $H_4P_2O_7$.

Pyrotechnik, *Feuerwerkerei*, beschäftigt sich mit der Herstellung und der Anwendung von Feuerwerkskörpern. Die Kunstfeuerwerkerei umfaßt z. B. Raketen für Höhenfeuerwerke, Feuerwerkskörper zur Verwendung im Freien (kleine Raketen, Fontänen, Knaller u. a.) sowie Kleinfeuerwerke und Scherzartikel (Wunderkerzen, Tischfeuerwerke, Knallerbsen). Im zivilen Bereich werden pyrotechnische Erzeugnisse zur Signalgebung im Verkehr, zum Abregnen von Wolken, zum Verschwelen von Pflanzenschutzmitteln und zur Erzeugung von Frostschutznebeln eingesetzt. Die militärische P. umfaßt Munition, Nahkampf- und Sprengmittel, Leucht-, Signal-, Brand- und Nebelkörper sowie Munitionsimitationen.

Die pyrotechnischen Sätze basieren auf ↗ Schwarzpulver und werden in Treibsätze und Sätze für Leucht-, Knall- und Raucheffekte unterteilt. Leuchteffekte werden durch solche Metalle wie Magnesium und Aluminium erzeugt. Die Farbgebung erfolgt durch Metallsalze wie Strontiumnitrat (rot), Bariumnitrat (grün), Kupfer(II)-chlorid (blau), Strontiumnitrat/Natriumoxalat (orange) und Strontiumnitrat/Kupferlasur (violett) (↗ Flam-

menfärbung). Hauptbestandteil von Rauch- und Nebelmitteln ist Ammoniumchlorid.
Die Selbstherstellung von pyrotechnischen Erzeugnissen ist sehr gefährlich und gesetzlich verboten.

Pyroxene, Augite, Gruppe gesteinsbildender Silicate mit der Zusammensetzung $(Ca, Na)(Mg, Fe, Al)(Si, Al)_2O_6$. Ihre Strukturen sind durch parallele Ketten von SiO_4-Tetraedern ausgezeichnet, die durch Kationen miteinander verbunden sind. Pyroxene bilden meist prismatisch-kurzsäulige Kristalle von achtseitigem Umriß. Sie sind wichtige Bestandteile kieselsäurearmer magmatischer Gesteine, daneben sind sie in vielen metamorphen Gesteinen anzutreffen.

Pyrrhotin, ↗ Magnetkies.

Pyruvate, Salze der Brenztraubensäure, ↗ Atmung, ↗ Gärung, ↗ Glycolyse.

Q

Quantenausbeute, ↗ Photochemie.

Quantenchemie, Teilgebiet der theoretischen Chemie, mit dem heute auf Basis der ↗ Quantentheorie mit Hilfe wellenmechanischer Näherungsmethoden die Elektronenverteilung und die Elektronenenergie sowie damit zusammenhängende Eigenschaften von Molekülen berechnet werden (↗ Atombindung). Die Q. hat mit der Entwicklung der elektronischen Rechentechnik sehr breite Anwendung gefunden.

Quantentheorie, grundlegende physikal. Theorie, nach der der Energieaustausch ΔE nicht kontinuierlich, sondern nur im ganzzahligen Vielfachen n (Quantenzahl) einer kleinsten Menge (dem Quant) E ausgetauscht werden kann:

$\Delta E = n \cdot E$.

Die Q. wurde 1900 von ↗ PLANCK bei der Untersuchung der Verteilung von Wärmeenergie auf die Wellenlängen elektromagnetischer ↗ Strahlung entdeckt (PLANCKsches Strahlungsgesetz). Die Deutung des äußeren ↗ lichtelektrischen Effektes durch EINSTEIN (1905) mit Hilfe der Q. bewies deren Gültigkeit und zeigt die Abhängigkeit der Energie eines Quantes E von der Frequenz v nach dem EINSTEINschen Frequenzgesetz:

$E = h \cdot v$.

Der Proportionalitätsfaktor

$h = 6{,}626 \cdot 10^{-34}$ J · s

erwies sich als grundlegende Naturkonstante der Q. und wird als PLANCKsches Wirkungsquantum bezeichnet. BOHR wandte 1913 die Q. erstmalig auf den Bau der Elektronenhülle des Atoms an und konnte damit die Atomspektren erklären (↗ Atommodell). Die Entdeckung des ↗ Welle-Teilchen-Dualismus führte zur Verallgemeinerung der Q. durch die Entwicklung der Quantenmechanik (HEISENBERG, BORN und JORDAN 1925) sowie der Wellenmechanik (SCHRÖDINGER 1926). Besonders letztere führte infolge ihrer Anschaulichkeit zu großen Fortschritten bei der Erklärung des Aufbaus der Elektronenhülle der Atome (↗ Atommodell) und Moleküle (↗ Atombindung) sowie damit zusammenhängender Eigenschaften und Erscheinungen. Entsprechende theoretische Berechnungen erfaßt man unter dem Begriff ↗ Quantenchemie. Die weitere Entwicklung der Q. betrifft die Quantelung von Feldern in Verb. mit der EINSTEINschen Relativitätstheorie und besitzt Bedeutung für die Theorie der ↗ Elementarteilchen.

Quantenzahlen, Zahlen zur Kennzeichnung der gequantelten Energiezustände von Elektronen in Atomen und Molekülen (↗ Atommodell, ↗ Atombindung) sowie von gequantelten Kernenergiezuständen (↗ Atomkern).

quartär, abgekürzt quart., ist eine Angabe zur Kennzeichnung dafür, daß an einem Zentralatom vier Wasserstoffatome durch org. Substituenten ersetzt sind.

Quarz, SiO_2, verbreitetes Mineral der Erdkruste. Seine Kristalle zeigen eine hexagonale Tracht mit scheinbarer hexagonaler Dipyramide. Q. ist ein hartes, nicht spaltbares Mineral, das sich durch einen muschligen Bruch auszeichnet. Neben farblosen Kristallen (Bergkristall) gibt es eine Vielzahl gefärbter Varianten, u. a. rauchig (Rauchquarz), gelb (Citrin), violett (Amethyst), gelbbraun (Eisenkiesel), milchig-weiß (Milchquarz), rot (Rosenquarz) u. a.

Es sind mehrere Modifikationen bekannt (Bild). Quarzkristall (Tiefquarz) wird in der Elektrotechnik und im Gerätebau verwendet. Q. zeigt z. B. gute Lichtdurchlässigkeit im UV-Bereich. Reines

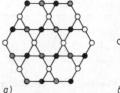

a) b)

Vergleich der Struktur der beiden häufigsten Quarzmodifikationen
a) Hochquarz
b) Tiefquarz

Quarzpulver ist Ausgangsstoff zur Herstellung mikroelektronischer Bauelemente auf Siliciumbasis. Wegen des steigenden Bedarfs an Quarzkristallen werden diese für industrielle Zwecke heute meist synthetisch hergestellt.

Quarzit, ein im wesentlichen aus Quarzkörnern bestehendes Gestein, das aus Sanden durch Kornverkittung mit kieselsäurehaltigen Porenlösungen entstanden ist. Q. werden industriell zur Herstellung saurer Feuerfeststeine (»Dinassteine«) verwendet.

quaternär, aus vier Einheiten bestehend, viergliedrig, Kennzeichnung für vierbindige Zentralatome, wie in den q. Ammoniumverb., in denen der Wasserstoff des Ammoniumions durch vier org. Reste ersetzt ist, z. B. im Tetramethylammonium-ion, $(CH_3)_4N^+$. Die Bez. »qua_ternär« ist falsch.

Quecksilber,

Hg	$Z = 80$
$A_{r(1981)} = 200,59$	
Ek: [Xe] $4f^{14}5d^{10}6s^2$	
OxZ: +1, +2	
$X_E = 2,00$	
Elementsubstanz:	
Schmp.	$-38,86\,°C$
Sdp.	$356,73\,°C$
$\varrho = 13,53\,kg \cdot l^{-1}$	

chem. Element (↗ Elemente, chem.).
Hydrargyrum, Symbol: Hg, 3. Element der 2. Nebengruppe des PSE (↗ Nebengruppenelemente, 2. Nebengruppe des PSE). Q. ist die Bez. für alle Atome, die 80 positive Ladungen im Kern, also 80 Protonen besitzen: Kernladungszahl $Z = 80$. Die Hülle des neutralen Atoms besteht aus 80 Elektronen, von denen die möglichen Valenzelektronen die Konfiguration $5d^{10}6s^2$ besitzen. In Verb. werden zwei Oxydationsstufen eingenommen, die durch die Oxydationszahlen OxZ +1 und +2 charakterisiert sind. In den Quecksilber(I)-Verb. ist das (kovalent dimere) Hg_2^{2+}-Ion nachgewiesen. Q. war im Altertum bekannt und wurde im Mittelalter zum Versuchsobjekt der Alchimisten. Die medizinische Anwendung von Quecksilberpräparaten erfolgte durch die Iatrochemiker. In der Natur findet sich metallisches Q. selten (als Tröpfchen eingeschlossen in Gesteine). Wichtige Vorkommen sind: *Zinnober,* HgS, und *Levingstonit,* $Hg[Sb_4S_7]$; für die Quecksilbergewinnung bedeutungslos sind die Minerale: *Tiemannit,* HgSe; *Coloradoit,* HgTe; *Quecksilberhornerz, Kalomel,* Hg_2Cl_2, und *Coccinit,* Hg_2I_2. Metallisches Q. wird durch Abröstung aus Zinnober gewonnen:

$HgS + O_2 \rightarrow Hg + SO_2$,

durch Umsetzung mit metallischem Eisen:

$HgS + Fe \rightarrow Hg + FeS$,

oder mit Branntkalk:

$4\,HgS + 4\,CaO \rightarrow 4\,Hg + 3\,CaS + CaSO_4$.

Metallisches Q. liegt als einziges Metall bei Zimmertemperatur flüssig vor, ist silberweiß, besitzt einen großen thermischen Ausdehnungskoeffizienten und eine große Oberflächenspannung und ist elektrisch leitfähig (zu etwa 1,7 % der des metallischen Silbers).

Die Dämpfe des metallischen Q. und alle Quecksilberverb. sind für den Menschen stark giftig (es besteht eine Anreicherungsgefahr durch langsame Ausscheidung). Metallisches Q. reagiert mit Disauerstoff unter Bildung von Quecksilber(II)-oxid im Gleichgewicht, das thermisch abhängig ist:

$$2\,Hg + O_2 \underset{> 400\,°C}{\overset{> 300\,°C}{\rightleftharpoons}} 2\,HgO,$$

$\Delta_B H = -90,83\,kJ \cdot mol^{-1}$,

bildet mit molekularem Chlor Quecksilber(II)-chlorid:

$Hg + Cl_2 \rightarrow HgCl_2$, $\Delta_B H \approx 230\,kJ \cdot mol^{-1}$

und mit Schwefel Quecksilber(II)-sulfid:

$Hg + S \rightarrow HgS$, $\Delta_B H = -58,6\,kJ \cdot mol^{-1}$.

In nichtoxydierenden Säuren ist metallisches Q. nicht löslich. Mit Metallen geht es über exotherme Reaktionen Legierungen ein, die als ↗ Amalgame bezeichnet werden. Metallisches Q. findet als Füllmaterial für Thermometer, Barometer, Schaltröhren, Relais, Quecksilberdampflampen, Katodenmaterial und als Extraktionsmittel bei der Goldgewinnung eine vielfältige Anwendung.

Quecksilber(I)-chlorid, Hg_2Cl_2, auch Kalomel genannt, ist eine weiße tetragonal kristalline, in Wasser schwer lösliche, giftige Substanz. Q. kann durch Fällung von Hg_2^{2+}-Ionen mit Chloridionen dargestellt werden:

$Hg_2^{2+} + 2\,Cl^- \rightarrow Hg_2Cl_2 \uparrow$.

Wird Q. in eine wäßrige Ammoniaklösung gegeben, so erfolgt die als *Kalomel-Reaktion* bekannte Umsetzung, bei der fein verteiltes metallisches Quecksilber und Quecksilber(II)-Stickstoffverb., verbunden mit einer intensiven Schwarzfärbung des Reaktionsgemisches, entstehen. Das Wort »Kalomel« ist griechischen Ursprungs und bedeutet soviel wie »schön schwarz«. Die Kalomelelektrode (im System Hg/Hg_2Cl_2 in einer KCl-Lösung) ist eine vielbenutzte Bezugselektrode in der Elektrochemie.

Quecksilber(II)-chlorid, $HgCl_2$, durchscheinend weiße, orthorhombisch kristalline, in kaltem Wasser wenig lösliche, giftige Substanz (Schmp. 277 °C, Sdp. 304 °C). Q. kann durch Umsetzung von

Quecksilber(II)-fulminat

Quecksilber(II)-oxid mit Chlorwasserstoff dargestellt werden:
$HgO + 2\,HCl \rightarrow HgCl_2 + H_2O$.
Durch Zugabe von Chloridionen erfolgt Komplexbildung:
$HgCl_2 + 2\,NaCl \rightarrow Na_2[HgCl_4]$.

Quecksilber(II)-fulminat, Knallquecksilber, $Hg(CNO)_2$, Quecksilbersalz der ↗ Knallsäure CNOH. Q. findet Verwendung als ↗ Initialsprengstoff.

Quecksilbermohr, ↗ Quecksilber(II)-sulfid.

Quecksilber(II)-oxid, HgO, ist als Pulver gelb und orthorhombisch kristallin rot, in Wasser sehr schwer löslich und für den Menschen sehr giftig. Q. kann durch thermische Zersetzung von Quecksilber(II)-nitrat:
$2\,Hg(NO_3)_2 \rightarrow 2\,HgO + 4\,NO_2\uparrow + O_2\uparrow$
gewonnen werden, zersetzt sich aber oberhalb von 400 °C in die Elementsubstanzen:
$2\,HgO \rightarrow 2\,Hg + O_2$.
In der Medizin stellt es die Grundsubstanz der »gelben Salbe« dar, die als mildes Desinfektionsmittel äußerlich verwendet wird.

Quecksilber(II)-sulfid, HgS, ist als *Zinnober* oder *Cinnaberit* eine scharlachrote, trigonal kristalline, optisch aktive Substanz, die sich oberhalb von 386 °C in Metacinnaberit oder *Quecksilbermohr*, eine schwarze kubisch kristalline Substanz, umwandelt. Q. ist in Wasser sehr schwer löslich. Bei Fällung von Quecksilber(II)-Ionen mit Sulfidionen:
$Hg^{2+} + S^{2-} \rightarrow HgS\downarrow$
entsteht Metacinnaberit, während bei einer Umsetzung von metallischem Quecksilber mit Kaliumpolysulfid:
$Hg + K_2S_5 \rightarrow HgS + K_2S_4$
Zinnober gebildet wird. Q. ist stark giftig.

Quecksilberverfahren, ↗ Chloralkalielektrolyse.

Quenchen, ist das Einspritzen kalter Flüssigkeiten in einen heißen Gasstrom, um ihn schnell abzukühlen, z. B. um Reaktionen einzufrieren.

Quercetin, ein weitverbreiteter Pflanzenfarbstoff aus der Gruppe der Flavone. Q. bildet gelbe Kristalle und wird aus der Rinde der Färbereiche gewonnen. Q. kommt im Weinlaub, Heidekraut und vielen Blüten vor.

Quetschhahn, Gerät zum Abklemmen von Gummischläuchen. Bild.

R

Racemat, Gemisch gleicher Teile von rechtsdrehenden und linksdrehenden Antipoden einer optisch aktiven Verb., ↗ optische Aktivität. R. sind optisch inaktiv. Der Name leitet sich von der Traubensäure (acidium racemicum), dem R. der beiden Dihydroxybutandisäuren, ab.

Racemisierung, Umwandlung einer einheitlichen optisch aktiven Verb. in ein Gemisch der beiden Antipoden, ↗ Racemate, durch katalytische Substituentenumlagerung oder chem. Reaktionen über eine inaktive Zwischenverbindung.
Bei asymmetrischen Synthesen wird durch besondere Reaktionsführung die R. vermieden. Biochemische Reaktionen verlaufen fast immer ohne R.

Radikalbildner, Stoffe, die Kettenreaktionen, z. B. bei der ↗ Polymerisation, durch Bildung von Radikalen als Initiatoren auslösen. Dazu ist meist eine bestimmte Temperatur erforderlich, die von der Struktur des R. abhängt. Wichtige R. sind: Sauerstoff, Wasserstoffperoxid, org. Peroxide und aliphatische Azoverbindungen, z. B.
Cumenhydroperoxid (80 bis 140 °C)
$C_6H_5—C(CH_3)_2—OOH$,
Dibenzoylperoxid (60 bis 100 °C)
$C_6H_5—CO—O—O—CO—C_6H_5$,
Didodecanoylperoxid (40 bis 70 °C)
$CH_3—(CH_2)_{10}—CO—O—O—CO—(CH_2)_{10}—CH_3$,
Azodiisobutansäuredinitril (40 bis 80 °C)
(CH₃)₂ C—N=N—C (CH₃)₂
         | |
         CN   CN

Radikale, instabile Moleküle oder Atomgruppierungen mit ungerader Valenzelektronenzahl, d. h. mit ungepaarten Elektronen, z. B. Methylgruppe (—CH₃), Ethylgruppe (—CH₂—CH₃), Stickstoffmonoxid (Ṅ=Ö).

Radioaktivität, spontanes Strahlungsvermögen von Atomen unabhängig vom Vorliegen als Elementsubstanz oder in einer chem. Verb. durch Veränderungen im ↗ Atomkern. Die Natur der radioaktiven Strahlung konnte durch ihr Verhalten in elektrischen und magnetischen Feldern (Bild 1) sowie ihre Fähigkeit zur Durchdringung von Substanzen ermittelt werden. Danach besteht die radioak-

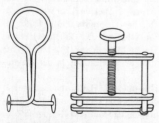

Quetschhähne

Radioaktivität

Charakteristik der radioaktiven Strahlung

Charakteristik	Strahlung		
	α-	β-	γ-
Natur	doppelt positiv geladene Heliumkerne He^{2+}	Elektronen e^-	elektromagnetische Strahlung
Energie bzw. Wellenlänge λ	gleich	verschieden	$\lambda = 10^{-1} \ldots 10^{-4}$ nm
$\dfrac{\text{Geschwindigkeit} \cdot 100\,\%}{\text{Lichtgeschwindigkeit}}$	bis 7	40…99	100
Durchdringungsfähigkeit von Materialien	klein (dünne Metallfolien, einige cm Luft)	groß, proportional der Geschwindigkeit (dünne Aluminiumbleche)	sehr groß
Ionisationsfähigkeit von Gasen	groß	kleiner als α-Strahlung	groß

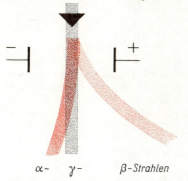

Bild 1. Ablenkung der radioaktiven Strahlung in einem elektrischen Feld

tive Strahlung aus α-, β- und γ-Strahlung (Tabelle). Die radioaktive Strahlung ruft Stoffwechsel- und Erbanlagenveränderungen in lebenden Organismen hervor. Darauf beruht u. a. die verheerende Wirkung von Kernwaffen (↗ Kernreaktion). Beim Umgang mit radioaktiver Strahlung sind *besondere Schutzmaßnahmen* nötig, z. B. Bleiabschirmungen.

Zum *Nachweis der radioaktiven Strahlung* wird ihre ionisierende Wirkung (Zählrohr, Nebelkammer), die Erzeugung von ↗ Lumineszenz (Zählung der erzeugten Lichtblitze: Szintillationszähler) und die Schwärzung photographischen Materials (↗ Photographie) genutzt.

Die *R. wurde 1896* von BECQUEREL bei Uraniumverbindungen anhand der Schwärzung photographischen Materials *entdeckt* und konnte vom Ehepaar CURIE 1903 auf Spuren der Elemente Polonium und Radium in Uraniumverbindungen zurückgeführt werden. Im gleichen Jahr wurde von RUTHERFORD und SODDY die R. als spontaner Zerfall von chem. Elementen angenommen. Nach der Entdeckung weiterer radioaktiver Atomarten konnten gesetzmäßige Beziehungen zwischen ihnen in Form sogenannter *Zerfallsreihen* aufgestellt werden. Die drei natürlichen Zerfallsreihen gehen von den ↗ Isotopen $^{238}_{92}U$, $^{235}_{92}U$ (Bild 2, S. 402) und $^{232}_{90}Th$ aus. Durch α- und β-Zerfall sowie γ-Strahlung wird über eine Reihe instabiler Isotope verschiedener chem. Elemente und deren Kernisomere (unterschiedliche Kernenergiezustände eines Isotopes) mit unterschiedlichen ↗ Halbwertszeiten als Endprodukt eine stabile Kernart erreicht.

Natürliche R. weisen etwa 50 natürlich vorkommende Kernarten *(Radionuklide)* auf, deren Hauptanteil alle chem. Elemente ab Ordnungszahl 81 bilden.

Künstliche R. tritt bei ↗ Kernreaktionen auf. Es wurden eine große Zahl künstlicher Radionuklide durch Kernumwandlungen und Kernspaltung hergestellt. Sie emittieren vor allem β- und γ-Strahlung, aber auch β^+-Strahlung (Positronen), Neutrinos und Antineutrinos (↗ Elementarteilchen) oder ↗ Protonen.

Radionuklide werden wegen ihrer hohen Nachweisempfindlichkeit durch die radioaktive Strahlung in der Chemie, Physik, Biologie und Medizin als Indikatoren (Tracer) zur Aufklärung und Kontrolle von Reaktionen und Vorgängen (↗ Isotope), in der Technik für Werkstoffuntersuchungen, aber auch zur heilsamen Strahlungsbehandlung in der Medi-

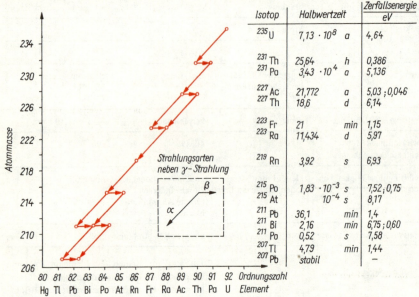

Bild 2. Uranium (235)-Actinium-Zerfallsreihe

zin und zur Verbesserung der Haltbarkeit landwirtschaftlicher Erzeugnisse angewendet.

Radiostrontium, radioaktives Isotop des ↗ Strontiums, das eine Halbwertzeit von 50,5 Tagen ($t_{1/2}$ = 50,5 d) besitzt, als ^{89}Sr charakterisiert ist, also eine relative Atommasse von A_r = 89 besitzt, und unter Aussendung von β-Strahlen zerfällt.

Radium,

Ra	Z = 88
$A_{r(1981)}$ = 226,0254	
Ek: [Rn] 7s^2	
OxZ: +2	
X_E = 0,9	
Elementsubstanz:	
Schmp.	700 °C
Sdp.	1 530 °C
ϱ = 5,0 kg · l^{-1}	

chem. Element (↗ Elemente, chem.).
Radium, Symbol: Ra, 6. Element der 2. Hauptgruppe des PSE (↗ Hauptgruppenelemente, 2. Hauptgruppe des PSE). R. ist die Bez. für alle Atome, die 88 positive Ladungen im Kern, also 88 Protonen besitzen: Kernladungszahl Z = 88. Es sind 13 Isotope bekannt, die alle radioaktiv sind und sich von ^{213}Ra bis ^{230}Ra erstrecken. ^{226}Ra ist mit einer Halbwertzeit von $t_{1/2}$ = 1 617 a das stabilste Isotop. R. wurde von M. SKLODOWSKA (später M. CURIE) und P. CURIE 1898 in der Pechblende entdeckt. 1910 stellten M. CURIE und A. DEBIERNE das Metall über das Amalgam dar. R. findet sich in der Natur sehr selten. Als Zerfallsprodukt des ↗ Uraniums tritt es in Spuren in Uraniummineralien auf, so z. B. in der Pechblende, U$_3$O$_8$, und im Carnotit, K$_2$(UO$_2$)$_2$[VO$_4$]$_2$ · 3 H$_2$O. Die Darstellung des metallischen R. erfolgt in der nachfolgend genannten Reihenfolge: Fällung als relativ schwer lösliches Radiumsulfat, Umwandlung des Radiumsulfats in das Radiumbromid, fraktionierte Kristallisation des Radiumbromids zur Abtrennung des Bariums, elektrolytische Abscheidung des Metalls als Amalgam an der Quecksilberkatode, Entfernung des Quecksilbers durch Abdestillation. Metallisches R. ist silberweiß, an der Luft aber mit einer Oxidhaut überzogen. In seinen chem. Eigenschaften ähnelt es dem metallischen ↗ Barium. R. wird in der Medizin als Strahlungsquelle und bei Kernreaktionen verwendet. Von den Radiumverbindungen sollen genannt sein: Radiumcarbonat, RaCO$_3$; Radiumsulfat, RaSO$_4$, das in Wasser sehr schwer löslich ist; Radiumhydroxid, Ra(OH)$_2$, und die Radiumhalogenide *Radiumfluorid*, RaF$_2$, *Radiumchlorid*, RaCl$_2$, und *Radiumbromid*, RaBr$_2$.

Radon,

Rn	Z = 86
$A_{r(1981)}$ = [222]	
Ek: [Xe] 4f^{14}5d^{10}6s^{2}6p^6	
OxZ: +2 (?)	

> Elementsubstanz: Rn
> Schmp. −71,0 °C
> Sdp. −62,0 °C
> $\varrho_g = 9{,}96$ kg · m^{-3}
> $\varrho_{fl} = 4{,}4$ kg · l^{-1}

chem. Element (↗ Elemente, chem.).
Radon, Symbol: Rn, *Edelgas,* 6. Element der 8. Hauptgruppe des PSE (↗ Hauptgruppenelemente, 8. Hauptgruppe des PSE). R. ist die Bez. für alle Atome, die 86 positive Ladungen im Kern, also 86 Protonen besitzen: Kernladungszahl Z = 86. Die Hülle des Atoms, die aus 86 Elektronen besteht, läßt sich nur sehr schwer von Elementen größter Elektronenaffinität angreifen und zur Ausbildung chem. Bindungen verändern. Die Chemie des R., das wahrscheinlich das reaktivste Edelgas ist (geringste Ionisierungsenergie), wird durch seine Radioaktivität stark eingeschränkt: Alle Isotope sind radioaktiv, das Isotop ^{222}Rn ist mit einer Halbwertzeit von $t_{1/2} = 3{,}83$ d (Tage) das stabilste. R. wurde 1900 von RUTHERFORD und SODDY als Produkt bei radioaktiven Zerfallsprozessen entdeckt. In der Luft ist R. mit $5 \cdot 10^{-18}$ Vol.-% enthalten.
Raffinat, ↗ Extraktion.
Raffination, techn. Verfahren zur Feinreinigung und Veredlung von Stoffen.
Raffinatzucker, Bez. für besonders gereinigten Zucker.
Raffinerie, 1. Produktionskomplex zur Herstellung der klassischen »Mineralölprodukte« ↗ Raffineriegas, Benzin, Petroleum, Gasöl, Heizöl, Schmieröl und Bitumen aus Erdöl; das Erdöl wird damit »verbessert«, »veredelt«. Neben der destillativen Trennung des Erdöls zählen auch spezielle Raffinerieprozesse (Hydroraffination, Entparaffinierung u. a.), Crack- und Reforming-Prozesse zu den Technologien im klassischen Raffineriebetrieb. Zielprodukte sind jedoch, im Gegensatz zur Petrolchemie, jene klassischen Mineralölprodukte, die im Prinzip schon durch rein physikalische, destillative Auftrennung des Rohöls gewinnbar sind.
2. Produktionskomplex zur Herstellung von gereinigtem Zucker (Zuckerraffinerie).
Raffineriegas, leichtsiedende Fraktion der ↗ Erdöldestillation (Flüssiggas), die im wesentlichen aus Butan und Pentan besteht.
Rahmenfilterpresse, diskontinuierlich arbeitende Einrichtung zur Filtration, ↗ Filterpresse.
Raketentreibstoffe, Stoffe oder Stoffgemische, die im Triebwerk einer Rakete durch eine stark exotherme Reaktion heiße Gase bilden, die mit hoher Geschwindigkeit durch eine Düse austreten. Dadurch wird nach dem Rückstoßprinzip die Antriebskraft (Schub) zur Beschleunigung von Raumfahrtraketen und Raketenwaffen erzeugt. Die dabei ablaufenden chem. Reaktionen sind Redoxreaktionen. Meist reagieren ein Oxydationsmittel und ein Reduktionsmittel, Brennstoff genannt, miteinander. Es kann jedoch auch eine einzige Verb. (Monergol) mit exothermer Zerfallsreaktion Verwendung finden. Die größte Schubkraft wird erreicht, wenn die Reaktionswärme der ablaufenden Reaktion möglichst groß und die molare Masse der ausströmenden Gase möglichst gering ist. Bei Raumfahrtraketen macht der Treibstoff etwa 90 % der Gesamtmasse aus. Nach dem Aggregatzustand der verwendeten R. unterscheidet man Flüssigkeits- und die immer mehr verwendeten Feststoffraketen.

1. Flüssigtreibstoffe: Als Oxydationsmittel in Flüssigkeitsraketen werden flüssiger Sauerstoff, flüssiges Fluor, hochkonz. Wasserstoffperoxid, Salpetersäure und Distickstofftetraoxid eingesetzt. Flüssige Brennstoffe sind flüssiger Wasserstoff, ↗ Kerosin (Gasöl), ↗ Hydrazin und N,N-Dimethyl-hydrazin. Neuerdings werden auch ↗ Borane, die eine sehr große Verbrennungswärme entwickeln, verwendet. Oxydationsmittel und Brennstoff werden in getrennten Behältern mitgeführt und durch Pumpen in die Brennkammern befördert (Bild 1). Dort werden sie elektrisch gezündet oder entzünden sich beim Zusammenkommen von selbst, z. B. Salpetersäure und Hydrazin. Die sogenannten *Lithergole* sind Metallstäube (Al, Be, Li), die mit flüssigen Oxydationsmitteln verbrannt werden. Als *Monergole* werden Wasserstoffperoxid, Ethylenoxid und Hydrazinderivate eingesetzt.

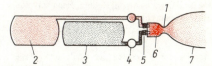

Bild 1. Schematische Darstellung des Triebwerks einer Flüssigkeitsrakete
1 Düse
2 Oxydationsmitteltank
3 Brennstofftank
4 Pumpen
5 Ventile
6 Brennkammer
7 Entspannungsdüse

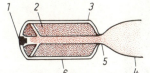

Bild 2. Schematische Darstellung des Triebwerks einer Feststoffrakete
1 Zünder
2 Composite-Treibstoff
3 Isolierung
4 Entspannungsdüse
5 Düse
6 Brennkammer

2. *Festtreibstoffe* füllen die Brennkammern der Triebwerke aus (Bild 2). Sie sind deshalb gießbar und plastisch verformbar. Es können z. B. ↗ Cellulosenitrate oder Mischungen von Cellulosenitraten mit Glyceroltrinitrat (↗ Propantrioltrinitrat) als Weichmacher verwendet werden. Die in diesen Verb. enthaltenen Nitrogruppen wirken oxydierend.
Moderne, sogenannte *Composite-Treibstoffe* bestehen gewöhnlich aus drei Bestandteilen, einem Oxydationsmittel, einem Metallpulver als Brennstoff und einem Brennstoffbinder. Als Oxydationsmittel werden Perchlorate und Nitrate, vorwiegend Ammoniumperchlorat, NH_4ClO_4, eingesetzt. Das Metallpulver, gewöhnlich Aluminiumpulver, ist ein starkes Reduktionsmittel und bewirkt, daß die Verbrennungstemperatur erhöht wird. Brennstoffbinder sind org. makromolekulare Verb. auf der Basis von Polybutadienen, Polyurethanen, Polysulfiden oder Polyestern. In die Binder sind die fein vermahlenen Treibstoffbestandteile gleichmäßig eingebunden. Darüber hinaus dienen die Binder als Brennstoff, aus dem die gasförmigen Reaktionsprodukte entstehen. Zur Herstellung eines Composite-Treibstoffes werden z. B. 65 % NH_4ClO_4, 17 % Aluminiumpulver, 13 % Polypropylenglycol, 2,5 % Dioctylacetat als Weichmacher und 2,5 % eines Diisocyanates gemischt. Aus dem Polypropylenglycol und dem Diisocyanat bildet sich ein räumlich vernetztes Polyurethan.

Raman-Effekt, ↗ Molekülspektren.

Ramsay, Sir William (2. 10. 1852 bis 23. 7. 1916), englischer Chemiker, erhielt 1904 für die Entdeckung der Edelgase (Argon, Helium, Neon, Krypton, Xenon) gemeinsam mit ↗ J. W. Rayleigh den Nobelpreis. R. stellte fest, daß sich bei der Emanation des Radiums Helium bildet. Von R. stammt ein Vorschlag der Vergasung der Kohle unter Tage. Bild.

Sir W. Ramsay

Raoult, François Marie (10. 5. 1830 bis 1. 4. 1901), französischer Chemiker, wurde besonders bekannt durch seine grundlegenden Arbeiten über die Gefrierpunkts- und Dampfdruckerniedrigung und die sich darauf gründenden Molmassebestimmungen ↗ Raoultsche Gesetze.

Raoultsche Gesetze, Beziehungen für die Erniedrigung des ↗ Dampfdrucks in ↗ Mischungen und ↗ Lösungen.
Das *1. R. G.* beschreibt die Größe des Dampfdrucks p_A, p_B der Komponenten A, B in einer idealen Mischung:

$p_A = x_A \cdot p_{0A}$
$p_B = x_B \cdot p_{0B}$
x ↗ Molenbruch
p_0 Dampfdruck der reinen Komponente

Das *2. R. G.* behandelt die ↗ Dampfdruckerniedrigung Δp einer Flüssigkeit mit dem Dampfdruck p_0 durch Auflösung einer kleinen Menge schwerflüchtiger Substanz 2:

$\Delta p = x_2 \cdot p_0$
x ↗ Molenbruch

Raschig, Friedrich August (1863 bis 1928), wurde besonders durch seine Untersuchungen zum Bleikammerprozeß, die Darstellung von ↗ Cumarin, Chloramin und Iodstickstoff (↗ Stickstofftriiodid) bekannt. Von ihm wurden die als Raschig-Ringe bezeichneten Füllkörper eingeführt.

Raschig-Ringe, ringförmige Füllkörper aus Steingut oder Porzellan, die als lockere Schüttung in Füllkörperkolonnen eine große Oberfläche und damit eine feine Verteilung der durchströmenden Flüssigkeit bewirken.

Raschig-Verfahren, Herstellungsverfahren für Chlorbenzen durch Umsetzung von Benzendämpfen mit Chlorwasserstoff und Luft an einem Kupferkatalysator:

$2 C_6H_6 + 2 HCl + O_2 \xrightarrow{(Cu)} 2 C_6H_5{-}Cl + 2 H_2O$

Raseneisenerz, ↗ Brauneisenstein.

Rast, Teil des Hochofens.

Rauchgase, gasförmige Abprodukte von Verbrennungsprozessen. Sie enthalten je nach Brennstoffart und Verbrennungstechnologie wechselnde Mengen von Luftschadstoffen als Stäube (u. a. Ruß) und Schadgase (Schwefeldioxid, Stickoxide, Kohlenmonoxid, Kohlenwasserstoffe).

Rauchgasentschwefelung, Entfernung des Schwefeldioxides aus den Rauchgasen von Verbrennungsprozessen, vor allem bei Kohle. Moderne Verfahrensentwicklungen orientieren dabei zugleich auf die stoffwirtschaftliche Nutzung des Schwefeldioxids, z. B. zur Herstellung von Schwefeltrioxid, Schwefel oder Ammonsulfatdünger. Ein ökonomisch tragbares Universalverfahren ist jedoch bis jetzt nicht bekannt. Eine Alternative zur R. ist die Nutzung von neuen Verbrennungstechnologien (Wirbelschichtfeuerung), bei denen eine chem. Bindung im Reaktionsraum ohne größere Zusätze möglich zu sein scheint. Durch die niedrigeren Verbrennungstemperaturen wäre zugleich die Bildung von Stickoxiden stark eingeschränkt. Bild.

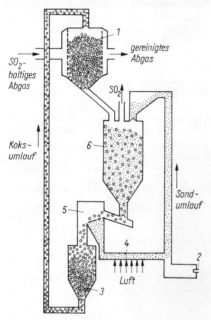

Schema der Rauchgasentschwefelung mit SO_2-Verwertung
1 Adsorber
2 Ölbrenner
3 Kokskühler
4 Wirbelschicht
5 Koks-Sand-Trenner
6 Desorber

Rauchgasreinigung, ↗ Gasreinigung.
rauchschwache Pulver, ↗ Treibladungspulver.
Raum-Zeit-Ausbeute, ist die mit einem chem. Produktionsverfahren erzielte Produktmenge, bezogen auf die Einheit der Zeit und des Apparatevolumens (Maßeinheit kg/h · m³). Sie ist ein Kennzeichen für die Ausnutzung des Reaktorvolumens ebenso wie für den Prozeßablauf insgesamt.
Rauschgiftdrogen, im engeren Sinne getrocknete Teile von Pflanzen, die ↗ Rauschgifte enthalten, wie z. B. Rohopium, Haschisch bzw. Marihuana, getrocknete Peyotlkakteen, Samen mexikanischer Trichterwinden, Wurzeln des Rauschpfeffers der Südsee, Ephedrakraut, Blätter des Khatstrauches u. a. Selbst Muskatnüsse enthalten berauschende Stoffe. Im weiteren Sinne bezeichnet man Mittel und Zubereitungen, die Rauschgifte enthalten, als R.
Rauschgifte, Wirkstoffe in Rauschgiftdrogen pflanzlicher Herkunft oder synthetisch gewonnene rauscherzeugende Verb. Wichtige R. sind die Alkaloide des ↗ Opiums, wie z. B. *Morphin* und das aus dem Morphin durch Acetylierung zu gewinnende ↗ *Heroin.* Die verbreitetsten Rauschgiftdrogen werden aus den weiblichen Pflanzen des indischen Hanfes bereitet. Er enthält *Tetrahydrocannabinol* als wirksames R. *Marihuana* nennt man die getrockneten Triebspitzen der Hanfpflanzen; *Haschisch* ist das aus den Drüsenhaaren gewonnene Harz. Beide Begriffe werden auch synonym verwendet. In den Blättern des südamerikanischen Cocastrauches ist das ↗ *Cocain* enthalten. Es wurde als erstes hochwirksames ↗ Lokalanästhetikum verwendet. Halluzinogene rufen vor allem Sinnestäuschungen hervor. Solche R. sind im mexikanischen Peyotl-Kaktus *(Mescalin)* oder mexikanischen Windenarten *(Lysergsäureamid)* enthalten. Lysergsäure ist der Grundbaustein der Mutterkornalkaloide. Das halbsynthetisch gewonnene Halluzinogen ↗ *Lysergsäurediethylamid (LSD)* ist eines der gefährlichsten R. Zu den R. zählen weiterhin einige ↗ Schlafmittel (bestimmte Barbitale) und ↗ schmerzstillende Mittel (Pethidin, Methadon), das ↗ Ephedrin und ↗ Weckamine sowie der Alkohol (Ethanol).
R. wirken auf das Zentralnervensystem, je nach Art und Menge des verwendeten R. können sie beruhigend, schmerzstillend, betäubend, aber auch anre-

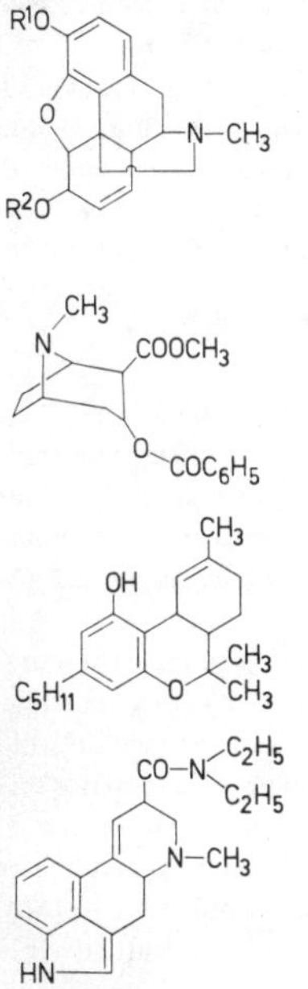

$R^1, R^2 = H$ Morphin
$R^1 = CH_3, R^2 = H$ Codein
$R^1, R^2 = CH_3CO$ Heroin

Cocain

Tetrahydrocannabinol

Lysergsäurediethylamid (LSD)

Wichtige Rauschgifte

gend oder berauschend wirken. Unter ärztlicher Kontrolle sind sie wirksame Arzneimittel (z. B. starke schmerzstillende Mittel, Mittel für die Psychotherapie). Eine mißbräuchliche Anwendung zur Erzeugung von Rauschzuständen, die in vielen Ländern erschreckend weit verbreitet ist, führt zu schweren geistigen und körperlichen Schädigungen. Bei manchen R. entwickelt der Körper eine gewisse Verträglichkeit (Toleranz), die die Einnahme immer größerer Dosen bewirkt. Viele R., wie Morphin, Heroin, Cocain, starke Schlafmittel und schmerzstillende Mittel können zur Sucht führen (Suchtgifte). Durch internationale Konventionen und nationale Gesetze (Betäubungsmittelgesetze) soll einem Mißbrauch von R. durch strenge Kontrolle und Androhung hoher Strafen vorgebeugt werden. Bild, S. 405.

Rayleigh, Lord (geadelt 1873), bürgerlicher Name JOHN WILLIAM (12.11.1842 bis 1919). Seine Beobachtung, daß die Dichte des Stickstoffs der Luft einen größeren Wert ergab als die von chem. dargestelltem, führte ↗ RAMSAY zur Entdeckung des Argons, R. erhielt 1904 gemeinsam mit RAMSAY den Nobelpreis. R. arbeitete auf unterschiedlichen physikalischen Gebieten (Wärmestrahlung, Akustik, Optik, Hydro- und Aerodynamik). Mit seinem Namen sind u. a. das RAYLEIGHSCHE Gesetz und die RAYLEIGHSCHE Streuung verbunden.

Reagens, -genzien, Stoffe, die eine chem. Reaktion bewirken bzw. dazu eingesetzt werden.

Reagenzglas, dünnwandiges Glasgefäß aus thermisch beständigem Glas zur Durchführung von einfachen chem. Untersuchungen. Es wird mit einem zangenförmigen Reagenzglashalter gehalten und in einem Reagenzglasgestell abgestellt. Bild.

Reagenzglashalter

Reagenzpapier, Filterpapierstreifen, die mit einer Reagenzlösung getränkt sind. Indikatorpapier mit pH-Indikatoren, z. B. Unitestpapier, Lackmuspapier, ↗ Polreagenzpapier, Bleiazetatpapier, Kaliumiodidstärkepapier.

Reaktion, chemische, Vorgang der Umwandlung von Elementsubstanzen oder Verb. (Ausgangsstoffe) in andere Stoffe (Reaktionsprodukte), die veränderte chem. und physikal. Eigenschaften besitzen. Eine c. R. vollzieht sich, im Gegensatz zu einem physikal. Vorgang, über eine Änderung der Bindungsverhältnisse und kann durch eine ↗ Reaktionsgleichung qualitativ und quantitativ beschrieben werden.

Reaktionsenergie, ↗ Reaktionswärme.

Reaktionsenthalpie, ↗ Reaktionswärme.
Reaktionsgeschwindigkeit, ↗ Reaktionskinetik.
Reaktionsgleichung, ↗ Gleichung
Reaktionskinetik, Teilgebiet der ↗ physikal. Chemie, das sich mit dem zeitlichen Ablauf chem. Reaktionen beschäftigt. Da er durch die Art und Zahl der Teilschritte bzw. Zwischenprodukte bestimmt wird, ermöglicht die R. Rückschlüsse auf den Reaktionsmechanismus. Die R. ergänzt somit die ↗ Thermodynamik, weil diese nur die energetischen Veränderungen zwischen Ausgangs- und Endzustand einer Reaktion nach Erreichen des Gleichgewichtszustandes behandelt, die vom Reaktionsweg und damit von der Reaktionsgeschwindigkeit unabhängig sind. Die grundlegende Größe der R. ist die Reaktionsgeschwindigkeit v. Sie stellt die Änderung der Konzentration dc pro Zeiteinheit dt dar: $v = \dfrac{dc}{dt}$, läßt sich für jeden an der Reaktion beteiligten Stoff definieren, z. B. bei der Reaktion:

$$\nu_A A + \nu_B B \rightarrow \nu_C C \qquad \nu \quad \text{stöchiometrische Zahl}$$

$$v = -\frac{1}{\nu_A} \cdot \frac{dc_A}{dt} = -\frac{1}{\nu_B} \cdot \frac{dc_B}{dt} = \frac{1}{\nu_C} \cdot \frac{dc_C}{dt}$$

und entspricht dem Anstieg der Tangenten der Konzentrations-Zeit-Kurve (Bild 1). Die Vorzei-

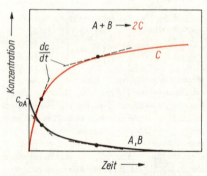

Bild 1. Konzentrations-Zeit-Verlauf der Reaktion A + B → 2 C mit Verdeutlichung der Reaktionsgeschwindigkeiten als Tangenten der Kurve

chen kennzeichnen, ob ein Stoff umgesetzt (−) oder gebildet (+) wird. Zur Messung der Reaktionsgeschwindigkeit kann die Konzentrations-, Druck- oder Stoffmengenänderung bzw. eine diesen Größen proportionale Meßgröße jedes an der Reaktion beteiligten Stoffes dienen. Die Reaktionsgeschwindigkeit ist nach Bild 1 von der Konzentration sowie von der Temperatur und von den Katalysatoren abhängig. Die Konzentrationsabhängigkeit

Reaktionskinetik

Tabelle 1. Zeitgesetze und kinetische Größen bei einigen Reaktionsordnungen

Ordnung	Geschwindigkeitsgleichung		Einheit von k	Halbwertszeit $t_{1/2}$
	differentiell	integral		
0	$-dc_A/dt = k_0$	$c_{A,0} - c_A = k_0 \cdot t$	Konz./Zeit	$c_{A,0}/2 k_0$
1	$-dc_A/dt = k_1 \cdot c_A$	$\ln(c_A/c_{A,0}) = -k \cdot t$	1/Zeit	$\ln 2/k_1$
2	$-dc_A/dt = k_2 \cdot c_A^2$	$\dfrac{1}{c_A} - \dfrac{1}{c_{A,0}} = k_2 \cdot t$	1/Konz. · Zeit	$1/c_{A,0} \cdot k_2$

der Reaktionsgeschwindigkeit wird in der Reaktionsgeschwindigkeitsgleichung (auch als *Zeitgesetz* bezeichnet) wiedergegeben, z. B. für die obengenannte einfache Reaktion

$$-\frac{1}{\nu_A} \cdot \frac{dc_A}{dt} = k \cdot c_A^\alpha \cdot c_B^\beta.$$

Dabei ist k die Reaktionsgeschwindigkeitskonstante, α und β stellen die Teilreaktionsordnungen dar. Die Reaktionsordnung n ist die Summe der Potenzexponenten α, β, ... der Konzentrationen, die die Reaktionsgeschwindigkeit beeinflussen. Die Reaktionsordnung muß für jede Reaktion experimentell ermittelt werden. Dazu probiert man meist rechnerisch oder graphisch, welcher integrierten Reaktionsgeschwindigkeitsgleichung (Tabelle 1) die Meßwerte gehorchen (Bild 2) oder wie die ↗ Halbwertzeit von der Konzentration abhängt, und kann dann auch die Reaktionsgeschwindigkeitskonstante berechnen. Liegen Reaktionspartner in großem Überschuß vor, so daß sich ihre Konzentrationen während der Reaktion gegenüber den anderen Reaktionspartnern kaum verändern, gehen sie als Konstante in die Reaktionsgeschwindigkeitskonstante ein, und die Reaktionsordnung hängt scheinbar nur von der Konzentration der restlichen Reaktionspartner ab (Pseudoordnung). Damit stellt die Reaktionsordnung eine formale Größe für das Zeitgesetz unter den jeweiligen Bedingungen dar. Sie entspricht oft nicht den stöchiometrischen Koeffizienten der Reaktionsgleichung, kann gebrochen sein, oder das Zeitgesetz enthält eine Summe oder einen Quotienten konzentrationsabhängiger Glieder. Dann liegt ein komplexer Reaktionsverlauf durch Folgereaktionen, Kettenreaktionen, Parallelreaktionen oder reversible Reaktionen oder deren Kombination vor (Tabelle 2). So bestimmt z. B. bei Folgereaktionen nur der langsamste Teilschritt die Reaktionsordnung (geschwindigkeitsbestimmender Schritt). Deshalb entspricht die Reaktionsordnung im allgemeinen nicht der Zahl der an einer Elementarreaktion (kleinster Teilschritt einer chem. Reaktion) beteiligten Teilchen, der soge-

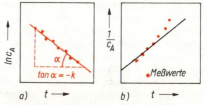

Bild 2. Prüfung von kinetischen Meßwerten · $c = f(t)$ mit einer graphischen Auswertung
a) nach einem Zeitgesetz 1. Ordnung
b) nach einem Zeitgesetz 2. Ordnung

nannten Molekularität einer Reaktion. Diese kann mono- (selten: ↗ radioaktiver Zerfall), bi- oder trimolekular (statistisch unwahrscheinlich) sein. Nach der Natur der Elementarreaktion bezeichnet man den Reaktionsmechanismus als ↗ Dissoziation, ↗ Assoziation, ↗ Substitution, ↗ Addition, Umlagerung und ↗ Polymerisation.

Tabelle 2
Einige Typen des Reaktionsverlaufs

Reaktionstyp	Formel
1. einfache Reaktionen	
irreversibel	$A + B \rightarrow C$
reversibel	$A + B \rightleftharpoons C$
2. komplexe Reaktionen (Simultanreaktionen)	$A \begin{smallmatrix}\nearrow B \\ \searrow C\end{smallmatrix}$
Parallelreaktion	
Folgereaktion	$A \rightarrow B \rightarrow C$
Folgereaktion mit reversiblen Schritten	$A \rightleftharpoons B \rightarrow C$
konkurrierende Folgereaktion	$A + B \rightarrow C$
	$C + A \rightarrow E$
	$E + A \rightarrow D$
3. komplexe Reaktionen höherer Struktur	
Parallel-Folge-Reaktion	$A + B \begin{smallmatrix}\nearrow C \rightarrow D \rightarrow E \\ \searrow F \rightarrow G\end{smallmatrix}$
geschlossene Kettenreaktion	$A + B_2 \rightarrow AB + B$
	$\quad B + A_2 \rightarrow AB + A$

Reaktionskinetik

Die Temperaturabhängigkeit der Reaktionsgeschwindigkeit wird durch die VAN'T HOFFsche Reaktionsgeschwindigkeits-Temperatur-Regel erfaßt und mit Hilfe der ARRHENIUSschen Gleichung beschrieben. Nach VAN'T-HOFF führt eine Temperaturerhöhung um 10 °C in der Regel zu einer Verdopplung bis Verdreifachung der Reaktionsgeschwindigkeit. Die ARRHENIUSsche Gleichung:

$k = A \cdot e^{-E_A/RT}$

A Häufigkeitsfaktor
R ↗ Gaskonstante

führt die Temperaturabhängigkeit der Reaktionsgeschwindigkeitskonstanten k auf die Größe der Aktivierungsenergie E_A zurück. Hohe Aktivierungsenergien bedingen eine große Temperaturabhängigkeit bei den meisten org. Reaktionen. Dagegen ist bei Ionen- und Radikalreaktionen die Aktivierungsenergie sehr klein, so daß die Reaktionsgeschwindigkeit kaum temperaturabhängig und sehr groß ist. Die Deutung der Temperaturabhängigkeit der Reaktionsgeschwindigkeit steht in enger Beziehung mit der Aufstellung von Theorien der R. Zunächst entwickelte ↗ ARRHENIUS die Stoßtheorie auf Basis der ↗ kinetischen Gastheorie. Danach ergibt sich die Reaktionsgeschwindigkeitskonstante aus dem Produkt der Zahl der Zusammenstöße Z ($\approx A$) und ihrem Anteil mit einer bestimmten kritischen Stoßenergie E_A, der Aktivierungsenergie, der durch die ↗ BOLTZMANNsche Energieverteilung $e^{-E/RT}$ gegeben ist. Aus der Notwendigkeit einer Mindestenergie E_A für eine chem. Reaktion beim Zusammenstoß der Teilchen wurde die Existenz

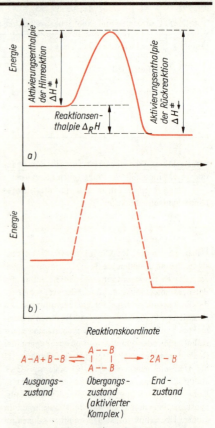

Bild 4. Ablauf einer chemischen Reaktion entsprechend der Theorie des Übergangszustandes
a) Reaktionskoordinatendiagramm
b) vereinfachte Darstellung

eines gegenüber Ausgangs- und Endzustand energiereichen Zwischenzustandes, dem *aktivierten Komplex*, abgeleitet. Die besonders bei großen Molekülen merkliche Abweichung der experimentell ermittelten Häufigkeitsfaktoren A von den berechneten Stoßzahlen Z wurde durch Einführung eines empirischen sterischen Faktors $P \leq 1$ berücksichtigt ($A = Z \cdot P$). Damit wird die Notwendigkeit einer bestimmten räumlichen Anordnung beim Zusammenstoß für das Stattfinden einer chem. Reaktion deutlich (Bild 3). Das berücksichtigt auch u. a. die von LONDON, EYRING u. a. 1930 bis 1935 entwickelte Theorie des Übergangszustandes (transition state theory). Darin wird auf dem Weg der Annäherung der reagierenden Moleküle (Reaktionskoordinate) die kontinuierliche Bildung eines durch die Lockerung der bestehenden Bindungen energiereichen Übergangszustandes (aktivierter Komplex ⧧)

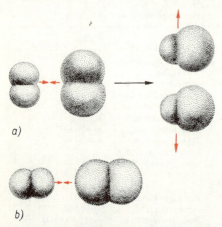

Bild 3. Verdeutlichung der räumlichen Voraussetzungen für eine chemische Reaktion beim Zusammenstoß von Molekülen
a) günstige Orientierung
b) ungünstige Orientierung

mit einer bestimmten räumlichen Struktur angenommen (Bild 4), der meist nur eine kurze Lebensdauer hat. Er steht im Gleichgewicht mit den Ausgangsstoffen und kann in die Reaktionsprodukte zerfallen. Mit Hilfe einer thermodynamischen Behandlung des Bildungsgleichgewichtes und des Zerfalls des Übergangszustandes wurde in der EYRING-*Gleichung*:

$$k = \frac{k_B \cdot T}{h} \cdot e^{\frac{\Delta H^*}{RT}} \cdot e^{\frac{\Delta S^*}{R}}$$

k_B ↗ BOLTZMANN-Konstante
h PLANCKsches Wirkungsquantum

über die ↗ freie Enthalpie ΔG^* des aktivierten Komplexes eine Beziehung der Reaktionsgeschwindigkeitskonstante k zur Aktivierungsenthalpie ΔH^* und Aktivierungsentropie ΔS^* hergestellt. Während ΔH^* in enger Beziehung mit der empirischen Aktivierungsenergie E_A (ARRHENIUSsche Gleichung) steht, gibt ΔS^* die räumlichen Verhältnisse bei der Bildung des aktivierten Komplexes wieder.

Auf der Basis der Theorie des Übergangszustandes ist auch eine Deutung der ↗ Katalyse möglich. Ein Katalysator vergrößert die Geschwindigkeit einer chem. Reaktion dadurch, daß er zur Bildung eines Übergangszustandes mit einer kleineren Aktivierungsenergie führt (Bild 5). Umgekehrt wirken Inhibitoren. Da das sowohl für die Hin- als auch für die Rückreaktion gilt, verändert der Katalysator den Reaktionsmechanismus, aber nicht das Gleichgewicht. Die Übergangszustände sind teilweise auch als Zwischenprodukte isolierbar oder bilden sich bei der heterogenen Katalyse an der Oberfläche eines Feststoffes durch ↗ Adsorption. Bei ihrem Zerfall wird der Katalysator wieder frei.

Bild 5. Reaktionskoordinatendiagramm bei der Katalyse

Reaktionskoordinatendiagramm, ↗ Reaktionskinetik.
Reaktionsmechanismus, ↗ Reaktionskinetik.
Reaktionsmolekularität, ↗ Reaktionskinetik.
Reaktionsordnung, ↗ Reaktionskinetik.
Reaktionswärme, Wärmeumsatz bei einer chem. Reaktion. Wird R. frei (negatives Vorzeichen), bezeichnet man die Reaktion als exotherm. Wird R. verbraucht (positives Vorzeichen), liegt eine endotherme Reaktion vor. Beim Ablauf der Reaktion *unter konstantem Druck* (Atmosphärendruck in offenen Gefäßen) stellt die R. nach dem 1. ↗ Hauptsatz der Thermodynamik eine *Reaktionsenthalpie* $\Delta_R H$ (↗ Enthalpie), unter *konstantem Volumen* (geschlossenes Gefäß) eine *Reaktionsenergie* $\Delta_R U$ (↗ innere Energie) dar. Beide unterscheiden sich durch die ↗ Volumenarbeit

$$\Delta W = -p \cdot \Delta V,$$

die nur bei einer Änderung der Gesamtmolzahl gasförmiger Bestandteile während der Reaktion berücksichtigt zu werden braucht. Die R. wird, bezogen auf den ↗ Formelumsatz (F.U.), in Mol meist unter ↗ Standardbedingungen angegeben, z. B.:
$CH_4 + 2 O_2 \rightarrow CO_2 + 2 H_2O$,
$\Delta_R H^\ominus = -891{,}91$ kJ $\cdot$ mol^{-1}.

Die R. kann experimentell mit ↗ Kalorimetern bestimmt werden. Sie läßt sich mit Hilfe der ↗ Bildungswärmen (Bildungsenthalpien $\Delta_B H$) berechnen, indem von der Summe der Bildungsenthalpien der Reaktionsprodukte die der Ausgangsstoffe subtrahiert werden, z. B. für obige Reaktion (tabellierte $\Delta_B H^\ominus$ ↗ Enthalpie):

$\Delta_R H^\ominus = \Delta_B H^\ominus_{CO_2} + 2\,\Delta_B H^\ominus_{H_2O} - \Delta_B H^\ominus_{CH_4}$
$= (-394{,}07 + 2\,(-286{,}36)$
$\quad - (-74{,}88))$ kJ $\cdot$ mol^{-1} F.U.
$= -891{,}91$ kJ $\cdot$ mol^{-1} F.U.

Die Bez. FU für den Formelumsatz wird oft auch weggelassen. Standardreaktionsenthalpien $\Delta_R H^\ominus$ lassen sich mit Hilfe des ↗ KIRCHHOFFschen Gesetzes auf andere Temperaturen umrechnen.

reaktive Trennung, noch wenig genutzte Methode zur Trennung von Gemischen, bei der ein interessierender Anteil durch selektive Reaktion mit einem Zusatzstoff in eine leicht abtrennbare Form überführt wird bzw. die Beimengungen auf diese Weise abgetrennt werden.

Reaktivfarbstoffe, Farbstoffe, die sich in einer chem. Reaktion mit den Hydroxylgruppen der Cellulose oder den Aminogruppen der Wolle bzw. Seide verbinden und dadurch besonders waschecht sind.

Die Bindung einer farbigen Verb. mit der Faser kann über Mono- oder Dichlor-s-triazine oder β-Hydroxy-ethylsulfone,

R—SO$_2$—CH$_2$—CH$_2$—O—SO$_3$H
(R farbige Verb.), erfolgen.
Reaktivität, das potentielle chem. Reaktionsvermögen eines Stoffes (↗ Hauptsätze der Thermodynamik). Die R. bezieht sich z. B. auf sein Acidität-, Hydrolyse-, Additions- oder Eliminierungsverhalten.
Reaktor, Apparat zur techn. Durchführung einer chem. Reaktion. Die Vielfalt der bekanntgewordenen R. läßt sich am günstigsten überschauen, wenn strömungstechn. Aspekte die Einteilung bestimmen; es gibt dann zwei Grundformen:
- ↗ Rührkesselreaktoren,
- ↗ Rohrreaktoren.

Sie stellen aus der Sicht der Durchmischung zugleich die beiden Grenzfälle dar (Rohrreaktor ohne Durchmischung, völlig durchmischter Rührkesselreaktor).
Wichtige spezielle R. sind in der folgenden Tabelle zusammengestellt.

Wichtige technische Reaktorarten
(Grundtypen: Rührkesselreaktor und Rohrreaktor)

Druck	Temperatur	Reaktortyp
1. Thermisch angeregte Prozesse		
Normaldruck	bis 400 °C	Wanne, Rührkessel, Reaktionsturm
	über 400 °C	Öfen (z. B. Drehrohröfen, Schachtöfen, Kammeröfen, Etagenöfen, Herdöfen, Tunnelöfen), Konverter, Brennerrohr
Überdruck		Autoklav, Druckrohr
2. Elektrochemische Prozesse		
		Elektrolysewannen

Realgar, Rauschrot, As$_4$S$_4$, rotes Mineral, das in dichten Massen auf hydrothermalen Lagerstätten vorkommt.
Realkristall, ↗ Kristallgitter.
Rectisolprozeß, Reinigung von Synthesegas durch Tieftemperatur-Druckwäsche mit Methanol, vor allem zur Entfernung von CO$_2$, H$_2$S, HCN, org. Schwefelverb. in einem Arbeitsgang. Das Verfahren beruht auf der hohen Löslichkeit dieser Stoffe in Methanol (und Aceton) bei tiefen Temperaturen ($-60\,°C$).
Recycling, Kreislaufführung, Schaffung weitgehend geschlossener Stoffkreisläufe, ist eine ökonomisch wie ökologisch gleichermaßen notwendige verantwortungsbewußte Gestaltung von Produktionsprozessen; im Gegensatz zu der historischen Form linearer Produktionsorganisation (Rohstoff → Produkt + Abfall). Dabei wird versucht, die anfallenden Nichtzielprodukte, z. T. nach entsprechender Aufbereitung, in den gleichen bzw. einen anderen Produktionsprozeß einzuschleusen. Das erfordert eine möglichst enge Verflechtung der Stoffströme aller Industriezweige eines Territoriums.
Redoxpotential, der gegen eine Normalwasserstoffelektrode gemessene Wert des Standardelektrodenpotentials als Maß für die Oxidationskraft bzw. Reduktionskraft eines Redoxpaares (NERNSTsche Gleichung, ↗ Elektrode). Oxydationsmittel haben Standardpotentiale >0,5, Reduktionsmittel solche <0,5. Tabelle.
Redoxreaktion, Redoxvorgang, wichtiger Reaktionstyp der anorg. und org. Chemie. Die R. ist eine Elektronenaustauschreaktion, die aus einem Reduktionsschritt (↗ Reduktion) und einem Oxydationsschritt (↗ Oxydation) besteht.
Die Oxydationszahl von Sauerstoff bleibt unverändert, d. h., er ist am Elektronenaustausch nicht beteiligt.
Wird das Beispiel als ↗ Redoxsystem betrachtet,
Oxydationsmittel 1 + Reduktionsmittel 2
→ Reduktionsmittel 1 + Oxydationsmittel 2,

Standardpotentiale von Redoxpaaren

		Standardpotential in V	Beispiel	Standardpotential in V
Oxydationsmittel	stark	> +1,5	F$_2$ → 2F$^-$ + 2e$^-$	+2,87
	mittelstark	+1,0...+1,5	Cl$_2$ → 2Cl$^-$ + 2e$^-$	+1,34
	schwach	+0,5...+1,0	Fe^{2+} → Fe^{3+} + e$^-$	+0,77
Reduktionsmittel	schwach	+0,0...+0,5	Sn^{2+} → Sn^{4+} + 2e$^-$	+0,15
	mittelstark	−0,5... 0,0	H$_2$ → 2H$^+$ + 2e$^-$	0,00
	stark	< −0,5	Al → Al^{3+} + 3e$^-$	−1,66

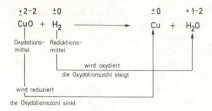

so gilt, daß das Reduktionsmittel 2 (H_2) über ein größeres Reduktionspotential als das Reduktionsmittel 1 (Cu) verfügt. Daraus folgt, daß die R. in der angegebenen Richtung abläuft.

Redoxsystem, Stoffsystem, in dem eine Redoxreaktion abläuft. Jedem R. liegen zwei Redoxpaare der Form »Oxidationsmittel + Elektron ⇌ Reduktionsmittel« zugrunde, und es läßt sich wie folgt formulieren:
Oxydationsmittel 1 + Reduktionsmittel 2
⇌ Reduktionsmittel 1 + Oxydationsmittel 2.
1. Redoxpaar: $Cl_2 + 2e^- \rightleftharpoons 2 Cl^-$,
2. Redoxpaar: $Br_2 + 2e^- \rightleftharpoons 2 Br^-$,
Redoxsystem: $Cl_2 + 2 Br^- \rightleftharpoons 2 Cl^- + Br_2$.

Redoxtitration, ↗ Oxydimetrie, maßanalytische Bestimmungsmethode auf Grundlage von Redoxvorgängen. Reduzierend wirkende Stoffe, z. B. SO_3^{2-}, Fe^{2+}-Ionen, werden mit Oxydationsmitteln, z. B. MnO_4^--Ionen, quantitativ bestimmt.

Reduktion, chem. Reaktion, die mit Elektronenaufnahme verbunden ist, Teilschritt des ↗ Redoxprozesses.
Bei der R. erniedrigt sich die ↗ Oxydationszahl der reduzierten Atome. Der elektronenliefernde Reaktionspartner ist das Reduktionsmittel. Dieser Reduktionsbegriff ist nicht an das Vorhandensein von Sauerstoff gebunden, z. B.:
$Cl_2 + 2 e^- \rightarrow 2 Cl^-$
Früher wurde die R. als Sauerstoffabgabe betrachtet, z. B. Reduktion von Kupfer(II)-oxid durch Wasserstoff als Reduktionsmittel:
$CuO + H_2 \rightarrow Cu + H_2O$

Reduktionsmittel, der Stoff, der bei einem Reduktionsvorgang die Elektronen liefert und selbst oxydiert wird.

Referativnij Zurnal, serija chimija, russischsprachige Referatezeitschrift der Chemie, ↗ chemische Literatur.

Reformatbenzin, Produkt der Reformingprozesse. Es ist durch seinen hohen Gehalt an ↗ BTX-Aromaten nicht nur ein vorzüglicher Vergaserkraftstoff, sondern auch eine wesentliche Aromatenquelle (↗ Aromatenchemie).

Reformierverfahren, Reformingverfahren, katalytische Verfahren zur Qualitätsverbesserung von Benzin (Erhöhung der ↗ Octanzahl) durch Vergrößerung des Anteils von Cycloalkanen bzw. iso-Alkanen und Aromaten. Dabei handelt es sich um endotherme Dehydrierungsreaktionen, die von Naphthenen zu Aromaten führen, sowie um thermoneutrale Umlagerungen von Molekülen (n-Alkane in iso-Alkane bzw. Cycloalkane). Der bei Reformingprozessen durch Aromatenbildung frei werdende Wasserstoff dient häufig zur Hydroraffination der zu reformierenden Einsatzstoffe.

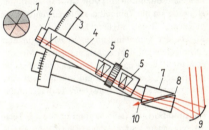

Dehydrierung von Cyclohexan zu Benzen

Refraktometer, Gerät zur Ermittlung des Brechungsindex (↗ Brechung). Für Flüssigkeiten und feste Stoffe dient dazu häufig das ABBE-R. (Bild), bei dem zur Messung die durch Totalreflexion entstehende Hell-Dunkel-Grenze ausgenutzt wird.

Aufbau eines ABBE-Refraktometers
1 Okulargesichtsfeld
2 Okular
3 Teilkreis
4 Beobachtungsfernrohr
5 Geradsichtprismen
6 Trommel
7 Doppelprisma
8 Substanz
9 Beleuchtungsspiegel
10 total reflektierte Strahlen

Regenerat, allgemein in der Industrie ein Stoff, der aus Altmaterial oder Abfall wiedergewonnen wird, wobei die ursprünglichen Eigenschaften wenigstens angenähert erreicht werden.

Regeneratfaser, Faserstoffe, die aus natürlichen Ausgangsstoffen, vor allem Cellulose, durch Lösen und Wiederausfällen hergestellt werden.

Regenerativfeuerung, auf F. und W. SIEMENS zurückgehende Heizungsart von Industrieöfen, bei der die Heizgase und die Verbrennungsluft (getrennt) mit Hilfe heißer Abgase der Anlage selbst vorgeheizt werden. Damit ist eine wesentliche Steigerung der Flammentemperatur, auf 1 800 °C und mehr, zu erreichen. ↗ SIEMENS-MARTIN-Ofen, ↗ Regeneratoren.

Regenerator, diskontinuierlich arbeitender ↗ Wärmeübertrager. R. sind mit feuerfesten Steinen gitterförmig ausgemauerte Räume (Kammern,

Türme), die abwechselnd durch Beschickung mit heißen Abgasen aufgeheizt und durch Abgabe der im Auskleidungsmaterial gespeicherten Wärme an vorzuwärmende Gase abgekühlt werden. Sie werden mindestens paarweise im Wechsel betrieben (↗ Parallelschaltung), um einen kontinuierlichen Vorheizvorgang zu sichern. ↗ SIEMENS-MARTIN-Ofen, ↗ Verkokung, ↗ Winderhitzer.

Regranulat, bei der Altplastverwertung granuliertes ↗ Regenerat.

Regulus, bei einer Schmelzreaktion entstandener Metallklumpen.

Reihenschaltung, ↗ Kaskadenschaltung.

REIMER-TIEMANN-Synthese, Methode zur Herstellung von Phenolaldehyden aus ↗ Phenol, Trichlormethan und Natriumhydroxid. Es bildet sich überwiegend der o-Hydroxy-benzaldehyd:

C_6H_5—OH + $CHCl_3$ + 3 NaOH
→ HO—C_6H_4—CHO + 3 NaCl + 2 H_2O.

Reinheitsbezeichnung von Chemikalien, gibt Hinweise auf die Reinheit der Substanzen und den möglichen Gehalt an Fremdstoffen. Eine genaue Angabe der Verunreinigungen ist bei bestimmten Chemikalien auf dem Etikett angegeben. Mit steigendem Reinheitsgrad werden folgende Bez. benutzt: techn. (technicum), rein (purum), zur Analyse (pro analysi) und reinst zur Analyse (purissimum).

Rektifikation, im Laboratorium und in der Technik verwendete Variante der ↗ Destillation. Die R. ist durch Gegenstromführung (einer Gasphase zur flüssigen Phase) mit Rücklauf eines Teils des Kondensates gekennzeichnet. Sie wird in ↗ Kolonnen (vor allem Boden-, z. T. Packungskolonnen) durchgeführt (Bild).

Die Verwendung der Rektifikationskolonne ermöglicht, über Bodenzahl und Rücklaufverhältnis variierbar, wesentlich bessere Trennleistungen als die normale Destillation; für die destillative Zerlegung von Vielstoffgemischen ist sie unbedingt notwendig.

Rekuperator, kontinuierlich arbeitender Wärmeüberträger (Wärmeaustauscher). Typische R. sind z. B. ↗ Rohrbündel-Wärmeüberträger, ↗ Rieselkühler, ↗ Kühlturm.

REPPE-Synthesen, techn. wichtige Reaktionen des ↗ Ethins.

Vinylierung: Bildung von Vinylderivaten durch Umsetzung des Ethins mit Verb., die Gruppen mit aktiven Wasserstoffatomen tragen, wie —OH, —SH, —NH_2, =NH, —CO—NH_2, —COOH; z. B.
HC≡CH + H—O—R → H_2C=CH—O—R
Ethin   Alkohol   Vinylalkyl-
                                ether

Carbonylierung: Druckreaktion von Ethin mit Kohlenmonoxid und einer Verb. mit aktivem Wasserstoff, wie Wasser, Alkohol oder Amin; z. B.:

HC≡CH + CO +   H—O—R
Ethin   Kohlen- Alkohol
         monoxid

→ H_2C=CH—CO—O—R
   Propensäureester
   (Acrylsäureester)

Es bilden sich bei der Carbonylierung die Propensäure bzw. ihre Derivate.

Ethinylierung: Addition von Aldehyden oder Ketonen an Ethin unter Aufrechterhaltung der Dreifachbindung. Ketone reagieren einseitig, während mit Aldehyden auch an beiden Seiten des Ethins Anlagerungen erfolgen, z. B.:

HC≡CH + R—C=O   →   R—CH—C≡CH
              | |
              H   OH
Ethin   Aldehyd   Alkinol

+R-CHO
——→ R—CH—C≡C—CH—R
      | |
      OH   OH
      Alkindiol

Cyclisierung: Bildung von ringförmigen Polyolefinen mit konjugierten Doppelbindungen mit der Summenformel $C_{2n}H_{2n}$, wobei n mindestens 3 ist, z. B.: Benzen, Cyclooctotetraen. Für die einzelnen R. sind spezielle Katalysatoren entwickelt worden.

Reserpin, Rauwolfia-Alkaloid, das u. a. eine blutdrucksenkende Wirkung besitzt.

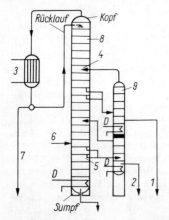

Schematischer Aufbau einer Rektifikationskolonne
1, 2 Seitenströme   7 Kopfprodukt
3   Wärmeaustauscher   8 Hauptkolonne
4   Verstärkersäule   9 Seitenkolonne
5   Abtriebsäule   D überhitzter Dampf
6   Gemischeinspeisung

Resit, *C-Harz,* Endprodukt der Kondensation bei der Herstellung von ↗ Phenolharzen im alkalischen Medium, das aus raumvernetzten Makromolekülen aufgebaut ist.
Resitol, *B-Harz,* Kondensationszwischenprodukt bei der Herstellung von ↗ Phenolharzen in alkalischen Medien.
Resol, *A-Harz,* Vorkondensat bei der Herstellung von ↗ Phenolharzen (Phenoplasten) im alkalischen Medium. Es ist noch unvernetzt und besitzt thermoplastische Eigenschaften. Es geht bei Erhitzen durch weitere Kondensation über Resitol in Resit über.
Resonanz, Bez., die neben der ↗ Mesomerie für die Beschreibung der Struktur von Stoffen durch Grenzformeln benutzt wird.
Resorcinol, früher auch Resorcin, Trivialname für das ↗ 1,3-Dihydroxy-benzen.
Retinol, ↗ Vitamine.
Retorte, klassisches, die chem. Arbeitsweise symbolisierendes Gerät der chem. Laboratoriumstechnik, besonders für Destillationen. Heute wird die R. kaum noch verwendet. Bild.

Retorte

reversibler Vorgang, *umkehrbarer Vorgang,* kann durch geringfügige Veränderungen von Temperatur, Druck oder Volumen in die eine oder in die andere Richtung ablaufen. Die r. V. sind die Voraussetzung für chem. Gleichgewichtsreaktionen (↗ Hauptsätze der Thermodynamik).
Reversosmose, *umgekehrte Osmose,* ist ein Membrantrennprozeß, bei dem eine echte Lösung in reines Lösungsmittel und eine konz. Lösung aufgetrennt werden kann. Dazu wird ein Druck auf der Ausgangslösung ausgeübt, der ein Mehrfaches des osmotischen Druckes zwischen dieser Lösung und dem reinen Lösungsmittel beträgt.
Das Verfahren erlaubt mäßige Durchsätze. Es wird techn. in der Süßwassergewinnung aus Meerwasser, der Wasserreinigung, zur Trennung thermisch instabiler Lösungen (Fruchtsäfte) u. a. eingesetzt.
Reynolds-Zahl, dimensionslose Ähnlichkeitskennzahl, die aus dem Verhältnis von Trägheitskraft zur Viskositätskraft gebildet wird. Ihre Größe läßt Rückschlüsse auf die zu erwartende Strömungsart (laminar, turbulent) in Apparaten und Leitungen zu.
rezent, sinnverwandt für »gegenwärtig« bei der Zeiteinteilung geologischer Vorgänge.

Rhenium,

Re $\quad Z = 75$
$A_{r(1981)} = 186,207$
Ek: [Xe] $4f^{14}5d^56s^2$
OxZ: $-1, 0, +1, +2, +3, +4, +5, +6, +7$
$X_E = 1,9$
Elementsubstanz:
Schmp. 3180 °C
Sdp. 5630 °C
$\varrho = 21,04$ kg $\cdot l^{-1}$

chem. Element (↗ Elemente, chem.).
Rhenium, Symbol: Re, 3. Element der 7. Nebengruppe des PSE (↗ Nebengruppenelemente, 7. Nebengruppe des PSE). R. ist die Bez. für alle Atome, die 75 positive Ladungen im Kern, also 75 Protonen besitzen: Kernladungszahl $Z = 75$. Die Hülle des neutralen Atoms besteht aus 75 Elektronen, von denen die möglichen Valenzelektronen die Konfiguration $5d^56s^2$ besitzen. In Verb. werden Oxydationsstufen eingenommen, die durch die Oxydationszahlen OxZ $-1, 0, +1, +2, +3, +4, +5, +6$ und $+7$ charakterisiert sind. R. wurde 1925 von NODDACK und TACKE röntgenspektroskopisch nachgewiesen. In der Natur liegt R. nur in disperser Verteilung vor, etwas angereichert findet es sich in Molybdän- und Tantalerzen, in gediegenem Platin sowie in den Hüttenrückständen der Kupferschieferverarbeitung. Metallisches R. kann durch Reduktion mit molekularem Wasserstoff aus den Perrhenaten gewonnen werden:
$2 KReO_4 + 7 H_2 \rightarrow 2 Re + 2 KOH + 6 H_2O$.
Das Isotop ^{187}Re ist schwach radioaktiv. Das Metall ist weiß, platinähnlich, sehr hart und beständig bei hohen Temperaturen. Im molekularen Sauerstoff verbrennt es zu Rhenium(VII)-oxid:
$4 Re + 7 O_2 \rightarrow 2 Re_2O_7$, $\Delta_B H = -1238$ kJ $\cdot$ mol^{-1}.
Rhenium(VII)-oxid setzt sich mit Wasser zu Perrheniumsäure um:
$Re_2O_7 + H_2O \rightarrow 2 HReO_4$,
deren Salze, die *Perrhenate,* sich durch Neutralisation mit Hydroxiden bilden können:
$HReO_4 + NaOH \rightarrow H_2O + NaReO_4$
$\qquad\qquad\qquad\qquad$ Natriumperrhenat
Perrhenate lassen sich mit Natrium zu *Rhenaten(VI)* reduzieren:
$NaReO_4 + Na \rightarrow Na_2ReO_4$
$\qquad\qquad\qquad$ Natriumrhenat(VI)
R. ist ein Komplexbildner. Metallisches R. ist ein wertvolles Legierungsmetall zur Herstellung harter und widerstandsfähiger Werkstoffe; es wird zu Spiegelüberzügen, die gutes Reflexionsvermögen und große Beständigkeit besitzen, zu Glühdrähten und Thermoelementen verarbeitet.

Rheumamittel, *Antiphlogistika,* Arzneimittel mit entzündungshemmender Wirkung zur Behandlung rheumatischer Erkrankungen. ↗ Schmerzstillende Mittel aus der Gruppe der Salicylsäure-Derivate, z. B. Methylsalicylat, Acetylsalicylsäure, und der Pyrazolon-Derivate, z. B. Phenylbutazon, besitzen antiphlogistische Wirkung. Weiterhin können Glucocorticosteroide (↗ Corticosteroide), wie z. B. Cortison und Prednisolon, zur Behandlung von rheumatischen Erkrankungen eingesetzt werden.

Rhodium,

Rh	$Z = 45$
$A_{r(1981)} = 102{,}9055$	
Ek: [Kr] $4d^8 5s^1$	
OxZ: $-1, 0, +1, +2, +3, +4, +5, +6$	
$X_E = 2{,}28$	
Elementsubstanz:	
Schmp.	$1970\,°C$
Sdp.	$3730\,°C$
$\varrho = 12{,}4\,\mathrm{kg\cdot l^{-1}}$	

chem. Element (↗ Elemente, chem.).
Rhodium, Symbol: Rh, 2. Element der leichten Platinmetalle (↗ Nebengruppenelemente, 8. Nebengruppe des PSE). R. ist die Bez. für alle Atome, die 45 positive Ladungen im Kern, also 45 Protonen besitzen: Kernladungszahl $Z = 45$. Die Hülle des neutralen Atoms besteht aus 45 Elektronen, von denen die möglichen Valenzelektronen die Konfiguration $4d^8 5s^1$ besitzen. In Verb. werden Oxydationsstufen eingenommen, die durch die Oxydationszahlen OxZ $-1, 0, +1, +2, +3, +4, +5$ und $+6$ charakterisiert sind. R. wurde 1803 von WOLLASTON entdeckt. In der Natur findet sich R., mit den anderen Platinmetallen vergesellschaftet, in Eisen-, Chromium-, Nickel- und Kupfererzlagern; z. T. auch (sekundär) durch fließende Gewässer abgelagert und angereichert. Die Gewinnung des Metalls erfolgt über eine Anreicherung durch Schlämmen, ein Auskochen mit Königswasser und ein Ausfällen der einzelnen Metalle nach aufwendigen und differenzierten Verfahren. Metallisches R. ist weißgrau, kubisch kristallin (flächenzentriert), weich und dehnbar. Es reagiert mit molekularem Sauerstoff bei Rotglut:
$4\,\mathrm{Rh} + 3\,\mathrm{O_2} \rightarrow 2\,\mathrm{Rh_2O_3}$, $\Delta_B H = -297\,\mathrm{kJ\cdot mol^{-1}}$
und mit molekularem Chlor bei Rotglut:
$2\,\mathrm{Rh} + 3\,\mathrm{Cl_2} \rightarrow 2\,\mathrm{RhCl_3}$, $\Delta_B H = -230\,\mathrm{kJ\cdot mol^{-1}}$.
Gegenüber den meisten Säuren, einschließlich Königswasser, ist das Metall inert. R. in kolloidaler Verteilung ist ein ausgezeichneter Katalysator.
Rhodochrosit, ↗ Manganspat.
rhombisch, ↗ Kristallgitter.
rhomboedrisch, ↗ Kristallgitter.

Ribonucleinsäure, ↗ Nucleinsäuren.
RICHARDsche Regel, ↗ Entropie.
Richtungsquantelung, begrenzte (gequantelte) Zahl von Einstellungsmöglichkeiten magnetischer Momente in einem Magnetfeld (Bild), die unterschiedlichen Energiezuständen entspricht.

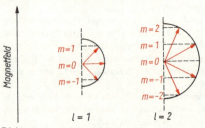

Richtungsquantelung der Bahndrehimpulse $l = 1$ und $l = 2$

Die Ausrichtung magnetischer Momente der Elektronen entsprechend ihrem Bahndrehimpuls nach der Bahndrehimpulsquantenzahl l (↗ Atommodell) in einem äußeren Magnetfeld führt zu einer Energieaufspaltung der im ↗ Atomspektrum zu beobachtenden Elektronenübergänge (ZEEMAN-Effekt 1896). Durch die Ausrichtung der ↗ Spins der Elektronen (Spinquantenzahl s) gegenüber dem Bahndrehimpuls ergibt sich auch eine Feinstruktur der Atomspektren ohne Anlegen eines äußeren Magnetfeldes (↗ Multiplizität). Die Ausrichtung der magnetischen Momente durch die Elektronenspins bzw. durch die Spins der ↗ Atomkerne (Kernspinquantenzahl I) in einem äußeren Magnetfeld ist die Grundlage der magnetischen Resonanzspektroskopie (↗ Molekülspektren).
Bei der R. entstehen $2l+1$, $2s+1$ oder $2I+1$ Einstellungsmöglichkeiten bzw. aufgespaltene Energiezustände, die durch eine magnetische Quantenzahl $m = -l$ bis $+l$ usw. gekennzeichnet werden.

Rieselfeld, Bodenfläche zur Berieselung mit Abwasser, um dieses nach Versickerung im Boden durch natürliche Filtration, Adsorption und mikrobiologische Umwandlung zu reinigen. Die im Boden verbleibenden Wasserinhaltsstoffe ergeben in vielen Fällen einen Düngeeffekt, der mit einer landwirtschaftlichen Bestellung des Rieselfeldes genutzt werden kann. Nachteilig sind mögliche Geruchsbelästigungen und Flächenverfügbarkeit.

Rieselkühler, kontinuierlich arbeitender Wärmeübertrager, der nach dem Prinzip des ↗ Kreuzstroms arbeitet. Das zu kühlende (heizende) Medium strömt durch waagerecht liegende, gewundene Rohrschlangen, während von oben her das Kühl-(Heiz-)Medium herabrieselt.

Rieselreaktor, ein meist als Füllkörperkolonne ausgelegter Reaktor für Reaktionen zwischen Gasen und Flüssigkeiten, die schnell ablaufen und bei denen keine festen Produkte gebildet werden, z. B. Bromgewinnung aus Endlaugen der Kaliindustrie, die in einer Kolonne im Gegenstrom zu Chlor laufen.

Ringer-Lösung, ↗ Blutersatzmittel.

Ringofen, veralteter Ofentyp zur Herstellung von Ziegelsteinen. In dem ringförmigen Ofenraum wandert die Brennzone ständig um; davor wird das Einsatzgut schon vorgewärmt, dahinter wird es nach Abkühlung aufgenommen; der freigewordene Raum wird wieder gefüllt und wird beim vollzogenen Umlauf der Brennzone wieder erreicht.

Ringspannung, eine durch Ringbildung erzwungene Abweichung vom normalen Bindungswinkel, der bei sp^3-hybridisierten Kohlenstoffatomen 109°28' und bei sp^2-hybridisierten 120° beträgt. Die R. führt zu einer Destabilisierung, ↗ Pitzer-Spannung, ↗ Prelog-Spannung, ↗ Baeyer-Spannung.

RNA, Abk. für ribonucleic acid, ↗ Nucleinsäuren.

RNS, Abk. für Ribonucleinsäure. International setzt sich immer mehr die englischsprachige Abk. ↗ RNA durch. ↗ Nucleinsäuren.

Rogenstein, ↗ Oolith.

Roheisen, Hauptprodukt des ↗ Hochofenprozesses. Es schmilzt, ohne vorher zu erweichen, und ist nicht schmiedbar. Es zeichnet sich durch einen technologisch bedingten und gewünschten, relativ hohen Kohlenstoffgehalt bis über 4 % sowie durch Anteile von Si, Mn, P und S aus. Je nach der Arbeitsweise im Ofen, vor allem der Temperaturführung, erhält man verschiedene Roheisenarten:
– *Graues R.* erfordert hohe Ofentemperatur; bei Gehalten von 2 bis 3 % Si scheidet sich Kohlenstoff als Graphit ab, der ein graues Bruchgefüge verursacht. Graues R. ist weich und wird zu Gußeisen weiterverarbeitet.
– *Weißes R.* entsteht bei höheren Mangangehalten und niedrigeren Ofentemperaturen. Es enthält den Kohlenstoff als Carbid (Fe_3C, »Zementit«) gebunden. Es ist hart und spröde und dient zur Herstellung von schmiedbarem Eisen (Stahl) bzw. Stahlguß.

Weißeisen mit 5 bis 10 % Mn heißt *Spiegeleisen* und dient zur Herstellung von Qualitätsstählen.

Siliciumeisen ist graues Roheisen mit Siliciumgehalten von 5 bis 15 %.

Roheisenherstellung, ↗ Hochofenprozeß.

Roheisen-Schrott-Verfahren, ↗ Stahl-Herstellungsverfahren im ↗ Siemens-Martin-Ofen. Zur Oxydation der zu entfernenden Verunreinigungen des Roheisens, vor allem Kohlenstoff, dient u. a. der im Rost von Schrott enthaltene Sauerstoff. Die entstehenden Oxide der Verunreinigungen, soweit sie nicht als Gase abgehen, werden durch Kalkstein-Zuschläge verschlackt. FeO, das in der Eisenschmelze löslich ist, fungiert als wichtigster Überträger des Sauerstoffs, z. B.:

Fe_2O_3 + Fe (Schmelze) → 3 FeO,
Si + 2 FeO → SiO_2 + 2 Fe,
C + FeO → CO + Fe.

Die überschüssige FeO-Menge wird nach Entfernen der Verunreinigungen durch Desoxydationsmittel entfernt (Bindung des Sauerstoffs an Al, Ferrosilicium, Ferromangan).

Rohrbündelverdampfer, ↗ Verdampfer.

Rohrbündelwärmetauscher, -übertrager, kontinuierlicher Wärmeübertrager, dessen Heiz-(oder Kühl-)Medium durch Bündel dünner Rohre fließt und über deren große Gesamtoberfläche mit der Umgebung in Austausch tritt (Bild). Auch die häuslichen Dampfheizungskörper stellen Abwandlungen derartiger Wärmeübertrager dar.

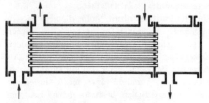

Schematischer Bau eines Rohrbündelwärmetauschers

Röhrenofen, Industrieofen zum Aufheizen von Flüssigkeiten oder Gasen. Diese fließen durch vielfach gewundene Rohrschlangen, die in einem Ofenraum durch Brenner erwärmt werden (Bild). Röhrenöfen dienen z. B. zur Erhitzung des Rohöls für die ↗ Erdöldestillation oder zur ↗ MT-Pyrolyse.

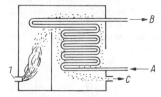

Schematischer Aufbau eines Röhrenofens
A Eingang
B Austritt des zu erhitzenden Stoffes
C Austritt der heißen Abgase
1 Brenner

Rohrreaktor, Strömungsrohr-Reaktor, kontinuierlich arbeitender Reaktor ohne Durchmischung. Er besteht aus einem Rohr (Zylinder, Schacht u. a.), waagerecht, geneigt oder senkrecht stehend, das von einem fluiden Medium durchströmt wird. Der Rohrreaktor ist leer oder besitzt Einbauten (↗ Böden, z. B. für Füllkörper- oder Katalysatorschüttung).

Rohstoff, aus der Natur gewonnener Arbeitsgegenstand (Stoff) der ersten Verarbeitungsstufe.

Rohstoffbasis der chemischen Industrie, umfaßt
- mineralische Rohstoffe (Bergbauprodukte),
- landwirtschaftliche und forstwirtschaftliche Rohstoffe,
- Sekundärrohstoffe,
- Wasser und Luft

sowie Grundchemikalien und Zwischenprodukte jeweils vorgelagerter Produktionsprozesse.

Röntgenbeugungsverfahren, Hauptverfahren zur Bestimmung der Raumlage von Gitterbausteinen in Kristallen durch Auswertung der beim Durchgang von monochromatischen ↗ Röntgenstrahlen auftretenden Beugungsreflexe an den Netzebenen des ↗ Kristallgitters.

Röntgenkontrastmittel, Stoffe, die bei Röntgenaufnahmen bestimmte Organe des menschlichen Körpers sichtbar machen, da sie Röntgenstrahlen stärker absorbieren als das umgebende Gewebe. Als R. werden Verb. von Elementen mit Ordnungszahlen zwischen 50 und 60 verwendet. R. dürfen nur eine geringe Giftigkeit besitzen und müssen vom Körper schnell wieder ausgeschieden werden. Als R. für die Verdauungsorgane wird Bariumsulfat $BaSO_4$ angewendet. Für die Gallen- und Nierendarstellung werden iodierte Benzoesäurederivate injiziert oder lösliche Salze dieser Verb., die sich in bestimmten Organen anreichern können, eingenommen.

Röntgenstrahlung, X-Strahlen, Bez. für unsichtbare elektromagnetische ↗ Strahlung kleiner Wellenlängen von 10 bis 10^{-3} nm. Sie entsteht in Röntgenröhren, wenn stark beschleunigte elektrisch geladene Teilchen, meist Elektronen, beim Auftreffen auf die Anode abgebremst werden (Bild 1a). Sie wurde 1895 von RÖNTGEN entdeckt. Heute wird sie auch in Teilchenbeschleunigern (↗ Elementarteilchen) erzeugt.

Im Röntgenspektrum (Bild 1b) tritt neben der Bremsstrahlung verschiedenster Wellenlängen (kontinuierliches Spektrum) die charakteristische R. auf. Diese Strahlung besteht aus einfachen Serien von Spektrallinien, deren Wellenlängen charakteristisch für das jeweilige Anodenelement sind. Ihre Interpretation nach dem BOHRschen ↗ Atommodell trug wesentlich zur Erkenntnis des Aufbaus der Elektronenhülle von Atomen und des ↗ PSE

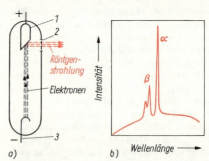

Bild 1
a) Röntgenröhre
1 Anode
2 Fenster
3 Katode
b) Röntgenspektrum

(↗ MOSELEYsches Gesetz) bei. Danach entsteht die charakteristische R. dadurch, daß Elektronen innerer Energieniveaus (K-, L-, M-Schale) durch die beim Elektronenaufprall auf die Anode freigesetzte Energie herausgeschlagen werden und äußere Elektronen höherer Energie in diese Leerstellen übergehen, wobei die Energiedifferenz als elektromagnetische Strahlung abgegeben wird (Bild 2). Die Untersuchung der charakteristischen R. in der *Röntgenspektroskopie* dient heute zur qualitativen und quantitativen Analyse von Substanzen.

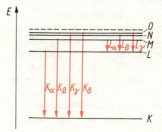

Bild 2. Entstehung der charakteristischen Röntgenstrahlung

R. wirkt ionisierend auf Gase (Zählrohr), schwärzt ↗ photographische Schichten und ruft bei bestimmten Stoffen wie Zinksulfid Fluoreszenz (↗ Lumineszenz) hervor, was zu ihrem Nachweis dienen kann. Kurzwellige, sogenannte harte R. besitzt eine hohe, ihrer Frequenz proportionale Durchdringungsfähigkeit von Stoffen. Dabei ist ihre Schwächung der Ordnungszahl der durchstrahlten Elemente und der Dichte des Stoffes proportional. Darauf beruht die Anwendung der R. in der Medizin zur *Röntgendiagnostik*. Knochen, unterschiedliche Gewebearten, auch kranke und gesunde, erscheinen bei der Röntgenphotographie oder Rönt-

gendurchleuchtung mit unterschiedlichem Kontrast. Ähnlich wird die R. auch für *Materialuntersuchungen* bei Werkstücken bzw. Schweißnähten auf Risse, Fehlstellen angewendet. R. ruft in lebenden Organismen Veränderungen des Stoffwechsels und der Erbanlagen hervor. Das wird bei der *Röntgentherapie* von Krebserkrankungen ausgenutzt und ist der Grund für besondere Vorsichtsmaßnahmen beim Umgang mit R. (Schutz durch Abschirmungen aus Blei).
Kurzwellige R. wird durch die Elektronenhülle der Atome eines bestrahlten Materials gestreut (↗ COMPTON-Effekt) und erzeugt bei Kristallgittern Interferenzerscheinungen, die Rückschlüsse auf deren Struktur zulassen *(Kristallstrukturanalyse).*
ROSENMUND-Reduktion, selektive Methode zur Reduktion der Säurechloridgruppe in die Aldehydgruppe durch Hydrierung mit Wasserstoff an Palladiumkatalysator, der mit Bariumsulfat und Spuren einer Schwefelverb. partiell deaktiviert worden ist, um die Weiterreduktion zum primären Alkohol zu vermeiden:

$$R-C\overset{O}{\underset{Cl}{\diagdown}} + H_2 \longrightarrow R-C\overset{O}{\underset{H}{\diagdown}} + HCl.$$

Rost, 1. braunrotes, schuppig-pulvriges Korrosionsprodukt auf Eisen- bzw. Stahloberflächen. Es besteht aus unterschiedlich zusammengesetzten Eisenoxidhydraten. Seine poröse Struktur schützt das darunterliegende Metall nicht vor dem Fortgang der ↗ Korrosion.
2. durchbrochene Unterlage (Gußeisen) in Öfen, auf der feste Brennstoffe verbrannt werden.
Rösten, Erhitzen sulfidischer Erze unter Luftzutritt, wobei Metalloxide (↗ Abbrand) und Schwefeldioxid entstehen.
Röstreaktionsverfahren, Gewinnungsverfahren für Metalle aus ihren sulfidischen Erzen. Sie werden in Herdöfen teilweise geröstet, wobei das entstehende Metalloxid mit dem restlichen Metallsulfid zu Metall und Schwefeldioxid reagiert:
$2 PbS + 3 O_2 \longrightarrow 2 PbO + 2 SO_2\uparrow,$
$PbS + 2 PbO \longrightarrow 3 Pb + SO_2\uparrow.$
Röstreduktionsverfahren, Gewinnungsverfahren für Metalle (↗ Blei) aus sulfidischen Erzen. Diese werden geröstet (↗ Rösten) und dann reduzierend geschmolzen.
Rotation, Eigendrehung der Moleküle. (Molekülrotation: ↗ Molekülspektren, ↗ Molwärme)
Rotationsdispersion, ↗ optische Aktivität.
Roteisenstein, ↗ Hämatit.
Rötel, Eisenocker, feinkörnig-erdiges Gemisch von Tonmineralien und Eisenoxiden bzw. Eisenoxidhydraten.

Roterde, ↗ Laterit.
Rotgültigerz, *Rotsilber, Rubinblende,* Bez. für zwei trigonal kristallisierende Silbererze: *Dunkles R., Pyrargyrit, Antimonsilberblende,* Ag_3SbS_3, dunkelrot bis schwarz gefärbt, und *Lichtes R., Proustit, Arsensilberblende,* Ag_3AsS_3, hellrot bis zinnoberrot.
Beide Mineralien sind typische Vertreter hydrothermaler Erzlagerstätten.
Rotkupfererz, *Cuprit,* Cu_2O, dunkelrotes Mineral, das in charakteristischen oktaeder- oder würfelförmigen Kristallen, nadelig-haarförmig (Kupferblüte) oder in dichten, erdigen ziegelroten Massen im Gemenge mit Brauneisenstein (Ziegelerz) vorkommt.
Rotschlamm, Abprodukt des ↗ BAYER-Verfahrens, das aus etwa 45 % Fe_2O_3, 5 bis 10 % SiO_2 u. a. besteht.
Rotsilber, ↗ Rotgültigerz.
Rubeanwasserstoff, Trivialname für das Dithioethandisäurediamid, $H_2N-CS-CS-NH_2$, eine orangefarbige Verb., die unter Zersetzung schmilzt und sich in Laugen gut, aber kaum in Wasser und Ethanol löst. R. wird durch Umsetzung von Dicyan mit Schwefelwasserstoff erhalten und ist ein empfindliches Reagens für Kupfer, Nickel, Cobalt und Platin.
Rubidium,

Rb	$Z = 37$
$A_{R\,(1981)} = 85{,}467\,8$	
Ek: $[Kr]\,5s^1$	
OxZ: $+1$	
$X_E = 0{,}82$	
Elementsubstanz:	
Schmp.	$38{,}7\,°C$
Sdp.	$688\,°C$
$\varrho = 1{,}532\;kg\cdot l^{-1}$	

chem. Element (↗ Elemente, chem.).
Rubidium, Symbol: Rb, 4. Element der 1. Hauptgruppe des PSE (↗ Hauptgruppenelemente, 1. Hauptgruppe des PSE). R. ist die Bez. für alle Atome, die 37 positive Ladungen im Kern, also 37 Protonen besitzen: Kernladungszahl $Z = 37$. Die Elektronenhülle des neutralen Atoms besteht aus 37 Elektronen, von denen das Valenzelektron die Konfiguration $5s^1$ besitzt. In Verb. wird nur eine Oxydationsstufe eingenommen, die durch die Oxydationszahl $OxZ +1$ charakterisiert ist. R. ist 1860 von BUNSEN und KIRCHHOFF in Mineralwasser spektralanalytisch entdeckt worden. Es findet sich als Begleiter in Mineralien des ↗ Kaliums und anderer Alkalimetalle. So enthalten ↗ *Carnallit* etwa 0,02 % und ↗ *Lepidolith* bis zu 5 % Rubidiumanteile. Die Elementsubstanz, d. h. das metallische R., wird durch Reduktion von Rubidiumchlorid mit metal-

lischem Magnesium im Wasserstoffstrom:
$2 RbCl + Mg \rightarrow 2 Rb + MgCl_2$;
durch Elektrolyse des Rubidiumhydroxids, analog der Darstellung von metallischem ⁊ Natrium, oder durch Reduktion des Rubidiumdichromats mit metallischem Zirconium im Hochvakuum bei 500 °C, wobei noch Zirconiumdioxid und Chromiumtrioxid entstehen:
$Rb_2Cr_2O_7 + 2 Zr \rightarrow 2 Rb + 2 ZrO_2 + Cr_2O_3$;
hergestellt. Metallisches R. ist als typisches Alkalimetall sehr reaktionsfähig; es entzündet sich mit Sauerstoff von selbst und setzt sich dabei zu Rubidiumhyperoxid, RbO_2, um. An binären Sauerstoffverb. sind bekannt: *Rubidiumoxid*, Rb_2O, *Rubidiumperoxid*, Rb_2O_2, und *Rubidiumhyperoxid*, RbO_2. Außerdem ist das *Rubidiumtrioxid*, Rb_2O_3, besser formuliert als Doppeloxid $2 RbO_2 \cdot Rb_2O_2$, nachgewiesen. *Rubidiumhydroxid*, $RbOH$, ist eine sehr starke Base. Schließlich seien noch *Rubidiumcarbonat*, Rb_2CO_3, und *Rubidiumsulfat*, Rb_2SO_4, genannt. Metallisches R. und Rubidiumverb. sind durch die Seltenheit des Materials in ihrer Anwendung eingeschränkt. So werden metallisches R. z.B. als Gettermetall in Elektronenröhren und Hochleistungslampen und Rubidiumsalze als Glaszusätze für Fernsehröhren, als Einkristalle in der Optoelektronik sowie als Antiepileptika in der Medizin verwendet.

Rubin, Edelstein, roter, durchsichtiger Kristall (⁊ Korund), der in der Lasertechnik und als Schmuckstein verwendet wird.

Rubinblende, ⁊ Rotgültigerz.

Rückflußkühler, z. B. *Dimrothkühler*, senkrecht auf dem Siedekolben stehender ⁊ Kühler, mit dem die Lösungsmittel, die beim Erhitzen der Reaktionsprodukte verdampfen, kondensiert werden, in das Gefäß (Kolben) zurücktropfen und damit dem Reaktionsgemisch erneut zugeführt werden.

Rückstandsverbrennung, ⁊ Müllverbrennung.

Rührkessel, ⁊ Rührreaktor.

Rührreaktor, ein mit Rührwerk ausgestatteter Kessel zur diskontinuierlichen oder kontinuierlichen Durchführung einer chem. Reaktion. Bei idealer Durchmischung treten keine Konzentrations- und Temperaturgradienten im Reaktor auf. Hintereinanderschaltungen von kontinuierlich betriebenen Rührreaktoren heißen Rührreaktorkaskade.

RUNGE, FRIEDLIEB FERDINAND (8. 2. 1795 bis 25. 3. 1867), deutscher Chemiker, untersuchte u. a. den Steinkohlenteer. Er fand das Kyanol, für das ⁊ A. W. HOFMANN die Identität mit Anilin erkannte. Er gewann Carbolsäure; für sie prägte ⁊ C. GERHARDT den Namen *Phenol*. Aus Chinarinde isolierte er *Chinin*; aus Kaffeebohnen, einem Geschenk J. W. GOETHES, das *Coffein*. 1835 stellte er in Deutschland die ersten Paraffinkerzen her.

Ruß, feinverteilter, flockiger Kohlenstoff, der sich bei unvollständigen Verbrennungsvorgängen bildet. Er besteht aus ungeordneten Sechserring-Strukturen der Kohlenstoffatome. Rußflocken adsorbieren andere Luftschadstoffe und sind deshalb als Bestandteil der Luftverunreinigung besonders unangenehm.

Rußschiefer, ⁊ Alaunschiefer.

Ruthenium,

Ru $\quad Z = 44$
$A_{r(1981)} = 101{,}07$
Ek: [Kr] $4d^7 5s^1$
OxZ:
$-2, 0, +1, +2, +3, +4, +5, +6, +7, +8$
$X_E = 2{,}2$
Elementsubstanz:
Schmp. 2 300 °C
Sdp. 3 900 °C
$\varrho = 12{,}2\ kg \cdot l^{-1}$

chem. Element (⁊ Elemente, chem.).
Ruthenium, Symbol: Ru, 1. Element der leichten Platinmetalle (⁊ Nebengruppenelemente, 8. Nebengruppe des PSE). R. ist die Bez. für alle Atome, die 44 positive Ladungen im Kern, also 44 Protonen besitzen: Kernladungszahl $Z = 44$. Die Hülle des neutralen Atoms besteht aus 44 Elektronen, von denen die möglichen Valenzelektronen die Konfiguration $4d^7 5s^1$ besitzen. In Verb. werden Oxydationsstufen eingenommen, die durch die Oxydationszahlen $OxZ\ -2, 0, +1, +2, +3, +4, +5, +6, +7$ und $+8$ charakterisiert sind. R. wurde 1845 von CLAUS entdeckt. In der Natur findet sich R., mit den anderen Platinmetallen vergesellschaftet, in Eisen-, Chromium-, Nickel- und Kupfererzlagern; z. T. auch (sekundär) durch fließende Gewässer abgelagert und angereichert. Ein besonderes Mineral ist der osmiumhaltige *Laurit*, RuS_2. Die Gewinnung des Metalls erfolgt über eine Anreicherung durch Schlämmen, ein Auskochen mit Königswasser und ein Ausfällen der einzelnen Metalle nach aufwendigen und differenzierten Verfahren. Metallisches R. ist mattgrau bis silberweiß, hexagonal kristallin, sehr spröde und hart und sehr schwer zu schmelzen. Es reagiert mit molekularem Sauerstoff bei Rotglut:
$Ru + O_2 \rightarrow RuO_2$, $\Delta_B H = -220\ kJ \cdot mol^{-1}$,
bzw. $RuO_2 + O_2 \rightarrow RuO_4$,
mit molekularem Chlor:
$2 Ru + 3 Cl_2 \rightarrow 2 RuCl_3$, $\Delta_B H = -197\ kJ \cdot mol^{-1}$
und mit oxydierenden Schmelzen (z. B. Kaliumhy-

droxid-Kaliumnitrat-Schmelzen) unter Bildung von Kaliumruthenat(VI), $K_2[RuO_4]$. Von Mineralsäuren wird das Metall nicht angegriffen.

RUTHERFORD, ERNEST (30.8.1871 bis 19.10.1937), auf Neuseeland geborener Physiker, gehört mit zu den Forschern, die maßgeblichen Anteil an der Entwicklung unserer heutigen Vorstellungen über den Atombau haben. 1897 erkannte er die Zusammensetzung der radioaktiven Strahlen (↗ Radioaktivität). 1903 veröffentlichte er die Ergebnisse, die er in gemeinsamer Arbeit mit F. SODDY über den radioaktiven Zerfall der Atome gewonnen hatte. Sein ↗ Atommodell bildete eine der Grundlagen für die Arbeiten seines Schülers BOHR. 1919 gelang ihm die erste künstliche Kernumwandlung (↗ Kernreaktion). 1908 erhielt er den Nobelpreis für Chemie. Bild.

E. RUTHERFORD

Rutil, TiO_2, ein in Gesteinen häufig anzutreffendes Nebengemengteil. R. bildet metallartige, gelb-rotbraune tetragonale, dicksäulige Kristalle, oft mit charakteristischer knieförmiger Zwillingsbildung. R. bildet noch zwei weitere Modifikationen, die als *Anatas* bzw. *Brookit* bezeichnet werden. Sie sind in der Natur selten zu finden.
R. ist ein Mineral, das sich in Gesteinen neu bildet bei geringer metamorpher (Druck-)Beanspruchung, z.B. in Tonschiefern und Phylliten. Daneben ist es auch in magmatischen Gesteinen und auf Seifenlagerstätten anzutreffen. R. ist das wichtigste Titaniummineral.

S

Sabotagegifte, zu Sabotagezwecken eingesetzte ↗ chem. Kampfstoffe zur Schädigung von Menschen, Nutztieren und Kulturpflanzen. Es kommen die verschiedensten Giftstoffe in Betracht, z.B. Alkaloide, ↗ Glycoside, Fluorcarbonsäuren, ↗ Phytogifte und ↗ Psychogifte.

Saccharin, ↗ Süßstoffe.

Saccharin

Saccharose, $C_{12}H_{22}O_{11}$, wichtiges ↗ Disaccharid.
S. wird im engeren Sinn als Zucker bezeichnet und wird aus Zuckerrüben (16 bis 20%) oder aus Zuckerrohr (14 bis 16%) gewonnen, kommt aber in fast allen Früchten und vielen Pflanzen vor. S. ist ein α-D-Glucopyranosido-β-D-fructofuranosid. Beide Bausteine sind über die Acetalhydroxylgruppen unter Wasserabspaltung verknüpft. S. zeigt deshalb keine reduzierende Wirkung, z.B. gegen FEHLINGsche Lösung.
S. kristallisiert gut und löst sich leicht in Wasser, schwer in Ethanol, Schmp. 185 °C. Die wäßrige Lösung dreht das polarisierte Licht (↗ optische Aktivität) nach rechts.
S. wird durch Säuren sowie durch das Enzym Invertase hydrolytisch in D-Glucose und D-Fructose gespalten.
Von den beiden Hydrolyseprodukten dreht die Fructose stärker nach links als die Glucose nach rechts. Deshalb wird die Hydrolyse auch als ↗ Inversion bezeichnet. Das dabei gebildete Zuckergemisch heißt Invertzucker bzw. Kunsthonig. In der Zuckerzusammensetzung gleicht dieser dem Bienenhonig.

SALA, ANGELUS (1576 bis 1637), italienischer Iatrochemiker, der ab 1625 Leibarzt am mecklenburgischen Hof war, erkannte die Zusammensetzung des Ammoniumchlorids und stellte fest, daß die Schwefelsäure Salpetersäure aus ihren Salzen verdrängt. Er führte Silbernitrat, ↗ Lapis infernalis, in die Medizin ein.

Salben, Zubereitungsform für äußerlich angewendete Arzneimittel. Die Wirkstoffe sind in einer Salbengrundlage verteilt. Grundstoffe für S. sind z.B. Fette, fette Öle, Wachse, Vaseline, Fettsäuren, Fettalkohole und synthetische makromolekulare Verb., wie Polyethylenglycole. Häufig werden auch Emulsionen dieser Stoffe mit Wasser verwendet.

Salicylsäure, Trivialname für die ↗ 2-Hydroxybenzoesäure.

Saline, Produktionsbetrieb für ↗ Siedesalz.

Salmiak, alter Trivialname für Ammoniumchlorid NH_4Cl.

Salmiakgeist, alter Trivialname für Ammoniak NH_3 bzw. seine wäßrige Lösung.

sal mirabile, wunderbares Salz, nennt ↗ GLAUBER das von ihm hergestellte Natriumsulfat, später ist es Glaubersalz genannt worden.

Salpeter

Salpeter, Nitrate der Elemente der 1. und 2. Hauptgruppe des PSE, z. B. Natriumnitrat (Chilesalpeter), Kaliumnitrat (Kalisalpeter oder indischer Salpeter) und Calciumnitrat (Kalk- oder Norgesalpeter).

Salpetersäure,

HNO_3
Schmp. $-47\,°C$
Sdp. $86\,°C$
$\varrho = 1{,}503\ kg \cdot l^{-1}$

wasserfrei, eine farblose Flüssigkeit, die mit Wasser in jedem Verhältnis gemischt werden kann und als 69,2%ige Säure als azeotropes Gemisch bei 121,8 °C siedet. S. wird nach dem OSTWALD-Verfahren durch katalytische Oxydation von Ammoniak zu Stickstoff(II)-oxid:

$4\,NH_3 + 5\,O_2 \rightarrow 4\,NO\uparrow + 6\,H_2O$,

dann folgende Oxydation des Stickstoff(II)-oxids zu Stickstoff(IV)-oxid:

$4\,NO + 2\,O_2 \rightarrow 4\,NO_2\uparrow$

und anschließende Umsetzung des Stickstoff(IV)-oxids mit Wasser bei Anwesenheit von molekularem Sauerstoff:

$4\,NO_2 + 2\,H_2O + O_2 \rightarrow 4\,HNO_3$

hergestellt. Konzentrierte S. besitzt eine stark oxydierende Wirkung, ist daher in der Lage, viele edle Metalle, außer Gold und einige Platinmetalle, zu lösen (daher der Trivialname »Scheidewasser«). Je nach Konzentration der eingesetzten Säure reagiert sie mit den Metallen unter Bildung von Stickstoff(II)-oxid oder Stickstoff(IV)-oxid:

$8\,HNO_3 + 3\,Cu \rightarrow 3\,Cu(NO_3)_2 + 2\,NO\uparrow + 4\,H_2O$,
$2\,HNO_3 + Ag \rightarrow AgNO_3 + NO_2\uparrow + H_2O$.

Wasserfreie S. besitzt eine Eigendissoziation:

$2\,HNO_3 \rightleftharpoons NO_2^+ + NO_3^- + H_2O$.

Sie dissoziiert in wäßriger Lösung als starke Säure praktisch vollständig:

$HNO_3 + H_2O \rightleftharpoons H_3O^+ + NO_{3JIN}^-$.

Fast alle Salze der S., die Nitrate, sind in Wasser gut löslich.

salpetrige Säure, HNO_2, ist nur in kalten und verd. wäßrigen Lösungen und in ihren Salzlösungen *(Nitrite)* beständig. Durch Einleiten eines äquivalenten Gemisches von Stickstoff(II)-oxid und Stickstoff(IV)-oxid in Natronlauge entsteht über eine Synproportionierung das Natriumsalz der s. S., Natriumnitrit:

$NO + NO_2 + 2\,NaOH \rightarrow 2\,NaNO_2$.

Aus dieser Lösung kann durch Ansäuern die s. S. in Freiheit gesetzt werden. Salpetrige Säure ist eine mittelstarke Säure, die sowohl schwach oxydierende (z. B. Fe^{2+} zu Fe^{3+}; I^- zu I) als auch schwach reduzierende Eigenschaften (z. B. Mn^{+7} zu Mn^{+4}) besitzt.

Salvarsan®, ↗ Arsphenamin.

Salze, chem. Verbindungsklassen, die, bedingt durch eine ausgeprägte ↗ Ionenbeziehung, ein typisches ↗ Kristallgitter (mit ebenso bestimmter ↗ Kristallstruktur) besitzen.

S. sind meist durch verhältnismäßig hohe Schmelz- und Siedepunkte ausgezeichnet. Beim Schmelzen werden die Ionen frei beweglich. S. sind als echte ↗ Elektrolyte in polaren Lösungsmitteln, z. B. Wasser, gut löslich, wobei eine ↗ Dissoziation in ↗ Ionen auftritt.

Salzkohle, NaCl-haltige Braunkohle. Bei ihrer Verbrennung bilden sich neben den üblichen Verbrennungsprodukten auch Chlorwasserstoff und eine leicht schmelzbare Schlacke, die zur Verbackung neigt. Das erschwert die Verwendung der S.

Salzsäure, wäßrige Lösung von ↗ Chlorwasserstoff, der nahezu vollständig dissoziiert vorliegt:

$HCl + H_2O \rightleftharpoons H_3O^+ + Cl^-$.

Konzentrierte S. ist etwa 38%ig, 12,5 molar und hat eine Dichte von $\varrho = 1{,}19\ kg \cdot l^{-1}$.
Bei einem Chlorwasserstoffgehalt von 20,24 % liegt eine azeotrope Lösung (Sdp. 110 °C, $\varrho = 1{,}1\ kg \cdot l^{-1}$) vor. Die Salze der S. heißen *Chloride*. S. ist eine starke Säure, die in großen Mengen in der Industrie und im Laboratorium, z. B. als Aufschlußmittel, Fällungsreagens, Synthesestoff usw., verwendet wird.

Salzstock, charakteristische stock- oder pilzartige geologische Struktur der Erdkruste. Sie entstand bei Krustenbewegungen im Deckgebirge durch plastisches Fließen mächtiger Salzschichten. Bild.

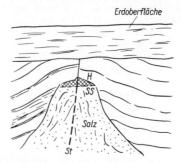

Schematischer Aufbau eines Salzstocks
H Hut
SS Salzspiegel
St Störung (Verwerfung) der Erdkruste

Durch die auflösende Wirkung von Sickerwässern von der Erdoberfläche wurde dem Salzaufstieg eine Grenze gesetzt (Salzspiegel). Die Auslaugungs- und Umbildungsprodukte der oberen Zone bilden den Salzhut (↗ Hut).

Samarium,

Sm $Z = 62$
$A_{r(1981)} = 150{,}36$
Ek: [Xe] $4f^6 6s^2$
OxZ: $+2, +3$
$X_E = 1{,}17$
Elementsubstanz:
Schmp. 1 072 °C
Sdp.   1 900 °C
$\varrho = 7{,}54 \text{ kg} \cdot \text{l}^{-1}$

chem. Element (↗ Elemente, chem.). *Samarium*, Symbol: Sm, 5. Element der ↗ Lanthanoidengruppe. S. ist die Bez. für alle Atome, die 62 positive Ladungen im Kern, also 62 Protonen besitzen: Kernladungszahl $Z = 62$. S. findet sich in der Natur in den ↗ Ceriterden, verbreitet aber in geringen Konzentrationen. Eine Darstellung des silberweißen und weichen Metalls erfolgt nach aufwendiger Trennung, z. B. durch Schmelzflußelektrolyse oder Reduktion mit Kalium. S. kann durch sein hohes Neutronenabsorptionsvermögen (Neutronenfänger) in der Kerntechnik verwendet werden.

Sammler, Flotationsmittel (↗ Flotation), die den selektiven Austrag einer Phase einer heterogenen Suspension bewirken.

Sand, Anhäufung kleiner, loser Mineral- bzw. Gesteinskörnchen im Korngrößenbereich 0,02 bis 2 mm.

SANDMEYER-Reaktion, ein seit 1884 bekanntes Verfahren zur Herstellung von Benzenderivaten aus ↗ Diazoniumsalzlösungen mit Kupfer(I)-salzen als Katalysatoren. So entsteht aus Benzendiazoniumchlorid mit Kupfer(I)-chlorid das Chlorbenzen:

$$[C_6H_5-\overset{\oplus}{N}{\equiv}N]Cl \xrightarrow{(Cu)} C_6H_5-Cl + N_2$$

Analog können Brombenzen (C_6H_5—Br) und Benzonitril (C_6H_5—CN) hergestellt werden. Mit Kupfer als Katalysator ist nach GATTERMANN die Synthese dieser Verb. ebenfalls möglich, außerdem sind mit Natriumnitrit das Nitrobenzen (C_6H_5—NO_2) und mit Natriumsulfit das Natriumbenzensulfonat zugänglich.

Sandstein, Sedimentgestein, das vorwiegend aus Quarzkörnern besteht, die durch ein Bindemittel miteinander verkittet sind. S. sind häufig durch Eisenoxidhydrate bräunlich-rot gefärbt.

Sandwichverbindungen, ↗ metallorg. Verb.

Saphir, blauer ↗ Korund mit Edelsteinqualität.

Sarin, Phosphorsäureester, wird als ↗ chem. Kampfstoff verwendet.

Sauerstoff

O $Z = 8$
$A_{R(1981)} = 15{,}999\,4$
Ek: [He] $2s^2 2p^4$
OxZ: $-2, -1, +1, +2$
$X_E = 3{,}44$
Elementsubstanz: O_2
Schmp. -219 °C
Sdp. -183 °C
$\varrho_{fl} = 1{,}15 \text{ kg} \cdot \text{l}^{-1}$
$\varrho_g = 1{,}428\,9 \text{ kg} \cdot \text{m}^{-3}$

chem. Element (↗ Elemente, chem.). *Oxygenium*, Symbol: O, 1. Element der 6. Hauptgruppe des PSE (↗ Hauptgruppenelemente, 6. Hauptgruppe des PSE). S. ist die Bez. für alle Atome, die 8 positive Ladungen, also 8 Protonen besitzen: Kernladungszahl $Z = 8$. Die Hülle des neutralen Atoms besteht aus 8 Elektronen, von denen sechs, die Valenzelektronen, die Konfiguration $2s^2 2p^4$ besitzen. In Verb. werden Oxydationsstufen eingenommen, die durch die Oxydationszahlen OxZ $-2, -1, +1,$ und $+2$ charakterisiert sind, von denen aber die OxZ -2, bedingt durch die hohe Elektronegativität des Sauerstoffs, die häufigste und verbreitetste ist. S. ist mit 49,5 Masse-% am Aufbau der Erdrinde, der Ozeane und der Lufthülle das häufigste Element: 23,2 Masse-% (entsprechend 20,9 Vol.-%) Disauerstoff sind in der Luft, 88,81 Masse-% chem. an Wasserstoff gebundener S. sind im Wasser und 47,3 Masse-% chem. gebundener S. sind in den Gesteinen der Erdrinde vertreten. S. ist weiterhin ein wichtiger Bestandteil der Kohlenhydrate und Eiweißverb. 1774 hatte PRIESTLEY molekularen S. aus Quecksilberoxid und aus Mennige dargestellt, 1777 wurde von SCHEELE der S. als Bestandteil der Luft erkannt, und wenige Jahre später gründete LAVOISIER auf diesen Entdeckungen seine Theorie von der Verbrennung. Molekularer S., auch Disauerstoff, kann auf recht unterschiedliche Weise hergestellt werden: Durch Erhitzen von Kaliumchlorat auf über 150 °C bei Anwesenheit von Mangandioxid als Katalysator:

$2 KClO_3 \rightarrow 2 KCl + 3 O_2\uparrow$,

durch Erhitzen von Quecksilberoxid auf über 400 °C:

$2 HgO \rightarrow 2 Hg + O_2\uparrow$,

durch Erhitzen von Bariumperoxid auf über 700 °C:

$2 BaO_2 \rightarrow 2 BaO + O_2\uparrow$,

durch Erhitzen von Alkali- und Erdalkalinitraten auf über 200 °C, z. B.:

$2 KNO_3 \rightarrow 2 KNO_2 + O_2\uparrow$,

durch Erhitzen von Kaliumpermanganat auf über 200 °C:

$4 KMnO_4 \rightarrow 4 MnO_2 + 2 K_2O + 3 O_2\uparrow$,

durch katalytische Zersetzung von Wasserstoffperoxid mit Mangandioxid:

$2 H_2O_2 \rightarrow 2 H_2O + O_2\uparrow$,
durch Umsetzung von Chlorkalk mit Wasserstoffperoxid:
$Ca(ClO)Cl + H_2O_2 \rightarrow CaCl_2 + H_2O + O_2\uparrow$
und durch Elektrolyse wäßriger Natriumhydroxid- oder wäßriger Schwefelsäurelösungen, wobei an der Anode molekularer S. abgeschieden wird. Techn. wird molekularer S. bei der fraktionierten Destillation verflüssigter Luft gewonnen. *Disauerstoff* ist ein farbloses, geruchloses und geschmackloses Gas, das flüssig hellblaue Farbe annimmt. In festem Zustand existieren drei Modifikationen: *γ-Sauerstoff*, der kubisch kristallisiert, *β-Sauerstoff*, der rhomboedrisch kristallisiert, und *α-Sauerstoff*, der rhombisch kristallisiert. Das Sauerstoffmolekül ist paramagnetisch. Neben dem Disauerstoff existieren noch als Elementsubstanzen: Monosauerstoff, O, der durch Spaltung von Sauerstoffmolekülen (durch Glimmentladung bei einem Druck unter 0,133 kPa) entsteht, und *Trisauerstoff*, O_3, auch ↗ *Ozon*, der sich durch Bindung von Monosauerstoff an Disauerstoff bildet. Disauerstoff ist ein wichtiges Oxydationsmittel, das nach Zündung eine meist mit Licht- und Wärmeentwicklung verbundene Verbrennung des zur Reaktion gebrachten Stoffes bewirkt. Disauerstoff ist für Pflanze und Tier zur Atmung lebensnotwendig, und er entsteht beim Assimilationsprozeß der Pflanzen. Bei Zimmertemperatur läßt sich Disauerstoff nicht verflüssigen, er wird daher unter Druck in Stahlflaschen aufbewahrt, um z. B. beim autogenen Schweißen und Schneiden, gemeinsam mit molekularem Wasserstoff oder Ethin, Verwendung zu finden. Außerdem wird Disauerstoff in der Eisen- und Stahlindustrie, in Atemschutzgeräten, in Raketen u. a. eingesetzt.

Sauerstoffbedarf, biochem. (biologischer), (↗ BSB_5), Maß für den Gehalt an biochem.-biologisch leicht abbaubaren org. Inhaltsstoffen im Abwasser. Er gibt die Masse an Sauerstoff in mg an, die auf 1 l Abwasser beim biochem. Ab- und Umbau org. Inhaltsstoffe in 5 Tagen bei 20 °C benötigt wird.

Sauerstoffblasverfahren, Gruppe moderner Verfahren der Stahlerzeugung in Konvertern unter Verwendung von Sauerstoff statt Luft zum ↗ Frischen. ↗ Stahlherstellung.

Sauerstoffdruckvergasung, ↗ Druckvergasung von Kohlen unter Verwendung von Sauerstoff statt Luft als Vergasungsmittel (neben Wasserdampf).

Sauerstoffverbrauch, chemischer, (CSV), Maß für den Gesamtgehalt der im Abwasser befindlichen chem. oxydierbaren Inhaltsstoffe, einschließlich des biochem. leicht abbaubaren org. Materials (↗ BSB_5). Er gibt die äquivalente Masse an Sauerstoff an, die zur chem. Oxydation der Wasserinhaltsstoffe benötigt wird (entspricht dem reduzierten Anteil des zugesetzten Oxydationsmittels). Das Verhältnis der CSV- und der BSB_5-Werte gibt Aufschluß über die Anteile leicht bzw. schwer abbaubarer Stoffe in einem Abwasser.

Saugflasche, dickwandiges Glasgefäß mit seitlichem Ansatz zur Durchführung von Unterdruckfiltrationen mit Fritten oder BÜCHNER-Trichtern. Bild.

Saugflasche mit BÜCHNER-Trichter zur Saugfiltration
1 Gummistopfen

Säureamide, Derivate von Sauerstoffsäuren, besonders org. Carbonsäuren, bei denen die Hydroxylgruppe der Carboxylgruppe durch die Aminogruppe ersetzt worden ist.

$R-\overset{O}{\underset{}{C}}-NH_2$

Säureanhydride, Säurederivate, die durch intra- oder intermolekulare Wasserabspaltung aus den Carboxylgruppen, aus Säuren entstanden sind. Die S. der anorg. Sauerstoffsäuren sind die Oxide der in den Säuren vorliegenden Nichtmetalle mit gleicher Oxydationszahl (Kohlensäure → CO_2, Schwefelsäure → SO_3, Phosphorsäure → P_4O_{10}).

Säure-Base-Theorie, Substanzen mit saurem Geschmack, die als Säuren bezeichnet werden, sind der Menschheit von alters her bekannt. Nach BOYLE (1663) färben Säuren bestimmte Pflanzenfarbstoffe rot. Die Basen (von Basis für die Salzdarstellung) bilden mit Säuren Salze und schmecken seifig. Sie wurden aus Pflanzenaschen (arab. *al kali*) gewonnen und als Alkalien bezeichnet. Von LIEBIG (1838) stammt eine erste Säuredefinition, die die chem. Reaktion der Säuren beinhaltet. Nach ihm sind Säuren Stoffe, die Wasserstoff enthalten, der durch Metalle ersetzbar ist. Heute existieren verschiedene Theorien mit verschieden großer Aussagekraft und unterschiedlichem Abstraktionsgrad, die häufig nebeneinander gebraucht werden, z. B. Säure-Base-Theorie nach ARRHENIUS, nach BRÖNSTED, nach LEWIS, nach PEARSON, nach USANOVIČ. Die BRÖNSTEDsche Theorie besitzt heute einen gewissen Vorrang:

1. S.-B.-Th. nach ARRHENIUS, beruht auf der Ionentheorie und bezeichnet Stoffe als Säuren, die in wäßriger Lösung Wasserstoffionen abgeben. Säuren

dissoziieren in wäßriger Lösung in positive Wasserstoffionen und negative Säurerestionen. Basen sind Hydroxylverb., die in wäßriger Lösung in positive Metallionen (oder Oniumionen, z. B. Ammoniumionen) und negative Hydroxidionen dissoziieren. Bei der Salzbildung, der Reaktion von Säuren und Basen, entstehen aus Wasserstoffionen und Hydroxidionen undissoziierte Wassermoleküle (↗ Neutralisation). Diese Theorie konnte viele Erscheinungen, wie ↗ Säurestärke, ↗ Hydrolyse, ↗ Neutralisation u. a., erklären. Die bekannten Mineralsäuren (H_2SO_4, HCl, HNO_3 u. a.) sind nach ARRHENIUS Säuren. Nachteilig an der Theorie ist, daß der Basenbegriff nur an Stoffe mit Hydroxylgruppen gebunden ist, z. B. NaOH, $Ca(OH)_2$, und Reaktionen nur in wäßrigen Lösungen verstanden werden können.

2. S.-B.-Th. nach BRÖNSTED, erklärt die S.-B.-Th. als Protonenübertragung (Wasserstoffion H^+ bzw. dessen hydratisierte Form des Hydroniumions H_3O^+). Säuren sind Stoffe, die Protonen abgeben (Protonendonatoren), und Basen sind Stoffe, die Protonen aufnehmen (Protonenakzeptoren). Damit sind Säure-Base-Reaktionen Protonenübergangsreaktionen. Die Definition gilt für jedes Lösungsmittelsystem. Solche Stoffe, die sowohl Protonen aufnehmen können ($HSO_4^- + H^+ \rightleftharpoons H_2SO_4$) als auch Protonen abgeben können ($HSO_4^- \rightleftharpoons H^+ + SO_4^{2-}$), werden als ↗ Ampholyte bezeichnet. Säuren sind damit alle bekannten Säuren (HCl, H_2CO_3, CH_3COOH), aber auch Ionen, sogenannte Anionsäuren (HCO_3^-, HSO_4^-) und Kationsäuren (NH_4^+, $[Mg(H_2O)_6]^{2+}$). Basen sind Ionen, die noch Protonen aufnehmen können, wie Cl^-, SO_4^{2-}, Moleküle wie NH_3 und Wasser. Von den Metallhydroxiden sind nur die Hydroxidionen (OH^-) als Basen zu verstehen. Basen und Säuren sind über eine Säure-Base-Gleichgewichtsreaktion miteinander verknüpft (Protolysegleichgewicht):

HA + B $\rightleftharpoons$ BH^+ + A^-
Säure 1 + Base 1   Säure 2 + Base 2
$H_2O + NH_3$ $\rightleftharpoons$ $NH_4^+ + OH^-$

Diese Säure-Base-Theorie erfordert, daß Säuren Wasserstoffverbindungen sind, d. h., die »saure« Reaktion von Verbindungen, wie SO_3 oder $AlCl_3$, ist nicht erklärbar. Basen müssen, um Protonen aufnehmen zu können, ein freies Elektronenpaar besitzen.

3. S.-B.-Th. nach LEWIS, geht von der Außenelektronenkonfiguration aus. Basen sind Stoffe mit freien Elektronenpaaren ($[|\overline{O}-H]^-$, $|NH_3$ u. a.), damit sind LEWIS- und BRÖNSTED-Basen von gleicher Struktur, es sind Elektronenpaardonatoren. Säuren sind Elektronenpaarakzeptoren, d. h., sie verfügen über eine Elektronenlücke, z. B. $AlCl_3$, BF_3. Die bekannten Mineralsäuren sind nach LEWIS nicht als Säuren zu verstehen. Die S.-B.-Th. nach LEWIS ist gut zur Interpretation von Komplexbildungsreaktionen geeignet. Demzufolge haben Zentralionen unbesetzte Orbitale und reagieren als LEWIS-Säuren. Die Liganden besitzen freie Elektronenpaare wie die LEWIS-Basen.

4. HSAB-Konzept nach PEARSON (Hard and Soft Acids and Bases), es geht von der S.-B.-Th. nach LEWIS aus. Es werden harte Säuren (hochgeladene Teilchen mit geringer Polarisierbarkeit) und weiche Säuren (geringgeladene Teilchen mit hoher Polarisierbarkeit) sowie harte Basen (Donatoratome hoher Elektronegativität, geringer Polarisierbarkeit) und weiche Basen (Donatoratome mit niedriger Elektronegativität, großer Polarisierbarkeit) unterschieden.
Bei Base-Säure-Reaktionen zwischen hart/hart und weich/weich entstehen stabile Verb.

5. Nach USANOVIČ sind nahezu alle chem. Reaktionen als Säure-Base-Reaktionen aufzufassen. Säuren können Protonen oder andere Kationen abspalten bzw. Elektronen oder Anionen anlagern. Basen können Anionen oder Elektronen abspalten bzw. Protonen oder andere Kationen anlagern. Dieser S.-B.-Begriff ist so umfassend, daß er zur Systematisierung chem. Reaktionen nur begrenzt geeignet erscheint. Tabelle.

Säurehalogenide, Gruppe reaktionsfähiger Säurederivate, die durch Ersatz der Hydroxylgruppe der Carboxylgruppe durch Halogene, z. B. Chlor, entstanden sind:

$R-C{\displaystyle {\diagdown \atop \diagup}} {O \atop Cl}$ $SO_2(Cl)_2$.

Säurekonstante, K_S, Gleichgewichtskonstante für das Dissoziationsgleichgewicht von Säuren. Die S_j wächst mit steigender Dissoziation. Im allgemeinen wird ihr negativ dekadischer Logarithmus, der ↗ pK_S-Wert, angegeben.

Säuren, Verbindungsgruppe, die durch die verschiedenen ↗ Säure-Base-Theorien wissenschaftlich exakt, aber unterschiedlich bestimmt wird. S. dissoziieren in wäßriger Lösung in Wasserstoffionen (ARRHENIUS) bzw. Hydroniumionen (BRÖNSTED). Diese Ionen (H_3O^+, H^+) sind für die ↗ saure Reaktion verantwortlich, ihre Konzentration bedingt die ↗ Säurestärke.
Als anorg. S. faßt man alle kohlenstofffreien S. und die Kohlensäure H_2CO_3 zusammen. Einige kohlenstoffhaltige Säuren, wie z. B. Blausäure HCN, Cyansäure HOCN und Thiocyansäure HSCN, ordnet man sowohl den anorg. als auch den org. S. zu.

saure Reaktion

Säure-Base-Theorien

Theorie	Säure	Base
ARRHENIUS	$HCl, HNO_3, CH_3 \cdot COOH, H_2SO_4$	$NaOH, KOH, Ca(OH)_2$
	Säure-Base-Reaktion	
	$HCl + NaOH \rightarrow NaCl + H_2O$	
	$H^+ + OH^- \rightleftharpoons H_2O$	
	Neutralisation	
BRÖNSTED	Kationsäuren: NH_4^+	Kationbasen: $[Al(H_2O)_5OH]^{2+}$
	Neutralsäuren: HCl, H_2O	Neutralbasen: NH_3, H_2O
	Anionsäuren: HSO_4^-	Anionbasen: OH^-
	Säure-Base-Reaktion	
	(korrespondierende Säure-Base-Paare)	
	$H_2O + NH_3 \rightleftharpoons OH^- + NH_4^+$	
	$H_2O + H_2O \rightleftharpoons OH^- + H_3O^+$	
	(Autoprotolyse von Wasser)	
LEWIS	Kationen: Ag^+, H^+	Anionen: Cl^-, OH^-, SO_4^{2-}
	Moleküle: $BF_3, AlCl_3, SO_2$	Moleküle: H_2O, NH_3
	Säure-Base-Reaktion	
	$H^+ + OH^- \rightleftharpoons H_2O$	
	$BF_3 + NH_3 \rightleftharpoons BF_3-NH_3$	
	$Ag^+ + 2NH_3 \rightleftharpoons [Ag(NH_3)_2]^+$	
PEARSON	harte Säuren: H^+, Co^{3+}	harte Basen: F^-, OH^-, SO_4^{2-}
	weiche Säuren: Ag^+, Cs^+	weiche Basen: I^-, CN^-
	Säure-Base-Reaktion	
	$H^+ + OH^- \rightleftharpoons H_2O$ stabile Verbindung	
	$Ag^+ + OH^- \rightleftharpoons Ag(OH)$ wenig stabile Verbindung	
USANOVIČ	*Säure-Base-Reaktion*	
	$2Fe^{3+} + Sn^{2+} \rightleftharpoons 2Fe^{2+} + Sn^{4+}$	
	$CO_2 + CaO \rightarrow CaCO_3$	

Als org. S. bezeichnet man alle anderen kohlenstoffhaltigen S., insbesondere die Carbonsäure R—COOH und die Sulfonsäuren R—SO$_3$H. Viele anorg. Säuren sind <u>Sauerstoff-</u> oder <u>Oxosäuren</u> (Schwefelsäure, H_2SO_4; Salpetersäure, HNO_3; Phosphorsäure, H_3PO_4). Einige binäre Wasserstoffverb. verhalten sich in wäßriger Lösung als <u>Wasserstoffsäuren</u> (Salzsäure, HCl; Schwefelwasserstoffsäure, H_2S). Die Sauerstoffsäuren werden nach dem Wassergehalt unterschieden in wasserreiche <u>Orthosäuren</u> (Orthophosphorsäure, H_3PO_4), wasserärmere <u>Metasäuren</u> (Metaphosphorsäure, HPO_3) und, wenn Zwischenstufen möglich sind, in <u>Mesosäuren</u>. Bei vollständiger Wasserabspaltung entstehen ↗ Säureanhydride. Einige Säuren besitzen neben den sauren Eigenschaften noch eine oxydierende Wirkung (z. B. $HClO_4, H_2SO_4, HNO_3$), andere Säuren vermögen das nicht (z. B. HCl, CH_3COOH), und wieder andere vermögen zu reduzieren (z. B. H_2S). Diese Wirkung ist immer durch das Verhalten des Säurerestes bedingt. Für die Reaktivität der S. ist auch ihre ↗ Flüchtigkeit von Bedeutung, denn die leichter flüchtigen S. (HCl, H_2S, HNO_3) lassen sich meist durch die schwerer flüchtigen S. (H_2SO_4, H_3PO_4, auch SiO_2 als Säureanhydrid) aus ihren Salzen verdrängen. Wird der Sauerstoff in Säuren durch Schwefel ersetzt, bilden sich Thiosäuren: H_2SO_4, Schwefelsäure $\rightarrow H_2S_2O_3$, Thioschwefelsäure.

saure Reaktion, in einer Lösung wird ein pH-Wert <7 ermittelt, d. h. $C_{H_3O^+} > C_{OH^-}$. Die s. R. wird z. B. mit Indikatoren nachgewiesen. Säuren, ihre Derivate und bestimmte Salze (↗ Hydrolyse) zeigen s. R.

Säurerest, Teil eines Säuremoleküls, der aus Atomen oder Atomgruppen besteht und nach dem Abspalten der Protonen (Wasserstoffionen) als negativ geladenes Ion (Anion) zurückbleibt:
$H_2SO_4 \rightleftharpoons 2H^+ + \underline{SO_4^{2-}}$; $HCl \rightleftharpoons H^+ + \underline{Cl^-}$
$H_2S \rightleftharpoons H^+ + \underline{HS^-}$.

In wäßriger Lösung liegen die S. der meisten Säuren als frei bewegliche Ionen (Anionen) vor.

saurer Regen, publizistische Bez. für einen Komplex von Ursachen für Umweltschäden, im engeren Sinne handelt es sich um die Absorption von Schwefeldioxid (aus den Rauchgasen der Kohleverbrennung) durch atmosphärisches Wasser unter Bildung von schwefliger Säure:
$SO_2 + H_2O \rightarrow H_2SO_3$.
Durch die Dissoziation dieser Säure erfolgt eine pH-Wert-Verschiebung in den sauren Bereich, z. T. wird die schweflige Säure weiter zu Schwefelsäure oxydiert, so daß sich im Regen Hydroniumionen, Sulfationen und Sulfitionen u. a. finden.

saure Salze, *Hydrogensalze,* ↗ Salze, deren Säurerestionen noch ionogen abspaltbaren Wasserstoff enthalten, z. B. $NaHCO_3$, $KHSO_4$.

Säurestärke, Maß für die Dissoziation einer Säure, d. h. für die in wäßriger Lösung vorliegenden Hydronium- bzw. Wasserstoffionen. Die S. wird quantitativ durch den ↗ pK_S-Wert charakterisiert. Starke Säuren (Salzsäure, Salpetersäure, Schwefelsäure und Perchlorsäure) liegen in wäßriger Lösung vollständig dissoziiert vor. Mittelstarke Säuren (Phosphorsäure, Flußsäure) sind zu weniger als 20 % dissoziiert, und schwache Säuren (Borsäure) dissoziieren unter 1 %.

Scandium,

Sc	$Z = 21$
$A_{r(1981)} = 44,9559$	
Ek: [Ar] $3d^14s^2$	
OxZ: +3	
$X_E = 1,36$	
Elementsubstanz:	
Schmp.	1 540 °C
Sdp.	2 730 °C
$\varrho = 2,99$ kg $\cdot$ l^{-1}	

chem. Element (↗ Elemente, chem.).
Scandium, Symbol: Sc, 1. Element der 3. Nebengruppe des PSE (↗ Nebengruppenelemente, 3. Nebengruppe des PSE). S. ist die Bez. für alle Atome, die 21 positive Ladungen im Kern, also 21 Protonen besitzen: Kernladungszahl $Z = 21$. Die Hülle des neutralen Atoms besteht aus 21 Elektronen, von denen die möglichen Valenzelektronen die Konfiguration $3d^14s^2$ besitzen. In Verb. wird nur eine Oxydationsstufe eingenommen, die durch die Oxydationszahl OxZ +3 charakterisiert ist. S. wurde 1879 durch NILSON im Gadolinit entdeckt. Es entsprach dem 1871 von MENDELEEV vorausgesagten Element Eka-Bor. In der Natur kommt S. im Mineral *Thortveitit,* $Sc[Si_2O_7]$, vor. Zur Darstellung von metallischem S. wird das Mineral in das Chlorid überführt und dann reduziert, mit Natrium:
$ScCl_3 + 3 Na \rightarrow Sc + 3 NaCl$,
oder es wird durch Schmelzflußelektrolyse gewonnen. Metallisches S. ist silberweiß, hexagonal kristallin, von geringer Härte und kann in der Kälte zu Folien ausgewalzt werden. Oberhalb von 1 335 °C geht es in eine reguläre kristalline (kubisch-raumzentrierte) Modifikation über. An der Luft ist das Metall sehr beständig. Wichtige Verb. des S. sind: Scandium(III)-hydroxid, $Sc(OH)_3$, ist in Wasser schwer löslich und eine schwache Base; Scandium(III)-nitrat, $Sc(NO_3)_3$, und Scandium(III)-carbonat, $Sc_2(CO_3)_3$, zersetzen sich beim Glühen leicht unter Bildung des Oxids; Scandium(III)-oxid, Sc_2O_3, ist ein weißes Pulver, das von verd. Säuren kaum angegriffen wird. S. wird im Ceriummischmetall und als Grundlage für Leuchtstoffe (Luminophore) verwendet.

Schachtofen, Reaktor für Hochtemperaturreaktionen (z. B. Hochofen), der von oben mit den Ausgangsstoffen beschickt wird, während die Produkte am Fuße des Schachtofens abgezogen werden.

Schädlingsbekämpfungsmittel, ↗ PSM.

Schadstoffe, Gesamtheit jener Inhaltsstoffe der Atmosphäre, des Wassers, des Bodens und unserer unmittelbaren Umwelt, die kurzfristig oder in ihrer Langzeitwirkung Schäden an den Organismen (Mensch, Tier, Pflanze) bewirken. Es sind im wesentlichen Stoffe, die durch Tätigkeit des Menschen geschaffen werden, z. B. mit der industriellen Produktion (Cadmium, Blei, Arsen, Chromium, Quecksilber, Benzen, chlorierte Kohlenwasserstoffe, Formaldehyd, Styren, Acrylnitril, PSM, Dioxin, Chlorwasserstoffgas, Schwefeldioxid, Stickoxide, Nitrate, Nitrite, gasförmige Fluorverb., Schwefelkohlenstoff), dem Kraftfahrzeugverkehr (Kohlenmonoxid, Stickoxide, Bleiverb., Ruß, polycyclische Kohlenwasserstoffe) und der Energieerzeugung auf Kohlebasis (Ruß, Schwefeldioxid, Stickoxide, polycyclische Kohlenwasserstoffe). Dabei gilt der Grundsatz »Eine saubere Umwelt kostet Geld, eine verschmutzte Umwelt kostet mehr.«
Es ist jedoch unmöglich, bei Aufrechterhaltung der menschlichen Zivilisation auf die Produktion und Anwendung von Chemikalien überhaupt zu verzichten. Möglich ist aber ihre umweltbewußte Produktion, Verwendung, Kontrolle und Ablage.

Schalenblende, ↗ Zinkblende.

Schamotte, feuerfester Werkstoff, der zum Ausbau von Industrieöfen, Regeneratoren u. a. verwendet wird. Zur Herstellung wird hochgebrannter Ton gekörnt und mit einer analogen Menge feuerfestem Rohton (Bindeton) sowie Sand, Schieferton und Ofenbruch als Magerungsmittel erneut gebrannt.

Schaum, feine Verteilung eines Gases in einer Flüssigkeit. Durch Zusatz von Schäumern, z. B. Seifenlösungen, wird die Oberflächenspannung der Flüssigkeiten herabgesetzt und die Schaumbildung begünstigt. Sind die Flüssigkeiten erstarrt, liegen feste Schäume vor (Schaumglas, Schaumgummi u. a.)

Schaumglas, Glaserzeugnis mit ausgeprägter Porenstruktur, das durch ein zugesetztes Treibmittel bei Sintertemperatur gebläht worden ist. Es ist ein vielseitig verwendeter Leichtwerkstoff.

Schaumgummi, hochelastischer Werkstoff mit ausgeprägter Porenstruktur. S. wird unter Zumischung von Füllstoffen, Vulkanisationsbeschleunigern und Schaumbildnern direkt aus Latex geschäumt und vulkanisiert.

Schaumstoffe, Schaumkunststoffe, Werkstoffe mit zelligporöser Struktur und sehr geringer Dichte. Sie werden durch Verschäumen org. hochpolymerer Werkstoffe hergestellt und sind geschätzte Dämm- und Verpackungsmaterialien.

SCHEELE, CARL WILHELM (9.12.1742 bis 21.5.1786), wurde in dem damals zu Schweden gehörenden Stralsund geboren. 1757 begann er die Apothekerlehre. Mit großem Fleiß und außerordentlicher Begabung entwickelte er sich zu einem der führendsten Chemiker seiner Zeit. Mit 33 Jahren wurde er, zu jener Zeit noch Laborant, in die Königliche Akademie der Wissenschaften Schwedens gewählt. Die Chemie verdankt ihm eine Fülle großartiger Entdeckungen. Er entdeckte das Chlor, stellte unabhängig von ↗ PRIESTLEY Sauerstoff dar. Sch. untersuchte die Löslichkeit der ↗ Feuerluft in Wasser im Gegensatz zur ↗ verdorbenen Luft. Aus Pflanzensäften isolierte er u. a. Zitronensäure, Oxalsäure, Milchsäure, Malonsäure. Durch Verseifen von Olivenöl erhielt er Glycerin. Schwefelwasserstoff, Cyanwasserstoff wurden von ihm hergestellt. Er untersuchte die unterschiedliche Wirkung des durch ein Prisma zerlegten Lichtes auf Silberchlorid. Die Ergebnisse seiner Untersuchungen deutete Sch. im Sinne der bestehenden ↗ Phlogistontheorie. Bild.

C. W. SCHEELE

Scheidetrichter, *Schütteltrichter*, Laborgefäß mit Stopfen und Hahn aus dickwandigerem Glas zum Trennen von Flüssigkeitsgemischen und zum Ausschütteln, Bild.

Scheidetrichter, lange Form

Scheidewasser, Trivialname für ↗ Salpetersäure.

Schellack, natürliches ↗ Harz, das auf Zweigen verschiedener ostasiatischer Bäume von Lackschildläusen ausgeschieden wird. Sch. ist Lackrohstoff für Spirituslacke, die als Anstrichstoffe für Möbel verwendet werden. Ferner wird er zur Bereitung von Firnis, Siegellack und früher zum Pressen von Schallplatten verwendet.

Scherbenkobalt, alte bergmännische Bez. für elementares Arsen, das in grauen, dichten Massen mit brombeerartiger Struktur auf Erzgängen vorkommt.

Scheuermittel, z. B. *Ata*, enthalten als Schleif- bzw. Poliermittel zu über 85% mehr oder weniger fein gemahlenen Sand. Weitere Bestandteile sind waschaktive Substanzen, Natriumphosphate, Soda und Ammoniumchlorid.

Schichtgestein, ↗ Gesteine.

Schichtpreßstoffe, duroplastische Werkstoffe, die aus schichtweise angeordneten, mit vorkondensierten Harzen getränkten Bahnen oder Geweben verschiedener Herkunft (Papier, Stoff, Glasfaser, Asbest u. a.) durch Pressen und Erwärmen hergestellt werden, z. B. Autokarosse aus Phenoplaste.

Schichtung, Materialwechsel bei der Ablagerung von Sedimenten (»Schichtgestein«).

Schiefer, Sedimentgestein, das bei Bruch in viele dünne, parallele Platten zerfällt. Die Schieferung entsteht bei Gebirgsbildung unter der Wirkung von starkem Druck. Die mineralischen Gemengteile des Gesteins lagern sich um oder bilden sich neu mit den Längsachsen senkrecht zur Druckrichtung. Damit wird das Gestein in parallele Gleitbretter zerteilt, deren unterschiedliche Verschiebung gegeneinander sich als Faltung darstellt.

Schieferton, gering verfestigter Ton (nicht so stark verfestigt wie Tonschiefer). Er ist nur nach der Schichtung spaltbar und zeigt noch keine Schieferung.

Schießbaumwolle, ein ↗ Cellulosenitrat mit einem Stickstoffgehalt von 12,5 bis 13,5%. S.

brennt bei Zündung sehr schnell ab (Explosivstoff) und ist Hauptbestandteil von rauchschwachen ↗ Treibladungspulvern.

Schießpulver, ↗ Treibladungspulver.

Schiffsche Basen (Azomethine), R^1—CH=N—R^2, Kondensationsprodukte aus aromatischen ↗ Aldehyden (R^1 = Aryl) mit primären Aminen, die stabil sind, wenn das Amin ebenfalls aromatisch ist. Sch. bilden sich auch aus Nitrosoverb. durch Kondensation mit aktivierten Methylengruppen:

$$\begin{array}{c}R^1\\R^2\end{array}\!\!\!CH_2 + O=N-R \longrightarrow H_2O + \begin{array}{c}R^1\\R^2\end{array}\!\!\!C=N-R$$

Schiffs Reagens (fuchsinschweflige Säure), eine durch schweflige Säure entfärbte wäßrige Lösung von Fuchsin. Sch. bildet mit ↗ Aldehyden eine rotviolette Färbung, die als Nachweis genutzt wird. ↗ Methanal gibt eine Färbung, die nach Zusatz von konz. Salzsäure nach Blau umschlägt, während unter diesen Bedingungen die Färbung, die von anderen Aldehyden verursacht ist, gelblich wird.

Schilddrüsenmedikamente, bei Unterfunktion der Schilddrüse werden Arzneimittel verordnet, die die synthetisch gewonnenen Schilddrüsenhormone l-Thyroxin und 1-3,5,3'-Triiod-thyronin sowie Kaliumiodid enthalten. Einer Überfunktion der Schilddrüse wirken z. B. cyclische Thioharnstoffderivate (z. B. Methylthiouracil), Kaliumperchlorat, hohe Iodgaben und thyroxin-analoge Verb. entgegen. Bild.

$R^1, R^2, R^3, R^4 = I$ Thyroxin
$R^1, R^2, R^3 = I, R^4 = H$ Triiodthyronin

Methylthiouracil

Schilddrüsenmedikamente

Schlacke, stückiger Rückstand von Verhüttungs- und Verbrennungsprozessen.
1. *Hüttenschlacke,* Kupolofenschlacke, aus Grau- und Tempergießereien, wird in granulierter oder geschäumter Form wie Hüttenbims als Zuschlagstoffe in der Bauwirtschaft sowie als Mineralwollrohstoff und als Rohstoffkomponente keramischer Massen eingesetzt. Stahlschlacke (in Stahlwerken anfallende Schlacke) wird als Zuschlag im Hochofenprozeß, Zumahlstoff in der Zementproduktion, zur Mineralwolleherstellung, als Düngemittel und als Baumaterial eingesetzt. Hochofenschlacke entsteht bei der Roheisenerzeugung. Sie wird für Hüttenzement, als Hüttenstein, als Baustoff-Füllstoff oder Mörtelzuschlag verwendet.
2. *Feuerungsschlacken,* sind stückige Rückstände von Verbrennungsprozessen, z. B. Kesselschlacken, Generatorschlacken u. a. Sie werden als Füllstoff im Straßenbau eingesetzt.
3. *Schweißschlacken,* fallen beim Glühen von Stahlblöcken an. Sie werden wegen ihres hohen Eisengehalts im Hochofenprozeß umgesetzt.

Schlafmittel, *Hypnotica,* beruhigend, einschläfernd oder betäubend wirkende Arzneimittel zur Behebung von Einschlafstörungen bzw. zur Erhöhung der Schlaftiefe durch Hemmung des Zentralnervensystems.
Die wichtigsten Sch. sind Derivate der ↗ Barbitursäure *(Barbitale).* Als erster Vertreter wurde 1905 die 5,5-Diethyl-barbitursäure als Veronal® eingeführt. Durch Veränderung der Substituenten in der 5-Stellung kann die Wirkungsdauer der Barbitale beeinflußt werden. Als Beruhigungs- und Einschlafmittel werden Piperidinderivate (Piperidindione) eingesetzt. In diese Substanzklasse gehört auch das Thalidomid (Contergan®), das auf Grund von schädigender Wirkung auf die Erbanlagen verboten werden mußte. Bei durch Spannungszuständen (Streß) hervorgerufenen Schlafstörungen werden in breitem Maße Benzodiazepinabkömmlinge, z. B. Chlordiazepoxid (↗ Psychopharmaka), verordnet. Bild.

Barbital, Veronal®
(5,5-Diethyl-barbitursäure)

3,3-Diethyl-piperidin-2,4-dion

Wichtige Schlafmittel

Schlammentwässerung, Verfahren zur Abtrennung der flüssigen Phase von den festen Schlammbestandteilen. Entsprechend den verschiedenen Bindungsarten des Wassers im Gerüst der Feststoffteilchen (Bild, S. 428) geht die Entwässerung stufenweise vor sich und erfordert mit steigendem Trockensubstanzgehalt wachsende Energieaufwendungen. 2 Tabellen, S. 428.

Schlangengifte, Gemische von hochgiftigen Toxinen und von ↗ Enzymen, die in den Giftdrüsen des Oberkiefers von Giftnattern (z. B. Kobra, Brillenschlange) und Ottern (z. B. Klapperschlange,

Schleifmittel

Tabelle 1. Entwässerungsstadien von Schlämmen

Stadium	Feststoff-gehalt in %	Entwässerungs-verfahren	aufgehobene Wasserbindung
Eindickung	bis 10	Sedimentation	Hohlraumwasser
Entwässerung	(5)...10 bis 20...40	Filter- und Zentrifugen-Verfahren	Haft- und Kapillarwasser
Trocknung	(20)...30 bis 100	Trockner	Innen- und Adsorptionswasser

Tabelle 2. Schlammbeschaffenheit in Abhängigkeit vom Wassergehalt

Wassergehalt in %	Schlammbeschaffenheit
85	flüssig, pumpfähig
75...65	i. allg. stichfest, noch plastisch breiartig und schmierend
65...60	krümelig-fest, nicht mehr schmierend
40...35	streufähig, fest
15...10 u. weniger	staubförmig

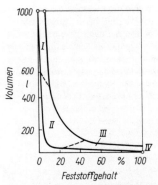

Volumenverminderung bei Abtrennung der verschiedenartig gebundenen Flüssigkeitsanteile
I Eindickung
II Entwässerung (Haft- und Kapillarwasser)
III Trocknung (Innen- und Adsorptionswasser)
IV Verbrennung

Kreuzotter) produziert werden. Während die Enzyme die Giftausbreitung und die Verdauung des im Ganzen verschlungenen Beutetieres fördern, führen die S.-Toxine unmittelbar zur Lähmung oder zum Tod der Beute. Chem. handelt es sich bei den S.-Toxinen um ↗ Polypeptide und ↗ Proteine. Die meisten S. wirken auf das Nervensystem (Neurotoxine). Die Polypeptidkette dieser Gruppe (*M*: 7 000 bis 8 000) enthält 60 bis 74 ↗ Aminosäuren und übersteht kurzzeitiges Erwärmen auf 100 °C

ohne Aktivitätsverlust. Einige S. werden therapeutisch genutzt.

Schleifmittel, Werkstoffe großer Härte zum Schleifen. Natürliche Sch. sind harte, zerkleinerte Minerale wie ↗ Diamant, ↗ Korund und ↗ Quarz. Als synthetische Sch. werden synthetische Diamanten und Korunde, ↗ Siliciumcarbid, SiC (Carborundum), ↗ Borcarbid, B_4C, Bornitrid, BN, und Aluminiumborid, AlB_{12}, eingesetzt.

Schlempen, Rückstände bei der Alkoholherstellung in Brennereien.

Schliff, leicht angeraute Glasverb., bestehend aus einer Schliffhülle und einem Schliffkern. Gefettete Sch. sind absolut dicht und werden deshalb auch in Glasstopfen und Glashähnen verwendet. Sie ersetzen heute Verb. durch Glasrohre und Gummi- oder Korkstopfen. Meist werden Kegelschliffe verwendet (↗ Normschliffe). Außerdem finden Kugelschliffe (gelenkige Verb.), Zylinderschliffe (in Kolbenprobern) und Planschliffe (in Exsikkatoren) Verwendung. 2 Bilder.

Bild 1. Schliffverbindung
1 Schliffkern
2 Schliffhülse

Bild 2. Federsicherung an einer Schliffverbindung

Schmelzdiagramm, ↗ Phasendiagramm für den Übergang vom festen in den flüssigen Aggregatzustand, insbesondere bei Zweikomponentensystemen. S. besitzen eine große Bedeutung für die Metallurgie und stellen bei konstantem Druck die Abhängigkeit der Temperatur *T* des Phasenübergangs von der Zusammensetzung, meist dem ↗ Molenbruch *x*, dar (Bild 1). Nach dem ↗ GIBBSschen Phasengesetz entsprechen die Flächen den Existenzbereichen der einzelnen ↗ Phasen und die Kurven den Phasenübergängen. Die Soliduskurve *s* gibt die Temperaturen des Schmelzbeginns der festen Phase einer bestimmten Zusammensetzung

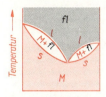

Bild 1. Schmelzdiagrammtyp
a) bei unbegrenzter Mischbarkeit im festen und flüssigen Zustand
b) Unmischbarkeit der festen Komponenten

f fest	s solidus
fl Schmelze	E eutektischer Punkt
l liquidus	M Mischkristalle

an, die Liquiduskurve l die Temperatur, bei der das Schmelzen dieser Mischung beendet ist (senkrecht übereinander liegende Punkte auf beiden Kurven). Andererseits gibt bei einer bestimmten Temperatur die Liquiduskurve die Zusammensetzung der flüssigen Phase und die Soliduskurve die der festen Phase an (waagerecht nebeneinander liegende Punkte auf beiden Kurven). S. erhält man durch thermische Analyse. Dabei werden Abkühlungskurven flüssiger Mischungen bestimmter Zusammensetzungen aufgenommen. Ihr Temperatur-Zeit-Verlauf zeigt bei der Kristallisation reiner Phasen Haltepunkte durch die freigesetzte Kristallisationswärme. Der Beginn und das Ende der Kristallisation von Mischkristallen deuten sich durch *Knickpunkte* in den Abkühlungskurven an. Mit Hilfe der Halte- bzw. Knickpunkte kann das S. konstruiert werden (Bild 2).

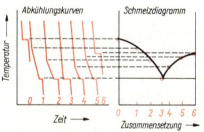

Bild 2. Konstruktion eines Schmelzdiagramms aus den Abkühlungskurven der thermischen Analyse

Von den vielen möglichen Typen der S. werden im Bild 1 Beispiele dargestellt, die nach der Zusammensetzung der festen Phase klassifiziert sind. Das Schmelzpunktminimum bei Systemen mit nicht mischbaren festen Phasen stellt ein sogenanntes Eutektikum E dar. Hier liegen nach dem ↗ GIBBSschen Phasengesetz

$P + F = K + 2$

vier Phasen P im Gleichgewicht vor (die Gasphase ist nicht mit dargestellt), so daß bei zwei Komponenten K die Zahl der Freiheitsgrade Null ist $(4 + 0 = 2 + 2)$.

Schmelzen, Übergang vom festen in den flüssigen Aggregatzustand.

Schmelzflußelektrolyse, elektrochem. Verfahren zur industriellen Gewinnung von unedlen Metallen (auch F.), ↗ Aluminium-Herstellung.

Schmelzpunkt, Abk. Schmp., Temperatur, bei der ein Stoff vom festen in den flüssigen Aggregatzustand übergeht, dabei steht die feste mit der flüssigen Phase im Gleichgewicht. Der Schmp. vieler Stoffe ist eine zur Charakterisierung verwendete Stoffkonstante. Amorphe Stoffe, wie Glas, org. Hochpolymere und Legierungen, haben einen Schmelzbereich und keinen genauen Schmp. Der Schmp. ist mit dem Gefrierpunkt identisch. Die Schmp. vieler Substanzen sind tabelliert.

Schmelzpunktbestimmung, Methode zur Charakterisierung fester Substanzen. Einige Kristalle der Probe werden in einem engen, einseitig geschlossenen Glasröhrchen in einem Schwefelsäurebad erhitzt, wobei die Temperatur der Schwefelsäure ermittelt wird. Bei einer anderen Methode wird ein ↗ Heiztischmikroskop verwendet. Chem. reine kristalline Stoffe haben einen scharfen Schmp. Durch Verunreinigungen wird dieser jedoch herabgesetzt.

Schmelzspinnverfahren, Herstellung eines Spinnfadens aus einer Schmelze. Nach Passieren der Spinndüsen erstarren die Fäden im Spinnschacht, oft unter Inertgasatmosphäre.

Schmelzwärme, Schmelzenthalpie, die am Schmp. eines Stoffes für den Phasenübergang fest → flüssig benötigte Wärmemenge.

schmerzstillende Mittel, *Analgetika*, schmerzlindernde Arzneimittel, die oft eine fiebersenkende und entzündungshemmende Wirkung haben. Ein starkes s. M. ist das Opiumalkaloid Morphin. Synthetische Analgetika mit morphinähnlicher Wirkung gehören in die Pethidin-Gruppe (Piperidinderivate) und Methadon-Gruppe. Bei längerem Gebrauch der starken Mittel besteht Suchtgefahr (↗ Rauschgifte).

Zu den schwächeren s. M. gehören Derivate der ↗ Salicylsäure, vor allem die als Aspirin® in die Therapie eingeführte Acetylsalicylsäure. Vom Aminophenol leitet sich das Phenacetin (p-Ethoxy-acetanilid) ab. In breitem Maße werden Pyrazolonderivate wie Phenazon, Aminophenazon und Analgin eingesetzt. Pyrazolidindionderivate wie das Phenylbutazon werden vor allem bei rheumatischen Erkrankungen verordnet. Bild.

Wichtige schmerzstillende Mittel

Schmiedeeisen, ↗ Stahl.
Schmieröl, vor allem Fraktionen der Vakuumdestillation des Erdöls, die bei Verwendung als Schmiermittel vorher entparaffiniert worden sind, um ein zu frühes Erstarren in der Kälte durch die entstehenden Paraffinkristalle zu vermeiden. Derartige »Mineralöle« werden im Gegensatz zu pflanzlichen Ölen an der Luft nicht oxydiert (verharzen nicht).
Schmierstoffe, vor allem org. Stoffe von zäher, hochviskoser Konsistenz, die zur Verringerung von Reibung zwischen bewegten Werkstoffteilen dienen. Neben ↗ Schmierölen und ↗ Polysiliconen sind Schmierfette, als kolloidale Auflösung von Seifen, in Schmierölen enthalten.
Für Spezialzwecke werden auch anorg. Schmierstoffe verwendet, u. a. Molybdänsulfid und Graphit.
Schmirgel, kleinkristallines Aggregat von ↗ Korund in metamorphen Gesteinen. S. wird zur techn. Verwendung (Schleifmittel) abgebaut.
Schneekopfkugeln, Drusen im Quarzporphyr, die mit Achat und Bergkristall bzw. Amethyst ausgefüllt sind. Der Name bezieht sich auf einen Fundort bei Oberhof im Thüringer Wald.
Schnee von China, von Arabern im 13. Jahrhundert verwendeter Name für Salpeter.
Schönbein, Christian Friedrich (18. 10. 1799 bis 29. 8. 1868), deutscher Chemiker, entdeckte 1840 das ↗ Ozon, stellte 1846 ↗ Schießbaumwolle her und erfand das Collodium. Außerdem untersuchte er galvanische Prozesse und die ↗ Passivität des Eisens.
Schörl, ↗ Turmalin.
Schorlemmer, Carl (30. 9. 1834 bis 27. 6. 1892), aus Darmstadt stammender Chemiker, erhielt 1874 als erster in England eine Professur für org. Chemie. Bereits 1864 hatte er die Identität von (Di-)Methyl und Äthylwasserstoff, wie sie nach der Typenlehre genannt wurden, nachgewiesen. Mit seinen Untersuchungen leistete er einen wesentlichen Beitrag zur Begründung der chem. Strukturlehre und ermöglichte mit die Annahme der Vorschäge von A. W. Hofmann für eine rationelle Nomenklatur org. Verb. Die org. Chemie definierte Sch. als Chemie der Kohlenwasserstoffe und ihrer Derivate. 1874 erschien seine Schrift: Die Chemie der Kohlenstoffverbindungen. Gemeinsam mit dem englischen Chemiker H. E. Roscoe schrieb er Lehrbücher zur Chemie, die auch in deutscher Sprache erschienen und zahlreiche Auflagen erfuhren. Er verfaßte eine Abhandlung über die Entstehung und Entwicklung der org. Chemie und hinterließ ein Manuskript zur Geschichte der Chemie. Sch. war ein enger Freund von Karl Marx und Friedrich Engels. Diese holten sich für ihre wissenschaftliche Arbeit zahlreiche naturwissenschaftliche Ratschläge bei Sch. Von überragender Bedeutung sind Sch. Verdienste um die sozialistische Bewegung. Ihm zu Ehren erhielt die Technische Hochschule Leuna-Merseburg 1964 seinen Namen. Bild.

C. Schorlemmer

Schott, Friedrich Otto (17. 12. 1851 bis 27. 8. 1935), deutscher Chemiker und Glastechniker, leistete bahnbrechende Arbeiten für die Gewinnung von Spezialgläsern, besonders für die optische und Thermometer-Glasindustrie. Aus seinem glastechn. Labor entwickelten sich die Jenaer Glaswerke SCHOTT und Gen., ab 1948 VEB Jenaer Glaswerke.

SCHOTTEN-BAUMANN-Reaktion, Methode zur Acylierung von Alkoholen, Phenolen oder Aminen mit Carbonsäurechloriden als ↗ Acylierungsmittel in Gegenwart von Laugen oder Carbonatlösungen bzw. ↗ Pyridin.

Schotter, Lockergesteinsmaterial des Korngrößenbereiches 25 bis 56 mm.

Schrägbeziehung, kennzeichnet spezifische Ähnlichkeiten der physikal. und chem. Eigenschaften von ↗ Hauptgruppenelementen bzw. Hauptgruppenelementverbindungen oder -substanzen, und zwar von denen, die im ↗ Periodensystem der Elemente »schräg« nebeneinander stehen, die also in der ↗ Gruppe und der ↗ Periode jeweils um einen Wert voneinander abweichen. Diese Ähnlichkeiten basieren auf gewissen Übereinstimmungen im Ladungs/Radius-Verhältnis der Atome. Typische Beispiele von S. liegen bei den Elementen Lithium und Magnesium, Beryllium und Aluminium sowie Bor und Silicium vor.

Schreibkreide, ↗ Kreide.

Schriftmetalle, Bleilegierungen mit Antimon, Zinn und geringen Mengen Kupfer und Nickel zur Herstellung von Drucktypen und -platten. Zum Beispiel enthält Lettermetall 28 % Sb, 5 % Sn und 0,3 % Cu und Ni.

SCHRÖDINGER, ERWIN (12.8.1887 bis 5.1.1961), österreichischer Physiker, entwickelte im Anschluß an Arbeiten von DE BROGLIE die theoretischen Grundlagen der Wellenmechanik (↗ Quantenmechanik). 1926 fand er die nach ihm benannte Wellengleichung. Auf der Grundlage seiner Arbeiten konnten W. HEITLER und F. LONDON zum ersten Mal ein chem. Molekül, das Wasserstoffmolekül, quantenmechanisch berechnen. S. erhielt 1933 den Nobelpreis für Physik.

SCHRÖDINGER-Gleichung, ↗ Atommodell, wellenmechanisches.

Schrott, Sammelbez. für metallische Abfälle der Produktion und Konsumtion. Man unterscheidet nach der stofflichen Zusammensetzung Stahlschrott, Gußbruch, ↗ NE-Metallschrott und Sonderschrott (Wolframschrott, Schrott mit Quecksilberabfällen, Schrott mit Edelmetallanteilen, Elektronikschrott, Hochleistungsschmelzeinsätze, Edelmetallschrott). Das ökonomische Abtrennen verschiedener Metallarten aus polymetallischen Abfallprodukten stellt eine zunehmend bedeutsam gewordene Aufgabe der Aufbereitungstechnik dar, die bisher vorwiegend auf Primärrohstoffe ausgerichtet gewesen ist.

Schuhcreme, Lederpflegemittel mit ähnlicher Zusammensetzung wie ↗ Bohnermassen.

SCHWABE, KURT (29.5.1905 bis 4.12.1983), Physikochemiker, erwarb sich unter anderem große Verdienste durch seine Arbeiten auf Gebieten der Elektrochemie und der Radiochemie. Er gründete die Zentralstelle für Korrosionsschutz.

S. war über viele Jahre Rektor der Technischen Universität Dresden, Präsident der Sächsischen Akademie der Wissenschaften zu Leipzig und Vizepräsident der Akademie der Wissenschaften der DDR.

Schwangerschaftstest, Methode der Früherkennung einer Schwangerschaft. Sie beruht auf dem Nachweis des Peptidhormons Chloriogonadotropin (HCG-Hormon = Human Chorionic Gonadotropin), das während der Schwangerschaft in der Plazenta gebildet und mit dem Urin ausgeschieden wird. Der Urin wird Versuchstieren unter die Haut injiziert. Reagieren die Tiere (Mäuse oder Kröten) auf die Injektion, liegt Schwangerschaft vor. Der Urin kann auch mit immunologisch-chem. Methoden mit Hilfe einer Testlösung untersucht werden.

SCHWARZ, BERTHOLD, eigentlicher Name vermutlich KONSTANTIN ANKLITZEN, Mönch aus Freiburg i. Br., soll um 1250 das Schwarzpulver erfunden haben. Um diese Zeit war das Pulver aber bereits bei den Chinesen und auch bei den Arabern bekannt.

Schwarzpulver, Sprengstoffmischung, bestehend aus 75 % Kaliumnitrat, 15 % Holzkohlepulver und 10 % Schwefel. S. ist der älteste ↗ Explosivstoff, früher als Schießpulver und Sprengstoff verwendet, heute wird es vor allem in der ↗ Pyrotechnik eingesetzt.

Schwarzschiefer, ↗ Alaunschiefer.

Schwefel,

S $\quad Z = 16$
$A_{r\,(1981)} = 32,06$
Ek: [Ne] $3s^2 3p^4$
OxZ: $-2, -1, +2, +3, +4, +5, +6$
$X_E = 2,58$
Elementsubstanz:
Schmp. 119 °C
Sdp. 444,6 °C
$\varrho_{rh} = 6,769$ kg·l^{-1}
$\varrho_{mn} = 6,769$ kg·l^{-1}

chem. Element (↗ Elemente, chem.).

Sulfur, Symbol: S, 2. Element der 6. Hauptgruppe des PSE. S. ist die Bez. für alle Atome, die 16 posi-

Schwefel

tive Ladungen im Kern, also 16 Protonen besitzen: Kernladungszahl $T = 16$. Die Hülle des neutralen Atoms besteht aus 16 Elektronen, von denen sechs, die Valenzelektronen, die Konfiguration $3s^2 3p^4$ besitzen. In Verb. werden viele Oxydationsstufen eingenommen, die durch die Oxydationszahlen OxZ $-2, -1, +2, +3, +4, +5$ und $+6$ besondere Bedeutung besitzen. In der Natur wird S. in der Nähe von Vulkanen als Elementverb. gefunden. Viele Erze kommen als *Sulfide* vor: *Eisensulfid*, FeS; *Pyrit, Eisenkies*, FeS$_2$; *Zinkblende*, ZnS; *Bleiglanz, Galenit*, PbS; und *Kupferkies, Chalkopyrit*, CuFeS$_2$. Ebenso bedeutungsvoll sind die Vorkommen des S. als *Sulfate*: *Gips, Alabaster, Marienglas*, CaSO$_4 \cdot 2$ H$_2$O; *Anhydrit*, CaSO$_4$; *Göestin*, SrSO$_4$; *Baryt, Schwerspat*, BaSO$_4$; *Kainit*, KCl $\cdot$ MgSO$_4 \cdot 3$ H$_2$O; *Astrakanit*, Na$_2$SO$_4 \cdot$ MgSO$_4 \cdot 4$ H$_2$O; *Langbeinit*, K$_2$SO$_4 \cdot$ MgSO$_4$; *Polyhalit*, K$_2$SO$_4 \cdot$ MgSO$_4 \cdot 2$ CaSO$_4 \cdot 4$ H$_2$O; *Kieserit*, MgSO$_4 \cdot$ H$_2$O; *Bittersalz*, MgSO$_4 \cdot 7$ H$_2$O, und *Glaubersalz*, Na$_2$SO$_4 \cdot 10$ H$_2$O.

S. ist seit langer Zeit bekannt, er wurde bereits von HOMER erwähnt.

Die Darstellung der Elementsubstanz erfolgt durch Ausschmelzen des gediegen vorliegenden S. aus dem beigemengten Gestein.

Durch das CLAUS-Verfahren wird Schwefelwasserstoff oxydiert:
2 H$_2$S $+ 3$ O$_2 \rightarrow 2$ SO$_2 + 2$ H$_2$O,
2 SO$_2 + 4$ H$_2$S $\rightarrow 6$ S $+ 4$ H$_2$O.

Modifikationen des Schwefels

Liegt Schwefeldioxid als Ausgangssubstanz vor, kann eine Reduktion durch Kohlenstoff:
$SO_2 + C \rightarrow S + CO_2$
oder durch Kohlenmonoxid erfolgen:
$SO_2 + 2$ CO $\rightarrow S + 2$ CO$_2$.

Die Elementsubstanz ist unter Normalbedingungen als achtatomiges, kronenförmig gebautes, cyclisches Molekül stabil. In der Tabelle sind die verschiedenen Modifikationen zusammengestellt. Bei den S_x-Systemen kann x die Zahl von 2 bis 10^6 Atomen annehmen. Der Übergang von einer Modifikation in eine andere ist durch das Bild auf S. 433 wiedergegeben.

Die Elementsubstanz reagiert vielfältig, es sollen hier einige Beispiele angeführt sein:
Mit molekularem Wasserstoff werden Schwefelwasserstoff:
$H_2 + S \rightarrow H_2S$, $\Delta_B H = -20{,}7$ kJ $\cdot$ mol^{-1},
mit metallischem Eisen:
$Fe + S \rightarrow FeS$, $\Delta_B H = -96{,}2$ kJ $\cdot$ mol^{-1},
mit metallischem Zink:
$Zn + S \rightarrow ZnS$, $\Delta_B H = -201$ kJ $\cdot$ mol^{-1}
und metallischem Blei:
$Pb + S \rightarrow PbS$, $\Delta_B H = -94{,}28$ kJ $\cdot$ mol^{-1}
werden die jeweiligen Sulfide; mit molekularem Sauerstoff wird Schwefeldioxid:
$S + O_2 \rightarrow SO_2$, $\Delta_B H = -270$ kJ $\cdot$ mol^{-1}
und mit Natriumsulfit wird Natriumthiosulfat:
$Na_2SO_3 + S \rightarrow N_2S_2O_3$

Bezeichnung	Zustand	Farbe	Molekül	Kristallsystem	Löslichkeit in CS$_2$	ϱ in kg $\cdot$ l^{-1}	Schmp. in °C
α-Schwefel (rhombischer Schwefel)	fest	zitronengelb	S$_8$ cyclisch	orthorhombisch	löslich	2,07	112,8
β-Schwefel (monokliner Schwefel)	fest	hellgelb	S$_8$ cyclisch	monoklin	löslich	1,96	119,0
γ-Schwefel (plastischer Schwefel)	plastisch	hellgelb bis farblos	S$_x$ schraubenförmige Ketten			2,04	107,0
μ-Schwefel (amorpher Schwefel)	fest	hellgelb	S$_x$	amorph	unlöslich	1,87	
λ-Schwefel (Cyclooctaschwefel)	dünnflüssig	hellgelb (honiggelb)	S$_8$ cyclisch				
μ-Schwefel (Catena-Polyschwefel)	zähflüssig	dunkelbraunrot	[S$_8$]$_n$				
Schwefeldampf	dampfförmig	gelb, dunkelrot, grün, purpur	S$_8$ bis S$_1$				

Schwefelsäure

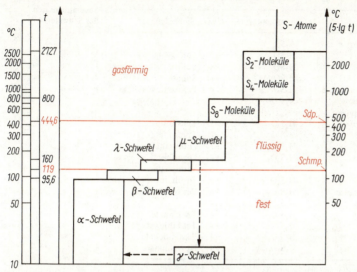

Zustandsdiagramm der wesentlichen Modifikationen des Schwefels

gebildet. Die Elementsubstanz wird zum Vulkanisieren von Kautschuk, zur Herstellung zahlreicher Schwefelverbindungen und Schwefelpräparate und zum Ausschwefeln von Gefäßen (durch Verbrennung) verwendet.

Schwefeldioxid,

SO_2
Schmp. $-75{,}45\,°C$
Sdp. $-10{,}08\,°C$
$\varrho_g = 6{,}769\,kg \cdot l^{-1}$

farbloses, stechend riechendes, toxisches, gärungshemmendes und konservierendes Gas. Es kann aus den Elementsubstanzen durch Verbrennung:
$S + O_2 \rightarrow SO_2\uparrow$, $\Delta_B H = -270\,kJ \cdot mol^{-1}$,
durch Abrösten von Sulfiden, z. B.:
$2\,ZnS + 3\,O_2 \rightarrow 2\,SO_2\uparrow + 2\,ZnO$,
durch Einwirkung von Schwefelsäure auf Natriumsulfit:
$Na_2SO_3 + H_2SO_4 \rightarrow SO_2\uparrow + Na_2SO_4 + H_2O$,
durch Reduktion von konzentrierter Schwefelsäure mit metallischem Kupfer:
$Cu + 2\,H_2SO_4 \rightarrow SO_2\uparrow + CuSO_4 + 2\,H_2O$
und durch Reduktion von Calciumsulfat mit Koks:
$4\,CaSO_4 + 2\,C \rightarrow 4\,SO_2\uparrow + 2\,CO_2\uparrow + 4\,CaO$
hergestellt werden. S. besitzt stark reduzierende Wirkung, löst sich gut in Wasser (9,5 % bei 20 °C) und reagiert dabei z.T. zur ↗ schwefligen Säure:
$SO_2 + H_2O \rightleftharpoons H_2SO_3$.
S. reagiert mit Bleidioxid zu Bleisulfat:
$SO_2 + PbO_2 \rightarrow PbSO_4$.
S. wird hauptsächlich zur Herstellung von Schwefelsäure, von Reduktionsmitteln (Sulfiten, Disulfiten und Dithionaten) und von Bleichstoffen verwendet. S. ist in vielen Abgasen enthalten und bewirkt als ein Hauptschadstoff eine erhebliche Verschmutzung der Luft.

Schwefelkies, ↗ Pyrit.

Schwefelkohlenstoff, Trivialname für ↗ Kohlenstoffdisulfid.

Schwefelsäure,

H_2SO_4
Schmp. $10{,}38\,°C$
Sdp. $338\,°C$
$\varrho = 1{,}834\,kg \cdot l^{-1}$

farblose, geruchlose, ölige Flüssigkeit, die verschiedene Hydrate bildet, mit Wasser in jedem Verhältnis mischbar ist und bei 332,5 °C als konstantes Gemisch (mit 98,3 % S.) siedet. Die Darstellung erfolgt vom ↗ Schwefeltrioxid ausgehend über die Dischwefelsäure:
$SO_3 + H_2SO_4 \rightarrow H_2S_2O_7$,
die mit Wasser zu S. umgebildet wird:
$H_2S_2O_7 + H_2O \rightarrow 2\,H_2SO_4$.
Konz. und erwärmte S. ist ein Oxydationsmittel:
z. B. $2\,Ag + H_2SO_4 \rightarrow Ag_2O + SO_2\uparrow + H_2O$.
Konz. S. nimmt begierig Wasser auf, wobei sie sich durch eine große Verdünnungsenthalpie stark erwärmt; beim Verdünnen von S. ist daher stets die Säure (langsam und vorsichtig) in das Wasser zu

Schwefelsäuren

Name der Säure	Summenformel	OxZ	Name der Salze	Sauerstoffsäuren des Schwefels
1. Monoschwefelsäuren	H_2SO_n			
Sulfoxylsäure	H_2SO_2	+2	Sulfoxylate	
schweflige Säure	H_2SO_3	+4	Sulfite	
Schwefelsäure	H_2SO_4	+6	Sulfate	
Peroxomonoschwefelsäure	H_2SO_5	+6[1]	Peroxomonosulfate	
2. Dischwefelsäuren (Thioschwefelsäuren)	$H_2S_2O_n$			
thioschweflige Säure	$H_8S_2O_2$	+1	Thiosulfite	
Thioschwefelsäure	$H_2S_2O_3$	+2	Thiosulfate	
dithionige Säure	$H_2S_2O_4$	+3	Dithionite	
dischweflige Säure	$H_2S_2O_5$	+4	Disulfite	
Dithionsäure	$H_2S_2O_6$	+5	Dithionate	
Dischwefelsäure	$H_2S_2O_7$	+6	Disulfate	
Peroxodischwefelsäure	$H_2S_2O_8$	+6[1]	Peroxodisulfate	
3. Polythionsäuren	$H_2S_{2+n}O_6$	<+4		
Trithionsäure	$H_2S_3O_6$	<+4	Trithionate	
Tetrathionsäure	$H_2S_4O_6$	<+4	Tetrathionate	
Pentathionsäure	$H_2S_5O_6$	<+4	Pentathionate	
Hexathionsäure	$H_2S_6O_6$	<+4	Hexathionate	

[1] z. T. peroxidische Bindung des Sauerstoffs

gießen und nicht umgekehrt (!). Org. Verb., insbesondere Kohlenhydrate, werden durch konz. S. verkohlt. In wäßrigen Lösungen dissoziiert die S. (bei mittlerer Konzentration bereits vollständig) in zwei Stufen:
$H_2SO_4 + 2 H_2O \rightleftharpoons H_3O^+ + HSO_4^- \rightleftharpoons 2 H_3O^+ + SO_4^{2-}$.
Die Salze der S. heißen *Sulfate*. S. dient zur Herstellung von Sulfaten, zur Gewinnung anorg. Säuren, sie wird in der Metallverarbeitung, Erdölraffination, Zellwoll- und Kunstseidenindustrie, Sprengstofferzeugung und als Akkumulatorensäure verwendet.
Schwefelsäuren, Gruppe von Verb. des ↗ Schwefels, von denen die Sauerstoffsäuren (Tabelle) besondere Bedeutung besitzen.
Schwefeltrioxid,

$(SO_3)_3$
Schmp. 16,8 °C
Sdp. 43,3 °C
$\varrho = 1,9229 \text{ kg} \cdot l^{-1}$

liegt cyclisch trimer vor, besitzt aber noch zwei weitere Modifikationen, die polymer sind. Schwefeltrioxid wird durch katalytische Oxydation von Schwefeldioxid hergestellt:
$2 SO_2 + O_2 \rightarrow 2 SO_3$, $\Delta_R H = -167,9 \text{ kJ} \cdot \text{mol}^{-1}$,
entsteht aber auch durch Wasserentzug aus der konz. Schwefelsäure mittels Phosphor(V)-oxids:
$H_2SO_4 \rightarrow SO_3 + H_2O$.
Umgekehrt verbindet sich Schwefeltrioxid mit Wasser durch Bildung einer Hydrathülle um die $(SO_3)_3$-Moleküle nur schwer, unter besonderen Bedingungen jedoch auch explosionsartig, zu Schwefelsäure:
$SO_3 + H_2O \rightarrow H_2SO_4$.
Mit Schwefelsäure wird Dischwefelsäure gebildet:
$SO_3 + H_2SO_4 \rightarrow H_2S_2O_7$.
S. ist ein wichtiges Zwischenprodukt bei der Schwefelsäureherstellung.
Schwefelwasserstoff,

H_2S
Schmp. $-85,6$ °C
Sdp. $-60,4$ °C
$\varrho_n = 0,9968 \text{ kg} \cdot l^{-1}$
$\sphericalangle H-S-H = 92°\,20'$

auch Monosulfan, ist ein farbloses, selbst in geringster Konzentration übelriechendes, giftiges Gas, das in der Natur als Bestandteil vulkanischer Ausbrüche und in Schwefelquellen auftritt und bei der Fäulnis org. Verb. (Eiweißstoffe) entsteht. S. kann aus den Elementsubstanzen:
$H_2 + S \rightarrow H_2S$, $\Delta_B H = -20,7 \text{ kJ} \cdot \text{mol}^{-1}$
oder durch Einwirkung einer nichtoxydierenden Säure auf ein in dieser Säure lösliches Sulfid:
z. B. $FeS + 2 HCl \rightarrow H_2S\uparrow + FeCl_2$
hergestellt werden. S. stellt in wäßriger Lösung (Schwefelwasserstoffwasser) eine schwache Säure dar, die in Hydrogensulfid-, Sulfid- und Hydroniumionen dissoziiert:
$H_2S + 2 H_2O \rightleftharpoons H_3O^+ + HS^- + H_2O$
$\rightleftharpoons 2 H_3O^+ + S^{2-}$.
Aus diesem Grunde vermag S. in wäßriger Lösung

solche Metallionen zu fällen, die unlösliche Sulfide bilden, z. B.:
$Cu^{2+} + S^{2-} \rightarrow CuS\downarrow$.
S. ist brennbar:
$2 H_2S + 3 O_2 \rightarrow 2 SO_2 + 2 H_2O$ (vollständige Verbrennung)
$2 H_2S + O_2 \rightarrow S + 2 H_2O$ (unvollständige Verbrennung).
Außerdem ist S. ein starkes Reduktionsmittel, z. B.:
$2 Fe^{3+} + S^{2-} \rightarrow 2 Fe^{2+} + S$.
Techn. anfallender S. wird zur Gewinnung von Schwefeldioxid oder von Schwefel (Elementsubstanz) verwendet.
schweflige Säure, existiert in der angenommenen Formulierung H_2SO_3 nicht in freiem Zustand, in wäßriger Lösung wird eine hydratisierte Form als $(SO_2 \cdot n H_2O)$ angenommen. Es erfolgt aber eine Dissoziation in Hydronium- und Hydrogensulfitionen:
$SO_2 \cdot n H_2O \rightleftharpoons H_3O^+ + HSO_3^- + (n-2) \cdot H_2O$.
Schwefeldioxid bildet mit Metallhydroxiden Salze, die *Sulfite* heißen und als Derivate der s. S. aufgefaßt werden können:
$SO_2 + 2 NaOH \rightarrow Na_2SO_3 + H_2O$.
S.S. findet als Bleichmittel und bei der Zellstoffgewinnung als Sulfitlauge Verwendung.
Schweizers Reagens, ↗ Kupferfaser.
Schwelbenzin, ↗ Leichtöl.
Schwelkoks, Grudekoks, Produkt der Schwelung von Braunkohle. Er ist poröser und reaktionsfähiger als der durch Verkokung gewonnene Koks, besitzt aber eine geringere Druckfestigkeit. Schwelkoks dient daher vor allem zur Erzeugung von Synthesegas, in zunehmendem Maße auch zur Carbidproduktion, nicht aber als Hüttenkoks in der Metallurgie.
Schwelteer, Gemisch flüssiger Kohlenwasserstoffe, die bei der Schwelung von Braunkohle anfallen (↗ Teer). S. enthält im Gegensatz zum Teer der Verkokungsprozesse vorzugsweise aliphatische Kohlenwasserstoffe und Phenole, da die Temperatur der Schwelung nicht für die Dehydrocyclisierung der sauerstoffhaltigen Verb. ausreicht. Bedeutsam sind auch die aus S.-Destillation gewonnenen Paraffine. S. wird nach seiner Abtrennung aus dem Spülgas destillativ aufgearbeitet.
Schwelung, Tieftemperaturentgasung, wichtige Variante der stoffwirtschaftlichen Nutzung vor allem der Braunkohle. Diese wird dabei bei 800 bis 700 °C unter Luftabschluß erhitzt und damit thermisch in Schwelkoks und abgespaltene org. Bestandteile zerlegt, vor allem Teer und Leichtöl. Das bevorzugte techn. Verfahren ist die Spülgasschwelung. In schachtofenartigen Schwelöfen umströmt hocherhitztes Kreislaufgas direkt im Gegenstrom die von oben aufgegebene Kohle. Aus dem Kreislaufgas werden Teer, Mittelöl, Leichtöl und Schwelwasser abgeschieden. Ein Teil des Restgases geht wieder als Spülgas zurück, der andere Teil (Schwelgas) dient als Heizgas. Der bei der Abscheidung der Kohlenwasserstoffe aus dem Spülgas gewinnbare Phenolanteil (z. T. im Schwelwasser) dient z. B. zur Herstellung von Caprolactam. Mittel- und Leichtöl werden nach Hydroraffination als Diesel- bzw. Vergaserkraftstoff verarbeitet, z. T. wird aus der raffinierten Leichtölfraktion durch Extraktivdestillation noch Benzen gewonnen.
Schwermetalle, Metalle, die sich durch eine große Dichte auszeichnen, die oberhalb einer Grenze von $\varrho = 3,5$ bis $5,0 kg \cdot l^{-1}$ liegt. Metalle, die eine geringere Dichte besitzen, werden demgegenüber als ↗ Leichtmetalle bezeichnet.
Schwermineralien, verwitterungsbeständige Mineralien, wie Zirkon, Rutil, Granat, Magnetit, Amphibol, Epidot, Titanit, Staurolith, Zinnstein u. a., mit einer Dichte über $2,9 kg \cdot l^{-1}$. Sie sind in Seifenlagerstätten angereichert.
Schweröl, Fraktion der ↗ Teerdestillation im Siedebereich 230 bis 270 °C.
Schwerspat, Baryt, $BaSO_4$, plattig kristallisierendes weißes Mineral, das an seiner hohen Dichte ($\varrho = 4,49 kg \cdot l^{-1}$) leicht zu erkennen ist. S. ist häufig aus hydrothermalen Lagerstätten zu finden. S. wird in der Papier-, Farben-, Textilindustrie, der chem. Industrie, als Hilfsstoff bei Tiefbohrungen und als Zuschlag für Sonderbeton im Strahlenschutz verwendet.
Schwimm-Sink-Trennung, Dichtesortierung, ↗ Dichtetrennung.
Sedativa, ↗ Beruhigungsmittel.
Sedimentation, Absetzen fester Bestandteile aus einem gasförmigen oder flüssigen Medium aufgrund ihrer höheren Dichte.
Sedimentgesteine, Schicht- oder Absatzgesteine, Gesteine, die durch die Ablagerung von Verwitterungsprodukten der festen Erdkruste an der Erdoberfläche entstanden sind.
Segerkegel, kleine, schmale, 3 bis 5 cm hohe Kegel oder Pyramiden aus Gemischen von Quarz, Ton und Flußmitteln wechselnder, aber standardisierter Zusammensetzung, die zur Temperaturbestimmung in Brennöfen dienen. Beim Erreichen einer bestimmten Temperatur erweicht das Material des S. und verformt sich soweit, daß der S. sich bis zum Umkippen neigt. Durch Beobachten dieses Verhaltens, z. B. durch Sichtluken, sind Rückschlüsse auf die im Brennofen herrschende Temperatur mög-

lich. So lassen sich, je nach Zusammensetzung der S., Temperaturbereiche zwischen 650 bis 2000 °C erfassen. Heute ermöglichen andere Methoden (z. B. Thermoelemente) eine einfachere und genauere Temperaturbestimmung.

Seide, im engeren Sinne Naturseide, das erstarrte fadenförmige Sekret von Larven (Raupen) des Seidenspinners. Es besteht aus Strukturprotein. Daneben werden analoge endlose Fäden aus synthetischem Material heute auch als Chemieseide bezeichnet.

Seidenfibroin, ↗ Strukturproteine.

Seifen, 1. abbauwürdige Anreicherungen von schweren und schwerverwitterbaren, nutzbaren Mineralien in Sand- und Geröllablagerungen (z. B. Gold, Zinnstein, Platin, Monazit), 2. die wasserlöslichen Alkalisalze höherer Fettsäuren, wobei die Seifenmoleküle (analog Flotationsmitteln), an Schmutzteilchen adsorbiert, diese leichter ablösbar machen. Früher wurde durch Verseifen von pflanzlichen Fetten mit Natronlauge direkt das Natriumsalz der Fettsäuren hergestellt. Bis in die 50er Jahre wurden diese S. auch als Waschmittelrohstoffe verwendet, heute werden sie fast nur noch zur Körperpflege eingesetzt. Die meisten tierischen und pflanzlichen Fette sind zur Herstellung von S. wenig geeignet, sondern werden heute vorwiegend zur Herstellung von Alkylsulfaten oder anderen Tensiden verwendet (↗ Waschmittel).

Seifenlagerstätten, ↗ Seifen, abbauwürdige Konzentrationen schwerverwitterbarer Mineralien bzw. Schwermineralien in Sand- oder Geröllablagerungen, z. B. in marinen Spülsäumen des Meeres oder in Flüssen.

Seigerarbeit, seigern, Entmischen einer abkühlenden (erstarrenden) Metallschmelze in verschiedene Bestandteile unterschiedlicher Dichte, z. B. Zielprodukt und Verunreinigung.

Seignette-Salz (Kaliumnatriumtartrat), $KNa(C_4H_4O_6) \cdot 4H_2O$, farblose Kristalle, die bei etwa 70 °C in ihrem Kristallwasser schmelzen. S. wird zur Herstellung der ↗ Fehlingschen Lösung benutzt. S. wurde wegen seiner Piezoelektrizität in elektroakustischen Wandlern, wie Mikrofonen oder Tonabnehmern, eingesetzt, wird aber in dieser Verwendung zunehmend durch die feuchtigkeitsunempfindlichen Ferroelektrika, wie Bariumtitanat, ersetzt.

Sekundärplastverwertung, ↗ Duroplastabfälle, ↗ Thermoplastabfälle.

Sekundärrohstoffe, jene Teile der Abfälle aus Produktion und Konsumtion, die z. T. nach spezieller Aufbereitung erneut in den volkswirtschaftlichen Reproduktionsprozeß eintreten können. Neben techn.-technologischen sind es vor allem ökonomische bzw. ökologische Aspekte, die zu einem gegebenen Zeitpunkt die Verwertbarkeit von Abprodukten (Abfällen der Produktion) bestimmen. Viele früher als Abprodukte klassifizierte Produktionsabfälle sind heute geschätzte S. oder sogar eigentliche Zielprodukte von Produktionsprozessen. Aus dieser Sicht sind alle Abprodukte potentielle S.

Selbstreinigung der Gewässer, natürlicher aerober Abbau gelöster org. Verunreinigungen, dessen Grundprinzip zur Entwicklung des ↗ Belebtschlammverfahrens führte.

s-Elemente, Elemente der I. und II. Hauptgruppe des PSE, die ihre Valenzelektronen ausschließlich in s-Orbitale einbauen.

Selen,

Se $\quad Z = 34$
$A_{r(1981)} = 78{,}96$
Ek: [Ar] $3d^{10}4s^24p^4$
OxZ $-2, +2, +4, +6$
$X_E = 2{,}55$
Elementsubstanz: $Se_{(metall.)}$
Schmp. 217,4 °C
Sdp. 684,9 °C
$\varrho = 4{,}7924\ kg \cdot l^{-1}$

chem. Element (↗ Elemente, chem.).

Selenium, Symbol: Se, 3. Element der 6. Hauptgruppe des PSE (↗ Hauptgruppenelemente, 6. Hauptgruppe des PSE). S. ist die Bez. für alle Atome, die 34 positive Ladungen im Kern, also 34 ↗ Protonen besitzen: Kernladungszahl $Z = 34$. Die Hülle des neutralen Atoms besteht aus 34 Elektronen, von denen sechs, die Valenzelektronen, die Konfiguration $4s^24p^4$ besitzen. In Verb. werden Oxydationsstufen eingenommen, die durch die Oxydationszahlen OxZ $-2, +2, +4$ und $+6$ charakterisiert sind. 1817 fand Berzelius im Bleikammerschlamm einer Schwefelsäurefabrik ein Element, das dem Tellur sehr ähnlich war, das Selen. S. kommt spurenweise in vielen natürlichen Sulfiden vor; die Metallselenide sind isomorph mit den entsprechenden Sulfiden. Selenminerale sind: *Barzelianit,* Cu_2Se; *Tiemannit,* $HgSe$, und *Naumannit,* Ag_2Se. Zur Darstellung der Elementsubstanz werden selenhaltige Stoffe mit Salpetersäure zu seleniger Säure oxydiert, z. B.:

$Se + 2\,HNO_3 \rightarrow H_2SeO_3 + NO_2\uparrow + NO\uparrow$

und die selenige Säure wird von schwefliger Säure unter Bildung von Schwefelsäure zur Elementsubstanz reduziert:

$H_2SeO_3 + 2\,H_2SO_3 \rightarrow Se + 2\,H_2SO_4 + H_2O$.

Von der Elementsubstanz existieren Modifikatio-

nen: eine metallische Modifikation (grauschwarz, hexagonal-rhomboedrisch, Halbleiter); fünf nichtmetallische Modifikationen, von denen zwei grauschwarz und drei rot gefärbt sind. Metallisches S. setzt sich mit konz. Schwefelsäure zu grünem Selensulfit um:
Se + $H_2SO_4 \rightarrow$ $SeSO_3$ + H_2O;
und mit molekularem Wasserstoff entsteht Selenwasserstoff:
Se + $H_2 \rightarrow H_2Se$, $\Delta_B H$ = +85,7 kJ · mol^{-1}.
Metallisches S. wird in Selenbrücken (Selenzellen), Selenphotozellen (Selen-Sperrschichtphotozellen), Selen-Trockengleichrichtern, als Färbemittel für Glasflüsse und als Legierungszusatz (beim Stahlguß) verwendet.

Selenat, Salze der ↗ Selensäure.

Selendioxid, SeO_2, fester, weißer, in glänzenden Nadeln kristallisierender, hygroskopischer Stoff, der bei 315 °C sublimiert. S. entsteht durch Umsetzung der Elementsubstanz mit molekularem Sauerstoff:
Se + $O_2 \rightarrow SeO_2$, $\Delta_B H$ = −240,8 kJ · mol^{-1}
und reagiert mit Wasser unter Bildung von seleniger Säure:
SeO_2 + $H_2O \rightarrow H_2SeO_3$.

Selenide, binäre Verb. des ↗ Selens mit Metallen, die durch direkte Vereinigung der Elementsubstanzen oder durch Einleiten von Selenwasserstoff in Metallsalzlösungen gebildet werden können. Die S. haben ähnliche Eigenschaften wie die entsprechenden Sulfide.

selenige Säure, H_2SeO_3, farblose, kristalline, an feuchter Luft zerfließende Substanz (Schmp. 66,5 °C), die durch Umsetzung von Selendioxid mit Wasser entsteht:
SeO_2 + $H_2O \rightarrow H_2SeO_3$.
S. S. wird von schwefliger Säure (die ein größeres Bestreben hat, in die sechswertig positive Oxidationsstufe zu gehen) reduziert:
H_2SeO_3 + 2 $H_2SO_3 \rightarrow$ Se + 2 H_2SO_4 + H_2O.
Die Salze der s. S. heißen *Selenite*.

Selenit, e, die Salze der ↗ selenigen Säure.

Selenium, wissenschaftliche Bez. für das chem. Element ↗ Selen.

Selensäure, H_2SeO_4, feste, farblose und kristalline Substanz (Schmp. 60 °C), die beim Schmelzen in eine ölige Flüssigkeit übergeht. S. entsteht durch Oxydation von seleniger Säure, z. B. durch molekulares Chlor:
H_2SeO_3 + Cl_2 + $H_2O \rightarrow H_2SeO_4$ + 2 HCl.
S. ist eine starke Säure, sie vermag Hydrate zu bilden. Die Salze der S. heißen *Selenate*.

Selentrioxid, SeO_3, feste, farblose, kristalline Substanz (Schmp. 118 °C), die durch Entwässern von ↗

Selensäure mit Phosphor(V)-oxid hergestellt werden kann, umgekehrt aber auch mit Wasser heftig unter Bildung von Selensäure reagiert:
$H_2SeO_4 \rightleftharpoons SeO_3$ + H_2O.

Selenwasserstoff, H_2Se, farbloses, unangenehm nach faulem Rettich riechendes, giftiges, die Schleimhäute heftig reizendes und leicht zu verflüssigendes Gas (Schmp. −65,73 °C, Sdp. −41,5 °C). S. wird beim Überleiten von Diwasserstoff über Selen oberhalb 400 °C gebildet:
Se + $H_2 \rightarrow H_2Se$, $\Delta_B H$ = +85,7 kJ · mol^{-1}.
In wäßriger Lösung dissoziiert S. als Säure, die stärker ist als eine Lösung von Schwefelwasserstoff:
H_2Se + 2 $H_2O \rightleftharpoons H_3O^+$ + HS^- + H_2O
$\rightleftharpoons$ 2 H_3O^+ + Se^{2-}.

Selivanov-Reaktion, eine Lösung von 1,3-Dihydroxy-benzen (Resorcinol) in konz. Salzsäure, ergibt mit 5-(Hydroxymethyl)furfural eine Rotfärbung. Da sich das 5-(Hydroxymethyl)furfural auch bei Einwirkung von konz. Säuren auf Hexosen, besonders Ketohexosen, bildet, kann über die S. ein Nachweis für diese Hexosen erfolgen. S. dient zum Nachweis von Fruchtzucker, ↗ Fructose, im Harn. Dazu wird dieser mit dem gleichen Volumen konz. Salzsäure und einigen Körnchen 1,3-Dihydroxybenzen versetzt und erwärmt. Bei Anwesenheit von Fructose bildet sich eine tiefrote Färbung oder ein Niederschlag.
Mit Glucose kann erst nach längerem Kochen eine schwache Reaktion festgestellt werden.

Semënov, Nikolai Nikolaevič (geb. 3.4.1896), sowjetischer Physikochemiker, wurde bekannt durch seine grundlegenden Arbeiten über die Theorie der ↗ Kettenreaktionen. 1928 erklärte er die Entstehung von Kettenverzweigungen. Er untersuchte u. a. Autoxydationsprozesse katalytischer Reaktionen und stellte eine Theorie der Stoßwellen auf. 1934 erschien sein grundlegendes Buch: Chemische Kinetik und Kettenreaktionen. Gemeinsam mit dem Engländer Sir Cyril Norman Hinshelwood erhielt er 1956 den Nobelpreis für Chemie.

N. N. Semënov

Semicarbazid, $H_2N\text{—}NH\text{—}CO\text{—}NH_2$, ist das Amidhydrazid der Kohlensäure, eine farblose, kristalline Substanz, Schmp. 96 °C, die sich in Wasser und Ethanol leicht löst, in diesen Lösungen aber unbeständig ist. Die Salze sind beständig. Handelsüblich sind das Hydrochlorid $(H_3\overset{\oplus}{N}\text{—}NH\text{—}CO\text{—}NH_2)\,Cl^-$, Schmp. 175 °C, und das Sulfat. S. reagiert mit ↗ Aldehyden und ↗ Ketonen in einer Kondensationsreaktion zu Semicarbazonen.
S. wird durch Umsetzung von Kaliumcyanat und Kaliumcarbonat mit Hydrazinsulfat hergestellt.

Semicarbazone, $\overset{R^1}{\underset{R}{>}}C=N\text{—}NH\text{—}CO\text{—}NH_2$

Kondensationsprodukte aus ↗ Semicarbazid und ↗ Aldehyden ($R^1 = H$) bzw. ↗ Ketonen.
semipermeable Wand, halbdurchlässige Wand (↗ Dialyse, ↗ galvanische Zelle, ↗ Osmose).
Senfgas, ↗ Yperit.
Senföle, nicht mehr zulässige Bez. für ↗ Isothiocyanate.
Sensibilisatoren, Zusätze, durch die die Lichtempfindlichkeit von Photomaterialien erhöht wird. Das in der photographischen Schicht enthaltene Silberbromid ist vor allem gegenüber dem blauen Bereich des sichtbaren Spektrums empfindlich. Durch Zusätze von *Edelmetallen,* schwachen *Reduktionsmitteln* wie $SnCl_2$ oder von Stoffen, die leicht *Schwefel* abgeben (Bildung von Ag_2S), kann die Empfindlichkeit in diesem Spektralbereich erhöht werden. Durch Zusatz von org. *Polymethinfarbstoffen* kann die Empfindlichkeit über den Eigenempfindlichkeitsbereich hinaus auf den grünen und roten Spektralbereich ausgedehnt werden. Colormaterialien besitzen drei lichtempfindliche Schichten, die jeweils nur für einen Spektralbereich (blau, grün, rot) sensibilisiert sind.
Sepso-Tinktur, Antiseptikum (↗ Desinfektionsmittel) zur Wunddesinfektion. S. ist eine wäßrig-alkoholische Lösung von $AlCl_3$, $FeCl_3$, NH_4SCN, Salicylsäure und Campher.
L-Serin, Abk. Ser, *L-α-Amino-β-hydroxy-propionsäure,* $HO\text{—}CH_2\text{—}CH(NH_2)\text{—}COOH$, eine proteinogene ↗ Aminosäure. M 105,1, Schmp. 223 bis 228 °C. Das β-C-Atom ist im Stoffwechsel die wichtigste Quelle für aktive Einkohlenstoffkörper.
Serpentin, Mineralname, der sowohl für faserigen ↗ Chrysotil wie auch für den chem. nahezu ähnlichen blättrigen Antigorit verwendet wird. Es sind hydroxylhaltige Silicate des Magnesiums und Eisens. Sie treten als hydrothermale Spaltenfüllung oder metasomatische Umbildung des Nebengesteins auf (»Serpentinisierung«). S. ist grün bis braun gefärbt. Wenn das Mineral in homogenen Massen vorkommt, werden auch diese als S. bezeichnet. Es ist ein geschätzter Werkstoff für Ziergegenstände, Säulen, Schalen u. a.
Im S. kann Mg^{2+} durch Ni^{2+} ersetzt sein; es ist dann ein technisch wichtiges Nickelerz (Ural).
Sesquiterpene, ↗ Terpene, ↗ Abscisinsäure.
Setzen, alte Bergmannsbez. für die ↗ Dichtetrennung.
Shampoo, ↗ Haarwaschmittel.
Shredder-Anlage, dient zur Zerlegung und Aufarbeitung komplex zusammengesetzer oder sperriger Abprodukte (Autowracks, Sperrmüll u. a.).
SI, Abk. für das internationale Einheitssystem (System International d'Unités, SI), das heute in fast allen Staaten gesetzlich eingeführt ist. Es werden unterschieden: SI-Basiseinheiten (Länge: Meter, m; Masse: Kilogramm, kg; Zeit = Sekunde, s; Stromstärke: Ampere, A; Temperatur: Kelvin, K; Stoffmenge: Mol, mol; Lichtstärke: Candela, cd) mit eigenständiger Definition.
Abgeleitete SI-Einheiten mit selbständigen Namen, die aus den SI-Basiseinheiten als Potenzprodukte gebildet werden (Frequenz: Hertz, $1\,Hz = 1 \cdot s^{-1}$; Energie: Joule, $1\,J = 1\,kg \cdot m^2 \cdot s^{-2}$; Kraft: Newton, $1\,N = 1\,kg \cdot m \cdot s^{-2}$ usw.).
SI-fremde Einheiten (mit selbständigem Namen) dürfen nur noch in Spezialgebieten (Elektronenvolt, $1\,eV = 1{,}602\,19 \cdot 10^{-18}\,J$) oder zeitlich begrenzt bzw. nicht mehr angewendet werden (z. B. Länge: Angström, $1\,\text{Å} = 10^{-10}\,m$; Energie: Kalorie, $1\,cal = 4{,}186\,8\,J$).
Sicherheitssprengstoffe, besonders handhabungssichere Sprengstoffe, meist ↗ Ammonsalpetersprengstoffe.
Sichten, Windsichten, ist ein Verfahren der ↗ Dichtetrennung.
Siderit, ↗ Eisenspat.
Sidotsche Blende, ↗ Zinksulfid.
Sieb, Apparat zur Trennung körniger Feststoffgemenge nach der Korngröße (klassieren).
Siedediagramm, Phasendiagramm für den Übergang aus der flüssigen in die gasförmige Phase bei Zweikomponentensystemen. Bei konst. Druck wird die Temperatur des Phasenüberganges gegen die Zusammensetzung, meist als ↗ Molenbruch, aufgetragen (Bild). Es ergeben sich zwei Kurven. Die untere Kurve, als Siedekurve bezeichnet, gibt den Siedebeginn in Abhängigkeit von der Zusammensetzung an. Die obere, sogenannte Kondensationskurve, kennzeichnet die Zusammensetzung des Dampfes bei der jeweiligen Temperatur. Zwischen beiden Kurven liegen die flüssige und gasförmige Phase nebeneinander vor.

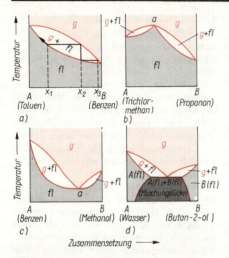

Siedediagramm bei vollständiger Mischbarkeit der flüssigen Phase
a) ohne Extrema
b) mit Siedetemperaturmaximum
c) mit Siedetemperaturminimum
d) beim Auftreten einer Mischungslücke
fl flüssig
g gasförmig
a azeotroper Punkt

Hier besitzt das System nach dem ↗ GIBBSschen Phasengesetz $P + F = K + 2$ nur zwei Freiheitsgrade ($2 + 2 = 2 + 2$), bei konst. Druck die Temperatur und Zusammensetzung.
Mit Hilfe der Siede- und Kondensationskurve kann die Wirksamkeit der Stofftrennung durch ↗ Destillation ermittelt werden. Wenn eine Mischung (Bild a) der Zusammensetzung x_1 bei der Temperatur T_1 siedet, besitzt der Dampf im Gleichgewicht die Zusammensetzung x_2. Dadurch verarmt die Flüssigkeit an der Komponente B, und Komponente A reichert sich an, so daß die Siedetemperatur ansteigt. Durch ständige Entfernung der Dampfphase bei der Destillation erreicht die Siedetemperatur die des schwerflüchtigen Bestandteiles oder des azeotropen Gemisches. Bei der *fraktionierten Destillation* führt eine schrittweise Kondensation und Wiederverdampfung zur Stofftrennung ($x_1 \rightarrow x_2; x_2 \rightarrow x_3$ usw.).
Man kann die S. nach der Mischbarkeit der flüssigen Bestandteile und dem Auftreten azeotroper Punkte *a* klassifizieren (↗ Mischung, Bild).

Siedepunkt, *Kochpunkt,* Abk. Sdp. (auch Kp.); Temperatur, bei der ein Stoff vom flüssigen in den gasförmigen Aggregatzustand übergeht. Der Dampfdruck einer Flüssigkeit ist am S. gleich dem äußeren Druck, d. h., der S. ist druckabhängig und damit keine Stoffkonstante. Der S. wird für einen Luftdruck von 1 000 hPa (entspricht den alten Angaben von 1 atm = 760 Torr) angegeben. Mit steigendem Luftdruck steigt auch der S.

Siedepunkterhöhung, durch gelöste Feststoffe wird der S. einer Flüssigkeit erhöht. Die S. wird zur Bestimmung der Molmasse (↗ Ebullioskopie) genutzt.

Siedesalz, Steinsalz für den Gebrauch als Nahrungsmittel, das durch Verdampfungskristallisation aus gereinigten Salzlösungen gewonnen wird.

Siedeverzug, Erscheinung, daß bestimmte Flüssigkeiten (reine Verb., Lösungen oder Emulsionen, z. B. Milch) unter bestimmten Bedingungen (Staubfreiheit, Abwesenheit gelöster Gase) über ihren Sdp. hinaus erwärmt werden können, ohne daß der Siedevorgang sofort einsetzt. Das Sieden einer solchen Flüssigkeit beginnt unberechenbar, verläuft stoßweise, und es werden momentan größere Mengen verdampfter Substanz abgegeben, die meist Teile der heißen Flüssigkeit mit sich reißen, und verspritzen. Daher ist größte Vorsicht geboten. Durch Zugabe von Glaskugeln, porösen Tonscherben u. a. in das Siedegefäß läßt sich der S. verhindern.

Siegellack, Gemisch aus ↗ Schellack und ↗ Terpentin, das durch ↗ Zinnober rot gefärbt ist, zum Siegeln von Urkunden und Briefen. Heute werden auch ↗ Kunstharze verwendet.

SIEMENS-MARTIN-Ofen, SM-Ofen, ↗ Flammofen mit ↗ Regenerativfeuerung.

SIEMENS-MARTIN-Verfahren, SM-Verfahren, Verfahren zur ↗ Stahl-Herstellung (↗ Roheisen-Schrott-Verfahren).

Sikkative, *Trockenstoffe,* Verb., die die Trockenzeit von ölhaltigen Anstrichstoffen verkürzen, indem sie die Polymerisation der ungesättigten Öle katalytisch beschleunigen. S. sind Schwermetallsalze von höheren Alkansäuren (Fettsäuren und Harzsäuren).

Silane, binäre Verb. des ↗ Siliciums mit Wasserstoff. S. entstehen durch Umsetzung von Magnesiumsilicid mit Chlorwasserstoff unter Bildung von Magnesiumchlorid:
$Mg_2Si + 4 HCl \rightarrow SiH_4 + 2 MgCl_2$,
und von Lithiumsilanat mit Siliciumtetrachlorid (ebenfalls unter Bildung der entsprechenden Chloride):
$Li[AlH_4] + SiCl_4 \rightarrow SiH_4 + LiCl + AlCl_3$.
Bekannte S. sind: *Monosilan,* SiH_4, (Sdp. $-112\,°C$); *Disilan,* Si_2H_6, (Sdp. $-15\,°C$); *Trisilan,* Si_3H_8, (Sdp. 53 °C) und *Tetrasilan,* Si_4H_{10}, (Sdp. 90 °C). S. reagieren mit dem Sauerstoff der Luft, mit Wasser und den Halogenen sehr heftig. Ihre Substitutionspro-

dukte sind wichtige Ausgangsstoffe zur Herstellung von *Siloxan-* und *Siliconverb.*

Silber,

Ag $Z = 47$
$A_{r\,(1981)} = 107,868\,2$
Ek: [Kr] $4d^{10}5s^1$
OxZ: +1, +2, +3
$X_E = 1,93$
Elementsubstanz:
Schmp.   961,3 °C
Sdp.   2 210 °C
$\varrho = 10,50\;\text{kg} \cdot l^{-1}$

chem. Element (↗ Elemente, chem.).
Argentum, Symbol: Ag, 2. Element der 1. Nebengruppe des PSE (Nebengruppenelemente, 1. Nebengruppe des PSE). S. ist die Bez. für alle Atome, die 47 positive Ladungen im Kern, also 47 Protonen besitzen: Kernladungszahl $Z = 47$. Die Hülle des neutralen Atoms besteht aus 47 Elektronen, von denen die möglichen Valenzelektronen die Konfiguration $4d^{10}5s^1$ besitzen. In Verb. werden Oxydationsstufen eingenommen, die durch die Oxydationszahlen *OxZ* +1, +2 und +3 charakterisiert sind. S. ist aus ältester Zeit bekannt. In der Natur findet sich S. gediegen, d. h. als Metall, und gebunden. Wichtige Silbererze sind vor allem *Sulfide*: *Silberglanz, Argentit*, Ag_2S; *Pyrargyrit*, dunkles Rotgültigerz, *Antimonsilberblende*, Ag_3SbS_3; *Proustit*, lichtes Rotgültigerz, *Arsensilberblende*, Ag_3AsS_3; *Stephanit*, Sprödglaserz, Ag_5SbS_4; *Arsenfahlerz*, $4\,Ag_2S \cdot As_2S_3$; *Antimonfahlerz*, $4\,Ag_2S \cdot Sb_2S_3$; *Silberantimonglanz*, $Ag_2S \cdot Sb_2S_3$; *Kupfersilberglanz, Stromeyerit, Jalpait*, $Ag_2S \cdot Cu_2S$, und *Hornsilber*, AgCl. Silbererze werden in der Cyanidlaugerei komplex gelöst:
$Ag_2S + 4\,CN^- \rightarrow 2\,[Ag(CN)_2]^- + S^{2-}$
und dann mit metallischem Zink zu metallischem S. umgesetzt:
$2\,[Ag(CN)_2]^- + Zn \rightarrow 2\,Ag + [Zn(CN)_4]^{2-}$.
Die Gewinnung von reinem bzw. reinstem S. kann durch elektrolytische Raffination erfolgen. Die Elementsubstanz, d. h. das metallische S., ist hell, metallisch glänzend, regulär kristallin, weicher als metallisches Kupfer und dehnbar. Metallisches S. ist an der Luft beständig, überzieht sich aber bei Schwefelwasserstoffanteil der Luft mit einer dunklen Sulfidhaut (Anlaufen des Silbers):
$4\,Ag + 2\,H_2S + O_2 \rightarrow 2\,Ag_2S + 2\,H_2O$.
In nichtoxydierenden Säuren ist metallisches S. unlöslich. S. reagiert mit konz. Salpetersäure:
$3\,Ag + 4\,HNO_3 \rightarrow 3\,AgNO_3 + NO\uparrow + 2\,H_2O$
und heißer konz. Schwefelsäure:
$2\,Ag + 2\,H_2SO_4 \rightarrow Ag_2SO_4 + SO_2\uparrow + 2\,H_2O$.

S. ist ein Komplexbildner, z. B.:
$AgCl + 2\,NH_3 \rightarrow [Ag(NH_3)_2]Cl$,
$AgBr + 2\,S_2O_3^{2-} \rightarrow [Ag(S_2O_3)_2]^{3-} + Cl^-$.
Silberhalogenide sind in Wasser sehr schwer löslich:
$Ag^+ + Cl^- \rightarrow AgCl\downarrow$.
Metallisches S. stellt ein wertvolles Material dar, das zur Herstellung von Schmuck, widerstandsfähigen Geräten, Spiegeln, galvanischen Überzügen, elektrischen Geräten, pharmazeutischen Präparaten, Legierungen, Verb. für die Produktion photographischer Materialien usw. verwendet wird.
Silberblick, ↗ Treibarbeit.
Silberglanz, Argentit, Ag_2S, in würfel- oder oktaederförmigen Kristallen vorkommendes bleigrauschwarzes Mineral. Es ist in hydrothermalen Erzgängen zu finden, z. B. in den heute erschöpften klassischen Lagerstätten des Erzgebirges.
Silber(I)-halogenide, binäre Verb. des Silbers mit Halogen. Sie stellen, bis auf das Silber(I)-fluorid, in Wasser sehr schwer lösliche Stoffe dar. Da sie durch Lichteinwirkung langsam in ihre Elementsubstanzen zersetzt werden, dabei also metallisches Silber abscheiden, stellen sie die Grundlage photographischer Substanzen dar. Die Bildung löslicher Komplexverbindungen, z. B. durch Umsetzung mit Thiosulfationen zu $[Ag(S_2O_3)_2]^{3-}$-Ionen, unterstützt diese Verwendungsmöglichkeit (Fixierprozeß). *Silber(I)-fluorid*, AgF, ist farblos, kristallin (Schmp. 435 °C) und sehr hygroskopisch; *Silber(I)-chlorid*, AgCl, ist weiß, käsig-flockig und kristallin (Schmp. 455 °C); *Silber(I)-bromid*, AgBr, ist gelblich-weiß und kristallin (Schmp. 430 °C), und *Silber(I)-iodid*, AgI, ist hellgelb und kristallin (Schmp. 557 °C).
Silber(I)-nitrat, $AgNO_3$, farblos, kristallin (Schmp. 210 °C) und in Wasser leicht löslich. S. entsteht bei Einwirkung von konz. Salpetersäure auf metallisches Silber:
$3\,Ag + 4\,HNO_3 \rightarrow 3\,AgNO_3 + NO\uparrow + 2\,H_2O$.
S. wirkt auf der Haut ätzend, unter Abscheidung von metallischem Silber, wird daher in der Medizin als *Höllenstein* zur Beseitigung von kleinen Hautwucherungen verwendet. Außerdem ist es Ausgangsstoff zur Herstellung anderer Silberverb., wird zur Spiegelfabrikation benötigt und ist im chem. Laboratorium als wäßrige Lösung ein Reagens auf Chlorid-, Bromid- und Iodidionen.
Silber(I)-oxid, Ag_2O, dunkelbrauner, pulverförmiger Stoff, der sich bei Zp. = 300 °C in seine Elementsubstanzen zerlegt.
S. entsteht bei Umsetzung von Silber(I)-Ionen mit Hydroxidionen:
$2\,Ag^+ + 2\,OH^- \rightarrow Ag_2O\downarrow + H_2O$.

Silber(I)-sulfid, Ag_2S, dunkelbleigrau, regulär kristallin (Schmp. 842 °C) und in Wasser sehr schwer löslich. S. entsteht durch Ausfällung von Silber(I)-Ionen mit Sulfidionen:

$2\,Ag^+ + S^{2-} \rightarrow Ag_2S\downarrow$,

aber auch durch Einwirkung von Schwefelwasserstoff auf metallisches Silber bei Anwesenheit von Disauerstoff bzw. Luft:

$4\,Ag + 2\,H_2S + O_2 \rightarrow 2\,Ag_2S + 2\,H_2O$.

S. kann mit konz. Salpetersäure in Lösung gebracht werden, ebenso mit einer Lösung, die Cyanidionen enthält.

Silicatsteine, Feuerfestmaterial aus Siliciumdioxid SiO_2, mit geringen Bindemittelanteilen (MgCa-Fe-Al-Oxide). Sie sind bis etwa 1 750 °C beständig.

Silicatbeton, Material für Bauelemente aus Quarzsand und Branntkalk, das in Autoklaven bei 180 °C, 1,2 MPa Druck und gesättigter Wasserdampfatmosphäre in der Form erhärtet.

Silicate, Verb. des ↗ Siliciums, die als Salze der verschiedenen Formen der ↗ Kieselsäure aufgefaßt werden können. S. sind weit verbreitete Minerale. Es können unterschieden werden: Orthosilicate, $[SiO_4]^{4-}$; Orthodisilicate, $[Si_2O_7]^{6-}$; Tricyclosilicate, $[Si_3O_9]^{6-}$; Hexacyclosilicate, $[Si_6O_{18}]^{12-}$; Kettensilicate, $[SiO_3^{2-}]_n$; Bandsilicate, $[Si_4O_{11}^{6-}]_n$; und Blattsilicate $[Si_2O_5^{2-}]_n$. Eine Sonderform stellen die Alumosilicate dar, bei denen die Siliciumatome zum Teil durch Aluminiumatome ersetzt sind, z. B.: Muskovit, Glimmer $KAl_2[AlSi_3O_{10}](OH)_2$.

Silicide, binäre Verb. des ↗ Siliciums mit Metallen, die z. T. ionischen bzw. salzartigen Charakter besitzen.

Silicium,

Si	$Z = 14$
$A_{r\,(1981)} = 28,085\,3$	
Ek: [Ne] $3s^23p^2$	
OxZ: $-4, +2, +4$	
$X_E = 1,90$	
Elementsubstanz:	
Schmp.	1 410 °C
Sdp.	2 680 °C
$\varrho = 2,326\,3\,kg \cdot l^{-1}$	

chem. Element (↗ Elemente, chem.).
Silicium, Symbol: Si, 2. Element der 4. Hauptgruppe des PSE (↗ Hauptgruppenelemente, 4. Hauptgruppe des PSE). S. ist die Bez. für alle Atome, die 14 positive Ladungen im Kern, also 14 Protonen besitzen: Kernladungszahl $Z = 14$. Die Hülle des neutralen Atoms besteht aus 14 Elektronen, von denen vier, die Valenzelektronen, die Konfiguration $3s^23p^2$ besitzen. In Verb. werden Oxydationsstufen eingenommen, die durch die Oxydationszahlen OxZ -4, $+2$ und $+4$ charakterisiert sind. Die Elementsubstanz ist 1822 von BERZELIUS durch Reduktion von Siliciumtetrafluorid mit metallischem Kalium erstmalig dargestellt worden. S. ist mit über 25 Masse-% in der Erdrinde, den Ozeanen und der Lufthülle vertreten, findet sich aber nicht als Elementsubstanz. Wichtige Vorkommen sind *Sand, Bergkristall, Quarz, Feuerstein* usw., die alle mehr oder weniger verunreinigtes *Siliciumdioxid, SiO_2*, sind, und die ↗ Silicate der Alkali- und Erdalkalimetalle. Die Elementsubstanz ist dunkelgrau, stark glänzend, undurchsichtig, kristallin (Diamantstruktur, reguläres Kristallsystem, meist verzerrt oktaedrisch), spröde, hart und guter Halbleiter. Eine Darstellung kann durch Reduktion von Siliciumtetrafluorid mit Kalium:

$SiF_4 + 4\,K \rightarrow Si + 4\,KF$,

durch Reduktion von Siliciumdioxid mit Magnesium:

$SiO_2 + 2\,Mg \rightarrow Si + 2\,MgO$,

$\Delta_B H = -343,1\,kJ \cdot mol^{-1}$

oder Aluminium:

$3\,SiO_2 + 4\,Al \rightarrow 3\,Si + 2\,Al_2O_3$,

$\Delta_B H = -772,1\,kJ \cdot mol^{-1}$

und durch Reduktion von Kaliumhexafluorosilicat mit Aluminium:

$3\,K_2[SiF_6] + 4\,Al \rightarrow 3\,Si + 2\,K[AlF_4] + 2\,K_2[AlF_5]$

erfolgen. Reinstes Material für Halbleiterelemente wird durch Reduktion von Trichlorsilan mit molekularem Wasserstoff gewonnen:

$SiHCl_3 + H_2 \rightarrow Si + 3\,HCl$.

Die Elementsubstanz ist insgesamt nicht sehr reaktionsfähig, verbrennt aber mit molekularem Sauerstoff zu Siliciumdioxid:

$Si + O_2 \rightarrow SiO_2$, $\Delta_B H = -859,3\,kJ \cdot mol^{-1}$),

reagiert mit molekularem Fluor, bei Zimmertemperatur bereits unter Feuererscheinung, zu Siliciumtetrafluorid:

$Si + 2\,F_2 \rightarrow SiF_4$, $\Delta_B H = -1\,548\,kJ \cdot mol^{-1}$,

mit den übrigen Halogenen analog, jedoch weniger heftig; und ist in Basen unter Bildung von Silicaten und molekularem Wasserstoff löslich:

$Si + 2\,OH^- + H_2O \rightarrow SiO_3^{2-} + 2\,H_2\uparrow$.

Die Elementsubstanz wird als Material für spezielle Behälter, als Legierungsbestandteil für Eisen, als Reduktionsmittel und ultrarein als Halbleiter verwendet.

Siliciumcarbid, SiC, auch *Carborundum* genannt, ein in reinem Zustand farbloser bis gelblicher, verunreinigt grüner bis blauschwarzer Stoff von großer Härte (9,5 nach der ↗ MOHSschen Härteskala) und Widerstandsfähigkeit. S. kann durch Synthese der beiden Elementsubstanzen (bei 1 500 °C im Vakuum) oder durch Umsetzung von Siliciumdioxid mit Kohlenstoff dargestellt werden. Es sind viele unterschiedliche kristalline Modifikationen bekannt. S. findet als Schmirgelstoff und als Halbleiter Verwendung.

Siliciumcarbidsteine, Feuerfestmaterial auf der Basis von ↗ Siliciumcarbid, SiC.

Siliciumdioxid,

$(SiO_2)_n$
Schmp. 1713 °C
$\varrho_1 = 2,66 \text{ kg} \cdot l^{-1}$
$\varrho_2 = 2,21 \text{ kg} \cdot l^{-1}$
$\varrho_3 = 2,264 \text{ kg} \cdot l^{-1}$

fester, harter, in drei Grundmodifikationen vorliegender Stoff. Die Sauerstoffatome sind an den (sp^3-hybridisierten) Siliciumatomen kovalent (ohne Doppelbindung) gebunden, wobei eine hochpolymere Raumnetzstruktur besonderer Festigkeit und Stabilität ausgebildet wird. Modifikationen:
1. Quarz: bis 867 °C stabil, bei 575 °C erfolgt Umwandlung von α-Quarz in β-Quarz, hexagonal (trigonal) kristallin, Abarten sind Bergkristall (farblos), Rauchquarz (braun-schwarz), Amethyst (violett), Rosenquarz (rosa), Citrus (gelb) und Morion (schwarz).
2. Tridymit: von 867 bis 1470 °C stabil, hexagonal kristallin.
3. Cristobalit: von 1470 bis 1713 °C (Schmp.) stabil, kubisch kristallin.

Außerdem sind noch amorphe Formen bekannt: Opal, Achat, Karneol, Onyx, Heliotrop, Feuerstein, Chalcedon, Jaspis, Chrysopras u. a. Schließlich ist S. Bestandteil von Gesteinen: Granit, Gneis, Sandstein, Quarzsand, Glimmerschiefer u. a. Das Zustandsdiagramm läßt die Abhängigkeit der Siliciumdioxid-Modifikationen von Druck und Temperatur erkennen (Bild). S. wird von Säuren nicht angegriffen. Eine Ausnahme stellt die Flußsäure dar, mit der Reaktionen zu Siliciumtetrafluorid:

$SiO_2 + 4 HF \rightleftharpoons SiF_4 + 2 H_2O$
und dann weiter zu Hexafluorokieselsäure:
$SiF_4 + 2 HF \rightarrow H_2[SiF_6]$
erfolgen. In alkalischen Lösungen wird S. unter Bildung von Metasilicat angegriffen:
$SiO_2 + 2 NaOH \rightarrow Na_2SiO_3 + H_2O$,
$SiO_2 + Na_2CO_3 \rightarrow Na_2SiO_3 + CO_2\uparrow$.

Quarzsand findet in der Sauerstoff-, Glas- und Porzellanfabrikation umfangreich Verwendung. Auf die Bedeutung des S. als Schmuckstein (Edelstein) und Material für optische Geräte sei hingewiesen.

Siliciumnitrid, Si_3N_4, widerstandsfähiger, bei 1900 °C (in Stickstoffatmosphäre unter Druck) schmelzender kristalliner Stoff von hoher Thermoschockbeständigkeit. S. kann durch Synthese der Elementsubstanzen bei 1000 bis 1555 °C in einem Sinterprozeß hergestellt werden:
$3 Si + 2 N_2 \rightarrow Si_3N_4$.
Es wird als Material zur Herstellung spezieller Laborgeräte, Isolierstoffe und Glasfilter verwendet.

Silicone, synthetische Polymerverb. des Siliciums, die org. Gruppen (CH_3-, C_2H_5-, C_3H_7-, C_6H_5- u. a.) enthalten. Als wertvolle Öle, Harze und Kautschuke haben die S. eine vielfältige techn. Anwendung erfahren. Die Struktur eines Siliconmoleküls weist zunächst einmal, dem Typ des ↗ Siloxans entsprechend, eine Brückenfunktion der Sauerstoffatome aus, welche die Siliciumatome miteinander verbinden. Die freien Valenzen der Siliciumatome sind mit org. Gruppen besetzt. Kettenförmige S. sind relativ einfach strukturiert, sie bilden die wertvollen Siliconöle, deren Eigenschaften durch die Wahl der org. Gruppe und durch die Länge der Ketten, d. h. durch die Größe der Moleküle, variiert werden können (Bild 1). Siliconöle zeichnen sich z. B. durch eine große Wärmebeständigkeit und eine geringe Temperaturabhängigkeit der Viskosität aus. Es lassen sich aber auch S. herstellen, deren Struktur verzweigt ist, wie

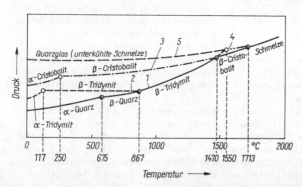

Zustandsdiagramm der Modifikationen des Siliciumdioxids
1 stabiler Zustand
2, 3, 4, 5 metabile Zustände

$$\begin{bmatrix} \text{CH}_3 & \text{CH}_3 & \text{CH}_3 \\ -\text{Si}-\text{O}-\text{Si}-\text{O}-\text{Si}-\text{O} \\ \text{CH}_3 & \text{CH}_3 & \text{CH}_3 \end{bmatrix}_n -$$

Struktur eines kettenförmigen Silicons

Struktur eines verzweigten Silicons

das Bild 2 veranschaulicht. Je nach dem Grad der Verzweigung (d. h. der ausgebildeten Vernetzung) und dem Polymerisationsgrad (d. h. der Größe der ausgebildeten Moleküle) lassen sich S. synthetisieren, die Harze oder Kautschuke darstellen. <u>Siliconharze</u> sind z. B. wasserabstoßend, hitzebeständig und gut isolierend. Aus diesem Grunde lassen sie sich gut als Überzüge elektrischer Leitungen einsetzen, die besonderen Belastungen ausgesetzt sind, wie z. B. in Transformatoren oder Heizöfen. Die Herstellung der S. kann über eine Hydrolyse entsprechender Chlorsilane erfolgen:

$$x\,\text{Si}(\text{CH}_3)_2\text{Cl}_2 + x\,\text{H}_2\text{O} \longrightarrow \begin{bmatrix} \text{CH}_3 \\ -\text{O}-\text{Si}- \\ \text{CH}_3 \end{bmatrix} + 2 x\,\text{HCl}\uparrow.$$

Siliconkautschuk, ↗ Kautschuk.
Silicose, Erkrankung der Lunge nach längerer Einwirkung quarzreicher Feinstäube.
Silit, Siliciumcarbid-Material (SiC), das zu elektrischen Widerständen (Heizstäbe) verarbeitet wird.
Sillimanit, Al_2OSiO_4, eine der drei Modifikationen des Aluminiumsilicats $Al_2O_3SiO_2$ (↗ Andalusit, ↗ Disthen).
S. kristallisiert vorwiegend in stengligen oder strahlig-fasrigen Aggregaten in metamorphen Gesteinen. Nur diese Modifikation ist bei hohen Temperaturen stabil, bei sehr hoher Erhitzung wandelt sie sich in ↗ Mullit um.
S. wird techn. zu feuerfesten Sondererzeugnissen verwendet.
Silo, Lagerbehälter für Feststoffe.
Siloxane, Verb. des Siliciums mit Wasserstoff und Sauerstoff, bei denen der Sauerstoff als Brücken zwischen den Siliciumatomen eingelagert ist. Der einfachste Vertreter dieser Gruppe von Verb. ist das *Disiloxan,* $H_3Si-O-SiH_3$, ein farb- und geruchloses Gas (Schmp. $-144\,°C$ und Sdp. $-15{,}2\,°C$). Außerdem sollen noch das *Trisiloxan,* $H_3Si-O-SiH_2-O-SiH_3$, und das *Tetrasiloxan,* $H_3Si-O-SiH_2-O-SiH_2-O-SiH_3$, genannt sein. Die sich so ausbildenden Siloxanketten können auch Verzweigungen und Vernetzungen aufweisen. Sie besitzen analoge Strukturen wie die techn. bedeutsamen ↗ Silicone.
Sintern, techn. Grundoperation zum Stückigmachen von feinkörnigem Gut. Dieses wird in einer Heizzone oberflächlich zusammengeschmolzen und anschließend auf die gewünschte Körnung zerkleinert.
SININ, NIKOLAJ NIKOLAEVIČ (25. 8. 1812 bis 18. 2. 1880), bedeutender russischer Chemiker, stellte Anilin (Aminobenzen) her, welches er Benzidam nannte. ↗ A. W. HOFMANN. Er entdeckte Benzidin, einen wichtigen Ausgangsstoff für eine zu den Azofarbstoffen gehörende Gruppe synthetischer org. Farbstoffe. Mit seinem Wirken in Kasan begründete S. die berühmte Kasaner Schule der org. Chemie. Bild.

N. N. SININ

SKRAUP-Synthese, Methode zur Herstellung von Chinolin. Es wird Aminobenzen mit wasserfreiem Propan-1,2,3-triol und Nitrobenzen mit konz. Schwefelsäure und Eisen(II)-sulfat erhitzt. Die Ausbeute beträgt etwa 90 %.
Smaltin, ↗ Speiskobalt.
Smaragd, grüner ↗ Beryll, sehr wertvoller Edelstein.
SM-Ofen, ↗ SIEMENS-MARTIN-Ofen.
Smog, Kunstwort aus <u>smoke</u> (englisch Rauch) und <u>fog</u> (englisch Nebel). Es bezeichnet Luftverunreinigungen bei Inversionswetterlagen in Ballungsgebieten, bei denen durch stabile Schichtung der At-Schadstoffe in der Luft, die in Los Angeles Smogalarm zur Folge haben

Alarmstufe	Gehalt in ppm			
	CO	NO_2	SO_2	O_3
I	100	3	3	0,5
II	200	5	5	1,0
III	300	10	10	1,5

mosphäre eine stetige Schadstoffanreicherung erfolgt und praktisch keine Abfuhr durch Wind stattfindet. Tabelle.
SM-Verfahren, ↗ SIEMENS-MARTIN-Verfahren.
Soda, techn. Bez. von ↗ Natriumcarbonat bzw. Natriumcarbonat-Dekahydrat (Kristallsoda).
Sodaauszug, Verfahren der qualitativen Analyse beim Nachweis von Anionen. Die Analysensubstanz (z. B. $CuSO_4$) wird mit einem Überschuß an Soda (Na_2CO_3) in wäßriger Lösung gekocht. Dabei bilden die Schwermetallionen (Cu^{2+}) unlösliche Niederschläge ($CuCO_3$), fallen aus und können die Anionennachweise nicht stören:
$CuSO_4 + Na_2CO_3 \rightleftharpoons CuCO_3\downarrow + Na_2SO_4$.
Soda-Pottasche-Aufschluß, ↗ Aufschluß.
Soda-SOLVAY-Verfahren, techn. Herstellung von Soda (↗ Natriumcarbonat) aus Natriumchloridlösung und Kalkstein nach den summarischen Gleichungen:
$CO_2 + 2 H_2O \rightleftharpoons HCO_3^- + H_3O^+$
$NH_3 + H_3O^+ \rightleftharpoons NH_4^+ + H_2O$
$Na^+ + HCO_3^- \rightleftharpoons NaHCO_3$
$2 NaHCO_3 \rightarrow Na_2CO_3 + H_2O + CO_2$
Söderbergelektrode, Kohlenstoffelektrode in der techn. Elektrochemie, die durch Nachfüllen einer Koks-Teer-Masse von oben her ständig im Ofen nachgebildet wird.
Sol, kolloide Lösung (↗ Kolloide).
Sole, techn. Bez. für eine Salzlösung.
Solvatation, Anlagerung von Lösungsmittelmolekülen an die Teilchen gelöster Stoffe (Ionen oder Moleküle). Die S. im Lösungsmittel Wasser heißt ↗ Hydratation. Die bei der S. entstehenden Teilchen heißen Solvate. Diese können nur in Lösung vorliegen, unter bestimmten Bedingungen aber auch mit auskristallisieren. Die Zahl der an die Teilchen angelagerten Lösungsmittelmoleküle kann häufig nicht exakt angegeben werden, bei genau bekannter Zahl liegen meist ↗ Komplexverb. vor, z. B.:
$CoSO_4 \cdot 7 H_2O = [Co(H_2O)_6]SO_4 \cdot H_2O$.
Zur S. eignen sich besonders solche Lösungsmittel, die über ein hohes ↗ Dipolmoment verfügen, weil die Bindung zwischen gelösten Teilchen und Lösungsmittel auf Ionen-Dipol- oder auf Dipol-Dipol-Wechselwirkungen (↗ VAN-DER-WAALSsche Wechselwirkungen) beruht.
Solvate, Bez. für die bei der ↗ Solvatation entstehenden, von Lösungsmittelmolekülen umgebenen Teilchen.
Solvatochromie, Erscheinung, daß die Farbe von gelösten Stoffen lösungsmittelabhängig ist. Dabei können die Lösungsmittel sowohl die Lage der die Farbe hervorrufenden Absorptionsbanden verän-

dern als auch die Strukturen der in Lösung vorliegenden Teilchen beeinflussen. So löst sich Iod in Kohlendisulfid, Tetrachlorkohlenstoff, Chloroform u. a. unpolaren Lösungsmitteln mit violetter Farbe, weil in diesen Lösungsmitteln violette I_2-Moleküle vorliegen. In Ethanol, Aceton u. a. schwach polaren Lösungsmitteln mit brauner Farbe, weil braungefärbte Addukte der Form

$$\begin{array}{c}R\\ {\diagdown}\\ O\cdots I-I\\ {\diagup}\\ R\end{array}$$

entstehen. Die braune Farbe von Iod-Kaliumiodid-Lösungen ist auf die Bildung brauner I^{3+}-Ionen zurückzuführen.
SOLVAY-Verfahren, ↗ Soda-SOLVAY-Verfahren.
Solventextraktion, ↗ Extraktion.
Solvolyse, Reaktion des Lösungsmittels mit den gelösten Stoffen. Die S. tritt besonders in polaren Lösungsmitteln auf. Sie wird in Wasser als ↗ Hydrolyse bezeichnet.
Sonnenschutzmittel, im Sonnenlicht enthaltene UV-Strahlung mit Wellenlängen zwischen 320 und 400 nm bewirkt Bräunung der Haut infolge Melaninbildung. Kurzwelligere UV-Strahlung zwischen 285 und 320 nm ruft schmerzhafte Hautentzündungen (Sonnenbrand) hervor. S. enthalten org. Stoffe, die die schädliche kurzwellige UV-Strahlung des Sonnenlichtes absorbieren, für die bräunende Strahlung jedoch durchlässig sind. Diese Wirkung haben z. B. Umbelliferonessigsäure, Tannin, p-Amino-benzoesäure, Zimtsäure, Sulfonamide, Phenylbenzimidazol u. a. Zusätze von Kamillenextrakten enthalten Azulene und wirken entzündungshemmend. Zubereitungsformen für S. sind Hautöle, Cremes oder flüssige Emulsionen (↗ Hautkosmetika).
Sorbit, ↗ Glucitol.
SOREL-Zement, ↗ Magnesiazement.
Sorption, Aufnahme, Oberbegriff für ↗ Absorption, Exsorption, ↗ Adsorption, Desorption und Chemisorption.
Sortieren, techn. Verfahren zur Trennung heterogener Feststoffgemische in die einzelnen Bestandteile (Phasen).
SOXHLET-Apparat, (↗ Extraktion), kontinuierlich arbeitendes Laborgerät, das zur Extraktion von bestimmten Bestandteilen aus Feststoffen mit Hilfe geeigneter Lösungsmittel verwendet wird.
Spaltgase, gasförmige Nebenprodukte des auf das Zielprodukt »Benzin-Kohlenwasserstoffe« zielenden Crack-Prozesses, die vor allem aus C_2-, C_3-, C_4-, C_5-Kohlenwasserstoffen (Alkanen und Alkenen) bestehen. Die Suche nach einer Nutzungsmöglichkeit als Syntheseausgangsstoffe führte zur Erschließung der vielfältigen Möglichkeiten der ↗ Petrolchemie

Gruppe	potentialbestimmende Reaktion	$U^\ominus$ in V
Metalle	$Li^+ + e \rightleftharpoons Li$	$-3{,}045$
	$K^+ + e \rightleftharpoons K$	$-2{,}925$
	$Ca^{2+} + 2e \rightleftharpoons Ca$	$-2{,}866$
	$Na^+ + e \rightleftharpoons Na$	$-2{,}714$
	$Mg^{2+} + 2e \rightleftharpoons Mg$	$-2{,}363$
	$Al^{3+} + 3e \rightleftharpoons Al$	$-1{,}662$
	$Zn^{2+} + 2e \rightleftharpoons Zn$	$-0{,}763$
	$Cr^{3+} + 3e \rightleftharpoons Cr$	$-0{,}744$
	$Fe^{2+} + 2e \rightleftharpoons Fe$	$-0{,}440$
	$Ni^{2+} + 2e \rightleftharpoons Ni$	$-0{,}250$
	$Pb^{2+} + 2e \rightleftharpoons Pb$	$-0{,}126$
	$Fe^{3+} + 3e \rightleftharpoons Fe$	$-0{,}036$
	$Cu^{2+} + 2e \rightleftharpoons Cu$	$+0{,}342$
	$Cu^+ + e \rightleftharpoons Cu$	$+0{,}521$
	$Hg_2^{2+} + 2e \rightleftharpoons 2Hg$	$+0{,}788$
	$Ag^+ + e \rightleftharpoons Ag$	$+0{,}799$
	$Au^{3+} + 3e \rightleftharpoons Au$	$+1{,}498$
Nichtmetalle	$S + 2e \rightleftharpoons S^{2-}$	$-0{,}51$
	$2H^+ + 2e \rightleftharpoons H_2$	± 0
	$O_2 + 2H_2O + 4e \rightleftharpoons 4OH^-$	$+0{,}401$
	$Cl_{2(aq)} + 2e \rightleftharpoons 2Cl^-$	$+1{,}36$
Redoxreaktion	$Cr^{3+} + e \rightleftharpoons Cr^{2+}$	$-0{,}41$
	$Cu^{2+} + e \rightleftharpoons Cu^+$	$+0{,}167$
	$Cr_2O_7^{2-} + 14H^+ + 6e \rightleftharpoons 2Cr^{3+} + 7H_2O$	$+1{,}33$
	$ClO_4^- + 8H^+ + 8e \rightleftharpoons Cl^- + 4H_2O$	$+1{,}35$
	$PbO_2 + 4H^+ + 2e \rightleftharpoons Pb^{2+} + 2H_2O$	$+1{,}47$
	$MnO_4^- + 8H^+ + 5e \rightleftharpoons Mn^{2+} + 4H_2O$	$+1{,}51$
	$Co^{3+} + e \rightleftharpoons Co^{2+}$	$+1{,}842$

Elektrochemische Spannungsreihe (Auszug)

(↗ Olefinchemie); diese wiederum bedingten die Konzipierung der ↗ MT-Pyrolyse als einem Spaltprozeß mit Spaltgasen als Hauptprodukt und dem Benzin-Anteil (Pyrolysebenzin) als mengenmäßigem Nebenprodukt.

Spannungsreihe, elektrochem., stellt die Anordnung der chem. Elemente bzw. ihrer Ionen verschiedener Ladungen nach zunehmender Größe ihrer Standardelektrodenpotentiale $U^\ominus$ dar (↗ Elektrode), (Tabelle). Diese können nur als Spannungsdifferenzen gegenüber einer Bezugselektrode angegeben werden. Dazu dient als angenommener Nullpunkt die Standardwasserstoffelektrode.
Mit Hilfe der S. kann der Ablauf von ↗ Redoxreaktionen erklärt werden. Je negativer das Standardpotential ist, um so unedler ist das Element bzw. das Ion, d. h. je größer ist seine Oxidationsfähigkeit und demzufolge seine reduzierende Wirkung. Umgekehrt nehmen mit zunehmendem Elektrodenpotential die Reduktionsfähigkeit und die oxydierende Wirkung zu, d. h., das Element oder Ion verhält sich edler. Die meisten unedleren Elemente als Wasserstoff reagieren nur deshalb nicht mit Wasser, weil sie durch unlösliche Oxidschichten geschützt (↗ Passivierung) sind oder Überspannungen (↗ Elektrolyse) des gebildeten Wasserstoffs auftreten.

Spanplatten, Plattenwerkstoffe aus Holzspänen, die unter Druck mit einer Duroplastmatrix verkittet sind.

Spasmolytika, Arzneimittel, die krampflösend auf die glatte Muskulatur wirken. Als Spasmolytikum wirkt z. B. das Alkaloid der Tollkirsche, das Atropin (↗ Tropanalkaloide). Es wird z. B. in der Augenheilkunde (Vergrößerung der Pupille) und als Gegengift (Antidot) bei Vergiftungen durch Phosphorsäureester (↗ chem. Kampfstoffe) angewendet.

Spateisenstein, ↗ Eisenspat.

Spatel, Spatellöffel, löffel- bzw. flachstabförmige Laborgeräte aus Keramik, Glas, Nickel, Platin, Aluminium oder anderen Materialien zur Dosierung von Feststoffen.

Speerkies, ↗ Markasit.

Speiskobalt, Smaltin, $CoAs_2$, mit Gehalten von Nickel, grauweißes Mineral, das in würfelförmigen, metallglänzenden Kristallen vorkommt. S. war mit Silbererzen u. a. Haupterzbestandteil der

Spektroskopie

klassischen hydrothermalen Erzgebirgslagerstätten von Schneeberg, Marienberg, Annaberg u. a.

Spektroskopie, auch Spektrometrie, Wissenschaftsgebiet, das sich mit der Untersuchung von Stoffen mit Hilfe der von ihnen aufgenommenen (↗ Absorption) oder abgegebenen (↗ Emission) elektromagnetischen ↗ Strahlung beschäftigt. Die erhaltene Abhängigkeit der Strahlungsintensität I von der Energie E bzw. Frequenz ν, Wellenlänge λ oder Wellenzahl $\bar{\nu} = 1/\lambda$ der Strahlung nennt man *Spektrum*. Signale im Spektrum sind darauf zurückzuführen, daß Atome oder Moleküle Strahlung mit unterschiedlicher Energie und Intensität aufnehmen oder abgeben (Bild 1). Die Energie der Signale (*Signallage*) entspricht den Differenzen bestimmter »gequantelter« Energiezustände (↗ Quantentheorie) in den Atomen (↗ Atomspektren) und Molekülen (↗ Molekülspektren). Je nach der Signalbreite unterscheidet man (Bild 2) Linienspektren (↗ Atomspektren), Bandenspektren (↗ Molekülspektren) und kontinuierliche Spektren (bei Feststoffen ↗ Bändermodell). Mit Hilfe der Signallage können die qualitative Zusammensetzung von Stoffen und ihre Struktur ermittelt werden. Die Intensität der Signale entspricht der Häufigkeit des betreffenden Überganges und ist von der Übergangswahrschein-

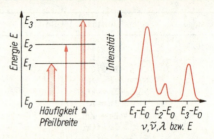

Bild 1. Zusammenhang zwischen der Energieaufnahme eines Stoffes und dem Spektrum

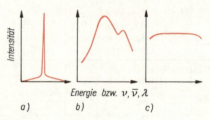

Bild 2
a) Linienspektren
b) Bandenspektren
c) kontinuierliche Spektren

Spektralbereiche und entsprechende Bauteile der Spektralgeräte

Spektroskopie	Spektralgebiet	λ in nm	Spektrale Zerlegung	Strahlungsempfänger	Ausgenutzte Strahlungswirkung
Röntgen-	Röntgenstrahlung	< 10	Kristallgitter	Zählrohr, Szintillationsempfänger	Ionisation von Gasen Lumineszenz
UV VIS-	Vakuum-Ultraviolett (UV)	10 ... 200	Gitter, Flußspatprismen	photographische Schicht	photochemische Wirkung
	Quarz-Ultraviolett	200 ... 400	Quarzprismen	Vakuumphotozelle	photoelektrischer Effekt (äußerer)
	sichtbarer Bereich (VIS)	400 ... 750	Glasprismen		
	nahes Infrarot (IR)	800 ... 1 000		Halbleiterempfänger	photoelektrischer Effekt (innerer)
IR-	mittleres Infrarot	$1 \cdot 10^3 ... 40 \cdot 10^3$	Alkalimetallhalogenidprismen (z. B. KBr), Gitter	Thermoelement Bolometer GOLAY-Zelle	thermische Wirkung
	fernes Infrarot	$40 \cdot 10^3 ... 400 \cdot 10^3$	Gitter		
HF-	Mikro- und Radiowellen (Hochfrequenzstrahlung (HF))	$> 400 \cdot 10^3$	Mikrowellenelektronik, Klystron	Mikrowellenelektronik	

lichkeit zwischen den Energiezuständen des Stoffes und dessen Konzentration abhängig. Ihre Messung (↗ Photometrie) wird zur quantitativen Analyse genutzt (↗ LAMBERT-BEERsches Gesetz). Die Auswertung von Spektren bezeichnet man als Spektralanalyse. Die Arten der S. unterscheidet man nach den angeregten Spezies (↗ Atomspektren, ↗ Molekülspektren) oder dem untersuchten Spektralgebiet (Tabelle, ↗ Molekülspektren). Die Bez. S. wurde auch auf die Untersuchung der Geschwindigkeitsverteilung von Teilchen ausgedehnt (↗ Massenspektroskopie).

Die wichtigsten Bauteile der Untersuchungsgeräte (Bild 3) zur S. dienen der spektralen Zerlegung der elektromagnetischen Strahlung und der Anzeige ihrer Intensität (Strahlungsempfänger). Die Intensität kann mit dem Auge abgeschätzt werden (Spektroskope). Sie wurde früher oft mit Hilfe *photographischer Schichten* (Spektrographen) gemessen und wird heute meist mit *lichtelektrischen Empfängern* (Spektralphotometer bzw. Spektrometer, ↗ Photometrie) quantitativ bestimmt. Zur spektralen Zerlegung dienen im optischen Bereich Monochromatoren mit Prismen oder Gittern. Bei der Aufnahme von Emissionsspektren wird die Probe als Strahlungsquelle eingesetzt. Zur Untersuchung der Absorption (Bild 3) einer Probe muß diese mit Strahlung der verschiedensten Wellenlängen (polychromatische Strahlung von Strahlungsquellen mit kontinuierlichem Spektrum) bestrahlt werden. Werden Monochromator und Strahlungsempfänger senkrecht zur Einstrahlungsrichtung angeordnet, kann die Streuungsstrahlung (Raman-Effekt ↗ Molekülspektren) und Fluoreszenzstrahlung (↗ Lumineszenz) untersucht werden. Weiterhin besteht auch die Möglichkeit zur Untersuchung der reflektierten Strahlung, die ähnliche Spektren wie bei der Absorption liefert. Heute wird zunehmend die manuelle Spektrenregistrierung durch Messung der Strahlungsintensität bei den verschiedenen Wellenlängen mit Einstrahlspektrometern (Bild 3) und anschließende Zeichnung der Spektren von der vollautomatischen Registrierung mit Zweistrahlspektrometern verdrängt. Diese erlauben bei einer kontinuierlichen Veränderung der Wellenlänge einen automatischen Intensitätsvergleich von Meß- und Vergleichsstrahl und registrieren die Spektren selbst.

Spektrum, ↗ Spektroskopie.
Spessartin, ↗ Granat.
spezifische Wärmekapazität, früher spezifische Wärme, ↗ Wärmekapazität.
Sphalerit, ↗ Zinkblende.
Sphen, ↗ Titanit.
Spiegel, Glasscheiben mit einer etwa 0,000 1 mm dicken Silberschicht, die durch eine Lackschicht vor Beschädigung geschützt wird. Die Versilberung des gut gereinigten Glases erfolgt durch Reduktion einer ammoniakalischen Silbernitratlösung mit Reduktionsmitteln wie Methanal oder Traubenzukker.

$AgNO_3 + 2 NH_3 \rightleftharpoons [Ag(NH_3)_2]NO_3$,
$2 [Ag(NH_3)_2]NO_3 + HCHO + H_2O$
$\rightarrow 2 Ag + HCOONH_4 + 2 NH_4NO_3 + NH_3$

Oberflächenspiegel werden durch Aufdampfen von Aluminium oder Silber auf polierte Gläser oder Metalle im Hochvakuum hergestellt.
Spiegeleisen, Weißeisen, Roheisen mit hohem Mangangehalt (5 bis 10 %). Es wird zur Herstellung von Spezialstählen verwendet.
Spin, durch die Eigenrotation von ↗ Elementarteilchen hervorgerufener Drehimpuls. Der Spin der ↗ Elektronen wurde aus der Feinstruktur der ↗ Atomspektren (↗ Multiplizität) geschlußfolgert. Nach dem Spinmodell von GOUDSMIT und UHLENBECK (1925) bestehen für ein Elektron zwei entgegengesetzt gerichtete Möglichkeiten der Eigenrotation, die durch die Spinquantenzahlen $s = +\frac{1}{2}$ und $s = -\frac{1}{2}$ gekennzeichnet werden. Der Elektronenspin spielt eine wichtige Rolle bei der Erklärung des Aufbaus der Elektronenhülle der Atome (↗

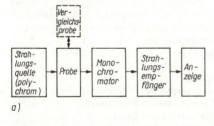

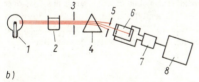

Bild 3
a) Blockschema eines Absorptionsspektralphotometers
b) Beispiel eines Prismenspektralgerätes für den sichtbaren Bereich
1 Glühlampe
2 Küvette
3 Eintrittsspalt
4 Prisma
5 Austrittsspalt
6 photoelektrischer Empfänger
7 Verstärker
8 Strommeßgerät

Spindel

Atommodell, ↗ PAULI-Prinzip, ↗ HUNDsche Regel) in Verbindung mit dem Aufbau des PSE sowie für die chem. Bindung (↗ Atombindung). Die den unterschiedlichen Spins entsprechenden magnetischen Momente sind bedeutsam für den ↗ Magnetismus und die magnetische Resonanzspektroskopie (↗ Molekülspektren).

Spindel, ↗ Aräometer.

Spinelle, einheitlich strukturierte Verb. des allgemeinen Typs $M^{II}M^{III}_2O_4$, wobei M^{II} ein zweiwertiges positiv geladenes Metallion (Mg^{2+}, Fe^{2+}, Zn^{2+}, Co^{2+}, Ni^{2+}, Mn^{2+}) und M^{III} ein dreiwertiges positiv geladenes Metallion (meist Al^{3+}, aber auch Cr^{3+} und Fe^{3+}) darstellen. S. entstehen synthetisch durch Zusammenschmelzen von Oxiden zweiwertiger Metalle, vorwiegend mit Aluminiumoxid, sie sind kristallisiert, besitzen Klarheit und Kristallglanz und stellen Halbedelsteine dar. Bekannt sind: gewöhnlicher Spinell, $MgAl_2O_4$; Zinkspinell, $ZnAl_2O_4$; Eisenspinell, $(Fe, Mg) (Al, Fe)_2O_4$; und Chromspinell, $(Fe, Mg) (Al, Cr, Fe)_2O_4$.

Spinndüse, Düse aus Edelmetall, Tantal u. a. mit einer Vielzahl kleiner Bohrungen, durch die zur Herstellung von Elementarfäden die Spinnschmelze oder Spinnlösung gedrückt wird.

Spinnen, 1. Verformung org. Hochpolymerer mit linearen Makromolekülen zu Chemiefasern. 2. Herstellung von Textil-Garnen aus Chemiefasern oder natürlichen Fasern. ↗ Schmelzspinnen, ↗ Naßspinnen.

Spiritus, Abk. Sprit, gewerbsmäßig erzeugtes ↗ Ethanol.

Spiritus fumans LIBAVII, rauchender Spiritus des LIBAVIUS, alter Name für Zinntetrachlorid, genannt nach seinem Entdecker ↗ LIBAVIUS.

Splitt, maschinell gebrochenes Gestein (oder künstliches Feststoffmaterial) mit einer Korngröße von 2 bis 32 mm. Splitt wird z. B. als Zuschlagstoff im Bauwesen verwendet.

Spodumen, $LiAl(Si_2O_6)$, Lithium-Pyroxen, säulenförmige oder taflige rötlich-weiße Kristalle in Pegmatiten, die zur Lithiumgewinnung abgebaut werden.

Sprays, Sprühflüssigkeit, wird für kosmetische Präparate (Parfüm, Haarlack, Deodorant, Rasiercreme u. a.), Reinigungsmittel, Pflegemittel (Lederspray, Autopolish, Rostschutzspray u. a.), Farben bzw. Lacke, Pflanzenschutzmittel und Arzneimittel verwendet. In einer Spraydose ist der Wirkstoff in einem verflüssigten Treibmittel, gegebenenfalls unter Zusatz eines Lösungsmittels, gelöst. Als Treibmittel werden Fluorkohlenwasserstoffe, wie Dichlordifluormethan und Chlortrifluormethan, verwendet. Beim Drücken auf den Ventilknopf wird durch einen Zerstäuber ein feines ↗ Aerosol erzeugt, und das verwendete Mittel kann gleichmäßig verteilt werden (Bild). Die Anwendung von Fluorkohlenwasserstoffen ist umstritten, da sie mit Ozon reagieren. Es wird befürchtet, daß sie den Ozongürtel der Erde abbauen, der einen natürlichen Schutz gegen übermäßige UV-Einstrahlung durch das Sonnenlicht darstellt.

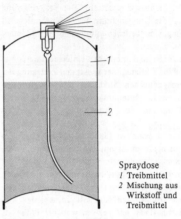

Spraydose
1 Treibmittel
2 Mischung aus Wirkstoff und Treibmittel

Sprelacart, Handelsname für Aminoplast-Schichtpreßstoffe.

Sprenggelatine, stärkster gewerblicher Sprengstoff, der durch Gelatinieren von ↗ Sprengöl mit Collodiumwolle (↗ Cellulosenitrate) hergestellt wird. S. findet Verwendung als Sprengmittel im Tunnelbau und zur Herstellung von ↗ Dynamit.

Sprengkapseln, ↗ Zündmittel.

Sprengöl, in der Sprengstofftechnik Bez. für ↗ Glyceroltrinitrat und Glycoldinitrat bzw. deren Gemische.

Sprengschnüre, ↗ Zündmittel.

Sprengstoffe, ↗ Explosivstoffe.

Sprit, Abk. für ↗ Spiritus.

Spritzflasche, Laboratoriumsgerät aus Glas oder relativ weichem Plastmaterial zum Verspritzen von Flüssigkeiten. Die S. wird hauptsächlich zur Zugabe von destilliertem Wasser genutzt. Bild.

Spritzflasche aus Glas

Spritzguß, vollautomatisches Formgebungsverfahren, vor allem für Thermoplaste. Die erwärmte

Masse wird durch eine Düse in eine gekühlte Form gepreßt. Während der Kühlphase geht der Kolben zurück, neue Spritzmasse fließt nach, die in der Vorschubphase dann in die inzwischen wieder geleerte Form gedrückt wird.

Sprühdosen, ↗ Sprays.

Sprühreaktoren, Reaktoren für schnelle Umsetzung mit Flüssigkeiten. Es handelt sich um Behälter, in die am Kopf die Flüssigkeit eingesprüht wird, während der gasförmige Reaktionspartner nach Möglichkeit im Gegenstrom dazu geführt wird. Fällt ein festes Reaktionsprodukt an, wird es am Boden ausgetragen.

Sprühtrockner, Apparaturen zur Gewinnung der Inhaltsstoffe konz. Lösungen als feste Produkte (↗ Prills). Dazu wird die konz. Lösung im Kopf hohen Behältern versprüht und fällt als Tropfen einem warmen Luftstrom entgegen, der die Verdunstung des Lösungsmittels bewirkt.

Spülgasschwelung, heute bevorzugt angewandtes Verfahren der ↗ Schwelung von Kohle durch deren direkte Erhitzung mittels umströmender heißer Spülgase.

Stabilisatoren, Zusätze in ganz unterschiedlichen Produkten, die deren Zersetzung bei Lagerung oder Verwendung verhindern oder verzögern sollen.

Stabilitätskonstante, Bez. für die Gleichgewichtskonstanten von ↗ Komplexgleichgewichten.

Stadtgas, früher: Leuchtgas, das im kommunalen Bereich verwendete Brenngas. Seine Verbrennungswärme muß über $16 \, MJ \cdot m^{-3}$ liegen. Es enthält etwa 5 % CO_2, 2 % schwere Kohlenwasserstoffe, 12 bis 18 % CO, 50 % H_2, 15 bis 20 % CH_4 und 6 bis 10 % N_2. Es wird bei uns vorwiegend durch Entgasung und Vergasung von Braunkohle (↗ Druckvergasung) hergestellt.

Stahl, Sammelbegriff für alles ohne Vorbehandlung schmiedbare Eisen mit einem Kohlenstoffgehalt bis etwa 1,8 %. S. ist in seinen Eigenschaften durch Legierungsbildung und Wärme- bzw. Oberflächenbehandlung so vielseitig wandelbar, daß er einen der wichtigsten Werkstoffe unserer Zeit darstellt.

Die Herstellung von S. geht heute überwiegend von Roheisen aus. Das technologische Prinzip besteht im Senken des Kohlenstoffanteils und im Entfernen schädlicher Verunreinigungen (Si, P, Mn) durch Oxydationsprozesse »Frischen«, vor allem mit Luft (»Wind«) bzw. reinem Sauerstoff bei etwa 1 600 °C durch Vergasung oder Verschlackung. Daneben gewinnen Verfahren der Direktreduktion von Eisenerzkonzentraten unter Umgehung der Zwischenstufe Roheisen international an Bedeutung. Für die oxydative Raffination des Roheisens zu S. sind zwei unterschiedliche Reaktortypen entwickelt worden:
- Herdfrischen: Herd- bzw. Flammofen, Lichtbogenofen.
- Windfrischen: Konverter (Auf- bzw. Durchblasverfahren).

Beim Herdfrischen ist das traditionelle ↗ SM-Verfahren heute bereits in starkem Maße durch das Elektroofen- (Lichtbogen-) Verfahren abgelöst, das schneller und präziser die Herstellung einer definierten Schmelze einzustellen erlaubt. Die alten Blasstahlverfahren (THOMAS- bzw. BESSEMER-Verfahren) sind heute weitgehend durch modernere Sauerstoff-Blasverfahren (↗ LD-Verfahren) abgelöst.

Die unlegierten Kohlenstoffstähle enthalten bis 1,5 % C, 0,5 % Si und 0,8 % Mn. Durch Legierungszusätze wird eine breite Palette von Spezialstählen für jeweils bestimmte Einsatzzwecke hergestellt. Tabelle.

Stahl, GEORG ERNST (21. 10. 1659 bis 14. 5. 1734), Mediziner und Chemiker, entwickelte in Anlehnung an Ansichten von ↗ BECHER die ↗ Phlogistontheorie. Er war ab 1687 Leibarzt beim HERZOG ERNST in Sachsen Weimar, übernahm 1694 eine Professur in Halle. Hier beteiligte er sich mit naturwissenschaftlichen Beiträgen an den Schriften des

Stahl-Herstellungsverfahren

Verfahren	Reaktor
1. Herdfrischverfahren	
SIEMENS-MARTIN-Verfahren	SM-Ofen (Herdofen)
Elektroschmelz-Verfahren	Lichtbogenofen
	Induktionsofen
2. Blasverfahren	
BESSEMER-Verfahren	Konverter (»BESSEMER-Birne«)
THOMAS-Verfahren	Konverter (»THOMAS-Birne«)
LD-Verfahren	Sauerstoff-Aufblas-Konverter
bodenblasende Sauerstoffverfahren	Sauerstoff-Durchblas-Konverter

Stahlveredler 450

Legierungselemente für Stahl

Legierungselement	bewirkte Eigenschaft des Stahls
Ni-Stahl	Zähigkeit
Ni-Stahl mit 36% Ni	dehnt sich beim Erwärmen fast nicht aus
Cr-Stahl	Härte (z.B. Kugellager)
Cr-Ni-Stahl	Härte und Zähigkeit (stark beanspruchte Maschinenteile)
V2A-Stahl (71% Fe, 20% Cr, 8% Ni, geringe Gehalte an Si, C und Mn)	chemische Widerstandsfähigkeit gegen Luft und Chemikalien
W-Stahl	warmbeständig (Schnellarbeitsstahl)
Mo-, V-Stahl	wie W-Stahl
Mn-Stahl	besonders elastisch
V-Stahl	für hohe Druckbeanspruchung bei hohen Temperaturen
Co-W-Stahl	magnetischer Werkstoff
[Si-Anteil	erhöht Säurebeständigkeit des Stahls]

Frühaufklärers Ch. THOMASIUS. 1715 wurde er Leibarzt von FRIEDRICH WILHELM I. in Berlin. Er orientierte besonders darauf, die Erkenntnisse der Chemie für die gewerbliche Praxis nutzbar zu machen. In der Medizin begründete er den Animismus.
Stahlveredler, Legierungselemente des Stahls, deren Anwesenheit bestimmte gewünschte Eigenschaften bewirkt, Tabelle.
Standardbedingungen, früher auch als *Normalbedingungen* bezeichnet, sind bestimmte Bedingungen, um den Zustand von Stoffen bzw. Stoffsystemen vergleichen zu können.
Der sogenannte ↗ Normzustand von Gasen liegt bei 0 °C und 101 325 Pa vor. In der ↗ Thermodynamik sind die S. 25 °C und 101 325 Pa. Ebenso sind sie in der Elektrochemie festgelegt, wozu noch eine Angabe der ↗ Konzentration bzw. ↗ Aktivität von 1 mol · l^{-1} kommt, z.B. bei der Standardwasserstoffelektrode (↗ Elektrode).
Standardelektrodenpotential, ↗ Elektrode.
Standardelement, früher Normalelement, eine ↗ galvanische Zelle, deren Zellspannung als Eichgröße zur genauen Messung unbekannter Spannungen dient. Die Zellspannung ist vollständig reproduzierbar, wenn sie ohne Stromfluß gemessen wird, und hängt nur wenig von der Temperatur ab. Meist wird als S. das WESTON-Element mit der Zellreaktion:
$Cd + Hg_2^{2+} \rightarrow Cd^{2+} + 2 Hg$
und der Zellspannung verwendet:
$U = 1{,}018\,65 - 4{,}06 \cdot 10^{-5} (t - 20)$ in Volt
t Temperatur in °C
Standardwasserstoffelektrode, ↗ Elektrode.
Stannan, SnH$_4$, auch Zinnwasserstoff, farbloses, giftiges Gas (Sdp. $-51{,}8$ °C), das über 150 °C in die Elementsubstanzen zerfällt und dabei einen Zinnspiegel bildet. S. kann aus Zinn(IV)-chlorid und Lithiumalanat dargestellt werden, wobei Lithiumchlorid und Aluminiumhydrid mitentstehen:
$SnCl_4 + 4 Li[AlH_4] \rightarrow SnH_4 + 4 LiCl + 4 AlH_3$.
Stannate, Salze der ↗ Zinnsäuren, besitzen im Normalfall die allgemeine Zusammensetzung M$_2$SnO$_3$, wobei M als einwertiges positives Metall aufzufassen ist. Alkalistannate reagieren mit Wasser unter Bildung von *Hexahydroxostannaten:*
$Na_2SnO_3 + 3 H_2O \rightarrow Na_2[Sn(OH)_6]$,
die in Wasser gut löslich sind und sich aus diesen Lösungen gut auskristallisieren lassen.
Stanniol, früher für Verpackungszwecke gebräuchliche, sehr dünne Zinnfolie. Heute werden nur noch die billigeren Aluminiumfolien verwendet.
Stannum, wissenschaftliche Bez. für das chem. Element ↗ Zinn.
Stärke, ein in höheren Pflanzen weit verbreitetes Speicher-Polysaccharid. Monomerer Baustein ist die α-D-Glucose. S. besteht aus zwei Komponenten: aus α-*Amylose* und aus *Amylopectin.* Die α-*Amylose* entsteht durch α-1,4-glycosidische Verb. der Glucosemoleküle. Das aus 500 bis 2 900 Monomeren bestehende Makromolekül liegt im Gegensatz zur ↗ *Cellulose* nicht als gestreckte Kette vor, sondern ordnet sich in Form einer dichten Schraube (6 *Glu*cose-Einheiten pro Umgang) an. In den Hohlraum der Schraube kann Iod eingelagert werden, wodurch bei der *Iod-Stärke-Reaktion* die bekannte blau-violette Färbung auftritt. Das *Amylopectin* unterscheidet sich von der α-Amylose dadurch, daß sich die Kette durchschnittlich an jedem 12. Glucosemolekül über eine zusätzliche α-1,6-Bindung verzweigt. Bild.

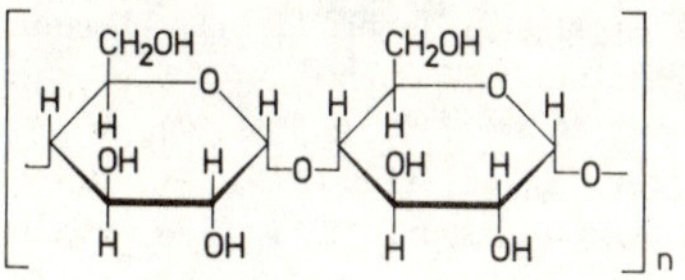

Molekül-Ausschnitte der beiden Bestandteile der Stärke

α-Amylose

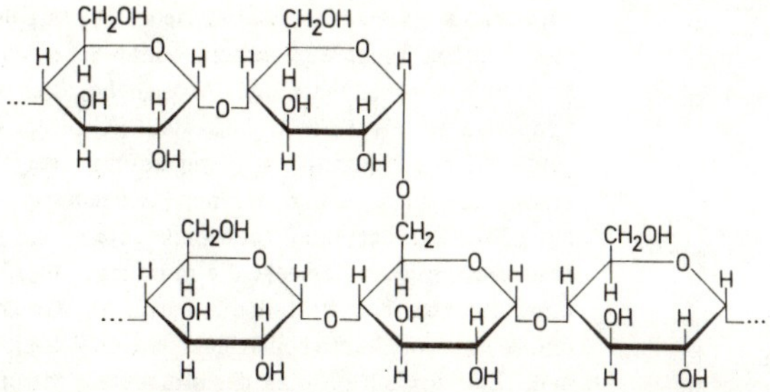

Amylopectin

Stative, *Stativmaterial,* im Laboratorium verwendete Ständer, Muffen, Klemmen und Ringe, die zusammenschraubbar sind und zur Befestigung von Laboratoriumsapparaturen dienen.

status nascendi, Zustand des Entstehens bzw. im Zustand des Entstehens befindlich: Gasförmige Elementverbindungen, z. B. Diwasserstoff, H_2, liegen im Moment des Entstehens kurzzeitig atomar vor und weisen dabei andere Eigenschaften aus als die entsprechenden molekularen Verbindungen. So reagiert z. B. »nascierender Wasserstoff« wesentlich stärker reduzierend als »molekularer Wasserstoff«.

Staub, feinkörnige, in die Atmosphäre dispergierte Feststoffe, die praktisch unbegrenzt lange schweben (Schwebstaub geringster Korngrößenbereiche) oder sich nach und nach absetzen (Sedimentationsstaub, Absetzgeschwindigkeit in Abhängigkeit von der Partikelgröße). Schwebstaub ist lungengängig und daher besonders gefährlich.

Staubabscheidung, Entfernen fester Teilchen aus Gasströmen. ↗ Zyklon, ↗ EGR, ↗ Absetzkammer, ↗ Gaswäsche.

STAUDINGER, HERMANN (23. 3. 1881 bis 8. 9. 1965). Der Aufbau einer theoretischen Grundlage der Makromolekularen Chemie ist eng mit seinem wissenschaftlichen Wirken verbunden. In Auswertung experimenteller Untersuchungen schlug er 1922 den Begriff ↗ Makromolekül vor. In mehr als 400 Veröffentlichungen legte er die Ergebnisse und Probleme seiner Arbeiten dar. Für seine bahnbrechenden Leistungen wurde er 1953 mit dem Nobelpreis für Chemie ausgezeichnet. Bild.

H. STAUDINGER

Stearinsäure, $H_3C-(CH_2)_{16}-COOH$, Trivialname für die Octadecansäure, die zu den biologisch wichtigen ↗ Fettsäuren gehört. Salze und Ester der S. heißen Stearate.

Stein der Weisen, Xerion, Elixier, Tinktur u. a., Bez. für einen geheimnisvollen Stoff, nach dem die Alchemisten suchten, der schon in geringsten Mengen die Umwandlung unedler Metalle in Silber und Gold bewirken sollte. Es wurde auch angenommen, mit ihm könnten alle Krankheiten geheilt und das Leben verlängert werden.

Steingut, Irdenware, keramisches Erzeugnis mit porösem, nicht durchscheinendem Scherben. Es wird aus Ton und Sand sowie Kalkspat bzw. Feldspat bei Brenntemperaturen um 1 200 °C hergestellt. Danach wird bei geringer Temperatur eine Glasur aufgebrannt (Glasurbrand).

Steinholz, Gemenge aus Magnesiumoxid und Magnesiumchlorid mit Füllstoffen von Holzmehl, Sägespänen, Quarz u. a. Aus Steinholz werden fugenlose, feste, aber elastische und fußwarme Fußböden hergestellt.

Steinkohle, schwarzes, brennbares Inkohlungsprodukt fossiler Pflanzen. Sie entstand aus Braunkohlen bei Einwirkung höherer Drücke oder Temperaturen, z. B. bei Gebirgsbildungen. Nach dem Gehalt an flüchtigen Bestandteilen unterscheidet man die Eigenschaften der verschiedenen Steinkohlearten: (Tabelle).

Eigenschaften verschiedener Steinkohlearten

Steinkohleart	Flüchtige Bestandteile in %	Kohlenstoff in %	Heizwert in kJ·kg^{-1}
Flammkohle	45...40	75...82	<32 000
Gasflammkohle	40...35	82...85	bis 33 900
Gaskohle	35...28	85...87	bis 35 000
Fettkohle	28...19	87...89	bis 35 400
Eßkohle	19...14	89...90	35 400
Magerkohle	14...10	90...91,5	bis 35 600
Anthrazit	10...6	>91,5	bis 36 000

S. wird in den meisten Lagerstätten im Tiefbau gewonnen.

Steinkohleneinheit, SKE, ist eine Si-fremde Hilfsgröße zum Vergleich des Energieinhalts von Brennstoffen. Danach entspricht 1 SKE = 1 kg Steinkohle mit dem Energieinhalt von 30 000 kJ.

Steinkohlenkoks, festes Zielprodukt der ↗ Verkokung von Steinkohle. Er wird vor allem wegen seiner Abriebfestigkeit und Druckfestigkeit in der metallurgischen Industrie geschätzt.

Steinkohlenteer, vielseitig verwendbares Produkt der ↗ Verkokung von Steinkohle. Früher wurde er zunächst als lästiges Abprodukt angesehen, bis man die Fülle der daraus gewinnbaren Grundprodukte erkannte, auf deren Weiterverarbeitung maßgeblich die org.-techn. Chemie aufbaute (Farbstoffe, Pharmazeutika, Plaste, Explosivstoffe, Pflanzenschutzmittel, Riechstoffe, Desinfektionsmittel, Kraftstoffe, Lösungsmittel u. a.

Die Teere der Steinkohlenverkokung sind ölige bis zähe, dunkelbraun-schwarze Flüssigkeiten, die durch Zersetzung und Umbildung der ursprünglichen Kohlenwasserstoffanteile der Kohlen gebildet wurden. Der abgeschiedene (kondensierte) Teer wird destillativ in verschiedene Fraktionen unter Vakuum getrennt; der Wasseranteil wird zu Beginn abgetrennt (er enthält relativ viel Ammoniumsalze).
– Leichtöl, 80 bis 180 °C, (3 %), besteht zu 50 % aus Benzen, 10 bis 20 % Toluen und Xylenen, neben vielen anderen Stoffen in geringeren Mengen;
– Mittelöl, 180 bis 230 °C, (10 %), besteht zu 30 bis 40 % aus Naphthalen, 15 bis 25 % aus Phenolen, neben vielen anderen Stoffen;
– Schweröl, 230 bis 270 °C, (6 bis 10 %):
– Anthracenöl, 270 °C, (15 bis 20 %).
Als Destillationsrückstand (50 bis 55 %) verbleibt Pech.

Steinsalz, mineralisches ↗ Natriumchlorid (↗ Halit).

Steinzeug, Sinterware, keramisches Erzeugnis mit dichtem, nicht durchscheinendem Scherben. Es wird aus Ton, Quarz und Feldspat bei Brenntemperaturen bis 1 300 °C hergestellt (Grobsteinzeug) oder bei geringeren Temperaturen vorgebrannt und, nach Auftragen einer Porzellanglasur, bei 1 300 °C glattgebrannt (Feinsteinzeug).

Stereochemie, untersucht die räumliche Anordnung der Atome und Atomgruppen in Molekülen und auch den räumlichen Ablauf chem. Reaktionen. Die räumliche Gestalt der Moleküle wird von den Bindungswinkeln, der Größe der Atome oder Atomgruppen, der Drehbarkeit der Bindungen, den elektronischen Wechselwirkungen der Bausteine u. a. Wirkungen bestimmt.

Stereoisomerie, Form der ↗ Isomerie, bei der die verschiedenen isomeren Verb. sich aus der unterschiedlichen räumlichen Anordnung von Atomen oder Atomgruppen im Molekül ergeben (cis-trans-Isomerie, Spiegelbildisomerie, Konformationsisomerie, Diastereomerie).

Sterine, Sterole, eine Gruppe natürlicher ↗ Steroide, bei denen das Steroid-Ringsystem eine 3β-ständige Hydroxylgruppe und eine 17β-ständige Seitenkette trägt. S. kommen in den Zellen sämtlicher Organismen vor. Bei den höheren Tieren und dem Menschen hat das ↗ Cholesterol die größte Bedeutung.

Steroide, eine zu den ↗ Terpenen gehörende umfangreiche Stoffgruppe, die ihrer Struktur nach als tetracyclische Triterpene aufzufassen sind. Kennzeichnend für alle S. ist das Ringsystem des Gonan (Perhydrocyclopentano[a]phenanthren). Substituenten stehen besonders häufig an den Positionen 10, 13 und 17. Den natürlichen S. fehlen meist einige der theoretisch zu erwartenden 30 C-Atome. S. sind in Pflanzen, Tieren und Mikroorganismen allgemein verbreitet und haben vielfältige physiologische Funktionen. Bisher sind mehr als 20 000 natürliche und synthetische S. bekannt. Von besonde-

rem Interesse sind die ↗ Gallensäuren, die ↗ Sterine und die Steroidhormone, z. B. die Nebennierenrindenhormone (↗ Corticosteroide), die ↗ Keimdrüsenhormone und das ↗ Ecdyson.
Steroidhormone, ↗ Steroide, ↗ Corticosteroide, ↗ Keimdrüsenhormone, ↗ Ecdyson.
Sterole, svw. ↗ Sterine.
Stiban, SbH_3, auch Antimonwasserstoff, farbloses, übelriechendes, giftiges Gas (Schmp. $-88\,°C$, Sdp. $-17\,°C$). S. entsteht, wenn Antimonverbindungen mit naszierendem (im Entstehen begriffenem) Wasserstoff in Berührung kommen, z. B.:
$Sb_2O_3 + [6\,Zn + 6\,H_2SO_4]$
$\rightarrow 2\,SbH_3\uparrow + 6\,ZnSO_4 + 3\,H_2O$.
Beim Erhitzen zerfällt S. unter Energieabgabe in seine Elementsubstanzen (in stärkerer Konzentration explosionsartig durch Autokatalyse) und bildet dabei meist an den Gefäßwandungen einen Antimonspiegel. Dieser Effekt wird zum analytischen Nachweis kleinster Mengen von Antimon und ↗ Arsen in der MARSHschen Probe ausgenutzt.
Stibium, wissenschaftliche Bez. für das chem. Element ↗ Antimon.
Stickoxide, Sammelbezeichnung für die binären Sauerstoffverbindungen des Stickstoffs: ↗ Stickstoff(I)-oxid (Distickstoffoxid, Distickstoffmonoxid, Lachgas), N_2O; ↗ Stickstoff(II)-oxid (Stickstoffoxid, Stickstoffmonoxid), NO; ↗ Stickstoff(III)-oxid (Distickstofftrioxid), N_2O_3; ↗ Stickstoff(IV)-oxid (Stickstoffdioxid und Distickstofftetroxid), NO_2 und N_2O_4, und ↗ Stickstoff(V)-oxid (Distickstoffpentoxid), N_2O_5.
Stickstoff,

N	$Z = 7$
	$A_{r\,(1981)} = 14{,}006\,7$
	Ek: [He] $2s^2 2p^3$
	OxZ: $-3, -2, -1, 0,$
	$\quad\quad +1, +2, +3, +4, +5$
	$X_E = 3{,}04$
	Elementsubstanz: N_2
	Schmp. $-210\,°C$
	Sdp. $-196\,°C$
	$\varrho_g = 1{,}250\,56$ kg $\cdot$ m^{-3}
	$\varrho_{fl} = 1{,}15$ kg $\cdot$ l^{-1}

chem. Element (↗ Elemente, chem.).
Nitrogenium, Symbol: N, 1. Element der 5. Hauptgruppe des PSE (↗ Hauptgruppenelemente, 5. Hauptgruppe des PSE). S. ist die Bez. für alle Atome, die 7 positive Ladungen im Kern, also 7 Protonen besitzen: Kernladungszahl $Z = 7$. Die Hülle des neutralen Atoms besteht aus 7 Elektronen, von denen fünf, die Valenzelektronen, die Konfiguration $2s^2 2p^3$ besitzen. In Verb. werden sehr viele Oxydationsstufen eingenommen, die durch die Oxydationszahlen OxZ $-3, -2, -1, 0, +1, +2, +3, +4$ und $+5$ charakterisiert sind. An der Entdeckung der Elementsubstanz, d. h. des molekularen S., sind mehrere Wissenschaftler beteiligt gewesen: LOMONOSSOV (1756), CAVENDISH (1772), SCHEELE (1777) und RUTHERFORD (1772). S. kommt molekular als Hauptbestandteil der Luft (mit 78,1 Vol.-% oder 75,5 Masse-%) und chem. gebunden als Natriumnitrat *(Natronsalpeter, Chilesalpeter)*, $NaNO_3$, und als Kaliumnitrat *(Kalisalpeter, Indischer Salpeter)*, KNO_3, vor. S. ist ein wichtiger Bestandteil der Eiweißstoffe. Molekularer S. kann dargestellt werden durch thermische Zerlegung von Ammoniumnitrit:
$NH_4NO_2 \rightarrow N_2 + 2\,H_2O$,
durch Verbrennung von Ammoniak (ohne Katalysator):
$4\,NH_3 + 3\,O_2 \rightarrow 2\,N_2 + 6\,H_2O$,
durch Umsetzung von Ammoniak mit molekularem Chlor:
$2\,NH_3 + 3\,Cl_2 \rightarrow N_2 + 6\,HCl$
und vor allem durch fraktionierte Destillation von flüssiger Luft. Molekularer S. ist ein reaktionsträges, inertes Gas, das nicht brennbar ist, reagiert aber mit metallischem Magnesium zu Magnesiumnitrid:
$3\,Mg + N_2 \rightarrow Mg_3N_2$,
$\Delta_B H = -461{,}1$ kJ $\cdot$ mol^{-1},
mit Calciumcarbid zu Calciumcyanamid und Kohlenstoff:
$CaC_2 + N_2 \rightarrow CaCN_2 + C$,
mit Wasserstoff zu Ammoniak:
$N_2 + 3\,H_2 \rightleftharpoons 2\,NH_3$, $\Delta_B H = -46{,}19$ kJ $\cdot$ mol^{-1}
und mit molekularem Sauerstoff zu Stickstoffmonoxid:
$N_2 + O_2 \rightarrow 2\,NO$, $\Delta_B H = +90{,}37$ kJ $\cdot$ mol^{-1}.
Das N_2-Molekül besitzt Dreifachbindung: N≡N. S. wird zur Herstellung von Düngemitteln (Calciumcyanamid, Ammoniumsulfat und Salpeter), Farbstoffen und Arzneimitteln verwendet. Molekularer S. dient als Inertgas.
Stickstoffdünger, aus dem Stickstoff der Luft

Wichtige Stickstoffdünger

Bezeichnung	Hauptbestandteile
Ammoniak, flüssig	NH_3 (flüssig)
Harnstoff	$CO(NH_2)_2$
Ammoniumsulfat	$(NH_4)_2SO_4$
Kalkammonsalpeter	NH_4NO_3 und $CaCO_3$
Kalkstickstoff	$CaCN_2$
Gülle	N-reiches flüssiges Abprodukt industrieller Tierhaltung

über die ↗ Ammoniaksynthese hergestellte Düngemittel. Tabelle.

Stickstoff(I)-oxid, N_2O, auch Distickstoffoxid, Distickstoffmonoxid oder im medizinischen Bereich Lachgas genannt, ist ein farbloses Gas mit süßlichem Geschmack. Es kann durch thermische Zersetzung von Ammoniumnitrat hergestellt werden:

$NH_4NO_3 \rightarrow N_2O + 2 H_2O$.

Erwärmt zerfällt es in die Elementsubstanzen:

$2 N_2O \rightarrow 2 N_2 + O_2$

und unterhält dabei die Verbrennung. In der Medizin wird S. als Anästhetikum verwendet.

Stickstoff(II)-oxid,

NO	
Schmp.	$-163,6\,°C$
Sdp.	$-151,73\,°C$
$\varrho_g = 1,3402\,kg \cdot m^{-3}$	

auch Stickstoffmonoxid, farbloses Gas (verflüssigt, blau gefärbt), das an der Luft sofort zu Stickstoff(IV)-oxid oxydiert. S. kann bei hohen Temperaturen aus den Elementsubstanzen:

$N_2 + O_2 \rightleftharpoons 2 NO$, $\Delta_B H = +90,37\,kJ \cdot mol^{-1}$

durch Umsetzung von Ammoniak mit molekularem Sauerstoff (unter Verwendung eines Katalysators):

$4 NH_3 + 5 O_2 \rightarrow 4 NO\uparrow + 6 H_2O$

oder durch Einwirkung von Salpetersäure bestimmter Konzentration auf metallisches Kupfer:

$3 Cu + 8 HNO_3 \rightarrow 2 NO\uparrow + 3 Cu(NO_3)_2\ 4 H_2O$

dargestellt werden. S. wird großtechnisch für die Salpetersäureherstellung erzeugt.

Stickstoff(III)-oxid, N_2O_3, auch Distickstofftrioxid, ist nur bei tiefen Temperaturen als tiefblaue Flüssigkeit bzw. erstarrt, blaßblau kristallin beständig (Schmp. $-102\,°C$, Sdp. $3,5\,°C$). Eine Darstellung kann durch Reduktion von Salpetersäure mit Arsen(III)-oxid erfolgen:

$As_2O_3 + 2 HNO_3 + 2 H_2O \rightarrow N_2O_3 + 2 H_3AsO_4$.

Oberhalb von etwa $-10\,°C$ erfolgt Disproportionierung zu Stickstoff(II)-oxid und Stickstoff(IV)-oxid:

$N_2O_3 \rightarrow NO + NO_2$.

Stickstoff(IV)-oxid

$NO_2 \rightleftharpoons N_2O_4$	
Schmp.	$-11,25\,°C$
Sdp.	$21,10\,°C$

existiert im Gleichgewicht zweier Stoffe: Stickstoffdioxid, NO_2, das braunrot ist, und Distickstofftetroxid, N_2O_4, das farblich verblaßt:

$2 NO_2 \rightleftharpoons N_2O_4$, $\Delta_R H = -57\,kJ \cdot mol^{-1}$.

Bei $27\,°C$ liegen im Gleichgewicht $20\%\ NO_2$, bei $50\,°C$ $40\%\ NO_2$ und bei $100\,°C$ $89\%\ NO_2$ vor. S. besitzt einen charakteristischen Geruch und ist giftig. Es kann aus Stickstoff(II)-oxid durch direkte und sofortige Vereinigung mit molekularem Sauerstoff:

$2 NO + O_2 \rightarrow 2 NO_2$

und durch Erhitzen von Schwermetallnitraten:

$2 Pb(NO_3)_2 \rightarrow 2 PbO + 4 NO_2 + O_2$

hergestellt werden. Es ist ein wichtiges Zwischenprodukt bei der Salpetersäureherstellung.

Stickstoff(V)-oxid, N_2O_5, auch Distickstoffpentoxid, besteht aus farblosen, harten Kristallen, die an der Luft zerfließen. Es kann aus konz. Salpetersäure durch Wasserentzug mittels Phosphor(V)-oxids dargestellt werden:

$4 HNO_3 + P_4O_{10} \rightarrow 2 N_2O_5 + 4 HPO_3$.

Stickstofftriiodid, NI_3, auch Iodstickstoff genannt, ist eine feste, schwarze Substanz von nicht immer einheitlicher Zusammensetzung, die durch Umsetzung von Ammoniak mit molekularem Iod gebildet wird:

$NH_3 + 3 I_2 \rightarrow NI_3 + 3 HI$.

Bei schwacher Berührung oder plötzlicher starker Lichteinwirkung (Blitzlicht) zerfällt Stickstofftriiodid explosiv in die beiden Elementsubstanzen.

Stickstoffwasserstoffsäure, HN_3, wasserhelle, leicht bewegliche und giftige Flüssigkeit (Schmp. $-80\,°C$, Sdp. $35,7\,°C$) von ätzendem Geruch. Sie kann aus ihren Salzen, den Aziden, z. B. aus Natriumamid und Stickstoff(I)-oxid, in angesäuerter Lösung freigesetzt werden:

$NaNH_2 + N_2O \rightarrow NaN_3 + H_2O$.

(E)-Stilben, (E)-1,2-Diphenyl-ethen, farblose, wasserunlösliche, kristalline Verb., Schmp. $125\,°C$, Sdp. $306\,°C$. S. ist die Muttersubstanz der substantiven S.-Farbstoffe.

Die stereoisomere cis-Verb. heißt (Z)-Stilben. Sie ist ein farbloses Öl.

Stöchiometrie, Lehre von der Berechnung der Zusammensetzung von chem. Stoffen und der Massen- und Volumenverhältnisse bei chem. Reaktionen. Die wichtigsten Grundlagen für die stöchiometrischen Berechnungen sind die ↗ stöchiometrischen Gesetze und die Definitionen der Begriffe ↗ Mol und ↗ Objektmenge.

stöchiometrische Gesetze, ↗ Gesetz der konstanten Proportionen, ↗ Gesetz der multiplen Proportionen, ↗ Gesetz der konst. Volumenverhältnisse.

Srocksche Zahl, in der Nomenklatur römische Ziffer hinter dem Elementnamen zur Kennzeichnung der ↗ Oxydationszahl, z. B. Eisen(III)-chlorid, Kaliummanganat(VI).

Stoffe, chemische, von der Chemie untersuchte Materialien der uns umgebenden Gegenstände,

Strahlung

die, als gesonderte (spezifische) Formen der Materie, Masse und damit Trägheit und Schwere besitzen, aus aggregierten Atomen, Molekülen oder Ionen aufgebaut sind und sich durch typische Stoffeigenschaften, z. B. Atom- und Molekularmassen, Dichte, Schmelz- und Siedepunkte, Brechungsindex, Lichtabsorption und Emission (Farbe und charakteristische Spektren), Struktur, elektrische Leitfähigkeit, Härte, Ausdehnungskoeffizient, spezifische Wärme usw. auszeichnen. Reine S. bestehen aus gleichartigen Teilchen (Atomen, Molekülen oder Ionen) und bilden reine Elementsubstanzen oder Verbindungen. Mehrere S. ergeben Mischungen oder Gemenge.

Stoffmenge, Größenart der physikal. Chemie, die zur Kennzeichnung der Menge eines bei chem. Reaktionen eingesetzten Stoffes nach der Anzahl der vorliegenden ↗ Mole verwendet wird. ↗ Objektmenge.

Stofftrennung, Gruppe von Grundoperationen zur Trennung unterschiedlicher Stoffgemische. Tabelle.

Stoffverbundsysteme, Transportsysteme, vor allem Rohrleitungen. Sie sind Bestandteile großer Chemiekombinate, über die die verschiedenen Produktionsprozesse weitgehend miteinander verknüpft sind (als Form des ↗ Recyclings).

stoffwandelnde Industrie, außer der chem. Industrie noch alle jene Industriezweige, in denen chem. Prozesse Bestandteil der Hauptproduktionsprozesse sind, z. B. Metallurgie, z. T. Kaliindustrie, Zementindustrie, Keramik, Glasindustrie, Papier-, Leder-, Zellstoffherstellung u. a.

Stoßtheorie, ↗ Reaktionskinetik.

strahlenchemische Grundreaktionen, Reaktionen, die unter Einwirkung energiereicher Strahlung zustande kommen (vor allem X-Strahlung).

Strahlkies, ↗ Markasit.

Strahlstein, ↗ Aktinolith.

Strahlung, Bez. für die räumliche Ausbreitung der Energie. Besonders bedeutsam für die chem. Analytik und Strukturuntersuchung ist die Wechselwirkung von Stoffen mit elektromagnetischer S. (Beugung, ↗ Brechung und Streuung sowie ↗ Absorption, ↗ Emission: ↗ Spektroskopie). Elektromagnetische S. wurde im 19. Jahrhundert von MAXWELL als Transversalwelle gedeutet (Bild 1a). Die Ausbreitung erfolgt mit Lichtgeschwindigkeit (Naturkonstante) $c_0 = 2,9979 \cdot 10^8 \, m \cdot s^{-1}$. Die Wellennatur äußert sich durch Beugung und Interferenz und ist besonders bei größeren Wellenlängen ausgeprägt. Der Teilchen- bzw. Korpuskelcharakter (Bild 1b) elektromagnetischer S. wurde in Verb. mit der Entwicklung der ↗ Quantentheorie postuliert und konnte durch den ↗ lichtelektrischen Effekt und den ↗ COMPTON-Effekt experimentell bestätigt werden. Die Doppelnatur der elektromagne-

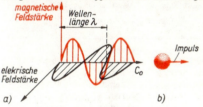

Bild 1. Elektromagnetische Strahlung
a) Wellencharakter
b) Teilchencharakter

Physikalische Grundoperationen zur Phasentrennung

	Fest	Flüssig	Gasförmig
Fest	Magnetsortieren Elektrosortieren Strömungssortieren Flotation Kristallisation Extraktion	Absetzen Filtrieren Zentrifugieren Trocknen	Zyklon-Abscheidung, EGR
Flüssig		Kristallisation Extraktion Destillation Rektifikation Verdampfen	Trocknen
Gasförmig			Adsorption Absorption (Druckdestillation) (TT-Destillation)

Straight-run-Benzin

tischen Strahlung wurde durch den ↗ Welle-Teilchen-Dualismus verallgemeinert.
Aus der Teilchennatur der elektromagnetischen S. folgt die Abhängigkeit ihrer Energie von der Frequenz ν bzw. Wellenlänge $\lambda = c_0/\nu$ bzw. Wellenzahl $\tilde{\nu} = 1/\lambda$

$E = h \cdot \nu = h \cdot c_0/\lambda = h \cdot c_0 \cdot \tilde{\nu}$
$h = 6{,}6262 \cdot 10^{-34}$ J·s, PLANCKsches Wirkungsquantum.

Eine Ordnung der verschiedenen Arten bzw. Bereiche der elektromagnetischen S. nach ihrer Energie, Frequenz usw. bezeichnet man als elektromagnetisches Spektrum (Bild 2). Die nach ihrer Erzeugung, ihrem Nachweis oder ihren Eigenschaften bezeichneten Spektralbereiche bzw. -gebiete sind nicht immer scharf voneinander abgegrenzt. Der sichtbare Anteil der elektromagnetischen S. reicht von 400 bis 800 nm und wird als Licht bezeichnet. Weißes Licht zeigt bei der spektralen Zerlegung (↗ Spektroskopie) verschiedene Spektralfarben (Tabelle).

Absorption und Farbe

Absorptions-maximum λ in nm	Absorbiertes Licht	Sichtbare Komplementärfarbe
400...440	violett	gelbgrün
440...480	blau	gelb
480...490	grünblau	orange
490...500	blaugrün	rot
500...560	grün	purpur
560...580	gelbgrün	violett
580...595	gelb	blau
595...605	orange	grünblau
605...750	rot	blaugrün
750...800	purpur	grün

Absorbiert ein Stoff in einem dieser Farbgebiete, führt die Überlagerung der anderen Anteile des weißen Lichtes zur Farbe des Stoffes. Sie wird als Komplementärfarbe der absorbierten Farbe bezeichnet. Tabelle.
Der Teilchencharakter der S. überwiegt bei kurzwelliger elektromagnetischer S., z. B. bei der Gammastrahlung. Er ist auch bei Ionenstrahlen (↗ Kanalstrahlen), Elektronenstrahlen (↗ Katodenstrahlen, Betastrahlen; ↗ Radioaktivität), Neutronen-, Protonenstrahlen sowie anderen ↗ Elementarteilchen ausgeprägt. Teilchenstrahlen hoher Energie spielen eine große Rolle bei ↗ Kernreaktionen.
Neben der Energie, Frequenz usw. der S. wird sie durch ihre Intensität charakterisiert. Unter der Strahlungsintensität versteht man die in einen bestimmten Raumwinkel (-bereich) ausgesandte Energiemenge. Ihre Größe wird als Lichtstärke bezeichnet und in der Einheit Candela (cd) angegeben. Sie stellt eine Basiseinheit im internationalen Einheitensystem (SI) dar.

Straight-run-Benzin, Benzine, die primär bei der destillativen Zerlegung des Erdöls anfallen. Ihre gegenüber dem Bedarf zu geringe Menge (im Mißverhältnis zu den vielen hochsiedenden Produkten) gab den Anstoß für die ↗ Crack-Verfahren.

Strain-Effekte, sterische Effekte, die die Reaktivität von org. Verb. bzw. Radikalen entscheidend beeinflussen. Der B-St. (back-strain-effekt) ist für den Zerfall des 1,1,2,2-Tetracyclohexyl-1,2-diphenylethans in die verhältnismäßig stabilen Radikale verantwortlich.
Ein F.-St. (front-strain-effekt) ist die Ursache dafür, daß die 2,6-Diisopropyl-benzoesäure nicht verestert werden kann, weil die Carboxylgruppe durch die beiden Substituenten sterisch behindert ist.

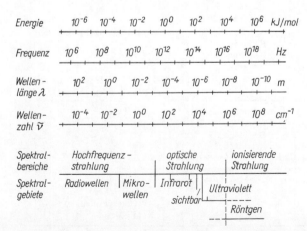

Bild 2. Elektromagnetisches Spektrum

Stranggießen, kontinuierliches Verfahren zum Gießen von Metall-Halbzeug. Gegenüber dem früheren Blockguß ist Strangguß sparender und effektiver.

Strecker-Synthese, Verfahren zur Darstellung von 2-Amino-carbonsäuren, das 1850 von STRECKER beschrieben worden ist, wobei aus ↗ Aldehyden mit Cyanwasserstoff die Cyanhydrine entstehen, die sich mit Ammoniak zu Aminonitrilen umsetzen, aus denen sich bei der Hydrolyse die Zielverbindungen bilden:

$$R-CH=O \xrightarrow{+HCN} R-\underset{OH}{\overset{|}{C}H}-CN \xrightarrow{+NH_3, -H_2O} R-\underset{NH_2}{\overset{|}{C}H}-CN$$

$$\xrightarrow{+2H_2O, -NH_3} R-\underset{NH_2}{\overset{|}{C}H}-COOH$$

Streichhölzer, ↗ Zündhölzer.
Streptomycin, ↗ Antibiotika.
Strippen, Austreiben von Stoffen, z. B. durch »Stripdampf«, bei der Destillation (Trägerdampfdestillation).
Stromausbeute, wesentliche Kennziffer bei elektrochem. techn. Reaktionen. Die S. ist der Quotient aus der tatsächlich abgeschiedenen und der theoretisch berechneten Stoffmasse. Eine hohe S. bedeutet einen niedrigen Stromverbrauch pro Menge gebildeten Produkts. Sie wird erniedrigt, wenn gleichzeitig noch andere, unerwünschte Reaktionen an den Elektroden ablaufen.
Stromdichte, Kennziffer zur Charakterisierung von Abscheidungsverhältnissen an Elektroden bei elektrochem. techn. Prozessen. Die S. gibt die Stromstärke pro Oberflächeneinheit der Elektroden an. Sie soll möglichst hoch sein und in günstiger Relation zur Zellspannung und zum Energieverbrauch pro Produktmenge stehen.
Stromleitung, ↗ elektrische Leitfähigkeit.
Stromquellen, elektrochemische, ↗ galvanische Zelle.
Strömung, Bewegung von Flüssigkeiten und Gasen. ↗ laminare Strömung, ↗ turbulente Strömung, ↗ REYNOLDS-Zahl.
Strontianit, $SrCO_3$, kristallisiert in nadelförmigen Kristallen, die oft büschelförmig angeordnet sind.
Man findet sie auf Erzgängen sowie auf Klüften und in Drusen im Kalkstein.

Strontium,

Sr	$Z = 38$
$A_{r(1981)} = 87{,}62$	
Ek: [Kr] $5s^2$	
OxZ: +2	
$X_E = 0{,}95$	

Elementsubstanz:
Schmp. 770 °C
Sdp. 1 380 °C
$\varrho = 2{,}67\ kg \cdot l^{-1}$

chem. Element (↗ Elemente, chem.).
Strontium, Symbol: Sr, 4. Element der 2. Hauptgruppe des PSE (↗ Hauptgruppenelemente, 2. Hauptgruppe des PSE). S. ist die Bez. für alle Atome, die 38 positive Ladungen im Kern, also 38 Protonen besitzen: Kernladungszahl $Z = 38$. Die Hülle des neutralen Atoms besteht aus 38 Elektronen, von denen zwei, die Valenzelektronen, die Konfiguration $5s^2$ besitzen. In Verb. wird nur eine Oxydationsstufe eingenommen, die durch die Oxydationszahl OxZ +2 charakterisiert ist. S., bereits im 18. Jahrhundert entdeckt, wurde 1808 von DAVY durch Schmelzflußelektrolyse als Metall dargestellt. Strontiummineralien sind wenig verbreitet, in Lagern finden sich *Strontianit,* $SrCO_3$, und *Cölestin,* $SrSO_4$. Die Elementsubstanz, d. h. das metallische S., wird durch Schmelzflußelektrolyse von Strontiumchlorid, $SrCl_2$, im Gemisch mit Kaliumchlorid oder durch Reduktion des Strontiumoxids mit Aluminium, also aluminothermisch, dargestellt:

$3\ SrO + 2\ Al \rightarrow Al_2O_3 + 3\ Sr.$

Die Elementsubstanz ist ein silberweißes Metall, dessen Oberfläche an der Luft sofort anläuft, wobei Verfärbungen von gelb über braun bis nach grau erfolgen. Von den bekannten Isotopen des S. ist das ^{89}Sr, das künstlich hergestellt wird, radioaktiv (Radiostrontium) mit einer Halbwertzeit von $t_{1/2} = 50{,}5\ d$. S. ist ein typisches Element seiner Gruppe. Das Metall ist an der Luft nicht beständig, wird mit Wasser zu Strontiumhydroxid und Wasserstoff umgesetzt:

$Sr + 2\ H_2O \rightarrow Sr(OH)_2 + H_2\uparrow,$

löst sich lebhaft in nichtoxydierenden Säuren und besitzt eine typische Flammenfärbung (karminrot). Von den Verb. des S. verdienen Beachtung: *Strontiumoxid,* SrO (Schmp. 2 460 °C), das sich mit Wasser zu *Strontiumhydroxid* verbindet:

$SrO + H_2O \rightarrow Sr(OH)_2,$

Strontiumhydroxid, $Sr(OH)_2$, das in Wasser relativ wenig löslich ist (bis zu 0,9 % bei 20 °C); *Strontiumcarbonat,* $SrCO_3$, und *Strontiumsulfat,* $SrSO_4$, die beide schwer lösliche Verb. darstellen; *Strontiumchlorid,* $SrCl_2$, von dem zwei Hydrate (Di- und Hexahydrat) bekannt sind; *Strontiumnitrat,* $Sr(NO_3)_2$, und *Strontiumcarbid,* SrC_2, das sich mit Wasser zu Ethin und Strontiumhydroxid umsetzt:

$SrC_2 + 2\ H_2O \rightarrow C_2H_2 + Sr(OH)_2.$

Metallisches S. wird bei der Herstellung von Rundfunkröhren als Getterwerkstoff und Strontiumverbindungen, vorwiegend das Strontiumnitrat, werden als Zusätze in Feuerwerkskörpern zur Erzeugung von Rotlicht (Bengalische Feuer) eingesetzt.

Struktur, 1. S. einer chem. Verb.: räumliche Anordnung der Teilchen in Ionen bzw. Molekülen und ihre Bindungsverhältnisse. 2. S. eines Festkörpers: räumliche Anordnung der Gitterbausteine (Atome, Ionen, Moleküle) in Kristallen u. ä. 3. S. eines Feststoffaggregates: Aufbau von ↗ Gefügen.

Strukturformel, allgemeine Bez. für eine chem. Formel, die neben der zahlenmäßigen Zusammensetzung der Teilchen auch die Lage der Teilchen zueinander und die entsprechenden Bindungen angibt. Bei exakter Betrachtung sind verschiedene S. zu unterscheiden.

1. Valenzstrichformel, beschreibt die Verhältnisse in Molekülen mit Atombindung. Die bindenden Elektronenpaare werden durch Bindungsstriche (Valenzstriche) angegeben. Die V. ist eine Projektion in die Ebene. Bild 1.

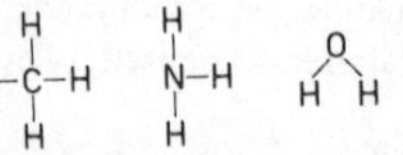

```
    H              H              O
    |              |             / \
H—C—H         N—H          H    H
    |              |
    H              H
```

Bild 1. Valenzstrichformel von Methan, Ammoniak und Wasser

Die Valenzwinkel werden bei der Darstellung berücksichtigt. Werden auch die an der Bindung nicht beteiligten Elektronen mit angegeben, kann von einer ↗ Elektronenformel gesprochen werden. Bild 2.

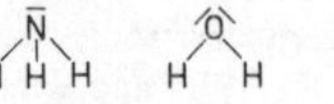

```
   ..              ..
   N               O
  /|\             / \
 H H H           H   H
```

Bild 2. Elektronenformel von Ammoniak und Wasser

2. Geometrische Strukturformel ist eine räumliche Darstellung der Moleküle, z. B. Tetraederform des Methans. Bild 3.

Bild 3. Geometrische Strukturformel des Methans

3. Struktursubstanzformel gibt die Bindungsverhältnisse in kristallinen Substanzen wieder, wird aber nicht allzu häufig genutzt, z. B. Natriumchlorid, {NaCl$_{6/6}$}$_G$, das bedeutet: es liegt ein Kristallgitter vor, in dem 6 Chloridionen ein Natriumion umgeben und 6 Natriumionen ein Chloridion umgeben.

4. In der org. Chemie werden häufig die rationellen Strukturformeln geschrieben. In diesen bleiben bestimmte Atomgruppen (besonders auch die funktionellen Gruppen) als Ganzes stehen, und die Verknüpfung untereinander erfolgt durch Striche bzw. bei Doppelbindungen durch Doppelstriche, z. B.

Propan CH_3—CH_2—CH_3
Ethanol CH_3—CH_2—OH
Propen CH_2=CH—CH_3

Strukturproteine, im Tierreich verbreitete Gruppe von ↗ Proteinen mit Stütz- und Festigungsfunktion. Sie enthalten keine essentiellen ↗ Aminosäuren, sind enzymatisch schwer zerlegbar und deshalb als Nahrungsprotein ungeeignet. Die wichtigsten S. sind:

Keratine: cystinreiche S., die bei Landwirbeltieren in der Oberhaut und ihren Anhangsgebilden auftreten. Reichlich sind sie am Aufbau von Haaren (Pelz, Wolle), Krallen, Hufen, Hörnern, Schnäbeln und Federn beteiligt. Je nach überwiegender Form der Sekundärstruktur (↗ Proteine) sowie der Art und Weise der Bündelung von Polypeptidketten zu Proto-, Mikro- und Makrofibrillen entstehen entweder elastische, stark dehnbare oder geschmeidige, wenig dehnbare Fasern. Zu den Keratinen gehört auch das *Seidenfibroin* (M 365 000) der Naturseide.

Kollagen: verbreitetstes tierisches Protein mit hohem Gehalt an ↗ Prolin und geringer Dehnbarkeit. Es ist reichlich in Knochen, Knorpel, Zähnen und Sehnen enthalten.

Durch mildes Erwärmen werden die Tertiär- und Sekundärstruktur irreversibel zerstört. Das gelartige Produkt dieses Denaturierungsprozesses ist die *Gelatine*.

Strychnin, ein stark giftiges ↗ *Alkaloid*, das aus den Samen der Brechnuß (Gattung *Strychnos*) gewonnen wird. S. besitzt ein heptacyclisches Molekül mit der Summenformel $C_{21}H_{22}O_2N_2$. Es ist in Wasser schwer-, in Ethanol und Chloroform leichtlöslich. S. wird vor allem zur Herstellung von rotem Giftweizen für die Ratten- und Mäusebekämpfung verwendet.

Stufenfabrikat, ↗ Stufenprozeß.

Stufenprozeß, Produktionsprozeß, der bis zur Herstellung des Finalproduktes über mehrere Stufen verläuft, die jeweils mit verkaufsfähigen Zwischenprodukten enden.

Styphninsäure, Trivialbezeichnung für das 2,4,6-Trinitro-resorcinol. Durch die meta-Stellung der elektronenschiebenden Hydroxylgruppen wird die Nitrierung des *Resorcinols* stark erleichtert, so daß drei Nitrogruppen *eingebaut* werden. S. ist eine verhältnismäßig stark saures Phenol und gibt mit org. Basen meist gut kristallisierende Salze, die sich deshalb zu deren Identifizierung eignen. Die Salze der S. heißen Styphnate.

Styren, techn. aus Benzen und Ethylen hergestellt. Die Reaktion läuft über die Zwischenstufe Ethylbenzen.

S. ist neben Ethylen und Vinylchlorid das techn. bedeutsamste Monomere. Es wird vor allem zu Hochpolymeren mit Butadien zu Synthesekautschuk (SB-Kautschuk, Buna S) verarbeitet.

⌬ + CH₂=CH₂ —(H⁺)→ ⌬—CH₂—CH₃

⌬ —Kat→ ⌬—CH=CH₂ + H₂

Styren-Butadien-Kautschuk, ↗ Kautschuk.
Sublimation, Übergang eines Stoffes aus dem festen in den gasförmigen Aggregatzustand, ohne daß die Substanz flüssig wird. Eine S. läßt sich gut zur Reinigung von Stoffen verwenden. Die S. im Vakuum ist dabei besonders günstig.
substantive Farbstoffe, Gruppe von Farbstoffen, die in der Lage sind, Cellulose ohne Beizung (↗ Beizenfarbstoffe) anzufärben. Es sind ↗ Azofarbstoffe, die sich von ↗ Benzidin ableiten (Kongorot, Direkttiefschwarz).
Substanzformel, gibt das Zahlenverhältnis der Atome in den Verb. an. Für kristalline Substanzen ist das die eigentlich korrekte Schreibweise, z. B. Natriumchlorid, {NaCl}. Die geschweiften Klammern werden allerdings meist weggelassen. Für viele Verb. ist eine S. ohne wesentliche Aussage, z. B. Ethan, {CH₃}.
substituierte Carbonsäuren, Verbindungsklassen, die eine unveränderte Carboxylgruppe im Molekül besitzen, aber im Alkylrest funktionelle Gruppen oder Halogen als Substituenten tragen. Bei der Stellungsfestlegung erhält die Carboxylgruppe die Nummer 1. Von da ab wird fortlaufend numeriert. Gebräuchlich ist aber auch die Bez. mit griechischen Buchstaben. Das Kohlenstoffatom 2, das Nachbaratom der Carboxylgruppe, ist das α-Kohlenstoffatom, und die weitere Zuordnung erfolgt in alphabetischer Reihe. Das letzte Kohlenstoffatom der Kette ist das ω-Kohlenstoffatom:

HOOC—$\overset{\alpha}{CH_2}$—$\overset{\beta}{CH_2}$—$\overset{\gamma}{CH_2}$—$\overset{\delta}{CH_2}$ ... —$\overset{\omega}{CH_3}$
     1   2   3   4   5   n

Bei einfacher Substitution der Wasserstoffatome der Methylengruppen, —CH₂-, bzw. unterschiedlicher Disubstitution kommt es zur Ausbildung von ↗ asymmetrischen Kohlenstoffatomen, die zur optischen Isomerie führt.
Substituenten mit −I-Effekt erhöhen, abhängig von der Stellung in der Kette und deren Anzahl, die Acidität der s. C. Der −I-Effekt wirkt sich über etwa 3 Methylengruppen (γ-Substitution) aus. Substituenten mit +I-Effekt verringern die Acidität. Die Carboxylgruppe erhöht besonders die Reaktionsfähigkeit der α-Methylengruppe.

Wichtige Substituenten sind:
Halogene   Halogencarbonsäuren
Hydroxylgruppe   Hydroxycarbonsäuren
Carbonylsauerstoff   Oxocarbonsäuren
Aminogruppe   Aminocarbonsäuren
     (Aminosäuren)

Natürlich vorkommende s. C. sind meist α-Derivate und optisch einheitlich Verb.
Substitution, von Werkstoffen, ökonomisch bestimmte Maßnahme. Von mehreren Werkstoffen annähernd gleicher Eigenschaftsbreite wird der jeweils am günstigsten herstellbare eingesetzt. Ändert sich die Rohstofflage, erfolgt eine Umstellung auf einen anderen analogen, nunmehr ökonomisch günstiger herstellbaren Werkstoff.
Substitutionsreaktionen, Reaktionen, bei denen Wasserstoff oder eine funktionelle Gruppe in einem org. Molekül durch einen Substituenten ersetzt wird; AB + CD → AC + BD. Abhängig vom Typ der Verb. und der Art des Austausches werden die S. unterschieden.
S. am gesättigten C-Atom, radikalisch, S_R: Die S. verläuft über Radikale (Verb., bei denen im Atom ein Orbital mit einem ungepaarten Elektron besitzt), die durch Thermolyse, Photolyse, energiereiche Strahlung, mechanische Prozesse oder durch Elektronenübertragung von Radikalbildnern gebildet werden. Als S_R-Reaktionen verlaufen die Chlorierung und die Bromierung der Alkane über einen Kettenmechanismus:
Startreaktion   Cl₂ → 2 Cl·
Kettenablauf   R—H + Cl· → R· + HCl
                R· + Cl₂ → R—Cl + Cl·
Über diese Kette kann die Bildung des Chloralkans viele Male ablaufen. Das Verhältnis der Zahl der gebildeten Moleküle zur Zahl der wirksamen Lichtquanten wird Quantenausbeute genannt. Sie erreicht bei der Photochlorierung den Wert von 10⁴.
Ein Kettenabbruch erfolgt über Radikalkombinationen, die entweder zur Zielverbindung führen (produktiver Abbruch):
R· + Cl· → R—Cl,
oder andere Produkte liefern,
Cl· + Cl· → Cl—Cl, R· + R· → R—R.
Ebenso verläuft die ↗ Sulfochlorierung als S_R-Reaktion. Tertiärer Wasserstoff wird leichter als sekundärer und dieser leichter als primärer substituiert.
S. am gesättigten C-Atom, nucleophil, S_N: Eine Reaktion, bei der ein elektronegativer Substituent X durch ein nucleophiles Reagens Y verdrängt wird:
R—X + |Y → R—Y + X|·. Y muß dabei ein freies Elektronenpaar besitzen.
Nucleophile Reagenzien sind: Halogenwasserstoff,

Substitutionsreaktionen

Halogenion, Wasser, Hydroxidion, Alkohol, Alkoholation, Cyanion, Carboxylion, Amin, Thiol.
Der auszutauschende Substituent ist polar an das Kohlenstoffatom gebunden und elektronenanziehend.
Wichtige S_N-Reaktionen sind: ↗ Esterbildung, ↗ Etherbildung, ↗ Verseifung, ↗ WILLIAMSON-Synthesen, ↗ Aminalkylierung, ↗ KOLBE-Nitril-Synthese, ↗ Epoxidreaktion, Alkylierung am ↗ Acetessigester und am ↗ Propandisäurediester, ↗ FRIEDEL-CRAFTS-Reaktion mit Benzen als nucleophiles Reagens. Nach der Art des Ablaufs der S_N-Reaktion wird zwischen einem monomolekularen (asynchronen) und einem bimolekularen (synchronen) Mechanismus unterschieden.

Monomolekulare nucleophile S., S_N1: Sie verläuft über ein Carboniumion in 2 Stufen, wobei die Ionenbildung geschwindigkeitsbestimmend ist:

$$R-\underset{R}{\underset{|}{C}}-X \longrightarrow \underset{R}{\underset{|}{C}}^{\oplus}\overset{R}{\overset{|}{}} + |X^{\ominus}$$

$$|Y^{\ominus} + \underset{R}{\underset{|}{C}}^{\oplus}\overset{R}{\overset{|}{}} \longrightarrow R-\underset{R}{\underset{|}{C}}-Y$$

Kriterien für den monomolekularen Ablauf sind:
– Ablauf nach dem Geschwindigkeitsgesetz 1. Ordnung;
– Carboniumion ist ein abfangbares, real existierendes Zwischenprodukt;
– optisch aktive Ausgangsverbindungen werden racemisiert;
– HAMMETT- oder TAFT-Reaktionskonstante sind negativ und relativ groß, da durch innere und äußere Effekte das Kation stabilisiert wird;
– hohe Aktivierungsenthalpie, weil der Energieinhalt des Ions groß ist;
– sehr kleine Aktivierungsentropie, bei erheblicher Lösungsmittelabhängigkeit, da sterische Anforderungen an den Übergangszustand gering sind.

Bimolekulare nucleophile S., S_N2: Eine Reaktion, bei der X und Y synchron in einem Übergangszustand die Bindung zum Kohlenstoffatom ändern:
$Y| + RX \rightleftharpoons Y...R...X \rightleftharpoons YR + |X$

Kriterien für den bimolekularen Ablauf sind:
– Reaktionsgeschwindigkeit ist von der Konzentration des Nucleophils abhängig und entspricht einem Geschwindigkeitsgesetz 2. Ordnung;
– bei Reaktionen am optisch aktiven Reaktionszentrum bilden sich keine Racemate, sondern es erfolgt eine Umkehr der Konfiguration (↗ WALDEN-Umkehr);
– die Aktivierungsenthalpie ist niedrig, da der Energieinhalt des Übergangszustandes nicht besonders groß ist;
– die Aktivierungsentropie ist verhältnismäßig groß und negativ, da die sterischen Anforderungen hoch sind;
– elektronenziehende Substituenten beschleunigen die Reaktion etwas, und die Reaktionskonstanten sind schwach positiv.

S. am Aromaten, elektrophil, S_E: Eine Reaktion, die über Zwischenstufen abläuft:

$$\underset{\text{Aromat}}{\bigcirc} + X^{\oplus} \longrightarrow \underset{\pi\text{-Komplex}}{\bigcirc} \longrightarrow X^{\oplus}$$

$$\longrightarrow \underset{\substack{\sigma\text{-Komplex}\\(\text{Carboniumion})}}{\bigcirc\!\!\!\!\overset{H}{\underset{\oplus}{X}}} \xrightarrow{-H^{\oplus}} \underset{\text{Aromat}}{\bigcirc}\!\!\!-X$$

S_E-Reaktionen an Aromaten sind techn. wichtig. In der folgenden Übersicht wird das elektrophile Reagens X ohne Angabe komplizierter Übergangszustände formuliert:

Nitrierung
$X = NO_2^{\oplus}$
$(HNO_3 + 2\,H_2SO_4 \rightleftharpoons NO_2^{\oplus} + H_3O^{\oplus} + 2\,HSO_4^{\ominus})$

Bromierung
$X = Br^{\oplus}$
$[Br_2 + AlBr_3 \rightleftharpoons Br^{\oplus} + (AlBr_4)^{\ominus}]$

Chlorierung
$X = Cl^{\oplus}$
$[Cl_2 + AlCl_3 \rightleftharpoons Cl^{\oplus} + (AlCl_4)^{\ominus}]$

Sulfonierung
$X = SO_3$ oder $HSO_3^{\oplus}$

FRIEDEL-CRAFTS-Alkylierung
$X = R^{\oplus}$
$[R{-}Cl + AlCl_3 \rightleftharpoons R^{\oplus} + (AlCl_4)^{\ominus}]$

FRIEDEL-CRAFTS-Acylierung
$X = R{-}\overset{\oplus}{C}O$
$[R{-}CO{-}Cl + AlCl_3 \rightleftharpoons R{-}\overset{\oplus}{C}O + (AlCl_4)^{\ominus}]$

Hydroxyalkylierung
$X = \overset{\oplus}{C}H_2OH$
$(H{-}\underset{H}{\overset{O}{\underset{\|}{C}}} + H^{\oplus} \rightleftharpoons \overset{\oplus}{C}H_2OH)$

S. am Aromaten, nucleophil, S_N: Diese Reaktion ist im allgemeinen nur möglich, wenn der Aromat stark elektronenziehende Substituenten trägt, die sich in ortho- und para-Stellung zur auszutauschenden Gruppe befinden. Es ist z. B. der Chlor-

austausch im Chlorbenzen kaum, im 2-Nitro-chlorbenzen schwer und im 2,4-Dinitro-chlorbenzen leicht möglich.
Succinate, Salze der Butandisäure (Bernsteinsäure), ↗ Atmung.
Succinimid, das innere Anhydrid der Butandisäure, Schmp. 126 °C. S. bildet sich leicht durch Erhitzen von Ammoniumsuccinat und wird zur Herstellung von N-Brom-succinimid verwendet, das ein ausgezeichnetes Bromierungsmittel ist, aber C=C-Doppelbindungen nicht angreift.

$$\begin{array}{c} H_2C-C=O \\ | \quad\quad\quad \textbackslash \\ \quad\quad\quad N-H \\ | \quad\quad\quad / \\ H_2C-C=O \end{array}$$
Succinimid

Suchtgifte, ↗ Rauschgifte.
Sulfane, binäre Verb. zwischen den Elementen Wasserstoff und Schwefel der allgemeinen Formel H_2S_n, von denen dem ↗ Schwefelwasserstoff, H_2S, auch Monosulfan, die größte Bedeutung zukommt.
Sulfanilamide, ↗ 4-Amino-benzensulfonsäureamide.
Sulfanilsäure (4-Amino-benzensulfonsäure), $H_2N-C_6H_4-SO_3H$, wichtige Diazotierungskomponente zur Herstellung von ↗ Azofarbstoffen.
Sulfate, Salze, der ↗ Schwefelsäure.
Sulfatzellstoff, Alkalizellstoff, ↗ Zellstoff, der durch den alkalischen Aufschluß cellulosehaltiger Werkstoffe, z. B. Holz, mit einer $Na_2S/NaOH$-Lösung hergestellt worden ist. Dieser Aufschluß ist besonders für harzreiches Kiefernholz sowie Stroh, Schilf u. a. geeignet.
Sulfide, binäre Verb. des ↗ Schwefels mit Metallen. In der Natur finden sich viele Sulfide, die als wertvolle Erze wichtige Ausgangsstoffe für die Metall- und Schwefel-, Schwefeldioxid-, Schwefeltrioxid- und Schwefelsäuregewinnung darstellen.
Sulfide, organische, früher auch »Thioether«, R^1-S-R^2. Die Namen werden mit der Silbe »Thio« gebildet, z. B.: $CH_3-S-CH_2-CH_3$, Ethylthiomethan, oder mit dem funktionellen Klassennamen »-sulfid«, z. B. $CH_3-CH_2-S-CH_2-CH_3$, Diethylsulfid.
S. mit niederen Alkylgruppen sind abstoßend riechende, wasserunlösliche Flüssigkeiten. Sie werden durch Umsetzung von Halogenalkanen mit Kaliumsulfid oder von Halogenalkanen mit Alkalithiolaten erhalten. Das Bis(2-chlor-ethyl)sulfid ist unter dem Namen »Senfgas« (Yperit, Lost) als ↗ chem. Kampfstoff bekannt.
Sulfitablauge, saures Abwasser (↗ pH 2 bis 4) der ↗ Zellstoffproduktion nach dem Sulfitverfahren. Es enthält vor allem biologisch schwer abbaubare Ligninsulfonsäure und ihre Verb., daneben Holzzuckerarten und Harze. Seine biologische Reinigung ist bisher großtechnisch nicht möglich. Der Anteil an Hexosen läßt sich durch Bakterien vergären, daran schließt sich günstig eine Futterhefegewinnung (Verhefung) an. Vergärung und Verhefung vermögen den Gesamtgehalt an sauerstoffzehrender Substanz um 60 bis 70 % zu senken.
Eine Vollreinigung ist heute ökonomisch noch nicht möglich.
Sulfite, Salze der ↗ schwefligen Säure.
Sulfitzellstoff, ↗ Zellstoff, der durch den sauren Aufschluß cellulosehaltiger Rohstoffe, z. B. Holz, mit einer Calciumhydrogensulfitlösung hergestellt worden ist. Dazu wird in Reaktionstürmen Kalkstein oder Kalkmilch mit Schwefeldioxid umgesetzt.
Sulfochloride, $R-SO_2Cl$, Chlorderivate der Sulfonsäuren. Aliphatische S. werden durch ↗ Sulfochlorierung von Alkanen gewonnen. Sie sind Ausgangsverb. zur Herstellung von Waschmitteln. Aromatische S. werden bei der Umsetzung von aromatischen Sulfonsäuren mit Phosphor(V)-chlorid oder von Aromaten mit Chlorsulfonsäure erhalten. Sie werden zu Sulfonsäureestern oder Sulfonsäureamiden (Sulfonamide) umgesetzt.
Sulfochlorierung, Verfahren zur Herstellung von Alkansulfochloriden in einer Radikalkettenreaktion von Alkanen mit einem 1:1-Gemisch von Chlor und Schwefeldioxid bei Einwirkung von UV-Licht oder energiereicher Strahlung (^{60}Co). Diese ↗ Substitutionsreaktion (S_R) beginnt mit der Spaltung des Chlormoleküls als Startreaktion:
$Cl_2 \rightarrow 2\,Cl\cdot$
und läuft über folgende Kette ab:
$R-H + Cl\cdot \rightarrow R\cdot + H-Cl$
$R\cdot + SO_2 \rightarrow R-\dot{S}O_2$
$R-\dot{S}O_2 + Cl_2 \rightarrow R-SO_2-Cl + Cl\cdot$
Die Reaktionsprodukte sind Ausgangsstoffe zur Herstellung von Wasch- und Netzmitteln, Gerbereihilfsstoffen und Weichmachern.
Sulfonamide, Amide org. Sulfonsäuren mit der funktionellen Gruppe $-SO_2-NH_2$. Vom Sulfanilsäureamid, $H_2N-C_6H_4-SO_2-NH_2$, abgeleitete S. werden in breitem Maße als ↗ Chemotherapeutika zur Behandlung von Infektionskrankheiten eingesetzt. Das erste therapeutisch verwendete S. (Prontosil®) besaß Azofarbstoffstruktur. S. wie Sulfacetamid werden relativ schnell ausgeschieden und müssen deshalb in hohen Dosen und kurzen Zeitabständen verabreicht werden. Sogenannte Langzeitsulfonamide wie Sulfamerazin und

Sulfamethoxypyridazin können in kleineren Dosen und längeren Zeitabständen eingenommen werden. Bei Infektionen der Atemwege und der Harnwege werden Kombinationspräparate von S. und Trimethoprim angewendet.

S. müssen nach Vorschrift des Arztes in regelmäßigen Abständen und über einen bestimmten Zeitraum eingenommen werden. S. wirken nicht bakterizid, sondern nur bakteriostatisch, sie verhindern u. a. die Vermehrung der Bakterien durch Zellteilung. Ein Bakterium ist ohne Zellteilung nur eine bestimmte Zeit lebensfähig, und das Sulfonamid-Medikament muß so lange eingenommen werden, bis alle Bakterien abgestorben sind. Bild.

$H_2N-\bigcirc-N=N-\bigcirc-SO_2-NH_2$ Sulfamidochrysoidin
         NH_2 (Prontosil®)

$H_2N-\bigcirc-SO_2-NH-CO-CH_3$ Sulfacetamid

$H_2N-\bigcirc-SO_2-NH-\bigcirc-O-CH_3$ Sulfamethoxy-pyridazin

$H_2N-\bigcirc-SO_2-NH-\bigcirc-CH_3$ Sulfamerazin

Therapeutische Sulfonamide

Sulfone, $R-\overset{O}{\underset{O}{S}}-R$, Oxydationsprodukte der org. ↗ Sulfide, R—S—R.

Sulfonsäuren, R—SO$_3$H, Gruppe von Verb., bei denen an einen org. Rest die Sulfogruppe —SO$_3$H gebunden ist. Die Sulfogruppe hat in der ↗ Nomenklatur eine hohe Priorität, deshalb wird sie vorwiegend zur Bildung des Stammnamens mit dem Suffix »-sulfonsäure« berücksichtigt, als Präfix wird sie mit »Sulfo-« bezeichnet. Aliphatische S. werden durch Oxydation von Alkylthiolen, vorwiegend aber durch ↗ Sulfoxydation hergestellt. Sie sind Grundstoffe für die Waschmittelherstellung, ↗ Alkansulfonsäuren. Aromatische S. bilden sich durch elektrophile ↗ Substitution mit konz. oder rauchender Schwefelsäure aus Aromaten, ↗ Benzensulfonsäuren.

Sulfoxydation, Verfahren zur Herstellung von Alkansulfonsäuren als radikalische ↗ Substitutionsreaktion (S_R-Reaktion) an Alkanen mit Schwefeldioxid und Sauerstoff:

$2 R-H + 2 SO_2 + O_2 \rightarrow 2 R-SO_3H$.

Sulfur, wissenschaftliche Bez. für das chem. Element ↗ Schwefel.

Sulfurylchlorid, SO$_2$Cl$_2$, farblose, hautätzende und sehr giftige Flüssigkeit (Schmp. $-54,1$ °C, Sdp. 69,4 °C). S. kann durch Oxydation von Schwefeldioxid mit molekularem Chlor gewonnen werden:

$SO_2 + Cl_2 \rightarrow SO_2Cl_2$.

Durch Wasser erfolgt Zersetzung in Schwefelsäure und Chlorwasserstoff:

$SO_2Cl_2 + 2 H_2O \rightarrow H_2SO_4 + 2 HCl$.

S., das als Säurechlorid der Schwefelsäure gelten kann, wird als Chlorierungsmittel bei org. Synthesen verwendet.

Summenformel, in der anorg. Chemie werden darunter meist die Formeln der Baueinheiten der Verb. mit reiner ↗ Atombindung bzw. überwiegendem Anteil an Atombindung verstanden, die häufig nur als Formel bezeichnet werden, z. B. Wasserstoff H$_2$, Chlorwasserstoff HCl, Schwefelsäure H$_2$SO$_4$, Wasser H$_2$O. Bei org. Verb. ist die S. identisch mit der ↗ Substanzformel, wird aber ohne geschweifte Klammern geschrieben, z. B. Ethanol C$_2$H$_6$O, Ethanal C$_2$H$_4$O. Die S. org. Verb. ist Grundlage für deren Einordnung in wissenschaftliche Literaturverzeichnisse.

Sumpf, der untere Teil einer (↗ Destillations-)Kolonne.

Sumpfgas, ↗ Biogas.

Superphosphat, entsteht beim nassen ↗ Phosphataufschluß mit Schwefelsäure. Es ist ein Gemisch aus Calciumphosphat, Ca(H$_2$PO$_4$)$_2$, und Gips, CaSO$_4 \cdot 2$H$_2$O, und stellt einen häufig verwendeten Phosphordünger dar.

Suspension, heterogenes Feststoff-Flüssigkeits-Gemisch, in dem die festen Teilchen in einem flüssigen Suspensionsmittel in gleichmäßiger Verteilung vorliegen. S. sind durch Filtration, Sedimentation, Zentrifugieren u. a. Verfahren in ihre Bestandteile zu trennen.

Suspensionspolymerisation, Perlpolymerisation, techn. häufig verwendete Variante der Polymerisation in Wasser als flüssiger Trägerphase. Monomeres und Polymeres sind darin nicht löslich. Das Monomere wird in der Trägerflüssigkeit durch Rühren als Tröpfchen dispergiert. Das Polymerisat bildet kuglige Feststoffteilchen (Perlen), die durch Filtration abgetrennt werden. Vorteilhaft sind ein hoher Polymerisationsgrad der Produkte, ihre Reinheit und günstige Abtrennung sowie die Möglichkeit, große Produktmengen schnell in einem engen Temperaturbereich zu polymerisieren. Nachteilig ist der diskontinuierliche Betrieb.

Süßerde, Trivialname für ↗ Berylliumoxid.

Süßstoffe, org. Verb. mit sehr hoher Süßkraft zum Süßen von Lebensmitteln. S. können als Zuckerer-

satz in Diätnahrungsmitteln, z. B. für Zuckerkranke, verwendet werden.
↗ *Saccharin* wird als wasserlösliche Natriumverb. gehandelt, es besitzt die 500fache Süßkraft des Rohrzuckers. Gegen *Natriumcyclamat* (Natriumcyclohexylsulfamat $C_6H_{11}NSO_3Na$) wurden zeitweise Bedenken erhoben, es wird jedoch von der WHO als unschädlich eingestuft. Der Zuckeraustauschstoff *Sorbit* (↗ Glucitol) ist ein sechswertiger Alkohol.

Sydnone, sind mesoionische Heteroaromaten, die ein hohes Dipomoment besitzen. Sie werden durch dehydratisierende Cyclisierung aus N-substituierten N-Nitroso-aminosäuren hergestellt, indem diese mit Ethansäureanhydrid erhitzt werden. Die Ausgangsverb. sind aus den entsprechenden Aminen, $R{-}NH_2$, und Chlorethansäure und nachfolgender Nitrosierung zugängig:

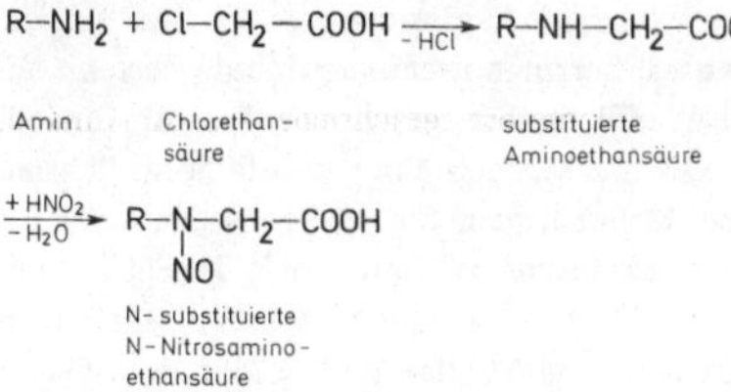

$$R{-}NH_2 + Cl{-}CH_2{-}COOH \xrightarrow{-HCl} R{-}NH{-}CH_2{-}COOH$$

Amin — Chlorethansäure — substituierte Aminoethansäure

$$\xrightarrow[-H_2O]{+HNO_2} R{-}\underset{NO}{N}{-}CH_2{-}COOH$$

N-substituierte N-Nitrosaminoethansäure

S. lassen sich in substituierte Hydrazine, Methansäure und Kohlendioxid hydrolytisch spalten.

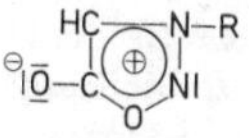

Sydnone

Syenit, granitähnliches Tiefengestein, das im wesentlichen aus Kalifeldspat und einer Hornblende (bzw. Biotit oder Augit) besteht.

Sylvin, KCl, industriell wichtiges Mineral ozeanischer Salzlagerstätten. S. tritt meist mit Steinsalz verwachsen auf (Sylvinit als Gestein, ↗ Hartsalz). Seine hellen, meist würfelförmigen Kristalle zeigen gute Spaltbarkeit. S. ist an seinem charakteristischen Geschmack auch als Gesteinsbestandteil gut zu erkennen. Es ist oft durch eingelagerte Hämatitkristalle rot gefärbt.

Sylvinit, Rohsalztyp des ↗ Sylvins.

Symbole, international gebräuchliche Kurzzeichen für chem. Elemente. Dazu werden die Anfangsbuchstaben und in vielen Fällen ein zweiter charakteristischer Buchstabe des wissenschaftlichen Namens der chem. Elemente genutzt, z. B. Sauerstoff (oxygenium) O, Eisen (ferrum) Fe. Die S. sind in der Tabelle der ↗ Elemente, chemische, zusammengefaßt.

Symmetrie, im umgangssprachlichen Sinne eine Regelmäßigkeit in der Form mit der periodischen Wiederholung von Strukturelementen. Ein Körper ist symmetrisch, wenn er durch geometrische Operationen in eine von der Ausgangsanordnung nicht unterscheidbare Anordnung überführt werden kann. Diese geometrischen Operationen heißen Symmetrieoperationen. Es sind Drehungen um eine Achse (Symbol C_n), Spiegelungen in einem Punkt (die Inversion *i*), Spiegelungen in einer Ebene (σ) und die Drehspiegelung (d. h. Drehung um eine Achse und anschließende Spiegelung senkrecht dazu stehender Ebenen (S_n)). Die an einem Körper möglichen Symmetrieoperationen sind seine Symmetrieelemente. 3 Bilder.

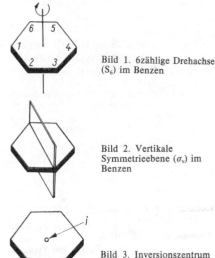

Bild 1. 6zählige Drehachse (S_6) im Benzen

Bild 2. Vertikale Symmetrieebene (σ_v) im Benzen

Bild 3. Inversionszentrum (*i*) im Benzen

symmetrisch (symm-), Bez. für die Stellung der drei Substituenten im 1,3,5-trisubstituierten Benzen, ↗ asymmetrisch, ↗ vicinal.

sympathetische Tinte, ↗ Tinte.

Synergismus, wesentlich gesteigerte, z. T. vervielfachte Wirksamkeit chem. Stoffe auf Lebewesen (Bakterien, Pflanzen, Tiere und Menschen), die auf einem Zusammenwirken der kombiniert eingesetzten Stoffe (Konservierungsmittel, Pestizide, Weichmacher, Pharmaka usw.) untereinander und den Einflußsphären des Lebewesens (Drüsen, Muskeln usw.) beruht.

Synproportionierung, ↗ Komproportionierung. Sonderfall einer Redoxreaktion, bei der aus einer niederen und einer höheren Oxidationsstufe eines Elementes eine mittlere Oxidationsstufe entsteht:

$$\overset{+2}{Cu}Cl_2 + \overset{0}{Cu} \rightarrow 2\,\overset{+1}{Cu}Cl.$$

Synthese, Herstellung von chem. Verb. aus anderen, häufig einfacheren Verb. Viele S. sind nach ihren Entdeckern benannt, z. B. FISCHER-TROPSCH-Synthese, WURTZsche Synthese.
Synthesefasern, ↗ Chemiefasern, die ausschließlich synthetisch hergestellt werden. Dazu zählen vor allem Polyamidfasern (Dederon, Nylon), Polyesterfasern (Grisuten), Polyacrylnitrilfasern (Wolpryla) sowie Polyvinylchloridfasern (Piviacid). Polyesterfasern dominieren gegenwärtig, sowohl rein als auch im Mischgewebe.
Synthesegas, techn. Bez. für Gasgemisch von
– Stickstoff/Wasserstoff (→ Ammoniaksynthese), Kohlenmonoxid/Wasserstoff (→ Methanolsynthese),
(→ FISCHER-TROPSCH-Synthese),
(→ Oxosynthese).
S. kann aus Kohle, Erdöl und Erdgas durch Vergasung mit Luft (↗ Luftgas) und/oder Wasserdampf (↗ Wassergas) hergestellt werden. Tabelle.

Wichtige Reaktionen zur Synthesegasherstellung

Vergasungsmittel	Rohstoff		
	Kohle	Erdölfraktionen	Erdgas
Luft, Sauerstoff	$C + \frac{1}{2}O_2$ $\rightarrow CO$	$-CH_2-\ +$ $\frac{1}{2}O_2$ $\rightarrow CO + H_2$	$CH_4 + \frac{1}{2}O_2$ $\rightarrow CO + 2H_2$
Wasserdampf	$C + H_2O$ $\rightarrow CO + H_2$	$-CH_2-\ +$ H_2O $\rightarrow CO + 2H_2$	$CH_4 + H_2O$ $\rightarrow CO + 3H_2$

Synthesekautschuk, ↗ Kautschuk.
System, stoffliches, in der ↗ Thermodynamik Bez. für einen beliebigen ↗ Stoff, der durch Wände oder gedachte Grenzen von anderen Stoffen getrennt ist. Findet über die Systemgrenze ein Stoff- und Energieaustausch statt, liegt ein offenes S. vor, wird nur Energie ausgetauscht, ein geschlossenes S., und beim Fehlen beider Austauschmöglichkeiten spricht man von einem abgeschlossenen S.
systemische Mittel, Wirkstoffe, die ihre Wirkung innerhalb des Organismus entfalten, ohne ihn zu schädigen. Systemisch wirkende ↗ Chemotherapeutika werden im Darm resorbiert oder in die Blutbahn injiziert und wirken in der Körperflüssigkeit. Im Gegensatz dazu werden ↗ Desinfektionsmittel nur oberflächlich angewendet. Systemische Pflanzenschutzmittel werden durch die Wurzeln oder Blätter aufgenommen und im Leitungssystem über die ganze Pflanze verteilt. Sie wirken so gegen Krankheitserreger oder in den aufgenommenen Pflanzensäften gegen saugende Insekten.

T

Tabletten, Zubereitungsformen für Arzneimittel, die außer den Wirkstoffen noch Füllstoffe, Bindemittel und Gleitmittel, z. B. ↗ Talk, Stärke, Milchzucker, enthalten. Quellbare ↗ Gelatine oder ↗ Pectine dienen als Tablettensprengmittel.
Tabun, Phosphorsäureester, der als ↗ chem. Kampfstoff verwendet wird.

$$H_5C_2O-\overset{NC}{\underset{}{P}}\overset{O}{\underset{}{}}N(CH_3)_2$$

Tabun

Tagebau, bergmännische Gewinnung fester Rohstoffe in offenen Grubenräumen. T. sind sinnvoll, wenn größere Mengen eines Rohstoffs in nicht zu großen Tiefen liegen. Sie werden gegenwärtig bis 500 m Tiefe betrieben (Braunkohle-Tagebau Hambach bei Köln).
Die Arbeitsproduktivität der Förderung ist hier zwei- bis zehnmal größer als im Tiefbau. Nachteilig wirkt, daß große Mengen Abraum zu bewegen sind, hohe Investitionskosten vor allem für den Aufschluß anfallen und der Grundwasserspiegel unter die tiefste Arbeitssohle abzusenken ist. Die spezifischen Kosten liegen jedoch insgesamt niedriger als im Tiefbau.
Talk, $Mg_3[Si_4O_{10}](OH)_2$, gesteinsbildendes Mineral, das dem Serpentin nahesteht und z.T. mit ihm zusammen in metamorphen bzw. umgewandelten Gesteinen vorkommt. T. kristallisiert in grünlichweißen, glimmerähnlichen, gut spaltbaren, blättrigen Aggregaten oder dichten Massen (Speckstein). T., besonders die Abart Speckstein, ist ein geschätztes Material für die Elektrotechnik und Feuerfestindustrie. Daneben wird es als Füll- und Glättmittel in der Papier- und Gummiindustrie, in der Pharmazie, Kosmetik, Farb- und Textilindustrie verwendet.
Tank, Lagerbehälter für Flüssigkeiten und Gase.
Tannine, pflanzliche ↗ Gerbstoffe.
Tantal,

Ta $Z = 73$
$A_{r(1981)} = 180{,}9479$
Ek: [Xe] $4f^{14}5d^36s^2$
OxZ: $-1, +1, +2, +3, +4, +5$
$X_E = 1{,}5$

Elementsubstanz:
Schmp. 3 000 °C
Sdp. 5 430 °C
$\varrho = 16{,}6 \text{ kg} \cdot \text{l}^{-1}$

chem. Element (↗ Elemente, chem.).
Tantalum, Symbol: Ta, 3. Element der 5. Nebengruppe des PSE (↗ Nebengruppenelemente, 5. Nebengruppe des PSE). T. ist die Bez. für alle Atome, die 73 positive Ladungen im Kern, also 73 Protonen besitzen: Kernladungszahl $Z = 73$. Die Hülle des neutralen Atoms besteht aus 73 Elektronen, von denen die möglichen Valenzelektronen die Konfiguration $5d^3 6s^2$ besitzen. In Verb. werden Oxydationsstufen eingenommen, die durch die Oxydationszahlen OxZ $-1, +1, +2, +3, +4, +5$ charakterisiert sind. T. wurde 1802 von EKEBERG entdeckt, aber erst 1903 durch v. BOLTON als Metall dargestellt. In der Natur ist T. verbreitet, kommt aber selten in größeren Mengen vor und tritt stets gemeinsam mit Niobium auf. Als Erz besitzt der *Tantalit* (Eisentantalit), $Fe(TaO_3)_2$, Bedeutung. Metallisches T. wird nach Abtrennung vom begleitenden Niobium durch Schmelzflußelektrolyse, durch Reduktion der Oxide mit metallischem Aluminium oder durch Reduktion bestimmter Fluoride mit metallischem Natrium dargestellt. Das Metall ist grau, glänzend, sehr hart und äußerst dehnbar. Das Isotop ^{180}Ta ist radioaktiv und besitzt eine Halbwertszeit von $t_{1/2} = 2{,}0 \cdot 10^{13}$ a. Metallisches T. ist sehr beständig, wird von den meisten Basen und Säuren nicht angegriffen, reagiert aber bei höheren Temperaturen mit den meisten Nichtmetallen; mit molekularem Sauerstoff zu Tantal(V)-oxid:
$4 Ta + 5 O_2 \rightarrow 2 Ta_2O_5$, $\Delta_B H = -2090{,}9 \text{ kJ} \cdot \text{mol}^{-1}$,
mit molekularem Chlor zu Tantal(V)-chlorid:
$2 Ta + 5 Cl_2 \rightarrow 2 TaCl_5$, $\Delta_B H = -857{,}7 \text{ kJ} \cdot \text{mol}^{-1}$.
Metallisches T. wird als Platinersatz, d. h. als Werkstoff zur Herstellung chem. Geräte und medizinischer Instrumente, als Legierungsbestandteil rostfreier Stähle und Sonderstähle, in Gleichrichtern und Kondensatoren verwendet.

Tantalum, wissenschaftliche Bez. für das chem. Element ↗ Tantal.

Tartrate, Salze der Weinsäure, eine der beiden optischen Isomeren der 2,3-Dihydroxy-butandisäure, HOOC—CH(OH)—CH(OH)—COOH, einer ↗ Dicarbonsäure, deren inaktive Form Mesoweinsäure und deren Racemat Traubensäure heißt. In Weinen scheidet sich als Bodensatz das Kaliumhydrogentartrat ab, das als Weinstein bekannt ist. Das Kaliumnatriumtartrat heißt ↗ SEIGNETTE-Salz. Es ist der komplexbildende Anteil der ↗ FEHLINGschen Lösung (FEHLING 2).

TASHIRO-Indikator, Mischindikator für die Neutralisationsanalyse aus Methylrot- und Methylenblaulösung. Farbumschlag von Violett (sauer) über Grau (neutral) nach Grün (basisch).

Tauchstrahlbelüftung, Verfahren zur künstlichen Erhöhung des Sauerstoffgehaltes in Seen und Talsperren, vor allem im Tiefwasserbereich, durch Einblasen von Luft mit einem Turbinenbelüftungssystem. Die Aufbesserung des Sauerstoffdefizits zur Sicherung der Lebensbedingungen der heimischen Fauna wird z. B. bei ↗ Eutrophierungsprozessen erforderlich.

Taurin, NH_2—CH_2—CH_2—SO_3H, biologisches Abbauprodukt des ↗ L-Cysteins. T. spielt in peptidartiger Bindung mit ↗ Gallensäuren eine wichtige Rolle bei der Fettverdauung.

Tautomerie, Kennzeichnung eines im Gleichgewicht befindlichen Gemisches zweier Isomerer, deren Struktur sich nur durch die Stellung eines Protons und der entsprechenden Verschiebung von Elektronenpaaren unterscheidet. Dabei sollen beide Formen isolierbar oder wenigstens nebeneinander nachweisbar sein. Gut untersucht ist die ↗ Keto-Enol-T. am ↗ Acetessigester, oder die Nitroaci-Nitro-T. bei den ↗ Nitroalkanen.

Technetium,

Tc $Z = 43$
$A_{r(1981)} = [98]$
Ek: $[Kr]\, 4d^5 5s^2$
OxZ: $+3, +4, +5, +6, +7$
$X_E = 1{,}9$
Elementsubstanz:
Schmp. 2 140 °C
Sdp. 4 600 °C
$\varrho = 11{,}49 \text{ kg} \cdot \text{l}^{-1}$

chem. Element (↗ Elemente, chem.).
Technetium, Symbol: Tc, 2. Element der 7. Nebengruppe des PSE (↗ Nebengruppenelemente, 7. Nebengruppe des PSE). T. ist die Bez. für alle Atome, die 43 positive Ladungen im Kern, also 43 Protonen besitzen: Kernladungszahl $Z = 43$. Es ist ein radioaktives Element mit vielen Isotopen zwischen ^{92}Tc und ^{107}Tc. Die stabilsten und langlebigsten Isotope sind: ^{97}Tc ($t_{1/2} = 2{,}6 \cdot 10^6$ a); ^{98}Tc ($t_{1/2} = 1{,}5 \cdot 10^6$ a) und ^{99}Tc ($t_{1/2} = 2{,}12 \cdot 10^5$ a). T. wurde 1937 erstmalig von PERRIER und SEGRÉ durch Deuteronenbeschuß von Molybdän künstlich hergestellt. Vor seiner Entdeckung wurde das vermutete Element als Eka-Mangan und bis 1949 als Masurium bezeichnet. T. ist nur künstlich darstellbar. Das Metall ist silbergrau und edler als metallisches Mangan. Ebenso sind die Technetium(VII)-Verb. relativ stabil und stellen keine

starken Oxydationsmittel dar. Metallisches T. verbrennt im molekularen Sauerstoff zu Technetium(VII)-oxid:

$4 Tc + 7 O_2 \rightarrow 2 Tc_2O_7$,

das sich mit Wasser zu tiefroter Pertechnetiumsäure umsetzt:

$Tc_2O_7 + H_2O \rightarrow 2 HTcO_4$.

Die Salze der Pertechnetiumsäure heißen Pertechnetate.

Technologie, Wissenschaft von den Produktivkräften, die sich mit den gesetzmäßigen Zusammenhängen zwischen den Elementen des Produktionsprozesses beschäftigt. Der Begriff wurde 1777 von BECKMANN für die »Lehre von der Kunst, Produkte herzustellen«, eingeführt.

Teer, ein flüssiges bis zäh-viskoses, dunkelbraunes bis schwarzes Kondensationsprodukt bei der thermischen Behandlung von Brennstoffen. Straßenteer ist eine Mischung aus ↗ Pech und Teerölen. ↗ Steinkohlenteer, ↗ Schwelteer.

Tektit, glasiges Gebilde von regional ganz unterschiedlichen Fundorten der Erde. T. werden auf Grund ihrer Zusammensetzung als ↗ Meteorite angesehen oder mit dem Einschlag großer Meteorite in Zusammenhang gebracht.

Tellur,

Te	$Z = 52$
$A_{r(1981)} = 127{,}60$	
Ek: [Kr] $4d^{10}5s^25p^4$	
OxZ: $-2, +2, +4, +6$	
$X_E = 2{,}1$	
Elementsubstanz:	
Schmp. 449,5 °C	
Sdp. 1 390 °C	
$\varrho = 6{,}24$ kg · l^{-1}	

chem. Element (↗ Elemente, chem.).
Tellurium, Symbol: Te, 4. Element der 6. Hauptgruppe des PSE (↗ Hauptgruppenelemente, 6. Hauptgruppe des PSE). T. ist die Bez. für alle Atome, die 52 positive Ladungen im Kern, also 52 Protonen besitzen: Kernladungszahl $Z = 52$. Die Hülle des neutralen Atoms besteht aus 52 Elektronen, von denen sechs, die Valenzelektronen, die Konfiguration $5s^25p^4$ besitzen. In Verb. werden Oxydationsstufen eingenommen, die durch die Oxydationszahlen OxZ $-2, +2, +4$ und $+6$ charakterisiert sind. T. wurde 1782 durch MÜLLER VON REICHENSTEIN in rumänischen Goldtelluriden entdeckt und 1798 von KLAPROTH als Element erkannt. T. ist seltener als Selen; vereinzelt findet es sich als Metall, vornehmlich als Tellurid: *Tellurbismutit,* Bi_2Te_3; *Tetradymit,* Bi_2Te_2S; *Hessit,* Ag_2Te; *Altait,* PbTe; *Coloradoit,* HgTe, und *Sylvanit,* $AgAuTe_4$. Die Elementsubstanz, d. h. das metallische T., wird (nach Darstellung der tellurigen Säure aus den Mineralen) durch Reduktion mit schwefliger Säure gewonnen:

$H_2TeO_3 + 2 H_2SO_3 \rightarrow Te + 2 H_2SO_4 + H_2O$.

Metallisches T. ist silberweiß, metallglänzend, spröde, von geringer Härte, hexagonal kristallin und leitet als Halbleiter den elektrischen Strom nur gering. Im Dampfzustand liegen Te_2-Moleküle vor; der Dampf ist goldgelb. Metallisches T. verbrennt zu Telluriumdioxid:

$He + O_2 \rightarrow TeO_2$, $\Delta_B H = -325{,}5$ kJ · mol^{-1},

verbindet sich mit molekularem Wasserstoff zu wenig beständigem Tellurwasserstoff:

$Te + H_2 \rightarrow H_2Te$, $\Delta_B H = +154{,}4$ kJ · mol^{-1};

vereinigt sich direkt mit molekularem Halogen und vielen Metallen. Metallisches T. wird als Legierungsbestandteil, z. B. für Blei, Kupfer und Gußeisen, verwendet. Außerdem dient T. als Färbemittel für Glas und Keramik.

Tellurdioxid, TeO, farblose, tetragonal kristalline, in der Hitze gelbe Substanz (Schmp. 733 °C, Sdp. 1 245 °C), die durch Verbrennung von metallischem Tellur an der Luft oder in reinem molekularem Sauerstoff entsteht:

$Te + O_2 \rightarrow TeO_2$, $\Delta_B H = -325{,}5$ kJ · mol^{-1}.

T. setzt sich sowohl mit Natriumhydroxid zu Natriumtellurit, dem Natriumsalz der tellurigen Säure,

$TeO_2 + 2 NaOH \rightarrow Na_2TeO_3 + H_2O$

als auch mit Chlorwasserstoff zu Tellur(IV)-chlorid um:

$TeO_2 + 4 HCl \rightarrow TeCl_4 + 2 H_2O$.

Telluride, binäre Verb. des ↗ Tellurs mit Metallen, die durch direkte Synthese aus den Elementsubstanzen hergestellt werden können und deren Eigenschaften von dem elektropositiven Verhalten der Metalle zum großen Teil bestimmt werden. T. besitzen Eigenschaften, durch die sie eine besondere Verwendung erfahren (z. B. Halbleiter).

Tellurium, wissenschaftliche Bez. für das chem. Element ↗ Tellur.

Tellurwasserstoff, H_2Te, farbloses, unangenehm riechendes, giftiges und leicht zu verdichtendes Gas (Schmp. -51 °C, Sdp. -4 °C). T. kann aus ionischen Telluriden durch Umsetzung mit verd. Säuren, z. B.

$Al_2Te_3 + 6 HCl \rightarrow 3 H_2Te + 3 AlCl_3$

oder aus den Elementsubstanzen:

$H_2 + Te \rightarrow H_2Te$, $\Delta_B H = +154{,}4$ kJ · mol^{-1}

hergestellt werden. T. ist wenig beständig. Die wäßrige Lösung reagiert als Säure (stärker als die entsprechende Lösung von Selenwasserstoff in Wasser):

$H_2Te + 2 H_2O \rightleftharpoons H_3O^+ + HTe^- + H_2O$
$\rightleftharpoons 2 H_3O^+ + Te^{2-}$.

Telomere, Reaktionsprodukte, die bei der ↗ Telomerisation entstehen (telos = Ziel, meros = Teil). Sie enthalten festgelegte, gezielte Endgruppen bei verhältnismäßig niedrigen Molmassen und werden als Schmieröle, Weichmacher und Textilhilfsmittel eingesetzt.

Telomerisation, eine gezielte ↗ Polymerisation, bei der die Geschwindigkeit der Radikalübertragung größer ist als die des Kettenwachstums. Es entstehen dabei Produkte mit geringem Polymerisationsgrad, aber definierten Endgruppen, die ↗ Telomere. Als Kettenüberträger werden Halogenmethane eingesetzt, die als Lösungsmittel dienen können. Das Initiatorradikal, I·, überträgt auf das Lösungsmittelmolekül den Radikalzustand, und mit diesem wächst dann die Kette:

Übertragungsreaktion
$I· + CCl_4 \rightarrow I-Cl + ·CCl_3$

Kettenwachstum

$Cl_3C· + CH_2=CH\underset{R}{|} \rightarrow Cl_3C-CH_2-\underset{R}{\overset{|}{C}H}$

$Cl_3C-CH_2-\underset{R}{\overset{|}{C}H} + n\,CH_2=CH\underset{R}{|}$

$\rightarrow Cl_3C\left[CH_2-\underset{R}{\overset{|}{C}H}\right]_n CH_2-\underset{R}{\overset{|}{C}H}$

Kettenabbruch

$Cl_3C\left[CH_2-\underset{R}{\overset{|}{C}H}\right]_n CH_2-\underset{R}{\overset{|}{C}H}$

$\xrightarrow[-·CCl_3]{+CCl_4} Cl_3C\left[CH_2-\underset{R}{\overset{|}{C}H}\right]_n CH_2-\underset{R}{\overset{|}{C}H}-Cl$

Die Anzahl der bei der T. verknüpften Monomeren ist verhältnismäßig gering (n = 10 bis 50).

Temperafarben, Kunstmalerfarben, die durch Anreiben eines anorg. ↗ Pigmentes in Tempera bereitet werden. Tempera ist eine wäßrige Emulsion eines Öles, z. B. Leinöl oder Firnis, die als Emulgator z. B. Eiweiß, ↗ Gummi arabicum oder Casein (Milcheiweiß) enthält.

Temperatur, eine ↗ Zustandsgröße, die den Wärmezustand (↗ Wärme) eines Körpers charakterisiert. Zur Messung der T. dienen ↗ Thermometer. Üblich sind empirisch ermittelte Temperaturskalen (Celsiusskala, Réaumurskala, Fahrenheitskala). Im mitteleuropäischen Raum wird die Celsiusskala mit den Fixpunkten 0 °C = Schmp. des Eises und 100 °C = Sdp. des Wassers benutzt. Für wissenschaftliche Arbeiten wird die T., früher als absolute

T. bezeichnet, in der Einheit Kelvin (Einheitenzeichen K) angegeben. Das Formelzeichen der Temperatur ist T. 1 K ist der 273,16te Teil der (thermodynamischen) T. des ↗ Tripelpunktes von Wasser. Temperaturpunkte können durch ihre T. T (in K) oder durch ihre Celsiustemperatur ϑ oder t (in °C) angegeben werden, es gilt:

$T = 0\,K \,\hat{=}\, \vartheta = -273{,}15\,°C$
$T = 273{,}15\,K \,\hat{=}\, \vartheta = 0\,°C$

Zwischen T und ϑ darf kein Gleichheitszeichen gesetzt werden.

Temperguß, nachträgliche Entkohlung von Halbfertigprodukten aus weißem Gußeisen mit Hilfe von Eisenoxiden durch längeres gemeinsames Erhitzen als Voraussetzung für eine nachträgliche Schmiedebehandlung.

Tempern, das längere Erhitzen eines Stoffes bei einer bestimmten Temperatur.

Tenside, oberflächen- bzw. grenzflächenaktive Verb. Sie verringern die Oberflächenspannung von Wasser signifikant. Die Moleküle aller T. enthalten einen hydrophoben Rest und eine hydrophile Gruppe (↗ Flotationsmittel). Anionische T. sind die wichtigsten ↗ Waschmittelrohstoffe, daneben werden sie als Flotationsmittel verwendet. Kationische T. werden als Weichspüler, als Flotationsmittel und Haftverbesserer, nicht als Waschmittel, eingesetzt.

Terbinerden, eine Untergruppe der ↗ Yttererden.

Terbium,

Tb $\quad Z = 65$
$A_{r(1981)} = 158{,}925\,4$
Ek: [Xe] 4f^{9}6s^2
OxZ: +3, +4
$X_E = 1{,}2$
Elementsubstanz:
Schmp. 1 360 °C
Sdp. 2 800 °C
$\varrho = 8{,}27\,kg \cdot l^{-1}$

chem. Element (↗ Elemente, chem.).
Terbium, Symbol: Tb, 8. Element der ↗ Lanthanoidengruppe. T. ist die Bez. für alle Atome, die 65 positive Ladungen im Kern, also 65 Protonen besitzen: Kernladungszahl $Z = 65$. T. findet sich in der Natur in den ↗ Yttererden, verbreitet aber in ganz geringen Konzentrationen. Eine Darstellung des silberweißen und weichen Metalls erfolgt nach aufwendiger Trennung z. B. durch Schmelzflußelektrolyse oder Reduktion mit Kalium.

Terephthalsäure, eine der drei isomeren ↗ Dicarbonsäuren des Benzens, $C_6H_4(COOH)_2$. T. bildet farblose Nadeln, die schwer in Wasser löslich sind und vor dem Schmelzen sublimieren.

COOH-C6H4-COOH
Terephthalsäure

Für die techn. wichtige T. gibt es mehrere Verfahren zur Herstellung:
– *1,4-Dimethyl-benzen* (p-Xylen) wird durch katalytische Oxydation mit Luft in der Gasphase oder unter Druck in der Flüssigphase zu T. umgesetzt. Die isomeren Dimethylbenzene können durch Erhitzen auf etwa 700 °C zum 1,4-Derivat umgelagert werden.
– *Toluen* reagiert mit Kohlenmonoxid und Chlorwasserstoff zu 4-Methyl-benzaldehyd (p-Tolylaldehyd), der leicht zu T. oxydiert werden kann.
– *Benzen* bildet bei der ↗ Chlormethylierung mit Methanal und Chlorwasserstoff das 1,4-Di(chlormethyl-)benzen, das mit Salpetersäure hydrolysiert und zu T. oxydiert wird.
– Bei der Carboxylierung der *Benzoesäure* bei 340 °C und 30 MPa mit Kohlendioxid in Gegenwart von Kaliumhydrogencarbonat nach der ↗ KOLBE-SCHMITT-Synthese bildet sich T.

T. wird meist über den Dimethylester gereinigt und so zu ↗ Polyesterfasern umgesetzt.
Terephthalsäureester (Benzen-1,4-dicarbonsäurediester), $R-O-CO-C_6H_4-CO-O-R$, wichtig ist der Dimethylester, eine farblose, kristalline Substanz, die sich wenig in Wasser und Ethanol löst, Schmp. 140,8 °C. Er wird aus ↗ Terephthalsäure und Methanol hergestellt und durch Umesterung mit ↗ Ethandiol zu Polyesterfasern verarbeitet.
Term, in der ↗ Spektroskopie Bez. für einen Energiezustand bzw. eine Energiedifferenz im atomaren oder molekularen Bereich, wenn die Größe mit Hilfe der Wellenzahl $\tilde{\nu} = 1/\lambda$

λ   Wellenlänge

angegeben wird. Die Anwendung von T. hat sich durch die Proportionalität zwischen Wellenzahl $\tilde{\nu}$ und Energie E bewährt:

$E = h \cdot \nu = h c_0/\lambda = h c_0 \cdot \tilde{\nu}$

h   PLANCKsches Wirkungsquantum
c_0 Lichtgeschwindigkeit

ternär, dreigliedrig, aus drei Bestandteilen bestehend. ↗ binär.
Terpene, *Terpenoide, Isprene, Isoprenoide,* eine große Klasse von Naturstoffen, deren Kohlenstoffgerüst aus Isoprenmolekülen (C_5H_8) zusammengesetzt ist, so daß die Zahl der Kohlenstoffatome meist ein Vielfaches von 5 ist. T. lassen sich zunächst nach der Anzahl der in ihrem Molekül enthaltenen Isoprenbausteine ordnen (Tabelle). Innerhalb jeder Gruppe treten mannigfaltige Strukturtypen auf, die sich durch viele Variationen im Biosyntheseweg erklären lassen. Als häufigste Möglichkeiten sind zu nennen: Cyclisierungen, Einbau funktioneller Gruppen (Alkohole, Aldehyde, Ketone, Carbonsäuren), Bildung von Epoxiden, Einbau von Heteroatomen usw. Bei manchen T. fehlen einige Kohlenstoffatome (z. B. ↗ Steroide), bei anderen sind zusätzliche vorhanden. Bisweilen sind T. Bestandteil größerer, komplexer Moleküle (↗ Chlorphylle). T. sind in Pflanzen und Tieren weit verbreitet und haben wichtige physiologische Funktionen, z. B. als ↗ Hormone (↗ Abscisinsäure, ↗ Gibberelline, ↗ Steroide), als ↗ Vitamine oder als Photosynthese-Pigmente (↗ Carotenoide). T. haben auch eine große Bedeutung als Arzneimittel und als industrielle Rohstoffe (↗ ätherische Öle, ↗ Corticosteroide, ↗ Kautschuk).

$CH_2=CH-C=CH_2$
       |
       CH_3
2-Methyl-buta-1,3-dien

Einteilung ausgewählter Terpene

Gruppe	Anzahl der C_5-Bausteine	Typische Vertreter
Monoterpene	2	viele ätherische Öle
Sesquiterpene	3	Abscisinsäure
Diterpene	4	Gibberelline, Vitamin A_1, Abietinsäure
Triterpene	6	Steroide
Tetraterpene	8	Carotenoide
Polyterpene	bis 10 000	Kautschuk, Gutta, Balata

Terpenoide, ↗ Terpene.
Terpentin, Nadelholzbalsame, die durch Anritzen der Rinde von Nadelbäumen gewonnen werden (Harzfluß). Durch Wasserdampfdestillation werden aus T. ↗ Terpentinöl und ↗ Kolophonium gewonnen.
Terpentinöl, ätherisches Öl, das vorwiegend aus Terpenen besteht. Es wird durch Wasserdampfdestillation von Nadelholzbalsamen (Terpentin) gewonnen. T. wird vor allem als Lösungsmittel für Harze und Wachse bei der Bereitung von ↗ Lak-

ken, ↗ Firnissen, ↗ Bohnermassen und pharmazeutischen Produkten verwendet und ist Ausgangsstoff für die Campherherstellung.
Terpinene, $C_{10}H_{16}$, zweifach ungesättigte monocyclische ↗ Terpene, die sich vom Menthan ableiten. Abhängig von der Lage der Doppelbindungen sind verschiedene Isomere möglich, von denen das ↗ Limonen eines der wichtigsten ist.
Terpineol, $C_{10}H_{18}O$, ein monocyclischer Alkohol aus der Gruppe der ↗ Terpene. Es kommt in verschiedenen ätherischen Ölen vor und riecht stark fliederähnlich, ist in Wasser unlöslich, löst sich aber gut in Ethanol. Von den verschiedenen Isomeren ist neben dem α-T. vorwiegend das β-T. im Handelsprodukt enthalten. Durch Einwirkung von Säure auf Pinen bzw. Terpentinöl bildet sich das Terpinhydrat, das mit Phosphorsäure zu T. umgesetzt wird. T. ist einer der bedeutendsten Artikel der Riechstoffindustrie.

Terpineol

Testosteron, ↗ Keimdrüsenhormone.
1,1,2,2-Tetrachlor-ethan, $Cl_2CH-CHCl_2$, farblose, charakteristisch riechende Flüssigkeit, Schmp. $-43{,}8\,°C$, Sdp. $146\,°C$, $\varrho_{fl} = 1{,}6\,kg \cdot l^{-1}$, die sich kaum in Wasser löst, aber mit Ethanol mischbar ist. T. ist giftig und spaltet mit Feuchtigkeit leicht Chlorwasserstoff ab. T. wird aus ↗ Ethin durch Anlagerung von Chlor in Gegenwart von Eisen(III)-chlorid gewonnen. T. ist ein vielseitig genutztes Lösungsmittel für Harze, Fette, fette Öle, Kautschuk, Celluloseester, Schwefel und Phosphor.
Tetrachlorethen, $Cl_2C=CCl_2$, farblose, wasserunlösliche Flüssigkeit, Sdp. $121\,°C$, die durch Hochtemperaturchlorierung von Methan neben anderen Chloralkanen hergestellt und als Lösungsmittel verwendet wird.
Tetrachlormethan,

CCl_4
Schmp. $-23\,°C$
Sdp. $76{,}7\,°C$
$\varrho = 1{,}594\,kg \cdot l^{-1}$

auch Tetrachlorkohlenstoff oder Kohlenstofftetrachlorid bzw. kurz Tetra genannt, eine farblose, charakteristisch riechende, unbrennbare Flüssigkeit. T. löst sich nur sehr wenig in Wasser, ist aber mit den meisten org. Lösungsmitteln mischbar. T. wird durch Feuchtigkeit hydrolytisch gespalten. Die freigesetzte Salzsäure wirkt auf Metall stark korrodierend. Die Dämpfe des T. wirken narkotisierend und toxisch.
T. wird durch Chlorierung von ↗ Methan oder durch Umsetzung von Kohlenstoffdisulfid (Schwefelkohlenstoff) mit Chlor oder Dischwefeldichlorid hergestellt. T. ist ein ausgezeichnetes Lösungsmittel für Lacke, Harze, Wachse, Fette, fette Öle, Kautschuk und wird dafür vielseitig verwendet. Fleckentferner enthalten häufig T. Wegen der möglichen Phosgenbildung ist T. als Feuerlöschmittel durch andere Halogenalkane ersetzt worden.
Tetraedermodell, Modellvorstellung von der räumlichen Struktur der binären kovalenten Verb. der Elemente der 2. Periode. Zum Beispiel bildet der vierbindige Kohlenstoff im Methan einen Tetraeder (der Tetraederwinkel HCH beträgt $109{,}5\,°C$), in dessen Mittelpunkt das Kohlenstoffatom und an dessen Eckpunkten sich die Wasserstoffatome befinden. Dieses T. ist für die Erklärung der räumlichen Struktur vieler org. Verb. geeignet. Auf der Grundlage des T. kann das ↗ VSEPR-Konzept die Bindungswinkel und die räumliche Anordnung binärer Verb. von Elementen der 2. Periode erklären.
Tetraethylblei, ↗ Bleitetraethyl.
Tetrafluorethen (Perfluorethen), $F_2C=CF_2$, farbloses, sehr reaktionsfähiges Gas, Sdp. $-76\,°C$, das sich leicht zu Polytetrafluorethylen polymerisieren läßt und vorwiegend dafür verwendet wird. T. wird durch Pyrolyse von Difluorchlormethan hergestellt.
tetragonal, ↗ Kristallgitter.
Tetrahydrofuran (Tetramethylenoxid, Kurzbez. THF), eine heterocyclische Verb. mit den Eigenschaften eines cyclischen Ethers. T. ist farblos, wasserlöslich, mit Alkoholen und vielen org. Lösungsmitteln mischbar, Schmp. $-108\,°C$, Sdp. $66\,°C$.

Tetrahydrofuran

Die Dämpfe des T. sind giftig und bilden mit Luft explosive Gemische. T. bildet, besonders am Licht, an der Luft explosive Peroxide.
T. wird durch dehydratisierende Cyclisierung des ↗ Butan-1,4-diols oder durch Hydrierung des ↗ Furans hergestellt.
T. ist ein vielseitig verwendetes Lösungsmittel und wird als Ausgangsverb. zur Herstellung von Butandisäure, Hexandisäure, Hexamethylendiamin und Butadien verwendet.
Tetrahydrofurfurylalkohol, eine farblose, mit

Wasser und vielen anderen org. Lösungsmitteln mischbare Flüssigkeit, Sdp. 178 °C.

$$\text{H}_2\text{C}-\text{CH}_2$$
$$\text{H}_2\text{C}\diagdown_\text{O}\diagup\text{CH}-\text{CH}_2-\text{OH}$$

Tetrahydrofurfurylalkohol

T. wird durch Hydrierung des Furfurylalkohols bzw. des Furfurals hergestellt und als Lösungsmittel, Gefrierschutzmittel und zur Herstellung von Weichmachern verwendet.

1,2,3,4-Tetrahydro-naphthalen (Tetralin), eine charakteristisch riechende, farblose Flüssigkeit, Sdp. 207 °C, die sich in Wasser nicht löst, aber mit vielen org. Lösungsmitteln mischbar ist. T. wird durch Hydrierung von ↗ Naphthalen hergestellt und als Lösungsmittel und Dieselkraftstoffzusatz verwendet.

Tetralin, ↗ 1,2,3,4-Tetrahydro-naphthalen.

Tetranitromethan, $C(NO_2)_4$, farblose Flüssigkeit, die in Wasser unlöslich ist, sich aber in Ethanol leicht löst, Schmp. 13,8 °C, Sdp. 126 °C. Die Dämpfe von T. wirken stark reizend auf die Atemwege. T. bildet mit Kohlenwasserstoffen hochexplosive Gemische; mit Olefinen entstehen gefärbte, zum Nachweis geeignete Komplexe. T. wird durch Nitrierung von Methan, Ethin oder Ethansäureanhydrid mit rauchender Salpetersäure gewonnen. T. wird im Gemisch mit Toluen als Sprengstoff, als Oxydans für Raketentreibstoffe und als analytisches Reagens verwendet.

Tetraphenylphosphoniumchlorid, $[(C_6H_5)_4P]Cl$, Fällungsreagens für komplexe Anionen.

Tetraterpene, ↗ Terpene, ↗ Carotenoide.

Textur, Begriff zur Charakterisierung von Feststoffaggregaten bzw. Gesteinen (↗ Gefüge).

Thallium,

Tl	$Z = 81$
	$A_{r(1981)} = 204,383$
	Ek: [Xe] $4f^{14}5d^{10}6s^26p^1$
	OxZ: +1, +3
	$X_E = 2,04$
	Elementsubstanz:
	Schmp. 303 °C
	Sdp. 1460 °C
	$\varrho = 11,85$ kg·l^{-1}

chem. Element (↗ Elemente, chem.).

Thallium, Symbol: Tl, 5. Element der 3. Hauptgruppe des PSE (↗ Hauptgruppenelemente, 3. Hauptgruppe des PSE). T. ist die Bez. für alle Atome, die 81 positive Ladungen im Kern, also 81 Protonen besitzen: Kernladungszahl $Z = 81$. Die Hülle des neutralen Atoms besteht aus 81 Elektronen, von denen drei, die Valenzelektronen, die Konfiguration $6s^26p^1$ besitzen. In Verb. werden zwei Oxydationsstufen eingenommen, die durch die Oxydationszahlen *OxZ* +1 und +3 charakterisiert sind, von denen die der Stufe *OxZ* +1 die beständigeren sind. T. wurde 1861 von CROOKES spektroskopisch im Bleikammerschlamm entdeckt. In der Natur ist T. selten, findet sich auch wenig als Hauptbestandteil von Mineralien: *Lorandit*, $TlAsS_2$, und *Crookesit*, $(Tl, Cu, Ag)_2Se$. Die Elementsubstanz, d.h. das metallische T., wird durch Elektrolyse einer schwefelsauren Lösung gewonnen. Das Metall ist an der frischen Schnittfläche weißglänzend, läuft aber an der Luft sofort grau an, wird daher unter Propan-1,2,3-triol (Glycerol) aufbewahrt, ist weicher und weniger fest als metallisches Blei. Es sind zwei allotrope Modifikationen bekannt, das α-T. (hexagonal) existiert unterhalb 232 °C, und das β-T. (kubisch raumkonzentriert) ist oberhalb dieser Temperatur beständig. Metallisches T. ist in vernl. Salpetersäure gut löslich. Die Verb. des Tl^+ weisen Ähnlichkeiten zu den Verb. der Alkalimetalle (1. Hauptgruppe des PSE) auf, die Verb. des Tl^{3+} sind starke Oxydationsmittel, lassen sich leicht in die einwertige Form reduzieren. Alle Thalliumverb. sind stark giftig.

Von den Thalliumverb. sollen erwähnt sein: *Thallium(I)-oxid*, Tl_2O, eine feste, schwarze, sehr hygroskopische Substanz, die mit Wasser Thalliumhydroxid bildet:

$$Tl_2O + H_2O \rightarrow 2\,TlOH,$$

Thallium(I)-hydroxid, TlOH, eine gelbe, kristalline Verb., die bis zu 25,55 % in Wasser löslich ist, Glas angreift und eine relativ starke Base darstellt; *Thallium(I)-sulfid*, Tl_2S, eine schwarze, kristalline, in Wasser schwer lösliche Verb., die als Material von Sperrschichtphotozellen verwendet wird; *Thallium(I)-chlorid*, TlCl, eine in Wasser schwer lösliche (bis zu 0,32 %), farblose, kristalline Verb.:

$$T^+ + Cl^- \rightarrow TlCl\downarrow,$$

Thallium(III)-chlorid, $TlCl_3$, eine weiße, kristalline und in Wasser gut lösliche (bis zu 37,6 %) Verb., und *Thallium(I)-carbonat*, Tl_2CO_3, eine farblose, glänzende, kristalline und bis zu 5,2 % in Wasser lösliche Verb.

Theobromin, ↗ Purinalkaloide.

Theophyllin, ↗ Purinalkaloide.

Theorie des Übergangszustandes, ↗ Reaktionskinetik.

thermische Analyse, ↗ Schmelzdiagramm.

thermische Stofftrennung, zusammenfassende Bez. für Prozesse und Ausrüstungen zur Trennung löslicher Stoffgemische, bei denen eine einheitliche Zusammensetzung bis in den molekularen Bereich vorliegt. Wesentliche Grundoperationen sind hier

Destillation, Kristallisation, Absorption, Adsorption, Extraktion, Trocknung.

Thermit, Mischung von Eisen(III)-oxid und Aluminiumpulver zur Verwendung bei der ↗ Aluminothermie.

Thermoanalyse, untersucht die chem. und physikal.-chem. Vorgänge beim Erhitzen von Substanzen. Die einfachste Form der T. ist die Thermogravimetrie, bei der der Masseverlust durch Zersetzungsvorgänge u. a. Reaktionen beim Erhitzen der Probesubstanzen ermittelt werden.

Thermochemie, ↗ Thermodynamik.

Thermodynamik, Teilgebiet der Physik bzw. physikal. Chemie, das die Beschreibung energetischer Veränderungen, insbesondere der Wärmeenergie, bei Zustandsänderungen eines stofflichen ↗ Systems beinhaltet. Der thermodynamische Zustand eines Systems wird durch die Verteilung der Energie und der Teilchen bestimmt und kann durch ↗ Zustandsgrößen bzw. ↗ Zustandsfunktionen beschrieben werden. Ziel der T. ist es, mit Hilfe der zwischen Zustandsgrößen und Zustandsfunktionen aufgestellten ↗ Zustandsgleichungen die Änderung des Zustandes in Abhängigkeit von den äußeren Bedingungen vorherzusagen. In der klassischen T. werden nur Gleichgewichtszustände behandelt, wie sie bei unendlich langsam verlaufenden Vorgängen auftreten. Techn. Belange förderten die Entwicklung der irreversiblen T. zur Untersuchung von Zuständen, bei denen kein Gleichgewicht erreicht wird, bzw. Vorgängen mit endlicher Geschwindigkeit. Man unterscheidet zwei Betrachtungsweisen in der T.

Mit der phänomenologischen T. beschreibt man nur die äußeren Erscheinungen (Phänomene) der Zustandsänderungen und bringt sie miteinander in Zusammenhang, ohne die verursachenden atomaren und molekularen Vorgänge zu betrachten. Die phänomenologische T. basiert auf den ↗ Hauptsätzen der T. und ermöglicht die Formulierung von Zustandsgleichungen. Dabei spielen die Gesetze des ↗ Dampfdruckes sowie die ↗ Molwärmen eine wichtige Rolle. Für physikal. Vorgänge lassen sich Gleichgewichtszustände beschreiben (CLAUSIUS-CLAPEYRONsche Gleichung (↗ Dampfdruck), ↗ GIBBSsches Phasengesetz, ↗ RAOULTsche Gesetze, ↗ HENRYsches Gesetz, ↗ HENRY-DALTONsches Gesetz, NERNSTscher ↗ Verteilungssatz). Die Anwendung der T. in der Chemie bezeichnet man als chemische T. Mit Hilfe des Teilgebietes Thermochemie, das eine Anwendung des 1. ↗ Hauptsatzes darstellt, werden die Wärmeeffekte bei chem. Reaktionen beschrieben (↗ Reaktionswärme, ↗ Bildungswärme, ↗ HESSscher Satz). Weiterhin ermöglicht die chem. T. für chem. Reaktionen eine Berechnung der Gleichgewichtsdaten (↗ freie Enthalpie) bzw. deren Beeinflussung durch die Reaktionsbedingungen (↗ VAN'T-HOFFsche Reaktionsisotherme bzw. -isobare).

Bei der statistischen T. werden die Zustandsgrößen durch die statistische Erfassung der Bewegung der Atome bzw. Moleküle (↗ kinetische Gastheorie) beschrieben. So lassen sich Zustandsgrößen u. a. aus spektroskopisch ermittelten Energiewerten der Molekülbewegung (↗ Molekülspektren) berechnen. Besondere Bedeutung besitzt die statistische Deutung der ↗ Entropie im Zusammenhang mit dem 3. ↗ Hauptsatz der Thermodynamik.

Thermometer, alle Gerätschaften, die zum Messen der Temperatur dienen und denen verschiedenste Meßprinzipien zugrunde liegen. Die häufigste Verwendung finden die Flüssigkeitsthermometer, bei denen die temperaturabhängige Ausdehnung einer Flüssigkeit durch Ablesen an einer geeichten Skala Temperaturangaben ermöglicht. T. mit Quecksilberfüllung gestatten Temperaturmessung zwischen $-38\,°C$ und $280\,°C$, solche mit Ethanolfüllung (gefärbt) zwischen $-110\,°C$ und $50\,°C$. Für die Ermittlung ganz geringer Temperaturdifferenzen werden ↗ BECKMANN-T. eingesetzt. Sind bei bestimmten Temperaturen elektrische Schaltvorgänge erforderlich, benutzt man ↗ Kontakt-T. Neben den Flüssigkeitsthermometern werden noch häufig elektrische T., die entweder Thermoelemente enthalten oder als Widerstandsthermometer die Abhängigkeit des elektrischen Widerstandes der Metalle von der Temperatur ausnutzen, angewendet. Die Anzeige erfolgt über Spiegelgalvanometer, Zeigergeräte o. ä. Zur Messung hoher Temperaturen ($>800\,°C$) werden Strahlungsthermometer (↗ Pyrometer) verwendet.

Thermoplastabfälle, fallen bei industriellen Produktionsprozessen oder als Verpackungsmaterial, als verschlissene Konsumgüter (oder Teile davon) u. a. an. Sie lassen sich auf vielfältige Weise wiederverwenden. Sortenreine Produktionsabfälle werden wie Primärmaterial wiederverarbeitet. Verbundmaterial bzw. nicht sortenreine oder stark verschmutzte Abfälle können in Trennanlagen (Schwimm-Sink-Verfahren, Hydrozyklon) zu sortenreinen Fraktionen aufgearbeitet werden. Ist die Trennung nicht möglich, so ist eine Direktverarbeitung des heterogenen Materials durch Preßverfahren, Pyrolyse oder chem. Aufarbeitung günstig. Für eine energetische Nutzung sind gemischte Thermoplastabfälle trotz ihres hohen Heizwertes zu schade, außerdem verursacht, bei Anwesenheit von Polyvinylchlorid, das freigesetzte Chlorwasserstoffgas Korrosionsschäden an den Verbrennungsanlagen.

Thermoplaste, alle Plaste, die nicht härtbar und durch Wärmeeinwirkung wiederholt verformbar sind.

Thermostat

Sie werden vorzugsweise durch Polymerisation gebildet. Zu ihnen zählen so wichtige Werkstoffgruppen wie die Polyolefine und Polyvinylverbindungen. Die Makromoleküle dieser Stoffe sind nicht dreidimensional starr vernetzt, wie das bei den ↗ Duroplasten der Fall ist.

Thermostat, komplette Geräte oder Gerätebaugruppen, die zur Konstanthaltung der Temperatur von Heizbädern über gewünschte Zeiträume dienen. Die heute vorrangig elektrischen Thermostate werden durch ein mit einem Relais gekoppeltes Kontaktthermometer ein- und ausgeschaltet. Die T. schalten auf Temperaturdifferenzen von weniger als einem Kelvin.

Thiamin, ↗ Vitamine.

Thio-, Vorsilbe zur Kennzeichnung schwefelhaltiger Verb. (↗ Nomenklatur, anorg. chem.).

Thioalkohole, ↗ Thiole.

Thiocyansäureester, Alkylthiocyanate, R—S—C≡N, Öle, die knoblauchähnlich riechen. Sie sind isomer mit den ↗ Isothiocyanaten.

Thioether, ↗ Sulfide, organische.

Thioglycolsäure (Mercaptoethansäure), HS—CH$_2$—COOH, farblose, unangenehm nach Schwefelwasserstoff riechende Flüssigkeit, die sich mit Wasser, Ethanol und Diethylether mischt, Sdp. 101 °C. T. wird bei der Umsetzung von Kaliumhydrogensulfid mit ↗ Chlorethansäure erhalten. Die Salze, Thioglycolate, sind Wirkbestandteil der Dauerwellpräparate. Verwendet wird die T. als analytisches Reagens, besonders als Amid mit 2-Amino-naphthalen (↗ Thionalid). T. wird als Plastzusatz und als Ausgangsverbindung zur Herstellung von Estern und Farbstoffen eingesetzt.

Thioharnstoff (Thiocarbamid), H$_2$N—C(=S)—NH$_2$ farblose, gut kristallisierende Verb., Schmp. 180 °C, die sich in Wasser mit neutraler Reaktion löst. T. läßt sich mit Alkylierungsmitteln zu S-Alkyl-isothiuroniumsalzen umsetzen:

$$\text{H}_2\text{N}\!\!>\!\!C\!=\!S + R\!-\!Br \longrightarrow \left[\text{H}_2\text{N}\!\!>\!\!\overset{\oplus}{C}\!-\!S\!-\!R\right]^+ Br^-$$

Wie der ↗ Harnstoff vermag auch der T. Einschlußverb. zu bilden.

T. wird durch Schmelzen von Ammoniumthiocyanat dargestellt:

NH$_4$(SCN) → S=C(NH$_2$)$_2$.

Die Ausbeute ist dabei aber gering. Cyanamid oder (effektiver) Calciumcyanamid reagieren unter Druck mit Schwefelwasserstoff bei 150 °C zu T.:

CaCN$_2$ + 2 H$_2$S → CaS + S=C(NH$_2$)$_2$.

T. reagiert mit Methanal zu ↗ Aminoplasten. T. wird ferner zur Synthese von Schädlingsbekämpfungsmitteln und Vulkanisationsbeschleunigern verwendet.

Thioindigo, heterocyclische Verb., die sich vom Thionaphthen ableitet und deren Struktur dem ↗ Indigo entspricht, wenn in dessen Molekül die Ring-NH-Gruppe durch ein Schwefelatom ersetzt wird. T. war der erste rote Küpenfarbstoff, der 1905 von FRIEDLÄNDER aus Thiosalicylsäure hergestellt wurde. T. liefert sehr lichtechte Färbungen auf Baumwolle.

Thiolate, Salze der Thiole, Me(R—S) (Me Metallion).

Thiole (Mercaptane), R—S—H (Thioalkohole, Thiophenole); eine Gruppe von Verb., die den Alkoholen analog sind und sich daraus durch Austausch des Sauerstoffatoms gegen ein Schwefelatom ableiten lassen. Sie sieden niedriger als die Alkohole und sind stärker sauer. Die Salze der T. sind die Thiolate. T. zeichnen sich durch einen penetranten sehr starken Geruch aus.

Thionalid, N-Naphth-2-yl-mercaptoethansäureamid, farblose, wasserunlösliche Verb., Schmp. 111 °C, die sich in org. Lösungsmitteln gut löst und gegen Säuren und Laugen beständig ist. T. ist ein häufig genutztes Fällungsreagens in der Analytik. Die Lösungen dafür sollten grundsätzlich frisch angesetzt werden. Abhängig vom pH-Wert werden Antimon, Blei, Kupfer, Palladium, Platin, Quecksilber, Rhodium, Ruthenium, Silber, Thallium und Bismut gefällt. Nach Verglühen der Niederschläge können die Oxide bestimmt werden, oder es wird durch Oxydation mit Iod das nahezu unlösliche Dithionalid gebildet und ausgewogen.

Thionylchlorid, SOCl$_2$, farblose, stark lichtbrechende und hautätzende Flüssigkeit (Schmp. −104,5 °C, Sdp. 75,3 °C). T. kann durch Umsetzung von Phosphor(V)-chlorid mit Schwefeldioxid hergestellt werden:

PCl$_5$ + SO$_2$ → SOCl$_2$ + POCl$_3$.

Durch Wasser, auch durch Luftfeuchtigkeit erfolgt Zersetzung zu Schwefeldioxid und Chlorwasserstoff:

SOCl$_2$ + H$_2$O → SO$_2$ + 2 HCl.

T., das als Säurechlorid der schwefligen Säure gelten kann, wird als Chlorierungsmittel bei org. Synthesen verwendet.

Thiophen, π-elektronenreiche heteroaromatische Verb., die in ihren chem. und physikal. Eigenschaften dem Benzen ähnlich ist. T. ist eine farblose, wasserunlösliche, eigenartig riechende Flüssigkeit, Sdp. 84 °C, die sich wie Benzen halogenieren, nitrieren, sulfonieren, alkylieren und acylieren läßt.

Dabei bilden sich bevorzugt die 2- bzw. 5-substituierten T. Das T. ist giftiger als Benzen. Es wird mit der Indopheninreaktion, der Umsetzung mit ↗ Isatin und konz. Schwefelsäure, nachgewiesen.

Thiophen

T. ist im Benzen, das aus Teer isoliert wurde, zu etwa 0,1 % enthalten. Benzen aus der Hexancyclisierung ist frei von T. T. wird aus Butan mit Schwefel in der Dampfphase bei etwa 650 °C oder durch Umsetzung von Ethin mit Pyrit bei 300 °C hergestellt. T. ist weniger bedeutend als seine Derivate, die als Arznei- oder Schädlingsbekämpfungsmittel eingesetzt werden.

Thioplaste, kautschukähnliche, schwefelhaltige Elastomere, die bereits 1840 erstmalig hergestellt wurden. 1928 erhielten J. C. PATRICK und MOOKIN das erste Patent darauf. Seit dieser Zeit werden die »festen« T. produziert, die seit 1943 zunehmend durch die »flüssigen« T. im Einsatz verdrängt werden. T. sind verhältnismäßig teure Elaste, die sich aber durch hohe Wetterbeständigkeit und Treibstoffresistenz auszeichnen. Feste T. sind Verb. mit kettenförmiger Struktur, in der bifunktionelle org. Gruppen durch Brücken von zwei oder mehreren Schwefelatomen verbunden sind: —R—S_n—R—. Zur Herstellung werden Dihalogenide der Alkane bis zu etwa 5 Kohlenstoffatomen, Acetale mit wenigstens 2 Halogenatomen an unterschiedlichen Kohlenstoffatomen und viele andere analog aufgebaute Dihalogenide (vorwiegend Chloride) mit Lösungen von Alkalipolysulfiden, Na_2S_x und $x = 2$ bis 5 umgesetzt und in dem gebildeten Latex dann das T. durch Säurezusatz koaguliert. Die festen T. werden durch »Vulkanisation« in die gewünschten Produkte umgewandelt. Dazu werden sie mit einem plastifizierenden Zusatz (Benzothiazyldisulfid) formbar gemacht und durch Erhitzen mit Zinkoxid auf etwa 140 °C gehärtet (vulkanisiert).

Flüssige T. werden in zwei Stufen gewonnen. Zunächst wird die hochpolymere Ausgangsverb. hergestellt, die dann mit Natriumhydrogensulfid in Gegenwart von Natriumsulfit zur niedermolekularen, öligen T. reduktiv gespalten wird. Die Härtung der flüssigen T. erfolgt oxydativ durch Zusatz eines Oxydationsmittels (vorwiegend Bleidioxid).

T. sind beständig gegen Licht, Ozon, Öle, Treibstoffe und org. Lösungsmittel. Sie werden als ausgezeichnete Fugendichtungsmassen im Bauwesen, als Beschichtungen für Stahl, Buntmetalle, Holz und Beton, zum Abdichten von Thermoscheiben, Treibstofftanks, Karosserieteilen, zur Imprägnierung von Leder und Textilien, zur Flexibilisierung von ↗ Epoxidharzen, als Abformmassen, als Drucksensor, als Einbettmasse oder im Gemisch mit einem Oxydator (Ammoniumperchlorat) als fester Raketentreibstoff verwendet.

Thioschwefelsäure, $H_2S_2O_3$, als freie Säure in Wasser wenig, in nichtwäßrigen Lösungen jedoch gut beständig, z. B. in Ether. Eine Darstellung erfolgt über die Gewinnung der Salze, der Thiosulfate, aus Sulfiten durch Kochen mit Schwefel: $Na_2SO_3 + S \rightarrow Na_2S_2O_3$.

Durch Ansäuern von Thiosulfaten mit Chlorwasserstoff bilden sich die freie Säure und Natriumchlorid:

$Na_2S_2O_3 + 2\,HCl \rightarrow H_2S_2O_3 + 2\,NaCl$,

jedoch disproportioniert T. relativ schnell zu Schwefeldioxid und Schwefel unter Abspaltung von Wasser:

$H_2S_2O_3 \rightarrow SO_2\uparrow + S + H_2O$.

Das Natriumsalz der T., *Natriumthiosulfat*, $Na_2S_2O_3$, wird als Reduktionsmittel in der chem. Analytik (Iodometrie), als Chlorabsorptionsmittel (Antichlor):

$Na_2S_2O_3 + Cl_2 + H_2O \rightarrow Na_2SO_4 + 2\,HCl + S$

und als Fixiersalz beim photographischen Prozeß verwendet:

$2\,Na_2S_2O_3 + AgBr \rightarrow Na_3[Ag(S_2O_3)_2] + NaBr$.

Thiosemicarbazid, $H_2\overset{1}{N}-\overset{2}{N}H-\overset{3}{C}S-\overset{4}{N}H_2$, farblose, kristalline Substanz, Schmp. 181 °C, die sich mit schwach basischer Reaktion in Wasser löst und mit Säuren Salze bildet. T. läßt sich am Stickstoffatom 1 mit konz. Carbonsäuren acylieren. Mit ↗ Alkylierungsmitteln bilden sich S-alkylierte Verb. Bei der Umsetzung mit Carbonylverb. bilden sich in einer Kondensationsreaktion (A_NE-Mechanismus) die Thiosemicarbazone, die für die Analytik von Aldehyden und Ketonen, aber auch als Arzneimittel wichtig sind.

T. wird durch Reaktion von Hydrazinhydrat mit Ammoniumthiocyanat oder von Hydrazinsulfat mit Kaliumthiocyanat hergestellt.

Thiosemicarbazone, $\overset{R^1}{\underset{R}{}}C=N-NH-CS-NH_2$,

Kondensationsprodukte aus Ketonen oder Aldehyden (R = H) mit ↗ Thiosemicarbazid.

Thiosulfat, e, Salze der ↗ Thioschwefelsäure.

THOMAS-Birne, ↗ Konverter mit basischer Auskleidung zur Verarbeitung von phosphorreichem Roheisen.

Thomas-Mehl, Nebenprodukt der Stahlerzeugung nach dem THOMAS-Verfahren (↗ THOMAS-Birne). Der phosphorreichen Roheisenschmelze wird gebrannter Kalk zugesetzt. Die phosphorreiche Schlacke ergibt gemahlen ein gutes Düngemittel.

Thomas-Schlacke, ↗ THOMAS-Mehl.

Thorium,

Th $Z = 90$
$A_{r(1981)} = 232{,}038\,1$
Ek: [Rn] $6d^2 7s^2$
OxZ: +3, +4
$X_E = 1{,}3$
Elementsubstanz:
Schmp. 1 700 °C
Sdp. 4 200 °C
$\varrho = 11{,}7\ \text{kg} \cdot \text{l}^{-1}$

chem. Element (↗ Elemente, chem.).
Thorium, Symbol: Th, 1. Element der ↗ Actinoidengruppe. T. ist die Bez. für alle Atome, die 90 positive Ladungen im Kern, also 90 Protonen besitzen: Kernladungszahl $Z = 90$. T. wurde 1828 von BERZELIUS entdeckt. Es findet sich in der Natur, vergesellschaftet mit den Lanthanoiden, im Monazit. Reine Thoriumminerale sind sehr selten: *Thorit,* ThSiO$_4$, und *Thorianit,* (Th, U)O$_2$. Eine Darstellung des grauweißen, platinähnlichen, weichen und duktilen Metalls kann durch thermische Zersetzung von Thorium(IV)-iodid (VAN-ARCEL-Prozeß) erfolgen:

ThI$_4$ → Th + 2 I$_2$,

durch Reduktion von Thorium(IV)-oxid mit Calcium (Calcothermie):

ThO$_2$ + 2 Ca → Th + 2 CaO

und durch Reduktion von Thorium(IV)-fluorid mit Calcium:

ThF$_4$ + 2 Ca → Th + 2 CaF$_2$

erfolgen. T. ist ein radioaktives Element mit vielen Isotopen von ^{223}Th bis ^{235}Th. Das Isotop ^{232}Th ist mit einer Halbwertzeit von $t_{1/2} = 1{,}42 \cdot 10^{10}$ a das langlebigste und stabilste. Das Metall reagiert mit molekularem Sauerstoff oberhalb 450 °C zu Thorium(IV)-oxid:

Th + O$_2$ → ThO$_2$, $\Delta_B H = -1\,231\ \text{kJ} \cdot \text{mol}^{-1}$,

mit Wasser oberhalb 200 °C zu Thorium(IV)-oxid:

Th + 2 H$_2$O → ThO$_2$ + 2 H$_2$↑,

mit molekularem Stickstoff zu Thorium(III)-nitrid und mit molekularem Wasserstoff zu pyrophorem Thoriumhydrid. Von verd. Mineralsäuren wird das Metall nur langsam angegriffen. T. findet u. a. zur Darstellung von spaltbarem Uranium (^{233}U) Verwendung.

L-Threonin, Abk. Thr, *L-threo-α-Amino-β-hydroxybutansäure,* H$_3$C—CH(OH)—CH(NH$_2$)—COOH, eine proteinogene ↗ Aminosäure. M 119,1, Schmp. 253 °C.

Thulium,

Tm $Z = 69$
$A_{r(1981)} = 168{,}934\,2$
Ek: [Xe] $4f^{13} 6s^2$
OxZ: +2, +3
$X_E = 1{,}25$
Elementsubstanz:
Schmp. 1 550 °C
Sdp. 1 730 °C
$\varrho = 9{,}33\ \text{kg} \cdot \text{l}^{-1}$

chem. Element (↗ Elemente, chem.).
Thulium, Symbol: Tm, 12. Element der ↗ Lanthanoidengruppe. T. ist die Bez. für alle Atome, die 69 positive Ladungen im Kern, also 69 Protonen besitzen: Kernladungszahl $Z = 69$. T. findet sich in der Natur in den ↗ Ytererden, verbreitet aber in ganz geringen Konzentrationen. Eine Darstellung des silberweißen und weichen Metalls erfolgt nach aufwendiger Trennung z. B. durch Schmelzflußelektrolyse oder Reduktion mit Kalium.

Thymin, ↗ Pyrimidinbasen.

Thyronine, iodhaltige Schilddrüsenhormone (↗ Schilddrüsenmedikamente).

Thyroxin, iodhaltiges Schilddrüsenhormon (↗ Schilddrüsenmedikamente).

Tiefbau, Untertagebau, Gewinnung mineralischer Rohstoffe durch Auffahren von geschlossenen Grubenbauen (Schächte, Stollen, Strecken, Abbaue) in der Erdkruste. Die gegenwärtige ökonomisch vertretbare Teufengrenze des Tiefbaus liegt bei etwa 1 300 m. Unter günstigen geologischen Bedingungen (geringer Temperaturanstieg mit der Teufe) werden jedoch Tiefen bis zu 5 000 m erreicht (Goldbergbau von Südafrika).

»Tiefer spalten«, ist eine Kurzbez. für die Hauptzielrichtung der stofflichen Verwertung des Erdöls. Dabei müssen mehr als bisher die hochsiedenden Fraktionen, z. B. durch ↗ Hydrocracken, als Rohstoffe für die Petrolchemie aufgearbeitet werden, anstatt sie z. B. als Heizöle zu verbrennen.

Tiefziehen, Umformungsverfahren für Halbzeuge wie z. B. Tafeln und Folien aus Thermoplasten (Warmformen) mit Hilfe von Ziehformen, Ziehdorn, Druck oder Vakuum.

Tiegel, Laboratoriumsgeräte aus Glas, Quarz, Porzellan, Eisen, Nickel, Graphit oder Platin zum Erhitzen und Glühen kleinerer Substanzmengen.

Tiegelzange

Tiegelzange, aus Stahl, Nickel und Aluminium zum Ergreifen heißer Laboratoriumsgeräte. Bild.

Tinte, Schreibflüssigkeit. *Schreibtinte* ist eine wäßrige Lösung eines Teerfarbstoffes wie Tintenblau, Eosin (rot ⌐ Fluorescein) oder ⌐ Methylviolett, der Verdickungsmittel (z. B. ⌐ Dextrin) und Konservierungsmittel (Phenole) zugesetzt werden. Als *Dokumententinte* wird *Eisengallustinte* verwendet, in der Eisen(II)-sulfat und Gerbstoffe (Tannin und Gallussäure) enthalten sind. Durch Luftoxydation entstehen tiefschwarze Eisen(III)-Salze der Gallussäure, die auf dem Papier festgebeizt werden. *Geheimtinten* (sympathetische T.) sind farblose Flüssigkeiten, die eine zunächst unsichtbare Schrift bilden, welche erst nach besonderer Behandlung sichtbar wird. Zum Beispiel schwärzen Oxydationsmittel wie Kaliumchlorat oder Kaliumnitrat das Papier beim Erwärmen infolge der Bildung von Verkohlungsprodukten. Wäßrige Cobalt(II)-chloridlösung ist nur ganz schwach rosa gefärbt; erwärmt man mit einer solchen Lösung beschriebene Blätter, bildet sich wasserfreies, blaues Cobalt(II)-chlorid:

$CoCl_2 \cdot 6\ H_2O \rightarrow CoCl_2 + 6\ H_2O$
blaßrosa   blau

Schriften mit Kaliumrhodanid (KSCN) ergeben mit Eisen(III)-chlorid eine rote Färbung, solche mit Bleiacetat werden durch Behandlung mit Schwefelwasserstoff infolge der Bildung von Bleisulfid schwarz. Schriften, die mit Milch oder Zwiebelsaft ausgeführt werden, können durch UV-Bestrahlung sichtbar gemacht werden.

Tintenkiller, Tintenentferner in Stiftform. Als wirksame Substanz ist ⌐ Chlorkalk $CaOCl_2$ enthalten, der den Tintenfarbstoff durch Oxydation zerstört.

TIŠČENKO-Reaktion, techn. genutztes Verfahren der Disproportionierung von Aldehyden durch Katalyse mit Aluminiumethanolat in wasserfreiem Medium, wobei sich die entsprechenden Ester bilden. Über die T. sind auch aliphatische Aldehyde disproportionierbar:

$2\ CH_3\text{—CHO} \rightarrow CH_3\text{—CO—O—}CH_2\text{—}CH_3$

Titan, bis zum Jahre 1975 gebräuchliche deutschsprachige Bez. des chem. Elementes ⌐ Titanium.

Titanate, Metallsauerstoffverb. des Titaniums, die durch Schmelzen von Titaniumdioxid mit Metalloxiden, Metallhydroxiden oder Metallcarbonaten hergestellt werden können. ⌐ Titaniumdioxid.

Titaneisenerz, ⌐ Ilmenit.

Titanit, Sphen, $CaTi[SiO_4]O$, Nebengemengteil vieler metamorpher Gesteine. Seine braunen bis apfelgrünen, tafligen Kristalle fallen durch ihre typische Keil- oder Briefkuvertform auf.

Titanium,

Ti	$Z = 22$
	$A_{r(1981)} = 47{,}88$
	Ek: [Ar] $3d^2 4s^2$
	OxZ: $-1, 0, +2, +3, +4$
	$X_E = 1{,}54$
Elementsubstanz:	
Schmp.	$1670\,°C$
Sdp.	$3260\,°C$
$\varrho = 4{,}505\ kg \cdot l^{-1}$	

chem. Element (⌐ Elemente, chem.). *Titanium*, Symbol: Ti, bis 1975 Titan. 1. Element der 4. Nebengruppe des PSE (⌐ Nebengruppenelemente, 4. Nebengruppe des PSE). T. ist die Bez. für alle Atome, die 22 positive Ladungen im Kern, also 22 Protonen besitzen: Kernladungszahl $Z = 22$. Die Hülle des neutralen Atoms besteht aus 22 Elektronen, von denen die möglichen Valenzelektronen die Konfiguration $3d^2 4s^2$ besitzen. In Verb. werden Oxydationsstufen eingenommen, die durch die Oxydationszahlen OxZ $-1, 0, +2, +3$ und $+4$ charakterisiert sind. Metallisches T. ist 1825 erstmalig von BERZELIUS durch Reduktion von Kaliumtitanat mit Natrium dargestellt worden. In der Natur kommt T. häufig, jedoch fein verteilt, besonders in Eisenerzen, vor. Wichtige Minerale sind *Titaneisen*, *Ilmenit*, $FeTiO_3$; *Titaniumdioxid, Rutil, Anatas, Brookit*, TiO_2; *Titanit*, *Sphen*, $CaTi[SiO_4]O$, und *Perowskit*, $CaTiO_3$. Zur Darstellung des metallischen T. wird das Mineral in das Tetrachlorid, Tetraiodid oder Dioxid überführt und dann mit metallischem Magnesium, metallischem Natrium, Natriumhydrid oder Calciumhydrid reduziert:

$TiCl_4 + 2\ Mg \rightarrow Ti + 2\ MgCl_2$,
$TiCl_4 + 4\ Na \rightarrow Ti + 4\ NaCl$,
$TiCl_4 + 4\ NaH \rightarrow Ti + 4\ NaCl + H_2\uparrow$,
$TiI_4 \rightarrow Ti + 2\ I_2$ (thermische Spaltung),
$TiO_2 + 2\ CaH_2 \rightarrow Ti + 2\ CaO + H_2\uparrow$.

Metallisches T. ist hellgrau, leicht, ziemlich hart und spröde, rein duktil und schmiedbar und zeichnet sich durch große Festigkeit, gute elektrische Leitfähigkeit und kleinen thermischen Ausdehnungskoeffizienten aus. Metallisches T. wird seine hohe Festigkeit, geringe Masse und gute Korrosionsbeständigkeit, z. B. gegenüber Säuren und Chlorwasser, als vielseitiges Legierungsmetall verwendet. Außerdem dient es als Gettermetall.

Titaniumdioxid, TiO_2, weiße, tetraedrisch (Rutil und Anatas) oder orthorhombisch (Brookit) kristalline, in Wasser sehr schwer lösliche Substanz (Schmp. $1855\,°C$, Sdp. $2900\,°C$) mit Halbleiter-

eigenschaften, die durch Umsetzung von metallischem Titanium mit Disauerstoff durch Verbrennung dargestellt werden kann:
$Ti + O_2 \rightarrow TiO_2$, $\Delta_B H = -943,9$ kJ·mol^{-1}.
Durch Schmelzen von T. mit Metalloxiden, Metallhydroxiden oder Metallcarbonaten lassen sich *Titanate* herstellen, z. B.:
$Ba(OH)_2 + TiO_2 \rightarrow H_2O + BaTiO_3$,
Bariummetatitanat
$4\,NaOH + TiO_2 \rightarrow 2\,H_2O + Na_4TiO_4$.
Natriumorthotitanat
Titanium(III)-nitrid, TiN, gelbe bis hellbraune, kubisch kristalline Substanz (Schmp. 2 947 °C) von hoher chem. Beständigkeit. Neuerdings wird T. als goldglänzender Überzug auf Metallgegenstände gebracht.
Titer, in der ↗ Volumetrie der genaue Gehalt (d. h. die genaue ↗ Molarität) der zur Bestimmung verwendeten Lösungen. Bei Schwefelsäure oder Salzsäure bleibt der T. konstant.
Bei Natronlauge, Iodlösung, Permanganatlösung u. a. ändert sich der T. durch bestimmte Reaktionen (z. B. mit der Luft) und muß regelmäßig kontrolliert werden.
Titration, Arbeitsvorgang einer quantitativen Analyse im Bereich der ↗ Volumetrie durch Zugabe einer Lösung bekannter Konzentration in die zu untersuchende Lösung bis zum Endpunkt der ablaufenden Reaktion.
TNT, Abk. für ↗ Trinitrotoluen.
TOLLENS-Reagens, Ammoniakalische Silbernitratlösung, [Ag(NH$_3$)$_2$]NO$_3$, die durch Zugabe von Ammoniaklösung zu Silbernitratlösung bis zur Aufhellung hergestellt und zum analytischen Nachweis reduzierender Verb., z. B. ↗ Aldehyde, verwendet wird. Dabei bildet sich ein braunschwarzer Silberniederschlag oder ein Silberspiegel an der Gefäßwand.
Toluen,

C_6H_5—CH_3
Schmp. -95 °C
Sdp. $110,6$ °C
$\varrho = 0,871$ kg·l^{-1}

(Methylbenzen) früher Toluol, farblose, benzenähnlich riechende, brennbare Flüssigkeit (Gefahrenklasse AI) mit hoher Lichtbrechung, die kaum in Wasser, aber gut in vielen org. Lösungsmitteln löslich ist. Durch die Wirkung der Methylgruppe erfolgen elektrophile Substitutionen am Ring leichter als am Benzen. Als Katalysatoren eignen sich LEWIS-Säuren. Es gilt die Regel: Kälte – Katalysator → Kern. Die Methylgruppe dirigiert den Zweitsubstituenten in die ortho- oder (und) para-Stellung (Substituent 1. Ordnung). Bei einer Substitution unter radikalischen Bedingungen (Licht, Hitze, Initiatoren) wird die Methylgruppe angegriffen (S$_R$-Reaktion), nach der Regel: Sonne – Siedehitze → Seitenkette. Die Methylgruppe des T. läßt sich zur Carboxylgruppe, —COOH, oxydieren. T. ist fast so giftig wie Benzen.
T. wird aus der Leichtölfraktion des Steinkohlenteers isoliert oder durch katalytische Aromatisierung der Heptane aus der Erdöldestillation erhalten.
T. wird als Lösungsmittel besonders für Lacke, Farben und Chlorkautschuk verwendet. T. ist eine vielseitige Synthesebasis: ↗ Benzaldehyd, ↗ Benzoesäure, ↗ 2,4,6-Trinitro-toluen, Süßstoff (Saccharin) u. a.
Toluidine, CH$_3$—C$_6$H$_4$—NH$_2$, Trivialname für die drei isomeren Aminotoluene. T. werden aus den entsprechenden Nitrotoluenen durch Reduktion hergestellt und zu chem. Synthesen weiter verwendet.
Toluol, veraltete Bez. für ↗ Toluen.
Tombak, Handelsbez. für ↗ Messing mit hohem Kupfergehalt (Rotmessing).
Ton, Sammelbez. für feinkörnige Gemenge von Tonmineralien. T. sind häufig das Verwitterungsprodukt feldspatreicher Gesteine. Quarz und feinkörnige Glimmermineralien treten als Nebengemengteil auf. Die T. bzw. die in ihnen enthaltenen Tonmineralien bewirken eine starke Adsorptionsfähigkeit des Materials. In Wasser quillt T. und dann wasserundurchlässig. In Berührung mit Salzlösungen werden Kationen selektiv absorbiert, vor allem K$^+$, Ca^{2+}, Mg^{2+}, (NH$_4$)$^+$, ebenso die Anionen SO$_4^{2-}$, PO$_4^{3-}$, jedoch nicht NO$_3^-$. Als ein Hauptbestandteil der Bodenkolloide sind T. damit ein entscheidender Faktor für die Düngung. Auch org. Substanzen werden selektiv an Tonpartikeln adsorbiert. Wichtigste Tonmineralien sind Kaolinit und Montmorillonit.
Tonerde, umgangssprachliche Bez. für Aluminiumoxid Al$_2$O$_3$. Die Angabe von »Al$_2$O$_3$« in Analysen von Rohstoffen und techn. Produkten bedeutet eine analytische Bezugsgröße dieser Zusammensetzung, nicht das tatsächliche Vorkommen dieser Verb. im Analysematerial.
Tonschiefer, dünnschiefrige, graue, grünliche oder dunkle Gesteine, die durch Gebirgsdruck geschiefert wurden (↗ Schieferung).
Tonwaren, keramische Produkte (↗ Keramik).
Topas, Al$_2$[SiO$_4$](F, OH)$_2$, rhombisch kristallisierendes Mineral, dessen weiße bis gelbliche, säulen-

förmige Kristalle, z. T. mit Pyramidenflächen, auf pneumatolytischen Lagerstätten vorkommen. Topaskristalle mit Edelsteinqualität werden als Schmucksteine verwendet.

Torf, schwarz-braunes, brennbares Zersetzungsprodukt von Pflanzenresten. Es ist das erste Umwandlungsprodukt in der Inkohlungsreihe. Sein Heizwert liegt zwischen 9 500 und 22 000 kJ · kg^{-1}.

toxisch, giftig (bezogen auf Lebewesen, wie Mensch, Tier und Pflanze).

Tranquilizer, ↗ Psychopharmaka.

Transactinoide, chem. Elemente, die dem Element Lawrencium (Lr, Z = 103) folgen und als d-Elemente das 6d-Niveau mit Elektronen besetzen. So stellt das Element *Kurtschatovium* (Ku, Z = 104, *Ek*: [Rn] 5f^{14}6d^{2}7s^2) das erste Transactinoidenelement dar, das als 4. Element der 4. Nebengruppe des PSE zuzuordnen wäre. Das Element *Nielsbohrium* (Ns, Z = 105, *Ek*: [Rn] 5f^{14}6d^{3}7s^2) ist das zweite Element dieser Gruppe und ist möglicherweise als 4. Element zur 5. Nebengruppe des PSE zu rechnen.

Translation, Fortbewegung von Atomen oder Molekülen im Raum (↗ kinetische Gastheorie).

Transurane, chem. ↗ Elemente der ↗ Actinoidengruppe, die dem Uranium folgen, also die Kernladungszahlen von Z = 93 bis 103 einnehmen, vom Neptunium bis zum Lawrencium führen. Die T. sind in den Jahren nach 1940 entdeckt bzw. synthetisiert und identifiziert worden. Ebenso sind Untersuchungen über ihre Reaktivität und die Ausbildung möglicher Verb. geführt worden. Die T. sind ↗ radioaktive Elemente, die in vielen ↗ Isotopen mit sehr unterschiedlichen ↗ Halbwertszeiten ihres Zerfalls vorliegen können.

Traß, ein Bimssteintuff (↗ Tuff, ↗ Bimsstein).

Traubensäure, Racemat der 2,3-Dihydroxy-butandisäure, Gemisch aus gleichen Mengen rechtsdrehender und linksdrehender ↗ Weinsäure.

Traube-Synthese, eines der Herstellungsverfahren für die ↗ Harnsäure; bei dem aus ↗ Harnstoff und Cyanethansäureethylester über das dabei gebildete 4-Amino-uracil mit Chlorkohlensäureethylester die Harnsäure unter Ethanolabspaltung gebildet wird.

Travertin, dichter, fester ↗ Kalktuff, dessen Poren nachträglich noch mit Kalk ausgefüllt worden sind.

Treber, feste Rückstände der ↗ Maische in der Bierherstellung nach Abtrennung (Läuterung) der Würze in Läuterbottichen oder Maischefiltern. Sie werden als Viehfutterzusatz genutzt.

Treibarbeit, Treiben, Abtreiben, historische Bez. für das Entfernen eines Stoffes durch chem. Reaktion, z. B. in der Metallurgie die Gewinnung von Edelmetallen durch Oxydation der unedlen Begleitmetalle. So wird z. B. aus silberhaltigem Blei durch selektive Oxydation Rohsilber hergestellt:
2 Pb + 2 Ag + O$_2$ → 2 PbO + 2 Ag
Das geschmolzene Bleioxid (Bleiglätte) wird abgezogen, die darunterliegende Silberschicht erscheint als blanker »Silberspiegel« (»Silberblick«).

Treibgase, Treibmittel, ↗ Sprays.

Treibladungspulver, Schießpulver, Explosivstoffmischungen zur Füllung von Geschoßmunition. Das früher verwendete ↗ Schwarzpulver ist völlig durch rauchschwache Pulver abgelöst worden. Diese bestehen aus gelatiniertem ↗ Cellulosenitrat (↗ Schießbaumwolle und Collodiumwolle). Stärkere T. erhält man durch Gelatinieren von Cellulosenitrat mit Glyceroltrinitrat (↗ Glyceroltrinitrat) oder Glycoldinitrat.

Tremolit, Ca$_2$Mg$_5$[Si$_4$O$_{11}$]$_2$(F, OH)$_2$, Mineral der Amphibolgruppe. T. bildet farblose, graue oder schwach grünlich gefärbte säulenförmige Kristalle. Häufig werden auch Mischkristalle mit Aktinolith durch schrittweisen Ersatz von Mg^{2+} durch Fe^{2+} gebildet. T. tritt vor allem in metamorphen Kalksteinen auf.

Trennungsgang, Bez. für die – zumeist in algorithmischer Struktur aufgebauten – Arbeitsvorschriften zum Nachweis der Kationen in Gemischen. Dabei werden die Substanzgemische vor Durchführung der Nachweisreaktionen mit Hilfe von Reagenzien getrennt, d. h., Kationengruppen werden von den übrigen Kationen abgetrennt. Der T. beruht wesentlich auf der unterschiedlichen Löslichkeit der Chloride, der Sulfide, der Hydroxide und der Carbonate. Danach können folgende Gruppen unterschieden werden: Salzsäuregruppe (Pb, Hg, Ag), Schwefelwasserstoffgruppe (As, Sb, Bi, Cd, Cu, Sn, Hg), Ammoniumsulfidgruppe (Co, Ni, Zn, Fe, Cr, Mn), Ammoniumcarbonatgruppe (Ba, Sr, Ca) und die lösliche Gruppe (Li, K, Na, Mg). Durch wiederholtes Auflösen und erneutes Ausfällen werden die störenden Ionen abgetrennt und die gesuchten Ionen durch charakteristische Reaktionen nachgewiesen.

Triade, trias [gr.] Dreizahl, Dreiergruppe. Von ↗ DOEBEREINER, J. W., für eine Gruppe von drei chem. ähnlichen Elementen gebraucht. ↗ Triadenregel.

Triadenregel ↗ DOEBEREINER, J. W., ordnete jeweils drei chem. ähnliche Elemente in Gruppen, z. B. Li, Na, K; Ca, Sr, Ba; Si, Se, Te. Dabei stellte er fest, daß die Atommasse des mittleren Elementes annähernd das arithmetische Mittel der Atommasse der beiden anderen Elemente ist. DOEBEREI-

NER vermutete, alle Elemente könnten in solche Dreiergruppen eingeordnet werden.

Triazine, Heteroaromaten mit 3 Stickstoffatomen im Ring. Es gibt drei unterschiedliche Ringanordnungen, die 1,3,5-Triazine (symmetrische T.), die 1,2,4-Triazine (asymmetrische T.) und die 1,2,3-Triazine (vicinale T.). Die Grundverb. sind gegenüber den Derivaten unbedeutend. Am wichtigsten sind die Derivate des 1,3,5-Triazins, wie ↗ Cyanursäurechlorid, ↗ Cyanursäure und das ↗ Melamin. Andere Triazinderivate werden als Textilhilfsmittel, Herbizide und Weißtöner verwendet.

Tribochemie, Teilgebiet der physikal. Chemie, das sich mit der Einwirkung mechanischer Energie (z. B. Schütteln, Rühren, Stoßen u. ä.) auf Substanzen und die damit verbundene Änderung ihrer chem. und physikal. Eigenschaften beschäftigt.

Tricalciumaluminat, $3\,CaO \cdot Al_2O_3$, Hauptbestandteil der Zementklinker (↗ Portlandzement).

Tricarbonsäurezyklus, ↗ Atmung.

Trichlorethanal (Chloral, Trichloracetaldehyd),

$Cl_3C-C\overset{O}{\underset{H}{\diagdown}}$, farblose, stechend riechende Flüssigkeit, Sdp. 98 °C, die mit Wasser unter Bildung des 2,2,2-Trichlor-ethan-1,1-diols reagiert (Ausnahme der ↗ ERLENMEYER-Regel), dieses sogenannte Chloralhydrat bildet farblose Kristalle, Schmp. 51 °C, aus denen mit konz. Schwefelsäure das T. wieder freigesetzt werden kann.

T. wird durch Chlorieren von Ethanol erhalten und als Ausgangsstoff für Folgesynthesen, wie für ↗ Trichlormethan oder DDT, eingesetzt.

Trichlorethansäure (Trichloressigsäure), $Cl_3C-COOH$, farblose, stark hygroskopische, kristalline Substanz, Schmp. 58 °C, Sdp. 197 °C, die sich leicht mit stark saurer Reaktion in Wasser löst. Sie wirkt stark ätzend! T. zersetzt sich in Trichlormethan und Kohlendioxid, besonders im alkalischen Medium. T. wird durch Chlorierung von ↗ Ethansäure oder durch Oxydation von ↗ Trichlorethanal hergestellt und als Eiweißfällungsmittel und Ausgangsverb. für Synthesen verwendet.

Trichlorethen (Trichlorethylen, Kurzbez. Tri), $Cl_2C=CHCl$, farblose, eigenartig riechende Flüssigkeit, Sdp. 87 °C, die sich nur unbedeutend in Wasser löst, aber mit den meisten org. Lösungsmitteln mischbar ist. T. ist beständiger als ↗ Tetrachlorethan, zersetzt sich aber ohne Stabilisatoren mit Feuchtigkeit unter Salzsäurebildung. Mit einem Zusatz von Phenolen oder Aminen ist es aber sehr feuchtigkeitsunempfindlich. Dämpfe des T. wirken narkotisch, in größeren Mengen toxisch.

T. wird aus Tetrachlorethan mit Kalkmilch (Calciumhydroxidaufschlämmung) hergestellt und als Lösungsmittel verwendet.

Trichlormethan,

$CHCl_3$
Schmp. −63,5 °C
Sdp. 61,1 °C
$\varrho = 1{,}489\,kg \cdot l^{-1}$

Chloroform, farblose, leicht flüchtige Flüssigkeit mit charakteristischem Geruch. T. löst sich nicht in Wasser, ist aber mit den meisten org. Lösungsmitteln mischbar. Dämpfe des T. sind brennbar. T. zersetzt sich an der Luft ohne Stabilisator (1 % Ethanol) zu Phosgen und Chlorwasserstoff. T. wirkt anästhetisch, wird aber als Narkosemittel nicht mehr verwendet.

T. wird durch Umsetzung von ↗ Ethanol oder ↗ Propanol mit Chlorkalk oder von ↗ Chloral bzw. ↗ Trichlorethansäure mit Laugen hergestellt und als Lösungs- und Extraktionsmittel verwendet.

Trichlornitromethan (Chlorpikrin), Cl_3C-NO_2, farblose, stechend riechende, stark lichtbrechende, rasch verdampfende Flüssigkeit, Sdp. 112 °C, die sehr giftig ist. Die Dämpfe sind wesentlich schwerer als Luft. T. wird zur Synthese von ↗ Orthokohlensäureestern verwendet. Wegen seiner Reizwirkung und seiner Toxidität ist T. als Lungenkampfstoff (Grünkreuz) im ersten Weltkrieg eingesetzt worden. T. ist ein wirksames Mittel für die Bekämpfung von Schädlingen und zur Bodendesinfektion, dessen Herstellung verhältnismäßig preiswert ist, weil es in guter Ausbeute bei der Reaktion von Trichlormethan mit konz. Salpetersäure erhalten wird.

Triebkraft einer chemischen Reaktion, ↗ Affinität, ↗ freie Enthalpie.

Triethanolamin, $N(CH_2-CH_2-OH)_3$, zähflüssiges, farbloses Öl, das sich mit schwach basischer Reaktion in Wasser löst. T. bildet sich bei der Umsetzung von ↗ Ethylenoxid mit Ammoniak. Abhängig von den Mengenverhältnissen bilden sich auch Ethanolamin und Diethanolamin.

Diese Ethanolamine sind basische Komponenten für die Umsetzung mit Fettsäuren für Seifen und Cremes, Netzmittel und Weichmacher.

trigonal, ↗ Kristallgitter.

Triiodmethan (Iodoform), HCl_3, gelbe, stark riechende Substanz, Schmp. 119 °C, die in Wasser nur sehr schwer löslich ist. T. wird durch Einwirkung von Iod und Natronlauge auf Ethanol, Ethanal oder Propanon erhalten, ↗ Iodoformprobe. Techn. wird T. durch Elektrolyse von Alkaliiodiden in wäßrigalkoholischer oder -acetonischer Lösung hergestellt. T. wird in der Zahnmedizin als Desinfektionsmittel verwendet.

triklin, ↗ Kristallgitter.

trimolekular, ↗ Reaktionskinetik.

2,4,6-Trinitro-phenol, ↗ Pikrinsäure.

Trinitrotoluen, 2,4,6-Trinitro-toluen, Abk. *Trotyl, TNT*, $C_6H_2(NO_2)_3CH_3$, handhabungssicherer, brisanter ↗ Explosivstoff, der durch Initialzündung zur Detonation gebracht wird. 2,4,6-Trinitro-toluen wird durch Einwirkung von ↗ Nitriersäure auf Toluen hergestellt. 2,4,6-Trinitro-toluen kann auch Bestandteil von ↗ Ammonsalpetersprengstoffen sein und war im 1. und 2. Weltkrieg der wichtigste militärische Sprengstoff.

Die zerstörende Wirkung von Kernwaffen wird dadurch ausgedrückt, daß man angibt, wieviel Kilotonnen (kt) bzw. Megatonnen (Mt) TNT die gleiche Wirkung erzielen würden.

Trinkwasser, hygienisch einwandfreies, für den menschlichen Gebrauch bestimmtes Wasser. Tabelle.

Richtwerte für die Trinkwasserbeschaffenheit

Wasserinhaltstoffe	$mg \cdot l^{-1}$
Eisen	$\leq 0,1$
Mangan	$\leq 0,05$
NH_4^+	nicht nachweisbar
NO_2^-	nicht nachweisbar
Blei	nicht nachweisbar
Phenole	nicht nachweisbar
NO_3^-	≤ 20
Cl^-	≤ 250
SO_4^{--}	≤ 250

Tripelpunkt, ↗ Phasendiagramm.

Triphenylmethanfarbstoffe, Derivate des techn. unbedeutenden Triphenylmethans, in das in den para-Stellungen der Phenylsubstituenten mindestens zwei Amino- oder Hydroxylgruppen substituiert werden müssen. T. sind sehr farbintensive Verb., aber sie eignen sich wegen ihrer geringen Licht- und Waschechtheit nicht zur Textilfärbung. Wichtige T. sind ↗ Fuchsin, ↗ Kristallviolett, ↗ Malachitgrün, ↗ Methylviolett, ferner die Phthaleine wie ↗ Fluoreszein und ↗ Phenolphthalein und Eosin.

Trisauerstoff, O_3, ↗ Ozon.

Triterpene, ↗ Terpene, ↗ Steroide.

Tritium, Isotop des Elements ↗ Wasserstoff mit eigenem Namen und Symbol T. Der Atomkern besitzt neben einem Proton noch zwei Neutronen. Relative Atommasse $A_r = 3,011699$. T. bildet eine Elementverb. aus zwei Atomen, T_2, die einen Sdp. von $-248,14\,°C$ aufweist. T. ist radioaktiv (β-Strahlung) mit einer Halbwertzeit des Zerfalls von $t_{1/2} = 12,5$ a (Jahren).

Trivialnamen, nicht nach systematischen Nomenklaturregeln gebildete Bez. für chem. Stoffe. Aus ihnen sind keine Rückschlüsse auf die Zusammensetzung und Struktur abzuleiten. T. sind in der historischen Entwicklung nach verschiedenen Gesichtspunkten (Herkunft, Eigenschaften, Verwendung), z. T. auch willkürlich entstanden und werden auch heute noch zur Vermeidung umständlicher systematischer Namen gebildet. Beispiele für T. sind Wasser, Ammoniak, Knallsäure, Methan, Anilin, Barbitursäure usw. Allgemein gebräuchliche T. sind Bestandteil der chem. ↗ Nomenklatur. T., die im Widerspruch zur Struktur der Verb. stehen, wie Glycerin, Nitroglycerin und Benzol, sollen nicht verwendet werden. Aus diesem Grund wurden in Übereinstimmung mit den englischsprachigen IUPAC-Regeln die Endungen einiger solcher Namen geändert, z. B. Glycerin in Glycerol, Benzol in Benzen.

Trockeneis, festes ↗ Kohlendioxid, CO_2, das als Kältemittel verwendet wird und keinen Rückstand hinterläßt.

Trockenmittel, Substanzen, die wasserhaltigen Stoffen (Gasen und Flüssigkeiten) Wasser entziehen. Dabei treten entweder chem. Reaktionen zwischen dem ↗ hygroskopischen T. und dem Wasser auf oder das Wasser wird an die Oberfläche des Trokkenmittels angelagert (↗ Adsorption). Reaktionen mit dem zu trocknenden Stoff sind jedoch auszuschließen. Tabelle.

Trockenmittel

Trockenmittel	Verwendung
Calciumchlorid, wasserfrei	Gase, Abschluß von Apparaturen
Kieselgel	in Exsikkatoren
Schwefelsäure, konzentriert	neutrale und saure Gase
Kaliumhydroxid, fest	Ammoniak, basische Flüssigkeiten
Natriumsulfat, wasserfrei	organische Flüssigkeiten
Natriumdraht	halogenfreie Kohlenwasserstoffe
Phosphor(V)-oxid	Gase, Säuren, organische Flüssigkeiten
Magnesiumperchlorat / Molsieb	Feintrocknung von Gasen

Trockenschrank, elektrisch beheizter Schrank zum Trocknen von Geräten und bestimmten Substanzen. Bild.

Trockenschrank

Trockenspinnverfahren, Spinntechnologie, bei der dem aus der Spinndüse austretenden flüssigen Faden durch warme Luftströmung im Spinnschacht der Lösungsmittelanteil entzogen wird. Gegensatz: ↗ Naßspinnen.

Trockenstoffe, ↗ Sikkative.

Trocknen, das Vermindern oder Entfernen der Feuchte eines Gutes durch Zu- oder Abführen von Energie, vor allem von Wärme. Dabei geht die Feuchte in die Gasphase über. Die natürliche Trocknung ist meist nur scheinbar kostengünstiger als die künstliche, da lange Trockenzeiten aufwendige Bauten, große Transportwege und lange Lagerzeiten bedeuten.
Man unterscheidet z. B. Verdunstungs-, Verdampfungs- und Gefriertrocknung.

TROMMERsche Probe, eine Methode zum Nachweis von Zucker (Glucose) im Harn, der dazu mit etwa dem gleichen Volumen 10%iger Natronlauge versetzt wird. Danach wird unter Schütteln tropfenweise 5%ige Kupfersulfatlösung so lange zugegeben, wie sich der zunächst gebildete Niederschlag von Kupfer(II)-hydroxid noch löst. Wenn nach dem Erwärmen ein gelber oder roter Niederschlag ausfällt, ist der Nachweis positiv.

Tropanalkaloide, *Tropaalkaloide,* eine Gruppe von ↗ Alkaloiden, die sich von dem bicyclischen Aminoalkohol *Tropin* (Tropan-3-ol) ableiten. Diesem liegt das Gerüst des *Tropans* (8-Methyl-8-azabicyclo[3,2,1]octan) zugrunde. Die T. entstehen durch Veresterung des *Tropins* mit aromatischen Carbonsäuren (Bild). T. sind vor allem in Nachtschattengewächsen *(Solanaceae)* verbreitet, besonders reichlich in den Gattungen Bilsenkraut *(Hyoscyamus)* und Tollkirsche *(Atropa).* Typische, stark giftige Vertreter sind *L-Hyoscyamin* (Schmp. 108 bis 111 °C) und *Atropin* (Schmp. 115 bis 117 °C) (Bild).

Grundgerüst und Beispiele der Tropanalkaloide

Atropin ist die optisch inaktive DL-Form des *L-Hyoscyamins.* Beide Stoffe wirken pupillenerweiternd, außerdem je nach Anwendungsart und Dosis lähmend, krampflösend, lindernd bei Bronchialasthma u. a. Ein weiteres wichtiges T. ist das in den Blättern des Coca-Strauches *(Erythroxylon coca)* vorkommende *Cocain* (Schmp. 98 °C) (Bild). *Cocain* ist ein gefährliches Rauschmittel. Überdosierung führt zum Tod durch Atemlähmung.

Tropfkörperverfahren, Verfahren zur biologischen Reinigung von Abwasser. Die zum aeroben Abbau der org. Schmutzstoffe erforderlichen Mikroorganismen bilden einen rasenartigen Überzug auf groben Schlacke-, Gesteins- oder Koksbrocken, die als Füllkörper-Schüttung in Rieseltürmen (Tropfkörper) eingebracht sind. Der Schmutzwasserstrom wird von oben zerteilt aufgegeben und rieselt an der Oberfläche der Füllkörper nach unten. Von unten wird Luft entgegengeführt. Der beim Abbau entstehende Bioschlamm wird nach unten ausgespült. Das T. ist nicht so leistungsfähig wie das ↗ Belebtschlammverfahren, dafür weniger wartungsaufwendig und störanfällig. Es ist im Gegensatz zum Belebtschlammverfahren auch für kleinere Abwassermengen geeignet.

Tropftrichter, Laboratoriumsgerät zur tropfenweisen Zugabe von Flüssigkeiten zu Reaktionsgemischen.

TROUTONsche Regel, ↗ Entropie.

L-Tryptophan, Abk. Trp, *L-1-Amino-2-(indol-3-yl)propionsäure,* eine proteinogene ↗ Aminosäure. M 204,2, Schmp. 281 bis 282 °C. T. hat nur einen geringen Anteil am Aufbau der ↗ Proteine, ist aber an vielen sehr verschiedenartigen biochem. Reaktionsabläufen beteiligt, so daß es eine hohe ernährungsphysiologische Bedeutung hat.

L-Tryptophan

TT-Destillation, Tieftemperatur-Destillation, spezielles Destillationsverfahren zur Gastrennung, wenn diese bei tiefen Temperaturen flüssig vorliegen, z. B.: ↗ MT-Pyrolyse.
TT-Entgasung von Kohle, ↗ Schwelung.
TT-Konvertierung, neuere Variante der ↗ Konvertierung, die bei geringeren Temperaturen (etwa 200 °C) arbeitet.
TT-Pyrolyse, ↗ Cracken.
Tuberkulostatika, Arzneimittel zur Behandlung der Tuberkulose. Synthetische T. wurden nach dem 2. Weltkrieg entwickelt. Wichtige T. sind p-Aminosalicylsäure (PAS) und ↗ Isonicotinsäurehydrazid (INH, INN-Bez.: Isoniazid). Zur Behandlung der Tuberkulose werden außerdem ↗ Antibiotika angewendet. Bild.

p-Amino-salicylsäure (PAS)
(4-Amino-2-hydroxy-benzoesäure)

Isonicotinsäurehydrazid
(INH, Isoniazid)

Tuberkulostatika

Tuff, Gestein aus mehr oder weniger verfestigter vulkanischer Asche. Wegen seines großen Porenvolumens ist es ein geschätzter wärmedämmender, leicht zu bearbeitender Baustein.
TUL-Prozesse, Abk. für Transport-, Umschlag- und Lagerungsprozesse, deren Optimierung einen bedeutsamen Beitrag zur Kostensenkung der Produktion darstellt. Kostensenkungen bei Produktionsprozessen können durch ungünstig gestaltete TUL-Prozesse unwirksam gemacht werden.
Tunnelofen, Form eines Industrieofens, bei dem ein zu erhitzendes Gut eine tunnelartige Strecke mit den Zonen Vorwärmung – Heiz- bzw. Brennzone – Abkühlstrecke durchläuft. Die Heizzone ist fest installiert, vgl. im Gegensatz dazu ↗ Ringofen.
Tunneltrockner, Trockner in der Art eines ↗ Tunnelofens, nur mit geringeren Temperaturen in der Heizzone.
turbulente Strömung, Strömungsform, bei der Geschwindigkeitskomponenten nicht nur in Strömungsrichtung, sondern auch quer dazu vorhanden sind. Für die Geschwindigkeiten von Wasserteilchen treten örtliche und zeitliche Schwankungen auf. Ursache sind Instabilitäten, die oberhalb einer bestimmten ↗ REYNOLDS-Zahl nicht mehr abklingen.

Türkis, $Al_6Cu[(OH)_2PO_4]_4 \cdot 4H_2O$, undurchsichtiges, nierig-traubiges Phosphatmineral kolloidaler Entstehung. Seine charakteristische grün-blaue Färbung macht den T. zu einem geschätzten Material für die Schmuckindustrie.
Turmalin, komplex zusammengesetztes silicatisches Bormineral. Seine trigonalen, säulenförmigen Kristalle mit charakteristischem kahnförmigem Querschnitt sind in sehr verschiedenen Farbvarianten häufig auf pneumatolytischen Lagerstätten anzutreffen. Häufig sind tiefschwarze Kristalle (Schörl). T. in Edelsteinqualität wird in der Schmuckindustrie verarbeitet.
Turmverfahren, ↗ PETERSEN-Turm-Verfahren.
TYNDALL-Effekt, Streuung gebündelten Lichtes beim Durchgang durch kolloid- oder molekülidisperse Systeme. Jedes Teilchen streut einen Teil des Lichtes in alle Raumrichtungen. Durch den T.-E. werden z. B. Staubteilchen im einfallenden Licht sichtbar.
Typentheorie, histor. Theorie, mit der versucht wurde, die chem. Verb. von bestimmten Grundtypen abzuleiten; als solche wurden Wasserstoff, Chlorwasserstoff, Ammoniak und Methan angesehen. Später kamen abgeleitete Typen, Nebentypen, multiple und gemischte Typen hinzu. Ein und dieselbe Substanz konnte dabei auf verschiedene Typen zurückgeführt werden. Dennoch war die T. ein wesentlicher Schritt auf dem Weg zur Entwicklung der klassischen chem. Strukturvorstellungen. ↗ GERHARDT. Bild.

a) $\left.\begin{array}{c}H\\H\end{array}\right\}$ $\left.\begin{array}{c}H\\Cl\end{array}\right\}$ $\left.\begin{array}{c}H\\H\end{array}\right\}O$ $\left.\begin{array}{c}H\\H\\H\end{array}\right\}N$ $\left.\begin{array}{c}H\\H\\H\end{array}\right\}C$

Wasserstoff   Chlor-   Wasser   Ammoniak   Methan
              wasserstoff

b) $\left.\begin{array}{c}H\\H\end{array}\right\}O$

Wasser

$\left.\begin{array}{c}C_2H_5\\H\end{array}\right\}O$ $\left.\begin{array}{c}C_2H_5\\C_2H_5\end{array}\right\}O$ $\left.\begin{array}{c}C_2H_5\\C_2H_3O\end{array}\right\}O$ $\left.\begin{array}{c}C_2H_3O\\H\end{array}\right\}O$

(Alkohol)   (Ether)   (Essigether)   (Essigsäure)
Ethanol   Ethoxyethan   Ethansäure-   Ethansäure
                           ethylester

Typentheorie
a) Grundtypen
b) Beispiele für Ableitungen vom Typ Wasser

L-Tyrosin, Abk. Tyr, *L-α-Amino-β-(p-hydroxy-phenyl)propionsäure,* eine proteinogene ↗ Aminosäure. *M* 181,2, Schmp. 342 bis 344 °C. Es dient im Organismus unter anderem als Ausgangssubstanz für

L-Tyrosin

die Synthese des Hormons *L-Adrenalin*. T. wurde erstmals durch J. v. LIEBIG 1846 isoliert.

U

Übergangselemente, ↗ Nebengruppenelemente mit teilweise besetzten d-Orbitalen in der vorletzten Schale $(n-1)$. Somit ist die bei diesen Elementen ausgebildete ↗ Elektronenkonfiguration der freien Atome im Regelfall mit

$$n s^2 (n-1) d^{1 \text{ bis } 9}$$

zu kennzeichnen. Die innerhalb der Nebengruppenelemente noch mögliche Konfiguration von $(n-1) d^{10}$ (2. Nebengruppe) stellt keinen Übergang mehr dar, da hier eine Vollbesetzung der d-Orbitale erfolgt ist. Diese Abgrenzung erhält durch besondere Verhaltensweisen der Elemente der 2. Nebengruppe gegenüber den Übergangselementen eine nachdrückliche Rechtfertigung.

Übergangselemente, innere, sind Elemente der ↗ Lanthanoiden- und ↗ Actinoidengruppe mit teilweise besetzten f-Orbitalen der vorvorletzten $(n-2)$ Schale. Somit ist die bei diesen Elementen ausgebildete Elektronenkonfiguration der freien Atome mit

$$n s^2 (n-1) d^1 (n-2) f^{1 \text{ bis } 13}$$

zu kennzeichnen. Die innerhalb der Lanthanoiden- und Actinoidengruppe mögliche Konfiguration von $(n-2) f^{14}$ stellt keinen »inneren Übergang« mehr dar, da die »innere Schale« voll besetzt ist. Somit können die Elemente Lutetium (Lu) der Lanthanoidengruppe und Thorium (Th) wie Lawrencium (Lr) der Actinoidengruppe nicht mehr zu den inneren Übergangselementen gerechnet werden.

Übergangszustand einer chem. Reaktion, ↗ Reaktionskinetik.

Überspannung, ↗ Elektrolyse, ↗ Polarisation, galvanische.

Uhrglas, flach gewölbtes, rundes Glas zum Abdecken von Gefäßen und zum Verdunsten kleiner Lösungsmittelmengen.

Ultrafiltration, ↗ Membrantrennverfahren. Die U. ist eine ↗ Reversosmose für kolloide Lösungen.

Ultrarotspektroskopie, ↗ Spektroskopie, ↗ Molekülspektren.

Ultraviolettspektroskopie, ↗ Molekülspektren, ↗ Spektroskopie.

Umkristallisieren, Reinigungsverfahren für Festsubstanzen. Die Stoffe werden in einem Lösungsmittel gelöst, in dem sie sich in der Wärme gut und in der Kälte schlechter lösen, wobei sich die Verunreinigungen jedoch besonders gut lösen. Bei Abkühlen der heißen Lösung fallen die Substanzen in gereinigter Form aus. Durch wiederholtes U. werden sehr saubere Substanzen erhalten. Die Auswahl der Lösungsmittel bzw. Lösungsmittelgemische erfordert besondere Erfahrung.

Umsatz, Quotient aus der umgesetzten Masse eines Reaktionsteilnehmers zur eingesetzten Masse dieses Stoffes.

Umweltschutz, umfaßt alle wissenschaftlichen, gesetzlichen und techn. Maßnahmen zur Erhaltung und Verbesserung der Umwelt auf den Teilgebieten Naturschutz, Luft-, Wasser- und Bodenreinhaltung, Abfallbeseitigung, Lärm- und Strahlenschutz, Überwachung von Wirkstoffen und Lebensmitteln sowie Arbeitshygiene und Chemikalienverwendung.

unedle Metalle, Metalle, die mit nichtoxydierenden Säuren unter Wasserstoffentwicklung reagieren, d. h. in der Lage sind, Hydronium- bzw. Wasserstoffionen zu entladen, z. B.: Aluminium, Zink, Eisen, Magnesium, Calcium, Kalium, Natrium. U. M. haben negative Standardelektrodenpotentiale.

ungesättigt, Bez. für Kohlenwasserstoffe oder Kohlenwasserstoffreste, die Doppel- oder Dreifachbindungen in der Kohlenstoffkette besitzen. Zu den u. Verb. gehören die Olefine (Alkene, Cycloalkene, Polyene), Alkine und die Aromaten.

Unitest-Papier, Mischindikator auf Papiergrundlage zur groben oder bereichsbegrenzten Feststellung des pH-Wertes. Unitest I pH 1 bis pH 11: Rot (pH 1) ↔ Gelb (pH 6) ↔ Blau (pH 11), außerdem gibt es noch U.-P. für kleinere pH-Bereiche.

unterbromige Säure, HBrO, ↗ hypobromige Säure.

unterchlorige Säure, HClO, ↗ hypochlorige Säure.

unteriodige Säure, HIO, ↗ hypoiodige Säure.

Unterkorn, Feinkornanteil in einer grobkörnigen Siebfraktion.

Unterofen, ↗ Regenerator bei Verkokungs- bzw. SM-Öfen.

UNVERDORBEN, OTTO (13. 10. 1806 bis 27. 12. 1873), deutscher Chemiker, erhielt 1826 bei der trockenen Destillation von Indigo mit Kalk eine basische Flüssigkeit, die er wegen der Bildung eines kristallinen Hydrochlorids Kristallin nannte. ↗ A. W. HOFMANN erkannte die Identität des Kristallins mit Anilin.

Unze, Bez. für verschiedene SI-fremde Masse-

maße englischsprachiger Länder, speziell für Edelmetalle und Chemikalien (etwa 31 g).
UR, Abk. für *ultra*rot, ältere Bez. für *infra*rot (Abk. IR), (↗ Strahlung, ↗ Spektroskopie).
Uracil, ↗ Pyrimidinbasen.
Uran, bis zum Jahre 1975 gebräuchlicher deutschsprachiger Name des chem. Elements ↗ Uranium.
Uranium,

U	$Z = 92$
$A_{r(1981)} = 238{,}0289$	
Ek: [Rn] $5f^3 6d^1 7s^2$	
OxZ: +3, +4, +5, +6	
$X_E = 1{,}38$	
Elementsubstanz:	
Schmp. 1130 °C	
Sdp. 3820 °C	
$\varrho = 18{,}90\ \text{kg} \cdot \text{l}^{-1}$	

chem. Element (↗ Elemente, chem.).
Uranium, Symbol: U, 3. Element der ↗ Actinoidengruppe. U. ist die Bez. für alle Atome, die 92 positive Ladungen im Kern (also 92 Protonen) besitzen: Kernladungszahl $Z = 92$. U. wurde 1789 von KLAPROTH entdeckt und 1841 von PELIGOT als Metall dargestellt. 1896 stellte BECQUEREL die radioaktive Strahlung fest, und 1939 konnten HAHN, STRASSMANN und MEITNER die Kernspaltung durchführen. Bis 1975 war der deutschsprachige Name des Elements Uran. In der Natur sind hochprozentige Uraniumminerale selten, jedoch besitzen Bedeutung: *Pechblende, Uranpecherz, Uranpechblende*, U_3O_8 bzw. $UO_2 \cdot 2\ UO_3$, (kristallin als Uraninit bekannt); *Cleveit*, (Pb, Y, Th, Ce, Fe, Er), *Oxide*/U_3O_8, *Carnotit*, *Kalium-Uranylvanadat*, $2\ KUO_2(VO_4) \cdot 3\ H_2O$; *Tobernit*, $Cu(UO_2)_2(PO_4)_2 \cdot 8\ H_2O$; *Zeunerit*, $Cu(UO_2)_2(AsO_4)_2 \cdot 8\ H_2O$, und *Autunit*, *Uranit*, $Ca(UO_2)_2(PO_4)_2 \cdot 8\ H_2O$. Das graue, glänzende und weiche Metall kann durch Schmelzflußelektrolyse bestimmter Doppelhalogenide (Na_2UCl_6 oder KUF_5), durch Reduktion von Uranium(IV)-chlorid mit Natrium:
$UCl_4 + 4\ Na \rightarrow U + 4\ NaCl$
oder durch Reduktion von Uranium(IV)-fluorid mit Calcium:
$UF_4 + 2\ Ca \rightarrow U + 2\ CaF_2$
dargestellt werden. U. ist ein radioaktives Element, das sich aus drei natürlich vorkommenden Isotopen zusammensetzt: Uranium I, ^{238}U, $t_{1/2} = 4{,}51 \cdot 10^9$ a, mit 99,276 %; Actiniumuran, ^{235}U, $t_{1/2} = 6{,}84 \cdot 10^8$ a, mit 0,718 % und Uranium II, ^{234}U, $t_{1/2} = 2{,}52 \cdot 10^5$ a, mit 0,0056 %. Außerdem sind künstliche Isotope von ^{227}U bis ^{240}U dargestellt worden. Das Metall reagiert mit molekularem Sauerstoff bei 100 °C zu Uranium(IV)-oxid:
$U + O_2 \rightarrow UO_2$, $\Delta_B H = -1084\ \text{kJ} \cdot \text{mol}^{-1}$
und bei 500 °C zu Uranium(IV,VI)-oxid:
$3\ U + 4\ O_2 \rightarrow U_3O_8$,
mit molekularem Wasserstoff bei 450 °C zu Uranium(III)-hydrid:
$2\ U + 3\ H_2 \rightarrow 2\ UH_3$,
mit molekularem Fluor bei 250 °C zu Uranium(VI)-fluorid:
$U + 3\ F_2 \rightarrow UF_6$, $\Delta_B H = -2163\ \text{kJ} \cdot \text{mol}^{-1}$
und bei 400 °C zu Uranium(IV)-fluorid:
$U + 2\ F_2 \rightarrow UF_4$, $\Delta_B H = -1854\ \text{kJ} \cdot \text{mol}^{-1}$.
Das Uranium(VI)-fluorid, UF_6, das leicht flüchtig ist, ist zur Trennung der Uraniumisotope besonders geeignet. Ab 1945 besitzt U. für die Energieerzeugung und die Darstellung der Transurane besondere Bedeutung.
Uranpecherz, Pechblende, U_3O_8, z. T. $(U, Th)O_2$, kommt meist in derben, dichten schwarzen Massen vor. Die nierenartig-traubige Form weist auf kolloidale Ausflockung bei der Bildung hin. Das Uranicum der Pechblende zerfällt in geringen Mengen durch inneratomare Vorgänge zu Radium und dieses weiter zu Uranblei. Pechblende findet man in Pegmatiten, auf hydrothermalen Lagerstätten oder sedimentär in kohlenstoffreichen Sedimenten.
Uranyl-, UO_2^{2+}-Ionen, die in einer Vielzahl von Uranium(VI)-Verb. enthalten sind.
Ureide, R—CO—NH—CO—NH$_2$ oder cyclische
U. $\begin{array}{c} \text{NH—CO—NH} \\ | \quad\quad\quad | \\ \text{CO—R—CO} \end{array}$ ↗ Carbonsäurederivate, in denen die Hydroxylgruppe durch die Harnstoffgruppe, —NH—CO—NH$_2$, ersetzt ist. Es sind gut kristallisierende Verb., die aus Carbonsäurechloriden und Harnstoff hergestellt werden. Verschiedene U. sind Schlafmittel. Cyclische U. werden zu den ↗ Heterocyclen gezählt, z. B. ↗ Barbitursäure, ↗ Pyrimidinbasen wie Cytosin, Uracil, Thymin und die Gruppe der Purine mit ↗ Harnsäure, ↗ Alloxan, Xanthin und Coffein.

Urethane, $R-O-\underset{\underset{O}{\|}}{C}-N\begin{smallmatrix}R^1\\R^2\end{smallmatrix}$, Kohlensäurederivate, die als Ester der Carbamidsäure, HO—CO—NH$_2$, aufgefaßt werden können. U. sind meist gut kristallisierende Verb. Derivate mit p-Nitrophenyl- oder Naphth-1-yl-gruppen dienen deshalb zum Nachweis und zur Identifizierung von Alkoholen. U. werden aus Chlormethansäureestern durch Umsetzung mit Aminen

$R-O-CO-Cl + H-N\begin{smallmatrix}R^1\\R^2\end{smallmatrix} \longrightarrow HCl + R-O-CO-N\begin{smallmatrix}R^1\\R^2\end{smallmatrix}$

oder durch die Reaktion von ↗ Isocyanaten mit Alkoholen:
R—OH + CON—R' → R—O—CO—NH—R'
erhalten.
↗ Poly-U. sind vielseitig verwendbare Plaste.
Uridin, ↗ Nucleoside.
Urotropin, ↗ Hexamethylentetramin.
Urtitersubstanz, Substanz, die in der Maßanalyse (↗ Volumetrie) zur Bestimmung des genauen Gehaltes, d.h. der genauen Konzentration der hier zu verwendenden Maßlösungen, über den Ablauf einer definierten chem. Reaktion, meist Neutralisations-, Fällungs- oder Redoxreaktion, verwendet wird. Eine U. muß ein Stoff von sehr hohem Reinheitsgrad sein, der sich unter atmosphärischen Bedingungen chem. nicht verändert und seine stöchiometrische Zusammensetzung exakt beibehält. So lassen sich z.B. die Konzentrationen von Säurelösungen über Umsetzungen mit reinstem, wasserfreiem Natriumcarbonat sehr genau bestimmen. Weitere U. sind Arsen(III)-oxid, Eisen(III)-oxid, Kaliumdichromat, Kaliumpermanganat, Natriumoxalat, Oxalsäure, Silbernitrat u.a.
UsANOVIČ, MICHAIL ILIČ (16.6.1894 bis 15.6. 1981), sowjetischer Chemiker, von dem grundlegende Untersuchungen zur Theorie der Lösungen stammen. Seine Arbeiten zur ↗ Säure-Base-Theorie können als Weiterentwicklung der BRÖNSTEDschen und LEWISschen Theorie gelten.
UV, Abk. für *ultra*violett (↗ Strahlung, ↗ Spektroskope).

V

V2A, Stahllegierung mit Anteilen von Nickel und Chromium, die sich durch ihre Festigkeit und Korrosionsbeständigkeit auszeichnet (»Panzer-Stahl«).
Vakuumdestillation, schonende Variante der ↗ Destillation im Laboratorium wie in der Technik für hochsiedende bzw. temperaturempfindliche Flüssigkeitsgemische (↗ Erdöldestillation), durch Herabsetzung der Siedetemperatur; Druckverminderung führt zu Erniedrigung des Siedepunktes.
Vakuumkristallisation, techn. häufig angewandte Variante der ↗ Kristallisation, bei der aus einer Lösung im Vakuum in relativ geringer Menge Lösungsmittel verdampft wird. Gleichzeitig kühlt sich die Lösung stark ab, da die Verdampfungswärme des Lösungsmittels der Lösung Wärme entzieht. Es ist praktisch eine Kühlungskristallisation ohne Kühlflächen bzw. Wärmetauscher.

Vakuummetallurgie, Bez. für alle metallischen Prozesse zur Herstellung, Raffination und Formgebung (Gießen) von Metallen unter vermindertem Druck. Die Wärmezufuhr erfolgt elektrisch oder mittels Elektronenstrahlen. Vor allem hochschmelzende Metalle (Stahl, Molybdän, Wolfram, Titanium u.a.) werden in sehr reiner Form gewonnen, ebenso Magnesium.
Vakuum-Trommelzellenfilter, kontinuierlich arbeitender, häufig verwendeter Filterapparat zur Abtrennung von Feststoffen aus Suspensionen. In einen Trog mit der zu filtrierenden Suspension taucht eine mit einem Filtertuch bespannte drehbare Trommel ein. Ein gleichzeitig angelegtes Vakuum in diesem Trommelsegment saugt die Flüssigkeit an, während die Feststoffe auf dem Filtertuch zurückbleiben. Mit dem Weiterdrehen der Trommel gelangt die anhaftende Feststoffmenge schließlich zu einem Abnehmer; zugleich wirkt jetzt im Trommelinneren ein schwacher Überdruck, der die Ablösung begünstigt. Eine andere, häufig verwendete Variante ist der Vakuum-Bandzellenfilter, bei dem diese beiden Zonen nacheinander geschaltet sind.
Val, Abk. für das früher verwendete ↗ Grammäquivalent.
Valenzband, ↗ Bändermodell.
Valenzelektronen, Elektronen, die sich auf dem äußeren Energieniveau bzw. Orbital eines Atoms befinden und sich an der chem. Bindung beteiligen können.
Valenzstrichformel, ↗ Strukturformel.
Valenzwinkel, Bindungswinkel in Molekülen. Bei linearen Molekülen ist der V. 180°, im Wasser ∢ HOH = 104,5°. Bild.

$\alpha = \angle \text{HOH} = 104{,}5°$ Valenzwinkel α des Wassers

Valeriansäure, Trivialname für zwei isomere Pentansäuren. n-V. ist die Pentansäure und die Isovaleriansäure, die 3-Methyl-butansäure. Isomer mit diesen ↗ Monocarbonsäuren sind noch die 2-Methyl-butansäure und die Dimethylpropansäure.
L-Valin, Abk. Val, *L-α-Amino-isovaleriansäure,* eine proteinogene ↗ Aminosäure. M 117,1, Schmp. 315°C. V. wird im Biosyntheseweg intakt ins Penicillinmolekül eingebaut (↗ Antibiotika).

$$H_3C\!\!>\!\!CH-CH-COOH$$
$$H_3C\quad\quad\;\;|$$
$$\quad\quad\quad\;NH_2$$

L-Valin

Vanadin, bis zum Jahre 1975 die deutschsprachige Bez. für das chem. Element ↗ Vanadium.

Vanadium,

V Z = 23
$A_{r(1981)} = 50{,}9415$
Ek: [Ar] $3d^3 4s^2$
OxZ: $-1, 0, +1, +2, +3, +4, +5$
$X_E = 1{,}63$
Elementsubstanz:
Schmp. 1 900 °C
Sdp.   3 450 °C
$\varrho = 5{,}8 \text{ kg} \cdot l^{-1}$

chem. Element (↗ Elemente, chem.). *Vanadium*, Symbol: V, 1. Element der 5. Nebengruppe des PSE (↗ Nebengruppenelemente, 5. Nebengruppe des PSE). V. ist die Bez. für alle Atome, die 23 positive Ladungen im Kern (also 23 Protonen) besitzen: Kernladungszahl $Z = 23$. Die Hülle des neutralen Atoms besteht aus 23 Elektronen, von denen die möglichen Valenzelektronen die Konfiguration $3d^3 4s^2$ besitzen. In Verb. werden Oxidationsstufen eingenommen, die durch die Oxidationszahlen OxZ $-1, 0, +1, +2, +3, +4$ und $+5$ charakterisiert sind.
V. wurde 1830 von SEFSTRÖM in einem schwedischen Eisenerz entdeckt. Bis 1975 war der deutschsprachige Name des Elements *Vanadin*. Vanadiumerze kommen häufig vor, selten jedoch in größeren Anreicherungen: *Patronit*, VS_4; *Vanadinit*, $Pb_5[VO_4]_3Cl$; *Roscoelit*, *Vanadiumglimmer*, $K(V, Al)_2[AlSi_3O_{10}](OH, F)_2$; *Descloizit*, $PbZn[VO_4]OH$, und *Carnotit*, $2 K(UO_2)[VO_4] \cdot 3 H_2O$.
Zur Darstellung von metallischem V. wird das eingesetzte Mineral in das Vanadium(V)-oxid überführt und bei 950 °C mit Calcium reduziert:
$V_2O_5 + 5 Ca \rightarrow 2 V + 5 CaO$.
Das Metall ist stahlgrau, sehr hart, in reinstem Zustand duktil. Es ist an der Luft beständig, wird von vielen Basen und Säuren nicht angegriffen, jedoch von Salpetersäure und Königswasser gelöst. In direkter Synthese vereinigt es sich mit den Elementsubstanzen Sauerstoff zu Vanadium(V)-oxid:
$4 V + 5 O_2 \rightarrow 2 V_2O_5$, $\Delta_B H = -1560 \text{ kJ} \cdot \text{mol}^{-1}$,
Stickstoff zu Vanadium(III)-nitrid:
$2 V + N_2 \rightarrow 2 VN$,
Silicium zu Vanadium(II)-silicid:
$2 V + Si \rightarrow V_2Si$
und Vanadium(IV)-silicid:
$V + 2 Si \rightarrow VSi_2$
und mit Kohlenstoff zu Vanadium(IV)-carbid:
$V + C \rightarrow VC$
bzw. Vanadium(II)-carbid:
$2 V + C \rightarrow V_2C$.
V. wird in der Eisen- und Stahlindustrie verwendet, z. B. als Ferrovanadium. Es dient auch als Filter für Röntgenstrahlen.

Vanadium(V)-oxid, V_2O_5, auch Vanadiumpentoxid, rotgelbes bis ziegelrotes Pulver aus orthorhombischen Kristallnadeln (Schmp. 670 °C, Sdp. 1 800 °C). Es kann durch direkte Synthese von metallischem Vanadium mit molekularem Sauerstoff dargestellt werden:
$4 V + 5 O_2 \rightarrow 2 V_2O_5$, $\Delta_B H = -1560 \text{ kJ} \cdot \text{mol}^{-1}$,
wirkt oxydierend und findet als Katalysator in großtechn. Oxydationsverfahren und zur Herstellung von Ferrovanadium Verwendung.

VAN-DER-WAALSsche Gleichung, ↗ Gase.

VAN-DER-WAALSsche Wechselwirkung, VAN-DER-WAALSsche Kräfte, schwächste ↗ zwischenmolekulare Wechselwirkungen von Atomen oder Molekülen (freigesetzte Bindungsenergien von 0,5 bis $5 \text{ kJ} \cdot \text{mol}^{-1}$). Sie setzen sich aus den unspezifisch wirkenden Dispersions-, Orientierungs- und Induktionskräften zusammen. Die Dispersionskräfte entstehen durch die kurzzeitige Wirkung der Ladungsanteile in den Atomen als Dipole. Sie wirken zwischen allen Atomen bzw. Molekülen und bedingen als schwächste Wechselwirkung zwischen den Teilchen z. B. die Kondensation und Kristallisation der Edelgase bei tiefen Temperaturen. Stärker sind die Orientierungskräfte, die zwischen polaren Molekülen (Dipol-Dipol-Wechselwirkung) oder polaren Molekülen und Ionen (Ionen-Dipol-Wechselwirkung) auftreten. Induktionskräfte beschreiben die Polarisierung unpolarer Moleküle durch polare Moleküle oder Ionen. Beide führen zu einer bestimmten Nahordnung der Moleküle, wie sie in Flüssigkeiten oder Lösungen von Salzen (↗ DEBYE-HÜCKEL-Theorie) sowie in den Feststoffen bei Molekülgittern, z. B. Iod, vorliegt.

Vanillin, ↗ ätherische Öle.

VAN'T HOFF, JACOBUS HENRICUS (30. 8. 1852 bis 1. 3. 1911), niederländischer Chemiker, entwickelte 1874, unabhängig von LE BEL, das Tetraedermodell des Kohlenstoffatoms, begründete die Theorie vom

I. H. VAN'T HOFF

asymmetrischen Kohlenstoffatom und deutete stereochem. die Erscheinung der Isomerie, wobei er auch ungesättigte Verb. in seine Betrachtungen einbezog. Den ersten Nobelpreis für Chemie erhielt der inzwischen in Berlin tätige VAN'T HOFF 1901 für seine grundlegenden Arbeiten auf dem Gebiet der chem. Dynamik, der Theorie der Lösungen und des osmotischen Drucks. Ab 1877 gab er gemeinsam mit W. OSTWALD die »Zeitschrift für physikalische Chemie« heraus. Bild.

VAN'T-HOFFsche Gleichung, ↗ Osmose.

VAN'T-HOFFsche Reaktionsisobare, Reaktionsisochore, aus dem 2. ↗ Hauptsatz der Thermodynamik ableitbare (↗ freie Enthalpie) Beziehungen für die Temperaturabhängigkeit der ↗ Gleichgewichtskonstante K:

p = konst.: d ln K/dT = $\Delta_R H / RT^2$

$\Delta_R H$ Reaktionsenthalpie, ↗ Enthalpie
R Gaskonstante

v = konst.: d ln K/dT = $\Delta_R U / RT^2$

$\Delta_R U$ Reaktionsenergie, ↗ innere Energie

Damit läßt sich das Prinzip von ↗ LE CHATELIER erklären, und es können entsprechende quantitative Betrachtungen ausgeführt werden.

VAN'T HOFFsche Regel, ↗ Reaktionskinetik.

VAUQUELIN, LOUIS NICOLAS (1763 bis 1829), französischer Chemiker, bearbeitete sehr erfolgreich Gebiete der anorg. und org. Chemie. Er entdeckte das Chromium und stellte aus dem Beryll eine weiße »Erde«, das Berylliumoxid, dar. In Frankreich wurde wegen des süßen Geschmacks dieser Erde der Name »Glycinium« gewählt. Den Namen Beryllium prägte ↗ KLAPROTH.

VB-Methode, ↗ chem. Bindung, wellenmechanische Deutung.

Verätzen, lebendes Gewebe wird durch Chemikalien, vorrangig Säuren und Alkalien, entzündet bzw. zerstört. Schleimhäute und die Hornhaut des Auges sind besonders empfindlich. Die Schädigung ist abhängig von der Art des Ätzstoffes, der Dauer der Einwirkung und der Konzentration der entsprechenden Chemikalien. Durch Arbeitsschutzbekleidung, einschließlich Schutzbrillen, sind Verätzungen beim Arbeiten mit Chemikalien zu verhindern.

Verbindungen, chem., reine Stoffe, die aus einem Element (↗ Elementverb.), meist jedoch aus zwei oder mehreren Elementen bestehen. Verb. haben andere chem. und physikal. Eigenschaften als die an ihrer Bildung beteiligten Elemente. V. haben i. allg. eine reproduzierbare stöchiometrische Zusammensetzung (↗ daltonide V.; ↗ berthollide V.). Die V. mit Atombindung bestehen aus Molekülen als kleinsten Teilchen, solche mit Ionenbeziehung bestehen aus positiven Kationen und negativen Anionen, die in einem Gitter eingeordnet sind.

Verbrennen von Rückständen, ↗ Müllverbrennung.

Verbrennung, relativ schnell ablaufender chem. Vorgang, bei dem eine Substanz im Regelfall mit Sauerstoff (molekularem Sauerstoff oder sauerstoffabgebenden Verb.) oxidiert wird, im Ausnahmefall auch mit Chlor oder anderen Oxydationsmitteln reagiert. Eine V. wird durch die Entzündung, z. B. durch Erreichen der erforderlichen Entzündungstemperatur, ausgelöst. In den meisten Fällen vollzieht sich eine V. unter Wärme-, Licht- und z. T. auch Flammenentwicklung. Die entstehenden Reaktionsprodukte sind fast immer oxidische Verb. und werden trivial als *Aschen* bezeichnet. Der Verlauf einer V. wird durch die Reaktionsgeschwindigkeit bestimmt, so daß mit steigender Reaktionsgeschwindigkeit von

Verbrennung ◀ Verpuffung ◀ Explosion ◀ Detonation

gesprochen wird.

Verbrennungswärme, in ↗ Kalorimetern gemessene ↗ Reaktionswärme der Verbrennung von Stoffen (↗ Enthalpie), mit deren Hilfe nach dem ↗ HESSschen Satz ↗ Bildungswärmen ermittelt werden können. Die auf 1 kg festen oder flüssigen bzw. 1 m³ gasförmigen ↗ Brennstoff bezogene V. bezeichnet man als *Heizwert*.

Verbundwerkstoffe, Sandwichbauweise, Werkstoffkombinationen, die auf Grund ihrer speziellen räumlichen Anordnung eine wesentliche Erhöhung der Festigkeitswerte ergeben, historisches Beispiel Lehm-Ziegenhaar-Mischung (Turmbau zu Babel), heute z. B. ↗ Plattieren, ↗ GUP.

Verdampfen, Einengen, thermische Grundoperation zum unvollständigen Abtrennen eines leichtflüchtigen Anteils (Lösungsmittel) aus einer Lösung o. ä. durch Verdampfen. Die dazu benötigte Wärmeenergie wird im Verdampfer vorwiegend durch eingebaute, dampfbeheizte Rohrschlangen indirekt übertragen. Die Abwärme der ↗ Brüden wird zur Beheizung jeweils des nächsten nachgeschalteten Verdampfers verwendet. Die dabei jeweils verminderte Dampftemperatur wird durch gleichzeitig stufenweise verminderten Druck im Verdampfungsraum ausgeglichen.

Verdampfung, Überführung einer Flüssigkeit in den gasförmigen Aggregatzustand. Die Energie, die zur Überwindung der zwischenmolekularen Kräfte und des äußeren Druckes notwendig ist, heißt Verdampfungswärme.

Verdampfungswärme, ↗ Dampfdruck.
verdorbene Luft, so bezeichnete ↗ SCHEELE den Anteil der Luft, der die Verbrennung nicht mehr unterhält.
Verdrängungsreaktion, Reaktionstyp der anorg. Chemie. Das Salz einer leichter flüchtigen Säure (NaCl) reagiert mit einer schwerer flüchtigen Säure (H_2SO_4), es entstehen das Salz der schwerer flüchtigen Säure ($NaHSO_4$) und die leichter flüchtige Säure (HCl):
$NaCl + H_2SO_4 \rightarrow NaHSO_4 + HCl$.
Die V. dient besonders zur Darstellung von Gasen, z. B. von HCl, H_2S, CO_2, SO_2.
Verdunstung, langsamer Übergang vom flüssigen in den gasförmigen Aggregatzustand.
Veresterung, chem. Reaktion, bei der aus einem Alkohol und einer Säure ein ↗ Ester und Wasser gebildet werden:
$R—OH + HO—CO—R' \rightleftharpoons R—O—CO—R' + H_2O$.
Die V. ist auch mit anorg. Sauerstoffsäuren und Halogenwasserstoffen möglich. Sie wird durch Protonen katalysiert und verläuft als chem. Gleichgewicht. Die Umkehrung der V. ist die ↗ *Hydrolyse*, die auch als ↗ *Verseifung* bezeichnet wird.
Verfahren, alle Einrichtungen und Vorgänge, mit deren Hilfe techn. Erzeugnisse hergestellt werden können, ↗ Prozeß.
Verfahrensstufe, *1. Untergliederung eines Verfahrens* in:
– Vorstufe/Vorbereitung der Stoffe,
– Hauptstufe/Verarbeitung der Stoffe,
– Nachstufe/Aufarbeitung der Verarbeitungs-Produkte zu Verkaufsprodukten.
Damit bilden mehrere V. das verfahrenstechn. System »Verfahren«.
2. wird diese *Grundstruktur eines Verfahrens* mit
– Vorbereitungsphase,
– Hauptphase,
– Aufarbeitungsphase
bezeichnet (»Phasenstruktur eines Verfahrens«), so gilt dann:
– Mehrere Verfahren sind oft hintereinandergeschaltet, um ein Finalprodukt zu erzeugen; sie bilden den Produktionsprozeß zur Herstellung dieses Produkts.
– Jedes Verfahren ist durch seine charakteristische 3-Phasen-Struktur gekennzeichnet und endet mit einem verkaufsfähigen Produkt (hier: Zwischenprodukt); seine Herstellung stellt eine V. im Gesamtprozeß dar.
– Damit wird der Prozeß aus mehreren aufeinanderfolgenden V. aufgebaut.
Verfahrenstechnik, technologische Ingenieurwissenschaft, deren Gegenstand der Entwurf, die Projektierung sowie der Betrieb von Verfahren und Anlagen der industriellen Stoffwandlung ist.
Verflüssigung von Gasen, ↗ JOULE-THOMSON-Effekt.
Vergällung, *Denaturierung*, Methode, um für techn. Zwecke verwendetes Ethanol für Genußzwecke unbrauchbar zu machen. Die V. erfolgt durch geringe Zusätze von übelriechenden und/oder widerwärtig schmeckenden, teilweise giftigen Stoffen. Als Vergällungsmittel werden u. a. Methanol, Aceton, Benzin, Benzen, Pyridinbasen, Terpentinöl, Phenolphthalein und Phthalsäureester eingesetzt.
Vergaserkraftstoffe, VK, Brennstoffe, deren chem. gebundene Energie durch Verbrennung im Motor in mechanische Arbeit umgewandelt wird. Als V. dienen Benzin, Benzen, Alkohole, Propan und Butan. Wichtig ist eine hohe Klopffestigkeit, die chem. (↗ Reforming-Verfahren) oder durch Zusätze (↗ Bleitetraethyl) gesichert wird.
Vergasung von Kohle, techn. wichtige Variante der stoffwirtschaftlichen und energetischen Kohleveredlung, vor allem für minderwertige Braunkohlen. Dabei wird die Kohlesubstanz (Rohkohle, aber auch Briketts, Koks, Kohlestaub) mit Luft bzw. Sauerstoff und/oder Wasserdampf in Luft- bzw. Generatorgas, Wassergas oder Mischgas (↗ Synthesegas) umgesetzt. Als Nebenprodukte fallen wertvolle ↗ Teere an.
↗ Druckvergasung, ↗ WINKLER-Generator, ↗ Luftgas, ↗ Wassergas.
Verkokung von Kohle, Hochtemperatur-Entgasung, trockene Destillation, ältestes Verfahren der Kohleveredlung, Entgasung von Kohle bei hohen Temperaturen (1000 bis 1200 °C). Früher auf Steinkohle beschränkt, wird heute in großem Ausmaß auch Braunkohle verkokt.
Verkokung von Steinkohle: Sie erfolgt durch indirekte Erwärmung in Kammeröfen (Oberofen). Jeweils eine luftdicht verschlossene Kokskammer, in die von oben Kohle eingefüllt wurde, ist von zwei Brennkammern umgeben, in denen mit Brennern Heizgas verbrannt wird: ein Brenngas, das, ebenso wie die Verbrennungsluft, durch Nutzung der Wärme der heißen Abgase im Unterofen (↗ Regenerativfeuerung) vorgewärmt worden ist. Bei der Kondensation der Entgasungsprodukte entstehen vor allem Steinkohlenteer, BTX-Aromaten, Ammoniakwasser, Schwefelwasserstoff und Kokereigas (H_2, CO, CH_4, N_2, CO_2, C_2H_4). Der Koks wird abgezogen und mit Wasser gekühlt. Bis zu 160 Horizontalkammeröfen sind zu einer Batterie zusammengefaßt, jede Ofenkammer ist etwa 45 cm breit, etwa 5 m hoch und 15 m breit. Verkokung von Braun-

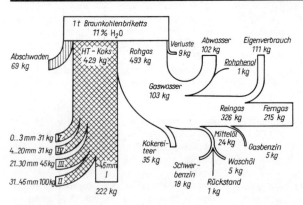

Mengenflußschema der Hochtemperatur-Entgasung von Braunkohle

kohle verläuft in analoger Weise wie die der Steinkohle. Die Kohlekammern werden mit Feinstkornbriketts beschickt. Der BHT-Koks wird mit Inertgas (Stickstoff) gekühlt. Bild.
Veronal®, ↗ Schlafmittel.
Verpuffung, ↗ Verbrennung.
Verschwelung von Braunkohle, ↗ Schwelung.
Verseifung, chem. Reaktion der Esterspaltung, Umkehrung der ↗ Veresterung. Im engeren Sinne bedeutet V. die Seifenbildung bei der Umsetzung eines Fettes, Fettsäureesters, mit Lauge unter Freisetzung von Alkohol, dem Propan-1,2,3-triol.
Versetzungen, wichtigste Gruppe der ↗ Gitterbaufehler.
Verstrecken, eine Nachbehandlung bei der Herstellung von Chemiefasern. Der nach Passieren der Spinndüse erzeugte Faden muß noch verstreckt werden, damit sich alle linearen Makromoleküle vollständig in Fadenrichtung orientieren.
Verteilung, Einstellung eines bestimmten Konzentrationsverhältnisses für einen Stoff A in zwei praktisch nicht mischbaren Flüssigkeiten 1 und 2, die über eine Phasengrenze miteinander in Wechselwirkung stehen. Das sich bei konst. Temperatur einstellende Verteilungsgleichgewicht wird durch den NERNSTschen Verteilungssatz (1891) beschrieben:

$\alpha = c_{A1}/c_{A2}$

α NERNSTscher Verteilungskoeffizient, systemspezifisch.
Bei der Verteilung von Iod zwischen Chloroform und Wasser ist $\alpha = 120$, so daß nach dem Ausschütteln einer wäßrigen Iodlösung mit Chloroform nur $\frac{1}{121} = 0,83\%$ Iod im Wasser zurückbleibt. Auf dem NERNSTschen Verteilungssatz basieren Methoden der Stofftrennung wie das ↗ Ausschütteln und die ↗ Extraktion, deren Wirksamkeit durch aufeinanderfolgende Durchführung im ↗ Gegenstromprinzip erhöht werden kann. Das ist auch das Grundprinzip der Verteilungschromatographie (↗ Chromatographie).
Verweilzeit, Zeitspanne, die eine Reaktionsmischung, ein Stoff, ein gedachtes einzelnes Teilchen o. ä. in einem Reaktor bzw. einem Apparat im Verlauf des Prozesses verbleibt.
Verwitterung, Umwandlung von Gesteinen an der Erdkruste unter dem Einfluß mechanischer, chem. und biologischer Einwirkungen. Durch selektive V. reichern sich stabile Minerale in Seifenlagerstätten an, andere bilden sich neu (↗ Zementationszone).
vicinal, benachbart, in der Nomenklatur Vorsilbe zur Kennzeichnung mehrerer benachbarter Substituenten, z. B. 1,2,3-Trichlor-benzen = vic-Trichlorbenzen.
Viehsalz, durch Zusätze für den Gebrauch als Nahrungsmittel ungeeignet gemachtes Steinsalz.
VILSMEIER-Synthese, chem. Reaktion zur Herstellung von aromatischen ↗ Aldehyden durch Einwirkung eines Gemisches von N-Methyl-N-phenyl-methanoylamid (N-Methyl-formanilid), $HCON(CH_3)(C_6H_5)$, und Phosphoroxidchlorid, $POCl_3$, auf einen Aromaten, der eine elektronenschiebende Gruppierung, wie R—O—, oder $(R)_2N—$ trägt.
Vinyl-, ↗ Trivialname für den Rest $CH_2=CH—$ (Ethenyl-).
Vinylchlorid, $CH_2=CHCl$, wird techn. in großer Menge aus Ethin durch Anlagerung von Chlorwasserstoff hergestellt:

$CH\equiv CH + HCl \rightarrow CH_2=CHCl$.

Die Reaktion ist exotherm und verläuft katalytisch bei etwa 120 °C. V. dient vor allem zur Herstellung von PVC, Polyvinylchlorid.
Vinylverbindungen, $H_2C=CH—R$, techn. wichtige Verbindungsklasse mit der polymerisierbaren Vinylgruppe $H_2C=CH—$. Sie werden aus Olefinen

nach speziellen Methoden oder durch Additionsreaktionen an ↗ Ethin, ↗ REPPE-Synthesen, hergestellt. Die V. sind wichtige ↗ Monomere für die Produktion von Plasten, Harzen und Lackrohstoffen, z. B. von
- Vinylacetat aus Ethin und Ethansäure (R —CO—CH₃)
- Vinylbenzen (↗ Styren), aus Ethylbenzen (R C₆H₅)
- Vinylchlorid aus Ethin und Chlorwasserstoff (R Cl)
- Vinylcyanid (↗ Acrylnitril), aus Ethin und Cyanwasserstoff (R CN)
- Vinylether aus Ethin und Alkoholen (R O—R²)
- Vinylester aus Ethin und Carbonsäuren (R O—CO—R¹)

Der Vinylalkohol ist als Monomeres des Polyvinylalkohols nicht isolierbar, da sich als Addukt aus Ethin und Wasser das isomere Ethanal bildet:

HC≡CH + H₂O —Kat.→ [H₂C=CH—OH] ⟶ H₃C—C(=O)H

VIS, Abk. der englischen Übersetzung *vis*ible für das deutsche Wort sichtbar (↗ Strahlung, ↗ Spektroskopie).

Visbreaking, milderes thermisches ↗ Cracken hochsiedender Fraktionen bei 400 bis 500 °C, um niedrigsiedende stoffwirtschaftlich verwendbare Produkte daraus herzustellen.

Visiergraupen, ↗ Zinnstein.

Viskosefaser, ↗ Regeneratfaser auf Cellulosebasis. Um aus Celluloserohstoffen eine konz. Cellulosespinnlösung herzustellen, sind die die Cellulosestruktur bedingenden Wasserstoffbrückenbindungen teilweise aufzuheben. Durch Einführung der hydrophilen Xanthogenatgruppe wird die Cellulose als Polyanion (Viskose) gelöst und kann im sauren Spinnbad wieder ausgefüllt und versponnen werden (Viskoseseide). Dazu wird Cellulose mit Natronlauge zu Natriumcellulose umgesetzt, die mit Schwefelkohlenstoff reagiert:
Cellulose—ONa + CS₂ ⇌ Cellulose—O—CS₂Na
2 Cellulose—O—CS₂Na + H₂SO₄
→ 2 Cellulose—OH + Na₂SO₄ + 2 CS₂.

Viskoseseide, ↗ Cellulose.

Viskosität, auch Zähigkeit oder innere Reibung, Eigenschaft von Flüssigkeiten und Gasen, die durch ↗ zwischenmolekulare Wechselwirkungen hervorgerufen wird. Diese bedingen die Aufwendung einer Kraft, um eine Strömung der Flüssigkeiten und Gase zu erzeugen und aufrechtzuerhalten. Als dynamische V. η bezeichnet man diese Kraft F bezogen auf die hypothetische Berührungsfläche S der strömenden Flüssigkeitsschichten und deren Geschwindigkeitsunterschied
$q = dv/dx$,
$\eta = F/(S \cdot q)$ (Bild).

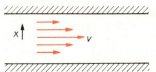

Unterschiedliche Strömungsgeschwindigkeit v in einem Rohr durch die Viskosität des strömenden Stoffes

Sie wird in der Einheit Pascalsekunde Pa·s angegeben: 1 Pa·s = 1 m⁻¹·kg·s⁻¹. Nicht mehr gebräuchlich ist die Einheit Poise: 1 P = 10⁻¹ Pa·s. Der Kehrwert der dynamischen V. stellt die Fluidität eines Stoffes dar. Das Verhältnis der dynamischen V. η zur Dichte ϱ bezeichnet man als kinematische V. $\nu = \eta/\varrho$. Mit zunehmender Temperatur verringert sich die V. stark. Zur Messung der dynamischen V. von Flüssigkeiten nutzt man aus, daß von ihrer Größe η das Flüssigkeitsvolumen V abhängt, das in der Zeit t durch ein Rohr der Länge l und des Radius r bei einem Druckgefälle Δp zwischen den Rohrenden fließt (POISEUILLEsche Gleichung:
$\eta = \pi \cdot r^4 \cdot \Delta p \cdot t/8V \cdot l)$.

Eine weitere Meßmethode beruht auf der Ermittlung der konst. Geschwindigkeit v kugelförmiger Teilchen mit dem Radius r in einer Flüssigkeit unter Einwirkung der Schwerkraft F (STOKESsches Gesetz:
$F = 6 \pi \cdot \eta \cdot r \cdot v)$.

Vitamine, chem. sehr heterogene Wirkstoffe, die in der Natur bis auf seltene Ausnahmen nur in Pflanzen und Mikroorganismen produziert werden. V. sind zur Erhaltung des tierischen und menschlichen Körpers unerläßlich und werden ihm mit der Nahrung zugeführt. In manchen Fällen ist der Körper in der Lage, das V. aus in der Nahrung vorhandenen Vorstufen, sogenannten Provitaminen, zu synthetisieren. V. werden mit lateinischen Großbuchstaben und im Bedarfsfall mit Ziffern als Indizes bezeichnet. Bisher sind etwa 20 V. bekannt.

V. A_1 *(Retinol)* entsteht im Körper aus dem als Provitamin A wirkenden Caroten (↗ Carotenoide), ist fettlöslich und stellt chem. ein monocyclisches Diterpen (↗ Terpene) dar. Schmp. 64 °C.

Vitamin A₁ (Retinol)

V. B_1 *(Thiamin)* enthält einen Pyrimidin- und einen

Thiazolring, ist wasserlöslich und kommt besonders reichlich in Hefen und in Getreidekeimlingen vor. Schmp. 245 bis 248 °C.

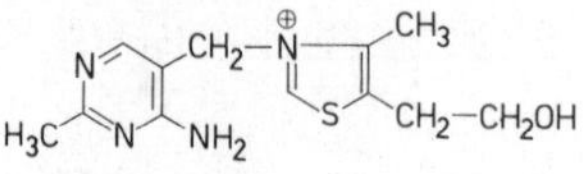

Vitamin B_1 (Thiamin)

Als *V. B_2-Komplex* wird eine Gruppe von fünf wasserlöslichen Verb. zusammengefaßt, zu denen unter anderem Folsäure und Pantothensäure gehören. Das Folsäuremolekül enthält die p-Aminobenzoesäure, die Glutaminsäure und ein Pteridinderivat. Bild 1.

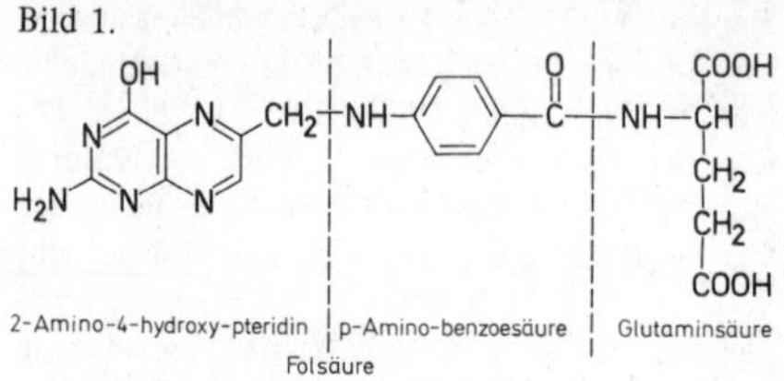

2-Amino-4-hydroxy-pteridin | p-Amino-benzoesäure | Glutaminsäure
Folsäure

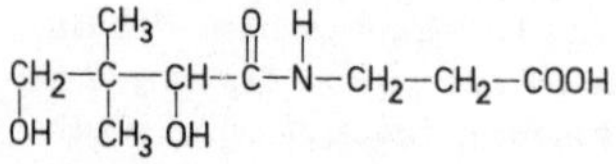

Pantothensäure

Bild 1. Zwei Vitamine des B_2-Komplexes

V. C (L-Ascorbinsäure) ist wasserlöslich und kommt besonders reichlich in frischem Gemüse und Obst vor. Schmp. 192 °C.

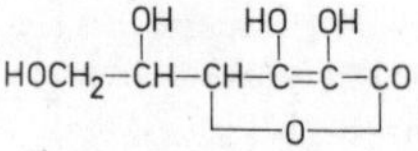

Vitamin C (L-Ascorbinsäure)

V. D umfaßt eine Gruppe fettlöslicher, chem. mit den ↗ Steroiden verwandter Stoffe. Sie entstehen in der menschlichen Haut aus Vorstufen (Provitaminen), z. B. Ergosterol, durch UV-Bestrahlung. Bild 2.
Im Gegensatz zu ↗ Hormonen haben V. keine Regulierungsfunktion. Ihre Wirkung beruht darauf, daß sie als notwendiger Bestandteil von Coenzymen oder prosthetischen Gruppen (↗ Enzyme) eine biokatalytische Funktion ausüben. Mangel oder völliges Fehlen von V. führt zu typischen Krankheitsbildern. Tabelle.

Typische Symptome bei Vitaminmangel

Vitamin	Mangelsymptom
A_1	Nachtblindheit
B_1	Beriberi-Krankheit (Störung der Herzfunktion und der Nerventätigkeit)
B_2-Komplex	Blutmangel, verschiedene Stoffwechselstörungen
C	Skorbut, Anfälligkeit gegen Infektionen
D	Rachitis (Ca-Mangel in den Knochen)

Vitriol, e, Trivialname für ↗ Sulfate, die fünf oder sieben Moleküle Wasser angelagert haben, also Penta- oder Heptahydrate darstellen. So ist z. B. Kupfervitriol das Pentahydrat des Kupfer(II)-sulfats, $CuSO_4 \cdot 5 H_2O$; das Manganvitriol das Pentahydrat des Mangan(II)-sulfats, $MnSO_4 \cdot 5 H_2O$; das Zinkvitriol jedoch das Heptahydrat des Zinksulfats, $ZnSO_4 \cdot 7 H_2O$. Die Struktur der V. ist dadurch bestimmt, daß vier bzw. sechs Moleküle Wasser komplex an das Kation gebunden sind, d. h. daß Tetraaqua- bzw. Hexaaqua-Komplexe bestehen, während sich das restliche Molekül Wasser durch Wasserstoffbrückenbindung am Sulfation befindet. Die Formel für Kupfervitriol ist demnach wie folgt zu formulieren: $[Cu(H_2O)_4] \cdot SO_4 \cdot H_2O$.

Vitrokeramik, Glaskeramik, Glasart mit keramischen Eigenschaften. Sie wird aus Gläsern durch gesteuerte Kristallisation hergestellt. Die homogenen, mikrokristallinen Werkstoffe zeichnen sich durch hohe Festigkeit und Temperaturwechselbeständigkeit aus.

VK, ↗ Vergaserkraftstoff.

Volldünger, ↗ Mehrnährstoffdünger, die K-, P- und N-Komponenten enthalten.

Vollraumkontakt, ↗ Kontakt-Anordnung, bei der der Reaktor vollständig mit körniger Katalysatorschüttung gefüllt ist. Diese Verfahrensweise ist

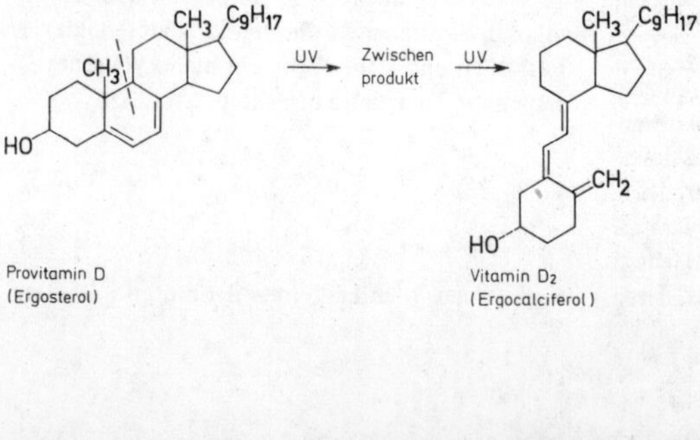

Provitamin D (Ergosterol)

Vitamin D_2 (Ergocalciferol)

Bild 2. Provitamin D und Vitamin D_2

nur bei Reaktionen möglich, bei denen keine erheblichen Wärmemengen zu- oder abgeführt werden müssen (thermoneutrale Reaktionen).
Voltametrie, elektrochem. Indikationsverfahren zur Bestimmung des ↗ Äquivalenzpunktes bei ↗ Titrationen, wobei unter konstanter Stromstärke, deren Wert weit unter der des Diffusionsgrenzstromes (↗ Polarographie) zu Titrationsbeginn liegt, die Spannung in Abhängigkeit vom zugesetzten Lösungsvolumen gemessen wird. Die V. ist wie die ↗ Amperometrie aus der ↗ Polarographie abgeleitet. Sind die zu analysierende Substanz und der zugegebene Stoff in unterschiedlichen Spannungsbereichen oxydierbar oder reduzierbar, erreicht die Spannung bei Verwendung einer polarisierbaren ↗ Elektrode nach starkem Abfall oder Anstieg am Äquivalenzpunkt einen Grenzwert und mit zwei polarisierbaren Elektroden ein Maximum oder Minimum.
Volumenarbeit, Arbeit $\Delta W = -p \cdot \Delta V$, die bei konst. Druck p einem System durch Verringerung seines Volumens (negatives ΔV) zugeführt wird (positives ΔW) oder die es durch Vergrößerung seines Volumens (positives ΔV) leistet (negatives ΔW).
Volumenkontraktion, Verminderung des Volumens beim Mischen von Stoffen, das Gesamtvolumen ist geringer als die Summe der Einzelvolumina, z. B. beim Mischen von Wasser mit Ethanol (↗ Mischung).
Volumetrie, *Maßanalyse, Titrimetrie*, quantitative Analysenmethode zur Bestimmung eines Substanzgehaltes in Lösungen (bzw. Gasen) durch vollständige Reaktion volumenmäßig dimensionierter Stoffe. Zunächst wird die quantitativ zu bestimmende Substanz in einem Meßkolben gelöst und auf einen definierten Umfang der Lösung (z. B. auf 100 ml) verdünnt. Dann wird mit einer Pipette ein genau abgemessenes Volumen (z. B. 10 ml, die damit ein Zehntel der zu bestimmenden Substanzmenge enthalten) entnommen und in einen Titrierbecher gebracht. Nun wird mit dieser Lösung eine damit reagierende *Maßlösung* genau bekannter Konzentration langsam, z. T. tropfenweise, mittels einer Bürette so lange zugesetzt, bis die Reaktion abgeschlossen, d. h. die vollständige Umsetzung gerade erreicht ist (↗ Äquivalenzpunkt). Der Äquivalenzpunkt kann am Farbumschlag eines zugesetzten Indikators, an der Änderung der Eigenfarbe der Maßlösung oder der Untersuchungslösung bzw. durch elektrochem. Methoden (↗ Konduktometrie, ↗ Potentiometrie, ↗ Voltametrie) erkannt werden. Aus dem genauen Verbrauch der Maßlösung ist der Gehalt der zu bestimmenden Analysensubstanz zu berechnen. Bei einer direkten Titration wird bis zum Äquivalenzpunkt titriert. Bei der indirekten Titration wird eine bestimmte Menge Maßlösung im Überschuß zugegeben. Die Menge der unverbrauchten Maßlösung wird anschließend titrimetrisch bestimmt (Rücktitration). Subtrahiert man diesen Wert von der eingesetzten Menge, erhält man den Verbrauch an Maßlösung für die Berechnung. Die V. kann nach der Art der sich zwischen der Untersuchungssubstanz und den eingesetzten Maßlösungen vollziehenden Reaktionen unterschieden werden, z. B. ↗ Acidimetrie: V. von Säuren oder Basen durch Einsatz von Basen oder Säuren als Maßlösungen; ↗ Oxydimetrie: V. von oxydierbaren Substanzen durch Oxydationsmittel als Maßlösungen, ↗ Manganometrie, ↗ Iodometrie. Zur Berechnung gilt folgende Gleichung:

$$m_1 = \frac{v_1 \cdot M_1 \cdot c_2 \cdot v_2}{v_2}$$

m_1 Masse des zu bestimmenden Stoffes
M_1 molare Masse des zu bestimmenden Stoffes
v_1 Stöchiometriezahl des zu bestimmenden Stoffes
c_2 molare Konzentration der Maßlösung
v_2 verbrauchtes Volumen der Maßlösung
v_2 Stöchiometriezahl des Stoffes der Maßlösung

Bild, Tabelle.

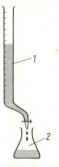

Volumetrie
1 Bürette mit Maßlösung
2 Analysensubstanz mit Indikator

Methoden der Volumetrie (Auswahl)

Methode	Maßlösung	Zu bestimmende Ionen
Oxydimetrie		
Manganometrie	$KMnO_4$	NO_2^-, $S_2O_3^{2-}$, SO_3^{2-}, Fe^{2+}
Iodometrie	I in KI	SO_3^{2-}, H_2O_2, Cu^{2+}
Fällungsanalysen		
Argentometrie	NaCl, $AgNO_3Ag^+$	Cl^-, SCN^-
Neutralisationsanalysen		
Acidimetrie	H_2SO_4, HCl	Hydroxide
Alkalimetrie	NaOH, KOH	Säuren
Komplexometrie	EDTA	Metallionen

Vorfluter, Sammelbez. für jedes natürliche oder künstliche Gewässer, das zur Sicherung einer Binnenentwässerung Wasser aufzunehmen hat.

Vorkondensation, techn. Verarbeitungsweise von Duroplasten, bei der die Polykondensation der Ausgangsstoffe nur bis zu einem gewissen Stadium geführt wird, um sie in einem räumlich und zeitlich davon verschiedenen zweiten Arbeitsgang zu vollenden (↗ Härten).

Vorlage, Teil einer Destillationsapparatur, der das Destillat aufnimmt.

Vorproben, in der qualitativen Analyse an der Substanz direkt durchgeführte chem. Reaktionen, die auf das Vorhandensein bestimmter Ionen hinweisen. V. sind die ↗ Boraxperle, die ↗ Lötrohrprobe, die ↗ Flammenfärbung, das Erhitzen im Glühröhrchen u. a. Reaktionen. In vielen Fällen ist die Aussage der V. nicht eindeutig vom eigentlichen Nachweis zu trennen.

Vorräte, industrielle, durch geologische Untersuchungen nachgewiesene oder vermutete Vorkommen nutzbarer mineralischer Rohstoffe.
Bilanzvorräte sind nachgewiesene Rohstoffe (Tabelle), die den volkswirtschaftlichen Konditionen für Abbau und Verarbeitung entsprechen. Sie gliedern sich in bestätigte, berechnete und geschätzte Bilanzvorräte.

Klassifizierung der geologischen Gesamtvorräte einer Lagerstätte

Geologischer Gesamtvorrat		
Prognostischer Vorrat	Nachgewiesener Gesamtvorrat	
	Bilanzvorrat	Außerbilanzvorrat
	Unterteilt in die Vorratsklassen A, B, C_1, C_2 mit abnehmender Charakterisierungssicherheit	

Vorstoß, Teil einer Destillationsapparatur, der den Kühler mit der ↗ Vorlage verbindet. Bild.

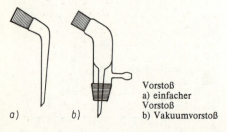

Vorstoß
a) einfacher Vorstoß
b) Vakuumvorstoß

Vorwärmer, Wärmeübertrager, der Einsatzstoffe vorwärmt, z. B. durch Verwendung der Wärme von Abgasen.

VSEPR-Konzept, Abk. für *Valence Shell Electron Pair Repulsion*, Elektronenpaarabstoßungsmodell, Strukturmodell zur Erläuterung der Bindungswinkel in symmetrischen Molekülen der Hauptgruppenelemente. Dabei wird von der Grundannahme ausgegangen, daß sich Elektronen gegenseitig abstoßen und ihre Wirkungssphären dabei einen größtmöglichen Abstand einnehmen. Es werden nicht nur die an der Bindung beteiligten Elektronenpaare betrachtet, sondern auch die aus der Hybridisierungskonzeption resultierenden freien Valenzelektronenpaare einbezogen. Die Elektronen werden nach diesem Modell so um den Atomrumpf angeordnet, daß die Abstände maximale und die Abstoßungskräfte minimale Werte erlangen. Dabei müssen die Abstoßungskräfte freier Elektronenpaare (als n bezeichnet) größer angenommen werden als die gebundener Elektronenpaare (als m bezeichnet), so daß sich ein Abstoßungsverhältnis ergibt:

$n \leftrightarrow n > n \leftrightarrow m > m \leftrightarrow m$

Die vierbindigen Elemente der 2. Periode des PSE bilden geometrische Strukturen, die sich von einem *Tetraeder* ableiten lassen, durch Beteiligung von d-Elektronen sind die Hauptgruppenelemente höherer Perioden zum großen Teil mehr als vierbindig, und ihre geometrischen Strukturen leiten sich von *trigonal-bipyramidalen* oder *oktaedrischen Anordnungen* ab. Bild, Tabelle.

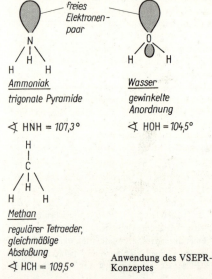

Ammoniak
trigonale Pyramide

∢ HNH = 107,3°

Wasser
gewinkelte Anordnung

∢ HOH = 104,5°

Methan
regulärer Tetraeder, gleichmäßige Abstoßung

∢ HCH = 109,5°

Anwendung des VSEPR-Konzeptes

Geometrische Anordnung von ausgewählten Molekülen nach dem VSEPR-Konzept

Formeltyp	Geometrische Anordnung	Beispiel
AL_2	linear	$BeCl_2, HgCl_2$
AL_2E_2	gewinkelt	H_2O
AL_3E	trigonal pyramidal	$NH_3, AsCl_3$
AL_4	tetraedrisch	CCl_4, NH_4^+
AL_5	trigonal bipyramidal	PCl_5, ClF_5
AL_6	oktaedrisch	SF_6, SiF_6^{2-}

A zentrales Element
L Element
E freies Elektronenpaar

Vulkanfiber, eines der ältesten Kunstprodukte auf Cellulosebasis. V. ist Cellulosehydrat. Es wird durch Quellung und Wasseranlagerung an Cellulose mit Hilfe von Zinkchloridlösungen hergestellt (Pergamentierung) und als Folien, Platten, Dämm- und Isolierstoff verwendet.

Vulkanisation, Verarbeitung des ↗ Kautschuks zu ↗ Gummi. An Stelle der Doppelbindungen tritt in unterschiedlichen Mengen Schwefel, der als Schwefelbrücken benachbarte Makromoleküle verbindet. Damit läßt sich ein gewünschter Elastizitätsgrad des Materials einstellen (Weichgummi 5 bis 10%, Hartgummi 30 bis 50% Schwefel). Zugleich erhöht sich die chem. Stabilität des Materials durch Wegfall der reaktionsfähigen Doppelbindungen des Kautschuks. Die V. erfolgt direkt mit Schwefel bei 100 bis 180 °C (Heißvulkanisation), seltener mit Dischwefeldichlorid (Kaltvulkanisation).

Vulkanite, vulkanische Ergußgesteine, die an der Erdoberfläche erstarrt sind.

W

Waage, Peter (29.6.1833 bis 13.1.1900), norwegischer Chemiker, entdeckte gemeinsam mit ↗ Guldberg das ↗ Massenwirkungsgesetz.

Waagen, für den Chemiker wichtige Geräte zum Vergleich von Massen. Im chem. Laboratorium werden ausschließlich Feinwaagen eingesetzt. Nach Genauigkeit und Empfindlichkeit können drei Typen unterschieden werden.

1. Handwaagen oder Hornschalenwaagen, auch als Apothekerwaagen bezeichnet, ermöglichen ein schnelles Wägen und haben eine Genauigkeit von etwa 100 mg. Sie sind für viele präparative Aufgaben einsetzbar.

2. Präzisionswaagen sind Balkenwaagen mit Arretierung, einer Dreipunktauflage mit Justierungsmöglichkeit nach einer Libelle. Sie sind allgemein bis 2 kg belastbar und haben eine Empfindlichkeit von 0,5 bis 0,05 Skt. · mg^{-1} (Skt. Skalenteile). Diese W. erfüllen alle Anforderungen an Ein- und Auswaagen für präparative Arbeiten. Bild 1.

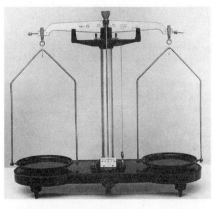

Bild 1. Präzisionswaage

3. Analysenwaagen sind hochempfindliche und sehr genau arbeitende feinmechanische Meßgeräte. Sie sind als Zweischalenwaagen mit Gewichten benutzbar; als moderne Einschalenwaagen werden die Wägestücke über einen Hebelmechanismus aufge-

Bild 2. Analysenwaage

Wachse

legt. Analysenwaagen sind zur Durchführung quantitativer Analysen unbedingt erforderlich. Sie haben eine Empfindlichkeit von 10 Skt. · mg⁻¹, d. h., wird die Belastung um 1 mg erhöht, tritt ein Zeigeranschlag von 10 Skt. auf. Bild 2.

Wachse, Bez. für Stoffe bzw. Stoffgemische mit physikal. Eigenschaften, die dem ↗ Bienenwachs ähneln. *Tier-* und *Pflanzenwachse,* z. B. Bienenwachs, sind Ester höherer Alkansäuren (Fettsäuren) mit höheren Alkanolen. Eine ähnliche Zusammensetzung hat das durch Extraktion von Braunkohle gewonnene ↗ Montanwachs. Das mineralisch vorkommende ↗ Erdwachs und wachsartige Erdöldestillationsprodukte (Weich-, Normal- und Hartparaffin, Vaseline) sind höhere, feste Kohlenwasserstoffe. *Synthetische W.* werden durch Oxydation von Paraffinen der ↗ Fischer-Tropsch-Synthese zu Alkoholen und Alkansäuren und anschließende Veresterung gewonnen.

W. werden vor allem für Oberflächenpflegemittel verwendet, aber auch zur Herstellung von Kerzen, Fettstiften, kosmetischen Artikeln und Skiwachs, als Bestandteil von Druckfarben und Lacken sowie für nicht waschfeste Textilimprägnierungen.

Wackenrodersche Flüssigkeit, Lösung, die durch Einleiten von Schwefelwasserstoff in eine wäßrige Lösung von Schwefeldioxid entsteht und die sich aus einem Gemisch von Polythionsäuren mit Hauptanteil an Tetra- und Pentathionsäure (↗ Schwefelsäure) zusammensetzt.

Wägeglas, kleines Glasgefäß mit eingeschliffenem Glasdeckel zum Einwägen von Testsubstanzen. Bild.

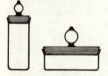

Wägegläschen

Walden-Umkehr, Ablauf der ↗ Substitutionsreaktion an einem ↗ asymmetrischen Kohlenstoffatom, bei dem sich die Konfiguration ändert, aus D-Verb. wird die L-Verb. und umgekehrt erhalten. Ein Reaktionsablauf mit W. wird durch einen Pfeil mit Schleife ausgewiesen ↷. Eine W. wird häufig bei S_N2-Reaktionen beobachtet.

Walrat, tierisches ↗ Wachs, farblose, schuppige Masse. Erstarrungspunkt 45 bis 52 °C. Es kommt in der Kopfhöhle des Pottwals vor. Hauptbestandteil ist der Hexadecansäurehexadecylester (Cetylpalmitat, Palmitinsäurecetylester), $C_{15}H_{31}CO\text{—}O\text{—}C_{16}H_{33}$, aus dem durch ↗ Verseifung reiner Hexadecylalkohol gewonnen wird. W. ist ein wertvoller Ausgangsstoff für kosmetische und pharmazeutische Präparate.

Walter-Verfahren, Verfahren zur Rauchgas-Entschwefelung. Durch Zugabe von Ammoniak, das sich mit dem Schwefeldioxid umsetzt, wird Ammoniumsulfat gebildet. Dieses kann als Düngemittel verwendet werden.

Walzenscheider, elektrostatischer, Apparat zur Phasentrennung von beliebigen trockenen Feststoffgemischen in der Industrie.

Wanderungsgeschwindigkeit, Symbol v, Geschwindigkeit, mit der sich die Ionen eines Elektrolyten in einem elektrischen Feld bewegen, genauer die Strecke, die Ionen in Richtung eines elektrischen Feldes in 1 Sekunde zurücklegen. In Wirklichkeit ist die W. durch die zickzackförmige Bewegung der Ionen infolge ihrer Zusammenstöße größer.

Die W. ist der Größe der Feldstärke:

$E = U/l$

U Spannung
l Elektrodenabstand

proportional: $v = u \cdot E$

Der ionenspezifische Proportionalitätsfaktor u wird als Ionenbeweglichkeit bezeichnet. Diese erhöht sich mit zunehmender Ladung der Ionen (Tabelle). Die Abnahme der Ionenbeweglichkeit mit der Verringerung des Ionenradius kann dadurch erklärt werden, daß bei gleicher Ladung Ionen mit kleinerem Durchmesser eine größere Solvathülle bilden. Für die extrem hohen Ionenbeweglichkeiten der H_3O^+- und OH^--Ionen ist ein besonderer Leitungsmechanismus (Brückenmechanismus) verantwortlich. Er besteht darin, daß durch Existenz von ↗

Ionenbeweglichkeiten (u) und Ionengrenzleitfähigkeiten (v) bei 25 °C

Ion	H_3O^+	Na^+	K^+	Ca^{++}	OH^-	Cl^-	Br^-	SO_4^{2-}
$\dfrac{10^4 \cdot u}{cm^2 \cdot V^{-1} \cdot s^{-1}}$	36,25	5,19	7,62	12,34	20,55	7,91	8,09	16,58
$\dfrac{\lambda}{\Omega^{-1} \cdot cm^2 \cdot mol^{-1}}$	349,8	50,1	73,5	119,0	198,3	76,4	78,1	160

Wasserstoffbrücken Assoziate vorliegen, bei denen durch Anlagerung von H_3O^+- oder OH^--Ionen an einer Stelle des Assoziates an einer anderen dieselben Ionen abgespalten werden.
Das Produkt aus der Ionenbeweglichkeit u und der ↗ FARADAY-Konstante F bezeichnet man als Ionenleitfähigkeit:
$\lambda = u \cdot F$
(Tabelle). Nach dem KOHLRAUSCHschen Gesetz der unabhängigen Ionenwanderung ergibt die Summe der Ionenleitfähigkeiten die molare Leitfähigkeit des Elektrolyten bei unendlicher Verdünnung (Grenzleitfähigkeit):
$\lambda^\infty = \lambda_+ + \lambda_-$ (↗ elektrische Leitfähigkeit).
Die Ermittlung der W. kann mit Hilfe der Messung der Wanderung von Grenzflächen zwischen Elektrolyten erfolgen (Bild). Bei farblosen Elektrolyten wird dazu der Brechungsindex (↗ Brechung) gemessen.

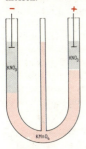

Ermittlung der Wanderungsgeschwindigkeit mit der Methode der wandernden Grenzfläche

Wandtafelkreide, aus ↗ Gips oder ↗ Kreide und verd. Leimlösung als Bindemittel hergestellt. Farbige Kreide besteht aus Gips, dem anorg. ↗ Pigmente zugemischt werden.
Wannenofen, ↗ Glasschmelzofen.
Wärme, Form der Energie, die durch die ungeordnete Bewegung (↗ kinetische Gastheorie, ↗ Molwärme) der Atome oder Moleküle dargestellt wird. Änderungen der W. sind Inhalt der ↗ Hauptsätze der Thermodynamik und stehen im Zusammenhang mit Änderungen der ↗ Temperatur. Vorgänge ohne Wärmeaustausch bezeichnet man als ↗ adiabatisch. Wärmeübertragung ist möglich durch *Wärmekonvektion* (Wärmeströmung, z. B. das Aufsteigen warmer Gase) und *Wärmestrahlung* (ultrarote und sichtbare elektromagnetische ↗ Strahlung). Die bei chem. Reaktionen ausgetauschte Wärme bezeichnet man als ↗ Reaktionswärme. Historisch wurde die Größe der Wärmeenergie in der Einheit ↗ Kalorie, Symbol cal., gemessen. Sie steht zur Energieeinheit ↗ Joule, Symbol J, des internationalen Maßsystems (SI) in der Beziehung 1 cal = 4,185 J. Diese Beziehung wurde 1848 von JOULE entdeckt und als elektrisches Wärmeäquivalent bezeichnet.
Für die Umwandlung von Wärme in mechanische Energie entdeckte R. ↗ MAYER 1842 das mechanische Wärmeäquivalent: 1 cal = 0,427 kp · m (1 kp = 9,807 kg · m/s). Die Wärmeäquivalente waren historisch bedeutsam zur Entdeckung des *Energieerhaltungssatzes*.
Wärmedurchgang, Übertragung von Wärme von einem fluiden Medium auf ein anderes fluides Medium, wobei beide durch eine Wand getrennt sind. Wärmedurchgang findet z. B. in ↗ Wärmeübertragern statt.
Wärmekapazität, Wärmemenge (↗ Wärme), die benötigt wird, um die Temperatur eines Körpers bzw. einer Substanz um 1 Kelvin zu erhöhen. Die W. ist temperaturabhängig. Bezieht man die W. eines Stoffes auf die Masse von einem Gramm bzw. die Stoffmenge von einem Mol, erhält man die *spezifische Wärme* bzw. die ↗ Molwärme. Die Ermittlung der W. als Wasserwert ist bedeutsam bei der ↗ Kalorimetrie.
Wärmeleitfähigkeit, Fähigkeit der Stoffe zum Transport von ↗ Wärme vom Bereich höherer Temperatur zu dem niedrigerer Temperatur. Sie beruht auf der Bewegung der enthaltenen Atome oder Moleküle. Die W. nimmt vom gasförmigen zum festen Aggregatzustand zu. Besonders gute Wärmeleiter sind Metalle (W. meist proportional zur ↗ elektrischen Leitfähigkeit). Die geringste W. findet im ↗ Vakuum statt, was zur Wärmeisolierung in ↗ Dewargefäßen bzw. Thermosgefäßen ausgenutzt wird. Gute Wärmeisolatoren sind weiterhin Luft, Glas, Asbest, Schlacke u. a.
Die Wärmeleitzahl gibt die Wärmemenge an, die in einer Sekunde durch einen Würfel mit der Kantenlänge von einem Zentimeter, zwischen denen eine Temperaturdifferenz von einem Kelvin besteht, übertragen wird.
Wärmepumpe, techn. Einrichtung, die mit Hilfe hochwertiger Energie (Arbeit) Wärme von einem niederen auf ein höheres Temperaturniveau bringt, um diese zu Heizzwecken zu nutzen. Die Wärmequelle im Niedrigtemperaturbereich (Abwasser, Flußwasser, Grundwasser, Luft der Umgebung u. ä.) bringt ein Arbeitsmittel im Verdampfer zum Verdampfen. Dieser Dampf wird dann in einem Kompressor verdichtet (verflüssigt). Dabei wird Wärme auf einem höheren Temperaturniveau frei, die über einen Wärmetauscher zu Heizzwecken dient. Die gewonnene Wärmemenge kann ein Vielfaches der dem Verdichter zugeführten Energie sein. Die Wär-

Wärmespeicher

mepumpe ist die Umkehrung der Kälteanlage (↗ JOULE-THOMSON-Effekt).
Wärmespeicher, Einrichtungen zum Ausgleich der zeitlichen Unterschiede zwischen Angebot und Verbrauch für periodische Schwankungen. Es sind Wasserbehälter, Dampfbehälter, Steinschüttungen (↗ Regenerator) und Hydratspeicher (wasserhaltige Salze) im Einsatz.
Wärmetauscher, ↗ Wärmeübertrager.
Wärmetönung, ältere Bez. für die ↗ Reaktionswärme.
Wärmeübergang, Wärmeübertragung von einem fluiden Medium an eine Wand bzw. umgekehrt.
Wärmeübertrager, Apparatur zur Übertragung thermischer Energie von einem heißen zu einem kälteren fluiden Medium, die meistens durch eine Wand getrennt sind. Bei der Kühlung eines Produktstromes bezeichnet man den W. als Kühler, bei der Erwärmung eines Produktstromes als Vorwärmer (Vorheizer). W., bei denen die Wärme zwischen den zwei fluiden Medien kontinuierlich durch eine Wand übertragen wird, sind ↗ Rekuperatoren. Diskontinuierlich arbeitende W. sind ↗ Regeneratoren.
Waschflasche, *Gaswaschflasche*, Laboratoriumsgerät aus Glas zum Trocknen und Reinigen von Gasen mit Hilfe von Flüssigkeiten. Bild.

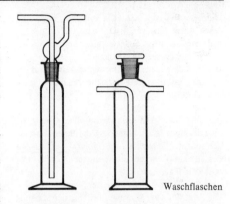

Waschflaschen

Waschmittel, Systeme aus anionischen oder nichtionischen Tensiden, Weißtöner, Schaumregulatoren, Bleichmittel, Enzyme, Ionenaustauscher und Stabilisatoren, die in modernen Vollwaschmitteln zur Entfernung von Schmutz auf textilen Geweben vereinigt sind. Tabelle.
Wichtigstes Tensid wird sicher auch in den nächsten Jahren das lineare Alkylbenzensulfonat bleiben, das hervorragende waschtechn. Eigenschaften, gute biologische Abbaubarkeit und günstige Herstellungskosten aufweist. Enzyme werden zur Spaltung eiweißhaltiger Verschmutzungen in Form al-

Zusammensetzung moderner Vollwaschmittel

Wirkstoffart	Beispiel	Anteil in %	Wirkungsstelle
Tenside	Alkylarylsulfonate, Alkylsulfate, Seifen	10...15	Grenzflächen
Komplexbildner	Pentanatriumtriphosphat	30...40	Grenzflächen
Aufheller	Stilben- oder Pyrazolinderivate	0,1...0,3	Grenzflächen
Schauminhibitoren	spezielle Seifen	2...3	Grenzflächen
Bleichmittel	Natriumperborat	20...30	Schmutzteilchen
Enzyme	alkalische Protease	0,3...0,8	Schmutzteilchen
Stabilisatoren	Ethylendiamintetraacetat	0,2...2,0	Waschbad
Vergrauungsinhibitoren	Carboxymethylcellulose	0,5...2,0	Waschbad
Parfümöle		0,1...0,2	Waschbad
Farbstoffe		0,000 1 bis 0,000 7	Waschbad

kalischer Proteasen eingesetzt. In neuerer Zeit stellt man Waschmittel mit reduziertem Phosphatanteil her (↗ Eutrophierung), denen man zur Bindung von Erdkaliionen feinkörnige Alkalizeolithe (Ionenaustauscher) zusetzt.
Waschpulver, ↗ Waschmittel.
Waschturm, ↗ Kolonne.
Wasser,

> H_2O
> Schmp. 0,00 °C
> Sdp. 100,00 °C
> (bei 101,33 kPa)
> $\varrho_{fl} = 1{,}000\,00$ kg $\cdot$ l^{-1}
> (bei 4 °C)
> ∡ H—O—H = 104°30′

farblose, geruchlose und geschmacklose Flüssigkeit, die etwa 75 % der Erdoberfläche bedeckt und für die Erhaltung des Lebens unentbehrlich ist: Pflanzen enthalten bis zu 90 %, der menschliche Körper zwischen 60 und 70 % ihrer Masse W. Der hohe Siedepunkt des W. ist auf eine Assoziation von Wassermolekülen durch ↗ Wasserstoffbrückenbindung zurückzuführen.
W. wird durch Bindung von Wasserstoff (als Elementsubstanz oder in Verb.) an Sauerstoff gebildet, z. B.:
$2\,H_2 + O_2 \rightarrow 2\,H_2O$, $\Delta_B H = -285{,}9$ kJ $\cdot$ mol^{-1}
oder $4\,NH_3 + 3\,O_2 \rightarrow 2\,N_2 + 6\,H_2O$,
$\Delta_R H = -1\,532{,}4$ kJ $\cdot$ mol^{-1}.
W. ist ein ausgezeichnetes Lösungsmittel für viele Stoffe. Durch die hohe Dielektrizitätskonstante des W. zerfallen viele gelöste Stoffe in Ionen. Bei hohen Temperaturen erfolgt thermischer Zerfall in die Elementverbindungen (bei 2 500 °C sind 4,5 % des W. in molekularen Wasserstoff und Sauerstoff und 5,6 % des W. in Hydroxid-Radikale zerfallen). Die Darstellung reinen W. erfolgt durch Filtration, Ionenaustausch und ↗ Destillation.
Wasser, halbschweres, dem ↗ Wasser analoge Verb. aus ↗ Deuterium, Wasserstoff und Sauerstoff der Formel DHO.
Wasser, schweres, dem ↗ Wasser analoge Verb. aus ↗ Deuterium und Sauerstoff der Formel D_2O.
Wasserbad, ↗ Heizbäder.
Wasserdampfdestillation, spezielles Destillationsverfahren zur Reinigung von Feststoffen bzw. Trennung von Feststoffgemischen. Dazu sind alle die org. Stoffe geeignet, die wasserdampfflüchtig sind.
Wassergas, Heiz- oder Synthesegas aus Kohlenmonoxid und Wasserstoff, das in einem endothermen Prozeß durch Vergasung von Kohlen, Erdgas oder Erdölfraktionen mit Wasserdampf hergestellt wird (↗ Synthesegas).
Wasserglas, wäßrige Lösung von Alkalisalzen der Metakieselsäure, die stark alkalisch reagiert und zum Verkitten von Glas und Porzellan verwendet wird: Natronwasserglas, $[Na_2SiO_3]_n$, und Kaliwasserglas, $[K_2SiO_3]_n$.
Wasserhärte, ↗ Härte des Wassers.
Wasserschadstoffe, schädliche Inhaltsstoffe unterschiedlicher Herkunft. Inhaltsstoffe des Grundwassers entstammen den durchflossenen Gesteinen (hohe Ca^{2+}- und SO_4^{2-}-Konzentration). Auswaschungen aus landwirtschaftlichen Kulturen (NO_3^--Gehalte aus der Gülle, aus Silosickersäften oder starker Stickstoffdüngung, Pflanzenschutzmittel und Spülwasser, Kraftstoffspuren), Sickerwässer aus Deponien aller Art und Zersetzungsprodukte org. Stoffe im Boden. Im Vorfluter spielen daneben noch Reste von Haushaltschemikalien, Benzin, Öl, und org. Schmutzstoffe, vor allem aber die Inhaltsstoffe von Industrieabwässern eine wichtige Rolle.
Wasserstoff,

> H $Z = 1$
> $A_{r(1981)} = 1{,}007\,94$
> Ek: 1s^1
> OxZ: +1, −1
> $X_E = 2{,}20$
> Elementverbindung: H_2
> Schmp. −259,2 °C
> Sdp. −252,76 °C
> $\varrho_{fl} = 0{,}07$ kg $\cdot$ l^{-1}
> $\varrho_g = 0{,}0898\,9$ kg $\cdot$ m^{-3}

chem. Element (↗ Elemente, chem.).
Hydrogenium, Symbol: H, keiner Elementgruppe zugeordnet, W. ist die Bez. für alle Atome, die eine positive Ladung im Kern (also ein Proton) besitzen: Kernladungszahl $Z = 1$. Die Elektronenhülle des neutralen Atoms besteht aus einem Elektron, das als Valenzelektron die Konfiguration 1s^1 besitzt. In Verb. können durch Abgabe dieses Elektrons oder durch Aufnahme eines weiteren Elektrons zwei Oxydationsstufen eingenommen werden, die durch die Oxydationszahlen OxZ +1 und −1 charakterisiert sind. Vom W. sind zwei Isotope bekannt, die, im Gegensatz zu allen anderen Elementen, besondere Namen und Symbole besitzen: ↗ Deuterium, D, und ↗ Tritium, T. Die normale Elementverb. ist der molekulare W., H_2, auch *Diwasserstoff* genannt. Die Moleküle bestehen aus zwei kovalent gebundenen Atomen. Daneben existiert noch als Elementsubstanz der atomare W., H, auch *Monowasserstoff* genannt. Diwasserstoff, H_2, ist 1766 von CAVENDISH

Wasserstoff als Energieträger

entdeckt worden. W. kommt auf der Erde mit etwa 0,87 Masse-% Anteil in Form seiner Verb. (Wasser, Säuren, Basen und org. Verb.) vor. Diwasserstoff ist unter Normalbedingungen ein farbloses, geruchloses und geschmackloses Gas mit tiefliegenden Schmelz- und Siedetemperaturen und sehr geringer Dichte ϱ. Er wird techn. hergestellt durch Reduktion von Wasser mit glühendem Koks:
$H_2O + C \rightarrow H_2\uparrow + CO\uparrow$,
durch Konvertierung von Kohlenmonoxid mit Wasser:
$CO + H_2O \rightarrow H_2\uparrow + CO_2\uparrow$,
durch Reduktion von Wasserstoffionen an der Katode durch elektrischen Strom:
$2H^+ + 2e^- \rightarrow H_2\uparrow$,
durch Reduktion von Wasser mit unedlen Metallen:
$Mg + 2H_2O \rightarrow H_2\uparrow + Mg(OH)_2$,
durch Reduktion von Wasserstoffionen nichtoxydierender Säuren mit unedlen Metallen:
$Zn + 2H^+ \rightarrow H_2\uparrow + Zn^{2+}$.
Diwasserstoff ist insgesamt sehr reaktionsfähig, z. B. leicht brennbar. Er bildet mit Sauerstoff (bzw. mit Luft) und Chlor explosible Gemische (↗ Knallgas):
$2H_2 + O_2 \rightarrow 2H_2O$, $\Delta_B H = -285{,}9\,kJ \cdot mol^{-1}$;
$H_2 + Cl_2 \rightarrow 2HCl$, $\Delta_B H = -92{,}31\,kJ \cdot mol^{-1}$.
Diwasserstoff ist ein gutes Reduktionsmittel:
$CuO + H_2 \rightarrow Cu + H_2O$.
Wichtige Verb. des W. sind: ↗ Wasser, ↗ Ammoniak, ↗ Schwefelwasserstoff und viele andere ↗ Hydride. Diwasserstoff findet techn. Verwendung zur ↗ Hydrierung (↗ Ammoniaksynthese, Benzinsynthese, ↗ Methanolsynthese u. a.) zum autogenen Schweißen und Schneiden, zur Füllung von Fesselballonen usw.

Wasserstoff als Energieträger, ein gegenwärtig diskutiertes Konzept zur künftigen Ablösung von Kohlenstoff bzw. der Kohlenwasserstoffe (Benzin u. ä.) als Primärenergieträger durch eine umweltfreundlichere und vorratsmäßig günstigere Alternative. An Stelle der Oxydation von Kohlenstoff bzw. Kohlenwasserstoffen zur Energiegewinnung würde die Synthese des Wassers aus den Elementen treten, energetisch günstig, ökologisch unbedenklich, bei unbegrenzten Vorräten. Während die sicherheitstechnischen Probleme des Umgangs mit Wasserstoff als künftigem Rohstoff prinzipiell beherrschbar erscheinen, ist seine ökonomisch tragbare Herstellung aus Wasser noch ungelöst.

Wasserstoffbombe, ↗ Kernreaktion.

Wasserstoffbrücke, ↗ Wasserstoffbrückenbindung.

Wasserstoffbrückenbindung, spezifische und starke ↗ zwischenmolekulare Wechselwirkung (freigesetzte Bindungsenergien 10 bis 50 kJ · mol⁻¹, teilweise bis über 100 kJ · mol⁻¹) von Wasserstoffatomen, die an stark elektronegativen Atomen X (vor allem F, O und N) gebunden sind, mit einem freien Elektronenpaar in einem weiteren dieser Atome Y (Bild a). Dieses kann sich im gleichen Molekül (Bild b) oder in einem anderen (Bild c) befinden. Die experimentell gefundene, meist asymmetrische Lage des Protons zwischen den beiden Elektronenpaaren deutet darauf hin, daß die Natur der W. überwiegend in einer elektrostatischen Wechselwirkung des X-H-Dipols mit dem nichtbindenden Elektronenpaar des stark elektronegativen Atoms Y und nur einem geringen Anteil kovalenter Bindung besteht. Man symbolisiert die W. durch einen unterbrochenen Strich, um anzudeuten, daß die Bindung sehr schwach ist (Bild a). Das Vorhandensein von W. bedingt die Eigenschaften zahlreicher anorg. und org. Verb. (z. B. ↗ Wasser, ↗ Säuren und ↗ Lösungsmittel). Da W. bereits bei Normaltemperatur gebildet und getrennt werden können, spielen sie eine bedeutende Rolle im biologischen Stoffwechsel und bei der Bildung biochemischer Strukturen.

a) $-Y| \cdots \overset{\delta-}{H}-\overset{\delta+}{X}$
bzw. $-Y-H-X$

b) Salicylsäure

c) $R-\overset{O-H\cdots O}{\underset{O\cdots H-O}{C}}C-R$ dimer: organische Säuren

polymer: Fluorwasserstoff

Proton in wäßriger Lösung ($H_9O_4^+$-Ion)

Wasserstoffbrückenbindung
a) Bindungsmodell   b) intramolekular
c) intermolekular

Wasserstoffionenkonzentration, früher Konzentration der H^+-Ionen in Wasser bzw. wäßrigen Lösungen. Heute wird vorrangig die der W. zahlenmäßig gleiche Hydroniumionenkonzentration (H_3O^+-Ionen) angegeben.
Die W. bestimmt den ↗ pH-Wert einer Lösung.

Wasserstoffperoxid,

H₂O₂
Schmp. −0,41 °C
Sdp. 150,2 °C
$\varrho_n = 1{,}448$ kg·l⁻¹
∡ H—O—O = 96°52′
∡ H—O—••H = 93°51′

farblose, sirupartige Flüssigkeit, die unter vermindertem Druck unzersetzt destilliert werden kann. Unterhalb des Schmelzpunktes erstarrt W. tetraedrisch kristallin. Eine Darstellung kann durch Hydrolyse von Bariumperoxid:
$BaO_2 + 2 H_2O \rightarrow H_2O_2 + Ba(OH)_2$
oder Peroxodischwefelsäure:
$H_2S_2O_8 + 2 H_2O \rightarrow H_2O_2 + 2 H_2SO_4$,
heute jedoch fast ausschließlich nach dem Anthrachinon-Verfahren erfolgen. W. zeigt sowohl stark oxydierende, z. B.:
$2 Fe^{2+} + 2 H^+ + 6 Cl^- + H_2O_2 \rightarrow 2 H_2O + 2 Fe^{3+} + 6 Cl^-$
als auch reduzierende, z. B.:
$HgO + H_2O_2 \rightarrow H_2O + O_2 + Hg$,
Wirkung. W. wird zum Bleichen und zur Desinfektion verwendet. Eine 30%ige Lösung ist als *Perhydrol* handelsüblich, für medizinische und kosmetische Zwecke dient eine 3%ige wäßrige Lösung.

Wasserstoffperoxidtabletten, zu Tabletten gepreßtes Percarbamid (Harnstoff-peroxohydrat (NH₂)₂CO·H₂O₂). Beim Auflösen in Wasser wird ↗ Wasserstoffperoxid freigesetzt. W. werden für kosmetische Zwecke und zur Wunddesinfektion verwendet.

Wasserstoffsäuren, sauer reagierende wäßrige Lösungen binärer Wasserstoffverbindungen, z. B. Salzsäure, Chlorwasserstoffsäure, HCl; Flußsäure, Fluorwasserstoffsäure, HF; Schwefelwasserstoff, H₂S.

Wasserstoffsuperoxid, veralteter, früher sehr gebräuchlicher Name für die chem. Verb. ↗ Wasserstoffperoxid.

Wasserstrahlpumpe, häufig verwendetes Laboratoriumsgerät bei Vakuumdestillation, Vakuumfiltration u. ä. Arbeitstechniken. In der W. fließt das Wasser durch eine Düse. Durch die erhöhte Fließgeschwindigkeit an dieser Stelle wird Luft angesaugt und so ein Unterdruck erzeugt. Bild.

Wassertropfenprobe, qualitativer Nachweis von Fluoriden oder Siliciumdioxid bzw. beider nebeneinander. Die auf Fluorid zu prüfende Probe wird mit Siliciumdioxid vermischt in einem Bleitiegel und mit konzentrierter Schwefelsäure übergossen. Der Tiegel wird mit einem Deckel mit Loch versehen, über das ein schwarzer Glasstab mit einem Wassertropfen gehalten wird. Bei Anwesenheit von Fluoriden entsteht gasförmiges Siliciumtetrafluorid, welches im Tropfen zu Fluorwasserstoff und Siliciumdioxid hydrolysiert, letzteres scheidet sich als weißer Stoff auf dem Glasstab ab:
$SiF_4 + 4 H_2O \rightarrow Si(OH)_4 + 4 HF$,
$Si(OH)_4 \rightarrow H_2O + SiO_2 \cdot H_2O \downarrow$.

Wasserwert, ↗ Kalorimetrie.

Weckamine, Verb., die stark erregend auf das Zentralnervensystem wirken und dadurch sogar Narkosewirkungen aufheben können. W. steigern kurzzeitig das Leistungsvermögen, Nebenwirkungen sind Hemmungen des Appetits und das Auftreten euphorischer Stimmungen. Ihre Anwendung, z. B. als Appetitzügler, bedarf der ärztlichen Kontrolle, der Einsatz als Dopingmittel ist gesundheitsschädlich. Ein typischer Vertreter der W. ist das Amphetamin (1-Methyl-2-phenyl-ethylamin) $C_6H_5-CH_2-CH(CH_3)-NH_2$.

weiche Basen und Säuren, ↗ Säure-Base-Theorien.

Weichgummi, Gummi mit einem Schwefelgehalt von 5 bis 10%. ↗ Gummi, ↗ Vulkanisation.

Weichmacher, Zusätze zu Plasten bzw. Elasten, die deren werkstofftechn. Eigenschaften gezielt verändern. Es sind flüssige oder feste org. Verb. mit geringer Flüchtigkeit, die sich in die Polymere einarbeiten lassen, ohne mit ihnen chem. zu reagieren. Sie wirken als Schmier- und Gleitmittel zwischen den Makromolekülen bzw. drängen sich zwischen die Makromoleküle, schwächen deren Nebenvalenzbindungen und lockern so das Gefüge.

Weichporzellan, Porzellanart, die sich gegenüber dem ↗ Hartporzellan durch einen verringerten Kaolinanteil bei erhöhtem Feldspatanteil auszeichnet. Die dadurch mögliche verringerte Brenntemperatur von 1 300 °C bewirkt eine geringere Festigkeit, ermöglicht aber vielfältigere Farbgestaltung bei der Unterglasurmalerei. Wichtige W. sind vor allem die historischen chinesischen Porzellane.

Weich-PVC, wird durch innige Vermischung von PVC-Pulver mit Weichmachern zu einer dicken Pa-

Wasserstrahlpumpe

ste, die auf einem Kalander homogenisiert wird. Als Weichmacher dienen verschiedenartige Ester. PVC-weich wird zu Transportbändern, Schläuchen, Stopfen, Planen, Folien, Handschuhen, Kunstleder, Fußbodenbelag u. a. verarbeitet.

Weingeist, umgangssprachliche Bez. für ↗ Ethanol.

Weinsäuren, optisch aktive Formen der 2,3-Dihydroxybutandisäure. In der (+)-W. gehören beide ↗ asymmetrische C-Atome (2 und 3) der R-Reihe, bei der (−)-W. der S-Reihe an. Die Mesoweinsäure ist optisch inaktiv, weil ein asymmetrisches C-Atom der R- und das andere der S-Konfiguration entspricht, während in der ebenfalls optisch inaktiven ↗ Traubensäure das ↗ Racemat der W. vorliegt:

```
      COOH              COOH              COOH
       |                 |                 |
    H-C-OH            HO-C-H            H-C-OH
       |                 |                 |
    HO-C-H             H-C-OH            H-C-OH
       |                 |                 |
      COOH              COOH              COOH
   (+)-Weinsäure    (−)-Weinsäure    Mesoweinsäure
         └── Traubensäure ──┘
```

Weinstein, (Kaliumhydrogentartrat), K[HOOC—CH(OH)—CH(OH)—COO], das saure Salz der ↗ Weinsäure. W. scheidet sich, bedingt durch seine geringe Wasserlöslichkeit, aus Weinen ab. Aus W. wird Weinsäure hergestellt.

Weißblech, verzinntes Stahlblech. W. wird durch Tauchen gebeizter Bleche in geschmolzenes Zinn (Feuerverzinnen) oder elektrolytisch hergestellt. Weißblechabfälle sind ein wichtiger Sekundärrohstoff zur Zinngewinnung.

Weißbleierz, ↗ Cerussit.

Weißgold, silberglänzende Goldlegierung mit Nickel, Palladium oder Platin.

Weißmacher, Weißtöner, optische Aufheller, sind fluoreszierende farblose Stoffe, die UV-Licht absorbieren und blaues Licht emittieren, wodurch die Farbe vergilbter Wäsche durch die bläuliche Komplementärfarbe überdeckt wird. Es sind z. Z. Stilben- oder Pyrazolinderivate in Gebrauch.

Wellenfunktion, ↗ Atommodell, wellenmechanisches.

Wellenmechanik, ↗ Quantentheorie.

Wellenzahl, ↗ Strahlung, ↗ Term.

Welle-Teilchen-Dualismus, Eigenschaft der Materie im Mikrokosmos (elektromagnetische ↗ Strahlung, ↗ Elementarteilchen), sowohl Wellen- als auch Teilchennatur zu besitzen. Der W.-T.-D. wird allgemein durch die DE-BROGLIE-*Gleichung* (1924)

$\lambda = h/(m \cdot v)$

h PLANCKsches Wirkungsquantum (↗ Quantentheorie) beschrieben, nach der jeder Masse m mit einer Geschwindigkeit v eine bestimmte Wellenlänge λ zugeordnet werden kann.

Die Wellenlänge läßt sich durch Beugung und Interferenz bestimmen. Das gelang DAVISSON und GERMER erstmalig 1927 bei ↗ Elektronen, die vorher ausschließlich als Teilchen angesehen wurden.

Der Impuls $m \cdot v$ läßt sich durch Stoßexperimente nachweisen, wie das für die zunächst als Welle gedeutete elektromagnetische ↗ Strahlung durch den ↗ COMPTON-Effekt und den ↗ lichtelektrischen Effekt möglich ist.

Die Erkenntnis des W.-T.-D. führte zur Aufstellung der ↗ HEISENBERGschen Unschärferelation und trug wesentlich zur Entwicklung des wellenmechanischen ↗ Atommodells und damit zur Deutung der ↗ chem. Bindung bei.

Werkstoffe, Ausgangsstoffe zur Herstellung techn. Produkte. Sie werden aus Rohstoffen hergestellt. Es sind vor allem Metalle, Plaste, Elaste, mineralische Werkstoffe und Holz. W., die in der Bauindustrie eingesetzt werden, heißen Baustoffe, beim Einsatz in der Textilindustrie Textilien.

WERNER, ALFRED (12. 12. 1866 bis 15. 11. 1919), erhielt für seine Theorie der Komplexverbindungen 1913 den Nobelpreis für Chemie. ↗ Koordinationslehre.

Wertigkeit, Zahlenwerte zur Kennzeichnung des Stoffmengenverhältnisses in chem. Verb. und bei chem. Reaktionen. Es sind folgende *Wertigkeitsbegriffe* zu unterscheiden:

1. Stöchiometrische Wertigkeit, gibt an, wieviel einwertige Atome oder Atomgruppen ein Atom des betreffenden Elementes binden oder ersetzen kann.

2. ↗ Ionenwertigkeit ist die Zahl der Ladungen eines Ions.

3. ↗ Oxydationszahl ist die Ladung eines Atoms in einem Molekül, unter der Annahme, daß das Molekül aus Ionen bestehen würde.

4. ↗ Koordinationszahl, Anzahl der mit einem Atom insgesamt verbundenen Atome oder Atomgruppen.

5. Bindigkeit ist die Zahl der von einem Atom betätigten Atombindungen.

6. Elektrochemische Wertigkeit gibt die Zahl der bei einem Redoxvorgang aufgenommenen oder abgegebenen Elektronen an.

7. Wertigkeit von Basen und Säuren ist die Zahl der von Basen abgegebenen Hydroxidionen und bei Säuren die Zahl der abgegebenen Wasserstoffionen.

Wetter, bergmännische Bez. für die in Gruben-

bauen auftretende Luft einschließlich gasförmiger Verunreinigungen (»schlagende Wetter«).
Wheatstonesche Brückenschaltung, ↗ Konduktometrie.
Whisker, industriell gefertigte, fadenförmige Einkristalle aus Aluminiumoxid, Siliciumcarbid, Berylliumoxid, Borcarbid, Graphit u. a. Sie werden in org. oder metallischen Matrizen eingelagert und ergeben so Verbundwerkstoffe höchster Festigkeit und Temperaturbeständigkeit.
Wiegleb, Johann Christian (21. 12. 1732 bis 16. 1. 1800), aus Langensalza stammender Apotheker, fand 1769 die ↗ Ethandisäure. Er gründete 1780 in Langensalza die erste pharmazeutische Unterrichtsanstalt Deutschlands. Besonders bekannt wurde er durch seine 1777 erschienene Schrift: »Historisch-kritische Untersuchung der Alchemie oder der eingebildeten Goldmacherkunst ...«
Willgerodt-Synthese, chem. Verfahren zur Herstellung von Monocarbonsäuren aus aromatischaliphatischen Ketonen. Bei deren Erhitzen mit Ammoniumpolysulfid auf etwa 150 bis 200 °C im Autoklaven bilden sich Carbonsäureamide, die zu den entsprechenden Carbonsäuren verseift werden können:

$$C_6H_5-\underset{O}{\overset{\parallel}{C}}-(CH_2)_n-CH_3 \xrightarrow[-NH_4HS_{n-1}]{(NH_4)_2S_n} C_6H_5-(CH_2)_{n+1}-\underset{O}{\overset{\parallel}{C}}-NH_2$$

$$\xrightarrow[-NH_3]{+H_2O} C_6H_5-(CH_2)_{n+1}-COOH$$

Williamson-Synthese, eine Methode zur Herstellung von ↗ Ethern aus Alkalialkoholaten mit Halogenalkanen:
$R^1-Br + Na(O-R) \rightarrow NaBr + R^1-O-R$.
So sind auch gemischte Ether herstellbar.
Willstätter, Richard (13. 8. 1872 bis 3. 8. 1942), deutscher Chemiker, beschäftigte sich mit Alkaloiden. 1901 gelang ihm die Synthese von Atropin, 1915 von Cocain. Er untersuchte den Zusammenhang zwischen Blatt- und Blutfarbstoff, erklärte die Konstitution der Anthocyane, ihm gelang auch die erste Synthese. 1928 erhielt er den Nobelpreis für Chemie. 1939 verließ er aus Protest gegen die faschistischen Machthaber Deutschland. Seine letzten Lebensjahre verbrachte er in der Schweiz.
Wind, in der Metallurgie Bez. der verdichteten Verbrennungsluft für metallurgische Öfen.
Windaus, Adolf (25. 12. 1876 bis 9. 6. 1959), deutscher Chemiker, beschäftigte sich mit Sterinen und Digitalstoffen. Seine bahnbrechenden Untersuchungen über das antirachitische Vitamin D wurden 1928 mit dem Nobelpreis für Chemie gewürdigt.

Winderhitzer, Cowperturm, bei der Roheisenherstellung verwendeter ↗ Regenerator. Es sind feuerfest ausgekleidete Stahlblechtürme zum Vorwärmen der Verbrennungsluft (Wind) auf etwa 800 °C. Dazu wird die Wärmeenergie der Gichtgase in den Feuerfest-Einbauten der Türme gespeichert.
Windfrischen, Gruppe von Verfahren der ↗ Stahlherstellung, bei der die Roheisenschmelze mittels durch- bzw. aufgeblasener Luft bzw. Sauerstoffs in Konvertern verarbeitet wird.
Windsichtung, Grundoperation zur Trennung von körnigen Schüttgütern in Kornklassen (↗ Klassieren) bzw. Phasenfraktionen (↗ Sortieren) nach dem ↗ Gleichfälligkeitsprinzip. Das Schüttgut wird in einen Gasstrom geleitet, der die leichten Teilchen fortführt, während die schweren absinken.
Winkler, Clemens (26. 12. 1838 bis 8. 10. 1904), herausragender deutscher Chemiker und Hüttenmann, erwarb sich bahnbrechende Verdienste um die Entwicklung der Schwefelsäureindustrie; er bereicherte die techn. Gasanalyse durch neue Untersuchungsmethoden und analysierte eine Vielzahl von Mineralien. Durch seine Entdeckung des Germaniums bewahrheiteten sich die von Mendelejew über das ↗ Ekasilicium getroffenen Voraussagen, womit er eine wichtige Bestätigung für die Richtigkeit des PSE lieferte. Bild.

C. Winkler

Winkler-Generator, ↗ Wirbelschicht-Reaktor zur kontinuierlichen Vergasung von Kohle bei Normaldruck.
Wirbelschicht, Fließbett, von F. Winkler für die Kohlevergasung entwickeltes verfahrenstechn. Prinzip zur Umsetzung von Gasen mit bzw. an Feststoffteilchen. Das feinkörnige Feststoffgut schwebt in einem aufströmenden Gasstrom. Heute wird die Wirbelschichttechnik in breitem Maße in der Technik eingesetzt, z. B. zur Trocknung, Erwärmung oder Kühlung von Material, zur Abröstung von sulfidischen Erzen, zum Cracken von Erdölfraktionen.
Wirkstoffe, natürlich vorkommende oder synthetisch hergestellte Stoffe, die als Arzneimittel,

Wirkungsgrad

Schädlingsbekämpfungs- bzw. Pflanzenschutzmittel, Wuchsstoffe u. a. Anwendung finden.

Wirkungsgrad, η, dimensionslose Zahl zur Bewertung des Verhältnisses von Energien oder Leistungen, zur Kennzeichnung der Güte der Stoff- und Energieumwandlung bei Prozessen und Verfahren:

η = Nutzen/Aufwand.

Wismut, bis zum Jahre 1975 gebräuchlicher deutschsprachiger Name des chem. Elements ↗ Bismut.

Witherit, $BaCO_3$, seltenes Mineral hydrothermaler Erzlagerstätten.

Wittig-Reaktion, eine Methode der Olefinierung von Ketonen oder Azomethinen mit Triphenylphosphin-methylen, z. B.:

$$(C_6H_5)_3 P=CH_2 + O=C\begin{smallmatrix}R^1\\R\end{smallmatrix}$$

$$\longrightarrow (C_6H_5)_3 P=O + H_2C=C\begin{smallmatrix}R^1\\R\end{smallmatrix}$$

Wittscher Topf, dickwandiges Glasgefäß mit Schliffdeckel, das bei der Vakuumfiltration verwendet wird.

Wofatit, Handelsbez. für Kunstharz- (↗) Ionenaustauscher.

Wöhler, Friedrich (31. 7. 1800 bis 23. 9. 1882), beeinflußte mit seinen Arbeiten maßgeblich die Entwicklung der Chemie im 19. Jahrhundert. Er war ein hervorragender Experimentator, ausgezeichneter Analytiker und geachteter Hochschullehrer. 1824 synthetisierte er die Oxalsäure (Ethandisäure), vier Jahre später den Harnstoff (Kohlensäurediamid). Beide Verb., besonders auffallend der Harnstoff, widerlegten die vitalistische Auffassung, daß org. Stoffe nur in Organismen, unter Einfluß einer besonderen Lebenskraft, vis vitalis genannt, entstehen sollten. W. gewann als erster Calciumcarbid und stellte daraus Ethin her; eine Reaktion, welche später für die Entwicklung der org.-chem. Industrie große Bedeutung erlangte. Ebenfalls erhielt er Phosphor aus Phosphaten und legte damit die Grundlage für techn. Phosphorgewinnung. Seine Arbeiten über Silbercyanid brachten ihn in Kontakt mit ↗ Liebig, der über Silberfulminat gearbeitet hatte. Beide Verb. erwiesen sich als isomer. Gemeinsam mit Liebig bearbeitete er die Benzencarbonsäure und ihre Derivate.

Von seinen weiteren Arbeiten seien erwähnt: die Isolierung des Berylliums, des kristallinen Siliciums und Bors und die Darstellung von Aluminium. Bild.

F. Wöhler

Wöhler-Synthese, Verfahren, nach dem erstmals von ↗ Wöhler aus Ammoniumcyanat durch Eindampfen der wäßrigen Lösung ↗ Harnstoff hergestellt worden ist:

$$NH_4OCN \longrightarrow H_2N-CO-NH_2.$$

Wolff-Kishner-Reduktion, eine Methode zur Reduktion von Carbonylgruppen in Ketonen zu Methylengruppen, $-CH_2-$, durch Umsetzung von Ketonhydrazonen mit Natriummethanolat:

$$\begin{smallmatrix}R^1\\R\end{smallmatrix}C=N-NH_2 \xrightarrow{(C_2H_5ONa)} \begin{smallmatrix}R^1\\R\end{smallmatrix}CH_2 + N_2$$

Wolff-Umlagerung, ist die Umlagerung des aus Diazoketonen bei der ↗ Arndt-Eistert-Synthese gebildeten ↗ Acylcarbens zum entsprechenden ↗ Keten:

$$\longrightarrow R-\underset{O}{\underset{\|}{C}}-OH \longrightarrow O=C=CH-R \longrightarrow$$

Wolfram,

W	$Z = 74$
$A_{r(1981)} = 183{,}85$	
Ek: [Xe] $4f^{14}5d^46s^2$	
OxZ: $-2, 0, +1, +2, +3, +4, +5, +6$	
$X_E = 2{,}36$	
Elementsubstanz:	
Schmp. 3 410 °C	
Sdp. 5 930 °C	
$\varrho = 19{,}3$ kg $\cdot l^{-1}$	

chem. Element (↗ Elemente, chem.).
Wolframium, Symbol: W, 3. Element der 6. Nebengruppe (↗ Nebengruppenelemente, 6. Nebengruppe des PSE). W. ist die Bez. für alle Atome, die 74 positive Ladungen im Kern (also 74 Protonen) besitzen: Kernladungszahl $Z = 74$. Die Hülle des neutralen Atoms besteht aus 74 Elektronen, von denen die möglichen Valenzelektronen die Konfiguration $5d^46s^2$ besitzen. In Verb. werden Oxydationsstufen eingenommen, die durch die Oxydationszahlen OxZ $-2, 0, +1, +2, +3, +4, +5$ und $+6$ charakterisiert sind. W. wurde 1783 erstmalig durch Fausto und Joseph d' Elhujar als Metall dargestellt. In der Natur findet sich W. fast ausschließlich in der Form von Wolframaten: *Wolfra-*

mit, (Mn, Fe) WO₄; *Scheelit, Scheelspat, Tungstein*, CaWO₄; *Stolzit, Scheelbleierz*, PbWO₄; *Tungstit, Wolframocker*, WO₃; *Reinit, Ferberit*, FeWO₄, und *Hübnerit*, MnWO₄. Zur Darstellung von metallischem W. wird das Erz nach Anreicherung in Wolfram(VI)-oxid überführt und dann mit molekularem Wasserstoff reduziert:
$WO_3 + 3 H_2 \rightarrow W + 3 H_2O$.
Das Metall ist weißglänzend (in Pulverform mattgrau), spröde, von mittlerer Härte (7 nach MOHS) und besitzt den höchsten Schmelzpunkt aller Metalle. Es vereinigt sich mit molekularem Sauerstoff erst bei höheren Temperaturen:
$2 W + 3 O_2 \rightarrow 2 WO_3$, $\Delta_B H = -837{,}5 \, kJ \cdot mol^{-1}$.
Wolfram(VI)-oxid setzt sich mit Alkalihydroxiden und Wasser zu Wolframaten des Typs $M^I_2WO_4 \cdot x \, H_2O$ um, und Wolframationen lagern sich bei pH = 6 bis 8 zusammen: z. B. zu Hexawolframationen $[HW_6O_{21}]^{5-}$. Metallisches W. ist ein bedeutendes Legierungsmetall für Edelstähle von außerordentlicher Härte und Elastizität, wird als Material für Glühfäden, hoch beanspruchte Kontakte, Hart- und Schneidmetalle vielseitig verwendet.
Wolframit, (Fe, Mn)WO₄, Mischkristalle aus MnWO₄ (Hübnerit) und FeWO₄ (Reinit, Ferberit). W. bildet dicktaflige, stenglige schwarzglänzende Kristalle oder derbe Aggregate. Er zeigt gute Spaltbarkeit. Wolframit tritt in pneumatolytischen und pegmatitischen Lagerstätten häufig zusammen mit Zinnstein auf.
Wolframium, wissenschaftliche Bez. für das chem. Element ↗ Wolfram.
Wolfram(VI)-oxid, WO₃, zitronengelbe, monoklin kristalline, in Wasser schwer lösliche, pulverförmige Substanz (Schmp. 1473 °C, Sdp. 1800 °C), die geschmolzen eine grüne Farbe annimmt. W. entsteht durch Umsetzung von metallischem Wolfram mit molekularem Sauerstoff erst bei höheren Temperaturen:
$2 W + 3 O_2 \rightarrow 2 WO_3$, $\Delta_B H = -837{,}5 \, kJ \cdot mol^{-1}$.
Die Hydrate: $WO_3 \cdot H_2O$ und $WO_3 \cdot 2 H_2O$; stellen keine echten Wolframsäuren dar, bilden jedoch mit Alkalilaugen *Wolframate* des Typs $M^I_2WO_4 \cdot x \, H_2O$.
Wollastonit, CaO · SiO₂, typisches Mineral metamorpher Kalkgesteine. Es bildet breitstenglige, taflige Kristalle oder charakteristische eisblumenartige Aggregate von weißlich-grauer Farbe.
Wolle, tierische Proteinfasern, speziell von Schafen.
Wollwachs, ↗ Lanolin.
Wolpryla, Handelsbez. für ↗ Polyacrylnitril-Fasern.

Woulfesche Flasche, dickwandige Glasflasche mit mehreren, meist drei, Ansatzstutzen, die als Sicherheitsgefäß bei der Vakuumdestillation oder -filtration verwendet wird.
Wuchsstoffe, svw. ↗ Auxine.
Wurmmittel, *Anthelmintika*, Arzneimittel zur Bekämpfung parasitärer Eingeweidewürmer bei Mensch und Tier. Als Nematodenmittel gegen Maden- und Spulwürmer haben vor allem Piperazin und Cyaninfarbstoffe Bedeutung erlangt. Gegen Bandwürmer wurde früher der Extrakt des Wurmfarns verwendet, es zeigten sich jedoch beträchtliche Nebenwirkungen. Ein wirksames synthetisches Bandwurmmittel (Taeniazid) ist das Niclosamid. Bild.

Piperazin

Niclosamid

Wurmmittel

Wurtz, CHARLES ADOLPHE (26. 11. 1817 bis 12. 5. 1884), französischer Chemiker, bereicherte mit seinen Experimentalarbeiten besonders die org. Chemie. Eine Synthese aliphatischer Kohlenwasserstoffe ist mit seinem Namen verknüpft: ↗ WURTZsche Synthese. Seine Arbeiten über die Amine spielten bei der Entwicklung der ↗ Typentheorie eine wesentliche Rolle. Diese org. basischen Stickstoffverb. wurden als Substitutionsprodukte des Ammoniaks aufgefaßt.
Wurtz-Fittig-Synthese, von FITTIG ist 1863 das Prinzip der ↗ WURTZ-Synthese auf aromatische Kohlenwasserstoffe übertragen worden. Über die W. sind Alkylbenzene herstellbar:
$R_{Ar}\text{—Br} \xrightarrow{+2 \, Na} R_{Ar}\text{—Na} \xrightarrow{+R-Br} R_{Ar}\text{—R}$
$\xrightarrow{-NaBr} \xrightarrow{-NaBr}$
Wurtzsche Synthese, von WURTZ 1854 gefundenes Verfahren zur Herstellung höherer Alkane aus Halogenalkanen mit Natrium. Am leichtesten reagieren die Iodide, danach die Bromide und Chloride. Fluoride werden nicht eingesetzt:
R—Br + 2 Na → R—Na + NaBr,
R—Br + R—Na → R—R + NaBr.
Wurzschmitt-Aufschluß, Verfahren zur Freisetzung von organisch gebundenem Halogen durch oxydative Zerstörung der Substanz in einer Nickelbombe mit Natriumperoxid und etwas Ethan-1,2-diol. Nach dem Abkühlen des zur Zündung ge-

brachten Inhaltes wird das Reaktionsgemisch mit Wasser herausgelöst und danach das Halogen mit einem geeigneten Verfahren bestimmt.

X

Xanthin, ↗ Purinalkaloide.
Xanthogenate, Salze der Xanthogensäuren von der allgemeinen Formel R—O—CS$_2$—Me^I. Techn. wichtig sind Natriumcellulosexanthogenat (↗ Viskose) sowie Kaliumalkylxanthogenat (Flotationsmittel).
Xanthoprotein-Reaktion, Nachweisreaktion für Eiweiß. Zur X. wird die Probe mit konz. Salpetersäure versetzt. Bei Anwesenheit von aromatischen Aminosäuren, wie Phenylalanin, Tyrosin oder Trypophan, tritt eine Gelbfärbung auf. Diese Reaktion ist auch die Ursache für die Gelbfärbung der Haut, wenn sie mit Salpetersäure in Berührung kommt.
Xenon,

Xe	$Z = 54$
$A_{r(1981)} = 131,29$	
Ek: [Kr] 4d^{10}5s^{2}5p^6	
OxZ: +2, +4, +6, +8	
Elementsubstanz: Xe	
Schmp. −111,9 °C	
Sdp. −108,1 °C	
$\varrho_g = 5,896$ kg · m^{-3}	
$\varrho_{fl} = 3,5$ kg · l^{-3}	

chem. Element (↗ Elemente, chem.).
Xenon, Symbol: Xe, Edelgas, 5. Element der 8. Hauptgruppe des PSE (↗ Hauptgruppenelemente, 8. Hauptgruppe des PSE). X. ist die Bez. für alle Atome, die 54 positive Ladungen im Kern (also 54 Protonen) besitzen: Kernladungszahl $Z = 54$. Die Hülle des Atoms, die aus 54 Elektronen besteht, läßt sich nur durch Elemente größter Elektronenaffinität über eine angenommene s-p-d-Hybridisierung angreifen. So ist die Bildung von Xenonverb. möglich, die durch Oxydationszahlen OxZ +2, +4, +6 und +8 charakterisiert sind.
X. wurde 1898 von RAMSAY bei der Fraktionierung verflüssigter Luft entdeckt. In der Luft ist X. mit 0,000 008 Vol.-% enthalten. Seit 1962 sind in schneller Folge viele echte Xenonverb. synthetisiert worden: Xenonfluoride, Xenonchloride, Xenonoxidfluoride, Xenonoxide u. a. X. wird als Füllgas für Hochdrucklampen mit Tageslichtcharakter verwendet.
Xylene (Xylole), Trivialname für die drei isomeren ↗ Dimethylbenzene.
Xylenole, (CH$_3$)$_2$C$_6$H$_3$OH, isomere Hydroxydimethylbenzene (Dimethylphenole). In der Stellungsangabe erhält die Hydroxygruppe die Zahl »1«.
X. finden sich im Steinkohlenteer. Eine grobe Trennung der X. erfolgt durch Destillation. Techn. verwendet wird aber meist das Xylenol-Gemisch. Durch die gleichsinnige Wirkung aller Substituenten am Benzenring ist das 1,3,5-X. das reaktionsfähigste der Isomeren. Tabelle.
Xylidine, (Aminodimethylbenzene), (CH$_3$)$_2$C$_6$H$_3$—NH$_2$, es existieren 6 verschiedene Isomere.
Xylole, ältere Bez. für die ↗ Dimethylbenzene.

Y

Yohimbin, Pflanzenalkaloid des westafrikanischen Yohimbebaumes. Y. wird als Aphrodisiakum (Mittel zur Anregung des Geschlechtstriebes) angewendet, seine Wirkung ist jedoch unsicher und die Anwendung wegen der beträchtlichen Toxizität bedenklich.
YOUNG-Verfahren, techn. genutzte Methode zur Herstellung von wasserfreiem ↗ Ethanol durch azeotrope Destillation des 4,7 Vol.-% Wasser enthaltenden Ethanols nach einem Zusatz von Benzen. Die erste Fraktion siedet bei 64,9 °C und ist ein ternäres Gemisch von Benzen/Alkohol/Wasser.

Xylenole

Verbindung	Schmp. in °C	Sdp. in °C
1,2,3-X., 1-Hydroxy-2,3-dimethyl-benzen	75	218
1,2,4-X., 1-Hydroxy-2,4-dimethyl-benzen	26	211
1,2,5-X., 1-Hydroxy-2,5-dimethyl-benzen	75	211
1,2,6-X., 1-Hydroxy-2,6-dimethyl-benzen	49	203
1,3,4-X., 1-Hydroxy-3,4-dimethyl-benzen	62	225
1,3,5-X., 1-Hydroxy-3,5-dimethyl-benzen	65	219

Danach wird als binäres Gemisch bei 68,2 °C das restliche Benzen mit etwas Ethanol abdestilliert. Zurück bleibt wasserfreies (absolutes) Ethanol, Sdp. 78,4 °C.

Ytterbinerden, Untergruppe der ↗ Yttererden.

Ytterbium,

Yb   Z = 70
$A_{r(1981)} = 173{,}04$
Ek: [Xe] $4f^{14}6s^2$
OxZ: +2, +3
$X_E = 1{,}1$
Elementsubstanz:
Schmp. 824 °C
Sdp. 1430 °C
$\varrho = 6{,}98 \text{ kg} \cdot l^{-1}$

chem. Element (↗ Elemente, chem.).
Ytterbium, Symbol: Yb, 13. Element der ↗ Lanthanoidengruppe. Y. ist die Bez. für alle Atome, die 70 positive Ladungen im Kern (also 70 Protonen) besitzen: Kernladungszahl Z = 70. Y. findet sich in der Natur in den ↗ Yttererden, verbreitet aber in geringen Konzentrationen. Eine Darstellung des silberweißen und weichen Metalls erfolgt nach (aufwendiger) Trennung z. B. durch Schmelzflußelektrolyse oder Reduktion mit Kalium.

Yttererden, Bez. für ein Gemisch der Oxide des Scandiums, Sc_2O_3; Yttriums, Y_2O_3; Europiums, Eu_2O_3; Gadoliniums, Gd_2O_3; Terbiums, Tb_2O_3; Dysprosiums, Dy_2O_3; Holmiums, Ho_2O_3; Erbiums, Er_2O_3; Thuliums, Tm_2O_3; Ytterbiums, Yb_2O_3, und Lutetiums, Lu_2O_3; das in dieser Vergesellschaftung mineralisch und z. T. auch isomorph vorkommt. So sind die Y. im Euxenit bis 35 %, im Xenotim bis 65 % und im Gadolinit bis 48 % enthalten. Innerhalb der Y. werden noch unterschieden: die *Terbinerden* (Eu_2O_3, Gd_2O_3 und Tb_2O_3), die *Erbinerden* (Dy_2O_3, Ho_2O_3, Er_2O_3 und Tm_2O_3) und die *Ytterbinerden* (Yb_2O_3 und Lu_2O_3).

Yttrium,

Y   Z = 39
$A_{r(1981)} = 88{,}9059$
Ek: [Kr] $4d^15s^2$
OxZ: +3
$X_E = 1{,}22$
Elementsubstanz:
Schmp. 1500 °C
Sdp. 2930 °C
$\varrho = 4{,}472 \text{ kg} \cdot l^{-1}$

chem. Element (↗ Elemente, chem.).
Yttrium, Symbol: Y, 2. Element der 3. Nebengruppe des PSE (↗ Nebengruppenelemente, 3. Nebengruppe des PSE). Y. ist die Bez. für alle Atome, die 39 positive Ladungen im Kern (also 39 Protonen) besitzen: Kernladungszahl Z = 39. Die Hülle des neutralen Atoms besteht aus 39 Elektronen, von denen die möglichen Valenzelektronen die Konfiguration $4d^15s^2$ besitzen. In Verb. wird nur eine Oxydationsstufe eingenommen, die durch die Oxydationszahl OxZ +3 charakterisiert ist. Aus der 1794 von GADOLIN entdeckten Yttererde stellte WÖHLER 1828 durch Reduktion des Chlorids mit Natrium metallisches Y. dar. Y. findet sich in der Natur in einigen Mineralien: *Gadolinit, Ytterbit,* $Y_2FeBe_2[Si_2O_{10}]$; *Ytterspat, Xenotim,* YPO_4; *Thalenit,* $Y_2[Si_2O_7]$ und *Samarskit,* $Y_4[(Ta,Nb)_2O_7]_3$. Zur Darstellung von metallischem Y. wird das Mineral in das Chlorid überführt und dann reduziert, mit Natrium

$YCl_3 + 3 Na \rightarrow Y + 3 NaCl$;

oder durch Schmelzflußelektrolyse. Metallisches Y. ist eisengrau, hexagonal kristallin und etwas härter als Magnesium. Oberhalb von 1490 °C geht es in eine regulär kristalline (kubisch-raumzentrierte) Modifikation über. Das Metall verbrennt an der Luft mit rötlich-weißer Flamme zu Yttriumoxid:

$4 Y + 3 O_2 \rightarrow 2 Y_2O_3$,

entzündet sich bei 200 °C im Strom von molekularem Chlor und bildet Yttriumchlorid:

$2 Y + 3 Cl_2 \rightarrow 2 YCl_3$.

Yttriumhydroxid, $Y(OH)_3$, ist stärker basisch als Scandiumhydroxid.

#

Zähigkeit, ↗ Viskosität.
Zahngold, Legierung aus 55 bis 70 % Au, 7 bis 22 % Ag, 8 bis 13 % Cu, 1 bis 18 % Pt, 0 bis 7 % Pd und 0 bis 2 % Zn.
Zahnpflegemittel, Präparate zur Reinigung der Zähne mit dem Ziel einer vorbeugenden Gesunderhaltung.
Am häufigsten werden *Zahnpasten* angewendet. Ihr Putzkörper besteht aus einem leichten, voluminösen Schleifmittel, das eine geringere Härte als der Zahnschmelz besitzen muß. Am häufigsten wird gefälltes Calciumcarbonat ($CaCO_3$) eingesetzt, zuweilen auch Phosphate und Silicate. Das Schleifmittel wird mit Wasser zu einer Paste angerührt. Damit die Paste homogen bleibt und nicht austrocknet, werden Binde- und Verdickungsmittel, wie Glycerol, 1,2-Propandiol, ↗ Sorbit, ↗ Pectine, Harze, zugesetzt. Als Schaumbildner enthalten Zahnpasten bis zu 3 % Tenside, wie Fettalkoholsulfate oder Alkylarensulfonate. Als Aroma- und Ge-

schmackstoffe dienen Menthol oder ätherische Öle, wie Pfefferminz-, Eukalyptus- und Nelkenöl. Als weitere Bestandteile können Zahnpasten geringe Mengen von Desinfektionsmitteln, peroxidhaltigen Bleichmitteln, Gerbstoffen, Kaliumchlorat und Lebensmittelfarbstoffen enthalten. Zusätze von Fluoriden wirken vorbeugend hinsichtlich Karies.

Die weniger gebräuchlichen *Zahnpulver* sind im wesentlichen aus den gleichen Grundstoffen wie die Zahnpasten zusammengesetzt.

Mundwässer sind wäßrig-alkoholische Lösungen, die ätherische Öle, Desinfektionsmittel und Tenside enthalten können.

Gebißpflegemittel bestehen aus Phosphaten (Na_3PO_4 und wasserlöslichen Polyphosphaten) und Tensiden. Zusätze können Desinfektionsmittel, Aromastoffe und peroxidhaltige Verb. sein.

ZAJCEV-Regel, Aussage zur Orientierung bei der ↗ Eliminierung von sekundären und tertiären Alkylderivaten. Nach A. ZAJCEV (1875) entstehen aus sekundären oder tertiären Alkylhalogeniden oder Alkoholen bevorzugt die Olefine mit der größten Anzahl von Alkylgruppen an den Kohlenstoffatomen der Doppelbindung.

Zeatin, ein Vertreter der ↗ Cytokinine.

ZEEMAN-Effekt, ↗ Richtungsquantelung.

Zellenspannung, in der techn. ↗ Elektrolyse die Summe aus
– der Zersetzungsspannung,
– der katodischen und anodischen Überspannung und
– den Spannungsverlusten an den Elektroden, in Elektrolyten, im Diaphragma und in den Zuleitungen (↗ galvanische Zelle).

Zellglas, Handelsname für Cellulosehydrat (auch Handelsname Cellophan), eine regenerierte Cellulose.

Zellspannung, ↗ galvanische Zelle.

Zellstoff, durch Aufschluß cellulosehaltiger Rohstoffe praktisch rein gewonnene ↗ Cellulose.

Zellstoffkocher, bei der Celluloseherstellung benutzter heizbarer ↗ Autoklav.

Zelluloid, ↗ Celluloid.

Zement, Gruppe ↗ hydraulischer Bindemittel, deren wichtigster Vertreter der ↗ Portlandzement ist.

Zementationszone, die unter der ↗ Oxydationszone liegende Zone der Anreicherung edler Metalle im Ausgehenden von Erzlagerstätten. Die sulfidischen Erzmineralien wirken hier ausfällend auf die metallsulfathaltigen Lösungen aus der Oxydationszone. Die unedlen Metalle gehen als Sulfate in Lösung, die edleren fallen gediegen aus (Silber, Gold) bzw. bilden Sulfide (Kupfer, Silber).

Zementieren, Abscheidung eines edleren Metalls aus einer Salzlösung durch ein unedleres Metall in fein verteilter Form. So scheidet sich aus saurer Silbersalzlösung nach Zugabe von Zink elementares Silber aus:
$2 Ag^+ + Zn \rightarrow 2 Ag\downarrow + Zn^{2+}$.

Zementit, metallographische Bez. für Eisencarbid, Fe_3C. Z. kommt als Gefügebestandteil des Stahls vor.

Zentralatom, Atom, das in einer ↗ Komplexverb. ein Koordinationszentrum für Liganden bildet, z. B. das Ni-Atom im $[Ni(CO)_4]$.

Zentralion, Ion, das in einer ↗ Komplexverb. ein Koordinationszentrum für Liganden bildet, z. B. das Cu^{2+}-Ion im $[Cu(NH_3)_4]SO_4$.

Zentrifuge, Apparat zur Abtrennung fester Stoffe aus Suspensionen durch rotierendes Schleudern.

Zentrifugieren, *Separieren,* Trennung heterogener Gemische (fest-flüssig, fest-gasförmig, flüssig-flüssig, gasförmig-gasförmig), indem unter Ausnutzung der Fliehkraft in Zentrifugen sich die Stoffe in Abhängigkeit von ihrer Dichte abscheiden. Das Z. ist eine schnelle und zuverlässige Laboratoriumsmethode, um Niederschläge abzutrennen.

Zeolithe, Sammelbez. für Alkali-Erdalkalisilicate mit einem Gerüstgitter aus SiO_4-Tetraedern und großen Gitterhohlräumen in der locker gepackten Struktur. Darin ist Wasser adsorptiv gebunden. Es kann ausgetrieben und durch andere Stoffe ersetzt werden (↗ Molsiebe). Daneben lassen sich die Alkaliionen der Struktur leicht gegen Erdalkaliionen austauschen. Darauf beruht die wachsende Bedeutung der Alkalizeolithe in Waschmitteln zur Wasserenthärtung bei Ablösung der bisher eingesetzten Phosphate (↗ Eutrophierung). Auch in der heterogenen Katalyse sind diese variabel zu gestaltenden Strukturen bedeutsam.

In der Natur kommen Z. als weißliche, nadlig oder isometrisch kristallisierende Mineralien vorwiegend hydrothermaler Entstehung vor.

Zerfallskonstante, Instabilitätskonstante, reziproker Wert der ↗ Stabilitätskonstante.

Zerkleinern, mechanische Grundoperation zur Behandlung von Feststoffen, z. B. zur Vorbereitung einer Trennung von heterogenen Feststoffen bzw. einer chem. Reaktion (Oberflächenvergrößerung).

Zersetzungspunkt, Zp., Temperatur, bei der sich chem. Substanzen (beim Erhitzen) zersetzen.

Zersetzungsspannung, ↗ Elektrolyse.

Zerstäubungstrockner, ↗ Sprühtrockner.

Ziegelerz, ↗ Rotkupfererz.

Ziegelsteine, aus Ton bzw. Lehm, evtl. mit Magerungsmittelzusatz (Ziegelmehl, Sand, Asche) geformte und gebrannte Bausteine. Das Brennen bei 900 bis 1 100 °C erfolgt in ↗ Ring- oder ↗ Tunnelöfen. Die braune Brennfarbe wird durch enthaltene Verunreinigungen an Eisenoxiden bewirkt. Trotz Entwicklung der Montagebauweise ist der Z. als klassischer Baustein noch nicht verdrängt worden.

Ziegler, Karl (26. 11. 1898 bis 12. 8. 1973), deutscher Chemiker, wurde besonders bekannt durch seine Arbeiten über metallorg. Verb. und ihre katalytische Wirkung; unter Anwendung von Mischkatalysatoren gelang ihm die Darstellung des Normaldruck- ↗ Polyethylens. Für seine Arbeiten erhielt er 1963 gemeinsam mit dem Italiener Giulio ↗ Natta den Nobelpreis für Chemie.

Ziegler-Natta-Katalysatoren, Katalysatoren für die komplexkatalytische ↗ Polymerisation von Olefinen, die meist zu stereospezifischen Polymeren führt. Die Z. sind Gemische aus einem Katalysator, z. B. Aluminiumtriethyl, und einem Promotor, z. B. Titaniumtetrachlorid.

Zimtaldehyd (3-Phenyl-propenal),

$$C_6H_5-CH=CH-C\overset{O}{\underset{H}{\diagdown}}$$

ein ungesättigter Aldehyd mit starkem Zimtgeruch. Z. ist eine ölige leicht gelbe Flüssigkeit, Sdp. 253 °C, die sich in Wasser nur sehr wenig löst und Hauptbestandteil (und Geruchsträger) des Zimtöles ist.

Zimtsäure (3-Phenyl-propensäure), $C_6H_5-CH=CH-COOH$, eine ungesättigte Monocarbonsäure, die sich in Wasser wenig löst und als Ester in ätherischen Ölen und Harzen vorkommt. Z. wird nach der ↗ Perkin-Synthese aus Benzaldehyd hergestellt. Ihre Ester werden in der Parfümerie und der Photolithographie verwendet.

Zincum, wissenschaftliche Bez. für das chem. Element ↗ Zink.

Zink,

Zn	$Z = 30$
$A_{r(1981)} = 65{,}38$	
Ek: [Ar] $3d^{10}4s^2$	
OxZ: (+1), +2	
$X_E = 1{,}65$	
Elementsubstanz:	
Schmp.	419 °C
Sdp.	906 °C
$\varrho = 7{,}14\ kg \cdot l^{-1}$	

chem. Element (↗ Elemente, chem.).
Zincum, Symbol: Zn, 1. Element der 2. Nebengruppe des PSE (↗ Nebengruppenelemente, 2. Nebengruppe des PSE). Z. ist die Bez. für alle Atome, die 30 positive Ladungen im Kern (also 30 Protonen) besitzen: Kernladungszahl $Z = 30$. Die Hülle des neutralen Atoms besteht aus 30 Elektronen, von denen die möglichen Valenzelektronen die Konfiguration $3d^{10}4s^2$ besitzen. In Verb. wird nur eine stabile Oxydationsstufe eingenommen, die durch die Oxydationszahl OxZ +2 charakterisiert ist. Zink(I)-Verb., die weniger stabil sind, haben sich erst in letzter Zeit nachweisen lassen. Die Zinklegierung Messing (Legierungsmetall Kupfer) war bereits bei Homer bekannt; das reine Metall trat am Ende des Mittelalters auf, und die Zinkherstellung begann erst am Ende des 18. Jahrhunderts. Z. findet sich in der Natur nur gebunden in den Erzen: Zinkblende, Wurtzit, Sphalerit, ZnS; Zinkspat, edler Galmei, Smithsonit, $ZnCO_3$; Rotzinkerz, ZnO, und Kieselzinkerz, Kieselgalmei, Willemit, $Zn_2SiO_4 \cdot H_2O$. Metallisches Z. wird im trockenen Verfahren durch Abrösten von Zinkblende zu Zinkoxid:

$$2\ ZnS \rightarrow 2\ ZnO + 2\ SO_2\uparrow$$

oder Brennen von Zinkspat zu Zinkoxid:

$$ZnCO_3 \rightarrow ZnO + CO_2\uparrow$$

und anschließende Reduktion des Zinkoxids mit Koks bei 1 100 bis 1 300 °C in tönernen Retorten oder Muffeln gewonnen:

$$ZnO + C \rightleftharpoons Zn + CO.$$

Im nassen Darstellungsverfahren wird Zinkoxid mit Schwefelsäure zu Zinksulfat umgesetzt:

$$ZnO + H_2SO_4 \rightarrow ZnSO_4 + H_2O$$

und anschließend elektrolytisch als Metall abgeschieden. Metallisches Z. ist nicht sehr hart, weiß glänzend, hexagonal kristallin, spröde, bei 100 bis 150 °C dehn- und walzbar, bei 205 °C so spröde, daß es zu Pulver zerrieben werden kann. Es setzt sich mit Disauerstoff zu Zinkoxid um, Zinkpulver oder Zinkwolle können an der Luft verbrannt werden:

$$2\ Zn + O_2 \rightarrow 2\ ZnO,\ \Delta_B H = -349\ kJ \cdot mol^{-1}.$$

Z. ist bereits in nichtoxydierenden Säuren löslich:

$$Zn + 2\ H^+ \rightarrow Zn^{2+} + H_2\uparrow,$$

wobei Diwasserstoff entsteht; wird von starken Basen zu Zinkaten und Diwasserstoff umgesetzt:

$$Zn + 2\ OH^- + 2\ H_2O \rightarrow [Zn(OH)_4]^{2-} + H_2\uparrow.$$

Zink(II)-Ionen werden durch Hydroxidionen zunächst zu schwerlöslichem Zinkhydroxid gefällt:

$$Zn^{2+} + 2\ OH^- \rightarrow Zn(OH)_2\downarrow,$$

durch weitere Zugabe von Hydroxidionen in lösliche Zinkationen überführt:

$$Zn(OH)_2 + 2\ OH^- \rightarrow [Zn(OH)_4]^{2-}$$

oder durch Zugabe von Ammoniak in lösliche Tetramminzinkationen (und Hydroxidionen) umgewandelt:

$$Zn(OH)_2 + 4\ NH_3 \rightarrow [Zn(NH_3)_4]^{2+} + 2\ OH^-.$$

Zinkblende

Metallisches Z. wird vielseitig verwendet: zu Blechen, Rohren, Drähten, Überzügen (Verzinken), in Legierungen (Messing, Rotguß, Neusilber), als Reduktionsmittel und in der Metallurgie.

Zinkblende, Sphalerit, ZnS, wichtiges Zinkerz mit z.T. erheblichen Gehalten an Eisen neben Anteilen von Cadmium, Mangan, Kupfer, Blei und Silber. Z. bildet gelbe Kristalle (Honigblende) mit tetraedrischen Formen, häufig bräunliche bis fast schwarze Kristalle in Gesellschaft von Bleiglanz und Kupferkies. Schalenblende besteht aus derben Aggregaten von lagenweise wechselnden Schichten Z. und Bleiglanz. Z. ist ein typisches Mineral hydrothermaler Erzlagerstätten.

Zinkchlorid, $ZnCl_2$, weiße, kristalline, in mehreren Modifikationen vorkommende Substanz (Schmp. 318 °C, Sdp. 721 °C), die sich in Wasser leicht löst. Z. ist durch Umsetzung von metallischem Zink mit Salzsäure darzustellen, wobei noch Diwasserstoff frei wird:

$Zn + 2\,HCl \rightarrow ZnCl_2 + H_2\uparrow$.

Die wäßrige Lösung reagiert (durch Hydrolyse) schwach sauer, in einer konz. Lösung werden stark sauer reagierende Hydroxosäuren gebildet:

$ZnCl_2 + H_2O \rightarrow H^+ + [ZnCl_2OH]^-$ bzw.

$ZnCl_2 + 2\,H_2O \rightarrow 2\,H^+ + [ZnCl_2(OH)_2]^{2-}$.

Zinkoxid, ZnO, weiße, in glänzenden Nadeln und Prismen hexagonal kristallisierende Substanz (Schmp. 1975 °C) mit Halbleitereigenschaften. Z. kann durch Synthese von metallischem Zink mit Disauerstoff (z.B. durch Verbrennen):

$2\,Zn + O_2 \rightarrow 2\,ZnO$, $\Delta_B H = -349\,kJ \cdot mol^{-1}$,

durch Brennen von Zinkcarbonat:

$ZnCO_3 \rightarrow ZnO + CO_2\uparrow$

oder durch Abrösten von Zinksulfid:

$2\,ZnS + 3\,O_2 \rightarrow 2\,ZnO + 2\,SO_2\uparrow$

dargestellt werden. In der Hitze nimmt Z. eine gelbe Farbe an, die beim Abkühlen wieder verschwindet.

Zinkspat, Galmei, $ZnCO_3$, sekundär gebildetes Mineral auf Zinklagerstätten (Oxydationszone). Es tritt in dichten weißlichen Aggregaten auf.

Zinksulfat, $ZnSO_4$, ist wasserfrei eine weiße, pulverförmige, orthorhombisch kristalline Substanz, die sich in Wasser leicht löst und Hydrate bildet. Z. wird durch Umsetzung von metallischem Zink mit verd. Schwefelsäure:

$Zn + H_2SO_4 \rightarrow ZnSO_4 + H_2\uparrow$

unter Freiwerden von Diwasserstoff dargestellt. Neben dem Mono- und Hexahydrat besitzt das Heptahydrat, $ZnSO_4 \cdot 7\,H_2O$ (Zinkvitriol), besondere Bedeutung, da es aus einer wäßrigen Lösung von Z. unterhalb 39 °C auskristallisiert. Z. wirkt desinfizierend und gefäßzusammenziehend.

Zinksulfid, ZnS, weiße, hexagonal kristalline, pulverige Substanz (Schmp. 1830 °C bei 1033,5 kPa, Sdp. 1665 °C) mit Halbleitereigenschaften. Z. kann durch Synthese der Elementsubstanzen:

$Zn + S \rightarrow ZnS$, $\Delta_B H = -189,6\,kJ \cdot mol^{-1}$

oder durch Fällung von Zinkionen mit Sulfidionen (bei pH > 7):

$Zn^{2+} + S^{2-} \rightarrow ZnS\downarrow$,

dargestellt werden. Synthetisch hergestelltes Z., mit 0,01%igem Zusatz von Kupfer- oder Manganionen geschmolzen, besitzt die Fähigkeit des Nachleuchtens und wird als SIDOTsche Blende bezeichnet.

Zinkvitriol, $ZnSO_4 \cdot 7\,H_2O$, ↗ Zinksulfat.

Zinn,

> Sn $Z = 50$
> $A_{r\,(1981)} = 118,69$
> Ek: [Kr] $4d^{10}5s^25p^2$
> OxZ: $-4, +2, +4$
> $X_E = 1,96$
> Elementsubstanz:
> Schmp. 231,9 °C
> Sdp. 2270 °C
> $\varrho_{Sn\,(grau)} = 5,76\,kg \cdot l^{-1}$
> $\varrho_{Sn\,(weiß)} = 7,30\,kg \cdot l^{-1}$

chem. Element (↗ Elemente, chem.).

Stannum, Symbol: Sn, 4. Element der 4. Hauptgruppe des PSE (↗ Hauptgruppenelemente, 4. Hauptgruppe des PSE). Z. ist die Bez. für alle Atome, die 50 positive Ladungen im Kern (also 50 Protonen) besitzen: Kernladungszahl $Z = 50$. Die Hülle des neutralen Atoms besteht aus 50 Elektronen, von denen vier – als Valenzelektronen – die Konfiguration $5s^25p^2$ besitzen. In Verb. werden Oxydationsstufen eingenommen, die durch die Oxydationszahlen OxZ -4, $+2$ und $+4$ charakterisiert sind. Z. war bereits in den frühesten Zeiten menschlicher Kultur bekannt (Bronzezeit). Metallisches Z. findet sich in der Natur sehr selten. Als Minerale sind von Bedeutung: *Zinnstein, Kassiterit,* SnO_2; *Zinnkies, Stannin,* Cu_2FeSnS_4; *Bergzinn* (= Zinnstein, der eingesprengt ist in andere Gesteine, z.B. in Granit) und *Seifenzinn* (= Zinnstein, der mit Sand oder Ton vermengt ist). Die Elementsubstanz, d.h. das metallische Z., wird durch Reduktion von Zinnstein (Zinndioxid) mit Kohlenstoff dargestellt:

$SnO_2 + 2\,C \rightarrow Sn + 2\,CO\uparrow$

und aus den zinnhaltigen Schlackeresten wird durch Schmelzen mit Kalk und Kohle das restliche Z. noch gewonnen:

$SnSiO_3 + CaO + C \rightarrow Sn + CaSiO_3 + CO\uparrow$.

Die Elementsubstanz existiert in drei Modifikationen:

α-Zinn $\xrightleftharpoons{13{,}2\,°C}$ β-Zinn $\xrightleftharpoons{161\,°C}$ γ-Zinn.

α-Zinn: graues Z., kubisch kristallin (Diamantgitter), grau, zerfällt zu Pulver (Zinnpest), $\varrho = 5{,}76 \text{ kg} \cdot l^{-1}$.
β-Zinn: weißes Z. tetragonal kristallin, silberweiß, metallisch, $\varrho = 7{,}30 \text{ kg} \cdot l^{-1}$
γ-Zinn: sprödes Z., rhombisch kristallin, spröde, läßt sich bei 200 °C zu Pulver zerstoßen.
Metallisches Z. verbrennt bei starkem Erhitzen an der Luft zu Zinndioxid:
$Sn + O_2 \rightarrow SnO_2$, $\Delta_B H = -580{,}8 \text{ kJ} \cdot \text{mol}^{-1}$
reagiert mit Chlorwasserstoffsäure unter Bildung von Zinn(II)-chlorid und Diwasserstoff:
$Sn + 2\,HCl \rightarrow SnCl_2 + H_2\uparrow$,
vereinigt sich mit molekularem Chlor zu Zinntetrachlorid:
$Sn + 2\,Cl_2 \rightarrow SnCl_4$, $\Delta_B H = -544{,}9 \text{ kJ} \cdot \text{mol}^{-1}$
und setzt sich mit Basen zu Stannaten und Diwasserstoff um:
$Sn + 2\,NaOH + 4\,H_2O \rightarrow Na_2[Sn(OH)_6]\downarrow + 2\,H_2\uparrow$.
Metallisches Z. wird als Überzugsmetall (z. B. zum Verzinnen von Stahlblech) und als Legierungsmetall (für Lagermetalle, Bronzen, Letternmetall, Weichlot und Britanniametall) verwendet.
Zinn(II)-chlorid, $SnCl_2$, Zinndichlorid, kann durch Umsetzung von metallischem Zinn mit Chlorwasserstoffsäure (unter Bildung von Diwasserstoff) gewonnen werden:
$Sn + 2\,HCl \rightarrow SnCl_2 + H_2\uparrow$.
Z. stellt, durch Vorhandensein der Sn^{2+}-Ionen, ein Reduktionsmittel dar:
$Sn^{2+} \rightarrow Sn^{4+} + 2\,e^-$.
Mit zwei Molekülen Kristallwasser, $SnCl_2 \cdot 2\,H_2O$, wird die Verb. als *Zinnsalz* bezeichnet.
Zinn(IV)-chlorid, $SnCl_4$, Zinntetrachlorid, eine flüssig vorliegende Verb. (Schmp. $-33{,}3$ °C, Sdp. 113,9 °C), die aus den Elementsubstanzen gebildet wird:
$Sn + 2\,Cl_2 \rightarrow SnCl_4$, $\Delta_B H = 544{,}9 \text{ kJ} \cdot \text{mol}^{-1}$,
sich durch Einfluß von Wasser hydrolytisch spaltet:
$SnCl_4 + 2\,H_2O \rightarrow SnO_2 + 4\,HCl$,
daher an der Luft Nebel bildet und mit Chlorwasserstoff zu Hexachlorozinnsäure reagiert:
$SnCl_4 + 2\,HCl \rightarrow H_2[SnCl_6]$.
Zinnober, Cinnabarit, Merkurblende, HgS (↗ Quecksilber(II)-sulfid), bildet meist derbe oder körnige Aggregate von bräunlicher, vorwiegend aber typisch zinnoberroter Farbe. Es ist ein Mineral hydrothermaler Lagerstätten und Ausgangsstoff für die Herstellung von Quecksilber.
Zinn(IV)-oxid, SnO_2, Zinndioxid, schmilzt oberhalb 1 930 °C, kristallisiert tetragonal, hat (frisch gefällt) Wasser angelagert: $SnO_2 \cdot n\,H_2O$; spaltet beim Erwärmen das Wasser ab und geht in polymeres Zinn(IV)-oxid, $(SnO_2)_n$, über. Z. entsteht durch Verbrennen von metallischem Zinn an der Luft:
$Sn + O_2 \rightarrow SnO_2$, $\Delta_B H = -580{,}8 \text{ kJ} \cdot \text{mol}^{-1}$
und wird zur Herstellung weißer Glasuren und Emaillen verwendet.
Zinnpest, Bez. für einen Vorgang, bei dem durch Absinken der Temperatur auf unter 13,2 °C aus metallischem (weißem) ↗ Zinn (β-Zinn) die pulverförmige, kubisch kristalline graue Modifikation des α-Zinns gebildet wird. Dieser Vorgang wird jedoch meist erst durch Animpfen der Zinngegenstände mit (staubförmig vorliegenden) α-Zinnkristallen, die dann zu grauem Pulver zerfallen, ausgelöst, wodurch eine Art »Infektion« vorgetäuscht ist.
Zinnsalz, $SnCl_2 \cdot 2\,H_2O$, ↗ Zinn(II)-chlorid.
Zinnsäuren, Verb. des ↗ Zinns unterschiedlicher Zusammensetzung, die sich von in freiem Zustand nicht bekannten Typen der Orthozinnsäure, H_4SnO_4 bzw. $Sn(OH)_4$, und der Metazinnsäure, H_2SnO_3, ableiten. Die Salze der Z. heißen *Stannate*; sie können z. B. durch Zusammenschmelzen von Zinn(IV)-oxid mit Alkalihydroxid hergestellt werden:
$SnO_2 + 2\,KOH \rightarrow K_2[SnO_3] + H_2O$.
Durch Zugabe von Säuren zu Alkalistannatlösungen fallen weiße voluminöse Niederschläge der Zusammensetzung $SnO_2 \cdot n\,H_2O$ aus, die in frischem Zustand in Säuren löslich sind (früher als α-Zinnsäure bezeichnet). Bei längerem Stehen oder bei Erwärmung unterliegen diese Niederschläge Alterungsprozessen, bei denen unter Wasserabspaltung höher molekulare Stoffe entstehen, deren Löslichkeit in Säuren mit steigender Molekülgröße abnimmt. Letztlich kondensieren diese Stoffe zu einer hochpolymeren Struktur, $[SnO_2]_n$ (früher als β-Zinnsäure bezeichnet), und sind in Säuren kaum noch löslich.
Zinnstein, Cassiterit, SnO_2, bildet prismatischsäulige, z. T. nadelförmige Kristalle oder körnige Aggregate. Typische Zwillingskristalle sind die »Visiergraupen« (Fundort Graupen im Erzgebirge). Z. ist ein typisches Mineral pneumatolytischer Lagerstätten.
Zinn(II)-sulfid, SnS, dunkelbleigraue, blätterigweiche Verb. mit Halbleitereigenschaften (Schmp. 880 °C, Sdp. 1 210 °C).
Zinn(IV)-sulfid, SnS_2, in goldgelben durchscheinenden Schuppen vorliegende und sich weich und fettig anfühlende Verb., die als *Mussivgold* bezeichnet wird.
Zinnwasserstoff, ↗ Stannan.
Zircon, auch Zirkon, $ZrSiO_4$, Mineral magmati-

scher Entstehung mit Gehalten an *Seltenen Erden*, bildet säulenförmige braune bis rote, harte Kristalle. Hauptvorkommen liegen in Brasilien, Sri Lanka und Ost-Australien (Seifenlagerstätte).

Zirconium,

Zr	$Z = 40$
$A_{r(1981)} = 91,22$	
Ek: [Kr] $4d^2 5s^2$	
OxZ: +2, +3, +4	
$X_E = 1,33$	
Elementsubstanz:	
Schmp.	1 850 °C
Sdp.	3 580 °C
$\varrho = 6,49$ kg $\cdot$ l^{-1}	

chem. Element (↗ Elemente, chem.).
Zirconium, Symbol: Zr, 2. Element der 4. Nebengruppe des PSE (↗ Nebengruppenelemente, 4. Nebengruppe des PSE). Z. ist die Bez. für alle Atome, die 40 positive Ladungen im Kern (also 40 Protonen) besitzen: Kernladungszahl $Z = 40$. Die Hülle des neutralen Atoms besteht aus 40 Elektronen, von denen die möglichen Valenzelektronen die Konfiguration $4d^2 5s^2$ besitzen. In Verb. werden Oxydationsstufen eingenommen, die durch die Oxydationszahlen OxZ +2, +3 und +4 charakterisiert sind. Metallisches Z. ist erstmalig von Berzelius durch Reduktion von Kaliumfluorozirconat mit Kalium dargestellt worden. In der Natur finden sich die Zirconiumminerale: Zircon, Alvit, Hyazinth, ZrSiO$_4$, Zirconerde und Baddeleyit, ZrO$_2$. Die Darstellung des metallischen Z. erfolgt über das Tetrachlorid bzw. Tetrafluorid durch Reduktion mit Magnesium oder Natrium, z. B.:
ZrCl$_4$ + 2 Mg → Zr + 2 MgCl$_2$
ZrF$_4$ + 4 Na → Zr + 4 NaF.
Das Metall ist stahlgrau, hochglänzend, weich, biegsam und hämmerbar. Es setzt sich in direkter Synthese um mit Disauerstoff zu Zirconiumdioxid:
Zr + O$_2$ → ZrO$_2$, $\Delta_B H = -1\,094$ kJ $\cdot$ mol^{-1},
mit molekularem Chlor zu Zirconiumtetrachlorid:
Zr + 2 Cl$_2$ → ZrCl$_4$, $\Delta_B H = -982$ kJ $\cdot$ mol^{-1}
und mit molekularem Stickstoff zu Zirconiumnitrid:
2 Zr + N$_2$ → 2 ZrN, $\Delta_B H = -365$ kJ $\cdot$ mol^{-1}.
Metallisches Z. ist ein korrosionsbeständiger Werkstoff für viele Apparate (z. B. Spinndüsen) und ein gutes Legierungsmetall (für Legierungen hoher Festigkeit und guter Korrosionsbeständigkeit).
Zirconiumdioxid, ZrO$_2$, weiße, monoklin (Baddeleyit) oder kubisch kristalline Substanz (Schmp. 2 687 °C, Sdp. 4 300 °C), die durch Verbrennung von metallischem Zirconium gebildet werden kann:
Zr + O$_2$ → ZrO$_2$, $\Delta_B H = -1\,094$ kJ $\cdot$ mol^{-1}.
Durch Zusammenschmelzen mit Metalloxiden entstehen *Zirconate*:
ZrO$_2$ + Na$_2$O → Na$_2$ZrO$_3$ (Natriummetazirconat),
ZrO$_2$ + 2 Na$_2$O → Na$_4$ZrO$_4$ (Natriumorthozirconat).
Z. besitzt eine hohe thermische und chem. Widerstandsfähigkeit und wird deshalb als Material für Schmelztiegel und Glühstifte (Nernst-Lampen) verwendet.
Zirkulardichroismus, ↗ optische Aktivität.
Zoisit, kompliziert gebautes Calcium-Aluminium-Silicat, das selten in metamorphen Gesteinen anzutreffen ist.
Zsigmondy, Richard Adolf (1. 4. 1865 bis 23. 9.1929), war maßgeblich an der Entwicklung der Kolloidchemie beteiligt. Er erfand das Ultramikroskop und entwickelte die Membran- und Ultrafein-Filter. 1925 erhielt er den Nobelpreis für Chemie.
Zündblättchen, Munition für Kinderpistolen mit einem kleinen Knallsatz aus Kaliumchlorat und rotem Phosphor.
Zunder, Bez. für Oxidschichten, die sich auf Metalloberflächen bei Wärmebehandlung während metallurgischer Bearbeitungsprozesse bilden.
Zündhölzer, *Streichhölzer*. Die heute verwendeten Sicherheitszündhölzer besitzen einen Zündkopf, der neben Bindemitteln, Glaspulver und Farbstoffen als wesentliche Bestandteile sauerstoffabgebende Verb., wie ↗ Kaliumchlorat (KClO$_3$), und brennbare Stoffe, wie Schwefel, enthält. Beim Reiben an der Reibfläche aus rotem Phosphor, Antimon(III)-sulfid (Sb$_2$S$_3$), Glaspulver und Bindemitteln wird etwas Phosphor losgerissen. Die Reibung bewirkt Entzündung des Phosphors durch Reaktion mit dem KClO$_3$ des Zündkopfes. Dies führt zum Anbrennen der gesamten Streichholzkuppe. Das Holzstäbchen ist mit Paraffin getränkt, um das Anbrennen zu erleichtern. Imprägnieren des Holzes mit einer Wasserglas- oder Phosphatlösung verhindert ein Nachglimmen der Z. Die 1907 verbotenen »Schwefelhölzer« enthielten im Zündkopf giftigen weißen Phosphor.
Zündhütchen, ↗ Zündmittel.
Zündmittel, Mittel zur Zündung von Sprengladungen.
Zündschnüre bestehen aus einem geteerten Gewebeschlauch mit einer Seele aus ↗ Schwarzpulver. Die Brenngeschwindigkeit beträgt etwa 1 cm $\cdot$ s^{-1}.
Sprengschnüre enthalten ↗ Pentaerythritol-tetranitrat als Seele. Sie werden bei Simultansprengungen verwendet, elektrisch über Sprengkapseln gezündet

und übertragen die Detonation mit einer Geschwindigkeit von 7,5 km·s^{-1} auf die Sprengladungen.

Zündhütchen sind kleine Kupfernäpfchen mit geringen Mengen ↗ Initialsprengstoffen zur Zündung von Pulverladungen in Patronen mittels des Schlagbolzens der Waffe.

Sprengkapseln dienen zur Initialzündung von relativ unempfindlichen Sprengstoffen, wie Ammonsalpetersprengstoffen. Sie bestehen aus einer etwa 4 cm langen Metallhülse, die mit einem brisanten Sprengstoff gefüllt ist und am Ende eine Aufladung eines ↗ Initialsprengstoffes enthält. Sprengkapseln werden in die Sprengladung eingeschoben, mit Zündschnur oder elektrisch gezündet und bringen so die gesamte Sprengladung zu heftiger Detonation.

Zündschnüre, ↗ Zündmittel.

Zündsteine, Legierungen mit Cerium und Lanthan als Hauptbestandteile. Durch Reibung werden Späne losgerissen, die Funken bilden, wodurch sich brennbare Gase entzünden können.

Zuschläge, bei metallurgischen Prozessen (↗ Hochofenprozeß) Stoffe, welche mit den bereits im Erz vorhandenen Beimengungen (Gangart) bzw. den im Rohmetall enthaltenen Verunreinigungen Verb. ergeben, die als leicht abtrennbare Schlacke die Reindarstellung der Metalle ermöglichen.

Zustand, thermodynamischer, ↗ Thermodynamik.

Zustandsdiagramm, andere Bez. für ↗ Phasendiagramm.

Zustandsfunktion, in der ↗ Thermodynamik Bezeichnung für ↗ Zustandsgrößen, die als eindeutige Funktion anderer Zustandsgrößen, deren Werte frei wählbar sind (↗ Zustandsvariable), festgelegt sind. Bestimmte Zustandsfunktionen werden als ↗ Zustandsgleichungen bezeichnet.

Zustandsgleichung, in der ↗ Thermodynamik Bezeichnung für bestimmte ↗ Zustandsfunktionen. Die Z. gestattet eine eindeutige Vorhersage der Änderung einer bestimmten Zustandsgröße in Abhängigkeit von der Änderung anderer Zustandsgrößen.

Unter der thermischen Z. versteht man die Beziehung zwischen den Zustandsgrößen Volumen V, Druck p und Temperatur T: $V = f(p,T)$. Bei idealen ↗ Gasen wird sie durch das Gasgesetz $p \cdot V = n \cdot R \cdot T$ (n Stoffmenge, R ↗ Gaskonstante) beschrieben. Für reale Gase stellt die VAN-DER-WAALSsche Gleichung (↗ Gase) eine bevorzugte Näherungsbeziehung dar. Flüssigkeiten und Feststoffe werden ebenfalls durch halbempirische Beziehungen beschrieben.

Als kalorische Z. bezeichnet man die Abhängigkeit der ↗ inneren Energie bzw. ↗ Enthalpie von den Zustandsgrößen Temperatur, Stoffmenge und Volumen bzw. Druck.

Zustandsgrößen, Größen für die Beschreibung bestimmter makroskopischer Eigenschaften zur eindeutigen Kennzeichnung des Zustandes (↗ Thermodynamik) eines stofflichen ↗ Systems. Z. hängen nicht vom Weg ab, auf dem der Zustand erreicht wurde.

Für einen reinen Stoff genügen die Z. Volumen V, Druck p und ↗ Temperatur T. Bei ↗ Mischungen muß zusätzlich die Zustandsgröße Masse m bzw. Stoffmenge n einbezogen werden, um die Zusammensetzung anzugeben, meist als ↗ Konzentration c bzw. ↗ Molenbruch x. Für chem. Reaktionen ist die Angabe der Änderung der Stoffmenge n in Mol üblich (↗ Formelumsatz). Hängt der Zustand eines Stoffes auch von der ↗ Grenzfläche ab, wie bei der ↗ Adsorption, ist die Grenzfläche als weitere Z. zu berücksichtigen. Wichtige Z. sind weiterhin die ↗ innere Energie U, die ↗ Enthalpie H, die ↗ Entropie S, die ↗ freie Energie F und die ↗ freie Enthalpie G.

Extensive Z. hängen von der Stoffmenge ab, wie das Volumen V. Dagegen sind intensive Z. mengenunabhängig. Dazu gehören neben der Temperatur T und dem Druck p auch ↗ molare Größen (z. B. die molare Masse M, das molare Volumen V_m, die ↗ Molwärme C_m) und spezifische Größen (z. B. die ↗ Dichte ϱ).

Die Beziehungen zwischen Z. bezeichnet man als ↗ Zustandsfunktionen bzw. ↗ Zustandsgleichungen.

Zustandsvariable, ↗ Zustandsgrößen in einer ↗ Zustandsfunktion, deren Werte frei wählbar sind.

Zweikomponentenklebstoffe, ↗ Klebstoffe auf der Basis härtbarer ↗ Kunstharze, wie Epoxid-, Polyester- und Polyurethanharze. Die härtende Komponente (Härter), die eine Vernetzung der Moleküle durch Polymerisation oder Polykondensation bewirkt, wird dem Klebstoff erst unmittelbar vor der Anwendung beigemischt. Zum Beispiel können ungesättigte Polyesterharze mit ↗ Styrol, das Polymerisation bewirkt, gehärtet werden.

zwischenmolekulare Wechselwirkungen, Bez. für schwache Wechselwirkungen zwischen Molekülen, die im Gegensatz zur ↗ chem. Bindung nur Bindungsenergien bis zu 50 kJ·mol^{-1} freisetzen. Dazu zählen die zu stöchiometrischen Molekülkomplexen führende ↗ Wasserstoffbrückenbindung und ↗ Elektronen-Donator-Akzeptor-Wechselwirkung sowie die unspezifischen, in der Regel nicht zu stöchiometrischen Komplexen führenden ↗ VAN-DER-WAALS-Wechselwirkungen.

Zwitterionen, Verb., die in ihrer Struktur ein positives und ein negatives Zentrum besitzen und somit als innere Salze aufgefaßt werden können. Bei einem bestimmten pH-Wert, dem isoelektrischen Punkt, wandern Z. nicht mehr im elektrischen Feld. Als Z. liegen z. B. die Aminosäuren vor:

$$R-\underset{\overset{\oplus}{N}H_3}{CH}-COO^{\ominus}$$

Zyklon, Apparat zur Entstaubung von Gasströmen

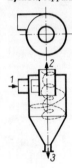

Schematischer Aufbau eines Zyklons
1 Rohgaseintritt
2 Reingasaustritt
3 Staubaustrag

(Grobstaubabscheidung) durch Zusammenwirkung von Zentrifugalkraft und Schwerkraft (Bild). Der gleiche Apparat kann zur Abtrennung von schweren Teilchen aus Suspensionen verwendet werden (Hydrozyklon).

Zyklon B, Warenzeichen für ein Schädlingsbekämpfungsmittel auf der Basis von ↗ Blausäure (aufgesaugt von Kieselgur). Unter dieser Bez. wurde Blausäure zur Tötung von etwa 6 Millionen Menschen in den faschistischen Vernichtungslagern eingesetzt.

Zytostatika, Stoffe, die die Entwicklung und Vermehrung von Zellen hemmen. Da sich Krebszellen besonders schnell entwickeln, werden sie durch die Hemmung besonders betroffen. So können Z. die Erscheinungen von Krebserkrankungen eine gewisse Zeit bessern, ohne heilend zu wirken. Als Z. können angewendet werden: alkylierend wirkende Verb., Stoffe, die lebenswichtige Verb. des Stoffwechsels verdrängen (Antimetabolite), Zellteilungsgifte (z. B. das ↗ Colchicin der Herbstzeitlose), Hemmstoffe für die Eiweißsynthese und bestimmte ↗ Antibiotika.

Die chemischen Elemente

(in alphabetischer Anordnung)

Z	Name	Symbol	A_r (1981)	Z	Name	Symbol	A_r (1981)
89	Actinium	Ac	227,0278	100	Fermium	Fm	[257]
13	Aluminium	Al	26,98154	9	Fluor	F	18,998403
95	Americium	Am	[243]	87	Francium	Fr	[223]
51	Antimon	Sb	121,75	64	Gadolinium	Gd	157,25
18	Argon	Ar	39,948	31	Gallium	Ga	69,72
33	Arsen	As	74,9216	32	Germanium	Ge	72,59
85	Astat	At	[210]	79	Gold	Au	196,9665
56	Barium	Ba	137,33	72	Hafnium	Hf	178,49
97	Berkelium	Bk	[247]	2	Helium	He	4,00260
4	Beryllium	Be	9,01218	67	Holmium	Ho	164,9304
83	Bismut	Bi	208,9804	49	Indium	In	114,82
82	Blei	Pb	207,2	53	Iod	I	126,9045
5	Bor	B	10,81	77	Iridium	Ir	192,22
35	Brom	Br	79,904	19	Kalium	K	39,0983
48	Cadmium	Cd	112,41	6	Kohlenstoff	C	12,011
55	Caesium	Cs	132,9054	36	Krypton	Kr	83,80
20	Calcium	Ca	40,08	29	Kupfer	Cu	63,546
98	Californium	Cf	[251]	104	Kurtschatovium[1)]	Ku	[261]
58	Cerium	Ce	140,12	57	Lanthan	La	138,9055
17	Chlor	Cl	35,453	103	Lawrencium	Lr	[260]
24	Chromium	Cr	51,996	3	Lithium	Li	6,941
27	Cobalt	Co	58,9332	71	Lutetium	Lu	174,967
96	Curium	Cm	[247]	12	Magnesium	Mg	24,305
66	Dysprosium	Dy	162,50	25	Mangan	Mn	54,9380
99	Einsteinium	Es	[252]	101	Mendelevium	Md	[258]
26	Eisen	Fe	55,847	42	Molybdän	Mo	95,94
68	Erbium	Er	167,26	11	Natrium	Na	22,98977
63	Europium	Eu	151,96	60	Neodymium	Nd	144,24